结构复杂行为分析的有限质点法

罗尧治　喻　莹等　著

科 学 出 版 社

北 京

内 容 简 介

本书系统地阐述了有限质点法的基本理论、计算方法及其在结构复杂行为分析中的应用。针对结构中的大变形、机构运动、柔性结构找形、薄膜结构褶皱、接触碰撞、断裂和精细化分析问题，逐一进行讲解。全书共10章。第1章为结构复杂行为和分析方法概述，第2章介绍有限质点法的基本理论，第3章介绍结构大变形行为分析，第4章介绍结构失稳与屈曲行为分析，第5章介绍含机构运动的结构行为分析，第6章介绍柔性结构初始形态分析，第7章介绍薄膜结构褶皱问题分析，第8章介绍结构接触和碰撞行为分析，第9章介绍结构断裂行为分析，第10章介绍结构精细化分析。最后一部分为附录，为正文中未列出的较为复杂的理论和推导，供读者参考。

本书可作为力学、土木、机械、航空航天等相关工程专业本科生和研究生的教材，也可作为上述专业教师和工程技术及科研开发人员的参考书。

图书在版编目(CIP)数据

结构复杂行为分析的有限质点法/罗尧治等著. —北京：科学出版社，2019.11

ISBN 978-7-03-062997-5

Ⅰ.①结… Ⅱ.①罗… Ⅲ.①复杂性-建筑结构-结构分析 Ⅳ.①TU311.4

中国版本图书馆CIP数据核字(2019)第242351号

责任编辑：周 炜 罗 娟 / 责任校对：郭瑞芝
责任印制：徐晓晨 / 封面设计：陈 敬

科学出版社 出版
北京东黄城根北街16号
邮政编码：100717
http://www.sciencep.com
北京虎彩文化传播有限公司 印刷
科学出版社发行 各地新华书店经销
*
2019年11月第 一 版 开本：720×1000 1/16
2020年11月第二次印刷 印张：30 1/2
字数：615 000
定价：198.00元
(如有印装质量问题，我社负责调换)

前　言

在工程结构设计中，一般涉及强度、刚度、屈曲、非线性、动力响应等力学问题分析，这方面的理论和分析方法已相对成熟。当前，结构问题的分析越来越关注“过程”，如柔性结构体系的找形过程和成形过程的分析，可开启结构的展开过程和机构运动的分析，结构施工模拟的吊装成形、张拉成形、拼装成形的分析，结构破坏时反映出的屈曲、断裂、动力失稳、接触、碰撞的分析等。上述计算模拟是动态的、复杂的分析过程，我们将这些涉及强非线性、机构运动、屈曲失稳、接触碰撞、断裂等过程的数值计算，统称为结构复杂行为分析。这类分析对数值计算方法提出了更高的要求。

近年来涌现了改进有限单元法、离散元法、无网格法等新型数值计算方法，这些方法在结构（包括房屋建筑、桥梁、地下空间、水工、船舶、海洋、航空航天等结构）复杂行为分析方面取得了丰富的研究成果。本书就是针对其中的基于向量式结构与固体力学的有限质点法及其在结构复杂行为分析中的应用进行介绍。

2007 年 4 月，在杭州举办的第四届海峡两岸结构与岩土工程学术研讨会上我有幸认识了来自美国普渡大学的丁承先教授。当时我与丁教授共同主持分组会，会上他作了关于向量式结构与固体力学方面的学术报告，我意识到这是一个很有意义的分析方法。之后，丁教授从美国寄来了相关资料，我安排当时的博士生喻莹来研究。一年后，我邀请丁教授再来杭州，在那次见面交流中，丁教授非常鼓励我们继续开展这方面的研究工作，同时也建议我们可以取个方法名字，朝着实际工程结构应用方面发展，所以就有了有限质点法。2009 年，丁承先教授应董石麟院士的邀请担任浙江大学建筑工程学院兼任教授，讲授“向量式结构与固体力学”课程。

十余年来，针对面向结构工程的数值计算，我们发展了包含索、杆、梁、平面、膜、壳、固体结构在内的质点和单元计算方法和流程，解决了结构中的几何非线性、材料非线性、断裂、碰撞、褶皱、找形等复杂行为的模拟问题，将多尺度、精细化和并行计算的思想引入到这种方法中，并且开发了基于有限质点法的运算平台。先后有喻莹、杨超、俞锋、郑延丰、张鹏飞、唐敬哲、刘磊、汪伟、蔡宇翔等多位研究生投入到有限质点法的课题研究中，取得了比较全面的成果。本书是我们十余年来发展有限质点法，并应用其进行结构复杂行为数值分析的研究工作总结。

本书共 10 章，第 1 章为结构复杂行为分析概述，着重阐述结构复杂行为的定义，有限质点法的起源和发展过程，以及该方法与其他数值方法的区别和优势；第

2 章主要介绍有限质点法基础性的内容，包括控制方程、约束方程，各类单元的质点计算公式；第 3 章～第 10 章依次介绍结构大变形行为分析、结构失稳与屈曲行为分析、含机构运动的结构行为分析、柔性结构初始形态分析、薄膜结构褶皱行为分析、结构接触和碰撞行为分析、结构断裂行为分析、结构精细化分析。书中提供了详细的公式推导，涉及了多尺度、GPU 加速等技术。

衷心感谢丁承先教授在有限质点法发展过程中的指导，丁教授德高望重，为人谦卑，值得我们后辈学习。喻莹、杨超、郑延丰、俞锋、张鹏飞等参与了本书的撰写工作，喻莹负责了全书校对，在此表示感谢。

由于本人水平和专业知识所限，书中难免存在不足之处，敬请读者批评指正。如有任何意见和建议，请电邮至 luoyz@zju. edu. cn。

罗尧治

2019 年 10 月

浙江大学求是园

目　　录

符 号 表

$\boldsymbol{M}_\alpha$	质点 α 的总质量矩阵
$\boldsymbol{m}_\alpha$	质点 α 本身的集中质量矩阵
$\boldsymbol{m}_{\alpha i}$	与质点 α 相连的第 i 个单元提供的等效质量矩阵
$\boldsymbol{M}_e$	单元的质量矩阵
M_α	质点 α 的总质量
m_α	质点 α 本身的集中质量
$m_{\alpha i}$	与质点 α 相连的第 i 个单元提供的等效质量
m_α^e	质点 α 为单元 e 提供的等效质量
$\boldsymbol{I}_\alpha$	质点 α 的质量惯性矩阵
$\boldsymbol{I}_\alpha^0$	质点本身的集中质量惯性矩矩阵
$\boldsymbol{I}_{\alpha i}$	与质点 α 相连的第 i 个单元提供的等效质量惯性矩矩阵
$\boldsymbol{F}_\alpha^{\text{int}}$、$[F_x^{\text{int}} \quad F_y^{\text{int}} \quad F_z^{\text{int}}]_\alpha^{\text{T}}$	质点 α 的内力向量
F_x^{int}、F_y^{int}、F_z^{int}	质点 α 分别沿 x、y、z 方向的内力
$\boldsymbol{F}_\alpha^{\text{ext}}$、$[F_x^{\text{ext}} \quad F_y^{\text{ext}} \quad F_z^{\text{ext}}]_\alpha^{\text{T}}$	质点 α 的外力向量
F_x^{ext}、F_y^{ext}、F_z^{ext}	质点 α 分别沿 x、y、z 方向的外力
$\boldsymbol{M}_\alpha^{\text{int}}$、$[M_x^{\text{int}} \quad M_y^{\text{int}} \quad M_z^{\text{int}}]_\alpha^{\text{T}}$	质点 α 的内力矩向量
M_x^{int}、M_y^{int}、M_z^{int}	质点 α 分别沿 x、y、z 方向的内力矩
$\boldsymbol{M}_\alpha^{\text{ext}}$、$[M_x^{\text{ext}} \quad M_y^{\text{ext}} \quad M_z^{\text{ext}}]_\alpha^{\text{T}}$	质点 α 的外力矩向量
M_x^{ext}、M_y^{ext}、M_z^{ext}	质点 α 分别沿 x、y、z 方向的外力矩
$\boldsymbol{f}_{\alpha i}^{\text{int}}$、$[f_{ix}^{\text{int}} \quad f_{iy}^{\text{int}} \quad f_{iz}^{\text{int}}]_\alpha^{\text{T}}$	与质点 α 相连的第 i 个单元提供的内力向量
f_{ix}^{int}、f_{iy}^{int}、f_{iz}^{int}	与质点 α 相连的第 i 个单元提供的 x、y、z 方向内力
$\boldsymbol{f}_\alpha^{\text{ext}}$、$[f_x^{\text{ext}} \quad f_y^{\text{ext}} \quad f_z^{\text{ext}}]_\alpha^{\text{T}}$	质点处的集中外力向量
f_x^{ext}、f_y^{ext}、f_z^{ext}	质点处 x、y、z 方向的集中外力
$\boldsymbol{f}_{\alpha i}^{\text{ext}}$、$[f_{ix}^{\text{ext}} \quad f_{iy}^{\text{ext}} \quad f_{iz}^{\text{ext}}]_\alpha^{\text{T}}$	与质点 α 相连的第 i 个单元提供的等效外力向量
f_{ix}^{ext}、f_{iy}^{ext}、f_{iz}^{ext}	与质点 α 相连的第 i 个单元提供的 x、y、z 方向的等效外力
$\boldsymbol{f}_\alpha^{\text{dmp}}$、$[f_x^{\text{dmp}} \quad f_y^{\text{dmp}} \quad f_z^{\text{dmp}}]_\alpha^{\text{T}}$	质点 α 的阻尼力向量
f_x^{dmp}、f_y^{dmp}、f_z^{dmp}	质点 α 上的 x、y、z 方向阻尼力
$\bar{\boldsymbol{m}}_\alpha$	全域坐标系下的质点合力矩向量

$\widehat{\boldsymbol{m}}_\alpha$	切平面坐标系下的质点合力矩向量
$\boldsymbol{m}_\alpha^{\text{ext}}$、$[m_x^{\text{ext}} \quad m_y^{\text{ext}} \quad m_z^{\text{ext}}]_\alpha^{\mathrm{T}}$	质点α的集中外力矩向量
m_x^{ext}、m_y^{ext}、m_z^{ext}	质点处x、y、z方向的集中外力矩
$\boldsymbol{m}_{\alpha i}^{\text{ext}}$、$[m_{ix}^{\text{ext}} \quad m_{iy}^{\text{ext}} \quad m_{iz}^{\text{ext}}]_\alpha^{\mathrm{T}}$	与质点α相连的第i个单元提供的等效外力矩向量
m_{ix}^{ext}、m_{iy}^{ext}、m_{iz}^{ext}	与质点α相连的第i个单元提供的x、y、z方向等效外力矩
$\boldsymbol{m}_{\alpha i}^{\text{int}}$、$[m_{ix}^{\text{int}} \quad m_{iy}^{\text{int}} \quad m_{iz}^{\text{int}}]_\alpha^{\mathrm{T}}$	与质点α相连的单元i提供的等效内力矩向量
m_{ix}^{int}、m_{iy}^{int}、m_{iz}^{int}	与质点α相连的第i个单元提供的x、y、z方向内力矩
$\boldsymbol{m}_\alpha^{\text{dmp}}$、$[m_x^{\text{dmp}} \quad m_y^{\text{dmp}} \quad m_z^{\text{dmp}}]_\alpha^{\mathrm{T}}$	质点α的阻尼力矩向量
m_x^{dmp}、m_y^{dmp}、m_z^{dmp}	质点α上的x、y、z方向的阻尼力矩
$\hat{\boldsymbol{f}}_\alpha$	变形坐标系下质点α的内力向量
$\boldsymbol{d}_n$、$\dot{\boldsymbol{d}}_n$、$\ddot{\boldsymbol{d}}_n$	第n步的位移向量、速度向量和加速度向量
$\boldsymbol{d}_\alpha$、$[d_x \quad d_y \quad d_z]_\alpha^{\mathrm{T}}$	质点α的位移向量
d_x、d_y、d_z	质点α在x、y、z方向的位移
$\dot{\boldsymbol{d}}_\alpha$、$[\dot{d}_x \quad \dot{d}_y \quad \dot{d}_z]_\alpha^{\mathrm{T}}$	质点α的速度向量
$\dot{d}_x$、$\dot{d}_y$、$\dot{d}_z$	质点α在x、y、z方向的速度
$\ddot{\boldsymbol{d}}_\alpha$、$[\ddot{d}_x \quad \ddot{d}_y \quad \ddot{d}_z]_\alpha^{\mathrm{T}}$	质点α的加速度向量
$\ddot{d}_x$、$\ddot{d}_y$、$\ddot{d}_z$	质点α在x、y、z方向的加速度
$\boldsymbol{d}_{\alpha i}$、$\dot{\boldsymbol{d}}_{\alpha i}$、$\ddot{\boldsymbol{d}}_{\alpha i}$	质点α第i步的位移向量、速度向量和加速度向量
$\boldsymbol{\theta}_\alpha$、$[\theta_x \quad \theta_y \quad \theta_z]_\alpha^{\mathrm{T}}$	质点轴向转角位移向量
θ_x、θ_y、θ_z	质点α在x、y、z方向的转角位移
$\dot{\boldsymbol{\theta}}_\alpha$、$[\dot{\theta}_x \quad \dot{\theta}_y \quad \dot{\theta}_z]_\alpha^{\mathrm{T}}$	质点轴向转角速度向量
$\dot{\theta}_x$、$\dot{\theta}_y$、$\dot{\theta}_z$	质点α在x、y、z方向的转角速度
$\ddot{\boldsymbol{\theta}}_\alpha$、$[\ddot{\theta}_x \quad \ddot{\theta}_y \quad \ddot{\theta}_z]_\alpha^{\mathrm{T}}$	质点轴向转角加速度向量
$\ddot{\theta}_x$、$\ddot{\theta}_y$、$\ddot{\theta}_z$	质点α在x、y、z方向的转角加速度
$\boldsymbol{\theta}_{\text{op}}$	面外转动向量
$\boldsymbol{\theta}_{\text{ip}}$	面内转动向量
θ_{op}	面外转动角
θ_{ip}	面内转动角
$o\text{-}xyz$	全局坐标系
$o'\text{-}x'y'z'$	局部坐标系

$\hat{o}$-$\hat{x}\hat{y}\hat{z}$	变形坐标系
$\tilde{o}$-$\tilde{x}\tilde{y}\tilde{z}$	切平面坐标系或材料弹性主轴坐标系
$\boldsymbol{x}_A$	节点 A 的位置向量
$\Delta\boldsymbol{x}_A$	节点 A 的相对位置向量
$\boldsymbol{u}_A$	节点 A 的位移向量
$\Delta\boldsymbol{u}_A$	节点 A 的相对位移向量
ρ	密度
E	杨氏模量
ν	泊松比
$\boldsymbol{D}$	应力-应变关系矩阵
μ^{e}、λ^{e}	拉梅常数
$\hat{\boldsymbol{\Omega}}$、$[\hat{\boldsymbol{e}}_x \quad \hat{\boldsymbol{e}}_y \quad \hat{\boldsymbol{e}}_z]^{\mathrm{T}}$	坐标转换矩阵
$\hat{\boldsymbol{e}}_x$、$\hat{\boldsymbol{e}}_y$、$\hat{\boldsymbol{e}}_z$	局部坐标轴的单位方向向量
$\boldsymbol{R}$	逆向转动矩阵
μ	阻尼系数
μ_{c}	临界阻尼系数
σ_{w}、ε_{w}	膜面经向应力、应变
σ_{f}、ε_{f}	膜面纬向应力、应变
τ_{wf}、γ_{wf}	膜面剪应力、应变
φ	薄膜单元的翘曲系数
T_{eff}	断裂分析中的等效应力
Δ_{eff}	断裂分析中的等效位移
η	断裂分析中的拉剪应力耦合系数
η_{I}	断裂分析中的转角位移耦合系数
Δ_{c}	断裂位移极限值
G_{c}	断裂释放能
m^{M}、m^{m}、$m^{\mathrm{s},i}$	多尺度耦合面上等效节点、主节点、第 i 个从节点的质量
$\boldsymbol{I}_t^{\mathrm{M}}$、$\boldsymbol{I}_t^{\mathrm{m}}$	多尺度耦合面上 t 时刻等效节点、主节点的质量惯性矩阵
$\boldsymbol{I}_t^{\mathrm{s},i}$	多尺度耦合面上 t 时刻从质点 i 相对于自身质心的质量惯性矩阵
$\boldsymbol{I}_t'^{\mathrm{s},i}$	多尺度耦合面上 t 时刻从质点 i 相对于截面中心(主质点处)的质量惯性矩阵
$\boldsymbol{F}_t^{\mathrm{M}}$、$\boldsymbol{F}_t^{\mathrm{m}}$ 和 $\boldsymbol{F}_t^{\mathrm{s},i}$	多尺度耦合面上 t 时刻等效节点、主节点和第 i 个从节点的节点力向量

第1章　结构复杂行为分析概述

结构复杂行为主要包括动力行为、几何非线性行为、材料非线性行为、屈曲和褶皱失效行为、机构运动行为、接触与碰撞行为、断裂行为等，以及由以上行为构成的复合行为，如动力失稳、连续倒塌、爆炸等。这些力学行为一般涉及几何非线性、材料非线性及接触非线性问题的求解，力学基础也往往跨越连续介质力学及非连续介质力学，以目前的数值计算方法解决上述问题尚有一定难度。本章从结构复杂行为分析的基本概念和分析力学的基本思路出发，在介绍几种典型数值分析方法的基础上，提出结构复杂行为分析的有限质点法，并阐述该方法的发展历程及其应用和优势。

1.1　结构复杂行为分析的定义

在工程结构设计中，一般涉及强度、刚度、屈曲、非线性、动力响应等力学问题分析，这方面的理论和分析方法已相对成熟。当前，结构问题的分析，越来越关注“过程”，例如，柔性结构体系的找形过程和成形过程的分析，可开启结构的展开过程和机构运动的分析，结构施工模拟的吊装成形、张拉成形、拼装成形的分析，结构破坏时反映出的屈曲、断裂、动力失稳、接触、碰撞的分析等。上述计算模拟是动态的、复杂的分析过程，本书将这些涉及强非线性、机构运动、屈曲失稳、接触碰撞、断裂等过程的数值计算统称为结构复杂行为分析。

1.2　分析力学的基本思路

从数学观点来看，对结构体系的行为分析有相当高的难度，需要对实际结构体系的几何及力学性质进行准确描述，计算出受力后的几何形状变化、空间运动轨迹和内力分布，以及材料性质与组合方式可能发生的变化。当实际问题变得比较复杂时，要将结构构件和受力状态用恰当的控制方程来描述并不容易。而且，即使控制方程存在，也只能对少数简单问题给出解析解。为了简化求解过程，通常需要引入一定的假设并按照所描述的物理行为对控制方程做适当修正。但是，这种修正或者微调是受限制的，往往需要根据结构行为特点引入特殊的计算技巧，分析过程较为烦琐。

当前工程上常用的计算方法大多是基于传统分析力学的理论框架。分析力学以连续体概念为基础，将结构受力后的位置变化和几何变形分解为两种行为，并按照不同的分析模式和计算参数进行简化处理。一方面，固体结构上任意一点的空间位置、几何变化以及其他参数，均可用一组可微分的连续函数来描述，也就是用微元的概念来定义体系内部任意一点的应力、应变等物理量；另一方面，采用质心运动及转动惯量等物理量来描述整体运动特征，按刚体来处理整体位置的变化。用函数描述的优点是可以用微分数学作为解析工具，将力学理论建立在一个统一的数学基础上，使结构问题转换为数学上微分方程的求解问题，并可通过纯量形式的功能守恒定律、积分形式的变分法或虚功方程对求解问题做进一步简化。目前函数描述模式已成为力学分析理论的主流，发展出了刚体动力学、弹性力学及连续介质力学等多种工程力学理论。

1.3　结构复杂行为的数值分析方法

随着现代数值计算技术的蓬勃发展，采用函数描述模式的计算力学方法已成为解决工程力学问题的重要手段，如有限单元法、有限差分法、边界元法等。然而，当结构变形很大，或者分析中涉及机构位移与柔性体变形的耦合问题时，计算过程常包含迭代运算，这不仅耗时，而且在分析大型问题时很难保证计算精度，更重要的是在数值计算的收敛性与稳定性控制上会存在较大困难。另外，受函数描述模式的限制，许多数值分析方法借助数学技巧做了一定修正后与原有假设不再保持一致。例如，根据分析力学的基本概念，数值方法中离散结构体系仍应满足连续性条件，但这在不连续问题的分析中常成为求解上的障碍。因此，传统数值计算方法在处理材料失效、破坏、断裂、倒塌等问题时都需要做特殊考虑。下面介绍几种主要的数值计算方法。

1.3.1　有限单元法

有限单元法(finite element method，FEM)作为目前历史最悠久、应用最广泛的数值计算方法，早在20世纪40年代就被提出了。1943年数学家Courant第一次提出了可在定义域内分片地使用展开函数来表达未知函数，这实际上就是有限单元的思想。1946年随着计算机的诞生，有限单元法开始用来对杆系结构力学进行数值计算。1956年，Turner、Clough等在分析飞机结构时，将刚架位移法推广应用于弹性力学平面问题，给出了三角形单元求得平面应力问题的正确答案。50年代中期，高速计算机的发展为有限单元法提供了重要的发展平台，其研究和应用快速风靡学术和工程界。Clough(1960)第一次提出“有限单元法”这个名称。从此，这种方法开始逐步推广到板、壳和实体等连续体固体力学分析，广泛应用于求解各种力学问题和非线性问题，并发展到流体力学、温度场、电传导、磁场、渗流和声场等问题的求解计算。

有限单元法的基本思想是将连续体离散为一组互不重叠且按特定拓扑关系连接在一起的有限数量单元组合体，然后根据连续体的变分原理建立离散系统的等效平衡方程。由于采取变分法作为求解途径，有限单元法要求满足连续体全域内的功能平衡，但是每个单元不一定能保证满足静力平衡条件。因此，当分析对象经历较大的刚体转动时，单元上的残余力因虚位移而产生的虚功之和将不为0，这会造成计算的不精确甚至不收敛。

另外，受网格划分的限制和离散模型中单一连续体的要求，有限单元法难以处理与初始网格线不一致的情况。例如，在处理断裂问题时，由于不能事先给定裂纹扩展方向，在模拟裂纹生长时需要不断地重新划分网格，这与初始的连续体假设相悖。因此，当分析的问题涉及较强的大转动、大变形或断裂、穿透等不连续变形行为时，该方法由于理论上的限制会遇到本质的困难，需要引入其他方法或技术对其进行改进和修正。

与有限单元法相比，各种改进的有限单元法主要是在网格描述与划分、不连续界面模型、广义变分方法的应用以及单元插值函数等方面进行了修正，但基本原理是相同的，本质上仍是通过建立离散系统弱形式的整体平衡方程进行求解。

例如，采用任意拉格朗日-欧拉方法（arbitrary Lagrange Euler method，ALEM）（Kuhl et al.，2003）可以在一定程度上弥补拉格朗日格式在处理大变形时由网格扭曲造成的求解困难，能够解决欧拉格式中由非线性材料对流项产生的数值不稳定问题；对于裂纹生长和夹杂、双材料界面等各类强/弱不连续问题，可采用扩展有限元法（extended finite element method，XFEM）（Belytschko and Gracie，2009）进行改进；在处理断裂和碰撞问题时，可采用自适应变换高斯积分（adaptively shifted integration Gauss code，ASI-Gauss）法（Lynn and Isobe，2007a，2007b）对有限单元法进行补充，来模拟倒塌、撞击等结构破坏过程；在有限单元法中引入黏聚力模型和拓扑数据结构优化技术，则能够模拟混凝土结构的开裂及微裂缝扩展的动力过程（Lu et al.，2009）。另外，通过与其他数值方法相结合，质点有限元法（particle finite element method）（Oñate et al.，2004）和最小二乘有限元法（least-squares finite element method）（Herold and Matthies，2005）则能模拟复杂的流固耦合问题。

1.3.2　显式有限元法

显式有限元法（explicit finite element method）主要应用于显式动力分析中。该方法基于牛顿第二定律，不需要集成整体刚度矩阵，单元内力的集成、更新均在各自单元内执行。在处理几何非线性问题上，该方法中使用的共转坐标（co-rotational formulation，CR）法（Wempner，1969；Belytschko and Hsieh，1973；Crisfield and Shi,1994)在以整体刚体运动为主导的梁、板、壳体等结构中已得到较好应用。但由于固体的刚体转动和纯变形难以直接分离,CR 法在求解其大变形问题时会遇到较大的困难。如果只是简单地假设一个随体坐标来代替单元的刚体运动,则可能在变形较大时产生附加的虚假应变,使单元产生不正常的体积膨胀或收缩现象(Shabana,1997)。因此,采用 CR 法求解固体的非线性问题时,通常需要引入特殊的处理技巧或加入适当的人工参数才可以完成分析。

1.3.3 离散单元法

离散单元法(discrete element method,DEM)(Cundall and Strack,1979)的思想源于分子动力学。该方法将分析区域离散为一系列独立运动的颗粒(单元),单元本身具有一定的几何(形状、大小、排列等)、物理和化学特征。其运动符合经典运动方程,整个介质的变形和演化由各单元的运动和位置来描述。

离散单元法的基本原理是,将研究对象划分为一个个相对独立的单元,根据单元之间的相互作用和牛顿运动定律,采用动态松弛法或静态松弛法等迭代方法进行循环迭代计算,确定在每一个时间步长所有单元的受力及位移,并更新所有单元的位置。通过对每个单元的微观运动进行跟踪计算,即可得到整个研究对象的宏观运动规律。在离散单元法中,单元间相互作用的求解是瞬时平衡问题,并且对象内部的作用力达到平衡,就认为其处于平衡状态。离散单元法的基本假定是:若选取的时间步长足够小,则在一个单独的时间步长内,除与选定单元直接接触的单元外,来自其他任何单元的扰动都不能传播过来,并且规定在任意的时间步长内,速度和加速度恒定。

离散单元法与有限单元法和边界元法具有类似的物理含义和平行的数学概念,但具有不同的模型和处理手段。离散单元法认为系统是由离散的个体组成的,个体之间存在接触和脱离,存在相互运动、接触力与能量联系,它为微观力学、散体力学问题的数值求解提供了手段,是一种分析复杂系统中运动规律与动力学参数的强有力的数值计算方法。

离散单元法也可以用于模拟炮弹袭击后的穿透和碎裂行为、结构倒塌和裂缝开展过程(Kawai and Toi,1978;Tavarez,2005;金伟良和方韬,2005;陆新征等,2008;Lu et al.,2009)。然而,受离散模型的限制,该方法多用于颗粒状结构的模拟,如砂粒、碎石的运动行为和岩石破坏机理等分析。

1.3.4 非连续变形分析法

非连续变形分析(discontinuous deformation analysis,DDA)法(Shi and Goodman,1985)是石根华教授于 20 世纪 80 年代中期创立的一种求解不连续介质系统位移、变形和内力分布的数值方法。DDA 法研究的对象是由多组物理不连续面分割而成的块体系统。每个块体可作为一个独立单元，根据系统最小势能原理建立总体平衡方程，将刚度、质量和荷载矩阵加到联立方程的系数矩阵中，采用罚函数法强迫块体界面约束，然后进行求解。它能够较好地模拟非连续介质大变形、大位移的静、动力分析等传统有限元法难以解决的问题。国内外一些学者采用 DDA 法对框架结构的二维及三维倒塌过程进行了模拟，与实际的倒塌过程吻合得较好(贾金河和于亚伦，2001；Ma et al.，1995)。

1.3.5 无网格法

无网格法(meshless method)是基于离散点模型数值方法的总称(Belytschko et al.，1996；Li and Liu，2002；Oñate et al.，2004)，在数值计算中不需要生成网格，而是按照一些任意分布的坐标点构造插值函数离散控制方程，可以方便地模拟各种复杂形状的流场。常见的无网格法有光滑粒子流体动力学(smoothed particle hydrodynamics，SPH)方法、无单元伽辽金法(element-free Galerkin method，EFGM)、再生核质点法(reproducing kernel particle method，RKPM)等。该类方法借助求解域内一组任意选取的离散点来构造具有紧支特性的全局近似覆盖函数，再利用加权余量法或变分原理建立系统方程。无网格法虽然种类繁多，但基本思想和步骤相同。各种方法的主要区别在于采用了不同的加权余量形式和试探函数。

由于对求解域的离散和近似函数的构造都摆脱了对网格的依赖，因此前处理时只需要节点位置信息，增减节点和自由度都比较方便，易于进行复杂三维结构的自适应分析。另外，与有限单元法等网格/单元类数值方法相比，无网格法在处理计算区域存在冲击碰撞、裂纹传播、塑性流动等涉及大变形或需要动态调整网格形式的问题时，突破了结构固定拓扑关系的限制，避免了网格畸变的影响。然而，现有的各种无网格法中近似函数通常为高阶函数，需要采用复杂的数值积分，计算量大、效率低，并且节点影响域和积分域范围比较难确定；另外，无网格法中使用的近似函数大都不具有插值特性，边界条件不易施加，必须进行特殊处理(Liu，2011)。

1.3.6 非线性力法

相比力法，位移法更适合计算机矩阵运算，因此位移法远比力法应用广泛。但是在分析几何不稳定结构(或称机构)、瞬变体系结构时，位移法形成的刚度矩阵将发生奇异。20 世纪 80 年代，Kaneko 等(1982)、Pellegrino 和 Calladine(1986)对采用力法求解结构问题进行论述，介绍如何应用计算机进行力法分析，研究的对象是线性、稳定的结构体系。之后，力法的研究对象扩展至动不定和静不定结构体系，分析范围也从小变形线弹性分析发展至非线性分析(Pellegrino，1990；罗尧治，2000；陆金钰，2008)。非线性力法通过矩阵奇异值分解，利用平衡矩阵的零空间基底及正交性质解决刚度矩阵奇异的矛盾。这一方法不仅适合计算机编程,而且对于不同体系的结构求解更加有效,特别适用于结构的机构分析和形态分析以及非线性全过程跟踪分析。

采用基于力法的非线性分析方法能有效地分析包括动不定、静不定体系在内的各种结构形式,解决含机构位移及同时含机构位移和弹性位移的结构的受力或形态分析问题,反映初应变、初应力的影响。

虽然非线性力法比位移法具有更广的适用性,但是从算法上来说,非线性力法所建立的平衡方程中,平衡矩阵是不对称的满阵,与位移法建立的刚度矩阵为对称、稀疏阵相比,非线性力法对计算机的计算能力要求更高,而且矩阵的奇异值分解所需的计算量远大于刚度矩阵的三角分解,因此非线性力法远不如位移法应用广泛。

1.4 有限质点法的发展

1.4.1 向量力学基本思路

向量力学(或称牛顿力学)是经典物理中提出的一种广义的力学框架。它基于物理概念,建立了力、位移、速度、加速度等基本力学参数间的关系,以质点系统为研究对象,制定了以物理学运动定律作为质点行为描述的力学准则。但是在计算机发展之前,受限于庞大的计算量,利用物理和几何向量来分析复杂质点系统的力学问题十分困难。因此,力学家以连续体的概念和函数描述为基础,采用微分数学作为解析工具,将力学理论建立在统一的数学基础上,使结构问题转换为数学上微分方程的求解问题。这是 1.2 节所述分析力学解决问题的基本思路,它在早期避免了大规模的数值计算。

随着计算机的迅速发展,大规模数值计算已经不再是采用向量分析求解问题所难以解决的瓶颈。为了克服基于分析力学理论计算方法的局限性,美国普渡大学 Ting 教授基于向量力学和数值计算相结合的概念提出了直接利用离散的点值和质点运动定律来描述结构行为的构想,引用广义向量力学作为运动和变形的准则,从而发展了向量式结构与固体力学,这就是有限质点法的力学基础。

很多学者在向量式结构和固体力学的基本概念下提出和发展了向量式有限元法,分析了桁架、刚架、膜结构和固体的运动行为,以及结构的连续倒塌行为,取得了较好的效果(Ting et al.,2004a,2004b;Wang et al.,2006;丁承先等,2007;丁承先和王仲宇,2008;Wu and Ting,2008;Wu et al.,2008;Wang et al.,2008;向新岸,2010;丁承先等,2011;胡狄等,2012;王仁佐等,2012a;朱明亮和董石麟,2012a,2021b;王震和赵阳,2013;赵阳等,2013;王震等,2014a,2014b,2014c;张柳和李宗霖，2014；倪秋斌等，2014；杜庆峰等，2014；杜庆峰等，2015；陈冲等，2015；向新岸等，2015；姚旦等，2015；赵阳等，2015；王震等，2016；朱明亮和郭正兴，2016；李效民等，2016；陈俊岭等，2016）。

1.4.2　有限质点法的创建

2006 年，本书作者在美国普渡大学 Ting 教授的鼓励下，基于向量式结构与固体力学的基本概念，提出了面向结构工程的数值分析方法——有限质点法（finite particle method，FPM），旨在对结构的非线性问题及不连续行为进行分析。该方法不再以函数连续体的概念来描述分析对象，而是以真实的物理模型为基础，将连续体在空间上离散为一系列质点的集合，在时间上离散为一系列分段途径单元的集合，并在各时间段内直接用牛顿第二定律取代连续体的偏微分方程来描述这些质点的运动。

有限质点法对所有结构行为分析都基于统一的框架，对线性和非线性力学问题不进行区分，即便是对于强非线性和不连续变形问题也无需做计算模式或控制方程的转换。在计算过程中不涉及刚度矩阵的集成和求逆，也无需迭代求解非线性方程组。有限质点法在求解结构的几何非线性、材料非线性、刚体运动以及接触、碰撞、断裂等不连续问题时具有独特的优势，克服了传统方法在此类问题研究中遇到的困难，为结构复杂行为的模拟提供了新的思路和强有力的分析方法（Yu and Luo，2009；喻莹，2010；喻莹和罗尧治，2011a，2011b；Yu et al.，2011；喻莹等，2012；罗尧治和杨超，2013；喻莹和罗尧治，2013；Yu et al.，2013；罗尧治等，2014；Luo and Yang，2014；Yang et al.，2014；俞峰，2015a，2015b；喻莹等，2015；喻莹等，2016；郑延丰和罗尧治，2016；Yu and zhu，2016；张鹏飞等，2017a，2017b；喻莹，2010；杨超，2015；郑延峰，2015；张鹏飞，2016；刘磊，2017），如图 1.4.1 所示。

1.4.3　有限质点法的典型应用

1）动力行为

传统有限元法在分析静力问题和动力问题时采用的是不同的控制方程和求解策略，动力分析的复杂性要远大于静力分析，计算工作量也要大得多。因此，工程实践中结构的静力分析是设计的基本，只有在需要时才进行动力分析。

有限质点法以牛顿运动方程作为控制方程，在本质上适合求解动力问题；而静止状态实质是结构动能在阻尼作用下耗散的结果，静力问题可通过阻尼耗能或缓慢加载求解，因此有限质点法同时适用于求解静力和动力问题，可形成静力和动力统一的计算流程与求解策略。

2）几何非线性行为

传统结构分析一般以小位移理论为基础，将平衡方程建立在变形前；需要考虑大位移时，采用完全拉格朗日（total Lagrange，TL）或更新拉格朗日（updated

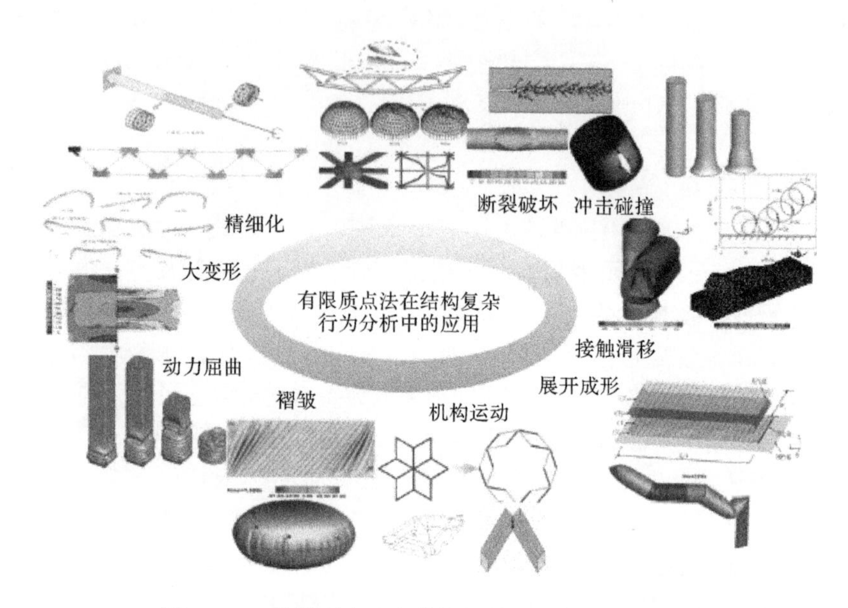

图 1.4.1　有限质点法在结构复杂行为分析中的应用

Lagrange,UL)构形进行迭代求解或特殊处理,这样就将结构分析分为几何线性问题和几何非线性问题,而几何非线性分析的代价比几何线性分析高得多。基于共转坐标的显式有限元法能在共转坐标系中计算单元内力,却难以分离固体单元的刚体运动和纯变形,因此在几何非线性分析中仍存在困难。

有限质点法通过虚拟的逆向运动分离单元的刚体运动和纯变形,进而得到单元内力,然后以虚拟的正向运动,将单元恢复到单元变形后的真实位置,因此可以认为在本质上是求解几何非线性问题。由于几何线性问题是几何非线性问题的特殊情况,有限质点法能统一地求解几何线性问题和几何非线性问题。

3) 材料非线性行为

有限单元法考虑材料非线性时,需要迭代求解非线性方程组,而涉及动力和几何非线性的弹塑性分析则是一项非常复杂的过程,步骤一般为:简化计算模型,确定恢复力模型,选取动荷载,修正刚度矩阵,最后迭代求解方程。这样的分析步骤数据量庞大,计算费时,处理不当则可能导致结果不收敛。有限质点法实际是求解动力问题和几何非线性问题,每个途径单元内的内力求解过程已被简化为小变形的情况,小变形情况下的弹塑性计算仅与单元内力的求解相关,不需迭代求解。弹塑性模型和屈服条件的建立、应力加卸载准则的确定均有成熟的理论和方法,因此弹塑性问题在本质上并没有加大有限质点法求解问题的难度。

4) 屈曲、褶皱等失效行为

屈曲、褶皱等失效行为是在结构运动过程中经历了几何非线性、材料非线性后产生的一类特殊现象,在这些行为中,结构的一部分失效,退出工作。采用有限单元法分析这些行为时,非线性方程求解不易收敛,往往需要通过修正方法才能越过极值点,跟踪结构失效后的行为。几何非线性力法可以避免刚度矩阵出现奇异,该方法将结构的几何拓扑和本构关系分离,以平衡矩阵的奇异值分解替代有限单元法中切线刚度矩阵的集成,存在的问题是平衡矩阵的奇异值分解非常耗时。

在有限质点法中,不同单元的内力计算相互独立,所以不需要集成刚度矩阵,结构局部失效并未对单元内力计算和控制方程求解造成困难,因此不需要对程序进行特殊处理,也不需要预先知道结构的运动路径,能够在运动中自然地模拟屈曲、褶皱等失效后行为。

5) 机构运动行为

机构运动行为由于存在刚体运动,实际属于非连续介质力学的范畴,用有限单元法求解会存在矩阵方程病态等问题。有限质点法描述行为变化用点值的差表示,得到的控制方程和内力公式中不会有偏微分项。与传统方法相比,对结构可动性和机构特性都不进行要求,只需对质点的性质加以约束和限定,在处理机构运动时与一般的结构分析并没有本质的区别,所以模拟结构出现的机构化运动是一个自然的过程。因此,有限质点法可以有效地对机构的运动行为进行模拟,并且可以求解机构位移和弹性位移耦合的结构受力或形态分析问题。

6) 接触和碰撞行为

接触和碰撞在力学上常同时涉及三种非线性,即材料非线性、几何非线性及接触界面非线性。有限单元法中,接触问题的求解同样需要迭代,接触界面约束条件的引入一般采用拉格朗日乘子法和罚函数法,实际求解过程复杂。由于涉及多种非线性,求解的收敛性对荷载增量的设定提出了较高的要求,弹塑性接触问题中不允许在一个增量步内出现两种非线性。动力过程中的接触问题则需要更小的时间步长,保证收敛也需要一定的经验和技巧。

有限质点法处理接触问题不需要迭代求解,可通过与显式积分方案相容的方法如防御节点法等引入接触界面约束条件,可在一个时间步长内单独计算接触对之间产生的接触内力,并将接触力反作用于质点,不需要对单元刚度进行修正,因此处理接触碰撞问题本质上并不增加控制方程求解的难度。

7) 断裂行为

传统有限单元法采用连续函数作为形函数,处理裂纹等不连续问题时比较困难:在裂尖附近的奇异场内要求高密度网格,在模拟裂纹扩展时需要网格重划分,使得计算复杂且效率低。扩展有限单元法在传统有限单元法的基础上做出了改进,裂纹扩展后不需要网格重划分,因此可以方便地分析断裂问题,但是需要构造新的断裂单元类型。

有限质点法计算过程中始终维持质点的能量守恒，单元仅反映质点间力的关系。单元中出现断裂仅改变质点的作用力，不给质点运动方程的求解带来本质的困难。由于每个质点在每个方向的位移都是分别求解的，不需要集成整体刚度矩阵，因此在满足结构体质量守恒的条件下，结构中允许自由地增加或减少质点，质点间可以相互分离而无需重新编码或进行网格修正，从而解决了传统有限单元法在断裂问题中遇到的很多困难。

8) 复合行为

在结构对荷载响应直至发生破坏的过程中，往往涉及多个方面的复杂行为，可称为复合行为。例如，结构的动力弹塑性失稳，涉及动力分析、几何非线性、材料非线性以及屈曲等行为；结构的连续倒塌则涉及上述所有复杂行为。复合行为对求解方法的正确性、稳定性、收敛性以及计算效率都提出较高的要求。传统有限单元法由于理论上的限制，在求解这类复合行为上存在困难；而其他方法，如基于共转坐标的显式有限元法、力法等，则存在难以准确求解或计算效率不高等问题。有限质点法适合求解动力问题和几何非线性问题，处理材料非线性、接触界面非线性的策略也非常简单，具有很好的稳定性，因此适合复合行为的求解。

1.5 有限质点法与其他计算力学方法的比较

根据分析对象的物理力学特性，1.3 节所述的分析方法可以分为两大类：一类是基于连续介质力学的连续型方法，其中以有限单元法应用最为广泛；另一类是以不连续变形力学为基础的离散型方法，如离散单元法、刚体-弹簧元方法（rigid body spring element method，RBSM）（Kawai and Toi，1978）、非连续变形分析法（Shi，1988）等。然而，可以完整处理从连续体到不连续体变化过程的方法就较少，目前研究较多的是无网格法和数值流形方法（numerical manifold method，NMM）（石根华，1997）。下面简要介绍有限质点法与其他计算力学方法的比较。

1.5.1 有限质点法与有限单元法的比较

有限质点法中部分计算过程与有限单元法有类似的地方，例如，对于质点内/外力的推导，但在基本思想和具体求解步骤上仍有本质的区别（表 1.5.1），它们之间的区别与联系主要体现在以下几个方面。

1) 基本理论

有限单元法以连续介质力学和能量法为理论基础，实际上是一种以离散形式求解数学连续体微分方程式的数值计算方法。

有限质点法是以向量力学为基础的方法，它与有限单元法最本质的差异就是连续体的假设及偏微分控制方程都不再存在，取而代之的是基于物理模式的点值

表 1.5.1　有限质点法与有限单元法在复杂行为分析中的对比

复杂行为	有限质点法	有限单元法
动力分析	本质是求解动力问题,同时适用于静力、动力问题	静力分析、动力分析采用不同求解策略,动力分析代价高
几何非线性	以虚拟逆向运动分离刚体运动和纯变形,同时适用于几何线性、非线性分析	TL 或 UL 迭代求解,几何非线性分析代价高
材料非线性	仅与单元内力的求解相关,没有加大问题难度	需要修正刚度矩阵并迭代求解,数据量庞大,计算费时
屈曲、褶皱等	无需特殊处理或预先知道路径	刚度矩阵病态或奇异,需特殊处理才能获得失效后行为
机构运动	通过虚拟逆向运动扣除刚体运动	存在刚体运动,刚度矩阵病态
接触碰撞	无需迭代求解,接触对间的接触内力可单独计算	需迭代求解,要求荷载增量步和时间步较小
断裂	可自由增加或减少质点,质点间可以相互分离而无需重编码或网格修正	裂尖奇异场要求高密度网格,裂纹扩展时需网格重划分

描述假设以及满足牛顿定律的质点运动方程,该方法是一种真正的离散模式,因而在各个质点上都能维持功能平衡,在结构整体上也平衡,从而为处理刚体大转动以及断裂、碰撞等不连续问题提供便利条件。

2) 控制方程

有限单元法利用功能守恒定律得到的微分方程等效形式是一个以刚度矩阵为系数、以离散点位移为变量的代数方程式。当分析几何或材料非线性问题时,由于在原微分控制方程中对内外力进行了几何或材料性质变化的修正,相应的刚度矩阵系数将不再是常数,因此需要通过增量迭代方式来进行求解,给计算带来一定困难。

有限质点法在建立控制方程时不作静态平衡与路径独立的假设,认为结构受力后的行为是一个运动过程。因此,其控制方程是一组描述各个质点运动轨迹的向量方程。各方程之间相互独立,未知量为质点位置,对刚体运动和变形不作区分,几何与材料非线性的影响仅在内力计算中考虑而不需要对点运动方程本身进行特殊的修正。另外,控制方程采用显式时间积分格式求解,因而不需要进行任何迭代计算或参数上的调整。

3) 边界条件处理

有限单元法中的边界约束是作为偏微分控制方程的边值条件引入的。在处理边界条件时,通常要对节点变量的数量和刚度矩阵公式进行调整。在处理可变边界问题时难度较大。

有限质点法中的边界约束是作为求解质点运动方程的初值条件引入的，因而可以采用广义的边界约束形式。该方法对于不同约束条件的处理是一组独立的分析公式，在计算过程中，这些公式可以做个别的增减而不会对其他的计算产生影响，也不必修改整体的计算流程。因此，该方法中不必区分约束条件是否满足几何稳定的要求，允许计算过程中改变边界条件或发生机构化运动。

4）非线性变形与内力描述

在分析固体力学的大变形或大变位问题时，有限单元法中通常采用 TL 格式或 UL 格式进行求解，其中为了得到与刚体转动无关的变形和内力描述，引用了复杂的应力和有限应变公式来定义，容易产生数值计算的误差累积。除上述两种求解格式之外，在显式有限单元法中还采用 CR 法来分离刚体转动和变形（Crisfield and Shi，1994）。该方法在推广至固体问题时，由于不能将纯变形和刚体转动完全分离，也不具备一个误差修正机制，因此单元会因虚假应变而产生不正常的体积膨胀或收缩现象。

有限质点法根据点值描述的基本假设，通过一个基于物理模式的虚拟逆向运动过程来扣除刚体运动分量，简化了纯变形的计算，而且求得的内力满足静平衡条件。它所采用的这种基于物理描述的分析模式可以方便地实现内力计算中参考构形的转换，保证在时空状态对应的前提下求得变形和内力。另外，该方法本身固有的误差修正机制可以防止误差的累积和扩散，因此可以作为一种广义的变形处理方法用于各类结构和固体的分析中。

1.5.2 有限质点法与非连续变形分析法的比较

非连续变形分析法是一种分析不连续介质系统运动和变形的数值方法。该方法的基本思想是将结构看作被不连续面切割而成的块体单元的集合，块体的运动和变形由刚体平移、转动、正应变和剪应变组成，各块体之间通过接触约束而形成一个有机整体，在体系运动过程中块体单元之间可以接触，也可以分离，但始终满足块体间不侵入和无拉伸力的条件。其理论基础仍是基于最小势能原理，将块体之间的接触问题和块体本身的变形问题统一到总体平衡方程，而块体界面约束不等式可利用罚函数法来施加。非连续变形分析法遵循运动学理论，符合平衡条件和能量准则。它能够计算不连续面的滑动、旋转、开裂、闭合等运动形式，得到大变形、大位移的静、动力解。然而，由于在计算时每个块体都被当做一个独立且不可再分的一阶近似单元，当块体较大时难以给出内部的精确应力状态，也无法模拟新裂纹的产生。此外，该方法在弹塑性问题、三维块体接触理论等方面都有待进一步研究。

在非连续变形分析法的基础上，结合有限覆盖技术产生了数值流形法。该方法利用与有限单元法相似的位移函数和能量原理，同时继承了非连续变形分析法中高效的接触搜索及处理方法，既可以精确地求解一般的结构变形、应力问题，又可以模拟连续体内的裂纹扩展、结构破坏以及非连续体的运动过程。该方法的主要特点是使用了两套独立的覆盖网格，即物理网格和数学网格，分别用于定义材料积分区域和插值函数，在物体的运动变形过程中，数学网格（通常采用有限元网格）固定不变，使得模拟裂纹扩展问题变得比较方便，统一了连续介质和非连续介质的力学分析过程。然而，该方法中对于边界条件的处理、覆盖网格的自动划分以及三维接触与形积分等关键技术问题还需进行更深入系统的研究（周少怀和杨家岭，2000）。

可以看出，上述两种方法与有限质点法相比在离散模型、理论基础、运动与变形耦合关系的处理、接触与约束条件引入方式等方面都有较大的差异。虽然它们也能够用于模拟大位移、大变形、非连续体的运动变形及裂纹萌生扩展等复杂问题，但目前阶段研究对象多局限于岩石、土体等非连续介质体系（张湘伟等，2010）。

1.5.3　有限质点法与离散单元法的比较

离散单元法最初也用于分析岩石、土体等非连续介质的力学行为。早期的离散单元法是基于刚性体假设，把不连续体按节理等间隙界面分离为一系列颗粒或块体元素的集合，对各元素逐一进行受力分析，使其运动满足牛顿定律，并通过时间步迭代的方式求解各离散元素的物理量。各单元间允许有相对运动，即相邻单元之间可以接触，也可以分开，不一定要满足位移连续和变形协调条件。单元间的相对运动依靠设置于节点间的弹簧等变形元件（即单元间的连接模型）来实现，变形元件的性质和设置方式由材料的本构关系确定，单元间的相互作用可以通过相对位移和内力间的关系求出。于是，构造合理的连接模型并确定模型参数是离散单元法用于结构分析时的主要难点。

根据离散元模型的几何特点，该方法更适合于岩体和颗粒散体的行为模拟，因为对于这类材料，所有非线性变形和破坏都集中在弱连接的界面上，接触模型理论趋于成熟，可以获得较好的模拟结果。然而，由于接触搜索的计算非常耗时，当分析扩展为三维模型时，计算量将显著增加，不便于大型结构体系的分析。另外，对于连续介质或连续介质向非连续介质转化的力学问题，由于单元间的连接模型只能采用构件层次上的恢复力模型而难以应用连续介质力学成熟的材料本构理论，因此很难真正满足几何仿真、材料仿真和过程仿真的要求，更多的还是以定性分析为主。

由此可见，离散单元法与有限质点法在对分析对象的几何与材料性质描述、连续性描述以及内力作用的计算方法等方面都有比较明显的区别。

1.5.4　有限质点法与无网格法的比较

无网格法与有限质点法既有区别又有联系。两者同属于质点类方法，具有该类方法的一般特点。但是，在基本理论和建立系统方程的方式上两者仍有较大差别，特别是在分析模型中离散点之间相互关系的表征上有明显不同：无网格法采用一种与权函数或核函数相关的近似函数对离散点上的场函数值进行拟合，得到求解域中任意一点的数值，其实质是一种数学上的光滑处理，点之间的关系并没有明确的物理意义；而有限质点法中质点间的联系有明确的物理意义，它反映了相互之间作用力的形式和大小，其计算方法可根据物理力学模型、试验或材料性质公式来确定。

质点法(particle method)是一系列新兴无网格方法的总称，它摒弃了传统方法基于计算区域网格离散建立方程的方式，而是基于大量离散质点的运动以及相互作用来重构介质的宏观力学行为。与传统的基于网格剖分的数值模拟方法相比，质点法在处理计算区域存在较大变形的问题时，打破了计算节点间存在固定拓扑结构的限制，成功避免了网格畸变、新旧网格转换及网格质量评估等复杂过程，因此能较为方便地处理自由表面捕捉、计算区域破碎和融合等问题。

有限质点法在具体内容上与其他质点法的差别在于该方法的离散模型为无体积的质点和有体积的单元，而其他质点法为有体积的质点和无体积的质点间弹簧。另外，有限质点法采用虚功原理求解单元内力，单元内力反映质点间力的关系，而其他质点法多采用弹簧反映质点间力的关系。

1.6　有限质点法的优势

有限质点法在结构复杂行为分析中的优势表现在如下方面。

(1) 有限质点法采用了一个广义而系统化的分析框架，无论是简单还是复杂的结构问题，分析公式和计算流程都基于同一个框架，即求解质点力及质点运动公式。质点运动公式为标准形式，与结构的几何形状和行为模式无关，对于复杂问题只需对公式中的各个分项做个别处理即可，不用改变整体分析框架。

(2) 途径单元概念的引入大幅简化了结构的运动描述，使得该方法能够在途径单元之间清晰而简单地描述结构的断裂、碰撞、穿透等不连续行为。

(3) 质点运动遵循牛顿第二定律，在内力和外力作用下结构处于永恒的动平衡状态，因此动力分析是该方法的本质，同时通过引入阻尼耗能机制也可用于静力问题分析，从而形成静力和动力统一的计算流程与求解策略。

(4) 有限质点法采用显式积分法求解质点的运动方程，无需迭代求解非线性方程组。各单元的内力计算相互独立，质点控制方程的各项间无耦合关系，计算过程中不会涉及整体刚度矩阵的集成和求逆，方便实现基于图形处理器(graphic processing unit,GPU)的并行计算，从硬件上提高有限质点法的计算效率。

(5) 由于直接使用点值作为变量，可以不受网格划分和连续性条件的限制而自由地增减质点，避免了传统计算方法处理不连续问题时在数学上遇到的限制和困难。与其他离散型数值分析方法相比，有限质点法中的变形位移能够满足连续体条件，当描述的对象是一个连续体时，构件的几何、材料及力学性质都可以用片段连续函数进行描述。因此，有限质点法可以实现对连续体变形以及连续体向非连续体转化过程的精确分析。

(6) 内力计算的核心在于引入虚拟运动概念，使得刚体大位移对变形计算的影响被基本扣除，同时实现了不同参考构形之间的应力转换；而通过定义变形坐标进行坐标分量转换，可以方便地求出节点位移中与纯变形相关的独立变量，消除了由刚体运动造成的内力计算误差。虚拟运动排除了刚体运动对单元内力求解的影响，计算中不对结构的线性和非线性行为加以区别，使得求解几何线性和几何非线性问题统一在有限质点法求解的基本框架下。

第2章　有限质点法基础

本章介绍有限质点法的基本原理，包括基本概念，运动方程的建立和求解，杆、梁、平面、薄膜、壳和固体质点的计算公式，以及该方法求解结构问题的一般分析步骤和流程。

2.1　有限质点法的基本概念

2.1.1　点值描述

点值描述(point value description)是指结构的几何形状和空间位置以及运动过程可分别用有限个质点的空间位置和时间轨迹进行描述，这一概念是向量式分析的基础。有限质点法继承了这一基本概念，并针对实际结构问题加以发展。计算中遵循以下三个基本假设。

(1) 用一组离散的构件空间点的点值来描述连续结构的参数；点之间的参数值用一组标准化的内插函数来计算，函数需要满足构件作为物理连续体的条件；空间点的总数和配置应使点之间的变形近似于均匀状态。

(2) 用一组特定时间点的点值来描述质点的运动过程，时间点之间的变化过程用一组控制方程式来计算；时间点的总数和配置应使得在每个时段内结构的变形均很小。

(3) 运动控制方程中的质点间相互作用力仅与纯变形相关，通过一个基于物理模式的虚拟逆向运动过程来扣除总位移中的刚体运动分量，简化纯变形的计算。

1. 空间的点值描述

以分析力学为基础的传统计算方法包括两个步骤：首先，将结构及其运动行为用一组微分方程式来表示，以得到所谓的连续模式；然后，将其离散化，以便于数值计算。在整体分析过程中，力学理论和数值计算是两个分离的概念。而有限质点法则直接采用向量力学中的物理描述方式，从无限多个空间点中选择一组有限数量的质点作为结构行为描述的独立变量，结构行为由质点位置来描述，参数也用点位置上的相应变量值来表示。图 2.1.1 表明了两种描述模式的差异。如图 2.1.1(a)所示，若连续体 a-b-c-d 用函数进行描述，则分析时需写出用独立变量表示的变形前后的位置与形状函数 $\boldsymbol{U}(x,y,z,t)$ 以及其他力学参数，如作用力向量函数 $\boldsymbol{F}(x,y,z,t)$。由于固体问题几何描述的复杂性，要准确求出这些函数并不容易。而在有限质点法中，可任意选择一组离散质点的集合来代表连续体的形状，如图 2.1.1(b)中用 16 个质点来表示连续体 a-b-c-d 的位置和形状，任一点的位置向量和作用力描述分别为 $\boldsymbol{X}_\alpha(t)$ 和 $\boldsymbol{F}_\alpha(t)$（$\alpha=1,2,\cdots,16$）。

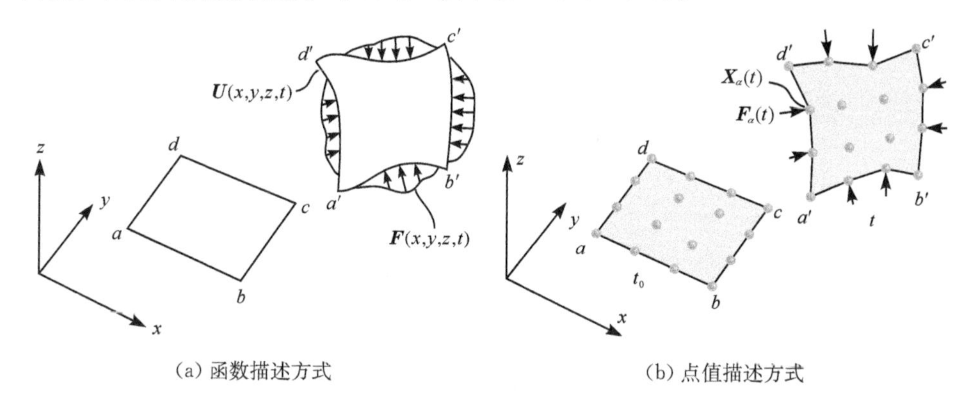

(a) 函数描述方式　　(b) 点值描述方式

图 2.1.1　连续体的不同描述方式

质点被认为是有限质点法中结构的基本组成单位，结构上所有的质量、位移、变形、边界条件、内力和外力作用均由质点承担。从结构的空间运动和变形的物理意义方面考虑，点值描述可进行如下表述。

(1) 结构是一组离散质点的集合，质点的空间坐标和运动轨迹可用来描述整个结构的变形与运动情况。图 2.1.2 所示的平面框架在外力作用下经历了一个连续变形和运动过程，在初始时刻 $t_0=0$、中间时刻 t_a 以及当前时刻 t 时的几何构形分别为 V_0、V_a 和 V；在作用力、边界条件及材料性质时间历程已知的条件下，分析的目标是求解这组质点系统在各个时刻的空间位置。与传统数值计算方法类似，使用的质点越多，计算得到的结构形态会越接近真实情况，但计算量也会相应有所增加。

(2) 所有作用力均位于质点上，因此结构上施加的外力和内力都以质点等效集中力的形式来描述。任意时刻各质点在内外合力的作用下均处于永恒的动平衡状态，这相当于一种强形式的平衡条件，可以保证所有点上的功能平衡。

(3) 结构的所有质量均集中在质点上，并根据各质点所表征的范围按比例进行分配和集成。当结构发生不连续变形时，允许各质点质量重新调整，但应满足整体质量守恒。

(4) 相邻质点之间可以用一组标准化的单元连接，如梁单元、膜单元、固体单元等。单元的力学参数通过内插函数表示。虽然整体结构的运动和变形不一定连续，但每个单元的变形假设都是连续的，因此其内力和变形大小可以参照连续介质力学理论来分析，内插函数须满足连续体条件。每个单元的定义和处理方法都是独立的，变形和内力可针对每个单元分别计算而不需要做集成运算。

(5) 质点的运动约束反映结构的边界条件和运动限制。例如，用运动约束点模拟空间钢架的固定约束，那么该质点的 6 个广义运动分量都应受到限制。根据约束形式和单元类型的不同，运动约束点的变化十分灵活，详见 2.2.2 节。

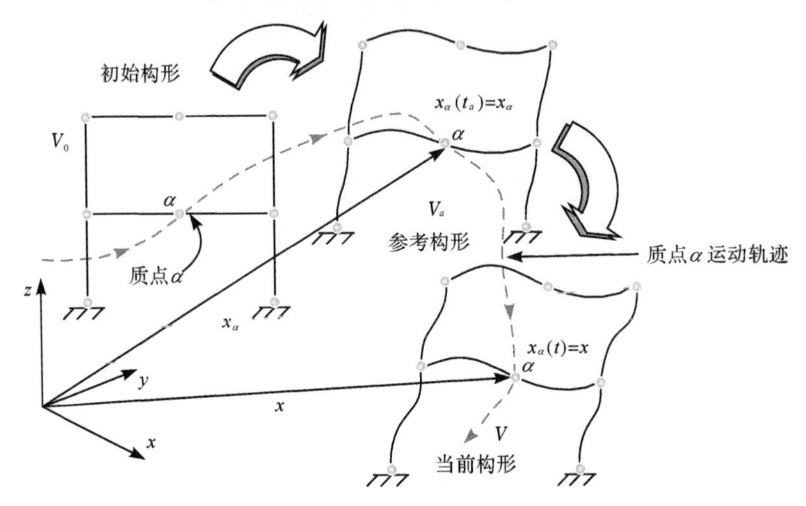

图 2.1.2　结构的空间点值描述模型

2. 时间的点值描述

传统分析力学方法在处理结构变形问题时，通常假设结构的运动行为是一个途径独立的过程，分析时只考虑初始及结束两个时刻的平衡状态，忽略它所经历的具体运动过程。但是在许多实际问题中，这一简化将造成某些分析上的困难。例如，结构受力后有显著的空间位置或几何形状改变，乃至发生碰撞、断裂等不连续行为，此时就需要考虑运动的时间历程。有限质点法以所有质点运动轨迹的集合来描述结构受力后的行为，认为结构的运动和变形是离散质点的时间函数，需要求解的是全部质点的真实时间轨迹。

质点运动的时间轨迹被一系列时间点划分为多个片段，通过各时间点上的质点位移、速度等状态量来描述运动和变形的时间历程，以此来反映整个过程中结构的受力和运动状态。如图 2.1.3 所示，假设在时间 t_0 到 t_n 之间，任意质点 α 在空间中的位置由 x_0 运动至 x_n。将这一时间轨迹用一组时间点 $t_0, t_1, t_2, \cdots, t_n$ 划分成 n 个独立片段，则每一个离散时段内(如 $t_a \leqslant t \leqslant t_b$)的运动轨迹称为途径单元。以一组途径单元来描述质点时间轨迹的目的是简化内力计算和方便处理不连续行为。在每个途径单元内，质点都遵循一组标准化的简化假设和运动变形准则。

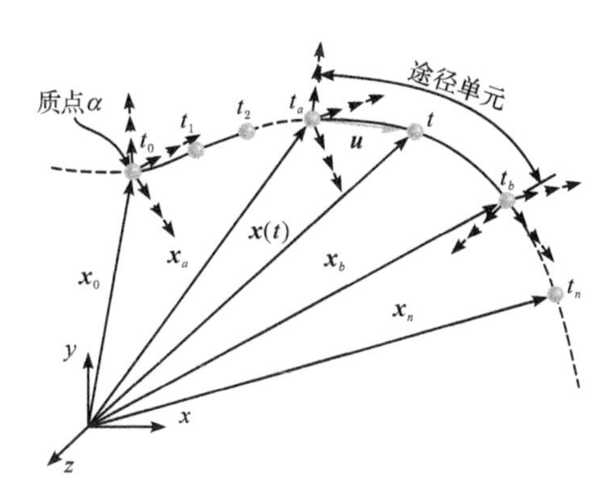

图 2.1.3　质点 α 时间轨迹的点值描述与途径单元

(1) 虽然整体结构的位置变化可以很大,但每个单元的变形很小,它的几何变化对内力分析的影响可以忽略。因此,在扣除刚体位移后,应变和应力可以分别以微应变和工程应力的形式进行描述,从而可以直接引用标准材料试验的数据来定义材料本构模型及参数。

(2) 在途径单元初始时刻 t_a,结构几何性质、应力分布以及质点的位移、速度都是已知的,因此可以将途径单元初始时刻结构的几何构形作为变形和内力计算的参考构形,应变和应力增量只与 $t_a \sim t$ 时段内的行为和材料性质有关。随着质点运动的时间轨迹沿途径单元继续向前推进,分析的参考构形需不断更新。有限质点法中参考构形的更新自动满足了增量分析的要求,无需在计算格式上做任何修正就可以用于分析很多路径相关问题(如屈曲问题、非线弹性或弹塑性问题)。

(3) 结构变形的全过程可以是不连续的,但这些不连续行为(如断裂、碰撞、穿透等物理性质的变化以及材料性质与连接组合的改变)只能发生在分割途径单元的时间点上(如 t_a 和 t_b)。而在任意途径单元时段内,质点所代表的结构性质(如质量、数量、材料模式、运动约束条件、拓扑关系)都维持不变。

(4) 质点在相邻时间点之间的运动轨迹是连续函数,可以利用一组行为准则、运动控制方程按照给定的边界条件、连接条件等进行求解。

(5) 在选取途径单元时,时段长度(如 $t_a \sim t_b$)应根据可能发生的力学行为来设定,即计算过程中参考构形更新的频率可以由研究者依据所分析问题的特点和求解精度的要求动态调整,因此参考构形的改变可以是不连续的。

2.1.2　虚拟刚体运动

在有限质点法中,质点之间力的关系是通过单元体现的。如果质点间的相对位置发生改变,那么与质点相连的单元就会发生变形,从而导致质点间耦合内力的改变。由于平衡内力只与纯变形有关,如何从结构上任意一点的位移向量中扣除其中的刚体位移，进而求出纯变形成为求解存在位置变化的结构变形问题的关键。

根据连续介质力学理论，连续体内的刚体位移来源有两个：一是整体在空间中的平移和转动；另一个则是连续体内不均匀变形累积而导致的平移和转动。因此，连续体内各点的刚体位移各不相同。而变形位移和刚体位移本身是耦合在一起的，两者不是简单的叠加关系，很难完全分离，求出它们的准确值有很大困难。为了分析固体结构大位移大转动问题，连续介质力学中提出了一组基于微分数学描述的有限应变公式来计算纯变形（常用的如 Green-Lagrange 应变和 Euler-Almansi 应变），以及与之相应的一组关于应力的定义（如全应力中的第二类Piola-Kirchhoff 应力和 Cauchy 应力，增量应力中的 Jaumman 应力和 Truesdell 应力）。但是，这些应力和应变公式的形式都相当复杂，计算过程也十分繁琐。而且在一般的非线性问题中，位置变化导致的转动位移量的阶次远高于变形位移量的阶次，若在计算应变的过程中通过位移值相减来扣除刚体位移的影响，则数值较小的变形量很可能因计算精度的限制而产生很大的累积误差，直接影响结果的准确性。然而，实际上，在这些应变定义公式的线性项中，纯变形的影响为一阶，而刚体转动为二阶。因此，当纯变形和刚体运动的量阶相同时，应变公式中位移导数的二次项就可以忽略，只取线性项（即弹性力学和材料力学中所采用的微应变）作为纯变形量。值得注意的是，通过扣除刚体转动的方法求得的微应变只是一个近似值，并不需要完全消除刚体转动的影响，只要残余转动的量阶相对较小即可，这也是向量式分析中处理大变形问题的基本思路。

基于以上思路，有限质点法在处理变形问题时，采用一种不同于分析力学方法的模式，即通过一定的运动学关系，将变形从总位移中直接分离出来，方法如下。

(1) 考虑任意一个途径单元内的运动，如 $t_a \leqslant t \leqslant t_b$ 时段，以 t_a 时刻的单元为参考构形，估算在 $t_a \sim t$ 时段内整个单元的刚体运动，包括平移和转动。平移向量的计算较为容易，可以假定为单元内任意一点在 $t_a \sim t$ 时段内的位移；而转动向量是位置向量的函数，要直接精确计算各点转动量有很大难度，因此考虑以元节点的平均转角作为其转动的近似估算值，这一方法将在各种单元质点的内力计算中做具体介绍。

(2) 令单元从途径单元内 t 时刻的空间位置按照估算的刚体平移和刚体转动经历一个虚拟的逆向刚体运动，以获得各个元节点的变形位移量。若分析中所用参数均以向量表示，则这一逆向运动过程可以通过一组向量运算来完成。以图 2.1.4(a)所示平面单元为例，若假设平面上一点 A 的位移 $\Delta \boldsymbol{u}_A$ 为刚体平移量，则平面单元上任一点 β 在 $t_a \sim t$ 时段内的变形位移可表示为

$$\Delta \boldsymbol{u}_\beta^{\mathrm{d}} = \Delta \boldsymbol{u}_\beta - \Delta \boldsymbol{u}_A + \Delta \boldsymbol{u}_\beta^{\mathrm{r}} \tag{2.1.1}$$

式中，$\Delta \boldsymbol{u}_\beta$ 为质点 β 的实际总位移；$\Delta \boldsymbol{u}_A$ 和 $\Delta \boldsymbol{u}_\beta^{\mathrm{r}}$ 分别为单元的整体刚体平移和平均刚体转动。其中，刚体转动可以由几何运算得到，如图 2.1.4(b)所示，单元内任意一点 $M_a(x_0+\Delta r_x, y_0+\Delta r_y)$ 因绕 $O_a(x_0, y_0)$ 点转动 θ 角而产生的刚体位移为

$$\Delta u_x^{\mathrm{r}} = \Delta r_{O'M'}\cos(\theta+\gamma) - \Delta r_x = (\Delta r_x\cos\theta - \Delta r_y\sin\theta) - \Delta r_x \tag{2.1.2a}$$

$$\Delta u_y^{\mathrm{r}} = \Delta r_{O'M'}\sin(\theta+\gamma) - \Delta r_y = (\Delta r_x\sin\theta + \Delta r_y\cos\theta) - \Delta r_y \tag{2.1.2b}$$

式中，$\Delta r_{O'M'}$ 为 M' 与 O' 点之间的距离；γ 为连接 O_a 点和 M_a 点的向量与 x 轴的夹角。

若将以上结果改写成矩阵形式，则 β 点的刚体转动位移可表示为

$$\Delta \boldsymbol{u}_\beta^{\mathrm{r}} = [\boldsymbol{R}(-\theta) - \boldsymbol{I}]\Delta \boldsymbol{r}_\beta = [\boldsymbol{R}(-\theta) - \boldsymbol{I}](\boldsymbol{x}_\beta - \boldsymbol{x}_{O_a}) \tag{2.1.3}$$

式中，$\boldsymbol{I}$ 为 2×2 的单位矩阵；$\boldsymbol{R}$ 为关于转角 θ 的平面转动矩阵，形式如下：

$$\boldsymbol{R}(\theta) = \begin{bmatrix} \cos\theta & -\sin\theta \\ \sin\theta & \cos\theta \end{bmatrix} \tag{2.1.4}$$

(3) 在虚拟位置求得纯变形和内力之后，再令单元经历一个正向的刚体平移和刚体转动，回到变形后的真实位置，并通过坐标变换计算得到正确的应力和内力。

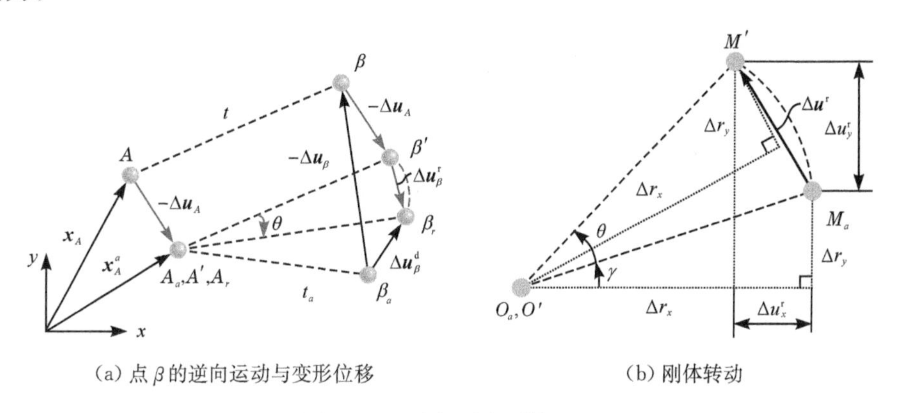

(a) 点 β 的逆向运动与变形位移　　(b) 刚体转动

图 2.1.4　虚拟逆向刚体运动

需要指出的是，有限质点法中采用的这种虚拟逆向运动并没有将刚体运动完全扣除，只是一种近似的估算，在物理上也并不存在，目的是降低位移中刚体位移分量的量阶，使得逆向转动后得到的单元虚拟构形与参考构形之间的相对位移只包括小变形和小转动，且两者处于同一量阶，从而能够采用微应变公式来简化纯变形的计算。

与分析力学计算变形的方式相比，由于没有引用复杂的有限应变公式，这种基于物理运动的变形处理方式实现了简化计算的目的，其优点在于以下方面。

(1) 在需要采用增量分析来处理与途径相关的问题时，由于引用了更新参考

构形的方法，各途径单元内的应变和应力都可以用全位移来计算（对整体的运动和变形过程而言，计算的仍是增量时段 $\Delta t=t-t_a$ 内的增量应变和增量应力），避免使用复杂的应变率以及因无法引用合适的工程试验参数而造成的材料本构模型描述上的困难。

(2) 在描述单元变形分布时，直接以节点变形作为计算的变量，并满足单元为连续体的物理条件，因而在单元内力求解的层面上，可以直接根据材料力学和弹性力学理论计算内力。

(3) 当结构有显著的几何或位置变化时，经逆向运动后得到的虚拟状态接近纯变形状态，在虚拟状态上来定义应变和应力参数（即微应变和工程应力）保证了两者定义的基准协调一致，还能够直接引用标准材料试验的数据来描述两者间的关系，满足了连续介质力学中客观性原理的要求。

2.1.3 运动和变形描述机制

单元受力后的形状和位置会不断改变，分析中需要选择其中某一时刻的形态作为变形描述的参考构形。如图 2.1.5(a)所示，假定固体单元初始时刻 t_0 时的构形为 V_0，内部任意一点的位置向量记为 $\boldsymbol{x}_0$；在中间某一时刻 t_a，相应的构形及位置向量分别为 V_a 和 $\boldsymbol{x}_a$；时间为 $t(t_a\leqslant t\leqslant t_b)$时，构形演变为 V，点位置运动至 $\boldsymbol{x}$。有限质点法采用类似 UL 构形描述的概念，在途径单元内的任意时刻，均以初始时刻 t_a 时的构形 V_a 作为变形计算的基础，该基础构形在途径单元中保持恒定。如果力学参数 H（如应力、应变、能量函数等）是位置的连续函数，则 t 时刻各参数可以表示为

$$\boldsymbol{x}=x(\boldsymbol{x}_a,t) \tag{2.1.5a}$$

$$H=H(\boldsymbol{x},t)=H[x(\boldsymbol{x}_a,t),t]=\widetilde{H}(\boldsymbol{x}_a,t) \tag{2.1.5b}$$

固体单元内任意一点的位置可通过内插函数确定，因此可利用传统方法中微元描述的概念来分析应变和应力。取参考构形 V_a 上任意两个邻近点 A 和 B，其相对位置为 $\mathrm{d}\boldsymbol{x}_a$，在时间 t 的构形 V 中，两点间相对位置变为 $\mathrm{d}\boldsymbol{x}$，如图 2.1.5(b)所示。在平面域坐标系内，$\mathrm{d}\boldsymbol{x}_a$ 可以用矩形微元 $\mathrm{d}V_a(A_aC_aB_aD_a)$表示，$\mathrm{d}\boldsymbol{x}$ 可以用矩形微元 $\mathrm{d}V(AEBF)$或菱形微元 $\mathrm{d}V_{at}(ACBD)$表示（$\mathrm{d}V$ 和 $\mathrm{d}V_{at}$ 分别用于定义应力和应变），相对位移向量为 $\mathrm{d}\boldsymbol{u}=\mathrm{d}\boldsymbol{x}-\mathrm{d}\boldsymbol{x}_a$。其中，菱形微元($ACBD$)的分量($\mathrm{d}\boldsymbol{s}_x,\mathrm{d}\boldsymbol{s}_y$)分别对应参考构形中的微元($A_aC_aB_aD_a$)的分量($\mathrm{d}x_a\boldsymbol{e}_x,\mathrm{d}y_a\boldsymbol{e}_y$)。根据函数微分连锁定律，在 $t_a\sim t$ 时段，微元的变形可表示为

$$\mathrm{d}\boldsymbol{x}=\boldsymbol{F}\mathrm{d}\boldsymbol{x}_a \tag{2.1.6}$$

式中，$\boldsymbol{F}$ 为微元的变形梯度张量，$F_{ij}=\partial x_i/\partial x_j^a(i,j=1,2,3)$。

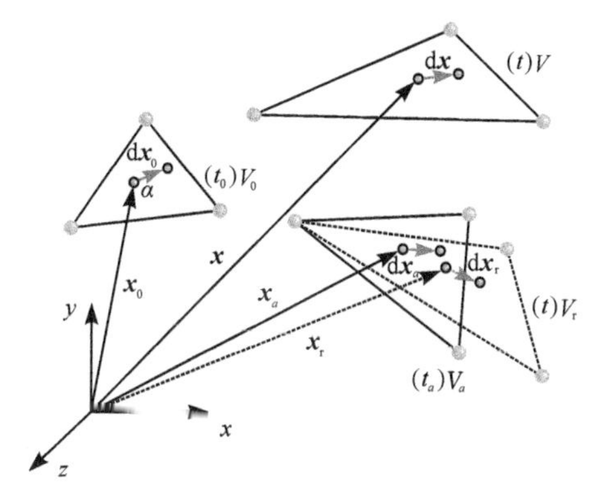

(a) 固体单元的参考构形与位置向量

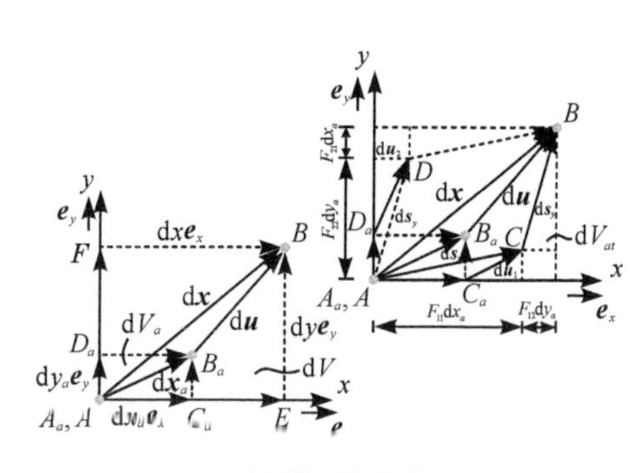

(b) 微元的变形

图 2.1.5　固体微元的变形

平移不会改变微元中两点间的相对位置关系，因此在计算变形时可以不予考虑。扣除刚体平移分量后的相对位移向量 d$\boldsymbol{u}$ 可通过两组微元分量（d$x_a\boldsymbol{e}_x$，d$y_a\boldsymbol{e}_y$）与（d$\boldsymbol{s}_x$，d$\boldsymbol{s}_y$）之差得到，其中包含微元转动和形状的变化，共有四个分量。而微元的形状只需要根据三角形（$A_aB_aC_a$）或（ABC）的两条边长及其夹角就可确定，因此 d$\boldsymbol{u}$ 中有三个变量与纯变形相关，剩余的一个变量则由微元的转动量确定。同时，根据矩阵的极分解定理，变形梯度矩阵可以分解成一个转动正交矩阵 $\boldsymbol{R}$ 与一个对称正定的纯变形矩阵 $\boldsymbol{U}$ 的乘积。因此，式(2.1.6)也可以改写为

$$\mathrm{d}\boldsymbol{x} = \boldsymbol{R}\boldsymbol{U}\mathrm{d}\boldsymbol{x}_a \tag{2.1.7}$$

式中，转动矩阵 $\boldsymbol{R}$ 用微元的刚体转角表示，其来源于两部分：一是整个构件的刚体转动，转角为 $\theta^{\mathrm{r}}(t)$；另一部分来自构件本身的几何变化而引起微元产生的转动，转角为 $\theta^{\mathrm{d}}(\boldsymbol{x},t)$。因此，微元的总刚体转角为

$$\theta(\boldsymbol{x},t) = \theta^{\mathrm{r}}(t) + \theta^{\mathrm{d}}(\boldsymbol{x},t) \tag{2.1.8}$$

变形计算的目的就是要扣除 θ(或 $\boldsymbol{R}$)，得到微元的纯变形。但是，由于微元的变形转动是点位置和时间的函数，要准确地从相对位移增量 d$\boldsymbol{u}$ 中求出这个转动量是十分困难的。根据 2.1.2 节中逆向运动的分析思路，微元变形转动可以用一个近似的平均值来估算，即

$$\bar{\theta}(t) = \theta^{\mathrm{r}}(t) + \bar{\theta}^{\mathrm{d}}(t) \tag{2.1.9}$$

于是，经过逆向转动后，在虚拟形态上微元的转角为

$$\Delta\theta(\boldsymbol{x},t) = \theta(\boldsymbol{x},t) - \bar{\theta}(t) = \theta^{\mathrm{d}}(\boldsymbol{x},t) - \bar{\theta}^{\mathrm{d}}(t) \tag{2.1.10}$$

图 2.1.6 为有限质点法运动分解过程以及所得到的各变形状态的示意图。其中，V_{r} 是经过逆向转动 $\boldsymbol{R}_{\mathrm{r}}^{\mathrm{T}}$ 所得到的一个接近纯变形状态 V_{d} 的虚拟形态，$\boldsymbol{R}_{\mathrm{r}}$ 为与 $\bar{\theta}(t)$ 对应的刚体微元的近似平均转动，V_{r} 与参考构形 V_a 之间的差异为纯变形

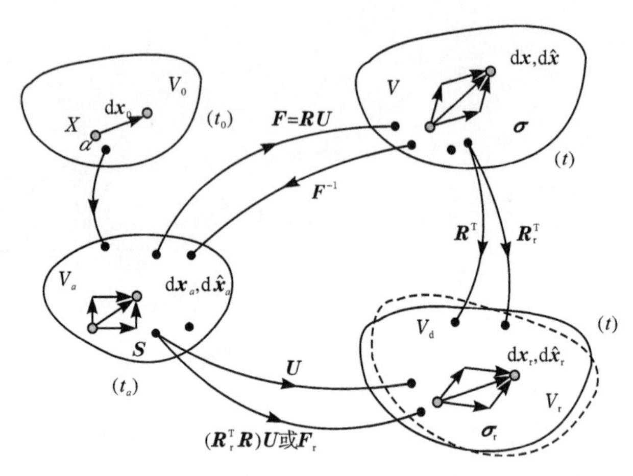

图 2.1.6　有限质点法中变形分解示意图

$\boldsymbol{U}$ 和残余转动($\boldsymbol{R}_r^T\boldsymbol{R}$)。在虚拟构形 V_r 上,微元变形可表示为

$$\mathrm{d}\boldsymbol{x}_r = \boldsymbol{R}_r^T\mathrm{d}\boldsymbol{x} = (\boldsymbol{R}_r^T\boldsymbol{R})\boldsymbol{U}\mathrm{d}\boldsymbol{x}_a = \boldsymbol{F}_r\mathrm{d}\boldsymbol{x}_a \tag{2.1.11}$$

式中,$\boldsymbol{F}_r$ 为微元在 V_a 和 V_r 构形之间的变形梯度。残余转动 $\Delta\theta$ 或 $\boldsymbol{R}_r^T\boldsymbol{R}$ 来自固体内变形的不均匀分布,而通过空间点的合理配置可以使固体元接近均匀变形状态[即 $\theta^d(\boldsymbol{x},t)$ 近似为一常数]。因此,利用逆向运动降低 $\mathrm{d}\boldsymbol{u}$ 中转动分量的量阶后,$\boldsymbol{R}_r^T\boldsymbol{R}$ 是一个小量,且与纯变形处于同一量阶,在应变计算中属于二阶量,故可以忽略。另外,假如纯变形 $\boldsymbol{U}$ 很小,则 V_r 和 V_a 之间构形的差异与弹性力学的小变形、小转动的假设相符,因而可以直接用微应变来描述。

在处理有空间位置变化的固体变形问题中,微元的另一个重要作用是用来定义应力。由于应力是变形以后产生的,因此定义应力需要采用 t 时刻的矩形微元 $\mathrm{d}V$(图 2.1.5 中 $AEBF$),即 Cauchy 应力 $\boldsymbol{\sigma}$。但 Cauchy 应力不是一个客观量,与应变定义的基准也不一致,因此在表述材料本构关系时,需要将 Cauchy 应力 $\boldsymbol{\sigma}$ 转换成以参考构形微元 $\mathrm{d}V_a$(图 2.1.5 中 $A_aC_aB_aD_a$)定义的第二类 Piola-Kirchhoff 应力 $\boldsymbol{S}$(或称 PK2 应力),从而将变形和转动的影响扣除。在有限质点法中,由于引入途径单元和虚拟构形的假设,在处理有位置变化的固体变形问题时对于应力转换方法进行了较大的简化,下面对该过程进行详细介绍。

首先,全域坐标系下的应力矩阵、应变矩阵以及变形虚功分别表示为

$$\boldsymbol{E} = \boldsymbol{E}_r = \frac{1}{2}(\boldsymbol{U}^2 - \boldsymbol{I}) = \frac{1}{2}[(\boldsymbol{F}_r)^T\boldsymbol{F}_r - \boldsymbol{I}] \tag{2.1.12}$$

$$\boldsymbol{S}(\boldsymbol{E}) = \boldsymbol{S}_r(\boldsymbol{E}_r) \tag{2.1.13}$$

$$\delta U = \int_{V_a} \mathrm{tr}(\boldsymbol{S} \otimes \delta\boldsymbol{E})\mathrm{d}V = \int_{V_a} \mathrm{tr}(\boldsymbol{S}_r \otimes \delta\boldsymbol{E}_r)\mathrm{d}V \tag{2.1.14}$$

其次,为了得到固体元节点位移中只与纯变形有关的独立变量,有限质点法

中特别定义了一组变形坐标,这组坐标的方向可通过变形梯度 $\boldsymbol{F}_{\mathrm{r}}$ 来确定,具体方法将在不同种类的单元质点内力求解中阐述。现假设 $\boldsymbol{Q}$ 为 t 时刻变形坐标与全域坐标之间的转换矩阵,则在变形坐标系下式(2.1.12)~式(2.1.14)可改写为

$$\hat{\boldsymbol{E}} = \boldsymbol{Q}\boldsymbol{E}\boldsymbol{Q}^{\mathrm{T}} = \boldsymbol{Q}\boldsymbol{E}_{\mathrm{r}}\boldsymbol{Q}^{\mathrm{T}} = \hat{\boldsymbol{E}}_{\mathrm{r}} \tag{2.1.15}$$

$$\hat{\boldsymbol{S}} = \boldsymbol{Q}\boldsymbol{S}\boldsymbol{Q}^{\mathrm{T}} = \boldsymbol{Q}\boldsymbol{S}_{\mathrm{r}}\boldsymbol{Q}^{\mathrm{T}} = \hat{\boldsymbol{S}}_{\mathrm{r}} \tag{2.1.16}$$

$$\delta U = \int_{\hat{V}_a} \mathrm{tr}(\hat{\boldsymbol{S}} \otimes \delta\hat{\boldsymbol{E}})\mathrm{d}V = \int_{\hat{V}_a} \mathrm{tr}(\hat{\boldsymbol{S}}_{\mathrm{r}} \otimes \delta\hat{\boldsymbol{E}}_{\mathrm{r}})\mathrm{d}V \tag{2.1.17}$$

式(2.1.14)和式(2.1.17)中,V_a 和 $\hat{V}_a$ 分别为参考构形下用全域坐标和变形坐标表示的固体元的体积。变形坐标系下的 Cauchy 应力与 PK2 应力间的转换关系可以表示为

$$\begin{aligned}\hat{\boldsymbol{\sigma}}_{\mathrm{r}} &= \frac{1}{\det(\hat{\boldsymbol{F}}_{\mathrm{r}})}\hat{\boldsymbol{F}}_{\mathrm{r}}\hat{\boldsymbol{S}}_{\mathrm{r}}\hat{\boldsymbol{F}}_{\mathrm{r}}^{\mathrm{T}} = \boldsymbol{Q}\frac{1}{\det(\hat{\boldsymbol{F}}_{\mathrm{r}})}\boldsymbol{F}_{\mathrm{r}}\boldsymbol{S}\boldsymbol{F}_{\mathrm{r}}^{\mathrm{T}}\boldsymbol{Q}^{\mathrm{T}} \\ &= \boldsymbol{Q}\frac{1}{\det(\boldsymbol{U})}(\boldsymbol{R}_{\mathrm{r}}^{\mathrm{T}}\boldsymbol{R})\boldsymbol{U}\boldsymbol{S}\boldsymbol{U}^{\mathrm{T}}(\boldsymbol{R}_{\mathrm{r}}^{\mathrm{T}}\boldsymbol{R})^{\mathrm{T}}\boldsymbol{Q}^{\mathrm{T}}\end{aligned} \tag{2.1.18}$$

材料本构关系只与纯变形相关,因此定义固体的应力-应变关系时必须按纯变形状态来描述。在有限质点法中,由于 $\boldsymbol{R}_{\mathrm{r}}$ 与 $\boldsymbol{R}$ 间差异很小($\boldsymbol{R}_{\mathrm{r}}^{\mathrm{T}}\boldsymbol{R}\approx\boldsymbol{I}$),且途径单元内 $t_a\sim t$ 时段纯变形量也很小($\boldsymbol{U}\approx\boldsymbol{I}$),因此以虚拟构形 V_{r} 和以基础构形 V_a 为基准定义的应力增量 $\Delta\boldsymbol{\sigma}_{\mathrm{r}}$ 与 $\Delta\hat{\boldsymbol{S}}$ 之间的差异可以忽略,两者之间的关系由式(2.1.18)可简化为

$$\Delta\hat{\boldsymbol{\sigma}}_{\mathrm{r}} \approx \boldsymbol{Q}\Delta\boldsymbol{S}\boldsymbol{Q}^{\mathrm{T}} = \Delta\hat{\boldsymbol{S}} \tag{2.1.19}$$

式(2.1.12)和式(2.1.15)中的应变也可进一步简化为微应变形式,即 $t_a\sim t$ 时段内的应变增量为

$$\Delta\hat{\boldsymbol{E}} = \Delta\hat{\boldsymbol{E}}_{\mathrm{r}} \approx \Delta\hat{\boldsymbol{\varepsilon}}_{\mathrm{r}} = \frac{1}{2}\left[\frac{\partial(\Delta\hat{\boldsymbol{u}})}{\partial\hat{\boldsymbol{x}}} + \frac{\partial(\Delta\hat{\boldsymbol{u}})^{\mathrm{T}}}{\partial\hat{\boldsymbol{x}}}\right] \tag{2.1.20}$$

式中,$\Delta\hat{\boldsymbol{u}}$ 为 $t_a\sim t$ 时段内的变形位移增量。

由式(2.1.19)可知,由于虚拟构形 V_{r} 与参考构形 V_a 间的转动和变形都很小,以 V_a 为基准定义的应力 $\Delta\boldsymbol{S}$ 可以在 V_{r} 下被工程应力增量 $\Delta\boldsymbol{\sigma}_{\mathrm{r}}$ 代替,所以应力和应变定义基准间的差异可以忽略不计,$\Delta\boldsymbol{\sigma}_{\mathrm{r}}$ 和 $\hat{\boldsymbol{\sigma}}_a$ 可以直接相加。于是,当前时刻 t 的 PK2 应力可表示为

$$\hat{\boldsymbol{S}} = \hat{\boldsymbol{S}}_a + \Delta\hat{\boldsymbol{S}} \approx \hat{\boldsymbol{\sigma}}_a + \Delta\hat{\boldsymbol{\sigma}}_{\mathrm{r}} \tag{2.1.21}$$

式中,增量应力 $\Delta\hat{\boldsymbol{\sigma}}_{\mathrm{r}}$ 可以通过应力为 $\hat{\boldsymbol{\sigma}}_a$ 时的材料本构关系来计算。特别地,对于简单的一维受力状态,材料参数可以由单向拉伸试验得到的 Cauchy 应力(真应力)-对数应变(真应变)曲线的切线斜率来确定。

当前时刻的 Cauchy 应力可以由 PK2 应力通过一个简单的转动关系得到,即

$$\boldsymbol{\sigma} = \boldsymbol{R}_{\mathrm{r}}\boldsymbol{\sigma}_{\mathrm{r}}\boldsymbol{R}_{\mathrm{r}}^{\mathrm{T}} = \boldsymbol{R}_{\mathrm{r}}\boldsymbol{Q}^{\mathrm{T}}\hat{\boldsymbol{\sigma}}_{\mathrm{r}}\boldsymbol{Q}\boldsymbol{R}_{\mathrm{r}}^{\mathrm{T}} \approx \boldsymbol{R}_{\mathrm{r}}\boldsymbol{Q}^{\mathrm{T}}\hat{\boldsymbol{S}}\boldsymbol{Q}\boldsymbol{R}_{\mathrm{r}}^{\mathrm{T}} \tag{2.1.22}$$

最后，将式(2.1.20)和式(2.1.21)代入式(2.1.17)，则 t 时刻的变形虚功可表示为

$$\delta U = \int_{\hat{V}_a} \mathrm{tr}[\hat{\boldsymbol{\sigma}}_a \otimes \delta(\Delta\hat{\boldsymbol{\varepsilon}}_{\mathrm{r}})]\mathrm{d}V + \int_{\hat{V}_a} \mathrm{tr}[\Delta\hat{\boldsymbol{\sigma}}_{\mathrm{r}} \otimes \delta(\Delta\hat{\boldsymbol{\varepsilon}}_{\mathrm{r}})]\mathrm{d}V \tag{2.1.23}$$

由上述推导过程可知，在有限质点法中，由于参考构形的更新并不连续，在每个途径单元内可以用微应变和工程应力作为变形和内力的简化描述，而几何形状的改变对应力定义的影响只有在进入下一个途径单元时才需要考虑。例如，当途径单元 $t_a \leqslant t \leqslant t_b$ 结束时，以构形 V_a 为基准定义的 PK2 应力 $\hat{\boldsymbol{S}}_a^b$ 需要转换成以现时构形 V_b 为基准定义的 Cauchy 应力 $\boldsymbol{\sigma}_b$，即

$$\boldsymbol{\sigma}_b = \boldsymbol{R}_{\mathrm{r}}\boldsymbol{\sigma}_{\mathrm{r}}^b\boldsymbol{R}_{\mathrm{r}}^{\mathrm{T}} = \boldsymbol{R}_{\mathrm{r}}\boldsymbol{Q}^{\mathrm{T}}\hat{\boldsymbol{\sigma}}_{\mathrm{r}}^b\boldsymbol{Q}\boldsymbol{R}_{\mathrm{r}}^{\mathrm{T}} = \boldsymbol{R}_{\mathrm{r}}\boldsymbol{Q}^{\mathrm{T}}\left[\frac{1}{\det(\hat{\boldsymbol{F}}_{\mathrm{r}})}\hat{\boldsymbol{F}}_{\mathrm{r}}\hat{\boldsymbol{S}}_a^b\hat{\boldsymbol{F}}_{\mathrm{r}}^{\mathrm{T}}\right]\boldsymbol{Q}\boldsymbol{R}_{\mathrm{r}}^{\mathrm{T}} \tag{2.1.24}$$

求出 t_b 时刻的 Cauchy 应力后，再将其转换到下一途径单元的变形坐标下，并重复式(2.1.20)～式(2.1.23)的内力计算过程。因此，式(2.1.21)和式(2.1.23)中的应力 $\hat{\boldsymbol{\sigma}}_a$ 为已知量，可以在上一个途径单元结束时由式(2.1.24)计算得到。

需要指出的是，与有限单元法中利用变分原理得到弱形式的等效积分方程不同，有限质点法中计算变形虚功的目的是获得每个单元因变形而反作用于质点上的等效内力，而不是求解整个连续体的控制方程。

2.2 有限质点法的运动方程

2.2.1 运动控制方程的建立

不同于传统有限单元法中以连续介质力学和能量原理来建立控制方程的等效形式，有限质点法直接以物理动力学定律作为描述各种力学行为的统一准则。从物理行为真实描述的角度出发，认为每个质点在运动变形过程中均处于严格的动平衡状态。换言之，对于结构内任一质点 α，认为它在每一个途径单元内的运动都遵循牛顿第二定律，而整个结构体系的行为描述可通过求解一组向量方程式来实现。下面利用虚功原理来推导各质点的运动控制方程。以质点 α 为例，若 t 时刻($t_a \leqslant t \leqslant t_b$)的虚位移增量为 $\delta\boldsymbol{d}_\alpha$，则可建立虚功方程如下：

$$-\delta U_\alpha^{\mathrm{int}} + \delta W_\alpha^{\mathrm{ext}} + \delta W_\alpha^I = 0 \tag{2.2.1}$$

式中，U_α^{int} 为与质点 α 相连的固体元变形所产生的内力虚功；W_α^{ext} 为质点 α 上的外力虚功；W_α^I 为质点 α 上的惯性力虚功。

$$\delta U_\alpha^{\mathrm{int}} = \sum_{i=1}^{\mathrm{nc}} \delta U_i^{\mathrm{int}} = \sum_{i=1}^{\mathrm{nc}} (\delta\boldsymbol{d}_i)^{\mathrm{T}}\boldsymbol{f}_i^{\mathrm{int}} \tag{2.2.2a}$$

$$\delta W_{\alpha}^{\text{ext}} = (\delta \boldsymbol{d}_{\alpha})^{\text{T}} \boldsymbol{P}_{\alpha}^{\text{ext}} + \sum_{i=1}^{\text{nc}} \delta W_{i}^{\text{ext}} = (\delta \boldsymbol{d}_{\alpha})^{\text{T}} \boldsymbol{P}_{\alpha}^{\text{ext}} + \sum_{i=1}^{\text{nc}} (\delta \boldsymbol{d}_{i})^{\text{T}} \boldsymbol{f}_{i}^{\text{ext}} \tag{2.2.2b}$$

$$\delta W_{\alpha}^{I} = (\delta \boldsymbol{d}_{\alpha})^{\text{T}} m_{\alpha} \ddot{\boldsymbol{d}}_{\alpha} + \sum_{i=1}^{\text{nc}} \delta W_{i}^{I} = (\delta \boldsymbol{d}_{\alpha})^{\text{T}} m_{\alpha} \ddot{\boldsymbol{d}}_{\alpha} + \sum_{i=1}^{\text{nc}} (\delta \boldsymbol{d}_{i})^{\text{T}} m_{i} \ddot{\boldsymbol{d}}_{i} \tag{2.2.2c}$$

式中，m_{α} 为质点 α 的质量；m_i 为与质点 α 相连的单元 i 的质量；nc 为与质点 α 相连的单元个数；$\boldsymbol{d}_i$ 为单元 i 的位移向量；$\boldsymbol{d}_{\alpha}$ 为质点 α 的位移向量；$\boldsymbol{f}_i^{\text{int}}$ 和 $\boldsymbol{f}_i^{\text{ext}}$ 分别为单元 i 的内力向量和外力向量；$\boldsymbol{P}_{\alpha}^{\text{ext}}$ 为质点 α 的外力向量；$\ddot{\boldsymbol{d}}_{\alpha}$ 为质点 α 的加速度向量；$\ddot{\boldsymbol{d}}_i$ 为单元 i 的加速度向量。

将式(2.2.2a)～式(2.2.2c)分别代入式(2.2.1)，整理可得到质点 α 的运动控制方程为

$$\boldsymbol{M}_{\alpha} \ddot{\boldsymbol{d}}_{\alpha} = \boldsymbol{F}_{\alpha}^{\text{ext}} + \boldsymbol{F}_{\alpha}^{\text{int}} \tag{2.2.3}$$

式中，$\boldsymbol{M}_{\alpha}$ 为质点 β 的广义质量矩阵；$\ddot{\boldsymbol{d}}_{\alpha}$ 为质点 α 的加速度向量；$\boldsymbol{F}_{\alpha}^{\text{int}}$ 和 $\boldsymbol{F}_{\alpha}^{\text{ext}}$ 分别为质点 α 上的广义内力和广义外力合向量。

若还需要考虑运动过程中的阻尼力，则质点的运动方程也可写为

$$\boldsymbol{M}_{\alpha} \ddot{\boldsymbol{d}}_{\alpha} = \boldsymbol{F}_{\alpha}^{\text{ext}} + \boldsymbol{F}_{\alpha}^{\text{int}} + \boldsymbol{F}_{\alpha}^{\text{dmp}} \tag{2.2.4}$$

式中，阻尼力向量 $\boldsymbol{F}_{\alpha}^{\text{dmp}}$ 可以是根据材料的黏性参数由变形率计算得到的真实值，也可以是人为假定的一个虚拟值。前者通常用于瞬态动力的分析，后者可用于求解静力问题。为了统一静力和动力问题的计算格式，采用黏滞质量阻尼形式，即 $\boldsymbol{F}_{\alpha}^{\text{dmp}} = -\mu \boldsymbol{M}_{\alpha} \dot{\boldsymbol{d}}_{\alpha}$，其中，$\mu$ 为质量阻尼系数；$\dot{\boldsymbol{d}}_{\alpha}$ 为质点的速度向量。

式(2.2.3)和式(2.2.4)中的质点外力向量 $\boldsymbol{F}_{\alpha}^{\text{ext}}$ 是直接作用在质点 α 上的广义外力与作用在结构上的广义等效外力之和，即

$$\boldsymbol{F}_{\alpha}^{\text{ext}} = \boldsymbol{f}_{\alpha}^{\text{ext}} + \sum_{i=1}^{\text{nc}} \boldsymbol{f}_{\alpha i}^{\text{ext}} \tag{2.2.5}$$

式中，$\boldsymbol{f}_{\alpha}^{\text{ext}}$ 为直接作用于质点上的集中外力(矩)；$\boldsymbol{f}_{\alpha i}^{\text{ext}}$ 为与质点 α 相连的第 i 个固体元或结构元上的表面力或体积力等效节点力(矩)。

质点内力向量 $\boldsymbol{F}_{\alpha}^{\text{int}}$ 来自于与质点 α 相连的固体元由变形产生的等效节点力的反向作用，可表示为

$$\boldsymbol{F}_{\alpha}^{\text{int}} = -\sum_{i=1}^{\text{nc}} \boldsymbol{f}_{\alpha i}^{\text{int}} \tag{2.2.6}$$

式中，$\boldsymbol{f}_{\alpha i}^{\text{int}}$ 为与质点 α 相连的第 i 个固体元节点提供的等效内力(矩)。

广义质点质量矩阵 $\boldsymbol{M}_{\alpha}$ 的定义在理论上可以是任意的，它与建立离散质点模

型的过程类似，可以由工程师和研究人员根据分析模型的特点及计算精度的需要做出合适的选择，并不要求遵循统一的方式。由于与质点相连的固体元没有质量，因此它们的质量要以等效质量的形式分配给相应的质点。于是，质点质量可表示为

$$\boldsymbol{M}_\alpha = \boldsymbol{m}_\alpha + \sum_{i=1}^{\mathrm{nc}} \boldsymbol{m}_i \tag{2.2.7}$$

式中，$\boldsymbol{m}_\alpha$ 为质点 α 本身的集中质量矩阵（或质量惯性矩矩阵）；$\boldsymbol{m}_i$ 为与质点相连的第 i 个单元提供的等效质量矩阵（或质量惯性矩矩阵）。

2.2.2 运动约束与边界条件

有限质点法中整个结构的运动和变形都是用质点的运动轨迹来描述的，因此边界条件及其他运动约束也应通过相应位置上质点的运动约束条件来表示。各组成构件可以自由运动或发生接触，而且所有约束限制条件在每个途径单元的起始时刻都可以改变。对于有特殊运动要求的质点，可以根据各质点处的运动约束性质，直接修正质点运动控制方程中的各个分项，从而改变质点的运动行为，满足结构约束限制条件的要求。与传统分析方法不同的是，有限质点法对结构体系并没有几何稳定方面的限制，即使不给出任何边界条件，也可以求解。

不同结构的边界条件、节点性质对约束处的质点运动有不同的限制，质点约束限制的类型种类繁多，且与结构类型和单元属性相关。

1. 固定约束点

固定约束条件下的质点空间位置向量为常量，即 $\boldsymbol{x}_\alpha(t)=\boldsymbol{x}_\alpha(t_0)$ 或 $\boldsymbol{d}_\alpha(t)=0$。为满足该类约束条件，在求解固定约束点的运动控制方程时，根据单元自由度的类型，可令质点上的内力和外力合力恒为 0，从而确保质点的位移量为 0。

例如，空间桁架固定约束处质点的三个平移变量被限制。在求解该质点的运动方程前，令

$$F_i^{\mathrm{int}} = -F_i^{\mathrm{ext}}, \quad i = x, y, z \tag{2.2.8}$$

空间刚架固定约束处质点的三个平移变量和三个转动变量都被限制。在求解该质点的运动方程前，除满足式(2.2.8)外，还应令

$$M_i^{\mathrm{int}} = -M_i^{\mathrm{ext}}, \quad i = x, y, z \tag{2.2.9}$$

2. 铰接点

在一般的离散模型中，单元按照与相邻质点固结的条件进行内力计算。如果实际中单元与质点的连接为铰接，则需要对该质点的运动进行修正。

例如，图 2.2.1(a)所示平面刚架的节点 C 为铰接，因此在结构受力分析中单元 BC 和 CD 会发生相对转动，如果不做处理，模拟中会出现错误。分析中可以用以下两种方法进行修正。

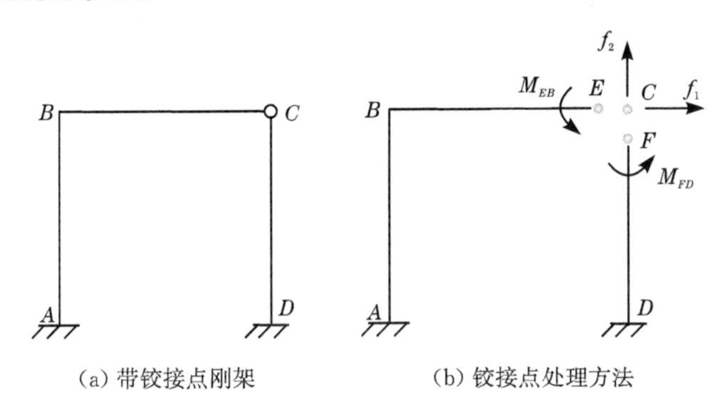

(a) 带铰接点刚架　　(b) 铰接点处理方法

图 2.2.1　刚性框架中的铰接节点

第一种方法是修正单元的内力计算方法。如果单元 BC 两端刚接，则其内力计算公式为

$$\hat{\boldsymbol{f}}^{BC}=\begin{bmatrix}\hat{f}_{Bx}\\\hat{f}_{By}\\m_{BC}\\\hat{f}_{Cx}\\\hat{f}_{Cy}\\m_{CB}\end{bmatrix}=\begin{bmatrix}-EA\Delta/l\\6EI(\varphi_{BC}+\varphi_{CB})/l^2\\2EI(2\varphi_{BC}+\varphi_{CB})/l\\EA\Delta/l\\-6EI(\varphi_{BC}+\varphi_{CB})/l^2\\2EI(\varphi_{BC}+2\varphi_{CB})/l\end{bmatrix}\tag{2.2.10}$$

式中，E 为弹性模量；A 为杆件截面积；Δ 为单元长度的变化量；φ_{BC} 和 φ_{CB} 为杆件两端的转角变形；l 为轴向变形；I 为截面惯性矩。

由于 C 端实际为铰接点，因此 $m_{CB}=0$，$\varphi_{CB}=-\varphi_{BC}/2$，代入式(2.2.10)，有

$$\hat{\boldsymbol{f}}^{BC}=\begin{bmatrix}\hat{f}_{Bx}\\\hat{f}_{By}\\m_{BC}\\\hat{f}_{Cx}\\\hat{f}_{Cy}\\m_{CB}\end{bmatrix}=\begin{bmatrix}-EA\Delta/l\\3EI\varphi_{BC}/l^2\\3EI\varphi_{BC}/l\\EA\Delta/l\\-3EI\varphi_{BC}/l^2\\0\end{bmatrix}\tag{2.2.11}$$

同理，单元 CD 的内力也需做相应的修正。需要注意的是，若构件两端均为铰接点，则至少采用两个以上的梁单元模拟该构件，从而能够使用一端刚接一端铰

接的梁单元内力公式。

第二种方法是增设虚拟质点。由于铰接点只传递轴力和剪力，不传递弯矩，因此可以在铰接点处增加一个虚拟质点，采用质点 E、C、F 三个点模拟该铰接点，如图 2.2.1(b)所示。单元 BE 和 FD 仍按照两端刚接的梁单元计算。质点 E 和 F 拥有各自的转角，但是空间位置与质点 D 相同。在内力集成的过程中，质点 E 和 F 只将轴力和剪力传递给质点 C。质点 C 进行水平和竖直方向的运动计算后，将线位移传递给质点 E 和 F。质点 C 不做转角位移计算。

3. 滑动约束点

滑动约束点的处理思路与固定约束点相同。滑动约束处质点某个方向的平移运动被限制，则将该方向的质点内力与质点外力的合力设为 0。

例如，平面刚架滑动约束处质点某个方向的平移运动被限制，则该方向的质点内力与质点外力的合力为 0。若滑动约束的方向与坐标轴成一定夹角，如图 2.2.2 所示，则首先将质点内力和外力转换到滑动约束局部坐标系下：

$$\widetilde{\boldsymbol{F}}^{\text{int}} = \boldsymbol{R}\boldsymbol{F}^{\text{int}} = \begin{bmatrix} \cos\alpha & \sin\alpha \\ -\sin\alpha & \cos\alpha \end{bmatrix} \begin{bmatrix} F_x^{\text{int}} \\ F_y^{\text{int}} \end{bmatrix} \tag{2.2.12}$$

式中，$\boldsymbol{R}$ 为滑动约束局部坐标系与域坐标系间的转换矩阵。

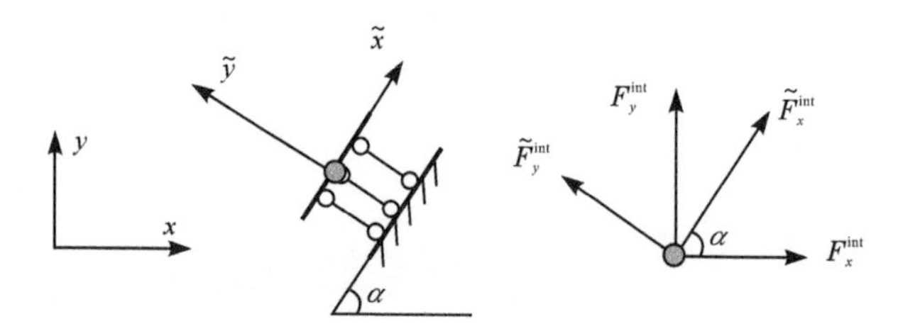

图 2.2.2　平面刚架的滑动约束

然后，在局部坐标系下处理质点内力，令

$$\widetilde{F}_x^{\text{int}} = -\widetilde{F}_x^{\text{ext}} \tag{2.2.13}$$

最后，将修正后的质点内力转回域坐标系内，代入质点运动方程

$$\boldsymbol{F}^{\text{int}} = \boldsymbol{R}^{\text{T}}\widetilde{\boldsymbol{F}}^{\text{int}} \tag{2.2.14}$$

对于更一般的情况，当结构沿不规则边界滑动时，也可以做类似的处理。如图 2.2.3 所示，边界上质点 A 须沿着边界曲线 Γ_s 滑动，其中 Γ_s 可以用一组点和直线近似表示。在计算过程中，需要先确定质点 A 在曲线上的位置。如果 A 点落在 ab 段上，则由(a,b)点的位置确定切线和法线方向(方向向量分别记为 $\boldsymbol{\tau}$ 和 $\boldsymbol{n}$)，而质点 A 的运动控制方程式可改写为

$$(\boldsymbol{d}_A)_n = \boldsymbol{0}, \quad \boldsymbol{n}\text{ 方向} \tag{2.2.15a}$$

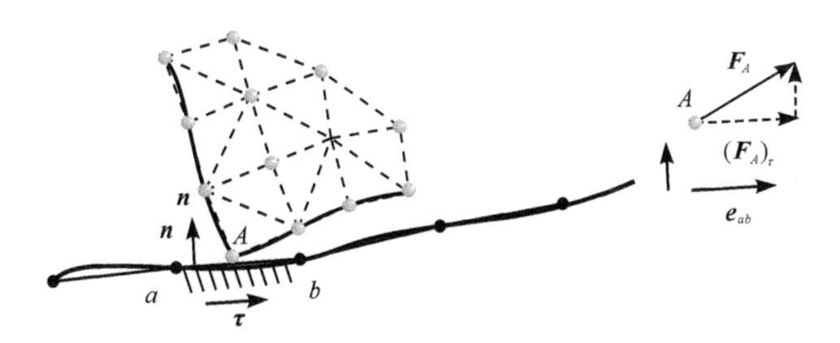

图 2.2.3　边界上的位移限制质点

$$\boldsymbol{M}_A\ (\ddot{\boldsymbol{d}}_A)_\tau = (\boldsymbol{F}_A)_\tau,\quad \boldsymbol{\tau}\text{ 方向} \tag{2.2.15b}$$

式中，$\boldsymbol{\tau}$ 为 ab 点连线的方向向量 $\boldsymbol{e}_{ab}$；$(\boldsymbol{d}_A)_n$ 为 A 点在 $\boldsymbol{n}$ 方向的位移分量，$(\boldsymbol{d}_A)_n=\boldsymbol{d}_A\cdot\boldsymbol{n}$；$(\boldsymbol{F}_A)_\tau$ 为 A 点上内力和外力的合力沿切线方向的分量(包括摩擦力)，$(\boldsymbol{F}_A)_\tau=\boldsymbol{F}_A\cdot\boldsymbol{\tau}$。

2.2.3　运动控制方程的求解

1. 运动方程的动态解

有限质点法中需要求解的是一组满足牛顿定律的质点运动方程，而利用差分公式直接进行时间积分是一种常用的求解运动方程的数值计算方法。差分公式有很多，性质和复杂程度也不同，如中心差分法、Runge-Kutta 法、Newmark 法等。由式(2.2.4)～式(2.2.7)可知，运动方程中各分项都能给出显式表达式，同时考虑到隐式算法在处理非线性问题时可能带来复杂的迭代、难以收敛等数值计算方面的困难，因此可以选择显式的中央差分算法进行求解。使用显式时间积分法可以避免非线性迭代，计算公式清晰简单，对于处理具有高度非线性特征的几何大转动大变形问题、复杂的后屈曲问题、接触碰撞问题及材料性质变化和失效破坏问题有显著优势。另外，有限质点法中变形与内力的计算方式，以及内力与运动公式所构成的误差分析与修正机制(见 2.2.4 节)都要求时间增量很小，这刚好与显式时间积分的稳定性控制条件相吻合。

利用中央差分公式，质点的速度和加速度可以写成位移对时间线性插值的表达式，则任意一质点 β 在 t_n 时刻加速度和速度的近似式可表示为

$$\ddot{\boldsymbol{d}}_n = \frac{1}{\Delta t}(\dot{\boldsymbol{d}}_{n+1/2} - \dot{\boldsymbol{d}}_{n-1/2}) \tag{2.2.16}$$

$$\dot{\boldsymbol{d}}_n = \frac{1}{2}(\dot{\boldsymbol{d}}_{n+1/2} + \dot{\boldsymbol{d}}_{n-1/2}) \tag{2.2.17}$$

式中，下标 n 以及 $n-1/2$、$n+1/2$ 为步数序号；$\dot{\boldsymbol{d}}_{n+1/2}$ 和 $\dot{\boldsymbol{d}}_{n-1/2}$ 分别为 $t_n+\Delta t/2$ 时刻(第 $n+1/2$ 步)和 $t_n-\Delta t/2$ 时刻(第 $n-1/2$ 步)的质点速度；Δt 为单位时间步

长。$\dot{\boldsymbol{d}}_{n+1/2}$也可利用位移的差分得到，即

$$\dot{\boldsymbol{d}}_{n+1/2}=\frac{1}{\Delta t}(\boldsymbol{d}_{n+1}-\boldsymbol{d}_n) \tag{2.2.18}$$

式中，$\boldsymbol{d}_{n+1}$和$\boldsymbol{d}_n$分别为质点在$t_n+\Delta t$时刻(第$n+1$步)和t_n时刻(第n步)的位移。

由式(2.2.16)和式(2.2.17)还可得到$t_n+\Delta t/2$时刻与$t_n+\Delta t$时刻速度的另一种表达式为

$$\dot{\boldsymbol{d}}_{n+1/2}=\dot{\boldsymbol{d}}_n+\frac{1}{2}\ddot{\boldsymbol{d}}_n\Delta t \tag{2.2.19}$$

$$\dot{\boldsymbol{d}}_{n+1}=\dot{\boldsymbol{d}}_{n+1/2}+\frac{1}{2}\ddot{\boldsymbol{d}}_{n+1}\Delta t \tag{2.2.20}$$

将式(2.2.19)和式(2.2.20)代入式(2.2.3)，可得到$t_n+\Delta t/2$和$t_n+\Delta t$时刻质点速度分别为

$$\dot{\boldsymbol{d}}_{n+1/2}=\dot{\boldsymbol{d}}_n+\frac{\Delta t}{2}\boldsymbol{M}_n^{-1}(\boldsymbol{F}_n^{\text{ext}}+\boldsymbol{F}_n^{\text{int}}) \tag{2.2.21}$$

$$\dot{\boldsymbol{d}}_{n+1}=\dot{\boldsymbol{d}}_{n+1/2}+\frac{\Delta t}{2}\boldsymbol{M}_n^{-1}(\boldsymbol{F}_{n+1}^{\text{ext}}+\boldsymbol{F}_{n+1}^{\text{int}}) \tag{2.2.22}$$

将式(2.2.21)代入式(2.2.18)后得到$t_n+\Delta t$时刻的位移解为

$$\boldsymbol{d}_{n+1}=\boldsymbol{d}_n+\Delta t\,\dot{\boldsymbol{d}}_n+\frac{1}{2}\Delta t^2\boldsymbol{M}_n^{-1}(\boldsymbol{F}_n^{\text{ext}}+\boldsymbol{F}_n^{\text{int}}) \tag{2.2.23}$$

如果质点运动方程中还考虑了阻尼力，则同样利用上述公式可以求出质点在$t_n+\Delta t/2$、$t_n+\Delta t$时刻的速度解以及$t_n+\Delta t$时刻的位移解分别为

$$\dot{\boldsymbol{d}}_{n+1/2}=\frac{1}{1+c_2}\left[2c_2\dot{\boldsymbol{d}}_n+c_1\Delta t\boldsymbol{M}_n^{-1}(\boldsymbol{F}_n^{\text{ext}}+\boldsymbol{F}_n^{\text{int}})\right] \tag{2.2.24}$$

$$\dot{\boldsymbol{d}}_{n+1}=c_1\dot{\boldsymbol{d}}_{n+1/2}+c_1\frac{\Delta t}{2}\boldsymbol{M}_n^{-1}(\boldsymbol{F}_{n+1}^{\text{ext}}+\boldsymbol{F}_{n+1}^{\text{int}}) \tag{2.2.25}$$

$$\boldsymbol{d}_{n+1}=\frac{1}{1+c_2}\left[2c_1\boldsymbol{d}_n+2c_2\Delta t\dot{\boldsymbol{d}}_n+c_1\Delta t\boldsymbol{M}_n^{-1}(\boldsymbol{F}_n^{\text{ext}}+\boldsymbol{F}_n^{\text{int}})\right] \tag{2.2.26}$$

式中，$c_1=1/(1+\mu\Delta t/2)$，$c_2=c_1(1-\mu\Delta t/2)$。特别地，当阻尼参数$\mu=0$时，式(2.2.24)～式(2.2.26)将分别退化为式(2.2.21)～式(2.2.23)，故式(2.2.24)～式(2.2.26)可以作为运动控制方程的通解。

从以上推导过程还可以看出，对整体结构而言运动控制方程是一组向量式方程，并且可以对每个质点单独进行求解。于是，数值计算过程与分析一个单自由度体系的质点运动行为很相似，求解对象从$N\times N$的联立方程组简化为$N\times 1$的独立运动方程，求解过程中只需进行向量运算，对存储空间的要求很低。同时，还省去了整体刚度矩阵求逆造成的庞大运算量及复杂的迭代运算，显著简化了计算工作，计算效率也可大幅提升，并且计算速度不会受质点编号顺序的影响。

采用中央差分公式求解时，需要确定一个合适的时间步长来控制每一步由差分

运算带来的误差累积，以确保结果的稳定性和准确性。时间步长 Δt 建议取(Cook et al.,1989)

$$\Delta t \leqslant \Delta t_{\mathrm{cr}} = \frac{2}{\omega_{\max}} \tag{2.2.27}$$

式中，$\omega_{\max}$为系统的最大固有振动频率。如果考虑阻尼，临界时间步长将减小，其上限为

$$\Delta t \leqslant \Delta t_{\mathrm{cr}} = \frac{2}{\omega_{\max}}(\sqrt{\xi^2+1}-\xi) \tag{2.2.28}$$

式中，ξ 为系统最高振型频率对应的阻尼比系数。

理论上，式(2.2.27)和式(2.2.28)中的最大频率 $\omega_{\max}$可以通过求解结构的广义特征值得到，但该计算过程较为费时。实际上，可以证明系统的最大固有频率 $\omega_{\max}$总是小于或等于各个固体元素的最大固有频率 $\omega_{\max}^e$(Flanagan and Belytschko,1981)。对于无阻尼和有阻尼体系，中央差分法的临界时间步长可分别表示为(Hallquist,2006)

$$\Delta t_{\mathrm{cr}} = \frac{2}{\omega_{\max}} \leqslant \min_e \frac{2}{\omega_{\max}^e} = \min_e \frac{l_s^e}{c^e} \tag{2.2.29}$$

$$\begin{aligned}\Delta t_{\mathrm{cr}} &= \frac{2}{\omega_{\max}}(\sqrt{\xi^2+1}-\xi) \leqslant \min_e \frac{2}{\omega_{\max}^e}(\sqrt{\xi^2+1}-\xi)\\ &= \min_e \frac{l_s^e}{c^e}(\sqrt{\xi^2+1}-\xi)\end{aligned} \tag{2.2.30}$$

式中，c^e 为网格单元 e 内的当前波速，对于弹性材料有 $c^e=\sqrt{E(1-\nu)/[\rho(1+\nu)(1-2\nu)]}$，$E$、$\nu$ 和 ρ 分别为材料的弹性模量、泊松比和密度；l_s^e 为单元 e 的最小特征长度，对于杆系构件，l_s^e 等于结构单元的长度 L，对于薄膜或薄壳体，l_s^e 可按式(2.2.31)计算：

$$l_s^e = \frac{(1+a)A_s}{\max(L_1, L_2, L_3, (1-a)L_4)} \tag{2.2.31}$$

式中，a 对三角形连接元取 0，对四边形连接元取 1；A_s 为连接元面积；$L_i(i=1,2,3,4)$为边长。

上述临界时间步长条件在物理上可以理解为单位波长的弹性波通过某质点的时间。从式(2.2.29)和式(2.2.30)中可以看出，临界时间步长随质点加密和材料刚度增加而减小。因此，在建立有限质点法离散模型时，应尽量使质点分布均匀，否则可能造成个别区域计算临界时间步长减小而导致整体计算量不合理地增加。另外，时间步长 Δt 与途径单元的区别在于时间步长是指两个连续时刻间的间隔，而途径单元则一般为一个时间段，它可以包含多个时间步长。当然，如果每一步都更新参考构形，那么途径单元长度将与时间步长一致。

在小变形问题中，各个连接元的特征长度变化可以忽略，因此在整个计算过程中可以采用相等的时间步长。但是，在涉及材料非线性、碰撞、断裂等复杂问题

时，由于个别区域的材料变形和应力波速的变化，稳定时间步长也将随之改变，此时就需要采用变步长的中央差分格式（Park and Underwood，1980；Rio et al.，2005），式(2.2.16)和式(2.2.18)可分别改写为

$$\ddot{\boldsymbol{d}}_n = \frac{1}{\Delta t_n}(\dot{\boldsymbol{d}}_{n+1/2} - \dot{\boldsymbol{d}}_{n-1/2}) \tag{2.2.32}$$

$$\dot{\boldsymbol{d}}_{n+1/2} = \frac{1}{\Delta t_{n+1/2}}(\boldsymbol{d}_{n+1} - \boldsymbol{d}_n) \tag{2.2.33}$$

式中，$\Delta t_{n+1/2} = t_{n+1} - t_n$，$\Delta t_n = t_{n+1/2} - t_{n-1/2} = (\Delta t_{n+1/2} + \Delta t_{n-1/2})/2$，$t_{n+1/2} = (t_{n+1} + t_n)/2$，$t_{n-1/2} = (t_n + t_{n-1})/2$，被称为半步长或中点步长，如图 2.2.4 所示。

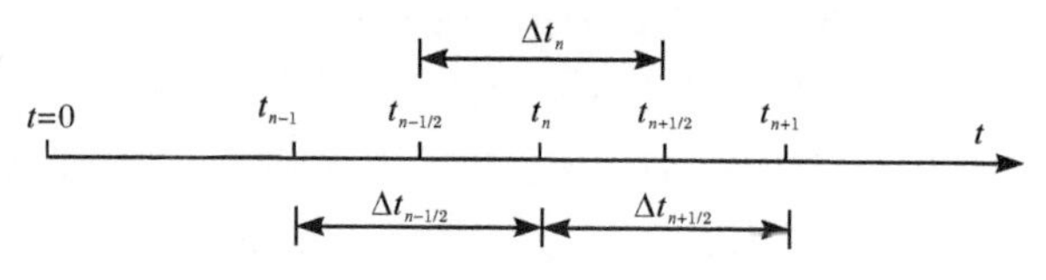

图 2.2.4 时间积分步长示意图

与等步长条件下的计算流程类似，在考虑阻尼作用的情况下质点在 $t_{n+1/2}$、t_{n+1}时刻的速度解以及 t_{n+1}时刻的位移解可分别表示为

$$\dot{\boldsymbol{d}}_{n+1/2} = \frac{1}{1+c_2'}\left[2c_2'\,\dot{\boldsymbol{d}}_n + c_1'\Delta t_{n+1/2}\,\boldsymbol{M}_n^{-1}(\boldsymbol{F}_n^{\text{ext}} + \boldsymbol{F}_n^{\text{int}})\right] \tag{2.2.34}$$

$$\dot{\boldsymbol{d}}_{n+1} = c_1'\,\dot{\boldsymbol{d}}_{n+1/2} + c_1'\,\frac{\Delta t_{n+1/2}}{2}\,\boldsymbol{M}_n^{-1}(\boldsymbol{F}_{n+1}^{\text{ext}} + \boldsymbol{F}_{n+1}^{\text{int}}) \tag{2.2.35}$$

$$\boldsymbol{d}_{n+1} = \frac{1}{1+c_2'}\left[2c_1'\boldsymbol{d}_n + 2c_2'\Delta t_{n+1/2}\,\dot{\boldsymbol{d}}_n + c_1'\Delta t_{n+1/2}^2\,\boldsymbol{M}_n^{-1}(\boldsymbol{F}_n^{\text{ext}} + \boldsymbol{F}_n^{\text{int}})\right] \tag{2.2.36}$$

式中，$c_1' = 1/(1+\mu\Delta t_{n+1/2}/2)$；$c_2' = c_1'(1-\mu\Delta t_{n+1/2}/2)$。

以上主要讨论了数值稳定性对计算时间步长的影响。除此之外，实际上还同时需要考虑物理行为对时间步长的限制，即在任意一时间域内，计算结果需要用足够多的时间点上的值来表示，以保证对结构体系的物理行为做出准确的描述。由于有限质点法中需要考虑各个质点间的互制行为，物理步长必须小于弹性波在相邻质点间往返一次所需的时间，而质点的空间配置往往使得彼此间的距离较小，因此物理步长可能与数值稳定临界步长很接近甚至更小，计算步长按临界步长来选取是合适的。

为了求解方程式(2.2.21)～式(2.2.26)以及式(2.2.34)～式(2.2.36)，需要给定第−1 步和第 0 步的速度和位移。例如，在不考虑阻尼的恒定步长的计算中，已知初始步的质点位移 $\boldsymbol{d}_0$、速度$\dot{\boldsymbol{d}}_0$ 及加速度$\ddot{\boldsymbol{d}}_0$，可得

$$\dot{\boldsymbol{d}}_0 = \frac{1}{2\Delta t}(\boldsymbol{d}_1 - \boldsymbol{d}_{-1}) \tag{2.2.37a}$$

$$\ddot{\boldsymbol{d}}_0 = \frac{1}{\Delta t^2}(\boldsymbol{d}_1 - 2\boldsymbol{d}_0 + \boldsymbol{d}_{-1}) \tag{2.2.37b}$$

联立式(2.2.37)的两个方程，可得质点第一1 步的位移为

$$\boldsymbol{d}_{-1} = \boldsymbol{d}_0 - \Delta t\,\dot{\boldsymbol{d}}_0 + \frac{1}{2}\Delta t^2\,\ddot{\boldsymbol{d}}_0 \tag{2.2.38}$$

然后就可以由第一1 步和第 0 步的已知量，显式地推算下一时刻的待求量，依次得出各个时间点上的质点位置，获得结构整体的运动轨迹。与传统数值方法不同的是，有限质点法中始终将结构体系的运动和变形作为一种初值问题而不是边值问题来处理，边界约束可通过边界面上的特殊质点运动约束条件来施加。

2. 运动方程的静态解

传统的数值分析方法中将静力分析与动力分析视为两类不同的分析范畴，而且一般是将静力分析作为基础，再利用达朗贝尔原理和虚功原理将动力学问题转化为静力学问题来处理。有限质点法则是一种直接基于牛顿运动定律的动力模拟方法，它通过求解控制方程得到的是结构的动力响应，动力分析才是该方法的本质特性。因此，将质点外力的时间历程和真实阻尼参数代入运动控制方程的求解公式即可得到分析对象的动力解。

然而，实际结构受力后由于自身消能机制的存在，不会一直持续振动下去，振幅将逐渐减小并最终趋向于一个稳定的静止状态。当然，不同的能量耗散机制会产生不同的运动轨迹，但只要最终的作用力相同，都将收敛于同样的静止稳定状态。基于这一思路，有限质点法采用以下两种方式来减小各个质点受力后运动过程中的振荡效应，以获得最终趋于稳定的平衡状态，并将其作为所求问题的静态解。

(1) 虚拟阻尼耗能。在质点运动控制方程(2.2.4)中合理设定阻尼力大小，利用阻尼作用消耗体系动能，削弱动力响应。随着动力振荡的减弱，各个质点上的不平衡力会逐渐减小，质点空间位置也会自然地向平衡位置靠近，并最终收敛于静态解。换言之，整个结构体系的静力平衡位置可通过逐步追踪各个质点的衰减振动运动过程来获得。而且阻尼参数 μ 可以虚设，不必按真实物理模型的材料参数来取值。

(2) 缓慢加载。将质点运动控制方程(2.2.4)中的外力项$\boldsymbol{F}_\alpha^{\text{ext}}$ 假设为一组随时间缓慢递增的拟静力加载函数，函数曲线一般可采用“斜坡—平台”的形式，以便尽快获得稳定状态下的静态解。特别是对与路径相关的跃越屈曲、塑性变形等非线性问题，由于加载过程不可逆，当一个时间步中的荷载增量过大而产生额外的阻尼耗能时，质点的运动轨迹可能会与实际途径不一致，此时就必须采用这种缓慢加载的方式才能求出正确解。为了保证静态解的可靠性，建议加载时间不应

小于5倍的系统最小自振周期(Kutt et al.,1998)。

采用缓慢加载求得静力解的技术借鉴了静力试验中的加载模式,通过外荷载的缓慢逐级施加来获得结构最终的静力平衡状态。利用这种加载方式能够减小结构体系上的动力效应,使得各个质点的振幅在整个运动过程中被限制在一个较小的范围内,确保局部振动不会改变整体的运动途径和趋势,尽量使质点的运动轨迹与结构受力后的真实途径相一致。这一过程中,各个质点的振幅会持续减小直至稳定在允许残差范围内。在计算时间允许的条件下,可进一步将加载的斜坡段细分成阶梯形的加载形式,以便更好地控制动力效应。

在有限质点法中,无论利用虚拟阻尼耗能还是采用缓慢加载的方式来分析静力问题,实际上都属于对静力平衡状态的逼近算法,而不可能获得绝对的静止状态。因此,算法中需要设置合适的静态解收敛准则作为计算结束的判断条件。目前发展的算法中综合考虑了下列收敛准则。

(1) 残余力收敛准则。残余力收敛准则以各个质点上外力与内力相减所形成的不平衡力的2范数作为判断标准,即

$$\frac{\|\boldsymbol{F}_n^{\mathrm{ext}}+\boldsymbol{F}_n^{\mathrm{int}}\|_2}{\|\boldsymbol{F}_n^{\mathrm{ext}}+\boldsymbol{F}_0^{\mathrm{int}}\|_2}=\frac{\|\boldsymbol{R}_n\|_2}{\|\boldsymbol{F}_n^{\mathrm{ext}}+\boldsymbol{F}_0^{\mathrm{int}}\|_2}\leqslant\varepsilon_{\mathrm{f}} \tag{2.2.39a}$$

(2) 位移收敛准则。位移收敛准则要求单个时间步内质点位移的增量控制在一定的容许范围内,即

$$\frac{\|\boldsymbol{d}_{n+1}-\boldsymbol{d}_n\|_2}{1+\|\boldsymbol{d}_n\|_2}=\frac{\|\Delta\boldsymbol{d}_n\|_2}{1+\|\boldsymbol{d}_n\|_2}\leqslant\varepsilon_{\mathrm{d}} \tag{2.2.39b}$$

式中,$\|\cdot\|_2$ 表示2范数;$\boldsymbol{F}_0^{\mathrm{int}}$ 为初始步的内力向量;$\boldsymbol{F}_n^{\mathrm{int}}$ 和 $\boldsymbol{F}_n^{\mathrm{ext}}$ 为第 n 步的质点内力向量和外力向量;$\boldsymbol{R}_n$ 为不平衡力向量;$\boldsymbol{d}_n$ 和 $\boldsymbol{d}_{n+1}$ 分别为第 n 步和第 $n+1$ 步的位移向量;$\Delta\boldsymbol{d}_n$ 为第 $n+1$ 步和第 n 步的位移差向量;ε_{f} 和 ε_{d} 分别为给定的残余力和位移的收敛精度,取值都非常小(一般设为 $10^{-10}\sim10^{-5}$),以限制平衡状态下结构的振荡,具体数值还应结合实际问题并综合权衡计算时间和精度的要求后才能确定。

3. 求解参数设置

对动力分析来说,运动方程中的各参数按实际物理模型值选取即可,唯一需要指定的参数——时间步长可根据物理步长和数值稳定步长两者中的较小值来确定。

对静力分析来说,其关注点仅在于方法本身能否得到最终正确的静态解,而并不关心到达稳定状态之前运动过程的细节,因为这个过程是虚拟的,并没有实际物理意义。因此利用虚拟阻尼耗能和缓慢加载两种技术来求静态解时,阻尼、质量、时间步长这些参数即使是任意选取的,也不会对路径独立或率无关材料的

最终静力解产生影响。只是当取值不同时，在时间步数和计算总时长上会有一些差异。一般而言，如果时间步长是根据真实材料特性来确定的，那么计算过程可能会非常耗时。因此，选取这些虚拟参数时，既要满足稳定条件的要求，也应尽可能地提高静态解的收敛速度。为此，可以将阻尼参数 μ 设置为临界阻尼，或者预先指定计算所用时间步长。前者可以使结构的动力效应在最短的时间内削弱，后者可以减少计算步数，缩短计算时间。

对于静力问题，采用显式计算中常用的质量缩放技术（Hallquist，2006）来获得较大的稳定步长，即利用式(2.2.29)及其说明中单元波速 c^e 的计算公式反推求出对应于某个指定时间步长的虚拟质点密度：

$$\rho_{si} = \frac{\Delta t_{cr}^2 E(1-\nu)}{(l_{si}^e)^2(1+\nu)(1-2\nu)} \tag{2.2.40}$$

式中，l_{si}^e和ρ_{si}分别为第 i 个单元的最小特征长度和调整后的密度；Δt_{cr}为指定的临界时间步长。为了保证积分步长有一定的富余度，程序计算中的初始步长 Δt_0 应在临界步长的基础上进行折减，即 $\Delta t_0=\alpha\Delta t_s$，$\alpha$ 为考虑非线性不稳定因素和阻尼影响的折减系数，较合适的选择范围是 $0.8\leqslant\alpha\leqslant0.98$。

另外，与系统动能耗散效率密切相关的临界阻尼值可以根据系统的最小固有频率计算得到，虚拟临界阻尼系数 μ_c 可取为（Rezaiee-Pajand et al.，2011）

$$\mu_c = \frac{C_{cr}}{M} = \sqrt{\omega_{\min}^2(4-\Delta t_n^2\omega_{\min}^2)} \tag{2.2.41}$$

式中，C_{cr}为临界阻尼系数；Δt_n 为第 n 步的时间步长；$\omega_{\min}$为系统自由振动时的基频，可以根据 Rayleigh 法（Oakley and Knight，1995）计算得到，即

$$\omega_{\min} = \min_e(\omega_{\min}^e) = \min_e\left[\frac{(\boldsymbol{w}_n^i)^{\mathrm{T}}\boldsymbol{S}_n^i\boldsymbol{w}_n^i}{(\boldsymbol{w}_n^i)^{\mathrm{T}}\boldsymbol{M}_n\boldsymbol{w}_n^i}\right]^{1/2} \tag{2.2.42}$$

式中，$\boldsymbol{w}_n$为权系数向量，可以从第 n 步位移向量 $\boldsymbol{d}_n$、第 $n-1/2$ 步速度向量$\dot{\boldsymbol{d}}_{n-1/2}$及不平衡力 $\boldsymbol{R}_n=\boldsymbol{F}_n^{\text{ext}}+\boldsymbol{F}_n^{\text{int}}$ 中来选择，建议选用$\dot{\boldsymbol{d}}_{n-1/2}$（Felippa，1990）；对于线性问题，$\boldsymbol{S}_n^i\boldsymbol{w}_n^i$可以用$\boldsymbol{F}_n^{\text{ext}}$ 代替；对于非线性问题，$\boldsymbol{S}^n$在传统方法中代表第 n 步的对角切线刚度矩阵项。有限质点法中，$\boldsymbol{S}_n^i$ 为第 n 步中第 i 个自由度的分量，可按式(2.2.43)进行估算：

$$\boldsymbol{S}_n^i = \frac{\boldsymbol{F}_n^{\text{int}}-\boldsymbol{F}_{n-1}^{\text{int}}}{\Delta t_n\dot{\boldsymbol{d}}_{n-1/2}} \tag{2.2.43}$$

式中，$\boldsymbol{F}_n^{\text{int}}$ 和$\boldsymbol{F}_{n-1}^{\text{int}}$分别为第 n 步和第 $n-1$ 步的质点内力向量；$\dot{\boldsymbol{d}}_{n-1/2}$为第 $n-1/2$ 步速度向量；Δt_n 为第 n 步的时间步长。

在静态解的计算过程中，上述求解动力积分方程的参数一般都要按照某种自适应机制进行动态更新，以保证算法的稳定性和高效性。其中，临界阻尼参数利用式(2.2.41)～式(2.2.43)简单计算后即可求出，因此可考虑在每一个途径单元初始时刻都对其重新计算。另外，如果时间步长保持恒定，那么计算中质量缩放

技术就可能会被反算使用。特别是对于强非线性问题，由于刚度分布的改变，按初始质量确定的时间步长在后续的计算中不一定能够继续满足稳定性条件。另外，正常情况下也应保证临界时间步长有一定的富余量，即 $\Delta t_{\mathrm{cr}} \geqslant \zeta\alpha\Delta t_{\mathrm{s}}$，其中可靠性系数 ζ 的范围为 1.05～1.10。当该条件不满足时，应根据 $\Delta t_{\mathrm{cr}}=\Delta t_{\mathrm{s}}$ 重新计算质点质量，再用于后续步的循环计算。由于可靠性系数 ζ 不易确定，因此在计算中采用扰动频率误差估计法作为质点质量更新判断的准则，判别条件的计算式为(Park and Underwood，1980)

$$\varepsilon^n = \max_{\mathrm{DOF}} \varepsilon_i^n = \max_{\mathrm{DOF}} \frac{(\omega_{\mathrm{a}}^2)_i^n}{\omega_{\max}^2} = \max_{\mathrm{DOF}} \left(\frac{\Delta t_n^2}{4} \frac{\| \ddot{\boldsymbol{d}}_i^n - \ddot{\boldsymbol{d}}_i^{n-1} \|_\infty}{\| \boldsymbol{d}_i^n - \boldsymbol{d}_i^{n-1} \|_\infty} \right) \tag{2.2.44}$$

式中，ω_{a} 为显著扰动频率；$\|\cdot\|_\infty$ 表示无穷范数。如果 $\varepsilon>1$，那么意味着数值稳定条件已不能满足，需要按式(2.2.40)更新质量或者减小计算时间步长。反之，如果 $\varepsilon<1$(计算中取 0.9)，则说明原时间步长过于保守，可对质量进行调整，以获得最优的计算效率。虽然这样会耗费一定的计算时间，但经过调整优化后所能节省的运算时间将远远超过这些判断条件的计算耗时。

当结构的计算规模变大时，为提高计算效率，求解静力问题时可采用动力阻尼(Gosling and Lewis，1996；Han and Lee，2003)进行加速计算。以图 2.2.5 所示的单自由度系统为例，初始时质量块在外力作用下偏离平衡位置，随后释放外力，由于弹簧的作用其将向平衡位置处运动，并在两端发生振动，直至在阻尼作用下质量块动能全部耗散并停止在平衡位置处，这是有限质点法采用黏滞阻尼求解结构静力问题的基本原理。但对于静力问题，求解过程只需关注结构的最终平衡位置，其运动路径并不重要。动力阻尼记录整个系统的动能，当动能达到峰值时，将结构(质点)的速度强迫置 0，若此时结构的不平衡力为 0，则结构到达平衡状态，求解结束，否则继续计算。

现以动力阻尼的概念来求解图 2.2.5 所示的单自由度系统，当质量块第一次到达平衡位置时动能最大，它的速度被强制为 0，并且此时质量块的不平衡力也为 0(弹簧内力为 0)，质量块到达平衡位置，求解完成。图 2.2.6 给出了两种方法求解得到的质量块位移时程对比示意图，显然，在计算效率上动力阻尼具有明显的优势。当采用动力阻尼求解结构的静力问题时，质点运动方程中不需要设置阻尼项，因而避免了确定阻尼值的繁琐过程。

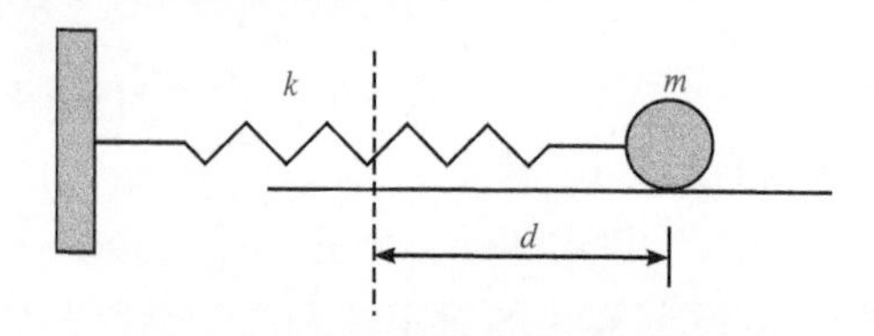

图 2.2.5　单自由度系统的振动

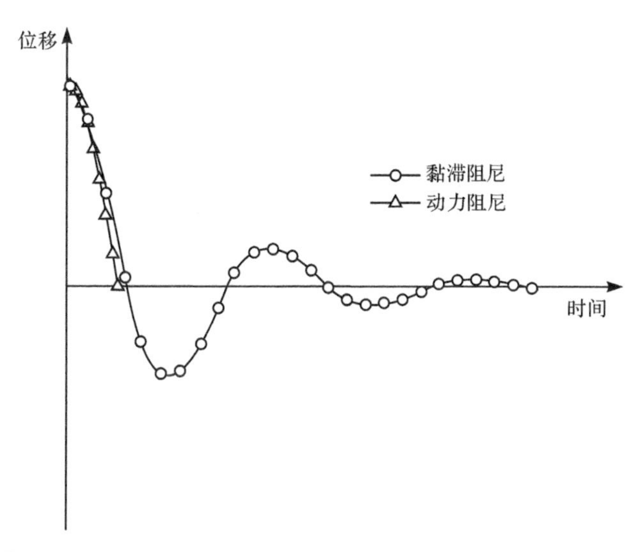

图 2.2.6　采用两种方法求解得到的质量块位移时程对比示意图

2.2.4　误差分析与修正机制

有限质点法是以向量力学和数值分析为基础的方法，它根据分析问题目的和条件的不同，对预估的力学行为做简化描述，计算得到的结构响应是以一组离散质点的点值描述来表示的近似解。该方法的计算误差主要来自以下三个方面。

(1) 点值描述模式的误差。有限质点法中时间点和空间点的总数是有限的，配置方式也是人为选择的。时间点与空间点数量或配置的变化，都可能对最终的结果产生影响。但是，随着选用的质点总数和时间积分步数的增加，计算结果间的差异会逐渐减小，并满足收敛性要求。

(2) 数值时间积分的误差。采用蛙跳 Verlet 格式的中心差分法对质点的运动控制方程进行时间积分求解，每一个方程独立计算，与一般单自由度系统差分计算时的误差与收敛性质相同。因此，这方面的计算误差与传统分析中关于显式数值积分的误差分析类似(Rezaiee-Pajand et al.，2011)。

(3) 变形与内力计算中的误差。在向量式分析中，每个途径单元内的刚体运动和纯变形不是完全分离的，而是采用了一个近似平均值来估算节点刚体位移和变形，这自然就会导致计算出的质点内力产生一定偏差。此外，即使刚体转动的估算是准确的(如对杆、梁单元)，但由于内力计算中采用了内插函数的简化描述和虚功等效内力的数值积分算法，结果也只可能是一个近似值。

需要指出的是，区别于基于分析力学和数学模式的计算方法，有限质点法是一种基于物理模式的力学方法，误差分析应当从物理性质角度来讨论，这与传统计算力学方法中从数学公式误差和方程式的性质来讨论简化求解引起的数值误差是有本质区别的。根据点值描述的基本概念，内力代表的是质点间相对位置的改变所引起的相互作用关系，其大小和方向与刚体转动估算值密切相关。如果在某一个时间步内质点由于上一步的误差偏离了平衡位置，那么在偏离方向上的质点内力值与真实值之间就会相应产生一定的偏差，并指向反方向，在下一步计算中该内力偏差就会对质点运动做出修正，将质点拉回平衡位置。这里，前一时刻按简化方式计算内力可视为一种预估，而下一时刻由运动方程求解位移则是一种修正，两者形成了一种物理上的估算与修正机制。因此，只要内力估算近似值能够正确反映位置计算的误差，通过点与点之间不断被推来推去，误差就能得到自然的控制而不会累积发散。

2.3　杆单元质点的计算公式

2.3.1　杆系结构的离散模型

空间杆系结构杆件之间的连接可假定为铰接，忽略节点转动刚度的影响。杆件只承受轴向力，不计次应力对杆件内力引起的变化。根据杆系结构的特点，有限质点法将杆系结构每根构件离散为两个质点和一个空间杆单元，如图 2.3.1 所示。

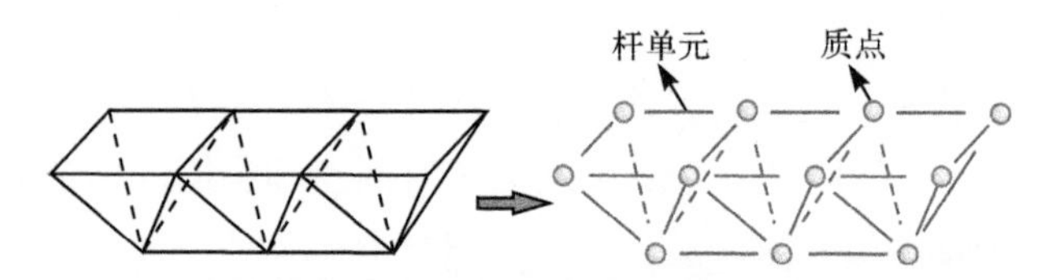

图 2.3.1　空间杆系结构的离散模型

质点的质量包括质点处结构节点的质量和与质点相连的构件的等效质量。采用一个简单的方法，将构件的质量平均分配到构件两端的节点上。质点质量表示为

$$M_\alpha = m_\alpha + \frac{1}{2}\sum_{i=1}^{n} m_{\alpha i} \tag{2.3.1}$$

式中，M_α 为质点 α 的质量；m_α 为质点 α 处结构节点的质量；n 为与质点相连的构件数量；$m_{\alpha i}$ 为与质点相连的第 i 个构件的质量，表示为 $m_{\alpha i}=\rho_i V_i$，ρ_i 和 V_i 分别为该构件的密度和体积。

质点内力来源于与质点相连的杆单元，如图 2.3.2 所示。杆单元仅发生轴向变形产生轴力，并将轴力反向作用到与其相连的两个质点上。质点 α 的内力可表示为

$$\boldsymbol{F}_\alpha^{\text{int}} = -\sum_{i=1}^{\text{nc}} \boldsymbol{f}_{\alpha i}^{\text{int}} \tag{2.3.2}$$

式中，$\boldsymbol{F}_{\alpha}^{\text{int}}$ 为质点 α 的内力向量；$\boldsymbol{f}_{\alpha i}^{\text{int}}$ 为与质点 α 相连的第 i 个单元的轴力向量；nc 为与质点相连的单元数量。

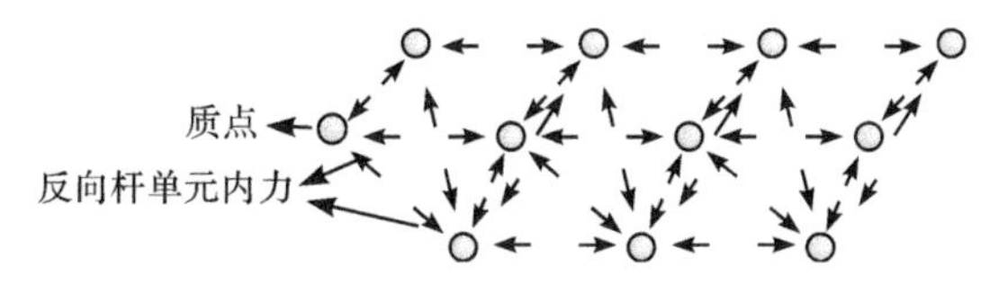

图 2.3.2　质点内力

质点外力包括作用在结构节点上的集中外力，以及作用在结构构件上的集中外力和均布外力的等效外力，如图 2.3.3 所示。质点外力可表示为

$$\boldsymbol{F}_{\alpha}^{\text{ext}} = \boldsymbol{f}_{\alpha}^{\text{ext}} + \sum_{i=1}^{\text{nc}} \boldsymbol{f}_{\alpha i}^{\text{ext}} \tag{2.3.3}$$

式中，$\boldsymbol{F}_{\alpha}^{\text{ext}}$ 为质点 α 的外力向量；$\boldsymbol{f}_{\alpha}^{\text{ext}}$ 为质点所在节点处的集中外力向量；$\boldsymbol{f}_{\alpha i}^{\text{ext}}$ 为与质点 α 相连的第 i 个构件的等效外力向量；nc 为与质点相连的单元数量。

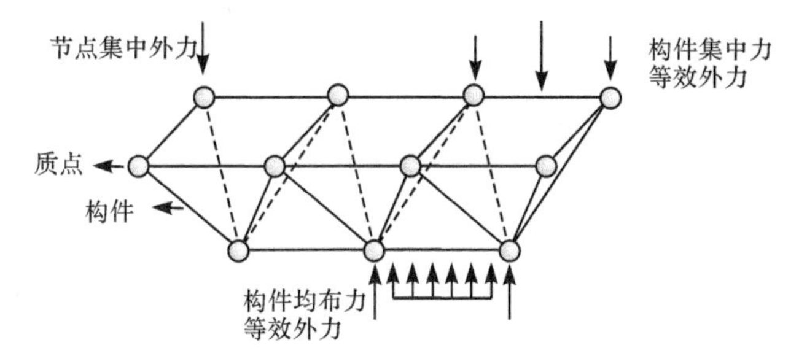

图 2.3.3　质点外力

2.3.2　杆单元质点的运动方程

离散模型中所有质点的运动都遵循牛顿第二定律。对于连接空间杆单元的质点，运动变量可分解为沿空间坐标轴方向的三个线位移，对应坐标轴方向的三个质点力，如图 2.3.4 所示。

空间杆系结构的质点运动方程的表达式为

$$M_{\alpha}\frac{\mathrm{d}^2}{\mathrm{d}t^2}\begin{bmatrix} d_x \\ d_y \\ d_z \end{bmatrix}_{\alpha} = \begin{bmatrix} f_x^{\text{ext}} + \sum_{i=1}^{\text{nc}} f_{ix}^{\text{ext}} \\ f_y^{\text{ext}} + \sum_{i=1}^{\text{nc}} f_{iy}^{\text{ext}} \\ f_z^{\text{ext}} + \sum_{i=1}^{\text{nc}} f_{iz}^{\text{ext}} \end{bmatrix}_{\alpha} - \begin{bmatrix} \sum_{i=1}^{\text{nc}} f_{ix}^{\text{int}} \\ \sum_{i=1}^{\text{nc}} f_{iy}^{\text{int}} \\ \sum_{i=1}^{\text{nc}} f_{iz}^{\text{int}} \end{bmatrix}_{\alpha} + \begin{bmatrix} f_x^{\text{dmp}} \\ f_y^{\text{dmp}} \\ f_z^{\text{dmp}} \end{bmatrix}_{\alpha} \tag{2.3.4}$$

式中，M_{α} 为质点 α 的质量；$[d_x \quad d_y \quad d_z]_{\alpha}^{\mathrm{T}}$ 为质点轴向位移向量；$[f_x^{\text{ext}} \quad f_y^{\text{ext}} \quad f_z^{\text{ext}}]_{\alpha}^{\mathrm{T}}$

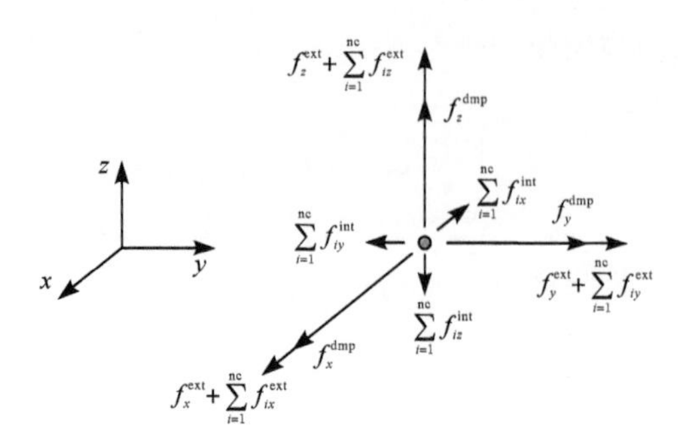

图 2.3.4　空间杆单元的质点力

为直接作用在质点 α 上的集中外力向量；$[f_{ix}^{\text{ext}} \quad f_{iy}^{\text{ext}} \quad f_{iz}^{\text{ext}}]_\alpha^{\text{T}}$ 和 $[f_{ix}^{\text{int}} \quad f_{iy}^{\text{int}} \quad f_{iz}^{\text{int}}]_\alpha^{\text{T}}$ 分别为与质点 α 相连接的杆单元 i 提供的等效外力向量和内力向量；$[f_x^{\text{dmp}} \quad f_y^{\text{dmp}} \quad f_z^{\text{dmp}}]_\alpha^{\text{T}}$ 为作用在质点 α 上的阻尼力向量；nc 为与质点相连的杆单元数量。

质点的内力与单元内力相关，空间杆单元的内力计算将在 2.3.3 节中给出。质点等效外力的计算将在 2.3.4 节中给出。求解式(2.3.4)，可以得到结构在外荷载下的位移响应。

2.3.3　杆单元质点的内力计算

求解质点内力，需要得到与质点相连的所有单元的内力。本节推导空间杆单元的内力求解方法。以图 2.3.5 所示的空间杆单元为例，该单元的空间位置由单元两端的质点 1 和 2 唯一确定。质点 A 和 B 在 t_a 和 t_b($t_b=t_a+\Delta t$)时刻的位置向量分别定义为($\boldsymbol{x}_A^a, \boldsymbol{x}_B^a$)和($\boldsymbol{x}_A^b, \boldsymbol{x}_B^b$)，如图 2.3.5(a)所示。质点 1、2 由 t_a 到 t_b 时刻的位移为 $\Delta\boldsymbol{x}_A=\boldsymbol{x}_A^b-\boldsymbol{x}_A^a$ 和 $\Delta\boldsymbol{x}_B=\boldsymbol{x}_B^b-\boldsymbol{x}_B^a$，如图 2.3.5(b)所示。若以质点 A 为参考点，将质点 A 的运动作为刚体运动，那么质点 B 相对于质点 A 在 t_a 到 t_b 时刻的相对位移为 $\Delta\boldsymbol{u}_B=\Delta\boldsymbol{x}_B-\Delta\boldsymbol{x}_A$。

由于单元的内力仅与单元的变形相关，因此必须将单元的刚体位移和刚体转动从单元的相对位移中扣除。有限质点法让单元经历了一个虚拟的逆向运动，以 t_a 时刻的单元位置为参考构形，在虚拟位置求得单元的纯变形和单元内力，然后让单元经历一个虚拟的正向运动，将其恢复到变形后的真实位置，通过坐标变换得到其真实内力。如图 2.3.6(a)所示，单元 AB 在 t_b 时的构形为 $A'B'$，使它经历虚拟逆向平移($-\Delta\boldsymbol{x}_A$)和虚拟逆向转动($-\Delta\boldsymbol{\theta}$)到达 $A''B''$的位置。$\Delta\boldsymbol{x}_A$ 为质点 A 由 t_a 到 t_b 时刻的位移，$\Delta\boldsymbol{\theta}$ 为杆单元 t_a 到 t_b 时刻的转角，单元在变形前后保持直线状态，因此经过逆向运动后的单元 $A''B''$与 t_a 时刻的单元 AB 的构形在同一直线上。为方便变形计算，以 A 点为原点，单元 AB 的方向为 x' 轴方向建立单元的变形坐标系。B''在单元变形坐标系中的坐标为($l_{A'B'}$, 0, 0)，$l_{A'B'}$ 为单元在 t_b 时刻的长度。质点 B 由于逆向转动产生的刚体位移 $\Delta\boldsymbol{u}_B^{\mathrm{r}}$ 可由式(2.3.5)得到：

$$\Delta\boldsymbol{u}_B^{\mathrm{r}} = -(\boldsymbol{R}^{\mathrm{T}} - \boldsymbol{I})\Delta\boldsymbol{x}' \tag{2.3.5}$$

式中，$\boldsymbol{I}$ 为 3×3 的单位矩阵；$\Delta\boldsymbol{x}'$ 为 $\boldsymbol{B}''$ 在单元变形坐标系中的坐标向量，$\Delta\boldsymbol{x}' = [\boldsymbol{l}_{A'B'} \quad 0 \quad 0]^{\mathrm{T}}$；$\boldsymbol{R}$ 为关于转角 $\Delta\theta$ 的旋转矩阵，形式如下：

$$\boldsymbol{R} = \begin{bmatrix} \cos\Delta\theta & \sin\Delta\theta \\ -\sin\Delta\theta & \cos\Delta\theta \end{bmatrix} \tag{2.3.6}$$

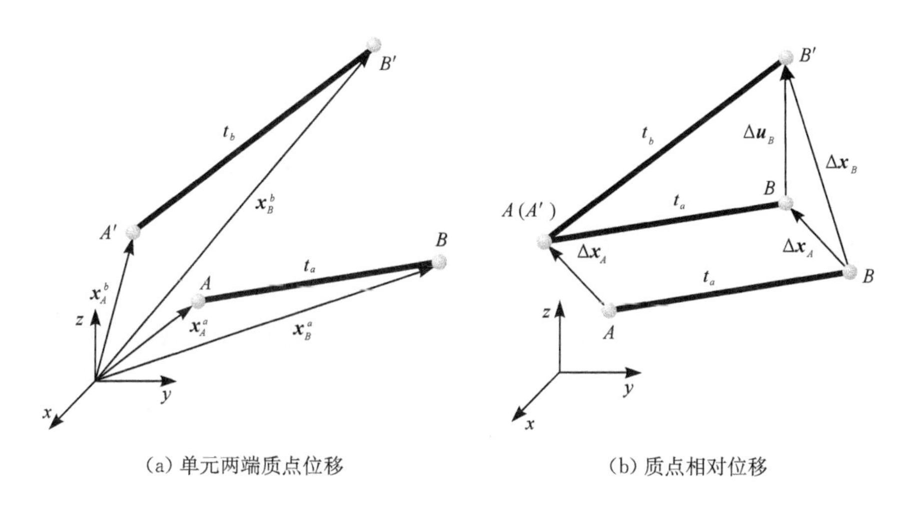

(a) 单元两端质点位移　　(b) 质点相对位移

图 2.3.5　空间杆单元模型

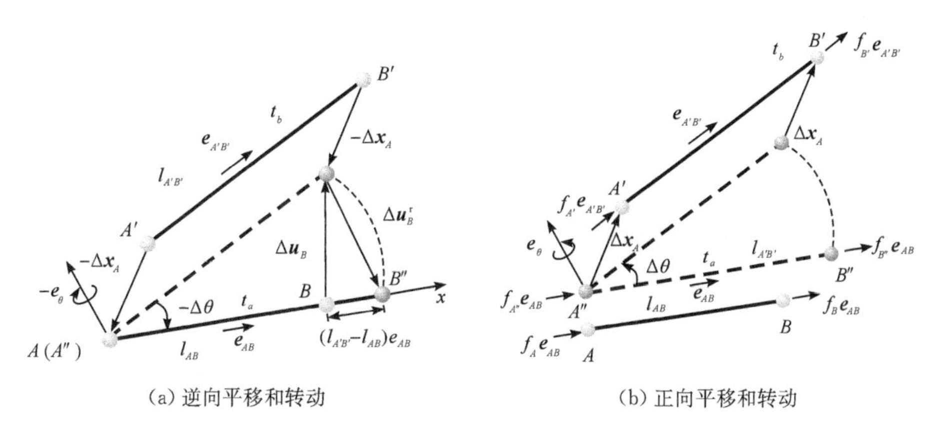

(a) 逆向平移和转动　　(b) 正向平移和转动

图 2.3.6　空间杆单元内力求解

求得逆向转动的刚体位移后，将其从单元的全位移中扣除，就得到单元的纯变形：

$$\Delta\boldsymbol{u}_B^{\mathrm{d}} = \Delta\boldsymbol{u}_B + \Delta\boldsymbol{u}_B^{\mathrm{r}} = \Delta\boldsymbol{x}_B - \Delta\boldsymbol{x}_A - (\boldsymbol{R}^{\mathrm{T}} - \boldsymbol{I})\Delta\boldsymbol{x}' \tag{2.3.7}$$

空间杆单元逆向转动后与 t_a 时刻的单元构形共线，几何关系满足材料力学计算轴向变形的假设，因此可不使用式(2.3.7)，仅通过变形坐标系下单元长度的差值求得单元相对于参考构形的轴向变形位移：

$$\Delta \boldsymbol{u}_B^{\mathrm{d}} = (l_{A'B'} - l_{AB})\boldsymbol{e}_{AB} \tag{2.3.8}$$

式中，l_{AB}和$l_{A'B'}$分别为单元在t_a和t_b时刻的单元长度；$\boldsymbol{e}_{AB}$为变形坐标系x轴的方向向量。

由于途径单元时间步长 Δt 取值很小，单元变形为小变形，因此在变形坐标系内可采用微应变和工程应力计算单元内力。变形后的单元轴力为

$$\boldsymbol{f}_{B''} = \boldsymbol{f}_a + \Delta \boldsymbol{f}_a = \left[\sigma_a A_a + \frac{EA_a}{l_{AB}}(l_{A'B'} - l_{AB})\right]\boldsymbol{e}_{AB} \tag{2.3.9}$$

式中，$\boldsymbol{f}_a$ 和σ_a 分别为单元AB 在t_a 时刻的轴力和应力；$\Delta \boldsymbol{f}_a$ 为单元由t_a 到t_b 时刻的内力增量；E 为结构材料的弹性模量；A_a 为单元截面面积。根据静力平衡准则，单元左右两端的内力大小相等，方向相反，即

$$\boldsymbol{f}_{A''} = -\boldsymbol{f}_{B''} \tag{2.3.10}$$

在虚拟位置得到单元内力后，此时应使单元经过正向转动 $\Delta\theta$ 和正向位移 $\Delta \boldsymbol{x}_A$ 恢复到t_b 时刻的位置，求单元的真实内力。在正向运动的过程中，$(\boldsymbol{f}_{A''}, \boldsymbol{f}_{B''})$ 为一组平衡力，发生刚体运动后，内力大小不变，方向改变。因此单元AB 在t_b 时刻的内力为

$$\boldsymbol{f}_{B'} = -\boldsymbol{f}_{A'} = \left[\sigma_a A_a + \frac{EA_a}{l_{AB}}(l_{A'B'} - l_{AB})\right]\boldsymbol{e}_{A'B'} \tag{2.3.11}$$

式中，$\boldsymbol{e}_{A'B'}$为单元在t_b 时刻的方向向量。此时单元内力的方向如图 2.3.6(b)所示。

单元AB 在t_b 时刻的内力应分别反向叠加到单元两端的质点A、B 上。根据式(2.3.2)，质点A、B 在t_b 时刻的内力等于与质点相连的单元的反向内力之和。

2.3.4 杆单元质点的外力计算

作用在杆单元上的外力分为两类：一类是直接作用在质点上的集中力 $[f_x^{\mathrm{ext}} \quad f_y^{\mathrm{ext}} \quad f_z^{\mathrm{ext}}]_\alpha^{\mathrm{T}}$；另一类是作用在单元上的均布外力。由于杆单元只能承受轴向力，只有外力的轴向分量需要计算等效的作用力。垂直于杆件元轴的外力分量可以用合力的作用位置分配成直接作用在相连接的质点上的集中力，然后代入质点方程。

构件集中外力的等效力可根据集中力作用点与构件端点的相对位置，按比例分配到构件两端的质点上。如图 2.3.7 所示，单元AB 上作用集中外力 $\boldsymbol{f}_C^{\mathrm{ext}} = [f_{cx}^{\mathrm{ext}} \quad f_{cy}^{\mathrm{ext}} \quad f_{cz}^{\mathrm{ext}}]^{\mathrm{T}}$，集中力作用点$C$距质点$A$ 和B 的距离分别为l_{AC}和l_{BC}，则质

点 A 和 B 等效集中外力为

$$\boldsymbol{f}_A^{\text{ext}} = \frac{l_{BC}}{l_{AC}+l_{BC}}\begin{bmatrix} f_{cx}^{\text{ext}} & f_{cy}^{\text{ext}} & f_{cz}^{\text{ext}} \end{bmatrix}^{\text{T}} \tag{2.3.12a}$$

$$\boldsymbol{f}_B^{\text{ext}} = \frac{l_{AC}}{l_{AC}+l_{BC}}\begin{bmatrix} f_{cx}^{\text{ext}} & f_{cy}^{\text{ext}} & f_{cz}^{\text{ext}} \end{bmatrix}^{\text{T}} \tag{2.3.12b}$$

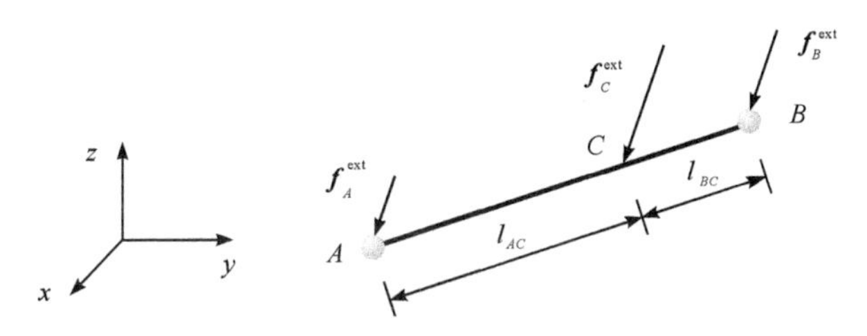

图 2.3.7　构件集中外力的等效质点外力

均布力和等效力的求解，需将均布力转换至单元的局部坐标系计算等效力。如图 2.3.8 所示，单元 AB 上作用均布外力向量 $\boldsymbol{q}=[q_x \quad q_y \quad q_z]^{\text{T}}$，任取一点 C，以 A 为原点建立单元的局部坐标系，各轴方向向量为

$$\hat{\boldsymbol{e}}_x = \boldsymbol{e}_{AB} \tag{2.3.13a}$$

$$\hat{\boldsymbol{e}}_y = \frac{\boldsymbol{e}_{AC}\times\boldsymbol{e}_{AB}}{|\boldsymbol{e}_{AC}\times\boldsymbol{e}_{AB}|} \tag{2.3.13b}$$

$$\hat{\boldsymbol{e}}_z = \hat{\boldsymbol{e}}_x \times \hat{\boldsymbol{e}}_y \tag{2.3.13c}$$

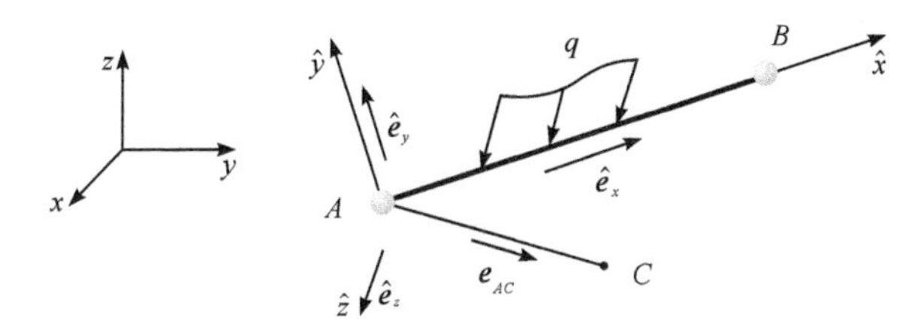

图 2.3.8　构件均布外力的坐标转换

将构件均布外力由域坐标系转换到单元局部坐标系：

$$\hat{\boldsymbol{q}} = \boldsymbol{Q}\boldsymbol{q} = \begin{bmatrix} \hat{\boldsymbol{e}}_x^{\text{T}} \\ \hat{\boldsymbol{e}}_y^{\text{T}} \\ \hat{\boldsymbol{e}}_z^{\text{T}} \end{bmatrix}\begin{bmatrix} q_x \\ q_y \\ q_z \end{bmatrix} = \begin{bmatrix} \hat{q}_x \\ \hat{q}_y \\ \hat{q}_z \end{bmatrix} \tag{2.3.14}$$

式中，$\boldsymbol{Q}$ 为转换矩阵。

1. 均布外力 $\hat{q}_y$ 和 $\hat{q}_z$ 的等效质点外力

由于空间杆单元仅发生轴向变形，在垂直杆轴方向的运动为刚体运动，因此垂直单元轴向的均布外力($\hat{q}_y$,$\hat{q}_z$)可采用静力平衡原理计算其等效质点外力。如图 2.3.9(a)所示,将 $\hat{q}_y$ 反向作用在单元上,质点的等效外力与 $\hat{q}_y$ 构成一个平衡力系。由 $\sum \hat{f}_y = 0$ 和 $\sum \hat{m}_A = 0$(到 A 点的弯矩合力为 0) 可得

$$\hat{f}_{By} = \frac{1}{l_b}\int_0^{l_b} \hat{q}_y \hat{x}\,\mathrm{d}\hat{x} \tag{2.3.15a}$$

$$\hat{f}_{Ay} = \frac{1}{l_b}\int_0^{l_b} \hat{q}_y (l_b - \hat{x})\,\mathrm{d}\hat{x} \tag{2.3.15b}$$

式中,l_b 为单元的长度。同理,$\hat{q}_z$ 的等效质点外力为

$$\hat{f}_{Bz} = \frac{1}{l_b}\int_0^{l_b} \hat{q}_z \hat{x}\,\mathrm{d}\hat{x} \tag{2.3.16a}$$

$$\hat{f}_{Az} = \frac{1}{l_b}\int_0^{l_b} \hat{q}_z (l_b - \hat{x})\,\mathrm{d}\hat{x} \tag{2.3.16b}$$

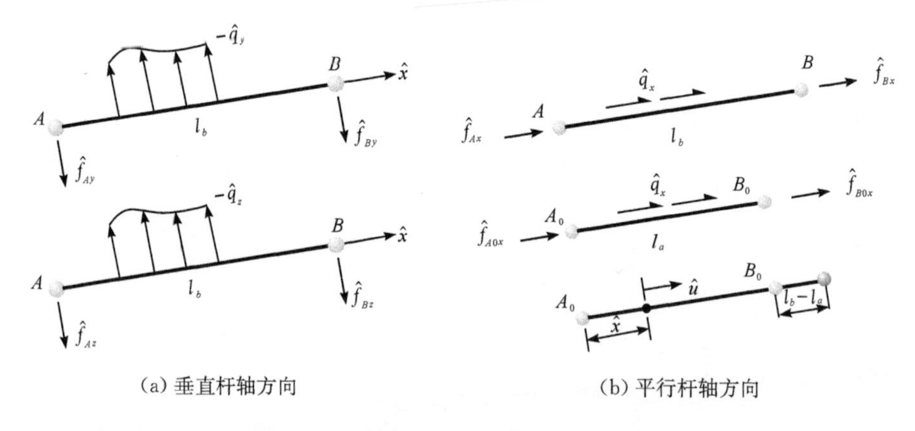

图 2.3.9 构件均布外力的等效质点外力

2. 均布外力 $\hat{q}_x$ 的等效质点外力

在空间杆单元轴向变形方向的均布外力 $\hat{q}_x$ 的等效力应采用虚功原理计算。设 $\hat{f}_{Az}$ 和 $\hat{f}_{Bz}$ 为 $\hat{q}_x$ 的等效质点外力,如图 2.3.9(b)所示。在任一途径单元内,单元的变形很小,可以假设作用力和节点外力间的等效关系不因杆件的变形和刚体位移而改变,将 $\hat{q}_x$ 作用在单元变形前的单元构形 A_0B_0 上。单元内任意一点的变形位移可根据单元变形线性插值得到:

$$\hat{u} = \frac{\hat{x}}{l_a}(l_b - l_a) \tag{2.3.17}$$

式中,l_a 和 l_b 分别为单元 AB 在变形前和变形后的长度。质点的变形位移分别为 $\hat{u}_{A0}=0$,$\hat{u}_{B0}=l_b-l_a$。

根据虚功原理，质点力等效关系的基础为均布外力 $\hat{q}_x$ 与质点力($\hat{f}_{A0x}$，$\hat{f}_{B0x}$)因变形而产生的虚功应相等：

$$\delta W_1 = \delta W_2 \tag{2.3.18a}$$

$$\delta W_1 = \int_0^{l_a} \hat{q}_x \delta(\hat{u}) \mathrm{d}\hat{x} \tag{2.3.18b}$$

$$\delta W_2 = \hat{f}_{B0x} \delta(l_b - l_a) \tag{2.3.18c}$$

将式(2.3.17)代入式(2.3.18)得

$$\hat{f}_{B0x} = \int_0^{l_a} \hat{q}_x \left(\frac{\hat{x}}{l_a}\right) \mathrm{d}\hat{x} \tag{2.3.19}$$

由杆件静力平衡条件得

$$\hat{f}_{A0x} + \hat{f}_{B0x} = \int_0^{l_a} \hat{q}_x \mathrm{d}\hat{x} \tag{2.3.20}$$

结合式(2.3.19)和式(2.3.20)，有

$$\hat{f}_{A0x} = \int_0^{l_a} \hat{q}_x \left(1 - \frac{\hat{x}}{l_a}\right) \mathrm{d}\hat{x} \tag{2.3.21}$$

求得均布外力在单元变形前的等效质点力后，回到单元变形后的位置，等效关系不变，仅单元长度变为 l_b，有

$$\hat{f}_{Ax} = \int_0^{l_b} \hat{q}_x \left(1 - \frac{\hat{x}}{l_b}\right) \mathrm{d}\hat{x} \tag{2.3.22a}$$

$$\hat{f}_{Bx} = \int_0^{l_b} \hat{q}_x \left(\frac{\hat{x}}{l_b}\right) \mathrm{d}\hat{x} \tag{2.3.22b}$$

以上得到的为单元局部坐标系下的等效质点力分量$\hat{\boldsymbol{q}}_j = [\hat{q}_{jx} \quad \hat{q}_{jy} \quad \hat{q}_{jz}]^{\mathrm{T}} (j = A, B)$，需通过坐标转换才能得到域坐标系下的质点外力，即

$$\boldsymbol{f}_j = \boldsymbol{Q}^{\mathrm{T}} \hat{\boldsymbol{f}}_j = \begin{bmatrix} \hat{e}_x^{\mathrm{T}} \\ \hat{e}_y^{\mathrm{T}} \\ \hat{e}_z^{\mathrm{T}} \end{bmatrix} \begin{bmatrix} \hat{f}_{jx} \\ \hat{f}_{jy} \\ \hat{f}_{jz} \end{bmatrix} = \begin{bmatrix} f_{jx} \\ f_{jy} \\ f_{jz} \end{bmatrix}, \quad j = A, B \tag{2.3.23}$$

当 $\hat{q}_x$ 为常数时，式(2.3.23)简化为

$$\boldsymbol{f}_j = \begin{bmatrix} f_{jx} \\ f_{jy} \\ f_{jz} \end{bmatrix} = \frac{l_b}{2} \begin{bmatrix} q_x \\ q_y \\ q_z \end{bmatrix}, \quad j = A, B \tag{2.3.24}$$

2.4 梁单元质点的计算公式

2.4.1 梁系结构的离散模型

空间梁系结构构件之间的连接可假定为刚接，杆件中存在轴力、弯矩和扭矩。

根据梁系结构的特点，有限质点法将梁系结构的每根构件离散为两个质点和一个空间梁单元。图 2.4.1 所示为单层网壳结构的离散模型。

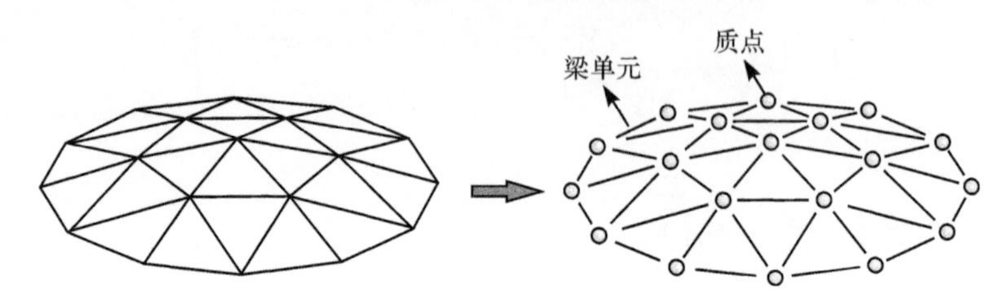

图 2.4.1　单层网壳结构的离散模型

质点的质量包括结构节点的质量以及与质点相连的构件的等效质量。质点质量可采用式(2.3.1)计算。

质点的惯性矩包括结构节点本身的惯性矩以及与质点相连构件的等效惯性矩。质点 α 的质量惯性矩表示为

$$\boldsymbol{I}_{\alpha}=\boldsymbol{I}_{\alpha}^{0}+\sum_{i=1}^{\mathrm{nc}}\boldsymbol{I}_{\alpha i} \tag{2.4.1}$$

式中，$\boldsymbol{I}_{\alpha}^{0}$ 为质点本身的质量惯性矩；$\boldsymbol{I}_{\alpha i}$ 为与质点相连的单元 i 提供的等效质量惯性矩；nc 为与质点相连的梁单元数量。质点等效质量惯性矩 $\boldsymbol{I}_{\alpha i}$ 的计算涉及复杂的坐标转换，这是由于构件的纯变形和内力是在单元的局部坐标系中求得的，而计算质点转角是在域坐标系下进行的。因此在计算质点转角前，需要将单元局部坐标系下对单元主轴的质量惯性矩，转换成域坐标系下对域坐标轴的等效质量惯性矩，才能用以计算质点转角。

如图 2.4.2 所示梁单元 i，单元质量集中在两端质点 A 和 B 的截面上，$(\hat{x},\hat{y},\hat{z})$为单元的局部坐标系，$(x,y,z)$为结构的域坐标系。首先需求得截面的质量惯性矩，再将其集中至质点 A 和 B 上。截面对局部坐标轴 $\hat{y}$ 和 $\hat{z}$ 的质量惯性矩为

$$\hat{I}_{y}=\frac{1}{2}\rho_{i}l_{i}A_{i}r_{y}^{2} \tag{2.4.2a}$$

$$\hat{I}_{z}=\frac{1}{2}\rho_{i}l_{i}A_{i}r_{z}^{2} \tag{2.4.2b}$$

式中，ρ_i 和 l_i 分别为此时单元 i 的密度和长度；r_y 和 r_z 分别为截面沿轴 $\hat{y}$ 和 $\hat{z}$ 方向的转动半径，$r_y=\sqrt{\hat{I}_y/A_i}$，$r_z=\sqrt{\hat{I}_z/A_i}$，A_i 为单元 i 此时的面积，$\hat{I}_y$ 和 $\hat{I}_z$ 分别为单元对轴 $\hat{y}$ 和 $\hat{z}$ 的截面惯性矩。本节分析的结构构件均为等截面对称构件，因此截面对构件 $\hat{x}$ 轴向的质量惯性矩为

$$\hat{I}_{x}=\hat{I}_{y}+\hat{I}_{z} \tag{2.4.3}$$

单元 i 在局部坐标系内的质量惯性矩矩阵为

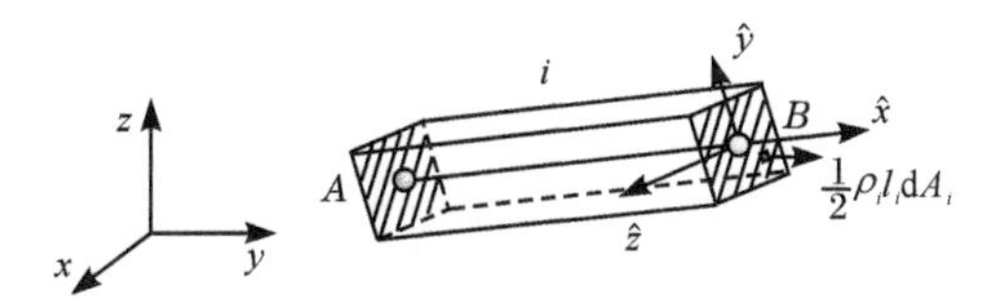

图 2.4.2　梁单元的局部坐标系与全局坐标系

$$\hat{\boldsymbol{I}}_i = \begin{bmatrix} \hat{I}_x & 0 & 0 \\ 0 & \hat{I}_y & 0 \\ 0 & 0 & \hat{I}_z \end{bmatrix} \tag{2.4.4}$$

假设 $\boldsymbol{\Omega}$ 为梁单元局部坐标系与域坐标系间的转换矩阵：

$$\hat{\boldsymbol{x}} = \boldsymbol{\Omega x} \tag{2.4.5}$$

则单元 i 在域坐标系下的等效质量惯性矩阵为

$$\boldsymbol{I}_i = \begin{bmatrix} I_{xx} & I_{xy} & I_{xz} \\ I_{yx} & I_{yy} & I_{yz} \\ I_{zx} & I_{zy} & I_{zz} \end{bmatrix} = \boldsymbol{\Omega}^{\mathrm{T}} \hat{\boldsymbol{I}}_i \boldsymbol{\Omega} \tag{2.4.6}$$

质点的内力来源于与质点相连的梁单元，如式(2.3.2)。梁单元可发生弯曲、扭转和轴向伸缩变形，然后将相应的弯矩、扭矩和轴力反向作用到与其相连的两个质点上。

质点的外力包括作用在结构节点上的集中外力，以及作用在结构构件上的集中外力和均布外力的等效外力，如式(2.3.3)。

2.4.2　梁单元质点的运动方程

离散模型中所有质点的运动都遵循牛顿第二定律。对于连接空间梁单元的质点，质点运动变量可分解为沿空间坐标轴方向的三个线位移和三个角位移，分别对应坐标轴方向的三个力和三个弯矩，如图 2.4.3 所示。

空间梁单元质点的运动方程可具体表达为

$$M_\alpha \frac{\mathrm{d}^2}{\mathrm{d}t^2} \begin{bmatrix} d_x \\ d_y \\ d_z \end{bmatrix}_\alpha = \begin{bmatrix} f_x^{\mathrm{ext}} + \sum\limits_{i=1}^{\mathrm{nc}} f_{ix}^{\mathrm{ext}} \\ f_y^{\mathrm{ext}} + \sum\limits_{i=1}^{\mathrm{nc}} f_{iy}^{\mathrm{ext}} \\ f_z^{\mathrm{ext}} + \sum\limits_{i=1}^{\mathrm{nc}} f_{iz}^{\mathrm{ext}} \end{bmatrix}_\alpha - \begin{bmatrix} \sum\limits_{i=1}^{\mathrm{nc}} f_{ix}^{\mathrm{int}} \\ \sum\limits_{i=1}^{\mathrm{nc}} f_{iy}^{\mathrm{int}} \\ \sum\limits_{i=1}^{\mathrm{nc}} f_{iz}^{\mathrm{int}} \end{bmatrix}_\alpha + \begin{bmatrix} f_x^{\mathrm{dmp}} \\ f_y^{\mathrm{dmp}} \\ f_z^{\mathrm{dmp}} \end{bmatrix}_\alpha \tag{2.4.7a}$$

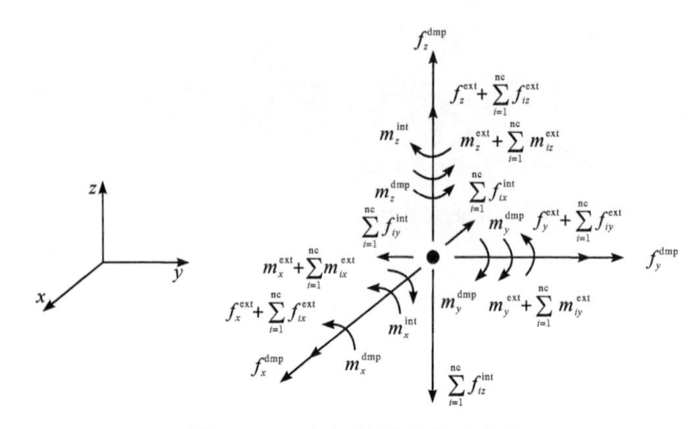

图 2.4.3　空间梁单元的质点力

$$
\boldsymbol{I}_\alpha \frac{\mathrm{d}^2}{\mathrm{d}t^2}\begin{bmatrix}\theta_x\\ \theta_y\\ \theta_z\end{bmatrix}_\alpha=\begin{bmatrix} m_x^{\mathrm{ext}}+\sum\limits_{i=1}^{\mathrm{nc}} m_{ix}^{\mathrm{ext}}\\ m_y^{\mathrm{ext}}+\sum\limits_{i=1}^{\mathrm{nc}} m_{iy}^{\mathrm{ext}}\\ m_z^{\mathrm{ext}}+\sum\limits_{i=1}^{\mathrm{nc}} m_{iz}^{\mathrm{ext}}\end{bmatrix}_\alpha-\begin{bmatrix}\sum\limits_{i=1}^{\mathrm{nc}} m_{ix}^{\mathrm{int}}\\ \sum\limits_{i=1}^{\mathrm{nc}} m_{iy}^{\mathrm{int}}\\ \sum\limits_{i=1}^{\mathrm{nc}} m_{iz}^{\mathrm{int}}\end{bmatrix}_\alpha+\begin{bmatrix} m_x^{\mathrm{dmp}}\\ m_y^{\mathrm{dmp}}\\ m_z^{\mathrm{dmp}}\end{bmatrix}_\alpha \tag{2.4.7b}
$$

式中，M_α 为质点 α 的质量；$[d_x\quad d_y\quad d_z]_\alpha^{\mathrm{T}}$ 为质点轴向位移向量；$[f_x^{\mathrm{ext}}\quad f_y^{\mathrm{ext}}\quad f_z^{\mathrm{ext}}]_\alpha^{\mathrm{T}}$ 为直接作用在质点α 上的集中外力向量；$[f_{ix}^{\mathrm{ext}}\quad f_{iy}^{\mathrm{ext}}\quad f_{iz}^{\mathrm{ext}}]_\alpha^{\mathrm{T}}$ 和 $[f_{ix}^{\mathrm{int}}\quad f_{iy}^{\mathrm{int}}\quad f_{iz}^{\mathrm{int}}]_\alpha^{\mathrm{T}}$ 分别为与质点α 相连接的梁单元i 提供的等效外力向量和内力向量；$[f_x^{\mathrm{dmp}}\quad f_y^{\mathrm{dmp}}\quad f_z^{\mathrm{dmp}}]_\alpha^{\mathrm{T}}$ 为作用在质点α 上的阻尼力向量；nc 为与质点相连的梁单元数量；$\boldsymbol{I}_\alpha$ 为质点α 的质量惯性矩矩阵；$[\theta_x\quad \theta_y\quad \theta_z]_\alpha^{\mathrm{T}}$ 为质点轴向转角向量；$[m_x^{\mathrm{ext}}\quad m_y^{\mathrm{ext}}\quad m_z^{\mathrm{ext}}]_\alpha^{\mathrm{T}}$ 为直接作用在质点 α 上的集中外力矩向量；$[m_{ix}^{\mathrm{ext}}\quad m_{iy}^{\mathrm{ext}}\quad m_{iz}^{\mathrm{ext}}]_\alpha^{\mathrm{T}}$ 和$[m_{ix}^{\mathrm{int}}\quad m_{iy}^{\mathrm{int}}\quad m_{iz}^{\mathrm{int}}]_\alpha^{\mathrm{T}}$ 分别为与质点α 相连接的梁单元i 提供的等效外力矩向量和内力矩向量；$[m_x^{\mathrm{dmp}}\quad m_y^{\mathrm{dmp}}\quad m_z^{\mathrm{dmp}}]_\alpha^{\mathrm{T}}$ 为作用在质点α 上的阻尼力矩向量。

求解式(2.4.7)，可以得到结构在外荷载下的位移反应。式(2.4.7)仍可采用 2.2.3 节给出的显式积分法求解方法和步长选取准则。但需注意，式(2.4.7b)求解转角位移时，由于质点的质量惯性矩矩阵 $\boldsymbol{I}_\alpha$ 不为对角阵，求解时首先要对质量惯性矩矩阵求逆，然后才能求解转角位移的向量式方程。

2.4.3　梁系结构质点的内力计算

有限质点法中空间梁单元的内力计算基本思路与杆单元相同，其关键问题仍是求得单元的纯变形。但由于除轴向伸缩外，还需计算单元的弯曲和扭转变形，因此空间梁单元的内力计算相对复杂。在单元运动过程中需要处理不断改变的单元局部变形坐标系，确定单元局部坐标系下单元纯变形与单元内力的关系，其中单元局部变形坐标系的空间转动问题是求解的要点。本节先计算空间梁单元局部变形坐标系的随动变化，然后求解单元的纯变形及内力。

1. 空间梁单元局部变形坐标系的随动变化

空间梁单元局部变形坐标系是为了求得单元的纯变形而设置的。在单元 AB 的初始时刻 t_0，以 A 为原点建立单元局部变形坐标系，$\hat{x}$ 轴的方向为单元的长度方向。轴 $\hat{y}$ 和 $\hat{z}$ 在垂直于 $\hat{x}$ 轴的平面内，如图 2.4.4 所示。任取一个参考点 C，设轴 $\hat{y}$ 垂直于 AB 和 AC 构成的平面。各主轴方向向量为

$$\hat{\boldsymbol{e}}_x = \boldsymbol{e}_{AB} \tag{2.4.8a}$$

$$\hat{\boldsymbol{e}}_y = \frac{\boldsymbol{e}_{AC} \times \boldsymbol{e}_{AB}}{|\boldsymbol{e}_{AC} \times \boldsymbol{e}_{AB}|} \tag{2.4.8b}$$

$$\hat{\boldsymbol{e}}_z = \hat{\boldsymbol{e}}_x \times \hat{\boldsymbol{e}}_y \tag{2.4.8c}$$

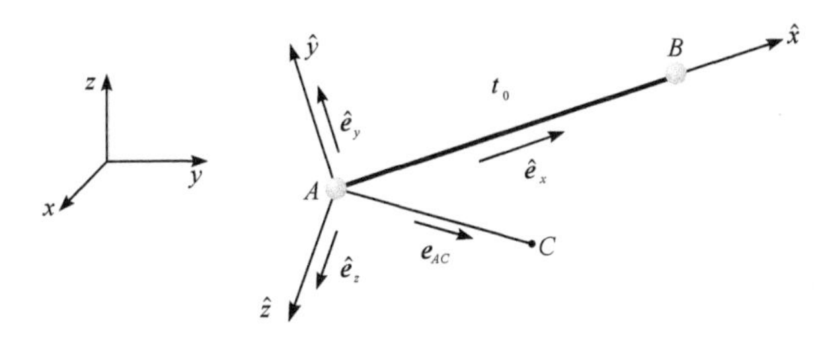

图 2.4.4　空间梁单元的初始局部坐标系

单元的变形坐标系在结构的运动过程中不断变化，但只在两个途径单元之间发生改变，在同一个途径单元内方向不变。下面推导单元变形坐标在途径单元间的转动关系。设单元 AB 在 t_a 和 t_b 两连续时间点的变形坐标系主轴方向向量分别为$(\hat{\boldsymbol{e}}_x^a, \hat{\boldsymbol{e}}_y^a, \hat{\boldsymbol{e}}_z^a)$和$(\hat{\boldsymbol{e}}_x^b, \hat{\boldsymbol{e}}_y^b, \hat{\boldsymbol{e}}_z^b)$，$t_a$ 到 t_b 为一个途径单元。单元在 t_a 和 t_b 时刻的主轴方向间的转动不能采用三个转动分量对三个主轴方向向量分别处理，因为分别转动不具有唯一性，转角的大小会与转动的顺序耦合。有限质点法假设三个主轴方向向量由 t_a 到 t_b 时刻的转换为同一个空间转动关系，可采用一个旋转矩阵对三个转动向量进行转换。单元从 t_a 到 t_b 时刻的主轴转动向量和空间旋转矩阵的推导过程如下。

已知单元在 t_a 和 t_b($t_b = t_a + \Delta t$)时刻的空间位置分别为$(\boldsymbol{x}_A^a, \boldsymbol{x}_B^a)$和$(\boldsymbol{x}_A^b, \boldsymbol{x}_B^b)$，节点转角分别为$(\boldsymbol{\beta}_A^a, \boldsymbol{\beta}_B^a)$和$(\boldsymbol{\beta}_A^b, \boldsymbol{\beta}_B^b)$，则单元从 t_a 到 t_b 时刻的位移和转角分别为(图 2.4.5)

$$\Delta \boldsymbol{x}_i = \boldsymbol{x}_i^b - \boldsymbol{x}_i^a, \quad i = A, B \tag{2.4.9a}$$

$$\Delta \boldsymbol{\beta}_i = \boldsymbol{\beta}_i^b - \boldsymbol{\beta}_i^a, \quad i = A, B \tag{2.4.9b}$$

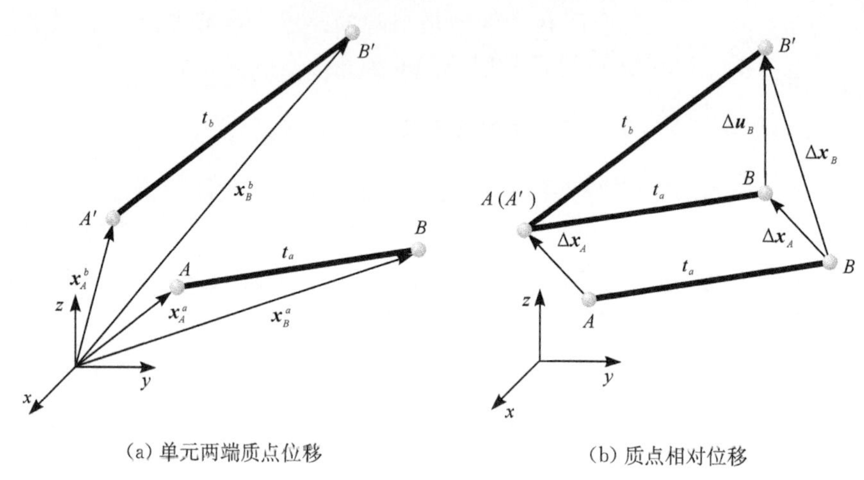

图 2.4.5　空间梁单元模型

单元由 t_a 到 t_b 时刻的主轴转动向量由两部分组成：一部分为单元两主轴 $\hat{\boldsymbol{e}}_x^a$ 和 $\hat{\boldsymbol{e}}_x^b$ 间的转动 $\boldsymbol{\theta}_{ba}$；另一部分为单元自身的扭转 $\Delta\hat{\boldsymbol{\beta}}_x^A$，如图 2.4.6 所示。

1) $\hat{\boldsymbol{e}}_x^a$ 和 $\hat{\boldsymbol{e}}_x^b$ 间的转动向量 $\boldsymbol{\theta}_{ba}$

由单元在 t_a 和 t_b 时刻的位置向量，可得主轴 $\hat{\boldsymbol{e}}_x^a$ 和 $\hat{\boldsymbol{e}}_x^b$ 的方向向量为

$$\hat{\boldsymbol{e}}_x^a = \frac{\boldsymbol{x}_B^a - \boldsymbol{x}_A^a}{|\boldsymbol{x}_B^a - \boldsymbol{x}_A^a|} \tag{2.4.10a}$$

$$\hat{\boldsymbol{e}}_x^b = \frac{\boldsymbol{x}_B^b - \boldsymbol{x}_A^b}{|\boldsymbol{x}_B^b - \boldsymbol{x}_A^b|} \tag{2.4.10b}$$

则两主轴之间的转动向量为

$$\boldsymbol{\theta}_{ba} = \theta_{ba}\boldsymbol{e}_{ba} \tag{2.4.11a}$$

$$\theta_{ba} = \arcsin \| \hat{\boldsymbol{e}}_x^a \times \hat{\boldsymbol{e}}_x^b \| \tag{2.4.11b}$$

$$\boldsymbol{e}_{ba} = \frac{\hat{\boldsymbol{e}}_x^a \times \hat{\boldsymbol{e}}_x^b}{|\hat{\boldsymbol{e}}_x^a \times \hat{\boldsymbol{e}}_x^b|} \tag{2.4.11c}$$

式中，θ_{ba} 为旋转角大小；$\boldsymbol{e}_{ba}$ 为旋转角方向向量。

2) 单元自身的扭转 $\Delta\hat{\beta}_x^A$

单元自身的扭转以 $\hat{\boldsymbol{e}}_x^a$ 为转轴。若以节点 A 为参考点，其扭转角的大小为节点 A 在该途径单元内的转角位移沿 $\hat{\boldsymbol{e}}_x^a$ 轴分量。单元自身的扭转角表示为

$$\Delta\hat{\beta}_x^A = \Delta\boldsymbol{\beta}_A \cdot \hat{\boldsymbol{e}}_x^a \tag{2.4.12}$$

综合式(2.4.11)和式(2.4.12)，质点 A 从 t_a 到 t_b 时刻的主轴转动向量为

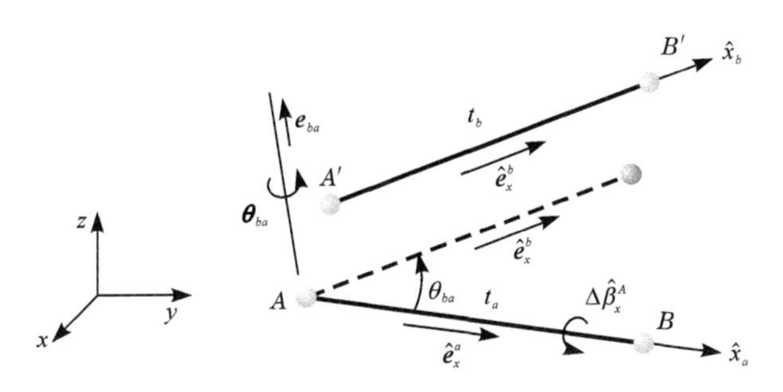

图 2.4.6　空间梁单元主轴方向的旋转角

$$\boldsymbol{\gamma} = \boldsymbol{\theta}_{ba} + \Delta\hat{\boldsymbol{\beta}}_x^A = \theta_{ba}\boldsymbol{e}_{ba} + \Delta\beta_x^A\hat{\boldsymbol{e}}_x^a \tag{2.4.13}$$

式中，转动向量 $\boldsymbol{\gamma}$ 的转角大小为 γ，转轴方向为 $\boldsymbol{e}_\gamma = [l_\gamma \quad m_\gamma \quad n_\gamma]^{\mathrm{T}}$。

求得主轴间的转动向量后，主轴方向间的空间转动矩阵为(Goldstein et al.，2002)

$$\boldsymbol{R}^* = \boldsymbol{I} + \boldsymbol{R}_\gamma \tag{2.4.14a}$$

式中，$\boldsymbol{I}$ 为 3×3 的单位矩阵；$\boldsymbol{R}_\gamma$ 为旋转矩阵，形式如下：

$$\boldsymbol{R}_\gamma = (1-\cos\gamma)\begin{bmatrix} 0 & -n_\gamma & m_\gamma \\ n_\gamma & 0 & -l_\gamma \\ -m_\gamma & l_\gamma & 0 \end{bmatrix}^2 + \sin\gamma\begin{bmatrix} 0 & -n_\gamma & m_\gamma \\ n_\gamma & 0 & -l_\gamma \\ -m_\gamma & l_\gamma & 0 \end{bmatrix} \tag{2.4.14b}$$

求得 t_a 到 t_b 时刻主轴的转动矩阵后，可求得 t_b 时刻单元的主轴 $\hat{\boldsymbol{e}}_y^b$ 和 $\hat{\boldsymbol{e}}_z^b$ 的方向：

$$\hat{\boldsymbol{e}}_y^b = \boldsymbol{R}^*\hat{\boldsymbol{e}}_y^a \tag{2.4.15a}$$

$$\hat{\boldsymbol{e}}_z^b = \hat{\boldsymbol{e}}_x^b \times \hat{\boldsymbol{e}}_y^b \tag{2.4.15b}$$

式中，$(\hat{\boldsymbol{e}}_x^b, \hat{\boldsymbol{e}}_y^b, \hat{\boldsymbol{e}}_z^b)$ 为 t_b 时刻单元主轴的方向向量。

2. 空间梁单元的纯变形计算

求解梁单元在途径单元内的纯变形，仍采用单元的虚拟运动求解。由式(2.4.13)得到 AB 与 $A'B'$ 在该途径单元内的转动向量 $\boldsymbol{\gamma}$，包括 $\boldsymbol{\theta}_{ba}$ 和 $\Delta\hat{\boldsymbol{\beta}}_x^A$ 两部分。由式(2.4.9)得到单元 AB 在途径单元内的位移 $\Delta\boldsymbol{x}_i$ 和转角 $\Delta\boldsymbol{\beta}_i$ $(i=A,B)$。若以 A 点为参考点，单元 AB 在 t_a 时刻的构形为参考构形，则 A 和 B 点的相对运动为

$$\Delta\boldsymbol{u}_A = \Delta\boldsymbol{x}_A - \Delta\boldsymbol{x}_A = \boldsymbol{0} \tag{2.4.16a}$$

$$\Delta\boldsymbol{u}_B = \Delta\boldsymbol{x}_B - \Delta\boldsymbol{x}_A \tag{2.4.16b}$$

令单元 $A'B'$ 进行逆向平移 $-\Delta\boldsymbol{u}_B$ 和逆向转动 $-\boldsymbol{\gamma}$ 至 $A''B''$，如图 2.4.7 所示。

单元经逆向运动后到达的虚拟位置 $A''B''$ 与参考构形 AB 间的形态差异,即为单元在该途径单元内的纯变形。逆向转动后,质点 B 的变形位移为

$$\Delta \boldsymbol{u}_B^{\mathrm{d}} = \Delta \boldsymbol{u}_B + \Delta \boldsymbol{u}_B^{\mathrm{r}} \tag{2.4.17}$$

式中,$\Delta \boldsymbol{u}_B^{\mathrm{r}}$ 为质点 B 逆向转动的刚体位移。

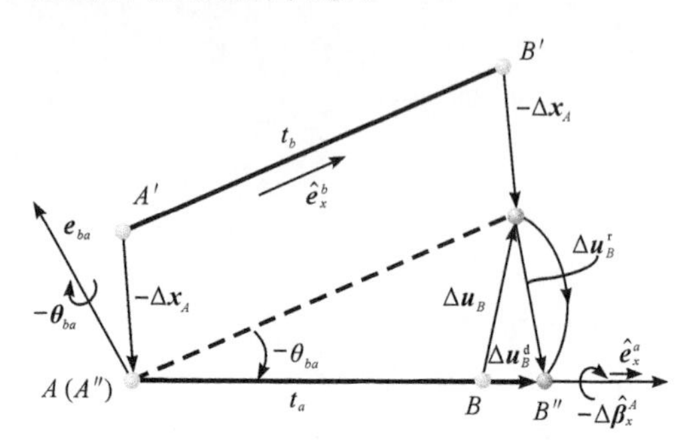

图 2.4.7 空间梁单元逆向运动

由于单元变形后仍为直线,虚拟位置 $A''B''$ 与 AB 共线。由几何关系可知,B 点逆向转动的变形位移 $\Delta \boldsymbol{u}_B^{\mathrm{d}}$ 为单元轴向的长度改变,即

$$\Delta \boldsymbol{u}_B^{\mathrm{d}} = \Delta_e \hat{\boldsymbol{e}}_x^a = (l_b - l_a)\hat{\boldsymbol{e}}_x^a \tag{2.4.18}$$

式中,l_a 和 l_b 分别为单元在 t_a 和 t_b 时刻的长度。

另外,虚拟位置 $A''B''$ 与 AB 之间的转角差异包括扭转角和弯角。质点的转角均用主轴坐标的分量表示,因此需要将质点的转角位移由域坐标系转换至单元的局部坐标系:

$$\Delta \hat{\boldsymbol{\beta}}_i = \boldsymbol{\Omega} \Delta \boldsymbol{\beta}_i, \quad i = A, B \tag{2.4.19}$$

式中,$\boldsymbol{\Omega}$ 为域坐标系与单元局部坐标系间的转换矩阵,即

$$\boldsymbol{\Omega} = \begin{bmatrix} (\hat{\boldsymbol{e}}_x^a)^{\mathrm{T}} \\ (\hat{\boldsymbol{e}}_y^a)^{\mathrm{T}} \\ (\hat{\boldsymbol{e}}_z^a)^{\mathrm{T}} \end{bmatrix} \tag{2.4.20}$$

逆向转动的转动向量 $-\boldsymbol{\gamma}$ 包括 $-\boldsymbol{\theta}_{ba}$ 和 $-\Delta \hat{\boldsymbol{\beta}}_x^A$ 两部分。轴 AB 对于自身的逆向转动角大小为 $-\Delta \hat{\beta}_x^A$,因此节点 A 和 B 的扭转角大小为

$$\Delta \varphi_x^A = \Delta \hat{\beta}_x^A - \Delta \hat{\beta}_x^A = 0 \tag{2.4.21a}$$

$$\Delta \varphi_x^B = \Delta \hat{\beta}_x^B - \Delta \hat{\beta}_x^A \tag{2.4.21b}$$

转动向量 $\boldsymbol{\theta}_{ba}$ 以主轴坐标分量表示为

$$\Delta \theta_x = \boldsymbol{\theta}_{ba} \cdot \hat{\boldsymbol{e}}_x^a = 0 \tag{2.4.22a}$$

$$\Delta \theta_y = \boldsymbol{\theta}_{ba} \cdot \hat{\boldsymbol{e}}_y^a \tag{2.4.22b}$$

$$\Delta\theta_z = \boldsymbol{\theta}_{ba} \cdot \hat{\boldsymbol{e}}_z^a \tag{2.4.22c}$$

式中，由于 $\boldsymbol{\theta}_{ba}$ 方向垂直于 $\hat{\boldsymbol{e}}_x^a$ 和 $\hat{\boldsymbol{e}}_x^b$ 构成的平面，因此该转动向量在 $\hat{\boldsymbol{e}}_x^a$ 上的分量为 0。

经历 $-\boldsymbol{\theta}_{ba}$ 后，节点 A 的弯角投影到 $\hat{\boldsymbol{e}}_y^a$ 和 $\hat{\boldsymbol{e}}_z^a$ 轴上为(图 2.4.8)

$$\Delta\varphi_y^A = \Delta\hat{\beta}_y^A - \Delta\theta_y \tag{2.4.23a}$$

$$\Delta\varphi_z^A = \Delta\hat{\beta}_z^A - \Delta\theta_z \tag{2.4.23b}$$

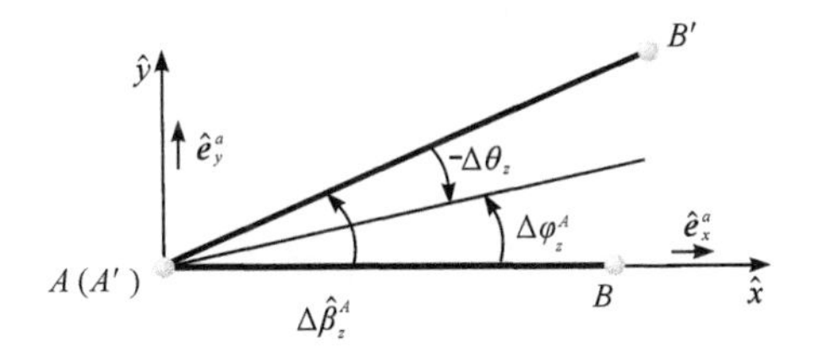

图 2.4.8　节点 A 的弯角

经历 $-\boldsymbol{\theta}_{ba}$ 后，节点 B 的弯角投影到 $\hat{\boldsymbol{e}}_y^a$ 和 $\hat{\boldsymbol{e}}_z^a$ 轴上为

$$\Delta\varphi_y^B = \Delta\hat{\beta}_y^B - \Delta\theta_y \tag{2.4.24a}$$

$$\Delta\varphi_z^B = \Delta\hat{\beta}_z^B - \Delta\theta_z \tag{2.4.24b}$$

至此，经过逆向转动后，求得单元的六个纯变形量(图 2.4.9)：轴变形 Δ_e，元轴扭转角 $\Delta\varphi_x^B$，节点 A 的两个弯角 $\Delta\varphi_y^A$ 和 $\Delta\varphi_z^A$，节点 B 的两个弯角 $\Delta\varphi_y^B$ 和 $\Delta\varphi_z^B$。

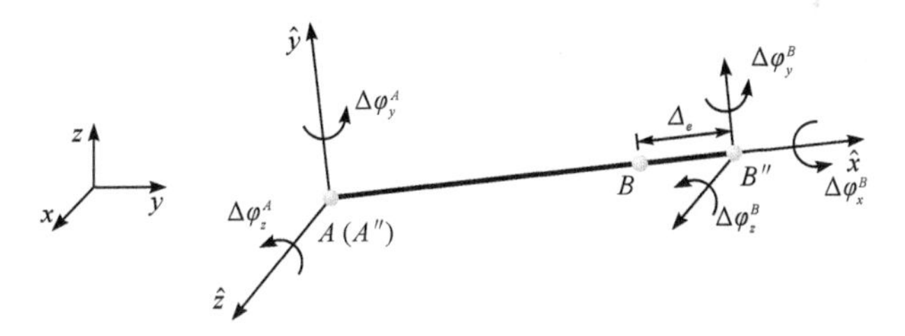

图 2.4.9　单元 AB 的纯变形

3. 空间梁单元的内力计算

求出梁单元在途径单元内的纯变形后，可根据材料力学理论求出单元内力。

单元 AB 在 t_b 时刻的节点力和节点弯矩为

$$\hat{\boldsymbol{f}}_b^i = \left[\hat{f}_{xb}^i \quad \hat{f}_{yb}^i \quad \hat{f}_{zb}^i\right]^{\mathrm{T}}, \quad i = A, B \tag{2.4.25a}$$

$$\hat{\boldsymbol{m}}_b^i = \left[\hat{m}_{xb}^i \quad \hat{m}_{yb}^i \quad \hat{m}_{zb}^i\right]^{\mathrm{T}}, \quad i = A, B \tag{2.4.25b}$$

单元 AB 在 t_a 时刻的节点力和节点弯矩为

$$\hat{\boldsymbol{f}}_a^i = \begin{bmatrix} \hat{f}_{xa}^i & \hat{f}_{ya}^i & \hat{f}_{za}^i \end{bmatrix}^{\mathrm{T}}, \quad i = A, B \tag{2.4.26a}$$

$$\hat{\boldsymbol{m}}_a^i = \begin{bmatrix} \hat{m}_{xa}^i & \hat{m}_{ya}^i & \hat{m}_{za}^i \end{bmatrix}^{\mathrm{T}}, \quad i = A, B \tag{2.4.26b}$$

基于途径单元内结构变形很小的假设,有

$$\hat{\boldsymbol{f}}_b^i = \hat{\boldsymbol{f}}_a^i + \Delta\hat{\boldsymbol{f}}^i, \quad i = A, B \tag{2.4.27a}$$

$$\hat{\boldsymbol{m}}_b^i = \hat{\boldsymbol{m}}_a^i + \Delta\hat{\boldsymbol{m}}^i, \quad i = A, B \tag{2.4.27b}$$

式中,$\Delta\hat{\boldsymbol{f}}^i$ 为途径单元内的内力增量;$\Delta\hat{\boldsymbol{m}}^i$ 为途径单元内的弯矩增量。

本节推导得到的单元纯变形均以单元主轴坐标描述,根据材料力学组合变形与叠加原理,可以分别独立计算变形相应的内力增量。

单元轴向变形为 Δ_e,相应单元两端的轴向内力增量为(图 2.4.10)

$$\Delta\hat{f}_x^A = -\Delta\hat{f}_x^B = -\frac{EA_a}{l_a}(l_b - l_a) \tag{2.4.28}$$

式中,E 为结构材料的弹性模量;A_a 为单元截面面积;l_a 和 l_b 分别为单元在 t_a 和 t_b 时刻的长度。

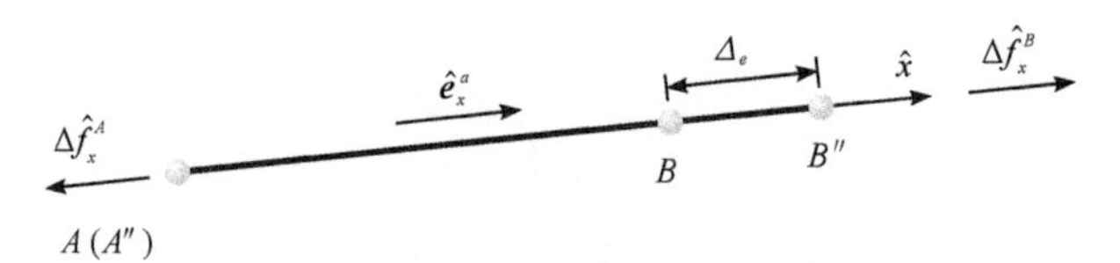

图 2.4.10　单元轴向内力增量

单元扭转角为 $\Delta\varphi_x^B$,相应单元两端的扭矩增量为(图 2.4.11)

$$\Delta\hat{m}_x^A = -\Delta\hat{m}_x^B = -\frac{GJ_a}{l_a}(\Delta\varphi_x^B) \tag{2.4.29}$$

式中,G 为结构材料的剪切模量;J_a 为单元截面的等效扭转惯性矩。

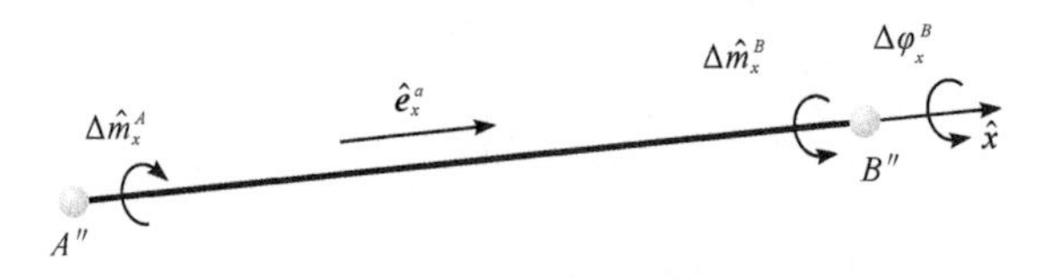

图 2.4.11　单元扭矩增量

单元节点在 $\hat{x}$-$\hat{y}$ 平面内的弯角为 $\Delta\varphi_z^A$ 和 $\Delta\varphi_z^B$,对应该平面内的弯矩为(图 2.4.12)

$$\Delta\hat{m}_z^A = \frac{EI_{\hat{z}}}{l_a}(4\Delta\varphi_z^A + 2\Delta\varphi_z^B) \tag{2.4.30a}$$

$$\Delta\hat{m}_z^B = \frac{EI_{\hat{z}}}{l_a}(2\Delta\varphi_z^A + 4\Delta\varphi_z^B) \tag{2.4.30b}$$

式中，$I_{\hat{z}}$ 为截面对 $\hat{z}$ 轴的惯性矩。

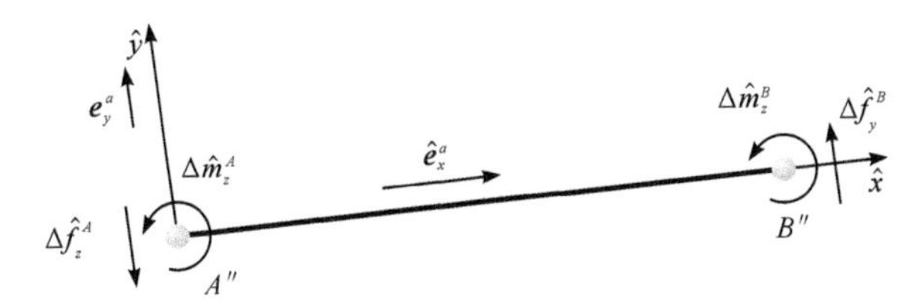

图 2.4.12　单元 $\hat{x}$-$\hat{y}$ 平面内的弯矩和剪力增量

求出单元在 $\hat{x}$-$\hat{y}$ 平面内的弯矩后，根据静力平衡原理，可求出该平面内相应的剪力为

$$\Delta\hat{f}_y^A=-\Delta\hat{f}_y^B=\frac{1}{l_a}(\Delta\hat{m}_z^A+\Delta\hat{m}_z^B)=\frac{6EI_{\hat{z}}}{l_a^2}(\Delta\varphi_z^A+\Delta\varphi_z^B) \tag{2.4.31}$$

同理，质点在 $\hat{x}$-$\hat{z}$ 平面内的弯角 $\Delta\varphi_y^A$ 和 $\Delta\varphi_y^B$ 对该平面内的弯矩和剪力为(图 2.4.13)

$$\Delta\hat{m}_y^A=\frac{EI_{\hat{y}}}{l_a}(4\Delta\varphi_y^A+2\Delta\varphi_y^B) \tag{2.4.32a}$$

$$\Delta\hat{m}_y^B=\frac{EI_{\hat{y}}}{l_a}(2\Delta\varphi_y^A+4\Delta\varphi_y^B) \tag{2.4.32b}$$

$$\Delta\hat{f}_z^A=-\Delta\hat{f}_z^B=-\frac{1}{l_a}(\Delta\hat{m}_y^A+\Delta\hat{m}_y^B)=-\frac{6EI_{\hat{y}}}{l_a^2}(\Delta\varphi_y^A+\Delta\varphi_y^B) \tag{2.4.33}$$

式中，$I_{\hat{y}}$ 为截面对 $\hat{y}$ 轴的惯性矩。

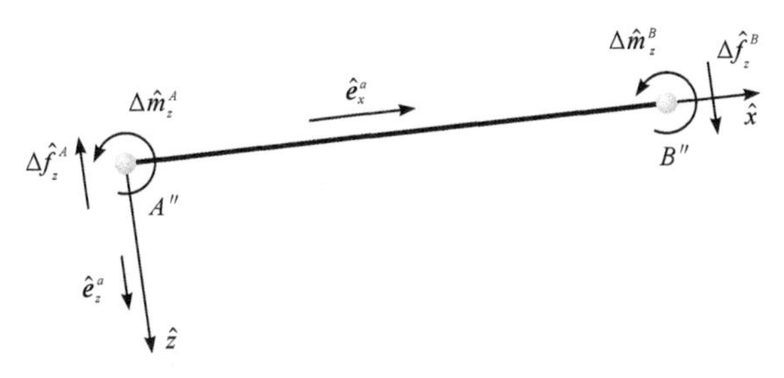

图 2.4.13　单元 $\hat{x}$-$\hat{z}$ 平面内的弯矩和剪力增量

综上所述，参考构形下单元的内力增量 $\Delta\hat{\boldsymbol{f}}^i$ 和 $\Delta\hat{\boldsymbol{m}}^i(i=A,B)$为

$$\Delta\hat{\boldsymbol{f}}^A=\begin{bmatrix}\Delta\hat{f}_x^A\\ \Delta\hat{f}_y^A\\ \Delta\hat{f}_z^A\end{bmatrix}=\begin{bmatrix}-\dfrac{EA_a}{l_a}(l_b-l_a)\\ \dfrac{6EI_{\hat{z}}}{l_a^2}(\Delta\varphi_z^A+\Delta\varphi_z^B)\\ -\dfrac{6EI_{\hat{y}}}{l_a^2}(\Delta\varphi_y^A+\Delta\varphi_y^B)\end{bmatrix} \tag{2.4.34a}$$

$$\Delta\hat{\boldsymbol{f}}^{B}=\begin{bmatrix}\Delta\hat{f}_{x}^{B}\\ \Delta\hat{f}_{y}^{B}\\ \Delta\hat{f}_{z}^{B}\end{bmatrix}=\begin{bmatrix}\dfrac{EA_{a}}{l_{a}}(l_{b}-l_{a})\\ -\dfrac{6EI_{\hat{z}}}{l_{a}^{2}}(\Delta\varphi_{z}^{A}+\Delta\varphi_{z}^{B})\\ \dfrac{6EI_{\hat{y}}}{l_{a}^{2}}(\Delta\varphi_{y}^{A}+\Delta\varphi_{y}^{B})\end{bmatrix} \tag{2.4.34b}$$

$$\Delta\hat{\boldsymbol{m}}^{A}=\begin{bmatrix}\Delta\hat{m}_{x}^{A}\\ \Delta\hat{m}_{y}^{A}\\ \Delta\hat{m}_{z}^{A}\end{bmatrix}=\begin{bmatrix}-\dfrac{GJ_{a}}{l_{a}}\Delta\varphi_{x}^{B}\\ \dfrac{EI_{\hat{y}}}{l_{a}}(4\Delta\varphi_{y}^{A}+2\Delta\varphi_{y}^{B})\\ \dfrac{EI_{\hat{z}}}{l_{a}}(4\Delta\varphi_{z}^{A}+2\Delta\varphi_{z}^{B})\end{bmatrix} \tag{2.4.34c}$$

$$\Delta\hat{\boldsymbol{m}}^{B}=\begin{bmatrix}\Delta\hat{m}_{x}^{B}\\ \Delta\hat{m}_{y}^{B}\\ \Delta\hat{m}_{z}^{B}\end{bmatrix}=\begin{bmatrix}\dfrac{GJ_{a}}{l_{a}}\Delta\varphi_{x}^{B}\\ \dfrac{EI_{\hat{y}}}{l_{a}}(2\Delta\varphi_{y}^{A}+4\Delta\varphi_{y}^{B})\\ \dfrac{EI_{\hat{z}}}{l_{a}}(2\Delta\varphi_{z}^{A}+4\Delta\varphi_{z}^{B})\end{bmatrix} \tag{2.4.34d}$$

由式(2.4.27)，将单元的内力增量叠加到参考构形的单元内力$\hat{\boldsymbol{f}}_{a}^{i}$ 和 $\hat{\boldsymbol{m}}_{a}^{i}$ 上，得到单元在虚拟位置的内力 $\hat{\boldsymbol{f}}_{b}^{i}$ 和 $\hat{\boldsymbol{m}}_{b}^{i}$。$\hat{\boldsymbol{f}}_{b}^{i}$ 和 $\hat{\boldsymbol{m}}_{b}^{i}$ 为单元局部坐标系下的内力，需通过转换矩阵 $\boldsymbol{\Omega}$ 转到域坐标系下表示。此时的内力仍为虚拟位置的内力，还需经过正向平移 $\Delta\boldsymbol{u}_{B}$ 和正向转动 $\boldsymbol{\gamma}$ 回到单元变形后的真实位置。平移不改变单元内力的大小；转动不改变内力大小，仅改变内力的方向。正向转动的旋转矩阵为 $\boldsymbol{R}^{*}$，见式(2.4.14)。由图 2.4.14，单元 AB 经过该途径单元运动后，t_{b} 时刻的内力为

$$\boldsymbol{f}_{b}^{i}=\begin{bmatrix}f_{xb}^{i}\\ f_{yb}^{i}\\ f_{zb}^{i}\end{bmatrix}=\boldsymbol{R}^{*}\boldsymbol{\Omega}^{\mathrm{T}}\begin{bmatrix}\hat{f}_{xb}^{i}\\ \hat{f}_{yb}^{i}\\ \hat{f}_{zb}^{i}\end{bmatrix},\quad i=A,B \tag{2.4.35a}$$

$$\boldsymbol{m}_{b}^{i}=\begin{bmatrix}m_{xb}^{i}\\ m_{yb}^{i}\\ m_{zb}^{i}\end{bmatrix}=\boldsymbol{R}^{*}\boldsymbol{\Omega}^{\mathrm{T}}\begin{bmatrix}\hat{m}_{xb}^{i}\\ \hat{m}_{yb}^{i}\\ \hat{m}_{zb}^{i}\end{bmatrix},\quad i=A,B \tag{2.4.35b}$$

单元 AB 在 t_{b} 时刻的内力和弯矩应分别反向叠加到单元两端的质点 A、B 上。然后根据式(2.3.2)，求得质点 A、B 在 t_{b} 时刻的内力和弯矩。

2.4.4 梁单元质点的外力计算

空间梁单元质点等效集中外力的计算与杆单元基本相同。本节仅推导单元

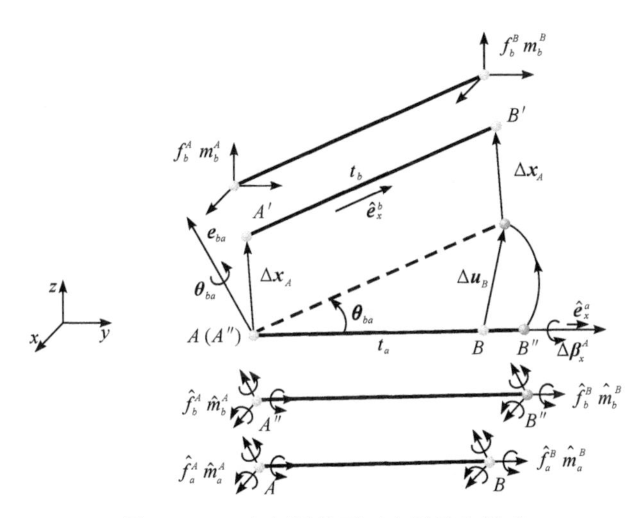

图 2.4.14　空间梁单元正向平移和转动

均布外力的质点等效外力。由于梁单元的推导采用了以主轴坐标描述挠曲变形的方法，轴向变形、扭转以及弯曲变形可以分别独立计算然后叠加。因此节点外力也可以独立计算，转换成等效外力后代入质点运动方程。

在质点内力的求解过程中，以主轴坐标表示的单元变形可以分别独立计算单元内力，质点外力的求解也是如此。均布外力等效力的求解，首先需将均布外力转换至单元的局部坐标系。如图 2.4.15 所示，单元 AB 上作用均布外力向量 $\boldsymbol{q}=[q_x \quad q_y \quad q_z]^{\mathrm{T}}$（设 $\boldsymbol{q}$ 为满跨恒定均布外力），则以主轴坐标表示的单元均布外力 $\hat{\boldsymbol{q}}=[\hat{q}_x \quad \hat{q}_y \quad \hat{q}_z]^{\mathrm{T}}$ 为

$$\hat{\boldsymbol{q}} = \boldsymbol{\Omega}\,\boldsymbol{q} \tag{2.4.36}$$

式中，$\boldsymbol{\Omega}$ 为由域坐标系转换到单元局部坐标系的转换矩阵，见式(2.4.20)。

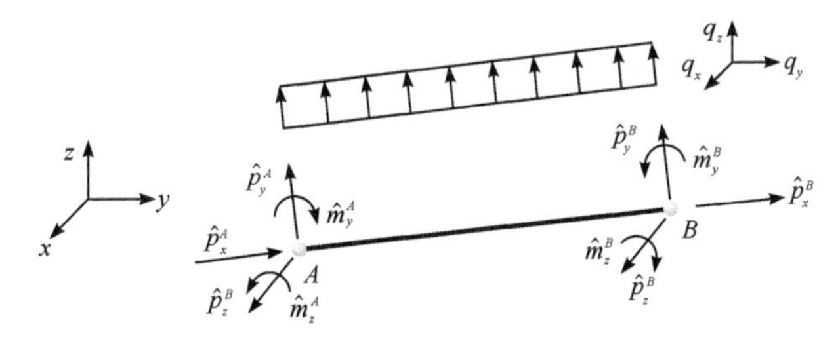

图 2.4.15　梁单元质点等效外力

均布外力 $\hat{q}_x$ 的等效质点轴向外力为

$$\hat{p}_x^A = \hat{p}_x^B = \frac{1}{2}\hat{q}_x l \tag{2.4.37}$$

均布外力 $\hat{q}_y$ 和 $\hat{q}_z$ 的等效质点弯矩和剪力分别为

$$\hat{p}_y^A = \hat{p}_y^B = \frac{1}{2}\hat{q}_y l \tag{2.4.38a}$$

$$\hat{p}_z^A = \hat{p}_z^B = \frac{1}{2}\hat{q}_z l \tag{2.4.38b}$$

$$-\hat{m}_y^A = \hat{m}_y^B = \frac{1}{12}\hat{q}_z l^2 \tag{2.4.38c}$$

$$-\hat{m}_z^A = \hat{m}_z^B = \frac{1}{12}\hat{q}_y l^2 \tag{2.4.38d}$$

均布外力与单元的扭矩无关，因此

$$\hat{m}_x^A = \hat{m}_x^B = 0 \tag{2.4.39}$$

由式(2.4.37)～式(2.4.39)可知，单元的质点等效外力为

$$\hat{\boldsymbol{p}}^A = \hat{\boldsymbol{p}}^B = \frac{l}{2}\begin{bmatrix}\hat{q}_x \\ \hat{q}_y \\ \hat{q}_z\end{bmatrix} \tag{2.4.40a}$$

$$-\hat{\boldsymbol{m}}^A = \hat{\boldsymbol{m}}^B = \frac{l^2}{12}\begin{bmatrix}0 \\ \hat{q}_z \\ \hat{q}_y\end{bmatrix} \tag{2.4.40b}$$

以上得到的为单元局部坐标系下的等效质点外力分量，需通过坐标转换才能得到全局坐标系下的质点外力：

$$\boldsymbol{q} = \boldsymbol{\Omega}^{\mathrm{T}}\hat{\boldsymbol{q}} \tag{2.4.41}$$

2.5 平面单元质点的计算公式

2.5.1 平面固体的离散模型

根据平面固体的运动和变形特点，有限质点法将其离散为一组具有平动自由度的质点的集合，质点间的相互约束通过一系列具有面内变形的平面单元来实现，如图 2.5.1 所示。

质点的质量包括结构节点的质量以及与质点相连的单元的等效质量。质点质量的表达式可采用式(2.3.1)计算。需要注意的是，平面单元等效质量的计算方法需要根据单元的节点数做相应修改。

质点内力来源于与质点相连的平面单元，如式(2.3.2)所示。平面单元可以发生面内的拉伸、压缩和剪切变形，由此产生的力作用到与其相连的两个质点上。

质点外力包括作用在结构节点上的集中外力，以及作用在单元上的集中外力和均布外力的等效外力，如式(2.3.3)所示。

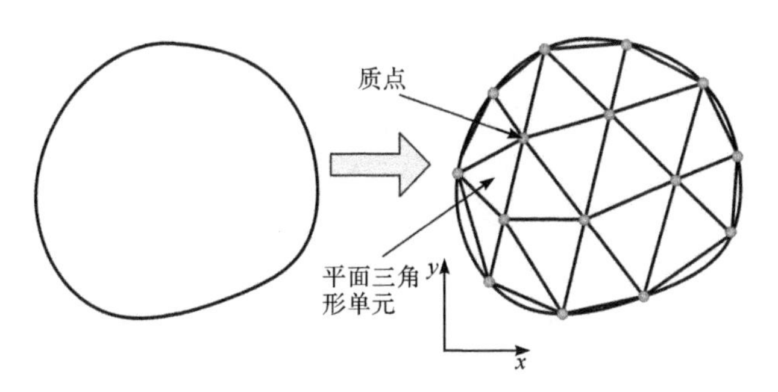

图 2.5.1　平面固体单元离散

2.5.2　平面单元质点的运动方程

离散模型中所有质点的运动都遵循牛顿第二定律。对于连接平面固体单元的质点,运动变量可分解为沿平面内坐标轴方向的两个线位移,对应坐标轴方向的两个质点力,如图 2.5.2 所示。

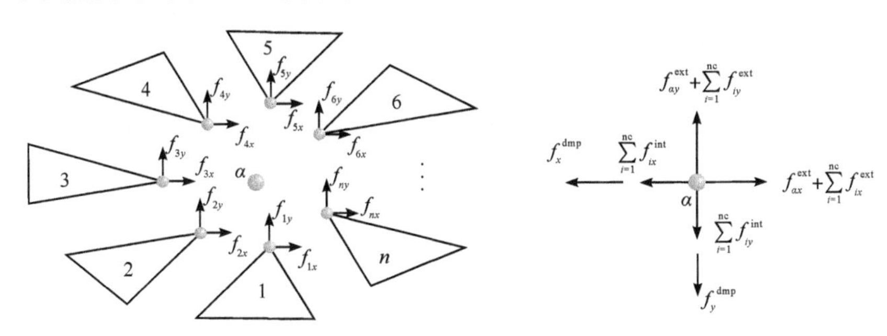

图 2.5.2　平面固体单元的质点力

平面单元质点的运动方程可具体表达为

$$M_\alpha \frac{\mathrm{d}^2}{\mathrm{d}t^2}\begin{bmatrix} d_x \\ d_y \end{bmatrix}_\alpha = \begin{bmatrix} f_x^{\text{ext}} + \sum_{i=1}^{\text{nc}} f_{ix}^{\text{ext}} \\ f_y^{\text{ext}} + \sum_{i=1}^{\text{nc}} f_{iy}^{\text{ext}} \end{bmatrix}_\alpha - \begin{bmatrix} \sum_{i=1}^{\text{nc}} f_{ix}^{\text{int}} \\ \sum_{i=1}^{\text{nc}} f_{iy}^{\text{int}} \end{bmatrix}_\alpha + \begin{bmatrix} f_x^{\text{dmp}} \\ f_y^{\text{dmp}} \end{bmatrix}_\alpha \tag{2.5.1}$$

式中,M_α为质点α 的质量;$[d_x \quad d_y]_\alpha^{\mathrm{T}}$ 为质点轴向位移向量;$[f_x^{\text{ext}} \quad f_y^{\text{ext}}]_\alpha^{\mathrm{T}}$ 为直接作用在质点α 上的集中外力向量;$[f_{ix}^{\text{ext}} \quad f_{iy}^{\text{ext}}]_\alpha^{\mathrm{T}}$ 和$[f_{ix}^{\text{int}} \quad f_{iy}^{\text{int}}]_\alpha^{\mathrm{T}}$ 分别为与质点α 相连接的平面单元i 提供的等效外力向量和内力向量;$[f_x^{\text{dmp}} \quad f_y^{\text{dmp}}]_\alpha^{\mathrm{T}}$ 为作用在质点α 上的阻尼力向量;nc 为与质点相连的平面单元的数量。

2.5.3　平面单元质点的内力计算

有限质点法中质点内力计算中的关键问题是从质点位移中分离出与质点相连单元的纯变形。以图 2.5.3 所示的三节点平面固体元为例，其节点编号为(1-2-3)，每个节点有两个独立位移。节点 i 在 t_a 和 t 时刻的位置向量分别为 $\boldsymbol{x}_{ia}$ 和 $\boldsymbol{x}_i(i=1,2,3)$，则各节点与节点 1 的相对位置向量分别为 $\Delta\boldsymbol{x}_{ia}=\boldsymbol{x}_{ia}-\boldsymbol{x}_{1a}$ 及 $\Delta\boldsymbol{x}_i=\boldsymbol{x}_i-\boldsymbol{x}_1$。$t_a\sim t$ 时段内，节点 i 的位移为 $\boldsymbol{u}_i=\boldsymbol{x}_i-\boldsymbol{x}_{ia}$。

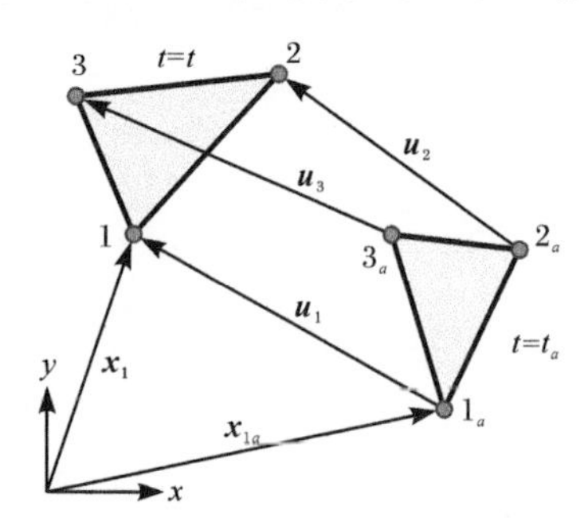

图 2.5.3　平面固体元的节点位移

节点位移中除单元变形分量外，还含有刚体平移量与转动分量。刚体平移量比较容易计算，可以取单元的任意一个节点，如节点 1，为平移的参考点，并假定节点 1 在 $t_a\sim t$ 时段内的位移 $\boldsymbol{u}_1$ 是单元的整体平移向量。

然后，要计算固体元在 $t_a\sim t$ 时段中经历的刚体转动。由于固体的刚体转动中除了构件整体的转动外，还有一部分来自构件本身几何变形而造成的转动，因此平面固体的刚体转动是位置向量 $\boldsymbol{x}$ 的函数。对此，有限质点法中采用了一种估算方法，认为固体元的刚体转角是各节点与形心连线方向变化的平均值。

如图 2.5.4 所示，假设 C_a 与 C 分别为 t_a 及 t 时刻固体元的形心，即 $\Delta\boldsymbol{x}_{ca}=\frac{1}{3}\sum_{i=1}^{3}\Delta\boldsymbol{x}_{ia}$，$\Delta\boldsymbol{x}_c=\frac{1}{3}\sum_{i=1}^{3}\Delta\boldsymbol{x}_i$。固体元的刚体转角的估算值为

$$\theta=\frac{1}{3}\sum_{i=1}^{3}\theta_i=\frac{1}{3}\sum_{i=1}^{3}\arcsin\left(\frac{|\Delta\boldsymbol{x}_{ci}\times\Delta\boldsymbol{x}_{cia}|}{|\Delta\boldsymbol{x}_{ci}||\Delta\boldsymbol{x}_{cia}|}\right)\tag{2.5.2}$$

式中，$\Delta\boldsymbol{x}_{cia}$ 和 $\Delta\boldsymbol{x}_{ci}$ 分别为 t_a 和 t 时刻节点 i 相对于形心的方向向量，$\Delta\boldsymbol{x}_{ci}=\Delta\boldsymbol{x}_i-\Delta\boldsymbol{x}_c$，$\Delta\boldsymbol{x}_{cia}=\Delta\boldsymbol{x}_{ia}-\Delta\boldsymbol{x}_{ca}$。

估算完刚体平移及刚体转动后，令固体元从位置 V(1-2-3)逆向平移($-\boldsymbol{u}_1$)至位置(1′-2′-3′)，再以 1_a 为参考点逆向转动($-\boldsymbol{\theta}$)至虚拟位置 $V_r(1_r\text{-}2_r\text{-}3_r)$，如图 2.5.5所示，此时基础构形 $V_a(1_a\text{-}2_a\text{-}3_a)$ 与虚拟位置 $V_r(1_r\text{-}2_r\text{-}3_r)$间的相对位移即为所要估算的变形量，即

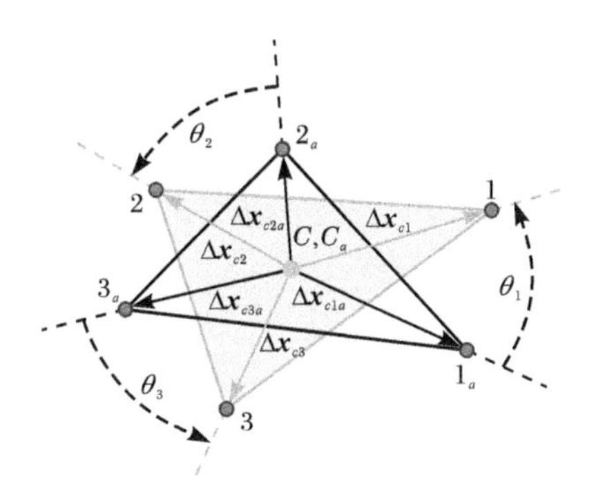

图 2.5.4　固体元的刚体转角估算

$$\boldsymbol{\eta}_i^{\mathrm{d}} = \boldsymbol{\eta}_i + \boldsymbol{\eta}_i^{\mathrm{r}} = (\boldsymbol{u}_i - \boldsymbol{u}_1) + (\boldsymbol{R}^{\mathrm{T}} - I)\Delta \boldsymbol{x}_i, \quad i = 1,2,3 \tag{2.5.3}$$

式中，$\boldsymbol{I}$ 为 2×2 的单位矩阵；$\boldsymbol{R}$ 为关于转角 θ 的平面转动矩阵。

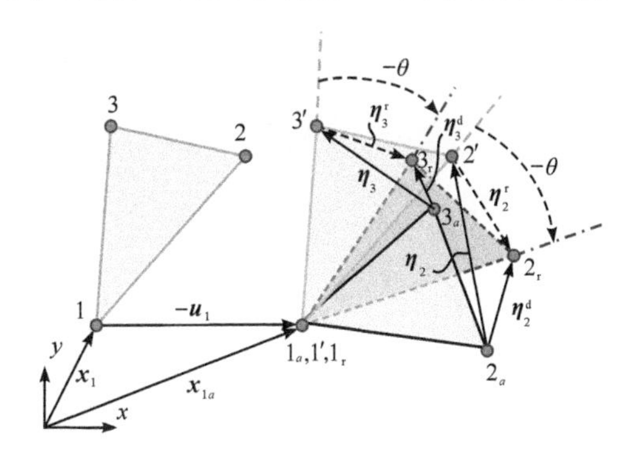

图 2.5.5　虚拟逆向运动及节点变形位移 $\boldsymbol{\eta}_i^{\mathrm{d}}$

虚拟逆向运动扣除了节点位移中固体元的整体平移和整体转动，以及一个平均的变形转动。相对位移 $\boldsymbol{\eta}_i^{\mathrm{d}}$ 包括纯变形以及来自不均匀变形所产生的残余转动。有限质点法中通过质点的合理布置能使单元变形接近均匀状态，残余转动为小转动，对内力影响为二阶而纯变形的影响为一阶。因此，$\boldsymbol{\eta}_i^{\mathrm{d}}$ 可以认为是节点的变形位移。

式(2.5.3)求出的节点变量是变形位移而非全位移。三节点平面单元的节点变形有六个分量，去除三个刚体运动的自由度后，应当只有三个独立变量。在利用内插函数表示变形的分布时，需要先求出这三个独立量。一个简单的方法是定义一组变形坐标$(\hat{x},\hat{y})$，如图 2.5.6 所示，将节点变形 $\boldsymbol{\eta}_i^{\mathrm{d}}$ 用变形坐标分量表示，它满足两个条件：①坐标原点设在节点 1；②固体元对变形坐标的相对转动为 0。为满足条件②，可令 $\hat{\boldsymbol{x}}$ 轴平行于节点 2(或节点 3)的变形位移向量为 $\boldsymbol{\eta}_2^{\mathrm{d}}$(或 $\boldsymbol{\eta}_3^{\mathrm{d}}$)。

令 $\hat{\boldsymbol{e}}_1$ 和 $\hat{\boldsymbol{e}}_2$ 分别为 $\hat{x}$ 轴和 $\hat{y}$ 轴的方向向量，即

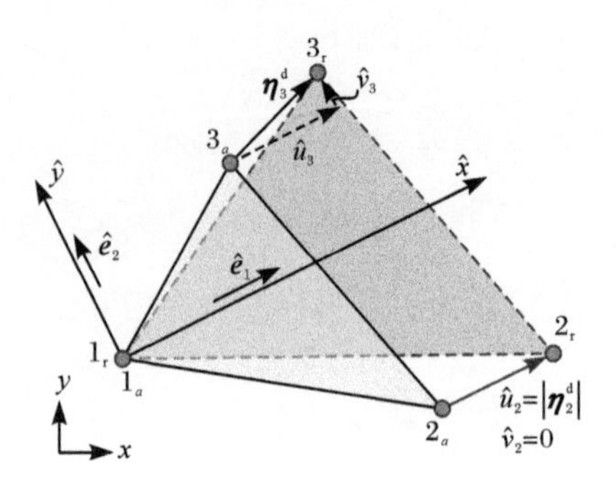

图 2.5.6 变形坐标下的节点位移

$$\hat{\boldsymbol{e}}_1=\begin{bmatrix} l_1 \\ m_1 \end{bmatrix}=\frac{1}{|\Delta \boldsymbol{u}_2^{\mathrm{d}}|}\begin{bmatrix} \Delta u_{2x}^{\mathrm{d}} \\ \Delta u_{2y}^{\mathrm{d}} \end{bmatrix}, \quad \hat{\boldsymbol{e}}_2=\begin{bmatrix} -m_1 \\ l_1 \end{bmatrix} \tag{2.5.4}$$

若 $\hat{\boldsymbol{Q}}$ 为变形坐标与全域坐标之间的转换矩阵，则

$$\hat{\boldsymbol{x}}=\hat{\boldsymbol{Q}}(\boldsymbol{x}-\boldsymbol{x}_1), \quad \hat{\boldsymbol{Q}}=\begin{bmatrix} \hat{\boldsymbol{e}}_1^{\mathrm{T}} \\ \hat{\boldsymbol{e}}_2^{\mathrm{T}} \end{bmatrix}=\begin{bmatrix} l_1 & m_1 \\ -m_1 & l_1 \end{bmatrix} \tag{2.5.5}$$

再将 $\boldsymbol{\eta}_i^{\mathrm{d}}$ 转换至变形坐标方向，得

$$\hat{\boldsymbol{u}}_i=\hat{\boldsymbol{Q}}\boldsymbol{\eta}_i^{\mathrm{d}}, \quad i=1,2,3 \tag{2.5.6}$$

由变形坐标定义，可得 $\hat{u}_1=\hat{v}_1=\hat{v}_2=0$，这样平面三节点固体元的节点变形只有三个非零量($\hat{u}_2,\hat{u}_3,\hat{v}_3$)。

由于虚拟形态位置 $V_{\mathrm{r}}(1_{\mathrm{r}}\text{-}2_{\mathrm{r}}\text{-}3_{\mathrm{r}})$ 与基础构形 $V_a(1_a\text{-}2_a\text{-}3_a)$ 之间是小变形、小转动问题，应变和应力可分别用微应变及工程应力描述，因此可以以传统有限元中的形函数为基础，用变形坐标描述的方式简化位移分布函数，然后求解单元的内力。

变形坐标下满足连续性要求的平面三节点固体元内的位移分布函数为

$$\hat{\boldsymbol{u}}=\sum_{i=2}^{3}\hat{N}_i\hat{\boldsymbol{u}}_i \tag{2.5.7}$$

式中，$\hat{N}_i$ 为变形坐标下的位移形函数。

根据位移分布函数，$t_a \sim t$ 时段内的增量应变和增量应力可分别表示为

$$\Delta\hat{\boldsymbol{\varepsilon}}=\hat{\boldsymbol{B}}\hat{\boldsymbol{u}}^* \tag{2.5.8}$$

$$\Delta\hat{\boldsymbol{\sigma}}=\boldsymbol{D}\Delta\hat{\boldsymbol{\varepsilon}} \tag{2.5.9}$$

式中，$\hat{\boldsymbol{u}}^*=[\hat{u}_2 \quad \hat{u}_3 \quad \hat{v}_3]^{\mathrm{T}}$ 为节点位移变形向量；$\boldsymbol{D}$ 为材料在 $\boldsymbol{\sigma}_a$ 时的切线模量矩阵。

将式(2.5.8)和式(2.5.9)代入虚功方程(2.1.23)，可得

$$\delta U_e = (\delta \hat{\boldsymbol{u}}^*)^{\mathrm{T}}\left[t_a\int_{\hat{A}_a}\hat{\boldsymbol{B}}^{\mathrm{T}}\hat{\boldsymbol{\sigma}}_a\mathrm{d}A + \left(t_a\int_{\hat{A}_a}\hat{\boldsymbol{B}}^{\mathrm{T}}\boldsymbol{D}\hat{\boldsymbol{B}}\mathrm{d}A\right)\hat{\boldsymbol{u}}^*\right] \tag{2.5.10}$$

等效节点力对应的外力虚功为

$$\delta W_e = (\delta \hat{\boldsymbol{u}}^*)^{\mathrm{T}}\hat{\boldsymbol{f}} = (\delta \hat{\boldsymbol{u}}^*)^{\mathrm{T}}(\hat{\boldsymbol{f}}_a + \Delta\hat{\boldsymbol{f}}) \tag{2.5.11}$$

由式(2.5.10)和式(2.5.11)及虚功原理,可得

$$\hat{\boldsymbol{f}}_a = t_a\int_{A_a}\hat{\boldsymbol{B}}^{\mathrm{T}}\hat{\boldsymbol{\sigma}}_a\mathrm{d}A \approx [\hat{f}_{2x} \quad \hat{f}_{3x} \quad \hat{f}_{3y}]_a^{\mathrm{T}} \tag{2.5.12a}$$

$$\Delta\hat{\boldsymbol{f}} = [\Delta\hat{f}_{2x} \quad \Delta\hat{f}_{3x} \quad \Delta\hat{f}_{3y}]^{\mathrm{T}} = \left(t_a\int_{A_a}\hat{\boldsymbol{B}}^{\mathrm{T}}\boldsymbol{D}\hat{\boldsymbol{B}}\mathrm{d}A\right)\hat{\boldsymbol{u}}^* \tag{2.5.12b}$$

其余三个节点力分量可通过固体元的平衡条件得到,即

$$\sum m_z = 0, \quad \hat{f}_{2y} = \frac{-\hat{f}_{2x}\hat{y}_2 + \hat{f}_{3x}\hat{y}_3 - \hat{f}_{3y}\hat{x}_3}{\hat{x}_2} \tag{2.5.13a}$$

$$\sum \hat{f}_x = 0, \quad \hat{f}_{1x} = -(\hat{f}_{2x} + \hat{f}_{3x}) \tag{2.5.13b}$$

$$\sum \hat{f}_y = 0, \quad \hat{f}_{1y} = -(\hat{f}_{2y} + \hat{f}_{3y}) \tag{2.5.13c}$$

为计算 t 时刻与同一质点相连的所有固体元的等效节点力之和,需将节点力转换至全域坐标,即

$$\boldsymbol{f}_i' = [\hat{f}_{ix}' \quad \hat{f}_{iy}']^{\mathrm{T}} = \hat{\boldsymbol{Q}}^{\mathrm{T}}\hat{\boldsymbol{f}}_i, \quad i = 1,2,3 \tag{2.5.14}$$

再令固体元从虚拟位置 V_{r} 经过平移($+\boldsymbol{u}_1$)和转动($+\boldsymbol{\theta}$)后回到位置 V,从而得到当前 t 时刻构形下的等效节点力为

$$\boldsymbol{f}_i = [f_{ix} \quad f_{iy}]^{\mathrm{T}} = \boldsymbol{R}\boldsymbol{f}_i', \quad i = 1,2,3 \tag{2.5.15}$$

需要指出的是,上述单元内力的求解模式在有限质点法中不是必需的,一些基于试验或材料特性的公式也可以用于单元内力的求解。

2.5.4　平面单元质点的外力计算

固体结构的作用外力包括表面力与体积力两类,而表面力又包括直接作用在质点上的集中外力与作用在固体表面上的外力。有限质点法对体积力与单元表面上的外力处理是将这两类外力用等效节点力来表示,然后将等效外力作用在与单元节点相连接的质点上。等效节点外力以作用在相连接质点的方向为正向。

图 2.5.7 是一个三节点平面单元等效外力的域坐标分量及分量为正值时的方向。假设表面外力为一分布力(q_x,q_y)作用在节点 2 与节点 3 之间的单元表面上。等效力的条件是节点力与表面分布力对应于变形位移所得的变形虚功相等,也就是说有节点力与表面分布力的单元的总变形虚功为 0。

假定节点 1 是变形坐标($\hat{x}$,$\hat{y}$)的原点,$\hat{x}$ 轴平行于节点 2 的变形向量,则

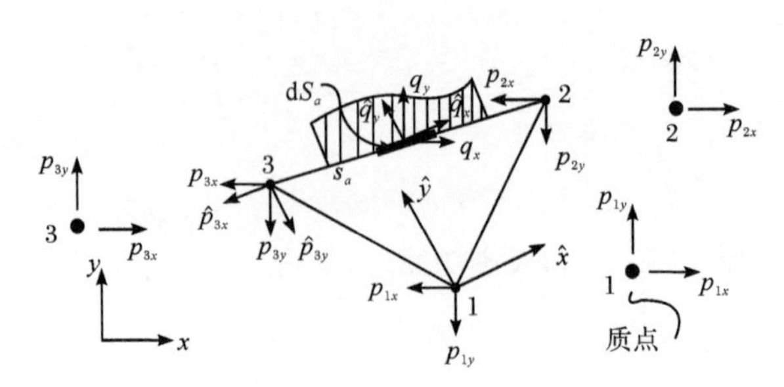

图 2.5.7　三节点平面单元(2-3)边侧表面外力 $\boldsymbol{q}$ 的节点等效外力

$$\hat{u}_1 = \hat{v}_1 = \hat{u}_2 \tag{2.5.16}$$

平面单元一边(2-3)为单元的边界。为了计算虚功,先将外力(q_x,q_y)及节点力$\{p_{ix},p_{iy}\}$($i=1,2,3$)转换成变形坐标分量:

$$\begin{bmatrix}\hat{q}_x\\ \hat{q}_y\end{bmatrix}=\hat{\boldsymbol{Q}}\begin{bmatrix}q_x\\ q_y\end{bmatrix} \tag{2.5.17a}$$

$$\begin{bmatrix}\hat{q}_{ix}\\ \hat{q}_{iy}\end{bmatrix}=\hat{\boldsymbol{Q}}\begin{bmatrix}q_{ix}\\ q_{iy}\end{bmatrix},\quad i=1,2,3 \tag{2.5.17b}$$

式中,$\hat{\boldsymbol{Q}}$ 为($\hat{x}$,$\hat{y}$)及域坐标(x,y)之间的转换矩阵。变形虚功可以写为

$$\delta\hat{W}=\int_{S_a}\begin{bmatrix}\delta\hat{u} & \delta\hat{v}\end{bmatrix}\begin{bmatrix}\hat{q}_x\\ \hat{q}_y\end{bmatrix}\mathrm{d}S_a-\begin{bmatrix}\delta\hat{u}_2 & \delta\hat{u}_3 & \delta\hat{v}_3\end{bmatrix}\begin{bmatrix}\hat{p}_{2x}\\ \hat{p}_{3x}\\ \hat{p}_{3y}\end{bmatrix}=0 \tag{2.5.18}$$

式中,S_a 为(2-3)边的面积;$[\hat{u}\quad \hat{v}]^{\mathrm{T}}$ 为面上任意一点的变形分量。将$[\hat{u}\quad \hat{v}]^{\mathrm{T}}$ 用形状函数来表示:

$$\begin{bmatrix}\hat{u}\\ \hat{v}\end{bmatrix}=\begin{bmatrix}N_2 & N_3 & 0\\ 0 & 0 & N_3\end{bmatrix}\begin{bmatrix}\hat{u}_2\\ \hat{u}_3\\ \hat{v}_3\end{bmatrix} \tag{2.5.19}$$

将式(2.5.19)代入式(2.5.18),可得

$$\begin{bmatrix}\hat{p}_{2x}\\ \hat{p}_{3x}\\ \hat{p}_{3y}\end{bmatrix}=\int_{S_a}\begin{bmatrix}N_2\hat{q}_x\\ N_3\hat{q}_x\\ N_3\hat{q}_y\end{bmatrix}\mathrm{d}S_a \tag{2.5.20}$$

其他三个节点外力分量可由平面单元的静平衡条件求得

$$\sum\hat{f}_x=0,\quad -(\hat{p}_{1x}+\hat{p}_{2x}+\hat{p}_{3x})+\int_{S_a}\hat{q}_x\mathrm{d}S_a=0 \tag{2.5.21a}$$

$$\sum\hat{f}_y=0,\quad -(\hat{p}_{1y}+\hat{p}_{2y}+\hat{p}_{3y})+\int_{S_a}\hat{q}_y\mathrm{d}S_a=0 \tag{2.5.21b}$$

$$\sum m_z = 0,\quad -\hat{p}_{2x}\hat{y}_2 - \hat{p}_{2y}\hat{x}_2 - \hat{p}_{3x}\hat{y}_3 - \hat{p}_{3y}\hat{x}_3 + \int_{S_a}(\hat{q}_y\hat{x} - \hat{q}_x\hat{y})\mathrm{d}S_a = 0 \tag{2.5.21c}$$

由形状函数的基本性质得 $N_1+N_2+N_3=1$。此外，在(2-3)边上，$N_1=0$。因此求得

$$\hat{p}_{1x} = 0 \tag{2.5.22a}$$

$$\hat{p}_{1y} = 0 \tag{2.5.22b}$$

$$\hat{p}_{2y} = \int_{S_a} N_2\hat{q}_y\mathrm{d}S_a \tag{2.5.22c}$$

由式(2.5.21)求得其他三个分量，结果为

$$\begin{bmatrix}\hat{p}_{ix}\\ \hat{p}_{iy}\end{bmatrix} = \int_{S_a}\begin{bmatrix}N_i\hat{q}_x\\ N_i\hat{q}_y\end{bmatrix}\mathrm{d}S_a,\quad i=1,2,3 \tag{2.5.23}$$

式(2.5.23)可适用于表面力作用在平面单元任何一个面上的情况。这个结果与传统有限单元法推导节点外力的结果是相同的。

当表面作用力(q_x, q_y)为常数时，有

$$\int_{S_a} N_2\mathrm{d}S_a = \int_{S_a} N_3\mathrm{d}S_a = \frac{S_a}{2} \tag{2.5.24}$$

式中，S_a 为(2-3)面的面积。等效节点外力为$\left[0\quad 0\quad \frac{1}{2}\hat{q}_xS_a\quad \frac{1}{2}\hat{q}_yS_a\quad \frac{1}{2}\hat{q}_xS_a\quad \frac{1}{2}\hat{q}_yS_a\right]$。

作用在与节点 2 及节点 3 相连接的质点上的等效外力为

$$\begin{bmatrix}p_{ix}\\ p_{iy}\end{bmatrix} = \hat{\boldsymbol{Q}}^{\mathrm{T}}\begin{bmatrix}\frac{1}{2}\hat{q}_xS_a\\ \frac{1}{2}\hat{q}_yS_a\end{bmatrix} = \frac{S_a}{2}\begin{bmatrix}q_x\\ q_y\end{bmatrix},\quad i=2,3 \tag{2.5.25}$$

式中，$[p_{ix}\quad p_{iy}]^{\mathrm{T}}$ 为域坐标系下等效外力的分量。

作用在平面单元上体积力的等效力计算与以上相似。对应的变形虚功可以写为

$$\delta\hat{W} = \int_{V_s}[\delta\hat{u}\quad \delta\hat{v}]\begin{bmatrix}\hat{q}_x^v\\ \hat{q}_y^v\end{bmatrix}\mathrm{d}V_s = [\delta\hat{u}_2\quad \delta\hat{u}_3\quad \delta\hat{v}_2]\begin{bmatrix}\hat{p}_{2x}\\ \hat{p}_{3x}\\ \hat{p}_{3y}\end{bmatrix} = 0 \tag{2.5.26}$$

式中，$\begin{bmatrix}\hat{q}_x^v\\ \hat{q}_y^v\end{bmatrix} = \hat{Q}\begin{bmatrix}q_x^v\\ q_y^v\end{bmatrix}$，$[q_x^v\quad q_y^v]^{\mathrm{T}}$ 为作用在平面单元内任意一点$(\hat{x}, \hat{y})$的体积分布力；V_s 为单元的体积，如图 2.5.8 所示。

代入形状函数并引用静平衡条件，节点内力为

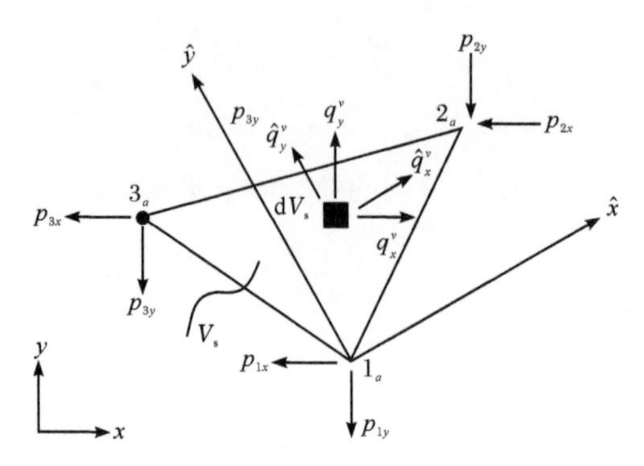

图 2.5.8　三节点平面单元体积力 q^v 的节点等效外力

$$\begin{bmatrix}\hat{p}_{ix}\\ \hat{p}_{iy}\end{bmatrix}=\int_{V_s}\begin{bmatrix}N_i\hat{q}_x^v\\ N_i\hat{q}_y^v\end{bmatrix}\mathrm{d}V_s,\quad i=1,2,3 \tag{2.5.27}$$

如果$[\hat{q}_x^v\quad \hat{q}_y^v]^{\mathrm{T}}$为常数,等效节点外力可得$\dfrac{1}{3}V_s[\hat{q}_x^v\quad \hat{q}_y^v\quad \hat{q}_x^v\quad \hat{q}_y^v\quad \hat{q}_x^v\quad \hat{q}_y^v]^{\mathrm{T}}$,而作用在与节点 i 相连接质点上的外力为

$$\begin{bmatrix}p_{ix}\\ p_{iy}\end{bmatrix}=\hat{\boldsymbol{Q}}^{\mathrm{T}}\begin{bmatrix}\dfrac{1}{3}\hat{q}_x^vV_s\\ \dfrac{1}{3}\hat{q}_y^vV_s\end{bmatrix}=\frac{V_s}{3}\begin{bmatrix}q_x^v\\ q_y^v\end{bmatrix},\quad i=1,2,3 \tag{2.5.28}$$

以上等效外力是将表面力及体积力转移在基础构形上,以基础构形上定义的变形及坐标来计算虚功,并求得的等效关系式。如果假设在途径单元 $t_a\leqslant t\leqslant t_b$ 内,这一组等效关系不改变,则作用在 t 时固体元上的外力等效关系为

$$\begin{bmatrix}p_{ix}\\ p_{iy}\end{bmatrix}=\frac{S}{3}\begin{bmatrix}q_x\\ q_y\end{bmatrix},\quad i=1,2 \tag{2.5.29a}$$

$$\begin{bmatrix}p_{ix}\\ p_{iy}\end{bmatrix}=\frac{V}{3}\begin{bmatrix}q_x^v\\ q_y^v\end{bmatrix},\quad i=1,2,3 \tag{2.5.29b}$$

S 及 V 为 t 时固体元的(2-3)边上沿厚度方向的面积和单元体积。

由以上推导可知,运动解析的虚功等效外力的结果与传统结构分析及有限元分析的结果是相同的。

2.6　薄膜单元质点的计算公式

2.6.1　薄膜的离散模型

理想柔性薄膜结构可视为一种忽略面外刚度的特殊软壳体。虽然薄膜结构在运动过程中的位置需要用三维空间向量来表示，但是它的几何变形只发生在膜面内，垂直于膜面的作用力分量只能使构件产生刚体运动。根据这一变形和受力特点，有限质点法将理想柔性薄膜离散为一组具有三维平动自由度的质点的集合，而质点间的相互约束通过一系列仅有面内变形的平面薄膜元来实现，如图 2.6.1所示。

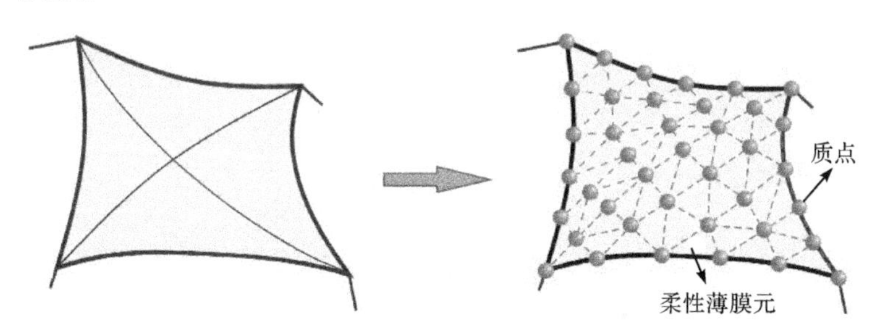

图 2.6.1　理想柔性薄膜离散模型

柔性薄膜上质点质量应包括其自身所在位置上的集中质量以及相连薄膜元提供的等效质量。其中，等效质量可以通过惯性力虚功的计算得到。按照途径单元的基本假设，质点质量应该以 t_a 时刻的构型来计算。因此，任意一个薄膜元中由惯性力产生的虚功可表示为

$$\delta W_e^I = \int_{V_a} \delta \boldsymbol{u}^{\mathrm{T}}(-\rho \ddot{\boldsymbol{u}})\mathrm{d}V \tag{2.6.1}$$

式中，W_e^I 为薄膜元上的惯性力虚功；$\boldsymbol{u}$ 为薄膜元位移向量；$\ddot{\boldsymbol{u}}$ 为薄膜元的加速度向量；V 为薄膜单元体积；ρ 为薄膜元的密度。如果认为质量均集中在薄膜元的节点上，则密度可以表示为

$$\rho = \sum_{i=1}^{n} m_i \delta(\boldsymbol{x} - \boldsymbol{x}_i) \tag{2.6.2}$$

式中，$\delta(\cdot)$为狄拉克 δ 函数；n 为薄膜元的节点数。于是，式(2.6.1)可以简写为

$$\delta W_e^I = -\sum_{i=1}^{n} \delta\, \boldsymbol{u}_i^{\mathrm{T}} \boldsymbol{m}_i^e \ddot{\boldsymbol{u}}_i = -\delta \boldsymbol{d}_e^{\mathrm{T}} \boldsymbol{M}_e \ddot{\boldsymbol{d}}_e \tag{2.6.3}$$

式中，所有单元的位移矩阵 $\boldsymbol{d}_e^{\mathrm{T}} = [\boldsymbol{d}_1^{\mathrm{T}} \quad \boldsymbol{d}_2^{\mathrm{T}} \quad \cdots \quad \boldsymbol{d}_n^{\mathrm{T}}]$，其中每个单元的位移向量 $\boldsymbol{d}_i^{\mathrm{T}} = [d_{ix} \quad d_{iy} \quad d_{iz}]$；$\boldsymbol{M}_e$ 为薄膜元的质量矩阵，表示如下：

$$\boldsymbol{M}_e = \begin{bmatrix} m_1^e & 0 & \cdots & 0 \\ 0 & m_2^e & \cdots & 0 \\ \vdots & \vdots & & \vdots \\ 0 & 0 & \cdots & m_n^e \end{bmatrix} \tag{2.6.4}$$

式中，m_α^e 为质点 α 为单元 e 提供的等效质量。

由式(2.6.4)可知，质点的质量矩阵也是对角矩阵，满足了客观性的要求，即

质点质量代表值不随刚体运动和坐标转换而变化，相应的运动方程形式也不会在运动过程中发生改变。假设薄膜元的密度为常数，则对于节点等效密度 ρ，一种简单的计算方法可以将该薄膜元范围内的总质量进行平均分配。于是，质量矩阵$\boldsymbol{M}_e$对角线上的元素可以表示为

$$m_\alpha^e = \frac{1}{n}\rho_a V_a, \quad \alpha = 1,2,\cdots,n \tag{2.6.5}$$

式中，ρ_a 和 V_a 分别为该薄膜元在途径单元初始时刻 t_a 时的密度和体积；n 为薄膜元的个数。

2.6.2 薄膜单元质点的运动方程

对于理想柔性薄膜上的任意一个质点 α，其位移向量包括沿全域坐标轴方向的三个平动自由度分量，与三个方向上的质点力相对应，如图 2.6.2 所示。

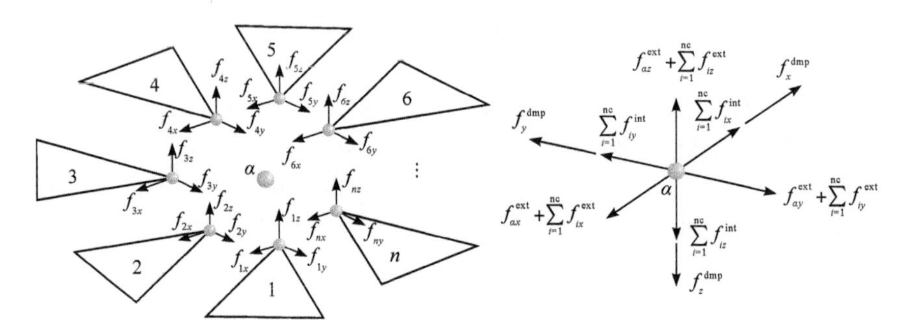

图 2.6.2 薄膜元的质点力

薄膜元的质点运动方程可表示为

$$M_\alpha \frac{\mathrm{d}^2}{\mathrm{d}t^2}\begin{bmatrix} d_x \\ d_y \\ d_z \end{bmatrix}_\alpha = \begin{bmatrix} f_x^{\text{ext}} + \sum_{i=1}^{\text{nc}} f_{ix}^{\text{ext}} \\ f_y^{\text{ext}} + \sum_{i=1}^{\text{nc}} f_{iy}^{\text{ext}} \\ f_z^{\text{ext}} + \sum_{i=1}^{\text{nc}} f_{iz}^{\text{ext}} \end{bmatrix}_\alpha - \begin{bmatrix} \sum_{i=1}^{\text{nc}} f_{ix}^{\text{int}} \\ \sum_{i=1}^{\text{nc}} f_{iy}^{\text{int}} \\ \sum_{i=1}^{\text{nc}} f_{iz}^{\text{int}} \end{bmatrix}_\alpha + \begin{bmatrix} f_x^{\text{dmp}} \\ f_y^{\text{dmp}} \\ f_z^{\text{dmp}} \end{bmatrix}_\alpha \tag{2.6.6}$$

式中，M_α 为质点 α 的质量，包括该点的集中质量及相连薄膜元所提供的等效质量；$[f_x^{\text{ext}} \quad f_y^{\text{ext}} \quad f_z^{\text{ext}}]_\alpha^{\text{T}}$ 为直接作用在质点 α 上的集中外力向量；$[f_{ix}^{\text{ext}} \quad f_{iy}^{\text{ext}} \quad f_{iz}^{\text{ext}}]_\alpha^{\text{T}}$ 和 $[f_{ix}^{\text{int}} \quad f_{iy}^{\text{int}} \quad f_{iz}^{\text{int}}]_\alpha^{\text{T}}$ 分别为与质点 α 相连接的薄膜元 i 提供的等效外力向量和内力向量；$[f_x^{\text{dmp}} \quad f_y^{\text{dmp}} \quad f_z^{\text{dmp}}]_\alpha^{\text{T}}$ 为作用在质点 α 上的阻尼力向量；nc 为与质点相连的薄膜元个数。

2.6.3　薄膜单元质点的内力计算

为了计算薄膜上的质点内力，需要假设一组与质点连接的薄膜元，通过计算各个薄膜元的等效节点内力获得质点间的互制内力。其中，薄膜元内力的计算方式与有限单元法有部分类似，不同之处主要在于它没有采用传统的共转坐标变换技术和复杂的有限变形理论描述应变，而是完全基于物理模式进行求解。具体而言，就是在每一个途径单元内先利用虚拟逆向运动求出纯变形，然后在变形坐标下求出各个薄膜元中满足静力平衡条件的节点内力。

1. 位移和变形计算

薄膜元的几何形状可以是任意的，但最常用的是三角形。这是因为三角形在分析中能够保持几何性质稳定，不会出现畸变和翘曲等问题。以图 2.6.3(a)所示的三角形空间薄膜元(厚度为 h)为例，其空间位置由三个节点(1,2,3)确定，每个节点有三个平动自由度分量；三个节点分别与质点(α,β,γ)刚性连接，t_a 和t 时刻的节点位置向量 $\boldsymbol{x}_i^a$ 与 $\boldsymbol{x}_i$($i=1,2,3$)可以由相连质点的空间位置向量得到，即

$$\boldsymbol{x}_1^a = \boldsymbol{x}_\alpha^a,\quad \boldsymbol{x}_2^a = \boldsymbol{x}_\beta^a,\quad \boldsymbol{x}_3^a = \boldsymbol{x}_\gamma^a \tag{2.6.7a}$$

$$\boldsymbol{x}_1 = \boldsymbol{x}_\alpha,\quad \boldsymbol{x}_2 = \boldsymbol{x}_\beta,\quad \boldsymbol{x}_3 = \boldsymbol{x}_\gamma \tag{2.6.7b}$$

计算薄膜元的运动和变形，需要在每个途径单元范围内分别考虑，例如，在途径单元 $t_a \leqslant t \leqslant t_b$ 内，分析 t 时刻与初始 t_a 时刻薄膜元的构形变化。如果选取 t_a 时刻的薄膜元构形 $V_a(1_a\text{-}2_a\text{-}3_a)$为基础构形，则 $t_a \sim t$ 时段内的节点位移增量为

$$\Delta\boldsymbol{u}_i = \boldsymbol{x}_i - \boldsymbol{x}_i^a = \boldsymbol{u}_i - \boldsymbol{u}_i^a,\quad i=1,2,3 \tag{2.6.8}$$

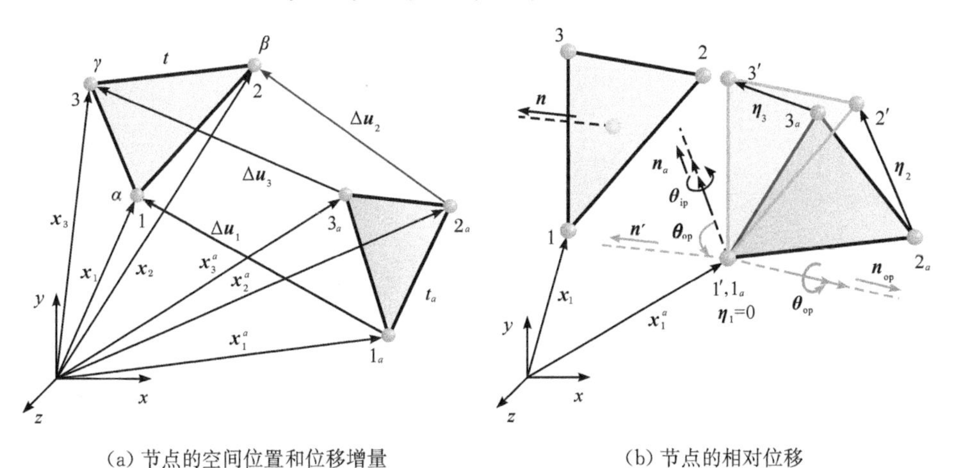

(a) 节点的空间位置和位移增量　　　(b) 节点的相对位移

图 2.6.3　空间三节点薄膜元的运动

薄膜元在途径单元初始时刻 t_a 的几何形状、节点位置、内力以及材料性质都

已知。而且，由于 $t_a \sim t$ 间隔很小，薄膜元的构形及材料性质都假设维持不变。虽然节点位置可以任意变化，但薄膜元的变形仍然很小。因此，在每一个途径单元内，薄膜元经历的是大位移、小变形的运动过程。

节点位移包括纯变形与刚体位移，刚体位移又可进一步分为刚体平移和刚体转动位移。由于薄膜元内力仅与变形相关，因此必须将变形从节点位移 $\Delta \boldsymbol{u}_i$ 中分离出来，或者将刚体平移和刚体转动从全位移中扣除。于是，在有限质点法中，以物理模式求解节点变形可分为两个步骤：①估算在 $t_a \sim t$ 时段内薄膜元的刚体平移和刚体转动；②利用虚拟逆向运动估算节点变形位移。

在步骤 1 中刚体平移量比较容易计算，可以取薄膜元上任意一点为平移的参考点。为了计算方便，一般选择节点作为参考点，如节点 1，即认为该节点在 $t_a \sim t$ 时段内的位移 Δu_1 就是薄膜元的整体平移量。经过逆向平移后，节点 1(记为 1′)和 1_a 重合[图 2.6.3(b)]，此时薄膜元的构形相比于 t_a 时刻基础构形间的变化可通过 $t_a \sim t$ 时段薄膜元各点对参考点(节点 1)的相对位移来计算。其中，各节点扣除刚体平移后的位移为

$$\boldsymbol{\eta}_1 = \mathbf{0} \tag{2.6.9a}$$

$$\boldsymbol{\eta}_i = \Delta \boldsymbol{u}_i - \Delta \boldsymbol{u}_1 = (\boldsymbol{x}_i - \boldsymbol{x}_1) - (\boldsymbol{x}_i^a - \boldsymbol{x}_1^a), \quad i = 2,3 \tag{2.6.9b}$$

然后，估算薄膜元在 $t_a \sim t$ 时段内经历的空间刚体转动。薄膜上任意点的转动量都是位置向量 $\boldsymbol{x}$ 的函数，并不是一个定值。于是，薄膜元的节点转动中除整体转动外，还有一部分是由薄膜元自身的几何变形导致的变形转动。因此，薄膜元每个节点的刚体转动值都不相同。对此，有限质点法中并不计算各个节点转动位移的准确值，而是采用一种估算转动近似平均值的方法。如图 2.6.4 所示，假定薄膜元的刚体转动可以分成两个部分：一个是法线方向的变化，即面外转动向量 $\boldsymbol{\theta}_{op}$；另一个是绕法线的转动，即面内转动向量 $\boldsymbol{\theta}_{ip}$。

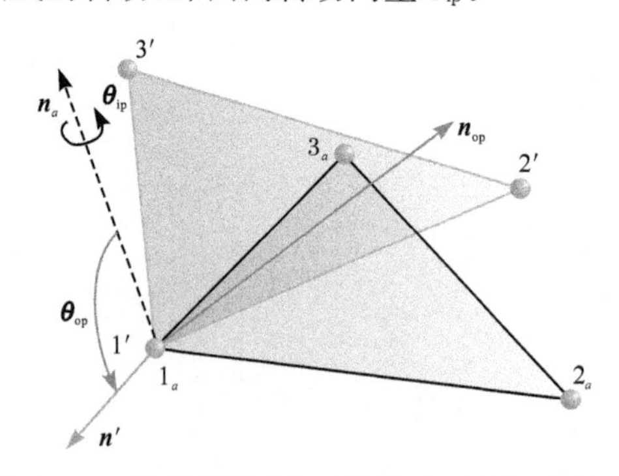

图 2.6.4　三节点薄膜元的面外转动 $\boldsymbol{\theta}_{op}$ 和面内转动 $\boldsymbol{\theta}_{ip}$

对于面外的转动向量，其计算过程如下：令薄膜元在 t_a 和 t 时刻的单位法线向量分别为 $\boldsymbol{n}_a$ 和 $\boldsymbol{n}$，则面外的刚体转动角度 $\boldsymbol{\theta}_{op}$ 可以通过计算向量 $\boldsymbol{n}_a$ 和 $\boldsymbol{n}$(平移不

改变方向，$\boldsymbol{n}'=\boldsymbol{n}$)的夹角来得到，即

$$\theta_{\mathrm{op}}=\arcsin(|\boldsymbol{n}_a\times\boldsymbol{n}'|)=\arcsin(|\boldsymbol{n}_a\times\boldsymbol{n}|) \tag{2.6.10}$$

相应的转轴方向单位向量为$\bar{\boldsymbol{n}}_{\mathrm{op}}=\dfrac{\boldsymbol{n}_a\times\boldsymbol{n}}{|\boldsymbol{n}_a\times\boldsymbol{n}|}$，从而有薄膜元面外转动向量 $\boldsymbol{\theta}_{\mathrm{op}}=\theta_{\mathrm{op}}\bar{\boldsymbol{n}}_{\mathrm{op}}$。

下面估算面内的转动向量 $\boldsymbol{\theta}_{\mathrm{ip}}$，即薄膜元在 $t_a\sim t$ 时段内绕 $\boldsymbol{n}_a$ 轴的转动，转角大小为 θ_{ip}。如果 C_a 和 C 分别为 t_a 和 t 时刻薄膜元的形心[图 2.6.5(a)]，令两者重合，再将 t 时刻薄膜元的各个节点都投影到以 $\boldsymbol{n}_a$ 为法线向量的平面上，得到投影元节点(1_p-2_p-3_p)，它与基础构形(1_a-2_a-3_a)位于同一平面内，通过比较两者的节点位置可估算出面内转角。

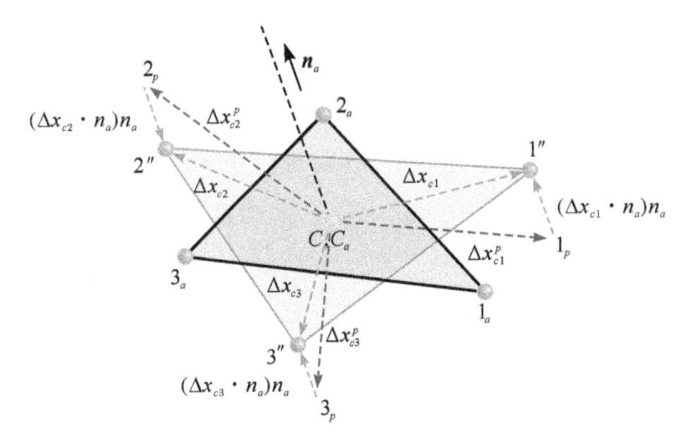

(a) Δx_{ci} 在 n_a 面上的投影 Δx_{ci}^p

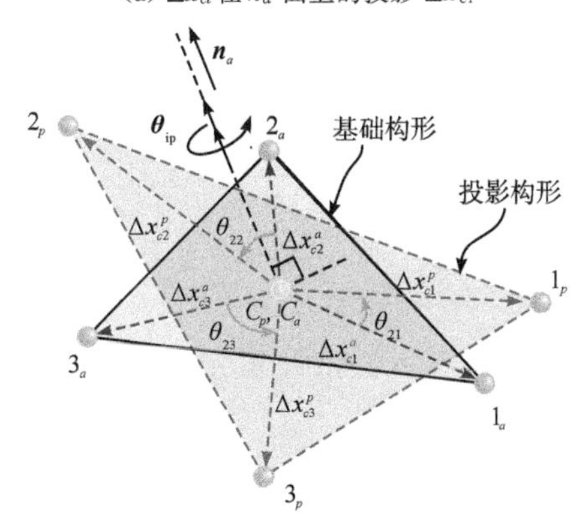

(b) 投影元(1_p-2_p-3_p)节点方向转角 θ_{ip}

图 2.6.5　三节点薄膜元的面内转动估算

薄膜元形心 C_a 和 C 相对于参考点(节点 1)的位置向量为

$$\Delta\boldsymbol{x}_c^a=\frac{1}{3}\sum_{i=1}^{3}(\boldsymbol{x}_i^a-\boldsymbol{x}_1^a),\quad \Delta\boldsymbol{x}_c=\frac{1}{3}\sum_{i=1}^{3}(\boldsymbol{x}_i-\boldsymbol{x}_1) \tag{2.6.11}$$

三个节点在 t_a 和 t 时相对于形心 C_a 和 C 的位置向量分别为

$$\Delta \boldsymbol{x}_{ci}^{a} = \Delta \boldsymbol{x}_i^a - \Delta \boldsymbol{x}_c^a = (\boldsymbol{x}_i^a - \boldsymbol{x}_1^a) - \Delta \boldsymbol{x}_c^a, \quad i = 1,2,3 \tag{2.6.12a}$$

$$\Delta \boldsymbol{x}_{ci} = \Delta \boldsymbol{x}_i - \Delta \boldsymbol{x}_c = (\boldsymbol{x}_i - \boldsymbol{x}_1) - \Delta \boldsymbol{x}_c, \quad i = 1,2,3 \tag{2.6.12b}$$

投影元节点(1_p,2_p,3_p)相对于形心 C_a 的位置向量为

$$\Delta \boldsymbol{x}_{ci}^{p} = \Delta \boldsymbol{x}_{ci} - (\Delta \boldsymbol{x}_{ci} \cdot \boldsymbol{n}_a)\boldsymbol{n}_a, \quad i = 1,2,3 \tag{2.6.13}$$

对于每一个节点 i,在 $t_a \sim t$ 时段内其面内转角可以由 t_a 和 t 时投影面内节点 i 相对于形心的两个方向向量(即节点与形心连线的方向向量)之间的夹角计算得到[图 2.6.5(b)]:

$$\theta_i^{\mathrm{ip}} = \arcsin\left(\frac{\Delta \boldsymbol{x}_{ci}^{a} \times \Delta \boldsymbol{x}_{ci}^{p}}{|\Delta \boldsymbol{x}_{ci}^{a} \times \Delta \boldsymbol{x}_{ci}^{p}|} \cdot \boldsymbol{n}_a\right), \quad i = 1,2,3 \tag{2.6.14}$$

薄膜元的面内转角可以近似地取为所有节点方向转角的平均值,即

$$\theta_{\mathrm{ip}} = \frac{1}{3}(\theta_1^{\mathrm{ip}} + \theta_2^{\mathrm{ip}} + \theta_3^{\mathrm{ip}}) \tag{2.6.15}$$

相应的转轴方向单位向量为$\bar{\boldsymbol{n}}_{\mathrm{ip}} = \boldsymbol{n}_a$,从而有薄膜元面内转动向量$\boldsymbol{\theta}_{\mathrm{ip}} = \theta_{\mathrm{ip}}\bar{\boldsymbol{n}}_{\mathrm{ip}}$。

再将面内和面外的两个转动向量相加,就得到整体刚体转动向量为

$$\boldsymbol{\theta} = \theta \boldsymbol{n}_\theta = \boldsymbol{\theta}_{\mathrm{op}} + \boldsymbol{\theta}_{\mathrm{ip}} = \theta_{\mathrm{op}} \bar{\boldsymbol{n}}_{\mathrm{op}} + \theta_{\mathrm{ip}} \bar{\boldsymbol{n}}_{\mathrm{ip}} \tag{2.6.16}$$

式中,θ 为薄膜元的总刚体转动角值;$\boldsymbol{n}_\theta$ 为单位转轴向量,$\boldsymbol{n}_\theta = [l_\theta \quad m_\theta \quad n_\theta]^{\mathrm{T}}$。

至此,已估算得到薄膜元在 $t_a \sim t$ 时段内的刚体平移和刚体转动。接下来,取节点 1 为参考点,令薄膜元从逆向平移($-\Delta \boldsymbol{u}_1$)后的位置 $V'(1'\text{-}2'\text{-}3')$再逆向转动($-\boldsymbol{\theta}$)至虚拟位置 $V_{\mathrm{r}}(1_{\mathrm{r}}\text{-}2_{\mathrm{r}}\text{-}3_{\mathrm{r}})$,如图 2.6.6(a)所示。此时,虚拟构形 $V_{\mathrm{r}}(1_{\mathrm{r}}\text{-}2_{\mathrm{r}}\text{-}3_{\mathrm{r}})$与基础构形 $V_a(1_a\text{-}2_a\text{-}3_a)$之间的变化就代表了薄膜元的纯变形。已知在 $t_a \sim t$ 时段内以节点 1 为参考点扣除逆向刚体平移后的节点相对位移为 $\boldsymbol{\eta}_i$[式(2.6.9)],令逆向转动所产生的位移为$\boldsymbol{\eta}_i^{\mathrm{r}}$,则薄膜元的节点相对变形位移 $\boldsymbol{\eta}_i^{\mathrm{d}}$ 为

$$\boldsymbol{\eta}_1^{\mathrm{d}} = \boldsymbol{0} \tag{2.6.17a}$$

$$\boldsymbol{\eta}_i^{\mathrm{d}} = \boldsymbol{\eta}_i + \boldsymbol{\eta}_i^{\mathrm{r}} = (\Delta \boldsymbol{u}_i - \Delta \boldsymbol{u}_1) + [\boldsymbol{R}(-\theta) - \boldsymbol{I}](\boldsymbol{x}_i - \boldsymbol{x}_1), \quad i = 2,3 \tag{2.6.17b}$$

式中,$\boldsymbol{R}(-\theta)$为逆向转动矩阵,可根据向量绕定轴旋转的 Rodrigue 公式(Belytschto et al.,1996)进行计算,即

$$\boldsymbol{R}(-\theta) = \boldsymbol{R}^*(-\theta) + \boldsymbol{I} = [1 - \cos(-\theta)]\boldsymbol{A}_\theta^2 + \sin(-\theta)\boldsymbol{A}_\theta + \boldsymbol{I}$$

$$\boldsymbol{A}_\theta = \begin{bmatrix} 0 & -n_\theta & m_\theta \\ n_\theta & 0 & -l_\theta \\ -m_\theta & l_\theta & 0 \end{bmatrix}$$

需要注意,式(2.6.17)得到的是节点变形的近似值,这是因为连续体的刚体位移和变形之间不会是一个简单的加减关系,刚体转动也不可能用简单的平均转角来表示。因此,节点位移 $\boldsymbol{\eta}_i^{\mathrm{d}}$ 中除了纯变形外还有来自不均匀变形所造成的残

余转动量。与平面固体的内力计算类似，有限质点法可以通过质点的合理布置使变形接近均匀状态，同时残余转动为小量，对内力影响是二阶，而纯变形的影响为一阶。因此，$\boldsymbol{\eta}_i^{\mathrm{d}}$ 可以当做纯变形位移用于内力计算。

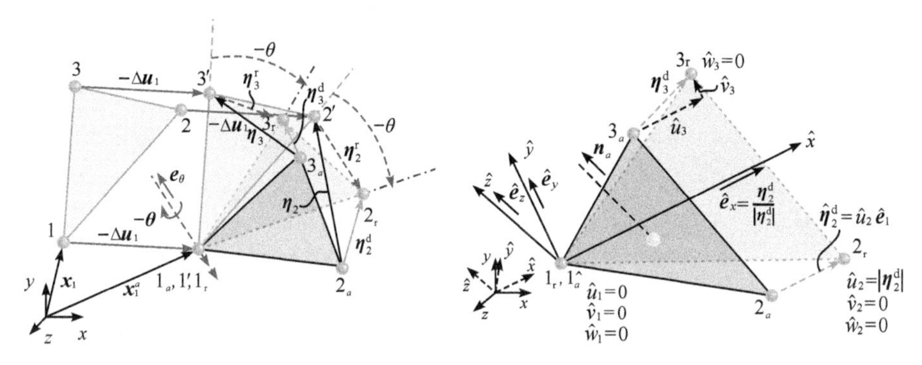

(a) 逆向平移($-\Delta\boldsymbol{u}_1$)和转动($-\boldsymbol{\theta}$)及变形量$\boldsymbol{\eta}_i^{\mathrm{d}}$　　(b) 变形坐标下的节点变形位移

图 2.6.6　三节点薄膜元的变形位移计算

2. 内力计算

式(2.6.17)求出的节点变量是变形位移而非全位移。另外，在经历逆向刚体运动后，平面外位移很小，可以忽略，即三节点薄膜元只有六个平面内的节点位移分量。由于薄膜元本身没有质量，在运动过程中其内力须满足静平衡条件，而平面内的平衡条件只有三个，所以在利用变形位移计算内力时要将对应于刚体运动模式的三个多余自由度扣除，使节点独立变形分量减少到正确的数目。对于三节点薄膜元，在扣除了刚体平移和转动自由度后，只剩下三个独立变形参数。在利用内插函数表示变形分布时，需要先求出 $\boldsymbol{\eta}_i^{\mathrm{d}}$ 中的这三个独立变形量。为此，有限质点法中定义了一组新的坐标来描述变形向量，即变形坐标 $\hat{\boldsymbol{x}}=[\hat{x}\quad\hat{y}\quad\hat{z}]^{\mathrm{T}}$[图 2.6.6(b)]，它满足两个条件：①坐标原点设在参考点(如节点 1)，以扣除薄膜元的刚体平移自由度；②另外取薄膜元上任一参考点(如节点 2)，令 $\hat{x}$ 轴平行于该参考点的变形位移向量(如$\boldsymbol{\eta}_2^{\mathrm{d}}$)，使得薄膜元对变形坐标的相对转动为 0。

令 $\hat{z}$ 轴垂直于薄膜元所在平面，则变形坐标的 $\hat{x}$、$\hat{y}$ 和 $\hat{z}$ 轴的单位方向向量为

$$\hat{\boldsymbol{e}}_x=\frac{1}{|\boldsymbol{\eta}_2^{\mathrm{d}}|}\boldsymbol{\eta}_2^{\mathrm{d}},\quad \hat{\boldsymbol{e}}_z=\boldsymbol{n}_a,\quad \hat{\boldsymbol{e}}_y=\frac{\hat{\boldsymbol{e}}_z\times\hat{\boldsymbol{e}}_x}{|\hat{\boldsymbol{e}}_z\times\hat{\boldsymbol{e}}_x|} \tag{2.6.18}$$

变形坐标也可以有其他的选择，如 $\hat{x}$ 轴可以取为垂直于$\boldsymbol{\eta}_2^{\mathrm{d}}$，或者用节点 3 的变形位移向量 $\boldsymbol{\eta}_3^{\mathrm{d}}$ 来定义。特别地，若节点 2 的变形位移很小，则忽略其变形，并改用以基础构形 1_a2_a 边作为变形坐标 $\hat{x}$ 轴。

这样，变形坐标与全域坐标之间的转换关系可表示如下：

$$\hat{\boldsymbol{x}}_i=\hat{\boldsymbol{Q}}(\boldsymbol{x}_i-\boldsymbol{x}_1),\quad i=1,2,3 \tag{2.6.19}$$

式中，$\hat{\boldsymbol{Q}}=[\hat{\boldsymbol{e}}_x \quad \hat{\boldsymbol{e}}_y \quad \hat{\boldsymbol{e}}_z]^{\mathrm{T}}$ 为坐标转换矩阵。

再将节点变形位移向量转换到变形坐标系下，可得

$$\hat{\boldsymbol{u}}_i = \hat{\boldsymbol{Q}}\boldsymbol{\eta}_i^{\mathrm{d}} = [\hat{u}_i \quad \hat{v}_i \quad \hat{w}_i]^{\mathrm{T}}, \quad i=1,2,3 \tag{2.6.20}$$

根据变形坐标的定义，可得 $\hat{u}_1=\hat{v}_1=\hat{w}_1=\hat{v}_2=\hat{w}_2=0$，同时薄膜元沿法线方向(即 $\hat{z}$ 轴方向)的位移是刚体运动(即薄膜元符合平面变形的假设)，故 $\hat{w}_3=0$，剩下的三个非零的节点位移量是独立的。于是，三节点薄膜元的节点位移向量可以简写成$\hat{\boldsymbol{u}}_{\mathrm{d}}^* = [\hat{u}_2 \quad \hat{u}_3 \quad \hat{v}_3]^{\mathrm{T}}$。这样，就可以在变形坐标下根据节点变形按平面应力问题进行分析。

如 2.1.3 节所述，虚拟构形 $V_{\mathrm{r}}(1_{\mathrm{r}}\text{-}2_{\mathrm{r}}\text{-}3_{\mathrm{r}})$ 与基础构形 $V_a(1_a\text{-}2_a\text{-}3_a)$ 之间是小变形、小转动问题，以虚拟构形 V_{r} 定义的应变和应力可以分别用一组变形坐标下描述的微应变和工程应力来描述。薄膜元节点内力同样作用在虚拟构形 V_{r} 上，并用变形坐标分量表示。另外，由节点位移来计算等效节点力的基础是薄膜元内的虚应变能与节点内力的变形位移虚功相等，而计算虚应变能则必须要有薄膜元内的变形分布函数。同时，薄膜元交界面上的位移必须满足连续性条件。为此，可考虑以传统有限元方法中的位移分布函数为基础，在变形坐标下对位移分布函数进行适当修正，去除其中包含的刚体运动模式，使得薄膜元内的变形位移可以用独立的节点变量来表示，再根据应变-位移关系求出应变、应力分布，进而通过计算虚应变能来得到等效节点内力。

假设三节点薄膜元上任意一点 $(\hat{x},\hat{y})$ 在 $t_a \sim t$ 时段内的变形量为 $\hat{\boldsymbol{u}} = [\hat{u} \quad \hat{v}]^{\mathrm{T}}$，用简化后的各个节点变形位移的线性内插函数可以表示为

$$\hat{\boldsymbol{u}} = \sum_{i=1}^{3} \hat{N}_i^* \hat{\boldsymbol{u}}_i^* = \hat{\boldsymbol{N}}^* \hat{\boldsymbol{u}}_{\mathrm{d}}^* \tag{2.6.21}$$

式中，$\hat{N}_i^*$ 和 $\hat{\boldsymbol{N}}^*$ 分别为变形坐标下经过修正的位移形函数和形函数矩阵，$\hat{N}_i^* = (\beta_i\hat{x}+\gamma_i\hat{y})/\alpha_1\,(i=2,3)$，$\alpha_1=\hat{x}_2\hat{y}_3-\hat{x}_3\hat{y}_2$，$\beta_2=\hat{y}_3$，$\beta_3=-\hat{y}_2$，$\gamma_2=-\hat{x}_3$，$\gamma_3=\hat{x}_2$；$\hat{\boldsymbol{u}}_i^*=[\hat{u}_i \quad \hat{v}_i]^{\mathrm{T}}$ 为节点 $i(i=1,2,3)$ 在 $t_a \sim t$ 时段内以变形坐标分量表示的节点位移向量。

求得变形分布函数后，就可以直接根据弹性力学理论推导薄膜元内的应变和应力函数。根据途径单元的基本假设，$t_a \sim t$ 时段内薄膜元仅有微小变形，应变增量和应力增量分别为(以 Voigt 形式表示)

$$\Delta\hat{\boldsymbol{\varepsilon}}_{\mathrm{r}} = \hat{\boldsymbol{B}}^* \hat{\boldsymbol{u}}_{\mathrm{d}}^* = \frac{1}{\alpha_1}\begin{bmatrix} \beta_2 & \beta_3 & 0 \\ 0 & 0 & \gamma_3 \\ \gamma_2 & \gamma_3 & \beta_3 \end{bmatrix}\begin{bmatrix} \hat{u}_2 \\ \hat{u}_3 \\ \hat{v}_3 \end{bmatrix} \tag{2.6.22}$$

$$\Delta\hat{\boldsymbol{\sigma}}_{\mathrm{r}} = \hat{\boldsymbol{D}}_a \Delta\hat{\varepsilon} = \hat{\boldsymbol{D}}_a \hat{\boldsymbol{B}}^* \hat{\boldsymbol{u}}_{\mathrm{d}}^* \tag{2.6.23}$$

式中，$\Delta\hat{\boldsymbol{\varepsilon}}_{\mathrm{r}}=[\Delta\hat{\varepsilon}_x \quad \Delta\hat{\varepsilon}_y \quad \Delta\hat{\gamma}_{xy}]_{\mathrm{r}}^{\mathrm{T}}$，$\Delta\hat{\boldsymbol{\sigma}}_{\mathrm{r}}=[\Delta\hat{\sigma}_x \quad \Delta\hat{\sigma}_y \quad \Delta\hat{\tau}_{xy}]_{\mathrm{r}}^{\mathrm{T}}$；$\hat{\boldsymbol{D}}_a$ 为材料应力等于 $\hat{\boldsymbol{\sigma}}_a$ 时以变形坐标分量表示的二维切线模量矩阵(可以是线弹性或非线弹性)。

将式(2.6.22)和式(2.6.23)代入变形虚功方程式(2.1.23)，可得

$$\delta U=(\delta\hat{\boldsymbol{u}}_{\mathrm{d}}^*)^{\mathrm{T}}\left[h_a\int_{A_a}(\hat{\boldsymbol{B}}^*)^{\mathrm{T}}\hat{\boldsymbol{\sigma}}_a\mathrm{d}\hat{A}+\left(h_a\int_{A_a}(\hat{\boldsymbol{B}}^*)^{\mathrm{T}}\hat{\boldsymbol{D}}_a\hat{\boldsymbol{B}}^*\mathrm{d}\hat{A}\right)\hat{\boldsymbol{u}}_{\mathrm{d}}^*\right] \tag{2.6.24}$$

式中，h_a 和 A_a 分别为途径单元初始时刻 t_a 时薄膜元的厚度和面积。

另一方面，节点内力因变形位移而产生的虚功为

$$\delta W=(\delta\hat{\boldsymbol{u}}_{\mathrm{d}}^*)^{\mathrm{T}}\hat{\boldsymbol{f}}^*=(\delta\hat{\boldsymbol{u}}_{\mathrm{d}}^*)^{\mathrm{T}}(\hat{\boldsymbol{f}}_a^*+\Delta\hat{\boldsymbol{f}}^*) \tag{2.6.25}$$

式中，$\hat{\boldsymbol{f}}_a^*$ 和$\hat{\boldsymbol{f}}^*$分别为 t_a 和 t 时刻变形坐标系下薄膜元的节点内力向量；$\Delta\hat{\boldsymbol{f}}^*$ 为 $t_a\sim t$时段内变形坐标系下薄膜元的节点内力增量。

比较式(2.6.24)及式(2.6.25)，由虚功原理($\delta U=\delta W$)容易得到

$$\hat{\boldsymbol{f}}_a^*=[\hat{f}_{2x} \quad \hat{f}_{3x} \quad \hat{f}_{3y}]^{\mathrm{T}}=h_a\int_{A_a}(\hat{\boldsymbol{B}}^*)^{\mathrm{T}}\hat{\boldsymbol{\sigma}}_a\mathrm{d}\hat{A}=(\hat{\boldsymbol{B}}^*)^{\mathrm{T}}\hat{\boldsymbol{\sigma}}_a h_a A_a \tag{2.6.26a}$$

$$\begin{aligned}\Delta\hat{\boldsymbol{f}}^*&=[\Delta\hat{f}_{2x} \quad \Delta\hat{f}_{3x} \quad \Delta\hat{f}_{3y}]^{\mathrm{T}}\\&=\left[h_a\int_{A_a}(\hat{\boldsymbol{B}}^*)^{\mathrm{T}}\hat{\boldsymbol{D}}_a\hat{\boldsymbol{B}}^*\mathrm{d}\hat{A}\right]\hat{\boldsymbol{u}}_{\mathrm{d}}^*\\&=[(\hat{\boldsymbol{B}}^*)^{\mathrm{T}}\hat{\boldsymbol{D}}_a\hat{\boldsymbol{B}}^*\hat{\boldsymbol{u}}_{\mathrm{d}}^*]h_aA_a\end{aligned} \tag{2.6.26b}$$

$$\hat{\boldsymbol{f}}^*=[\hat{f}_{2x} \quad \hat{f}_{3x} \quad \hat{f}_{3y}]^{\mathrm{T}}=\hat{\boldsymbol{f}}_a^*+\Delta\hat{\boldsymbol{f}}_a^* \tag{2.6.26c}$$

式(2.6.26)只能求出三个节点内力分量($\hat{f}_{2x},\hat{f}_{3x},\hat{f}_{3y}$)，其余三个分量对应于被扣除的刚体自由度需要通过 $\hat{x}$-$\hat{y}$ 平面内静平衡条件来确定，即

$$\sum m_{\hat{z}}=0,\quad \hat{f}_{2y}=\frac{\hat{f}_{3x}\hat{y}_3+\hat{f}_{2x}\hat{y}_2-\hat{f}_{3y}\hat{x}_3}{\hat{x}_2} \tag{2.6.27a}$$

$$\sum f_{\hat{x}}=0\quad \hat{f}_{1x}=-(\hat{f}_{2x}+\hat{f}_{3x}) \tag{2.6.27b}$$

$$\sum f_{\hat{y}}=0,\quad \hat{f}_{1y}=-(\hat{f}_{2y}+\hat{f}_{3y}) \tag{2.6.27c}$$

根据以上推导可得出作用在三节点薄膜元虚拟形态 V_{r} 上、以变形坐标分量表示的等效节点内力向量 $\hat{\boldsymbol{f}}=[\hat{f}_{1x} \quad \hat{f}_{1y} \quad \hat{f}_{2x} \quad \hat{f}_{2y} \quad \hat{f}_{3x} \quad \hat{f}_{3y}]^{\mathrm{T}}$。由于与刚体运动相关的内力虚功恒为 0，故上述节点内力平衡条件也满足了连续介质力学中客观性定理的要求。

为了集成与同一质点相连的所有薄膜元的等效节点内力之和，需要对上述求得的变形坐标系下虚拟位置上节点力做适当转换。首先，将对应于平面问题的节

点内力向量扩展成三维形式，即$\hat{\boldsymbol{f}}_i=[\hat{f}_{ix} \quad \hat{f}_{iy} \quad \hat{f}_{iz}]^{\mathrm{T}}(i=1,2,3)$，其中$\hat{f}_{iz}=0$；再通过坐标变换矩阵将各个节点力$\hat{\boldsymbol{f}}_i$转换成以全域坐标分量表示，令$\boldsymbol{f}_i=[f_{ix} \quad f_{iy} \quad f_{iz}]^{\mathrm{T}}$为全域坐标系下节点$i$的内力向量，则

$$\bar{\boldsymbol{f}}_i=\hat{\boldsymbol{Q}}^{\mathrm{T}}\hat{\boldsymbol{f}}_i, \quad i=1,2,3 \tag{2.6.28}$$

最后，令薄膜元从虚拟位置V_{r}做正向运动[包括刚体平移$(+\Delta\boldsymbol{u}_1)$及刚体转动$(+\boldsymbol{\theta})$]回到当前$t$时刻的位置$V$(1-2-3)。其中，平移对节点力没有影响；而转动则使各个节点力方向发生了改变，但不改变力的大小，得到当前构形下的实际节点内力为

$$\boldsymbol{f}_i=\boldsymbol{R}(\theta)\bar{\boldsymbol{f}}_i, \quad i=1,2,3 \tag{2.6.29}$$

式中，$\boldsymbol{f}_i=[f_{ix} \quad f_{iy} \quad f_{iz}]^{\mathrm{T}}$，$\boldsymbol{R}(\theta)$的形式与式(2.6.17)中相同。

对于上述计算得到的节点i上的等效内力$\boldsymbol{f}$，根据薄膜元节点和质点的对应关系，将其反作用于相连接的质点α，即可获得该薄膜元提供给质点的内力$-\boldsymbol{f}_{\alpha i}^{\mathrm{int}}$，代入质点运动方程后可用于当前步位移的求解。

以上是对三节点薄膜元质点内力的推导。四节点薄膜元内力的推导过程见附录A。

2.6.4 薄膜单元质点的外力计算

柔性薄膜上的外力包括直接作用在质点上的集中力$\boldsymbol{f}_\alpha^{\mathrm{ext}}=[f_x^{\mathrm{ext}} \quad f_y^{\mathrm{ext}} \quad f_z^{\mathrm{ext}}]_\alpha^{\mathrm{T}}$和作用在薄膜元上的分布力(包括表面力和体积力)。点之间的参数是用插值函数来描述的，因此分布力可以用一组力向量函数来表示，即$\boldsymbol{q}(\boldsymbol{x})=[q_x \quad q_y \quad q_z]^{\mathrm{T}}$。质点上的集中力可以直接作为质点外力代入质点运动方程，而薄膜元上的分布力则必须先转换成等效节点外力$\boldsymbol{f}_{\alpha i}^{\mathrm{ext}}=[f_{ix}^{\mathrm{ext}} \quad f_{iy}^{\mathrm{ext}} \quad f_{iz}^{\mathrm{ext}}]_\alpha^{\mathrm{T}}$($i$为质点$\alpha$相连的薄膜元编号)，才能作用到与节点相连的质点上。

如图2.6.7(a)所示，考虑一个三节点薄膜元(1-2-3)，在t时刻有一组以全域坐标描述的分布力$\boldsymbol{q}^{\mathrm{s}}=[q_x^{\mathrm{s}} \quad q_y^{\mathrm{s}} \quad q_z^{\mathrm{s}}]^{\mathrm{T}}$作用在(2-3)边的侧表面上。这组作用力可以用等效力$\boldsymbol{f}_{(p,i)}^{\mathrm{ext}}=[f_{ix}^{\mathrm{ext}} \quad f_{iy}^{\mathrm{ext}} \quad f_{iz}^{\mathrm{ext}}]_p^{\mathrm{T}}[(p,i)=(\alpha,1),(\beta,2),(\gamma,3)]$替代，分别作用在与节点(1,2,3)相连接的质点$(\alpha,\beta,\gamma)$上。按照传统表示习惯，等效外力以作用在相连质点上的力方向为正向，对应节点上的力为负向，两者可视为一组作用力与反作用力。图2.6.7中质点上的外力分量均指向其正方向。

推导等效外力的基础是，如果将反向的节点力和分布力同时作用在薄膜元上，两者应构成一组平衡力体系，它们的总变形虚功为0。这里，变形虚功是以基础构形V_a为基准来计算的，而分布力和等效力则是作用在t时刻的构形V上。虽然两者在构形定义上有所区别，但分布力和节点力之间的等效关系在每个途径

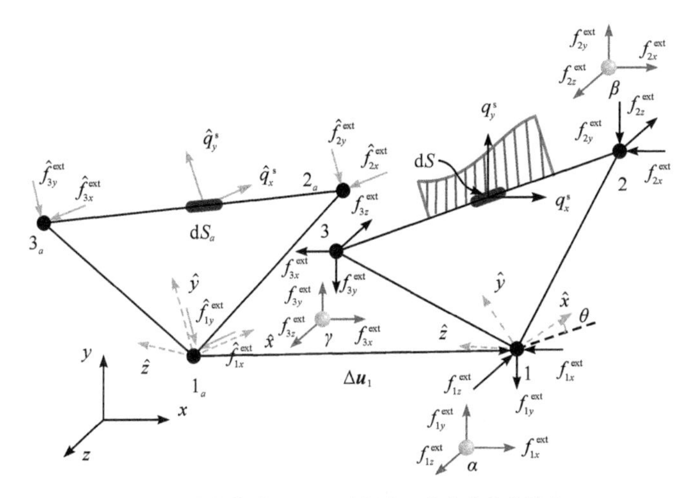

(a) 三节点薄膜元(2-3)边侧表面分布力的等效力

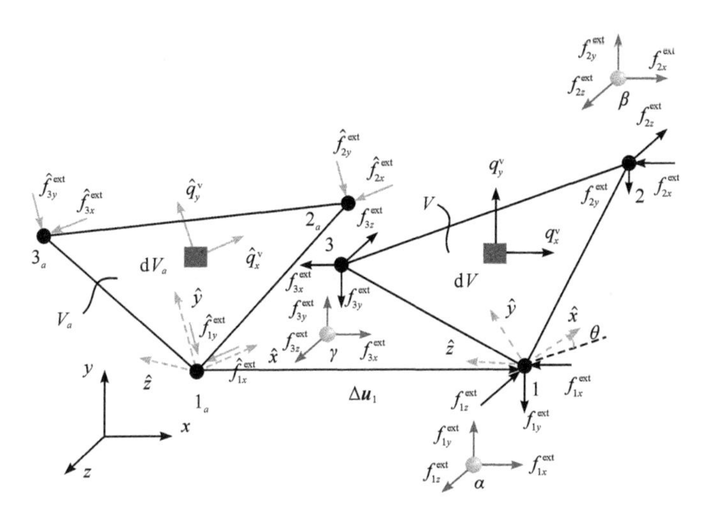

(b) 三节点薄膜元(1-2-3)体积力的等效力

图 2.6.7　薄膜的质点等效外力示意图

单元范围内不会因变形和刚体位移而发生改变。这是因为:①一组平衡力系的值不会因为刚体平移和转动而改变;②构形 V_a 和 V 之间的纯变形很小,几何变化对等效关系的影响可以忽略。基于这一假设,可以令面力 $\boldsymbol{q}^{\text{s}}$ 先随薄膜元(1-2-3)由 t 时刻的位置 V 经逆向刚体运动至虚拟位置 V_{r},然后忽略 V_a 和 V_{r} 间的差异,将表面力转移到基础构形 V_a 上来求等效关系。由于基础构形中薄膜元内任意一点的位置和变形都是用变形坐标描述的,因此首先要将经过逆向转动后的面力以变形坐标分量表示,即

$$\hat{\boldsymbol{q}}^{s} = [\hat{q}_x^{s} \quad \hat{q}_y^{s} \quad \hat{q}_z^{s}]^{T} = \hat{\boldsymbol{Q}}\boldsymbol{R}(-\theta)\boldsymbol{q}_{s} \tag{2.6.30}$$

式中，$\boldsymbol{Q}=[\hat{\boldsymbol{e}}_x \quad \hat{\boldsymbol{e}}_y \quad \hat{\boldsymbol{e}}_z]^{T}$ 为坐标转换矩阵；$\boldsymbol{R}(-\theta)$ 为逆向转动矩阵，其形式同式(2.6.17)。

然后，定义一组以变形坐标分量描述的质点等效外力 $\hat{\boldsymbol{f}}_{(p,i)}^{ext}=[\hat{f}_{ix}^{ext} \quad \hat{f}_{iy}^{ext} \quad \hat{f}_{iz}^{ext}]_p^{T}$，$(p,i)=(\alpha,1),(\beta,2),(\gamma,3)$，并将其反向作用于薄膜元节点上。

对 $\hat{q}_z^{s}$ 而言，由于薄膜元仅发生面内变形，沿 $\hat{z}$ 向的运动为刚体运动，因此 $\hat{q}_z^{s}$ 的等效力可直接由静力平衡条件计算得到：

$$\hat{f}_{3z}^{ext} = h_a \int_{l_{23}^a} \hat{q}_z^{s} l \, dl \tag{2.6.31a}$$

$$\hat{f}_{2z}^{ext} = h_a \int_{l_{23}^a} \hat{q}_z^{s} (l_{23}^a - l) \, dl \tag{2.6.31b}$$

式中，l_{23}^a 为节点 2 和 3 间的连线距离。

对于作用在薄膜元面内的分布力 $\hat{\boldsymbol{q}}'_s=[\hat{q}_x^{s} \quad \hat{q}_y^{s}]^{T}$，其等效节点力可通过变形虚功来计算。根据虚功原理，分布力与节点外力的变形虚功相等，即

$$\delta W_1 = \delta W_2 \tag{2.6.32a}$$

$$\delta W_1 = \int_{S_a} (\delta\hat{\boldsymbol{u}})^{T} \hat{\boldsymbol{q}}'_s \, dS \tag{2.6.32b}$$

$$\delta W_2 = (\delta\hat{\boldsymbol{u}}_d^{*})^{T} \hat{\boldsymbol{f}}_d^{ext} \tag{2.6.32c}$$

式中，$\hat{\boldsymbol{u}}_d^{*}=[\hat{u}_2 \quad \hat{u}_3 \quad \hat{v}_3]^{T}$ 为薄膜元的节点独立变形位移向量；$\hat{\boldsymbol{f}}_d^{ext}=[\hat{f}_{2x}^{ext} \quad \hat{f}_{3x}^{ext} \quad \hat{f}_{3y}^{ext}]^{T}$ 为与之对应的等效外力向量；$\hat{\boldsymbol{u}}$ 为用变形坐标表示的薄膜元内任意一点的变形位移向量[式(2.6.21)]，将其表达式代入式(2.6.32)后可以得到

$$\hat{\boldsymbol{f}}_d^{ext} = \begin{bmatrix} \hat{f}_{2x}^{ext} \\ \hat{f}_{3x}^{ext} \\ \hat{f}_{3y}^{ext} \end{bmatrix} = \int_{S_a} \begin{bmatrix} \hat{N}_2 \hat{q}_x^{s} \\ \hat{N}_3 \hat{q}_x^{s} \\ \hat{N}_3 \hat{q}_y^{s} \end{bmatrix} dS \tag{2.6.33}$$

其他三个等效力分量需要通过薄膜元的静平衡条件求出，即

$$\sum f_{\hat{x}} = 0, \quad -\sum_{i=1}^{3} \hat{f}_{ix}^{ext} + \int_{S_a} \hat{q}_x^{s} dS = 0 \tag{2.6.34a}$$

$$\sum f_{\hat{y}} = 0, \quad -\sum_{i=1}^{3} \hat{f}_{iy}^{ext} + \int_{S_a} \hat{q}_y^{s} dS = 0 \tag{2.6.34b}$$

$$\sum m_{\hat{z}} = 0, \quad \sum_{i=2}^{3} (\hat{f}_{ix}^{ext}\hat{y}_i - \hat{f}_{iy}^{ext}\hat{x}) + \int_{S_a} (\hat{q}_y^{s}\hat{x} - \hat{q}_x^{s}\hat{y}) dS = 0 \tag{2.6.34c}$$

式中，$\hat{N}_1+\hat{N}_2+\hat{N}_3=1$，$\hat{x}=\hat{N}_1\hat{x}_1+\hat{N}_2\hat{x}_2+\hat{N}_3\hat{x}_3$，$\hat{y}=\hat{N}_1\hat{y}_1+\hat{N}_2\hat{y}_2+\hat{N}_3\hat{y}_3$；同时，在(2-3)边侧面上，$\hat{N}_1=0$。再将式(2.6.33)代入式(2.6.34)，可得 $\hat{f}_{1x}^{ext}=\hat{f}_{1y}^{ext}=0$，

$\hat{f}_{2y}^{\text{ext}} = \int_{S_a} \hat{N}_2 \hat{q}_y^{\text{s}} \mathrm{d}S$。

综合以上推导，可将面内分布力$\hat{\boldsymbol{q}}'_{\text{s}} = [\hat{q}_x^{\text{s}} \quad \hat{q}_y^{\text{s}}]^{\text{T}}$ 的等效节点力表示为

$$\begin{bmatrix} \hat{f}_{ix}^{\text{ext}} \\ \hat{f}_{iy}^{\text{ext}} \end{bmatrix}_p = \int_{S_a} \begin{bmatrix} \hat{N}_i \hat{q}_x^{\text{s}} \\ \hat{N}_i \hat{q}_y^{\text{s}} \end{bmatrix} \mathrm{d}S, \quad (p,i) = (\alpha,1),(\beta,2),(\gamma,3) \tag{2.6.35}$$

式(2.6.35)是一个通用公式，任何面力的等效力均可利用该式计算。求得对应于基础构形的等效外力关系后，再回到 t 时刻的虚拟构形 V_{r}。因两者之间差异为小变形，等效关系不变，于是(2-3)边的侧表面积可用 S 取代 S_a。特别地，当$\hat{\boldsymbol{q}}^{\text{s}}$ 为常数时，式(2.6.31)和式(2.6.35)经简化后可得

$$\hat{\boldsymbol{f}}_{(\alpha,1)}^{\text{ext}} = \boldsymbol{0} \tag{2.6.36a}$$

$$\hat{\boldsymbol{f}}_{(\beta,2)}^{\text{ext}} = \hat{\boldsymbol{f}}_{(\gamma,3)}^{\text{ext}} = \frac{1}{2} \hat{\boldsymbol{q}}^{\text{s}} S \tag{2.6.36b}$$

以上求出的是虚拟位置上以局部变形坐标描述的等效外力，在与同个质点上其他薄膜元的等效外力叠加之前，需要先将其转换至全域坐标系下，然后随薄膜元经正向运动返回到 t 时刻的位置 V，从而得到当前构形下与节点(1,2,3)相连的质点等效外力为

$$\boldsymbol{f}_{(\alpha,1)}^{\text{ext}} = \boldsymbol{0} \tag{2.6.37a}$$

$$\boldsymbol{f}_{(p,i)}^{\text{ext}} = \boldsymbol{R}(\theta) \hat{\boldsymbol{Q}}^{\text{T}} \hat{\boldsymbol{f}}_{(p,i)}^{\text{ext}} = \left(\frac{S}{2}\right) \boldsymbol{R}(\theta) \hat{\boldsymbol{Q}}^{\text{T}} \hat{\boldsymbol{q}}^{\text{s}} = \frac{1}{2} \boldsymbol{q}^{\text{s}} S \tag{2.6.37b}$$

式中，$(p,i) = (\beta,2),(\gamma,3)$。

其他作用外力，如面积力 $\boldsymbol{q}^{\text{f}}$(风荷载、雪荷载和充气荷载)或体积力 $\boldsymbol{q}^{\text{v}}$(自重)，其等效质点外力的推导方式也是类似的，只需要将积分域改成表面积 A 或体积 V 即可。当面积力 $\boldsymbol{q}^{\text{f}}$或体积力 $\boldsymbol{q}^{\text{v}}$ 均匀分布时，可直接得出其质点等效外力分别为 $\frac{1}{3}\boldsymbol{q}^{\text{f}} A$和$\frac{1}{3}\boldsymbol{q}^{\text{v}} V$。

在薄膜结构分析中，当遇到大变形和大转动的情况时，必须考虑由结构的强几何非线性引起的位移与面荷载的耦合作用；此时，外加荷载是一种依赖于结构变形的“随体荷载”，其中最常见的就是压力荷载。在有限质点法中，虚拟构形下得到的是小变形和小转动，因此可以直接由虚功方程计算等效外力，并通过虚拟刚体转动来反映外力方向的变化，而且荷载是作用在当前已知的构形上，因此不需要做迭代运算。另外，由于所有等效外力都满足平衡条件，这样薄膜元由刚体运动产生的虚功就恒为 0，同时等效外力关系式和计算值也不会因发生刚体位移而改变，从而能够满足连续介质力学客观性定理的要求。

2.7　薄壳单元质点的计算公式

2.7.1　薄壳的离散模型

薄壳实际上属于一种简化的三维固体模型。分析其内力时，应在理想柔性薄膜的基础上，同时考虑弯曲刚度的影响。根据薄壳理论，薄壳的内力可分为两类：沿壳体厚度方向均匀分布的薄膜内力和不均匀分布的弯曲内力(Yang et al.，2000)。薄膜内力是由中面内的拉压和剪切变形引起的，包括面内的法向力 N_x、N_y 和剪力 $S_{xy}=S_{yx}$[图 2.7.1(a)]；而弯曲内力是由中面曲率和扭率的改变而产生的，包括弯矩 M_x、M_y，横向剪力 Q_x、Q_y 以及扭矩 $M_{xy}=M_{yx}$[图 2.7.1(b)]。实际上，当壳体很薄时，其几何形态与受力性能都近似于一个倒置的薄膜。

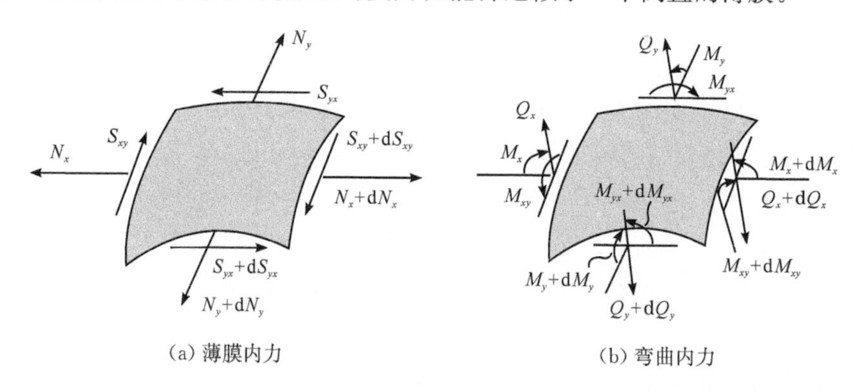

(a) 薄膜内力　　(b) 弯曲内力

图 2.7.1　薄壳中的内力

根据薄壳的上述特性，有限质点法中薄壳的离散模型与柔性薄膜的离散模型类似，同样被视作一群质点的集合，质点间的相互约束通过一系列薄壳元来实现，如图 2.7.2 所示。但不同之处在于，薄壳上的质点将同时产生线位移和角位移。相应地，薄壳元的变形可拆分为薄膜变形与弯曲变形两种，薄壳元的应力状态由平面应力状态和弯曲应力状态两部分组成。另外，与薄膜元类似，为了适应复杂的边界形状并准确模拟壳体的曲面几何构形，使用三角形薄壳元较为方便，它能够在分析中保持几何性质的稳定，而如果采用四边形薄壳元则很难保证节点共面条件，容易产生翘曲问题。三角形薄壳元的内力可通过中面内的薄膜应力和沿厚度变化的面外弯扭应力的线性组合来计算。需要指出，这种分析模式与直接构建高阶的等参曲面壳元相比，计算格式简单，运算量小，也避免了由剪切自锁和零能模态等问题而导致的求解困难。

与两种运动变形相对应，薄壳上质点的广义质量有两类：一类模拟点的平动

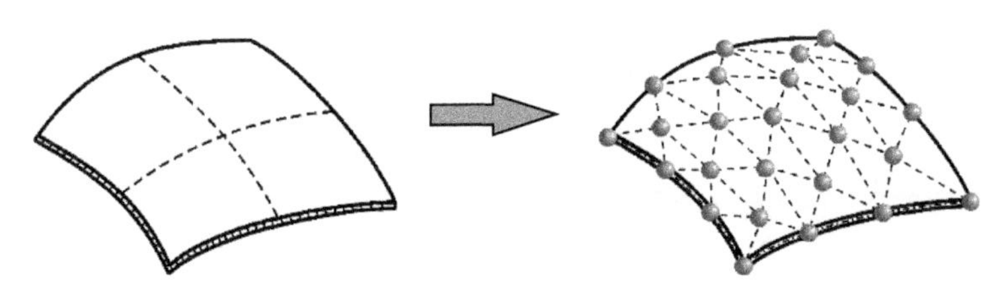

图 2.7.2　薄壳离散模型

惯性;另一类模拟点的转动惯性。前者与 2.6.1 节理想柔性薄膜的质点质量计算方式相同;后者需要将质点视为具有一定几何形状的质量截面,并把质点质量平均分布到该截面上,通过计算质点及其所连接节点的等效截面质量惯性矩来得到。因此,任意一个质点 α 的转动惯性矩可表示为

$$\boldsymbol{I}_\alpha = \boldsymbol{I}_\alpha^0 + \sum_{i=1}^{\mathrm{nc}} \boldsymbol{I}_{\alpha i} \tag{2.7.1}$$

式中,$\boldsymbol{I}_\alpha^0$ 为质点本身的集中质量惯性矩;$\boldsymbol{I}_{\alpha i}$ 为薄壳元 i 提供给质点 α 的等效质量惯性矩;nc 为与质点 α 相连的薄壳元个数。

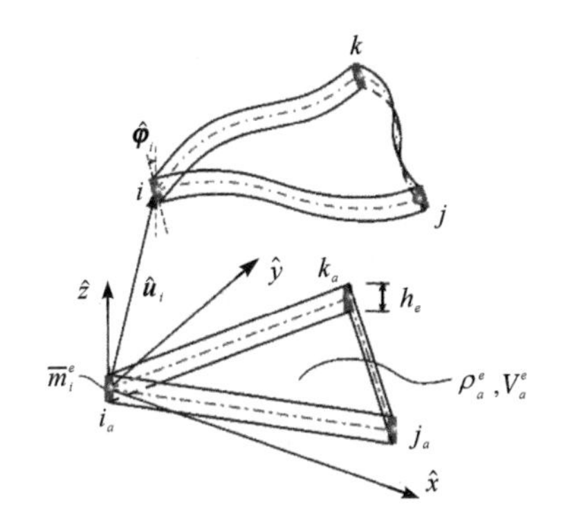

(a) 质量截面及其转动

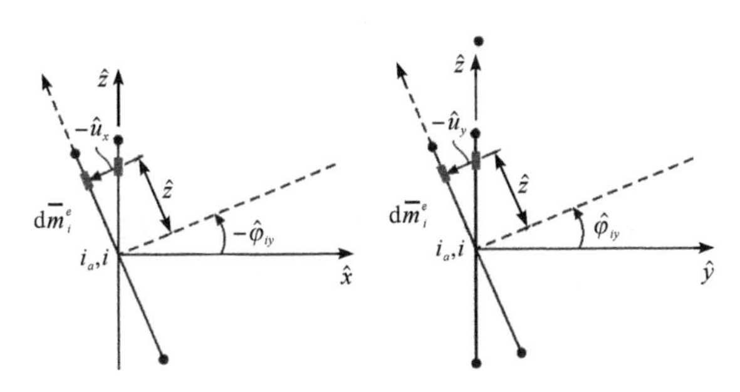

(b) 截面上转动产生的位移

图 2.7.3　质量截面的转动惯性

与理想薄膜元的等效质量类似，为了计算薄壳质点等效质量惯性矩$\boldsymbol{I}_{\alpha i}$，需要先简化质量分布，即假设薄壳元的质量平均分配，并且集中在节点截面上，薄壳元的转动惯性可以用节点(i,j,k)上的截面质量惯性矩表示(图2.7.3)，然后根据达朗贝尔原理计算与转动相关惯性力的虚功。以质点α为例，假设途径单元初始时刻t_a时的节点截面积为A_a，质点α为薄壳元e提供等效质量为$m_\alpha^e = m_e/n = \rho_a V_a/n$，$m_e$为薄壳元的质量，$n$为节点数，$\rho_a$和$V_a$分别为该薄壳元在$t_a$时的密度和体积，则截面上任意一点的转动位移可表示为

$$\hat{\boldsymbol{u}}_\alpha^b = -\begin{bmatrix} \hat{z} & 0 \\ 0 & -\hat{z} \end{bmatrix} \hat{\boldsymbol{\varphi}}_\alpha^* = -\begin{bmatrix} \hat{z} & 0 \\ 0 & -\hat{z} \end{bmatrix} \begin{bmatrix} \hat{\varphi}_{\alpha x} \\ \hat{\varphi}_{\alpha y} \end{bmatrix} \tag{2.7.2}$$

式中，$\hat{z}$为截面上一点与中性轴的距离[$(\hat{x},\hat{y},\hat{z})$为薄壳元的局部坐标系，$\hat{z}$轴沿着中面法线方向]；$\hat{\boldsymbol{\varphi}}_\alpha^{*\mathrm{T}} = [\hat{\varphi}_{\alpha x} \quad \hat{\varphi}_{\alpha y}]$为质点$\alpha$的截面转动量。质点$\alpha$截面惯性力的转动虚功为

$$\delta W_\alpha^I = \int_{A_a} (\delta \hat{\boldsymbol{u}}_\alpha^b)^{\mathrm{T}} (-\mathrm{d}m_\alpha^e \ddot{\hat{\boldsymbol{u}}}_\alpha^b) \tag{2.7.3}$$

将$\hat{\boldsymbol{u}}_\alpha^b$[式(2.7.2)]及$\mathrm{d}m_\alpha^e$代入式(2.7.3)，得

$$\delta W_\alpha^I = -\delta \ddot{\hat{\boldsymbol{\varphi}}}_\alpha^{*\mathrm{T}} \hat{\boldsymbol{I}}_\alpha \hat{\boldsymbol{\varphi}}_\alpha^* \tag{2.7.4}$$

$$\hat{\boldsymbol{I}}_\alpha^* = \begin{bmatrix} \hat{I}_{\alpha x} & \\ & \hat{I}_{\alpha y} \end{bmatrix} = \frac{m_\alpha^e}{A_a} \int_{A_a} \begin{bmatrix} \hat{z}^2 & 0 \\ 0 & \hat{z}^2 \end{bmatrix} \mathrm{d}A = \frac{\rho_a V_a}{n} \begin{bmatrix} \hat{r}_{\alpha x}^2 & 0 \\ 0 & \hat{r}_{\alpha y}^2 \end{bmatrix} \tag{2.7.5}$$

式中，$\hat{\boldsymbol{I}}_\alpha^*$为局部坐标系下质点$\alpha$的等效截面质量惯性矩矩阵；$\hat{r}_{\alpha x}$和$\hat{r}_{\alpha y}$分别为截面在$\hat{x}$和$\hat{y}$方向的回转半径，$\hat{r}_{\alpha x} = \sqrt{I_{\alpha\hat{x}}/A_a}$，$\hat{r}_{\alpha y} = \sqrt{I_{\alpha\hat{y}}/A_a}$，$I_{\alpha\hat{x}}$和$I_{\alpha\hat{y}}$分别为截面对$\hat{x}$轴和$\hat{y}$轴的惯性矩。将质点质量截面取为一个简单的矩形截面，因此$\hat{\boldsymbol{I}}_\alpha^*$可表示为

$$\hat{\boldsymbol{I}}_\alpha = \begin{bmatrix} \hat{I}_{\alpha x} & 0 & 0 \\ 0 & \hat{I}_{\alpha y} & 0 \\ 0 & 0 & \hat{I}_{\alpha z} \end{bmatrix} = \frac{1}{12} \begin{bmatrix} m_\alpha^e (h_a^e)^2 & 0 & 0 \\ 0 & m_\alpha^e (h_a^e)^2 & 0 \\ 0 & 0 & 0 \end{bmatrix} \tag{2.7.6}$$

式中，h_a^e为薄壳元在t_a时的厚度。

此外，质点的等效质量惯性矩需要先转换至全域坐标系下，才能集成到相连的质点上。设$\hat{\boldsymbol{\Omega}}$为薄壳元局部坐标系$(\hat{x},\hat{y},\hat{z})$与全域坐标系$(x,y,z)$之间的转换矩阵，即

$$\hat{\boldsymbol{x}} = \hat{\boldsymbol{\Omega}} x, \quad \hat{\boldsymbol{\Omega}} = [\hat{\boldsymbol{e}}_x \quad \hat{\boldsymbol{e}}_y \quad \hat{\boldsymbol{e}}_z]^{\mathrm{T}} \tag{2.7.7}$$

式中，$\hat{\boldsymbol{e}}_x$、$\hat{\boldsymbol{e}}_y$、$\hat{\boldsymbol{e}}_z$分别为局部坐标轴的单位方向向量。于是，质点α在全域坐标下的

等效质量惯性矩可表示为

$$\boldsymbol{I}_\alpha = \begin{bmatrix} I_{xx} & I_{xy} & I_{xz} \\ I_{yx} & I_{yy} & I_{yz} \\ I_{zx} & I_{zy} & I_{zz} \end{bmatrix} = \hat{\boldsymbol{\Omega}}^{\mathrm{T}} \hat{\boldsymbol{I}}_\alpha \hat{\boldsymbol{\Omega}} \tag{2.7.8}$$

需要注意，$\boldsymbol{I}_\alpha$ 是质点截面的转动质量惯性矩，而不是对薄壳元质心转动的惯性矩，所以它描述的是截面抗弯曲变形能力，而不是整个薄壳元绕质心轴的刚体转动能力。

2.7.2　薄壳单元质点的运动方程

薄壳离散模型中质点受力后的运动是广义的，但每一点在各途径单元内（$t_a \leqslant t \leqslant t_b$）的运动仍然遵循牛顿第二定律，并且都具有独立的运动轨迹。对于薄壳上任意一个质点 α，其运动变量包括沿全域坐标轴方向移动的三个平动自由度分量和绕其旋转的三个转动自由度分量，分别与三个方向的质点力和力矩相对应（图 2.7.4）。因此，薄壳的质点运动方程有两组：一组是点的平移公式；另一组是点的转动公式。前者用于求解由中面变形引起的质点位置的改变，与理想柔性薄膜的控制方程相同；后者用于求解由弯曲变形引起的质点截面方向的变化。如果 $\boldsymbol{\beta}_a^\alpha = [\beta_x^\alpha \quad \beta_y^\alpha \quad \beta_z^\alpha]_a^{\mathrm{T}}$ 是点 α 在 t_a 时的转动向量，在 t 时其转动向量变为 $\boldsymbol{\beta}^\alpha = [\beta_x^\alpha \quad \beta_y^\alpha \quad \beta_z^\alpha]^{\mathrm{T}}$，则在 $t_a \sim t$ 时段内，以 $\boldsymbol{\beta}_a^\alpha$ 为参考，点 α 的转动增量为 $\Delta\boldsymbol{\beta}^\alpha = \boldsymbol{\beta}^\alpha - \boldsymbol{\beta}_a^\alpha = [\Delta\beta_x^\alpha \quad \Delta\beta_y^\alpha \quad \Delta\beta_z^\alpha]^{\mathrm{T}}$。

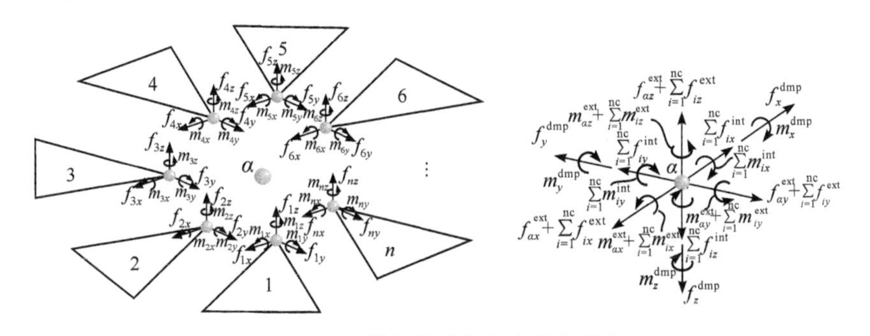

图 2.7.4　薄壳的质点自由度及受力

根据经典薄壳理论，薄壳上点的转动只能产生弯曲变形而不会使壳体发生面内扭转。因此，点的独立转动自由度和对应的转动方程都只有两个，需要在切平面坐标下来描述，即对于薄壳上任意一点 α，令坐标轴 $\tilde{z}$ 平行于过该点的中面外法线方向（单位向量为 $\tilde{\boldsymbol{e}}_z$），则相应的坐标轴 $\tilde{x}$ 和 $\tilde{y}$（单位向量为 $\tilde{\boldsymbol{e}}_x$ 和 $\tilde{\boldsymbol{e}}_y$）将位于切平面内。记切平面坐标下的质点转动向量为 $\tilde{\boldsymbol{\beta}}^\alpha = [\tilde{\beta}_x^\alpha \quad \tilde{\beta}_y^\alpha \quad \tilde{\beta}_z^\alpha]^{\mathrm{T}}$，如图 2.7.5 所示。设 $\tilde{\boldsymbol{\Omega}}_\alpha$ 为过点 α 的某切平面坐标系（$\tilde{x}_\alpha, \tilde{y}_\alpha, \tilde{z}_\alpha$）与全域坐标系（$x, y, z$）间的转换矩

阵，即

$$\widetilde{\boldsymbol{x}}_\alpha=\widetilde{\boldsymbol{\Omega}}_\alpha\boldsymbol{x}_\alpha,\quad \widetilde{\boldsymbol{\beta}}^\alpha=\widetilde{\boldsymbol{\Omega}}_\alpha\boldsymbol{\beta}^\alpha$$

$$\widetilde{\boldsymbol{\Omega}}_\alpha=\begin{bmatrix}\widetilde{\boldsymbol{e}}_x^\alpha & \widetilde{\boldsymbol{e}}_y^\alpha & \widetilde{\boldsymbol{e}}_z^\alpha\end{bmatrix}^{\mathrm{T}} \tag{2.7.9}$$

那么，切平面坐标系下的质点质量惯性矩矩阵可表示为

$$\widetilde{\boldsymbol{I}}_\alpha=\begin{bmatrix}\widetilde{I}_{xx} & \widetilde{I}_{xy} & \widetilde{I}_{xz}\\ \widetilde{I}_{yx} & \widetilde{I}_{yy} & \widetilde{I}_{yz}\\ \widetilde{I}_{zx} & \widetilde{I}_{zy} & \widetilde{I}_{zz}\end{bmatrix}=\widetilde{\boldsymbol{\Omega}}^{\mathrm{T}}\boldsymbol{I}_\alpha\widetilde{\boldsymbol{\Omega}} \tag{2.7.10}$$

对于 $\widetilde{x}$ 和 $\widetilde{y}$ 轴方向的转动角，可按下列质点转动方程进行计算：

$$\begin{bmatrix}\widetilde{I}_{xx} & \widetilde{I}_{xy}\\ \widetilde{I}_{yx} & \widetilde{I}_{yy}\end{bmatrix}\frac{\mathrm{d}^2}{\mathrm{d}t^2}\begin{bmatrix}\widetilde{\beta}_x\\ \widetilde{\beta}_y\end{bmatrix}_\alpha=\begin{bmatrix}\widetilde{m}_x\\ \widetilde{m}_y\end{bmatrix}_\alpha \tag{2.7.11}$$

式中，$\begin{bmatrix}\widetilde{m}_x & \widetilde{m}_y\end{bmatrix}_\alpha^{\mathrm{T}}$ 为作用在质点 α 上以切平面坐标表示的合力矩向量，可以由式(2.7.12)计算得到：

$$\bar{\boldsymbol{m}}_\alpha=\begin{bmatrix}m_x^{\mathrm{ext}}+\sum\limits_{i=1}^{\mathrm{nc}}m_{ix}^{\mathrm{ext}}\\ m_y^{\mathrm{ext}}+\sum\limits_{i=1}^{\mathrm{nc}}m_{iy}^{\mathrm{ext}}\\ m_z^{\mathrm{ext}}+\sum\limits_{i=1}^{\mathrm{nc}}m_{iz}^{\mathrm{ext}}\end{bmatrix}_\alpha-\begin{bmatrix}\sum\limits_{i=1}^{\mathrm{nc}}m_{ix}^{\mathrm{int}}\\ \sum\limits_{i=1}^{\mathrm{nc}}m_{iy}^{\mathrm{int}}\\ \sum\limits_{i=1}^{\mathrm{nc}}m_{iz}^{\mathrm{int}}\end{bmatrix}_\alpha+\begin{bmatrix}m_x^{\mathrm{dmp}}\\ m_y^{\mathrm{dmp}}\\ m_z^{\mathrm{dmp}}\end{bmatrix}_\alpha \tag{2.7.12a}$$

$$\widetilde{\boldsymbol{m}}_\alpha=\begin{bmatrix}\widetilde{m}_x\\ \widetilde{m}_y\\ \widetilde{m}_z\end{bmatrix}_\alpha=\widetilde{\boldsymbol{\Omega}}_\alpha\bar{\boldsymbol{m}}_\alpha \tag{2.7.12b}$$

式中，$\bar{\boldsymbol{m}}_\alpha$ 和 $\widetilde{\boldsymbol{m}}_\alpha$ 分别为全域坐标系和切平面坐标系下的质点合力矩向量；$\begin{bmatrix}m_x^{\mathrm{ext}} & m_y^{\mathrm{ext}} & m_z^{\mathrm{ext}}\end{bmatrix}_\alpha^{\mathrm{T}}$ 为直接作用在质点 α 上的集中外力矩向量；$\begin{bmatrix}m_{ix}^{\mathrm{ext}} & m_{iy}^{\mathrm{ext}} & m_{iz}^{\mathrm{ext}}\end{bmatrix}_\alpha^{\mathrm{T}}$ 和 $\begin{bmatrix}m_{ix}^{\mathrm{int}} & m_{iy}^{\mathrm{int}} & m_{iz}^{\mathrm{int}}\end{bmatrix}_\alpha^{\mathrm{T}}$ 分别为与质点 α 相连的薄壳元 i 所提供的等效外力矩向量和等效节点弯矩向量；$\begin{bmatrix}m_x^{\mathrm{dmp}} & m_y^{\mathrm{dmp}} & m_z^{\mathrm{dmp}}\end{bmatrix}_\alpha^{\mathrm{T}}$ 为阻尼效应产生的作用在质点 α 上的等效力矩向量；nc 为与质点相连的薄壳元个数。

得到 $\widetilde{\boldsymbol{m}}_\alpha$ 之后，将 $\widetilde{m}_{\alpha z}$ 舍去，只取 $\widetilde{m}_{\alpha x}$ 及 $\widetilde{m}_{\alpha y}$ 代入运动方程。因此，薄壳的质点运动方程共有五个，其中三个线位移公式用域坐标分量表示，两个转角公式用切平面坐标分量表示。式(2.7.11)仍然可以采用显式时间积分方案及参数设置准则

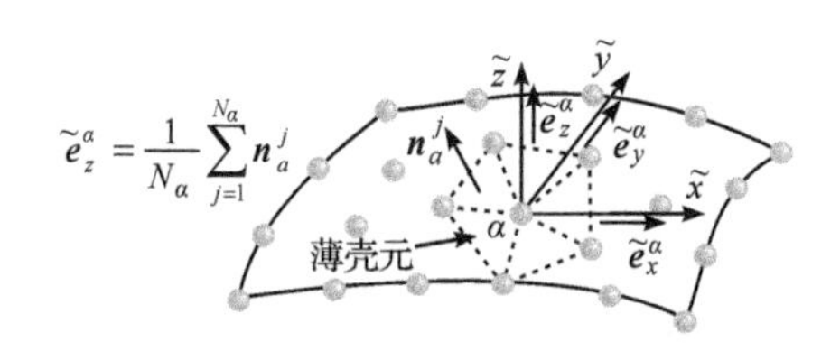

图 2.7.5　质点转动计算的局部切平面坐标系

进行求解。但需要注意,根据板壳理论,绕 $\widetilde{x}$ 和 $\widetilde{y}$ 轴的转角之间是互相制约的,因而质点的质量惯性矩矩阵一般为非对角矩阵,两个方向的转动公式需要联立求解。

对于绕 $\widetilde{z}$ 轴的旋转角 $\widetilde{\beta}_z^\alpha$,本节将其视作刚体转动,可通过计算质点 α 与相邻质点间相对位置向量的改变来得到,即

$$\widetilde{\beta}_z^{n+1} = \widetilde{\beta}_z^n + \frac{1}{n_\alpha}\sum_{i=1}^{n_\alpha} \Delta\boldsymbol{\phi}_i \cdot \widetilde{\boldsymbol{e}}_z^\alpha \tag{2.7.13a}$$

$$\Delta\boldsymbol{\phi}_i = \arcsin\left(\frac{|\boldsymbol{x}_n^{\alpha i} \times \boldsymbol{x}_{n+1}^{\alpha i}|}{|\boldsymbol{x}_n^{\alpha i}| \times |\boldsymbol{x}_{n+1}^{\alpha i}|}\right)\frac{\boldsymbol{x}_n^{\alpha i} \times \boldsymbol{x}_{n+1}^{\alpha i}}{|\boldsymbol{x}_n^{\alpha i} \times \boldsymbol{x}_{n+1}^{\alpha i}|}, \quad i = 1,2,\cdots,n_\alpha \tag{2.7.13b}$$

式中,n_α为质点 α 相邻的质点数;$\boldsymbol{x}_n^{\alpha i}$ 和 $\boldsymbol{x}_{n+1}^{\alpha i}$分别为 t_n和 t_{n+1}时刻质点 α 与相邻质点 i 之间的相对位置向量。

在上述计算质点转动的过程中,没有附加任何的面内扭转刚度,符合经典板壳理论的基本假设。因此,即使薄壳只发生面内变形,也能够确保计算结果的正确性。

2.7.3　薄壳单元质点的内力计算

薄壳元的等效内力可分为两部分:一是薄膜内力;二是弯曲内力。不考虑薄膜变形和弯曲变形之间的耦合作用。基于这一假设,将采用三节点薄膜元计算面内应力,同时采用 BCIZ(Bazeley-Cheung-Irons-Zeinkeiewicz)形函数(Bazeley et al.,1966)构建平面弯曲元来计算其弯曲应力,通过将两种应力状态组合来获得薄壳元的应力状态。其中,三节点薄膜元的内力计算公式已在 2.6.3 节中给出,有关推导与薄壳弯曲刚度相关的等效内力(矩)计算公式,以及如何将其与薄膜内力进行组合来求出薄壳元的整体等效内力(矩)在附录 C 中给出。

2.7.4　薄壳单元质点的外力计算

作用在薄壳上的外力包括直接作用在质点上的集中力$\boldsymbol{f}_\alpha^{\text{ext}} = [f_x^{\text{ext}} \quad f_y^{\text{ext}} \quad f_z^{\text{ext}}]_\alpha^{\text{T}}$和外力矩 $\boldsymbol{m}_\alpha^{\text{ext}} = [m_x^{\text{ext}} \quad m_y^{\text{ext}} \quad m_z^{\text{ext}}]_\alpha^{\text{T}}$,以及作用在薄壳元上的分布力 $\boldsymbol{q}(\boldsymbol{x}) = [q_x \quad q_y \quad q_z]^{\text{T}}$。作用在质点上的集中力和力矩可以直接作为质点外力代入质

点运动方程，而薄壳元内的分布力则必须转换为质点等效外力 $\boldsymbol{f}_{\alpha i}^{\mathrm{ext}}=[f_{ix}^{\mathrm{ext}}\quad f_{iy}^{\mathrm{ext}}\quad f_{iz}^{\mathrm{ext}}]_{\alpha}^{\mathrm{T}}$ 和外力矩 $\boldsymbol{m}_{\alpha i}^{\mathrm{ext}}=[m_{ix}^{\mathrm{ext}}\quad m_{iy}^{\mathrm{ext}}\quad m_{iz}^{\mathrm{ext}}]_{\alpha}^{\mathrm{T}}$ 后才能与集中力和力矩分别进行叠加。

与薄壳元质点内力的求解类似，对于薄壳元上的分布力可以在虚拟构形的变形坐标下分别计算对应于薄膜变形和弯扭变形的等效外力和弯矩，然后进行叠加。本节将以分布面力作用下的薄壳元为例来推导其质点等效外力计算公式。

如图 2.7.6 所示，在 t 时刻有一分布面力 $\boldsymbol{q}=[q_x\quad q_y\quad q_z]^{\mathrm{T}}$ 作用在薄壳元(1-2-3)的外表面上。这组力可以用等效力 $\boldsymbol{f}_{(p,i)}^{\mathrm{ext}}=[f_{ix}^{\mathrm{ext}}\quad f_{iy}^{\mathrm{ext}}\quad f_{iz}^{\mathrm{ext}}]_p^{\mathrm{T}}$ 和力矩 $\boldsymbol{m}_{(p,i)}^{\mathrm{ext}}=[m_{ix}^{\mathrm{ext}}\quad m_{iy}^{\mathrm{ext}}\quad m_{iz}^{\mathrm{ext}}]_p^{\mathrm{T}}[(p,i)=(\alpha,1),(\beta,2),(\gamma,3)]$ 替代，分别作用在与节点(1，2，3)相连接的质点(α,β,γ)上。根据有限质点法中关于等效外力计算的基本假设(即每个途径单元范围内分布力和质点力之间的等效关系不变)，令分布面力 $\boldsymbol{q}$ 先随薄壳元(1-2-3)经逆向刚体运动至虚拟位置 V_{r}，忽略 V_a 和 V_{r} 间的差异，将面力转移到基础构形 V_a 上来求等效关系。

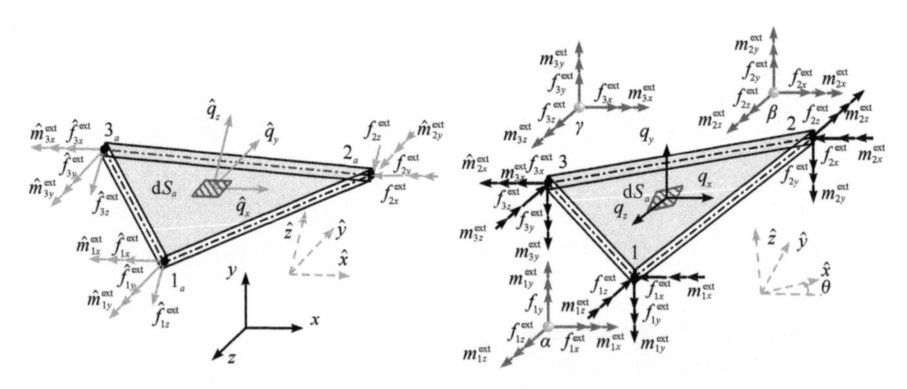

图 2.7.6　薄壳上的分布力和质点等效外力(矩)示意图

先将逆向转动之后的面力及等效外力和外力矩都用变形坐标分量表示，即

$$\hat{\boldsymbol{q}}=[\hat{q}_x\quad \hat{q}_y\quad \hat{q}_z]^{\mathrm{T}}=\hat{\boldsymbol{Q}}\boldsymbol{R}(-\theta)\boldsymbol{q} \tag{2.7.14a}$$

$$\hat{\boldsymbol{f}}_{(p,i)}^{\mathrm{ext}}=[\hat{f}_{ix}^{\mathrm{ext}}\quad \hat{f}_{iy}^{\mathrm{ext}}\quad \hat{f}_{iz}^{\mathrm{ext}}]_p^{\mathrm{T}}=\hat{\boldsymbol{Q}}\boldsymbol{R}(-\theta)\boldsymbol{f}_{(p,i)}^{\mathrm{ext}},\quad (p,i)=(\alpha,1),(\beta,2),(\gamma,3) \tag{2.7.14b}$$

$$\hat{\boldsymbol{m}}_{(p,i)}^{\mathrm{ext}}=[\hat{m}_{ix}^{\mathrm{ext}}\quad \hat{m}_{iy}^{\mathrm{ext}}\quad \hat{m}_{iz}^{\mathrm{ext}}]_p^{\mathrm{T}}=\hat{\boldsymbol{Q}}\boldsymbol{R}(-\theta)\boldsymbol{m}_{(p,i)}^{\mathrm{ext}},\quad (p,i)=(\alpha,1),(\beta,2),(\gamma,3) \tag{2.7.14c}$$

式中，$\hat{\boldsymbol{Q}}=[\hat{\boldsymbol{e}}_x\quad \hat{\boldsymbol{e}}_y\quad \hat{\boldsymbol{e}}_z]^{\mathrm{T}}$ 为坐标转换矩阵；$\boldsymbol{R}(-\theta)$ 为逆向转动矩阵[式(2.6.17)]；$\boldsymbol{f}_{(p,i)}^{\mathrm{ext}}$ 和 $\boldsymbol{m}_{(p,i)}^{\mathrm{ext}}$ 分别为与质点 p 相连的薄壳元(1-2-3)节点 i 上的等效外力和等效外力矩。

变形坐标下的面力分量 $\hat{q}_x$ 和 $\hat{q}_y$ 沿中面分布，对应的等效外力可以通过面内变形虚功来计算。根据 2.6.4 节所述方法，可以得到 $\hat{q}_x$ 和 $\hat{q}_y$ 的等效质点外力为

$$\begin{bmatrix} \hat{f}_{ix}^{\text{ext}} \\ \hat{f}_{iy}^{\text{ext}} \end{bmatrix}_p = \int_{S_a} \begin{bmatrix} \hat{N}_i^m \hat{q}_x \\ \hat{N}_i^m \hat{q}_y \end{bmatrix} \mathrm{d}S_a, \quad (p,i)=(\alpha,1),(\beta,2),(\gamma,3) \tag{2.7.15}$$

式中，S_a 为途径单元初始 t_a 时刻薄壳元(1-2-3)的中面面积；$\hat{N}_i$ 为薄膜变形位移的形函数[式(2.6.21)]。

对于 $\hat{z}$ 方向(即沿薄壳元的中面法线方向)的面力分量 $\hat{q}_z$，其对应的等效外力应通过挠曲变形虚功来计算，即

$$\delta W = \int_{S_a} (\delta\hat{w})\hat{q}_z \mathrm{d}S_a - \sum_{i=1}^{3} [(\delta\hat{\varphi}_{xi})m_{ix} + (\delta\hat{\varphi}_{yi})m_{iy}] = 0 \tag{2.7.16}$$

将 $\hat{w}$ 用变形分布函数表示(附录 B.2)并代入式(2.17.16)，得到 $\hat{q}_z$ 的等效质点外力矩为

$$\begin{bmatrix} \hat{m}_{ix}^{\text{ext}} \\ \hat{m}_{iy}^{\text{ext}} \end{bmatrix}_p = \int_{S_a} \begin{bmatrix} \hat{N}_{xi}^b \\ \hat{N}_{yi}^b \end{bmatrix} \hat{q}_z \mathrm{d}S_a, \quad (p,i)=(\alpha,1),(\beta,2),(\gamma,3) \tag{2.7.17}$$

与 $\hat{q}_z$ 对应的其他三个等效外力分量可以由平板元的以下平衡条件求出，即

$$\sum m_{\hat{x}} = 0, \quad -\sum_{i=1}^{3} \hat{m}_{ix}^{\text{ext}} - \sum_{i=2}^{3} \hat{y}_i \hat{f}_{iz}^{\text{ext}} + \int_{S_a} \hat{y}\hat{q}_z \mathrm{d}S_a = 0 \tag{2.7.18a}$$

$$\sum m_{\hat{y}} = 0, \quad \sum_{i=1}^{3} \hat{m}_{iy}^{\text{ext}} + \sum_{i=2}^{3} \hat{x}_i \hat{f}_{iz}^{\text{ext}} - \int_{S_a} \hat{x}\hat{q}_z \mathrm{d}S_a = 0 \tag{2.7.18b}$$

$$\sum f_{\hat{z}} = 0, \quad -\sum_{i=1}^{3} \hat{f}_{iz}^{\text{ext}} + \int_{S_a} \hat{q}_z \mathrm{d}S_a = 0 \tag{2.7.18c}$$

将 $\hat{x}$ 和 $\hat{y}$ 用三角形面积坐标表示($\hat{x}=L_1\hat{x}_1+L_2\hat{x}_2+L_3\hat{x}_3$，$\hat{y}=L_1\hat{y}_1+L_2\hat{y}_2+L_3\hat{y}_3$)，则利用式(2.6.33)和式(2.6.34)可以求得 $\hat{f}_{iz}^{\text{ext}} = \int_{S_a} \hat{N}_i^b \hat{q}_z \mathrm{d}S_a$。

由于假设在途径单元 $t_a \leqslant t \leqslant t_b$ 内质点力与分布力之间的等效关系保持不变，因此可以用表面积 S 取代 S_a。综合以上推导，可以将薄壳的质点等效外力表示为

$$\begin{bmatrix} \hat{f}_{ix}^{\text{ext}} \\ \hat{f}_{iy}^{\text{ext}} \\ \hat{f}_{iz}^{\text{ext}} \end{bmatrix}_p = \int_{S} \begin{bmatrix} \hat{N}_i^b \hat{q}_x \\ \hat{N}_i^b \hat{q}_y \\ \hat{N}_i^b \hat{q}_z \end{bmatrix} \mathrm{d}S, \quad (p,i)=(\alpha,1),(\beta,2),(\gamma,3) \tag{2.7.19a}$$

$$\begin{bmatrix} \hat{m}_{ix}^{\text{ext}} \\ \hat{m}_{iy}^{\text{ext}} \\ \hat{m}_{iz}^{\text{ext}} \end{bmatrix}_p = \int_{S} \begin{bmatrix} \hat{N}_{xi}^b \hat{q}_z \\ \hat{N}_{yi}^b \hat{q}_z \\ 0 \end{bmatrix} \mathrm{d}S, \quad (p,i)=(\alpha,1),(\beta,2),(\gamma,3) \tag{2.7.19b}$$

一般情况下，上述积分式需要借助三角形高斯积分来求解。但如果分布面力可以用简单函数表示，例如，如果是线性分布的（即 $\boldsymbol{q}=L_1\boldsymbol{q}_1+L_2\boldsymbol{q}_2+L_3\boldsymbol{q}_3$，$\boldsymbol{q}_1$、$\boldsymbol{q}_2$ 和 $\boldsymbol{q}_3$ 分别是节点 1、2、3 上的面力向量），那么利用面积坐标积分公式可以直接写出质点等效外力的显式表达式，即

$$\hat{\boldsymbol{f}}_{(p,i)}^{\text{ext}}=\begin{bmatrix}\hat{f}_{ix}^{\text{ext}}\\\hat{f}_{iy}^{\text{ext}}\\\hat{f}_{iz}^{\text{ext}}\end{bmatrix}_p=\frac{A}{90}\begin{bmatrix}15\left(\hat{q}_{1x}+\dfrac{1}{2}\hat{q}_{2x}+\dfrac{1}{2}\hat{q}_{3x}\right)\\15\left(\hat{q}_{1y}+\dfrac{1}{2}\hat{q}_{2y}+\dfrac{1}{2}\hat{q}_{3y}\right)\\16\hat{q}_{1z}+7(\hat{q}_{2z}+\hat{q}_{3z})\end{bmatrix}\tag{2.7.20a}$$

$$\hat{\boldsymbol{m}}_{(p,i)}^{\text{ext}}=\begin{bmatrix}\hat{m}_{ix}^{\text{ext}}\\\hat{m}_{iy}^{\text{ext}}\\\hat{m}_{iz}^{\text{ext}}\end{bmatrix}_p=\frac{A}{360}\begin{bmatrix}7(\hat{y}_3+\hat{y}_2)\hat{q}_{1z}+(3\hat{y}_3+5\hat{y}_2)\hat{q}_{2z}+5(3\hat{y}_3+3\hat{y}_2)\hat{q}_{3z}\\-7(\hat{x}_3+\hat{x}_2)\hat{q}_{1z}-(3\hat{x}_3+5\hat{x}_2)\hat{q}_{2z}+5(3\hat{x}_3+3\hat{x}_2)\hat{q}_{3z}\\0\end{bmatrix}\tag{2.7.20b}$$

以上计算得到的是虚拟位置上用局部变形坐标描述的等效外力，在与同个质点上其他薄壳元的等效外力叠加之前，需要先将其转换至全域坐标系下，并随薄壳元经正向运动返回到 t 时刻的位置 V，从而得到当前构形下与节点(1,2,3)相连的质点上的等效外力和等效外力矩分别为

$$\boldsymbol{f}_{(p,i)}^{\text{ext}}=\boldsymbol{R}(\theta)\hat{\boldsymbol{Q}}^{\mathrm{T}}\hat{\boldsymbol{f}}_{(p,i)}^{\text{ext}},\quad (p,i)=(\alpha,1),(\beta,2),(\gamma,3)\tag{2.7.21a}$$

$$\boldsymbol{m}_{(p,i)}^{\text{ext}}=\boldsymbol{R}(\theta)\hat{\boldsymbol{Q}}^{\mathrm{T}}\hat{\boldsymbol{m}}_{(p,i)}^{\text{ext}},\quad (p,i)=(\alpha,1),(\beta,2),(\gamma,3)\tag{2.7.21b}$$

从上述推导结果可以看出，薄壳的等效外力和等效外力矩均与变形坐标相关，也就是与中面的平均转动相关，在每个增量步都要重新计算。另外，其他作用外力，如侧表面分布力或体积力，其等效质点外力也可通过类似方法和步骤来推导得到，这里不再赘述。

2.8 三维固体单元质点的计算公式

2.8.1 三维固体单元的离散模型

根据空间三维固体的运动和变形特点，有限质点法将其离散为一组具有三维空间自由度的质点的集合，质点间的相互约束通过一系列具有空间变形的三维单元来实现。图 2.8.1 为采用四面体单元连接的三维固体离散模型。

质点的质量包括结构节点的质量以及与质点相连的单元的等效质量。质点质量的表达式可采用式(2.3.1)计算。需要注意的是，三维固体单元等效质量的计算方法需要根据单元的节点数做相应修改。

质点内力来源于与质点相连的固体单元，如式(2.3.2)所示。固体单元可发

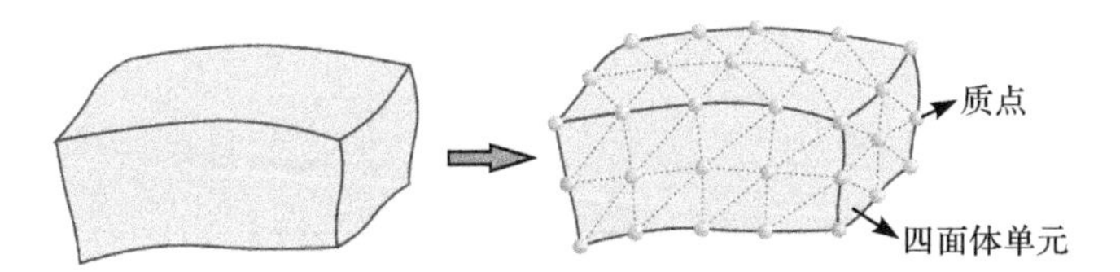

图 2.8.1　三维固体离散模型

生空间内的拉伸、压缩和剪切变形，由此产生的力作用到与其相连的两个质点上。

质点外力包括作用在结构节点上的集中外力，以及作用在单元上的集中外力和均布外力的等效外力，如式(2.3.3)所示。

2.8.2　三维固体单元质点的运动方程

对于三维固体的任意一个质点 α，其位移向量包括沿全域坐标轴方向的三个平动自由度分量，与三个方向上的质点力相对应(图 2.8.2)。

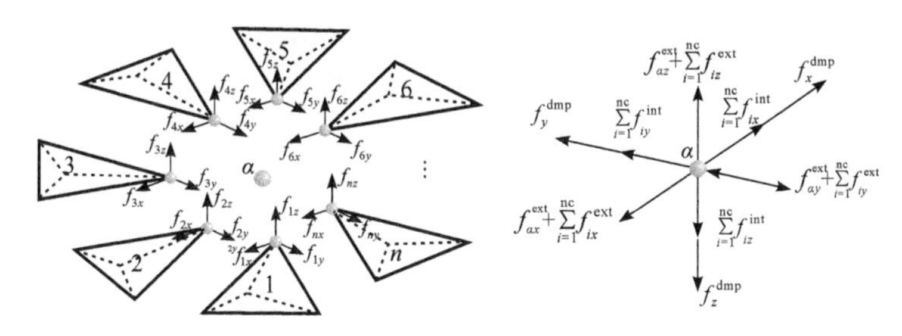

图 2.8.2　三维固体单元的质点力

三维固体单元的质点运动方程可表示为

$$M_\alpha \frac{\mathrm{d}^2}{\mathrm{d}t^2}\begin{bmatrix} d_x \\ d_y \\ d_z \end{bmatrix}_\alpha = \begin{bmatrix} f_x^{\text{ext}} + \sum\limits_{i=1}^{\text{nc}} f_{ix}^{\text{ext}} \\ f_y^{\text{ext}} + \sum\limits_{i=1}^{\text{nc}} f_{iy}^{\text{ext}} \\ f_z^{\text{ext}} + \sum\limits_{i=1}^{\text{nc}} f_{iz}^{\text{ext}} \end{bmatrix}_\alpha - \begin{bmatrix} \sum\limits_{i=1}^{\text{nc}} f_{ix}^{\text{int}} \\ \sum\limits_{i=1}^{\text{nc}} f_{iy}^{\text{int}} \\ \sum\limits_{i=1}^{\text{nc}} f_{iz}^{\text{int}} \end{bmatrix}_\alpha + \begin{bmatrix} f_x^{\text{dmp}} \\ f_y^{\text{dmp}} \\ f_z^{\text{dmp}} \end{bmatrix}_\alpha \tag{2.8.1}$$

式中，M_α 为质点 α 的质量，包括该点的集中质量及相连固体元所提供的等效质量；$[f_x^{\text{ext}} \quad f_y^{\text{ext}} \quad f_z^{\text{ext}}]_\alpha^{\text{T}}$ 为直接作用在质点 α 上的集中外力向量；$[f_{ix}^{\text{ext}} \quad f_{iy}^{\text{ext}} \quad f_{iz}^{\text{ext}}]_\alpha^{\text{T}}$ 和 $[f_{ix}^{\text{int}} \quad f_{iy}^{\text{int}} \quad f_{iz}^{\text{int}}]_\alpha^{\text{T}}$ 分别为与质点 α 相连接的固体元 i 提供的等效外力向量和内力向量；$[f_x^{\text{dmp}} \quad f_y^{\text{dmp}} \quad f_z^{\text{dmp}}]_\alpha^{\text{T}}$ 为作用在质点 α 上的阻尼力向量；nc 为与质点相连的固体单元个数。

2.8.3　三维固体单元质点的内力计算

为了计算固体上的质点内力，需要计算与质点相连的各个固体元的内力，其基本思路与空间膜单元类似。首先在每一个途径单元内利用虚拟逆向运动求出纯变形，然后在变形坐标下分别求出各个固体元中满足静力平衡条件的节点内力。

图 2.8.3 所示的四面体单元(节点编号 1-2-3-4)，其空间位置和几何构形可由四个节点完全确定，每个节点有 3 个独立位移。假设节点 i 在 t_a 和 t 时刻的位置向量分别为 $\boldsymbol{x}_{ia}$ 和 $\boldsymbol{x}_i$ ($i=1,2,3,4$)，则节点 i 在 $t_a \sim t$ 时段内的位移可通过它们的差值计算。

$$\boldsymbol{u}_i = \boldsymbol{x}_i - \boldsymbol{x}_{ia} \tag{2.8.2}$$

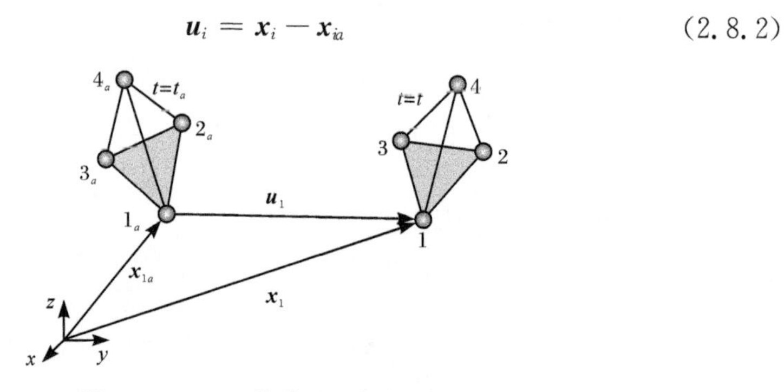

图 2.8.3　四面体单元的节点位移

逆向刚体转动中的平移量计算比较简单，可以任意选取一个节点为参考点，为方便，以节点 1 在 $t_a \sim t$ 时段内的位移 $\boldsymbol{u}_1$ 作为刚体的平移量。经逆向刚体平移后节点 1 与 1_a 重合，如图 2.8.4 所示。

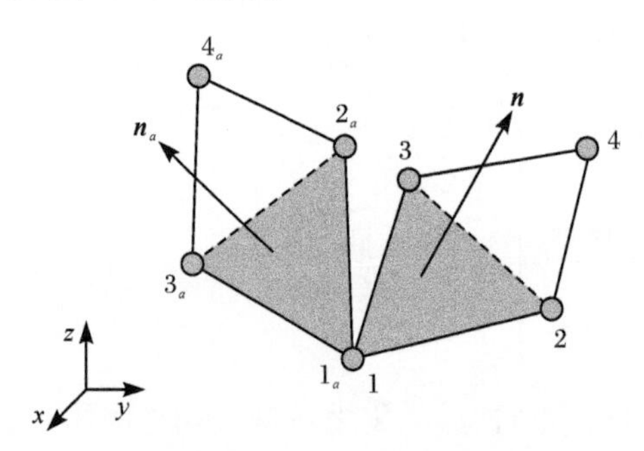

图 2.8.4　四面体单元经刚体平移后的位置

以节点 1,2,3 所在的平面为参考面，平面外的转动量可以通过参考面在 t_a 和 t 时刻的法向量 $\boldsymbol{n}_a$ 和 $\boldsymbol{n}$ 计算，即

$$\theta_{op} = \arcsin|\boldsymbol{n}_a \times \boldsymbol{n}| \tag{2.8.3}$$

相应转轴的方向向量为

$$\boldsymbol{n}_{op} = \frac{\boldsymbol{n}_a \times \boldsymbol{n}}{|\boldsymbol{n}_a \times \boldsymbol{n}|} \tag{2.8.4}$$

节点 i 由于平面外逆向刚体转动引起的线位移可由式(2.8.5)计算：

$$\begin{cases} \boldsymbol{\eta}_1^{op} = \boldsymbol{0} \\ \boldsymbol{\eta}_i^{op} = -[\boldsymbol{R}(-\theta_{op}) - \boldsymbol{I}]\boldsymbol{x}_i', \quad i = 2,3,4 \end{cases} \tag{2.8.5}$$

式中，$\boldsymbol{R}(-\theta_{op})$为旋转变换矩阵，见式(2.6.17b)；$\boldsymbol{x}_i'$为 t 时刻各节点相对于节点 1 的位置向量。

经过平面外刚体转动，参考平面回到它在 t_a 时刻所处的平面上，此时各节点相对于节点 1(1_a)的位置向量为 $\boldsymbol{x}_i''$，即

$$\begin{cases} \boldsymbol{x}_1'' = \boldsymbol{0} \\ \boldsymbol{x}_i'' = \boldsymbol{x}_i' + \boldsymbol{\eta}_i^{op}, \quad i = 2,3,4 \end{cases} \tag{2.8.6}$$

面内转动量 θ_{ip}的计算方法有很多，如图 2.8.5 所示，在这里以三角形各节点与形心连线向量的转动量来估算，即

$$\theta_{ip} = \frac{1}{3}\sum_{i=1}^{3}\theta_i = \frac{1}{3}\sum_{i=1}^{3}\arcsin\left(\frac{|\boldsymbol{x}_{ic}^a \times \boldsymbol{x}_{ic}''|}{|\boldsymbol{x}_{ic}^a||\boldsymbol{x}_{ic}''|}\right) \tag{2.8.7}$$

式中，$\boldsymbol{x}_{ic}^a$、$\boldsymbol{x}_{ic}''$为三角形节点与形心的连线向量。

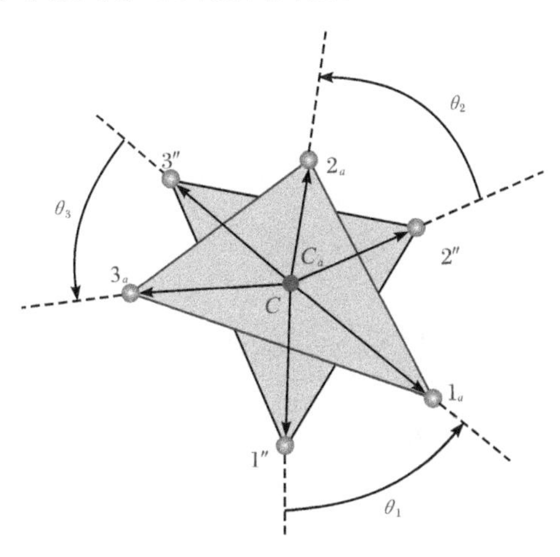

图 2.8.5　四面体单元平面内刚体转角计算

同理，平面内刚体转动所引起的线位移可以用类似于式(2.8.5)的方法计算：

$$\begin{cases} \boldsymbol{\eta}_1^{ip} = \boldsymbol{0} \\ \boldsymbol{\eta}_i^{ip} = -[\boldsymbol{R}(-\theta_{ip}) - \boldsymbol{I}]\boldsymbol{x}_i'', \quad i = 2,3,4 \end{cases} \tag{2.8.8}$$

最后，在计算单元的刚体平移、平面外刚体转动以及平面内刚体转动之后，得

到各节点的纯变形位移如下：

$$\begin{cases} \boldsymbol{\eta}_1^{\mathrm{d}} = \mathbf{0} \\ \boldsymbol{\eta}_i^{\mathrm{d}} = \boldsymbol{u}_i - \boldsymbol{u}_1 - \boldsymbol{\eta}_i^{\mathrm{op}} - \boldsymbol{\eta}_i^{\mathrm{ip}}, \quad i = 2,3,4 \end{cases} \tag{2.8.9}$$

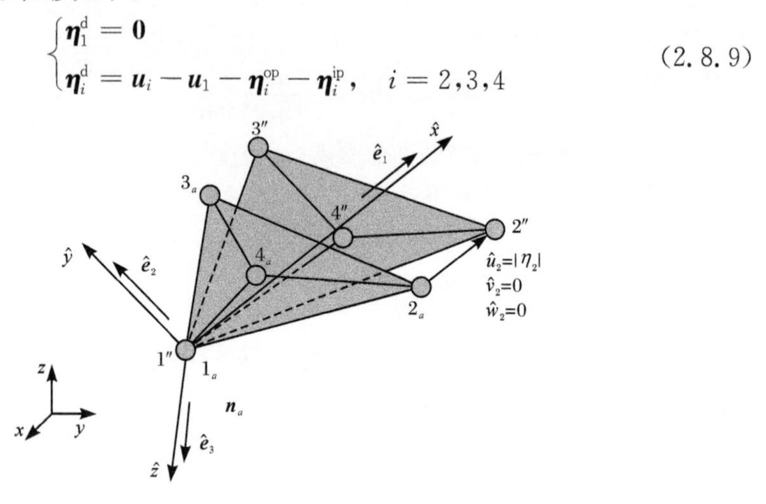

图 2.8.6　四面体单元变形坐标系定义

为求出独立位移变量，建立如图 2.8.6 所示的变形坐标系，令$(\hat{\boldsymbol{e}}_1,\hat{\boldsymbol{e}}_2,\hat{\boldsymbol{e}}_3)$为变形坐标系的一组基向量，以节点 1 为坐标原点，$\hat{z}$ 轴为法线 $\boldsymbol{n}_a$ 方向，$\hat{x}$ 轴平行于节点 2(或节点 3)的纯变形位移向量 $\boldsymbol{\eta}_2^{\mathrm{d}}$(或 $\boldsymbol{\eta}_3^{\mathrm{d}}$)，进而可确定 $\hat{y}$ 轴方向。变形坐标系基向量确定方法如下：

$$\begin{cases} \hat{\boldsymbol{e}}_1 = \dfrac{\boldsymbol{\eta}_2}{|\boldsymbol{\eta}_2|} \\ \hat{\boldsymbol{e}}_3 = \boldsymbol{n}_a \\ \hat{\boldsymbol{e}}_2 = \dfrac{\hat{\boldsymbol{e}}_3 \times \hat{\boldsymbol{e}}_1}{|\hat{\boldsymbol{e}}_3 \times \hat{\boldsymbol{e}}_1|} \end{cases} \tag{2.8.10}$$

设 $\hat{\boldsymbol{Q}}=[\hat{\boldsymbol{e}}_1 \quad \hat{\boldsymbol{e}}_2 \quad \hat{\boldsymbol{e}}_3]^{\mathrm{T}}$ 为变形坐标系与全局坐标系之间的转换矩阵，则有变形坐标系下的节点位置向量为

$$\begin{cases} \hat{\boldsymbol{x}}_1 = \mathbf{0} \\ \hat{\boldsymbol{x}}_i = \hat{\boldsymbol{Q}}(\boldsymbol{x}_i - \boldsymbol{x}_1), \quad i = 2,3,4 \end{cases} \tag{2.8.11}$$

变形坐标系下的节点位移为

$$\begin{cases} \hat{\boldsymbol{u}}_1 = \mathbf{0} \\ \hat{\boldsymbol{u}}_i = \hat{\boldsymbol{Q}}\,\boldsymbol{\eta}_i^{\mathrm{d}}, \quad i = 2,3,4 \end{cases} \tag{2.8.12}$$

显然，变形坐标系下四面体固体单元的节点变形只剩 6 个独立非零量，即$[\hat{u}_2 \quad \hat{u}_3 \quad \hat{v}_3 \quad \hat{u}_4 \quad \hat{v}_4 \quad \hat{w}_4]^{\mathrm{T}}$。

根据途径单元内小变形假设，单元的应变和应力可分别用微应变及工程应力

描述。$t_a \sim t$ 时段内的四面体固体单元的位移分布可表示为

$$\hat{\boldsymbol{u}} = \sum_{i=1}^{4} \hat{N}_i \hat{\boldsymbol{u}}_i \tag{2.8.13}$$

式中，$\hat{N}_i$ 为变形坐标下的位移形函数。根据位移分布函数，可以求得 $t_a \sim t$ 时段内的应变增量和应力增量：

$$\begin{cases} \Delta\hat{\boldsymbol{\varepsilon}} = \hat{\boldsymbol{B}}^* \ \hat{\boldsymbol{u}}^* \\ \Delta\hat{\boldsymbol{\sigma}} = \boldsymbol{D}_{\mathrm{e}} \Delta\hat{\boldsymbol{\varepsilon}} \end{cases} \tag{2.8.14}$$

式中，$\hat{\boldsymbol{u}}^* = [\hat{u}_2 \quad \hat{u}_3 \quad \hat{v}_3 \quad \hat{u}_4 \quad \hat{v}_4 \quad \hat{w}_4]^{\mathrm{T}}$ 为节点的位移向量；$\hat{\boldsymbol{B}}^*$ 为四面体固体单元在变形坐标系下考虑部分位移为零的节点自由度后修正得到的变形矩阵；$\boldsymbol{D}_{\mathrm{e}}$ 为材料的弹性矩阵。则 t 时刻四面体固体单元的应力可以表示为

$$\hat{\boldsymbol{\sigma}} = \hat{\boldsymbol{\sigma}}_a + \Delta\hat{\boldsymbol{\sigma}} \tag{2.8.15}$$

对于弹塑性问题，若在 t 时刻材料进入塑性，需要对 $\hat{\boldsymbol{\sigma}}$ 进行修正。根据虚功原理可得 t 时刻的节点内力

$$\hat{\boldsymbol{f}} = \int_{V_a} \hat{\boldsymbol{B}}^{*\mathrm{T}} \hat{\boldsymbol{\sigma}} \mathrm{d}V_a \tag{2.8.16}$$

式(2.8.16)只能求出部分节点力分量$[\hat{f}_{2x} \quad \hat{f}_{3x} \quad \hat{f}_{3y} \quad \hat{f}_{4x} \quad \hat{f}_{4y} \quad \hat{f}_{4z}]^{\mathrm{T}}$，其余六个分量对应被扣除的刚体自由度，需要通过四面体固体单元在三维空间的内力平衡来计算，如图 2.8.7 所示。

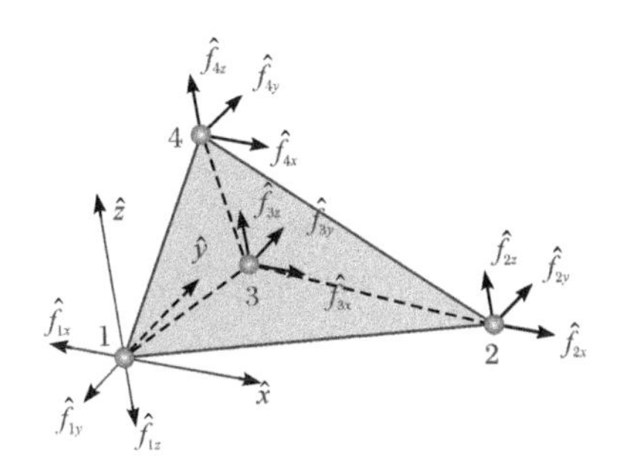

图 2.8.7　四面体固体单元的空间内力平衡

根据单元内的静力平衡关系

$$\begin{cases} \sum f_{\hat{x}} = 0, \quad \sum f_{\hat{y}} = 0, \quad \sum f_{\hat{z}} = 0 \\ \sum m_{\hat{x}} = 0, \quad \sum m_{\hat{y}} = 0, \quad \sum m_{\hat{z}} = 0 \end{cases} \tag{2.8.17}$$

求解式(2.8.17)得到的单元节点力$\hat{\boldsymbol{f}}_i$ 都是在虚拟构形上的变形坐标系下表示的，需要将其转换到当前构型 t 时刻所在的全局坐标系下：

$$\boldsymbol{f}_i^e = \boldsymbol{Q}^* \hat{\boldsymbol{f}}_i, \quad i = 1,2,3,4 \tag{2.8.18}$$

式中，$\boldsymbol{f}_i^e$ 为全局坐标系下的单元节点力；$\boldsymbol{Q}^* = \boldsymbol{R}(+\theta_{\mathrm{op}})\boldsymbol{R}(+\theta_{\mathrm{ip}})\hat{\boldsymbol{Q}}^{\mathrm{T}}$。

求出单元节点力后，按照式(2.2.6)集成到相连的各个质点上。当三维固体平面外的刚体平移和刚体转动为0时，此时 $\boldsymbol{R}(+\theta_{\mathrm{op}}) = \boldsymbol{I}$，正向变换矩阵 $\boldsymbol{Q}^*$ 便退化成平面固体单元的转换形式。

$$\boldsymbol{Q}^* = \boldsymbol{R}(+\theta_{\mathrm{ip}})\hat{\boldsymbol{Q}}^{\mathrm{T}} \tag{2.8.19}$$

2.8.4 三维固体单元质点的外力计算

三维固体单元质点的等效外力计算步骤与平面单元质点的方法相似。如图2.8.8所示，一表面分布外力 $\boldsymbol{q} = [q_x \quad q_y \quad q_z]^{\mathrm{T}}$ 作用在四面体元的(1-2-4)面上。如果 $\boldsymbol{q}$ 随四面体元经过逆向运动至虚拟位置 V'，V' 与基础构形 V_a 的差异为纯变形。当变形很小时，几何变化对等效力关系的影响可以忽略；表面外力可认为是作用在基础构形 V_a 的相应面上，记为(1_a-2_a-4_a)面。由于基础构形的四面体元内任意一点的位置和变形是用变形坐标描述的，需要先将经过转动后的 $\boldsymbol{q}$ 转换成变形坐标分量 $\hat{\boldsymbol{q}} = [\hat{q}_x \quad \hat{q}_y \quad \hat{q}_z]^{\mathrm{T}}$，如图2.8.8所示，则

$$\hat{\boldsymbol{q}} = \hat{\boldsymbol{Q}}[\boldsymbol{I} + \boldsymbol{R}^*(\theta)]^{\mathrm{T}}\boldsymbol{q} \tag{2.8.20}$$

节点内力等效计算的基础是

$$W_1 + W_2 = 0 \tag{2.8.21a}$$

$$\delta W_1 = \int_{S_a} (\delta\hat{\boldsymbol{u}})^{\mathrm{T}}\hat{\boldsymbol{q}}\mathrm{d}S_a \tag{2.8.21b}$$

$$\delta W_2 = -\sum_{j=1}^{4}(\delta\hat{\boldsymbol{u}}_j)^{\mathrm{T}}\hat{\boldsymbol{P}}_j \tag{2.8.21c}$$

式中，$\hat{\boldsymbol{p}} = [\hat{p}_{jx} \quad \hat{p}_{jy} \quad \hat{p}_{jz}]^{\mathrm{T}}$ 为节点 j 上以变形坐标描述的等效外力。$\hat{\boldsymbol{u}}$ 可以用形状函数来表示，如式(2.8.13)所示。在(1_a-2_a-4_a)面上，$N_3 = 0$。

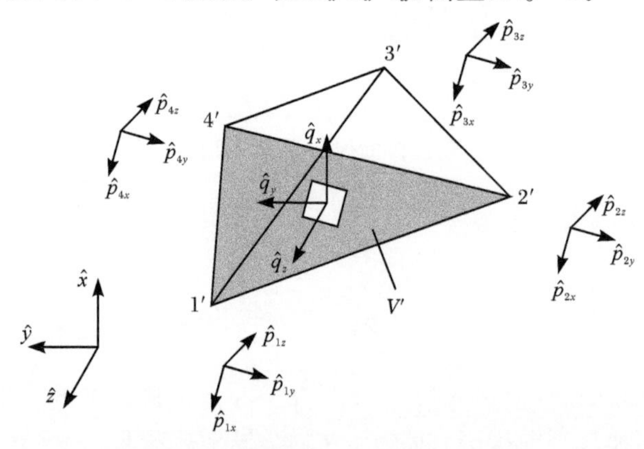

图2.8.8 虚拟形态 V' 上的节点外力

$\hat{\boldsymbol{u}}_j$ 是节点 j 的变形。依照 2. 8. 3 节中变形坐标的选择，$\hat{u}_1=\hat{v}_1=\hat{w}_1=\hat{v}_2=\hat{w}_2=\hat{w}_3=0$。

由式(2. 8. 21a)，代入形状函数，得

$$\hat{p}_{2x}=\int_{S_a}N_2\hat{q}_x\mathrm{dS}_a \tag{2.8.22a}$$

$$\hat{p}_{3x}=\hat{p}_{3y}=0 \tag{2.8.22b}$$

$$\begin{bmatrix}\hat{p}_{4x}\\ \hat{p}_{4y}\\ \hat{p}_{4z}\end{bmatrix}=\int_{S_a}N_4\begin{bmatrix}\hat{q}_x\\ \hat{q}_y\\ \hat{q}_z\end{bmatrix}\mathrm{dS}_a \tag{2.8.22c}$$

式中，S_a 为面$(1_a\text{-}2_a\text{-}4_a)$的面积。其余六个外力分量可由平衡条件计算：

$$\sum_{j=1}^{4}\hat{p}_{jx}=\int_{S_a}\hat{q}_x\mathrm{dS}_a \tag{2.8.23a}$$

$$\sum_{j=1}^{4}\hat{p}_{jy}=\int_{S_a}\hat{q}_y\mathrm{dS}_a \tag{2.8.23b}$$

$$\sum_{j=1}^{4}\hat{p}_{jz}=\int_{S_a}\hat{q}_z\mathrm{dS}_a \tag{2.8.23c}$$

$$\sum_{j=2}^{4}(\hat{p}_{jy}\hat{z}_j-\hat{p}_{jz}\hat{y}_j)+\int_{S_a}(-\hat{q}_y\hat{z}+\hat{q}_z\hat{y})\mathrm{dS}_a=0 \tag{2.8.23d}$$

$$\sum_{j=2}^{4}(\hat{p}_{jz}\hat{x}_j-\hat{p}_{jx}\hat{z}_j)+\int_{S_a}(-\hat{q}_z\hat{x}+\hat{q}_x\hat{z})\mathrm{dS}_a=0 \tag{2.8.23e}$$

$$\sum_{j=2}^{4}(\hat{p}_{jx}\hat{y}_j-\hat{p}_{jy}\hat{x}_j)+\int_{S_a}(-\hat{q}_x\hat{y}+\hat{q}_y\hat{x})\mathrm{dS}_a=0 \tag{2.8.23f}$$

将式(2. 8. 22a)～式(2. 8. 22c)代入式(2. 8. 23d)～式(2. 8. 23f)，可得

$$\hat{p}_{3z}=0 \tag{2.8.24a}$$

$$\hat{p}_{2y}=\int_{S_a}N_2\hat{q}_y\mathrm{dS}_a \tag{2.8.24b}$$

$$\hat{p}_{2z}=\int_{S_a}N_2\hat{q}_z\mathrm{dS}_a \tag{2.8.24c}$$

$$\begin{bmatrix}\hat{p}_{1x}\\ \hat{p}_{1y}\\ \hat{p}_{1z}\end{bmatrix}=\int_{S_a}N_1\begin{bmatrix}\hat{q}_x\\ \hat{q}_y\\ \hat{q}_z\end{bmatrix}\mathrm{dS}_a \tag{2.8.24d}$$

综合式(2. 8. 23)与式(2. 8. 24)，可得$(1_a\text{-}2_a\text{-}4_a)$面上的等效节点外力：

$$\hat{p}_3=0 \tag{2.8.25a}$$

$$\hat{\boldsymbol{p}}_j=\int_{S_a}N_j\hat{\boldsymbol{q}}\mathrm{dS}_a,\quad j=1,2,4 \tag{2.8.25b}$$

由于节点外力$\hat{\boldsymbol{p}}_j$作用在虚拟形态V'上，需要将$\hat{\boldsymbol{p}}_j$经正向运动回到原形态V，用域坐标描述外力。

先将$\hat{\boldsymbol{p}}_j$转换成域坐标，得

$$\boldsymbol{p}'_j = \hat{\boldsymbol{Q}}^{\mathrm{T}}\hat{\boldsymbol{p}}_j, \quad j = 1,2,4 \tag{2.8.26}$$

然后，经向量转动得

$$\boldsymbol{p}_j = [\boldsymbol{I} + \boldsymbol{R}^*(\theta)]\boldsymbol{p}_j^{\mathrm{T}} \tag{2.8.27}$$

由式(2.8.20)、式(2.8.25b)、式(2.8.26)及式(2.8.27)得

$$\boldsymbol{p}_j = \int_{S_a} N_j \boldsymbol{q}_j \mathrm{d}S_a \tag{2.8.28}$$

由于S_a与(1-2-4)面积S的差异为小变形，面积积分可改用S，即

$$\boldsymbol{p}_j = \int_S N_j \boldsymbol{q}_j \mathrm{d}S \tag{2.8.29}$$

式(2.8.29)与传统有限元的等效外力相同，N_j函数是用$\hat{\boldsymbol{x}}$表示，实际的积分过程应当转换至S_a及变形坐标处埋。若q_x、q_y及q_z为常数，则

$$\begin{bmatrix} p_{jx} \\ p_{jy} \\ p_{jz} \end{bmatrix} = \frac{S}{3}\begin{bmatrix} q_x \\ q_y \\ q_z \end{bmatrix}, \quad j = 1,2,4 \tag{2.8.30a}$$

$$\begin{bmatrix} p_{3x} \\ p_{3y} \\ p_{3z} \end{bmatrix} = \begin{bmatrix} 0 \\ 0 \\ 0 \end{bmatrix} \tag{2.8.30b}$$

2.9 计算步骤与流程

有限质点法的计算步骤具有通用性，采用不同单元类型的结构计算步骤基本相同，仅在单元内力计算部分有所差别。

下面介绍有限质点法结构分析的基本步骤。

(1) 在$t=0$初始时刻，对结构进行离散，确定各质点的质量(质量惯性矩)、初始外力、初始内力、初速度和初位移；确定质点分布与单元的连接关系；确定单元类型和单元的弹性模量、截面面积等参数。

(2) 由式(2.2.38)计算质点初始步前一步的位移$\boldsymbol{d}_{-1}$。由式(2.2.25)求得第一步位移$\boldsymbol{d}_1$。保存$\boldsymbol{d}_0$和$\boldsymbol{d}_1$，进入下一时间步计算。

(3) 在$t_n(n\neq 0)$时刻，根据$t_n-\Delta t$的位移计算结果，更新质点坐标。

(4) 根据各类型单元的外力求解方法，由式(2.2.5)，求得质点外力$\boldsymbol{F}_\alpha^{\mathrm{ext}}$。

(5) 根据各类型单元的内力求解方法，求得单元内力，由式(2.2.6)叠加到相应质点上，求得质点内力$\boldsymbol{F}_\alpha^{\mathrm{int}}$。

(6) 根据式(2.2.41)～式(2.2.43)求得阻尼系数 μ。再根据式(2.2.4)，求得质点阻尼力 $\boldsymbol{F}_{\alpha}^{\text{dmp}}$。

(7) 根据 2.2.2 节，处理结构约束处质点及特殊运动点的质点内力。

(8) 将 $\boldsymbol{d}_{n-1}$、$\boldsymbol{d}_n$、$\boldsymbol{F}_n^{\text{ext}}$、$\boldsymbol{F}_n^{\text{int}}$ 和 $\boldsymbol{F}_{\alpha}^{\text{dmp}}$ 代入式(2.2.26)，得到 $t_n+\Delta t$ 时刻的位移 $\boldsymbol{d}_{n+1}$。保存质点位移 $\boldsymbol{d}_n$ 和 $\boldsymbol{d}_{n+1}$。

(9) 判断 t_n 步是否为最后的时间步。如果 t_n 等于结构分析时间，则计算完成；如果 t_n 小于结构分析时间，则转向第(3)步计算 t_{n+1} 时间步的结构反应。

以上分析的流程如图 2.9.1 所示。

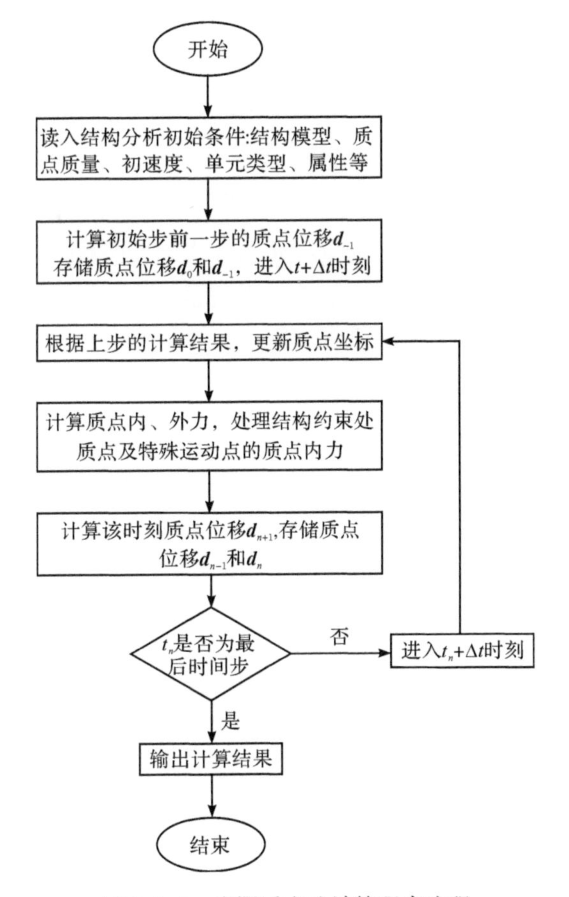

图 2.9.1　有限质点法计算程序流程

由 2.2.3 节可知，动力分析是有限质点法结构分析的自然过程。如果要求取静力解，需要一些额外的求解策略，在分析流程上也要做相应调整。与动力分析过程相比，有限质点法分析静力问题的计算步骤有如下差别。

(1) 给定初始模型和初始条件后，在初始时刻需要指定目标时间步长 Δt_s，按式(2.2.40)计算虚拟密度，并计算时间步长为 $\Delta t=\alpha\Delta t_s$，$\alpha$ 取 0.9。

(2) 在每个途径单元计算前，根据式(2.2.44)计算该步扰动频率误差，判断是否需要更新质点质量：若 $\varepsilon^n>1$ 或 $\varepsilon^n<0.9$，则根据目标时间步长 Δt_s 重新计算质点虚拟密度。

当结构运动过程具有显著的动力效应或涉及强非线性行为时(如连续屈曲、开裂、碰撞等)，由于变形过大，如果仍采用质量缩放技术来控制时间步长，往往会因为需要调整的质点质量变化过大而产生显著的惯性效应，从而影响计算结果的准确性和可靠性。此时，只能通过改变时间步长来保证计算过程的数值稳定。采用变步长显式中央差分策略的有限质点法计算步骤与上述介绍的求解过程基本相同，需要进行如下修改。

(1) 在分析初始步时刻，按式(2.2.29)和式(2.2.30)计算临界时间步长 Δt_{cr}^0，设定初始计算时间步长 $\Delta t_0=\alpha\Delta t_{cr}^0$，$\alpha$ 取 0.9。

(2) 将 $\boldsymbol{d}_n$、$\dot{\boldsymbol{d}}_n$、$\boldsymbol{F}_n^{\text{int}}$、$\boldsymbol{F}_n^{\text{ext}}$ 代入式(2.2.36)，得到 $t_n+\Delta t/2$ 时刻和 $t_n+\Delta t$ 时刻的速度 $\dot{\boldsymbol{d}}_{n+1/2}$ 和 $\dot{\boldsymbol{d}}_{n+1}$ 以及 $t_n+\Delta t$ 时刻的位移 $\boldsymbol{d}_{n+1}$。

(3) 计算该步的临界时间步长 Δt_{cr}^n。若满足 $\Delta t_{cr}^n\geqslant\zeta\alpha\Delta t_{cr}^{n-1}$（$\zeta$ 取 1.10)，则 $\Delta t_n=\Delta t_{n-1}$；否则，需重新设定时间步长，取 $\Delta t_n=\alpha\Delta t_{cr}^n$。

第 3 章　结构大变形行为分析

有限质点法在算法上不需要严格区分结构的线性或非线性、静力或动力，采用第 2 章介绍的基本计算方法就可以求解结构的动力问题和几何非线性问题。在此基础上建立弹塑性模型和加卸载准则，就能够分析结构的动力弹塑性问题。该方法避免了有限单元法建立切线刚度矩阵及迭代计算的繁琐过程，在求解结构大变形分析方面具有很强的稳定性和灵活性。本章介绍有限质点法在杆梁、平面固体、三维固体、薄膜等单元组成的结构几何非线性分析、弹塑性分析、动力分析，以及循环荷载下的滞回性能分析等方面的应用。

3.1　杆梁几何大变形分析

3.1.1　几何大变形问题分析思路

与传统计算概念不同，有限质点法可以采用统一的计算步骤处理结构的线性和非线性问题。基本思路如下：采用虚拟运动的方法扣除单元位移中的刚体运动，得到单元纯变形，同时虚拟运动调整了途径单元在求取单元内力和计算质点位移时不同的参考构形。这种方法排除了刚体运动对单元内力求解的影响，不对结构的线性和非线性运动加以区别，使得求解几何非线性问题变成求解的自然过程。具体过程见 2.1.2 节。

例如，在途径单元 $t_1 \sim t_2$ 时段内(图 3.1.1)，由于单元变形后仍为直杆，逆向转动的转角为真实的单元转动，因此 t_2 时刻的单元构形经过逆向转动后与 t_1 时刻的构形在一条直线上。逆向运动扣除了 t_1 和 t_2 时刻间的单元刚体位移，将大位移问题转化为小变形小转动问题，从而可以使用微应变和工程应力求得单元的纯变形和内力，此时求取内力的参考构形为途径单元初始的拉格朗日构形；求得单元在局部坐标系下的内力后，通过正向运动将单元恢复到变形后 t_2 时刻的真实位置，即

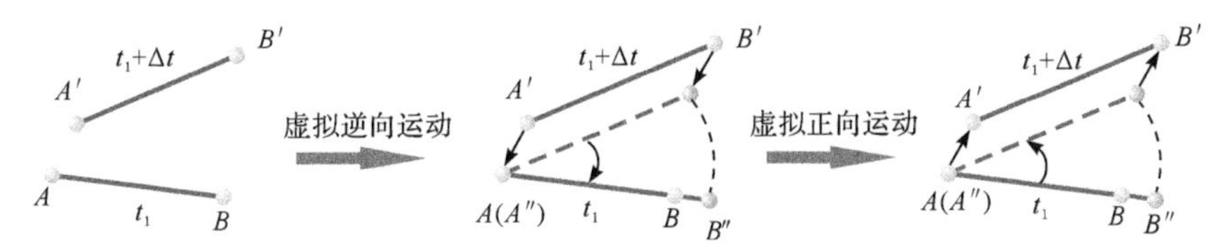

图 3.1.1　单元的虚拟运动

途径单元结束时的欧拉构形。在此构形下经过坐标变换得到单元的真实内力和质点内力，并利用该途径单元结束时的质点内力求得质点在下一途径单元的位移。

3.1.2　悬臂梁的大变形分析

1. 悬臂梁受梁端弯矩作用时的大变形行为分析

悬臂梁受梁端弯矩作用时的大变形行为分析是测试大变形算法的标准算例之一(Yang and Saigal，1984)。很多研究者通过理论分析和算法研究得出，当受到端弯矩 M 时，ML/EI 的值与梁变形的关系(Pai，1996)见表 3.1.1。

表 3.1.1　悬臂梁端弯矩与变形关系

ML/EI 值	$\pi/2$	π	$3\pi/2$	2π	3π	4π	6π	8π
悬臂梁形状	1/4 圆	半圆	3/4 圆	圆	3/2 圈圆	2 圈圆	3 圈圆	4 圈圆

以如图 3.1.2(a)所示的悬臂直梁为例，此算例各物理量均取无量纲单位，取弹性模量 $E=1000$，长度 $L=1$，密度 $\rho=1$，截面面积 $A=1$，惯性矩 $I=0.01$。

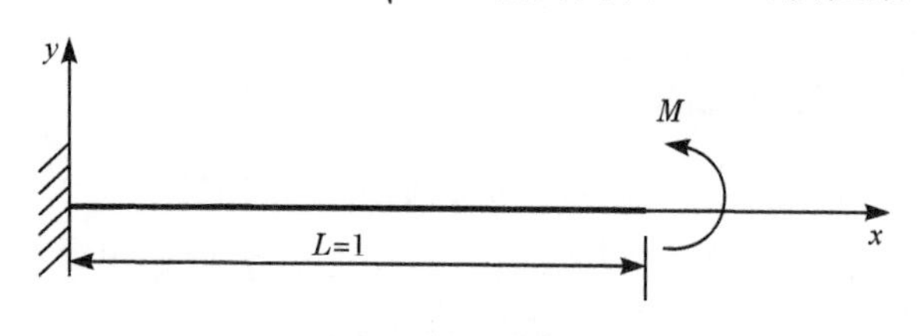

(a) 悬臂梁初始条件

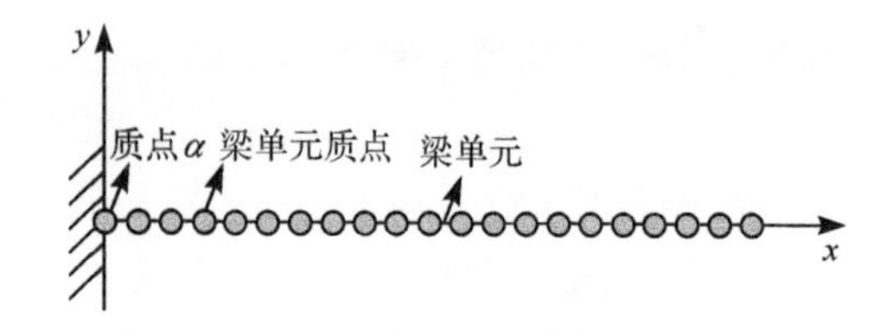

(b) 悬臂梁质点模型

图 3.1.2　受端弯矩的悬臂梁

建立该悬臂梁质点模型如图 3.1.2(b)所示，悬臂梁采用 21 个质点和 20 个平面梁单元模拟。计算中，取阻尼系数 $\mu=1$，时间步长 $\Delta t=1\times10^{-4}$s。

该悬臂梁中的梁单元质点有三个方向自由度：x 方向平动 d_x，y 方向平动 d_y 和一个转动 θ，其质点的运动方程为

$$\begin{bmatrix} m & 0 & 0 \\ 0 & m & 0 \\ 0 & 0 & I \end{bmatrix} \frac{\mathrm{d}^2}{\mathrm{d}t^2} \begin{bmatrix} d_x \\ d_y \\ \theta \end{bmatrix} = \begin{bmatrix} F_x^{\text{ext}} \\ F_y^{\text{ext}} \\ M^{\text{ext}} \end{bmatrix} + \begin{bmatrix} F_x^{\text{int}} \\ F_y^{\text{int}} \\ M^{\text{int}} \end{bmatrix} + \begin{bmatrix} f_x^{\text{dmp}} \\ f_y^{\text{dmp}} \\ m^{\text{dmp}} \end{bmatrix} \tag{3.1.1}$$

式中，m 为每个质点的质量；I 为质点的质量惯性矩；$[F_x^{\text{ext}} \quad F_y^{\text{ext}} \quad M^{\text{ext}}]^{\text{T}}$、$[F_x^{\text{int}} \quad F_y^{\text{int}} \quad M^{\text{int}}]^{\text{T}}$ 和 $[f_x^{\text{dmp}} \quad f_y^{\text{dmp}} \quad m^{\text{dmp}}]^{\text{T}}$ 为质点三个自由度方向的外力、内力和阻尼力。

质点 α 为固定端，其质点运动需要进行限制。分析中，在质点运动方程求解前引入下列条件，既保证质点 α 的位移为 0，也可求出固定端的弯矩、轴力和剪力：

$$\begin{cases} F_x^{\text{ext}} = -(F_x^{\text{int}} + f_x^{\text{dmp}}) \\ F_y^{\text{ext}} = -(F_y^{\text{int}} + f_y^{\text{dmp}}) \\ M^{\text{ext}} = -(M^{\text{int}} + m^{\text{dmp}}) \end{cases} \tag{3.1.2}$$

图 3.1.3 为采用有限质点法得到的计算结果，与表 3.1.1 所列结果吻合。

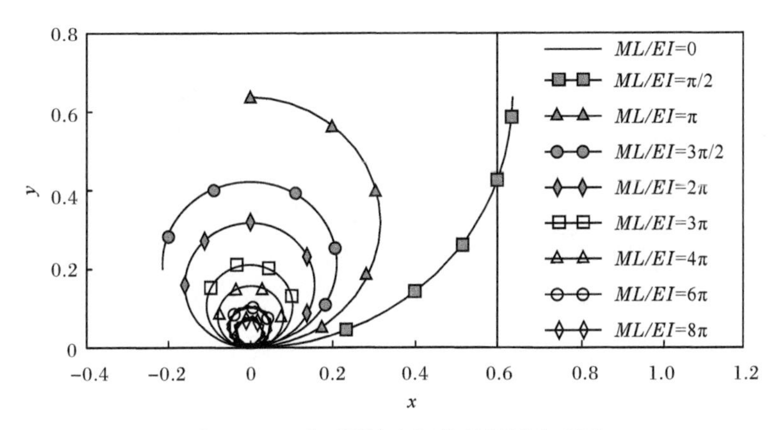

图 3.1.3　受不同端弯矩的悬臂梁变形图

2. 悬臂梁受随体力作用下的大变形行为分析

图 3.1.4 为受随体力的悬臂梁。采用 21 个质点和 20 个平面梁单元进行模拟，结构模型与图 3.1.2 相同。本例与 3.1.2 节算例的区别仅在于端部荷载不同。随体力是指作用方向永远垂直于梁端的力，计算中随着梁位置和形状的变化会不断更新随体力的方向。

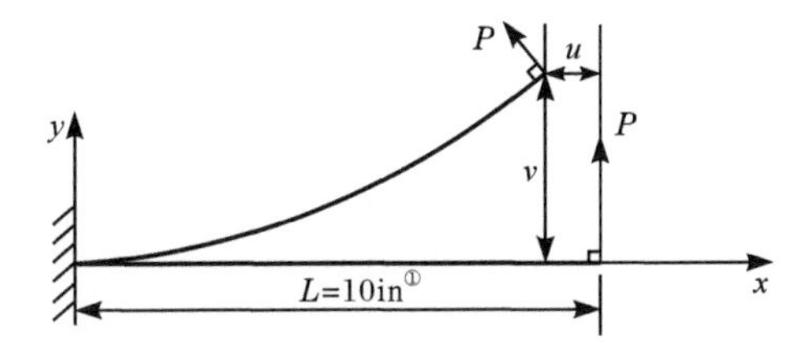

图 3.1.4　受梁端随体力的悬臂梁

①1in=2.54cm，下同。

为与文献结果(Doyle,2001)进行对比,分析参数采用英制单位。弹性模量 $E=10000\text{ksi}$①,长度$L=10\text{in}$,断面宽度 $b=1\text{in}$,高度 $h=0.1\text{in}$,随体力大小由 0 逐渐增加至 200lb②。计算中取阻尼系数 $\mu=0.15$,时间步长 $\Delta t=1\times10^{-3}\text{s}$,为避免结构的动力行为,加载速度较为缓慢。

图 3.1.5 为采用有限质点法的计算结果。将计算结果与 Doyle(2001)的计算结果进行比较,两者结果非常接近。

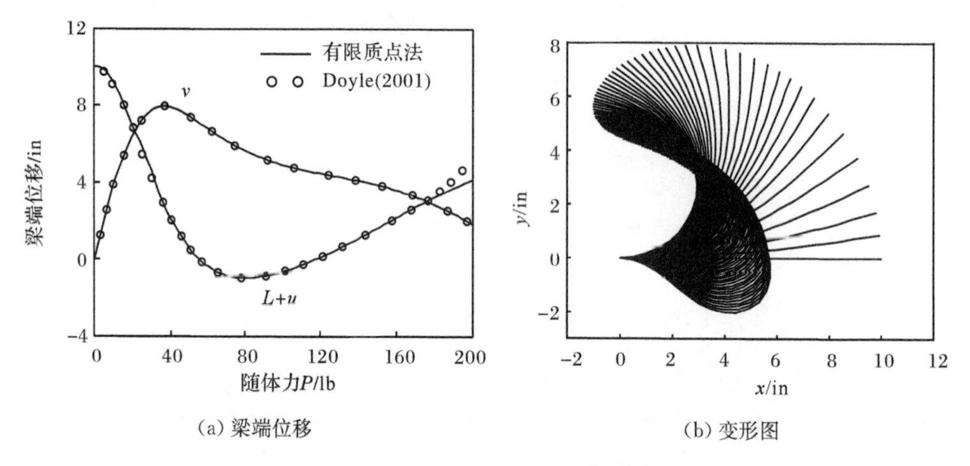

(a) 梁端位移　　(b) 变形图

图 3.1.5 受梁端随体力的悬臂梁反应

3.1.3 平面刚架的大变形分析

本例分析四个平面正方形刚架的大变形行为。图 3.1.6(a)和(b)为两个带有铰接点的正方形刚架,对角线受拉力和压力。图 3.1.6(c)和(d)为两个正方形刚

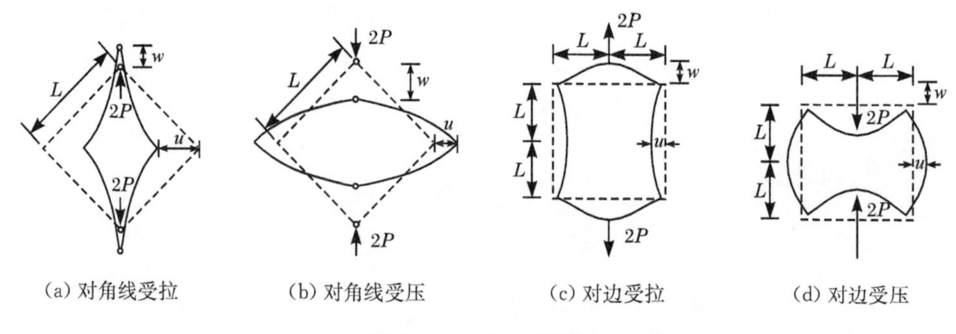

(a) 对角线受拉　　(b) 对角线受压　　(c) 对边受拉　　(d) 对边受压

图 3.1.6 正方形刚架

①1ksi=6.895MPa,下同。

②1lb=0.453592kg,下同。

架，对边受拉力和压力。

本算例采用无量纲单位，各构件的材料和尺寸均相同，轴向刚度 $EA=10^3$，长度 $L=1$，弹性模量、惯性矩，阻尼系数均为 1，时间步长 $\Delta t=1\times10^{-4}$。荷载采用无因次量纲 PL^2/EI 衡量，对于菱形框架由 0 缓慢增长到 10，对于方形刚架由 0 缓慢增长至 4。

计算中分别采用 8 单元、16 单元和 40 单元计算，用以检验算法的收敛性。采用 16 单元，20 个质点的分析模型如图 3.1.7 所示。质点的运动方程与式(3.1.1)相同。需要注意的是，图中质点 α 是与梁单元连接的铰接点，不能传递弯矩。分析中，应设置质点内弯矩为 0，然后对质点的运动方程进行求解，保证质点能够自由转动。刚架中铰接点的处理方法已在 2.2.2 节中推导。

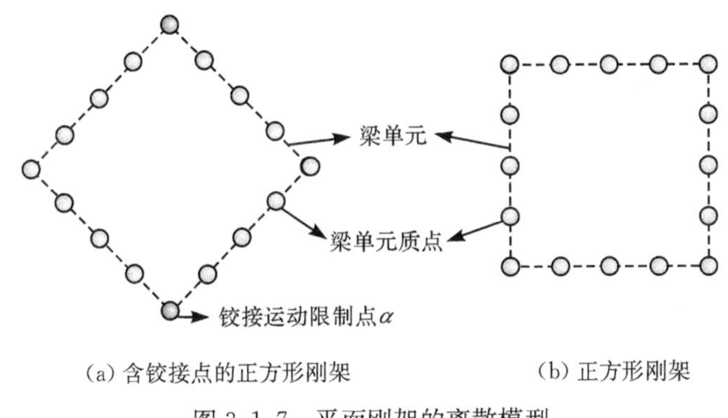

(a) 含铰接点的正方形刚架　　(b) 正方形刚架

图 3.1.7　平面刚架的离散模型

当采用 40 单元模拟时，可以获得与椭圆积分(Mattiasson，1981)相吻合的结果。图 3.1.8～图 3.1.11 为四边形刚架的变形图和位移变化。

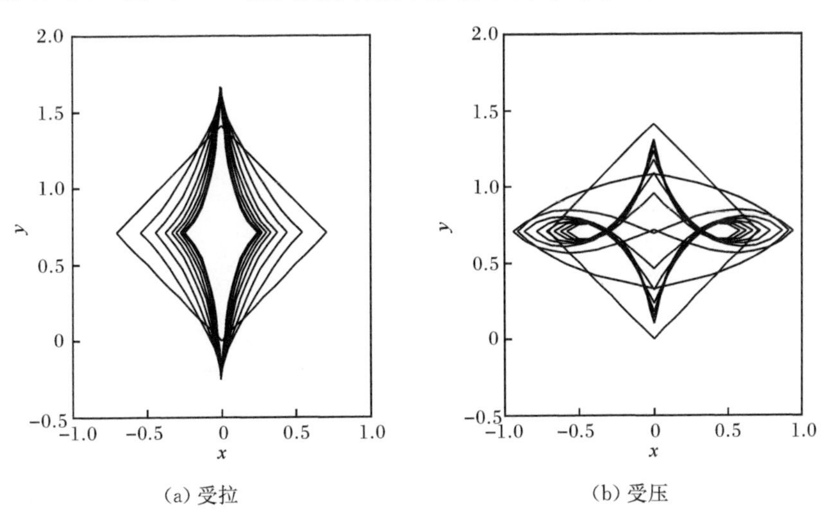

(a) 受拉　　(b) 受压

图 3.1.8　含铰接点的正方形刚架受力时的变形图

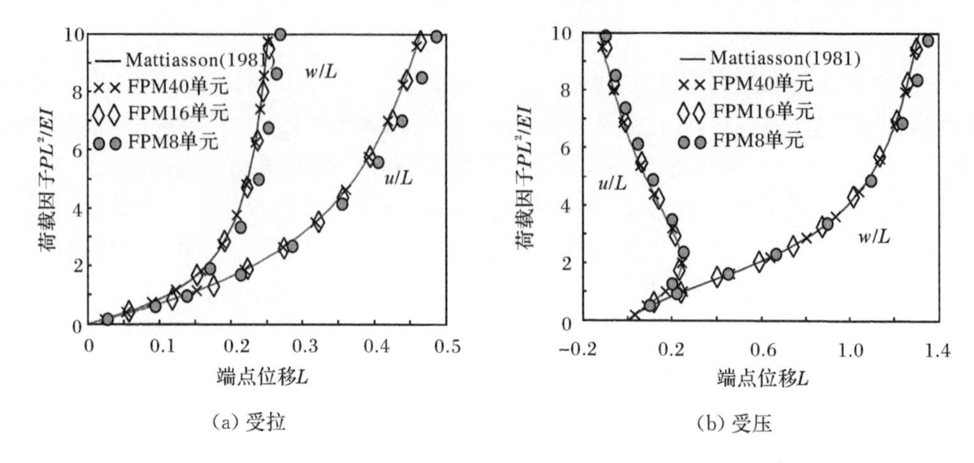

(a) 受拉　　(b) 受压

图 3.1.9　含铰接点的正方形刚架受力时的荷载-位移曲线

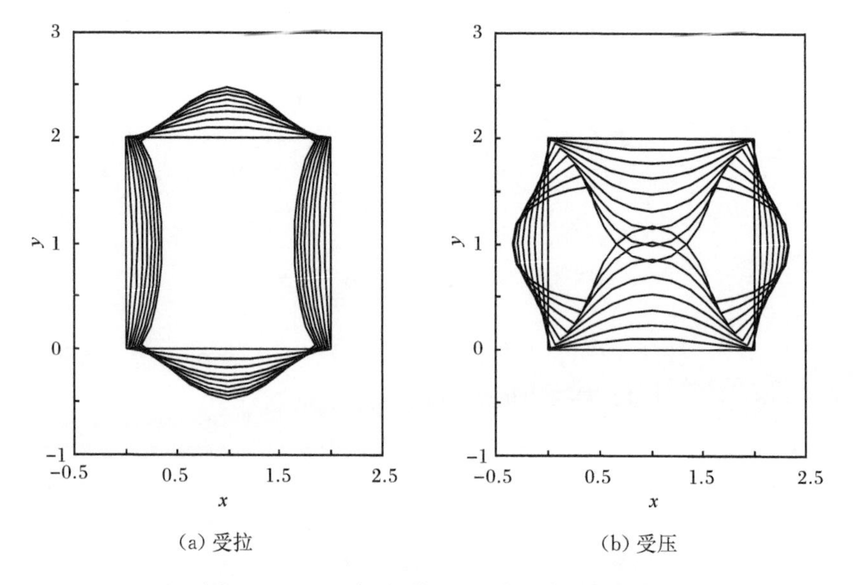

(a) 受拉　　(b) 受压

图 3.1.10　正方形刚架对边受力时的变形图

3.1.4　平面桁架的大变形分析

图 3.1.12 为四个由简到繁的平面桁架，模拟其在渐增荷载、持续恒载和周期性荷载下的大变形行为，分析此类桁架对不同结构形式和荷载形式的静力和动力反应。各桁架的外轮廓尺寸均相同，随着构件布置的加密，结构刚度逐渐增加。

各桁架构件具有相同的截面积和材料特性：弹性模量 $E=210\text{GPa}$，密度 $\rho=7800\text{kg/m}^3$，截面面积 $A=0.0025\text{m}^2$。分析参数为：阻尼系数 $\mu=0$，时间步长 $\Delta t=1\times10^{-4}\text{s}$。荷载的作用点均为 A，三种荷载形式如图 3.1.13 所示。

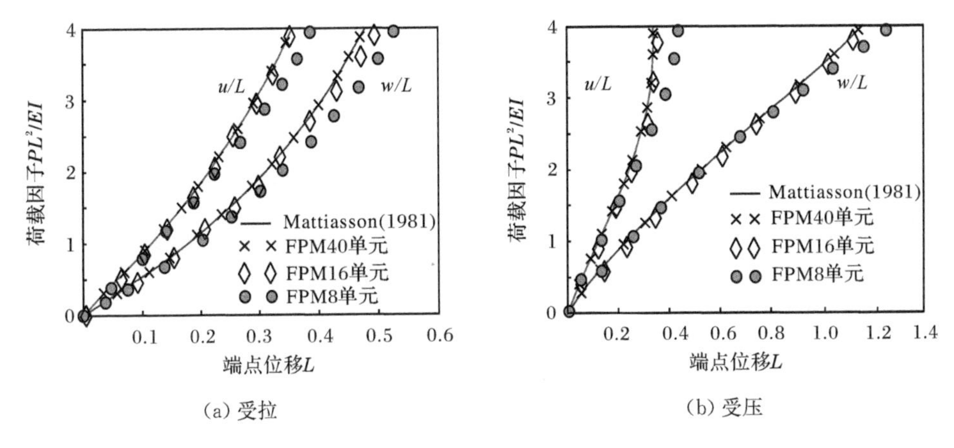

(a) 受拉　　(b) 受压

图 3.1.11　正方形刚架对边受力时的荷载-位移曲线

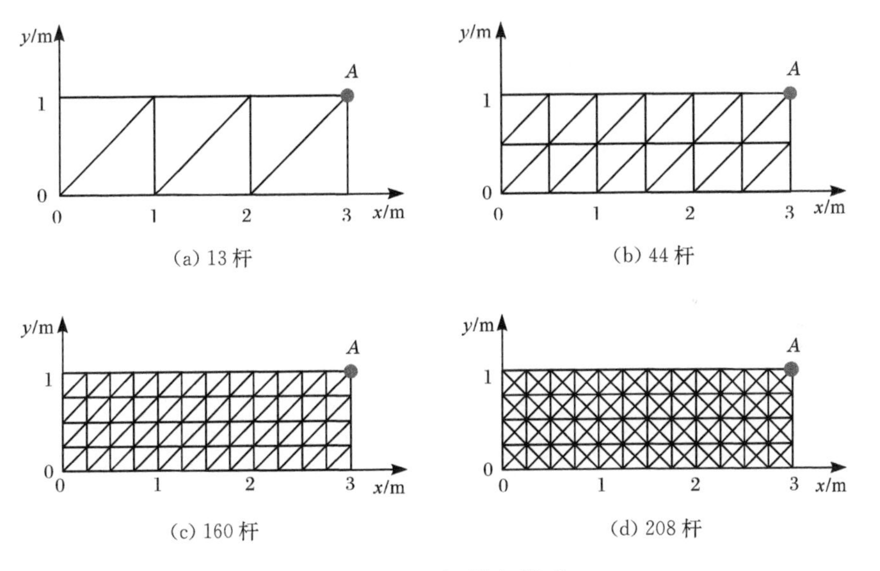

(a) 13 杆　　(b) 44 杆

(c) 160 杆　　(d) 208 杆

图 3.1.12　平面桁架模型

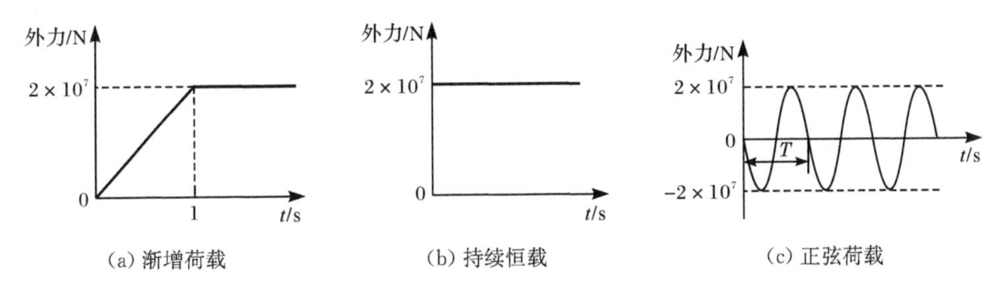

(a) 渐增荷载　　(b) 持续恒载　　(c) 正弦荷载

图 3.1.13　平面桁架 A 点的荷载形式

1. 渐增荷载

图 3.1.13(a)所示渐增荷载下的 A 点竖向位移变化如图 3.1.14 所示。三个结构变形均逐渐增大，当荷载停止增加时结构均能缓慢地达到平衡状态，A 点的最大位移分别为−1.160m、−0.977m、−0.769m 和−0.577m。结构在渐增荷载下的变形如图 3.1.15 所示，随结构刚度增加变形逐渐减小。

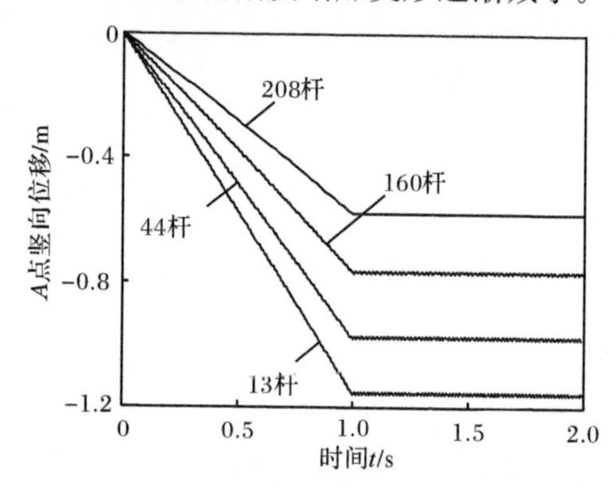

图 3.1.14　平面桁架作用渐增荷载时 A 点的竖向位移变化

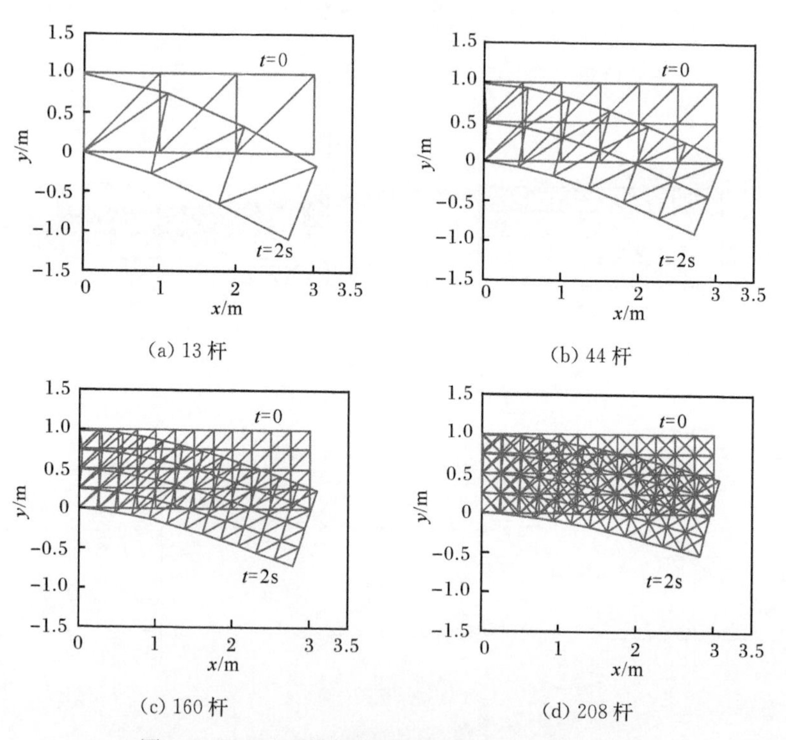

图 3.1.15　平面桁架作用渐增荷载时的结构变形

2. 持续恒载

桁架 A 点在持续恒载下的位移反应如图 3.1.16 所示。将有限质点法的分析结果与直接积分法(Slaats et al.,1995)的结果进行对比,两者非常接近。

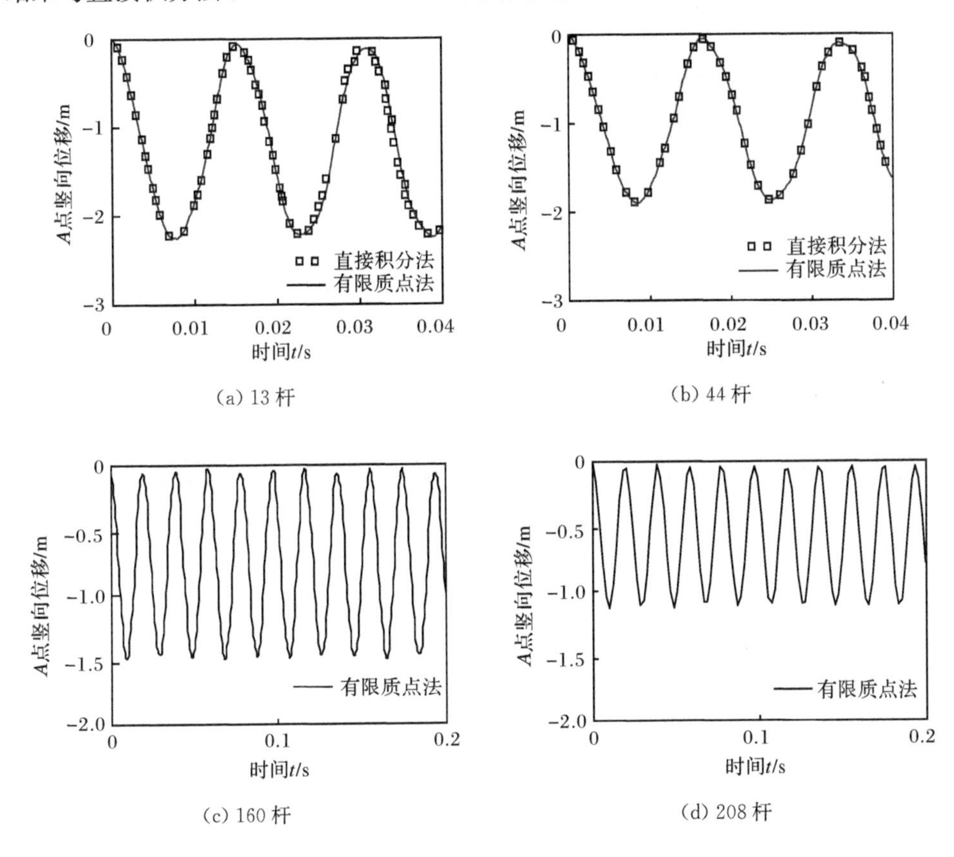

图 3.1.16　平面桁架作用持续恒载时 A 点的竖向位移

观察 A 点的运动行为发现,四个结构均在恒定荷载的作用下做自由振动。随着结构刚度的增加,结构振动的最大幅度减小,振动周期增长。通过特征值分析可以得到四个结构的一阶频率分别为 69.72、61.29、52.47 和 50.13,换算成周期为 0.0143s、0.0163s、0.0191s 和 0.0199s。图 3.1.16 为结构恒载下的位移反应,同样可以从中得到四个结构的自由振动周期,约为 0.0140s、0.0160s、0.0190s 和 0.020s。理论分析结果与数值计算结果两者非常接近,表明有限质点法可以通过物理概念求得结构的自振周期,此时结构的自由振动以结构的一阶频率为主。

另外,将图 3.1.14 与图 3.1.16 的计算结果比较,虽然结构的最终荷载均为 2.0×10^7N,但由于加载方式不同,缓慢加载的结构最后达到稳定状态,持续恒载的结构一直处于振动状态，这体现不同加载方式对结构行为的影响。

3. 周期性荷载

考查 208 杆平面桁架在不同周期正弦荷载下的动力反应。通过特征值分析得到的该桁架结构的频率、周期和模态如表 3.1.2 和图 3.1.17 所示。

表 3.1.2　208 杆平面桁架前十阶频率和周期

阶数	一阶	二阶	三阶	四阶	五阶	六阶	七阶	八阶	九阶	十阶
频率/s^{-1}	50.13	188.24	232.09	413.74	546.74	614.68	764.70	829.15	891.51	1032.66
周期/s	0.0199	0.0053	0.0043	0.0024	0.0018	0.0016	0.0013	0.0012	0.0011	0.00097

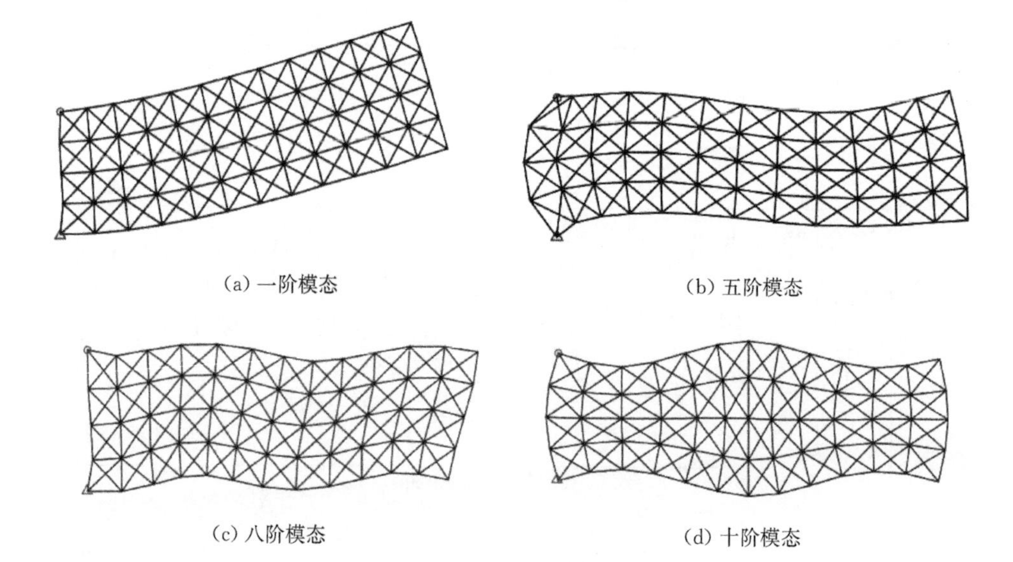

(a) 一阶模态　(b) 五阶模态　(c) 八阶模态　(d) 十阶模态

图 3.1.17　208 杆平面桁架模态

分别对结构施加周期为 T=1s、0.1s、0.02s 和 0.001s 的正弦荷载，观察结构的振动反应，如图 3.1.18 所示。

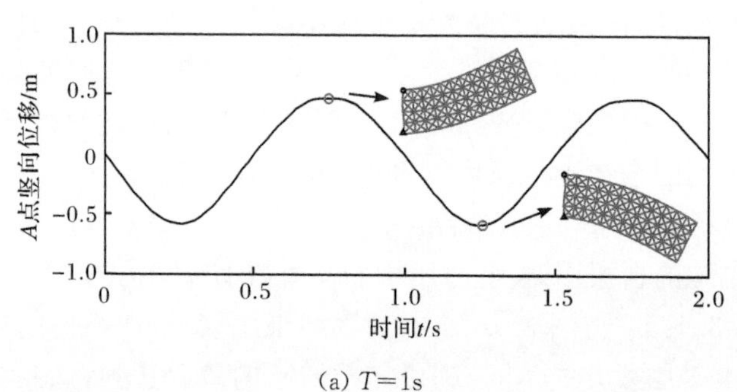

(a) T=1s

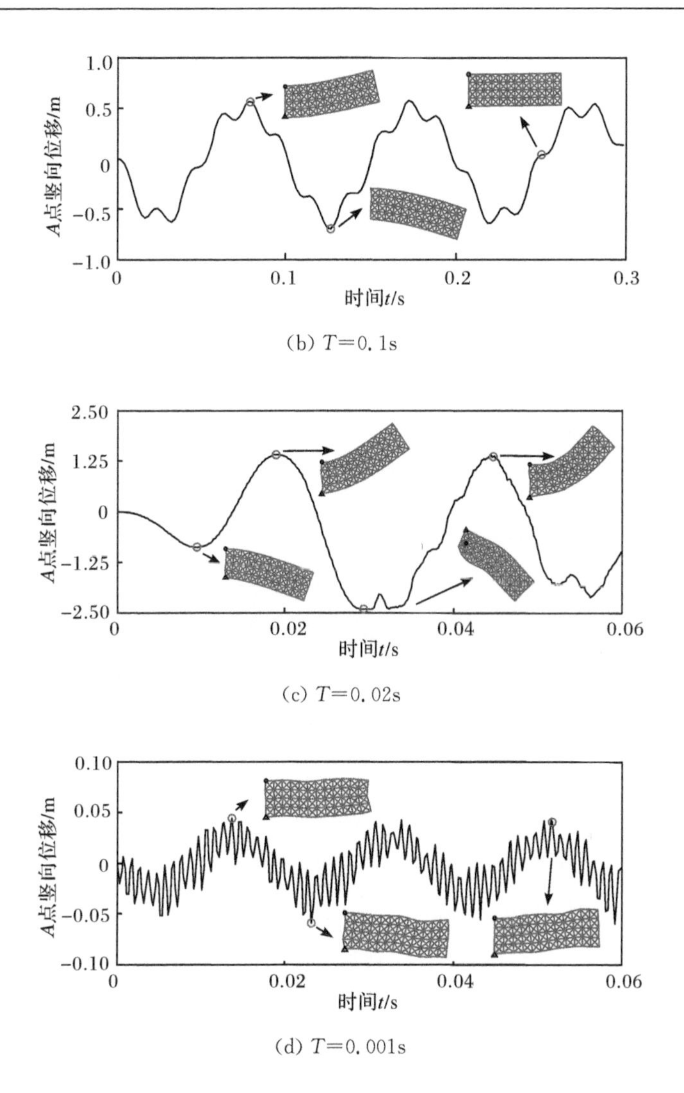

(b) $T=0.1$s

(c) $T=0.02$s

(d) $T=0.001$s

图 3.1.18 208 杆平面桁架作用正弦荷载时 A 点的竖向位移及结构变形

当荷载周期为 1s 时,荷载周期远大于结构的自振周期,结构的运动行为与自由振动相似,周期与外荷载周期相同,如图 3.1.18(a)所示。

当荷载周期为 0.1s 时,结构振动以第一阶模态的影响为主,但也有高阶模态的轻微影响,周期与外荷载周期接近,如图 3.1.18(b)所示。

当外荷载频率接近结构的自振频率时($T=0.02$s),会引发结构的共振,振幅提高近 2 倍,但由于未考虑桁架的碰撞和接触问题,桁架间出现重叠和反转,如图 3.1.18(c)所示。

当外荷载频率小于结构的自振频率时($T=0.001$s),由振动时 A 点的竖向位移及结构变形发现，结构的振动幅度不大，频率较高且不稳定，如图 3.1.18(d)所示。为观察振动模态，图 3.1.18(d)中的变形图均放大了 10 倍。通过与图 3.1.17 的比较，发现桁架的振动具有高阶模态的运动趋势，表明高频的荷载可以激发结构的高阶振动模态。

3.1.5 空间悬臂曲梁的大变形分析

考查悬臂曲梁在平面外荷载作用下的大变形行为，如图 3.1.19 所示，曲梁位于 x-y 平面内，所对应的圆心角为 45°，圆的半径 $R=100\text{in}$，梁截面面积为 1in×1in，材料弹性模量 $E=1\times10^{7}\,\text{psi}$①，剪切模量 $G=5\times10^{6}\,\text{psi}$，材料密度 $\rho=2.54\times10^{-4}\,\text{lb}\cdot\text{s}^{2}/\text{in}^{4}$②。垂直于曲梁平面在梁自由端作用一个恒定荷载 $P=300\text{lb}$，作用时间为 0.3s。分析中不计阻尼力，时间步长 $\Delta t=1\times10^{-5}\,\text{s}$。

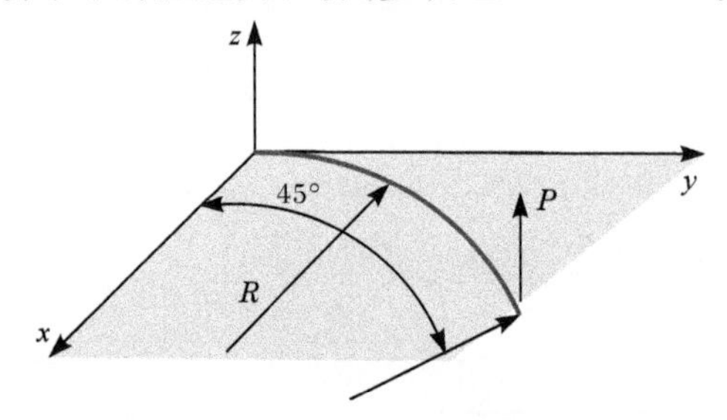

图 3.1.19　自由端受竖向恒载的悬臂曲梁

建立该悬臂梁质点模型如图 3.1.20 所示，采用 21 质点和 20 个平面梁单元模拟。

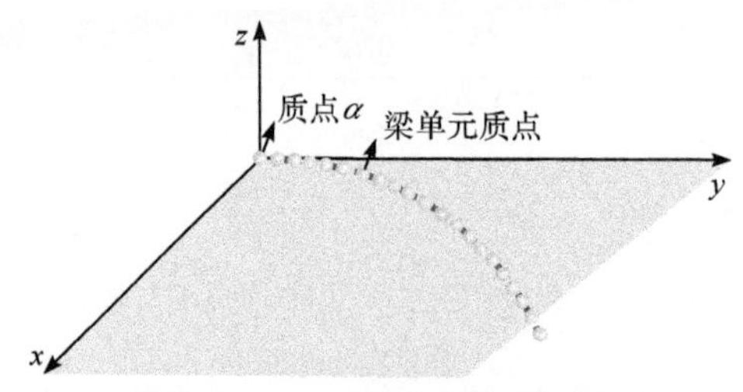

图 3.1.20　悬臂曲梁质点模型

该悬臂梁中的梁单元质点有六个方向自由度：x 方向平动 d_x、y 方向平动 d_y、z 方向平动 d_z、x 方向转动 θ_x、y 方向转动 θ_y 和 z 方向转动 θ_z，不考虑阻尼力，其质点方程为

---

①1psi=6.895Pa，下同。

②$1\text{lb}\cdot\text{s}^2/\text{in}^4=1.0687\times10^{7}\,\text{kg/m}^3$，下同。

$$\begin{bmatrix} m & 0 & 0 \\ 0 & m & 0 \\ 0 & 0 & m \end{bmatrix} \frac{\mathrm{d}^2}{\mathrm{d}t^2} \begin{bmatrix} d_x \\ d_y \\ d_z \end{bmatrix} = \begin{bmatrix} F_x^{\mathrm{ext}} \\ F_y^{\mathrm{ext}} \\ F_z^{\mathrm{ext}} \end{bmatrix} + \begin{bmatrix} F_x^{\mathrm{int}} \\ F_y^{\mathrm{int}} \\ F_z^{\mathrm{int}} \end{bmatrix} \tag{3.1.3a}$$

$$\begin{bmatrix} I_{xx} & I_{xy} & I_{xz} \\ I_{yx} & I_{yy} & I_{yz} \\ I_{zx} & I_{zy} & I_{zz} \end{bmatrix} \frac{\mathrm{d}^2}{\mathrm{d}t^2} \begin{bmatrix} \theta_x \\ \theta_y \\ \theta_z \end{bmatrix} = \begin{bmatrix} M_x^{\mathrm{ext}} \\ M_y^{\mathrm{ext}} \\ M_z^{\mathrm{ext}} \end{bmatrix} + \begin{bmatrix} M_x^{\mathrm{int}} \\ M_y^{\mathrm{int}} \\ M_z^{\mathrm{int}} \end{bmatrix} \tag{3.1.3b}$$

式中，m 为每个质点的质量；$[F_x^{\mathrm{ext}} \quad F_y^{\mathrm{ext}} \quad F_z^{\mathrm{ext}}]^{\mathrm{T}}$ 为质点轴向外力向量；$[F_x^{\mathrm{int}} \quad F_y^{\mathrm{int}} \quad F_z^{\mathrm{int}}]^{\mathrm{T}}$ 为质点轴向内力向量；I_{xy} 为质点对域坐标轴 x 和 y 的质量惯性矩；$[M_x^{\mathrm{ext}} \quad M_y^{\mathrm{ext}} \quad M_z^{\mathrm{ext}}]^{\mathrm{T}}$ 为质点轴向外力弯矩向量；$[M_x^{\mathrm{int}} \quad M_y^{\mathrm{int}} \quad M_z^{\mathrm{int}}]^{\mathrm{T}}$ 为质点轴向内力弯矩向量。

质点 α 为固定端，其质点运动需要进行限制。分析中，在质点运动方程求解前引入下列条件，既保证质点 α 的位移为 0，也可求出固定端的弯矩、轴力和剪力：

$$\begin{cases} F_x^{\mathrm{ext}} = -F_x^{\mathrm{int}} \\ F_y^{\mathrm{ext}} = -F_y^{\mathrm{int}} \\ F_z^{\mathrm{ext}} = -F_z^{\mathrm{int}} \end{cases}$$

$$\begin{cases} M_x^{\mathrm{ext}} = -M_x^{\mathrm{int}} \\ M_y^{\mathrm{ext}} = -M_y^{\mathrm{int}} \\ M_z^{\mathrm{ext}} = -M_z^{\mathrm{int}} \end{cases} \tag{3.1.4}$$

计算发现，悬臂曲梁在恒定荷载的作用下会产生振动。将分析结果与采用非线性有限元(Chan，1996)的分析结果进行对比，两者结果非常相近，如图 3.1.21 所示。

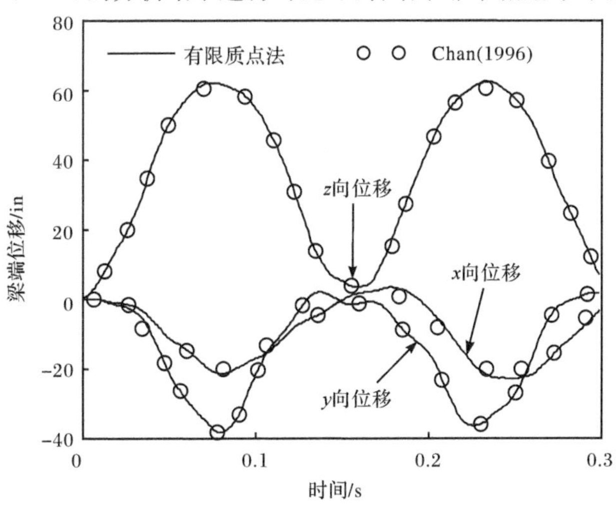

图 3.1.21　自由端受竖向集中荷载的悬臂曲梁自由端位移变化

3.1.6 半刚性刚架的大变形分析

1. 半刚性节点单元

本节采用零长度弹簧单元模拟半刚性节点。设梁柱节点 C 为半刚性节点，则该节点用一个半刚弹簧单元模拟，如图 3.1.22 所示。该单元包含两个具有相同坐标的质点 A 和 B，质点坐标即为该处半刚性节点的坐标，每个质点的质量和惯性矩为该处节点质量和惯性矩的 1/2。两质点间的单元长度 l 为 0，质量为 0。质点 A 和 B 的相互转动由弹簧约束。半刚性节点处的内力转角关系为

$$M = k_{AB}\theta_{r} \tag{3.1.5}$$

式中，M 为约束弯矩；k_{AB} 为半刚性节点弹簧刚度；θ_r 为质点 A 和 B 之间的相对转动。计算中，θ_r 取质点 A 和 B 转角位移的差。节点 C 处采用 A、B 两质点计算质点力，根据 A、B 间转角位移求得约束弯矩 Δm 后，对质点 A、B 的弯矩进行修正。然后对质点 A、B 的水平和竖直方向位移进行修正。将质点 A、B 的水平和竖直方向的内力分别相加，重新计算 A、B 点的水平和竖直方向位移，并用该位移进行下一步单元力的计算。

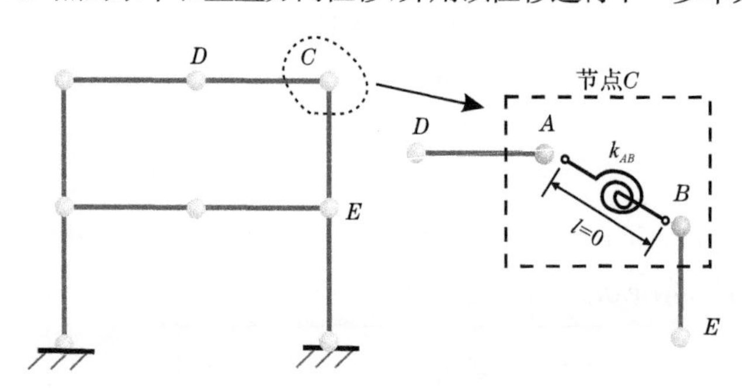

图 3.1.22　半刚性节点零长度弹簧单元

2. 非线性弹簧模型

采用线性弹簧模型时，式(3.1.5)中的 k_{AB} 取为常数。采用非线性弹簧模型时，k_{AB} 根据转角的变化而变化。本例采用 Richard-Abbott 四参数非线性模型模拟半刚性节点处的非线性内力位移关系。Richard-Abbott 四参数模型(Richard and Abbott，1975)定义为

$$M = \frac{(R_{ki} - R_{kp})\,|\theta_r|}{\left[1 + \left|\dfrac{(R_{ki} - R_{kp})\,|\theta_r|}{M_0}\right|^{n}\right]^{\frac{1}{n}}} + R_{kp}\,|\theta_r| \tag{3.1.6}$$

式中，M 和 θ_r 分别为半刚性节点处的弯矩和转角；n 为定义模型形状的参数；R_{ki} 为初始节点刚度；R_{kp} 为应变强化刚度；M_0 为参考弯矩。

框架的荷载和尺寸如图 3.1.23 所示。弹性模量 $E=206\text{GPa}$。考虑结构的初始几何缺陷为 $\psi=1/450$(表示初始顶部侧移为框架高度的 1/450)。水平荷载为正弦荷载,$F_1(t)=10.23\sin(\omega t)$,$F_2(t)=20.44\sin(\omega t)$。Richard-Abbott 四参数模型参数为:$n=1.6$,$R_{ki}=12336.86\text{kN}\cdot\text{m/rad}$,$R_{kp}=112.97\text{kN}\cdot\text{m/rad}$,$M_0=96.03\text{kN}\cdot\text{m}$。当 $\omega=1.66\text{rad/s}$ 时(频率接近框架基频),框架顶层的荷载位移曲线如图 3.1.24 所示,节点 C 的弯矩转角曲线如图 3.1.25 所示,结果与采用有限单元法的分析结果(Nguyen and Kim,2013)吻合得较好。该节点的滞回曲线饱满,与经典半刚性节点试验的曲线相近,体现了非线性半刚性节点在循环荷载下良好的耗能能力。模拟结果表明,半刚性节点的性能与刚性节点的性能差异较大,设计中应充分考虑节点刚性对结构行为的影响。另外,非线性半刚性与线性半刚性模型的模拟结果差异较大,因此合理考虑半刚性节点本身的刚度模型会对结构行为产生较大影响。

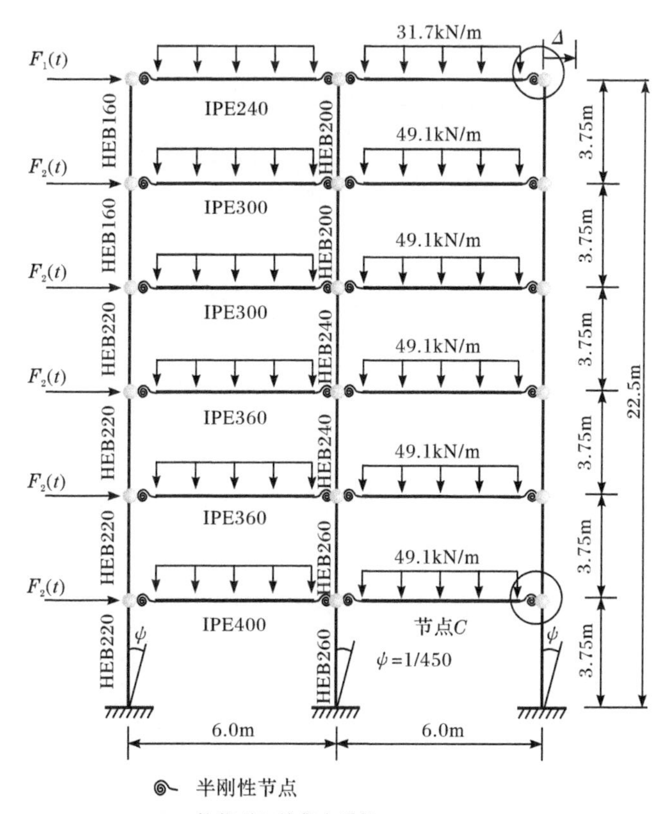

图 3.1.23　六层两跨半刚性框架

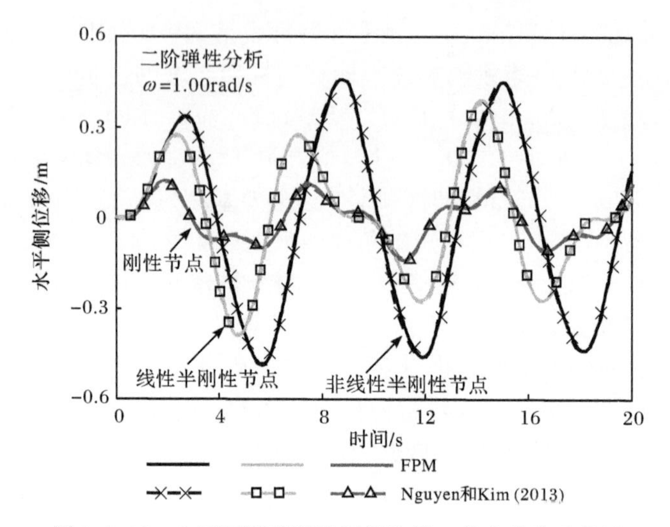

图 3.1.24　六层两跨半刚性框架位置 Δ 处荷载位移曲线

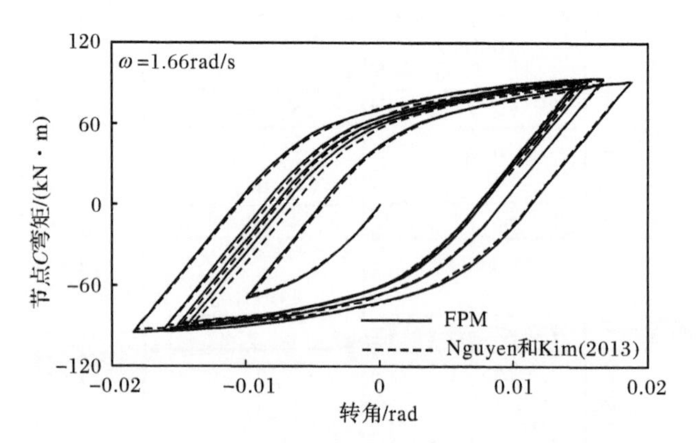

图 3.1.25　六层两跨半刚性框架节点 C 处滞回曲线

3.2　杆梁弹塑性问题求解

有限单元法在处理弹塑性问题时，结构进入塑性后，需要对刚度矩阵进行修正，并迭代求解非线性方程。而在有限质点法中，结构的弹塑性行为仅与单元内力的求解相关。与采用有限质点法进行弹性分析相比，弹塑性分析仅会改变质点内力的求解，并不影响质点运动方程的建立和求解，因此问题的本质并没有改变。

有限质点法进行弹塑性分析的思路如下：在结构分析过程中，根据单元的屈服条件判断单元的应力状态，然后按照弹塑性模型在不同应力状态下的应力增量计算方法求解该途径单元的内力增量，最后将单元内力叠加到相应质点上。由此可见，该方法在处理弹塑性问题时，除需采用屈服方程判断单元应力状态，以及采用弹塑性模型计算单元内力外，其他的求解流程均不变。

3.2.1　杆梁弹塑性计算理论

弹塑性定律是与路径相关的，大部分外力功消耗在材料不可逆的塑性变形中。因此，弹塑性材料对外部作用的反应与整个变形的历史有关。塑性发展规律、应力-应变关系函数、屈服条件、强化法则、加/卸载准则等塑性力学理论是进行结构和固体弹塑性分析的基础（徐秉业和刘信声，1995）。其中，通过材料试验得到的应力-应变关系曲线一般可以用简化的数学模型来代替，如理想弹塑性模型、双线性强化模型、幂次强化模型等。有限质点法弹塑性计算一般性的本构关系、积分算法和流程见附录 D。

1. 简单弹塑性模型

1) 理想弹塑性模型[图 3.2.1(a)]

理想弹塑性模型的变形规律用应力表示为

$$|\sigma| < \sigma_y, \quad 则\ \varepsilon = \sigma/E, \quad 弹性阶段 \tag{3.2.1a}$$

$$|\sigma| = \sigma_y, \quad \sigma d\sigma = 0, \quad 则\ \varepsilon = \sigma/E + \lambda \mathrm{sign}\sigma, \quad 塑性加载 \tag{3.2.1b}$$

$$|\sigma| = \sigma_y, \quad \sigma d\sigma < 0, \quad 则\ d\varepsilon = d\sigma/E, \quad 塑性卸载 \tag{3.2.1c}$$

式中，σ_y 为屈服应力；E 为弹性模量；λ 为一个参数，$\lambda \geqslant 0$，而

$$\mathrm{sign}\sigma = \begin{cases} +1, & \sigma > 0 \\ 0, & \sigma = 0 \\ -1, & \sigma < 0 \end{cases} \tag{3.2.2}$$

用应变表示的加载准则为

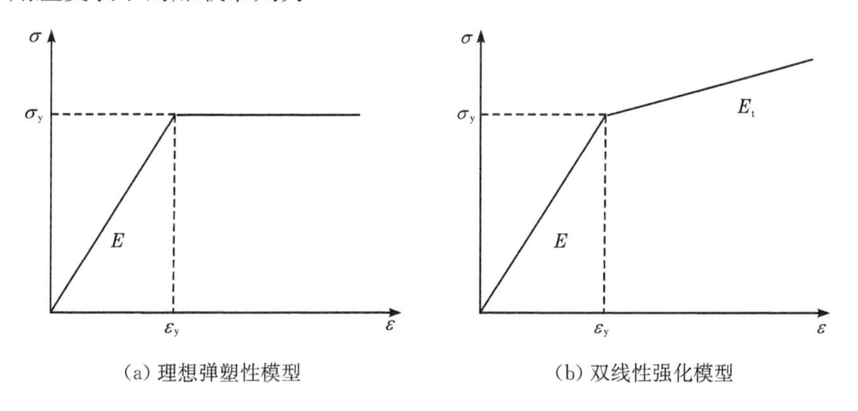

(a) 理想弹塑性模型　(b) 双线性强化模型

图 3.2.1　应力-应变简化模型

$$|\varepsilon| \leqslant \varepsilon_y, \qquad 则\ \sigma = E\varepsilon, \qquad 弹性阶段 \tag{3.2.3a}$$

$$|\varepsilon| > \varepsilon_y, \quad \sigma d\varepsilon > 0, \quad 则\ \sigma = \sigma_s \mathrm{sign}\varepsilon, \qquad 塑性加载 \tag{3.2.3b}$$

$$|\varepsilon| > \varepsilon_y, \quad \sigma d\varepsilon < 0, \quad 则\ d\sigma = E d\varepsilon, \qquad 塑性卸载 \tag{3.2.3c}$$

式中，ε_y 为屈服应变；σ_s 为塑性加载时的应力。

2）双线性强化模型[图 3.2.1(b)]

双线性强化模型的变形规律用应力表示为

$$|\sigma| \leqslant \sigma_y, \qquad 则\ \varepsilon = \sigma/E, \qquad 弹性阶段 \tag{3.2.4a}$$

$$|\sigma| > \sigma_y, \quad \sigma d\sigma > 0, \quad 则\ \varepsilon = \frac{\sigma}{E} + (|\sigma| - \sigma_y)\left(\frac{1}{E_t} - \frac{1}{E}\right)\mathrm{sign}\sigma, \quad 塑性加载 \tag{3.2.4b}$$

$$|\sigma| > \sigma_y, \quad \sigma d\sigma < 0, \quad 则\ d\varepsilon = d\sigma/E, \qquad 塑性卸载 \tag{3.2.4c}$$

或

$$|\varepsilon| \leqslant \varepsilon_y, \qquad 则\ \sigma = E\varepsilon, \qquad 弹性阶段 \tag{3.2.5a}$$

$$|\varepsilon| > \varepsilon_y, \quad \sigma d\varepsilon > 0, \quad 则\ \sigma = [\sigma_s + E_t(|\varepsilon| - \varepsilon_y)]\mathrm{sign}\varepsilon, \qquad 塑性加载 \tag{3.2.5b}$$

$$|\varepsilon| > \varepsilon_y, \quad \sigma d\varepsilon < 0, \quad 则\ d\sigma = E d\varepsilon, \qquad 塑性卸载 \tag{3.2.5c}$$

式中，E_t 为强化段的弹性模量。

当材料受压产生反向屈服时，常采用等向强化模型和随动强化模型反映材料受压的应力应变情况。

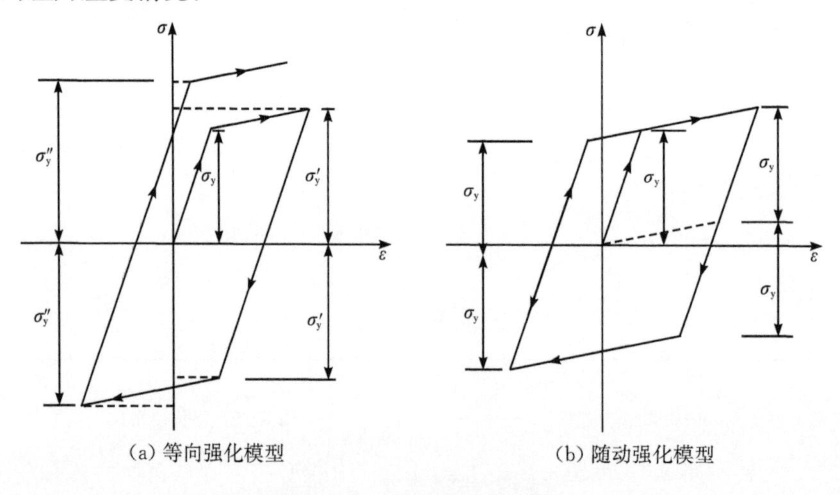

图 3.2.2　双线性强化模型

等向强化模型认为拉伸时的强化屈服强度和压缩时的强化屈服强度总是相等的，如图 3.2.2(a)所示，其表达式为

$$|\sigma| = \psi\left(\int |\mathrm{d}\varepsilon^{\mathrm{p}}|\right) \tag{3.2.6}$$

式中，$\int |\mathrm{d}\varepsilon^{\mathrm{p}}|$ 表示塑性应变按绝对值进行累积，无论其为拉伸还是压缩都会使屈服强度提高。

随动强化模型认为弹性的范围不变，如图 3.2.2(b)所示，随动线性强化的表达式为

$$|\sigma - E\varepsilon^{\mathrm{p}}| = \sigma_{\mathrm{y}} \tag{3.2.7}$$

2. 应力增量计算

本节以双线性等向强化模型为例，进行弹塑性分析时应力增量求解的推导。对于理想弹塑性模型的应力增量计算，与双线性等向强化模型的求解过程类似。区别在于理想弹塑性模型 $E_{\mathrm{t}}=0$，求解中屈服强度不变(无应变强化)，只需记录卸载时的屈服应变，增量求解过程更为简化，推导过程不再赘述。

图 3.2.3 为分析采用的双线性等向强化弹塑性模型。假设两连续时间点 t 和 $t+\Delta t$ 时刻，已知 t 时刻的应力 σ^{t} 和应变 ε^{t} 以及两点间的应变增量 $\Delta\varepsilon$，推导两点的应力增量表达式。在计算过程中可按照加卸载阶段的不同将应力增量求解划分为四个状态：弹性阶段加卸载、弹性到塑性加载、塑性阶段加载、塑性阶段卸载。

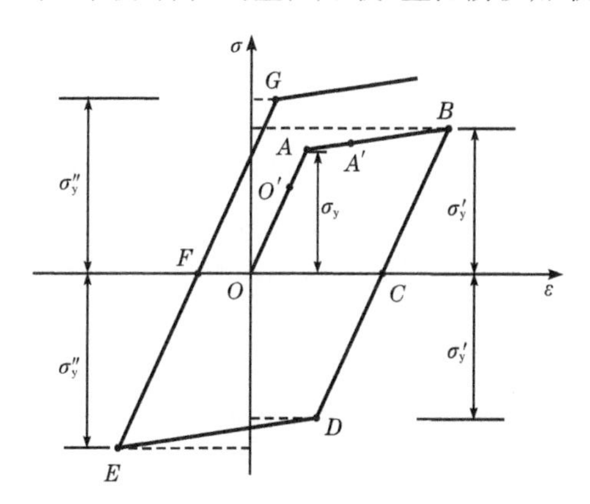

图 3.2.3 双线性等向强化弹塑性模型

1) 弹性阶段加卸载

弹性阶段为图 3.2.4 的 OA 段。材料在此阶段加卸载应力-应变关系均满足胡克定律，应力增量表达为

$$\Delta\sigma = E\Delta\varepsilon \tag{3.2.8}$$

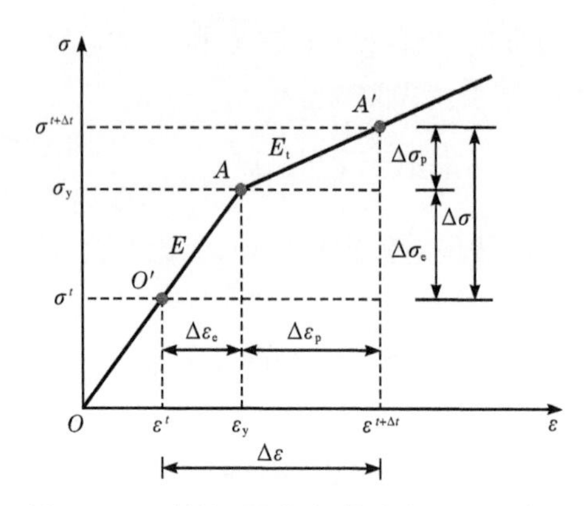

图 3.2.4 弹性到塑性加载应力增量的求解

2) 弹性到塑性加载

若材料经过应变增量 $\Delta\varepsilon$ 的变化后，应力由 O' 点变化到 A' 点，则材料经过了由弹性到塑性的加载。应力增量的求解如图 3.2.4 所示。可将应力和应变增量分为弹性部分和塑性部分分别求解：

$$\Delta\sigma = \Delta\sigma_e + \Delta\sigma_p = E\Delta\varepsilon_e + E_t\Delta\varepsilon_p \tag{3.2.9}$$

式中，$\Delta\varepsilon_e=\varepsilon_y-\varepsilon^t$，$\Delta\varepsilon_p=\Delta\varepsilon-\varepsilon_y+\varepsilon^t$。

3) 塑性阶段加载

材料在图 3.2.3 所示的 AB 段或 DE 段进行的加载为塑性阶段加载，应力增量应按照强化阶段的弹性模量计算：

$$\Delta\sigma = E_t\Delta\varepsilon \tag{3.2.10}$$

4) 塑性阶段卸载

材料在图 3.2.3 所示的 B 点或 E 点发生卸载为塑性阶段卸载。由于采用等向强化模型，塑性卸载时的应力和应变成为新的屈服强度 σ_y' 和屈服应变 ε_y'。塑性阶段发生卸载后，材料进入 BD 弹性阶段。在 BD 阶段加卸载的方向与弹性阶段相同，仍可采用式(3.2.8)进行计算。若材料在 BD 段再次加载至塑性阶段，则应力增量应按照弹性加载至塑性的应力增量式(3.2.9)计算，但应根据进入塑性的方向采用新的屈服应变和屈服应力(屈服强度)，如图 3.2.5 所示。若材料发生正向屈服，如图 3.2.5(a)中 B' 加载到 B''，则新的屈服应变为

$$\varepsilon_y' = \varepsilon_y + \frac{\sigma_y' - \sigma_y}{E_t} \tag{3.2.11a}$$

若材料发生反向屈服，图 3.2.5(b)中 D' 加载到 D''，则新的屈服应变为

$$\varepsilon_y'' = \varepsilon_y' - \frac{2\sigma_y'}{E} \tag{3.2.11b}$$

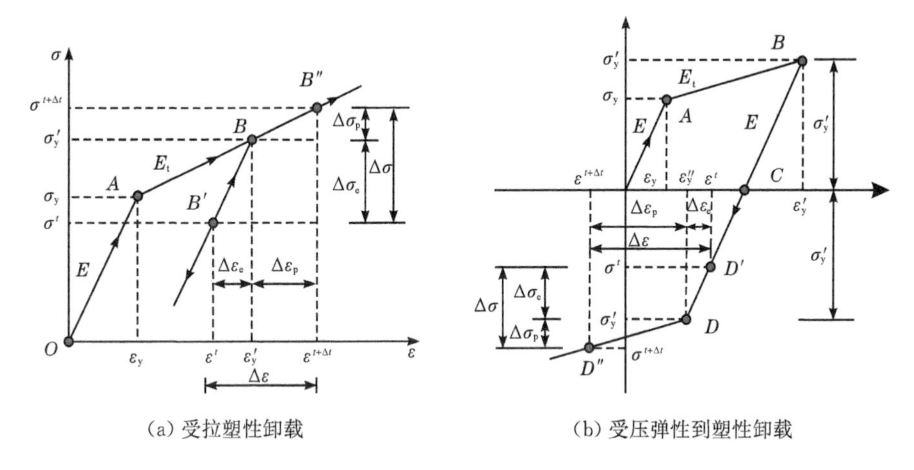

(a) 受拉塑性卸载　　(b) 受压弹性到塑性卸载

图 3.2.5　双线性等向强化弹塑性模型塑性阶段卸载

3. 屈服条件

材料发生塑性变形时的应力状态可以表示成一个屈服条件，该屈服条件将应力分量与用应力或应变能表示出的极限条件相关联(Strong and Yu，1993)。例如，Tresca 准则与最大剪应力相对应，而 von Mises 屈服准则与最大偏应变能相对应。屈服条件既是弹性响应应力状态的上界，又是塑性变形起始时的应力。单元的屈服条件是单元进入塑性的判定准则，也是求解单元交互作用下应力状态的准则。

在弹塑性理论中，对于细长构件的拉力 N、剪力 Q、扭矩 T 和弯矩 M 的应力合成方法是与连续体内应力分量的合成类似的，有时称为广义应力 Q_a。细长构件的屈服条件通常可以表示成应力合力的屈服函数 $\Psi_e(Q_a)=0$，它是一个关于弹性行为广义应力各分量最大值的方程。

若整个截面应力为弹性，则

$$\Psi_e(Q_a) < 0 \tag{3.2.12a}$$

若截面中部分弹性部分塑性，则

$$\Psi_e(Q_a) > 0 \tag{3.2.12b}$$

若材料是理想弹塑性的，广义应力渐进地趋向于一个极限，即完全塑性应力条件(对全截面进入屈服应力状态的判断)，则

$$\Psi_p(Q_a) = 0 \tag{3.2.12c}$$

单元的屈服条件和完全塑性应力条件几乎总是选用同一组广义应力来表示，是在应力空间内的极限曲面。本节对细长构件的分析采用塑性铰概念作为单元的弹塑性物理模型，即假定截面塑性开展非常迅速，截面一旦进入塑性，就认为全

截面都进入塑性。因此，作为对计算的简化，只利用屈服条件判断截面的应力状态，不再涉及完全塑性条件的判断。不同交互作用下的单元屈服条件如下。

1）承受轴力和弯矩的屈服条件

承受轴力 N 和弯矩 M 的一个截面，屈服条件为

$$\Psi_e = \frac{|M|}{M_Y} + \frac{|N|}{N_Y} - 1 \tag{3.2.13}$$

式中，M_Y 和 N_Y 分别为构件外侧纤维初始屈服时的弯矩和轴力。

2）承受轴力和剪力的屈服条件

如果构件除承受轴力或弯矩作用外，还承受剪力或扭矩的作用，则截面上有法向和切向应力分量，相应的屈服准则应包含这两个应力分量。由 von Mises 屈服准则给出：

$$\sigma_y = \sqrt{\sigma^2 + 3\tau^2} \tag{3.2.14}$$

式中，σ 为正应力；τ 为剪应力；σ_y 为屈服强度。

若轴力或剪力中有一个为 0，则屈服应力合力为

$$N_Y = \pm \sigma_y A \tag{3.2.15a}$$

$$Q_Y = \pm \sigma_y A / \sqrt{3} \tag{3.2.15b}$$

将方程(3.2.14)两端除以 σ_y^2，那么屈服准则可以用无量纲广义应力表示为

$$\tilde{n} = N/N_Y \tag{3.2.16a}$$

$$\tilde{q} = Q/Q_Y \tag{3.2.16b}$$

$$\Psi_e = \tilde{n}^2 + \tilde{q}^2 - 1 \tag{3.2.16c}$$

由式(3.2.16)，剪应力的存在使轴向屈服应力减小为

$$\sigma_Y = \frac{\sigma_y}{\sqrt{1 - \tilde{q}^2}} \tag{3.2.17}$$

3）承受轴力、剪力和弯矩的屈服条件

用式(3.2.17)中的因子折减法向应力，则剪力效应就可以近似地纳入轴力和弯矩的屈服条件内。对式(3.2.13)进行修正，得到含有剪力的屈服条件为

$$\Psi_e = \frac{|\tilde{m}| + |\tilde{n}|}{\sqrt{1 - \tilde{q}^2}} - 1 \tag{3.2.18}$$

式中，$\tilde{m} = |M|/M_Y$。

4）承受扭矩和弯矩的屈服条件

在一个弹性截面内，弯矩 M 给出了与中性轴距离为 z 的纤维中的法向应力 σ，该应力随截面处梁的曲率 κ 而变化。类似地，扭矩 T 给出了与形心距离为 γ 的纤维中的剪应力 τ。在弹性范围内扭矩随着轴向转角率 ϑ 变化。对于弹性杆件，有

$$\frac{\sigma}{z} = \frac{M}{I} = E\kappa \tag{3.2.19a}$$

$$\frac{\tau}{\gamma}=\frac{T}{J}=G\vartheta \tag{3.2.19b}$$

式中，E 为弹性模量；G 为剪切模量；I 为截面惯性矩；J 为极惯性矩。

对于半径为 a 的圆形截面，最大应力发生在与弯曲中性轴和转动中性轴距离均为 a 的最外层纤维内。若只有一个应力合力作用于截面，则

$$M_{\mathrm{Y}}=\pm\frac{\sigma_{\mathrm{Y}}I}{a} \tag{3.2.20a}$$

$$T_{\mathrm{Y}}=\pm\frac{\sigma_{\mathrm{Y}}J}{\sqrt{3}a} \tag{3.2.20b}$$

对于弯矩和剪力共同作用的情况，由式(3.2.16)和式(3.2.20)给出了圆形截面最外层纤维发生屈服的条件为

$$\Psi_{\mathrm{e}}=\left(\frac{M}{M_{\mathrm{Y}}}\right)^2+\left(\frac{T}{T_{\mathrm{Y}}}\right)^2-1 \tag{3.2.21}$$

5) 承受轴力和扭矩的屈服条件

对于一个同时受轴力和扭矩的圆形截面，屈服条件类似于式(3.2.21)的推导。由式(3.2.14)、式(3.2.15a)和式(3.2.20b)，截面最外层纤维的屈服条件为

$$\Psi_{\mathrm{e}}=\left(\frac{N}{N_{\mathrm{Y}}}\right)^2+\left(\frac{T}{T_{\mathrm{Y}}}\right)^2-1 \tag{3.2.22}$$

6) 承受轴力、扭矩和弯矩的屈服条件

综合式(3.2.13)、式(3.2.21)和式(3.2.22)，由 von Mises 屈服准则得到的屈服条件为

$$\Psi_{\mathrm{e}}=\left(\frac{N}{N_{\mathrm{Y}}}\pm\frac{M}{M_{\mathrm{Y}}}\right)^2+\left(\frac{T}{T_{\mathrm{Y}}}\right)^2-1 \tag{3.2.23}$$

3.2.2　三杆平面桁架的弹塑性分析

图 3.2.6 所示的三杆平面桁架受竖直力向下荷载 P 作用，各杆截面面积相同，弹性阶段弹性模量为 E，双线性强化模型强化阶段的切线模量 E_{t}，屈服强度 σ_{y}，BD 杆的长度为 l。

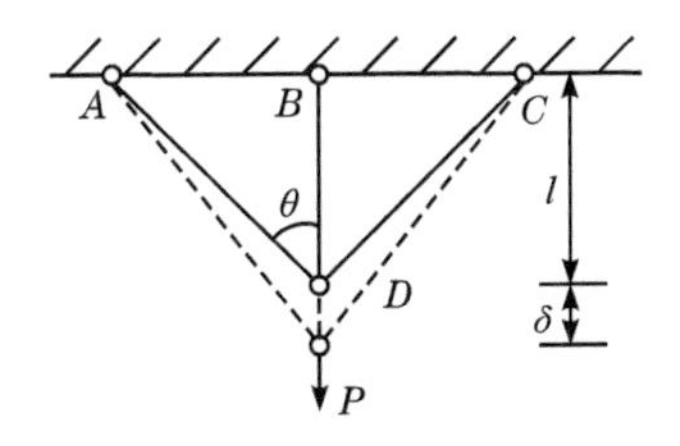

图 3.2.6　三杆平面桁架

若采用理想弹塑性模型，则 D 点的荷载位移理论解为

当 $P \leqslant P_e$ 时，

$$P = \frac{EA(1 + 2\cos^3\theta)\delta}{l} \tag{3.2.24a}$$

当 $P_e < P \leqslant P_y$ 时，

$$P = \sigma_y A + \frac{2EA(\cos^3\theta)\delta}{l} \tag{3.2.24b}$$

当 $P > P_y$ 时，

$$P = P_y \tag{3.2.24c}$$

式中，$P_e = \sigma_y A(1 + 2\cos^3\theta)$，$P_y = \sigma_y A(1 + 2\cos\theta)$。

若采用双线性强化模型，则 D 点的荷载位移理论解为

当 $P \leqslant P_e$ 时，

$$P = \frac{EA(1 + 2\cos^3\theta)\delta}{l} \tag{3.2.25a}$$

当 $P_e < P \leqslant P_y$ 时，

$$P = \sigma_y A + E_t A\left(\frac{\delta}{l} - \frac{\sigma_y}{E}\right) + 2EA\cos^3\theta\left(\frac{\delta}{l}\right) \tag{3.2.25b}$$

当 $P > P_y$ 时，

$$P = \sigma_y A + E_t A\left(\frac{\delta}{l} - \frac{\sigma_y}{E}\right) + 2\sigma_y A\cos\theta + 2E_t A\cos\theta\left(\frac{\delta\cos^2\theta}{l} - \frac{\sigma_y}{E}\right) \tag{3.2.25c}$$

式中，$P_e = \sigma_y A(1 + 2\cos^3\theta)$，$P_y = \sigma_y A\left(1 + 2\cos\theta + \frac{E_t\tan^2\theta}{E}\right)$。

采用有限质点法进行分析，取弹性阶段 $E = 206\text{GPa}$，双线性强化模型强化阶段 $E_t = 20.6\text{GPa}$，屈服强度 $\sigma_y = 235\text{MPa}$，BD 杆长度 $l = 1\text{m}$，密度 $\rho = 7850\text{kg/m}^3$，时间步长 $\Delta t = 1 \times 10^{-5}\text{s}$。对结构进行缓慢加载，$\Delta P = \Delta t$（单位：N）。取 $\theta = 30°$ 和 $45°$ 两种结构形式，采用理想弹塑性模型和双线性强化模型分别进行求解，并将结果化成无量纲曲线与理论解进行对比。

采用理想弹塑性模型时，当 $\theta = 30°$，$\delta_y/\delta_e = 1.33$ 时，$P_y/P_e = 1.19$；而当 $\theta = 45°$，$\delta_y/\delta_e = 2$ 时，$P_y/P_e = 1.41$。结果表明，$\theta = 45°$ 时的结构承载力高于 $\theta = 30°$，且屈服前的变形较大。采用双线性强化模型时，也有类似的理论分析结果。

由图 3.2.7 和图 3.2.8 可见，有限质点法的分析结果与理论解非常接近。但是图中理想弹塑性模型各杆均进入塑性后，荷载位移曲线的 FPM 解比理论解略高，原因是实际分析中持续对结构进行加载，结构全部进入塑性后，即使有很小的荷载增量，也能使结构产生很大的应变，而理论解不考虑结构完全塑性后的加载，因此这种微小差异是合理的。

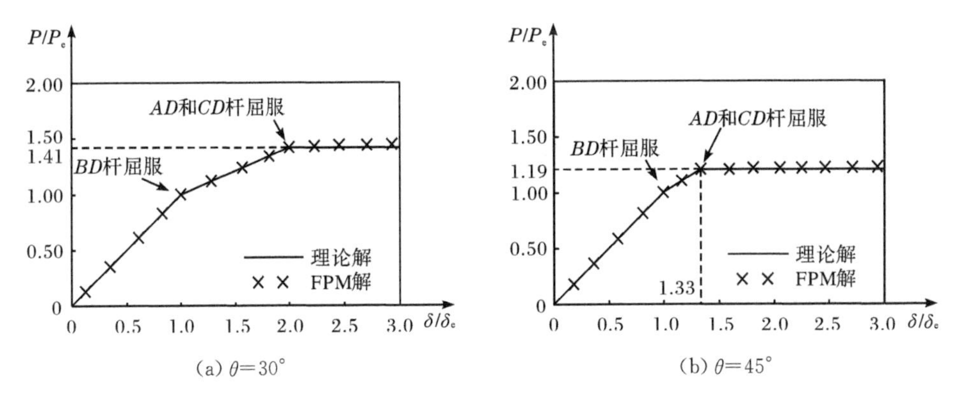

图 3.2.7　三杆平面桁架采用理想弹塑性模型分析时的荷载-位移曲线

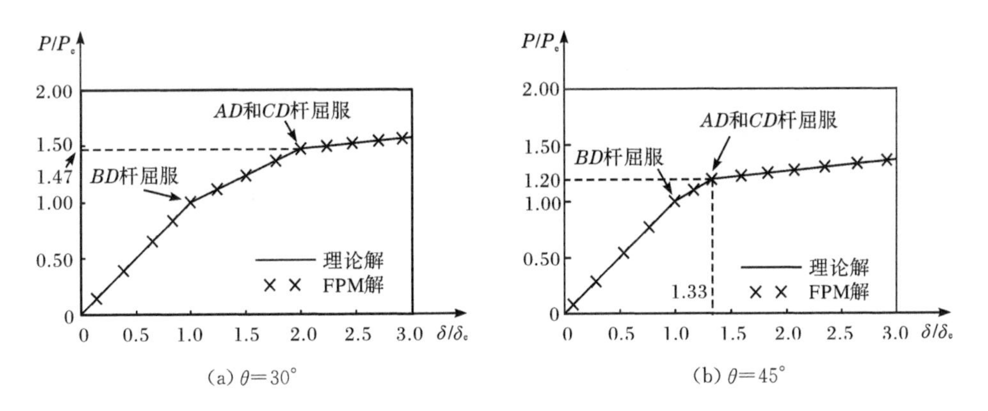

图 3.2.8　三杆平面桁架采用双线性强化模型分析时的荷载-位移曲线

3.2.3　四杆空间桁架的弹塑性分析

图 3.2.9 所示空间桁架由四根 W14×82(W 型钢)的杆件构成，采用理想弹塑性模型分析其受力点的荷载-位移曲线。各构件的截面面积相同，$A=155.48\text{cm}^2$，$I_x=36720.52\text{cm}^4$，$I_y=6173.65\text{cm}^4$，惯性半径 $i_x=15.38\text{cm}$，$i_y=6.31\text{cm}$，弹性模量 $E=200\text{GPa}$，屈服强度 $\sigma_y=250\text{MPa}$，密度 $\rho=7850\text{kg/m}^3$。分析中构件的极限强度按照美国桥梁设计规范(AASHTO,1998)选取。

构件受拉时，有

$$\sigma_u=\varphi\sigma_y \tag{3.2.26}$$

构件受压时，有

$$\lambda\leqslant 2.25,\quad 则\ \sigma_u=\varphi\,0.66^{\lambda}\sigma_y \tag{3.2.27a}$$

$$\lambda>2.25,\quad 则\ \sigma_u=\varphi\frac{0.88}{\lambda}\sigma_y \tag{3.2.27b}$$

式中

$$\lambda = \left(\frac{L}{r\pi}\right)^2 \frac{\sigma_y}{E} \tag{3.2.28}$$

其中，r 为截面的惯性半径；L 为构件长度；φ 为强度折减系数，取 1.0。

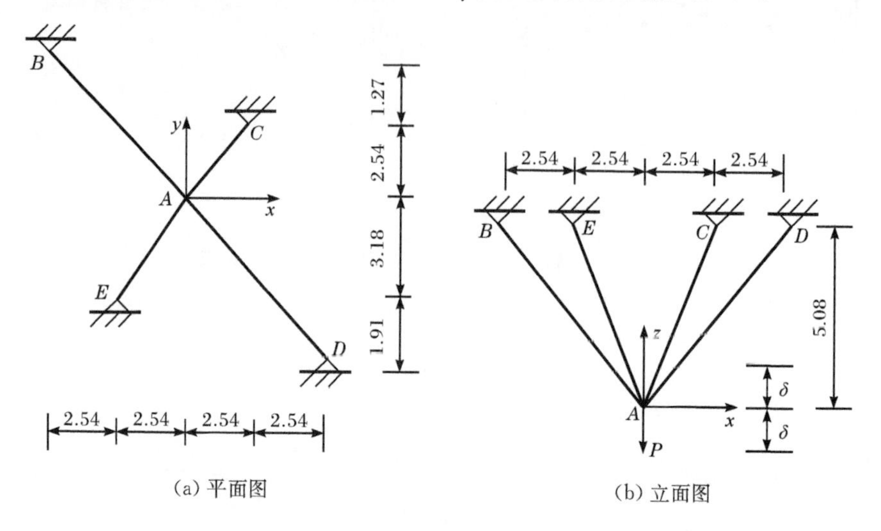

图 3.2.9　四杆空间桁架(单位:m)

对结构沿 z 轴向上及向下缓慢加载，分析中取 $\Delta t = 1\times10^{-5}$s，荷载增量 $\Delta P = \Delta t$(单位:kN)。将分析结果与 Kim 等(2001)的分析结果进行对比，如图 3.2.10 所示。有限质点法分析给出的结构构件屈服顺序与 Kim 等(2001)的结果相同，各构件屈服时外荷载的差异最大为 1.2%。美国桥梁设计规范中考虑了压杆失稳的问题，因此结构受压承载力明显低于受拉承载力。

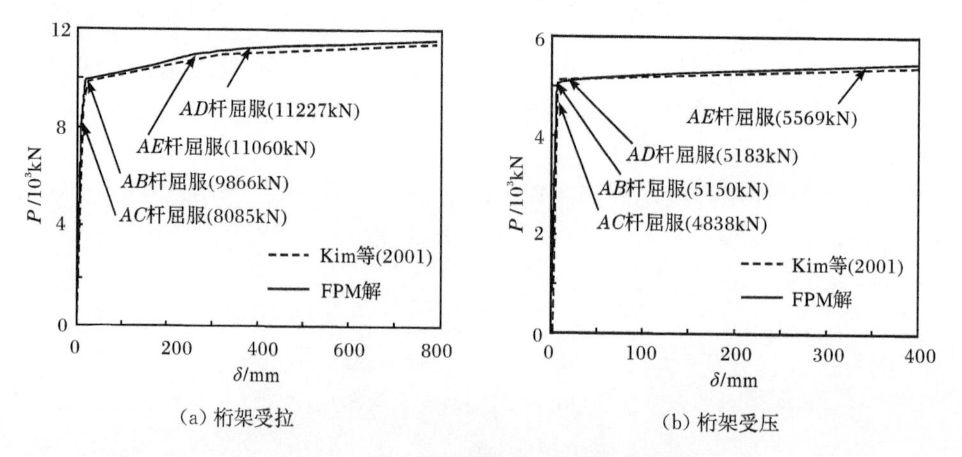

图 3.2.10　四杆空间桁架 A 点荷载-位移曲线

3.2.4　平面悬臂梁的弹塑性分析

图 3.2.11 所示的悬臂梁，长 5in，矩形断面高 0.5in，宽 0.1in。采用双线性强化模型分析悬臂梁在自由端竖向力下的弹塑性行为。材料参数如下：弹性阶段 $E=3\times10^7$ psi，双线性模型强化阶段 $E_t=1\times10^6$ psi，屈服强度 $\sigma_y=3\times10^4$ psi。为与文献对比，悬臂梁采用五个平面梁单元进行模拟，分析时间步长 $\Delta t=1\times10^{-4}$ s，荷载增量 $\Delta P=10\Delta t$（单位：lb）。本结构以受弯为主，分析时采用式(3.2.13)为构件的屈服条件。

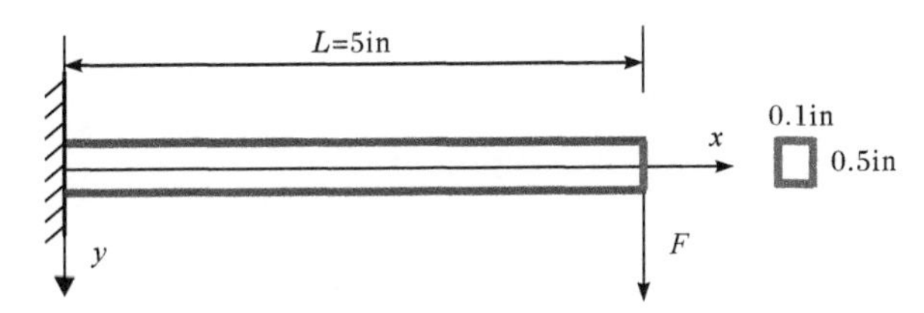

图 3.2.11　自由端受集中力的悬臂梁

将有限质点法的分析结果与有限单元法(Tang et al.，1980；Yang and Saigal，1984)的结果进行对比，两者非常接近，如图 3.2.12 和图 3.2.13 所示。荷载 $F=27$lb 时，悬臂梁固定端外侧纤维首先进入屈服，然后悬臂梁各段陆续屈服，进入软化阶段；F 约为 260lb 时，悬臂梁完全屈服。随着梁变形位置的改变，梁内以拉力为主，在轴向拉力和塑性区应变强化的作用下，梁端位移发生刚化。因此自由端的荷载-位移曲线由软化曲线变为强化曲线。

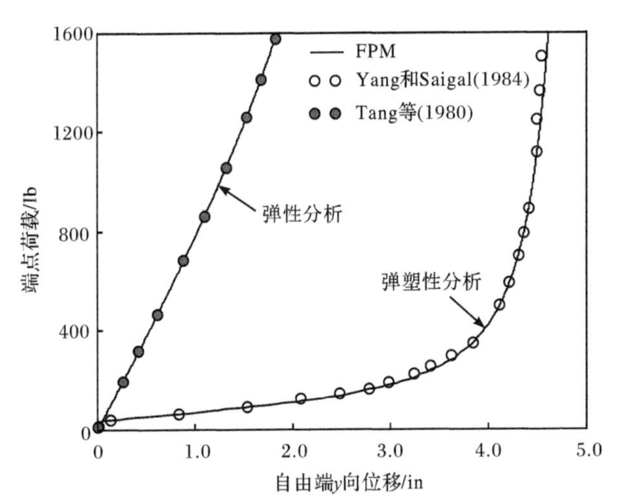

图 3.2.12　悬臂梁自由端的荷载-位移曲线

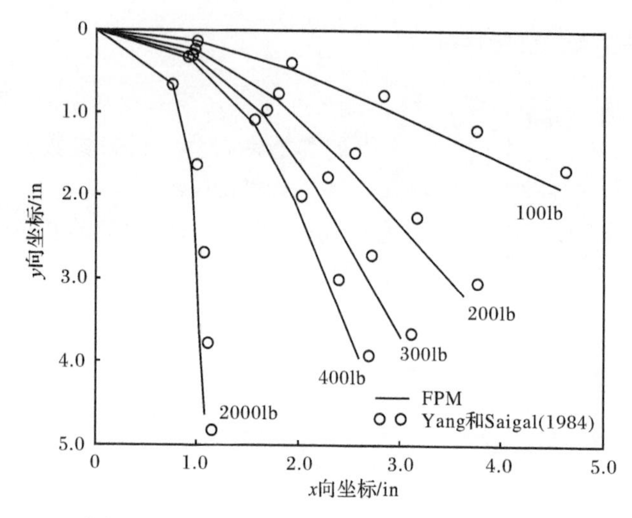

图 3.2.13　自由端受集中荷载的悬臂梁变形图

3.2.5　空间直角刚架的弹塑性分析

图 3.2.14 所示为空间直角刚架，*BD* 段中点作用 *z* 向的力 *F*。本算例采用理想弹塑性模型分析该刚架在力 *F* 作用下的弹塑性行为。刚架长度 $l=10\text{m}$，横截面为边长 0.25m 的正方形。材料参数如下：弹性模量 $E=210\text{GPa}$，屈服强度 $\sigma_y=250\text{MPa}$，剪切模量 $G=80\text{GPa}$。悬臂梁采用 24 个空间梁单元进行模拟，分析时间步长 $\Delta t=1\times10^{-4}\text{s}$，荷载增量 $\Delta P=\Delta t$（单位：N）。

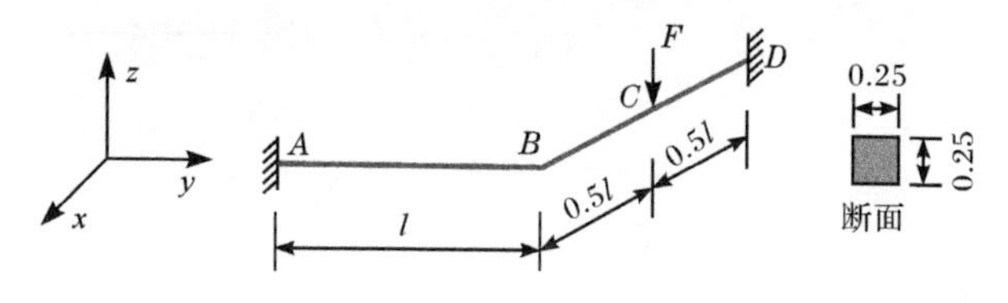

图 3.2.14　空间直角刚架（单位：m）

节点 *B* 的 *z* 向位移与外力 *F* 的无量纲曲线如图 3.2.15 所示。*D* 点首先进入塑性，之后 *A* 点和 *C* 点相继屈服。*A* 点进入塑性后，*B* 点的 *z* 向位移开始迅速增大。采用外刚度法（Turkalj et al.，2004）得到的结构塑性极限无量纲值为 4.997，有限质点法得到的相应值为 4.822，两者相差 3.5%。采用塑性铰模型（Shi and Alturi，1988）模拟结构屈服，结构的屈服过程呈现出多段线的特征。采用塑性区域法（Park and Lee，1996）分析考虑断面的逐渐屈服特征，计算结果接近光滑。通过对比发现，有限质点法采用不考虑截面塑性发展的塑性铰模型，计算精度可以满足工程分析的要求。

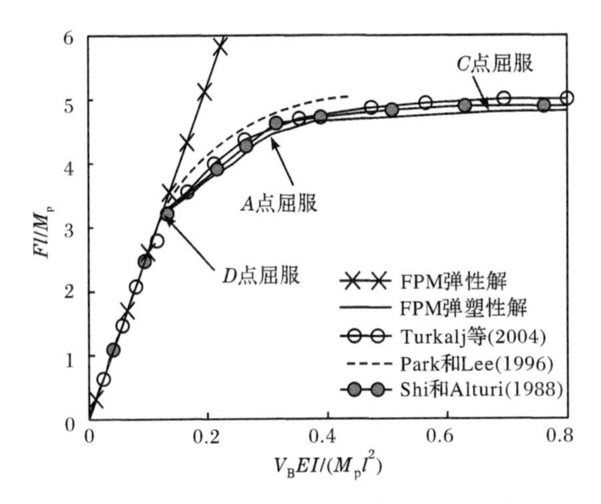

图 3.2.15　空间直角刚架 B 点的无量纲荷载-位移曲线

3.3　结构动力弹塑性分析

结构在循环荷载作用下抗力与变形之间的关系曲线称为滞回曲线。滞回曲线可以反映结构在循环荷载下的刚度、延性、耗能能力等力学性能。滞回环面积的大小可用于衡量结构吸收能量的能力。对结构的滞回性能进行数值模拟研究，就是以结构构件的滞回曲线为基础，对整个结构进行动力弹塑性时程分析，这是目前结构滞回性能数值模拟中较为理想的方法。

3.3.1　结构动力弹塑性问题描述及分析思路

有限质点法具有能够进行动力分析和几何非线性分析的特征，在弹塑性问题分析中需根据弹塑性模型判断单元的应力状态，计算单元内力，但质点运动方程式的建立和求解不变。该方法在进行动力弹塑性分析时，其关键问题是建立结构构件的滞回曲线，确定弹塑性模型在循环荷载下的加卸载判定准则和计算流程。该过程只影响单元内力的求解，并不在本质上加大问题的难度。

3.3.2　弹塑性模型加卸载准则及计算流程

1. 双线性等向强化弹塑性模型加卸载分析流程

本节在 3.2.1 节双线性等向强化弹塑性模型应力增量计算的基础上，推导单根构件在 $t\sim t+\Delta t$ 时段应力加卸载状态的判定准则和计算流程。在计算程序中，为判断应力状态，设置 flag 标志对不同阶段的应力状态进行识别，如图 3.3.1 所示。初始状态 flag=0；弹性加卸载阶段，flag=1；塑性加载阶段，flag=2；塑性卸载阶段，flag=3。应力加卸载状态判断准则和流程如下。

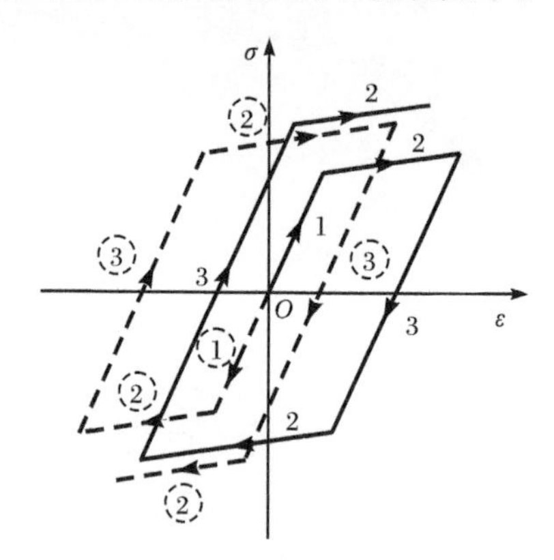

图 3.3.1　双线性强化模型加卸载状态 flag 值

(1) 若 flag=0，则材料在 t 时刻处于初始状态。若 $|\Delta\varepsilon|>0$，则进入弹性阶段，按照弹性阶段式(3.2.8)计算 $\Delta\varepsilon$ 对应的应力增量 $\Delta\sigma$，且 flag=1。

(2) 若 flag=1，则材料在 t 时刻处于弹性阶段，$|\sigma^t|\leqslant\sigma_y$。先按照弹性阶段式(3.2.8)试算 $\Delta\varepsilon$ 对应的应力增量 $\Delta\sigma$ 和 $t+\Delta t$ 时刻的试算应力 $\sigma^{t+\Delta t}$。若 $|\sigma^{t+\Delta t}|\leqslant\sigma_y$，则材料在 $t+\Delta t$ 时刻仍处于弹性阶段，试算正确，flag 值不变。若 $|\sigma^{t+\Delta t}|>\sigma_y$，则说明结构从弹性阶段加载到塑性阶段，应力增量应按照式(3.2.9)计算，且 flag=2。

(3) 若 flag=2，则材料处于塑性加载阶段，$|\sigma^t|>\sigma_y$。若 $\sigma^t>0$ 且 $\Delta\varepsilon>0$，则处于拉伸塑性加载阶段，应力增量由式(3.2.10)得到，flag 值不变；若 $\sigma^t<0$ 且 $\Delta\varepsilon<0$，则处于压缩塑性加载阶段，应力增量由式(3.2.10)得到，flag 值不变。若 $\sigma^t>0$ 且 $\Delta\varepsilon<0$，则材料进入拉伸塑性卸载阶段，按照弹性卸载式(3.2.8)计算，且 flag=3，记录 t 时刻的应力和应变作为新的屈服强度 σ'_y 和屈服应变 ε'_y；若 $\sigma^t<0$ 且 $\Delta\varepsilon>0$，则材料进入压缩塑性卸载阶段，按照弹性卸载式(3.2.8)计算应力增量，且 flag=3，并记录 t 时刻的应力和应变作为新的屈服强度 σ'_y 和屈服应变 ε'_y。

(4) 若 flag=3，则 t 时刻材料处于塑性卸载后的弹性阶段。按照式(3.2.8)试算应力增量。若 $|\sigma^t+\Delta\sigma|\leqslant\sigma'_y$，则材料仍处于塑性卸载的弹性阶段，flag=3；若 $|\sigma^t+\Delta\sigma|>\sigma'_y$，则材料又进入塑性加载阶段，flag=2。如果此时 $\sigma^t>0$，表明材料在拉伸阶段加载发生正向屈服，应力增量由式(3.2.9)得出，采用式(3.2.11a)更新屈服强度和屈服应变。如果 $\sigma^t<0$，表明材料在压缩阶段加载发生反向屈服，应力增量由式(3.2.9)得出，采用式(3.2.11b)更新屈服强度和屈服应变。

双线性等向强化弹塑性模型应力增量计算流程如图 3.3.2 所示。

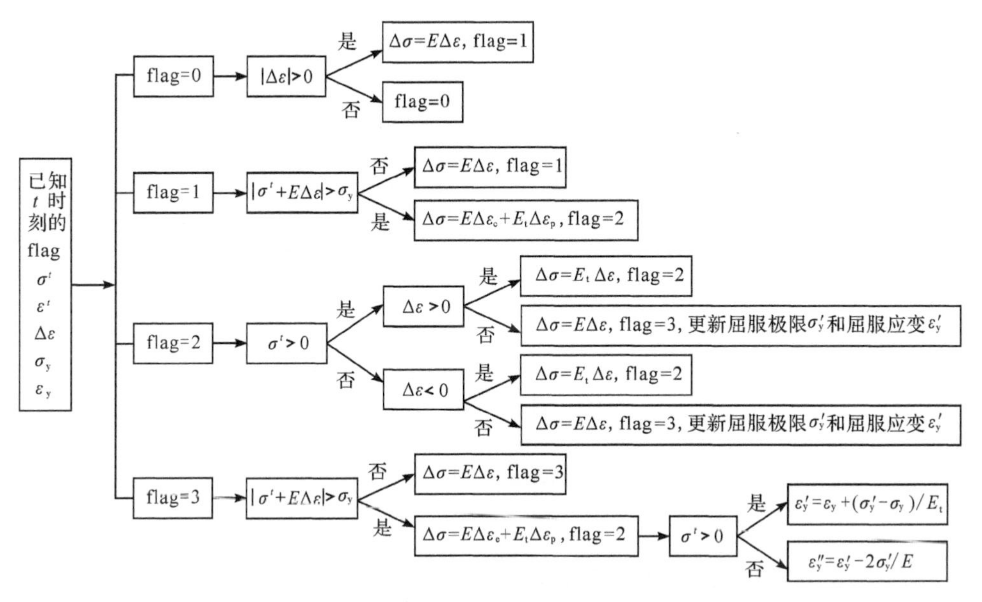

图 3.3.2　双线性等向强化弹塑性模型应力增量计算流程

2. 理想弹塑性模型的应力加卸载计算流程

图 3.3.3 为理想弹塑性模型循环荷载下的加卸载 flag 示意图，其基本流程与双线性等向强化模型的加卸载过程类似。区别在于理想弹塑性模型求解中屈服强度不改变，只需记录卸载时的屈服应变，因此计算流程更为简单，不再赘述。该模型应力计算流程如图 3.3.4 所示。

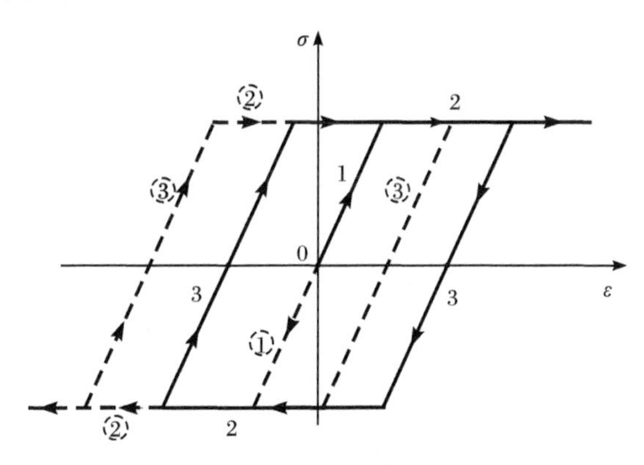

图 3.3.3　理想弹塑性模型循环荷载下的加卸载 flag 示意图

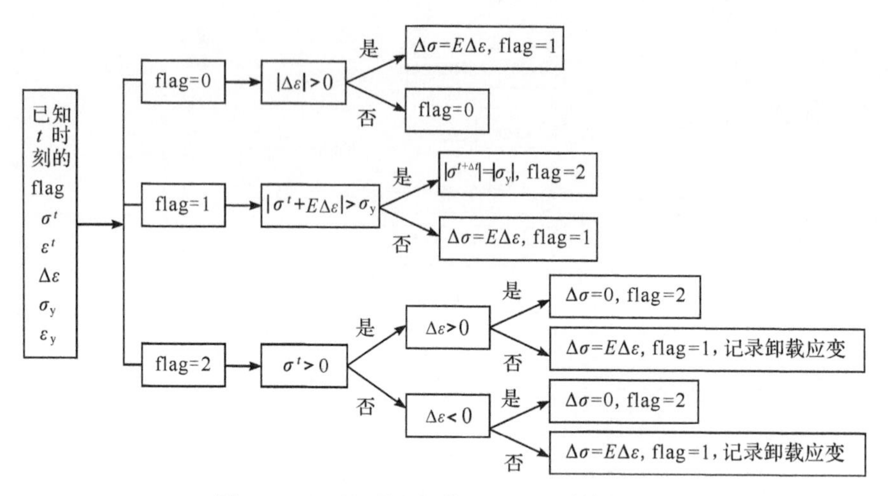

图 3.3.4　理想弹塑性模型应力增量计算流程

3.3.3　柱面网壳滞回性能模拟与分析

本节以图 3.3.5 所示的双层柱面网壳为例，对该结构在周期性荷载作用下的动力弹塑性行为进行模拟和分析。该网壳为上弦支承，所有的构件配置和材料性质相同，截面面积 $A=0.002\text{m}^2$，弹性模量 $E=206\text{GPa}$，屈服强度 $\sigma_y=235\text{MPa}$。选用双线性弹塑性模型，不考虑材料强化，$E_t=0.1E$。在结构所有节点上作用沿 y 轴正向的正弦荷载，如图 3.3.6 所示。该网壳基本周期为 0.56s，取周期为 $T=1\text{s}$ 的正弦荷载，作用时间为 2s。分析中单位时间步长 $\Delta t=1\times10^{-4}\text{s}$，阻尼系数 $\mu=5$。

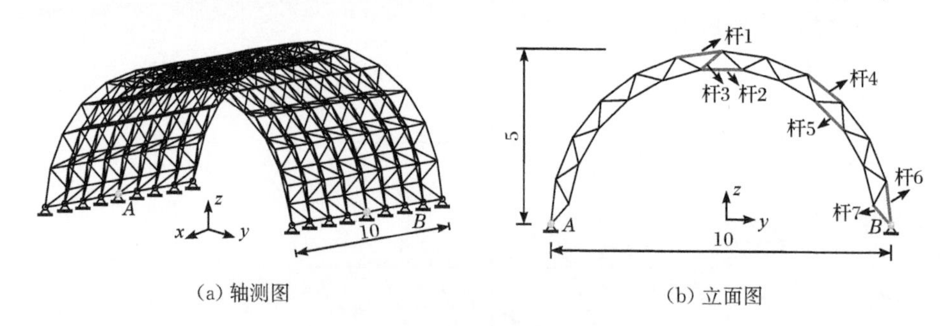

(a) 轴测图　　(b) 立面图

图 3.3.5　双层柱面网壳(单位：m)

结构的变形过程如图 3.3.7 所示，网壳在周期性荷载的作用下做周期性运动。在 $t=0\sim0.5\text{s}$，结构 y 轴正向位移逐渐增大，在结构立面图右侧 1/4 跨处逐渐形成一条沿 x 轴方向的塑性铰线，结构运动变为机构运动，变形速度加快。荷载反向时($t=0.5\text{s}$)，y 轴正向位移达到最大。之后结构沿 y 轴负向运动，结构变

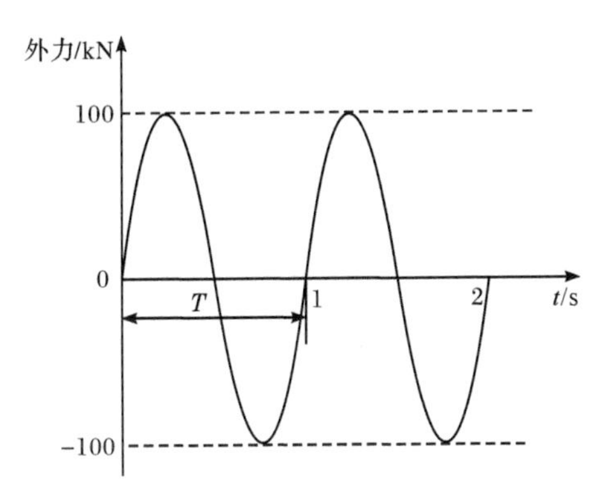

图 3.3.6　作用在网壳上的正弦荷载

形大小与正向运动时数值大小相反，但运动趋势相同。结构左侧 1/4 跨处也逐渐形成塑性铰线。t=1s 时，结构的 y 轴负向位移达到最大。由于结构两条沿 x 轴方向塑性铰线的形成，在荷载第二个正弦荷载周期内，结构的机构运动特性更为明显，结构已经进入机构化破坏。由于没有考虑构件的断裂破坏，该分析中结构变位已经超出实际情况允许的范围。因此，如果想要得到更合乎经验和更加准确的破坏模式，还需考虑构件的断裂破坏。

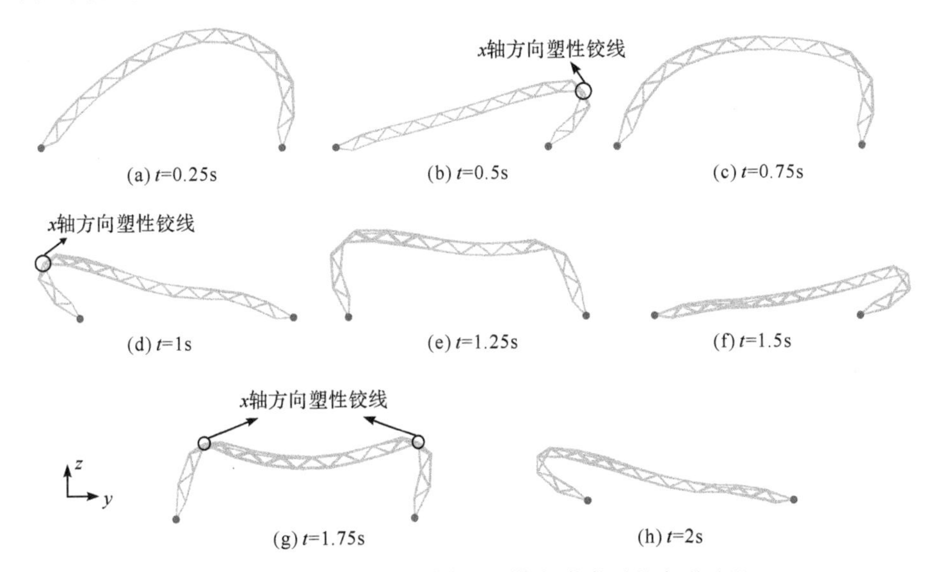

图 3.3.7　双层柱面网壳作用周期性荷载时的变形过程

双层柱面网壳典型构件的内力-变形滞回曲线如图 3.3.8 所示。通过分析结构关键构件的滞回曲线，得出以下结论。

(1) 在水平周期荷载下，该结构上弦构件受压，在变形过程中不断累积受压塑性变形，如图 3.3.8(a)所示；下弦构件受拉，在变形过程中不断累积受拉塑性变形，如图 3.3.8(b)和(f)所示；腹层杆件受力较小，结构进入机构化破坏阶段后处于弹性加卸载状态，如图 3.3.8(c)所示。

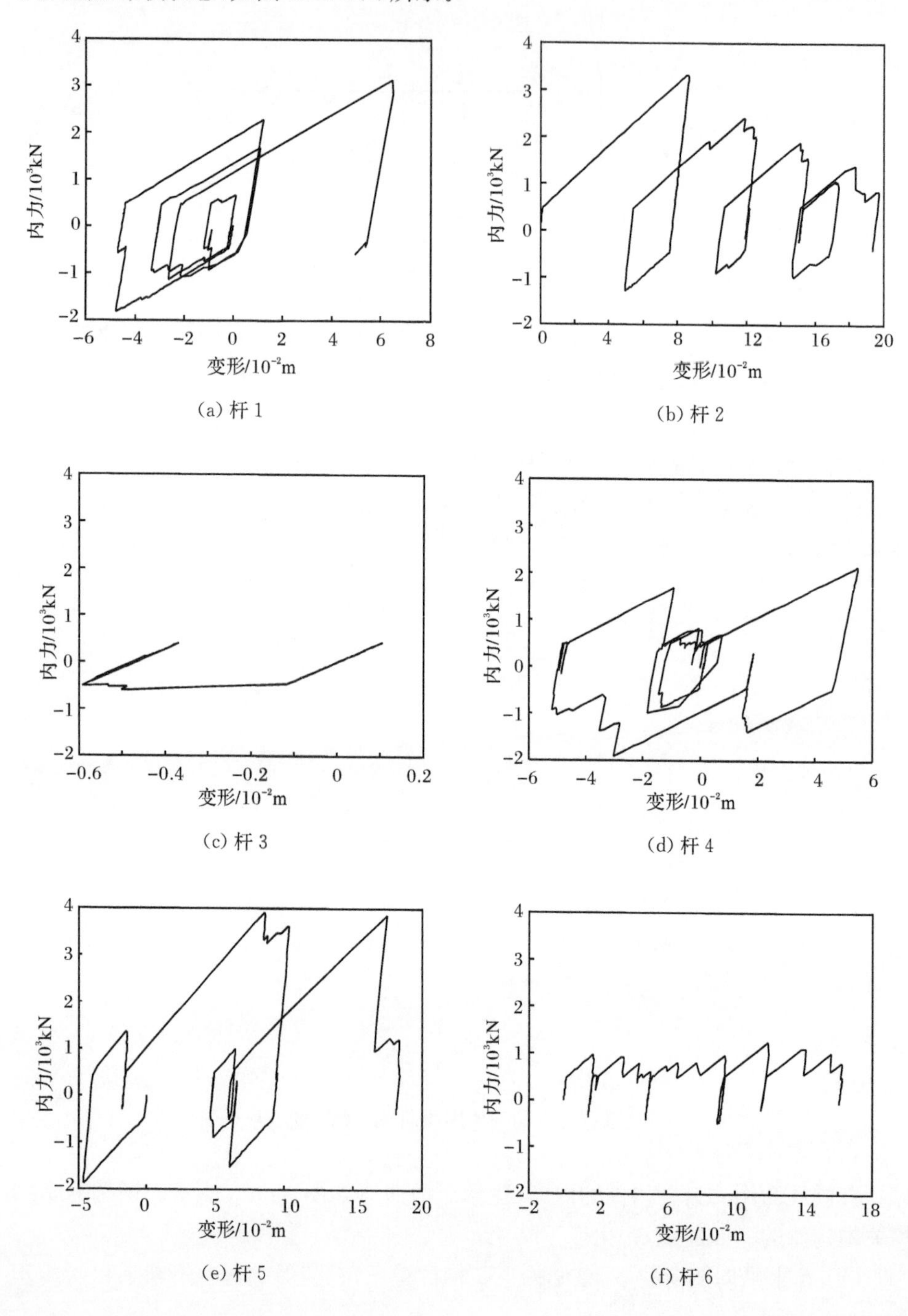

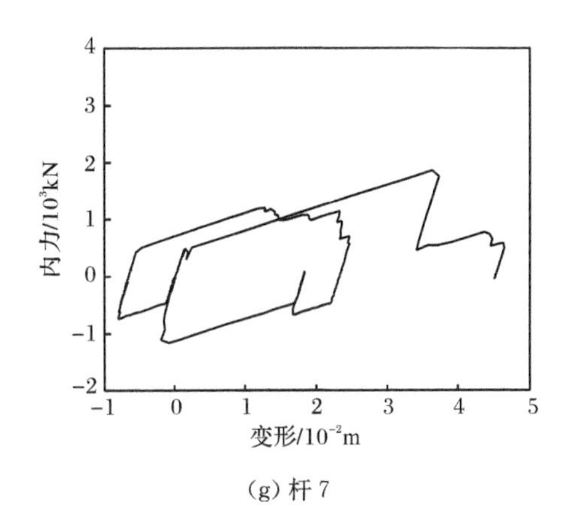

(g) 杆 7

图 3.3.8　双层柱面网壳典型构件的内力-变形滞回曲线

(2) 结构 1/4 跨处的杆件动力反应比跨中部分大,支座处的动力反应较小。

(3) 在网壳 1/4 跨塑性铰线形成之前,构件产生了较大塑性位移,体现了结构良好的延性。结构的滞回曲线较为丰满,表明该网壳结构具有较好的耗能能力。

(4) 结构进入机构化破坏后,多数滞回曲线不再闭合,结构以刚体运动为主。

3.4　各向异性薄膜的大变形分析

本节在有限质点法几何非线性计算理论的基础上,发展同时考虑膜材各向异性和非线性拉伸特性的膜结构大变形模拟方法。根据建筑膜材的实际力学性能分别建立正交异性线弹性本构模型和各向异性非线性本构模型,研究这两类材料模型在有限质点法中的实现方式与求解步骤。通过对马鞍形膜结构、薄膜圆管等典型结构的分析,验证有限质点法在各向异性薄膜几何与材料大变形分析中的有效性。

在薄膜结构分析中,当遇到大变形和大转动的情况时,必须考虑由结构的强几何非线性引起的位移与面荷载的耦合作用,此时外加荷载是一种依赖于结构变形的随体荷载,其中最常见的就是压力荷载。对此,有限元法中一般需要额外生成与荷载相关的刚度矩阵,或通过反复平衡迭代才能消除由位形改变引起的等效外力计算误差。在有限质点法中,虚拟构形下得到的是小变形和小转动,因而可以直接由虚功方程计算等效外力,并通过虚拟刚体转动来反映外力方向的变化,而且荷载是作用在当前已知的构形上,因此不需要做迭代运算。再者,由于所有等效外力都满足平衡条件,这样薄膜元因刚体运动而产生的虚功就恒为 0,同时等效外力关系式和计算值也不会因发生刚体位移而改变,从而能够满足连续介质力学客观性定理的要求。

3.4.1 膜材的本构模型

织物类膜材同时具有各向异性和拉伸非线性的特点，而且其材料常数受经纬向荷载的加载历程、加载比例的影响很大。本节仅限于在弹性范围内讨论最常用的织物类膜材在简单加载条件下的大变形问题，将膜材简化为理想的正交异性材料。此处仅建立线弹性正交异性模型，非线弹性正交异性模型的建立见附录C。

1. 材料弹性主轴方向上的本构关系

正交异性膜材在平面内有一对互相垂直的对称基准轴(即弹性主轴)，其方向与经纬向纱线的排列一致。当膜材假定为线弹性体时，可根据广义胡克定律建立织物膜材在经纬两个主轴方向上的增量本构关系如下：

$$\begin{bmatrix}\Delta\sigma_{\mathrm{w}}\\ \Delta\sigma_{\mathrm{f}}\\ \Delta\tau_{\mathrm{wf}}\end{bmatrix}=\begin{bmatrix}D_{11} & D_{12} & 0\\ D_{21} & D_{22} & 0\\ 0 & 0 & D_{33}\end{bmatrix}\begin{bmatrix}\Delta\varepsilon_{\mathrm{w}}\\ \Delta\varepsilon_{\mathrm{f}}\\ \Delta\gamma_{\mathrm{wf}}\end{bmatrix} \tag{3.4.1a}$$

或简记为

$$\Delta\boldsymbol{\sigma}_{\mathrm{M}}=\boldsymbol{D}_{\mathrm{M}}\Delta\boldsymbol{\varepsilon}_{\mathrm{M}} \tag{3.4.1b}$$

式中，$D_{12}=D_{21}=\dfrac{\nu_{\mathrm{wf}}E_{\mathrm{f}}}{1-\nu_{\mathrm{wf}}\nu_{\mathrm{fw}}}=\dfrac{\nu_{\mathrm{fw}}E_{\mathrm{w}}}{1-\nu_{\mathrm{wf}}\nu_{\mathrm{fw}}}$；$D_{11}=\dfrac{E_{\mathrm{w}}}{1-\nu_{\mathrm{wf}}\nu_{\mathrm{fw}}}$；$D_{22}=\dfrac{E_{\mathrm{f}}}{1-\nu_{\mathrm{wf}}\nu_{\mathrm{fw}}}$；$D_{33}=G_{\mathrm{wf}}$；$\boldsymbol{D}_{\mathrm{M}}$ 为膜材在弹性主轴方向上的应力-应变关系矩阵；E_{w}、$\Delta\sigma_{\mathrm{w}}$、$\Delta\varepsilon_{\mathrm{w}}$ 分别为经向的弹性模量、应力增量和应变增量；E_{f}、$\Delta\sigma_{\mathrm{f}}$、$\Delta\varepsilon_{\mathrm{f}}$ 分别为纬向的弹性模量、应力增量和应变增量；$\Delta\boldsymbol{\sigma}_{\mathrm{M}}$和 $\Delta\boldsymbol{\varepsilon}_{\mathrm{M}}$分别为材料主轴方向上的应力增量和应变增量；$G_{\mathrm{wf}}$、$\Delta\tau_{\mathrm{wf}}$、$\Delta\gamma_{\mathrm{wf}}$分别为剪切模量、剪应力增量和剪应变增量；$\nu_{\mathrm{wf}}$、$\nu_{\mathrm{fw}}$分别为经向对纬向的泊松比和纬向对经向泊松比。

对于正交异性膜材，要确定其本构关系必须通过膜材的拉伸或纯剪切试验来测定上述矩阵中包含的 E_{w}、E_{f}、G_{wf}、ν_{wf}、ν_{fw} 五个弹性常数。由于弹性矩阵的对称性，有 $\nu_{\mathrm{wf}}/E_{\mathrm{w}}=\nu_{\mathrm{fw}}/E_{\mathrm{f}}$，因此独立参数仍为四个。其中，对于剪切模量 G_{wf}，表达式为(Minami and Toyoda，1986)

$$\frac{1}{G_{\mathrm{wf}}}=\frac{4}{E_{45^\circ}}-\frac{1}{E_{\mathrm{w}}}-\frac{1}{E_{\mathrm{f}}}+\frac{2\gamma_{\mathrm{wf}}}{E_{\mathrm{w}}} \tag{3.4.2}$$

式中，E_{45°表示与膜材经、纬向呈 45°方向单轴拉伸时的弹性模量。

2. 坐标系之间的转换和变形坐标系下的本构关系

在有限质点法中，薄膜元的纯变形和内力计算都是在变形坐标系下进行的，即应变增量 $\Delta\hat{\boldsymbol{\varepsilon}}=[\Delta\hat{\varepsilon}_x \quad \Delta\hat{\varepsilon}_y \quad \Delta\hat{\gamma}_{xy}]^{\mathrm{T}}$ 和应力增量 $\Delta\hat{\boldsymbol{\sigma}}=[\Delta\hat{\sigma}_x \quad \Delta\hat{\sigma}_y \quad \Delta\hat{\tau}_{xy}]^{\mathrm{T}}$ 均以变形坐标分量来描述，但变形坐标轴方向往往与弹性主轴方向不一致，因此需要

利用主、偏轴方向之间的应力、应变转换关系来推导变形坐标系下的本构关系。为此，首先要确定材料弹性主轴坐标与变形坐标之间的转换矩阵，以获得这两个坐标系下的变量转换关系。

对于正交异性膜材，有限质点法在内力计算中将涉及四种坐标系(图 3.4.1，均按右手准则定义)，分别为全域坐标系 $o\text{-}xyz$、薄膜元局部坐标系 $o'\text{-}x'y'z'$、薄膜元变形坐标系 $\hat{o}\text{-}\hat{x}\hat{y}\hat{z}$ 和材料弹性主轴坐标系 $\tilde{o}\text{-}\tilde{x}\tilde{y}\tilde{z}$。其中，$z'$轴、$\hat{z}$ 轴及 $\tilde{z}$ 轴重合，且都沿着薄膜元的法线方向 $\boldsymbol{n}$ 或 $\bar{\boldsymbol{n}}$[即 $\boldsymbol{e}_{z}'=\boldsymbol{e}_{\hat{z}}=\boldsymbol{e}_{\tilde{z}}=\boldsymbol{n}$(或 $\bar{\boldsymbol{n}}$)]，故薄膜元内定义的三个坐标系始终位于同一个平面内。

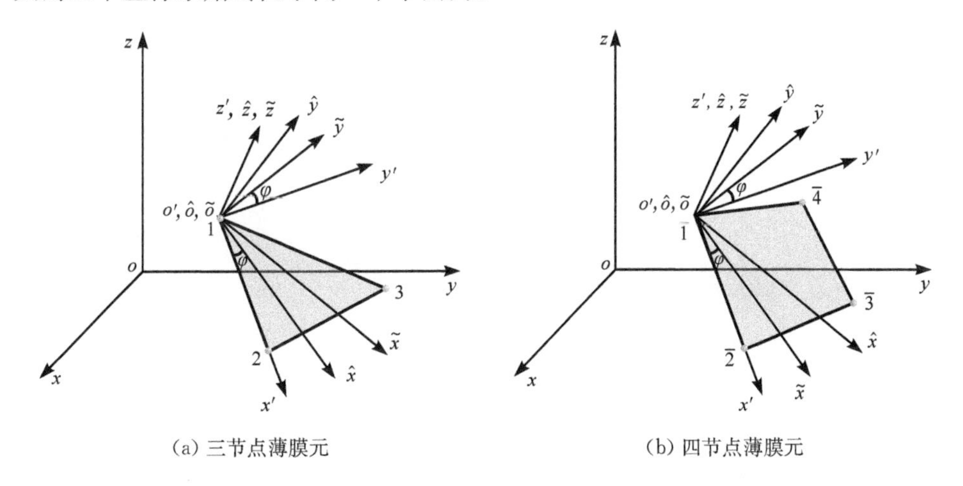

(a) 三节点薄膜元　　(b) 四节点薄膜元

图 3.4.1　薄膜元内定义的几个坐标系

指定局部坐标 x'轴与节点 1-2 连线方向重合(对于四节点薄膜元应换成投影面内的 $\bar{1}\text{-}\bar{2}$ 连线方向)，则局部坐标系的 x'、y'、z'轴单位方向向量分别为

$$\boldsymbol{e}_{x'}=\frac{\boldsymbol{x}_2-\boldsymbol{x}_1}{|\boldsymbol{x}_2-\boldsymbol{x}_1|},\quad \boldsymbol{e}_{y'}=\frac{\boldsymbol{x}_3-[(\boldsymbol{x}_3-\boldsymbol{x}_1)\cdot\boldsymbol{e}_{x'}]\boldsymbol{e}_{x'}}{|\boldsymbol{x}_3-[(\boldsymbol{x}_3-\boldsymbol{x}_1)\cdot\boldsymbol{e}_{x'}]\boldsymbol{e}_{x'}|},\quad \boldsymbol{e}_{z'}=\boldsymbol{e}_{x'}\times\boldsymbol{e}_{y'} \tag{3.4.3}$$

式中，$\boldsymbol{x}_i(i=1,2,3)$为薄膜元各节点在全域坐标系下的空间位置向量。

假设已知变形坐标系 $\hat{x}$、$\hat{y}$ 和 $\hat{z}$ 轴的单位方向向量分别为 $\boldsymbol{e}_{\hat{x}}$、$\boldsymbol{e}_{\hat{y}}$ 和 $\boldsymbol{e}_{\hat{z}}$(详见 2.6.3节)，同时规定每个薄膜元弹性主轴坐标系的 $\tilde{x}$ 轴和 $\tilde{y}$ 轴方向都分别沿着膜材的经线和纬线方向，即 $\boldsymbol{e}_{\tilde{x}}=\boldsymbol{e}_{\mathrm{w}}$，$\boldsymbol{e}_{\tilde{y}}=\boldsymbol{e}_{\mathrm{f}}$，它们与局部坐标轴之间的夹角为 φ，那么通过计算 $\hat{x}$、$\hat{y}$ 和 $\hat{z}$ 轴与 $\tilde{x}$、$\tilde{y}$ 和 $\tilde{z}$ 轴之间的方向余弦，可以得出变形坐标向量 $\hat{\boldsymbol{x}}$ 与弹性主轴坐标向量 $\tilde{\boldsymbol{x}}$ 之间的变换关系为

$$\hat{\boldsymbol{x}}=\begin{bmatrix}\hat{x}\\\hat{y}\\\hat{z}\end{bmatrix}=\hat{\boldsymbol{Q}}\tilde{\boldsymbol{x}}=\begin{bmatrix}\hat{l}_{\tilde{x}} & \hat{m}_{\tilde{x}} & \hat{n}_{\tilde{x}}\\\hat{l}_{\tilde{y}} & \hat{m}_{\tilde{y}} & \hat{n}_{\tilde{y}}\\\hat{l}_{\hat{z}} & \hat{m}_{\hat{z}} & \hat{n}_{\hat{z}}\end{bmatrix}\begin{bmatrix}\tilde{x}\\\tilde{y}\\\tilde{z}\end{bmatrix}=\begin{bmatrix}\boldsymbol{e}_{\hat{x}}^{\mathrm{T}}\cdot\boldsymbol{e}_{\tilde{x}} & \boldsymbol{e}_{\hat{x}}^{\mathrm{T}}\cdot\boldsymbol{e}_{\tilde{y}} & \boldsymbol{e}_{\hat{x}}^{\mathrm{T}}\cdot\boldsymbol{e}_{\tilde{z}}\\\boldsymbol{e}_{\hat{y}}^{\mathrm{T}}\cdot\boldsymbol{e}_{\tilde{x}} & \boldsymbol{e}_{\hat{y}}^{\mathrm{T}}\cdot\boldsymbol{e}_{\tilde{y}} & \boldsymbol{e}_{\hat{y}}^{\mathrm{T}}\cdot\boldsymbol{e}_{\tilde{z}}\\\boldsymbol{e}_{\hat{z}}^{\mathrm{T}}\cdot\boldsymbol{e}_{\tilde{x}} & \boldsymbol{e}_{\hat{z}}^{\mathrm{T}}\cdot\boldsymbol{e}_{\tilde{y}} & \boldsymbol{e}_{\hat{z}}^{\mathrm{T}}\cdot\boldsymbol{e}_{\tilde{z}}\end{bmatrix}\begin{bmatrix}\tilde{x}\\\tilde{y}\\\tilde{z}\end{bmatrix}$$

(3.4.4)

式中，$\hat{\boldsymbol{Q}}$ 为变形坐标与弹性主轴坐标的转换矩阵；$(\hat{l}_{\tilde{x}}、\hat{m}_{\tilde{x}}、\hat{n}_{\tilde{x}})$、$(\hat{l}_{\tilde{y}}、\hat{m}_{\tilde{y}}、\hat{n}_{\tilde{y}})$ 和 $(\hat{l}_{\hat{z}}、\hat{m}_{\hat{z}}、\hat{n}_{\hat{z}})$ 分别为 $\hat{x}$、$\hat{y}$ 和 $\hat{z}$ 轴与弹性主轴坐标系各坐标轴的方向余弦。考虑到 $e_{\hat{z}}=e_{\tilde{z}}$，所以有 $\tilde{n}_{x'}=n'_{y'}=\tilde{l}_{z'}=\tilde{m}_{z'}\equiv 0$ 和 $\tilde{n}_{z'}\equiv 1$。实际上，对于平面问题只需求出 $\hat{l}_{\tilde{x}}$、$\hat{m}_{\tilde{x}}$ 及 $\hat{l}_{\tilde{y}}$、$\hat{m}_{\tilde{y}}$ 即可。

由 $\hat{l}_{\tilde{x}}$、$\hat{m}_{\tilde{x}}$ 和 $\hat{l}_{\tilde{y}}$、$\hat{m}_{\tilde{y}}$ 可得出变形坐标系 $\hat{x}\hat{o}\hat{y}$ 面内的应力增量 $\Delta\hat{\boldsymbol{\sigma}}$ 与材料弹性主轴坐标系 $\tilde{x}\tilde{o}\tilde{y}$ 面内的应力增量 $\Delta\tilde{\boldsymbol{\sigma}}$ 之间有如下转换关系：

$$\begin{Bmatrix}\Delta\hat{\sigma}_x\\\Delta\hat{\sigma}_y\\\Delta\hat{\tau}_{xy}\end{Bmatrix}=\begin{bmatrix}\hat{l}_{\tilde{x}}^2 & \hat{m}_{\tilde{x}}^2 & 2\hat{l}_{\tilde{x}}\hat{m}_{\tilde{x}}\\\hat{l}_{\tilde{y}}^2 & \hat{m}_{\tilde{y}}^2 & 2\hat{l}_{\tilde{y}}\hat{m}_{\tilde{y}}\\\hat{l}_{\tilde{x}}\hat{l}_{\tilde{y}} & \hat{m}_{\tilde{x}}\hat{m}_{\tilde{y}} & \hat{l}_{\tilde{x}}\hat{m}_{\tilde{y}}+\hat{l}_{\tilde{y}}\hat{m}_{\tilde{x}}\end{bmatrix}\begin{Bmatrix}\Delta\tilde{\sigma}_x\\\Delta\tilde{\sigma}_y\\\Delta\tilde{\tau}_{xy}\end{Bmatrix}\tag{3.4.5a}$$

或简记为

$$\Delta\hat{\boldsymbol{\sigma}}=\boldsymbol{T}_\sigma\Delta\tilde{\boldsymbol{\sigma}}\tag{3.4.5b}$$

式中，$\boldsymbol{T}_\sigma$ 为应力变换矩阵；$\Delta\hat{\boldsymbol{\sigma}}=[\Delta\hat{\sigma}_x\quad\Delta\hat{\sigma}_y\quad\Delta\hat{\tau}_{xy}]^{\mathrm{T}}$ 和 $\Delta\tilde{\boldsymbol{\sigma}}=[\Delta\tilde{\sigma}_x\quad\Delta\tilde{\sigma}_y\quad\Delta\tilde{\tau}_{xy}]^{\mathrm{T}}$ 分别为变形坐标系和弹性主轴坐标系下的薄膜元面内应力增量。

类似地，变形坐标系 $\hat{x}\hat{o}\hat{y}$ 面内的应变增量 $\Delta\hat{\boldsymbol{\varepsilon}}$ 与材料弹性主轴坐标系 $\tilde{x}\tilde{o}\tilde{y}$ 面内的应变增量 $\Delta\tilde{\boldsymbol{\varepsilon}}$ 之间有如下变换关系：

$$\begin{Bmatrix}\Delta\hat{\varepsilon}_x\\\Delta\hat{\varepsilon}_y\\\Delta\hat{\gamma}_{xy}\end{Bmatrix}=\begin{bmatrix}\hat{l}_{\tilde{x}}^2 & \hat{m}_{\tilde{x}}^2 & \hat{l}_{\tilde{x}}\hat{m}_{\tilde{x}}\\\hat{l}_{\tilde{y}}^2 & \hat{m}_{\tilde{y}}^2 & \hat{l}_{\tilde{y}}\hat{m}_{\tilde{y}}\\2\hat{l}_{\tilde{x}}\hat{l}_{\tilde{y}} & 2\hat{m}_{\tilde{x}}\hat{m}_{\tilde{y}} & \hat{l}_{\tilde{x}}\hat{m}_{\tilde{y}}+\hat{l}_{\tilde{y}}\hat{m}_{\tilde{x}}\end{bmatrix}\begin{Bmatrix}\Delta\tilde{\varepsilon}_x\\\Delta\tilde{\varepsilon}_y\\\Delta\tilde{\gamma}_{xy}\end{Bmatrix}\tag{3.4.6a}$$

或简记为

$$\Delta\hat{\boldsymbol{\varepsilon}}=\boldsymbol{T}_\varepsilon\Delta\tilde{\boldsymbol{\varepsilon}}\tag{3.4.6b}$$

式中，$\boldsymbol{T}_\varepsilon$ 为应变变换矩阵，且有 $\boldsymbol{T}_\varepsilon^{-1}=\boldsymbol{T}_\sigma^{\mathrm{T}}$；$\Delta\hat{\boldsymbol{\varepsilon}}=[\Delta\hat{\varepsilon}_x\quad\Delta\hat{\varepsilon}_y\quad\Delta\hat{\gamma}_{xy}]^{\mathrm{T}}$ 和 $\Delta\tilde{\boldsymbol{\varepsilon}}=[\Delta\tilde{\varepsilon}_x\quad\Delta\tilde{\varepsilon}_y\quad\Delta\tilde{\gamma}_{xy}]^{\mathrm{T}}$ 分别为变形坐标系和弹性主轴坐标系下的薄膜元面内应变增量。

不妨设变形坐标系下的膜材本构矩阵为 $\hat{\boldsymbol{D}}$，途径单元初始时刻膜面内应力为 $\hat{\boldsymbol{\sigma}}_a$，则当前时刻 $t(t_a\leqslant t\leqslant t_b)$ 以变形坐标分量描述的应力-应变关系可表示为

$$\hat{\boldsymbol{\sigma}} = \hat{\boldsymbol{\sigma}}_a + \Delta\hat{\boldsymbol{\sigma}} = \hat{\boldsymbol{\sigma}}_a + \hat{\boldsymbol{D}}\Delta\hat{\boldsymbol{\varepsilon}} \tag{3.4.7}$$

将弹性主轴方向上的本构关系 $\Delta\tilde{\boldsymbol{\sigma}}=\boldsymbol{D}_{\mathrm{M}}\Delta\tilde{\boldsymbol{\varepsilon}}$ 及式(3.4.5)和式(3.4.6)代入式(3.4.7),可得

$$\hat{\boldsymbol{\sigma}} = \hat{\boldsymbol{\sigma}}_a + \boldsymbol{T}_\sigma\Delta\tilde{\boldsymbol{\sigma}} = \hat{\boldsymbol{\sigma}}_a + \boldsymbol{T}_\sigma\boldsymbol{D}_{\mathrm{M}}\boldsymbol{T}_\varepsilon^{-1}\Delta\hat{\boldsymbol{\varepsilon}} \tag{3.4.8}$$

对比式(3.4.8)和式(3.4.7)可知,变形坐标系下线弹性正交异性膜材的本构矩阵 $\hat{\boldsymbol{D}}$ 可用弹性主轴坐标系下的本构矩阵 $\boldsymbol{D}_{\mathrm{M}}$ 表示为

$$\hat{\boldsymbol{D}} = \boldsymbol{T}_\sigma\boldsymbol{D}_{\mathrm{M}}\boldsymbol{T}_\varepsilon^{-1} \tag{3.4.9}$$

一般而言,当变形坐标方向与膜材经纬线方向不一致时,由式(3.4.9)得出的弹性矩阵为满秩矩阵,而且它会随着结构位形的变化而改变。将 $\hat{\boldsymbol{D}}$ 直接代入式(2.6.23)并替换其中的切线模量矩阵 $\hat{\boldsymbol{D}}_a$,就可以进行正交异性膜材的分析计算。

3. 弹性主轴坐标系的确定

由以上推导可以看出,在建立变形坐标系下膜材本构关系的过程中,如何确定每个薄膜元中弹性主轴坐标系与局部坐标系之间的相对位置关系是一个非常重要的问题,同时是膜结构计算中的一个难点。这一点在7.2节采用张力场理论对薄膜结构进行褶皱分析时更为重要,它是正确获得最大主应力以及修正应变场和应力-应变关系的基础。如果不考虑这个问题,那么当弹性主轴与局部坐标轴的夹角较大时,就会产生较大的误差。针对主轴问题,下面给出一种比较实用的计算方法。

由式(3.4.2)可确定每个薄膜元内局部坐标系的一组正交单位向量 $\boldsymbol{e}_{x'}$、$\boldsymbol{e}_{y'}$、$\boldsymbol{e}_{z'}$,分别指向 x'、y'、z'轴方向。考虑到膜面多为曲面形式,即使是在质点规则分布的计算模型中,各个薄膜元内的局部坐标轴方向也不尽相同,需要分别进行计算。现假设图3.4.2中所示膜曲面上的虚线代表膜材的经线和纬线方向,问题的关键就是要分别求出它们与各个薄膜元的局部坐标轴向量($\boldsymbol{e}_{x'}$、$\boldsymbol{e}_{y'}$、$\boldsymbol{e}_{z'}$)之间的夹角 φ。

一般情况下,当膜结构的裁剪样式确定后,在膜片的边缘或角点位置上根据与边线的几何关系就能确定相应的经线和纬线主轴方向,因而至少有一个薄膜元内的弹性主轴方向是已知的。这里假设编号为①的薄膜元内弹性主轴方向已知,其经线和纬线方向单位向量分别记作 $\boldsymbol{e}_{\mathrm{w}}^1$ 和 $\boldsymbol{e}_{\mathrm{f}}^1$。然后,找到薄膜元①的某个相邻薄膜元②,它们所处的平面分别记作 Π_1^{s} 和 Π_2^{s},对应的单位法线向量分别为 $\boldsymbol{N}_1$ 和 $\boldsymbol{N}_2$,交线向量记作 $\boldsymbol{i}_1=-\boldsymbol{i}_2$(图3.4.3)。接着,在 Π_1^{s} 和 Π_2^{s} 平面内按右手准则建立一对直角坐标系 I_1-J_1-N_1 和 I_2-J_2-N_2,坐标轴方向分别沿着向量 $\boldsymbol{i}_1$、$\boldsymbol{j}_1$、$\boldsymbol{n}_1$ 及 $\boldsymbol{i}_2$、$\boldsymbol{j}_2$、$\boldsymbol{n}_2$,其中 $\boldsymbol{j}_1=\boldsymbol{n}_1\times\boldsymbol{i}_1$,$\boldsymbol{j}_2=\boldsymbol{n}_2\times\boldsymbol{i}_2$。然后,在由 I_1-J_1所构成的坐标平面内沿 $\boldsymbol{e}_{\mathrm{w}}^1$

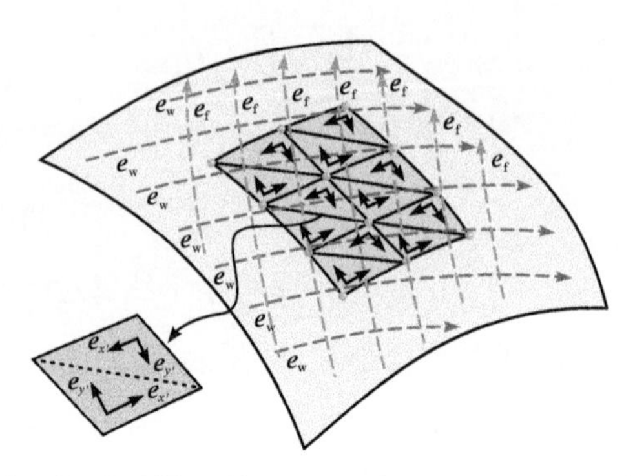

图 3.4.2　弹性主轴方向与局部坐标系之间的关系

方向作一条直线，与 $\boldsymbol{i}_1$、$\boldsymbol{j}_1$ 方向轴分别交于 a 点和 b 点。与此同时，在 $\boldsymbol{i}_2$ 轴和 $\boldsymbol{j}_2$ 轴坐标方向上分别找出与 a 点和 b 点坐标值相同的 c 点和 d 点，这样 c-d 连线方向就代表所要求的薄膜元②中的一个弹性主轴方向，即 $\boldsymbol{e}_{\mathrm{w}}^2=(\boldsymbol{x}_{\mathrm{d}}-\boldsymbol{x}_{\mathrm{c}})/|\boldsymbol{x}_{\mathrm{d}}-\boldsymbol{x}_{\mathrm{c}}|$，从而实现了材料主轴向相邻薄膜元的延伸。

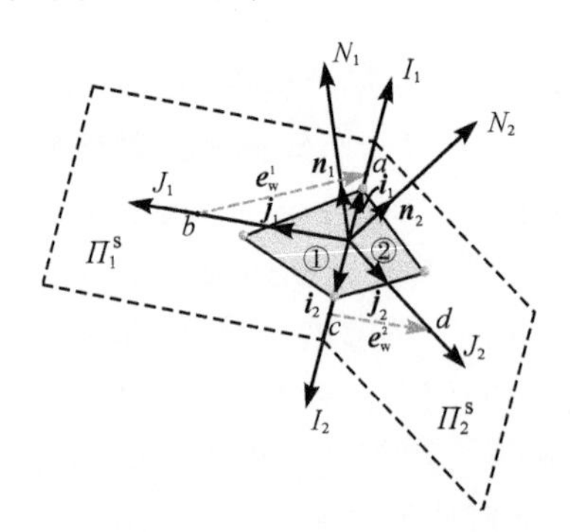

图 3.4.3　弹性主轴向量在薄膜元之间的传递方式

按照上述方法，第 i 个薄膜元内的材料主轴与局部坐标轴之间的夹角 φ_i（$-\pi/2\leqslant\varphi\leqslant\pi/2$，以 x' 轴绕薄膜元法线逆时针旋转为正）可以由式(3.4.10)求出

$$\cos\varphi_i=\boldsymbol{e}_{\mathrm{w}}^i\cdot\boldsymbol{e}_{x'}^i,\quad \sin\varphi_i=\boldsymbol{e}_{\mathrm{w}}^i\cdot\boldsymbol{e}_{y'}^i \tag{3.4.10}$$

利用转角 φ_i 就可以进一步求出弹性主轴坐标系的 $\tilde{x}$ 轴和 $\tilde{y}$ 轴的方向向量，即

$$\boldsymbol{e}_{\tilde{x}}^i=\boldsymbol{R}(\varphi_i)\boldsymbol{e}_{x'}^i,\quad \boldsymbol{e}_{\tilde{y}}^i=\boldsymbol{R}(\varphi_i)\boldsymbol{e}_{y'}^i \tag{3.4.11}$$

式中，$\boldsymbol{R}(\varphi_i)$ 为转动矩阵，单位转轴向量为薄膜元①的法线向量 $\boldsymbol{n}_i$，具体形式参见式(2.6.16)。

如果再用薄膜元②取代薄膜元①作为参考，不断重复以上过程，就可依次确定所有薄膜元中的弹性主轴坐标方向。另外，作为实现程序的关键步骤，本节使用广度优先搜索(breadth first search，BFS)算法(Lohner，2001)，以快速确定所有薄膜元的排列顺序和连接关系。若采用的是四节点等参元，则所有计算都应换成到薄膜元的平均投影构形下来进行。

3.4.2　马鞍形膜结构受竖向均布荷载大变形分析

下面以承受竖向荷载作用的马鞍形膜结构为例来比较膜材各向同性和正交异性条件下结构整体受力性能的不同。如图3.4.4所示，该马鞍形膜结构投影形状为矩形，初始形状按双曲抛物面函数确定，即 $z(x,y)=\frac{h_3-h_2-h_4}{ab}xy+\frac{h_2}{b}x+\frac{h_4}{a}y\,(0\leqslant x\leqslant b,0\leqslant y\leqslant a)$。

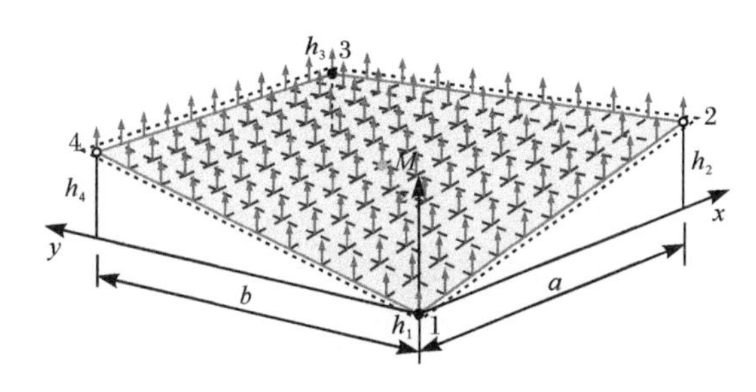

图3.4.4　马鞍形膜结构模型

本例中膜面投影边长取为 $a=b=1.0\text{m}$，1、3为低点，2、4为高点，高差为0.3m，即 $h_1=h_3=0$，$h_2=h_4=0.3\text{m}$，四边简支固定。膜面预张力通过施加边界强迫位移（$u_x=u_y=0.01\text{m}$）来实现（图3.4.5），然后在竖向均布荷载（$P_z=4.5\text{MPa}$）作用下向上变形，分析中忽略重力作用。膜材厚度 $h=0.003\text{m}$，密度 $\rho=1.05\times10^3\text{kg/m}^3$，材料本构考虑各向同性和正交异性两种情况：各向同性时弹性模量为 $E=6.0\times10^3\text{MPa}$，泊松比 $\nu=0.3$；正交异性时经纬向弹性模量分别为 $E_w=6.0\times10^3\text{MPa}$ 和 $E_f=2.5\times10^3\text{MPa}$，泊松比分别为 $\nu_{wf}=0.72$ 和 $\nu_{fw}=0.30$，剪切模量 $G_{wf}=1.50\times10^2\text{MPa}$。其中，当考虑膜材为正交异性材料时，膜面经纬向布置分为两种：一种是与边界平行布置（经向沿 x 方向）；另一种是沿对角线布置（经向沿 $y=x$ 方向）。为了检验算法的收敛性，计算时使用两种疏密不同的质点布置方式（沿边线方向质点分布分别为7×7和21×21），并且分别用三节点和四节点薄膜元来连接，相应的计算模型分别记作 $T_{7\times7}$、$T_{21\times21}$ 及 $Q_{7\times7}$、$Q_{21\times21}$。为获得静态解，荷载 P_z 由0缓慢递增至4.5MPa，同时阻尼参数取临界值 μ_c，预设时间步长 $\Delta t_s=5\times10^{-4}\text{s}$。

图3.4.6(a)和(b)分别为采用各向同性和正交异性模型（经纬向与边界平行）计算得到的结构中心点 M 的竖向位移随荷载变化的情况。从图中可以看出，当膜

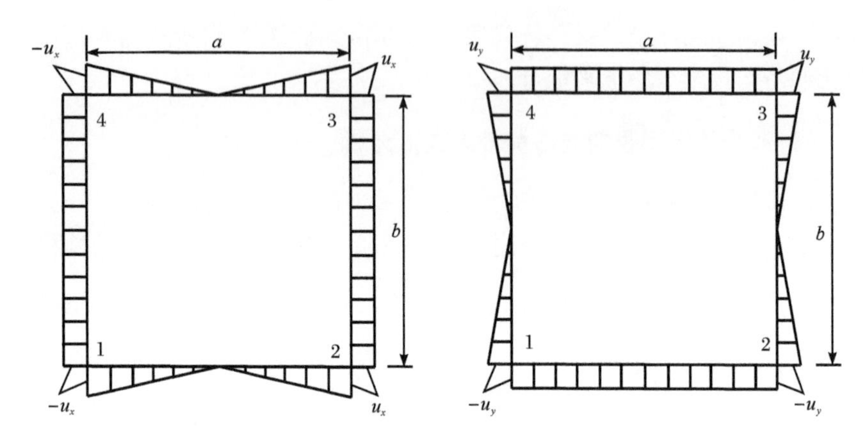

图 3.4.5　马鞍形膜结构边界上的强迫位移分布

材各向同性时有限质点法计算得到的 M 点荷载-位移曲线的变化趋势与采用模拟方程法(analog equation method,AEM)(Tsiatas and Katsikadelis,2006)的分析结果基本一致,使用四节点薄膜元的两个模型($Q_{7\times7}$ 和 $Q_{21\times21}$)结果误差更小,但收敛性不如三节点薄膜元模型;膜材正交异性时,有限质点法的结果与 ANSYS 的计算结果也较为接近,两种膜面布置条件下的平均误差分别为 7.16%、3.39%(三节点薄膜元)和 4.97%、2.85%(四节点薄膜元),因此使用三节点和四节点两种薄膜元都能获得较高的求解精度。在计算效率方面,本算例中四个计算模型($T_{7\times7}$、$T_{21\times21}$、$Q_{7\times7}$、$Q_{21\times21}$)平均耗时分别为 25.3s、71.8s、58.2s 和 164.8s(计算机配置为 Inter Core i5-2400@3.1GHz CPU/4.0GB RAM)。可见,虽然在相同的质点分布条件下使用四节点薄膜元能够获得更高的计算精度,但所需的计算时间也会增多,而且随着质点自由度总数增加,三节点薄膜元在计算效率上的优势更加明显,

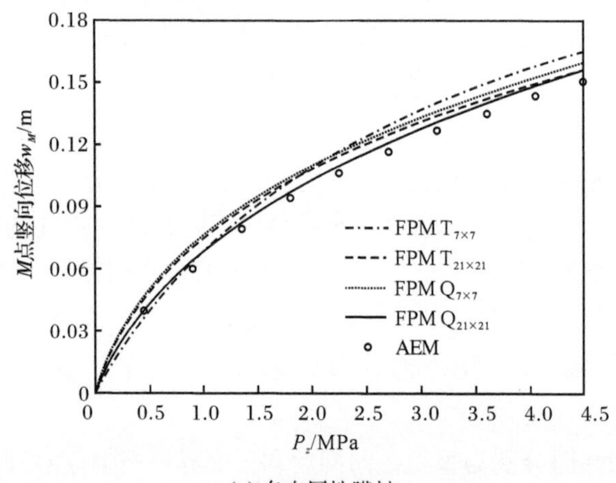

(a) 各向同性膜材

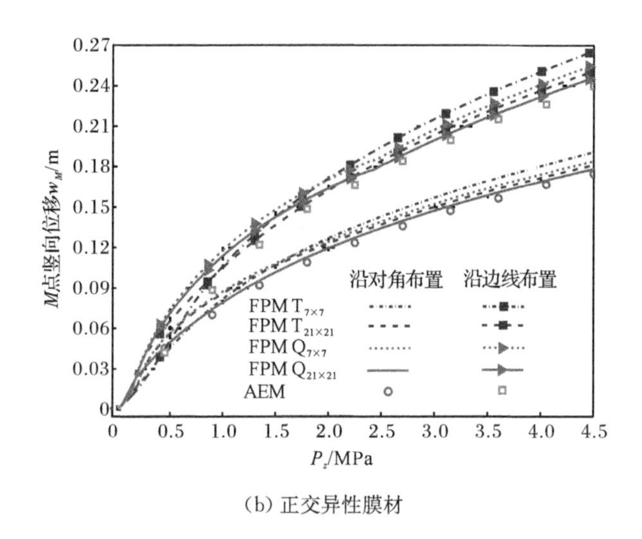

(b) 正交异性膜材

图 3.4.6 马鞍形膜结构在竖向均布荷载作用下中心点 M 的位移-荷载曲线

其计算精度上的不足也可以通过细化模型来弥补。因此,在相同的计算量条件下使用密集分布的三节点薄膜元比使用稀疏分布的四节点薄膜元更加合适。

为进一步考查膜材正交异性对结构整体受力性能的影响,图 3.4.7 还给出了两种不同的经纬向布置条件下由 $T_{21\times21}$ 模型计算得到的 $P_z=4.5$MPa 时膜面位移结果,并与各向同性膜材的位移分布情况进行比较。由图中结果可以看出,在考虑正交异性时膜面位移大小及分布与各向同性时相比都发生明显改变,总体上来看刚度较大的膜材经向截面(A—A 截面与 C—C 截面)上的位移要小于刚度较小的膜材纬向截面(B—B 截面与 D—D 截面)。其中,当膜材经纬向与边界方向平

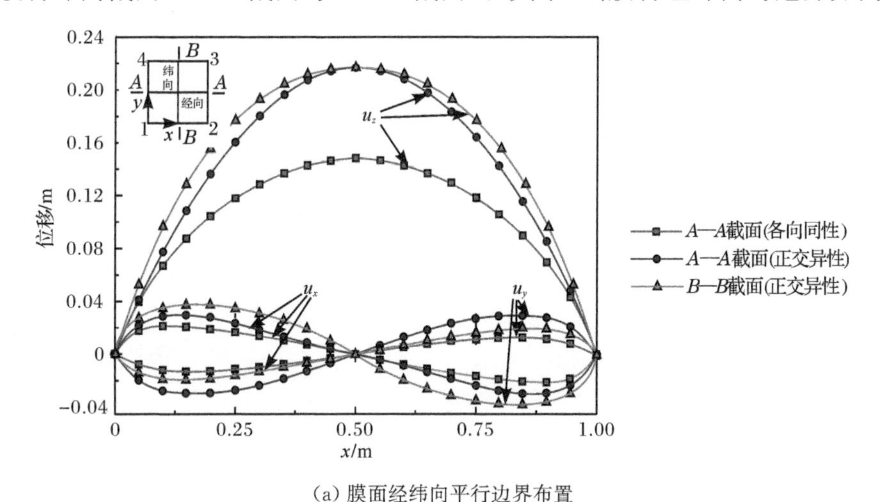

(a) 膜面经纬向平行边界布置

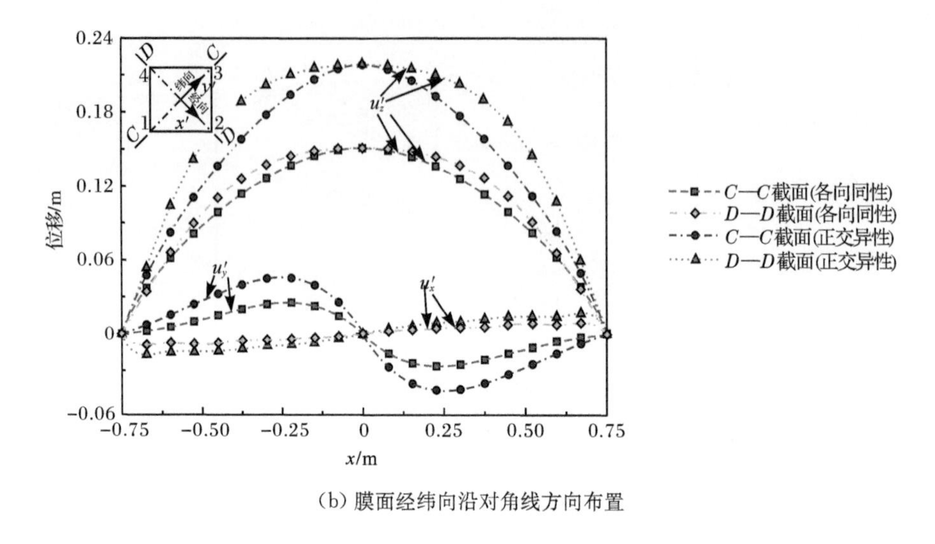

(b) 膜面经纬向沿对角线方向布置

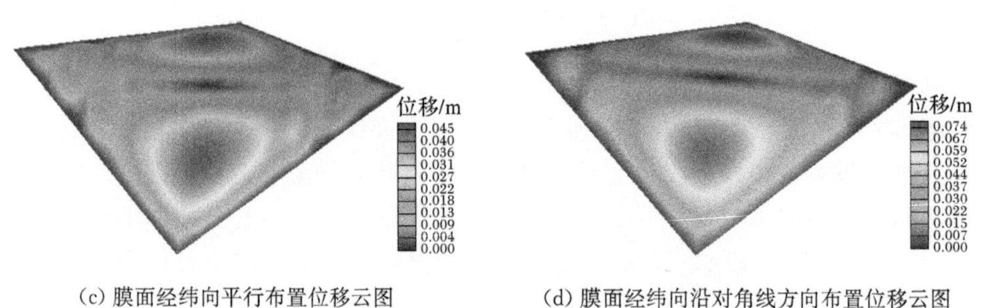

(c) 膜面经纬向平行布置位移云图　　(d) 膜面经纬向沿对角线方向布置位移云图

图 3.4.7　马鞍形膜结构在不同的膜面布置条件下由 $T_{21\times21}$ 计算得到的位移结果比较(P_z=4.5MPa)

行布置时,位移不再呈对称分布,膜面发生整体扭剪变形,从 xoy 投影平面内的位移云图中可以观察到这一现象。可见,膜材的正交异性对结构受力变形情况有较大影响,分析中应予以充分考虑,并对膜面经纬主轴方向进行合理的布置。

3.4.3　膜片单轴与双轴拉伸大变形分析

本算例采用附录C给出的各向异性非线性本构模型来模拟织物膜材的单轴和双轴拉伸试验过程,并通过与试验结果的对比来验证有限质点法处理薄膜大变形问题的有效性。膜片的计算模型如图 3.4.8 所示,其几何尺寸和技术参数按照文献中单轴和双轴试验确定(易洪雷等,2005;Ambroziak and Klosowski,2013)。其中,单轴拉伸测试采用长条形试件,按照与膜材经向偏离 θ 角度剪取一组试样(θ=0°~90°,间隔为 15°),夹持端间距 400mm,宽 50mm,拉伸速率 20mm/min;双轴拉伸测试采用平面十字形切缝试件,分别按照 θ=0°和 45°进行取样,核心区域尺寸为 100mm×100mm，转角处圆弧半径为 7.5mm，悬臂长 100mm，经纬向应力加载比例为 1∶1，加载速率 20(N/m)/s。表 3.4.1 和表 3.4.2 分别列出了按经纬向应力、应变试验数据拟合得出的多折线模型(piece-wise model，P-W 模型)与 Murnaghan 模型(M 模型)的材料参数，模型具体含义见附录 C.2。计算中对单轴和双轴拉伸薄膜试件分别用 964 个和 1648 个质点建立离散模型，并分别通过控制边界上质点外力与质点位移的方式进行加载，以模拟试验中的加载条件。阻尼参数取临界值 μ_c，预设时间步长 $\Delta t_s = 1\times10^{-4}$s。

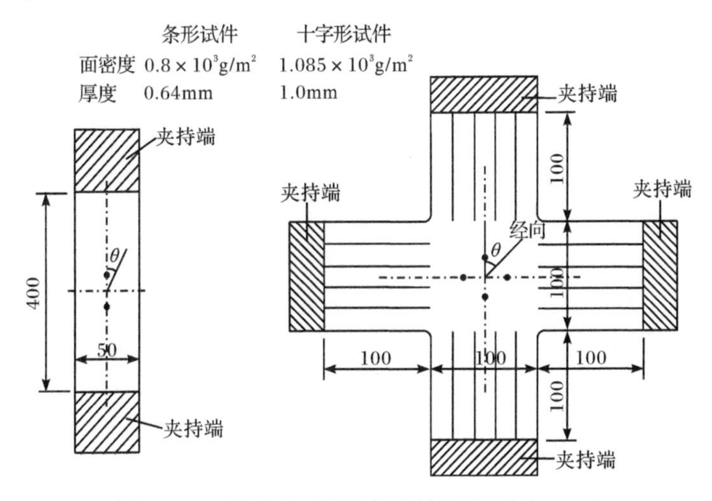

图 3.4.8　单轴和双轴拉伸试件模型(单位：mm)

表 3.4.1　P-W 模型材料参数

膜材方向		拉伸刚度 $T_\xi(\tilde{\varepsilon}_\xi)$、$T_\eta(\tilde{\varepsilon}_\eta)$		$\tilde{\varepsilon}_\xi$ 和 $\tilde{\varepsilon}_\eta$ 应变范围	
		单轴试验/MPa	双轴试验/MPa	单轴试验	双轴试验
经向	k_w^1	1108	1932	0～0.0167	0～0.0104
	k_w^2	192	276	0.0167～0.1327	0.0104～0.1131
	k_w^3	485	1385	>0.1327	>0.1131
纬向	k_f^1	113	192	0～0.0473	0～0.0342
	k_f^2	276	462	0.0473～0.0761	0.0342～0.0644
	k_f^3	174	167	0.0761～0.2034	0.0644～0.1685
	k_f^4	291	875	>0.2034	>0.1685

表 3.4.2　**Murnaghan** 模型材料参数　(单位:MPa)

膜材方向		C_1	C_2	C_3	C_4	C_5
经向	单轴	−62.3	4578.4	312.6	−13084.2	324.9
	双轴	−108.9	6495.8	264.3	−27987.4	742.6
纬向	单轴	12.8	1374.5	59.8	−4873.1	−95.2
	双轴	−38.6	2916.9	31.5	−3975.8	−37.9

图 3.4.9 为本例计算得出的受拉试件应力-应变曲线与试验结果的比较。从图中可以看出,无论沿膜材主轴方向还是偏轴方向进行加载,有限质点法都能获

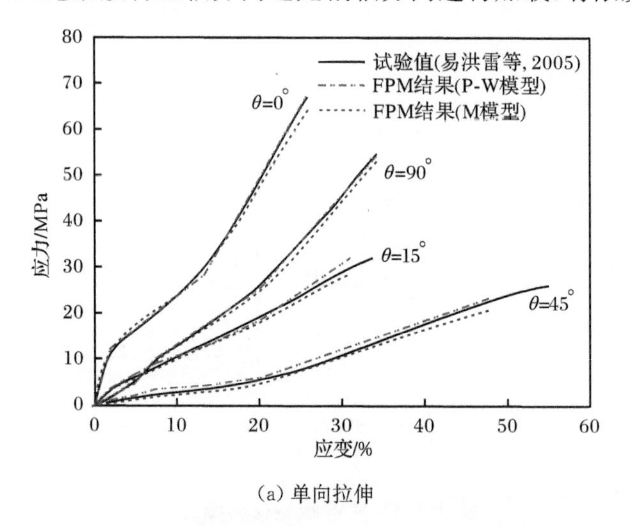

(a) 单向拉伸

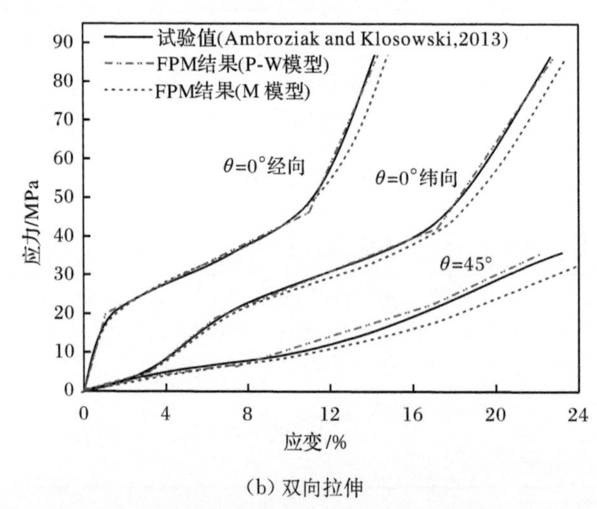

(b) 双向拉伸

图 3.4.9　计算得出的单轴和双轴受拉膜片应力-应变关系曲线与试验结果的比较

得与试验曲线发展趋势相一致的结果，曲线转折点的位置也都较为接近。其中，当采用简单的 P-W 线性化模型时，所得到的应力-应变曲线结果与试验值相比在各分段应变区间范围内有较高的拟合优度(决定系数 R^2 均不小于 0.9)。图 3.4.10 还显示了十字形膜片在拉伸应力($\sigma=36$MPa)作用下的等效应变分布情况，可观察到在悬臂切缝与核心区域的交界位置及角点附近变形较为集中，这恰好与试验中试件破坏位置相吻合。以上分析结果表明，通过引入恰当的各向异性非线性膜材本构模型，有限质点法对于薄膜试件典型的单、双向拉伸大变形行为能够做出正确的描述。

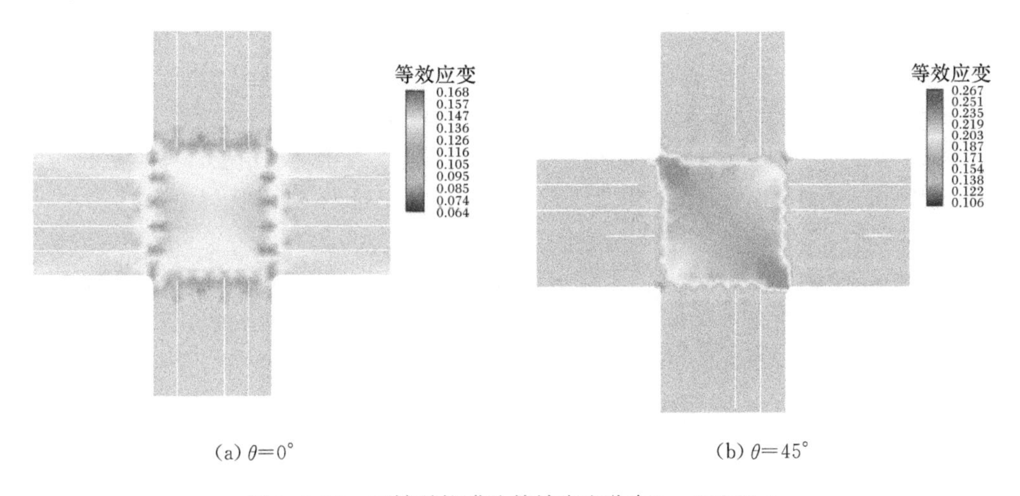

(a) $\theta=0°$　　(b) $\theta=45°$

图 3.4.10　双轴受拉膜片等效应变分布($\sigma=36$MPa)

3.4.4　薄膜圆管受内压与集中力大变形分析

考虑一个充气薄膜圆管，考查其在内压和集中力作用下的大变形行为，分析中计入膜材的非线性拉伸特性。薄膜圆管的几何尺寸与荷载条件如图 3.4.11 所示。圆管直径 $R=21$cm，膜材厚度 $h=1$cm，质量密度 $\rho=1.75$g/cm^3，经纬向本构关系都按照 Neo-Hooken 超弹性模型定义，其中拉梅常数 λ_0 和 μ_0 均取1.0kg/cm^2。薄膜圆管初始处于零应力状态，充气内压 p 从 0 开始缓慢递增至 450Pa，然后分为维持管内气体总量恒定(即 $pV=$const)或压力恒定两种情况，同时在圆管外表面作用两种荷载工况(工况 1：沿纵向施加集中线荷载 F_1；工况 2：跨中施加集中力 F_2)，计算内压和外荷载共同作用下的结构响应情况，分析中忽略重力作用。利用对称性条件，可以只取圆管环向 1/4 部分来计算。计算模型中沿环向和纵向采用 11×11、21×21、31×31 三种质点布置形式对膜面进行离散，相应的模型编号记作①～③。计算中阻尼参数选用虚拟临界值 μ_c，预设时间步长$\Delta t_s=5\times10^{-5}$s。

对于采用 Neo-Hooken 材料的薄膜圆管，充气压力与环向变形关系的理论解

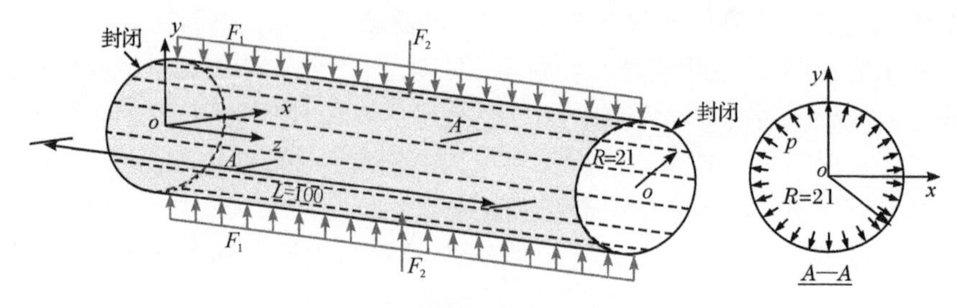

图 3.4.11 薄膜圆管模型(单位:cm)

(Bonet et al.,2000)为 $pR^0/\mu^e h=1-\gamma^{-4}$,其中,$p$ 为充气内压,$\gamma=R/R^0$ 为环向拉伸变形量(R^0 和 R 分别为圆管充气前后的半径),μ^e 为拉梅常数。图 3.4.12 中将有限质点法计算得到的充气压力与环向变形之间的非线性关系和文献结果进行了比较,两者基本一致,特别是当采用细化模型③时可以获得与理论解非常接近的结果。图 3.4.13 给出了采用模型③计算得到的 $p=4500$Pa 时圆管截面形状,同时比较了膜面变形随外部集中线荷载的变化情况。其中,如果假定膜内压力恒定,则当集中线荷载 F_1 增至 32N/m 时,圆管变形就会在局部突然增大而形成凹陷,反映出膜面发生了局部失稳现象。而实际上由于圆管是封闭的,管内气压与体积会相互影响,因此在管内气体总量恒定的条件下,只有当外荷载增至较大时($F_1=$ 112N/m 或 $F_2=83$N)膜面才会发生凹陷现象,如图 3.4.14 所示。

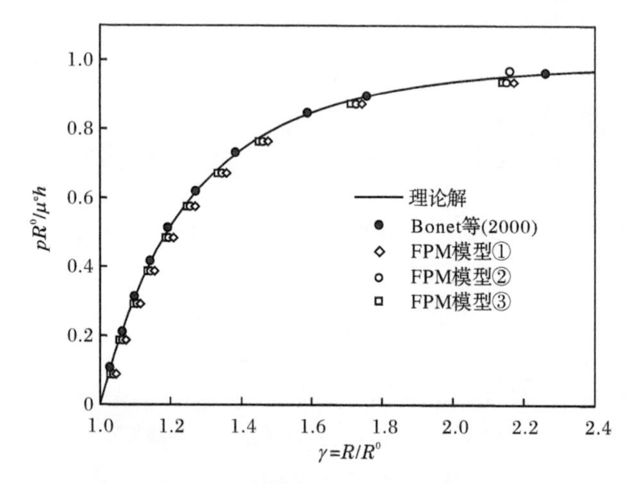

图 3.4.12 充气内压与环向变形量关系比较

3.4.5 薄膜应力刚化分析

薄膜是典型的柔性构件,必须在预应力作用下才具备抵抗面外荷载的能力。本算例将以图 3.4.15 所示初始张紧的方形薄膜为例,校核有限质点法对薄膜中的预应力与膜面变形及面外荷载之间耦合作用计算的准确性。

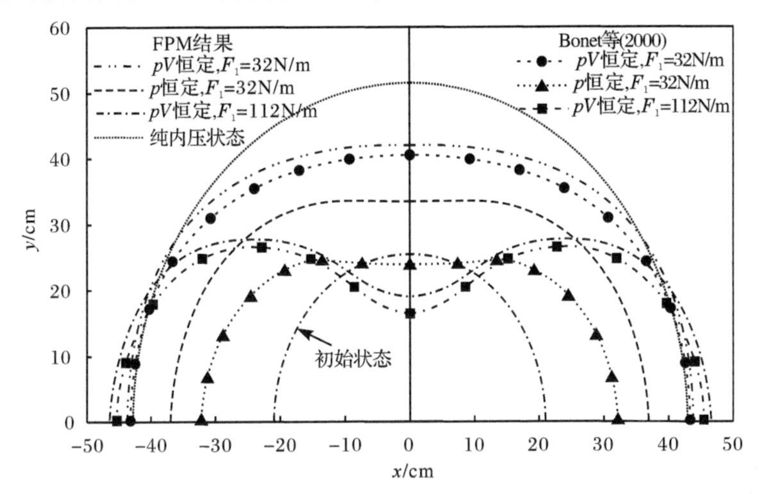

图 3.4.13　采用模型③计算得到的内压和集中线荷载作用下的圆管截面变形

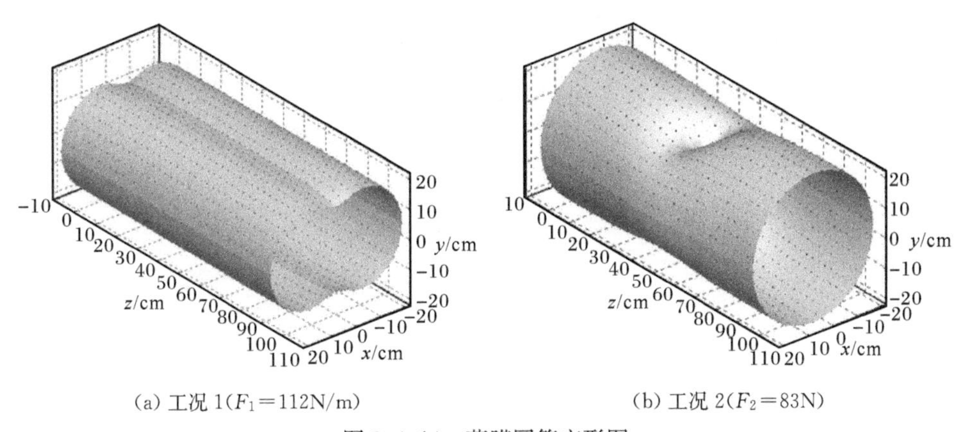

(a) 工况 1($F_1=112$N/m)　　(b) 工况 2($F_2=83$N)

图 3.4.14　薄膜圆管变形图

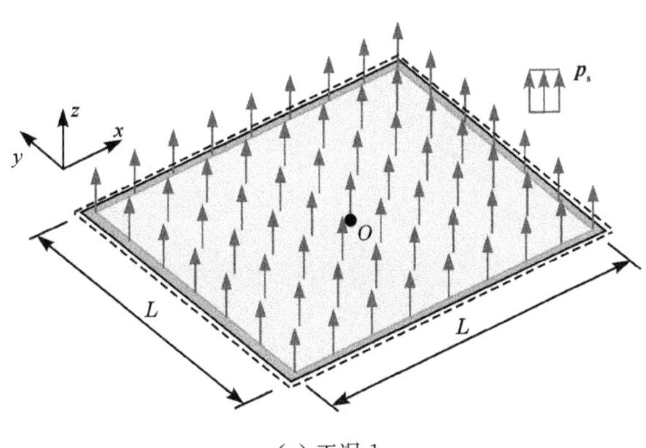

(a) 工况 1

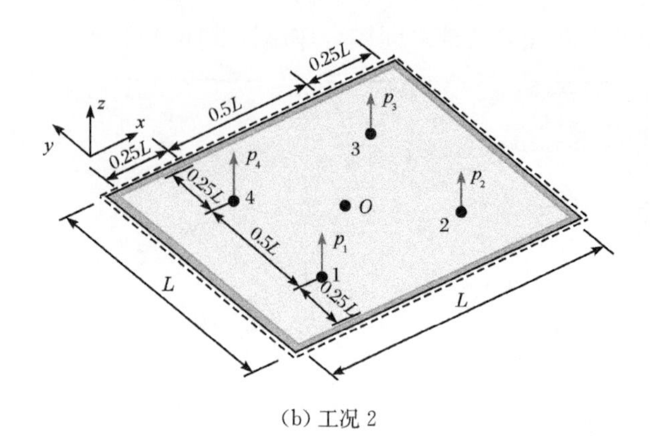

(b) 工况 2

图 3.4.15 预应力效应测试的方形薄膜模型

方形薄膜边长 $L=5\text{m}$，厚度 $h=0.002\text{m}$，初始水平放置且四边固定，初始速度和位移均为 0；假设材料各向同性，弹性模量 $E=110\text{MPa}$，泊松比 $\nu=0.3$，密度 $\rho=1.05\times10^3\text{kg/m}^3$。由于方形薄膜是对称的，计算中只取 1/4 进行分析。在 x 和 y 方向均布置 41 个质点，并分别用 3200 个三节点薄膜元(模型①)和 1600 个四节点等参薄膜元(模型②)连接。分析中预应力通过边界强迫位移施加(图 3.4.16)，考虑两种荷载工况条件(工况 1：均布荷载 p_s；工况 2：集中荷载 p_f)。为较快获得静力解，阻尼参数取临界值 μ_c(见 2.2.3 节)，预设时间步长 $\Delta t_s=1\times10^{-4}\text{s}$。

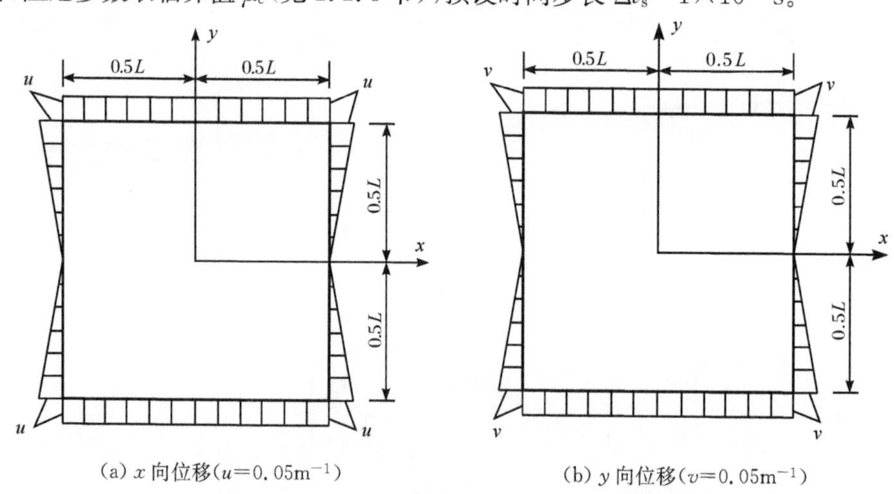

(a) x 向位移($u=0.05\text{m}^{-1}$)　　(b) y 向位移($v=0.05\text{m}^{-1}$)

图 3.4.16 方形薄膜边界上的强迫位移分布

表 3.4.3 列出了分别采用有限质点法、ANSYS 非线性有限元法及 AEM (Katsikadelis et al.，2001)计算得到的竖向静力荷载作用下中心点竖向位移 w 和主应力 σ_1 的结果比较。其中，AEM 的分析结果可作为误差分析的理论参考值。

图 3.4.17 为工况 1 条件下薄膜沿 x 方向的中心截面变形后的形状，同样将它与另两种方法的计算结果进行比较。由表 3.4.3 和图 3.4.17 可以看出，有限质点法分析结果与理论值非常接近，和有限单元法相比误差更小，能够有效、准确地模拟薄膜中的应力刚化效应。

表 3.4.3　竖向静力荷载作用下预应力薄膜中心节点竖向位移和主应力

工况描述	类别	AEM	FEM	FEM 相对误差	FPM 解		FPM 相对误差	
					模型①	模型②	模型①	模型②
工况 1：	位移 w/m	0.295	0.289	2.04%	0.291	0.292	1.49%	1.08%
$\bar{p}_s$=0.03	主应力 σ_1/MPa	9.187	8.927	2.83%	8.979	9.015	2.26%	1.87%
工况 2：	位移 w/m	—	0.215	—	0.221	0.223	2.79%	3.72%
$\bar{p}_f$=0.05	主应力 σ_1/MPa	—	4.874	—	5.016	5.069	2.92%	4.02%

注：$\bar{p}_s$ 和 $\bar{p}_f$ 为无量纲量：$\bar{p}_s=p_sL(1-\nu^2)/Eh$，$\bar{p}_f=p_f(1-\nu^2)/ELh$。

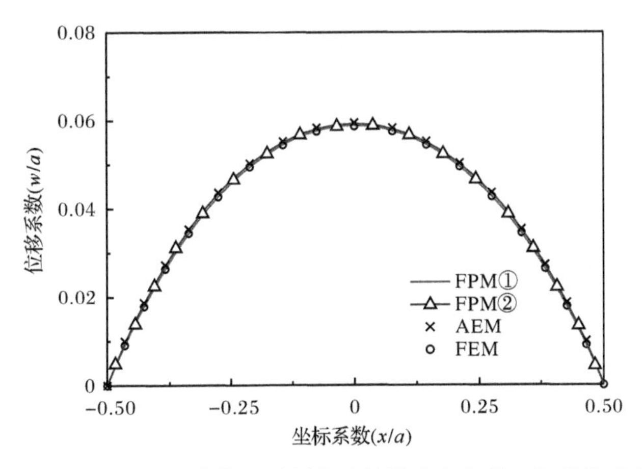

图 3.4.17　工况 1 条件下不同方法计算中心变形后的形状对比

为了检验算法的收敛性，再分别取质点分布形式为 11×11、21×21 和 31×31 的离散模型进行分析比较。图 3.4.18 所示为工况 1 条件下采用不同离散模型计算得到的薄膜中心点竖向位移的比较。可以看到，随着离散模型的细化，计算结果更加精确，方法收敛性能良好。

下面再以受均布荷载(工况 1)的 41×41 质点离散模型为例，考查阻尼系数取值不同对静力计算收敛速度和结果的影响。图 3.4.19 为采用不同阻尼情况下薄膜中心点的竖向位移和应力变化曲线。结果表明，不同的阻尼系数对结构的运动路径会有影响，但最终都趋向于到同一个平衡状态，内力的变化情况也类似。特别地，当采用由式(2.2.41)～式(2.2.43)得到的临界阻尼系数 μ_c 计算时，各质点

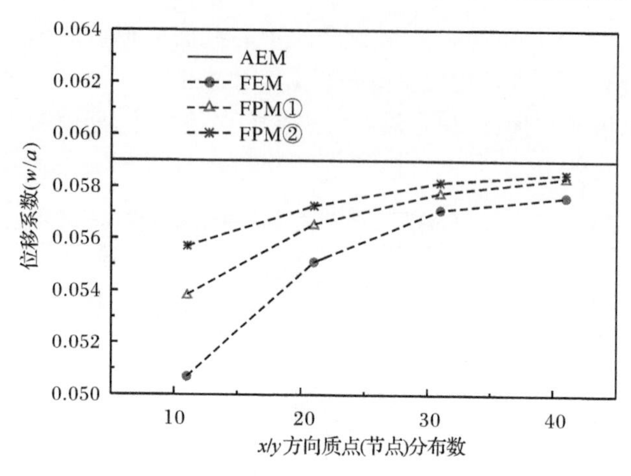

图 3.4.18 工况 1 条件下采用不同离散模型计算得到的薄膜中心点竖向位移对比

位移和中心点应力可以较快地收敛于静力平衡解；而当阻尼值过大或过小时，由于黏滞力和动力效应的影响，收敛速度都将变慢。

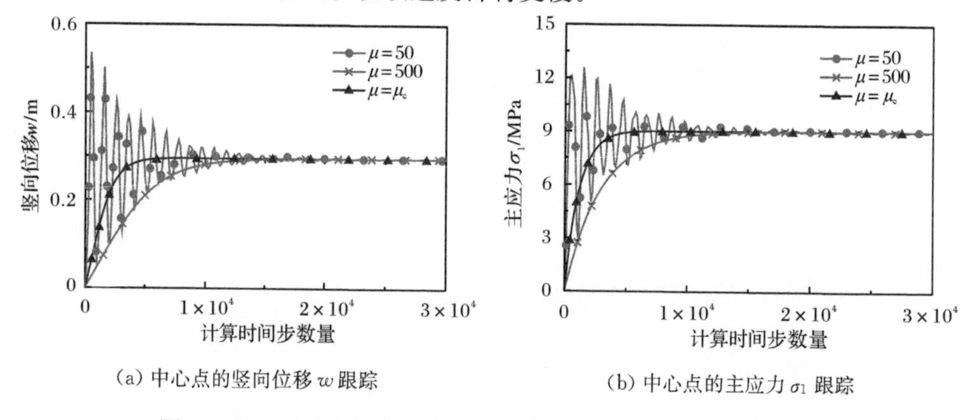

(a) 中心点的竖向位移 w 跟踪 (b) 中心点的主应力 σ_1 跟踪

图 3.4.19 工况 1 条件下不同阻尼下的薄膜中心点竖向位移变化

由以上分析可知，有限质点法能够有效地模拟预应力作用下的膜结构变形问题；当模型中使用足够多的质点时，计算结果将具有较高的精度；对于静力问题，引入虚拟临界阻尼后，收敛速度明显改善。

3.5 三维固体弹塑性分析

3.5.1 三维固体弹塑性计算理论

固体弹塑性的计算思路与 3.2.1 节杆梁的弹塑性计算相同，但由于固体处于更复杂的应力状态，其屈服条件、加/卸载准则、计算方法也更为复杂。本节以最常用的 von Mises 弹塑性模型为讨论对象，将其应用于三维固体的弹塑性分析。材料的屈服与平均应力$\bar{\hat{\sigma}}$无关，只和偏应力 $\hat{\boldsymbol{s}}$ 有关，即

$$\hat{\boldsymbol{s}} = \hat{\boldsymbol{\sigma}} - \bar{\hat{\sigma}}\boldsymbol{I} \tag{3.5.1}$$

式中，$\bar{\hat{\sigma}}=\frac{1}{3}\mathrm{trac}(\hat{\boldsymbol{\sigma}})$为平均应力；$\boldsymbol{I}$ 为单元矩阵。因此，它的屈服面函数可以表示为

$$F = q - \sigma_{\mathrm{y}} = \sqrt{3J_2} - \sigma_{\mathrm{y}} \tag{3.5.2}$$

式中，$J_2=\frac{1}{2}\hat{\boldsymbol{s}}_{ij}\hat{\boldsymbol{s}}_{ij}$ 为第二应力不变量；$q=\sqrt{3J_2}$为偏应力，即 von Mises 应力；σ_{y} 为屈服强度，可根据给定材料应力-应变硬化曲线关系确定。

塑性势面也采用同样的函数，即所谓的 J_2 流动法则，其对偏应力分量的导数为

$$\frac{\partial F}{\partial \hat{\boldsymbol{s}}_{ij}} = \frac{\partial F}{\partial J_2}\frac{\partial J_2}{\partial \hat{\boldsymbol{s}}_{ij}} = \frac{\sqrt{3}}{2}\frac{1}{\sqrt{J_2}}\hat{\boldsymbol{s}}_{ij} = \frac{3}{2}\frac{\hat{\boldsymbol{s}}_{ij}}{q} \tag{3.5.3}$$

该形式的塑性势面只会产生塑性偏应变，等效塑性剪切应变 $\mathrm{d}\bar{\gamma}^{\mathrm{p}}$ 为

$$\mathrm{d}\bar{\gamma}^{\mathrm{p}} = \left(\frac{2}{3}\mathrm{d}\hat{\boldsymbol{e}}_{ij}^{\mathrm{p}}\mathrm{d}\hat{\boldsymbol{e}}_{ij}^{\mathrm{p}}\right)^{1/2} = \Lambda\frac{\partial F}{\partial q} = \Lambda \tag{3.5.4}$$

式中，Λ 为塑性因子，塑性偏应变分量 $\mathrm{d}\hat{\boldsymbol{e}}_{ij}^{\mathrm{p}}$ 可按式(3.5.5)计算：

$$\mathrm{d}\hat{\boldsymbol{e}}_{ij}^{\mathrm{p}} = \Lambda\frac{\partial F}{\partial\hat{\boldsymbol{s}}_{ij}} = \Lambda\frac{3}{2}\frac{\hat{\boldsymbol{s}}_{ij}}{q} = \mathrm{d}\bar{\gamma}^{\mathrm{p}}\frac{3}{2}\frac{\hat{\boldsymbol{s}}_{ij}}{q} = \mathrm{d}\bar{\gamma}^{\mathrm{p}}\boldsymbol{n} \tag{3.5.5}$$

其中，向量 $\boldsymbol{n}=\frac{3}{2}\frac{\hat{\boldsymbol{s}}_{ij}}{q}$。

材料屈服时的应力状态点应落在硬化后的曲面上，而屈服面的大小和加载过程中发生的塑性应变大小相关，塑性应变大小则按照流动法则确定。首先进行弹性预测，然后对弹性预测的应力进行修正，确保应力状态点不跃过屈服面。

(1) 弹性预测。假设 $t_a \sim t$ 时段内的增量为弹性过程，计算出应力增量预测值 $\hat{\boldsymbol{s}}_{ij}^{\mathrm{trial}}$。将更新后的应力状态代入式(3.5.2)，若 $F\leqslant 0$，意味着没有屈服，计算无需修正。

(2) 应力修正。若 $F>0$，说明应力状态点超出了屈服面，需要进行修正。将增量步开始 t_a 时刻的数组用标记 a 表示，t 时刻增量步骤结束后的值用标记 t 表示，如图 3.5.1 所示。

$$\begin{aligned}\hat{\boldsymbol{s}}_{ij}^{t} &= 2G^{t}\hat{\boldsymbol{e}}_{ij}^{\mathrm{e}} = 2G(\hat{\boldsymbol{e}}_{ij}^{t} - {}^{t}\hat{\boldsymbol{e}}_{ij}^{\mathrm{p}}) \\ &= 2G({}^{a}\hat{\boldsymbol{e}}_{ij}^{\mathrm{e}} + \Delta^{t}\hat{\boldsymbol{e}}_{ij} - {}^{t}\hat{\boldsymbol{e}}_{ij}^{\mathrm{p}}) \\ &= \hat{\boldsymbol{s}}_{ij}^{a} + 2G\Delta\hat{\boldsymbol{e}}_{ij}^{t} - 2G\Delta^{t}\hat{\boldsymbol{e}}_{ij}^{\mathrm{p}} \\ &= \hat{\boldsymbol{s}}_{ij}^{\mathrm{trial}} - 2G\Delta^{t}\hat{\boldsymbol{e}}_{ij}^{\mathrm{p}}\end{aligned} \tag{3.5.6}$$

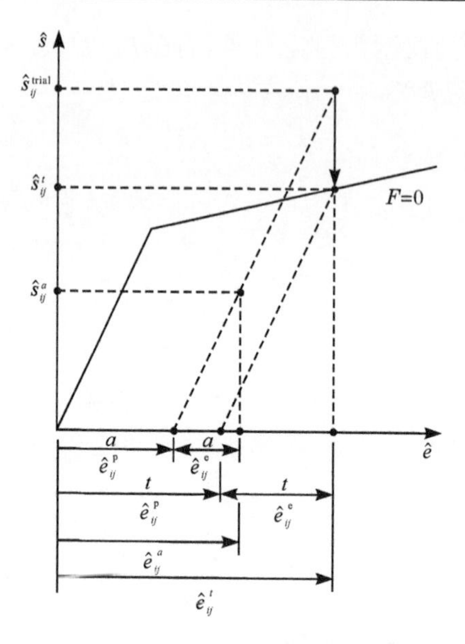

图 3.5.1　试应力径向返回修正算法图示

按式(3.5.5)有 $\Delta\hat{\boldsymbol{e}}_{ij}^{\mathrm{p}}=\Delta\bar{\gamma}^{\mathrm{p}}\cdot\dfrac{3}{2}\dfrac{\hat{\mathbf{s}}_{ij}}{q}$,代入式(3.5.6)并简化得到

$$(1+3G\Delta^{t}\bar{\gamma}^{\mathrm{p}}/q^{t})\hat{\mathbf{s}}_{ij}^{t}=\hat{\mathbf{s}}_{ij}^{\mathrm{trial}} \tag{3.5.7}$$

考虑到 $q=\sqrt{3J_2}=\sqrt{\dfrac{3}{2}\hat{\mathbf{s}}_{ij}\hat{\mathbf{s}}_{ij}}$,可以推导出

$$q^{t}=q^{\mathrm{trial}}-3G\Delta^{t}\bar{\gamma}^{\mathrm{p}} \tag{3.5.8}$$

代入式(3.5.2)得

$$F^{t}=q^{t}-\sigma_{\mathrm{y}}^{t}=q^{\mathrm{trial}}-3G\Delta^{t}\bar{\gamma}^{\mathrm{p}}-\sigma_{\mathrm{y}}^{t}=0 \tag{3.5.9}$$

由于 σ_{y}^{t} 和 $\Delta^{t}\bar{\gamma}^{\mathrm{p}}$ 是相互关联的,因此式(3.5.9)是一个关于 $\Delta^{t}\bar{\gamma}^{\mathrm{p}}$ 的非线性方程,需要用牛顿迭代法进行求解。按照上述过程,修正结束后可以得到等效偏应力 q,还需要计算应力分量。由式(3.5.5)有

$$\hat{\mathbf{s}}_{ij}=\frac{2}{3}\frac{\mathrm{d}\hat{\boldsymbol{e}}_{ij}^{\mathrm{p}}}{\mathrm{d}\bar{\gamma}^{\mathrm{p}}}q \tag{3.5.10}$$

因为 $\mathrm{d}\hat{\boldsymbol{e}}_{ij}^{\mathrm{p}}=\mathrm{d}\bar{\gamma}^{\mathrm{p}}\boldsymbol{n}$,并考虑到屈服时 $q=\sigma_{\mathrm{y}}$,则由式(3.5.10)可得到应力分量的计算公式:

$$\hat{\mathbf{s}}_{ij}=\frac{2}{3}\boldsymbol{n}\sigma_{\mathrm{y}} \tag{3.5.11}$$

由式(3.5.1)可得修正后的应力分量 $\hat{\boldsymbol{\sigma}}$:

$$\hat{\boldsymbol{\sigma}}=\hat{\mathbf{s}}+\bar{\hat{\sigma}}\boldsymbol{I} \tag{3.5.12}$$

最后由式(2.8.16)计算 t 时刻的四面体固体单元的单元节点力。

3.5.2　圆柱坯受压大变形分析

图 3.5.2 所示的圆柱坯受压弹塑性问题经常在金属塑性成型过程中遇到。柱体高 $H=8\text{mm}$，半径 $R=4\text{mm}$，弹性模量 $E=69\text{GPa}$，泊松比 $\nu=0.3$，密度 $\rho=2700\text{kg/m}^3$，材料应力-应变硬化曲线关系为 $\sigma_y=298.3\times(28\times10^{-4}+\varepsilon_e^p)^{0.086}$，圆柱坯与上下垫板之间的静摩擦系数 $\mu_s=0.11$。

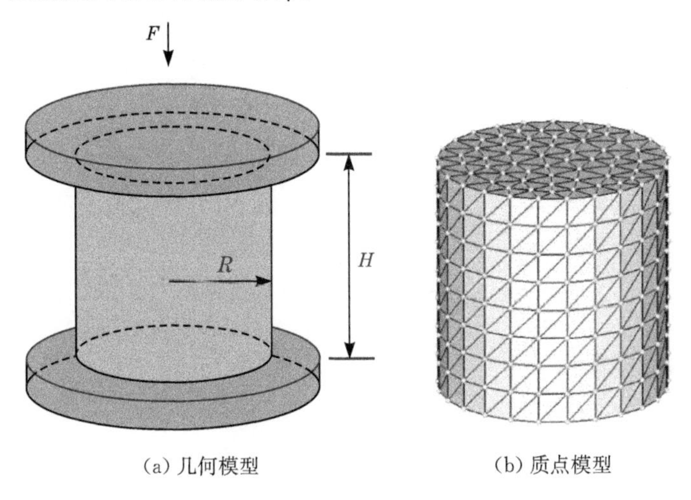

(a) 几何模型　　(b) 质点模型

图 3.5.2　圆柱坯受压模型

由于是静力问题，采用分段阶梯式加载策略。图 3.5.3 给出了圆柱坯受压端部荷载-位移曲线与试验结果的对比。图 3.5.4 给出圆柱坯在不同压缩量下变形模拟结果与试验结果(Xiong et al.，2005)的对比。由此可见，采用有限质点法的

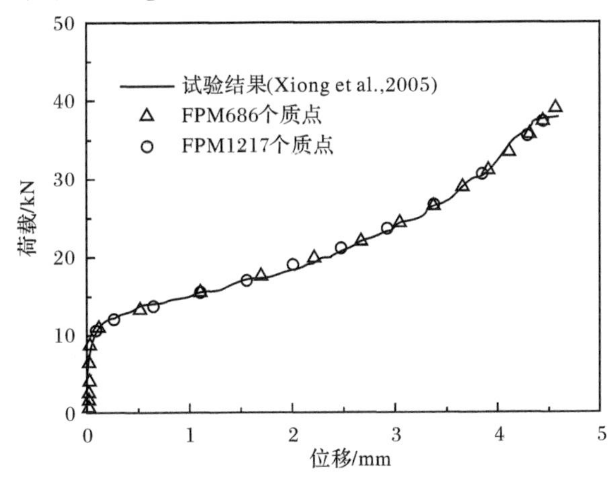

图 3.5.3　圆柱坯受压端部荷载-位移曲线与试验结果的对比

模拟结果与试验值吻合较好。图 3.5.5 给出模拟得到的等效塑性应变分布云图。在压缩过程中,随着荷载的增大,圆柱坯逐渐进入塑性,压缩量也逐渐开始增大。

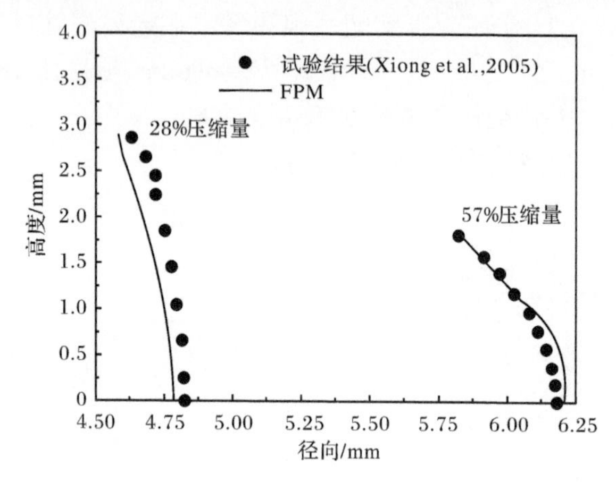

图 3.5.4　圆柱坯在不同压缩量下变形模拟结果与试验结果的对比

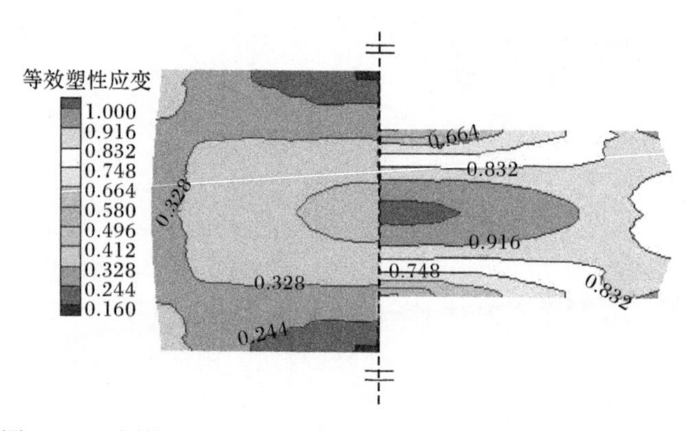

图 3.5.5　圆柱坯在压缩 28%和 57%时的等效塑性应变分布云图

第 4 章　结构失稳与屈曲行为分析

失稳和屈曲是结构典型的破坏模式。本章介绍有限质点法在杆、梁、薄壳结构失稳与屈曲问题中的应用。在结构大变形分析的基础上，针对失稳和屈曲问题的特点，引入一些必要的求解策略，然后针对桁架、刚架、扁球壳、圆管等结构在不同荷载作用下的稳定问题，给出结构失稳和屈曲形态的模拟及分析。

4.1　有限质点法的稳定计算策略

在采用有限质点法进行稳定计算求解时，由于不需要对控制方程本身进行迭代求解，因此采用何种稳定计算策略，很大程度上依赖于稳定问题本身所表现出的失稳特征。以图 4.1.1(a)所示的某结构失稳过程中加载点的荷载-位移曲线为例。在图中的 AB 段，荷载和位移均单调变化，此时控制加载点的力或者位移的增加都能得到结构在该阶段的荷载-位移曲线。当曲线越过极值点 B 进入 BC 段后，由于力不再是单调变化，因此采用增加荷载的控制方法，仅能得到极限荷载，荷载-位移曲线会沿 BDE 上升；而采用位移控制的方法，则可以越过极值点，得到下降段。对于图 4.1.1(b)所示的荷载-位移曲线的 FGH 段，在该阶段结构的荷载和位移都不是单调变化的，采用力控制法或位移控制法都无法取得曲线的全过程，就要用到弧长法，通过控制弧长的方式得到荷载和位移同时减小的解。

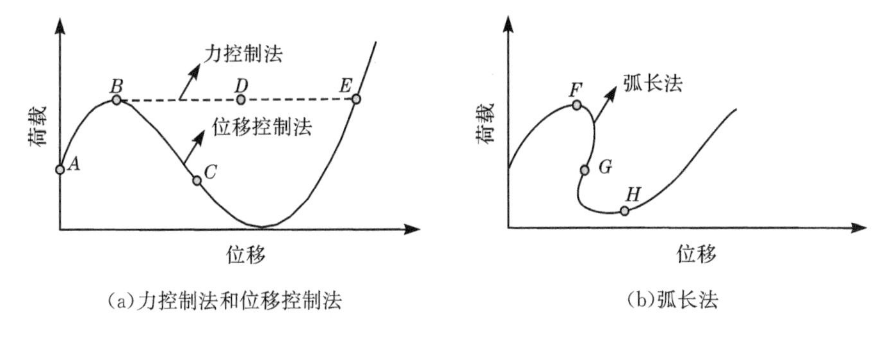

(a)力控制法和位移控制法　　(b)弧长法

图 4.1.1　有限质点法稳定求解策略选择

4.1.1　力控制法

力控制法是在求解控制方程(2.2.4)时，以力的变化为自变量，求出结构位移的反应，得到包含阻尼的力控制方程式。这是已知结构荷载求解结构反应的一般思路。由式(2.2.26)得到位移求解的一般形式：

$$\boldsymbol{d}_{n+1}=c_1\frac{\Delta t^2}{M_\alpha}(\boldsymbol{F}_n^{\text{ext}}+\boldsymbol{F}_n^{\text{int}})+2c_1\boldsymbol{d}_n-c_1c_2\boldsymbol{d}_{n-1} \tag{4.1.1}$$

式中，$c_1=1/(1+\mu\Delta t/2)$；$c_2=c_1(1-\mu\Delta t/2)$，μ 为阻尼系数，Δt 为时间步长；$\boldsymbol{F}_n^{\text{ext}}$ 和 $\boldsymbol{F}_n^{\text{int}}$ 分别为质点第 n 步的外力和内力向量；$\boldsymbol{d}_{n+1}$、$\boldsymbol{d}_n$ 和 $\boldsymbol{d}_{n-1}$ 分别为质点第 $n+1$ 步、第 n 步和第 $n-1$ 步的位移向量；M_α 为质点质量。在分析中通过对外力 $\boldsymbol{F}_n^{\text{ext}}$ 的控制，求出结构的下一步位移 $\boldsymbol{d}_{n+1}$。

4.1.2 位移控制法

位移控制法是指在求解控制方程(2.2.4)时，改成以位移的变化为自变量，使用增量位移加载代替力加载作用，按照已知的位移条件求出外力的反应。另外，在位移控制点处施加已知变化位移的同时，假设在相同位置上也存在支座约束，相当于在屈曲分支点可提供一个附加约束，使计算能够顺利通过该点平稳地进入到后屈曲阶段，避免发生由局部跃越失稳或屈曲后的内力重分布导致的动力效应及其引起的几何形状的突然变化，以获得连续稳定的后屈曲平衡形态。位移控制法中可通过求解式(4.1.1)中的 $\boldsymbol{F}_n^{\text{ext}}$ 来获得加载点的外荷载，其计算方程式为

$$\boldsymbol{F}_n^{\text{ext}}=\frac{M_\alpha}{c_1\Delta t^2}(\boldsymbol{d}_{n+1}+c_1c_2\boldsymbol{d}_{n-1}-2c_1\boldsymbol{d}_n)-\boldsymbol{F}_n^{\text{int}} \tag{4.1.2}$$

在实际分析中，在每一时间步内，由给定的加载条件确定位移控制点处的质点位移 $\boldsymbol{d}_{n+1}$、$\boldsymbol{d}_n$ 和 $\boldsymbol{d}_{n-1}$，然后按式(4.1.2)可求出该步内作用在该控制点上的外力。控制点位移必须按缓慢递增的方式进行加载，避免由不合适的增量位移导致的求解发散，以保证分析计算中能够平稳地经过所有稳定分支点。

需要注意的是，采用位移控制的前提是要预先知道施加位移的质点位置、性质以及位移大小。但在某些问题中(如动态响应问题)，不是所有质点的位移路径都能预先完全确定，此时应根据不同质点上各自的实际加载情况来确定采用何种加载控制方式(力控制/位移控制/弧长法)进行分析。

4.1.3 弧长法

如前所述，传统的力控制法在到达极值点之后无法自适应地减小荷载以捕捉完整的屈曲路径，因此需要在外荷载上额外添加一个自适应系数 λ，它能根据当前结构的承载能力自动放大或缩小，因此质点的运动控制方程可由式(4.1.1)修正为

$$\boldsymbol{d}_{n+1}=c_1\frac{\Delta t^2}{M_\alpha}(\lambda\boldsymbol{F}_n^{\text{ext}}+\boldsymbol{F}_n^{\text{int}})+2c_1\boldsymbol{d}_n-c_1c_2\boldsymbol{d}_{n-1} \tag{4.1.3}$$

由于多了一个未知量，需要添加一个约束方程，即

$$\| \boldsymbol{d}_{n+1} - \boldsymbol{d}_0 \|^2 = l^2 \tag{4.1.4}$$

式中，$\boldsymbol{d}_0$ 为当前平衡收敛点的位置向量。式(4.1.4)为经典的柱面弧长法表达形式，图 4.1.2 给出了简单的两自由度系统柱面弧长法约束示意图。

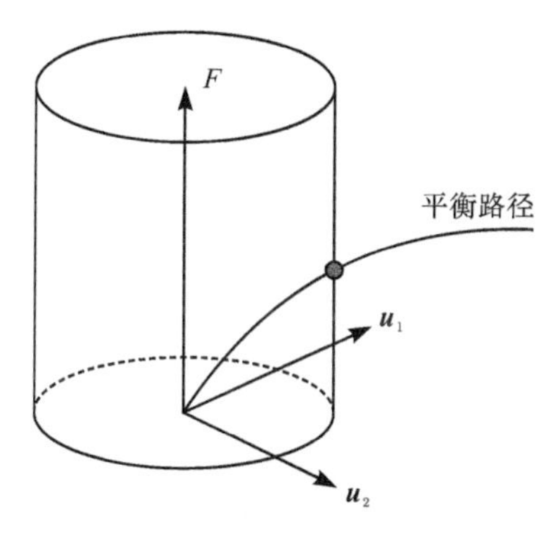

图 4.1.2　两自由度系统的柱面弧长法约束示意图

从式(4.1.4)可以看出，$\boldsymbol{d}_{n+1}$ 的端点域落在以 O 为圆心、以 l 为半径的圆弧上，并在平衡点处振荡，如图 4.1.3 所示，直至到达新的平衡收敛点 O'。

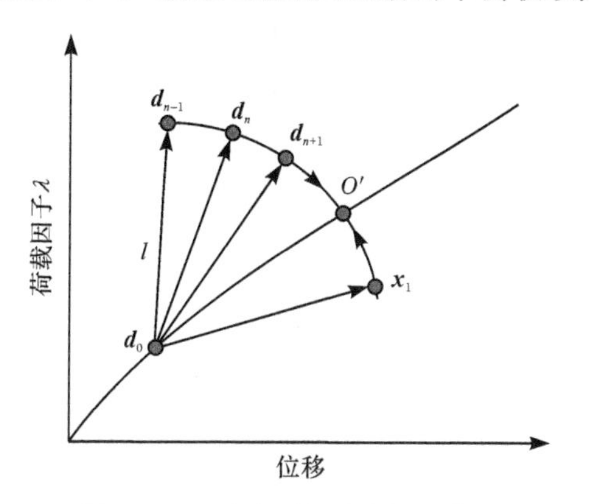

图 4.1.3　显式弧长法求解示意图

联立式(4.1.3)与式(4.1.4)可以得到关于 λ 的一元二次方程：

$$\| \boldsymbol{A} \|^2 \lambda^2 + 2 \| \boldsymbol{A} \| \, \| \boldsymbol{B} \| \lambda + \| \boldsymbol{B} \|^2 - l^2 = 0 \tag{4.1.5}$$

式中，$\boldsymbol{A} = \frac{c_1 \Delta t^2}{M_\alpha} \boldsymbol{F}_n^{\text{ext}}$；$\boldsymbol{B} = 2c_1 \boldsymbol{d}_n + \frac{c_1 \Delta t^2}{M_\alpha} \boldsymbol{F}_n^{\text{int}} - c_1 c_2 \boldsymbol{d}_{n-1} - \boldsymbol{d}_0$。求解得到关于 λ 的两个实数根：

$$\begin{cases} \lambda_1 = -\dfrac{\| \boldsymbol{A} \| \, \| \boldsymbol{B} \|}{\| \boldsymbol{A} \|^2} + \dfrac{l}{\| \boldsymbol{A} \|} \\ \lambda_2 = -\dfrac{\| \boldsymbol{A} \| \, \| \boldsymbol{B} \|}{\| \boldsymbol{A} \|^2} - \dfrac{l}{\| \boldsymbol{A} \|} \end{cases} \tag{4.1.6}$$

由于 $\boldsymbol{d}_{n+1}$ 不断向平衡点 O 处靠拢，不能发生折回，故 λ 的取值应该满足上述条件。将 λ_1 和 λ_2 分别代入式(4.1.3)得到相应的位置向量 $\boldsymbol{d}_1$ 和 $\boldsymbol{d}_2$，并设 $\boldsymbol{d}_B$ 为平衡点 $\boldsymbol{d}_0$ 前一个平衡位置，则它们的连线向量 $\boldsymbol{d}_0\boldsymbol{d}_B$ 与 $\boldsymbol{d}_1\boldsymbol{d}_0$、$\boldsymbol{d}_2\boldsymbol{d}_0$ 夹角的余弦值可以分别表示为 $\cos B_1$ 和 $\cos B_2$：

$$\begin{cases}\cos B_1 = \dfrac{(\boldsymbol{d}_1 - \boldsymbol{d}_0)^{\mathrm{T}}(\boldsymbol{d}_0 - \boldsymbol{d}_B)}{l^2} \\[2ex] \cos B_2 = \dfrac{(\boldsymbol{d}_2 - \boldsymbol{d}_0)^{\mathrm{T}}(\boldsymbol{d}_0 - \boldsymbol{d}_B)}{l^2}\end{cases} \tag{4.1.7}$$

那么 λ 的取值可按式(4.1.8)确定：

$$\lambda = \begin{cases}\lambda_1, & \cos B_1 \geqslant \cos B_2 \\ \lambda_2, & \cos B_1 < \cos B_2\end{cases} \tag{4.1.8}$$

这里需要注意的是，对于梁单元或薄壳单元，其质点位置向量 $\boldsymbol{d}_{n+1}$ 中包含位移和转角，因为它们在数值上可能是不同量级，所以它们对 λ 计算的敏感程度也不同，为了解决此问题，需要将它们在数值上进行归一化处理，即分别除以位移和转角中绝对值的较大值。

此外，从图形上也可以形象地发现显式弧长法的优势，如图 4.1.4 所示，对于传统的荷载分级加载方式，位移 $\boldsymbol{d}_{n+1}$ 的运动路径是在与横坐标平行的直线上，所以当到达极值点时，无法捕捉到下方的平衡点，即运动路径与极值点下方的平衡路径无交点；而对显式弧长法来说，$\boldsymbol{d}_{n+1}$ 的运动路径是一条圆弧，在到达极值点之后该圆弧与平衡路径总能找到交点，因此它能捕捉完整的屈曲路径。

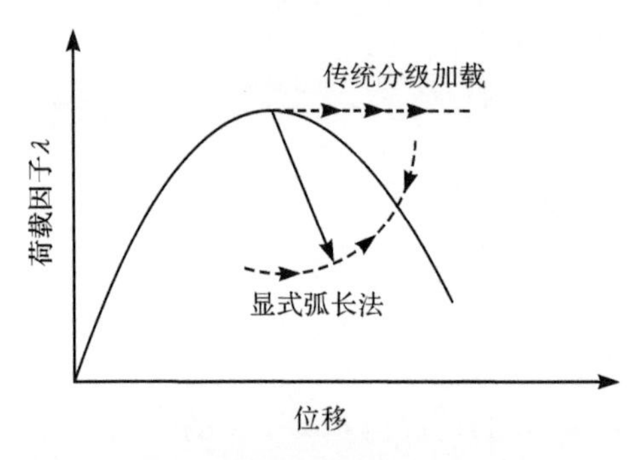

图 4.1.4 传统分级加载与显式弧长法对比

4.2 两根铰接杆件失稳分析

图 4.2.1 所示的对称两杆桁架在荷载 F 作用下的失稳问题是研究非线性算法可靠性的经典算例。这里分别采用弹性模型、理想弹塑性模型、双线性强化弹

塑性模型以及压杆屈曲软化模型分析该结构的失稳行为。结构中 $b=65.99\mathrm{cm}$，$h=19.05\mathrm{cm}$，弹性模量 $E=70.3\mathrm{GPa}$，$A=96.77\mathrm{cm}^2$。

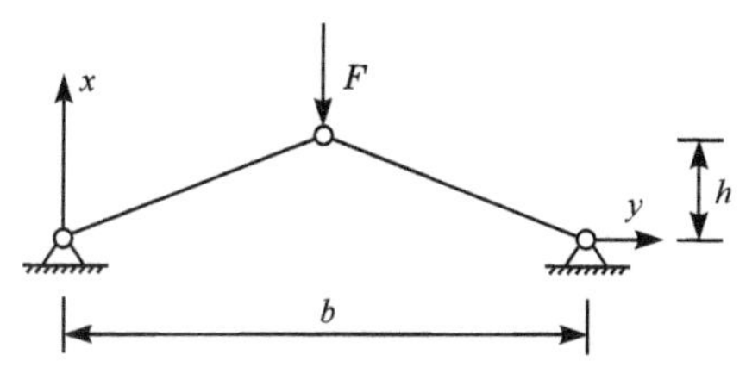

图 4.2.1　两根铰接杆件结构模型

4.2.1　弹性失稳

结构的离散模型如图 4.2.2 所示，共包含三个质点和两个杆单元。A、B 和 C 三个质点的坐标分别为 $(0,0)$、$(b/2,h)$ 和 $(b,0)$。质点 A 和 C 为固定铰接点，因此计算中仅需对质点 B 的运动方程进行求解。

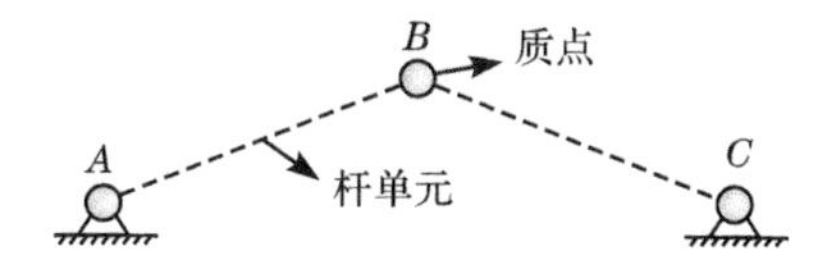

图 4.2.2　质点的离散模型

质点 B 的运动方程为

$$\begin{bmatrix} m & 0 \\ 0 & m \end{bmatrix} \frac{\mathrm{d}^2}{\mathrm{d}t^2} \begin{bmatrix} d_{Bx} \\ d_{By} \end{bmatrix} = \begin{bmatrix} F_{Bx}^{\mathrm{ext}} \\ F_{By}^{\mathrm{ext}} \end{bmatrix} + \begin{bmatrix} F_{Bx}^{\mathrm{int}} \\ F_{By}^{\mathrm{int}} \end{bmatrix} \tag{4.2.1}$$

质点 A、C 的运动约束条件为

$$\begin{cases} F_{Ax}^{\mathrm{ext}} = -F_{Ax}^{\mathrm{int}} \\ F_{Ay}^{\mathrm{ext}} = -F_{Ay}^{\mathrm{int}} \end{cases} \quad 和 \quad \begin{cases} F_{Cx}^{\mathrm{ext}} = -F_{Cx}^{\mathrm{int}} \\ F_{Cy}^{\mathrm{ext}} = -F_{Cy}^{\mathrm{int}} \end{cases} \tag{4.2.2}$$

式中，m 为质点 B 的质量，由与质点相连的单元质量分配而来；B 点 x 向外力 $F_{Bx}^{\mathrm{ext}}=-F$，y 向外力 $F_{By}^{\mathrm{ext}}=0$；质点 B 的内力由单元 AB 和 BC 的节点内力集成求得，单元内力由单元的变形求得。

图 4.2.3 为相邻两步时刻 t_1 和 t_2 的桁架构形，单元 AB 在 t_2 时刻的节点内力向量为

$$\boldsymbol{F}_{At_2}^{AB} = \boldsymbol{F}_{At_1}^{AB} - EA\left(\frac{l_{t_2}^{AB} - l_{t_1}^{AB}}{l_{t_1}^{AB}}\right)\boldsymbol{e}_{t_2}^{AB} \tag{4.2.3a}$$

$$\boldsymbol{F}_{Bt_2}^{AB} = \boldsymbol{F}_{Bt_1}^{AB} + EA\left(\frac{l_{t_2}^{AB} - l_{t_1}^{AB}}{l_{t_1}^{AB}}\right)\boldsymbol{e}_{t_2}^{AB} \tag{4.2.3b}$$

式中，$\boldsymbol{F}_{At_1}^{AB}$、$\boldsymbol{F}_{Bt_1}^{AB}$、$\boldsymbol{F}_{At_2}^{AB}$和$\boldsymbol{F}_{Bt_2}^{AB}$为单元$AB$在$t_1$和$t_2$时刻的节点内力向量；$l_{t_1}^{AB}$和$l_{t_2}^{AB}$分别为单元$AB$在时刻$t_1$和$t_2$的长度；$\boldsymbol{e}_{t_2}^{AB}$为单元$AB$在$t_2$时刻的方向向量。

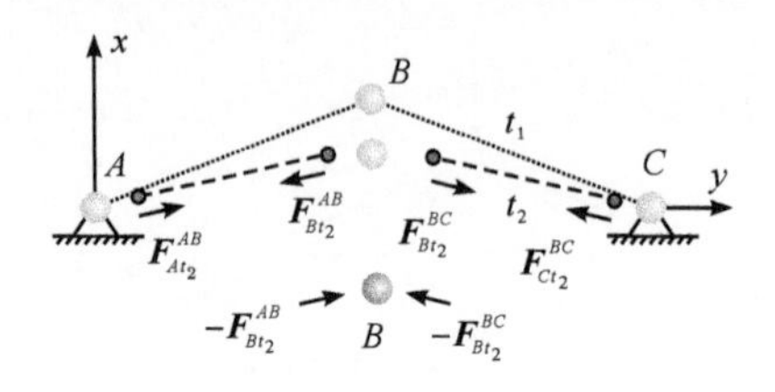

图 4.2.3　t_1和t_2时刻桁架构形

单元AB贡献给质点B的内力就是将$\boldsymbol{F}_{Bt_2}^{AB}$反向施加到质点$B$上。同理，单元$BC$贡献给质点$B$的内力就是将$\boldsymbol{F}_{Ct_2}^{BC}$反向施加到质点$B$上。由此，质点$B$的内力集成为

$$\boldsymbol{F}_{t_2}^{B}=-(\boldsymbol{F}_{Bt_2}^{AB}+\boldsymbol{F}_{Ct_2}^{BC}) \tag{4.2.4}$$

将内力和外力代入运动方程(4.2.1)后，由中央差分法，即可求出质点B在t_2时刻的位移。

分析中不计结构阻尼，荷载缓慢增加，单位时间步长$\Delta t=1\times10^{-3}$s。按照上述过程逐步求出B点荷载-位移曲线，如图 4.2.4 所示，与采用非线性有限元法(Hill and Blandford，1989)的分析结果吻合较好。

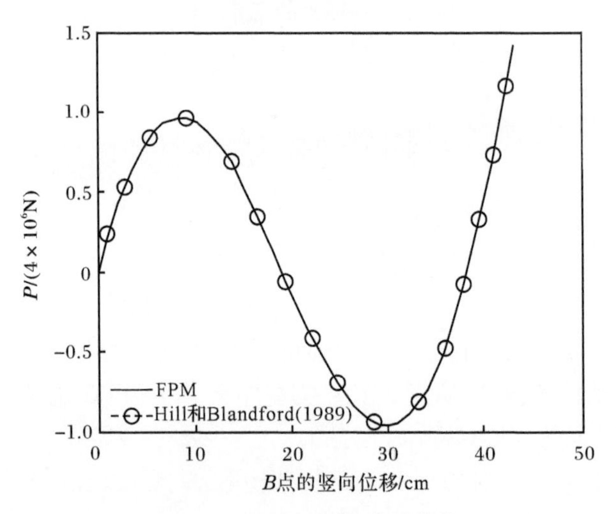

图 4.2.4　B点荷载-位移曲线

4.2.2　采用理想弹塑性模型的弹塑性失稳

采用理想弹塑性模型分析时，结构的屈服强度$\sigma_y=0.2E$，桁架的荷载-位移曲

线如图 4.2.5 所示，与弹塑性解析解（Wu et al.，1987）相吻合。两杆首先受压屈服，进入塑性平台扩展区。随着几何位置的改变，发生跃越失稳后，杆件开始受拉直至屈服。

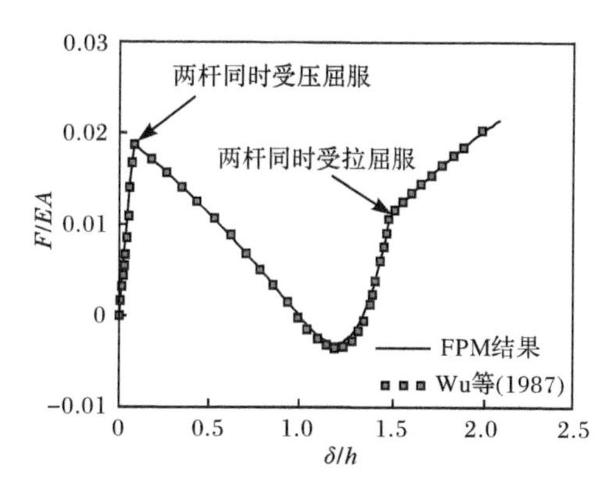

图 4.2.5　两杆平面桁架采用理想弹塑性模型分析时 B 点的荷载-位移曲线

4.2.3　采用双线性强化模型的弹塑性失稳

采用双线性弹塑性模型时，结构的屈服强度仍为 $\sigma_y=0.2E$。分别取 $E_t=0$，$0.1E$，$0.2E$，$0.5E$，$0.8E$ 和 E。当 $E_t=0$ 时，本构模型为理想弹塑性模型。当 $E_t=E$ 时，本构模型为弹性模型。图 4.2.6 为采用不同强化率双线性模型的分析结果。材料强化段的弹性模量越接近弹性段的弹性模量，桁架的屈曲行为就越接近弹性分析的结果；反之，则越接近采用理想弹塑性模型分析的结果。

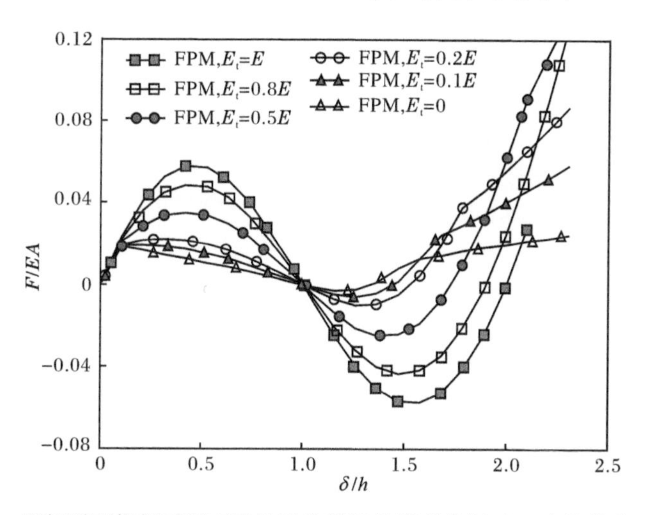

图 4.2.6　两杆平面桁架采用双线性强化弹塑性模型分析时 B 点的荷载-位移曲线

4.2.4 采用压杆屈曲软化模型的弹塑性失稳

1. 压杆屈曲软化模型的建立

结构构件受压屈服应力与构件的长细比相关，且屈服后会出现材料软化的现象，本例采用考虑压杆屈曲软化的模型对该现象进行模拟，如图 4.2.7 所示。构件受拉采用理想弹塑性模型。构件受压时，有

当$|\varepsilon|<|\varepsilon_{cr}|$时，

$$\sigma=E\varepsilon \tag{4.2.5a}$$

当$|\varepsilon_{cr}|\leqslant|\varepsilon|<|\varepsilon_{ib}|$时，

$$\sigma=\sigma_{cr} \tag{4.2.5b}$$

当$|\varepsilon|\geqslant|\varepsilon_{ib}|$时，

$$\sigma=\sigma_l+(\sigma_{cr}-\sigma_l)\exp[-(X_1+X_2\sqrt{|\varepsilon'|})|\varepsilon'|] \tag{4.2.5c}$$

式中，X_1 和 X_2 为与受压杆件长细比相关的常数；σ_l 为渐近线的极值；ε'为以屈曲软化开始为零点计算的轴向应变，$\varepsilon'=\varepsilon-\varepsilon_{ib}$，$\varepsilon_{ib}$为屈曲软化开始时的应变；$\sigma_{cr}$为受压时的屈服应力，当长细比$\lambda>\sqrt{\pi^2E/\sigma_y}$时，$\sigma_{cr}$为压杆的欧拉应力 π^2EI/Al^2，式中 A 为构件截面积，I 为截面惯性矩，长细比 $\lambda=l/i$，其中 i 为截面的惯性半径。此时，杆件的屈曲为欧拉屈曲。杆件提前进入压屈，材料并未发生屈服，因此在屈曲软化发展前，欧拉屈曲有屈服平台发生，如图 4.2.7(a)所示；当 $\lambda\leqslant\sqrt{\pi^2E/\sigma_y}$时，$\sigma_{cr}=\sigma_y$，此时的屈曲为材料屈曲，屈服平台不会发展，直接进入屈曲软化阶段，ε_{ib}与ε_{cr}重合，如图 4.2.7(b)所示。ε_{cr}为弹性屈曲时的应变 $\varepsilon_{cr}=\sigma_{cr}/E$。

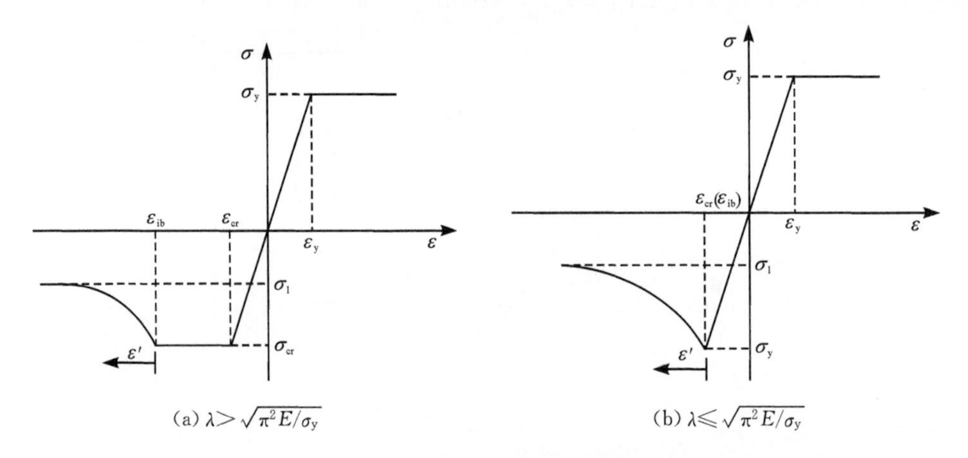

(a) $\lambda>\sqrt{\pi^2E/\sigma_y}$　　(b) $\lambda\leqslant\sqrt{\pi^2E/\sigma_y}$

图 4.2.7 压杆屈曲软化模型

由压杆屈曲的应力-应变试验曲线发现，受压杆件的卸载关系非常复杂，与杆件卸载时的应力状态相关。这里采用简化模型(Thai and Kim，2009)，假设压杆进

入屈曲软化阶段后处于弹性状态，则加卸载沿直线 AB 进行。B 点对应受拉屈服应力-应变曲线弹性部分的 1/2 处，如图 4.2.8 所示。

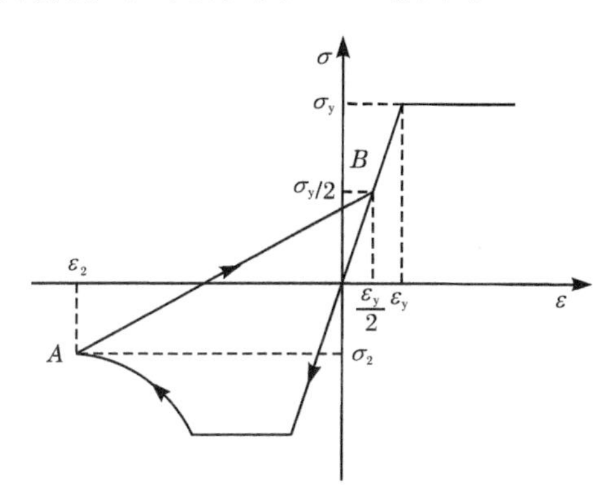

图 4.2.8 压杆屈曲软化卸载模型

2. 采用压杆屈曲软化模型的失稳分析

采用压杆屈曲软化模型进行分析时，取 $\sigma_y=4\times10^8\,\text{Pa}$，$\sigma_l=0.4\sigma_{cr}$，$X_1=50$，$X_2=100$。由于构件长细比较小（$\lambda=l/r=13.73$），受压发生材料屈服，没有屈服平台扩展，采用图 4.2.8 所示的压杆屈曲软化模型对该结构的屈曲行为进行分析时，令 $\varepsilon_{ib}=\varepsilon_{cr}$，不考虑屈服平台扩展。将有限质点法的分析结果与采用有限单元法（Hill and Blandford，1989）的分析结果进行比较，两者较为接近（图 4.2.9）。

B 点的荷载-位移曲线如图 4.2.9 所示，两杆首先受压屈服，进入软化阶段。跃越屈曲发生后，几何位置的改变也使杆件进入受压卸载阶段，随着竖向位移的逐渐增大，杆件进入反向拉伸，进入拉伸弹性阶段，随后在受拉方向发生屈服。结构弹塑性屈曲的极限荷载为 $3.02\times10^7\,\text{N}$，采用有限单元法的极限荷载为 $2.91\times10^7\,\text{N}$，两者相差 3%。两者 B 点的荷载-位移曲线较为接近，但杆件受拉屈服后有一定的差异。原因如下：杆件受拉采用理想弹塑性模型，理论上受拉屈服后杆件的内力不变，为 $\sigma_y=3.87\times10^8\,\text{N}$。由于杆件的位移已知，根据力的平行四边形定理，可以方便地求得内力合力 F 的理论解。当 $\delta=50\text{cm}$ 时，理论解为 $4.95\times10^8\,\text{N}$，有限质点法的结果为 $5.02\times10^8\,\text{N}$，误差 1.4%；而采用有限单元法的结果为 $5.96\times10^8\,\text{N}$，误差为 20.4%。因此杆件受拉屈服后采用有限质点法计算的结果更为准确。在图 4.2.10 中，杆件的轴力和位移关系也在受拉屈服后产生较大差异。有限质点法的计算结果为杆件受拉屈服后内力不变，而 Hill 和 Blandford 等（1989）的研究结果中杆件的内力仍在增长，这与理论模型相悖。

分析发现，采用不同的弹塑性模型显著影响了结构的极限承载力和杆件的内力变化情况，但结构的荷载-位移变化趋势保持不变。

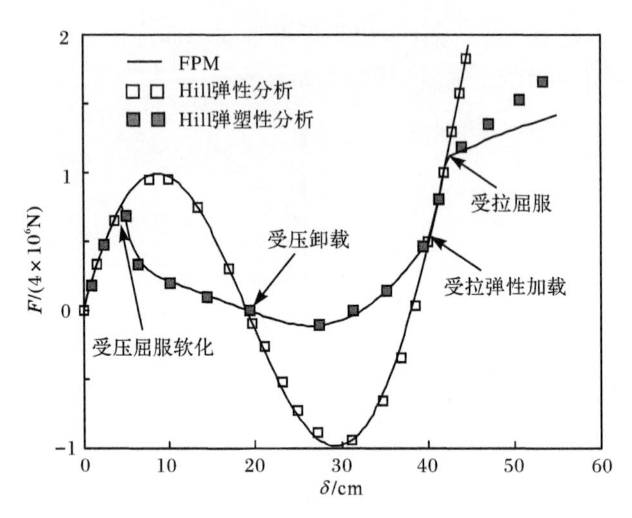

图 4.2.9　两杆平面桁架采用压杆屈曲软化模型分析时 B 点的荷载-位移曲线

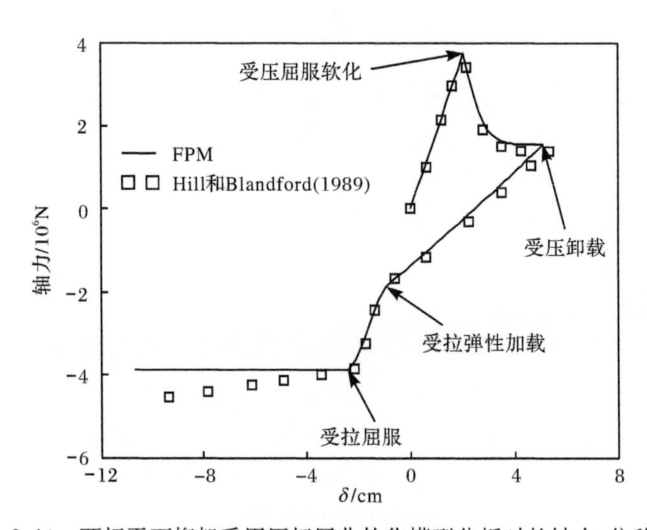

图 4.2.10　两杆平面桁架采用压杆屈曲软化模型分析时的轴力-位移曲线

4.3　24 杆星型桁架的稳定分析

24 杆星型桁架是分析跃越失稳的经典算例，本节研究采用不同稳定求解策略和弹塑性模型对该结构失稳行为的影响。结构模型如图 4.3.1 所示，单元均为空间铰接杆单元，顶部中心节点受 z 向集中力 F，弹性模量 $E=3.03\times10^3$MPa，截面积 $A=317\text{mm}^2$。

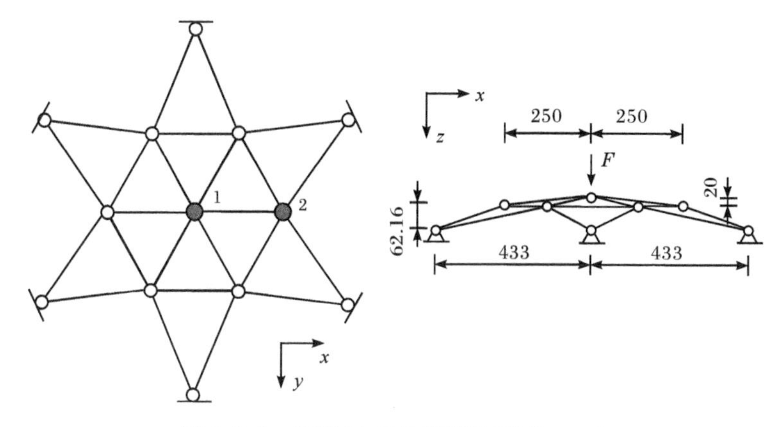

图 4.3.1 空间 24 杆星型桁架(单位:mm)

4.3.1 弹性失稳

1. 位移控制下的结构弹性失稳

采用位移控制法对节点 1 的竖向位移进行控制,位移单位步长为 $\Delta d=1\times10^{-3}$mm,阻尼系数 μ 分别取 50 和 0.5。单位时间步长为 $\Delta t=1\times10^{-3}$s。

当阻尼系数 $\mu=50$ 时,节点 1 和 2 的荷载-位移关系曲线如图 4.3.2 和图 4.3.3 所示,并与非线性力法(Lu and Luo,2007)的分析结果进行比较,两者结果吻合。若持续增加 1 点的竖向位移,则可捕捉到结构的第二次跃越失稳,节点 2 所在的平面发生反转。相应的结构形态和荷载-位移曲线如图 4.3.4(a)所示。此时结构外荷载迅速下降,到达新的平衡位置后荷载仍持续增加。由此可见,位移控制法可以追踪到结构的多次跃越失稳,以及整个过程中荷载的变化。

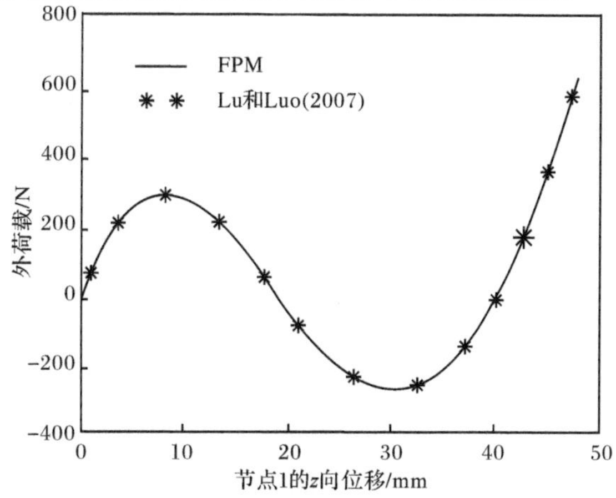

图 4.3.2 采用位移控制法结构第一次失稳时节点 1 的荷载-位移曲线

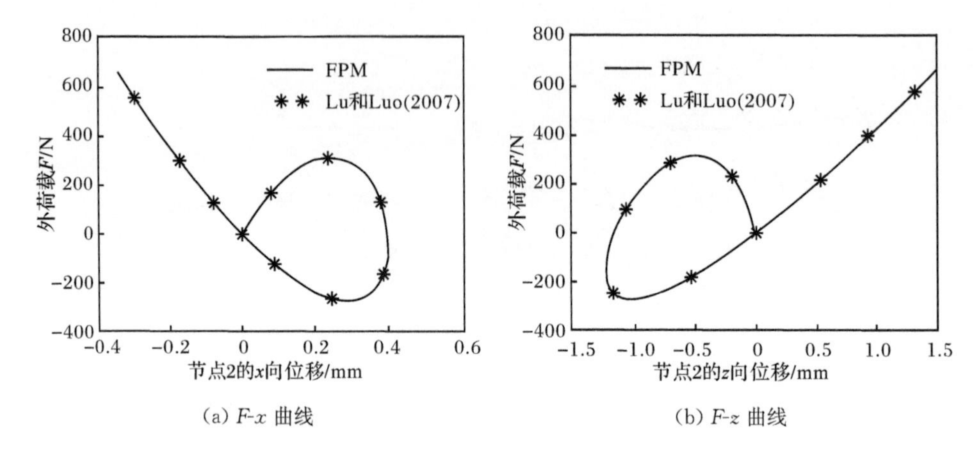

(a) F-x 曲线　　(b) F-z 曲线

图 4.3.3　采用位移控制法结构第一次失稳时节点 2 的荷载-位移曲线

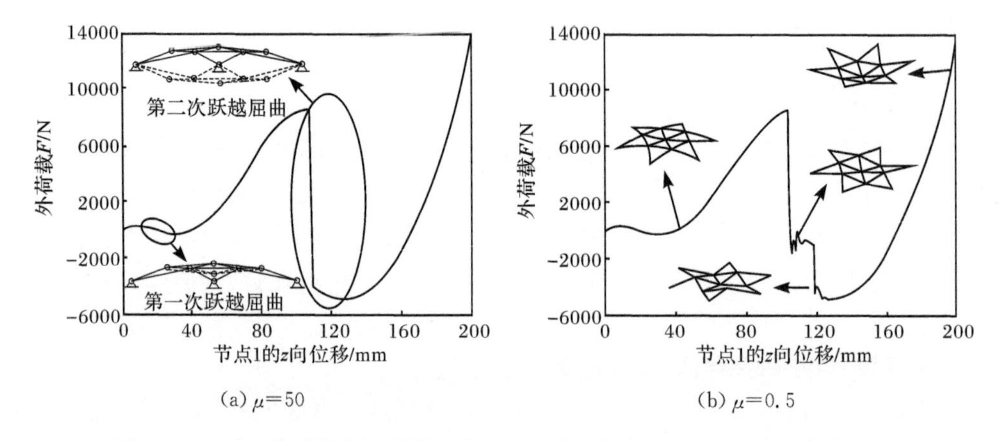

(a) $\mu=50$　　(b) $\mu=0.5$

图 4.3.4　采用位移控制法结构两次失稳节点 1 的荷载-位移曲线及结构形态

当阻尼系数 $\mu=0.5$ 时，节点 1 的荷载-位移关系曲线及相应结构构形如图 4.3.4(b)所示。结构发生第二次失稳时，荷载迅速下降，随后出现振动。在阻尼的作用下，振动逐渐消失，直到结构再一次到达平衡位置，荷载持续上升。观察第二次失稳时的结构形态发现，失稳发生后结构出现不对称振动，这是结构局部失稳造成的动力反应。

2. 外力控制下的结构弹性失稳

采用外力控制法模拟缓慢递增的静力加载，外力 F 的单位步长 $\Delta F=0.01\text{N}$，阻尼系数 μ 分别取 50 和 0.5。单位时间步长 $\Delta t=1\times10^{-3}\text{s}$。

当阻尼系数 $\mu=50$ 时，节点 1、2 的荷载-位移关系曲线如图 4.3.5 和图 4.3.6 所示。通过与位移控制下计算得到的荷载-位移曲线进行对比发现，两种控制方法得到的前屈曲路径吻合，屈曲极限荷载基本相同。但是，力控制法得不到荷载的下降段，而是直接跳跃到屈曲后的结构位置继续加载。若持续对结构进行加载，则可以追踪到结构的第二次跃越失稳，如图 4.3.7(a)所示。由此可见，缓慢的静力加载可以追踪到结构多次跃越失稳全过程的位移变化。

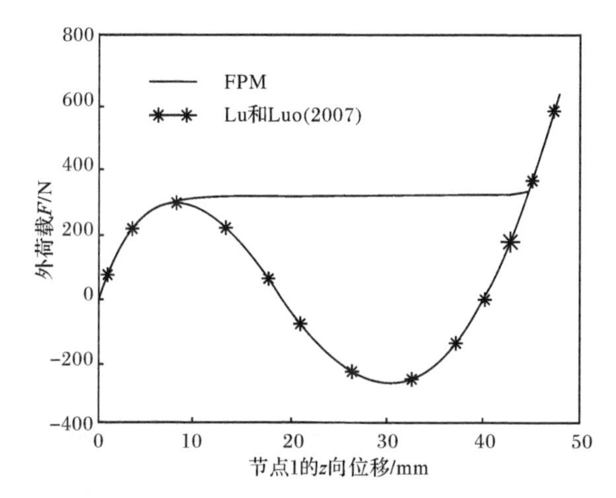

图 4.3.5　缓慢加载结构第一次失稳时节点 1 的 z 方向荷载-位移曲线($\mu=50$)

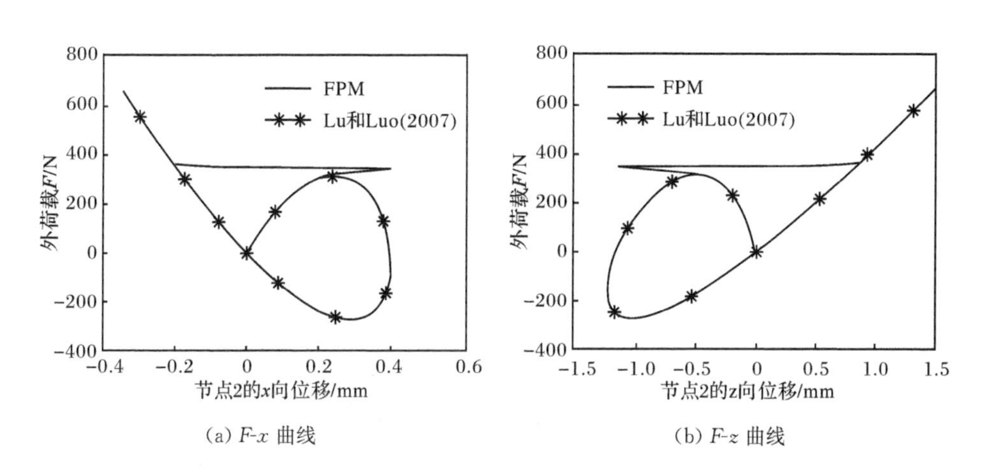

(a) F-x 曲线　(b) F-z 曲线

图 4.3.6　缓慢加载结构第一次失稳时节点 2 的荷载-位移曲线($\mu=50$)

当阻尼系数取 $\mu=0.5$ 时，第一次跃越失稳发生后结构在屈曲后的位置发生振动。由于阻尼的存在，振动会逐渐停止，结构承载力和 1 点竖向位移可继续增加。持续加载追踪到结构第二次失稳发生后位移的振动，如图 4.3.7(b)所示。受第一次失稳后结构动力效应的影响，第二次的结构屈曲荷载降低。由此可见，缓慢加载的力控制法可以追踪到结构屈曲后的动力反应及对结构后屈曲性能的影响。

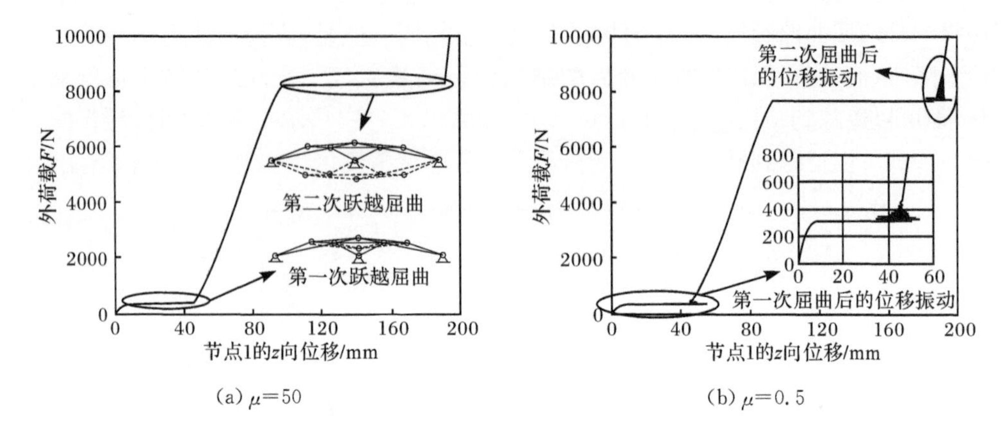

(a) $\mu=50$　　(b) $\mu=0.5$

图 4.3.7　缓慢加载控制结构两次失稳节点 1 的荷载-位移曲线

采用外力控制法，对结构施加持续的恒定荷载，分析结构的动力屈曲行为。单位时间步长 $\Delta t=1\times10^{-4}$s。外力 F 分别取 233N、234N、235N 和 236N，结构节点 1 的位移-时间曲线如图 4.3.8 所示。当 $F<235$N 时，结构在外荷载作用下轻微振动。当 $F\geqslant235$N 时，结构发生跃越失稳。通过缓慢加载和位移控制得到的结构屈曲荷载约为 320N。本算例由于考虑了结构的动力效应，屈曲荷载较静力分析降低了 26%，与采用有限单元法得到的降低 24%(Kassimali and Bidhendi, 1988)较为接近。由此可见，外力控制法能够充分考虑结构失稳过程中的动力效应。

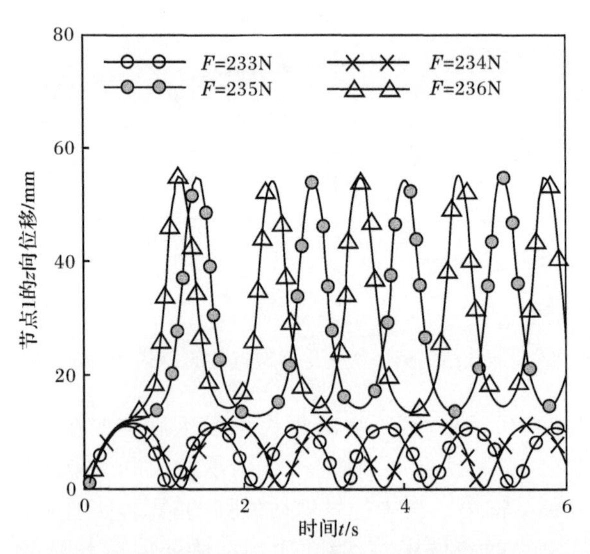

图 4.3.8　结构作用持续恒载时节点 1 的位移-时间曲线

综上所述,两种控制方法均可以追踪到结构的多次失稳行为以及失稳过程中的动力效应。不同的是,位移控制方法可以捕捉到结构屈曲过程中荷载的变化。力控制方法可以捕捉到整个过程中位移的变化。分析中应根据结构的实际情况,确定采用何种方式跟踪结构的失稳过程。

4.3.2　采用双线性强化模型的弹塑性失稳

采用不同弹塑性模型分析该桁架的弹塑性屈曲行为。沿节点 1z 轴正向加力 F,采用位移控制方法跟踪结构屈曲的全过程。分析中时间步长 $\Delta t=1\times10^{-4}$s,位移增量 $\Delta d=1\times10^{-4}$m。

采用双线性强化模型分析该桁架的屈曲行为,该 24 杆模型的几何尺寸如图 4.3.9所示,节点 1 到节点 2 的 z 向距离由 20mm 变为 30mm,节点 2 与支座的 z 向距离由 62.16mm 变为 42.16mm。弹性模量 $E=200$GPa,强化段 $E_t=200$MPa,结构的屈服应力 $\sigma_y=250$MPa。

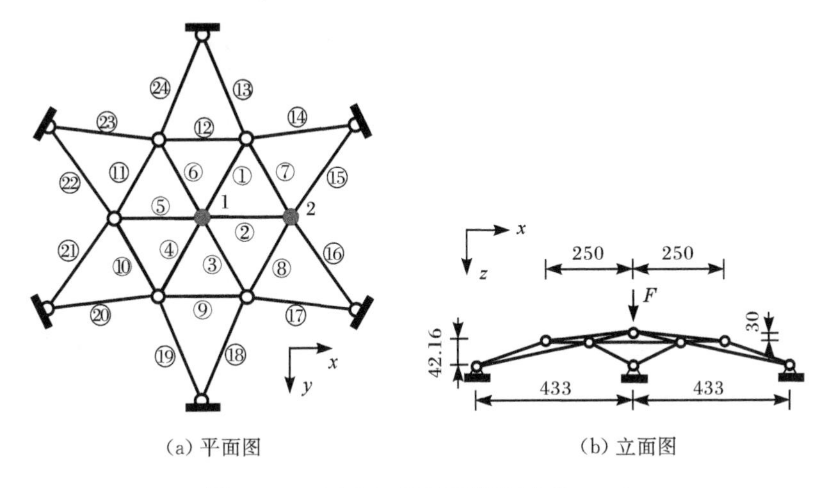

(a) 平面图　　(b) 立面图

图 4.3.9　空间 24 杆星型桁架(单位:mm)

节点 1 和节点 2 的荷载-位移曲线如图 4.3.10 和图 4.3.11 所示。经对比,与采用有限单元法(Driemeier et al.,2005)的分析结果吻合。

为了解结构屈曲过程的细节,分析各根杆件失稳过程中的内力变化。将杆件①～⑥设为第一层,⑦～⑫设为第二层,⑬～㉔设为第三层。同层杆件由于结构对称性内力变化相同,因此取①、⑦和⑬杆为代表,分析结构屈曲过程中各层杆件的内力变化,如图 4.3.12 所示。

结构弹性阶段第一层杆件受压,第二层受拉,第三层受压;第一层杆件进入屈服强化后,内力增幅减小,第二层杆件内力增大,进而导致第三层杆件内力反向;当节点 1 位移接近 30mm 时,跃越屈曲发生,几何位置的改变使第一层构件受压

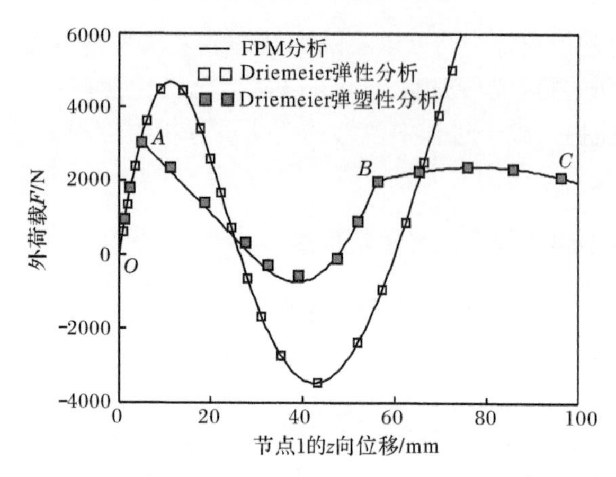

图 4.3.10　空间 24 杆星型桁架采用双线性强化模型分析时节点 1 的荷载-位移曲线

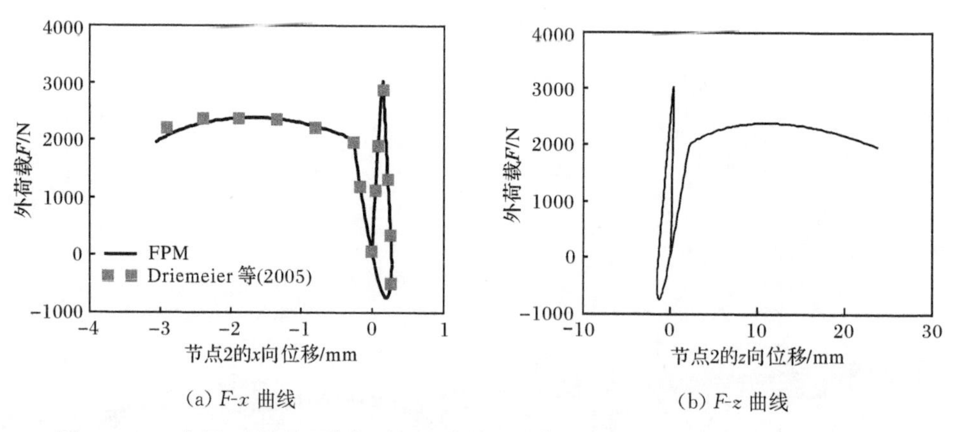

(a) F-x 曲线　　(b) F-z 曲线

图 4.3.11　空间 24 杆星型桁架采用双线性强化模型分析时节点 2 的荷载-位移曲线

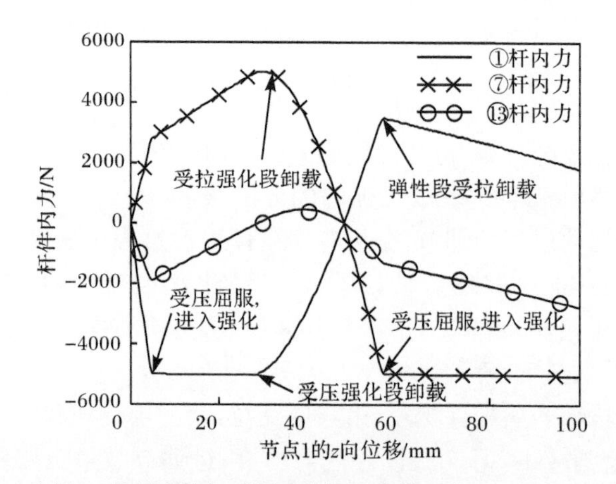

图 4.3.12　空间 24 杆星型桁架采用双线性强化模型分析时杆件内力-位移曲线

卸载进而进入拉伸阶段，第二层构件受拉卸载，第三层杆件内力经历了由受压到受拉的变化；当 1 点位移为 47.6mm 时，各层杆件的内力和外力均为 0，结构到达瞬间的平衡状态；随后，第二层杆件到达受压屈服，第一层杆件受拉卸载，第三层的压力增长速度也变慢，结构的承载能力开始下降。

如图 4.3.12 所示，各层杆件内力的变化体现了结构弹塑性屈曲过程中复杂的内力重分布。各层杆件的内力相互影响，任一层杆件发生屈服、进入强化或者反向加载都会对其他层杆件的内力造成影响，各层杆件共同作用的综合表现宏观上就是结构的弹塑性屈曲行为。

4.3.3　采用压杆屈曲软化模型的弹塑性失稳

本例采用图 4.2.8 所示的压杆屈曲软化模型对该结构的屈曲行为进行分析，不考虑压缩塑性平台的扩展，取 $\sigma_l=0.4\sigma_{cr}$，$X_1=50$，$X_2=100$[符号见式(4.2.5)]。结构材料参数如下：弹性模量 $E=2.03\text{GPa}$，屈服强度 $\sigma_y=400\text{MPa}$，构件截面积 $A=0.1\text{cm}^2$，弱轴惯性矩 $I=0.00417\text{cm}^4$，结构的几何参数如图 4.3.1 所示。结构中所有杆件的长细比 λ 均大于 $\sqrt{\pi^2E/\sigma_y}$，此时 $\sigma_{cr}=\pi^2EI/Al^2$，发生欧拉屈曲。节点 1 和节点 2 的荷载-位移曲线如图 4.3.13 和图 4.3.14 所示，经对比与采用动力松弛法(Ramesh and Krishnamoorthy，1994)的分析结果非常接近。图 4.3.15 为杆件①、⑦和⑬在结构屈曲过程中的内力-位移曲线。由于杆件的数量增多，压杆的软化现象在 1 点的荷载位移曲线中不如 4.2.4 节中的两杆模型明显，但在轴力变化图 4.3.15 中仍然清晰可见。

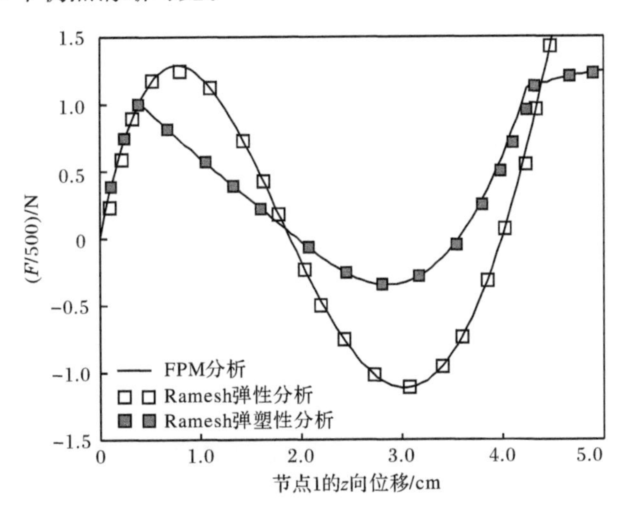

图 4.3.13　空间 24 杆星型桁架采用压杆屈曲软化模型分析时节点 1 的荷载-位移曲线

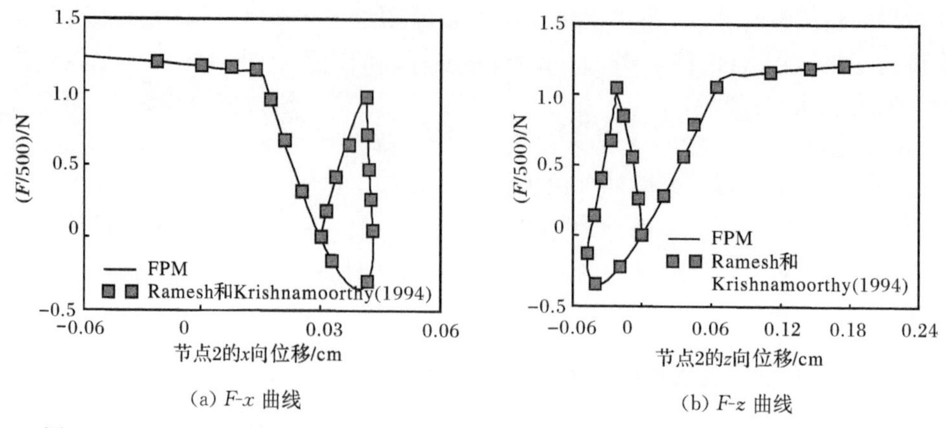

(a) F-x 曲线　　(b) F-z 曲线

图 4.3.14　空间 24 杆星型桁架采用压杆屈曲软化模型分析时节点 2 的荷载-位移曲线

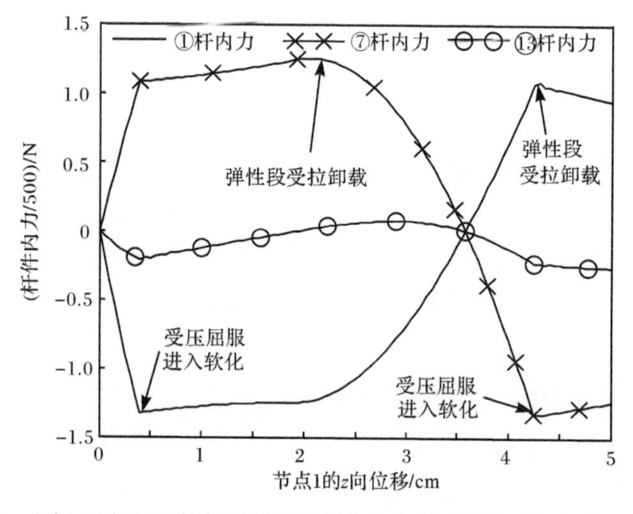

图 4.3.15　空间 24 杆星型桁架采用压杆屈曲软化模型分析时杆件内力-位移曲线

比较该 24 杆结构采用不同弹塑性模型分析的结果:由于结构模型和参数略有不同,因此数值上不具有可比性,但两者节点 1 和节点 2 的荷载-位移曲线变化趋势非常类似。压杆屈曲软化模型和强化模型对结构屈曲后行为的影响明显不同,前者的构件进入软化或屈服流动阶段,后者则使结构强度略有提高。

4.4　刚架的稳定分析

4.4.1　刚架弹性稳定

该刚架的结构尺寸如图 4.4.1 所示,各构件截面类型均相同,弹性模量 $E=$

20690MPa，剪切模量 $G=8830$MPa，极限荷载 $F_0=123.8$MN。以位移控制方式跟踪结构弹性失稳后的大变形行为，时间步长 $\Delta t=1\times10^{-4}$s，单位位移增量 $\Delta d=1\times10^{-4}$m。

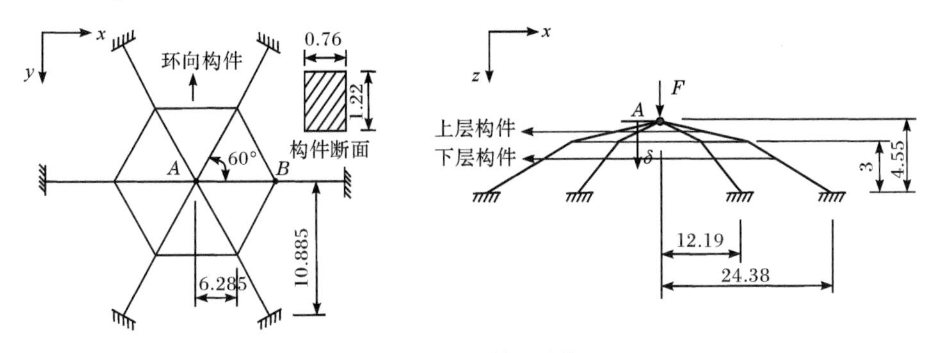

图 4.4.1　空间刚架(单位：m)

1. 质点数对结构分析的影响

结构的每根构件用 N 个空间梁单元和 $N+1$ 个质点模拟，分析中取 N 分别为 1、2、4、8 和 16。A 点 z 向的荷载-位移曲线如图 4.4.2 所示，并将结果与采用不同非线性算法的分析结果(Shi and Alturi，1988；Park and Lee，1996；Turkalj et al.，2004；Mata et al.，2007)进行对比，吻合较好。

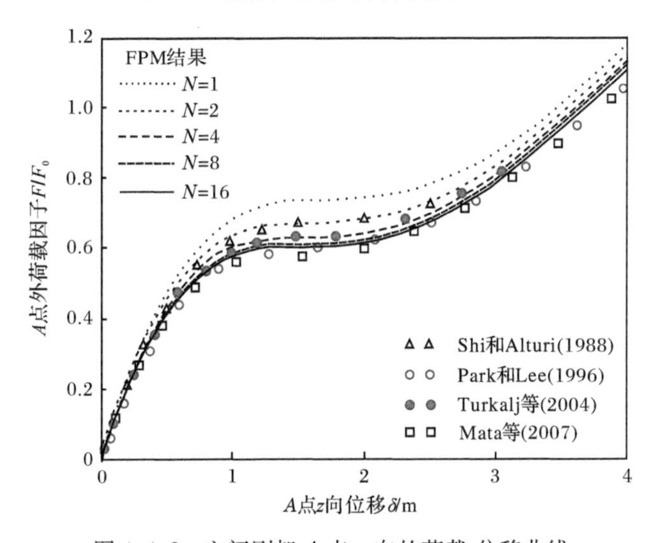

图 4.4.2　空间刚架 A 点 z 向的荷载-位移曲线

2. 结构的第二次跃越失稳

取 $N=8$,持续增加 A 点的竖向位移,结构发生第二次跃越失稳。A 点的荷载-位移曲线如图 4.4.3 所示。结构发生第一次跃越失稳后,由于环向构件和下层杆件的支撑作用,外荷载能够持续上升。随后,上层杆件由压弯变拉弯,外力继续提高,到达结构第二个跃越失稳平台。第二次跃越失稳发生后,下层构件由压弯变为拉弯,外力 F 又开始增加。下层构件在第二次屈曲发生前的大变形改变了结构发生跃越失稳的位置,使得结构的第二个屈曲平台变得较为平缓。

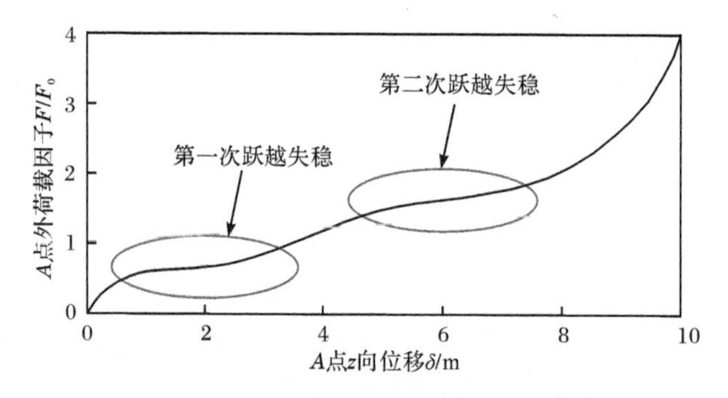

图 4.4.3　空间刚架 A 点的荷载-位移曲线

采用有限质点法分析该结构,无论 N 取何值,均能捕捉到结构发生跃越失稳的现象。但是,当 $N=1$ 时,结果误差较大,且结构的变形无法反映局部构件的变形,如图 4.4.4(a)所示。随着构件质点数的增多,结果逐渐精确,结构的局部压弯及屈曲后变形清晰可见,如图 4.4.4(b) 所示。

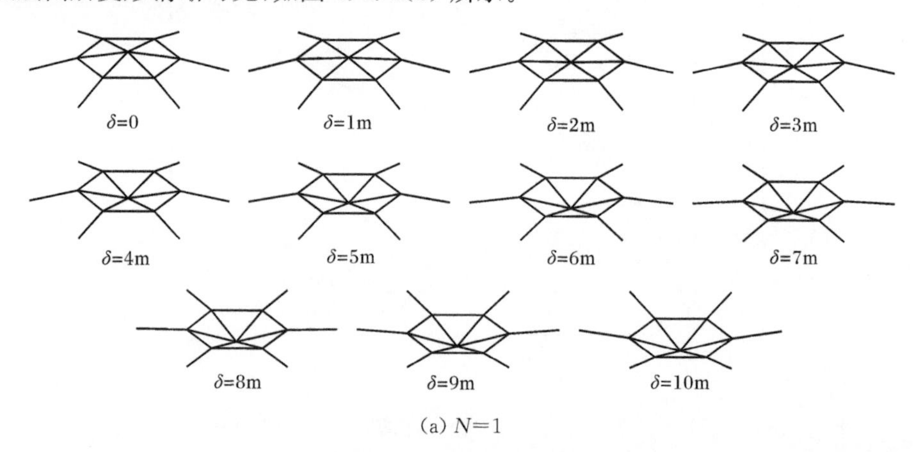

(a) $N=1$

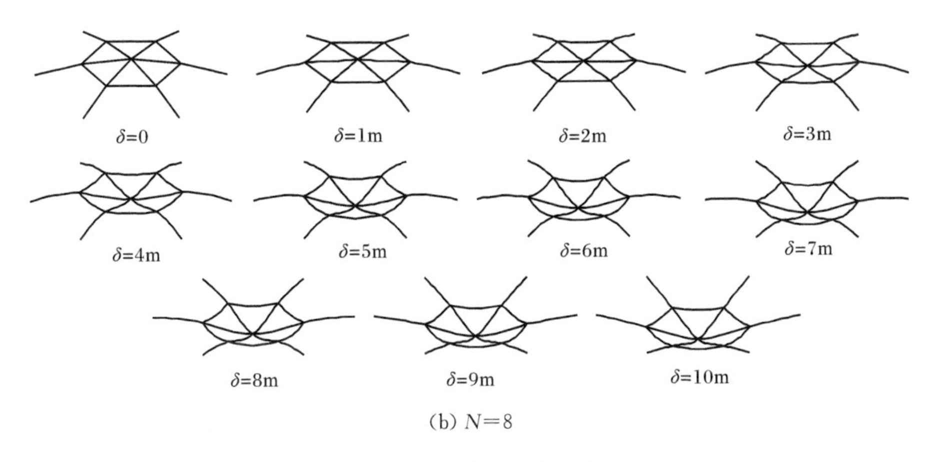

(b) $N=8$

图 4.4.4　空间刚架失稳变形过程

通过分析可知,有限质点法能够捕捉结构的整体失稳、多次失稳及复杂的后屈曲行为。使用足够的质点来模拟结构运动,可以捕捉结构局部屈曲等失稳细节。本例揭示了结构的失稳过程是一个由局部失稳向整体失稳发展的过程,局部构件的后屈曲行为会影响结构整体失稳的后屈曲行为,以及失稳破坏进一步扩展的趋势。

4.4.2　刚架弹塑性稳定

采用不同弹塑性模型对 4.4.1 节分析的刚架弹塑性屈曲行为的影响。分析中时间步长 $\Delta t=1\times10^{-4}$s,单位位移增量 $\Delta d=1\times10^{-4}$m,屈服强度 $\sigma_y=80$MPa,每根杆件采用 8 个单元模拟。该结构中所有杆件的长细比 λ 均小于 $\sqrt{\pi^2 E/\sigma_y}$时,构件发生材料屈曲。双线性强化模型的强化段弹性模量取 $E_t=0.5E$。压杆屈曲软化模型受拉和受压屈服强度相同,不考虑受压塑性平台的扩展,取$\sigma_l=0.4\sigma_y$,$X_1=50$,$X_2=100$。

首先采用理想弹塑性模型分析,A 点 z 向的荷载-位移曲线如图 4.4.5 所示,并将结果与考虑塑性区域在单元内扩展(Park and Lee,1996)的方法,以及采用塑性缩减矩阵模拟单元塑性铰(Turkalj et al.,2004)的方法进行对比,三者的分析结果较为接近。

本节分别采用弹性模型、理想弹塑性模型($E_t=0$)、双线性强化模型($E_t=0.5E$)以及压杆屈曲软化模型对一个空间刚架的屈曲行为进行分析,A 点的荷载-位移曲线如图 4.4.6 所示。与用弹性模型分析相比,采用弹塑性模型分析时屈曲发生后 A 点的外荷载有所降低,这是由于塑性铰的形成使结构呈现铰接桁架(如 24 杆星型桁架)跃越失稳的特点。采用双线性强化模型分析($E_t>0$)与理想弹塑性模型($E_t=0$)相比,由于 E_t 减小,结构的屈曲承载力降低。采用压杆屈曲软化

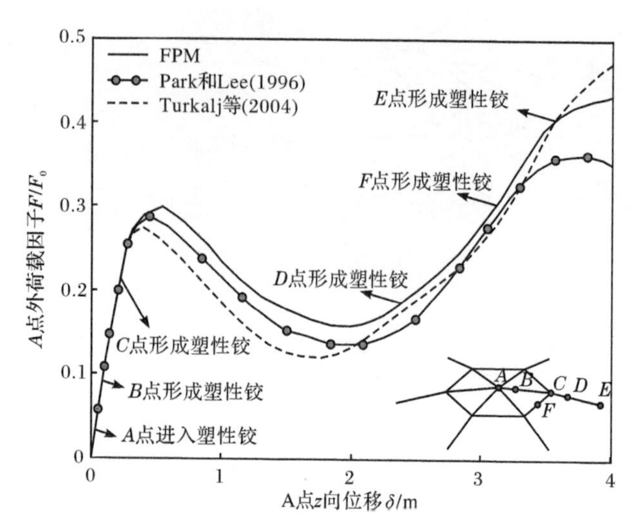

图 4.4.5 空间刚架采用理想弹塑性模型分析时 A 点的荷载-位移曲线

模型时，结构失稳点与理想弹塑性模型接近，但由于压杆屈曲软化模型受压屈服后承载力下降，因此结构失稳后承载力降低最大。

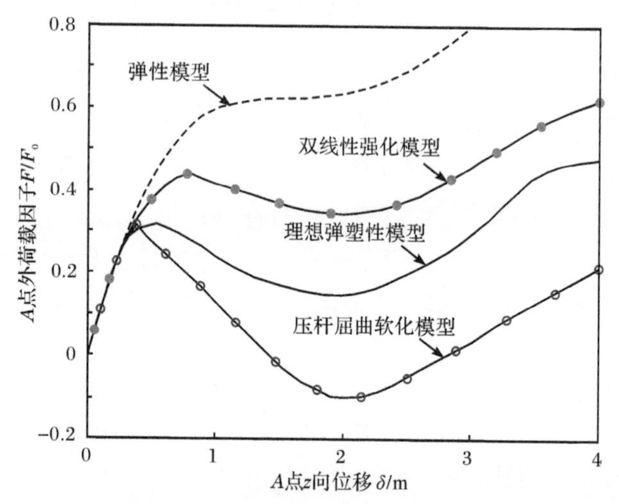

图 4.4.6 空间刚架采用不同弹塑性模型分析时 A 点的荷载-位移曲线

本例对采用不同弹塑性模型的空间刚架屈曲行为进行分析，结果表明：

(1) 弹塑性分析比弹性分析降低了结构屈曲的失稳承载力，影响了屈曲后结构形态，因此对结构进行弹塑性屈曲分析非常重要。

(2) 双线性强化模型、理想弹塑性模型和压杆屈曲软化模型对结构的软化程度依次提高，应根据结构特点选择合适的弹塑性模型。

4.5　半圆环受中部集中荷载的屈曲分析

本节分析图 4.5.1 所示的半圆环在竖向荷载作用下的失稳行为。与文献(Battini,2008)相同,本例物理量均采用无量纲单位。该圆环两端固定,内径 $R_1=20$,外径 $R_2=21$,厚度 $h=0.075$,弹性模量 $E=10^7$,密度 $\rho=10$,泊松比 $\nu=0.25$。半圆环顶部在竖直向下的集中荷载 F 作用下将发生大变形,由于是拟静力问题,分析时考虑了质量阻尼系数 $\mu=5.0$。计算时采用位移控制加载策略,共采用 860 个质点进行离散模拟,质点间用三角形平面单元连接。

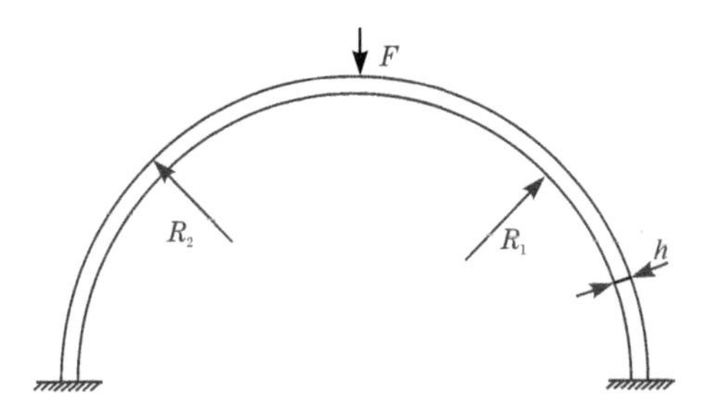

图 4.5.1　半圆环模型

图 4.5.2 给出了跨中加载点的荷载-位移关系曲线。图 4.5.3 给出了半圆环在不同荷载下的变形情况。可以看出,当 F 达到 2.1×10^4 时,半圆环中部屈曲,发生跃越失稳,承载能力骤降。当荷载降到 9000 时,半圆环的几何构形使结构可以继续承载,因此荷载开始增加。采用有限质点法的分析结果,与采用共转坐标系法的计算结果(Battini,2008)吻合较好。

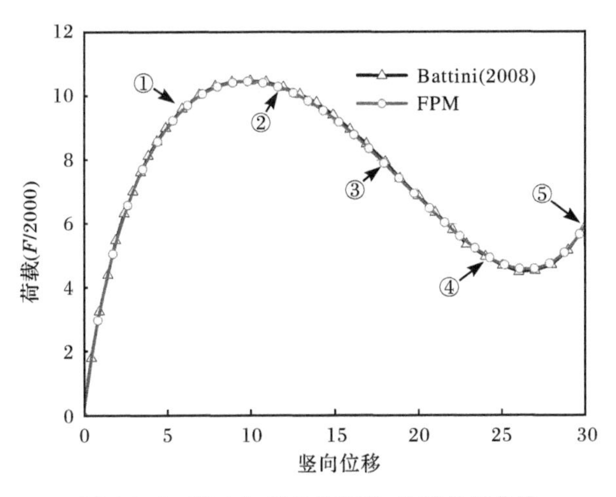

图 4.5.2　跨中加载点的荷载-位移关系曲线

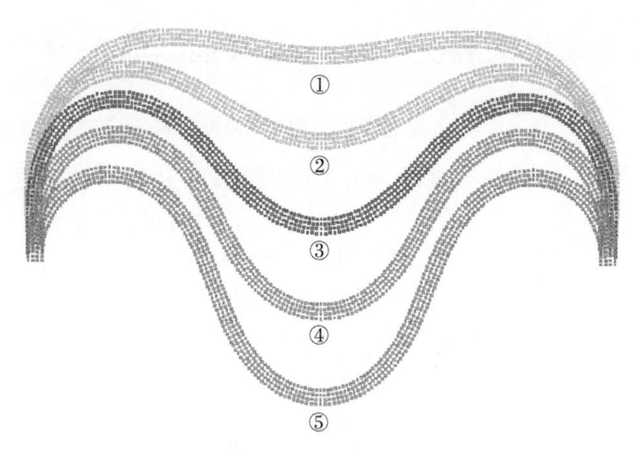

图 4.5.3 半圆环在不同荷载下的变形情况
①～⑤对应图 4.5.2 中的荷载点

4.6 扁球壳受持续均布压力的屈曲分析

受持续均布压力作用的扁球壳结构是传统薄壳非线性分析中的经典算例。图 4.6.1 所示扁球壳周边固定约束，从 $t=0$ 时刻起上表面作用恒定均布荷载 $p=600\text{psi}$，作用时间为 1ms，不考虑阻尼效应。几何尺寸、约束条件及受力情况如图 4.6.1 所示，材料性质见表 4.6.1。利用对称性条件，只取结构的 1/4 部分进行计算。壳体材料模型考虑线弹性和双线性等向强化弹塑性两种情况。采用质点数分别为 127、469 和 631 的三种离散模型(记作模型①～③，如图 4.6.2 所示)进行计算，以检验算法的收敛性。

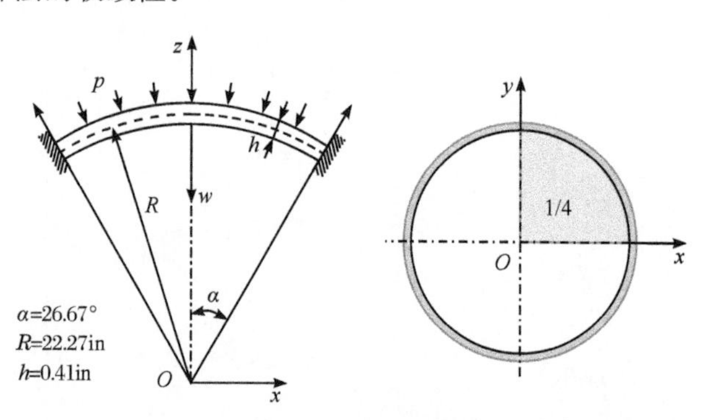

图 4.6.1 扁球壳模型

表 4.6.1 扁球壳材料参数

弹性模量 E/psi	泊松比 ν	密度 $\rho/(\text{lb}\cdot\text{s}^2/\text{in}^4)$	初始屈服应力 σ_y/psi	塑性切线模量 E_t/psi
10.5×10^6	0.33	2.45×10^{-4}	24×10^3	0.21×10^6

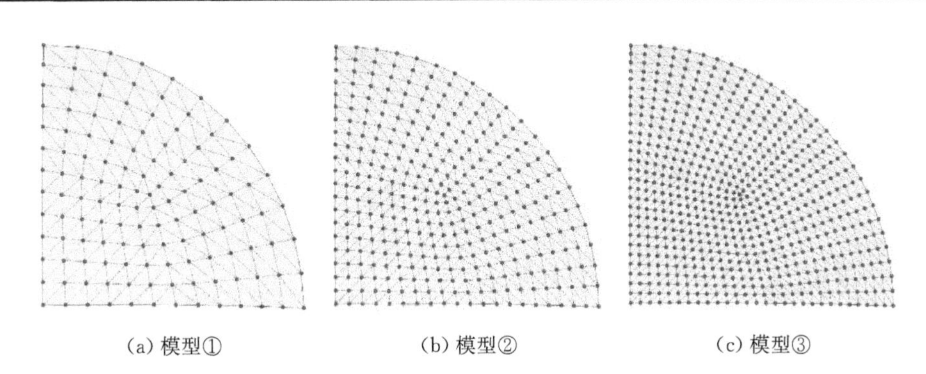

(a) 模型① (b) 模型② (c) 模型③

图 4.6.2 扁球壳离散模型

扁球壳在外表面持续恒定荷载作用下会产生振动。图 4.6.3(a)为弹性情况下使用三种离散模型计算得到的球壳顶点 P 的竖向位移随时间的变化曲线,并将结果与采用非线性有限元法(Argyris et al.,2003;Oñate and Flores,2005)的计算结果进行比较。从图中可以看出,尽管计算模型的离散程度不同,但顶点 P 位移时程曲线的变化趋势均与文献结果相同,并且随着模型的细化,结果也趋于一致,

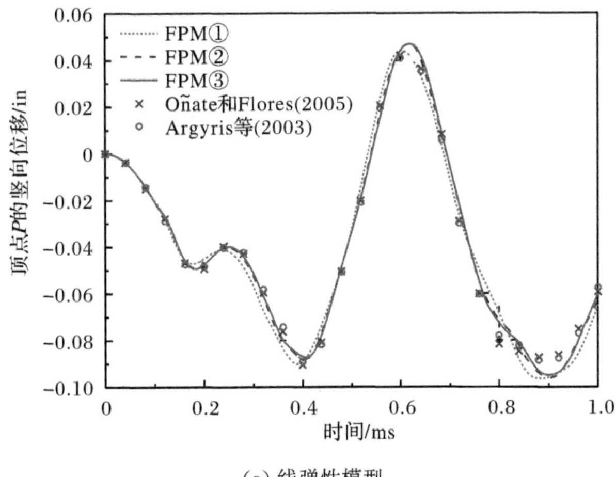

(a) 线弹性模型

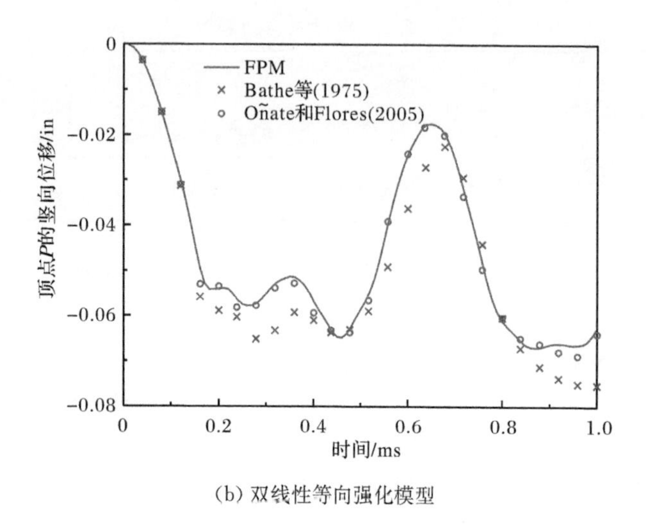

(b) 双线性等向强化模型

图 4.6.3　扁球壳承受持续恒定荷载作用时顶点 P 的竖向位移-时间曲线

显示出有限质点法具有良好的收敛性。此外，图 4.6.3(b)还给出了弹塑性情况下采用模型③计算得到的 P 点竖向位移时程曲线，与采用非线性有限元法(Bathe et al.,1975;Oñate and Flores,2005)的计算结果也较为接近。从图中还可以看出，$t=0.16$ms 时扁球壳内有部分区域开始进入塑性阶段；之后，受刚度软化和塑性变形的影响，与弹性模型相比结构振幅有所减小。

表 4.6.2 列出了采用不同方法计算得到的若干中间时刻的顶点竖向位移结果。其中，有限质点法与 Bathe 等(1975)、Oñate 和 Flores(2005)及 Argyris 等(2003)所给出结果的最大差异分别为 17.1%、4.6%和 5.2%。

表 4.6.2　加载过程中顶点竖向位移比较

结果来源	顶点竖向位移/in					
	$t=0.2$ms		$t=0.4$ms		$t=0.6$ms	
	弹性	塑性	弹性	塑性	弹性	塑性
Bathe 等(1975)	−0.0466	−0.0580	−0.0800	−0.0619	0.0457	−0.0361
BST/EBST (Oñate and Flores,2005)	−0.0500	−0.0532	−0.0915	−0.0594	0.0435	−0.0246
TRIC(Argyris et al.,2003)	−0.0486	—	−0.0906	—	0.0420	—
FPM(模型③)	−0.0477	−0.0537	−0.0892	−0.0578	0.0442	−0.0247

4.7　扁球壳屈曲分析

四边简支的扁球壳是分析跃越失稳问题的经典算例，如图 4.7.1 所示，常用来验证数值方法的准确性。扁球壳的球面半径 $R=2540\text{mm}$，四边的平面投影边长 $L=156.98\text{mm}$，厚度 $h=99.45\text{mm}$，材料弹性模量 $E=68.95\text{MPa}$，泊松比 $\nu=0.3$，质量密度 $\rho=2500\text{kg/m}^3$。本节采用 4.1.3 节所述的显式弧长法求解策略，研究其在承受顶部集中荷载和均布荷载作用下的屈曲行为。

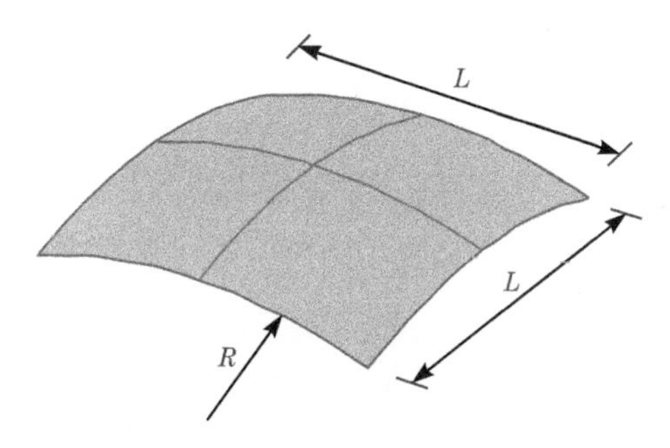

图 4.7.1　扁球壳计算模型

图 4.7.2 和图 4.7.3 分别给出了集中荷载和均布荷载下，扁球壳顶点的竖向位移随外荷载的变化曲线，与基于非线性有限元法的隐式弧长法(Dhatt，2012)求解结果吻合较好。计算结果表明，基于有限质点法的显式弧长求解策略捕捉了扁球壳跃越失稳的完整过程。

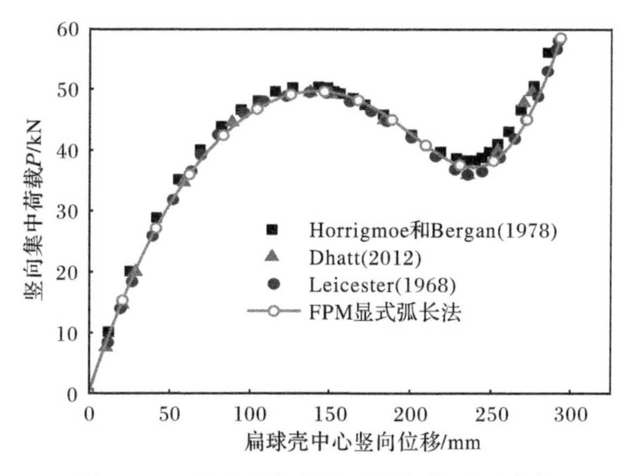

图 4.7.2　集中荷载作用下的荷载-位移曲线

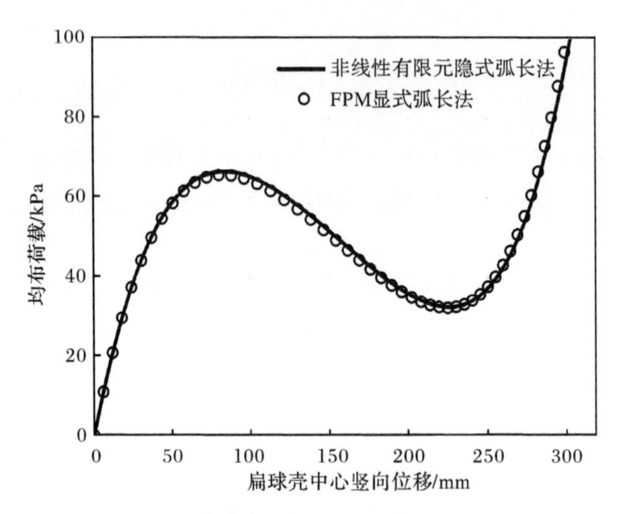

图 4.7.3　均布荷载作用下的荷载-位移曲线

4.8　薄壁圆管屈曲分析

4.8.1　薄壁圆管三点受弯屈曲

受弯屈曲是薄壁结构典型的失效模式，在弯曲荷载作用下薄壁圆管局部受压发生屈曲，引起圆管截面变小，进而导致其承载力骤然下降。本节模拟一个薄壁圆管三点弯曲下的屈曲过程(谢中友等，2007)。薄壁圆管如图 4.8.1 所示，试件总长 $L=0.3$m，跨径 $L_0=0.25$m，截面半径 $R=0.019$m，壁厚 $h=0.001$m，弹性模量 $E=51.9$GPa，泊松比 $\nu=0.3$，质量密度 $\rho=2700$kg/m^3，屈服强度 $\sigma_y=153.1$MPa，极限应力 $\sigma_s=159.7$MPa，刚性支座和压头的直径 $d=0.01$m，与管壁之间光滑接触。

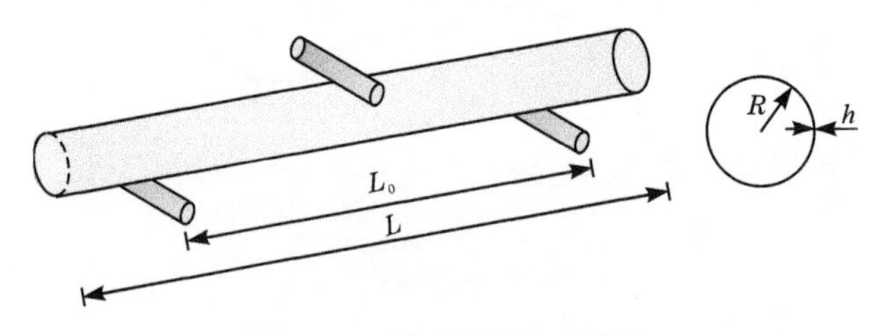

图 4.8.1　薄壁圆管三点弯曲

图 4.8.2 给出了压头位移为 50mm 时的圆管形状。可以看出，数值模拟与试验结果(Xie et al.，2007)较为接近。压头荷载-位移曲线如图 4.8.3 所示，当荷载达到 1.4kN 左右时，圆管开始屈曲，结果与试验值较为吻合。圆管在压头下方产

生一个垂直方向的内陷和两个侧向的外突，形成了较大的扁化区，引起圆管抗弯截面变小，进而导致其承载力骤然下降。由于本算例暂未考虑刚性压头与管壁间的摩擦效应，实际上，圆管发生屈曲后，管壁和刚性的接触面会变大，相应的抵抗力也会增大，所以在屈曲后，计算得到的构件刚度比试验值略小，如图 4.8.3 所示。

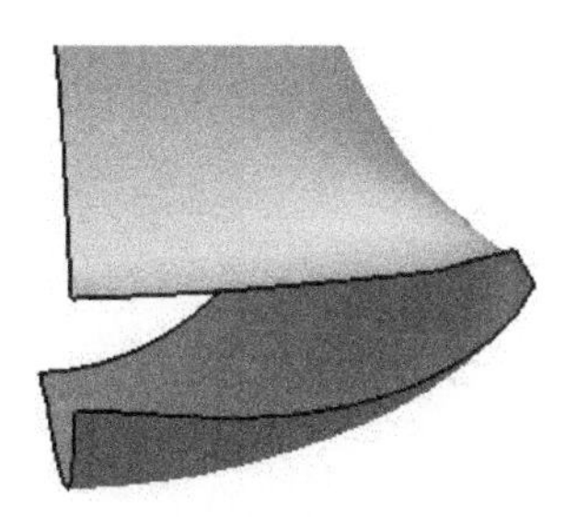

(a) 圆管内截面变形数值模拟结果与试验结果

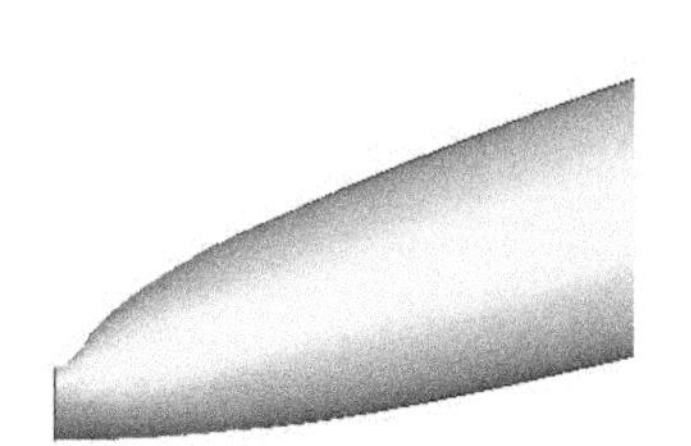
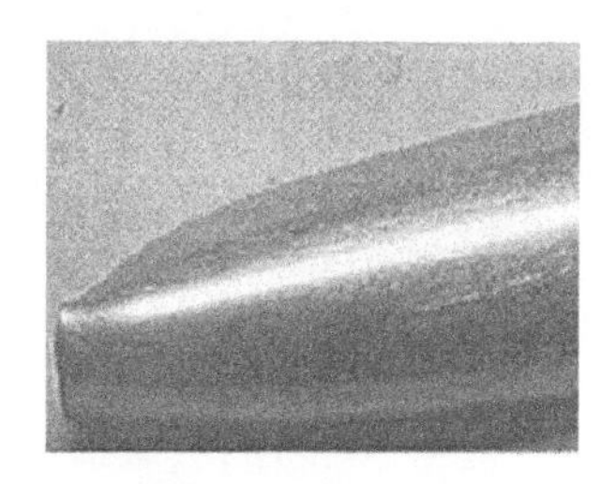

(b) 圆管外轮廓变形数值模拟结果与试验结果

图 4.8.2　薄壁圆管变形数值模拟结果与试验结果的对比

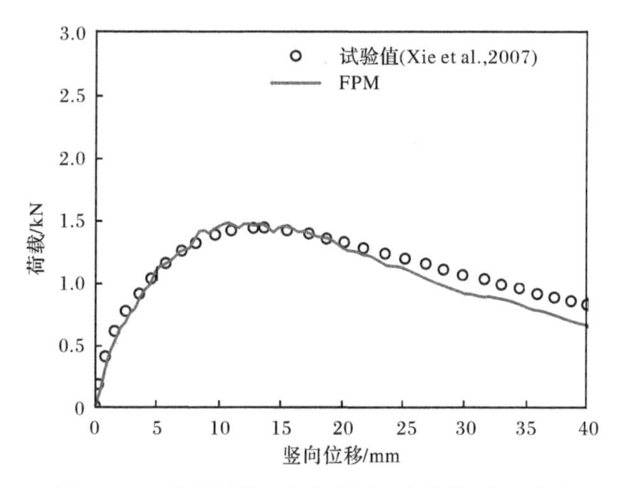

图 4.8.3　薄壁圆管三点弯曲的压头荷载-位移曲线

4.8.2　薄壁圆管纯弯屈曲分析

本节模拟一个薄壁圆管在纯弯作用下的弯折屈曲过程。如图 4.8.4 所示，圆管长 $L=0.3\text{m}$，截面半径 $R=0.03\text{m}$，壁厚 $h=0.0015\text{m}$，弹性模量 $E=69.0\text{GPa}$，泊松比 $\nu=0.3$，质量密度 $\rho=2000\text{kg/m}^3$，屈服应力 $\sigma_y=275.0\text{MPa}$，强化模量 $H=640.0\text{MPa}$。

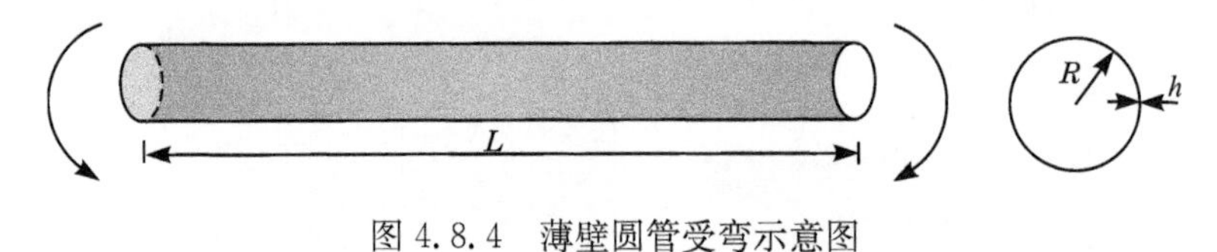

图 4.8.4　薄壁圆管受弯示意图

本节共采用 3468 个质点进行离散模拟，质点间采用三角形薄壳元进行连接，计算时间步长 $\Delta t=2.0\times10^{-7}\text{s}$，为使结果趋于拟静力解，选取质点阻尼 $c=500.0$，加载总时间 $t=1.0\text{s}$，采用位移控制的加载策略。

计算结果如图 4.8.5 和图 4.8.6 所示，图 4.8.5 给出了不同弯曲角度(圆管轴线与初始平面夹角)下圆管的形状，以便直观地了解其变形过程。由图 4.8.6 所示加载过程中薄壁圆管受弯的端部反力-变形曲线关系可以看出，当弯曲转角 θ 达

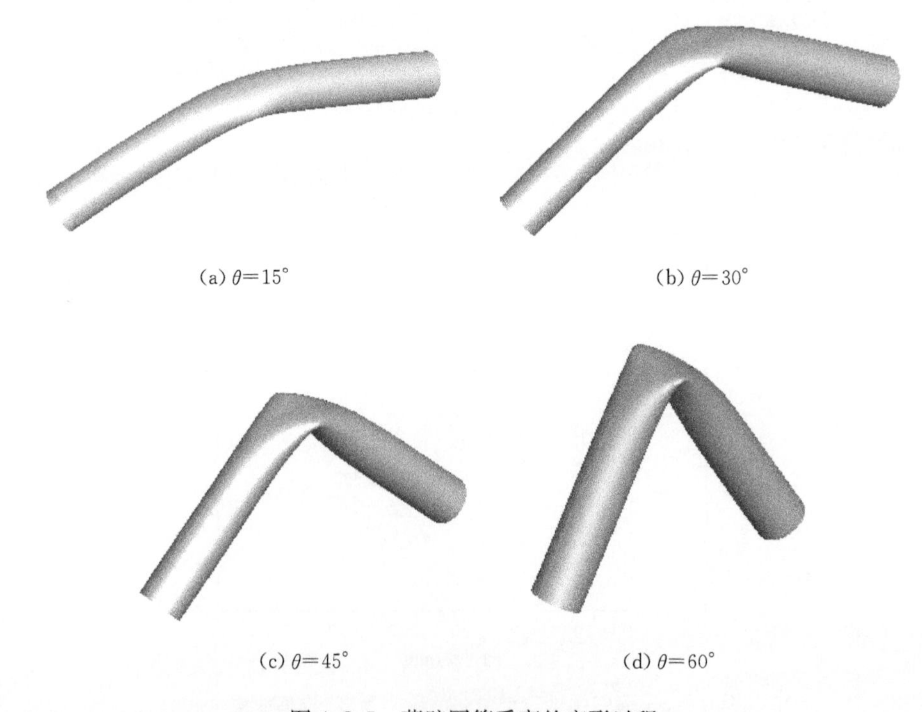

(a) $\theta=15°$　(b) $\theta=30°$　(c) $\theta=45°$　(d) $\theta=60°$

图 4.8.5　薄壁圆管受弯的变形过程

到 11.5°左右时，圆管中部截面变扁，发生了屈曲，承载力骤然下降。当 θ 达到 24°左右时，圆管上表面受拉，下表面受压，外荷载稍有增加。当 θ 达到 50°左右时，圆管已发生很大的弯折变形，外荷载开始降低。本节为弹性分析，如果考虑材料弹塑性的影响，圆管屈曲后的荷载软化效应将更加明显。

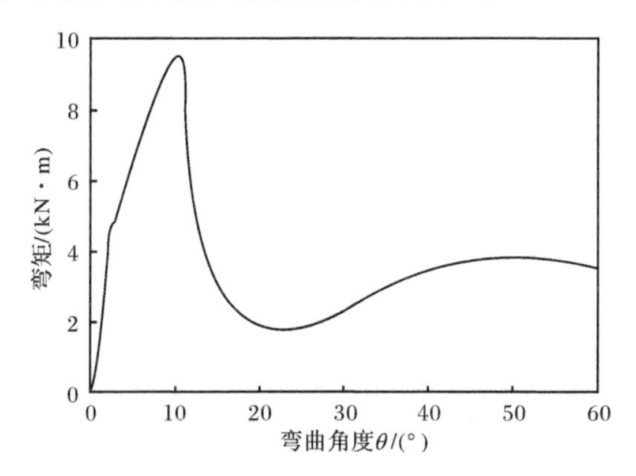

图 4.8.6　薄壁圆管受弯的端部反力-变形曲线

4.9　薄壁方管受轴向撞击的屈曲分析

本算例分析某薄壁方管（也称为吸能盒）在轴向冲击荷载作用下的动力屈曲行为。方管一端固定，另一端受到一个质量很大刚体的撞击作用（刚体质量 M_0＝800kg，以初速度 V_0＝9.5m/s 沿 z 轴负方向运动），其几何尺寸与材料性质如图 4.9.1 所示。为减少计算量，只取方管的 1/4 对称部分进行分析，各个侧面均布置 129×31 个离散质点，模拟时间为 18ms。分析中已经采用了接触碰撞算法。该方管受到撞击后将产生正弦波形式的皱曲变形，并进而发生连续的自接触现象。分析时假定壳体材料的应力-应变关系符合幂次强化规律，混合强化参数取 β＝0.5，方管表面的静摩擦系数 μ_s＝0.35，动摩擦系数 μ_d＝0.25(Macnay，1988)。

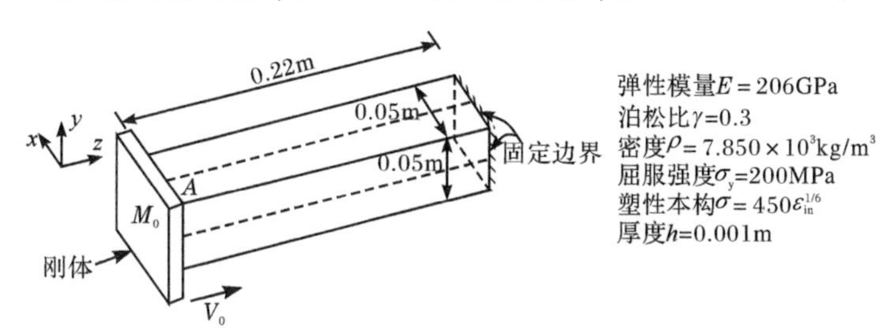

图 4.9.1　受撞击作用的薄壁方管模型的几何尺寸与材料性质

采用上述材料模型计算得到的刚体反力随时间的变化曲线及方管端部 A 点(位于刚体一端)的加速度时程曲线分别如图 4.9.2(a)和(b)所示。方管在撞击后的初始时段内承受的冲击力迅速增大,使其受撞击一侧材料进入塑性状态,并导致第一层的波状皱曲开始逐渐形成;之后,由于皱曲使得方管刚度减小,撞击力也相应降低。但是,随着皱曲层数的增加,方管的各层皱曲波形面之间发生挤压,接触力逐渐增大,因此刚体反力又呈现上升的趋势,这表明接触响应机制对模拟方管屈曲行为的发展起到十分关键的作用。

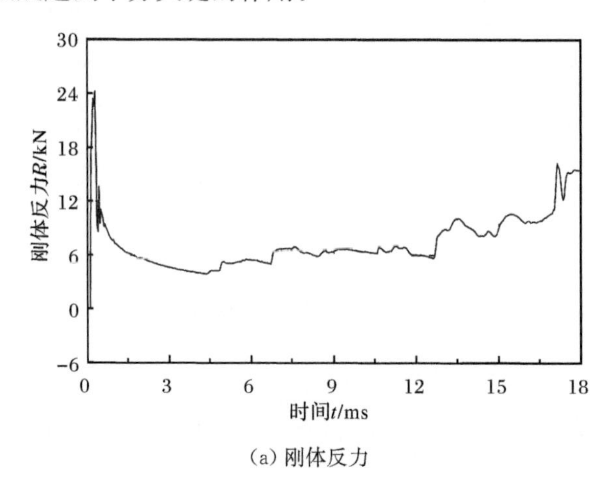

(a) 刚体反力

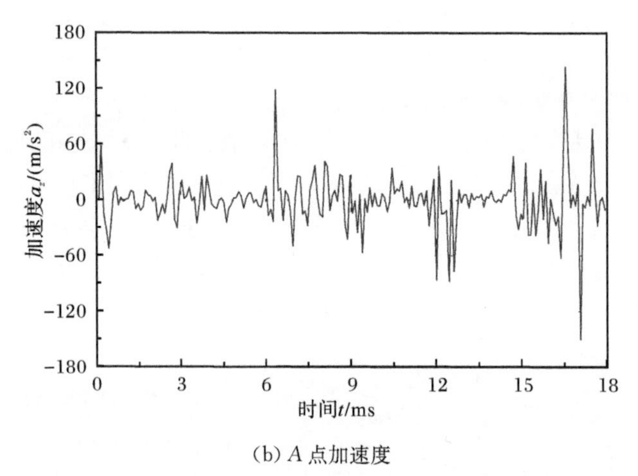

(b) A 点加速度

图 4.9.2　撞击后的构件动力响应

图 4.9.3 给出了撞击后几个典型时刻(t=3.0ms,9.0ms,12ms,18.0ms)薄壁方管的变形图,以便更加直观地观察其屈曲过程发展情况。在给定的长细比、约束情况、截面形状和初速度条件下,当刚体撞击到方管后,后者将以局部皱曲的形

式吸收撞击能量。当 $t=3.0\text{ms}$ 左右时，首先在顶端产生了第 1 层局部外凸的波形皱曲并形成塑性铰，之后皱曲向另一端（固定端）扩展（依次发生第 2，3，…，n 层皱曲），数量逐渐增多，直至撞击能量完全耗尽，最终在各个侧面上分别形成 4 层较明显的波状皱曲。此外，图 4.9.4 给出了第 4 层皱曲发生时（大约 $t=12.9\text{ms}$）方管内、外两侧以及中面内的等效塑性应变分布情况，最大值分别为 1.185、1.308 和 0.897，均位于皱曲发生在截面的四个角点上，反映出此时方管表面已产生了较大的塑性变形。在整个撞击过程中，薄壁方管虽然经历了很大的材料变形与刚体位移，有限质点法仍然可以实现对该结构受撞击后伴随碰撞接触多次屈曲全过程的有效模拟。

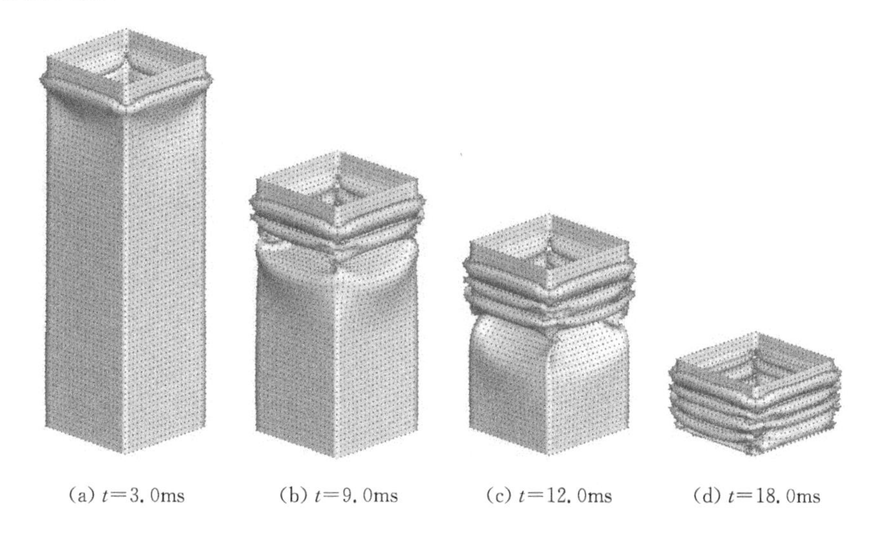

(a) $t=3.0\text{ms}$　(b) $t=9.0\text{ms}$　(c) $t=12.0\text{ms}$　(d) $t=18.0\text{ms}$

图 4.9.3　方管受撞击后若干典型时刻的形态

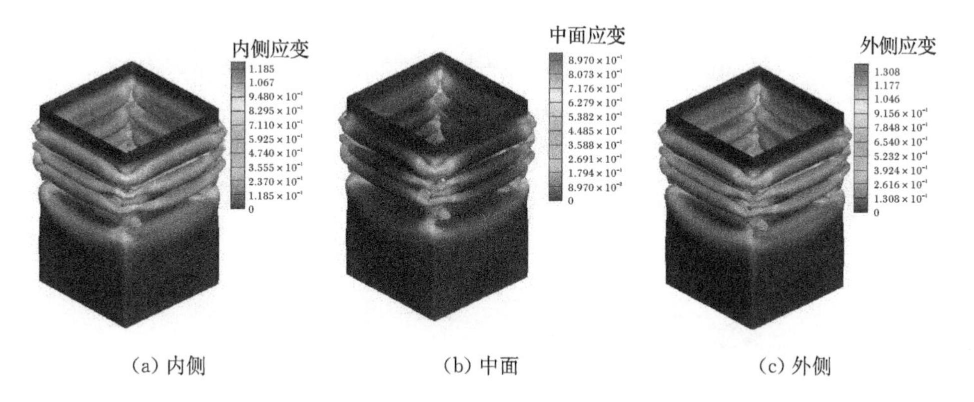

(a) 内侧　(b) 中面　(c) 外侧

图 4.9.4　$t=12.9\text{ms}$ 时方管表面的等效塑性应变云图

4.10　薄壳受瞬时冲击荷载的动力稳定分析

本节分析图 4.10.1 所示周边固定的 120°柱面壳在局部冲击荷载作用下的屈曲问题。柱面壳的几何尺寸、材料性质及边界条件如图 4.10.1 所示。在 10.205in×3.08in 条形阴影区域内对质点施加 5650in/s 初始法向速度，以模拟爆炸冲击作用，分析时间为 1.0ms。利用对称性条件，只取 1/2 模型计算，共布置 13×33 个离散质点。采用理想弹塑性模型进行分析，计算中不考虑阻尼效应。

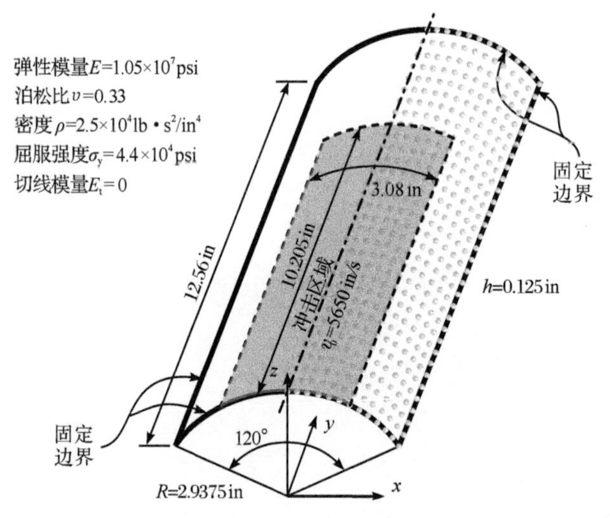

图 4.10.1　受冲击荷载作用的柱面壳模型几何尺寸与材料性质

图 4.10.2 给出了该柱面壳受冲击后的变形过程，其中沿 x 向和 y 向对称面（即 y=6.28in 和 x=0 截面）的变形后截面形状（t=1ms）分别如图 4.10.3 和图 4.10.4 所示。柱面壳受局部冲击后，冲击部位立刻出现了不对称的局部失稳。图 4.10.5 记录了中轴线上 y=6.28in 和 y=9.42in 两点处的竖向位移随时间的变化情况，结构中的动力效应非常明显。通过图 4.10.3～图 4.10.5 中计算结果与试验值(Witmer et al.,1967)的比较，两者较为接近。整个冲击过程涉及结构的

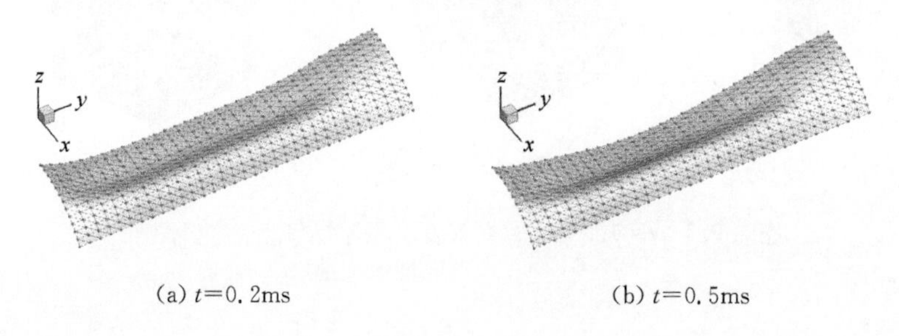

(a) t=0.2ms　　(b) t=0.5ms

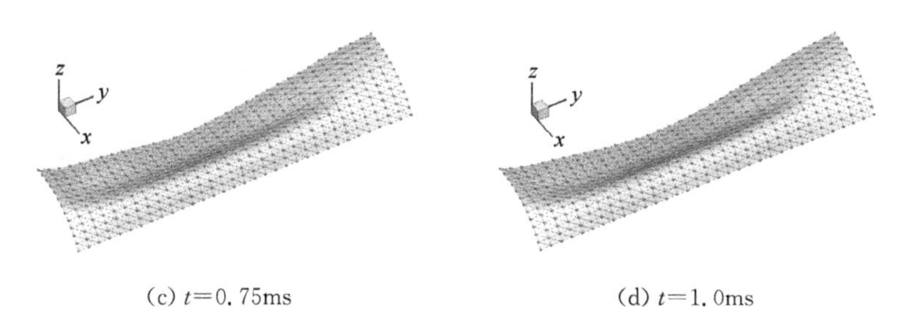

(c) t=0.75ms　　(d) t=1.0ms

图 4.10.2　120°柱面壳变形过程

几何非线性、材料非线性以及动力问题，有限质点法仍然可以对该结构受冲击效应后的失稳过程进行模拟。

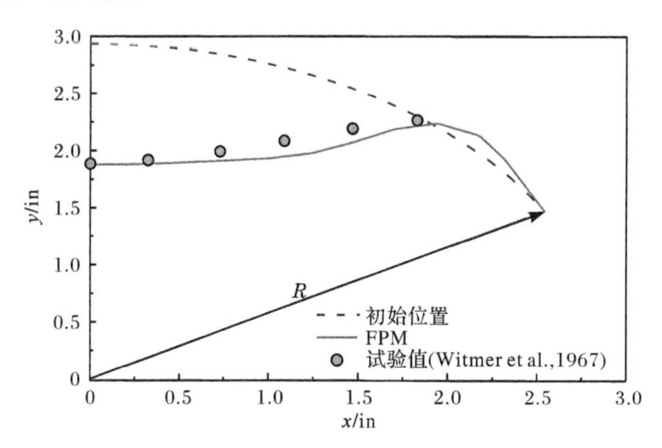

图 4.10.3　柱面壳 y=6.28 截面的最终形状

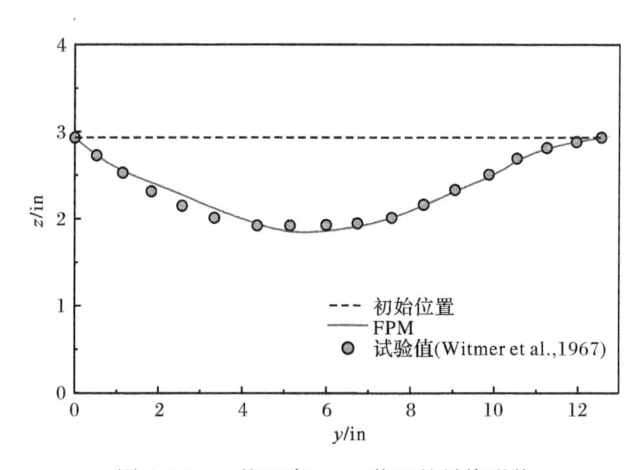

图 4.10.4　柱面壳 x=0 截面的最终形状

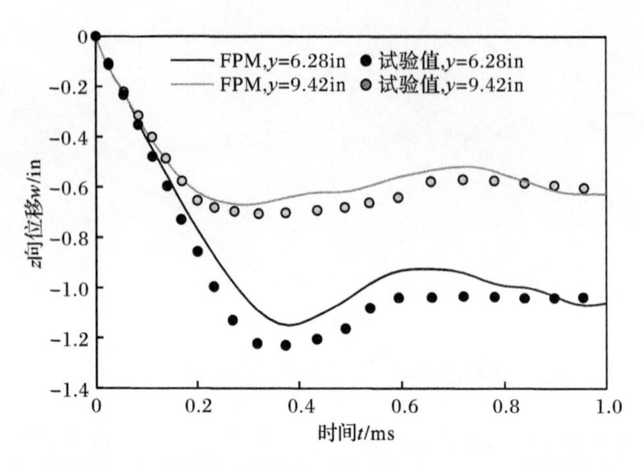

图 4.10.5　柱面壳 y 向对称轴上两点($y=6.28$in 和 $y=9.42$in)的位移-时间曲线

第 5 章 含机构运动的结构行为分析

含机构运动的结构是指结构在成形、使用或破坏过程中，由于结构内部形成机构产生刚体运动，从而改变构形的结构。可展结构、开合结构等就是这类结构。另外，采用基于机构的成形方法会使结构内部在施工中出现机构运动(Luo and Lu, 2006)，或者当结构出现某些构件失效成为动不定结构时，内部也可能发生机构运动。与传统方法相比，有限质点法对结构可动性和机构特性都不作要求，因此可以有效地进行含机构运动的结构行为模拟，以及求解机构位移和弹性位移耦合的结构受力或形态分析问题。本章首先从结构体系分类的角度，阐述动不定结构(机构)的概念、体系特点，以及采用有限质点法进行含机构的结构运动行为分析思路。然后，通过梁杆自由运动、连杆机构运动、张拉索结构成形过程、结构机构化破坏、充气膜结构的展开过程等若干算例，介绍有限质点法在机构运动行为分析中的应用。

5.1 结构体系机构化分析

国内外学者对于结构体系的机构化判定和分析由来已久。1864 年，Maxwell 提出了著名的 Maxwell 准则用以判定铰接杆系的稳定性。对于空间杆系结构，设杆件数为 b，节点数为 j，约束数量为 c，满足 $b-3j-c\geqslant 0$ 的结构为几何不变；反之，结构几何可变。这一准则也确定了传统结构定义的范畴。然而，Maxwell 准则提供了判断结构稳定性的必要条件，而非充分条件。现实中存在少于该准则所要求杆件数的稳定体系，也存在多于准则要求杆件数的不稳定体系。该准则对于一些包含无穷小机构的结构也无法做出判别。1978 年，Calladine(1978)提出杆系结构静不定次数与结构自应力模态数相关，他将 Maxwell 准则拓展为

$$b-3j+c=s-m \tag{5.1.1}$$

式中，s 为结构独立的自应力模态数；m 为独立机构位移模态数。Pellegrino 和 Calladine(1986)通过对结构平衡矩阵的分析，确定了 s 和 m 的值，简述如下。

结构的平衡方程定义为

$$\boldsymbol{At}=\boldsymbol{f} \tag{5.1.2}$$

式中，$\boldsymbol{A}$ 为依赖于几何参数的平衡矩阵；$\boldsymbol{t}$ 为内部自应力向量；$\boldsymbol{f}$ 为节点荷载向量。相应的位移协调方程为

$$\boldsymbol{Bd}=\boldsymbol{e} \tag{5.1.3}$$

式中，$\boldsymbol{B}$ 为协调矩阵；$\boldsymbol{d}$ 为节点位移向量；$\boldsymbol{e}$ 为单元变形向量，且有 $\boldsymbol{B}=\boldsymbol{A}^{\mathrm{T}}$。

对于拥有 b 根杆件和 N 个自由度的空间杆系结构，其自应力模态数 s 和独立机构位移模态数 m 可分别由式(5.1.4)和式(5.1.5)计算得到：

$$s = b - r_{\boldsymbol{A}} \tag{5.1.4}$$

$$m = N - r_{\boldsymbol{A}} \tag{5.1.5}$$

式中，$r_{\boldsymbol{A}}$ 为平衡矩阵 $\boldsymbol{A}$ 的秩。根据自应力模态数 s 和独立机构位移模态数 m 的大小，空间杆系结构可划分为四类，见表 5.1.1。

表 5.1.1　空间杆系结构分类

结构类型	静动特性		方程(5.1.2)和方程(5.1.3)的解
Ⅰ	$s=0$ $m=0$	静定 动定	$\boldsymbol{A}$ 为满秩方阵，静定结构 式(5.1.2)和式(5.1.3)对任意荷载模式有唯一解
Ⅱ	$s=0$ $m>0$	静定 动不定	$\boldsymbol{A}$ 为列满秩长方阵，存在机构位移模态 式(5.1.2)对特定荷载模式有唯一解，否则无解； 式(5.1.3)对任意荷载模式有无穷解
Ⅲ	$s>0$ $m=0$	静不定 动定	$\boldsymbol{A}$ 为行满秩长方阵，存在自应力模态，超静定结构 式(5.1.2)对任意荷载模式有无穷解； 式(5.1.3)对特定荷载模式有唯一解，否则无解
Ⅳ	$s>0$ $m>0$	静不定 动不定	同时存在机构位移模态和自应力模态 式(5.1.2)和式(5.1.3)对特定荷载模式有无穷解，否则无解

根据这种分类方式，结构可分为静定动定、静定动不定、静不定动定、静不定动不定四大类。结构在发生机构破坏时，是从动定的结构状态进入到动不定的机构状态。

动不定结构主要分为静不定动不定结构和静定动不定结构。前者包含的是无限小机构位移，此类机构位移会在结构自应力下得到刚化而无法延拓，这类动不定结构通常含有自应力模态，可以施加预应力，如索穹顶、张拉整体结构、索桁结构等。后者可发生有限位移，它通常没有自应力模态，或者即使有自应力模态，也不能使机构位移发生刚化，如开合结构、折叠结构、快速组装结构等。

在含机构运动的结构中，上述两种动不定结构都有可能出现，甚至同时出现。在不预知结构行为的情况下，传统方法均很难对计算结果进行修正，更不要提及真实模拟。有限质点法的分析思路与传统方法有很大的不同。点值描述这一物理概念保证了对结构行为的真实描述，只需对质点的性质加以约束和限定，在特定破坏原因下，结构中出现动不定结构是一个自然的过程，并不会给方程求解带来困难。该方法无法区分发生的机构运动究竟是哪一类动不定结构，这在传统概念上显得有些混淆，但也从另一个方面体现了有限质点法在结构行为描述上的真实性和通用性。

5.2　单根杆件的转动分析

图 5.2.1 为一根平面杆件，其一端简支、一端自由，不考虑杆件的弯曲变形。该算例数值均无量纲，没有实际物理意义，仅为测试杆件的转动和弹性模量对杆件轴向变形的影响。杆件截面面积 $A=1$，长度 $l=1$，密度 $\rho=1$，杆件自由端初速度为 10(垂直于杆件方向)，不考虑构件重力作用。分析中分别考查弹性模量 $E=100$、1000 和 10000 时的结构运动反应。

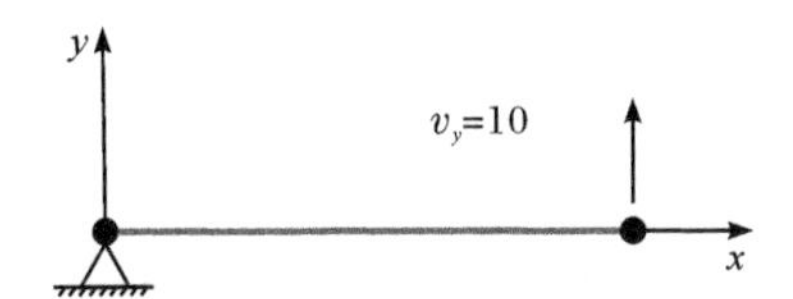

图 5.2.1　一端简支、一端自由的单根杆件

单根杆件的离散模型如图 5.2.2 所示，共包含 2 个质点和 1 个杆单元。质点 A 和 B 的坐标分别为(0,0)和(1,0)。由于质点 A 为固定铰接点，因此计算中仅需对质点 B 的运动方程进行求解。

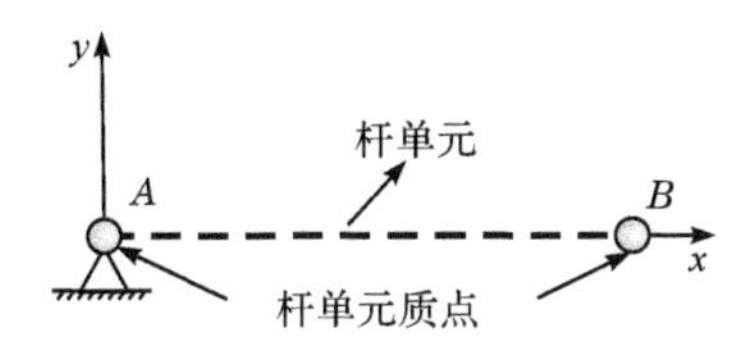

图 5.2.2　单根杆件的离散模型

质点 B 的运动方程为

$$\begin{bmatrix} m_B & 0 \\ 0 & m_B \end{bmatrix} \frac{\mathrm{d}^2}{\mathrm{d}t^2} \begin{bmatrix} d_{Bx} \\ d_{By} \end{bmatrix} = \begin{bmatrix} F_{Bx}^{\mathrm{ext}} \\ F_{By}^{\mathrm{ext}} \end{bmatrix} + \begin{bmatrix} F_{Bx}^{\mathrm{int}} \\ F_{By}^{\mathrm{int}} \end{bmatrix} \tag{5.2.1}$$

质点 A 的运动约束条件为

$$\begin{cases} F_{Ax}^{\mathrm{ext}} = -F_{Ax}^{\mathrm{int}} \\ F_{Ay}^{\mathrm{ext}} = -F_{Ay}^{\mathrm{int}} \end{cases} \tag{5.2.2}$$

式中，m_B为质点 B 的质量，由与质点相连的单元质量分配而来；B 点外力 F_{Bx}^{ext}、F_{By}^{ext} 和初始内力 F_{Bx}^{int}、F_{Bx}^{int} 均为 0；然后，质点 B 的内力由单元AB 的节点内力集成求得，单元内力由单元的变形求得。

图 5.2.3 为相邻两步时刻 t_1 和 t_2 的桁架构形，单元 AB 在 t_2 时刻的节点内力向量为

$$\begin{aligned} \boldsymbol{F}_{At_2}^{AB} &= \boldsymbol{F}_{At_1}^{AB} - EA\left(\frac{l_{t_2}^{AB} - l_{t_1}^{AB}}{l_{t_1}^{AB}}\right)\boldsymbol{e}_{t_2}^{AB} \\ \boldsymbol{F}_{Bt_2}^{AB} &= \boldsymbol{F}_{Bt_1}^{AB} + EA\left(\frac{l_{t_2}^{AB} - l_{t_1}^{AB}}{l_{t_1}^{AB}}\right)\boldsymbol{e}_{t_2}^{AB} \end{aligned} \tag{5.2.3}$$

式中，$\boldsymbol{F}_{At_1}^{AB}$、$\boldsymbol{F}_{Bt_1}^{AB}$、$\boldsymbol{F}_{At_2}^{AB}$和$\boldsymbol{F}_{Bt_2}^{AB}$为单元$AB$在$t_1$和$t_2$时刻的节点内力向量；$l_{t_1}^{AB}$和$l_{t_2}^{AB}$分别为单元$AB$在$t_1$和$t_2$时刻的长度；$\boldsymbol{e}_{t_2}^{AB}$为单元$AB$在$t_2$时刻的方向向量。

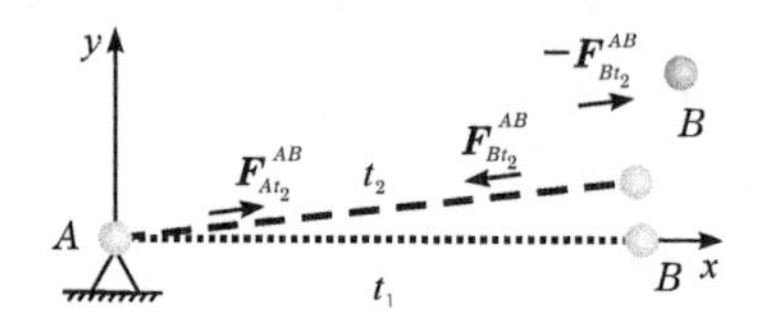

图 5.2.3　质点内力求解

单元AB贡献给质点B的内力是将$\boldsymbol{F}_{Bt_2}^{AB}$反向施加到质点$B$上。由此，质点$B$的内力为

$$\boldsymbol{F}_{t_2}^{B} = -\boldsymbol{F}_{Bt_2}^{AB} \tag{5.2.4}$$

将质点B的内力和外力代入运动方程(5.2.1)后，由中央差分法，即可求出质点B在t_2时刻的位移。需要注意的是，利用本例给出初始速度，在计算开始时需要通过初始条件求解中央差分法的第(−1)步位移，以B点y方向位移为例，计算表达式如下：

$$d_{By}^{0} = 0 \tag{5.2.5}$$

$$\dot{d}_{By}^{0} = \frac{1}{2\Delta t}(d_{By}^{1} - d_{By}^{-1}) = v_y \tag{5.2.6}$$

$$\ddot{d}_{By}^{0} = \frac{1}{\Delta t^2}(d_{By}^{1} - 2d_{By}^{0} + d_{By}^{-1}) = 0 \tag{5.2.7}$$

式中，d_{By}^{-1}、d_{By}^{0}、d_{By}^{1}分别为B点y方向在第−1步、第0步和第1步的位移；$\dot{d}_{By}^{0}$和$\ddot{d}_{By}^{0}$分别为B点y方向在第0步的速度和加速度。

联立求解式(5.2.5)～式(5.2.7)形成的方程组，可求得

$$d_{By}^{-1} = -\Delta t v_y \tag{5.2.8}$$

$$d_{By}^{1} = \Delta t v_y \tag{5.2.9}$$

然后从第1步开始，便可使用中央差分法逐步往前进行时间积分，求解出每个时间步所对应的位移值。由式(5.2.9)可以看出，在起算的第1步，相当于用等速的质点运动公式。

分析中不计结构阻尼，荷载缓慢增加，单位时间步长$\Delta t = 1\times 10^{-4}$ s。按照上述过程求出杆件长度在运动中的变化如图5.2.4所示，杆件自由端的运动轨迹如图5.2.5所示。由结果分析，一方面杆件在平面内做匀速运动；另一方面杆件沿轴向

自由振动。随着结构材料的变化,弹性模量越小振动幅度越大,与实际情形相符。

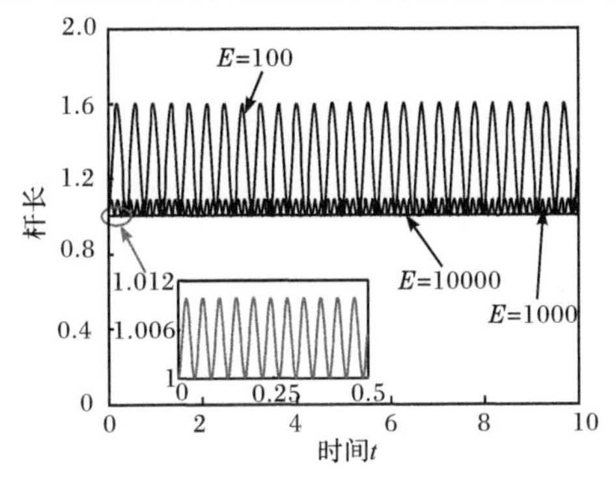

图 5.2.4　匀速转动过程中杆件长度的变化

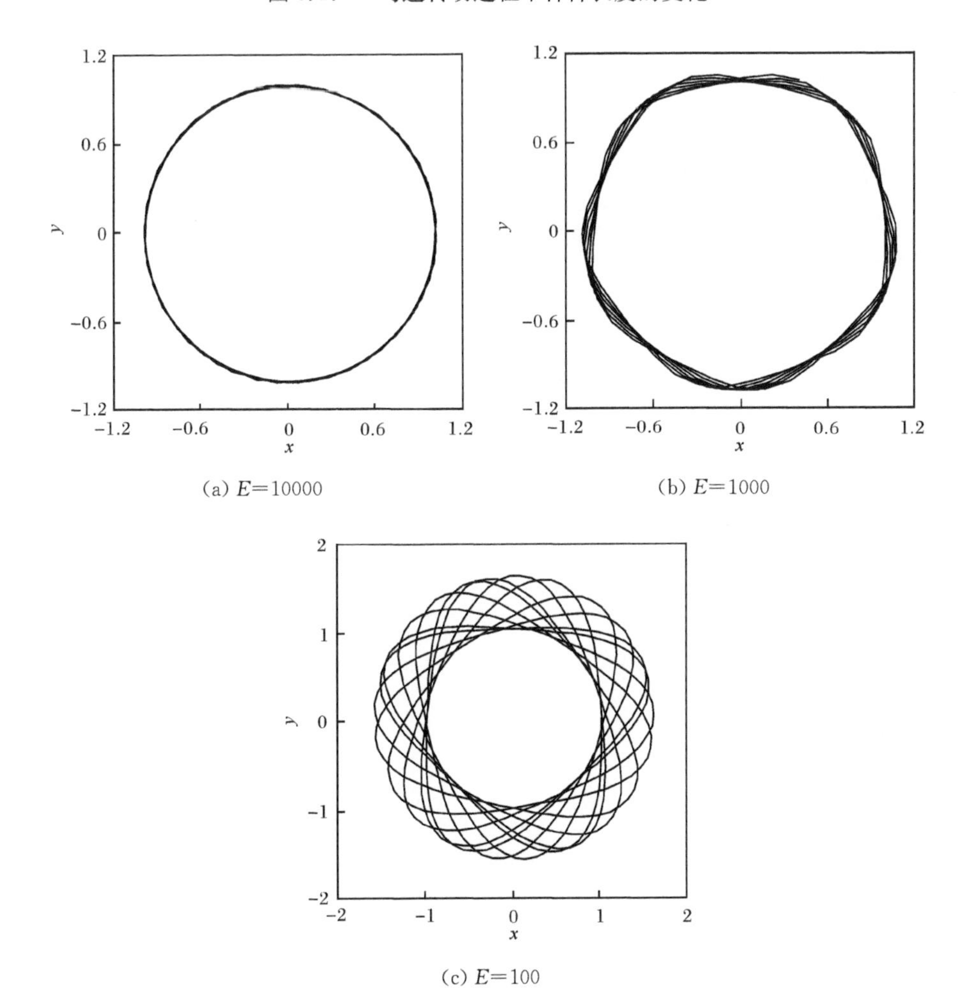

图 5.2.5　杆件自由端的运动轨迹

5.3　平面连杆(索)机构运动分析

5.3.1　平面机构运动分析

本节模拟一个曲柄滑块机构,如图 5.3.1 所示。转动机构为一个曲柄,以固定的角速度转动,带动滑块左右移动。杆件截面面积为 $1\times10^{-4}\,\mathrm{m}^2$,密度为 $7850\mathrm{kg/m}^3$,弹性模量为 206GPa,曲柄角速度为 100rad/s,滑块的附加质量为 0.145kg,不考虑结构重力作用。

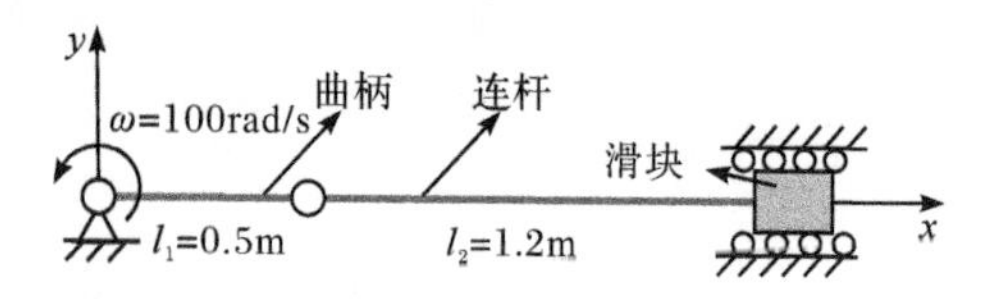

图 5.3.1　曲柄滑块机构

曲柄滑块的离散模型如图 5.3.2 所示,共包含三个质点和两个杆单元。A、B 和 C 三个质点的坐标分别为(0,0)、(0.5,0)和(1.7,0)。质点 A 为固定铰接点,C 点为竖向运动限制点,计算中需对质点 B 的运动方程和质点 C 的水平运动方程进行求解。

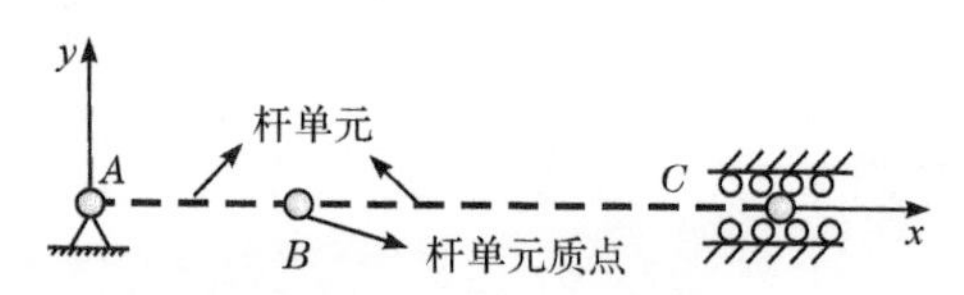

图 5.3.2　曲柄滑块的离散模型

质点 B 的运动方程为

$$\begin{bmatrix} m_B & 0 \\ 0 & m_B \end{bmatrix}\frac{\mathrm{d}^2}{\mathrm{d}t^2}\begin{bmatrix} d_{Bx} \\ d_{By} \end{bmatrix}=\begin{bmatrix} F_{Bx}^{\mathrm{ext}} \\ F_{By}^{\mathrm{ext}} \end{bmatrix}+\begin{bmatrix} F_{Bx}^{\mathrm{int}} \\ F_{By}^{\mathrm{int}} \end{bmatrix} \tag{5.3.1}$$

质点 C 的运动方程为

$$m_C\frac{\mathrm{d}^2}{\mathrm{d}t^2}(d_{Cx})=F_{Cx}^{\mathrm{ext}}+F_{Cx}^{\mathrm{int}} \tag{5.3.2}$$

质点 A 的运动约束条件为

$$\begin{cases} F_{Ax}^{\mathrm{ext}}=-F_{Ax}^{\mathrm{int}} \\ F_{Ay}^{\mathrm{ext}}=-F_{Ay}^{\mathrm{int}} \end{cases} \tag{5.3.3}$$

质点 C 的运动约束条件为

$$F_{Cy}^{\mathrm{ext}}=-F_{Cy}^{\mathrm{int}} \tag{5.3.4}$$

式中，m_B和m_C分别为质点B和C的质量，由与质点相连的单元质量以及质点的附加质量相加而来；F_{Bx}^{ext}和F_{Bx}^{int}分别为B点x方向的外力和内力，其他方向节点的内力和外力上、下标发生相应变化。质点内力由单元的节点内力集成求得，质点的外力均为0。

本例的初始条件为给定曲柄的角速度，将该速度转化为B点的线速度后代入中央差分法求解，具体方法参见5.2节。分析中不计结构阻尼，荷载缓慢增加，单位时间步长$\Delta t=1\times10^{-5}$s。求解得到B点和C点的运动轨迹如图5.3.3所示。由运算结果分析，在曲柄的匀速带动下，该滑块做匀速的往复运动，符合该机构的运动学路径，表明有限质点法能够准确模拟机构的运动。

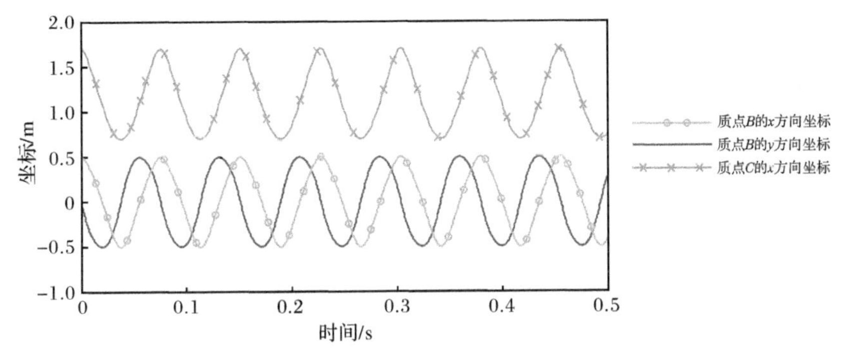

图5.3.3　曲柄滑块质点轨迹

5.3.2　一阶无穷小机构运动分析

图5.3.4为一根中间作用竖直荷载的水平预应力索。荷载$F=311.38$N，$EA=564.92$N（E为弹性模量，A为拉索截面积）。拉索总长10160mm，初始预张力4448.2N。分析结构的平衡矩阵$s=1$，$m=1$，存在一个自应力模态和一阶机构位移模态。该结构可通过竖向外荷载使结构内部自应力达到平衡，这种机构运动称为无穷小机构运动。

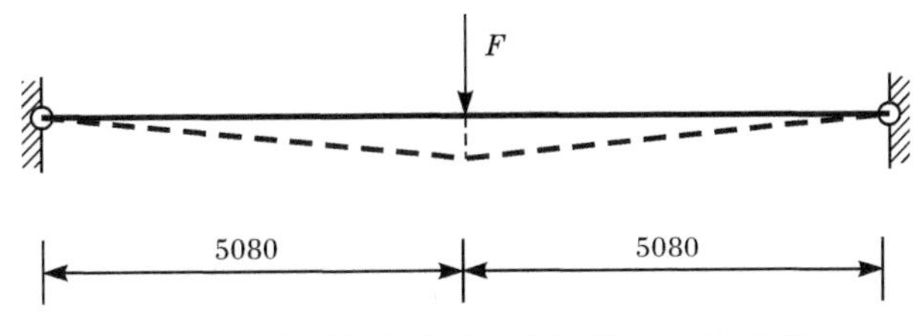

图5.3.4　中间作用竖直荷载的水平预应力索(单位:mm)

采用传统方法分析此类结构时，需对算法进行特殊处理。例如，将线性力法修正为非线性力法处理无穷小机构(Luo and Lu，2006)。采用有限质点法进行分析，以中点为界设两个拉索单元，通过设置节点初始内力对索施加预应力。在没有对基本算法进行任何特殊处理的情况下，计算得到的中点位移为 167.56mm，与理论解 166.54mm(Levy and Spillers，1985)的差别小于 1%。

5.3.3 平面悬索结构运动分析

图 5.3.5 为一个平面悬索结构，由三根索组成。该结构 $s=0$，$m=1$，无法通过自应力刚化机构位移。但如果在节点 1 和节点 2 分别施加竖直向下的集中荷载 W，结构能够处于稳定状态。

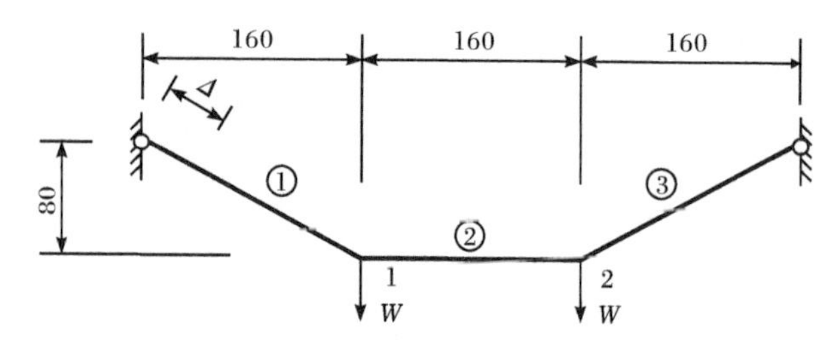

图 5.3.5 三根索组成的平面悬索结构(单位：mm)

索的右端固定，令左端索段收缩 Δ=10mm、20mm、30mm。通过有限质点法分析得到的节点 1 和节点 2 的位移和索长分别列于表 5.3.1 和表 5.3.2 中。将分析结果与力法计算结果和试验值(Pellegrino，1990)进行比较发现，当 Δ 较小时，两种算法得到的结果相差不大，而且都与试验值较为接近。但是力法计算的结果随着 Δ 的增大而增加。当 Δ=30mm 时，力法计算结果产生了 25.4%的误差，而有限质点法误差仅为 4.17%。另外，有限质点法计算的索长几乎与试验值相等，而力法的计算结果误差为 5.63%。由此可见，有限质点法的计算结果较为精确。

表 5.3.1 索①缩短后的节点位移比较

索①缩短量 Δ/mm	节点位移	力法结果 /mm	FPM 结果 /mm	试验值 /mm	力法误差 /%	FPM 误差 /%
10	d_{1x}	−5.160	−5.062	−5.0	3.20	−1.24
	d_{1y}	12.040	12.783	12.5	−3.68	2.26
	d_{2x}	−5.160	−5.068	−5.5	−6.18	−7.85
	d_{2y}	10.320	11.048	11.0	−6.18	−0.44
20	d_{1x}	−10.320	−9.796	−9.5	8.63	3.11
	d_{1y}	24.081	28.006	27.0	−10.81	3.73
	d_{2x}	−10.320	−9.847	−10.0	3.20	−1.53
	d_{2y}	20.641	23.914	24.0	−14.00	−0.36

续表

索①缩短量 Δ/mm	节点位移	力法结果 /mm	FPM 结果 /mm	试验值 /mm	力法误差 /%	FPM 误差 /%
30	d_{1x}	−15.480	−14.966	−15.0	3.20	−0.23
	d_{1y}	36.121	46.357	44.5	−18.83	4.17
	d_{2x}	−15.480	−14.986	−15.0	3.20	−0.09
	d_{2y}	30.961	42.740	41.5	−25.40	2.99

表 5.3.2　索①缩短后的索长比较

索①缩短量 Δ/mm	索编号	力法结果 /mm	FPM 结果 /mm	试验值 /mm	力法误差 /%	FPM 误差 /%
10	索①	169.10	168.89	168.89	0.12	0
	索②	169.01	160.00	160.00	5.63	0
	索③	179.26	178.89	178.89	0.21	0
20	索①	159.78	158.89	158.89	0.56	0
	索②	160.04	160.00	160.00	0.02	0
	索③	180.37	178.89	178.89	0.83	0
30	索①	151.03	148.89	148.89	1.44	0
	索②	160.08	160.00	160.00	0.05	0
	索③	182.20	178.89	178.89	1.85	0

5.4　空间四杆机构运动分析

图 5.4.1 为空间四杆铰接机构。本节数值均无量纲,没有实际物理意义。点 A、B、C 和 D 的坐标分别为(−1,0,1)、(0,1,0)、(1,0,1)和(0,−1,0)。不考虑构件的重力作用,在 A 和 C 点分别施加一对大小相等,方向相反的力 100,力的持续时间为 50。四根杆件的材料特性相同,弹性模量 $E=1$,密度 $\rho=1\times10^{-3}$,截面面积 $A=1\times10^{5}$。

分析中采用四个质点和四个空间杆单元对机构进行离散。由于没有约束,需计算四个点的位移。以质点 A 为例,其质点运动方程为

$$\begin{bmatrix} m_A & 0 & 0 \\ 0 & m_A & 0 \\ 0 & 0 & m_A \end{bmatrix} \frac{\mathrm{d}^2}{\mathrm{d}t^2} \begin{bmatrix} d_x \\ d_y \\ d_z \end{bmatrix} = \begin{bmatrix} F_x^{\mathrm{ext}} \\ F_y^{\mathrm{ext}} \\ F_z^{\mathrm{ext}} \end{bmatrix} + \begin{bmatrix} F_x^{\mathrm{int}} \\ F_y^{\mathrm{int}} \\ F_z^{\mathrm{int}} \end{bmatrix} + \begin{bmatrix} F_x^{\mathrm{dmp}} \\ F_y^{\mathrm{dmp}} \\ F_z^{\mathrm{dmp}} \end{bmatrix} \tag{5.4.1}$$

式中,m_A 为质点 A 的质量;$[d_x \quad d_y \quad d_z]^{\mathrm{T}}$ 为质点 A 三个方向的位移;$[F_x^{\mathrm{ext}} \quad F_y^{\mathrm{ext}}$

$F_z^{\text{ext}}]^{\text{T}}$ 和$[F_x^{\text{int}} \quad F_y^{\text{int}} \quad F_z^{\text{int}}]^{\text{T}}$ 分别为质点 A 的外力和内力向量；$[F_x^{\text{dmp}} \quad F_y^{\text{dmp}} \quad F_z^{\text{dmp}}]^{\text{T}}$ 为质点 A 的阻尼力向量。例如，x 方向阻尼力 $F_x^{\text{dmp}}=-\mu m_A \dot{d}_x$。质点 A 的外力向量为$[-F \quad 0 \quad 0]^{\text{T}}$；质点 A 的内力由单元 AB 和 AD 的单元内力反向叠加到质点 A 得到。时间步长 $\Delta t=1\times10^{-4}$。使用阻尼系数分别为 $\mu=0$、0.01、0.1 和 1。利用中央差分公式逐步求解，得到该空间机构运动过程中各步的位移。

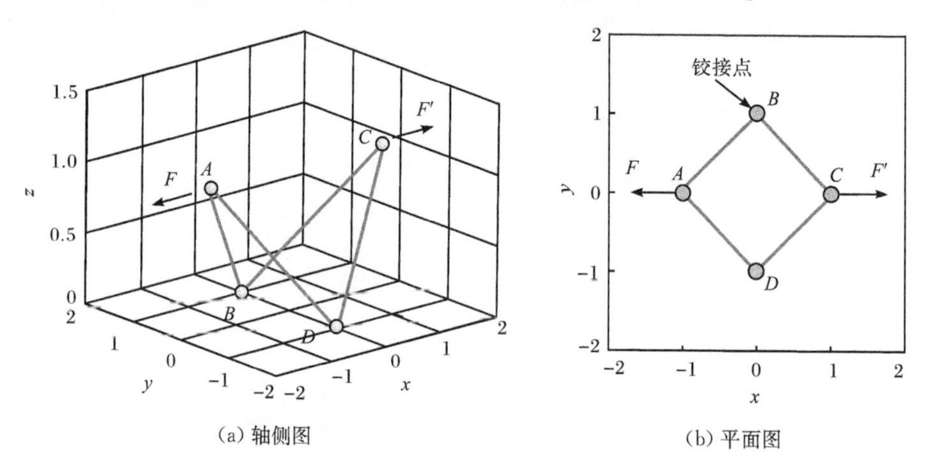

(a) 轴侧图　　(b) 平面图

图 5.4.1　空间四杆铰接机构

当 $\mu=1$ 时，机构的运动轨迹如图 5.4.2 所示。机构达到最后运动状态时，四杆在一条直线上。不同阻尼系数下结构的运动反应如图 5.4.3 所示。结果显示，质点 A 和 B 之间的距离是一个常数，表明机构在外力下仅发生了刚体运动而无变形产生。当 $\mu=0$ 时，机构在平衡状态反复振荡但是无法达到最终平衡。当 μ 值增加时，机构振荡的幅度逐渐减小，最终都会在各自的平衡位置稳定下来。当 μ 足够大时，机构会在很短的时间内稳定下来。

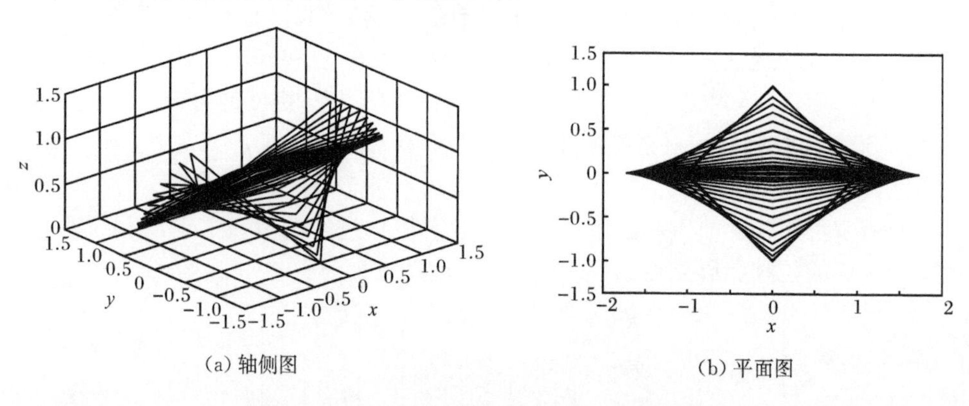

(a) 轴侧图　　(b) 平面图

图 5.4.2　$\mu=1$ 时空间四杆铰接机构运动轨迹

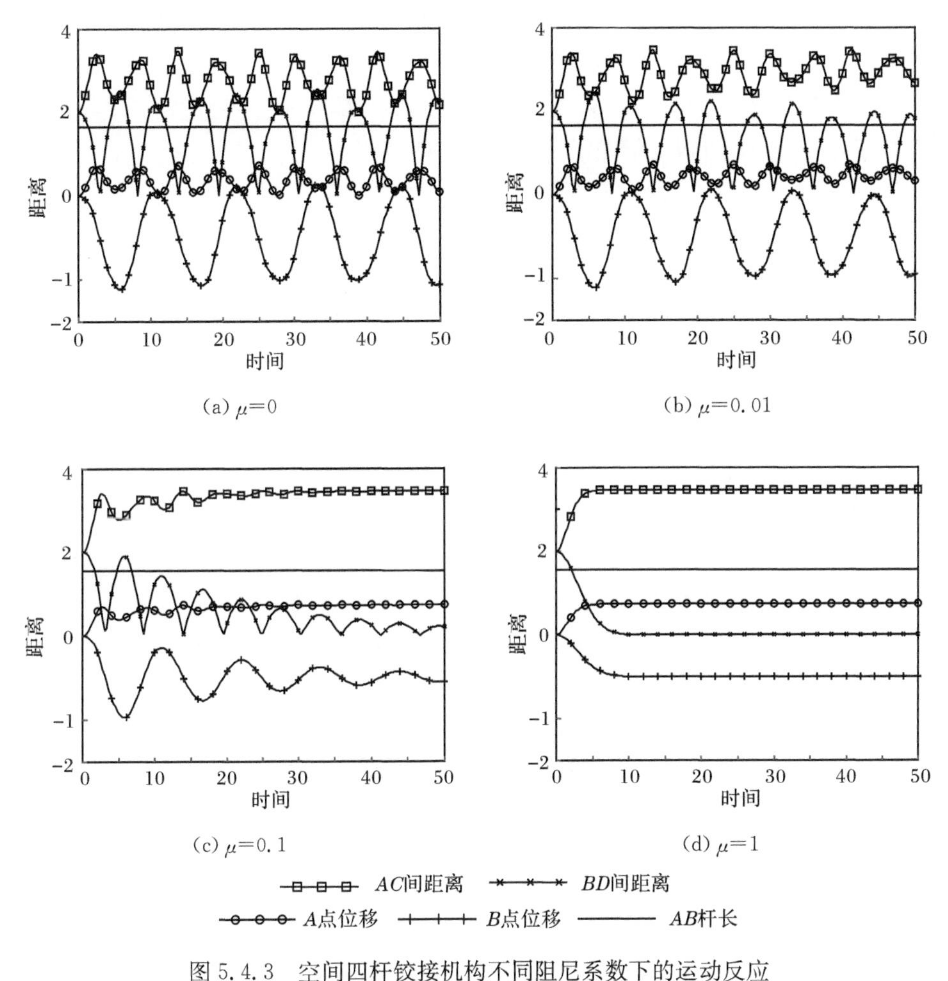

(a) $\mu=0$　(b) $\mu=0.01$　(c) $\mu=0.1$　(d) $\mu=1$

图5.4.3　空间四杆铰接机构不同阻尼系数下的运动反应

5.5　基于剪式折梁铰的单元平面可展结构运动分析

5.5.1　剪式铰单元

剪式铰单元在可展结构中有着广泛的应用,常用的剪式铰单元包括剪式直梁铰单元和剪式折梁铰单元,如图5.5.1所示。两种单元类型并无本质区别,对单元中剪铰节点的运动约束相同。本节以折梁单元为例,推导剪铰节点处质点的内力公式。

图5.5.2为一个平面剪式折梁铰单元,折梁AB和CD在剪铰节点P处连接。采用有限质点法模拟折梁单元时,折梁AB采用两个平面梁单元AP和PB模拟,

折梁 CD 采用两个平面梁单元 CP 和 PD 模拟。P 点为剪铰节点，需要修正其节点内力的计算方法。在折梁 AB 和 CD 间仅有 f_x 和 f_y 在两折梁间传递，f_x 和 f_y 为剪铰节点的内力。为计算剪铰节点的内力，对折梁单元各部分进行隔离分析。P 点分成两个点 M 和 N。M 和 N 的坐标与 P 点相同，M 点位于折梁 AB 的剪铰处，N 点位于折梁 CD 的剪铰处。折梁单元各部分的力在 M 点和 N 点处平衡，则 M 点和 N 点满足质点运动方程。

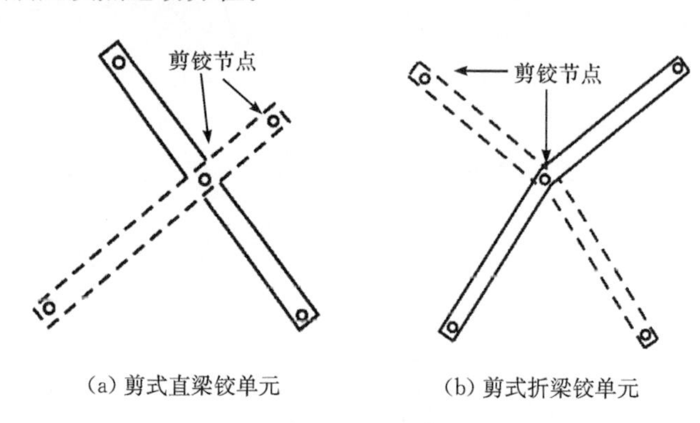

(a) 剪式直梁铰单元　　(b) 剪式折梁铰单元

图 5.5.1　剪式铰单元

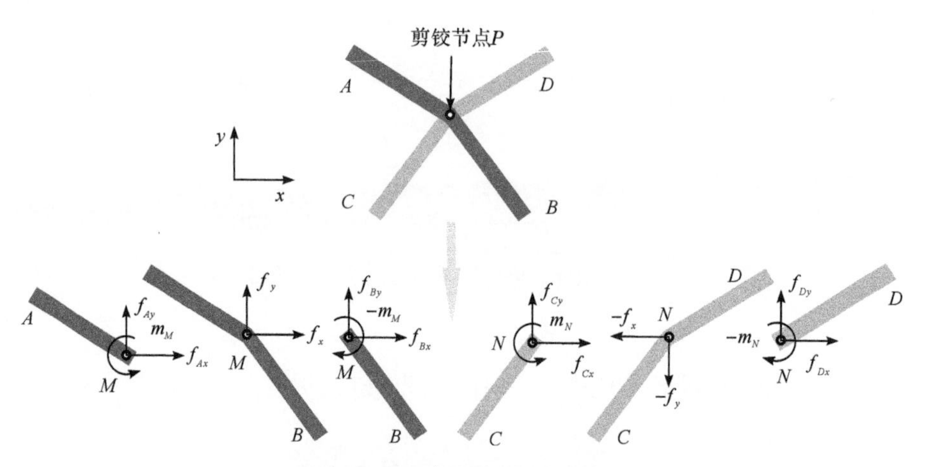

图 5.5.2　剪铰节点内力求解

$$
\begin{cases}
M_{Mx}\ddot{d}_{Mx} = f_{Mx}^{\text{ext}} - f_{Mx}^{\text{int}} \\
M_{My}\ddot{d}_{My} = f_{My}^{\text{ext}} - f_{My}^{\text{int}} \\
M_{Nx}\ddot{d}_{Nx} = f_{Nx}^{\text{ext}} - f_{Nx}^{\text{int}} \\
M_{Ny}\ddot{d}_{Ny} = f_{Ny}^{\text{ext}} - f_{Ny}^{\text{int}}
\end{cases}
\tag{5.5.1}
$$

隔离分析折梁 AB 和 CD，M 点和 N 点的内力可表示为

$$\begin{cases} f_{Mx}^{\text{int}} = f_{Ax} + f_{Bx} \\ f_{My}^{\text{int}} = f_{Ay} + f_{By} \end{cases} \tag{5.5.2a}$$

$$\begin{cases} f_{Nx}^{\text{int}} = f_{Cx} + f_{Dx} \\ f_{Ny}^{\text{int}} = f_{Cy} + f_{Dy} \end{cases} \tag{5.5.2b}$$

M 点和 N 点的外力可表示为

$$\begin{cases} f_{Mx}^{\text{ext}} = f_x \\ f_{My}^{\text{ext}} = f_y \end{cases} \tag{5.5.3a}$$

$$\begin{cases} f_{Nx}^{\text{ext}} = - f_x \\ f_{Ny}^{\text{ext}} = - f_y \end{cases} \tag{5.5.3b}$$

M 点和 N 点的坐标位置相同，质量都为 P 点的一半，因此

$$M_M = M_N,\quad d_M = d_N \tag{5.5.4}$$

将式(5.5.2)～式(5.5.4)代入式(5.5.1)可得

$$f_x = \frac{(f_{Ax} + f_{Bx}) - (f_{Cx} + f_{Dx})}{2} \tag{5.5.5a}$$

$$f_y = \frac{(f_{Ay} + f_{By}) - (f_{Cy} + f_{Dy})}{2} \tag{5.5.5b}$$

剪铰节点 P 的内力采用式(5.5.5)计算。节点 A、B、C 和 D 的内力使用平面梁的铰接点公式计算，如式(2.2.11)所示。

5.5.2　基于剪式折梁铰单元环状平面可展结构运动分析

设一个环状平面可展结构由 $2n$ 个折梁单元组成，每两个折梁单元又构成一个基本剪式铰单元。Ψ 为一个基本单元中两个折梁单元的夹角。每个折梁单元由 k 个直梁组成。每段直梁的长度为 l，同一个直梁单元中每段折梁间的夹角均为 $\pi-\lambda$，并且 $\lambda=2\pi/n$。在展开过程中，结构中心 O 与折梁节点的距离 r_i 满足：

$$r_i = \frac{l}{\sin(\lambda/2)}\sin\left(\frac{i\lambda}{2} + \frac{\Psi}{2}\right),\quad i = 0,1,\cdots,k \tag{5.5.6}$$

如果不考虑物理上的接触和碰撞问题，Ψ 的值可以从 0 变到 $\pi-\lambda$。两个极限值分别对应结构完全闭合和完全展开时的构形。研究一个 $n=6$，$k=2$，$\lambda=120°$，$l=1\text{m}$ 的基于剪式折梁铰单元的平面可展结构，如图 5.5.3 所示。结构的材料属性如下：弹性模量 $E=1\times10^7\text{Pa}$，密度 $\rho=1\text{kg/m}^3$，截面面积 $A=10\text{m}^2$，截面惯性矩 $I=1\times10^3\text{m}^4$。为达到静力分析的目的，设置阻尼系数 $\mu=0.5$，时间步长 $\Delta t=1\times10^{-3}\text{s}$。点 M 和 N 处分别施加大小相等方向相反的两个力 F 和 F'，外力的时间历程如图 5.5.4 所示。

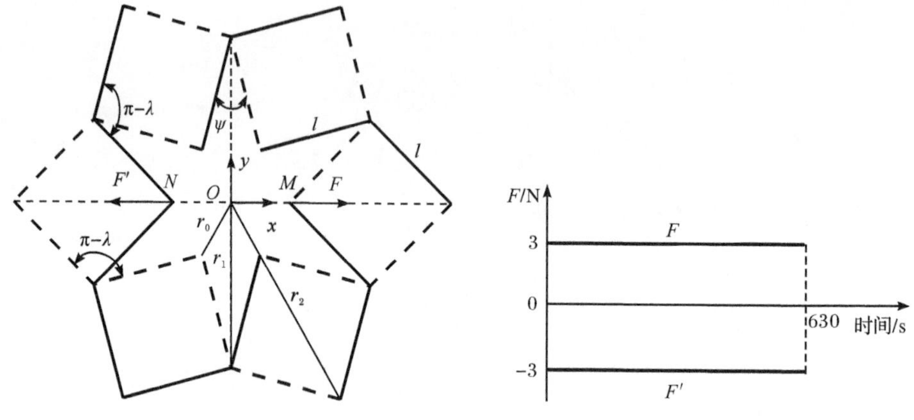

图 5.5.3　基于剪式折梁铰单元的平面可展结构　　　图 5.5.4　外力的时间历程

下面模拟这一可展结构的运动，从时间 $t=0$ 到 $t=630\text{s}$，结构逐渐展开。当完全展开时，数学上结构应为一个正六边形，有限质点法的计算结果有细微差别，如图 5.5.5(d)所示。展开过程 r_i 的变化如图 5.5.6(a)所示。r_i 的变化同样可以通过式(5.5.6)得到理论解，如图 5.5.6(b)所示。r_0、r_1 和 r_2 的数值解分别为 1.721m、2.013m 和 1.750m，理论解分别为$\sqrt{3}$m、2m 和$\sqrt{3}$m。两者差别最大为 0.6%。这种差别的来源有两个：一是不可避免的数值误差；二是结构受力产生的微小变形。研究表明，有限质点法能够在考虑结构杆件受力的同时，准确模拟含机构的结构运动。

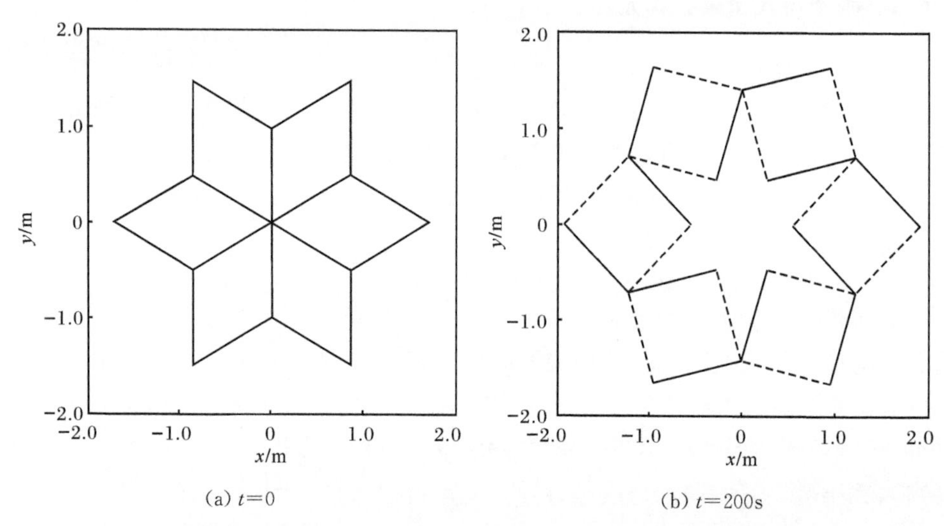

(a) $t=0$　　　(b) $t=200\text{s}$

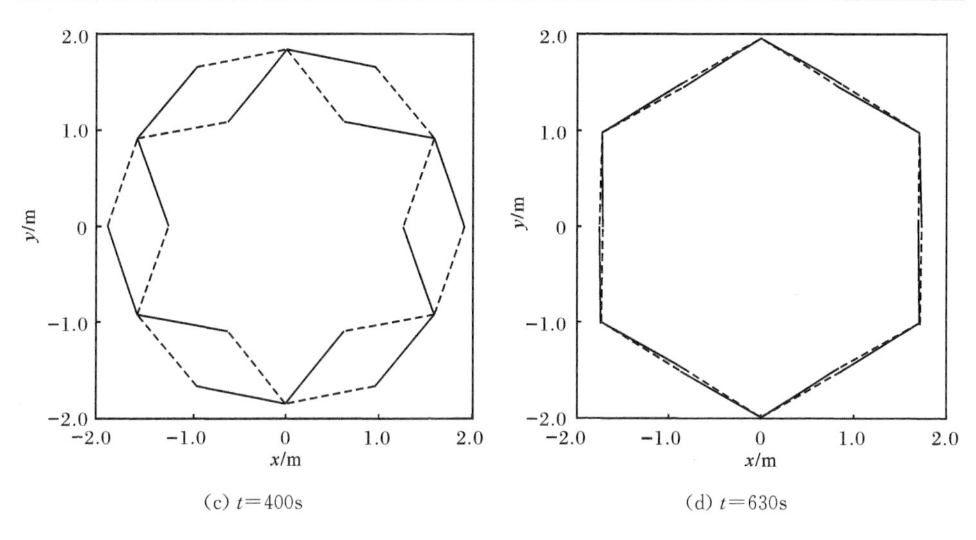

(c) t=400s　　　　(d) t=630s

图 5.5.5　基于剪式折梁铰单元的平面可展结构展开过程

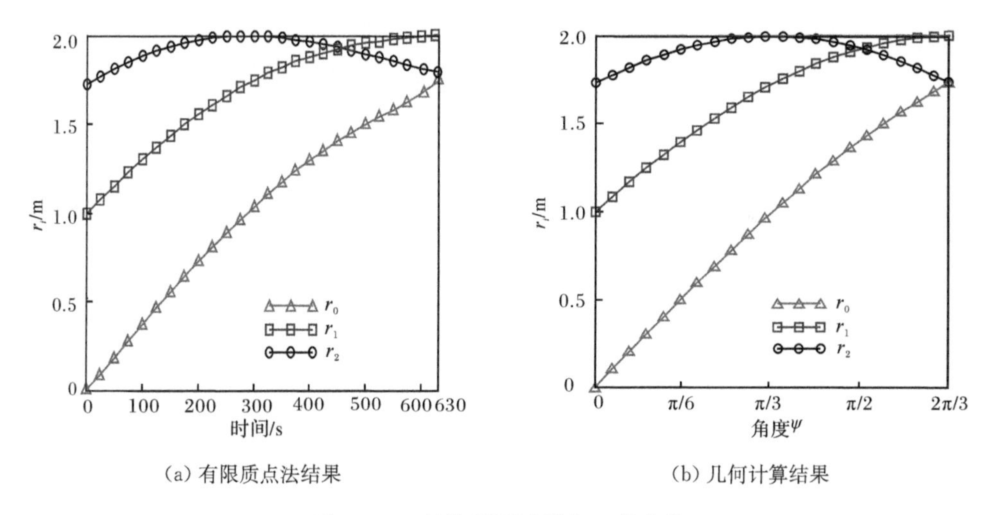

(a) 有限质点法结果　　　　(b) 几何计算结果

图 5.5.6　结构展开过程中 r_i 的变化

5.6　基于 Bennett linkage 的可展结构运动分析

5.6.1　Bennett 柱铰节点

Bennett 连杆(Bennett linkage)机构是一种三维过约束机构，由 Bennett 于 1903 年发现(Bennett，1914)，它由四根杆件和四个连接杆件的柱铰(revolute joint)组成，每个柱铰的轴线垂直于相邻的两根杆件，如图 5.6.1 所示。它仅具有一个自由度,已经被证实可以用于组装建造空间可展结构。

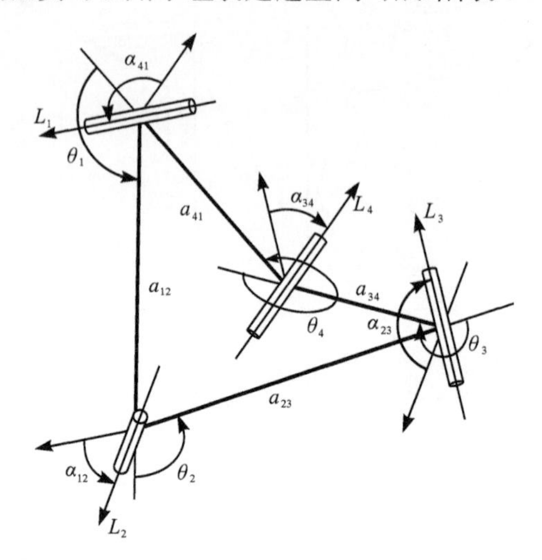

图 5.6.1　Bennett linkage 的示意图

如图 5.6.1 所示,杆件 a_{ij} 和 a_{hi} 在柱铰节点 i 处连接,其中,i 为本柱铰节点号,j 为后一柱铰节点号,h 为前一柱铰节点号,编号顺序为 1→2→3→4→1→…。采用有限质点法模拟机构杆件时,每根杆如果采用两个空间梁单元模拟,那么梁单元一端为刚接点,另一端为柱铰节点。由于柱铰的影响,需要修正梁单元对应柱铰方向的节点内力计算方法。由于 Bennett linkage 原形式柱铰节点的柱铰方向垂直于相邻两杆件组成的平面,因此杆端与柱铰平行方向的弯矩被释放,相应的剪力也需要修正。分析中首先在局部坐标系下去掉柱铰方向的弯矩,再按式(2.4.33)计算其剪力,轴力与扭矩不作修正。

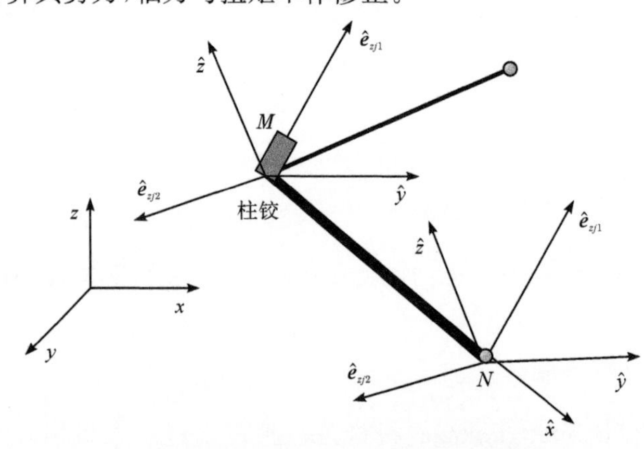

图 5.6.2　柱铰节点坐标系转换示意图

对于与柱铰节点 i 相连的梁单元，设其刚接点一端为 M，对应柱铰节点一端为 N。该单元的局部坐标系各方向向量为($\hat{\boldsymbol{e}}_x,\hat{\boldsymbol{e}}_y,\hat{\boldsymbol{e}}_z$)，确定方法见式(2.4.8)。如图 5.6.2所示，单元 MN 在 M 端的柱铰方向为 $\hat{\boldsymbol{e}}_{zj1}$。由柱铰方向和梁单元轴线方向叉乘得到垂直于节点 i 的柱铰方向 $\hat{\boldsymbol{e}}_{zj2}$，由此构成柱铰坐标系各方向向量($\hat{\boldsymbol{e}}_x$，$\hat{\boldsymbol{e}}_{zj1},\hat{\boldsymbol{e}}_{zj2}$)，用式(5.6.1)计算：

$$\begin{cases}\hat{\boldsymbol{e}}_{zj1}=\dfrac{\hat{\boldsymbol{e}}_{Mi}\times\hat{\boldsymbol{e}}_{iN}}{|\hat{\boldsymbol{e}}_{Mi}\times\hat{\boldsymbol{e}}_{iN}|}\\[2ex]\hat{\boldsymbol{e}}_{zj2}=\dfrac{\hat{\boldsymbol{e}}_{x}\times\hat{\boldsymbol{e}}_{zj1}}{|\hat{\boldsymbol{e}}_{x}\times\hat{\boldsymbol{e}}_{zj1}|}\end{cases}\tag{5.6.1}$$

为了修正柱铰方向上的弯矩，将单元 MN 两端质点在全局坐标系下的纯变形投影到局部坐标系的 $\hat{\boldsymbol{e}}_y$ 和 $\hat{\boldsymbol{e}}_z$ 方向，并合成

$$\begin{cases}\Delta\hat{\boldsymbol{\varphi}}^M=(\Delta\boldsymbol{\varphi}^M\cdot\hat{\boldsymbol{e}}_y)\hat{\boldsymbol{e}}_y+(\Delta\boldsymbol{\varphi}^M\cdot\hat{\boldsymbol{e}}_z)\hat{\boldsymbol{e}}_z\\\Delta\hat{\boldsymbol{\varphi}}^N=(\Delta\boldsymbol{\varphi}^N\cdot\hat{\boldsymbol{e}}_y)\hat{\boldsymbol{e}}_y+(\Delta\boldsymbol{\varphi}^N\cdot\hat{\boldsymbol{e}}_z)\hat{\boldsymbol{e}}_z\end{cases}\tag{5.6.2}$$

式中，$\Delta\hat{\boldsymbol{\varphi}}^M$ 和 $\Delta\hat{\boldsymbol{\varphi}}^N$ 分别为节点 M 和 N 在局部坐标系下弯矩方向的纯变形向量；$\Delta\boldsymbol{\varphi}^M$ 和 $\Delta\boldsymbol{\varphi}^N$ 分别为节点 M 和 N 总的纯变形向量。

将节点 M 和 N 在局部坐标系下弯矩方向的纯变形投影到柱铰坐标系下，表示为

$$\begin{cases}\Delta\hat{\varphi}^M_{zj1}=\Delta\hat{\boldsymbol{\varphi}}^M\cdot\hat{\boldsymbol{e}}_{zj1}\\\Delta\hat{\varphi}^M_{zj2}=\Delta\hat{\boldsymbol{\varphi}}^M\cdot\hat{\boldsymbol{e}}_{zj2}\end{cases}\tag{5.6.3a}$$

$$\begin{cases}\Delta\hat{\varphi}^N_{zj1}=\Delta\hat{\boldsymbol{\varphi}}^N\cdot\hat{\boldsymbol{e}}_{zj1}\\\Delta\hat{\varphi}^N_{zj2}=\Delta\hat{\boldsymbol{\varphi}}^N\cdot\hat{\boldsymbol{e}}_{zj2}\end{cases}\tag{5.6.3b}$$

节点 M 和 N 的柱铰方向与垂直柱铰方向的弯矩用式(5.6.4a)和式(5.6.4b)计算：

$$\begin{cases}\Delta\hat{m}^M_{zj1}=\dfrac{EI_{zj1}}{l_a}(3\Delta\varphi^M_{zj1})\\[2ex]\Delta\hat{m}^M_{zj2}=\dfrac{EI_{zj2}}{l_a}(4\Delta\varphi^M_{zj2}+2\Delta\varphi^N_{zj2})\end{cases}\tag{5.6.4a}$$

$$\begin{cases}\Delta\hat{m}^N_{zj1}=0\\[2ex]\Delta\hat{m}^N_{zj2}=\dfrac{EI_{zj2}}{l_a}(2\Delta\varphi^M_{zj2}+4\Delta\varphi^N_{zj2})\end{cases}\tag{5.6.4b}$$

将计算得到的弯矩进行合成：

$$\begin{cases}\Delta\hat{\boldsymbol{m}}^M=\Delta\hat{m}^M_{zj1}\hat{\boldsymbol{e}}_{zj1}+\Delta\hat{m}^M_{zj2}\hat{\boldsymbol{e}}_{zj2}\\\Delta\hat{\boldsymbol{m}}^N=\Delta\hat{m}^N_{zj1}\hat{\boldsymbol{e}}_{zj1}+\Delta\hat{m}^N_{zj2}\hat{\boldsymbol{e}}_{zj2}\end{cases}\tag{5.6.5}$$

将计算合成后的弯矩投影回单元的局部坐标系主轴方向：

$$\begin{cases}\Delta\hat{m}_y^M = \Delta\hat{\boldsymbol{m}}^M \cdot \hat{\boldsymbol{e}}_y \\ \Delta\hat{m}_z^M = \Delta\hat{\boldsymbol{m}}^M \cdot \hat{\boldsymbol{e}}_z\end{cases} \tag{5.6.6a}$$

$$\begin{cases}\Delta\hat{m}_y^N = \Delta\hat{\boldsymbol{m}}^N \cdot \hat{\boldsymbol{e}}_y \\ \Delta\hat{m}_z^N = \Delta\hat{\boldsymbol{m}}^N \cdot \hat{\boldsymbol{e}}_z\end{cases} \tag{5.6.6b}$$

式(5.6.6)得到的弯矩即为修正后的柱铰节点弯矩，然后经过式(2.4.35)的转动后叠加到相应质点上。

5.6.2 基于 Bennett linkage 的空间可展结构运动分析

本例对单个 Bennett linkage 的运动过程进行分析。杆件均为等截面直杆，横截面为圆形，杆长取为 5m（Yu et al.，2007）。四个柱铰节点的坐标分别为（−4.33，0.0，1.04）、（0.0，1.39，−1.04）、（4.33，0.0，1.04）、（0.0，−1.39，−1.04）。弹性模量 E=206GPa，剪切模量 G=79GPa，横截面面积 $A=1\times10^{-4}\text{m}^2$，密度 $\rho=7850\text{kg/m}^3$，惯性矩 $I_y=I_z=5\times10^{-8}\text{m}^4$。时间步长 $\Delta t=1\times10^{-4}$s，总时长为 1.7s，阻尼系数 μ 取为 0.01。对于图 5.6.3 所示的单个 Bennett linkage，A、B、C 和 D 为柱铰质点，其余为刚接质点。在 A 点和 C 点分别施加大小相等方向相反的力 F=20N。

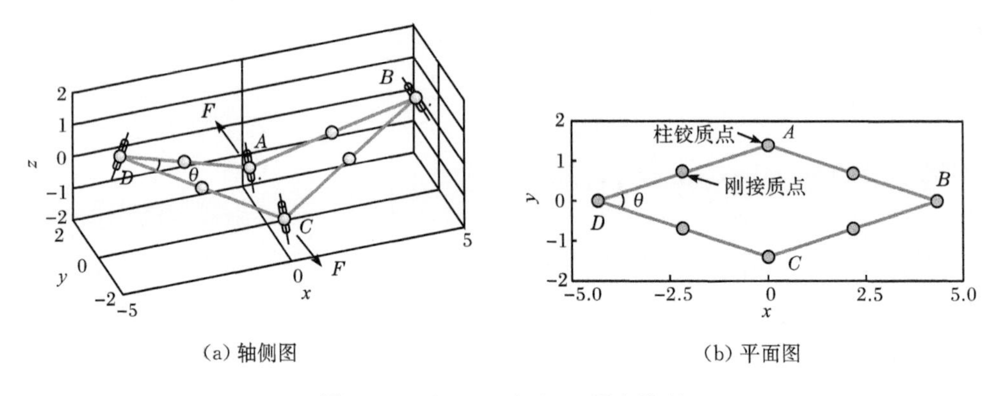

(a) 轴侧图　　(b) 平面图

图 5.6.3　Bennett linkage 质点模型

采用有限质点法进行模拟，从时间 $t=0$ 到 $t=1.7$s，结构逐渐闭合，如图 5.6.4 所示。结构运动过程中对角线上两点间距离与杆 AD 及杆 DC 间夹角 θ 的关系如图 5.6.5 所示。将有限质点法的结果与采用 Bennett linkage 运动几何原理进行计算的结果进行对比，两者非常接近。

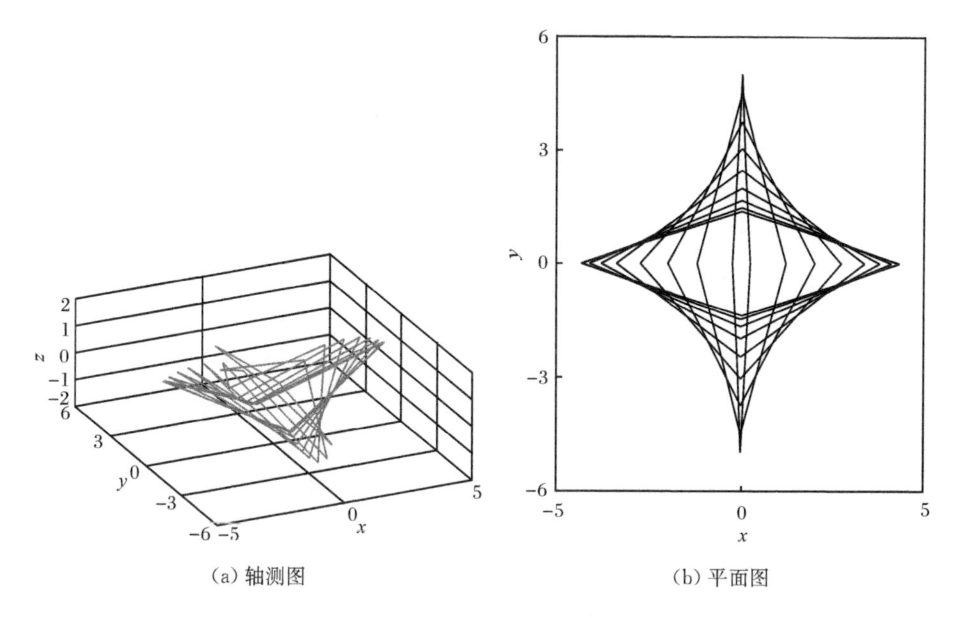

(a) 轴测图　　(b) 平面图

图 5.6.4　Bennett linkage 作闭合运动时的运动轨迹

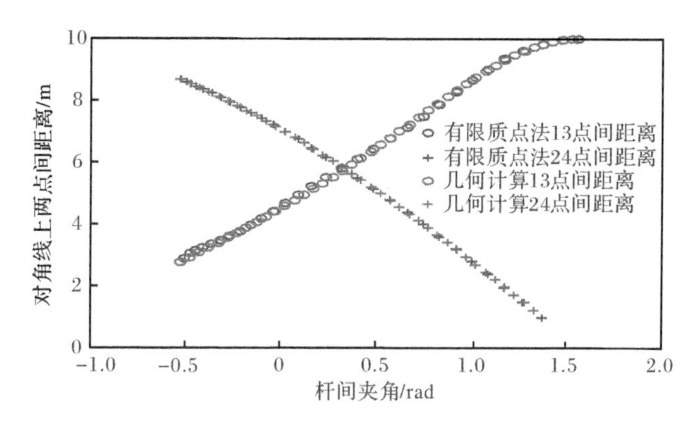

图 5.6.5　对角线上两点间距离与杆 AD 及杆 DC 间夹角 θ 的关系

5.7　含滑移索的机构运动分析

索结构在张拉成形过程中以及使用阶段，连续索在一些节点处会发生相对滑移，节点两侧的索长将随之发生变化，从而改变结构局部的受力性能和成形状态。此时，节点间索单元不能直接采用二节点直线单元或悬链线单元，需进行特殊修正以考虑节点两侧索原长随外部作用改变带来的影响。

5.7.1 滑移索单元的建立

求解接触点两侧索原长调整量是分析索滑移行为的关键，需要解决两个主要问题：索原长调整准则和索原长调整过程收敛准则。有限质点法对索滑移的分析思路如下：将结构离散成相互联系的质点集合时，把接触点处理成特殊的质点，可以和其他质点合并成一个质点，也可单独存在(如固定于结构边界上)；在每个途径单元上，接触点上的质点和其他质点一样，在不平衡合力作用下的运动均满足牛顿第二定律；每个途径单元计算结束时，判断接触点和索单元的相对位置关系，更新接触点和对应的滑移索单元；由于质点的运动满足物体运动的自然规律，索的滑移行为将自发进行而无须人为给定索原长调整准则，求得的索滑移过程更接近索张拉滑移的真实情况。

连续索经过接触节点时，为模拟索和接触节点间的相对滑移关系，在接触节点处设置滑轮。与结构整体相比，滑轮体积忽略不计。当多条索经过同一滑轮时，可模拟索与索间相互滑移的运动过程。连续索离散成质点后，连接质点的索单元根据是否和滑轮接触分为两类：和滑轮接触的为滑移索单元；其余为非滑移索单元。非滑移索单元可简化成单向受力二节点直线单元，滑移索单元则需特殊处理。

一个滑移索单元可与单个滑轮接触，也可同时与多个滑轮接触，滑移索单元的形状由单元两端质点和单元所接触的滑轮共同确定。如图 5.7.1 所示，滑移索单元 P_1P_2 和滑轮 S_1 形成二折线，滑移索单元 P_3P_4 和滑轮 S_2、S_3、S_4 形成多折线。在索滑移过程中，和滑轮接触的索单元会发生改变。因此，滑移索单元接触的滑轮数量以及滑移索单元和非滑移索单元之间是随滑移过程而变化的。

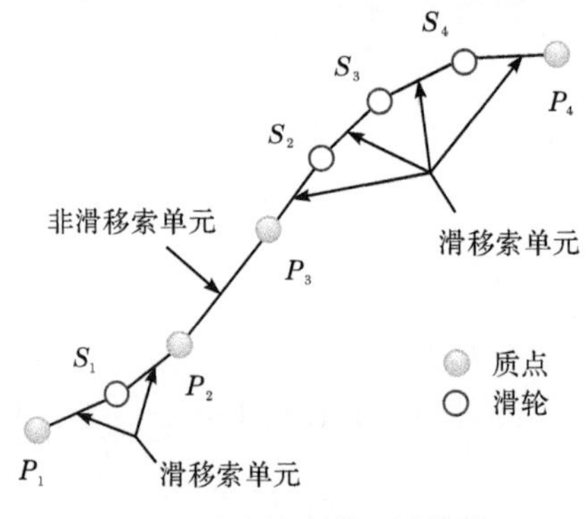

图 5.7.1 连续索单元计算模型

滑移索单元内力求解过程和索、杆单元类似，内力增量同样通过单元长度的变化量求解，滑移索单元长度为各折线段长度和，内力方向根据对应的折线段方向确定。如图 5.7.2 所示，滑移索单元 P_3P_4 经过滑轮 S_2、S_3，折线段 P_3S_2、S_2S_3、

S_3P_4 的内力均为 f_3，当 f_3 为拉力时将 f_3 作用于质点 P_3、P_4 以及滑轮 S_2、S_3 上，作用力的方向由对应的折线段确定。滑轮位移和杆端节点位移耦合时，滑轮受力需合成到杆端质点上。

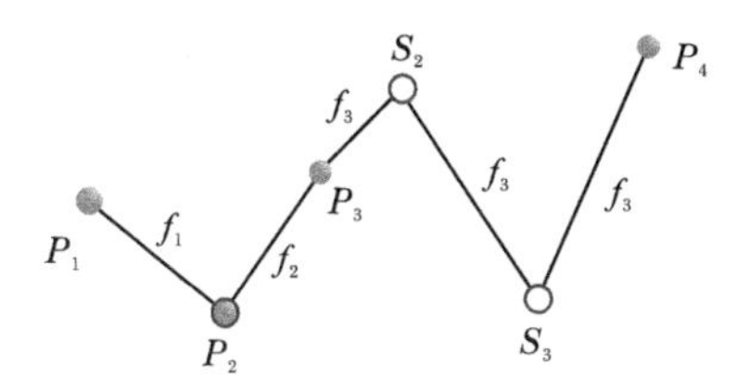

图 5.7.2　滑移索单元内力

索单元质点和滑轮重合时，索单元质点所受外力将传递给对应滑轮，但内力传递需由质点两侧索单元内力共同确定。两侧索单元传递给滑轮的内力相等，并由两侧索内力的较小值决定，内力方向由两侧索单元方向确定。如图 5.7.2 所示，索单元质点 P_2 和滑轮 S_1 重合，索单元 P_1P_2、P_2P_3 内力分别为 f_1、f_2，则两侧索单元传递到滑轮的内力大小 f 为

$$f_{\min} = \min\{f_1, f_2\}$$
$$f = \begin{cases} f_{\min}, & f_{\min} > 0 \\ 0, & f_{\min} \leqslant 0 \end{cases} \tag{5.7.1}$$

索-杆结构在成形过程及特定的荷载工况作用下，索和滑轮之间可能发生较大距离的滑移，致使滑轮和索单元的接触关系发生改变。在运动求解过程中，判定滑轮接触索单元是索滑移分析的基础。

有限质点法的途径单元步长一般取 $10^{-6} \sim 10^{-4}$ s，质点在每个途径单元上的位移较小，计算时不需要在每个途径单元上都进行接触点和索单元的接触关系判定。为提高计算效率，可根据索单元尺寸事先设定的一个小值 ξ，只有当滑移索单元的一端质点和滑轮的距离小于 ξ 时才进行滑轮和索单元的接触关系判定。

计算开始前，结构初始构形中滑轮接触索单元应根据实际情况人为设定。计算过程中，滑轮接触索单元可根据索单元长度改变量或索单元两端质点和滑轮所成角度大小进行判定。图 5.7.3 所示为滑轮 S 从索单元 P_2P_3 进入索单元 P_1P_2 的过程。t_1 时刻质点 P_2 和滑轮 S 的距离小于 ξ，此时需进行滑轮接触索单元的判定。判定时先找出和质点 P_2 相连的索单元 P_1P_2、P_2P_3，假定滑轮 S 分别和 P_1P_2、P_2P_3 接触，计算假定情况下索单元的“应变”：

$$\varepsilon_{P_1P_2} = \frac{l_{P_1'S} + l_{P_2'S} - l_{P_1P_2}}{l_{P_1P_2}}$$
$$\varepsilon_{P_2P_3} = \frac{l_{P_2'S} + l_{P_3'S} - l_{P_2P_3}}{l_{P_2P_3}} \tag{5.7.2}$$

式中，$l_{P_1'S}$、$l_{P_2'S}$、$l_{P_3'S}$分别为 t_1 时刻质点 P_1'、P_2'、P_3'到接触点 S 中心的距离；$l_{P_1P_2}$、$l_{P_2P_3}$分别为索单元 P_1P_2、P_2P_3 的索原长或上一步计算得到的索长。

若 $\varepsilon_{P_1P_2}<\varepsilon_{P_2P_3}$，滑轮 S 和索单元 P_1P_2 接触，反之滑轮 S 和索单元 P_2P_3 接触。

若根据索单元两端质点和滑轮所成角度判定时，计算 t_1 时刻线段 P_1S 和 P_2S 所成夹角$\angle P_1SP_2$，线段 P_2S 和 P_3S 所成夹角$\angle P_2SP_3$。若$\angle P_1SP_2>\angle P_2SP_3$，滑轮 S 和索单元 P_1P_2 接触，反之滑轮 S 和索单元 P_2P_3 接触。当滑移索单元同时和多个滑轮接触时，只需判定首尾滑轮是否会改变和索单元的接触关系，判定方法和准则与单个滑轮类似。

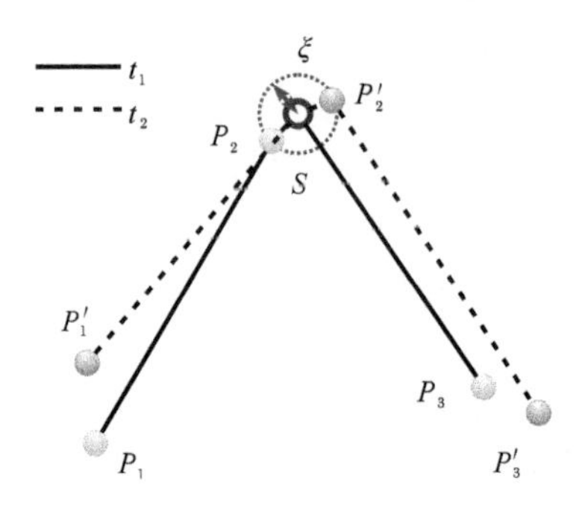

图 5.7.3 滑轮接触索单元判定

5.7.2 滑移索控制的机构运动分析

5.5.1 节建立了剪式铰单元的内力计算方法。本节分析滑移索控制的剪式铰机构受力性能。图 5.7.4(a)为由 4 个剪式直梁铰组成的开链式折叠机构，该机构为移动式升降机的简化模型。取底部一个剪式铰单元进行受力分析[图 5.7.4(b)]，若单元上部受两竖直向下集中力 F 的作用，为保持剪式铰单元的受力平衡，可平移支座处需施加的水平作用力 P 为

$$P=\frac{2Fl_x}{\sqrt{l^2-l_x^2}} \tag{5.7.3}$$

式中，l 为直梁长度；l_x 为底部支座的间距[图 5.7.4(b)]。

当多个剪式铰单元叠加时，上部单元不仅将竖向力传递至下部单元，并且在传递过程中对下部单元施加水平外推力。水平外推力随着传递单元数量的增加而逐渐积累，对由 n 个单元组成的开链式折叠机构，底部可平动支座的水平力 P_n 为

$$P_n=\frac{2nFl_x}{\sqrt{l^2-l_x^2}} \tag{5.7.4}$$

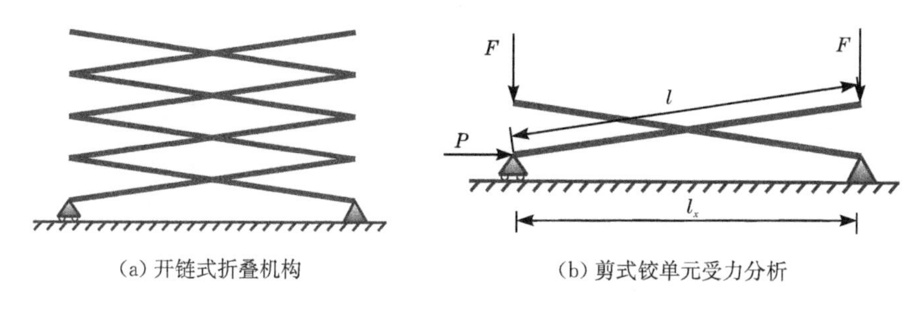

(a) 开链式折叠机构　　(b) 剪式铰单元受力分析

图 5.7.4　开链式剪式铰机构受力分析

为减小底部支座的水平推力，需通过增加约束的方式来阻断上部单元水平外推力向下传递。对于剪式铰机构某个特定的展开状态，可在每个剪式铰单元的梁端添加水平拉索，以此来抵抗水平外推力。但如此添加的水平拉索仅在机构折叠到一定程度后才起作用，且会阻碍机构的进一步收拢。为弥补这一不足，可将各剪式铰单元的水平拉索用连续滑移索代替。连续滑移索沿剪式铰呈 Z 形布置，并将连续滑移索的一端固定于机构顶部，另一端绕过底部平动支座用于控制剪式铰的开合(图 5.7.5)。

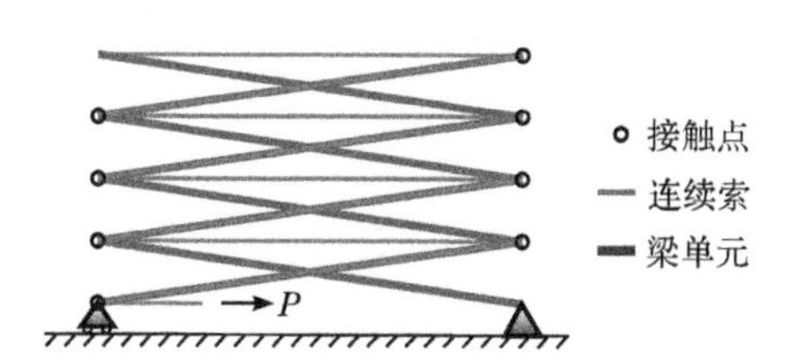

图 5.7.5　装有连续滑移索的开链式剪式铰机构

取竖向力 $F=0.01\text{kN}$，直梁长度 $l=1.4009\text{m}$，分别计算无索(模型 A)和有连续滑移索(模型 B)两种情形下的底部可平动支座水平作用力 P 随底部支座间距 l_x 的变化关系。计算时取途径单元时间步长 $\Delta t=1\times10^{-7}\text{s}$，阻尼系数 $\mu=10$。梁单元和索单元均为圆形截面，前者半径 $r_b=5\text{cm}$，弹性模量 $E_b=206\text{GPa}$，后者半径 $r_c=0.5\text{cm}$，弹性模量 $E_c=170\text{GPa}$。计算结果如图 5.7.6 所示，安装连续滑移索后底部的水平作用力明显减小。但在相同的机构展开程度下，添加连续滑移索后底部水平作用力的行程相应增加，两模型底部作用力所做的功相同。

5.7.3　连续张拉索-杆结构成形过程分析

索穹顶、弦支穹顶、车辐式索桁等拥有环向拉索的张力结构中，通过张拉连续环索来完成结构的成形施工，不仅可以减少张拉点的数量，也可以避免张拉径向索时需考虑的同步性问题。但是，张拉连续环索的过程中，结构可能出现非对称变形现象。目前对环索张拉的研究多集中于结构内力的分布上，分级张拉分析本

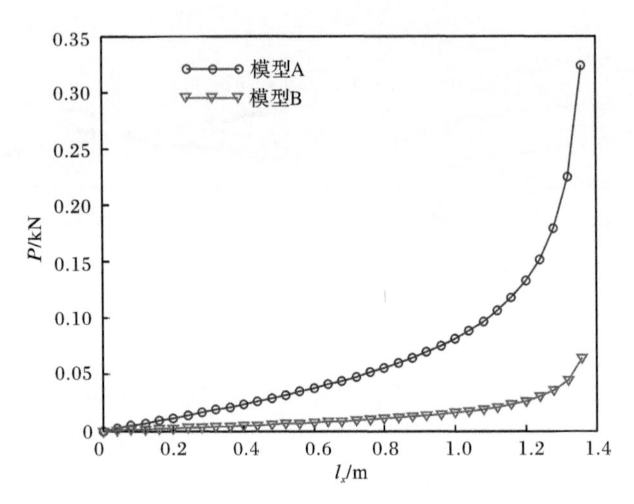

图 5.7.6　底部支座推力随支座间距变化曲线

身是一个离散的静力平衡过程，忽略了结构在成形过程中的形状变化。环索的张拉多采用体内张拉的方式，即通过扭转螺纹套筒或顶升千斤顶来调整环索长度。这种张拉方式在每一张拉处的索长调整量有限，导致环索的张拉依旧需要多个张拉点。本例将环索的张拉点设置在结构外部，根据结构张拉成形时的形态确定一对体外张拉平衡力，通过这对平衡力对环索进行张拉，同时考虑索滑移的影响。

图 5.7.7 为简单的车辐式索-杆张拉结构，节点 1～4 固定于边长为 3m 的正方形顶点上，节点 5～8 和节点 9～12 处于边长为 1m 的正方形顶点上，三个正方形的中心竖向投影重合，且中心间距为 0.25m。构件 1～4 为杆单元，截面面积 $A=3.142\text{cm}^2$，弹性模量 $E=206\text{GPa}$；其余均为索单元，截面面积 $A=0.126\text{cm}^2$，弹性模量 $E=206\text{GPa}$。通过平衡矩阵分析可得结构的机构位移模态数 $m=5$，自应力模态数 $s=1$，为动不定静不定结构，具有 1 个自应力模态(表 5.1.1)。考虑结构自重时，节点 5～12 受大小为 7.752N 的竖向作用力，构件内力将发生改变(表 5.7.1)。

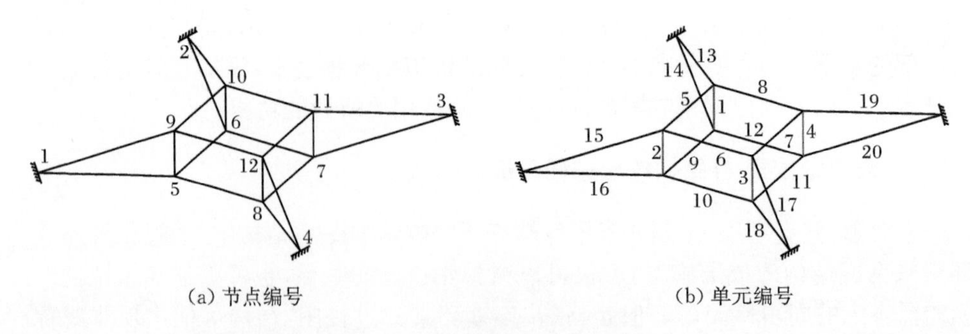

图 5.7.7　车辐式索-杆张拉结构

表 5.7.1　施加预应力后单元内力　(单位:kN)

单元编号	1～4	5～8	9～12	13、15、17、19	14、16、18、20
理想状态	−1	4	4	5.74456	5.74456
考虑自重	−1.00001	3.97177	4.02825	5.70393	5.78522

车辐式索-杆张拉结构的施工过程如下:①安装上层径向索和环索;②悬挂桅杆;③安装下层径向索和环索;④张拉下层环索,使索力达到预设值。步骤③完成时的结构形态如图 5.7.8 所示:接触点 S_1～S_4 依次和节点 8～5 固定,接触点 S_5、S_6 为空间不动点;下环索一端和节点 5 固定,并依次经过接触点 S_1～S_5,另一端受集中向下张拉力;附加的张拉索一端和节点 5 固定,并经过接触点 S_6,另一端受大小相同的集中向下张拉力。张拉力根据张拉完成时的下环索目标预应力确定,为4.02825kN;接触点 S_5、S_6 和张拉完成时的节点 5 等高,且三者处于同一直线上,接触点的空间坐标分别为 S_5(0,1.00001,0.250173)、S_6(1.00001,0,0.250173)。

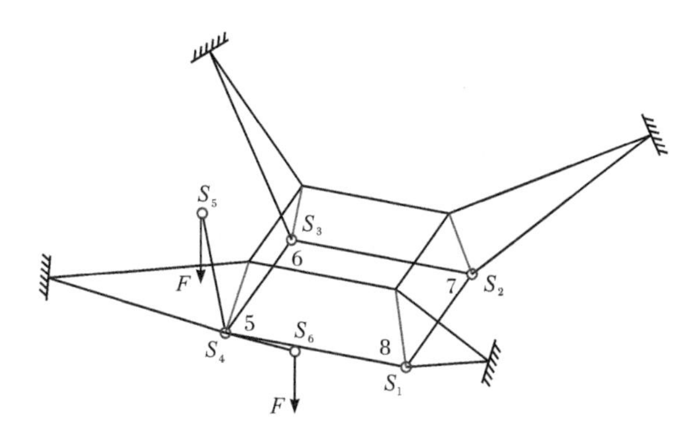

图 5.7.8　张拉初始形态

张拉计算时,取途径单元时间步长 $\Delta t = 1\times10^{-6}$ s,阻尼系数 $\mu=100$。张拉结束时的单元内力和节点坐标如表 5.7.2 和表 5.7.3 所示。由表可见,张拉完成后的结构形态和理论计算得到的结构形态一致。

表 5.7.2　张拉完成后单元内力

单元编号	1、3、4	2	5、7	6、8	13、15、17、19	14、18、20	16
理论值/kN	−1.000010	−1.00001	3.97177	3.97177	5.70393	5.78522	5.78522
张拉完成值/kN	−1.00005	−1.00010	3.97198	3.97201	5.70434	5.78515	5.78564
误差/10^{-5}	4.00	9.00	5.29	6.04	7.19	−1.21	7.26

表 5.7.3　张拉完成后节点坐标　（单位：m）

节点编号	理论值			张拉完成值		
	x	y	z	x	y	z
5	0.500005	0.500005	0.250173	0.500043	0.500027	0.250174
6	−0.500005	0.500005	0.250173	−0.500044	0.500028	0.250177
7	−0.500005	−0.500005	0.250173	−0.500043	−0.500028	0.250178
8	0.500005	−0.500005	0.250173	0.500043	−0.500028	0.250177
9	0.499995	0.499995	−0.249827	0.499995	0.499995	−0.249826
10	−0.499995	0.499995	−0.249827	−0.499995	0.499995	−0.249822
11	−0.499995	−0.499995	−0.249827	−0.499995	−0.499995	−0.249821
12	0.499995	−0.499995	−0.249827	0.499995	−0.499995	−0.249822

在张拉过程中，节点 5～8 和节点 9～12 竖向坐标的变化如图 5.7.9 所示。受张拉点的影响，节点 5 和节点 9 的竖向位移减小较快且竖向位移有超过平衡位置后回落的过程；节点 6 和节点 8、节点 10 和节点 12 的竖向位移过程相同；节点 7 和节点 11 离张拉点最远，竖向位移最慢；最终节点 5～8、节点 9～12 分别静止在同一高程上。在变形过程中，桅杆由倾斜变竖直，节点 9～12 和节点 5～8 虽有相似的竖向位移过程，但竖向位移量前者大于后者。

在张拉过程中，单元内力变化如图 5.7.10 所示。张拉初期，桅杆向内倾斜，上层环索松弛；上层径向索仅存在内倾桅杆的作用，内力可忽略。0.25s 时，节点 5 和节点 9 到达平衡位置并继续往上运动，结构逐渐成形，上层环索、径向索以及桅杆的内力迅速增加。下层径向索受下层环索张拉的影响，初期内力存在一定的波动，此后逐步增加至终值。

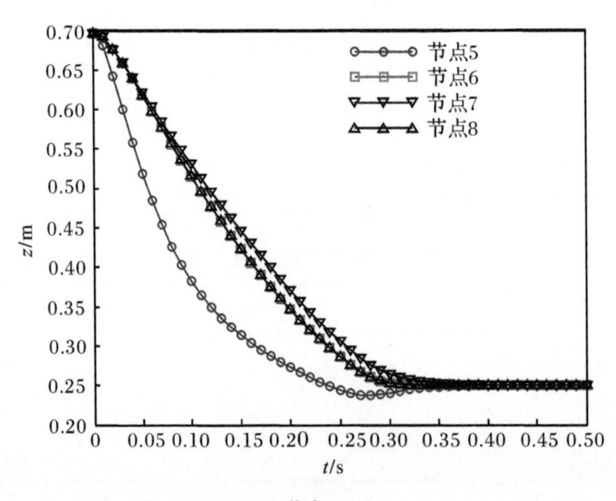

(a) 节点 5～8

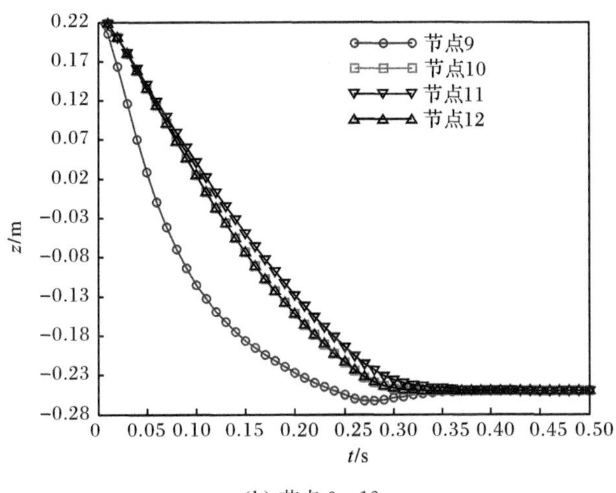

(b) 节点 9～12

图 5.7.9　节点竖向坐标变化曲线

由上述分析可得，通过体外平衡力对连续滑移环索进行张拉时，张拉处的结构位移反应较快，结构的运动存在一定的非对称性；张拉初期，受下环索的作用，下层径向索的内力迅速增加；此时，上层径向索和桅杆仅受结构自重的作用，内力较小，因此，上层环索处于松弛状态；当结构接近成形时，下层索力通过桅杆传至上层索，上层径向索、环索和桅杆的内力迅速增大；在张拉过程中，同类构件的内力变化趋势相同，受张拉位置的影响不明显。通过此方法进行连续滑移环索张拉时，应控制好索张拉进度，防止结构发生过大的不对称性位移，必要时可在结构对称位置设置两处张拉点进行对称张拉。

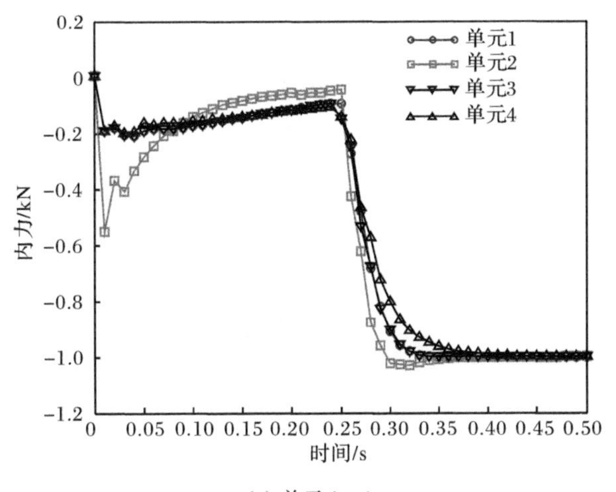

(a) 单元 1～4

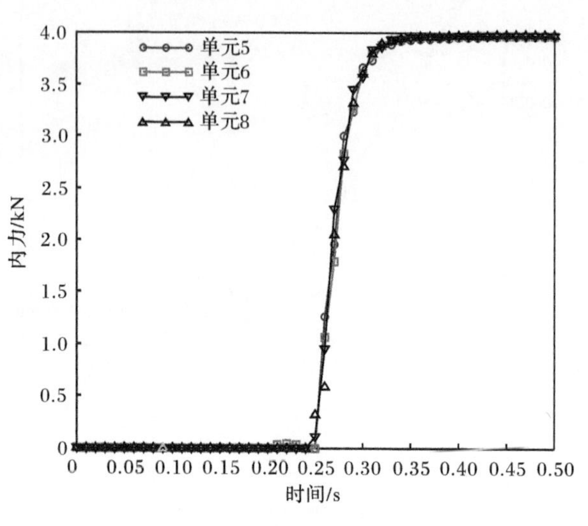

(b) 单元 5～8

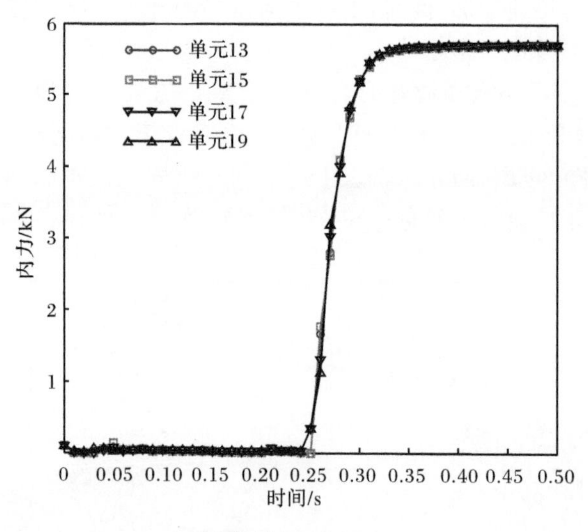

(c) 单元 13、15、17、19

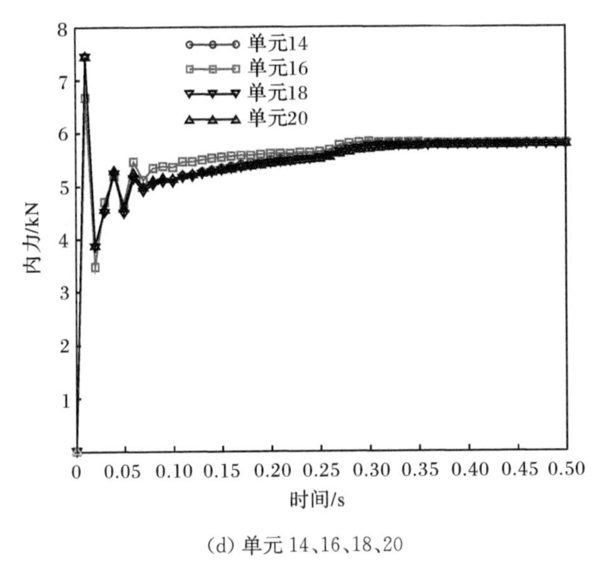

(d) 单元 14、16、18、20

图 5.7.10　单元内力变化曲线

5.8　结构机构化破坏过程分析

5.8.1　结构机构化破坏描述

结构在外力作用下产生大转角或大应变，结构节点或构件相应会发生破坏，导致结构内部机构的产生。随着构件或节点失效数目的增加，结构的冗余度不断降低，结构逐渐转化为机构，这就是结构的机构化破坏。

5.8.2　双层网架的机构化破坏过程模拟

本例以双层网架为例，分析结构的机构化破坏过程。首先分析该双层网格结构的结构冗余度，暂不考虑结构或约束失效的原因，直接将失效杆件移除或将约束去掉，然后采用有限质点法对该结构机构化后的运动行为进行模拟。

图 5.8.1(a)所示的双层网架，$b=200$，$j=61$，$c=7$，$s=24$，由式(5.1.1)得出 $m=0$。显然该网架是静不定动定结构，超静定次数为 24。图 5.8.1(b)为该网架的基本自应力模态单元。由 $s=24$，理论上如果有选择地去除上述结构中的 24 根杆件，该结构仍可能是一个静定结构，如图 5.8.2 所示。但如果此结构没有了杆件冗余度，任何一根杆件的失效都会导致结构的机构化，在结构设计中，应严格避免这类静定结构的出现。但如果有选择地去除图 5.8.1(a)所示的上弦五根杆件，重复式(5.1.1)的计算，得到如下结果。

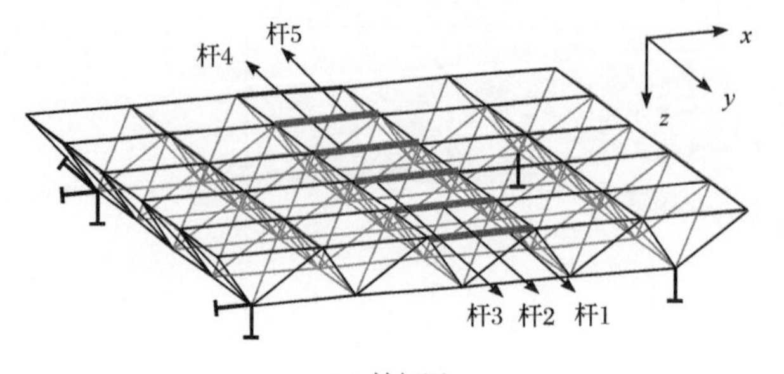

(a) 轴侧图

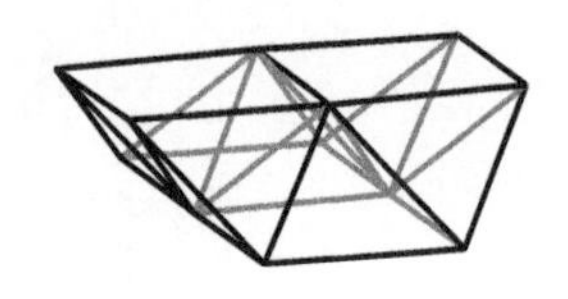

(b) 基本自应力单元

图 5.8.1　5×5 双层网架

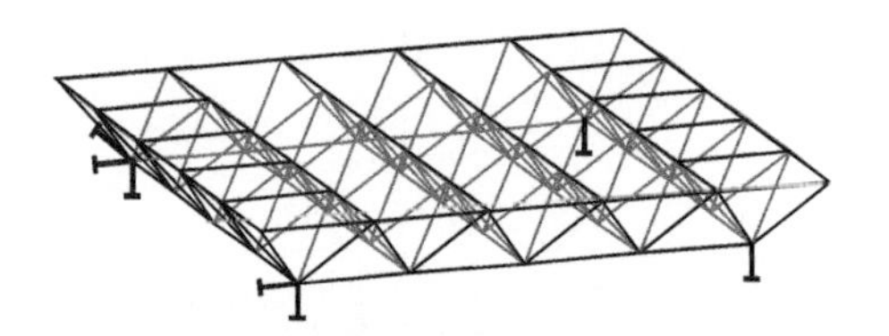

图 5.8.2　抽除 24 杆后的动定网架

移除杆件 1:$b=199,j=61,c=7,s=23$,因此 $m=0$。

移除杆件 2:$b=198,j=61,c=7,s=22$,因此 $m=0$。

移除杆件 3:$b=197,j=61,c=7,s=21$,因此 $m=0$。

移除杆件 4:$b=196,j=61,c=7,s=20$,因此 $m=0$。

移除杆件 5:$b=195,j=61,c=7,s=20$,因此 $m=1$。

杆件 1～4 分别为构成各自基本自应力单元的关键杆件,每移除一个,自应力模态都会减少 1。杆件 5 不对应基本自应力单元关键构件。杆件 5 去除后,形成如图 5.8.3 所示的存在一个内部机构位移模态的动不定结构。虽然该结构的超静定次数达到 24,但仅移除其中 5 根杆件,结构变成了动不定机构。

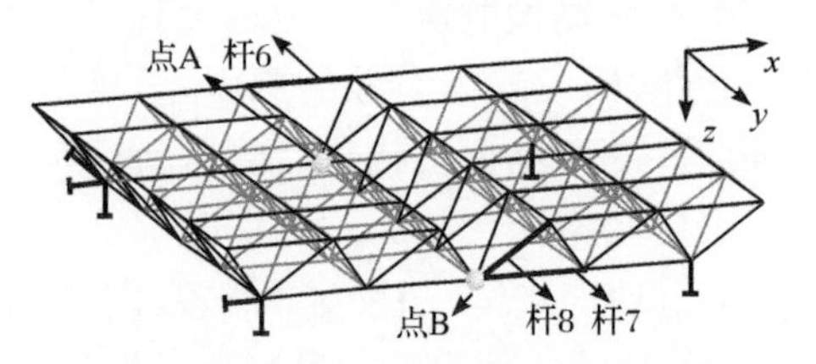

图 5.8.3　抽除 5 杆后的动不定网架

由此可见,单独以超静定次数判断连续倒塌冗余度的方法是不安全的。结构机构化的过程不仅与超静定次数有关,还与自应力模态的分布状况、荷载的大小和形式以及结构本身的初始缺陷等条件有关。工程中,仅一根或几根杆件的屈曲都有可能导致其他关键杆件的连续失稳或断裂，进而带来结构机构化的连锁反应，甚至导致结构的连续倒塌。结构的超静定次数是防止结构连续倒塌的必要条件，但不是充分条件。因此，不能盲目地以结构超静定次数来衡量结构的抗连续倒塌安全冗余度。

采用力法中的平衡矩阵分析可得到结构此时的机构位移模态，结构有向中间倾覆的机构位移趋势，如图 5.8.4 所示。但在力法的分析中，只体现结构的运动趋势和几何拓扑的关系，无法考虑结构的变形、内力、荷载以及机构运动的动力效应。下面采用有限质点法分析该双层平板网架抽杆后的机构化运动行为，本例暂不考虑材料弹塑性、断裂和碰撞对结构机构化破坏过程的影响。

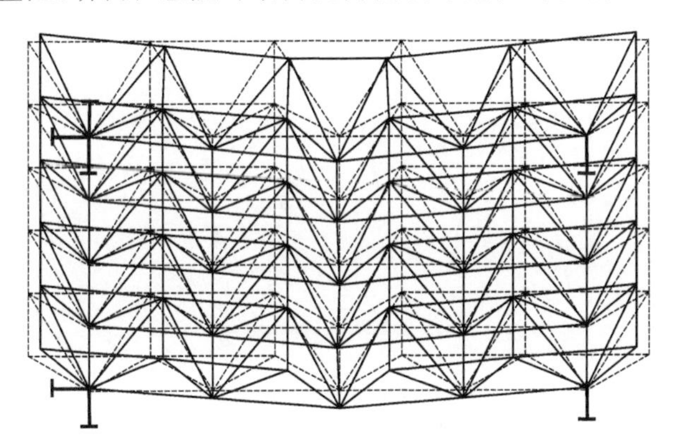

图 5.8.4　抽除 24 杆后的机构位移模态
虚线反映运动趋势

图 5.8.3 所示结构的长和宽均为 5m，厚度 2m，构件均为薄壁钢管，网架各构件配置相同，截面面积 $A=3.68\times10^{-4}\text{m}^2$，钢材的弹性模量 $E=206\text{GPa}$。网架上弦承受 2.0kN/m^2 的均布荷载。分析中时间步长 $\Delta t=1\times10^{-4}\text{s}$，不考虑结构的阻尼作用。

在外荷载的作用下，抽杆后的结构发生机构位移，结构构形发生很大变化，如图 5.8.5 所示。在不考虑结构阻尼的情况下，质点的位移、杆件应力以及整个结构都在外荷载的作用下做周期性振动，如图 5.8.6 和图 5.8.7 所示。

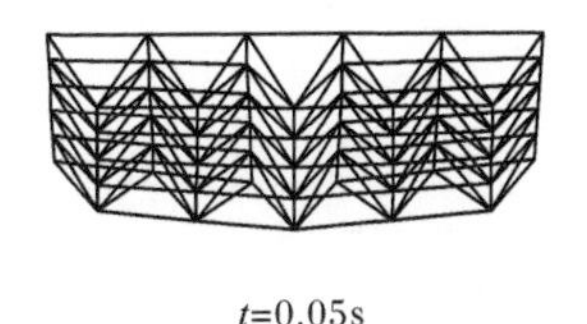

t=0.05s　　t=0.10s

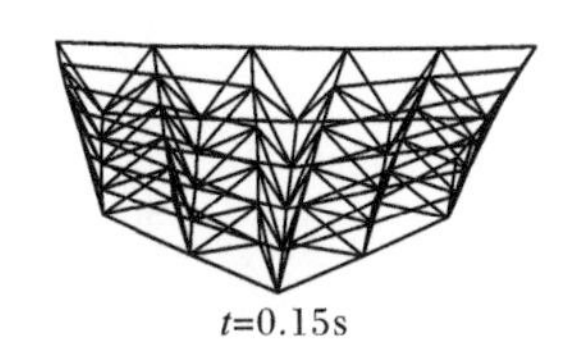

t=0.15s

(a) 正视图

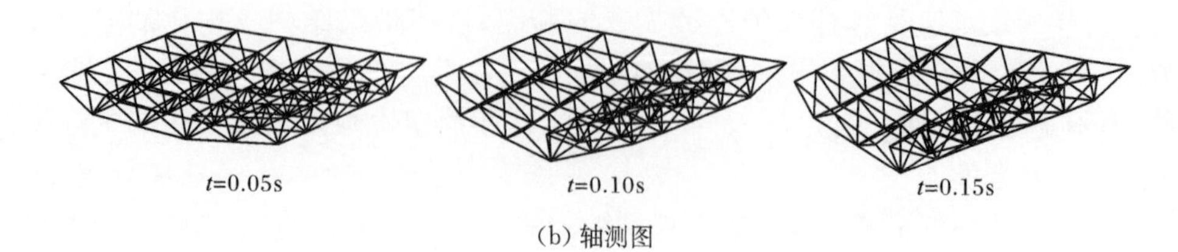

(b) 轴测图

图 5.8.5 结构机构化变形过程

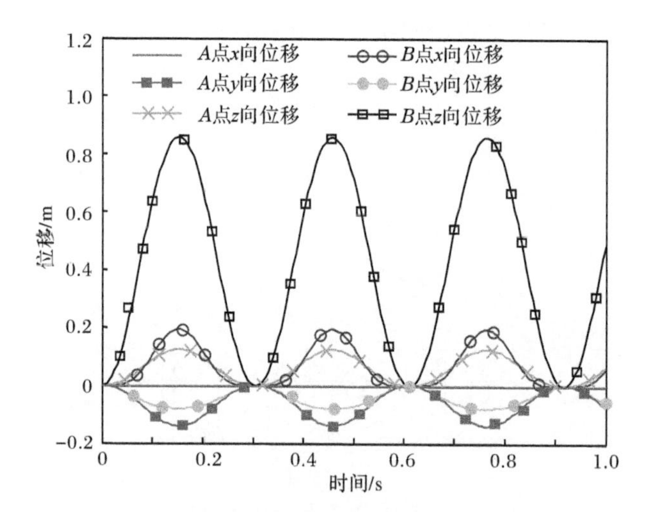

图 5.8.6 结构振动过程中关键点的位移

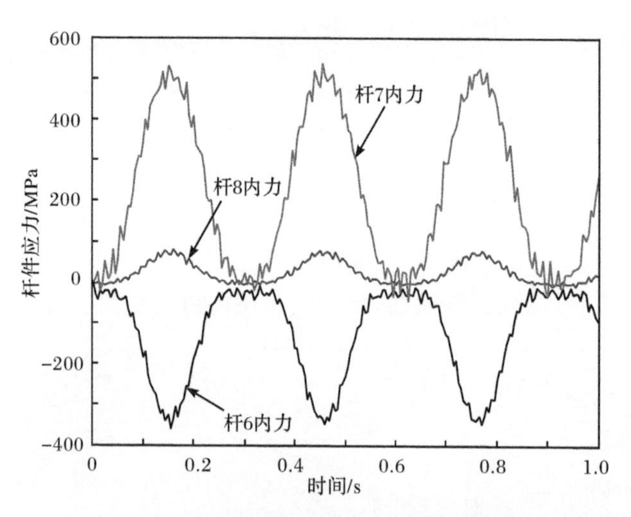

图 5.8.7 结构振动过程中关键构件的应力

受拉为正,受压为负

由本例的结果可见，采用有限质点法进行结构计算可以得到结构机构化后的运动路径以及运动中的动力反应。本例没有考虑材料弹塑性和构件的断裂碰撞，因此结构位移和杆件应力在大幅超出正常使用极限、屈服强度和断裂极限的情况下，结构仍然在线弹性范围内振动，并且保持完整性，这与实际情况不符。如果要获得真实的破坏模式则需要考虑材料弹塑性，以及结构的断裂和碰撞分析。

5.9　充气膜折叠展开过程仿真模拟

充气膜结构以其质量轻、收纳体积小、机动性好等优点应用于大型公共建筑、卫星可展天线、汽车安全气囊等工程领域中。充气膜结构的展开过程是一个复杂的物理过程，涉及气体流动、薄膜大变形大转动、膜面相互接触以及气体流场与膜面的耦合作用等诸多问题的处理，特别是在充气完成之前，内部气压不足以支撑膜面造型，结构本身将具有可动性和不稳定性，结构的平衡关系和几何协调条件都无法满足，因此基于结构刚度概念的常规分析方法难以进行有效的解答。

目前国内外用于充气膜结构展开过程仿真的计算方法主要有两类：多刚体动力学法和动力非线性有限元法（Flanagan and Belytschko，1981；Salama et al.，2002；Wang and Johnson，2003；杨庆山和姜忆南，2004；Fang et al.，2006；徐彦等，2011）。第一类方法主要是通过引入合理的假设，简化建模和计算过程，多用于研究展开过程中结构各个部分的整体动态响应。例如，建立二维非线性铰链系统，或建立卷曲折叠充气管动力学模型等。第二类方法是在薄膜有限元计算理论的基础上考虑膜内气体的流动及其与膜面之间的相互作用，并通过在膜面外壁粘贴Vecro扣等方式实现对展开过程的控制，可用于计算各种充气膜展开过程中结构上各点的运动和变形情况，并获得相应的动力学参数。例如，以欧拉网格包围气体的任意拉格朗日-欧拉（arbitrary Lagrange-Euler，ALE）有限元法可以考虑流-固耦合作用并获得较真实的模拟效果，或者通过建立分段式充气控制体积模型直接求出膜面上的气体压力，以避免使用大量的气体单元，提高计算效率。

充气膜展开过程是一类典型的涉及超大变形、碰撞接触等强非线性问题的结构动力行为，因而也是有限质点法应用的优势领域之一。本节将首先研究基于经典热力学定律的分段式多气室模型及其在有限质点法中的实现方式，在此基础上结合第8章建立的接触碰撞计算方法，对初始为折叠形态的充气膜结构展开全过程进行模拟和分析。

5.9.1　气流场分析

本节采用分段式多气室离散模型来模拟充入气体和薄膜结构之间的相互作用，以获得充气过程中的内压场分布。其基本原理是将封闭连通的充气膜内部空间离散为若干个连续、封闭、独立的有限体积大小的气室，各气室之间用通气膜分隔，每个气室与它的边界面(即所谓的控制面)一起可视为一个控制体积(control volume,CV)，如图 5.9.1 中的 CV_1、CV_2、CV_3 等；相邻 CV 中气体可通过通气膜进行质量、能量的交换，通气膜主要起控制和传递相邻两气室间气体压力的作用，而随着气体在各 CV 间流动，各气室内部气压和体积都将发生相应的变化，进而引起控制面形状的改变，而气体流动导致的体积变化将与控制面的变形一起生成新的气压值。利用该模型进行内压场分析时需要遵循以下基本假设：①气体流动为准静态过程，即忽略惯性效应和动力学性能的影响；②任一时刻各 CV 中气体温度和压强是一致的，而相邻 CV 间则允许存在压差和温差；③气体是恒定比热容的理想气体，而且充气过程是绝热的；④通气膜面积的大小控制相邻 CV 间的气体流量，通气膜面积随着充气过程的进行而逐渐增大。这种针对充气膜内部空腔的离散化模型可以简化气流场分析，只需通过计算各段 CV 内的瞬时压强就能有效模拟充气膜结构在展开过程中各部分之间充气压力不均匀分布的现象及其随时间的变化情况，再将得到的气体压力反过来施加于包围各个气室的薄膜内壁，通过计算充气膜的变形就可以获得新的结构形态与体积，该过程实质上体现了气体与膜面之间的耦合作用。

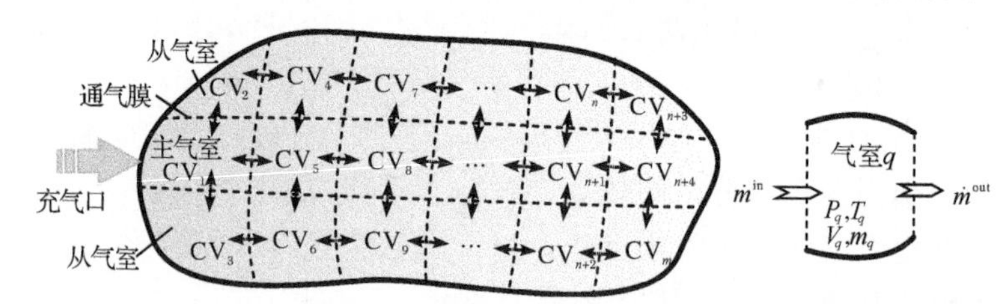

图 5.9.1 分段式多气室充气模型

下面根据上述充气模型的原理和基本假设对内压场的求解过程进行推导。首先需要求出各气室的体积。计算中当各个 CV 控制面(这里指侧壁膜面和通气膜)的位置、方向和表面积等几何参数已知时，就可通过高斯定理求出各 CV 内气室的体积，即

$$V_q=\iiint_{V_q}\mathrm{d}V_q=\iint_{S_q}x_{qi}\cos(\boldsymbol{n}_q,x_i)\,\mathrm{d}S_q\approx\sum_{r=1}^{N_q^{\mathrm{M}}}\bar{x}_{ri}n_{ri}A_r+\sum_{s=1}^{N_q^{\mathrm{W}}}\bar{x}_{si}n_{si}A_s,\quad i=1,2,3\tag{5.9.1}$$

式中，V_q为第 q 个气室的体积；S_q 为包围气室的控制面表面积；x_{qi} 为控制面上任意一点 i 方向坐标值；$\cos(\boldsymbol{n}_q,x_i)$为该点的法线方向相对于坐标轴 i 的方向余弦；N_q^{M} 和 N_q^{W} 分别为侧壁和通气膜上的薄膜元个数；对于侧壁和通气膜上的每个薄膜元，$\bar{x}_{ri}$ 和 $\bar{x}_{si}$ 分别为它们在 i 方向的坐标平均值；n_{ri} 和 n_{si} 分别为它们的法线方向与 x_i 坐标轴之间的方向余弦；A_r 和 A_s 分别为它们的面积。

由于相邻 CV 间允许存在压差，因此在压力梯度驱动下气体将穿过通气膜产生流动。这样，对于每个离散后的气室，它的体积增长将是由净流入(或流出)的气体质量流量、气体状态以及控制面薄膜的动态响应共同决定的。以相邻的 q_i 和 q_j 为例，根据一维等熵可压缩准稳流理论，q_i 和 q_j 间的气体质量交换速率可根据热力学中的喷嘴公式得到，即

$$\dot{m}_{ij} = c_{ij} A_{ij} P_{\mathrm{d}} \sqrt{\left(\frac{1}{RT_{\mathrm{d}}}\right)\left(\frac{2\gamma}{\gamma-1}\right)\left(\frac{P_{\mathrm{e}}}{P_{\mathrm{d}}}\right)^{1/\gamma}\left[\left(\frac{P_{\mathrm{e}}}{P_{\mathrm{d}}}\right)^{1/\gamma}-1\right]} \tag{5.9.2}$$

式中，c_{ij} 为流速系数；A_{ij} 为喷口面积，m^2；$\gamma=c_p/c_v$ 为绝热系数，c_p 和 c_v 分别为定压比热和定容比热，J/(kg · K)；R 为气体常数，J/(kg · K)；T_{d} 为流动气体温度，K；$P_{\mathrm{d}}=\max(P_i, P_j)$ 为上游气体压力，Pa；$P_{\mathrm{e}}=\max(\min(P_i, P_j), P_{\mathrm{c}})$ 为排气压力，Pa，P_{c} 为声速流发生时的临界压强，即 $P_{\mathrm{c}}=P_{\mathrm{d}}\left(\frac{2}{1+\gamma}\right)^{\gamma/(\gamma-1)}$。

采用有限质点法计算时，假设每个 CV 中的气体在 t_{n-1} 时刻的所有物理量都是已知的，同时 t_n 时刻控制面的几何信息也是已知的，那么 t_n 时刻其内部的气体总质量和密度可分别更新为

$$m_n = m_{n-1} + \dot{m}_{n-1/2}\Delta t_{n-1/2} = m_{n-1} + (\dot{m}_{n-1/2}^{\mathrm{in}} - \dot{m}_{n-1/2}^{\mathrm{out}})\Delta t \tag{5.9.3}$$

$$\rho_n = \frac{m_{n-1} + \dot{m}_{n-1/2}\Delta t_{n-1/2}}{V_n} \tag{5.9.4}$$

式中，$\dot{m}_{n-1/2}^{\mathrm{in}}$ 和 $\dot{m}_{n-1/2}^{\mathrm{out}}$ 分别为流入和流出该 CV 的气体平均质量流速；$\dot{m}_{n-1/2}$ 为净流入的气体平均质量流速(负值代表流出)。

根据净流入的气体质量流速，可将各个 CV 在 t_n 时刻的内能近似表示为

$$E_n = E_{n-1} + c_p \Delta t_{n-1/2}(\dot{m}_{n-1/2}^{\mathrm{in}} T_{n-1/2}^{\mathrm{in}} - \dot{m}_{n-1/2}^{\mathrm{out}} T_{n-1/2}^{\mathrm{out}}) - P_{n-1/2}\Delta V_n \tag{5.9.5}$$

式中，$T_{n-1/2}^{\mathrm{in}}$ 和 $T_{n-1/2}^{\mathrm{out}}$ 分别为流入和流出气体的平均温度；$P_{n-1/2}$ 和 ΔV_n 分别为该 CV 内的气体压力平均值和体积变化量。

再根据绝热条件下的理想气体状态演化方程(γ 定律)，可推出 t_n 时刻各 CV 内的气体压强为

$$P_n = \frac{(\gamma-1)\rho_n E_n}{m_n} \tag{5.9.6}$$

由式(5.9.3)～式(5.9.6)可知，t_n 时刻各气室的压力与 t_{n-1}～t_n 时段内流入和流出气室的气体质量有关，但同时气体流量又取决于各气室间的气压差，因此需要通过迭代方式进行求解，其算法步骤如下。

(1) 已知 t_{n-1} 时刻的结构形态和各 CV 内的气体状态性能参数，通过质点运动方程的显式时间积分求解得到 t_n 时刻的结构位移，并利用式(5.9.1)分别计算出各气室的控制面所包围的体积 V_n 以及体积增量 ΔV_n。

(2) 设置 $t_{n-1} \sim t_n$ 时间步内的迭代初始值：$i=1, P_n^{(1)}=P_{n-1}, T_n^{(1)}=T_{n-1}$。

(3) 对所有 CV 进行循环，计算第 i 次迭代时各项气体状态参数的平均值：$P_{n-1/2}^{(i)}=(P_{n-1}^{(i)}+P_n^{(i)})/2, T_{n-1/2}^{(i)}=(T_{n-1}^{(i)}+T_n^{(i)})/2$，将 $P_{n-1/2}^{(i)}$ 和 $T_{n-1/2}^{(i)}$ 代入式(5.9.2)求出 $\dot{m}_{n-1/2}^{\text{in}}$、$\dot{m}_{n-1/2}^{\text{out}}$ 及 $\dot{m}_{n-1/2}$。特别地，对主气室(提供气源的气室)而言，任意时刻的气体流入量都是已知的，因此可直接得出 $\dot{m}_{n-1/2}^{\text{in}}=(\dot{m}_n^{\text{in}}+\dot{m}_{n-1}^{\text{in}})/2$。

(4) 将气体状态参数 $P_{n-1/2}^{(i)}$、$T_{n-1/2}^{(i)}$、$\dot{m}_{n-1/2}$ 和 ΔV_n 依次代入式(5.9.3)～式(5.9.6)，更新 t_n 时刻的气体质量 $m_n^{(i)}$、密度 $\rho_n^{(i)}$ 和内能 $E_n^{(i)}$，再利用式(5.9.6)求出第 i 次迭代后的气体压强 $P_n^{(i+1)}$，并根据理想气体状态方程求出相应的气体温度 $T_n^{(i)}=P_n^{(i)}V_n/m_n^{(i)}R$。

(5) 检查是否满足收敛条件，若 $\|\boldsymbol{P}_n^{(i)}-\boldsymbol{P}_n^{(i-1)}\|_2 \leqslant \varepsilon_p(1+\|\boldsymbol{P}_n^{(i-1)}\|_2)$，则结束计算，否则令 $i=i+1$，并转至第(3)步继续迭代，直至收敛。由于显式时间步长较小，因此迭代过程一般很快能够收敛，对计算效率影响不大。

5.9.2 Z形折叠圆柱形直管的展开模拟

考查一个如图 5.9.2 所示的 Z 形四折圆柱管的充气展开过程。假定圆柱管总长度 $L_0=1.0\text{m}$，直径 $D_0=0.1\text{m}$，沿管子轴线方向按 Z 形每隔 0.25m 长为一折叠段均匀地折为四段，每折管的宽度 $W_0=157.1\text{mm}$。在圆管三处折线截面上布置通气隔膜，将整个管子划分为四个 CV，其中靠近自由端的 CV_1 为充气主气室，$\text{CV}_2 \sim \text{CV}_4$ 为从气室。为了产生使管子轴向展开的反作用力，在距 CV_4 段下方 0.5mm处设置一刚性板，且直管末端固定在刚性板上。管壁膜材厚度 $h_0=1.0\text{mm}$，密度 $\rho=1.05\times10^{-3}\text{g/mm}^3$，弹性模量 $E=300\text{MPa}$，泊松比 $\nu=0.35$；通气膜厚度 $h_0'=0.5\text{mm}$，密度 $\rho'=1.0\times10^{-7}\text{g/mm}^3$，弹性模量 $E'=0.01\text{MPa}$，泊松比 $\nu'=0.25$。充入气体为氮气，环境温度 $T=300.68\text{K}$，气体常数 $R=296.86\text{J/(kg·K)}$。假设圆管在初始折叠状态无预应力，模拟环境为零重力；不计折叠处的损伤，但考虑膜面的褶皱效应。计算模型中圆管壁和通气膜分别使用 3202 个和 42 个质点进行离散，并分别以 3200 个和 96 个四节点薄膜元进行连接。分析过程中时间步长按数值稳定条件自动调整，阻尼系数 $\mu=0.05$，充气总时长为 4.5s。

模拟外部环境为 1 个标准大气压条件，充气流速为 1.0g/s，采用前述算法进行分析，得到圆柱管展开过程中若干典型时刻的状态，并与试验照片进行比较，如图 5.9.3 所示。由图可见，采用分段式多气室充气体积控制模型的圆柱形充气直管能够正常展开，而且展开过程的变化趋势与试验结果(Laet et al.，2008)吻合较好，展开次序均为主气室 CV_1 先膨胀展开，之后从气室 CV_2、CV_3 和 CV_4 相继展开，铰链位置基本都位于折叠处并维持不变，展开驱动力则来自充气内压和膜面折叠处及膜面与刚性板的接触反力。

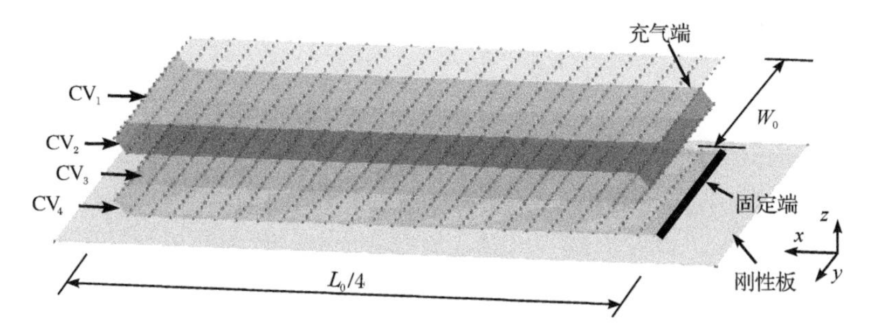

图 5.9.2　Z 形折叠圆柱直管充气展开分析模型

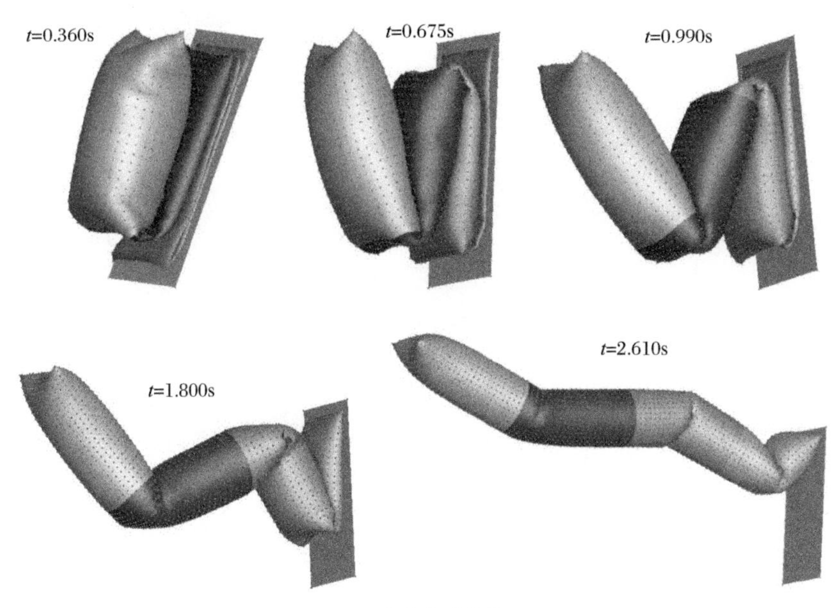

(a) 数值仿真结果

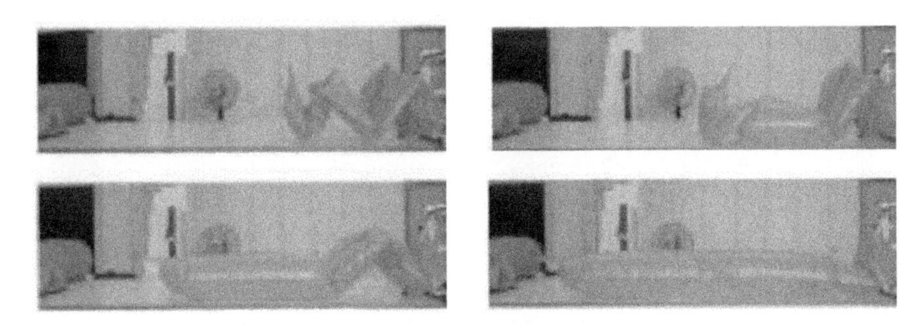

(b) 试验结果

图 5.9.3　Z 形折叠圆柱直管的充气展开过程

图 5.9.4 表示充气圆柱管离散后各气室体积在展开过程中的变化情况。从图中可以看出，主气室 CV_1 的体积先增大，这是因为它是提供气流的腔，而离主气室越近的从气室体积越先增加，但最终端部和中部各个气室的体积都逐渐趋于一致。图 5.9.5 表示各气室内的充气压力变化情况。由图可知，各腔内的充气压力总体上都随展开过程的进行而逐渐增大，只是因受动态展开过程的影响而在局部出现少量波动，但最后都趋于平稳，并与充气压力趋同；同时可以明显看出，在圆管完全展开前管内各部分气压是动态不均匀分布的，四个气室内的压力按照距离充气端的远近先后增加，其中主气室 CV_1 的压力最先变大，然后气室之间的通气膜被冲开，气体进入各个从气室，各气室压力也依次增加。这一充气压力相对滞后的现象与充气管展开试验中内压力分布不均匀、距充气端较远一侧气压增长较慢的情况是吻合的。

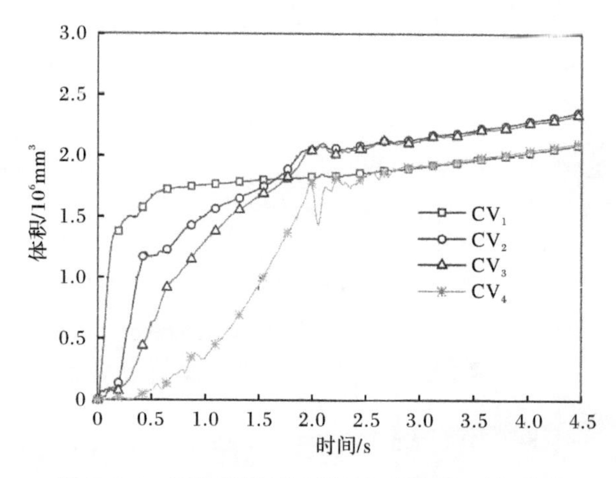

图 5.9.4 圆柱管展开过程各气室体积-时间曲线

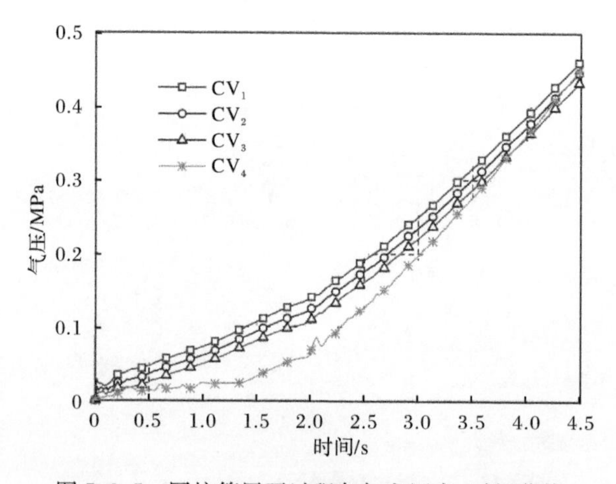

图 5.9.5 圆柱管展开过程各气室压力-时间曲线

5.9.3　卷曲折叠球形气囊的展开模拟

考虑如图5.9.6所示的初始处于卷曲折叠状态的气囊模型。该气囊由两片直径$D_0=1000$mm的圆形膜片沿周边黏合而成，经过折叠后y方向宽度变为$W_0=300$mm，x方向中间平直段长度$L_0=220$mm，左右两侧部分以等角螺线形式进行卷曲折叠，折叠半径$R_0=45$mm，每层间距$s_0=5$mm。整个气囊对称地划分成15个CV，其中CV_1中为主气室，CV_2～CV_5为从气室，在各气室之间的截面上布置通气膜。气囊表面膜材厚度$h_0=0.5$mm，密度$\rho=1.42\times10^{-3}$g/mm³，弹性模量$E=110$MPa，泊松比$\nu=0.34$，所有接触面上的摩擦系数$\mu_s=0.15$；通气膜厚度$h_0'=0.1$mm，密度$\rho'=1.0\times10^{-7}$g/mm³，弹性模量$E'=1.0\times10^3$Pa，泊松比$\nu'=0.25$。气囊初始状态下水平放置，中心点与地面固定，然后在连续均匀充气流压力作用下膨胀变形，该过程中膜面之间以及膜面与刚性地面之间会产生接触，并为气囊的整体展开提供反作用力。充入气体为氮气，气体常数$R=296.86$J/(kg·K)，环境温度$T=298.15$K。计算中气囊表面和通气隔膜分别使用13652个和646个质点进行离散，并分别以27436个和1344个三节点薄膜元进行连接。分析中计入膜面的褶皱效应，但忽略其所受重力作用，时间步长按照数值稳定条件自动调整，阻尼系数$\mu=0.05$，分析总时长为2.5s。

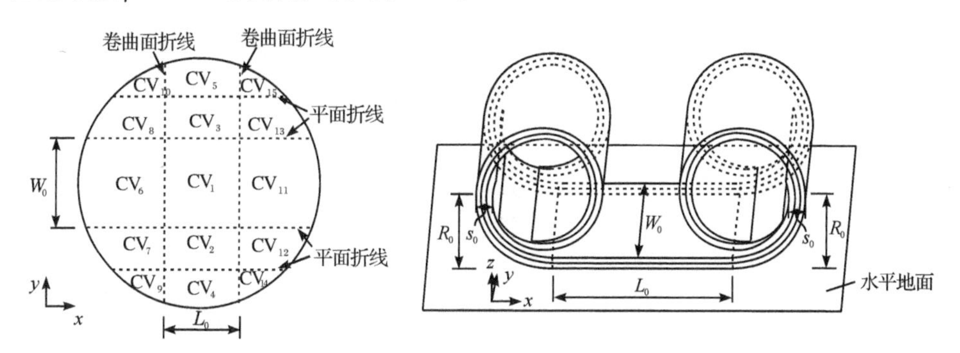

图5.9.6　卷曲折叠球形气囊展开分析模型

在5g/s充气流速下卷曲折叠球形气囊的充气展开仿真过程如图5.9.7所示。从图中可以看出，随着气体的流入，从主气室区域到从气室区域依次发生膨胀变形，并且在0.375s之前膜面之间以及膜面与地面之间会持续发生大量的碰撞接触，受其约束影响结构整体的刚体位移不是很大；在此之后，受持续增大的内压力以及膜面与地面接触反力的共同作用，各折叠面都产生了大幅的翻转位移，同时气囊整体有轻微的向上弹跳趋势，在1.08s之后气囊基本展开成椭球形，并在阻尼耗能作用下形态逐渐趋于稳定。图5.9.8所示为气囊展开过程中各CV内气室的体积-时间曲线。由图可知，主气室的体积首先增加，然后随着气室之间通气面积的增大，其他几个从气室的体积按照前后连接顺序依次增加，即远离充气端的气室体积变化有滞后现象；另外，每个气室的体积随时间延长都在增加，并最终趋于稳定。

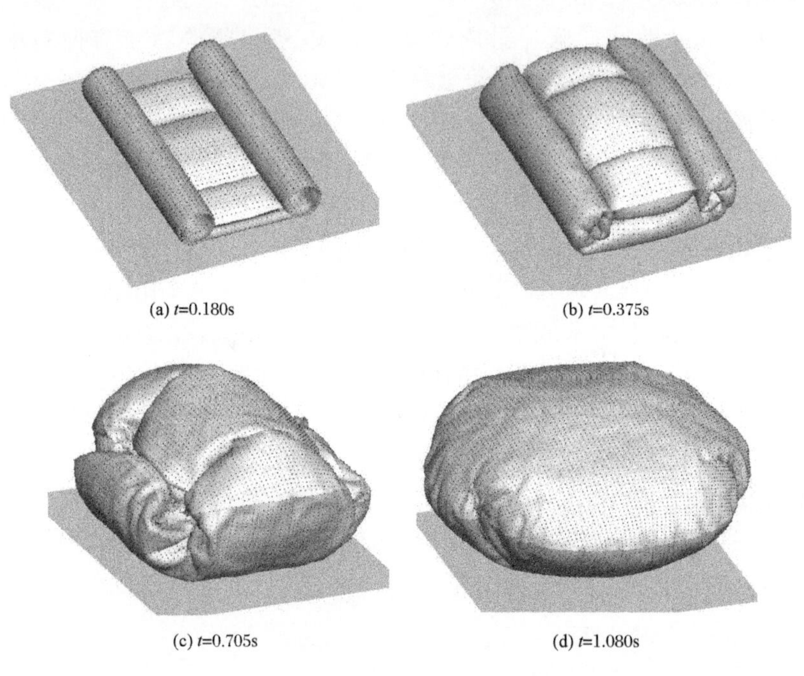

(a) t=0.180s　(b) t=0.375s　(c) t=0.705s　(d) t=1.080s

图 5.9.7　卷曲折叠球形气囊的充气展开仿真过程

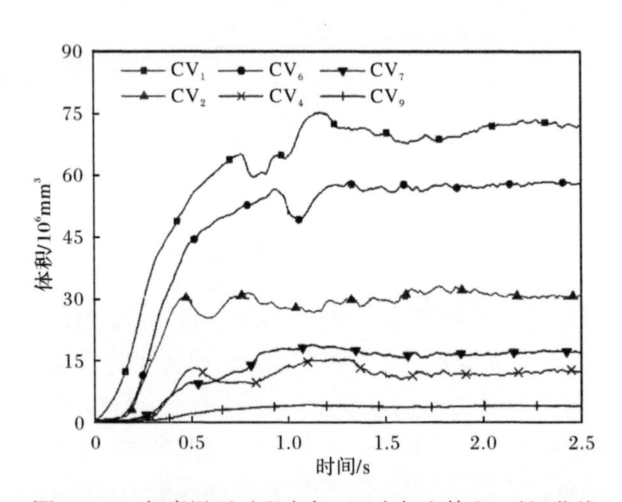

图 5.9.8　气囊展开过程中各 CV 内气室体积-时间曲线

如果改变充气流速，气囊展开过程的变形发展趋势基本相似，但展开的速度和动力响应有所不同。图 5.9.9 给出了在 5g/s、10g/s 和 100g/s 三种不同的充气流速下整个气囊展开过程中动能变化情况的对比。根据对称性，以下气室计算结果是相同的：①CV_3 与 CV_2；②CV_5 与 CV_4；③CV_{11}与 CV_6；④CV_8、CV_{12}、CV_{13}与 CV_7；⑤CV_{10}、CV_{14}、CV_{15}与 CV_9，故图 5.9.8 中只给出了 CV_1、CV_2、CV_4、CV_6、CV_7、CV_9 这 6 个 CV 的结果。从图中可以看出，动能的峰值都出现在相应气囊展开的瞬间，然后逐渐趋于平稳，而且充气流速较高时展开时间明显减少，展开过程中动能的峰值和波动的幅度都大于低速充气的情况，结构的动力响应特征表现得更加明显，反映出气流对膜面产生了更强烈的冲击效应。

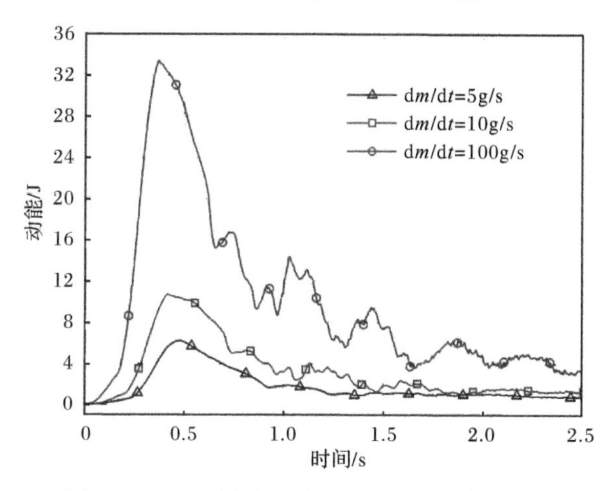

图 5.9.9　不同充气流速下气囊动能-时间曲线

尽管充气膜展开过程涉及膜面的大变形大转动、碰撞接触以及充气压力与结构变形的耦合效应等多种非线性因素，本例的模拟结果仍具有较高的仿真性，表明在有限质点法基础上，结合分段式多气室模型所建立的充气膜结构展开算法具有良好的稳定性和有效性。

第 6 章　柔性结构初始形态分析

柔性结构是由索、杆、梁、膜四类构件中的部分构件或全部构件组成的结构，其主要特征是在无初始内力作用时本身几乎没有承压能力，只有在施加预应力后才能形成稳定的几何形状，具有承受自重和外荷载作用所需的刚度。因此，这类结构初始状态下的形状和预应力分布密切相关。本章主要介绍有限质点法在索网结构、薄膜结构、充气膜结构和索-杆-梁-膜结构等柔性结构初始形态分析中的应用。柔性结构的初始形态分析(即找形过程分析)就是在满足建筑造型和功能要求的结构几何形状的条件下寻找与之相对应的自平衡内力(即初始预应力)。有限质点法能够方便地处理结构找形过程中的结构大变形问题，同时在预应力的引入和调整以及结构刚体位移的处理上具有优势，因而适用于柔性结构的初始形态分析问题。

6.1　索网(悬索)结构初始形态分析

索网(悬索)结构找形分析的任务是确定索的初始形状并判断它能否张拉成设计形态，以及求出维持该曲面具有一定承载能力和刚度的特定预应力分布，并将预应力大小控制在指定的范围内(陈务军，2005；顾明和陆海峰，2006；刘学林，2009)。

6.1.1　索单元质点计算公式

采用有限质点法进行索网结构分析，当不考虑垂度的影响时，索单元可采用与杆单元一样的二节点直线模型，区别在于索单元不能受压，当计算中出现内力为压力的情况时，表明索处于松弛状态，单元退出工作，令其内力为 0。

在第 2 章杆单元内力计算公式(2.3.11)的基础上，索单元的内力计算公式如下：

$$\begin{cases} \boldsymbol{f}_{t2}^{2} = -\boldsymbol{f}_{t2}^{1} = \left(\sigma_{t1}A_{t1} + E_{t1}A_{t1}\dfrac{\Delta_L}{L_{t1}}\right)\boldsymbol{e}_{t2}, & \boldsymbol{f}_{t2}^{2} \times \boldsymbol{e}_{t2} > 0 \\ \boldsymbol{f}_{t2}^{2} = -\boldsymbol{f}_{t2}^{1} = 0, & \boldsymbol{f}_{t2}^{2} \times \boldsymbol{e}_{t2} \leqslant 0 \end{cases} \tag{6.1.1}$$

式中，$\boldsymbol{f}_{t2}^{1}$、$\boldsymbol{f}_{t2}^{2}$为 t_2 时刻单元两端节点的内力；$\boldsymbol{e}_{t2}$为 t_2 时刻单元的方向向量；Δ_L 为单元从 t_1 时刻到 t_2 时刻的纯变形，$\Delta_L = L_{t2} - L_{t1}$；$\sigma_{t1}$、$E_{t1}$、$A_{t1}$、$L_{t1}$分别为 t_1 时刻单元的应力、弹性模量、截面面积和长度。

6.1.2　分析技术及流程

图 6.1.1 为有限质点法找形分析的基本流程。为了保证找形后结构各单元的内力与找形前给定的初始预张力分布一致，取一个很小的弹性模量，或者设定弹性模量为 0(苏建华，2005；王勇和魏德敏，2005；刘英贤，2006)。当找形结束后，再恢复结构实际的弹性模量，为后续的结构分析做准备。在整个过程中，结构的质量和阻尼系数可以根据算法的要求人为调整，以达到较快的收敛速度。取弹性模量为 0 时，找形后的预应力状态完全符合找形前规定的预应力值。这样其实就相当于已知了找形问题中两个未知量(“形”与“态”)中的一个未知量(“态”)，给结构初始形态的求解带来了极大的方便。

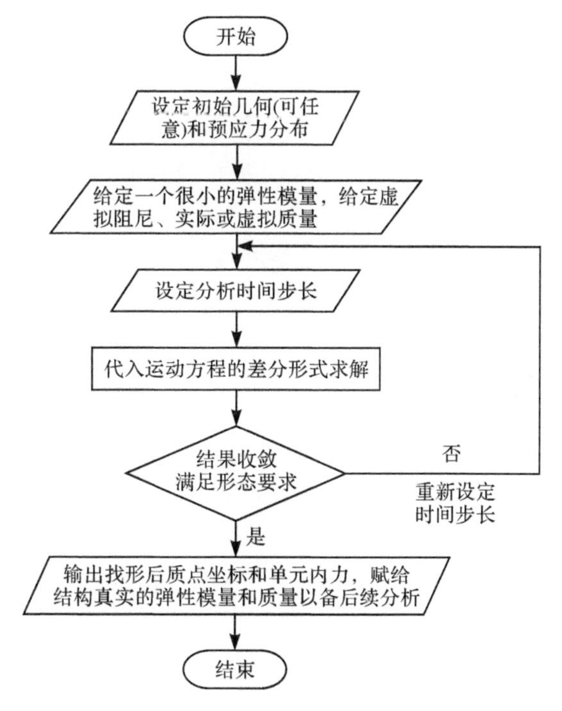

图 6.1.1　有限质点法找形分析的基本流程

6.1.3　分析示例

1. 单悬索

某等高悬挂的架空输电线路，其参数如下：档距(两悬挂点之间的水平距离) l=435m，直径 21.6mm，截面面积 275.96mm^2，弹性模量 73×10^3MPa，线膨胀系数 19.6×10^{-6}℃$^{-1}$，单位长度质量 922.2kg/km，允许应力 109.61MPa。

若不考虑其抗弯刚度，上述输电线路在自重作用下的形状是一条悬链线，可以按悬链线方程进行求解。考虑两端悬挂点有高差的一般情况。如图 6.1.2 所示，悬链线 AOB，其两端悬点的高差为 h，以其最低点 O 为原点建立坐标系，其任意位置点（横坐标为 x）对应的弧垂 f_x 的表达式为

$$
\begin{aligned}
f_x &= y_A + \tan\beta(l_{OA} + x) - y \\
&= \frac{2\sigma_0}{\gamma}\mathrm{sh}\frac{\gamma(l_{OA}+x)}{2\sigma_0}\mathrm{sh}\frac{\gamma(l_{OA}-x)}{2\sigma_0} + \tan\beta(l_{OA}+x)
\end{aligned}
\tag{6.1.2}
$$

式中，σ_0 为悬链线各点的水平应力；γ 为悬链线的比载（即单位长度上的荷载），MPa/m。

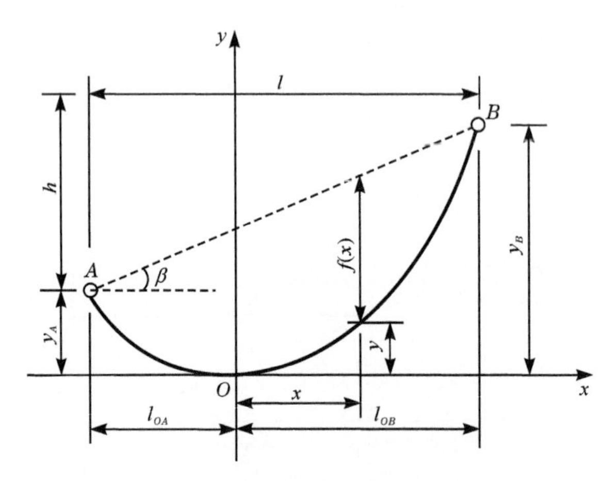

图 6.1.2　悬链线弧垂计算示意图

对上述算例采用有限质点法找形分析时，假定导线的初始几何为一水平直线，将该直线用 88 个质点和 87 个相连索单元均匀离散（如图 6.1.3 所示，每个质点初始间距均为 5m），单元初应力为 109.61MPa。计算时间步长 Δt＝0.001s，弹性模量取为真实值的 1/1000。

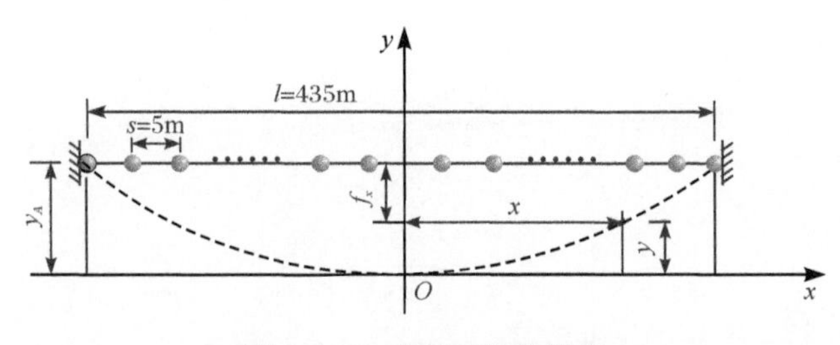

图 6.1.3　单悬索计算模型

选取一些具有代表性的质点，分别列出其找形后的弧垂值，并与式(6.1.2)算得的解析解比较，结果见表 6.1.1。

表 6.1.1　有限质点法计算导线弧垂结果与解析解比较

质点号	找形后 x/m	找形后 y/m	解析解(y)/m	相对误差/%
5	−197.4810	−1.2412	−1.2419	0.0563
15	−147.4470	−3.8201	−3.8213	0.0314
25	−97.4303	−5.6509	−5.6515	0.0106
35	−47.4242	−6.7342	−6.7337	0.0074
45	2.4235	−7.0704	−7.0688	0.0226
55	52.4245	−6.6595	−6.6591	0.0060
65	102.4314	−5.5015	−5.5021	0.0109
75	152.4497	−3.5959	−3.5971	0.0334
85	202.4852	−0.9422	−0.9427	0.0530
87	212.4948	−0.3215	−0.3217	0.0622

从表 6.1.1 结果可以看出，由有限质点法求出的导线弧垂与解析解相比差别十分微小，最大相对误差仅为 0.0622%。

2. 马鞍形索网

设有一马鞍菱形索网，几何尺寸如图 6.1.4 所示，四周支承在刚性边界上，其标准曲面方程为 $Z=-3.66\left(\frac{X}{36.6}\right)^2+3.66\left(\frac{Y}{36.6}\right)^2$。已知各索等截面，截面刚度 $EA=293600\text{kN}$，不考虑自重，各索预拉力均为 800kN。

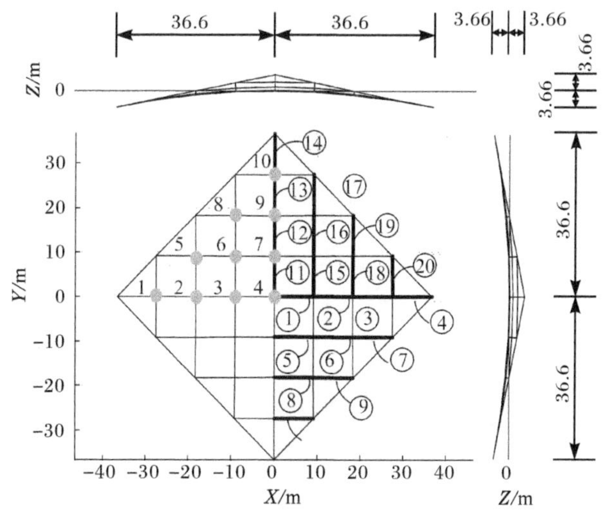

图 6.1.4　马鞍菱形索网简图

采用有限质点法对该结构进行找形分析时，取 $EA=0$。为方便建模，取初始几何如图 6.1.5 所示，即把支座上的节点提升到预定位置，其余节点均匀分布在 X-Y平面上($Z=0$)。

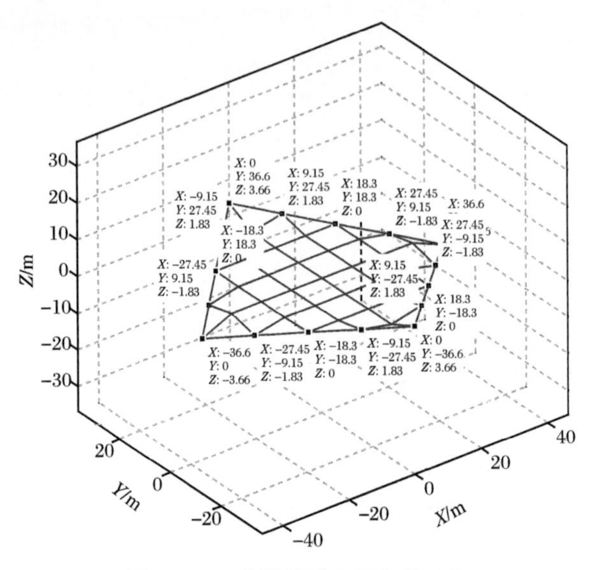

图 6.1.5　马鞍菱形索网初始几何

初始几何也可以为其他任意形状，有限质点法对初始几何形态的要求不高，支座提升可一次性完成，不必分步进行。最终的找形结果如图 6.1.6 所示。

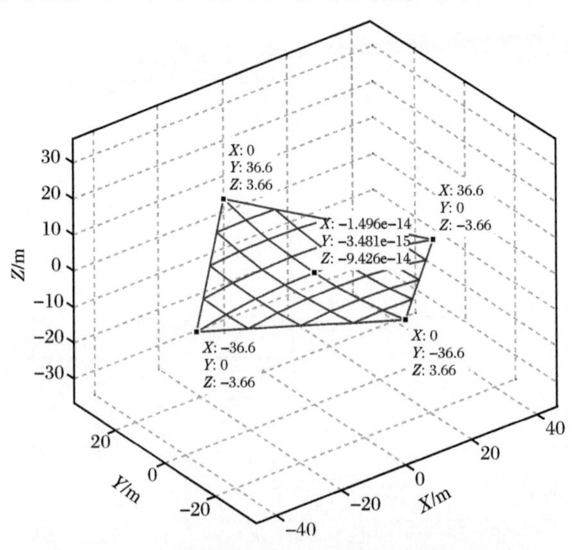

图 6.1.6　马鞍菱形索网有限质点法找形结果

表 6.1.2 分别列出了按数学理想曲面和有限质点法进行找形分析得到的节点 Z 向坐标值。由于马鞍菱形索网是对称曲面,表中只列出了其 1/4 曲面的结果。节点编号如图 6.1.4 所示。由对比数据可知,有限质点法得到的分析结果与理想数学曲面计算的结果相比最大不超过 2.2%。

表 6.1.2　马鞍菱形索网找形结果 Z 向坐标值比较　(单位:m)

节点编号	理想数学曲面	有限质点法
1	−2.059	−2.053
2	−0.915	−0.907
3	−0.229	−0.224
4	0	0
5	−0.686	−0.683
6	0	0
7	0.229	0.224
8	0.686	0.683
9	0.915	0.907
10	2.059	2.053

3. 大型索网结构

某体育场馆屋盖由两片索网组成,索网上缘支承在一抛物线刚性拱上,下缘锚固在一椭圆形刚性梁上,刚性拱所在平面垂直平分椭圆水平面。刚性拱顶点高 10m,椭圆长轴长 88m,短轴长 66m,索网网格大小 2.2m×2.2m,如图 6.1.7 所

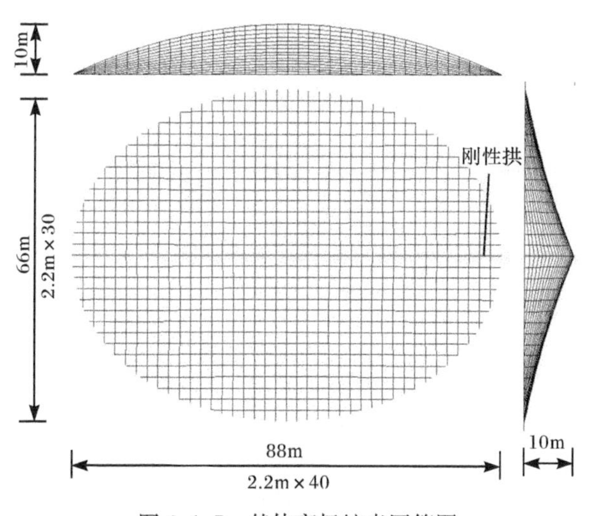

图 6.1.7　某体育场馆索网简图

示。各根索截面一致，刚度 $E_aA=4.44\times10^5$kN，已知初始预应力 $T_0=100$kN。采用有限质点法对该索网屋盖进行找形。

如图 6.1.8 所示，X-Y 平面为一标准椭圆，网格严格按均匀对称分布在椭圆的对称轴两侧；X-Z 平面为一系列跨度和矢高不同的抛物线；Y-Z 平面为一系列底边和高度不同的等腰三角形。

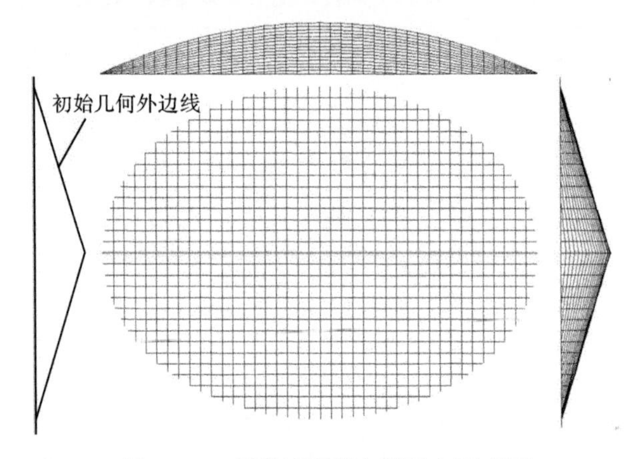

图 6.1.8　某体育场馆初始几何示意图

在上述初始几何条件下，取弹性模量为真实值的 1/1000，对索网施加预应力，增加边界约束，然后导入基于有限质点法的自编找形程序，得到的找形结果如图 6.1.9和图 6.1.10 所示。可以看出，找形后索网分布比较均匀。

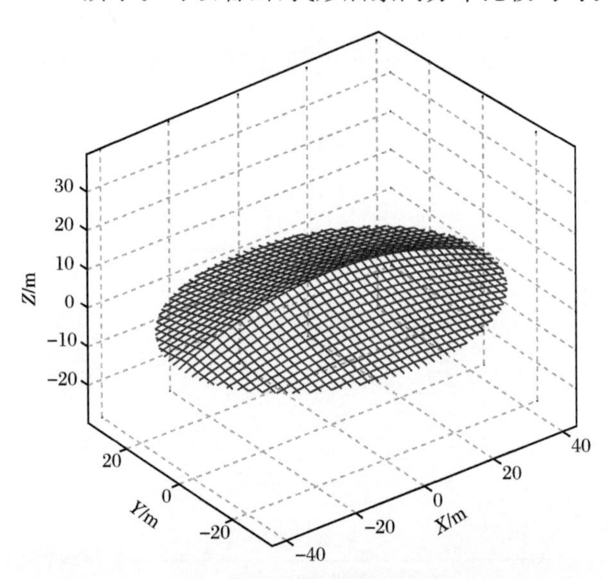

图 6.1.9　某体育场馆索网找形结果(三维轴测图)

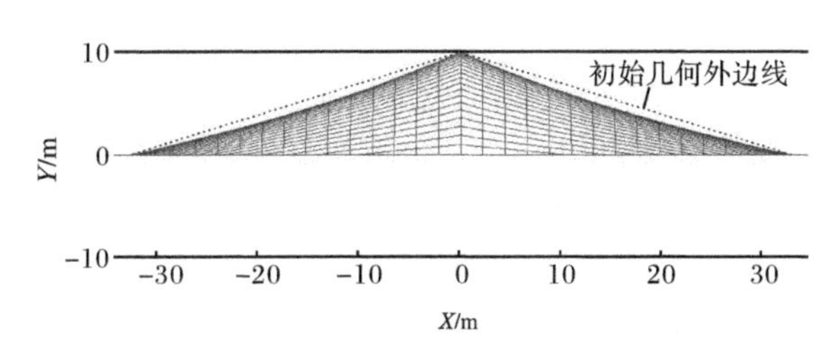

图 6.1.10　某体育场馆索网找形结果(Y-Z 平面侧视图)

按以上参数求解后索网单元的预应力分布在 100～106.5kN。若将弹性模量设为真实值的 1/10000,找形后索网单元的预应力分布更加均匀,都在 100～103.8kN,但运算时间为 1/1000 时的 4 倍;若将刚度 EA 设为 0,同样收敛条件的运算时间约为 1/1000 时的 11 倍,而且靠近中央拱顶点的地方,网格分布稀疏,影响结果精度。如图 6.1.11 所示,分别为 $EA=E_aA/1000$,$EA=E_aA/10000$ 和 $EA=0$ 时上述索网找形结果的 Y-Z 立面图。可见,当 $EA=E_aA/1000$ 和 $EA=E_aA/10000$ 时,找形结果较好。

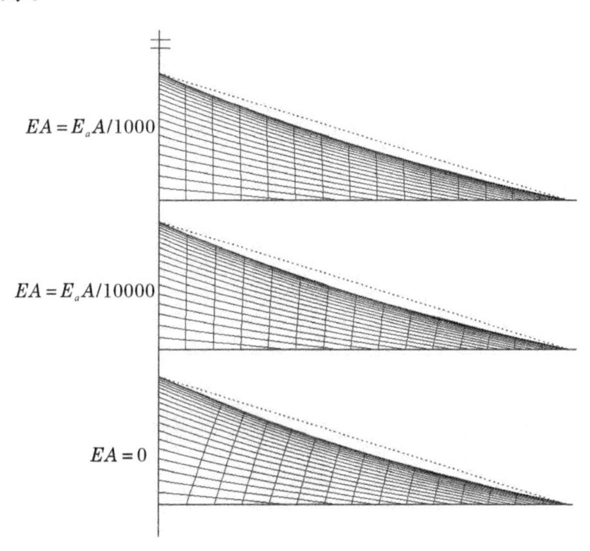

图 6.1.11　弹性模量取值对索网找形的影响

6.2　薄膜结构初始形态分析

6.2.1　张力膜结构初始形态分析

张拉膜结构初始形态分析的基本任务就是在已知拓扑关系、几何约束、材料特性与荷载的条件下，确定膜结构初始曲面形状以及维持该曲面的特定预应力分布并将其控制在指定范围内。张拉膜结构的建筑外形常为复杂的空间曲面，精确描述空间曲面的几何形状一般比较困难，即便给定张力膜结构所有节点的空间位置，通过平衡矩阵的奇异值分解往往也得不到令人满意的预应力分布形式。因此，大部分情况下张力膜结构的初始形态分析为结构边界条件或控制点位置，以及预应力分布形式给定条件下的结构找形分析。

张拉膜结构的初始形态分析可分两步进行：初始几何的假定和初始平衡态的确定。前者是基于几何方法根据给定的控制结构外形的关键点（包括边界线和边界点以及曲面上的控制线或控制点）按一定的曲面成形法则构造一个原始曲面，并将此曲面离散成质点和相连膜单元集合，以此作为初始计算模型。后者是在初始假定模型的基础上施加预应力，按照控制点的既定约束条件（固定或位移约束），求出符合静力平衡要求的膜结构初始形状。

对于单纯的膜和索膜结构，在满足边界和几何约束的条件下，对任意指定的预应力分布形式都可以找出与之对应的等应力极小曲面或不等应力平衡曲面。从充分发挥材料性能和提高膜结构承载能力的角度出发，膜面应力分布应处处相等，此时对应的几何形状就是极小曲面，其稳定性最好且表面最为光滑。因此，对膜片进行初始形态分析时，可以在满足建筑效果的条件下将寻找极小曲面设为优先原则。

采用有限质点法进行张拉膜结构初始形态分析的过程中不计外荷载的作用，只考虑构件的初始预应力和不平衡内力产生的等效节点力，集成之后作为质点内力反作用到各个质点上，对质点运动控制方程按照静力方式进行求解；分析过程中，质点在不平衡力作用下产生运动，同时各构件的位形也发生改变，并逐步逼近平衡位置，直至整个结构达到稳定平衡状态，则形态分析完成。

6.2.2 原始曲面确定

原始曲面是张拉膜结构找形分析的基础，按一定的曲面成形法则得到的原始曲面形状将影响膜结构找形结果。

图 6.2.1 为周边固定的等应力膜面找形分析的原始曲面，四角点坐标分别为 $A(-0.4243,0,0)$、$B(0,-0.4243,-0.4)$、$C(0.4243,0,0)$、$D(0,0.4243,-0.4)$。原始曲面由四片大的三角形面片组成，曲面中心坐标为 $O(0,0,-0.2)$。

在找形分析过程中，原始曲面上的膜面网格在初始预应力作用下一般会发生比较严重的扭曲变形。如图 6.2.2 所示，在不同的计算参数条件下，膜面质点相连网格向内挤压至膜面对角线附近[图 6.2.2(a)]或向外拉拽至膜面周边[图 6.2.2(b)]。

为提高结构找形的精度和收敛速度，可考虑先求出满足边界条件和控制点空间位置的初始近似曲面，并将该近似曲面作为找形分析的原始曲面。具体实现过程如下：首先根据边界条件和控制点位置将膜结构划分成若干个平面投影区块，

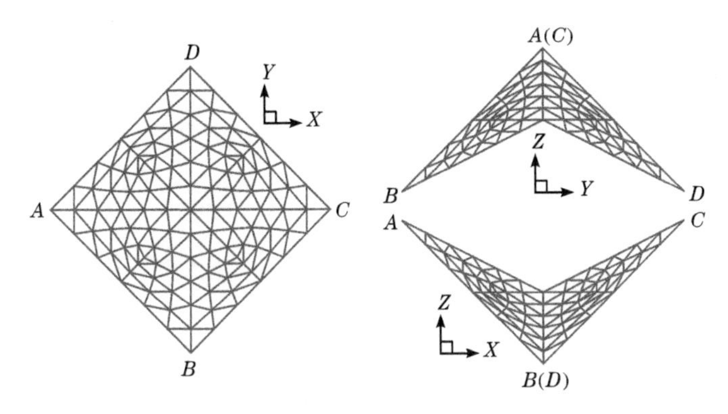

图 6.2.1　双曲抛物面找形分析的原始曲面

并在投影区块上对膜面进行网格划分；然后根据边界条件和控制点位置对关键点施加强迫位移，由此得到的膜面作为原始曲面。由关键点强迫位移得到原始曲面的过程中，对膜面的应力大小和分布无特别要求，因此膜材的弹性模量不必置 0。为加快原始曲面计算的收敛速度，计算时膜单元的弹性模量可采用真实值或略小值。

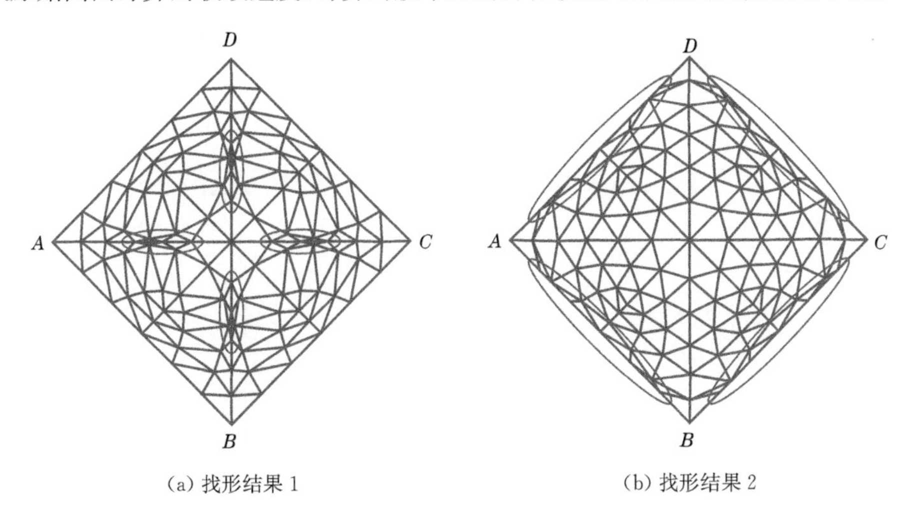

(a) 找形结果 1　　(b) 找形结果 2

图 6.2.2　双曲抛物面找形分析结果

以图 6.2.1 中的等应力面找形分析为例，膜面在 XY 平面内的投影为一个正方形，对其进行网格划分可以得到规整的三角形网格(图 6.2.3)。原始曲面计算时，将角点 A、C 固定，对角点 B、D 施加 Z 向强迫位移－0.4m，并取膜单元的材料参数为厚度 $h=1.0\text{mm}$，弹性模量 $E=5\text{MPa}$。在正方形四边添加边梁来约束膜面，取梁截面 $r=5\text{cm}$ 的圆，弹性模量 $E=206\text{GPa}$，以此来减小膜张力对边界形状的影响。周边梁单元在角点处采用铰接连接，以避免角点强迫位移在梁内产生附加弯曲变形。对结构施加强迫位移结束时的膜面形状如图 6.2.4 所示,由此得到的原始曲面形状已接近双曲抛物面,且原始曲面平面投影的网格形状和投影平面划分得到的网格形状差异不大。

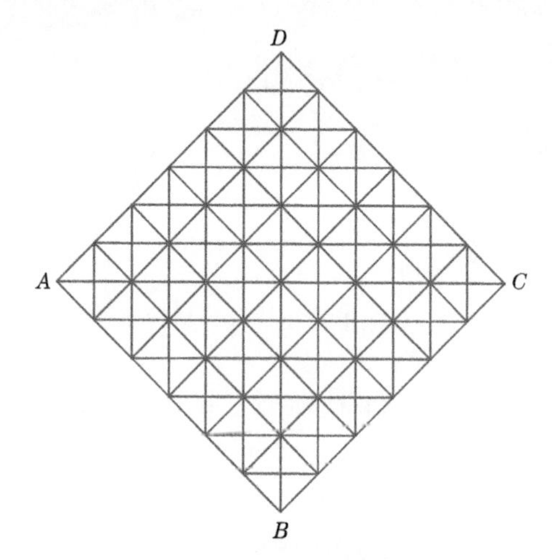

图 6.2.3　投影平面网格划分

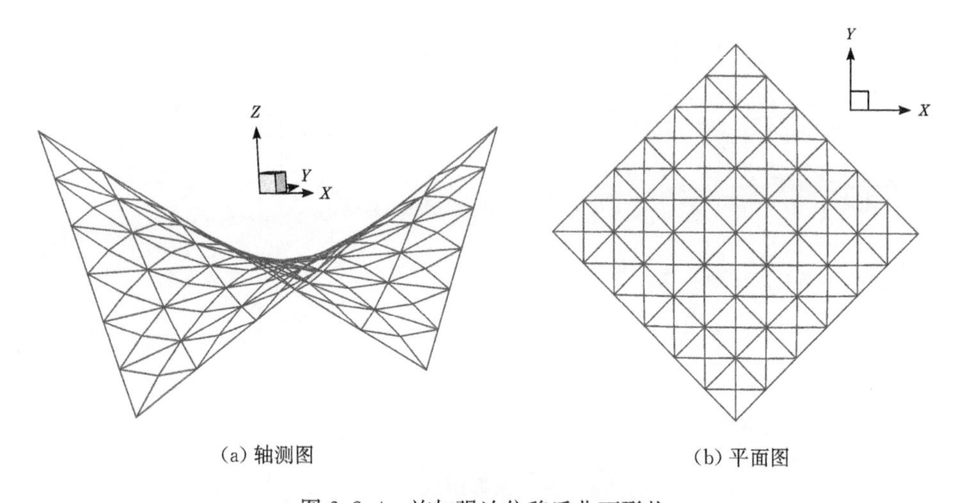

(a) 轴测图　　(b) 平面图

图 6.2.4　施加强迫位移后曲面形状

6.2.3　膜面控制策略

1. 极小曲面

极小曲面在张拉膜结构的设计中占有重要地位,采用等应力曲面找形可以获得形态和应力分布俱佳的膜结构形态。从力学上可以证明等应力膜面的平均曲率处处为 0,结构上的等应力曲面与微分几何学意义上的极小曲面可以认为是等价的,即寻求极小曲面就是等应力膜面的初始形态分析。

由于此类问题中预应力分布已完全确定,膜面的初始形态分析完全是纯力学意义上的平衡问题,曲面形态与膜材属性无关。等应力膜面初始预应力的引入也较为简单。分析中可以取用虚拟的小杨氏模量(通常取材料实际模量的 $10^{-6}\sim10^{-4}$)并假定一组弹性主轴方向,膜片上各质点在不平衡力的作用下可以自由运动,直至达到最终的平衡状态。这样一方面可以使结构在大位移大变形过程中膜面内的应力基本保持不变,确保最终得到的预应力分布与初始假定状态基本一致;另一方面可以减小膜面刚度,增大变形幅度,有利于结构更快地达到平衡位置。为保证求解精度,可在每一个途径单元开始时对膜单元内力按初始预应力值 σ_0 在单元局部坐标系下进行重置,而在每一个途径单元结束时,则将膜单元内力先从局部坐标系转换到全域坐标系下,再经正向刚体转动转换到更新后的膜单元位置。

2. 不等应力曲面

采用等应力膜曲面找形得到的曲面形式往往比较单一,要获得多样化的几何形状有一定的困难,对于某些给定的边界几何和约束条件,甚至可能不存在等应力的极小曲面。而且,建筑膜材一般为正交异性材料,经向及纬向的弹性模量和抗拉强度都不相同,在实际工程中很难实现应力各向相等且均匀分布。因此,在许多情况下等应力膜曲面不一定适用,这时就需要通过调整膜内的预应力分布来获得合适的初始平衡曲面形态。

不等应力膜曲面找形问题的关键是在确定膜面内初始预应力方向并在计算过程中及时进行更新。由于在预应力给定条件下进行找形分析时膜材是当做可无限延展的,找形过程并不能反映一个真实的物理过程,因此不宜直接以初始假定状态模型作为确定计算中膜内预应力方向的依据。

鉴于实际膜结构初始构形都是由裁剪后的可展膜片拼接而成的,可另取一个可展面(如平面、柱面、锥面等)作为参考面,在该面内定义预应力大小和方向,然后通过建立可展面与膜曲面之间的应力映射关系来得出当前构形下膜面内的实际应力分布情况。

如图 6.2.5 所示,$A_2B_2C_2$ 为找形分析过程中的空间膜单元,其对应的参考面为 $A_1B_1C_1$。空间膜单元和参考面间的应力映射关系可通过两平面内局部坐标系间的相对关系来表示。为定义膜单元初始预应力,在参考面内建立局部坐标系 $x_1y_1z_1$,通过参考面的垂直平面和膜单元的交线来确定应力映射时的膜单元局部坐标系轴线。

利用膜单元平面和参考平面法线方向的改变量来定义两平面局部坐标间的相互关系。膜单元平面和参考平面的转轴为两平面的交线 MN(图 6.2.5),旋转

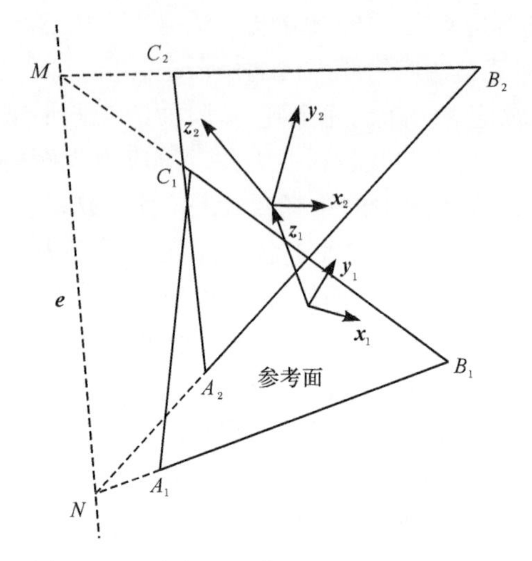

图 6.2.5　参考面和膜面间的应力映射关系

向量 $\boldsymbol{e}$ 为

$$\boldsymbol{e}=\frac{\boldsymbol{z}_1\times\boldsymbol{z}_2}{|\boldsymbol{z}_1\times\boldsymbol{z}_2|} \tag{6.2.1}$$

式中，$\boldsymbol{z}_1$、$\boldsymbol{z}_2$ 为参考面和膜单元平面的单位法线向量。

膜单元平面和参考面间的转角 θ 为

$$\theta=\arcsin|\boldsymbol{z}_1\times\boldsymbol{z}_2| \tag{6.2.2}$$

由旋转向量 $\boldsymbol{e}$ 和转角 θ 可得到转换矩阵 $\boldsymbol{R}$，$\boldsymbol{R}$ 的具体形式可参见式(2.6.17)。根据转换矩阵 $\boldsymbol{R}$ 可得到膜单元局部坐标轴单位向量 $\boldsymbol{x}_2$ 和 $\boldsymbol{y}_2$：

$$\begin{aligned}\boldsymbol{x}_2&=\boldsymbol{R}\boldsymbol{x}_1\\ \boldsymbol{y}_2&=\boldsymbol{R}\boldsymbol{y}_1\end{aligned} \tag{6.2.3}$$

式中，$\boldsymbol{x}_1$、$\boldsymbol{y}_1$ 为参考面局部坐标轴单位向量。由此定义的膜单元局部坐标系和参考面局部坐标系之间仅存在面外转动，相邻膜单元间的主应力方向相对关系和参考面内预应力定义时的一致。

3. 网格控制

使用小杨氏模量技术进行初始形态分析时，材料刚度的缺失使质点可以在保持膜面面积基本不变的条件下沿着膜面较自由地移动，从而导致初始平衡曲面上质点分布疏密不均，排列杂乱无章，影响膜面几何构形描述的精度，也会给后续的受力分析和结构设计带来一定的困难和误差，因此在计算中必须对膜面的自由变形进行适当控制。

本书从能量角度出发提出一种适用于有限质点法的膜面变形控制技术。根据有限质点法的基本假设，质点间的连接模型可以任意选择。于是，除原有的薄膜元之外，这里特别引入一种虚拟的耗能单元，将两者同时布置在相邻质点之间，但彼此相互独立。该虚拟单元满足以下基本假定：①几何形式上为三条边线构成的平面三角形，边线的端点位置与质点重合；②单元消耗的能量由其面积变化速率决定，但只能沿三条边轴线方向发生伸缩变形，即三角形单元退化为三根连杆；③与能量相对应的单元内力由各根连杆承受，并按照每根连杆对单元能量的贡献比例进行分配。

根据上述基本假设给出该虚拟耗能单元的计算模型，如图 6.2.6 所示。图中单元的空间形状可根据三个顶点的坐标来确定，而节点(i,j,k)又分别与质点(α,β,γ)重合并保持刚性连接，即当前时刻单元三个顶点的位置向量分别为 $\boldsymbol{x}_i=\boldsymbol{x}_\alpha$，$\boldsymbol{x}_j=\boldsymbol{x}_\beta$，$\boldsymbol{x}_k=\boldsymbol{x}_\gamma$，三条边线长度分别为 $l_i=\|\boldsymbol{x}_j-\boldsymbol{x}_i\|$，$l_j=\|\boldsymbol{x}_k-\boldsymbol{x}_i\|$，$l_k=\|\boldsymbol{x}_i-\boldsymbol{x}_j\|$。于是，由海伦公式可求出单元覆盖的面积为

$$S_{\triangle_{ijk}}=\sqrt{p(p-l_i)(p-l_j)(p-l_k)} \tag{6.2.4}$$

式中，$p=(l_i+l_j+l_k)/2$ 为顶点 i,j,k 所围成三角形的半周长。

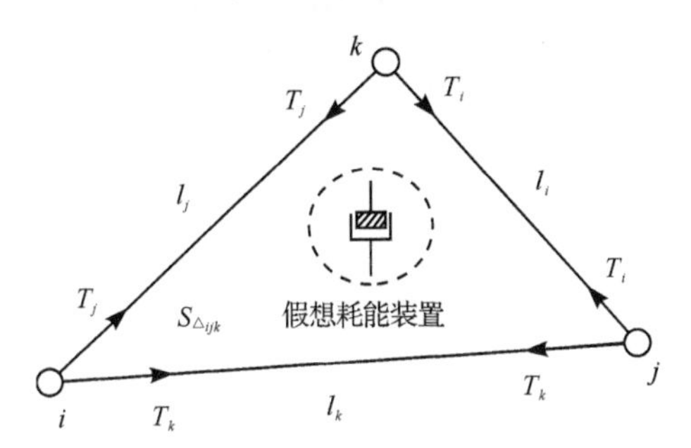

图 6.2.6　虚拟耗能单元模型

该虚拟单元所消耗的系统能量按以下函数定义：

$$\Pi_{\text{diss}}=\frac{1}{2}\lambda\dot{S}^2_{\triangle_{ijk}} \tag{6.2.5}$$

式中，$\lambda=\alpha^I$为能量耗散系数，$\alpha\in[0,1]$，I 为第 I 个途径单元；$\dot{S}^2_{\triangle_{ijk}}$ 为当前时刻单元面积的变化率。

再对该能量函数求变分，可得

$$\begin{aligned}\delta\Pi_{\text{diss}}&=\delta\left(\frac{1}{2}\lambda\dot{S}^2_{\triangle_{ijk}}\right)=\lambda\dot{S}_{\triangle_{ijk}}\delta\dot{S}_{\triangle_{ijk}}\\&=K_{\triangle_{ijk}}\left(\frac{\partial\dot{S}_{\triangle_{ijk}}}{\partial\dot{l}_i}\delta\dot{l}_i+\frac{\partial\dot{S}_{\triangle_{ijk}}}{\partial\dot{l}_j}\delta\dot{l}_j+\frac{\partial\dot{S}_{\triangle_{ijk}}}{\partial\dot{l}_k}\delta\dot{l}_k\right)\\&=T_i\delta\dot{l}_j+T_j\delta\dot{l}_j+T_k\delta\dot{l}_k\end{aligned} \tag{6.2.6}$$

式中，$K_{\triangle_{ijk}}$ 为该单元的假想变形刚度 $K_{\triangle_{ijk}}=\lambda\dot{S}_{\triangle_{ijk}}$；$\dot{l}_i$ 和 $T_i(i=i,j,k)$ 分别为三根连杆的长度变化率与内力，其当前值可按式(6.2.7a)和式(6.2.7b)计算：

$$\dot{l}_i^n=\frac{1}{\Delta t}(l_i^n-l_i^{n-1}),\quad i=i,j,k \tag{6.2.7a}$$

$$T_i^n=K_{\triangle_{ijk}}^n\cdot\frac{\partial\dot{S}_{\triangle_{ijk}}}{\partial\dot{l}_i}=\frac{\lambda}{4\Delta t_n}\left(1-\frac{S_{\triangle_{ijk}}^{n-1}}{S_{\triangle_{ijk}}^n}\right)(\dot{p}_n^2-\dot{l}_i^n l_i^n-\dot{l}_j^n l_k^n),\quad i=i,j,k \tag{6.2.7b}$$

式中，l_i^n 和 $l_i^{n-1}(i=i,j,k)$ 为当前时刻和上一时刻边线 i 的长度；$S_{\triangle_{ijk}}^n$ 和 $S_{\triangle_{ijk}}^{n-1}$ 分别为当前时刻和上一时刻三角形的面积。

于是，全域坐标系下单元各节点相连质点上的附加内力向量可表示为

$$\boldsymbol{f}_{\text{diss},\alpha}^n=-\boldsymbol{f}_{\text{diss},i}^n=-T_j^n(\boldsymbol{x}_i^n-\boldsymbol{x}_k^n)-T_k^n(\boldsymbol{x}_i^n-\boldsymbol{x}_j^n),\quad \alpha=\alpha,\beta,\gamma,\quad i=i,j,k \tag{6.2.8}$$

进一步分析式(6.2.7)和式(6.2.8)可以发现，单元连杆与弹簧的作用比较相似，其中内力的方向始终与单元面积的变化趋势相反，这样就可以起到限制膜面自由变形的作用，保证质点分布的均匀程度和初始构形的精度。同时，这种额外引入的约束形式并不会对计算的收敛性和结果的准确性造成任何影响，这是因为虚拟单元附加产生的内力取决于膜面变形速率，当膜面逐渐趋于静止稳定时，虚拟单元的约束作用也相应减弱直至为 0，故虚拟单元的引入不会对膜结构找形分析结果的准确性和找形过程的收敛性造成影响，也即虚拟单元的引入不会改变找形得到的膜面初始形态。

6.2.4　方程求解与收敛准则

有限质点法控制方程是一种动力形式的平衡方程，需要通过缓慢加载和引入虚拟阻尼的方式才能获得静态解。然而，膜结构初始形态分析过程中结构整体刚度分布随着几何形状的改变会发生很大变化，要选择合适的加载速率和虚拟参数来提高时间积分的计算效率并非易事。实际上，在膜结构的初始形态分析中只关注最终的平衡状态，至于通过什么途径达到这一最终状态并不重要，即分析的目的并不是要获得该过程中真实的物理行为。因此，原有动力形式的质点运动方程调整后可改用动量平衡条件来建立新的质点运动控制方程，并通过在每个时间步内不断重置初始条件来实现加快静力求解收敛速度的目的。

各个质点的动量式运动方程可以根据动量守恒的概念得到。然而，更方便的一种推导方式是将运动控制方程[式(2.2.3)]中各分项分别对时间积分一次，就可以得到相应的动量方程如下：

$$\boldsymbol{M}_\alpha\dot{\boldsymbol{d}}_\alpha=\bar{\boldsymbol{F}}_\alpha^{\text{ext}}+\bar{\boldsymbol{F}}_\alpha^{\text{int}} \tag{6.2.9}$$

式中，$\bar{\boldsymbol{F}}_{\alpha}^{\text{ext}}$ 和$\bar{\boldsymbol{F}}_{\alpha}^{\text{int}}$ 分别为作用在任意一个质点 α 上的外力冲量和内力冲量，即 $\bar{\boldsymbol{F}}_{\alpha}^{\text{ext}}=\int_{0}^{\Delta t}\boldsymbol{F}_{\alpha}^{\text{ext}}(\tau)\mathrm{d}\tau$ 及$\bar{\boldsymbol{F}}_{\alpha}^{\text{int}}=\int_{0}^{\Delta t}\boldsymbol{F}_{\alpha}^{\text{int}}(\tau)\mathrm{d}\tau$ 。由于这里不计外荷载作用，故$\bar{\boldsymbol{F}}_{\alpha}^{\text{ext}}\equiv 0$，另外一项$\bar{\boldsymbol{F}}_{\alpha}^{\text{int}}$ 可利用梯形积分计算得出。由于积分能起到一定的平滑和累加作用，因此内力冲量 $\bar{\boldsymbol{F}}_{\alpha}^{\text{int}}$ 在时间步之间的变化会更加平稳，有利于消除形态分析过程中由结构位形的动态改变引起的振荡效应。

为了加快静力解的收敛速度，可将每个时间步内的计算都按初值问题来处理，即

$$\bar{\boldsymbol{d}}_{n}=\boldsymbol{0},\quad \bar{\boldsymbol{d}}_{n-1}=\boldsymbol{0} \tag{6.2.10}$$

式中，$\bar{\boldsymbol{d}}_{n}$ 和$\bar{\boldsymbol{d}}_{n-1}$分别为位移函数 $\boldsymbol{d}(t)$从 $t=t_0$ 到 $t=t_n$ 及 $t=t_{n-1}$时刻的时间积分近似值。上述初值条件也意味着 $t=t_n$ 时刻之前的位移 $\boldsymbol{d}_n$ 及 $\boldsymbol{d}_{n-1}$都可视为 0，因而在计算下一时刻的位移积分函数 $\bar{\boldsymbol{d}}(t_{n+1})$时无需考虑质点之前的运动情况。从物理意义上来说，这相当于将位移积分函数 $\bar{\boldsymbol{d}}(t)$在每一时间步内的变化都看成由静到动的情况，从而能够将动力效应快速消去，也可将其理解为一种特殊的能量耗散方式。

动量方程[式(6.2.9)]实际上属于一阶微分方程，仍然可以采用显式时间积分算法来求解，而且算法的稳定性、准确性及收敛性都保持不变。如果采用的是中心差分格式，那么质点在当前时刻($t=t_n$)的速度可以表示为

$$\dot{\boldsymbol{d}}_{n}=\frac{\bar{\boldsymbol{d}}_{n+1}-2\bar{\boldsymbol{d}}_{n}+\bar{\boldsymbol{d}}_{n-1}}{\Delta t^{2}} \tag{6.2.11}$$

将式(6.2.10)和式(6.2.11)代入式(6.2.9)，整理后可得质点 α 的位移积分函数 $\bar{\boldsymbol{d}}(t)$在 $t=t_{n+1}$时刻的显式表达式为

$$\bar{\boldsymbol{d}}_{n+1}=\Delta t^{2}\boldsymbol{M}_{\alpha}^{-1}(\bar{\boldsymbol{F}}_{n}^{\text{ext}}+\bar{\boldsymbol{F}}_{n}^{\text{int}})=\Delta t^{2}\boldsymbol{M}_{\alpha}^{-1}\bar{\boldsymbol{F}}_{n}^{\text{int}} \tag{6.2.12}$$

另外，可再假设一个大于 0 的时间步幅系数 S 来增大每一步的计算值，以进一步改善收敛速度，即

$$\bar{\boldsymbol{d}}_{n+1}=\Delta t^{2}\boldsymbol{M}_{\alpha}^{-1}(\bar{\boldsymbol{F}}_{n}^{\text{ext}}+\bar{\boldsymbol{F}}_{n}^{\text{int}})S=\Delta t^{2}\boldsymbol{M}_{\alpha}^{-1}\bar{\boldsymbol{F}}_{n}^{\text{int}}S \tag{6.2.13}$$

最后，利用差分公式可求出质点在下一时刻的位移为

$$\boldsymbol{d}_{n+1}=\frac{(\bar{\boldsymbol{d}}_{n+1}-\bar{\boldsymbol{d}}_{n-1})}{2\Delta t}=\frac{\Delta t}{2}\boldsymbol{M}_{\alpha}^{-1}\bar{\boldsymbol{F}}_{n}^{\text{int}}S \tag{6.2.14}$$

式(6.2.13)和式(6.2.14)中时间步幅系数 S 的物理意义如图 6.2.7 所示。可以看出，在引入时间步幅系数 S 之后，位移积分函数 $\bar{\boldsymbol{d}}(t)$的斜率在每个时间步内都增加 S 倍，而斜率的计算又满足一阶差分假定，所以质点在下一时刻的位移同样

将以 S 倍的速度推进,从而实现了加快求解进程的目的。经过大量试算后发现,S 在 $10^2 \sim 10^3$ 范围内取值比较合适,此时计算收敛速度最快且差别不大。

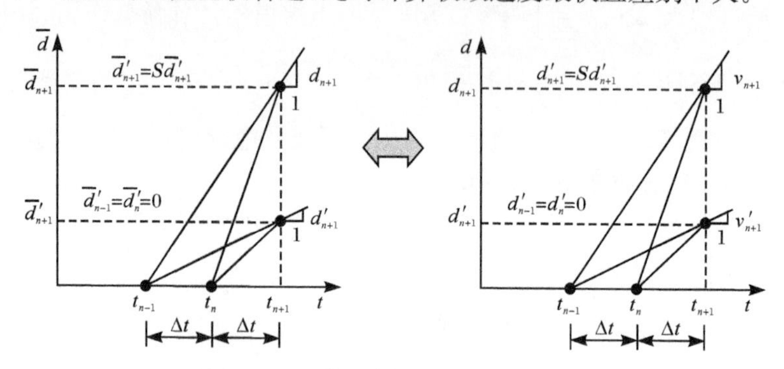

图 6.2.7　静力求解加速策略示意图

对于张拉膜结构初始形态分析的结束条件,这里选取残余力收敛准则、应力偏差收敛准则及位移收敛准则作为判断计算结果是否达到满意位形和给定精度的依据:

$$\frac{\| \boldsymbol{F}_n^{\text{int}} \|_2}{\| \boldsymbol{F}_0^{\text{int}} \|_2} \leqslant \varepsilon_{\text{f}}, \quad \frac{\| \boldsymbol{\sigma}_n - \boldsymbol{\sigma}_0 \|_2}{\| \boldsymbol{\sigma}_0 \|_2} \leqslant \varepsilon_{\text{s}}, \quad \frac{\| \Delta \boldsymbol{d}_n \|_2}{1 + \| \boldsymbol{d}_n \|_2} \leqslant \varepsilon_{\text{d}} \tag{6.2.15}$$

式中,$\| \cdot \|_2$ 表示矢量的 2 范数;ε_{f}、ε_{s} 和 ε_{d} 分别为给定的残余力、应力偏差和位移的收敛精度。对纯膜和索膜结构分析时,采用的是残余力、应力偏差、位移三者联控的收敛准则;对于索-杆-膜结构的协同形态分析,不同构件的刚度差异可能很大,而且在索附近容易出现应力集中,因此计算时只需残余力或位移中的一个满足收敛准则即认为结果符合要求。

6.2.5　分析示例

1. 悬链面

如图 6.2.8 所示的悬链面是由悬链曲线绕中心轴旋转而成的,它是旋转面中唯一有解析解的极小曲面,其曲面方程为

$$z = h - a\left[\ln\left(\sqrt{x^2+y^2} + \sqrt{x^2+y^2-a^2}\right) - \ln a\right] \tag{6.2.16}$$

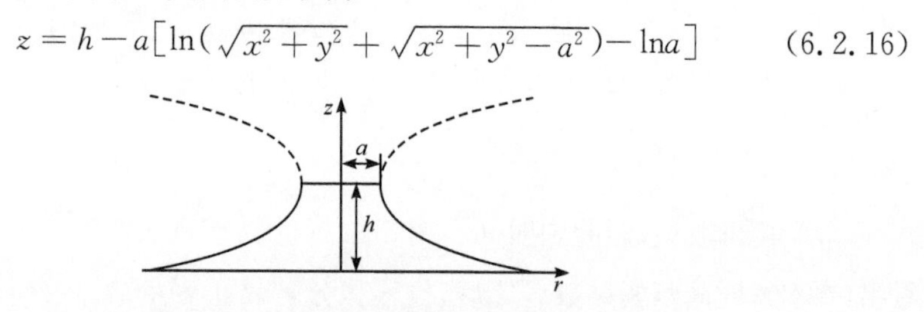

图 6.2.8　悬链面的旋转母线示意图

取 $a=12\mathrm{m}$，$h=27.5092\mathrm{m}$，并截取 $0\leqslant z\leqslant h$ 一段作为所要考虑的结构曲面。分析时以一个顶面半径 12m、底面半径 60m、高度 $h=27.5092\mathrm{m}$ 的圆台侧表面为初始假定曲面，然后在上下圆环边界固定约束的条件下寻找悬链面。计算模型几何形状和材料性质如图 6.2.9 所示。对膜面施加各向相等的初始预应力，即 $\sigma_0=[\sigma_x\quad\sigma_y\quad\tau_{xy}]^{\mathrm{T}}=[\sigma_0\quad\sigma_0\quad 0]^{\mathrm{T}}$。由于曲面是轴对称的，故只取 1/4 计算。同时，为了检验算法的收敛性，分析中使用三种疏密不同的质点布置形式（记作模型①～③），其质点数分别为 49、100 和 196。分析中忽略材料自重，虚拟弹性模量取小值 $1\mathrm{kN/m^2}$，膜面预张力 $\sigma_0=20\mathrm{kN/m}$，时间步幅系数 $S=100$，虚拟耗能系数 α 分别取 0 和 0.95，固定时间步长 $\Delta t=10^{-4}\mathrm{s}$。

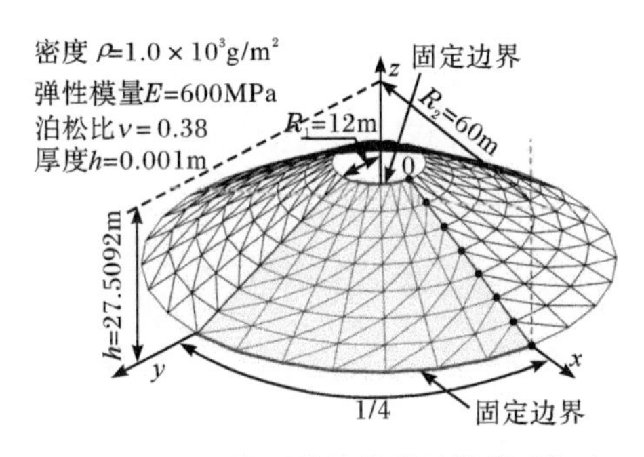

图 6.2.9　悬链面膜结构的计算模型初态

按照以上计算参数和给定的收敛容差条件，对模型①～模型③程序分别运算 182 步、278 步和 394 步后求得找形后的曲面，如图 6.2.10 所示。从图中可以看出，当模型中未引入虚拟耗能单元时，膜面上质点为能反映曲率的变化，会从曲率较小的底部向曲率较大的顶部汇聚，造成底部质点分布比较稀疏而顶部又过于密集；即使细化模型，所得曲面上质点分布不均的状况仍然不能得到明显改善。而在使用了虚拟耗能单元后，从底部到顶部膜曲面上所有质点分布都比较均匀和有规律，从而能够较好地描述曲面的形状。三种计算模型分析得到的膜面面积分别为 $12253.22\mathrm{m^2}$、$12186.36\mathrm{m^2}$ 和 $12149.76\mathrm{m^2}$，和理论解（$12118.30\mathrm{m^2}$）相比误差都

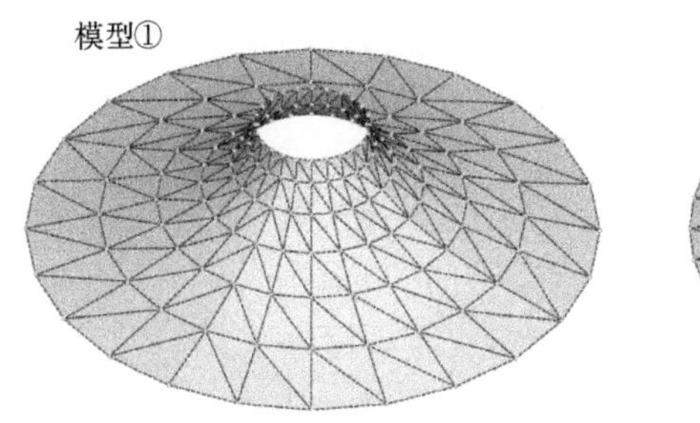

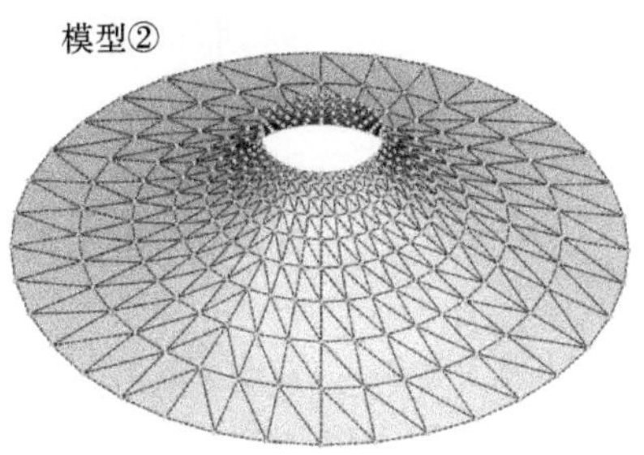

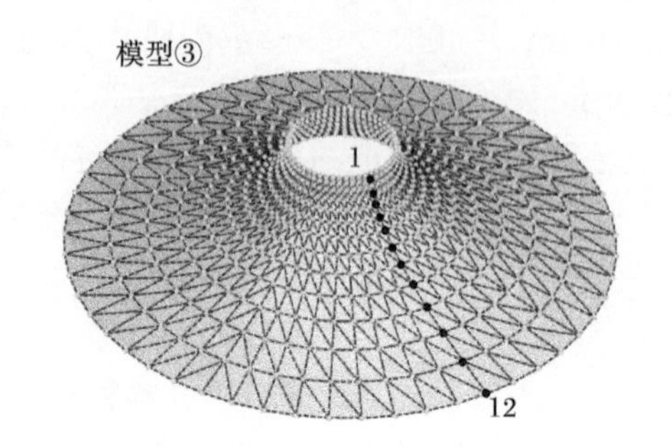

(a) 未设置虚拟耗能单元($\alpha=0$)

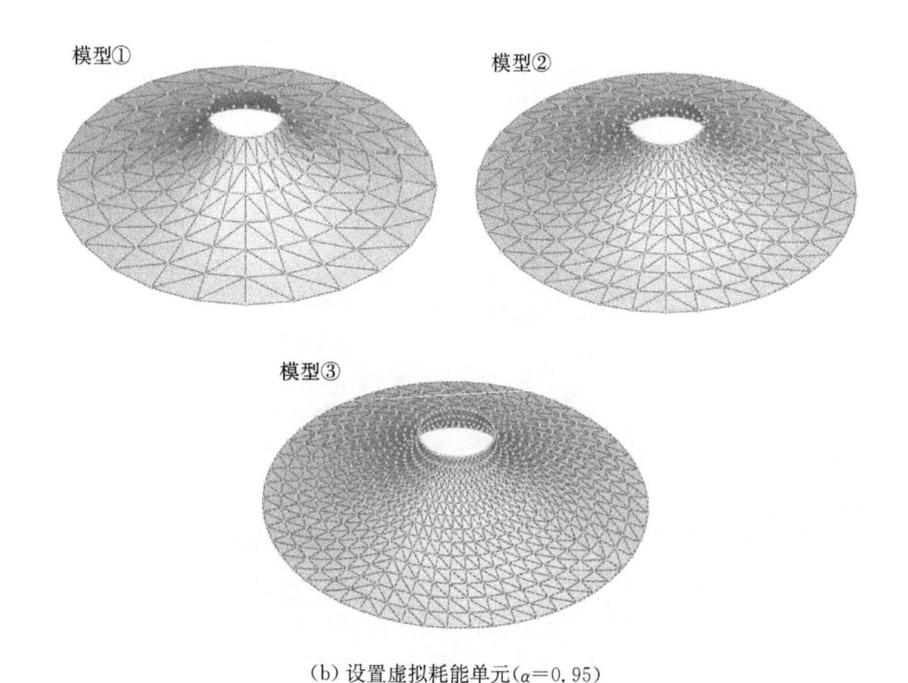

(b) 设置虚拟耗能单元($\alpha=0.95$)

图 6.2.10　悬链面的找形结果

不超过 1.5%。与此同时,膜面在 z 向上误差的均方根最大只有 0.031m,相当于高度 h 的 0.113%。

另外作为对比,采用运动阻尼形式的动力松弛法对同一问题进行分析。为比较两种方法的精度,计算模型中的自由度取相同值。采用有限质点法和动力松弛法(dynamic relaxation method,DRM)对结构进行找形计算求得模型③的母线上 1~12 点(图 6.2.10)z 向坐标的计算结果与解析解都列于表 6.2.1 中。从表中可以看出,两种方法均能给出比较满意的分析结果,其中有限质点法计算精度略高(与解析坐标之间的最大相对误差不超过 1%)。这里需要特别指出的是,动力松弛法在计算过程中每一步需要跟踪结构体系动能的变化情况，而且在每个动能峰值附近都需要通过二次函数插值来捕捉准确的极值点位置，并对位移进行相应修正。采用有限质点法分析时则不存在这些额外的计算工作，再加上静态解快速求解技术的引入，使得该方法具有更高的效率。

表 6.2.1　悬链面膜结构母线上各点的计算结果比较

质点编号	半径 r/m	模型③z 坐标/m			FPM 误差/%	DRM 误差/%
		FPM	DRM	理论值		
1	12.461	24.210	24.215	24.195	0.062	0.083
2	13.836	20.985	20.990	20.953	0.152	0.176
3	15.982	18.028	18.034	17.985	0.239	0.272
4	18.753	15.356	15.367	15.310	0.300	0.371
5	22.041	12.954	12.964	12.904	0.386	0.463
6	25.733	10.797	10.811	10.750	0.435	0.564
7	29.732	8.873	8.883	8.825	0.541	0.653
8	34.048	7.113	7.121	7.068	0.633	0.744
9	38.669	5.489	5.496	5.450	0.711	0.837
10	43.563	3.985	3.991	3.954	0.778	0.927
11	48.764	2.573	2.579	2.552	0.816	1.047
12	54.305	1.235	1.238	1.224	0.891	1.131

2. Scherk-like 曲面

Scherk-like 曲面(也称为箱型曲面)也是经典的薄膜结构极小曲面找形问题。取一个立方体的 3 个相邻表面为初始假定曲面，并将正方体的 8 条棱边($c_1 \sim c_8$)设为曲面的固定边界。计算模型的几何尺寸、材料性质如图 6.2.11 所示。膜面用 425 个质点及 768 个三节点薄膜元离散进行模拟，按等应力膜面找形，各计算参数取值与本节第一个算例相同。

找形分析得到的膜面形状如图 6.2.12 所示。可以看出，膜面上的质点分布依然有较好的规律性，即使在中间曲率变化较大的区域也能保持比较均匀的间距；计算结果是一个光滑的曲面，没有出现明显的畸变现象。计算求得的初始平衡状态下的膜面面积为 246.28m^2，这一结果与动力松弛法计算得到的曲面面积

(246.76m²)基本相近且误差更小。

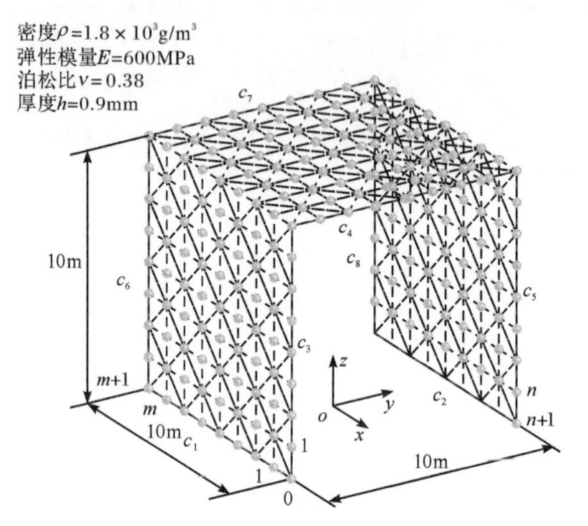

图 6.2.11　Scherk-like 膜曲面的计算模型初态

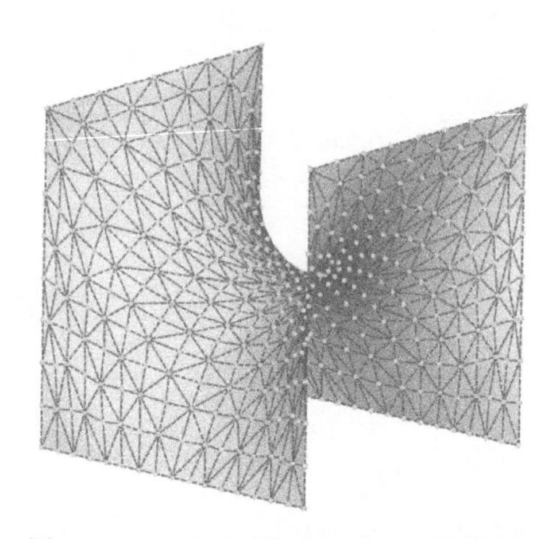

图 6.2.12　Scherk-like 极小曲面的找形结果

为深入了解该曲面的找形过程,分析中跟踪了结构体系总动能随循环次数的变化情况以及相应时刻的结构形态,并与动力松弛法的求解情况进行比较,如图 6.2.13 所示。从图中可以看出,初始假定曲面形状与极小曲面相差较大,造成两种方法在计算开始阶段的不平衡力都比较大,造成膜面迅速振动并很快达到动能峰值,之后随着能量的耗散,膜面振幅越来越小,动能也逐渐趋向于 0,并最终收敛于静止平衡状态。虽然两种方法在求解过程中动能的总体变化趋势大致相同,但有限质点法的收敛过程更加平稳,计算耗时也更少。

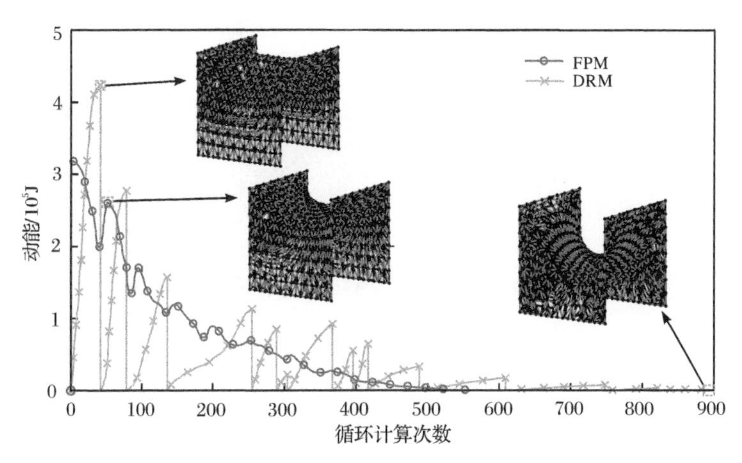

图 6.2.13　Scherk-like 曲面找形计算过程中体系动能变化曲线

表 6.2.2 给出了一系列自由度总数不等的计算模型采用有限质点法和动力松弛法分析时的计算效率对比情况，比较的内容包括循环步数、每步运算时间和总运算时间。由表中结果可知，虽然有限质点法单步循环的计算耗时略长，但由于采用了快速静力收敛技术，总循环步数大幅减少，因此计算效率比动力松弛法高。当模型细化后，计算效率的优势更加明显。

表 6.2.2　有限质点法与动力松弛法的计算效率比较

自由度总数	FPM			DRM			总运算时间增幅比例 $\frac{\text{DRM}-\text{FPM}}{\text{DRM}}$ /%	z 向坐标平均差值/m
	循环步数	每步平均运算时间/s	总运算时间/s	循环步数	每步平均运算时间/s	总运算时间/s		
288	592	0.0042	2.483	447	0.0046	2.051	17.4	3.46×10^{-1}
399	648	0.0063	4.075	481	0.0068	3.270	19.8	1.82×10^{-1}
528	697	0.0089	6.204	503	0.0097	4.894	21.1	1.09×10^{-1}
675	745	0.0122	9.079	524	0.0133	6.988	23.0	6.81×10^{-2}
1023	887	0.0203	18.029	554	0.0218	12.098	32.9	3.95×10^{-2}
1275	993	0.0264	26.215	561	0.0281	15.792	39.8	2.73×10^{-2}

3. 马鞍形曲面(不等应力)

图 6.2.14 为马鞍形曲面示意图，给定其四条固定边界线：短边 c_1 和 c_2 为 $z=0$ 平面内的两条直线，其方程分别为 $y=-40$ 和 $y=40$；长边 c_3 和 c_4 分别为位于$x=-50$ 和 $x=50$ 面内的两条抛物线，其方程均为 $z=30(1-y^2/1600)$，且$-40\leqslant y\leqslant 40$。计算模型初始几何假定为平面，具体形式和膜面材料性质如图 6.2.15 所示。

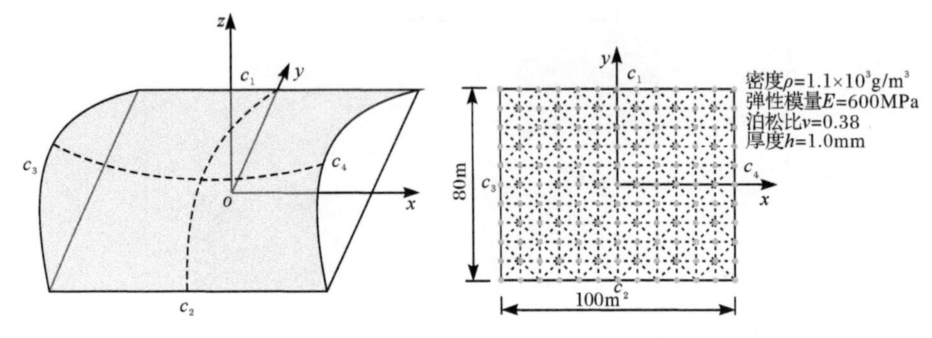

图 6.2.14　马鞍形曲面示意图　　　图 6.2.15　马鞍形膜面的计算模型初态

计算中以 xoy 坐标平面为膜面的参考面，取 x 方向的初始预应力为 $\sigma_0^x=20\text{kN/m}$ 并保持不变，然后通过改变 x 和 y 方向的初始预应力比值来获得不同的曲面形式。其他计算参数取值与本节第一个算例相同。当 x、y 方向应力比 $r_\sigma=\sigma_0^x/\sigma_0^y$ 分别为 50.0、10.0、1.0 及 0.5 时计算得到的马鞍形膜面找形结果如图 6.2.16 所示，其中 $r_\sigma=1.0$ 时的膜面为极小曲面。

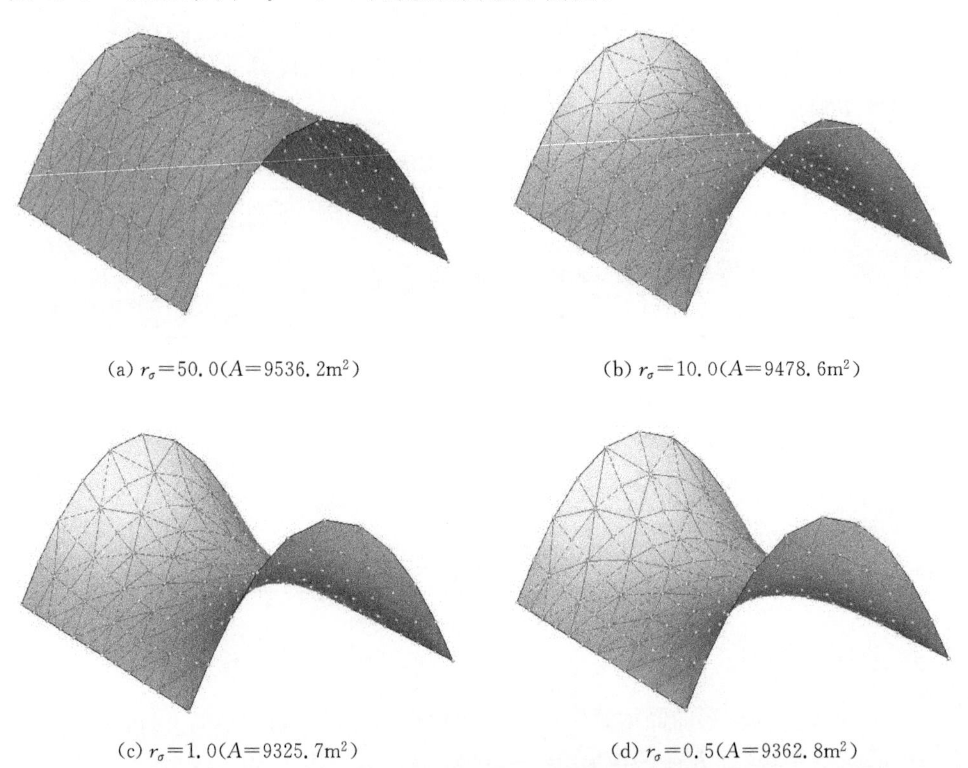

(a) $r_\sigma=50.0(A=9536.2\text{m}^2)$　　(b) $r_\sigma=10.0(A=9478.6\text{m}^2)$

(c) $r_\sigma=1.0(A=9325.7\text{m}^2)$　　(d) $r_\sigma=0.5(A=9362.8\text{m}^2)$

图 6.2.16　不同 x、y 方向应力比下的马鞍形膜面找形结果

由图6.2.16可以看出，膜面内的预应力分布对结构初始形态有很大影响，即使是同样的边界条件，当膜面内的应力比不同时得到的曲面形态会有较大差异。因此，可以根据实际问题的需要，在不改变边界条件的情况下，通过调整膜面内不同方向上预应力的相对比例大小来获得更加丰富的曲面几何构形，并从中找出满足建筑外观和承载力要求的合理膜面初始形态。

6.3　充气膜结构初始形态分析

作为薄膜结构的一种，充气膜结构也要依靠膜面内的预应力作用来保证结构具有稳定的外形和承受外荷载的能力。但这种结构体系引入预应力的方式与张拉膜结构有所不同：张拉膜结构一般是通过张拉索或边界来引入预应力，充气膜结构则是通过在表面施加压力荷载使膜面张紧来形成一定的结构刚度。因此，内外空气压差是影响充气膜结构初始形态的关键因素。当边界条件一定时，膜面形状同时与预应力、空气压差两个因素相关，其中任意一个发生改变，膜面形状都会产生相应调整。

6.3.1　基本分析思路

与张拉膜结构类似，充气膜结构的初始形态也应尽可能满足应力均匀分布的要求。同时，基于充气预应力的概念，膜面内的预应力不仅要满足指定的外形要求，更要与膜面内外的空气压差相匹配。因此，充气膜结构的初始形态往往受到多种约束条件的限制，简单采取对膜面直接赋予初始预应力的方法很难得到满意的初始形态。实际上，只有当充气膜的形状为圆形边界下的球面或矩形边界下的柱面等少数几种情况时，膜面才可能是等张力曲面。在一般情况下，由于边界条件的限制和结构形状的复杂性，充气膜结构的膜内应力很难完全均匀分布。另外，除了少数具有解析函数的规则曲面，对于大多数充气膜结构一般也很难对其具体空间形状预先做出精确描述，通常只能给出边界形状以及某些控制点高度或限制内部体积大小等作为约束条件。因此，充气膜结构初始的形与态均为未知，需要结合目标约束条件分别进行求解。根据使用功能的需要，实际的充气膜结构一般都以指定内压和矢高（或体积）为限制条件，分析得到的结果应该是在给定边界条件、一定的工作气压及起拱高度（或内体积）下的平衡形态，并应尽可能接近应力均匀分布的最小曲面状态。

为实现上述目标，可将充气膜结构的初始形态分析按照先找形后找态的顺序分为两个阶段，具体求解方法如下。

1. 找形阶段

充气膜结构的找形与肥皂泡的成形过程有一定的相似性，即它们都是在一定的边界约束条件下，依靠内外空气压差支撑起膜面，如果膜面选用各向同性材料，那么理想膜面也应当处于与肥皂泡类似的等应力分布状态。考虑到肥皂泡在一定内外压差和表面张力作用下的曲面形态将趋向于体系势能最低、表面积最小的稳定状态，因此在充气膜结构的找形阶段可通过模拟肥皂泡的成形过程来获得接近理想状态的最优曲面。

在肥皂泡成形过程中肥皂液的自由流动性是其能够形成最稳定曲面形态的关键，因此要想获得相似的结构形态，也必须在充气膜结构的找形分析中实现膜面的自由变形。为此，在计算过程中除了采用虚拟的小杨氏模量外，还引入了膜材的附加初应变来近似模拟肥皂液的流动性。具体方法为：先对膜面赋予任意指定的初始预应力，同时在膜面上施加沿外法线方向不断增加的充气压力使结构产生较大变形，这时控制点矢高（或内体积）将超过规定范围；然后假定在所有薄膜元中都引入一个各向均等的附加初应变以使膜面产生反向变形，并逐步增大该初应变的数值，直至充气膜控制点高度（或内体积）恢复到目标值；在此基础上更新膜面位形，并通过多次循环计算直至获得符合设计要求的膜面形状。整个找形分析过程中只有在计算与初应变相对应的应力时才用到膜材的实际弹性模量，其余步骤中均使用小杨氏模量。这种处理方式既避免了材料自身刚度对膜面变形的影响，又可以使膜面变形在满足几何约束的条件下始终向最稳定状态流动。

2. 找态阶段

找形阶段作用在膜面上的气压差和初始应力都不是按设计条件取值的，因此必须在找形分析得到的充气膜结构几何形状的基础上重新计算目标充气压力下的膜内应力分布，也就是要进行充气膜结构的找态分析。为此，可以将膜材的杨氏模量设为一个较大值，以保证结构的几何位形基本不变，同时将规定的工作压力施加于充气膜表面得出此时的应力分布状态。换言之，找态阶段就是要在尽量保证结构形状不变的条件下求出与之对应的应力分布，这点正好与找形阶段的目的相反。

与张拉膜结构的极小曲面找形类似，这里为了避免结构位形漂移，需要在每个途径单元初始时刻都按照找形分析得到的结构几何位形将所有点的空间坐标进行重置，并考虑由此额外产生的应力增量，将其反向后再与按途径单元基础构形定义的应力进行叠加。

6.3.2　分析计算流程

根据上述分析思路，可得充气膜结构进行初始形态分析的计算流程，如图 6.3.1 所示。

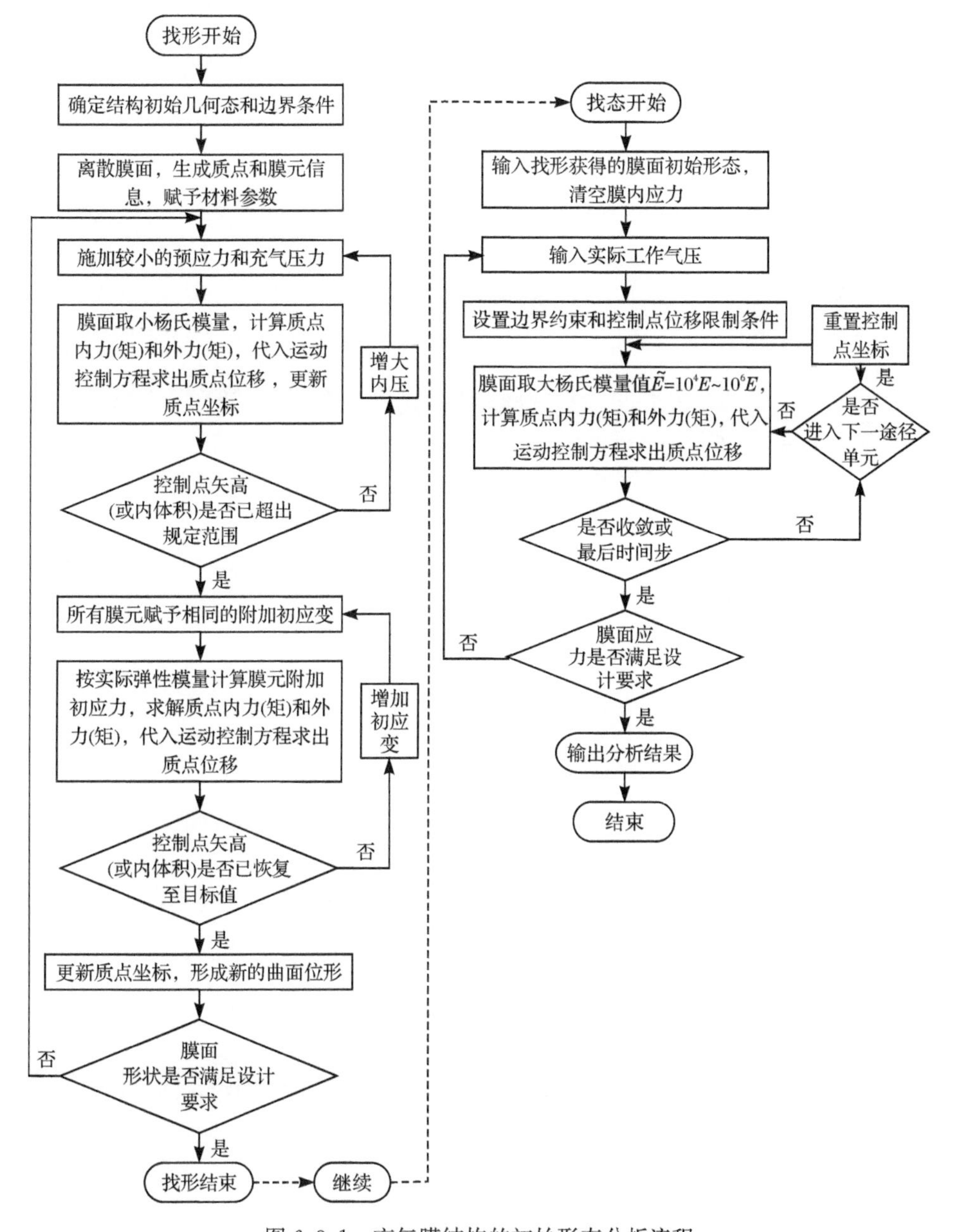

图 6.3.1　充气膜结构的初始形态分析流程

需要特别指出的是，在分析过程中除要计算与膜面应力对应的等效质点内力外，还要计算膜面上气压力的等效质点外力，这点与张拉膜结构的初始形态分析有所不同。而且充气压力应作为非保守力来处理。随着计算过程中膜面形态的改变，各个薄膜元的法向量也会变化，气压力的方向也应随之修正。若计算当中 t 时刻的充气压力大小为 ${}^{t}p$，则此时膜面上任意一点的等效外力可表示为

$$ {}^{t}\boldsymbol{f}_{\beta}^{\text{ext}} = \frac{\sum_{i}^{\text{nc}} ({}^{t}p\,{}^{t}\boldsymbol{n}_{i}\,{}^{t}A_{i})}{N_{i}} \tag{6.3.1} $$

式中，${}^{t}\boldsymbol{n}_{i}$ 为 t 时刻薄膜元 i 的外法线向量；A_i 为薄膜元 i 的面积；N_i 为薄膜元 i 的节点数；nc 为与质点 β 相连的薄膜元个数。

6.3.3 分析示例

1. 球形气承膜

考虑一平面形状为圆形的气承式膜结构，周边简支固定，圆形边界半径 $r=4\text{m}$。膜材参数如下：厚度 $h=1\text{mm}$，弹性模量 $E=600\text{MPa}$，泊松比 $\nu=0.47$，密度 $\rho=1.05\times10^{3}\text{g/m}^{3}$。初始计算模型假定为圆形平面，离散质点分布形式如图 6.3.2 所示。设定目标充气压强 $p_0=550\text{Pa}$，设计矢高 f 依次取 1.0m、2.5m 和 4.0m。图 6.3.3 为控制矢高 f 取 4.0m 时，对该充气结构进行初始形态分析后得到的初始几何与等效应力分布情况。

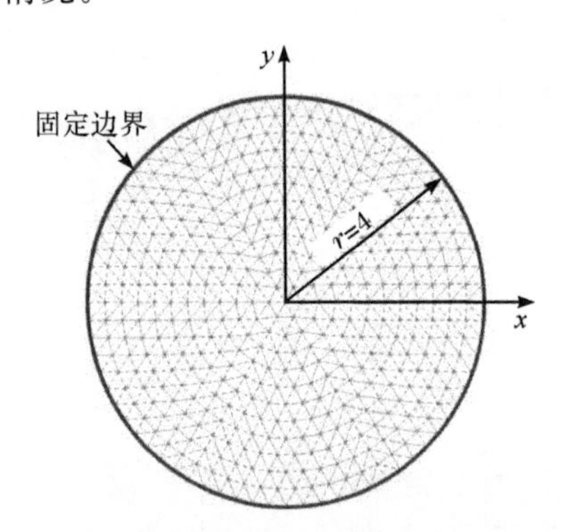

图 6.3.2 球形气承膜结构的初始计算模型(单位：m)

对于圆形边界气承膜结构，在内压作用下等应力膜面的理想几何形状为球形，其膜内应力 σ_0、矢高 f、充气压强 p_0 之间的关系可以由 Laplace-Young 方程表示为

$$ \sigma_0 = \frac{p_0(r^2+f^2)}{4fh} \tag{6.3.2} $$

对于球形气承膜结构膜面各点的 z 向坐标可以用如下解析几何方程进行校

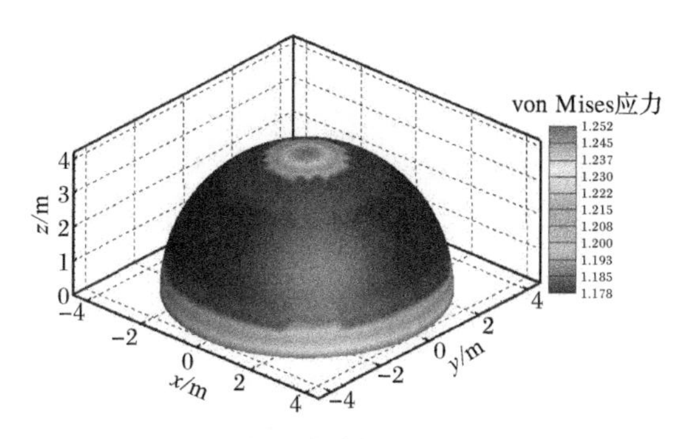

图 6.3.3　球形气承膜结构的初始形态分析结果

核：$z=\sqrt{R^2-x^2-y^2}-R+f$，其中，R 为球面曲率半径，$R=(r^2+f^2)/2f$。表 6.3.1为各质点 z 向坐标以及膜面内应力的数值分析结果与理论值的对比。通过比较可以看出，数值方法计算得到的结果与理想的球形气承膜初始形态是比较接近的，同时结合图 6.3.3 给出的应力云图可知膜内应力分布也较为均匀。数值分析中膜面上的质点数是有限的，点与点之间采用线性插值，因此计算所得的球面实际上是一个连续折面，分析结果存在一定的误差。通过细化模型可以改善计算精度。

表 6.3.1　球形气承膜结构初始形态数值分析结果与理论值比较

矢高/m	z 向坐标		膜面内等效应力 $\bar{\sigma}$				
	误差均方根/mm	相对误差/%	式(6.3.2)理论值/MPa	FPM 结果/MPa	相对误差/%	最大差值/MPa	差异化系数/%
1.0	10.2	3.5	2.34	2.52	7.7	0.16	6.3
2.5	13.7	5.2	1.22	1.29	5.7	0.09	7.0
4.0	15.1	6.9	1.10	1.19	8.2	0.07	8.7

注：最大差值是指膜面内等效应力的最大值 $\bar{\sigma}_{max}$ 和最小值 $\bar{\sigma}_{min}$ 之差；差异化系数 d 是用来衡量膜内应力分布差异的指标，计算式为 $d=(\bar{\sigma}_{max}-\bar{\sigma}_{min})/\bar{\sigma}_{mean}$，其中，$\bar{\sigma}_{mean}$ 为膜内等效应力的平均值。

2. 正六边形气枕

考虑平面形状为正六边形的气枕式充气膜结构，其边长 $L=4.5$m，周边固定。膜材参数如下：厚度 $h=0.2$mm，弹性模量 $E=670$MPa，泊松比 $\nu=0.42$，密度 $\rho=350$g/m^3。计算模型初始为平面正六边形，离散质点分布如图 6.3.4 所示。设定目标充气压强 $p_0=550$Pa，要求充气后的体积 $V=42.0$m^3，经程序计算后得到的结构初始形态如图 6.3.5 所示。

由图 6.3.5 可以看出，气枕表面光滑、曲率变化平缓，绝大部分膜面区域应力

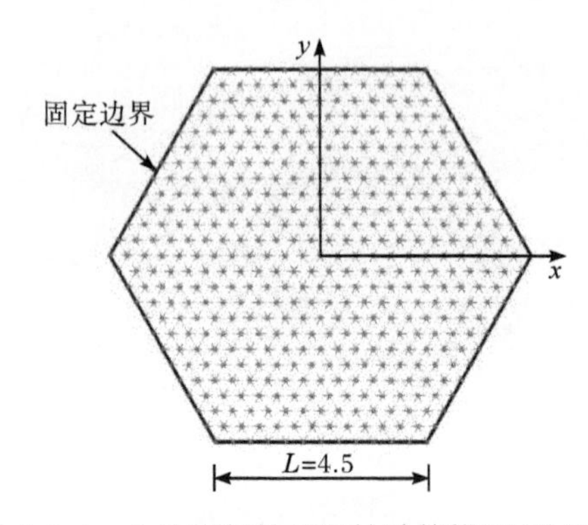

图 6.3.4　六边形气枕的初始计算模型(单位:m)

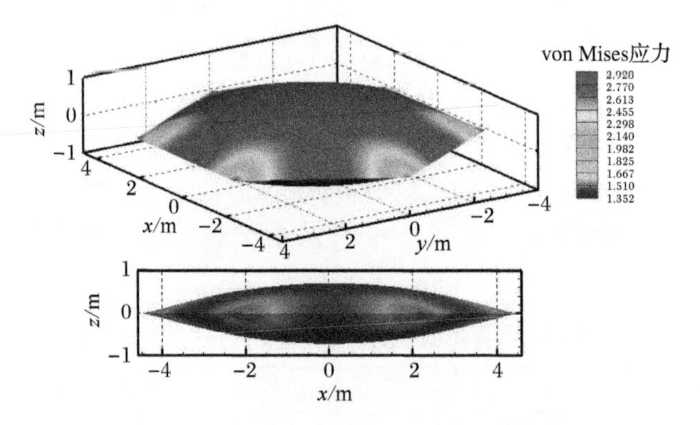

图 6.3.5　六边形气枕的初始形态分析结果

分布都比较均匀,只是在六个转角附近应力较小。转角周围应力变化梯度较大主要是受边界约束的影响,使得在边界形状发生改变的位置存在应力不等的情况。然而,总体来说膜面应力分布差异并不大,其标准差仅为平均应力的 5.73%。由于膜面应力分布是由膜面的几何形状决定的,因此上述计算结果也反映出所求得的气枕形状已比较接近理想状态。

6.4　索-杆-梁-膜张力结构初始形态分析

索-杆-梁-膜张力结构由柔性索、膜、刚性杆、梁共同组成,其中索-杆-梁部分的初始形态分析主要是由初始几何形状和拓扑关系来确定预应力分布,而索膜部分的初始形态分析主要是由初始预应力分布来确定结构的几何形状,因此其初始形态分析将是一个找形和找力相结合的过程。

6.4.1　分析思路与步骤

简化的索-杆-梁-膜张力结构初始形态分析中,往往将膜面独立于索-杆-梁支撑体系进行单独找形分析(膜面和支撑体系的连接处按不动边界处理),然后将膜面在连接点处的合力作为外荷载施加到支撑体系上,并和支撑体系找力结果一起计算索-杆-梁构件的内力和变形。这种方法忽略了索-杆-梁支撑体系和膜面之间的变形协调关系,未考虑连接处位移对膜面形状和索-杆-梁体系内力的影响,按此分析结果进行结构施工得到的结构几何形状和预应力分布与理论计算值存在较大差异,甚至可能出现膜面松弛。要想获得索-杆-梁-膜混合结构体系准确的初始形态,必须进行整体协同分析。

索-杆-膜空间结构的协同分析就是对具有柔性边界的膜片和索-杆支撑体系共同组成的整体结构同时进行分析计算。根据膜面已知几何控制条件的不同,运用有限质点法进行索-杆-膜结构初始形态分析的方式主要有以下两种。

(1) 虚设索-杆内力法。虚设索-杆内力法适用于结构中索-杆-梁体系只有部分控制点(通常为边界点)空间位置已知的情况,其分析思路为:将索-杆-梁体系赋予真实的材料属性,并对全部或部分索-杆设置假定的预应力;然后将不考虑索、膜材料属性的膜片叠加到索-杆-梁上(即保持膜面初始预应力和索力基本不变),其约束也由索-杆-梁支撑提供,在保证索、杆、梁、膜交汇点位移精确协调的条件下(交汇处质点位移按多尺度连接点运动约束方程来处理)计算各构件的协同变形;最后,在连接点位置改变的同时,索-杆部分的预应力也在当前构形下实现重新分布,这样就可以同时确定膜片的曲面形状和新构形下索-杆体系的内力分布。

(2) 控制索-杆位形法。控制索-杆位形法适用于结构中索-杆-梁支撑体系与膜片相交处控制点位置已完全确定的情况(通常为自平衡体系),其分析思路与虚设索-杆内力法的主要区别在于:由协同分析获得的索-杆体系与膜片相交处控制点的位移仅用于计算它所连接的索-杆-梁构件的内力增量,但并不更新该点的空间坐标,也就是说,内力计算中的虚拟正向刚体运动步骤将被省略。这样就可以通过多次迭代运算逐步在索-杆体系中建立与膜片中预应力相平衡的初始内力,并能保证膜片在达到设计应力状态的同时,膜面形状控制点的空间位置基本保持不变,而索-杆-梁内力则逐渐趋于平衡状态。

本节对膜面找形和支撑体系找力进行分析,根据预设条件对膜面和支撑体系的连接点或支撑体系的控制点进行节点位移控制,分析中采用的具体步骤如下。

(1) 根据膜面边界条件确定膜面找形的原始曲面,并由膜面投影面定义初始预应力分布,建立投影面和膜面之间的应力映射关系。

(2) 根据索-杆-梁-膜结构初始外形控制要求设置位移控制点,计算时对位移控制点的空间位置进行重置。

(3) 对索-杆-梁支撑体系施加预应力，预应力的取值可参考索-杆-梁支撑体系的找力结果并综合考虑位移控制点和膜面应力分布情况。

(4) 对膜面和支撑体系同时进行受力分析，计算时忽略膜面的材料属性保证形态分析结束时的膜面应力分布和初始预应力一致，对于支撑体系中有固定预应力要求的构件则不考虑其材料刚度。

(5) 对形态分析结果进行评判，若不满足要求则调整膜面和支撑体系的预应力分布重新进行初始形态分析。

6.4.2 分析示例

1. 伞状索-杆-膜结构

伞状结构是常见的膜结构体型之一，本例考虑一个以柔性索为边界的四边形伞状索-杆-膜结构，其中索-杆部分由 4 根自由斜索和 1 根飞柱组成，膜片部分用 4 根边索加强，同时伞顶端到四个角点用 4 根脊索连接。计算模型的初始假定形状和具体几何尺寸如图 6.4.1 所示。图中 1～4 角点为固定约束点，膜片为一个 10m×10m 的正方形，索-杆与膜片在中心点 6 相连，细实线代表柔性拉索(斜索、脊索和边索编号分别为ⅰ～ⅳ、ⅵ～ⅸ和ⅹ～ⅹⅲ)，粗实线代表飞柱(编号 v)。各构件参数分别为：①拉索截面面积 200mm^2，弹性模量 $E_1=1.9\times10^5$ MPa，泊松比$\nu_1=0.3$，线密度 $\rho_1=1.5$kg/m；②飞柱采用长度为 5m 的 ϕ114mm×4mm 空心圆钢管，弹性模量 $E_2=2.06\times10^5$ MPa，密度 $\rho_2=7.85\times10^3$ kg/m^3；③膜材厚度 $h=1.3$mm，密度 $\rho_3=1450$g/m^3，张拉刚度 $E_3h=780$N/mm，泊松比 $\nu_3=0.6$。整个结构总共被离散为 222 个质点，膜片和索-杆体系中分别使用 400 个三节点薄膜元和 80 个二节点索元以及 1 个二节点弹性杆元和 4 个二节点弹性索元来连接这些质点，如图 6.4.1所示。由于该伞状膜结构中飞柱的位置在初始形态分析过程中是不断变化的，伞顶点高度不确定，因此可考虑采用虚设索-杆内力法进行索-杆-膜协同分析。计算中膜片部分弹性模量按照材料实际参数的 10^{-6} 取值，虚拟耗能系数 $\alpha=0.95$，时间步幅系数 $S=100$，时间步长 $\Delta t=10^{-6}$s。

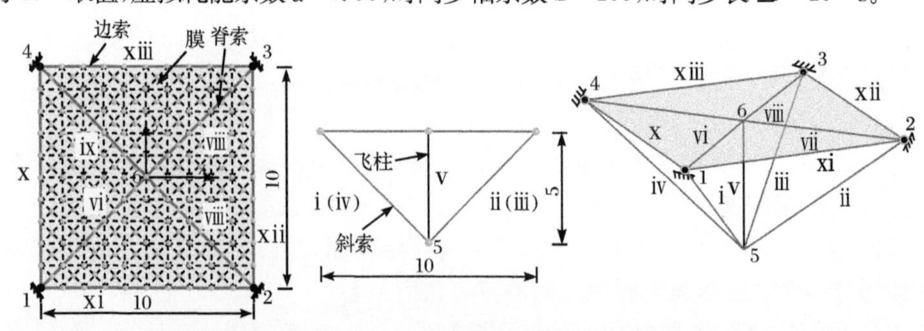

图 6.4.1　伞状索-杆-膜结构的计算模型初态(单位：m)

当膜面初始预应力为 3.0×10^6MPa，斜索、脊索和边索的初始预张拉力分别为 16kN、12kN 和 60kN 时(飞柱内力可以利用质点 5 的平衡条件求出)，计算得到的伞状索-杆-膜结构初始形态分析结果如图 6.4.2 所示。

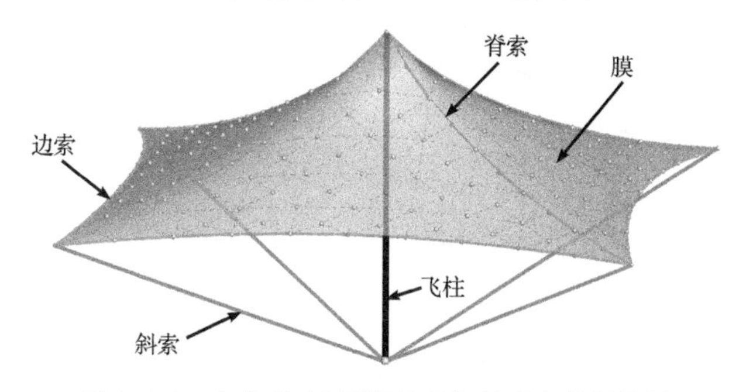

图 6.4.2　伞状索-杆-膜结构的初始形态分析结果

2. 索穹顶膜结构

考虑一个直径 24m、高 6.5m 且周边 6 点支撑的索穹顶膜结构，模型尺寸、索-杆体系的构件编号及初始假定几何构形如图 6.4.3 所示。其中索-杆体系部分由对称分布的 3 榀桁架和 2 道下环索连接而成，所有构件可分成 4 组：①脊索 ⅰ～ⅲ，②下斜索 ⅳ～ⅵ，③环索 ⅶ～ⅷ，④竖杆 ⅸ～ⅺ，细实线代表柔性拉索，粗实线代表竖杆。整体结构模型则是在索-杆体系的基础上铺设膜片，膜片中增加了边索和谷索，初始几何构形取为平面正多边形(图 6.4.3)。膜片和索-杆总共采用 374 个离散质点和 672 个三节点薄膜元、198 个二节点索(杆)元来进行模拟。

计算模型的构件参数为：①下斜索和环索采用 7 根 ϕ7mm 的钢绞线，边索和谷索采用 7 根 ϕ5mm 的钢绞线，弹性模量 $E_1=1.9\times10^5$MPa，泊松比 $\nu_1=0.3$，线密度分别为 6.8kg/m 和 2.1kg/m；②竖杆采用 ϕ180mm×10mm 的圆钢管，弹性模量 $E_2=2.06\times10^5$MPa，密度 $\rho_2=7.85\times10^3\,\text{kg/m}^3$；③膜材厚度 $h=1.0$mm，密度 $\rho_3=1050\text{kg/m}^3$，张拉刚度 $Eh=600$N/mm，泊松比 $\nu_3=0.6$。索-杆体系中拉索的初始预张力设为 50kN，竖杆不施加预应力；膜片部分边索、谷索初始预张力分别取为 15kN 和 10kN，膜面内初始预应力为 0.5MPa。为了保证索穹顶结构中索-杆与膜片相交处控制点位置满足给定几何控制条件，分析中首先逐步提升各控制点(A～C)至指定的坐标位置，并以脊索、边索、谷索为边界对膜片部分进行找形，然后释放多余约束，采用控制索-杆位形法进行索-杆-膜协同分析来寻找相应的结构初始形态。其他计算参数取值与本节第一个算例相同。计算得到的索穹顶初始形态结果如图 6.4.4 所示。

将协同分析与非协同分析对实际成形以后的内力和形状影响进行比较。后

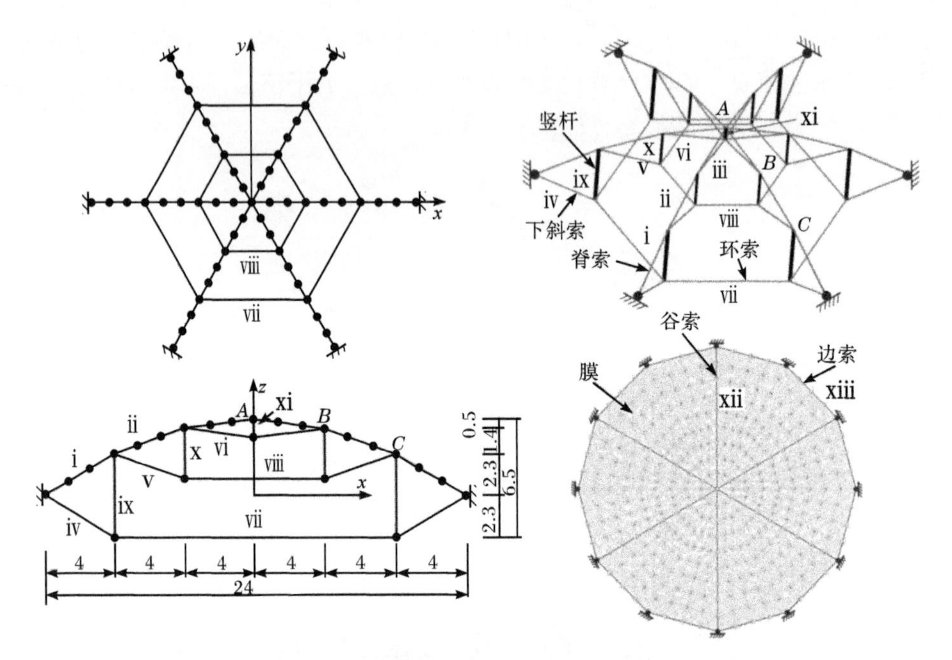

图 6.4.3　索穹顶膜结构的计算模型初态(单位:m)

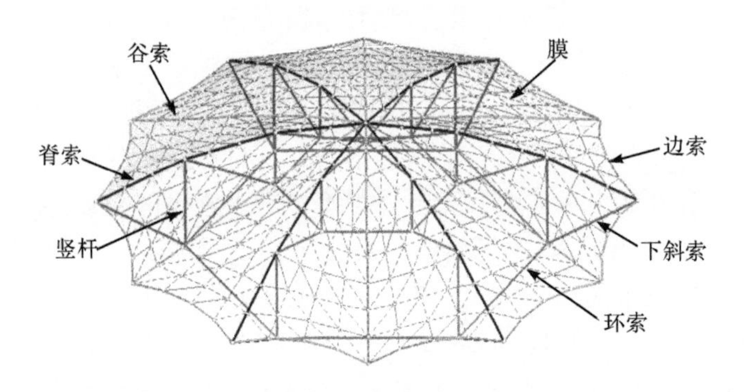

图 6.4.4　索穹顶膜结构的初始形态分析结果

者在分析时需要先将膜片与索-杆相交处作为固定点,以脊索、边索和谷索为边界对膜片部分按给定预应力单独进行找形分析,然后将膜片叠加到索-杆上,释放脊索上的固定约束,只限制周边角点的位移,再把初始预应力施加到结构上,并取膜片和索-杆的实际弹性模量进行计算。比较时选取三种预应力工况,第一种工况索-杆体系中 i～xi 构件的初设预张力根据其自应力模态固定取为 $t_0=\{300.0, 137.8, 65.5, 300.0, 137.8, 65.5, 260.1, 130.0, -149.6, -45.5, -48.8\}^{\mathrm{T}}\mathrm{kN}$,第二种和第三种工况则将第一种工况的初设预张力分别扩大和缩小 90%,以此来考查膜片和索-杆的刚度比值对结果的影响。不同工况下由两种分析方法计算得到的构件内力和控制点竖向位移结果见表 6.4.1。

表 6.4.1　几种预应力工况下协同分析与非协同分析结果比较

预应力工况		索-杆内力/kN				膜片内力（索/kN、膜/MPa）			控制点竖向位移/m		
		i	iv	vii	ix	xii	xiii	膜	*A*	*B*	*C*
一	初态	300.0	300.0	260.1	−149.6	10.0	20.0	0.050	4.200	3.700	2.300
	协同	297.8	302.3	261.5	−150.5	9.9	20.1	0.049	4.200	3.700	2.300
	非协同	298.6	301.7	260.9	−150.1	9.3	18.3	0.046	4.176	3.687	2.295
	偏差/%	0.27	0.20	0.23	0.27	6.06	8.95	6.12	0.57	0.35	0.22
二	初态	300.0	300.0	260.1	−149.6	100.0	200.0	0.500	4.200	3.700	2.300
	协同	279.1	320.4	275.6	−158.3	99.8	200.7	0.492	4.200	3.700	2.300
	非协同	287.5	311.9	267.3	−156.5	91.2	176.9	0.431	4.006	3.544	2.255
	偏差/%	3.01	2.65	3.01	1.14	8.62	11.86	12.40	4.62	4.22	1.96
三	初态	300.0	300.0	260.1	−149.6	1000.0	2000.0	5.000	4.200	3.700	2.300
	协同	97.4	492.2	410.5	−232.1	998.4	2001.9	4.983	4.200	3.700	2.300
	非协同	179.3	407.5	326.4	−210.7	892.3	1709.4	4.130	3.258	2.714	1.835
	偏差/%	84.09	17.21	20.49	9.22	10.63	14.61	17.12	22.43	26.65	20.22

计算结果表明，协同分析方法可以保证控制点位置基本不变，同时得到比较准确的结构初始几何形状和相应的预应力分布；而非协同分析方法得到的控制点坐标偏差较大，膜内预应力出现不同程度的下降，结构形态与预期结果有一定偏差，特别是当索-杆体系中预应力水平较低、自身刚度与膜片内力相比较小时，差别尤为明显，此时必须通过协同分析来消除这种误差。

3. 叶形索-杆-梁-膜结构

本例基于 5.7 节滑移索理论，对图 6.4.5 所示的索-杆支撑叶形膜面的索、杆、梁、膜形态进行分析。该模型膜面周边和两条对称曲梁相连接，两条曲梁在连接处能够自由转动。上部曲梁通过四根立柱和下部拉索连接，立柱高 2.125m。模型共有 6 个约束支座（图 6.4.5 中 1～6），且 6 个支座等高。支座 5、6 间距为 20m，支座 1、2 和支座 3、4 的间距均为 10m，支座 1、4 和支座 2、3 的间距均为 14m。

取域坐标原点在模型中心且和支座等高，膜面边界曲梁的空间坐标为

$$
\begin{aligned}
y &= -\frac{3x^2}{50} + 6 \\
z &= -\frac{3x^2}{200} + 1.5
\end{aligned}
\qquad (6.4.1)
$$

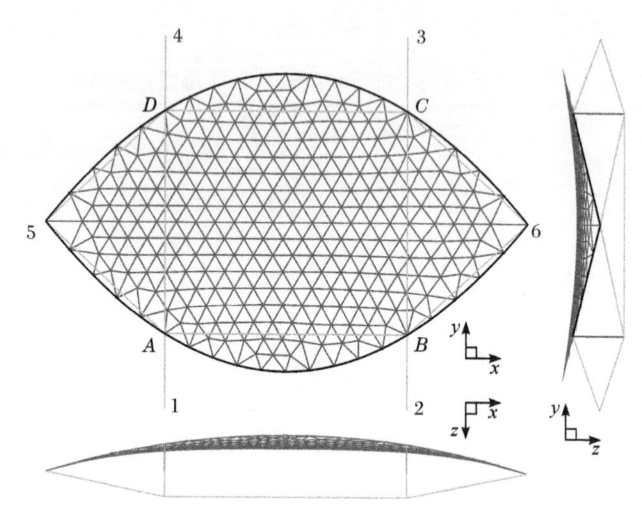

图 6.4.5　叶形结构形态分析模型

该索-杆-梁-膜结构模型可分离为两个相对独立的部分(图 6.4.6)。上部膜面、曲梁和斜拉索ⅰ三者可组成一个独立受力体系,但该受力体系的面外刚度较弱。下部斜拉索ⅱ、ⅴ,环索ⅲ、ⅳ和立柱作为加固体系增加上部结构的面外刚度。

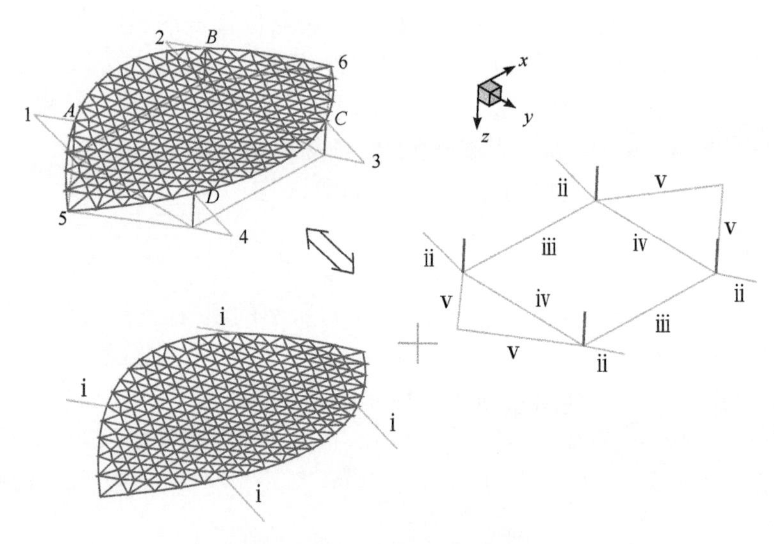

图 6.4.6　叶形结构模型构造

初始形态分析时,取投影面内的膜面应力 $\sigma_x=0.1\text{MPa}$、$\sigma_y=0.2\text{MPa}$、$\tau_{xy}=0$(膜面投影面局部坐标系的 x、y 轴和域坐标重合);并对下部斜索ⅱ、ⅴ施加 300kN 的预拉力。拉索ⅰ～ⅴ的截面为 $r=3\text{cm}$ 的圆,弹性模量 $E=206\text{GPa}$,膜面

周边曲梁和立柱的材料刚度取无穷大。曲梁在膜面应力、斜索ⅰ拉力和立柱的共同作用下可绕轴线5、6转动。

根据下部环索的滑移情况以及立柱和膜面连接点(图6.4.6中$A\sim D$)的位移控制情况,将该结构分三个工况进行初始形态分析:工况1,下部环索不滑移但控制连接点位移;工况2,下部环索滑移且控制连接点位移;工况3,下部环索滑移但不控制连接点位移。

控制连接点位移且下部环索为非滑移索(工况1)时的初始形态分析结果如图6.4.7所示。由于施加的预应力和构件刚度相比较小,初始形态分析前后的结构外形没有明显变化(工况2、3的找形结果类似);但膜面在找形过程中由于不考虑材料属性,在初始预应力的张拉作用下向上移动。

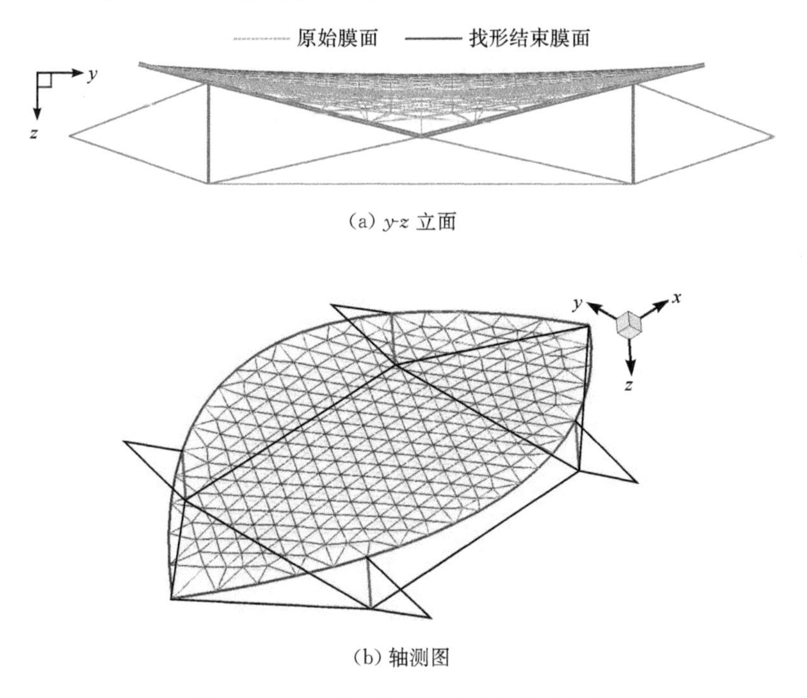

(a) y-z立面

(b) 轴测图

图6.4.7　工况1找形前后结构外形变化

各工况初始形态分析结束时的构件内力见表6.4.2。工况1和工况2中均控制上部膜面和下部索-杆支撑体系连接点位移,立柱上下端的空间位置基本不变,索-杆内力根据膜面应力和下部斜拉索预拉力逐步积累。初始形态分析结束时,两工况中的斜拉索ⅰ和立柱内力基本相等,而下部拉索、环索的内力和环索构造相关。工况2中索ⅲ和索ⅳ的内力相等,与工况1相比斜索ⅱ和ⅴ的内力也相应发生改变。工况3中未控制连接点位移,在膜面应力和下部拉索预拉力作用下,膜面周边曲梁将绕5、6轴线向上转动,并在上部斜索ⅰ的作用下处于受力平衡状态。随着结构整体向上变形，下部拉索和立柱的内力逐渐减小，与工况 1、工况 2 相比上部索 i 的内力也因下部支撑体系作用力的减小而减小。

表 6.4.2　结构初始形态分析结束时的构件内力

类型	构件内力/kN		
	工况 1	工况 2	工况 3
索Ⅰ	1193.458	1193.790	730.595
索Ⅱ	470.316	483.318	81.921
索Ⅲ	258.729	241.039	40.929
索Ⅳ	212.803	241.039	40.929
索Ⅴ	352.264	328.217	55.686
立柱	−202.073	−202.609	−33.878

由本例分析结果可见，不同的构件约束、边界条件以及是否控制膜面和支撑体系连接点位移，对索-杆-梁-膜柔性结构的初始形态分析影响显著。另外，分析中连续滑移索各索段内力相等，但具体内力值需通过初始形态分析确定，对于不同形态分析条件得到的结果差异较大。本例表明有限质点法可同时对膜面找形和支撑体系找力进行协同分析；另外，分析时可以考虑节点位移控制和连续索滑移等特殊约束条件。

第 7 章　薄膜结构褶皱行为分析

薄膜结构在建筑结构、太阳能帆、太空防护装置中有广泛应用。膜材的抗弯和抗剪刚度很弱,褶皱是膜结构破坏的主要形式之一。由于在褶皱形成过程中薄膜局部的变形幅度较大,而且膜面多处于不稳定状态,这种强烈的局部非线性对数值模拟方法的稳定性和收敛性都提出了较苛刻的要求。本章首先介绍薄膜褶皱分析的基本思路,然后引入张力场理论和屈曲理论分析方法,对薄膜结构扭转、剪切以及充气膨胀产生的褶皱效应进行分析。

7.1　基本分析思路

目前薄膜褶皱问题的基本分析理论有两类:薄膜张力场理论和薄壳屈曲理论。由于张力场理论的基本思想是将褶皱的面外变形转化为面内的过度收缩问题来处理,分析中忽略了薄膜的抗弯能力,所以它的主要缺点是无法获得褶皱的具体构形,且无法预测薄膜结构的面外变形。借助薄壳屈曲理论则可以对薄膜褶皱问题进行更加深入的研究,从本质上分析薄膜褶皱现象。在实际分析中,如果关注褶皱出现的位置,可以选择张力场理论;如果更关注褶皱形态,则可以选用薄壳屈曲理论进行分析(李云良等,2008;赵冉,2011)。

7.1.1　张力场理论基本思想

对于大多数建筑膜结构,相比于褶皱的具体波长和幅度等细节描述,人们更关注的是褶皱分布的区域及其对结构受力性能的影响(即褶皱效应)。此时,应用张力场理论来分析薄膜的褶皱问题是比较合适的选择,因其仅需使用较粗略的离散化模型就能以较小的计算代价得到包括应力分布在内的薄膜整体荷载响应和受力情况。

张力场理论(Wagner,1929)是较早用于薄膜褶皱研究的理论方法,它实际上是三维薄膜理论简化后得出的一种近似分析理论,研究对象为数学上的一种理想薄膜模型,其基本假设为:①忽略膜材的抗弯刚度,膜片在变形过程中没有压缩和弯曲应力产生,当任意微小的压应力出现时,薄膜会立即通过平面外的变形来释放压应力,便形成了褶皱;②褶皱区域膜片中存在一个张力场,其中最小主应力等于 0 而最大主应力大于 0,呈单轴张拉状态,褶皱的波峰和波谷部分都是沿着最大主应力方向,即褶皱的方向与张拉线方向相同,并与最小主应力方向垂直;③褶皱面外变形所引起的垂直褶皱方向上的收缩被同方向上薄膜面内的收缩所代替，该过程不涉及任何能量的改变。运用张力场理论进行薄膜褶皱分析的原理如图 7.1.1所示。

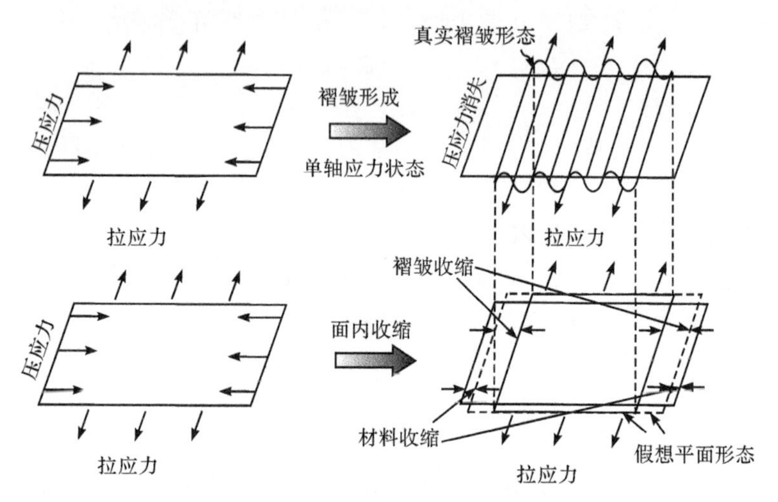

图 7.1.1 张力场理论的基本概念

7.1.2 屈曲理论基本思想

基于薄壳屈曲理论对薄膜褶皱进行研究，是根据褶皱的形成与屈曲现象的相似性，从稳定的角度来研究褶皱问题。其基本思想是将薄膜视作一类特殊的薄壳物理模型，计入实际膜材中的微小抗弯刚度，认为其可以承受有限大小的压缩应力作用；通过研究褶皱与薄膜抗弯刚度之间的关系，将褶皱看做一种超薄壳体在压应力作用下发生的短波屈曲行为，并采用稳定理论分析褶皱应力和褶皱形变。就屈曲问题而言，由于褶皱薄膜的面外变形远大于其自身的厚度，故需要分析较大范围的后屈曲平衡位形，此时可采用非线性大挠度稳定理论建立平衡方程来进行计算，以考虑平面内应力引起的附加弯矩以及面外变形与屈曲变形相互耦合作用；同时，由于薄膜皱曲临界荷载非常小，理想状态下的分支点状态也很难准确获得，因此可考虑将其转化为极值型失稳问题来近似模拟皱曲后的平衡路径(刘正兴和叶榕，1990；王长国，2007)。

对表面精度有较高要求的膜结构，特别是需要严格控制褶皱程度的航空薄膜结构，借助薄壳屈曲理论不但可以计算出褶皱的方向和分布区域，而且能够描述褶皱形成后的具体形态(包括褶皱的几何形状、数量和详细的构形参数等)。

7.2　张力场理论分析方法

7.2.1　膜面受力状态判断

薄膜结构在外荷载作用下膜面上可出现张紧、褶皱(也称为单向褶皱)和松弛(也称为双向褶皱)三种状态(图 7.2.1),不同状态之间随着荷载及结构形态的变化可以相互转换。因此,为了获得结构真实的受力与变形情况,在运用张力场理论进行褶皱分析时必须在每一步的薄膜内力计算中都对褶皱出现与否进行判断,并对状态发生变化的区域进行相应的处理。

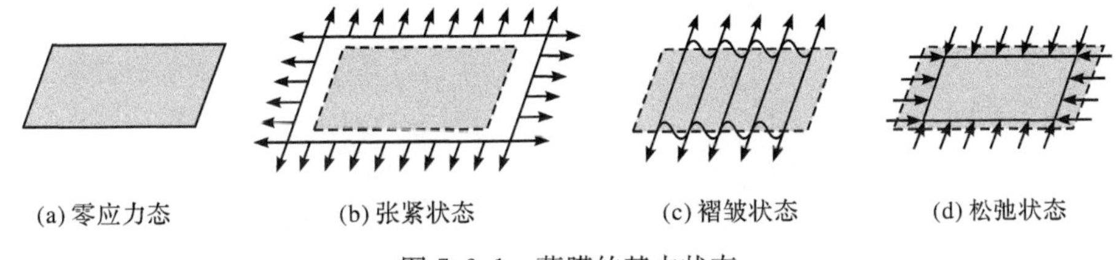

图 7.2.1　薄膜的基本状态

目前,薄膜状态的判定准则主要有三类:主应力准则、主应变准则及主应力-主应变联合准则,具体表述见表 7.2.1。

表 7.2.1　褶皱判定准则

膜面状态	主应力准则	主应变准则	主应力-主应变联合准则
张紧(无褶皱)	$\sigma_{\mathrm{II}}>0$	$\varepsilon_{\mathrm{I}}>0$ 且 $\varepsilon_{\mathrm{II}}>-\nu\varepsilon_{\mathrm{I}}$	$\sigma_{\mathrm{II}}>0$
褶皱(单向褶皱)	$\sigma_{\mathrm{I}}>0$ 且 $\sigma_{\mathrm{II}}\leqslant 0$	$\varepsilon_{\mathrm{I}}>0$ 且 $\varepsilon_{\mathrm{II}}\leqslant-\nu\varepsilon_{\mathrm{I}}$	$\varepsilon_{\mathrm{I}}>0$ 且 $\sigma_{\mathrm{II}}\leqslant 0$
松弛(双向褶皱)	$\sigma_{\mathrm{II}}\leqslant\sigma_{\mathrm{I}}\leqslant 0$	$\varepsilon_{\mathrm{II}}\leqslant\varepsilon_{\mathrm{I}}\leqslant 0$	$\varepsilon_{\mathrm{II}}\leqslant\varepsilon_{\mathrm{I}}\leqslant 0$

主应力准则意义非常明确,应用上也很方便,但用于评估膜面状态的应力并不一定是真实应力,导致某些条件下对薄膜受力状态的误判,如图 7.2.2(a)所示,当某点的应力状态处于图中阴影区域时,按正常材料本构得到的是双向压应力,即认为已进入松弛状态,但由于此时 $\varepsilon_{\mathrm{I}}>0$,实际仍应属于褶皱状态。而主应变准则[图 7.2.2(b)]虽然不存在这一问题,但只适用于各向同性膜材。对于一般的各向异性建筑膜材,由于其拉剪变形之间存在耦合作用,应力与应变的主方向可能不重合,因此主应力不能通过主应变来简单表示,也就无法得到主应力为 0 时各主应变之间的关系,故此时主应变准则不再适用。

主应力-主应变联合准则(Roddeman et al.,1987)将主应力 σ_{II} 和主应变 ε_{I} 两

个指标相结合，前者用来区分张紧状态与褶皱状态，后者则用来区分褶皱状态与松弛状态。这种判别方式克服了前两种准则的不足，不会产生误判，是当前用于各向异性膜材受力状态评估时比较合适的判别准则。本节对该准则做适当修正，以便能够适应有限质点法内力分析中每个途径单元初始时刻都存在初应力的特点。

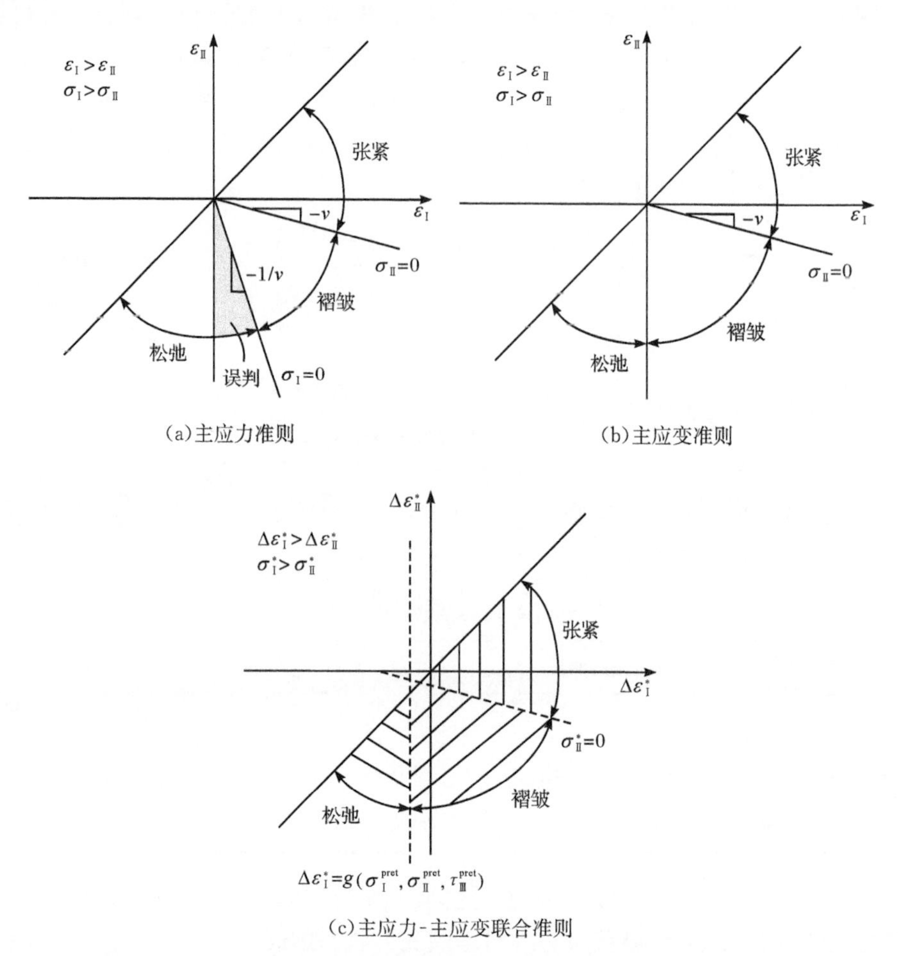

图 7.2.2　应变空间表述的薄膜受力状态

考虑任一薄膜元 j，假定在当前增量结束时没有褶皱产生，则根据 2.6.3 节所述，可由当前时间步内与薄膜元 j 相连质点的变形位移 $\hat{\boldsymbol{u}}_{\mathrm{d}}^{*}$ 求出该薄膜元内的应变增量 $\Delta\hat{\boldsymbol{\varepsilon}}_{\mathrm{r}}=[\Delta\hat{\varepsilon}_{x}\quad\Delta\hat{\varepsilon}_{y}\quad\Delta\hat{\gamma}_{xy}]_{\mathrm{r}}^{\mathrm{T}}$，然后按照式(3.4.7)由变形坐标系下正常材料本构矩阵 $\hat{\boldsymbol{D}}_{a}$ 求出试探应力增量 $\Delta\hat{\boldsymbol{\sigma}}^{*}=[\Delta\hat{\sigma}_{x}^{*}\quad\Delta\hat{\sigma}_{y}^{*}\quad\Delta\hat{\sigma}_{z}^{*}]^{\mathrm{T}}$。设当前时间步所在途径单元初始时刻薄膜元应力 $\hat{\boldsymbol{\sigma}}^{a}=[\hat{\sigma}_{x}^{a}\quad\hat{\sigma}_{y}^{a}\quad\hat{\tau}_{xy}^{a}]^{\mathrm{T}}$，则当前时刻 t_{n} 的预测应力为

$\hat{\boldsymbol{S}}^* = \left[\hat{S}_x^* \quad \hat{S}_y^* \quad \hat{S}_{xy}^*\right]^{\mathrm{T}} = \hat{\boldsymbol{\sigma}}^a + \Delta\hat{\boldsymbol{\sigma}}^*$。由预测应力分量可以计算其主应力及其方向为

$$C_1 = \frac{\hat{S}_x^* + \hat{S}_y^*}{2}, \quad C_2 = \hat{S}_x^* - \hat{S}_y^*, \quad C_3 = \sqrt{\left(\frac{C_2}{2}\right)^2 + (\hat{S}_{xy}^*)^2}$$

$$\sigma_{\mathrm{I}}^* = C_{\mathrm{I}} + C_3, \quad \sigma_{\mathrm{II}}^* = C_1 - C_3 \tag{7.2.1a}$$

$$\frac{\hat{m}_{\mathrm{I}}}{\hat{l}_{\mathrm{I}}} = \frac{\hat{S}_{xy}^*}{\sigma_{\mathrm{I}}^* - \hat{S}_y^*} = -\frac{\sigma_{\mathrm{II}}^* - \hat{S}_y^*}{\hat{S}_{xy}^*}, \quad \hat{l}_{\mathrm{I}} = \frac{1}{\sqrt{1 + (\hat{m}_{\mathrm{I}}/\hat{l}_{\mathrm{I}})^2}}$$

$$\frac{\hat{m}_{\mathrm{II}}}{\hat{l}_{\mathrm{II}}} = \frac{\sigma_{\mathrm{II}}^* - \hat{S}_x^*}{\hat{S}_{xy}^*} = \frac{\hat{S}_{xy}^*}{-\sigma_{\mathrm{I}}^* - \hat{S}_x^*}, \quad \hat{l}_{\mathrm{II}} = \frac{1}{\sqrt{1 + (\hat{m}_2/\hat{l}_2)^2}} \tag{7.2.1b}$$

式中，$\hat{l}_i$、$\hat{m}_i(i=\mathrm{I},\mathrm{II})$分别为$\sigma_{\mathrm{I}}^*$和$\sigma_{\mathrm{II}}^*$应力主轴与变形坐标系中$\hat{x}$轴和$\hat{y}$轴的方向余弦。需要注意的是，在第 1 个途径单元内，初始时刻的应力${}^{t_0}\hat{\boldsymbol{\sigma}}^a$应当由所施加的初始预应力决定，即${}^{t_0}\hat{\boldsymbol{\sigma}}^a = \hat{\boldsymbol{\sigma}}^{\mathrm{pret}}$。

由$\hat{l}_i$、$\hat{m}_i(i=\mathrm{I},\mathrm{II})$以及$\Delta\hat{\boldsymbol{\varepsilon}}$，可以求出主应力方向上的应变增量为

$$\Delta\boldsymbol{\varepsilon}_\sigma^* = \hat{\boldsymbol{T}}_\varepsilon^*[\Delta\hat{\boldsymbol{\varepsilon}}] = \begin{bmatrix} \hat{l}_{\mathrm{I}}^2 & \hat{m}_{\mathrm{I}}^2 & \hat{l}_{\mathrm{I}}\hat{m}_{\mathrm{I}} \\ \hat{l}_{\mathrm{II}}^2 & \hat{m}_{\mathrm{II}}^2 & \hat{l}_{\mathrm{II}}\hat{m}_{\mathrm{II}} \\ 2\hat{l}_{\mathrm{I}}\hat{l}_{\mathrm{II}} & 2\hat{m}_{\mathrm{I}}\hat{m}_{\mathrm{II}} & \hat{l}_{\mathrm{I}}\hat{m}_{\mathrm{II}} + \hat{l}_{\mathrm{II}}\hat{m}_{\mathrm{I}} \end{bmatrix} \begin{bmatrix} \Delta\hat{\varepsilon}_x \\ \Delta\hat{\varepsilon}_y \\ \Delta\hat{\gamma}_{xy} \end{bmatrix} \tag{7.2.2}$$

式中，$\Delta\boldsymbol{\varepsilon}_\sigma^* = [\Delta\varepsilon_{\mathrm{I}}^* \quad \Delta\varepsilon_{\mathrm{II}}^* \quad \Delta\gamma_{\mathrm{I}/\mathrm{II}}^*]^{\mathrm{T}}$为应力主轴上的应变向量（对于正交异性膜材，应力主轴方向$\hat{\boldsymbol{n}}_\sigma^* = \left[\hat{l}_i \quad \hat{m}_i\right]^{\mathrm{T}}(i=\mathrm{I},\mathrm{II})$可能与应变主轴不重合，即$\Delta\gamma_{\mathrm{I}/\mathrm{II}}^* \neq 0$）；$\hat{\boldsymbol{T}}_\varepsilon^*$为应力主轴与变形坐标轴之间的应变转换矩阵。

类似地，可以将初应力向量$\hat{\boldsymbol{\sigma}}^a = [\hat{\sigma}_x^a \quad \hat{\sigma}_y^a \quad \hat{\tau}_{xy}^a]^{\mathrm{T}}$用应力主轴分量表示为

$$\boldsymbol{\sigma}^{*a} = \hat{\boldsymbol{T}}_\sigma^* \hat{\boldsymbol{\sigma}}^a = \begin{bmatrix} \hat{l}_{\mathrm{I}}^2 & \hat{m}_{\mathrm{I}}^2 & 2\hat{l}_{\mathrm{I}}\hat{m}_{\mathrm{I}} \\ \hat{l}_{\mathrm{II}}^2 & \hat{m}_{\mathrm{II}}^2 & 2\hat{l}_{\mathrm{II}}\hat{m}_{\mathrm{II}} \\ \hat{l}_{\mathrm{I}}\hat{l}_{\mathrm{II}} & \hat{m}_{\mathrm{I}}\hat{m}_{\mathrm{II}} & 2\hat{l}_{\mathrm{I}}\hat{m}_{\mathrm{II}} + 2\hat{l}_{\mathrm{II}}\hat{m}_{\mathrm{I}} \end{bmatrix} \begin{bmatrix} \hat{\sigma}_x^a \\ \hat{\sigma}_y^a \\ \hat{\tau}_{xy}^a \end{bmatrix} \tag{7.2.3}$$

式中，$\boldsymbol{\sigma}^{*a} = [\sigma_{\mathrm{I}}^a \quad \sigma_{\mathrm{II}}^a \quad \tau_{\mathrm{I}/\mathrm{II}}^a]^{\mathrm{T}}$；$\hat{\boldsymbol{T}}_\sigma^*$为应力主轴与变形坐标轴之间的应力转换矩阵，且有$(\hat{\boldsymbol{T}}_\sigma^*)^{-1} = \hat{\boldsymbol{T}}_\varepsilon^{*\mathrm{T}}$。

另外，由式(3.4.7)可知，如果膜面处于张紧状态，则主轴上的应力$\boldsymbol{\sigma}^* = [\sigma_{\mathrm{I}}^* \quad \sigma_{\mathrm{II}}^* \quad 0]^{\mathrm{T}}$与所在方向上的应变增量$\Delta\boldsymbol{\varepsilon}_\sigma^*$之间有以下关系：

$$\boldsymbol{\sigma}^{*}=\begin{Bmatrix}\sigma_{\mathrm{I}}^{*}\\ \sigma_{\mathrm{II}}^{*}\\ 0\end{Bmatrix}=\begin{bmatrix}\widetilde{D}_{11}^{*} & \widetilde{D}_{12}^{*} & \widetilde{D}_{13}^{*}\\ \widetilde{D}_{21}^{*} & \widetilde{D}_{22}^{*} & \widetilde{D}_{23}^{*}\\ \widetilde{D}_{31}^{*} & \widetilde{D}_{32}^{*} & \widetilde{D}_{33}^{*}\end{bmatrix}\begin{bmatrix}\Delta\varepsilon_{\mathrm{I}}^{*}\\ \Delta\varepsilon_{\mathrm{II}}^{*}\\ \Delta\gamma_{\mathrm{I}/\mathrm{II}}^{*}\end{bmatrix}+\begin{bmatrix}\boldsymbol{\sigma}_{\mathrm{I}}^{*\,\mathrm{pret}}\\ \boldsymbol{\sigma}_{\mathrm{II}}^{*\,\mathrm{pret}}\\ \boldsymbol{\tau}_{\mathrm{I}/\mathrm{II}}^{*\,\mathrm{pret}}\end{bmatrix}=\widetilde{\boldsymbol{D}}^{*}\Delta\boldsymbol{\varepsilon}_{\sigma}^{*}+\boldsymbol{\sigma}^{*\,\mathrm{pret}} \tag{7.2.4}$$

式中，$\widetilde{\boldsymbol{D}}^{*}$ 为应力主轴方向上的膜材本构矩阵，$\widetilde{\boldsymbol{D}}^{*}=\hat{\boldsymbol{T}}_{\sigma}^{*}\hat{\boldsymbol{D}}\,\hat{\boldsymbol{T}}_{\sigma}^{*\mathrm{T}}$。

需要注意，标示有“^”符号的各个变量都是以薄膜元的变形坐标分量来描述的。根据 2.1.3 节所述，有限质点法中每个途径单元内的变形都很小，且变形坐标分量描述的是纯变形，因此应力和应变可分别按 Cauchy 应力和微应变直接相加，不再需要与 PK2 应力和 Green 应变进行转换。

令 $\sigma_{\mathrm{II}}^{*}=0$，由式(7.2.4)可得 $\Delta\varepsilon_{\mathrm{II}}^{*}=f(\Delta\varepsilon_{\mathrm{I}}^{*},\sigma_{\mathrm{II}}^{\mathrm{pret}},\tau_{\mathrm{I}/\mathrm{II}}^{\mathrm{pret}})$ 为膜面张紧状态和褶皱状态的分界点；再将 $\Delta\varepsilon_{\mathrm{II}}^{*}=f(\Delta\varepsilon_{\mathrm{I}}^{*},\sigma_{\mathrm{II}}^{\mathrm{pret}},\tau_{\mathrm{I}/\mathrm{II}}^{\mathrm{pret}})$ 代回式(7.2.4)，同时令 σ_{I}^{*} 也为 0，可得出判断膜面松弛与否的分界点为 $\Delta\varepsilon_{\mathrm{I}}^{*}=g(\sigma_{\mathrm{I}}^{\mathrm{pret}},\sigma_{\mathrm{II}}^{\mathrm{pret}},\tau_{\mathrm{I}/\mathrm{II}}^{\mathrm{pret}})$，如图 7.2.2(c)所示。

综合以上分析可知，得到薄膜元内各积分点的试探主应力 $\hat{\sigma}_{\mathrm{I}}^{*}$ 和 $\hat{\sigma}_{\mathrm{II}}^{*}$ 以及相应方向上的增量应变 $\Delta\varepsilon_{\mathrm{I}}^{*}$ 和 $\Delta\varepsilon_{\mathrm{II}}^{*}$ 之后，便可根据主应力-主应变联合准则对其当前时刻所处的受力状态进行评估：当 $\hat{\sigma}_{\mathrm{II}}^{*}>0$ 时，表明积分点处于拉紧状态，无褶皱发生；当 $\hat{\sigma}_{\mathrm{II}}^{*}\leqslant 0$ 且 $\Delta\varepsilon_{\mathrm{I}}^{*}>g(\sigma_{\mathrm{I}}^{\mathrm{pret}},\sigma_{\mathrm{II}}^{\mathrm{pret}},\tau_{\mathrm{I}/\mathrm{II}}^{\mathrm{pret}})$ 时，表明积分点处于单向受拉状态，发生单向褶皱；当 $\Delta\varepsilon_{\mathrm{I}}^{*}\leqslant g(\sigma_{\mathrm{I}}^{\mathrm{pret}},\sigma_{\mathrm{II}}^{\mathrm{pret}},\tau_{\mathrm{I}/\mathrm{II}}^{\mathrm{pret}})$ 时，表明积分点处于松弛状态，发生双向褶皱。对于第一种情况，不需要做任何修正，可直接进入下一步计算；而对于后两种情况，都需要对褶皱予以适当的处理。

7.2.2 膜面褶皱效应分析技术

1. 褶皱模型

张力场理论无法获得精确的褶皱波形，因此可以在分析模型中定义一个光滑的假想平均曲面来反映褶皱区域实际的变形状态，褶皱曲面上的点被一一映射至该假想面上。考虑图 7.2.3 所示的以中面表示的一小片薄膜，实线 *abcd* 包围的曲面表示褶皱形成后的膜面（对应的中面构形记作 Π^{w}），虚线 $a'b'c'd'$ 连接的曲面代表假想的无褶皱平均曲面（对应的中面构形记作 Π，其参考构形记作 Π_0）。假设两个正交的单位向量 $\boldsymbol{w}$ 和 $\boldsymbol{t}$（$\boldsymbol{w},\boldsymbol{t}\in\Pi$）分别沿着膜面内 Cauchy 应力的主方向，则根据张力场理论 $\boldsymbol{t}$ 应平行于褶皱方向（即单轴拉伸方向），而 $\boldsymbol{w}$ 则指向褶皱扩展方向（即主应力为 0 的方向）。由 $\boldsymbol{w}$ 和 $\boldsymbol{t}$ 可定义一褶皱坐标系 $W\subset\mathbf{R}^2$（$\mathbf{R}^2$ 代表二维欧氏几何空间）。由于忽略了真实的褶皱曲面形状，因此直接按假想曲面构形求出的褶皱薄膜名义变形梯度 $\boldsymbol{F}$ 将不能满足单轴应力条件。对此,可人为假定褶皱曲面 $abcd$ 沿着 $\boldsymbol{w}$ 方向伸长,直至展开成光滑曲面 $a'b'c'd'$(对应的中面构形记作 Π'),此时褶皱恰好完全消失又没有 $\boldsymbol{w}$ 方向的拉应力产生。由于这里忽略薄膜的弯曲刚度,因此上述伸展过程只是刚体位移,没有新的应变产生,而 Cauchy 应力也只是经历相应的刚体转动,应变能未发生改变,展开后的构形 Π' 与原褶皱曲面构形 Π^{w} 等效,并且满足单轴拉伸条件。

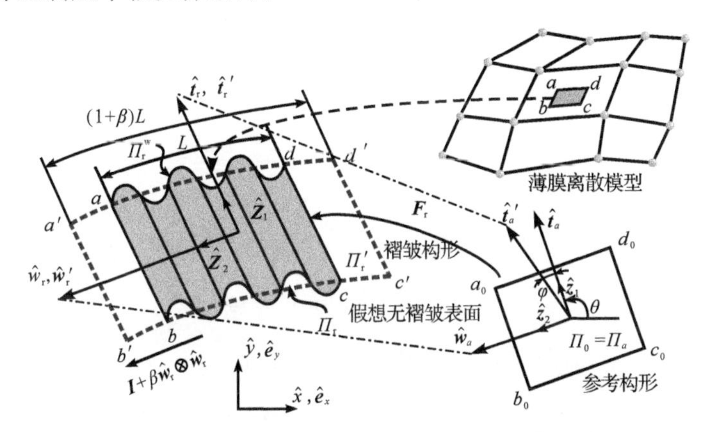

图 7.2.3 假想无褶皱膜面示意图及相关坐标系定义

根据从构形 Π^{w} 到构形 Π' 的变化过程,修正后的变形梯度 $\boldsymbol{F}'$ 为

$$\boldsymbol{F}' = (\boldsymbol{I} + \beta \boldsymbol{w} \otimes \boldsymbol{w})\boldsymbol{F} \tag{7.2.5}$$

式中,$\boldsymbol{F}$ 为基于膜面可以承压假设而得出的构形 Π 所对应的变形梯度;$\boldsymbol{I}$ 为单位张量;β 为衡量褶皱程度的一个参数,可用来表示褶皱引起的面内收缩量。

修正的 Green-Lagrange 应变(即构形 $\Pi_{\mathrm{r}}^{\mathrm{w}}$ 对应的 Green-Lagrange 应变)可以由构形 Π' 所对应的变形梯度 $\boldsymbol{F}'$ 求出,即

$$\boldsymbol{E}' = \frac{1}{2}(\boldsymbol{F}'^{\mathrm{T}}\boldsymbol{F}' - \boldsymbol{I}) = \boldsymbol{E} - \boldsymbol{E}^{\mathrm{w}} \tag{7.2.6}$$

式中,$\boldsymbol{E}$ 为由变形梯度 $\boldsymbol{F}$ 求出的名义 Green-Lagrange 应变;$\boldsymbol{E}^{\mathrm{w}}$ 为褶皱应变,其定义为

$$\boldsymbol{E}^{\mathrm{w}} = -\frac{1}{2}\beta(\beta + 2)\boldsymbol{w}_0 \otimes \boldsymbol{w}_0 \tag{7.2.7a}$$

$$\boldsymbol{w}_0 = \boldsymbol{w}\boldsymbol{F} = \boldsymbol{F}^{\mathrm{T}}\boldsymbol{w} \tag{7.2.7b}$$

式中,$\boldsymbol{w}_0$ 是向量 $\boldsymbol{w}$ 的映射向量,也是褶皱应变张量 $\boldsymbol{E}^{\mathrm{w}}$ 的基底向量,$\boldsymbol{w}_0 \in \Pi_0$。需要指出的是,$\boldsymbol{w}_0$ 的正交向量 $\boldsymbol{t}_0 \in \Pi_0$ 不一定满足映射关系 $\boldsymbol{F}: \boldsymbol{t} \mapsto \boldsymbol{t}_0$。

于是,构形 Π' 状态下修正后的 PK2 应力和 Cauchy 应力可分别表示为

$$\boldsymbol{S}' = \boldsymbol{H}(\boldsymbol{E}') \tag{7.2.8a}$$

$$\boldsymbol{\sigma}' = \sqrt{[1/\det(2\boldsymbol{E}'+\boldsymbol{I})]}\boldsymbol{F}' \cdot \boldsymbol{S}' \cdot \boldsymbol{F}'^{\mathrm{T}} \tag{7.2.8b}$$

该模型理论上可以用于分析任意薄膜结构的褶皱问题，包括正交异性和非线弹性膜材。然而，在进行下一步推导之前，需要将上述公式中的各个变量都改用逆向运动后虚拟位置上（对应的假想中面构形记作 Π_{r}）的一组变形坐标 $(\hat{x},\hat{y},\hat{z})$ 来描述。考虑到薄膜处于平面应力状态，所以各变量都可以简化成在 $\hat{x}$ 和 $\hat{y}$ 所给出的二维参数空间 $M\subset\mathbf{R}^2$ 中来定义。于是，由式(7.2.6)和式(7.2.7)，并利用 Voigt 标记规则，可将修正后的 Green-Lagrange 应变改写为

$$\{\hat{\boldsymbol{E}}'\} = \{\hat{\boldsymbol{E}}'_{\mathrm{r}}\} = \{\hat{\boldsymbol{E}}_{\mathrm{r}}\} + \gamma \hat{\boldsymbol{U}}_2^{\mathrm{T}} = \{\hat{\boldsymbol{E}}_{\mathrm{r}}\} + \frac{1}{2}\|\hat{\boldsymbol{w}}_a\|^2\beta(2+\beta)\hat{\boldsymbol{U}}_2^{\mathrm{T}} \tag{7.2.9}$$

$$\hat{\boldsymbol{w}}_a = \hat{\boldsymbol{w}}_{\mathrm{r}}\hat{\boldsymbol{F}}_{\mathrm{r}} = \hat{\boldsymbol{F}}_{\mathrm{r}}^{\mathrm{T}}\hat{\boldsymbol{w}}_{\mathrm{r}} \tag{7.2.10}$$

式中，带有标记符号“ˆ”的变量均表示是在变形坐标下来描述的；γ 为度量褶皱程度的参数，$\gamma=\frac{1}{2}\|\hat{\boldsymbol{w}}_a\|^2\beta(2+\beta)$；$\hat{\boldsymbol{w}}_a$ 为途径单元初始 t_a时刻基础构形内的褶皱纹理方向向量，$\hat{\boldsymbol{w}}_a=-\|\hat{\boldsymbol{w}}_a\|\sin\theta\hat{\boldsymbol{e}}_x+\|\hat{\boldsymbol{w}}_a\|\cos\theta\hat{\boldsymbol{e}}_y$，$\hat{\boldsymbol{w}}_a\in\Pi_a$ 其中，$\hat{\boldsymbol{e}}_x$ 和 $\hat{\boldsymbol{e}}_y$ 分别为变形坐标 $\hat{x}$ 和 $\hat{y}$ 轴的方向向量，θ 为沿 $\hat{\boldsymbol{t}}_a$ 和 $\hat{\boldsymbol{w}}_a$ 方向定义的褶皱坐标轴与变形坐标轴之间的夹角(逆时针为正)，如图 7.2.3 所示，$\hat{\boldsymbol{t}}_a,\hat{\boldsymbol{w}}_a\in\Pi_a$ 是一对正交向量；$\hat{\boldsymbol{U}}_2$ 为用于将变形坐标下的应力转换成褶皱坐标系下 $\hat{\boldsymbol{w}}_a$ 方向分量的转换向量，可按式(7.2.11)定义：

$$\begin{bmatrix}\hat{\boldsymbol{U}}_1\\ \hat{\boldsymbol{U}}_2\\ \hat{\boldsymbol{U}}_3\end{bmatrix} = \begin{bmatrix} c^2 & s^2 & 2cs \\ s^2 & c^2 & -2cs \\ -cs & cs & c^2-s^2\end{bmatrix} = \hat{\boldsymbol{T}} \tag{7.2.11}$$

式中，c 和 s 分别为 $\cos\theta$ 和 $\sin\theta$。

在展开后的假想平面构形 Π'_{r}上定义一对正交向量 $\hat{\boldsymbol{w}}'_{\mathrm{r}}$和 $\hat{\boldsymbol{t}}'_{\mathrm{r}}$，分别沿着该状态下 Cauchy 应力的两个主轴方向(图 7.2.3)，其中 $\hat{\boldsymbol{t}}'_{\mathrm{r}}$ 指向拉伸方向，$\hat{\boldsymbol{w}}'_{\mathrm{r}}$ 指向褶皱纹理方向。由于 $\Pi_{\mathrm{r}}^{\mathrm{w}}$ 到 Π'_{r} 的过程中没有额外的应变产生，两构形上的应力状态相互等效，因此 Π' 也将处于单轴拉伸状态，于是可得出下列关于褶皱方向向量的关系式：

$$\hat{\boldsymbol{t}}'_a = \hat{\boldsymbol{t}}'_{\mathrm{r}}\hat{\boldsymbol{F}}'_{\mathrm{r}} = \hat{\boldsymbol{t}}_{\mathrm{r}}\hat{\boldsymbol{F}}_{\mathrm{r}},\quad \hat{\boldsymbol{w}}_a = \hat{\boldsymbol{F}}'^{\mathrm{T}}_{\mathrm{r}}\hat{\boldsymbol{w}}'_{\mathrm{r}} = \hat{\boldsymbol{w}}'_{\mathrm{r}}\hat{\boldsymbol{F}}'_{\mathrm{r}} \tag{7.2.12}$$

式中，$\hat{\boldsymbol{t}}'_a$为向量 $\hat{\boldsymbol{t}}'_{\mathrm{r}}$的映射向量，$\hat{\boldsymbol{t}}'_a\in\Pi_a$。$\hat{\boldsymbol{t}}'_a$虽是 $\hat{\boldsymbol{w}}_a$ 的线性无关向量，但并不正交，与向量 $\hat{\boldsymbol{t}}_a$ 之间有一夹角 φ(图 7.2.3)。

再根据特征值分解理论，可将 Cauchy 应力 $\hat{\boldsymbol{\sigma}}'_{\mathrm{r}}\in\Pi'_{\mathrm{r}}$表示为

$$\hat{\boldsymbol{\sigma}}'_{\mathrm{r}} = \sigma'_1 \cdot \hat{\boldsymbol{t}}'_{\mathrm{r}} \otimes \hat{\boldsymbol{t}}'_{\mathrm{r}} + \sigma'_2 \cdot \hat{\boldsymbol{w}}'_{\mathrm{r}} \otimes \hat{\boldsymbol{w}}'_{\mathrm{r}} = \sigma'_1 \cdot \hat{\boldsymbol{t}}'_{\mathrm{r}} \otimes \hat{\boldsymbol{t}}' + \boldsymbol{0} \cdot \hat{\boldsymbol{w}}'_{\mathrm{r}} \otimes \hat{\boldsymbol{w}}' \tag{7.2.13}$$

式中，σ'_1 和 σ'_2 分别为 $\hat{\boldsymbol{\sigma}}_{\mathrm{r}}$ 的最大和最小主应力。

将 $\hat{\boldsymbol{\sigma}}'_{\mathrm{r}}$ 右乘矢量 $\hat{\boldsymbol{w}}'_{\mathrm{r}}$ 并利用式(7.2.12)以及 $\hat{\boldsymbol{t}}'_a$ 和 $\hat{\boldsymbol{w}}_a$ 之间的线性无关性，可建立褶皱薄膜的单轴应力条件表达式如下：

$$\hat{\boldsymbol{w}}'_{\mathrm{r}} \cdot \hat{\boldsymbol{\sigma}}'_{\mathrm{r}} \cdot \hat{\boldsymbol{w}}'_{\mathrm{r}} = \boldsymbol{0}, \quad \hat{\boldsymbol{t}}'_{\mathrm{r}} \cdot \hat{\boldsymbol{\sigma}}'_{\mathrm{r}} \cdot \hat{\boldsymbol{w}}'_{\mathrm{r}} = \boldsymbol{0} \tag{7.2.14}$$

式中

$$\hat{\boldsymbol{\sigma}}'_{\mathrm{r}} = \sqrt{[1/\det(2\hat{\boldsymbol{E}}' + \boldsymbol{I})]}\hat{\boldsymbol{F}}'_{\mathrm{r}} \cdot \hat{\boldsymbol{S}}' \cdot \hat{\boldsymbol{F}}'^{\mathrm{T}}_{\mathrm{r}}, \quad \hat{\boldsymbol{S}}' = \hat{\boldsymbol{S}}'_{\mathrm{r}} = \hat{\boldsymbol{H}}(\hat{\boldsymbol{E}}'_{\mathrm{r}}) \tag{7.2.15}$$

式(7.2.14)说明沿 $\hat{\boldsymbol{w}}'_{\mathrm{r}}$ 方向正应力为 0，同时构形 $\boldsymbol{\Pi}'_{\mathrm{r}}$ 中的面内剪应力也为 0。通过求解式(7.2.14)可以得到上述分析模型中引入的未知参数 β 和向量 $\hat{\boldsymbol{w}}_{\mathrm{r}}$。

实际上，上述褶皱模型与理想弹塑性模型的基本分析思路是类似的(Ziegler et al.，2003)。考虑到一般工况条件下膜材都处于弹性小变形阶段，能量误差并不显著，因此相应的塑性模型可取次弹塑性模型来进行比较。两种模型之间关系如下：

(1) 褶皱模型中将褶皱薄膜应变分成两部分：一部分是与应变能相关的膜面弹性应变 $\boldsymbol{E}^{\mathrm{e}}$；另一部分则是由褶皱引起的面内收缩，即褶皱应变 $\boldsymbol{E}^{\mathrm{w}}$。假设 $\boldsymbol{E}^{\mathrm{p}} \equiv \boldsymbol{E}^{\mathrm{w}}$，则参照次弹塑性理论，薄膜假想中面内的总应变可表示 $\boldsymbol{E} = \boldsymbol{E}^{\mathrm{e}} + \boldsymbol{E}^{\mathrm{p}}$。

(2) 褶皱发生后，褶皱模型中垂直于褶皱方向的抗压刚度立刻消失，这一特性是与不具有强化行为的理想弹塑性模型相一致的，即 $\boldsymbol{h} = 0$。

(3) 褶皱状态下的单轴应力条件 $f_\alpha(\boldsymbol{\sigma}, \theta) = 0$，$\alpha \in \{1, 2\}$，可视作一类特殊的屈服函数。

(4) 褶皱模型中沿着褶皱纹理方向 $\boldsymbol{w}_0$ 对应变进行修正，而理想弹塑性模型中是沿着塑性流动方向 r 来进行修正，两种方式是等效的，故有 $\boldsymbol{r} \sim \varphi_{,\sigma} = \boldsymbol{w}_0$。然而，由于褶皱变形并不耗能，因而褶皱应变 $\boldsymbol{E}^{\mathrm{w}}$ 是可逆的，薄膜受力状态可以由当前步的应力情况完全确定而与加载路径无关，这使得褶皱分析中加卸载过程的处理相比塑性问题要方便一些。

2. 褶皱方向角

由前述分析可知，要得到修正后的应力和应变，必须首先求出满足式(7.2.14)的未知参数 β 和褶皱方向向量 $\hat{\boldsymbol{w}}_{\mathrm{r}}$（或 $\hat{\boldsymbol{w}}'_{\mathrm{r}}$）。将式(7.2.15)代入式(7.2.14)，并联合式(7.2.12)，可得出单轴应力条件的等价关系式如下：

$$\hat{\boldsymbol{w}}_a \cdot \hat{\boldsymbol{S}}' \cdot \hat{\boldsymbol{w}}_a = 0 \tag{7.2.16a}$$

$$\hat{\boldsymbol{t}}'_a \cdot \hat{\boldsymbol{S}}' \cdot \hat{\boldsymbol{w}}_a = 0 \tag{7.2.16b}$$

式(7.2.16a)表明 $\hat{\boldsymbol{w}}_a$ 与 $\hat{\boldsymbol{S}}'$ 的最小应力主轴(即零应力方向)重合,故 $\hat{\boldsymbol{S}}'$ 可以表示为

$$\hat{\boldsymbol{S}}' = S'_1 \cdot \hat{\boldsymbol{t}}_a \otimes \hat{\boldsymbol{t}}_a + \boldsymbol{0} \cdot \hat{\boldsymbol{w}}_a \otimes \hat{\boldsymbol{w}}_a \tag{7.2.17}$$

式(7.2.16b)则表明($\hat{\boldsymbol{t}}'_a$,$\hat{\boldsymbol{w}}_a$)所在平面内的剪应力为 0,即

$$\begin{aligned}\hat{\boldsymbol{t}}'_a \cdot \hat{\boldsymbol{S}}' \cdot \hat{\boldsymbol{w}}_a &= (\|\hat{\boldsymbol{t}}'_a\|\cos\varphi\hat{\boldsymbol{Z}}_1 + \|\hat{\boldsymbol{t}}'_a\|\sin\varphi\hat{\boldsymbol{Z}}_2) \cdot \hat{\boldsymbol{S}}'^{ij}_{\mathrm{w}}\hat{\boldsymbol{Z}}_i \otimes \hat{\boldsymbol{Z}}_j \|\hat{\boldsymbol{w}}_a\|\hat{\boldsymbol{Z}}_2 \\ &= \|\hat{\boldsymbol{t}}'_a\|\,\|\hat{\boldsymbol{w}}_a\|\cos\varphi\hat{\boldsymbol{S}}'^{12}_{\mathrm{w}} + \|\hat{\boldsymbol{t}}'_a\|\,\|\hat{\boldsymbol{w}}_a\|\sin\varphi\hat{S}'^{22}_{\mathrm{w}} = 0, \quad \hat{S}'^{22}_{\mathrm{w}} = 0 \Rightarrow \hat{S}'^{12}_{\mathrm{w}} = 0\end{aligned} \tag{7.2.18}$$

式中,$\hat{\boldsymbol{Z}}_i$(i=1, 2)是由 $\hat{\boldsymbol{t}}_a$ 和 $\hat{\boldsymbol{w}}_a$ 所定义的褶皱坐标系的基向量;φ 为 $\hat{\boldsymbol{t}}_a$ 至 $\hat{\boldsymbol{t}}'_a$ 的转角(逆时针为正);$\hat{S}'^{ij}_{\mathrm{w}}$ (i,j=1,2)是以褶皱坐标系($\hat{\boldsymbol{Z}}_1$,$\hat{\boldsymbol{Z}}_2$)描述的 PK2 应力张量分量,其中 $\hat{S}'^{11}_{\mathrm{w}} = S'_1 > 0$,$\hat{S}'^{22}_{\mathrm{w}} = S'_2 = 0$。

将式(7.2.9)中 $\hat{\boldsymbol{w}}_a$(其正交基向量为 $\hat{\boldsymbol{t}}_a$)的表达式代入式(7.2.16),可得

$$\hat{S}'^{11}_{\mathrm{w}} = \hat{\boldsymbol{U}}_2\hat{\boldsymbol{S}}' = 0 \tag{7.2.19a}$$

$$\hat{S}'^{12}_{\mathrm{w}} = \hat{\boldsymbol{U}}_3\hat{\boldsymbol{S}}' = 0 \tag{7.2.19b}$$

在薄膜褶皱问题中,大部分只是发生了局部的大位移、大转动,但应变并不大,此时仍可假定膜材本构符合 Kirchhoff 材料模型。于是,每个途径单元内的应力-应变关系可表示为

$$\hat{\boldsymbol{S}}' = \hat{\boldsymbol{D}}_a\Delta\hat{\boldsymbol{E}}'_{\mathrm{r}} + \hat{\boldsymbol{\sigma}}_a = \hat{\boldsymbol{D}}_a(\Delta\hat{\boldsymbol{E}}'_{\mathrm{r}} + \gamma\hat{\boldsymbol{U}}_2^{\mathrm{T}}) + \hat{\boldsymbol{\sigma}}_a \tag{7.2.20}$$

式中,$\hat{\boldsymbol{\sigma}}_a$ 为途径单元($t_a \leqslant t \leqslant t_b$)初始时刻的 Cauchy 应力。特别地,在第 1 个途径单元内 $\hat{\boldsymbol{\sigma}}_a = \hat{\boldsymbol{\sigma}}^{\mathrm{pret}}$,$\hat{\boldsymbol{\sigma}}^{\mathrm{pret}}$ 为膜面内初始预应力。

将式(7.2.9)改写成一个途径单元内的应变增量,然后和式(7.2.20)一并代入式(7.2.19)中,解耦后得到如下表达式:

$$\gamma = -\frac{\hat{\boldsymbol{U}}_2(\hat{\boldsymbol{D}}_a\Delta\hat{\boldsymbol{\varepsilon}}_{\mathrm{r}} + \hat{\boldsymbol{\sigma}}_a)}{\hat{\boldsymbol{U}}_2\hat{\boldsymbol{D}}_a\hat{\boldsymbol{U}}_2^{\mathrm{T}}} \tag{7.2.21}$$

$$\hat{\boldsymbol{U}}_2\hat{\boldsymbol{D}}_a\hat{\boldsymbol{U}}_2^{\mathrm{T}}[\hat{\boldsymbol{U}}_3(\hat{\boldsymbol{D}}_a\Delta\hat{\boldsymbol{\varepsilon}}_{\mathrm{r}} + \hat{\boldsymbol{\sigma}}_a)] - [\hat{\boldsymbol{U}}_2(\hat{\boldsymbol{D}}_a\Delta\hat{\boldsymbol{\varepsilon}}_{\mathrm{r}} + \hat{\boldsymbol{\sigma}}_a)]\hat{\boldsymbol{U}}_3\hat{\boldsymbol{D}}_a\hat{\boldsymbol{U}}_2^{\mathrm{T}} = 0 \tag{7.2.22}$$

式(7.2.22)中唯一的未知量就是关于褶皱方向的转角参数 θ,故可将式(7.2.22)记作方程 $f(\theta)=0$。从方程中求出 θ 后,再将式(7.2.21)代入式(7.2.9)后就可计算 Π'_{r} 状态下的应变和应力。不过,该方程为关于 θ 的非线性方程,需要通过迭代求解。为此,首先要求出 $f(\theta)$ 关于 θ 的一阶导数,下面给出推导过程。

对式(7.2.21)关于 θ 求偏导可得

$$\frac{\partial\gamma}{\partial\theta}=\frac{2\hat{\boldsymbol{U}}_3(\hat{\boldsymbol{D}}_a\Delta\hat{\boldsymbol{\varepsilon}}_{\mathrm{r}}+\hat{\boldsymbol{\sigma}}_a)+4\gamma\hat{\boldsymbol{U}}_3\hat{\boldsymbol{D}}_a\hat{\boldsymbol{U}}_2^{\mathrm{T}}}{\hat{\boldsymbol{U}}_2\hat{\boldsymbol{D}}_a\hat{\boldsymbol{U}}_2^{\mathrm{T}}} \tag{7.2.23}$$

利用式(7.2.20)和式(7.2.19b),可将式(7.2.23)简化为

$$\frac{\partial\gamma}{\partial\theta}=\frac{2\gamma(\hat{\boldsymbol{U}}_3\hat{\boldsymbol{D}}_a\hat{\boldsymbol{U}}_2^{\mathrm{T}})}{\hat{\boldsymbol{U}}_2\hat{\boldsymbol{D}}_a\hat{\boldsymbol{U}}_2^{\mathrm{T}}} \tag{7.2.24}$$

再对式(7.2.22)关于θ求偏导,同时利用式(7.1.24)和式(7.1.20),便可得出$f(\theta)$的一阶导数形式如下:

$$\frac{\partial f}{\partial\theta}=(\hat{\boldsymbol{U}}_2-\hat{\boldsymbol{U}}_1)[\hat{\boldsymbol{D}}_a(\Delta\hat{\boldsymbol{\varepsilon}}_{\mathrm{r}}+\gamma\hat{\boldsymbol{U}}_2^{\mathrm{T}})+\hat{\boldsymbol{\sigma}}_a]-2\gamma\left[\hat{\boldsymbol{U}}_3\hat{\boldsymbol{D}}_a\hat{\boldsymbol{U}}_3^{\mathrm{T}}-\frac{(\hat{\boldsymbol{U}}_3\hat{\boldsymbol{D}}_a\hat{\boldsymbol{U}}_2^{\mathrm{T}})^2}{\hat{\boldsymbol{U}}_2\hat{\boldsymbol{D}}_a\hat{\boldsymbol{U}}_2^{\mathrm{T}}}\right] \tag{7.2.25}$$

以上推导过程中用到了关系式$\partial\hat{\boldsymbol{U}}_2/\partial\theta=-2\hat{\boldsymbol{U}}_3$和$\partial\hat{\boldsymbol{U}}_3/\partial\theta=\hat{\boldsymbol{U}}_2-\hat{\boldsymbol{U}}_1$。

需要注意的是,在函数$f(\theta)$的任意一个周期内,可能同时存在两个根满足方程$f(\theta)=0$。因此,要找出正确的θ值,必须另给出一个限制条件,以确定θ真实解所在范围,同时也有助于选择合理的迭代初值,减少迭代次数。考虑到只需要在任意半个 Mohr 圆中求解θ,不妨假设$0\leqslant\theta\leqslant\pi$。另外,由7.2.1节所述的褶皱状态下薄膜单轴受拉应力条件可知

$$\hat{\boldsymbol{t}}_{\mathrm{r}}'\cdot\hat{\boldsymbol{\sigma}}_{\mathrm{r}}'\cdot\hat{\boldsymbol{t}}_{\mathrm{r}}'>0,\quad \hat{\boldsymbol{t}}_a'\cdot\hat{\boldsymbol{S}}'\cdot\hat{\boldsymbol{t}}_a'>0 \tag{7.2.26}$$

将$\hat{\boldsymbol{t}}_a'=c_1\hat{\boldsymbol{w}}_a+c_2\hat{\boldsymbol{t}}_a$(其中,$c_2\neq0$)代入式(7.2.26),可得$\hat{\boldsymbol{t}}_a'\cdot\hat{\boldsymbol{S}}'\cdot\hat{\boldsymbol{t}}_a'=c_2^2\hat{\boldsymbol{t}}_a\cdot\hat{\boldsymbol{S}}'\cdot\hat{\boldsymbol{t}}_a=c_2^2S_1'>0$,即$S_1'>0$。根据弹性材料应变能的正定性,应力和应变之间必须满足$\hat{\boldsymbol{S}}':\Delta\hat{\boldsymbol{E}}'>0$。再将$\hat{\boldsymbol{S}}'$和$\Delta\hat{\boldsymbol{E}}'$分别按式(7.2.17)和式(7.2.9)形式展开,则可以得出不等式(7.2.26)的等价条件为

$$\hat{\boldsymbol{t}}_a\cdot\Delta\hat{\boldsymbol{E}}_{\mathrm{r}}\cdot\hat{\boldsymbol{t}}_a=\hat{\boldsymbol{t}}_a\cdot\Delta\hat{\boldsymbol{\varepsilon}}_{\mathrm{r}}\cdot\hat{\boldsymbol{t}}_a>0 \tag{7.2.27}$$

利用三角函数关系展开式(7.2.27),得

$$g(\theta)=\frac{\Delta\hat{\varepsilon}_x+\Delta\hat{\varepsilon}_y}{2}+\frac{\Delta\hat{\varepsilon}_x-\Delta\hat{\varepsilon}_y}{2}\cos(2\theta)+\frac{\Delta\hat{\gamma}_{xy}}{2}\sin(2\theta)>0 \tag{7.2.28}$$

使用广义 Mohr 圆法求解该不等式,可得θ的解集为

$$\boldsymbol{Q}=\{\theta\,|\,\theta_1-\theta_0+2k\pi<2\theta<\theta_2-\theta_0+2k\pi,k\in\mathbf{R}\} \tag{7.2.29}$$

式中,各角度参数θ_0、θ_1及θ_2(取值范围均为$[-\pi,\ \pi]$)的定义如下:

$$\cos\theta_0=\frac{\Delta\hat{\varepsilon}_x-\Delta\hat{\varepsilon}_y}{2R},\quad \cos\theta_1=-\frac{\Delta\hat{\varepsilon}_x+\Delta\hat{\varepsilon}_y}{2R}$$

$$\cos\theta_2=-\frac{\Delta\hat{\varepsilon}_x+\Delta\hat{\varepsilon}_y}{2R},\quad \sin\theta_0=-\frac{\Delta\hat{\gamma}_{xy}}{2R}$$

$$\cos\theta_1 = -\frac{\sqrt{(\Delta\hat{\gamma}_{xy}/2)^2 - \Delta\hat{\varepsilon}_x\Delta\hat{\varepsilon}_y}}{R},\quad \cos\theta_2 = \frac{\sqrt{(\Delta\hat{\gamma}_{xy}/2)^2 - \Delta\hat{\varepsilon}_x\Delta\hat{\varepsilon}_y}}{R}$$

$$R = \sqrt{(\Delta\hat{\varepsilon}_x - \Delta\hat{\varepsilon}_y/2)^2 + \Delta\hat{\varepsilon}_x\Delta\hat{\varepsilon}_y}$$

根据式(7.2.29)中给出的参数 θ 的可行域，就可以在[0,π]范围内确定方程 $f(\theta)=0$ 的唯一解。若计算过程中某迭代步得到的 θ 值不在上述可行域范围内，则可以令其±π/2 后再继续迭代计算，直至求出的 θ 收敛值落在式(7.2.29)中的解集 Q 之内。

3. 应变与应力的修正

实际膜材自身的抗压刚度并不完全为0，在褶皱形成后也依然允许膜面内存在少量压应力。基于这一认识，式(7.2.19)应改写为

$$\hat{S}'^{11}_{w} = \hat{\boldsymbol{U}}_2\hat{\boldsymbol{S}}' = S_{tol} = P\hat{\boldsymbol{U}}_2(\hat{\boldsymbol{D}}_a\Delta\hat{\boldsymbol{\varepsilon}}_r + \hat{\boldsymbol{\sigma}}_a) \tag{7.2.30a}$$

$$\hat{S}'^{12}_{w} = \hat{\boldsymbol{U}}_3\hat{\boldsymbol{S}}' = 0 \tag{7.2.30b}$$

式中，S_{tol}为膜面内假定允许存在的压应力；P 是为了控制膜面内的压应力而引入的罚参数，可以替代 S_{tol}。通过大量试算得出 P 的合理初值范围为 $10^{-6}\sim10^{-3}$，若超出此范围则会影响到对褶皱区域的正确判断，或者因压应力过大而导致结果失真。与有限单元法中通过引入罚参数来避免刚度矩阵奇异的目的不同的是，有限质点法中不存在此类问题，这里引入罚参数 P 只是为了能将褶皱区域内的压应力向其周围传播。

同样，可以得出与式(7.2.21)和式(7.2.22)类似的关于褶皱方向角的方程式如下：

$$\gamma = -\frac{(1-P)\hat{\boldsymbol{U}}_2(\hat{\boldsymbol{D}}_a\Delta\hat{\boldsymbol{\varepsilon}}_r + \hat{\boldsymbol{\sigma}}_a)}{\hat{\boldsymbol{U}}_2\hat{\boldsymbol{D}}_a\hat{\boldsymbol{U}}_2^{\mathrm{T}}} \tag{7.2.31}$$

$$\begin{aligned}&(\hat{\boldsymbol{U}}_2\hat{\boldsymbol{D}}_a\hat{\boldsymbol{U}}_2^{\mathrm{T}})[\hat{\boldsymbol{U}}_3(\hat{\boldsymbol{D}}_a\Delta\hat{\boldsymbol{\varepsilon}}_r + \hat{\boldsymbol{\sigma}}_a)]\\&-[(1-P)\hat{\boldsymbol{U}}_2(\hat{\boldsymbol{D}}_a\Delta\hat{\boldsymbol{\varepsilon}}_r + \hat{\boldsymbol{\sigma}}_a)]\hat{\boldsymbol{U}}_3\hat{\boldsymbol{D}}_a\hat{\boldsymbol{U}}_2^{\mathrm{T}} = 0\end{aligned} \tag{7.2.32}$$

式(7.2.32)可记作 $\tilde{f}(\theta)=0$，$\tilde{f}$ 对 θ 的偏导数表达式与式(7.2.25)相同，只是其中 γ 的表达式要用式(7.2.31)来替代。

为避免计算中膜面内应力场(特别是主应力方向)发生剧烈波动，同时为了改善算法的效率和稳定性，本节将罚参数 P 取为压应力的函数，具体方法如下：

令 $P_\sigma = \dfrac{S_{tol}^{max}}{\sigma_{\mathrm{II}}^{*}}$，则有

$$P=\begin{cases}P_\sigma, & P_\sigma<P_{\text{old}}\\ P_{\text{old}}, & P_{\text{old}}\leqslant P_\sigma<1\\ 1.0, & P_\sigma\geqslant 1 \text{ 或 } P_\sigma\leqslant 0\end{cases} \tag{7.2.33}$$

式中，$S_{\text{tol}}^{\max}$为假定最大允许压应力；P_{old}为前一步的罚参数值。

利用式(7.2.32)和式(7.2.33)分别求出褶皱方向角θ和罚参数P之后，代入式(7.2.31)求出γ，再将γ代回式(7.2.20)就可得到修正之后的褶皱状态下的应力为

$$\begin{aligned}\hat{\boldsymbol{S}}'&=\hat{\boldsymbol{D}}_a\,\Delta\hat{\boldsymbol{E}}_{\text{r}}'+\hat{\boldsymbol{\sigma}}_a=\hat{\boldsymbol{D}}_a(\Delta\hat{\boldsymbol{\varepsilon}}_{\text{r}}+\gamma\hat{\boldsymbol{U}}_2^{\text{T}})+\hat{\boldsymbol{\sigma}}_a\\&=\hat{\boldsymbol{D}}_a\left[\Delta\hat{\boldsymbol{\varepsilon}}_{\text{r}}-\frac{(1-P)\,\hat{\boldsymbol{U}}_2\,(\hat{\boldsymbol{D}}_a\Delta\,\hat{\boldsymbol{\varepsilon}}_{\text{r}}+\hat{\boldsymbol{\sigma}}_a)\hat{\boldsymbol{U}}_2^{\text{T}}}{\hat{\boldsymbol{U}}_2\,\hat{\boldsymbol{D}}_a\,\hat{\boldsymbol{U}}_2^{\text{T}}}\right]+\hat{\boldsymbol{\sigma}}_a\\&=\hat{\boldsymbol{D}}_a\left[\left(\boldsymbol{I}-\frac{\hat{\boldsymbol{U}}_2^{\text{T}}\,\hat{\boldsymbol{U}}_2\,\hat{\boldsymbol{D}}_a}{\hat{\boldsymbol{U}}_2\,\hat{\boldsymbol{D}}_a\,\hat{\boldsymbol{U}}_2^{\text{T}}}\right)\Delta\hat{\boldsymbol{\varepsilon}}_{\text{r}}+\frac{P\,\hat{\boldsymbol{U}}_2^{\text{T}}\,\hat{\boldsymbol{U}}_2\,\hat{\boldsymbol{D}}_a}{\hat{\boldsymbol{U}}_2\,\hat{\boldsymbol{D}}_a\,\hat{\boldsymbol{U}}_2^{\text{T}}}\Delta\hat{\boldsymbol{\varepsilon}}_{\text{r}}\right.\\&\qquad\left.-\frac{(1-P)\hat{\boldsymbol{U}}_2^{\text{T}}\,\hat{\boldsymbol{U}}_2\,\hat{\boldsymbol{\sigma}}_a}{\hat{\boldsymbol{U}}_2\,\hat{\boldsymbol{D}}_a\,\hat{\boldsymbol{U}}_2^{\text{T}}}\right]+\hat{\boldsymbol{\sigma}}_a\\&=\hat{\boldsymbol{D}}_a(\hat{\boldsymbol{P}}\Delta\hat{\boldsymbol{\varepsilon}}_{\text{r}}+\hat{\boldsymbol{C}}-\hat{\boldsymbol{A}})+\hat{\boldsymbol{\sigma}}_a\end{aligned} \tag{7.2.34}$$

式中，$\hat{\boldsymbol{P}}$为一个投影矩阵，用于将褶皱薄膜的名义应变向着纯弹性变形空间进行投影变换；$\hat{\boldsymbol{C}}$和$\hat{\boldsymbol{A}}$分别代表与膜面内容许压应力及途径单元初应力相关的矩阵。

由式(7.2.34)可知，在不考虑初应力与面内压应力的情况下，修正后的应变增量还可以改写成以下形式：

$$\Delta\hat{\boldsymbol{E}}_{\text{r}}'=\Delta\hat{\boldsymbol{E}}_{\text{r}}-\Delta\hat{\boldsymbol{E}}_{\text{r}}^{\text{w}}\approx\Delta\hat{\boldsymbol{\varepsilon}}_{\text{r}}-\hat{\boldsymbol{\varepsilon}}_{\text{r}}^{\text{w}}=\hat{\boldsymbol{P}}\Delta\hat{\boldsymbol{\varepsilon}}_{\text{r}}=\Delta\hat{\boldsymbol{\varepsilon}}_{\text{r}}^{\text{e}} \tag{7.2.35}$$

式(7.2.35)相当于将不产生应变能的褶皱应变分量通过一个简单的投影方式从总应变中扣除，而通过类似方式也可以利用修正后的本构矩阵$\widetilde{\hat{\boldsymbol{D}}}_a=\hat{\boldsymbol{D}}_a\hat{\boldsymbol{P}}$从总应变中提取出与弹性应力相关的分量。由于褶皱应变$\Delta\hat{\boldsymbol{E}}_{\text{r}}^{\text{w}}$固定沿着$\hat{\boldsymbol{w}}_a$方向而大小取决于参数$\gamma$，因此弹性应变部分的能量范数可定义如下：

$$\frac{1}{2}\parallel\Delta\hat{\boldsymbol{\varepsilon}}_{\text{r}}^{\text{e}}\parallel_{\hat{\boldsymbol{D}}_a}^2=\frac{1}{2}\parallel\Delta\hat{\boldsymbol{\varepsilon}}_{\text{r}}-\gamma\hat{\boldsymbol{U}}_2^{\text{T}}\parallel_{\hat{\boldsymbol{D}}_a}^2=\frac{1}{2}\langle\Delta\hat{\boldsymbol{\varepsilon}}_{\text{r}}-\gamma\hat{\boldsymbol{U}}_2^{\text{T}},\Delta\hat{\boldsymbol{\varepsilon}}_{\text{r}}-\gamma\hat{\boldsymbol{U}}_2^{\text{T}}\rangle_{\hat{\boldsymbol{D}}_a} \tag{7.2.36}$$

式中，内积$\langle\cdot\rangle_A$定义为$\langle\boldsymbol{x}_1,\boldsymbol{x}_2\rangle_A=\boldsymbol{x}_1^{\text{T}}\boldsymbol{A}\boldsymbol{x}_2$，$\boldsymbol{x}_1$和$\boldsymbol{x}_2$为任意三维列向量。

在不计初应力$\hat{\boldsymbol{\sigma}}_a$的情况下，实际的$\Delta\hat{\boldsymbol{E}}_{\text{r}}^{\text{e}}$(或$\gamma$)应该对应于式(7.2.36)中的能量范数取最小值时的解，即

$$\underset{\gamma\in\mathbf{R}^{+}}{\mathrm{argmin}}W^{E}(\gamma)=\underset{\gamma\in\mathbf{R}^{+}}{\mathrm{argmin}}\left(\frac{1}{2}\ \|\Delta\hat{\boldsymbol{\varepsilon}}_{\mathrm{r}}^{\mathrm{e}}\|_{\hat{\boldsymbol{D}}_a}^{2}\right) \tag{7.2.37}$$

从几何角度考虑,式(7.2.37)相当于求解将向量 $\Delta\hat{\boldsymbol{\varepsilon}}_{\mathrm{r}}$ 向着褶皱应变 $\Delta\hat{\boldsymbol{\varepsilon}}_{\mathrm{r}}^{\mathrm{w}}$ 所在的方向 $\hat{\boldsymbol{w}}_a$ 投影时符合内积 $\langle\cdot\rangle_{\hat{\boldsymbol{D}}_a}$ 定义的投影向量最小的 γ 值,如图 7.2.4所示。这与最小二乘问题非常相似,只不过在内积定义上没有采用欧氏内积。因此,容易证明,式(7.2.37)的解也可以由 $\Delta\hat{\boldsymbol{\varepsilon}}_{\mathrm{r}}$ 和 $\Delta\hat{\boldsymbol{\varepsilon}}_{\mathrm{r}}^{\mathrm{e}}$ 之间按内积 $\langle\cdot\rangle_{\hat{\boldsymbol{D}}_a}$ 定义的正交条件给出,即 $\langle\Delta\hat{\boldsymbol{\varepsilon}}_{\mathrm{r}}-\gamma\hat{\boldsymbol{U}}_2^{\mathrm{T}},\hat{\boldsymbol{U}}_2^{\mathrm{T}}\rangle_{\hat{\boldsymbol{D}}_a}=0$。由此可知,$\Delta\hat{\boldsymbol{\varepsilon}}_{\mathrm{r}}^{\mathrm{w}}$ 也可以看作 $\Delta\hat{\boldsymbol{\varepsilon}}_{\mathrm{r}}$ 按范数 $\|\cdot\|_{\hat{\boldsymbol{D}}_a}$ 定义的沿褶皱收缩方向 $\hat{\boldsymbol{w}}_a$ 的投影,如图 7.2.5 所示。

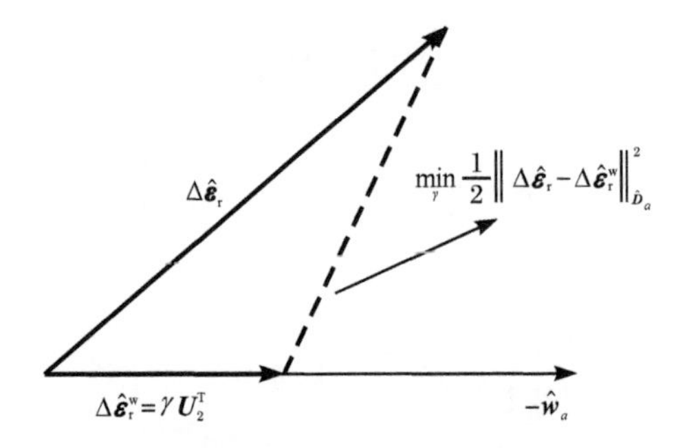

图 7.2.4 能量范数 $\|\cdot\|_{\hat{\boldsymbol{D}}_a}$ 的最近点投影方法

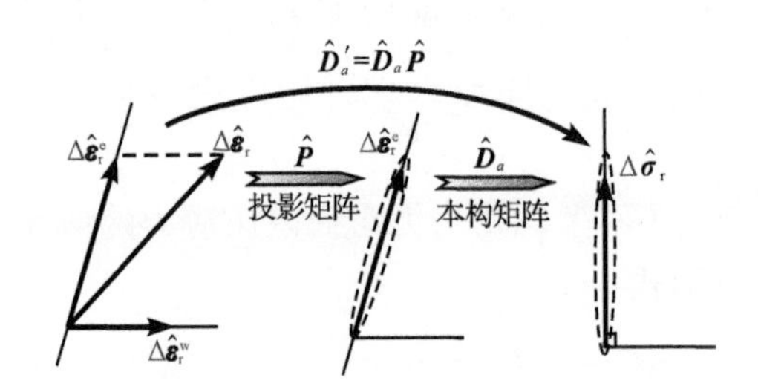

图 7.2.5 投影矩阵 $\hat{\boldsymbol{P}}$ 的物理意义

4. 增量本构关系与变形虚功

根据有限质点法的基本假设,途径单元范围内材料模式维持不变,均由相应初始时刻的状态确定,因此还需要推导每个途径单元初始时刻考虑褶皱修正后的增量本构关系。为此,令式(7.2.34)对时间 t 求偏导,其中的应力和应变都改用率形式来表示,即

$$\dot{\hat{\boldsymbol{S}}}'=\hat{\boldsymbol{D}}_a(\dot{\hat{\boldsymbol{P}}}\Delta\hat{\boldsymbol{\varepsilon}}_{\mathrm{r}}+\hat{\boldsymbol{P}}\Delta\dot{\hat{\boldsymbol{\varepsilon}}}_{\mathrm{r}}+\dot{\hat{\boldsymbol{C}}}-\dot{\hat{\boldsymbol{A}}})+\underbrace{\dot{\hat{\boldsymbol{\sigma}}}_a}_{0} \tag{7.2.38}$$

式中,$\hat{\boldsymbol{\sigma}}_a$ 为已知常量,故 $\dot{\hat{\boldsymbol{\sigma}}}_a\equiv0$。于是,只需要再求出 $\dot{\hat{\boldsymbol{P}}}$、$\dot{\hat{\boldsymbol{C}}}$和 $\dot{\hat{\boldsymbol{A}}}$ 这三项即可。其中,

投射矩阵$\dot{\boldsymbol{P}}$的时间偏导数展开式可写成

$$\dot{\boldsymbol{P}}=-\frac{\hat{\boldsymbol{U}}_2\hat{\boldsymbol{D}}_a\hat{\boldsymbol{U}}_2^{\mathrm{T}}(\dot{\hat{\boldsymbol{U}}}_2^{\mathrm{T}}\hat{\boldsymbol{U}}_2\hat{\boldsymbol{D}}_a+\hat{\boldsymbol{U}}_2^{\mathrm{T}}\dot{\hat{\boldsymbol{U}}}_2\hat{\boldsymbol{D}}_a)}{(\hat{\boldsymbol{U}}_2\hat{\boldsymbol{D}}_a\hat{\boldsymbol{U}}_2^{\mathrm{T}})^2}-\frac{\hat{\boldsymbol{U}}_2^{\mathrm{T}}\hat{\boldsymbol{U}}_2\hat{\boldsymbol{D}}_a(\dot{\hat{\boldsymbol{U}}}_2\hat{\boldsymbol{D}}_a\hat{\boldsymbol{U}}_2^{\mathrm{T}}+\hat{\boldsymbol{U}}_2\hat{\boldsymbol{D}}_a\dot{\hat{\boldsymbol{U}}}_2^{\mathrm{T}})}{(\hat{\boldsymbol{U}}_2\hat{\boldsymbol{D}}_a\hat{\boldsymbol{U}}_2^{\mathrm{T}})^2}$$

$$=\frac{2\hat{\boldsymbol{U}}_2\hat{\boldsymbol{D}}_a\hat{\boldsymbol{U}}_2^{\mathrm{T}}(\hat{\boldsymbol{U}}_3^{\mathrm{T}}\hat{\boldsymbol{U}}_2\hat{\boldsymbol{D}}_a+\hat{\boldsymbol{U}}_2^{\mathrm{T}}\hat{\boldsymbol{U}}_3\hat{\boldsymbol{D}}_a)\dot{\theta}}{\hat{\boldsymbol{U}}_2\hat{\boldsymbol{D}}_a\hat{\boldsymbol{U}}_2^{\mathrm{T}}}-\frac{2\hat{\boldsymbol{U}}_2^{\mathrm{T}}\hat{\boldsymbol{U}}_2\hat{\boldsymbol{D}}_a(\hat{\boldsymbol{U}}_3\hat{\boldsymbol{D}}_a\hat{\boldsymbol{U}}_2^{\mathrm{T}}+\hat{\boldsymbol{U}}_2\hat{\boldsymbol{D}}_a\hat{\boldsymbol{U}}_3^{\mathrm{T}})\dot{\theta}}{\hat{\boldsymbol{U}}_2\hat{\boldsymbol{D}}_a\hat{\boldsymbol{U}}_2^{\mathrm{T}}} \tag{7.2.39}$$

式(7.2.39)在推导过程中用到了关系式$\hat{\boldsymbol{U}}_{2,\theta}=-2\hat{\boldsymbol{U}}_3$。要得到$\hat{\boldsymbol{P}}$的具体形式，还必须进一步求出$\dot{\theta}$表达式，令式(7.2.30b)对时间$t$求偏导，得

$$\dot{\tilde{f}}(\theta,\Delta\hat{\boldsymbol{\varepsilon}}_{\mathrm{r}})=\overline{\hat{\boldsymbol{U}}_3\hat{\boldsymbol{S}}'}^{\,\cdot}=\overline{\hat{\boldsymbol{U}}_3(\hat{\boldsymbol{D}}_a\Delta\hat{\boldsymbol{\varepsilon}}_{\mathrm{r}}^{\mathrm{e}}+\hat{\boldsymbol{\sigma}}_a)}^{\,\cdot}=\tilde{f}_{,\theta}\dot{\theta}+\tilde{f}_{,\Delta\hat{\boldsymbol{\varepsilon}}_{\mathrm{r}}}\Delta\dot{\hat{\boldsymbol{\varepsilon}}}_{\mathrm{r}}=0$$

$$\Rightarrow\dot{\theta}=-(\tilde{f}_{,\Delta\hat{\boldsymbol{\varepsilon}}_{\mathrm{r}}}/\tilde{f}_{,\theta})\Delta\dot{\hat{\boldsymbol{\varepsilon}}}_{\mathrm{r}} \tag{7.2.40}$$

再对式(7.2.30b)关于$\Delta\hat{\boldsymbol{\varepsilon}}_{\mathrm{r}}$求偏导，并利用式(7.2.20)和式(7.2.31)，可以得到式(7.2.40)右端项系数的分子为

$$\boldsymbol{N}:=\tilde{f}_{,\Delta\hat{\boldsymbol{\varepsilon}}_{\mathrm{r}}}=\hat{\boldsymbol{U}}_3\hat{\boldsymbol{D}}_a\boldsymbol{I}-\frac{(1-P)(\hat{\boldsymbol{U}}_2^{\mathrm{T}}\hat{\boldsymbol{U}}_2\hat{\boldsymbol{D}}_a)}{\hat{\boldsymbol{U}}_2\hat{\boldsymbol{D}}_a\hat{\boldsymbol{U}}_2^{\mathrm{T}}} \tag{7.2.41}$$

同样，再对式(7.2.30b)关于θ求偏导，并注意到式(7.2.23)～式(7.2.25)，可以得到式(7.2.40)右端项系数的分母为

$$\boldsymbol{M}:=\tilde{f}_{,\theta}=\partial\tilde{f}/\partial\theta=\hat{\boldsymbol{U}}_{3,\theta}\hat{\boldsymbol{S}}'+\hat{\boldsymbol{U}}_3\hat{\boldsymbol{S}}'_{,\theta}$$
$$=(\hat{\boldsymbol{U}}_2-\hat{\boldsymbol{U}}_1)[\hat{\boldsymbol{D}}_a(\Delta\hat{\boldsymbol{\varepsilon}}_{\mathrm{r}}+\gamma\hat{\boldsymbol{U}}_2^{\mathrm{T}})+\hat{\boldsymbol{\sigma}}_a]+\hat{\boldsymbol{U}}_3\hat{\boldsymbol{D}}_a(\gamma_{,\theta}\hat{\boldsymbol{U}}_2^{\mathrm{T}}-2\gamma\hat{\boldsymbol{U}}_3^{\mathrm{T}}) \tag{7.2.42}$$

式中，$\gamma_{,\theta}$为式(7.2.31)中的参数γ对θ的偏导数，即

$$\gamma_{,\theta}=\partial\gamma/\partial\theta=\frac{2(1-P)\hat{\boldsymbol{U}}_3(\hat{\boldsymbol{D}}_a\Delta\hat{\boldsymbol{\varepsilon}}_{\mathrm{r}}+\hat{\boldsymbol{\sigma}}_a)+4\gamma(\hat{\boldsymbol{U}}_3\hat{\boldsymbol{D}}_a\hat{\boldsymbol{U}}_2^{\mathrm{T}})}{\hat{\boldsymbol{U}}_2\hat{\boldsymbol{D}}_a\hat{\boldsymbol{U}}_2^{\mathrm{T}}}$$
$$=\frac{2\gamma(\hat{\boldsymbol{U}}_3\hat{\boldsymbol{D}}_a\hat{\boldsymbol{U}}_2^{\mathrm{T}})-2P\hat{\boldsymbol{U}}_3(\hat{\boldsymbol{D}}_a\Delta\hat{\boldsymbol{\varepsilon}}_{\mathrm{r}}+\hat{\boldsymbol{\sigma}}_a)}{\hat{\boldsymbol{U}}_2\hat{\boldsymbol{D}}_a\hat{\boldsymbol{U}}_2^{\mathrm{T}}} \tag{7.2.43}$$

将式(7.2.40)～式(7.2.42)代入式(7.2.39)，同时右乘以$\Delta\hat{\boldsymbol{\varepsilon}}_{\mathrm{r}}$，可得

$$\hat{\boldsymbol{P}}\Delta\hat{\boldsymbol{\varepsilon}}_{\mathrm{r}}=\frac{2}{\chi}\{(\hat{\boldsymbol{U}}_2\hat{\boldsymbol{D}}_a\hat{\boldsymbol{U}}_2^{\mathrm{T}})[(\hat{\boldsymbol{U}}_2\hat{\boldsymbol{D}}_a\Delta\hat{\boldsymbol{\varepsilon}}_{\mathrm{r}})\hat{\boldsymbol{U}}_3^{\mathrm{T}}N+(\hat{\boldsymbol{U}}_3\hat{\boldsymbol{D}}_a\Delta\hat{\boldsymbol{\varepsilon}}_{\mathrm{r}})\hat{\boldsymbol{U}}_2^{\mathrm{T}}N]$$

$$-(\hat{\boldsymbol{U}}_2^{\mathrm{T}}N)(\hat{\boldsymbol{U}}_2\hat{\boldsymbol{D}}_a\Delta\hat{\boldsymbol{\varepsilon}}_{\mathrm{r}})(\hat{\boldsymbol{U}}_3\hat{\boldsymbol{D}}_a\hat{\boldsymbol{U}}_2^{\mathrm{T}}+\hat{\boldsymbol{U}}_2\hat{\boldsymbol{D}}_a\hat{\boldsymbol{U}}_3^{\mathrm{T}})\}\Delta\dot{\hat{\boldsymbol{\varepsilon}}}_{\mathrm{r}}$$

$$=\boldsymbol{H}_1\Delta\dot{\hat{\boldsymbol{\varepsilon}}}_{\mathrm{r}} \tag{7.2.44}$$

式中，$\chi=-(\hat{\boldsymbol{U}}_2\hat{\boldsymbol{D}}_a\hat{\boldsymbol{U}}_2^{\mathrm{T}})^2M$。

同理，利用式(7.2.40)～式(7.2.42)可分别求出式(7.2.38)右端项$\dot{\hat{\boldsymbol{C}}}$和$\dot{\hat{\boldsymbol{A}}}$的展开式如下：

$$\dot{\hat{\boldsymbol{C}}}=\frac{2P}{\chi}\Big\{-(\hat{\boldsymbol{U}}_2\hat{\boldsymbol{D}}_a\hat{\boldsymbol{U}}_2^{\mathrm{T}})[(\hat{\boldsymbol{U}}_2\hat{\boldsymbol{D}}_a\Delta\hat{\boldsymbol{\varepsilon}}_{\mathrm{r}})\hat{\boldsymbol{U}}_3^{\mathrm{T}}\boldsymbol{N}+(\hat{\boldsymbol{U}}_3\hat{\boldsymbol{D}}_a\Delta\hat{\boldsymbol{\varepsilon}}_{\mathrm{r}})\hat{\boldsymbol{U}}_2^{\mathrm{T}}\boldsymbol{N}]$$

$$+(\hat{\boldsymbol{U}}_2^{\mathrm{T}}\boldsymbol{N})(\hat{\boldsymbol{U}}_2\hat{\boldsymbol{D}}_a\Delta\hat{\boldsymbol{\varepsilon}}_{\mathrm{r}})(\hat{\boldsymbol{U}}_3[\hat{\boldsymbol{D}}_a]\hat{\boldsymbol{U}}_2^{\mathrm{T}}+\hat{\boldsymbol{U}}_2[\hat{\boldsymbol{D}}_a]\hat{\boldsymbol{U}}_3^{\mathrm{T}})$$

$$-\frac{1}{2}\boldsymbol{M}(\hat{\boldsymbol{U}}_2\hat{\boldsymbol{D}}_a\hat{\boldsymbol{U}}_2^{\mathrm{T}})\hat{\boldsymbol{U}}_2^{\mathrm{T}}\hat{\boldsymbol{U}}_2\hat{\boldsymbol{D}}_a\Big\}\Delta\dot{\hat{\boldsymbol{\varepsilon}}}_{\mathrm{r}}$$

$$=\boldsymbol{H}_2\Delta\dot{\hat{\boldsymbol{\varepsilon}}}_{\mathrm{r}} \tag{7.2.45}$$

$$\dot{\hat{\boldsymbol{A}}}=\frac{2(1-P)\hat{\boldsymbol{U}}_2\hat{\boldsymbol{\sigma}}_a}{\chi}[-(\hat{\boldsymbol{U}}_2\hat{\boldsymbol{D}}_a\hat{\boldsymbol{U}}_2^{\mathrm{T}})(\hat{\boldsymbol{U}}_3^{\mathrm{T}}\boldsymbol{N}+\hat{\boldsymbol{U}}_2^{\mathrm{T}}\boldsymbol{N})$$

$$+(\hat{\boldsymbol{U}}_3\hat{\boldsymbol{D}}_a\hat{\boldsymbol{U}}_2^{\mathrm{T}}+\hat{\boldsymbol{U}}_2\hat{\boldsymbol{D}}_a\hat{\boldsymbol{U}}_3^{\mathrm{T}})]\Delta\dot{\hat{\boldsymbol{\varepsilon}}}_{\mathrm{r}}$$

$$=\boldsymbol{H}_3\Delta\dot{\hat{\boldsymbol{\varepsilon}}}_{\mathrm{r}} \tag{7.2.46}$$

再将式(7.2.44)～式(7.2.46)代入式(7.2.38)，可得到 t_a时刻增量形式的本构关系如下：

$$\dot{\hat{\boldsymbol{S}}}'=\hat{\boldsymbol{D}}_a(\hat{\boldsymbol{P}}+\boldsymbol{H}_1+\boldsymbol{H}_2-\boldsymbol{H}_3)\Delta\dot{\hat{\boldsymbol{\varepsilon}}}_{\mathrm{r}}={}^{\Delta}\hat{\boldsymbol{D}}'_a\Delta\dot{\hat{\boldsymbol{\varepsilon}}}_{\mathrm{r}} \tag{7.2.47}$$

式中，${}^{\Delta}\hat{\boldsymbol{D}}'_a$为任意途径单元起始 t_a时刻考虑褶皱修正后的增量本构矩阵。实际上，利用式(7.2.30)和式(7.2.34)还可以进一步证明

$$\hat{\boldsymbol{S}}'={}^{\Delta}\hat{\boldsymbol{D}}'_a\Delta\hat{\boldsymbol{\varepsilon}}_{\mathrm{r}}+\hat{\boldsymbol{\sigma}}_a=\Delta\hat{\boldsymbol{\sigma}}_{\mathrm{r}}+\hat{\boldsymbol{\sigma}}_a \tag{7.2.48}$$

式(7.2.48)表明，在每个途径单元内可以直接用${}^{\Delta}\hat{\boldsymbol{D}}'_a$代替 $\hat{\boldsymbol{D}}_a$ 来计算应力，从而方便了内力的求解。

如果分析的是各向同性膜材，那么其面内主应力和主应变方向将重合，因而试探应力的主应力方向也将沿着褶皱坐标轴方向，有$\hat{\boldsymbol{U}}_3\hat{\boldsymbol{S}}^*=0$。同时，由于拉剪应力之间互不耦合，本构矩阵中非对角元素均为 0，故有$\hat{\boldsymbol{U}}_3\hat{\boldsymbol{D}}_a\hat{\boldsymbol{U}}_2^{\mathrm{T}}+\hat{\boldsymbol{U}}_2\hat{\boldsymbol{D}}_a\hat{\boldsymbol{U}}_3^{\mathrm{T}}=0$ 及 $\boldsymbol{N}=\hat{\boldsymbol{U}}_3\hat{\boldsymbol{D}}_a$。于是，增量本构矩阵${}^{\Delta}\hat{\boldsymbol{D}}'_a$ 可以简化为

$$ {}^{\Delta}\hat{\boldsymbol{D}}'_a=\hat{\boldsymbol{D}}_a\Big[\hat{\boldsymbol{P}}+\frac{2}{\chi}(\hat{\boldsymbol{U}}_3^{\mathrm{T}}\hat{\boldsymbol{U}}_3\hat{\boldsymbol{D}}_a)(\hat{\boldsymbol{U}}_2\hat{\boldsymbol{D}}_a\hat{\boldsymbol{U}}_2^{\mathrm{T}})(1-P)\hat{\boldsymbol{U}}_2(\hat{\boldsymbol{D}}_a\Delta\hat{\boldsymbol{\varepsilon}}_{\mathrm{r}}+\hat{\boldsymbol{\sigma}}_a)$$

$$+P(\hat{\boldsymbol{U}}_2\hat{\boldsymbol{D}}_a\hat{\boldsymbol{U}}_2^{\mathrm{T}})\hat{\boldsymbol{U}}_2^{\mathrm{T}}\hat{\boldsymbol{U}}_2\hat{\boldsymbol{D}}_a(\hat{\boldsymbol{U}}_1-\hat{\boldsymbol{U}}_2)\hat{\boldsymbol{D}}_a(\Delta\hat{\boldsymbol{\varepsilon}}_{\mathrm{r}}+\hat{\boldsymbol{\sigma}}_a)\Big] \tag{7.2.49}$$

式中，$\chi=(\hat{\boldsymbol{U}}_2\hat{\boldsymbol{D}}_a\hat{\boldsymbol{U}}_2^{\mathrm{T}})^2(\hat{\boldsymbol{U}}_1-\hat{\boldsymbol{U}}_2)\hat{\boldsymbol{D}}_a(\Delta\hat{\boldsymbol{\varepsilon}}_{\mathrm{r}}+\hat{\boldsymbol{\sigma}}_a)$。

若假定初应力和膜内压应力都为 0，则式(7.2.49)可进一步简化为

$$^{\Delta}\hat{\boldsymbol{D}}_a'=\hat{\boldsymbol{D}}_a\hat{\boldsymbol{P}}+\beta\hat{\boldsymbol{D}}_a\hat{\boldsymbol{U}}_3^{\mathrm{T}}\hat{\boldsymbol{U}}_3\hat{\boldsymbol{D}}_a \tag{7.2.50}$$

式中，$\beta=\dfrac{2(1-\nu^2)}{E}\dfrac{\hat{\boldsymbol{U}}_2}{\hat{\boldsymbol{U}}_1-\hat{\boldsymbol{U}}_2}$。

另外，由于薄膜质点上的等效内力是利用虚功原理求出的，因而还需要给出褶皱区域内薄膜的变形虚功表达式。由修正后的应力 $\hat{\boldsymbol{S}}'$ 和应变 $\Delta\hat{\boldsymbol{E}}'$，式(2.1.17)可改写为

$$\begin{aligned}\delta U&=\int_{\hat{V}_a}\mathrm{tr}(\hat{\boldsymbol{S}}'\otimes\delta\Delta\hat{\boldsymbol{E}}')\mathrm{d}V\\&=\int_{\hat{V}_a}\mathrm{tr}[\hat{\boldsymbol{S}}'\otimes\delta(\Delta\hat{\boldsymbol{E}}_{\mathrm{r}}')]\mathrm{d}V\\&=\int_{\hat{V}_a}\mathrm{tr}[\hat{\boldsymbol{S}}'\otimes\delta(\Delta\hat{\boldsymbol{E}}_{\mathrm{r}}-\Delta\hat{\boldsymbol{E}}_{\mathrm{r}}^{\mathrm{w}})]\mathrm{d}V\end{aligned} \tag{7.2.51}$$

式中，褶皱应变 $\Delta\hat{\boldsymbol{E}}_{\mathrm{r}}^{\mathrm{w}}$ 的变分为

$$\delta\hat{\boldsymbol{E}}_{\mathrm{r}}^{\mathrm{w}}=-\frac{1}{2}\beta(\beta+2)(\delta\hat{\boldsymbol{w}}_a\otimes\hat{\boldsymbol{w}}_a+\hat{\boldsymbol{w}}_a\otimes\delta\hat{\boldsymbol{w}}_a)-\delta\beta(\beta+1)\hat{\boldsymbol{w}}_a\otimes\hat{\boldsymbol{w}}_a \tag{7.2.52}$$

将式(7.2.17)、式(7.2.48)及式(7.2.52)代入式(7.2.51)，并注意到 $\hat{\boldsymbol{t}}_a$ 和 $\hat{\boldsymbol{w}}_a$ 之间的正交关系，则内力虚功表达式可简化为

$$\begin{aligned}\delta U&=\int_{\hat{V}_a}\{(S_1'\cdot\hat{\boldsymbol{t}}_a\otimes\hat{\boldsymbol{t}}_a)\otimes[\delta(\Delta\hat{\boldsymbol{E}}_{\mathrm{r}})-\delta(\Delta\hat{\boldsymbol{E}}_{\mathrm{r}}^{\mathrm{w}})]\}\mathrm{d}V\\&=\int_{\hat{V}_a}[\hat{\boldsymbol{S}}'\otimes\delta(\Delta\hat{\boldsymbol{E}}_{\mathrm{r}})]\mathrm{d}V\\&\doteq\int_{\hat{V}_a}\mathrm{tr}[\hat{\boldsymbol{\sigma}}_a\otimes\delta(\Delta\hat{\boldsymbol{\varepsilon}}_{\mathrm{r}})]\mathrm{d}V\\&\quad+\int_{\hat{V}_a}\mathrm{tr}[(^{\Delta}\hat{\boldsymbol{D}}_a':\Delta\hat{\boldsymbol{\varepsilon}}_{\mathrm{r}})\otimes\delta(\Delta\hat{\boldsymbol{\varepsilon}}_{\mathrm{r}})]\mathrm{d}V\end{aligned} \tag{7.2.53}$$

7.2.3 分析流程

基于张力场理论的褶皱分析方法适用于包括正交异性膜材在内的多种膜材的褶皱问题。褶皱算法的实现流程如图 7.2.6 所示，其中核心模块为薄膜元内各积分点的受力状态判别以及单向与双向褶皱的处理(包括褶皱方向角的计算和应力状态的更新)。

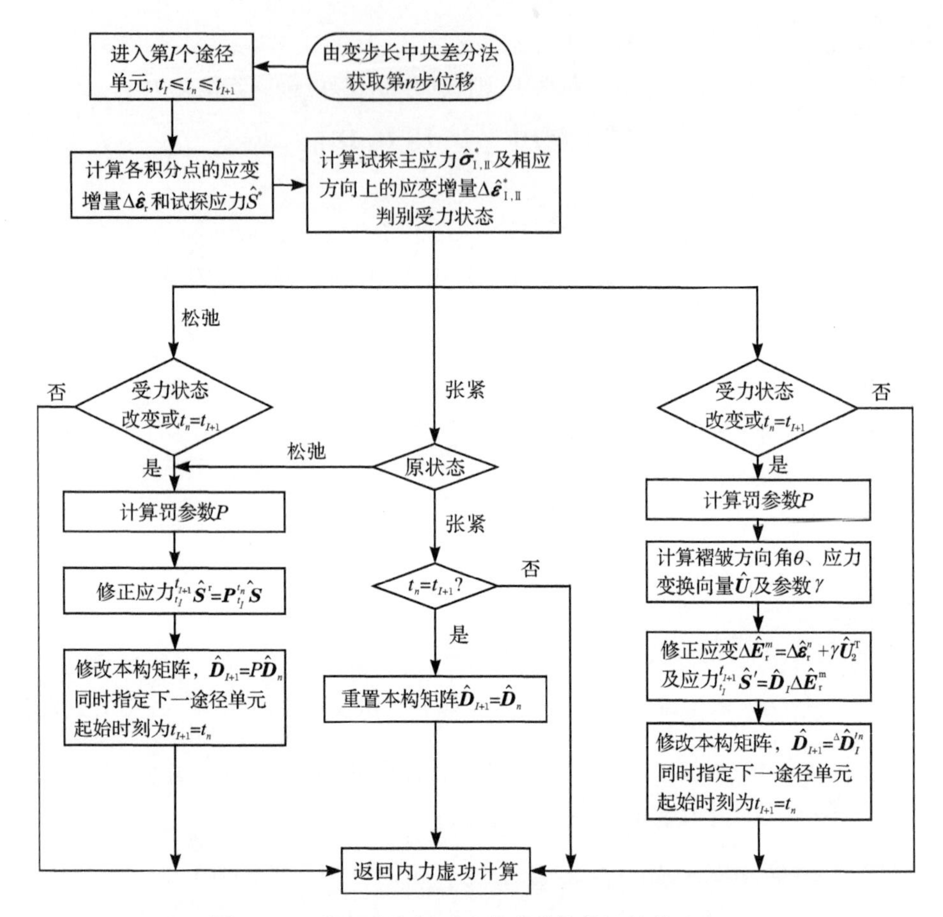

图 7.2.6　基于张力场理论的薄膜结构褶皱算法流程

7.3　屈曲理论分析方法

7.3.1　褶皱形态模拟

1. 初始缺陷设置

与一般的薄壳非线性屈曲分析类似，在应用壳体模型进行薄膜褶皱模拟时施加初始缺陷也是必不可少的关键步骤。特别是对于理想的平面薄膜结构，如果施加的荷载完全作用在平面内，即使有面内压应力产生，也不可能发生膜面外的变形。换言之，从基本平衡路径到分支路径的过渡不会自动实现，所进行的非线性屈曲分析也就无法获得实际的褶皱变形。对此，一种有效的处理方法就是在数值模拟中引入恰当的初始缺陷,通过给予薄膜一定的面外扰动来激发薄膜变形和弯曲变形之间的耦合作用,即采用拟分支屈曲(类似于有限干扰屈曲)方法取代完善模型中复杂的分叉算法来触发褶皱的形成,并通过基于大挠度理论的薄壳非线性分析来实现对皱曲前后平衡路径的跟踪。

初始缺陷的设置有多种方式,核心都在于确定施加扰动的位置和大小。其中一种方式是将特征值屈曲分析得到的第一阶屈曲模态或前几阶屈曲模态按权重系数线性叠加后引入模型中作为初始缺陷,使平面薄膜具有微小的初始面外变形(Wong and Pellegrino,2006)。另一种方式是可以用任意分布的出平面随机几何缺陷来替代,其中最简单的方式是在膜内所有点上施加一组面外位移扰动,扰动幅值由随机分布函数确定(即 $z_i=\alpha r_i h$,α 为无量纲幅值参数,$r_i\in[-1,1]$为随机变量,h 为膜材厚度),从而避免初始缺陷可能产生的任何偏向性结果(Tessler et al.,2005)。

然而,上述两种方法都存在一个明显不足,即引入的初始缺陷都无法去除,实际上是建立了存在初始面外变形的缺陷薄膜的褶皱分析方法。如果平面薄膜实际没有这种初始缺陷,那么采用这种分析方式必然带来很大误差,对初始褶皱形成后的屈曲行为和最终褶皱形态结果都将产生一定的影响。因此,更加合理的方法是通过直接施加瞬时扰动外力的方式,取代施加几何变形的方法引入初始缺陷,其主要步骤如下。

(1) 在一组随机选定的质点上施加一系列垂直于膜面的微小集中力作为诱发褶皱的因素,这组作用力大小相等、方向相反且合力为 0,满足力平衡条件。

(2) 在褶皱模拟过程中,施加的扰动力要在适当的时候去除,去除时间过早则不能充分触发褶皱形成,但时间过晚则分析结果又可能受到引入的扰动影响,具体时机需根据实际问题中膜内预张拉力大小来确定。

直接扰动力法的突出优点是既可以通过施加扰动力的方式引入初始缺陷实现诱发褶皱形成的目的,又能在分析过程中方便地及时去除,避免了传统非线性屈曲分析中由于初始缺陷无法去除而对后屈曲阶段变形造成影响,从而可以近似满足对理想平面薄膜进行褶皱分析的要求。

由于褶皱属于局部屈曲问题,因此依据屈曲理论,触发褶皱产生的初始缺陷应当是适当的,扰动过大或过小都可能无法获得正确结果。分析表明(Iwasa et al.,2004),当初始缺陷幅值在 0.01～1.0 个厚度范围内时,既能够诱发褶皱形成,又不会影响最终的褶皱构形与分布。据此,在分析过程中建议施加的扰动力大小应使得薄膜产生的面外变形幅度比薄膜厚度小 1～2 个数量级。

2. 位移控制加载策略

由于薄膜结构承压能力十分有限,因此其发生屈曲前的变形阶段通常非常短暂,褶皱变形主要集中在后屈曲阶段。因此,在进行数值模拟时需要采用特殊的技术将薄膜结构的变形引入后屈曲阶段，才能获得完整的褶皱演化与发展过程。这里主要借助位移控制法，即在求解控制方程式(2.2.4)时，改成以位移的变化为自变量，使用增量位移加载代替力加载作用，按照已知的位移条件求出外力的反应。另外，在位移控制点处施加已知变化位移的同时，假设在相同位置上也存在支座约束，相当于在屈曲分支点可提供一个附加约束，使计算能够顺利通过该点平稳地进入后屈曲阶段，避免发生由局部跃越失稳或屈曲后的内力重分布导致的动力效应及其引起的几何形状的突然变化，以获得连续稳定的后屈曲平衡形态，即完整的褶皱变形模式。

位移控制法的具体步骤见 4.1.2 节。分析中，每一时间步位移控制点处的质点位移由给定的位移加载条件确定，然后按式(4.1.2)求出该步内作用在该控制点上的外力(矩)。控制点位移必须按缓慢递增的方式进行加载，使得各时间步内的位移增量足够小，避免由不合适的增量位移导致求解发散，以保证分析计算中能够平稳地经过所有褶皱分支点。

需要注意的是，采用位移控制的前提是要预先知道施加位移的质点位置、性质以及位移大小。但在某些问题中(如动态响应问题)，不是所有质点的位移途径都能预先完全确定，此时应根据不同质点上各自的实际加载情况来确定采用何种加载控制方式(力控制/位移控制)进行分析更为合适。

7.3.2 分析流程

综上所述，采用有限质点法薄壳计算模型进行薄膜结构褶皱数值模拟的过程主要包括三个部分，如图 7.3.1 所示。

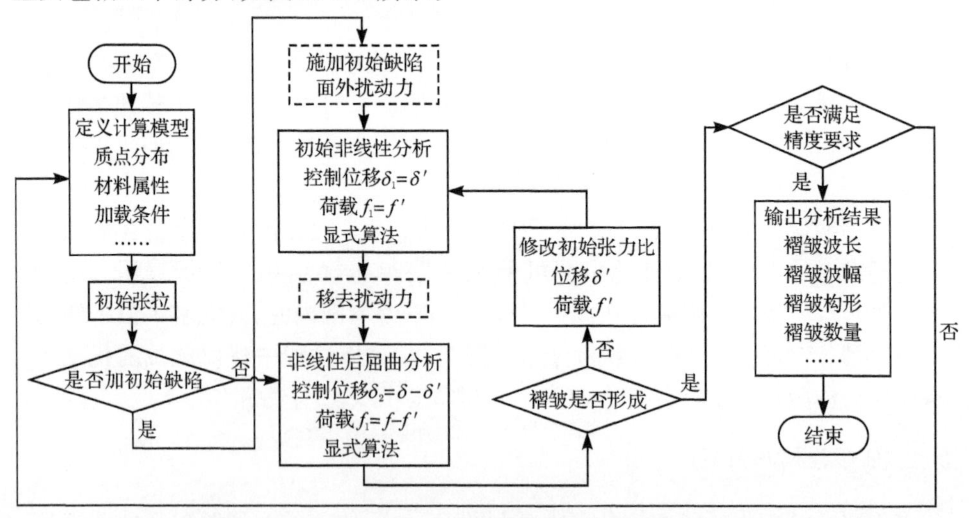

图 7.3.1　基于薄壳屈曲理论的薄膜结构褶皱分析流程

(1) 建立有限质点法离散模型,确定计算参数和分析条件。

(2) 施加初始扰动缺陷(仅对理想的平面薄膜结构)并及时去除。

(3) 引入位移控制技术,通过逐步缓慢加载进行薄壳非线性屈曲分析,获得褶皱形成和发展的全过程。

7.4　薄膜褶皱分析示例

7.4.1　环形预张力薄膜扭转褶皱效应

本节采用张力场理论对图 7.4.1 所示的圆环形预张力薄膜在面内扭矩作用下,考虑褶皱效应的扭转变形过程进行模拟(Miyamura,2000;Lu et al.,2001)。环形薄膜的厚度为 h,其内边缘与半径为 a 的刚性圆盘相连,外边缘则固定在半径为 b 的刚圈上。初始状态下膜面内预张力为 σ_0,然后通过在圆盘上施加扭矩 T 使薄膜内缘随之产生转角 φ。随着扭矩 T 的增加,褶皱由内边缘附近开始出现并逐渐向外扩展,分布在半径为 R 的环形带内。褶皱区域的半径 R 与扭矩 T 之间的理论关系为(Mikulas,1964)。

$$\frac{1}{A}+\frac{1}{B}-\ln\left(\frac{B}{A}\right)-\frac{2}{3}=0 \tag{7.4.1a}$$

$$\overline{C}_1^2-\left[1+2\overline{C}_1\left(\frac{a}{b}\right)^2\right]^2\overline{R}^4+\overline{T}^2=0 \tag{7.4.1b}$$

$$\overline{C}_2=\left\{\overline{R}+\left[\frac{1}{\overline{R}}+2\overline{R}\left(\frac{a}{b}\right)^2\right]\overline{C}_1\right\}^2+\left(\frac{\overline{T}}{\overline{R}}\right)^2 \tag{7.4.1c}$$

式中,$\overline{T}\equiv\dfrac{T}{2\pi a^2\sigma_0 h}$;$\overline{R}\equiv\dfrac{R}{a}$;$A\equiv\dfrac{\overline{C}_2}{\overline{T}^2-1}$;$B\equiv\dfrac{\overline{R}\,\overline{C}_2}{\overline{T}^2}-1$。

同时,扭矩 $\overline{T}$ 与转角 $\bar{\varphi}$ 之间的关系为

$$\bar{\varphi}=\begin{cases}\overline{T}, & \overline{T}\leqslant\sqrt{3/2}\\ \dfrac{3\overline{M}}{8(1-a^2/b^2)}\left[\dfrac{1/\overline{R}^2-1}{B}+\ln\left(\dfrac{B}{A}\right)+\dfrac{1}{\overline{R}^2}-\dfrac{8}{3}\left(\dfrac{a}{b}\right)^2+\dfrac{5}{3}\right], & \overline{T}>\sqrt{3/2}\end{cases} \tag{7.4.2}$$

式中,$\bar{\varphi}=3E\varphi/[4\sigma_0(1-a^2/b^2)]$。

膜面内的最大主应力 σ_1 和最小主应力 σ_2 可表示为

$$\frac{\sigma_1}{\sigma_0}=\begin{cases}\dfrac{\overline{C}_2/\bar{r}}{\sqrt{\overline{C}_2-\overline{M}^2/\bar{r}^2}}, & \bar{r}<\overline{R}\\ 2\overline{C}_1 a^2/b^2+1+\sqrt{\overline{C}_1^2+\overline{M}^2/\bar{r}^2}, & \bar{r}\geqslant\overline{R}\end{cases} \tag{7.4.3a}$$

$$\frac{\sigma_2}{\sigma_0}=\begin{cases}0, & \bar{r}<\overline{R}\\ 2\overline{C}_1 a^2/b^2+1-\sqrt{\overline{C}_1^2+\overline{M}^2/\bar{r}^2}, & \bar{r}\geqslant\overline{R}\end{cases} \tag{7.4.3b}$$

式中，$\bar{r}=r/a$，r 为任意一点的径向坐标。

该环形薄膜扭转问题的计算模型如图 7.4.1(b)所示，其中膜面以 7×36 个沿径向和环向规则排列的质点及 216 个四节点薄膜元离散进行模拟。为了方便与理论解进行对比，取泊松比 $\nu=1/3$，其他各材料参数都假定为无量纲单位量。将几何参数 a 取为定值，褶皱参数 R 当做变量。最大允许压应力系数初值 $P_0=10^{-5}$。分析计算过程共分两步进行：①沿着外边缘各点施加与初始预张力 σ_0 等效的径向位移 u_r；②保持位移 u_r 恒定，同时让内边缘各质点产生绕圆心旋转 φ 角度(采用多阶梯-平台缓慢加载)的环向位移，以施加等效扭矩 T。

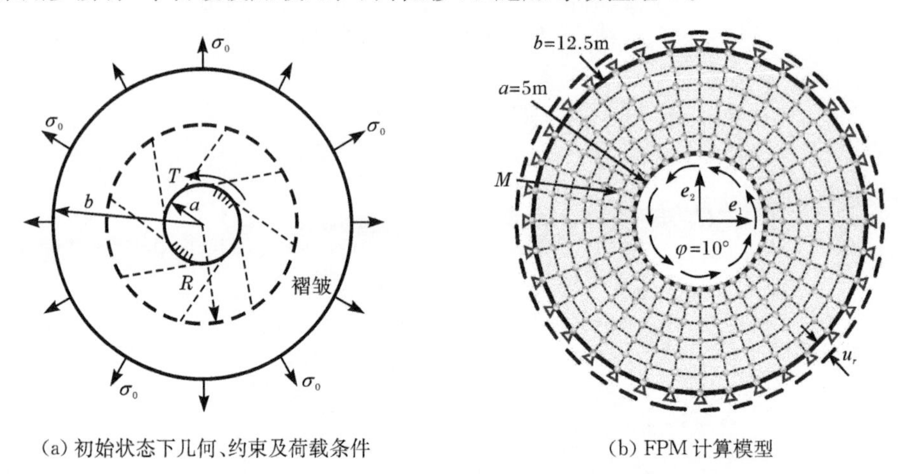

(a) 初始状态下几何、约束及荷载条件　　(b) FPM 计算模型

图 7.4.1　圆环形预张力薄膜受面内扭转作用分析模型

图 7.4.2 给出了上述模型的褶皱区域半径 R 和扭矩 T 之间的数值分析结果与理论值式(7.4.2)的对比。其中，图 7.4.2(a)和图 7.4.2(b)分别为膜面内最大主应力和最小主应力的计算结果，图 7.4.2(c)为扭矩 $\overline{T}$ 和转角 $\bar{\varphi}$ 之间的关系(数值结果中的扭矩 T 由切应力合力对圆心取矩后得出)。可以看到，图中各项计算结果与理论值都非常接近。

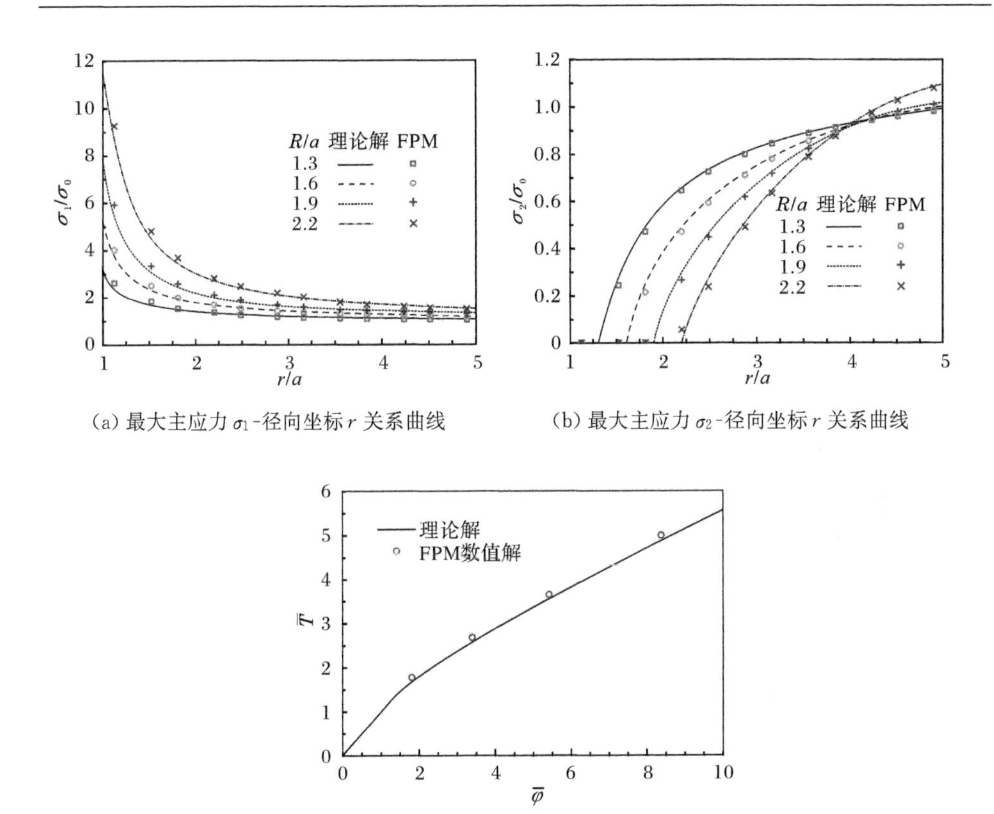

(a) 最大主应力 σ_1-径向坐标 r 关系曲线　　(b) 最大主应力 σ_2-径向坐标 r 关系曲线

(c) 扭矩 $\overline{T}$-转角 $\overline{\varphi}$ 关系曲线

图 7.4.2　环形薄膜面内扭转的 FPM 计算结果与理论解比较

为进行进一步分析，将环形薄膜计算模型设置如下：内环半径 $a=5\text{m}$，外环半径 $b=12.5\text{m}$，厚度 $h=1\text{m}$；预应力 $\sigma_0=10^3\text{Pa}$，圆盘逆时针转角 $\varphi=10°$；膜材本构考虑各向同性和正交异性两种情况：各向同性时弹性模量 $E=10^5\text{Pa}$，泊松比 $\nu=0.3$；正交异性时纬向弹性模量 $E_1=10^5\text{Pa}$，经向弹性模量 $E_2=10^6\text{Pa}$[膜材纬向和经向分别沿着 $\boldsymbol{e}_1$ 和 $\boldsymbol{e}_2$ 方向，如图 7.4.1(b)所示]，泊松比 $\nu_{12}=0.3$ 且 $E_1\nu_{12}=E_2\nu_{21}$，剪切模量 $G=0.385\times10^5\text{Pa}$。计算模拟过程仍按上述步骤进行，其中转角位移被等分成 10 级来进行加载。

采用以上两种膜材本构模型计算得到的环形薄膜受扭后的变形情况和膜面内的主应力分布如图 7.4.3 所示。每个薄膜元内的主应力矢量由各积分点应力平均后得出，褶皱区域内各点的主应力状态用矢量标记“↔”描述，标记的长度和箭头指向分别代表主应力的大小和方向，无任何标记的区域则说明处于张紧状态。实线则是由各薄膜元内的主应力矢量片段连接而成的应力迹线，可大致反映膜面上的褶皱分布形式。当考虑膜材为各向同性时[图 7.4.3(a)和(c)]，薄膜的褶皱变形和应力均呈现明显的中心对称特征，主应力最大值集中在内边缘处（最大值为 2.61×10^4 Pa），而在除边界以外的大部分区域都处于均匀的单向褶皱状态。当膜材为正交异性时[图 7.4.3(b)和(d)]，主应力大小和方向沿环向都不再均匀分布，在左上和右下两个区间主应力主要指向刚度较大的经线方向（$\boldsymbol{e}_2$ 方向），膜面上最大主应力也在此范围内且靠近内环边缘（最大值为 2.14×10^5 Pa），而另外两个区间内的主应力主要指向纬线方向（$\boldsymbol{e}_1$ 方向），数值也较小，因此褶皱将会主要出现在左上和右下两个区间内，方向也大致沿着经线方向。

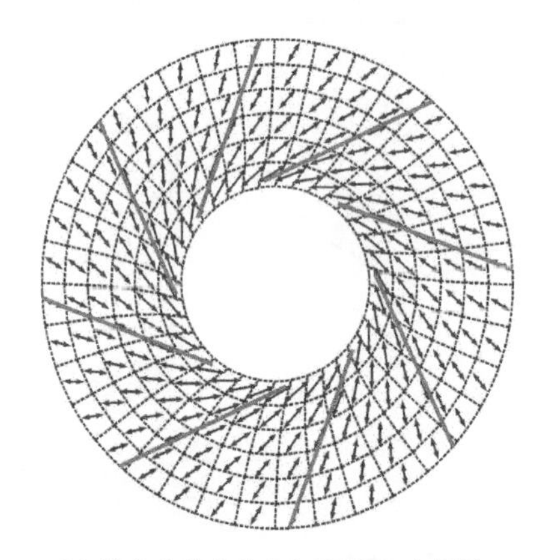

(a) 单向主应力分布矢量图(各向同性)

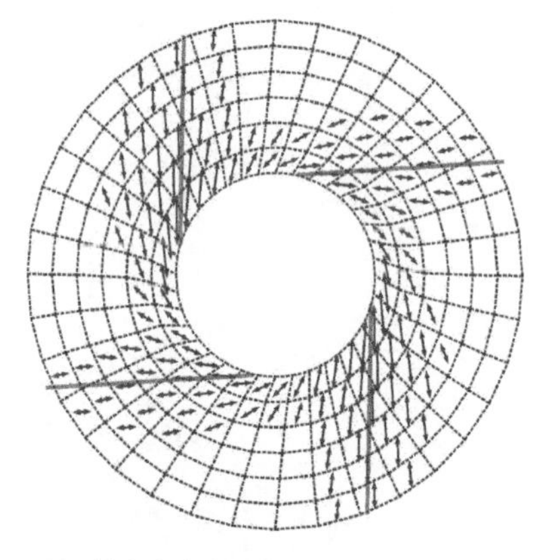

(b) 单向主应力分布矢量图(正交异性)

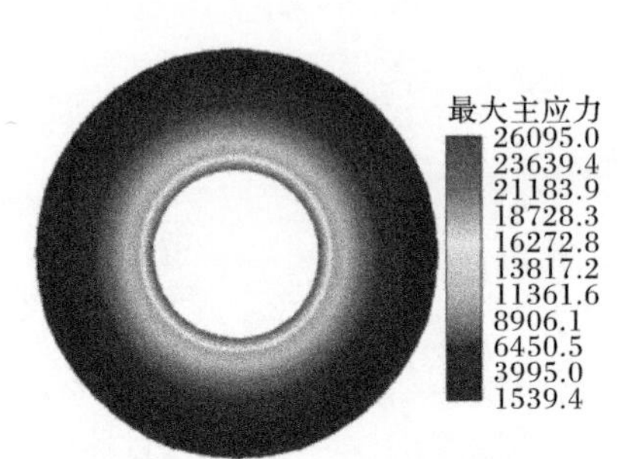

(c) 最大主应力云图(各向同性，单位：Pa)

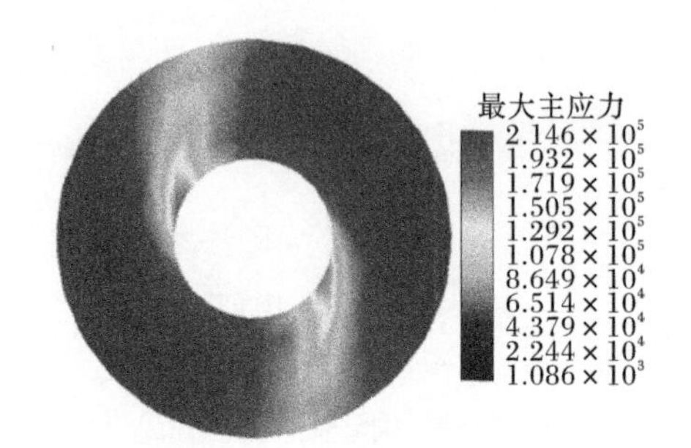

(d) 最大主应力云图(正交异性，单位：Pa)

图 7.4.3　环形薄膜受扭后的形态及面内主应力分布

由图 7.4.4 可知，无论是各向同性膜材还是正交异性膜材，在考虑褶皱效应的情况下，膜面上主应力最大值都会因刚度重分布而有所增大，由此也说明了引入褶皱算法的必要性。特别是对于正交异性膜材，由于经向和纬向弹性模量不同，其受力性能会有显著差异，因而在分析时需特别注意材料主轴的方向。

表 7.4.1 比较了采用不同材料本构模型进行分析时的计算效率。显然，引入褶皱算法后每个位移荷载步内的计算步数和计算时间都有所增加。例如，采用正

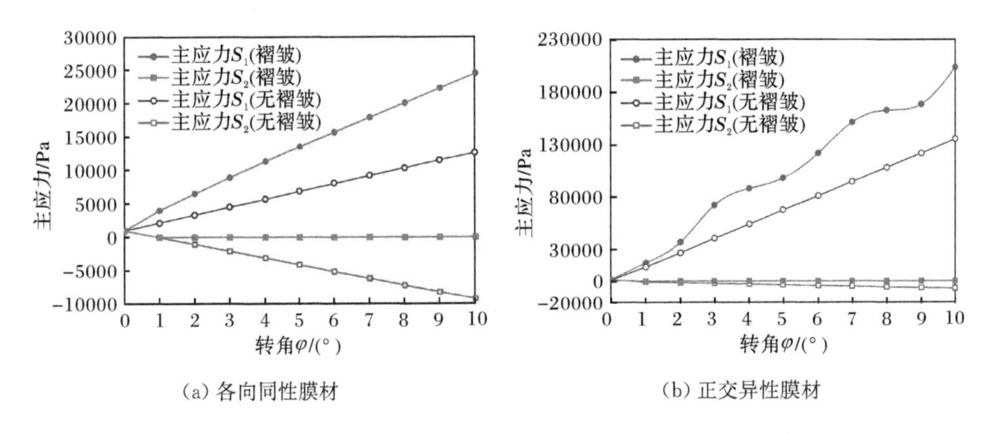

(a) 各向同性膜材　(b) 正交异性膜材

图 7.4.4　采用不同材料本构模型分析时 M 点的主应力比较

交异性模型分析时,第 3 个和第 7 个位移加载步内的增幅特别明显,原因在于正交异性薄膜两个弹性主轴方向上的刚度和泊松比都不相同,从而造成褶皱方向角不断变化,需要通过更多次的循环运算才能获得收敛解。尽管如此,由于算法中引入了稳定控制技术,考虑褶皱效应后两种材料模型数值计算中的稳定性仍然可以得到较好保证。

表 7.4.1　采用不同材料本构模型分析时的计算效率比较

类型	累计步数									
	$\varphi=1°$	$\varphi=2°$	$\varphi=3°$	$\varphi=4°$	$\varphi=5°$	$\varphi=6°$	$\varphi=7°$	$\varphi=8°$	$\varphi=9°$	$\varphi=10°$
不计褶皱	894	1868	2702	3665	4513	5568	6387	7390	8236	9182
各向同性	1163	2309	3295	4502	5681	6774	7926	9094	10213	11354
正交异性	1232	2402	4083	5197	6480	7642	9328	10523	11984	13326

注:表中数据根据残余力收敛准则确定,收敛容差指标取 $\varepsilon_f=10^{-6}$。

从图 7.4.3 还可以看出,两种膜材表面的主应力与褶皱分布特征都与有限元模拟结果(Lu et al., 2001)以及试验结果(Miyamura, 2000)基本一致。图中显示的每条应力迹线均为直线,褶皱各点的切线方向也与其重合,但由于沿径向各点的主应力方向并不相同,因而褶皱延伸过程中将出现弯曲,并不能用一条应力迹线来简单表示,这也反映出张力场理论的不足。

此外,在常用的有限元软件中(如 ANSYS、ABAQUS),只能根据主应力准则来大致判断膜面状态,并简单地通过将负主应力人为置 0 的方式来对褶皱进行处理,缺乏合理的应力修正机制和更新算法,因而在处理正交异性薄膜的褶皱问题时不可避免地会遇到一定的困难。而本书方法对各类膜材的褶皱问题按统一模式进行处理,可同时适用于各向同性薄膜和正交异性薄膜的褶皱分析,流程清晰,计算准确，收敛性好。

7.4.2 矩形薄膜面内剪切褶皱形态

本例采用屈曲理论对图 7.4.5 所示的单边受面内水平剪切荷载作用的矩形薄膜问题进行分析。分析模型根据相关试验(Wong and Pellegrino，2006)来确定，矩形薄膜下边缘完全固支，左右两边完全自由，上边缘受到夹具刚体约束，仅可沿 x 和 y 方向平移，以此来提供初始张力和剪力，并使所有边界条件同试验情况吻合。膜材基本性能如下：厚度 $h_0=25\mu m$，密度 $\rho=1.5\times10^{-6}kg/mm^3$，弹性模量 $E=3.50GPa$，泊松比 $\nu=0.31$。

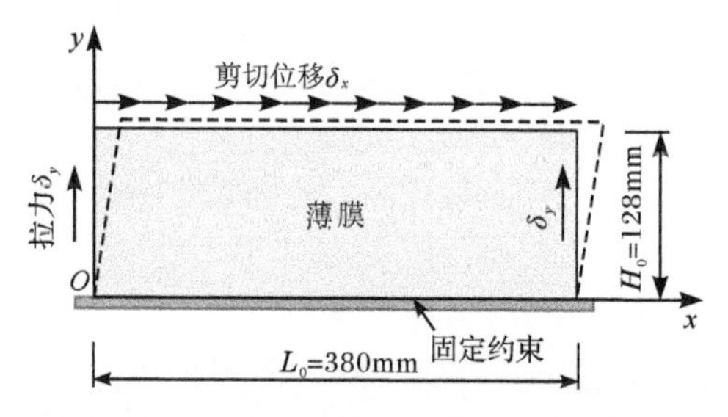

图 7.4.5 受剪切矩形薄膜褶皱分析模型

按照 7.3.2 节中的褶皱模拟流程，本算例的分析分为以下三个步骤：首先，在模型中与上边缘相连的所有质点上施加沿 y 正方向的微小位移 $\delta_y=0.025mm$，使薄膜中产生一定的预应力(在 0.82～0.95MPa 范围内)，以模拟试验中夹具对试件的约束作用以及其产生的薄膜初始张拉状态，同时为后续施加扰动力提供一定的面外刚度，如图 7.4.6 所示。然后，按照 7.3.1 节的要求施加一组垂直于膜面的扰动力，大小均为 $5\times10^{-4}N$。接下来，保持初始张拉状态不变，将顶边各点除 x 方向以外的自由度完全约束，并施加相同的水平剪切位移 δ_x(取 $\delta_x=\beta\delta_y$，$\beta=1.0$～15.0)进行初始非线性分析。最后，及时去除扰动力，同时增大剪切距离进行非线性后屈曲分析，直至 $\delta_x=3mm$，即可获得无初始缺陷理想薄膜结构的最终褶皱构形。在整个计算过程中，除扰动力外均通过控制位移方式进行逐步加载，位移步长 $\Delta d=1.0\times10^{-6}mm$。

进行褶皱分析时，计算模型中的质点分布状况将直接影响膜面褶皱的形式和数量。为了有效模拟褶皱，提高收敛精度，必须确定合理的质点数量及其分布，具体要求为相邻质点最大间距要小于褶皱的半波长 λ(即相邻褶皱波峰或波谷之间的距离)。按照理论分析的结果，计算出此问题中褶皱半波长的上限 $\lambda=6.3mm$ (Epstein，2003)。在此基础上，采用 6 个不同的离散模型(分别以 21×61、31×91、46×136、56×161、61×176、66×191 个质点模拟)进行分析，并以褶皱数量和顶部

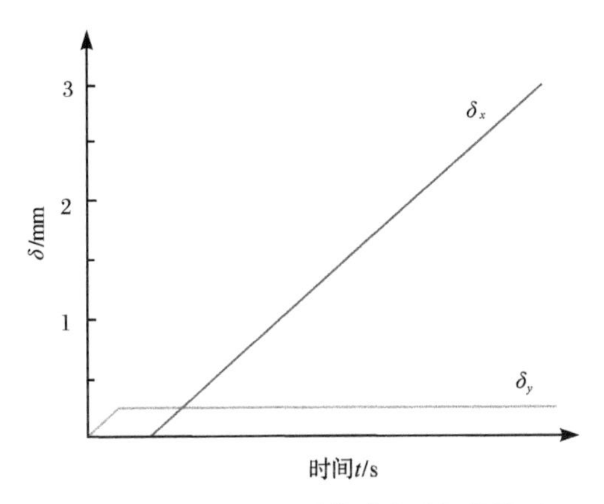

图 7.4.6 受剪切矩形薄膜位移加载情况

边界 x 方向的剪切反力 R_x 作为两个主要考查指标来选择合适的质点分布形式。通过对试算结果的比较,同时考虑计算耗时方面的因素,选取 56×161 形式的质点模型进行模拟是较为合理的,以下分析也都是基于该模型的计算结果来进行的。

图 7.4.7 为分析过程中几个典型剪切状态下的薄膜面外变形云图,图中任意两个峰值区域之间即代表一个完整的褶皱波,由此可以获知褶皱形成和发展的整个过程。在顶部剪切位移作用下,薄膜变形关于水平中心轴呈反对称分布。其中,图 7.4.7(a)中面外变形很小,其最大值与薄膜厚度处于同一量级,分布也无规律,且不连贯,两者都主要受扰动力控制,因而可认为此时薄膜仍处于初始扰动阶段(或前屈曲阶段)。本节中认为面外变形必须达到 10^{-1}mm 数量级时(比厚度高一个量级)褶皱才开始形成,在此之前只能视作由扰动力产生的初始缺陷变形,对结构影响可以忽略,在此之前的阶段可作为结构的理想工作阶段,相应的剪切临界距离也可作为理想状态下褶皱控制的临界值。但是,这一阶段非常不稳定,随着荷载的增大,面外变形分布状态(包括方向和大小)迅速改变,薄膜主要靠面外变形的调整和两端褶皱幅值的增加来保持在新位置上的平衡,如图 7.4.7(b)所示。当剪切位移达到 $\delta_x=0.115$mm 时,观察到两侧垂直边缘附近开始出现明显褶皱,其幅值量级与薄膜厚度 h_0 同阶;而在中心区域,尽管也有少量面外变形发生,但不足以形成完整的褶皱波。之后,随着剪切位移的增大,褶皱开始向中间部分扩展,新的褶皱不断形成,褶皱构形也发生显著变化;同时由于连续出现屈曲,薄膜表现出较明显的非线性特征,主要体现在面外变形随剪切荷载增大而剧增,如图 7.4.7(c)和(d)所示。此阶段增加的荷载主要靠薄膜的二次屈曲来平衡。在剪切位移达到 $\delta_x=0.17$mm 后,褶皱雏形基本形成,其构形也相对稳定,从而进入后屈曲阶段,也就是褶皱的稳定发展阶段,如图 7.4.7(e)和(f)所示。在此过程

中，薄膜中间区域的褶皱数量和位置都保持稳定，只是幅值随剪切距离的增加而缓慢增大，因此结构的平衡主要依靠几何变形来维持。最终剪切距离达到 $\delta_x=3$mm 时的褶皱样式如图 7.4.7(f)所示。可以看出，此时中间区域的褶皱方向基本相同，而在约束角点附近褶皱较为集中，形成扇形集中区域。另外，加载过程中还对薄膜水平中线上的 161 个质点的位移进行了监测，在不同剪切距离下(与图 7.4.7相对应)的面外变形如图 7.4.8 所示。从图中可以清楚地看出，在褶皱数量逐渐增多的同时，两个幅度最大的褶皱始终位于最靠近左右两侧边界附近，而中间区域的褶皱幅度相对均匀，但其波峰波谷的位置并不固定。

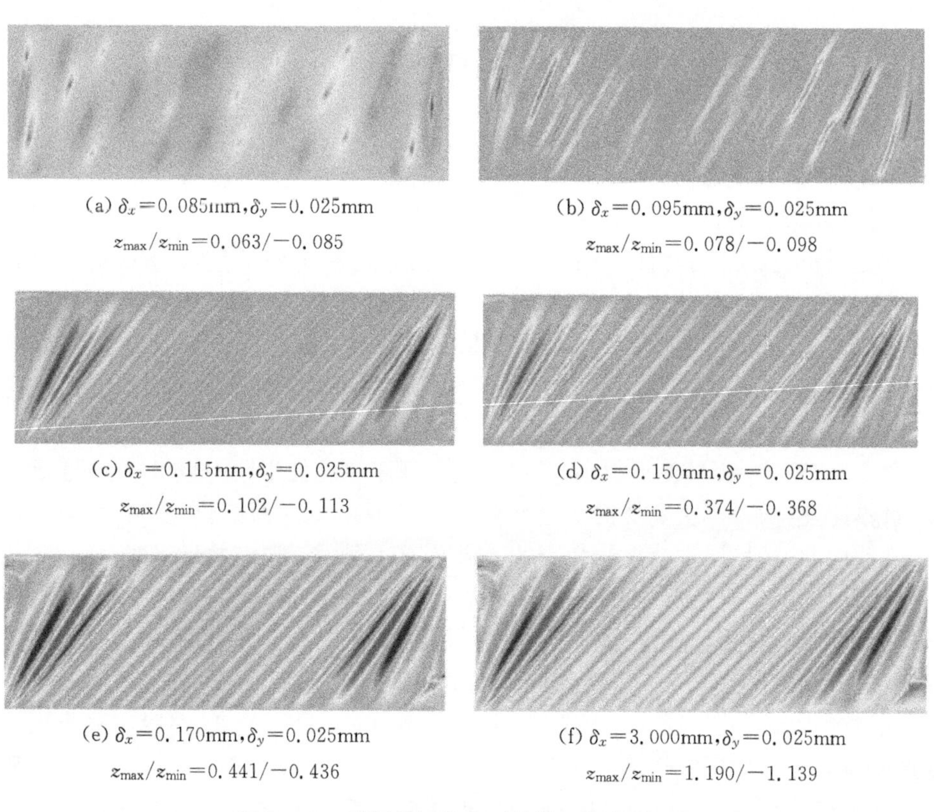

(a) $\delta_x=0.085$mm，$\delta_y=0.025$mm　$z_{max}/z_{min}=0.063/-0.085$

(b) $\delta_x=0.095$mm，$\delta_y=0.025$mm　$z_{max}/z_{min}=0.078/-0.098$

(c) $\delta_x=0.115$mm，$\delta_y=0.025$mm　$z_{max}/z_{min}=0.102/-0.113$

(d) $\delta_x=0.150$mm，$\delta_y=0.025$mm　$z_{max}/z_{min}=0.374/-0.368$

(e) $\delta_x=0.170$mm，$\delta_y=0.025$mm　$z_{max}/z_{min}=0.441/-0.436$

(f) $\delta_x=3.000$mm，$\delta_y=0.025$mm　$z_{max}/z_{min}=1.190/-1.139$

图 7.4.7　不同剪切状态下薄膜面外变形云图

图 7.4.9 给出了剪切距离达到 3mm 时模拟结果与试验中观察到的薄膜褶皱构形的比较。从试验照片上可以清晰地观察到褶皱的数量与分布样式(Wong and Pellegrino，2006)，包括波峰和波谷的具体位置，数值分析结果与试验情况基本相符。

图 7.4.10 给出了剪切角与褶皱波长、褶皱幅值之间的关系。图中的褶皱构形参数变量值是在剔除左右两侧数据后得到的，其中褶皱幅值为所有波峰和波谷

到薄膜初始平面距离的平均值,褶皱波长为相邻褶皱水平间距的平均值。对于褶皱半波长 λ 和幅值 A,有限质点法的模拟结果与理论值(Mansfield,1969)及试验

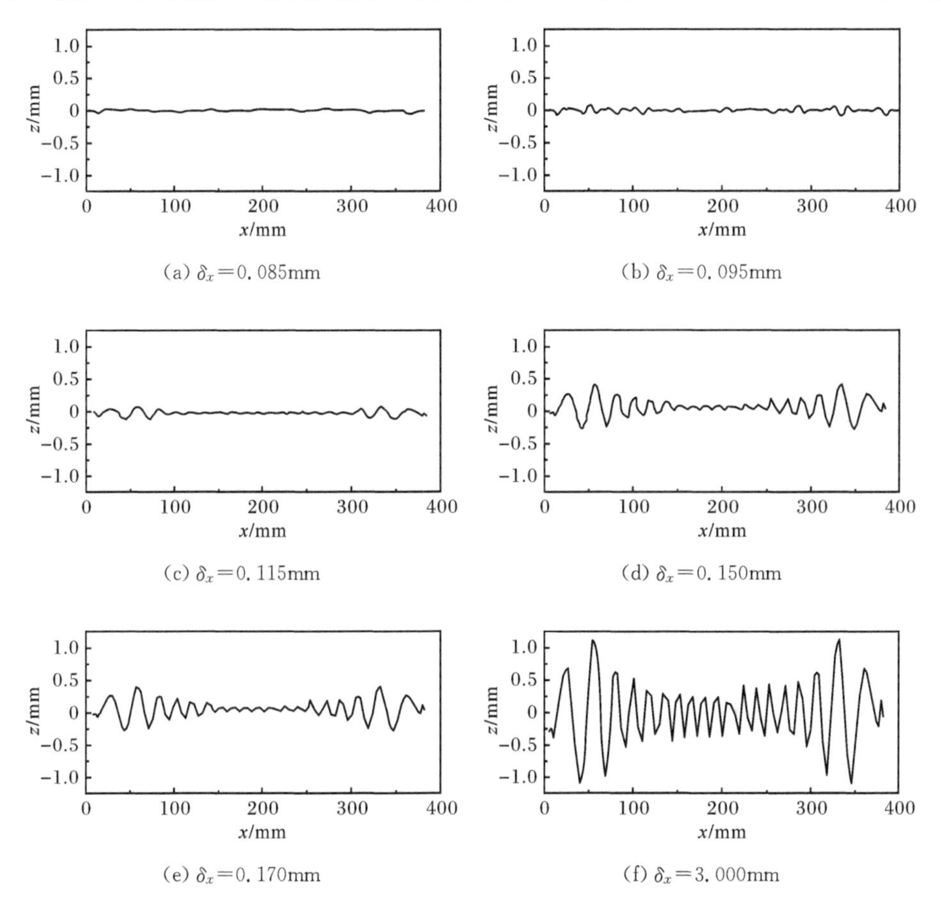

(a) δ_x=0.085mm　(b) δ_x=0.095mm

(c) δ_x=0.115mm　(d) δ_x=0.150mm

(e) δ_x=0.170mm　(f) δ_x=3.000mm

图 7.4.8　不同剪切状态下薄膜水平中心截面的面外变形

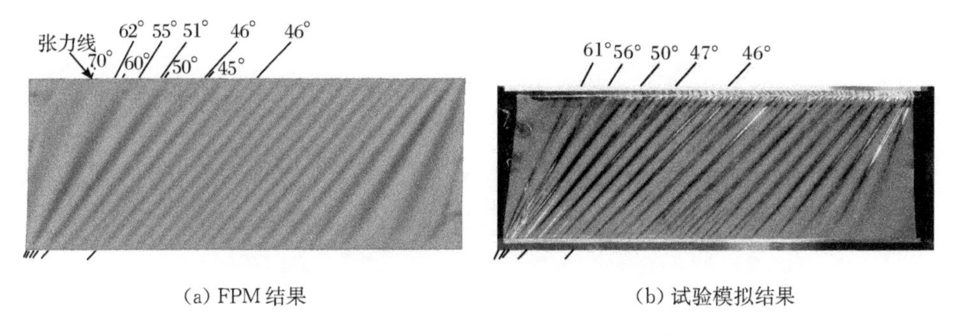

(a) FPM 结果　(b) 试验模拟结果

图 7.4.9　单边受剪矩形薄膜的最终褶皱变形模式比较

值(Jenkins et al.,1998)的发展规律是一致的,即随着剪切角 γ 增大,波长显著减小,幅度则相应增大。在数值上,褶皱波长的预测值在整个剪切过程中都吻合得较好,误差均在5%以内;褶皱幅值在剪切角较小时($\gamma \leqslant 0.015$),结果也相当接近,此时整块薄膜应该仍处于弹性范围内,但随着剪切角的增大,由于局部开始产生塑性变形,最大偏差达到0.025mm,但变化趋势仍然相同。

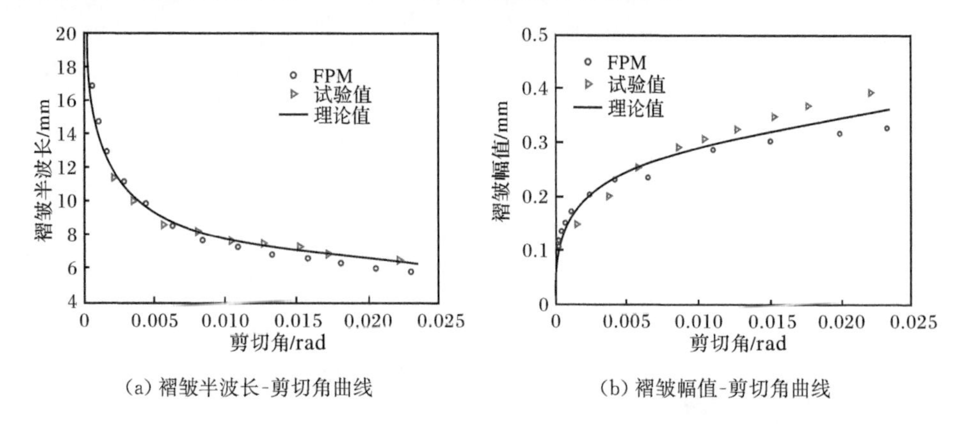

(a) 褶皱半波长-剪切角曲线　　(b) 褶皱幅值-剪切角曲线

图 7.4.10　褶皱构形参数与剪切角之间的关系比较

为更加深入地了解褶皱特性,图7.4.11给出了 $\delta_x=3$mm 时薄膜内的主应力分布。可以看到,左右两侧各有一块三角形区域为松弛区,左下角和右上角处为张紧区,其最大拉应力约为平均值的三倍,该结果反映了剪切薄膜的受力特点。膜面内最大应力集中在角点部位,中间区域则受力较为均匀,由于角点处应力集中,影响了该处的褶皱形变,这也与图7.4.7中的褶皱分布形式相对应。此外,图7.4.12显示了剪切距离分别为 $\delta_x=1$mm、2mm、3mm 时薄膜水平中心横截面上($y=64$mm)的主应力分布情况。其中,最大主应力 S_1 的变化趋势保持一致,沿截面大部分区域都比较稳定,只是在左右两边受边界条件影响而迅速衰减;整个截面上的最小主应力 S_2 大多为负值且维持在零值附近振荡,正是这一非零的负主应力控制了薄膜的褶皱变形大小。

(a) 最大主应力 S_1

(b) 最小主应力 S_2

图 7.4.11　单边受剪褶皱薄膜中的主应力分布云图

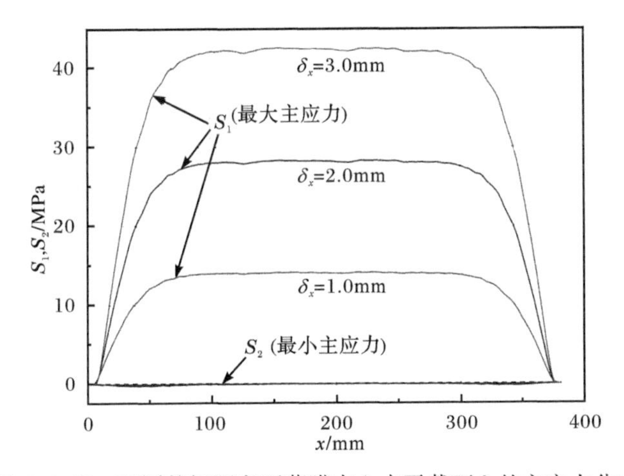

图 7.4.12　不同剪切距离下薄膜中心水平截面上的主应力分布

7.4.3　方形气囊充气膨胀褶皱效应

本节采用张力场理论对图 7.4.13 所示方形气囊的充气过程进行分析。模型对角线长 $L_{AC}=1.2\text{m}$，厚度 $h_0=0.6\text{mm}$，由上、下两片方形薄膜沿周边缝合而成，初始水平放置且边界不受任何约束；内表面受到连续均匀的充气压力作用，气压 p 采用“斜坡—平台”方式缓慢加载，在 $t=0\sim1.0\text{s}$ 由 0 线性递增至 5kPa，然后保持恒定。膜材假定为各向同性，弹性模量 $E=588\text{MPa}$，泊松比 $\nu=0.4$，密度 $\rho=1.5\times10^3\text{kg/m}^3$。因模型与荷载都是对称的，可只取上半部分模型的 1/4 来进行计算。采用质点分布为 6×6、9×9 和 11×11 形式的三种离散模型（记作模型①～模型③）分别进行计算，各个模型中用于连接质点的四节点薄膜元数量分别为 25、64 和 100 个。分析时忽略重力作用，同时气压以随体力方式作用于气囊表面，最大允许压应力系数初值 $P_0=10^{-4}$；时间步长根据稳定条件自动调整，阻尼系数$\mu=2$。

图 7.4.14 给出了三种离散模型计算得到的气囊顶点 M 的竖向位移和

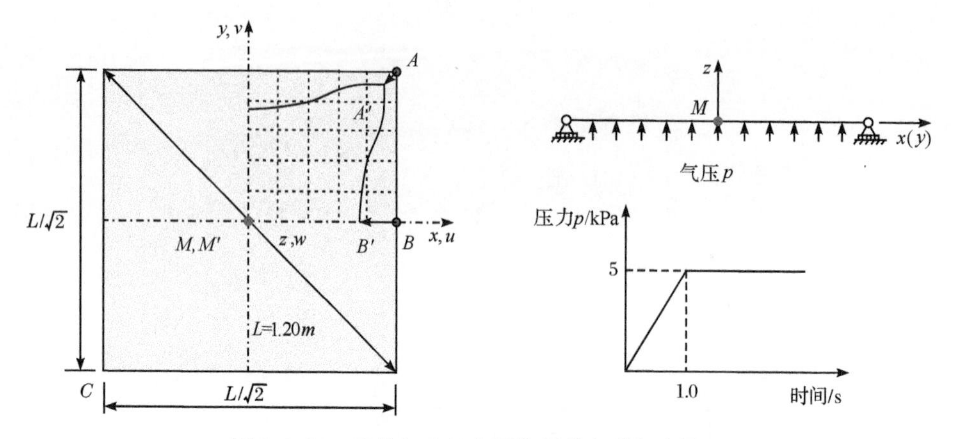

图 7.4.13　受均匀充气内压作用的方形气囊模型

von Mises 应力随时间的变化情况。由图可知，随着气压增大，气囊竖向变形和膜内应力都在 1.2～1.3s 达到峰值，之后经过一段振荡往复运动后在阻尼耗能作用下逐渐趋于稳定。另外，表 7.4.2 所列出的模型在几个特征点上的位移和应力解与文献结果(Contri and Schrefler，1988；Kang and Im，1999；Ziegler et al.，2003)都基本相符，而且即使采用质点分布比较稀疏的离散模型也能获得较高的精度。

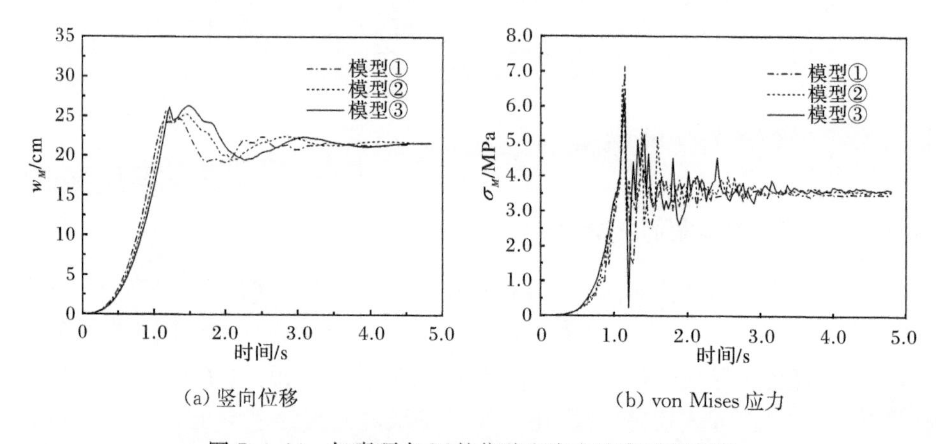

(a) 竖向位移　　(b) von Mises 应力

图 7.4.14　气囊顶点 M 的位移和应力响应时程曲线

表 7.4.2　方形气囊典型位置上的位移和应力结果比较

单元数量	Contri 和 Schrefler(1988)			Kang 和 Im(1999)			Ziegler 等(2003)			FPM	
	16	25	64	16	25	64	64	100	25	64	100
w_M/cm	20.90	21.70	20.50	21.50	21.60	21.40	21.60	21.60	21.45	21.59	21.65
u_A/cm	4.03	4.45	3.32	4.30	4.20	4.10	5.23	4.88	5.18	4.63	4.36

续表

单元数量	Contri 和 Schrefler(1988)			Kang 和 Im(1999)			Ziegler 等(2003)			FPM	
	16	25	64	16	25	64	64	100	25	64	100
u_B/cm	10.18	11.03	13.01	11.70	11.70	11.90	12.20	12.30	11.57	12.10	12.46
σ_M/MPa	3.35	3.50	3.50	—	—	—	3.70	3.70	3.46	3.55	3.59

注：w_M和σ_M分布为顶点M处竖向位移和最大主应力，u_A和u_B分别为角点A和边线中点B处沿x方向的位移绝对值。

图 7.4.15 为采用模型③计算得到的气囊充气变形过程及相应时刻膜面各区域的受力状态，其中 A 区域代表张紧状态，B 区域代表单向褶皱状态，C 区域代表双向褶皱(松弛)状态。通过追踪各点的受力状态，由图 7.4.14 和图 7.4.15 不难看出，气囊表面单向褶皱区域的范围与顶部位移及应力变化趋势相吻合，而处于松弛状态的范围始终较小，且基本出现于加载初期，之后迅速减小。其原因在于薄膜没有抗弯能力，而且结构水平方向不受约束也没有施加预应力，因此初始阶段气囊除边界区域外在充气荷载的作用下被迅速撑开，中间大部分区域膜面张拉变形都很小，主要以竖向刚体平移为主；随着荷载的增加，气囊迅速膨胀变形，褶皱范围也相应地向内迅速扩展，褶皱范围最大达到总表面的 55.3%，膜面局部出现不光滑。

图 7.4.16 为最终达到稳定状态时考虑褶皱效应与不考虑褶皱效应(即认为膜材可以抗压)两种情况下气囊形态和应力分布的对比。可以看出，前者充气膨胀后膜面保持相对光滑，而后者因计入薄膜的抗压刚度而在表面形成了较多的折痕[图 7.4.15(d)]，整体形状也更加平坦。当不考虑褶皱效应时，膜面内往往存在较大的压应力且波动明显，而当引入褶皱算法后膜面内的压应力被消除后基本保持稳定，薄膜只能通过面内张力来抵抗外荷载，这相当于弱化了结构沿压缩方向的刚度，减少了对质点的运动限制。正是由于薄膜结构的局部刚度软化改变了荷载传递路径，造成了两种分析模型所获得的气囊最终形态的不同。图 7.4.16(b)还显示出膜面张紧区域集中在气囊顶部并沿着对角线对称分布，而其他区域除角点附近都处于褶皱状态。图 7.4.16(b)中用短实线标记“↔”来描述各个薄膜元内的主应力矢量及所处的应力状态(根据高斯点应力平均后得到)，其中只标有一条实线的区域处于褶皱状态，标有“✛”的处于张拉状态，无任何标记区域处于松弛状态。

需要指出的是，尽管图 7.4.16(a)中显示气囊周边形成了几处较明显的折痕，但这些折痕实际上只是膜内压应力导致的褶皱变形在局部累计后形成的一种不稳定的平衡构形，而不能代表褶皱本身，而且它们的位置、数量和形态在很大程度上取决于计算模型中质点的分布、加载方式和数值求解方法的选择。

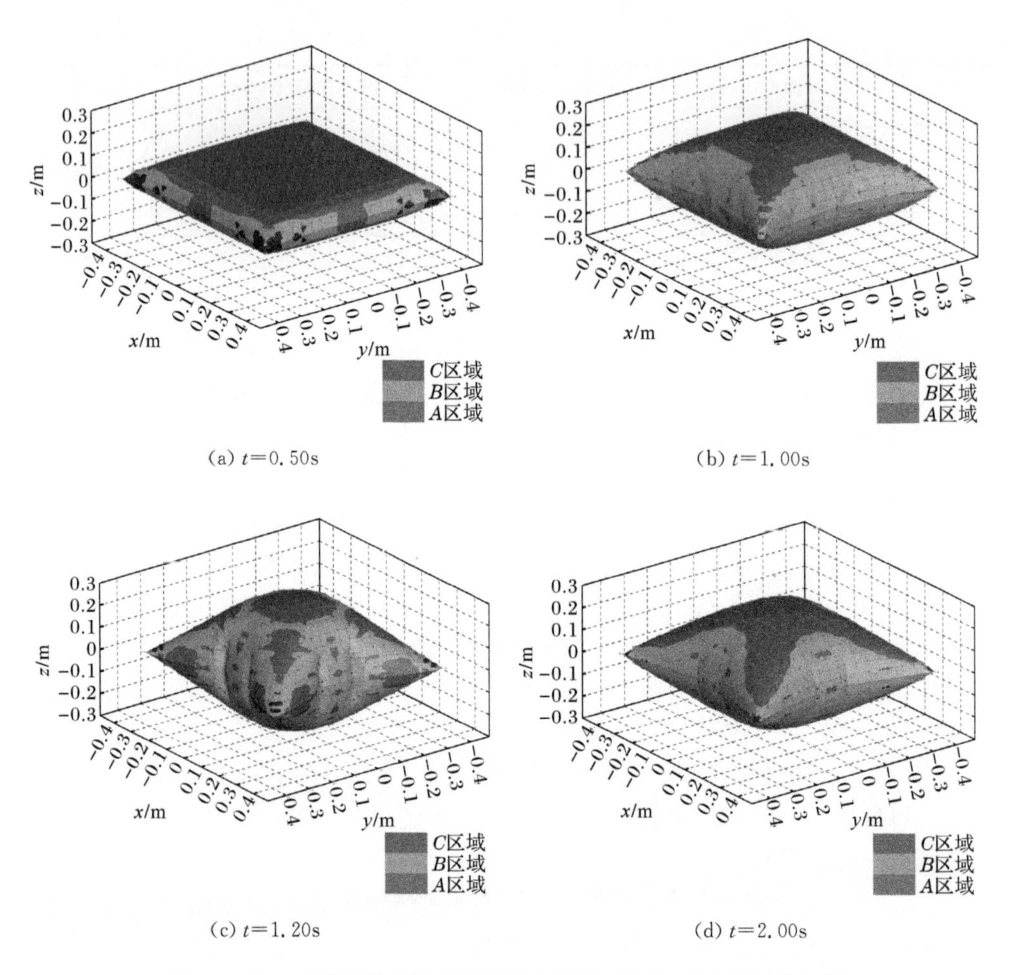

(a) t=0.50s (b) t=1.00s

(c) t=1.20s (d) t=2.00s

图 7.4.15 方形气囊充气变形过程中的形态及单、双向褶皱分布图

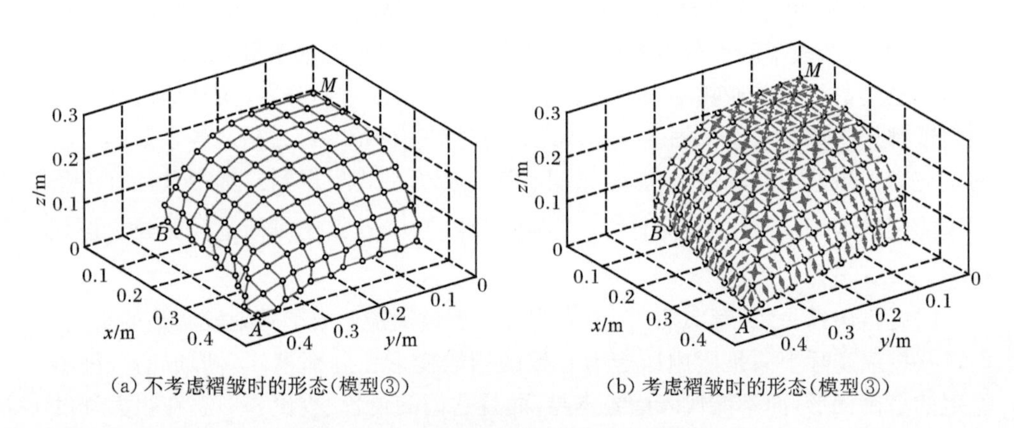

(a) 不考虑褶皱时的形态(模型③) (b) 考虑褶皱时的形态(模型③)

图 7.4.16 充气后稳定状态下的气囊形态

7.4.4　球形气囊充气膨胀褶皱形态

采用屈曲理论对图 7.4.17 所示的球形气囊膜结构充气过程中的褶皱问题进行分析。它是由上、下两块圆形膜片在边缘处黏合而成的一个内部封闭的薄膜结构。模型参数根据 Rodriguez 试验(2011)确定,膜片直径 $D=400\text{mm}$,厚度 $h_0=0.27\text{mm}$,初始水平放置且不受任何约束;在连续均匀的充气内压 p 作用下发生膨胀变形,气压 p 在 $t=0\sim1.0\text{s}$ 内由 0 线性递增至 20000Pa,然后维持恒定。膜片基本参数如下:弹性模量 $E=125\text{MPa}$,泊松比 $\nu=0.41$,密度 $\rho=900\text{kg/m}^3$。利用对称性条件,只取上半部分模型进行计算。为了能够获得气囊表面精确的褶皱形态,计算模型划分较细,其中质点和薄壳元数量分别为 6938 个和 13684 个。分析中忽略结构的重力作用,计算总时长 $t=1.50\text{s}$,时间步长由程序自动调整,质量阻尼系数 $\mu=5.0$。

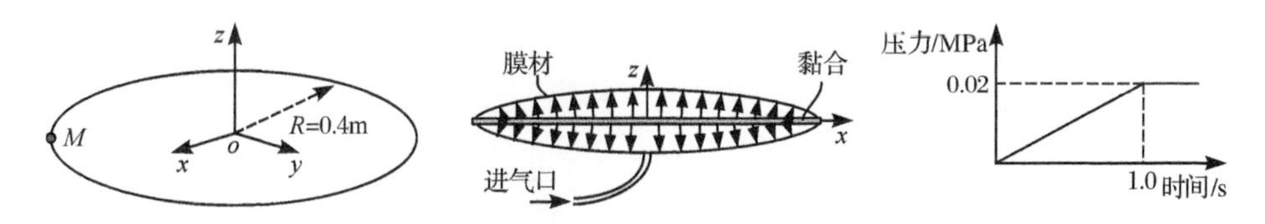

图 7.4.17　受均匀充气内压作用的球形气囊模型

图 7.4.18 为球形气囊充气后的膨胀变形过程,从图中可以观察到薄膜表面的褶皱形态及其发展过程。随着内部气压的增加,薄膜被迅速撑开,但在初始阶段气囊中心区域仍基本维持平面,而周边薄膜向内收缩,并从 $t=0.200\text{s}$ 起沿环向开始出现分散的细小褶皱;在 $t=0.425\text{s}$ 时整个气囊已完全展开并鼓起成类似球泡的形状,同时表面上形成了几处较为明显的褶皱;在 $t=0.500\text{s}$ 时膨胀变形和褶皱幅度都达到最大值,之后动力效应使得气囊在平衡位置附近反复振荡,表面褶皱分布和结构形态也随之不断变化;$t=1.350\text{s}$ 后,气囊的膨胀变形与饱和内压基本能够协调,不再有大的改变,此时在周围边界上沿环向间隔分布着几个幅度较大的褶皱,其周围还有一些小褶皱,而所有褶皱的波峰和波谷都是连续光滑的,与采用张力场理论得到的褶皱有明显区别。在这样一个不断出现局部屈曲、环向褶皱数量不断变化的复杂非线性问题的计算过程中,没有出现因膜材抗弯刚度过小而导致的气囊表面扭曲畸变等不稳定问题,而且依然能够准确捕捉到具体的褶皱构形,最终得到的气囊形态也与试验结果(Rodriguez,2011)较为相似(图 7.4.19)。

最终稳定状态下气囊表面的应力分布情况如图 7.4.20 所示。膜面内最大应力集中在顶部和底部的中心区域,周围边界附近的应力围绕零值波动,其他区域的应力变化梯度则较大,褶皱的出现加剧了气囊表面受力不均匀的现象,应力分布的不均匀又促使褶皱进一步扩展。

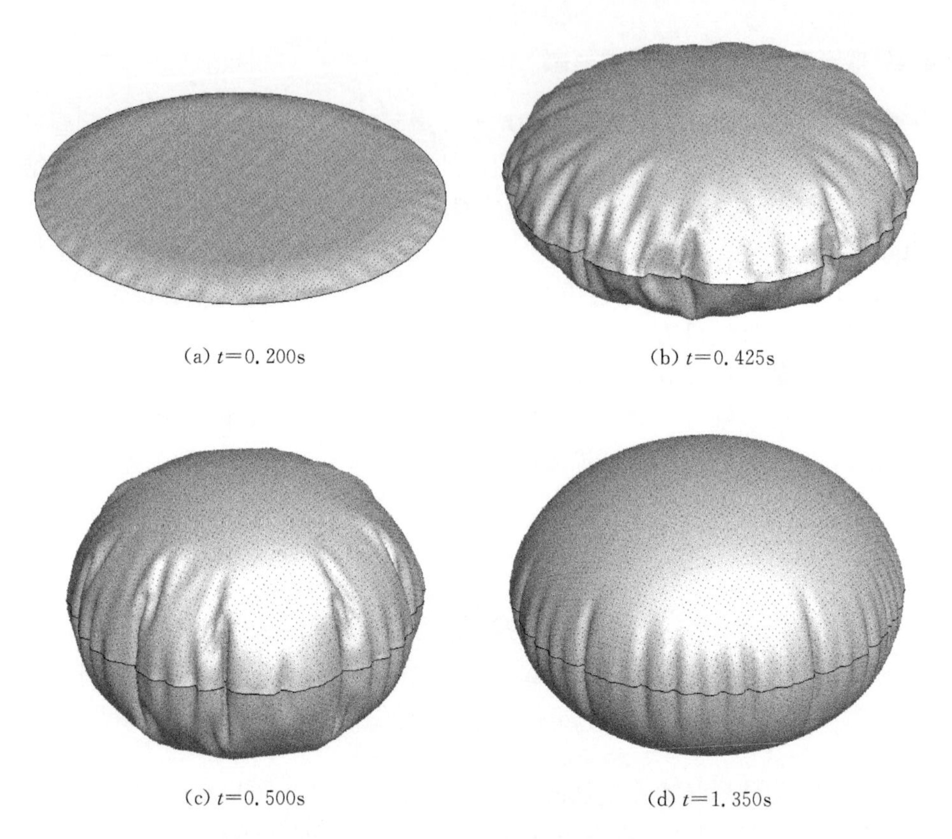

(a) t=0.200s　　(b) t=0.425s

(c) t=0.500s　　(d) t=1.350s

图 7.4.18　圆形气囊充气过程中典型时刻的形态

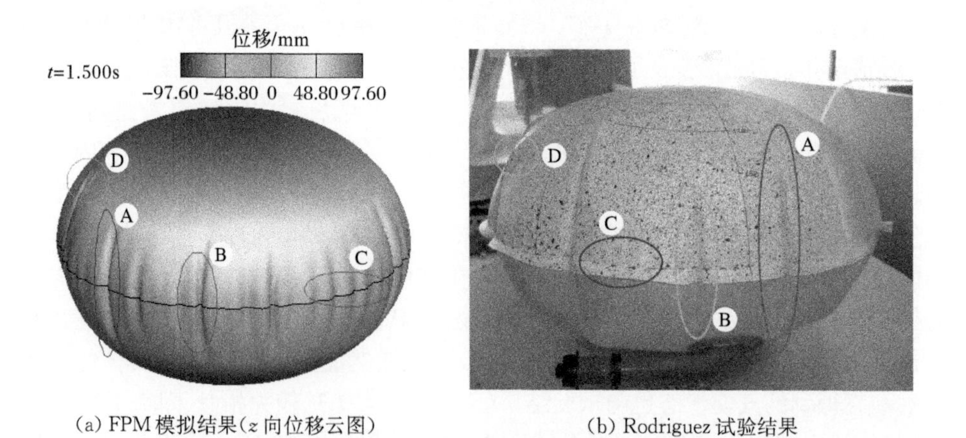

(a) FPM 模拟结果(z 向位移云图)　　(b) Rodriguez 试验结果

图 7.4.19　圆形气囊充气过程中模拟结果与试验结果对比

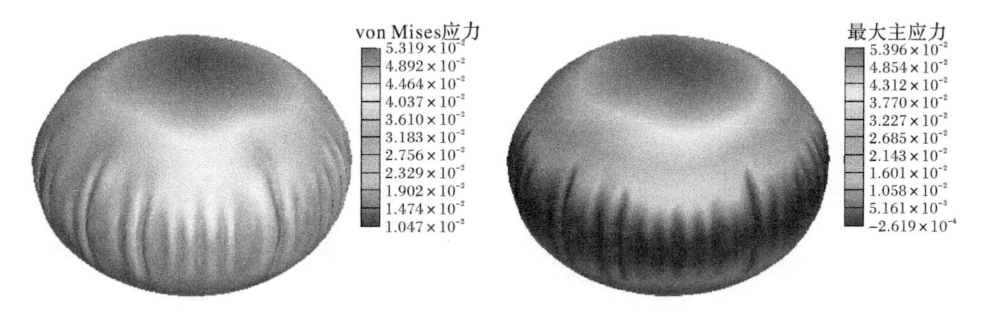

(a) von Mises 应力　　(b) 最大主应力

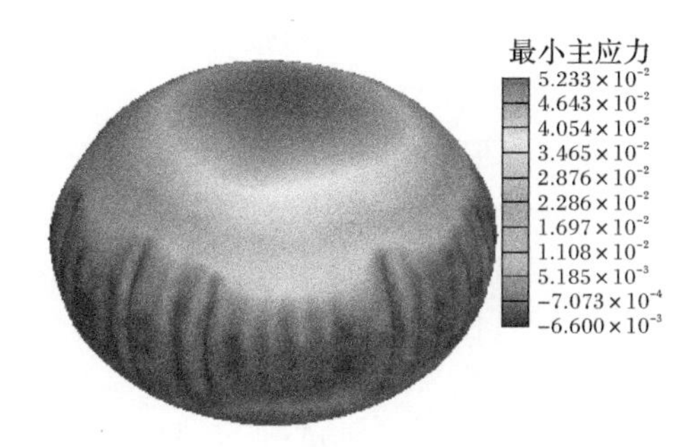

(c) 最小主应力

图 7.4.20　t=1.5s 时气囊表面的应力分布(单位:GPa)

第 8 章　结构接触和碰撞行为分析

接触和碰撞是结构非线性分析中经常涉及的一类重要问题。有限质点法在对结构接触和碰撞问题的分析思路上与传统方法有较大不同，该方法不需要刻意引入界面约束方程并集成到整体控制方程中，无需对接触区域的单元刚度进行修正，也不需要预先假设接触和碰撞范围。分析时，首先可由各个途径单元范围内的参考构形判断出所有质点的接触状态，然后按照碰撞类型的不同分别计算满足相应界面约束条件的接触力，并将接触力当做一种外力直接施加于质点上来求得结构的碰撞响应，再根据碰撞响应结果判断是否继续发生连续碰撞，以确定是否需要更新接触状态并进入下一个途径单元，以此方式进行循环即可实现对碰撞接触过程的完整模拟。本章首先介绍基于有限质点法的不同结构单元的接触侦测和碰撞反应计算方法，然后对梁、杆、膜、壳和固体结构的接触碰撞行为进行分析。

8.1　接触侦测方法

接触行为的模拟首先需要确定接触部位。在判断接触部位时，根据接触单元的不同，需采用不同的接触判断方法。本节对杆、梁的接触侦测采用线-线接触侦测算法，对于膜、壳和固体则采用点-面接触算法。

8.1.1　梁、杆的接触侦测方法

有限质点法的时间步长一般为 $10^{-5}\sim10^{-4}$ s，相对于发生低速碰撞的杆件速度已经足够小。因此，为简化梁、杆接触碰撞分析提出以下假定。

(1) 在一个时间步长的碰撞分析中，每个构件只会与一个最可能的构件发生碰撞。

(2) 构件的碰撞中，不区分主仆关系，发生碰撞的两杆关系平等。

基于以上假定，两构件碰撞后是否发生连续碰撞，或是再与其他杆件碰撞，是结构的自然行为。只要接触判断合理，碰撞处理合理，就会得到真实的结构行为。

处理接触侦测的基本思路如下。

(1) 在 t 时刻寻找最有可能发生碰撞的成对杆件，并记录其相对位置。

(2) 在 $t+\Delta t$ 时刻对上一时间步最有可能发生碰撞的成对构件的相对位置再次判断，确定碰撞是否发生。同时挑选出此时间步可能发生碰撞的成对杆件，为

下一时间步的碰撞判断做准备。

构件间可能的接触类型如图 8.1.1 所示。这里采用空间解析几何中向量分析方法，通过对结构各构件间空间相对位置的计算，判断构件间的接触情况。

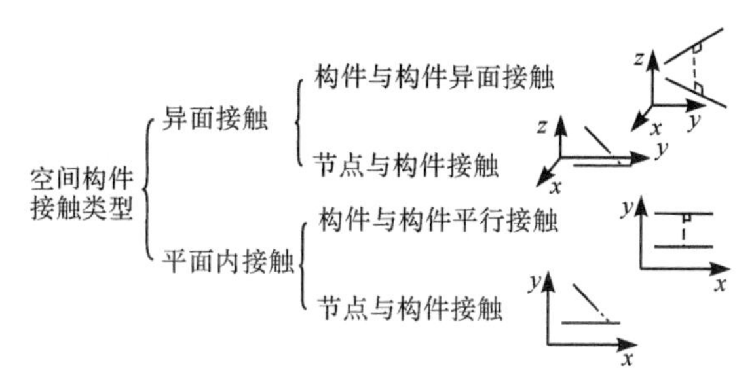

图 8.1.1　空间构件接触类型

设构件 AB 和 CD 为空间中可能相碰的两构件，如图 8.1.2 所示。下面给出两构件所在空间直线相对位置的判断公式。两构件的坐标分别为(x_A, y_A, z_A)，(x_B, y_B, z_B)，(x_C, y_C, z_C)和(x_D, y_D, z_D)，可确定两直线的方向向量分别为

$$\mathbf{V}_{AB} = [X_1 \quad Y_1 \quad Z_1]^{\mathrm{T}} = [x_B - x_A \quad y_B - y_A \quad z_B - z_A]^{\mathrm{T}} \tag{8.1.1a}$$

$$\mathbf{V}_{CD} = [X_2 \quad Y_2 \quad Z_2]^{\mathrm{T}} = [x_D - x_C \quad y_D - y_C \quad z_D - z_C]^{\mathrm{T}} \tag{8.1.1b}$$

两直线 l_{AB} 和 l_{CD} 的方程为

$$l_{AB}: \quad \frac{x - x_A}{X_1} = \frac{y - y_A}{Y_1} = \frac{z - z_A}{Z_1} \tag{8.1.2a}$$

$$l_{CD}: \quad \frac{x - x_C}{X_2} = \frac{y - y_C}{Y_2} = \frac{z - z_C}{Z_2} \tag{8.1.2b}$$

判断空间两直线相对位置的充要条件如下。

(1) 异面。

$$\Delta = \begin{vmatrix} x_C - x_A & y_C - y_A & z_C - z_A \\ X_1 & Y_1 & Z_1 \\ X_2 & Y_2 & Z_2 \end{vmatrix} \neq 0 \tag{8.1.3a}$$

(2) 相交。

$$\Delta = 0, \quad 且\ X_1 : Y_1 : Z_1 \neq X_2 : Y_2 : Z_2 \tag{8.1.3b}$$

(3) 平行。

$$X_1 : Y_1 : Z_1 = X_2 : Y_2 : Z_2 \neq (x_C - x_A) : (y_C - y_A) : (z_C - z_A) \tag{8.1.3c}$$

(4) 重合。

$$X_1 : Y_1 : Z_1 = X_2 : Y_2 : Z_2 = (x_C - x_A) : (y_C - y_A) : (z_C - z_A) \tag{8.1.3d}$$

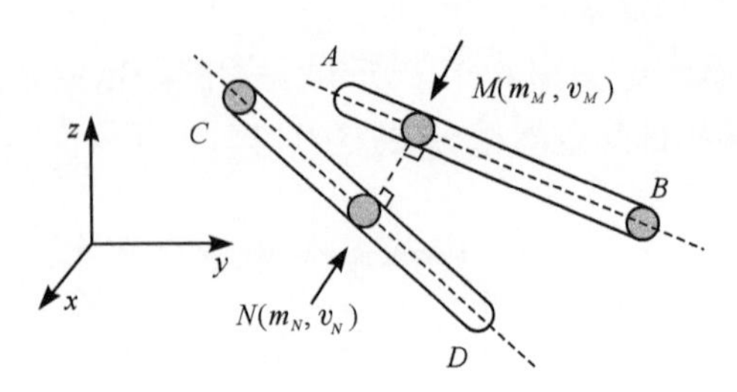

图 8.1.2 空间构件 AB 和 CD

1. 异面接触

构件异面接触分为构件接触和节点与构件接触。节点与构件接触可看作构件接触的特殊情况,因此这里只讨论第一种情况。图 8.1.2 所示的异面构件 AB 和 CD 发生接触碰撞需要满足以下三个条件。

(1) 两构件的距离小于两构件与其他任何构件的距离。

AB 和 CD 两异面构件所在直线间的最小距离可使用式(8.1.4)计算:

$$d=\frac{\left\|\begin{matrix} x_A-x_C & y_A-y_C & z_A-z_C \\ X_1 & Y_1 & Z_1 \\ X_2 & Y_2 & Z_2 \end{matrix}\right\|}{\sqrt{\begin{vmatrix} Y_1 & Z_1 \\ Y_2 & Z_2 \end{vmatrix}^2+\begin{vmatrix} Z_1 & X_1 \\ Z_2 & X_2 \end{vmatrix}^2+\begin{vmatrix} X_1 & Y_1 \\ X_2 & Y_2 \end{vmatrix}^2}} \tag{8.1.4}$$

(2) 两构件公垂线的垂足在碰撞发生前后均落在两构件上。

由于有限质点法中时间步非常小,在一个时间步内构件的位移也很小。若构件的公垂线垂足落在构件的延长线上,则认为两构件在下一时间步没有接触的可能,如图 8.1.3 所示。

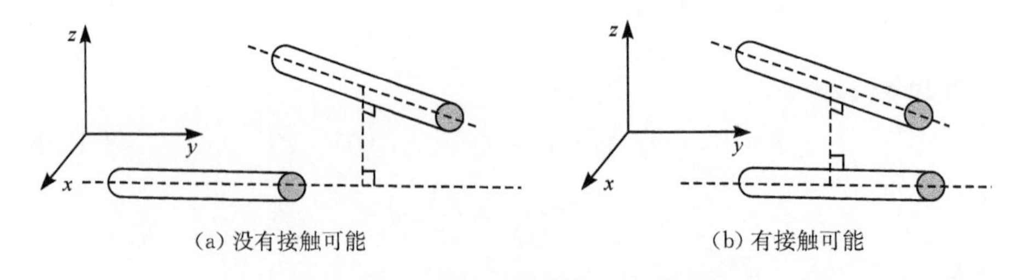

(a) 没有接触可能　　(b) 有接触可能

图 8.1.3 异面构件公垂线垂足位置判断

图 8.1.4(a)中构件 AB、CD 和公垂线垂足 M、N 在 t 时刻各点的位置为 A、B、C、D、M 和 N,在 $t+\Delta t$ 时刻的位置为 A_o、B_o、C_o、D_o、M_o 和 N_o(为了简明,构件

CD 和 C_oD_o 画在同一位置)。要确定两构件公垂线垂足的位置首先应确定公垂线 l_{MN} 的方程:

$$\begin{cases} \begin{vmatrix} x-x_A & y-y_A & z-z_A \\ X_1 & Y_1 & Z_1 \\ X & Y & Z \end{vmatrix} = 0 \\ \begin{vmatrix} x-x_C & y-y_C & z-z_C \\ X_2 & Y_2 & Z_2 \\ X & Y & Z \end{vmatrix} = 0 \end{cases} \tag{8.1.5}$$

式中,$X=\begin{vmatrix} Y_1 & Z_1 \\ Y_2 & Z_2 \end{vmatrix}$;$Y=\begin{vmatrix} Z_1 & X_1 \\ Z_2 & X_2 \end{vmatrix}$;$Z=\begin{vmatrix} X_1 & Y_1 \\ X_2 & Y_2 \end{vmatrix}$。

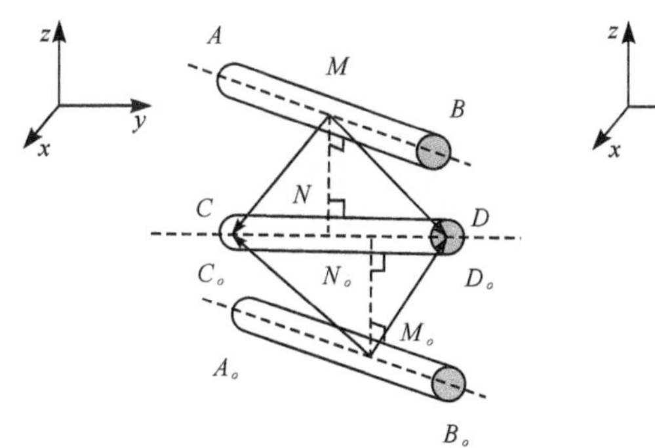

(a) 构件“穿透”构件

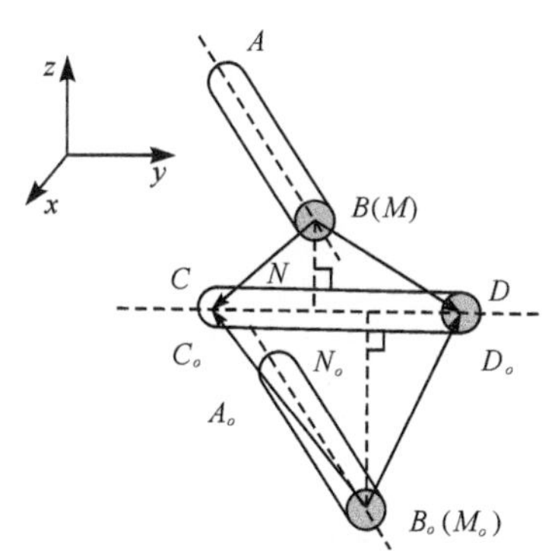

(b) 节点“穿透”构件

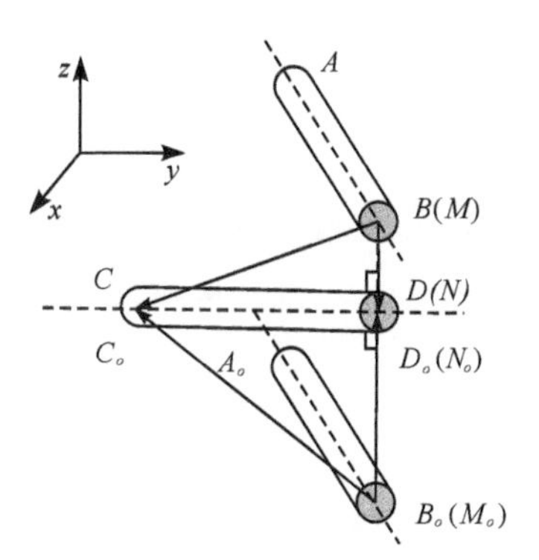

(c) 节点“穿透”节点

图 8.1.4　空间异面构件接触判断

通过求公垂线与两构件的交点可确定垂足 M 和 N 的坐标(x_M,y_M,z_M)和(x_N,y_N,z_N)。同理,可求得碰撞后垂足的坐标(x_{M_o},y_{M_o},z_{M_o})和(x_{N_o},y_{N_o},z_{N_o})。

碰撞前后垂足 M、N、M_o 和 N_o 同时落在构件上则须满足下面的条件。

碰撞前：

$$\begin{cases}(x_A-x_M)(x_B-x_M)\leqslant 0\\(y_A-y_M)(y_B-y_M)\leqslant 0\\(z_A-z_M)(z_B-z_M)\leqslant 0\end{cases}\quad\begin{cases}(x_C-x_N)(x_D-x_N)\leqslant 0\\(y_C-y_N)(y_D-y_N)\leqslant 0\\(z_C-z_N)(z_D-z_N)\leqslant 0\end{cases}\tag{8.1.6a}$$

碰撞后：

$$\begin{cases}(x_{A_o}-x_{M_o})(x_{B_o}-x_{M_o})\leqslant 0\\(y_{A_o}-y_{M_o})(y_{B_o}-y_{M_o})\leqslant 0\\(z_{A_o}-z_{M_o})(z_{B_o}-z_{M_o})\leqslant 0\end{cases}\quad\begin{cases}(x_{C_o}-x_{N_o})(x_{D_o}-x_{N_o})\leqslant 0\\(y_{C_o}-y_{N_o})(y_{D_o}-y_{N_o})\leqslant 0\\(z_{C_o}-z_{N_o})(z_{D_o}-z_{N_o})\leqslant 0\end{cases}\tag{8.1.6b}$$

当垂足落在构件端点时，式(8.1.6)取等号，此时为节点与构件的碰撞或节点与节点的碰撞，是构件异面碰撞的特殊情况。

(3) 在两个相邻的时间步内，两构件的相对位置发生"穿透"变化。

如果发生"穿透"，根据右手定则，向量 $\boldsymbol{MC}$ 和 $\boldsymbol{MD}$ 的向量积方向与向量 $\boldsymbol{M_oC_o}$ 和 $\boldsymbol{M_oD_o}$ 的向量积方向应该相反，此两向量的点积应小于 0，即

$$(\boldsymbol{MC}\times\boldsymbol{MD})\cdot(\boldsymbol{M_oC_o}\times\boldsymbol{M_oD_o})<0\tag{8.1.7}$$

同样，使用向量 $\boldsymbol{NA}$ 和 $\boldsymbol{NB}$ 的向量积与向量 $\boldsymbol{N_oA_o}$ 和 $\boldsymbol{N_oB_o}$ 的向量积方向进行判断，会得到同样的效果。当出现节点与构件碰撞[图 8.1.4(b)]或节点与节点碰撞[图 8.1.4(c)]的特殊情况时，垂足会与节点位置重合，但式(8.1.7)仍然适用。

2. 共面接触

构件在平面内的接触情况分为平行接触和点线接触。

1) 平行接触

空间构件发生平行接触碰撞的三个条件与异面直线接触碰撞的条件非常相似，仅在接触点的确定上略有不同。

(1) 两构件的距离小于两构件与其他任何构件的距离。

两平行直线间的距离为平行线上任意一点到另一条平行线的距离。式(8.1.4)

退化为

$$d=\frac{\sqrt{\begin{vmatrix} y_A-y_C & z_A-z_C \\ Y_2 & Z_2 \end{vmatrix}^2+\begin{vmatrix} z_A-z_C & x_A-x_C \\ Z_2 & X_2 \end{vmatrix}^2+\begin{vmatrix} x_A-x_C & y_A-y_C \\ X_2 & Y_2 \end{vmatrix}^2}}{\sqrt{X_2^2+Y_2^2+Z_2^2}} \tag{8.1.8}$$

(2) 两构件公垂线的垂足在碰撞发生前后均落在两构件上。

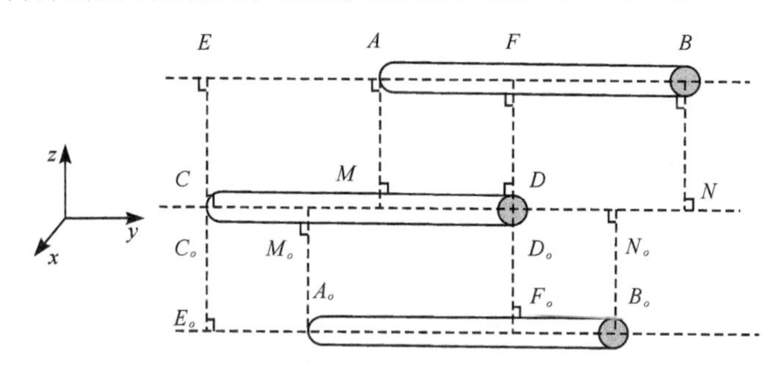

图 8.1.5　构件平行接触垂足位置判断

两平行构件的公垂线有无数条,仅需研究过两构件端点的四条。图 8.1.5 中,在 t 时刻过端点 A、B、C、D 到另一构件的公垂线垂足分别为 M、N、E、F,在 $t+\Delta t$时刻构件运动到 A_oB_o 和 C_oD_o(为了简明,构件 CD 和 C_oD_o 画在同一位置)。垂足位置相应变为 M_o、N_o、E_o、F_o。如果两构件有发生接触的可能,那么在相邻时间步内,垂足中至少有一点落在构件上,即满足如下要求。

碰撞前:

$$\begin{cases}(x_C-x_M)(x_D-x_M)\leqslant 0\\(y_C-y_M)(y_D-y_M)\leqslant 0\\(z_C-z_M)(z_D-z_M)\leqslant 0\end{cases}$$

或

$$\begin{cases}(x_C-x_N)(x_D-x_N)\leqslant 0\\(y_C-y_N)(y_D-y_N)\leqslant 0\\(z_C-z_N)(z_D-z_N)\leqslant 0\end{cases}$$

或

$$\begin{cases}(x_A-x_E)(x_B-x_E)\leqslant 0\\(y_A-y_E)(y_B-y_E)\leqslant 0\\(z_A-z_E)(z_B-z_E)\leqslant 0\end{cases}$$

或

$$\begin{cases}(x_A - x_F)(x_B - x_F) \leqslant 0 \\ (y_A - y_F)(y_B - y_F) \leqslant 0 \\ (z_A - z_F)(z_B - z_F) \leqslant 0\end{cases} \tag{8.1.9a}$$

碰撞后：

$$\begin{cases}(x_{C_o} - x_{M_o})(x_{D_o} - x_{M_o}) \leqslant 0 \\ (y_{C_o} - y_{M_o})(y_{D_o} - y_{M_o}) \leqslant 0 \\ (z_{C_o} - z_{M_o})(z_{D_o} - z_{M_o}) \leqslant 0\end{cases}$$

或

$$\begin{cases}(x_{C_o} - x_{N_o})(x_{D_o} - x_{N_o}) \leqslant 0 \\ (y_{C_o} - y_{N_o})(y_{D_o} - y_{N_o}) \leqslant 0 \\ (z_{C_o} - z_{N_o})(z_{D_o} - z_{N_o}) \leqslant 0\end{cases}$$

或

$$\begin{cases}(x_{A_o} - x_{E_o})(x_{B_o} - x_{E_o}) \leqslant 0 \\ (y_{A_o} - y_{E_o})(y_{B_o} - y_{E_o}) \leqslant 0 \\ (z_{A_o} - z_{E_o})(z_{B_o} - z_{E_o}) \leqslant 0\end{cases}$$

或

$$\begin{cases}(x_{A_o} - x_{F_o})(x_{B_o} - x_{F_o}) \leqslant 0 \\ (y_{A_o} - y_{F_o})(y_{B_o} - y_{F_o}) \leqslant 0 \\ (z_{A_o} - z_{F_o})(z_{B_o} - z_{F_o}) \leqslant 0\end{cases} \tag{8.1.9b}$$

(3) 在两个相邻的时间步内，两构件的相对位置发生“穿透”变化。

平行“穿透”的特点是两构件中会有两端点同时“穿透”，包括两杆互相“穿透”和一杆“穿透”另一杆，如图 8.1.6 所示。可以通过判断垂足与构件在相邻两个时间步内的位置变化确定“穿透”是否发生，式(8.1.7)仍然适用。

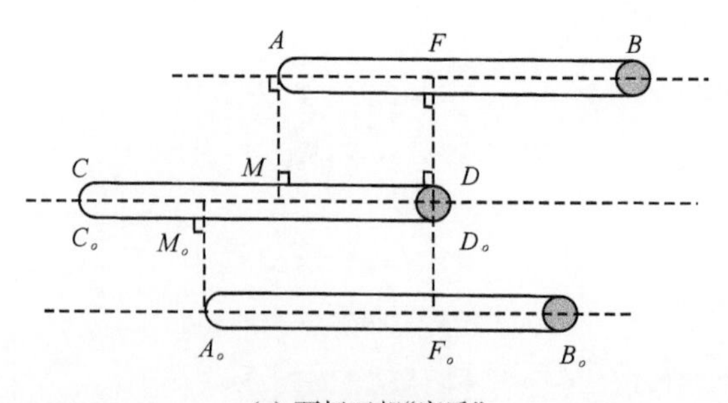

(a) 两杆互相“穿透”

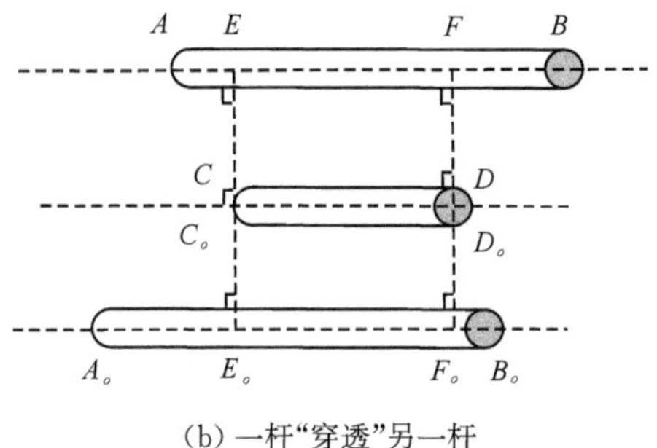

(b) 一杆“穿透”另一杆

图 8.1.6　两构件平行接触判断

2) 面内点线接触

两构件 AB 和 CD 在平面内的相交接触如图 8.1.7(a)所示，在 t 时刻构件 AB 端点 B 到构件 CD 的垂线垂足为 M，在 $t+\Delta t$ 时刻构件运动到 A_oB_o 和 C_oD_o(为了简明，构件 CD 和 C_oD_o 画在同一位置)，垂足位置变为 M_o。其接触所满足条件如下。

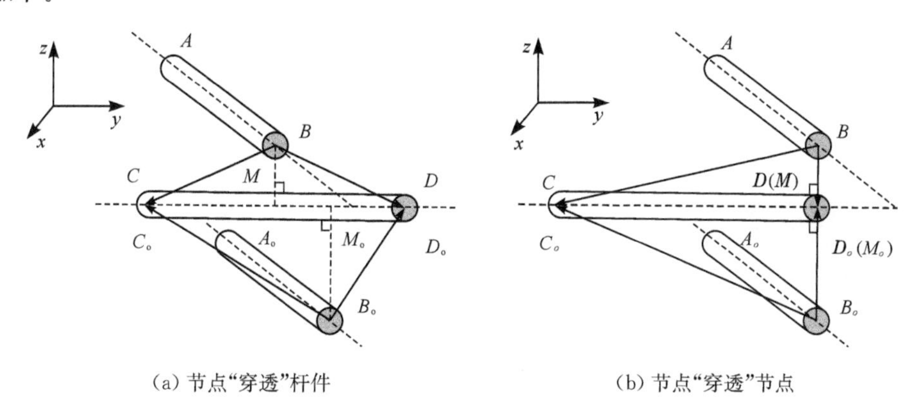

(a) 节点“穿透”杆件　　(b) 节点“穿透”节点

图 8.1.7　空间两构件相交接触判断

(1) 构件端点到另一构件的距离小于两构件任一端点与其他任何构件的距离。一个构件端点到另一构件的距离可使用式(8.1.8)计算。

(2) 两构件所在直线的交点在碰撞发生前后必须落在两构件上。垂足 M 和 M_o 须满足如下条件。

碰撞前：

$$\begin{cases}(x_A-x_M)(x_B-x_M)\leqslant 0\\(y_A-y_M)(y_B-y_M)\leqslant 0\\(z_A-z_M)(z_B-z_M)\leqslant 0\end{cases}\quad \text{且}\quad \begin{cases}(x_C-x_M)(x_D-x_M)\leqslant 0\\(y_C-y_M)(y_D-y_M)\leqslant 0\\(z_C-z_M)(z_D-z_M)\leqslant 0\end{cases}\tag{8.1.10a}$$

碰撞后：

$$\begin{cases}(x_{A_o}-x_{M_o})(x_{B_o}-x_{M_o})\leqslant 0\\(y_{A_o}-y_{M_o})(y_{B_o}-y_{M_o})\leqslant 0\\(z_{A_o}-z_{M_o})(z_{B_o}-z_{M_o})\leqslant 0\end{cases}\quad 且 \quad\begin{cases}(x_{C_o}-x_{M_o})(x_{D_o}-x_{M_o})\leqslant 0\\(y_{C_o}-y_{M_o})(y_{D_o}-y_{M_o})\leqslant 0\\(z_{C_o}-z_{M_o})(z_{D_o}-z_{M_o})\leqslant 0\end{cases}$$

(8.1.10b)

(3) 在两个相邻的时间步内，其中一个构件的端点“穿透”另一构件。

如果构件 AB 的端点 B 对构件 CD 发生穿透变化，那么根据右手定则，向量 $\boldsymbol{BC}$ 与向量 $\boldsymbol{BD}$ 的向量积方向与向量 $\boldsymbol{B_oC_o}$ 和向量 $\boldsymbol{B_oD_o}$ 的向量积方向应该相反，此两向量的点积应小于 0，即

$$(\boldsymbol{BC}\times\boldsymbol{BD})\cdot(\boldsymbol{B_oC_o}\times\boldsymbol{B_oD_o})<0 \tag{8.1.11}$$

当式(8.1.10)取到“＝”时，发生相交接触的特殊情况，节点碰撞节点，如图 8.1.7(b)所示。此时判断公式(8.1.11)仍然适用。

8.1.2 膜、壳、固体的接触侦测方法

在膜、壳、固体的接触侦测中，由于单元数目较多，并且在非线性过程中结构的接触部位往往不能预先确定，如果依次判断每个接触对的接触状态，将耗费大量时间。因此需要引入接触部位的搜索算法，排除大量无用判断，只对可能发生接触的接触对进行状态判定。

1. 接触边界的确定

在接触计算中，通常采用“点-面”接触对模型(图 8.1.8)。在接触发生时，需要确定发生接触的节点和单元表面。许多通用有限元软件通常由用户建立接触单元来形成接触对，在非线性过程中接触部位往往不能预先确定，因此这种方法需要扩大接触搜索的范围，增加了计算量。

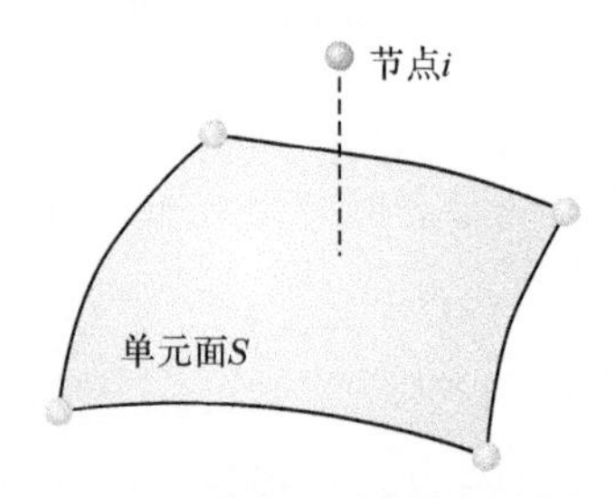

图 8.1.8 “点-面”接触对示意图

本节提出一种接触边界的自动识别方法，能够在计算初始时确定所有需要进行接触判断的边界面和边界点。对于以膜单元、壳单元模拟的结构，所有的单元

面都是边界面,所有的节点都是边界点。对于以实体单元模拟的结构,不与其他单元共用的单元面是边界面,边界面上的节点为边界点。接触边界的确定可以确保接触搜索过程只对边界点和边界面进行,结构内部的点、面无须进行判断,可节省实体单元大量的计算时间。对于断裂后的裂纹面接触问题,可在裂纹扩展时动态更新边界点、边界面集合。

2. 接触对的全局搜索

全局搜索的任务是在所有接触对中筛选出有可能发生接触的接触对(潜在接触对),为局部搜索做准备。为节约搜索时间,仅在可能发生接触的部位进行搜索。将结构所在的三维空间沿三个主轴方向等分,分隔为一系列大小相等的单元格,如图 8.1.9 所示。

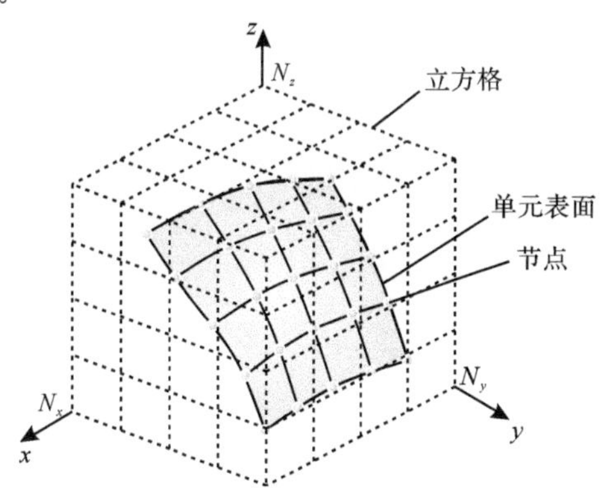

图 8.1.9　单元格示意图

若单元格区域的总大小从$(x_{\min},y_{\min},z_{\min})$到$(x_{\max},y_{\max},z_{\max})$,单元格尺寸为$l$,则每个方向的单元格数量分别为

$$
\begin{aligned}
N_x &= \mathrm{int}[(x_{\max}-x_{\min})/l]+1\\
N_y &= \mathrm{int}[(y_{\max}-y_{\min})/l]+1\\
N_z &= \mathrm{int}[(z_{\max}-z_{\min})/l]+1
\end{aligned}
\tag{8.1.12}
$$

则单元格总个数$N_{\text{cell}}=N_xN_yN_z$。建立单元格体系之后,可根据坐标将边界点插入单元格中。对于坐标为(x,y,z)的边界点,其在三个方向的单元格索引分别为

$$
\begin{aligned}
i_x &= \frac{x-x_{\min}}{(x_{\max}-x_{\min})/N_x}\\
i_y &= \frac{y-y_{\min}}{(y_{\max}-y_{\min})/N_y}\\
i_z &= \frac{z-z_{\min}}{(z_{\max}-z_{\min})/N_z}
\end{aligned}
\tag{8.1.13}
$$

通过上面的三个编号,可得该边界点在所有节点数组中的索引为

$$i_{\text{cell}} = i_z N_x N_y + i_y N_x + i_x \tag{8.1.14}$$

将边界点插入单元格后，即可对边界面循环，搜索可能发生接触的接触对。对于一个给定的边界面，可以确定该面所经过的单元格，这些单元格定义为该边界面的“面域”，如图 8.1.10 所示。面域内的点$(x,y,z)=(x_1,x_2,x_3)$满足

$$x_{i,\min} \leqslant x_i \leqslant x_{i,\max}, \quad i = 1,2,3 \tag{8.1.15}$$

式中，$x_{i,\min}$为边界面各质点坐标第 i 个分量的最小值；$x_{i,\max}$为边界面各质点坐标第 i 个分量的最大值。

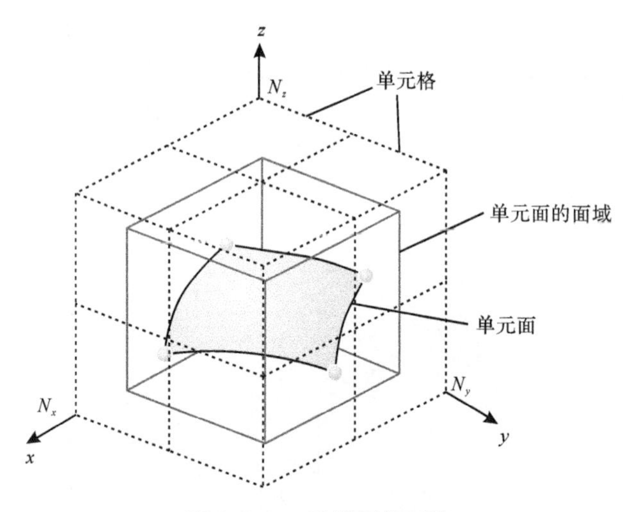

图 8.1.10　边界面的面域

单元面只可能和面域所在的单元格中的边界点发生接触，对这些边界点循环，即可确定可能发生接触的接触对。

3. 接触状态的判断

全局搜索过程中，需要判断潜在接触对是否真的发生接触。通常的算法是将边界点直接投影到边界面所在平面，判断投影点是否在边界面内。如果在，则判断是否贯入。设边界点为 S，边界面的三个顶点分别为 1、2、3，则投影点 P 需满足如下关系(以 P、1、2、3 点的 x 坐标为例)：

$$\begin{aligned} & x_P = \sum_{i=1}^{3} \alpha_i x_i, \quad \alpha_1 + \alpha_2 + \alpha_3 = 1 \\ & (x_S - x_P)(x_2 - x_1) = 0 \\ & (x_S - x_P)(x_3 - x_1) = 0 \end{aligned} \tag{8.1.16}$$

对式(8.1.16)进行整理，得到

$$\begin{bmatrix} (x_2-x_1)^2 & (x_2-x_1)(x_3-x_1) \\ (x_2-x_1)(x_3-x_1) & (x_3-x_1)^2 \end{bmatrix}\begin{bmatrix}\alpha_2\\ \alpha_3\end{bmatrix}=\begin{bmatrix}(x_S-x_1)(x_2-x_1)\\ (x_S-x_1)(x_3-x_1)\end{bmatrix} \tag{8.1.17}$$

求解式(8.1.17),解得投影点 P 的局部坐标 $\alpha_1 \sim \alpha_3$,从而得到 P 点的坐标。这种算法简单易用,但是存在极端情况,需要特殊处理。例如,当结构表面角度向外突出时,边界点的投影有可能同时在多个边界面内,这时就会出现重复计算的现象[图 8.1.11(a)];当结构表面角度向内凹进时,边界点的投影不属于任何边界面,这时会出现遗漏计算的现象[图 8.1.11(b)]。

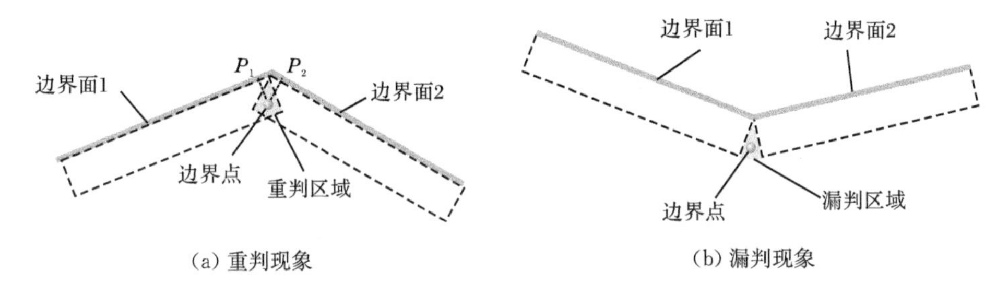

图 8.1.11　局部搜索中投影算法特殊情况

这里使用“内外状态”判定法来判断边界点是否落在边界面内。如图 8.1.12 所示,可以根据边界点的位置判断相对于边界面每条边的内外状态,以边 12 为例,计算

$$\begin{aligned} \boldsymbol{n}_{1i} &= \boldsymbol{v}_{12} \times \boldsymbol{v}_{1i} \\ d_1 &= \boldsymbol{n}_{1i} \cdot \boldsymbol{n}_i \end{aligned} \tag{8.1.18}$$

式中,$\boldsymbol{v}_{12}=\boldsymbol{x}_2-\boldsymbol{x}_1$;$\boldsymbol{v}_{1i}=\boldsymbol{x}_i-\boldsymbol{x}_1$;$\boldsymbol{n}_i$ 为边界点 i 的单位法向向量。若 $d_1 \leqslant 0$,则认为边界点 i 相对于边 12 处于内状态,反之则处于外状态。对三角形边界面的三边分别判断,如果均为内状态或均为外状态,则说明边界点落于边界面内。这种判定方法使得边界点 i 所属的边界面是唯一的,不会出现重判或漏判现象。

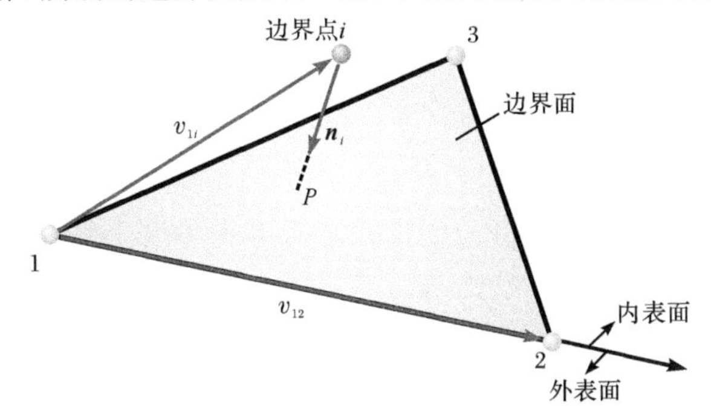

图 8.1.12　边界点的“内外状态”定义

8.2　碰撞反应计算

8.2.1　梁、杆的碰撞反应计算

对于梁、杆的碰撞反应计算，基本思路是假设构件间的“穿透”已经发生，然后在碰撞发生的同一途径单元通过碰撞反应计算对构件行为进行修正，防止“穿透”发生。8.1.1节确定构件间发生接触后，两构件实际上在该途径单元已发生“穿透”。碰撞反应计算实际上是对“穿透”杆件的质点力进行修正，将发生“穿透”的构件推回考虑碰撞反应的轨迹上，从而改变构件的运动趋势。本节针对杆、梁的碰撞反应计算将分别建立刚体碰撞模型和柔体碰撞模型。基于“节点对”模型，以及“虚拟点”的概念建立刚体碰撞模型，然后基于“点线”模型和“接触弹簧”的概念建立柔体碰撞模型，并计算相应的碰撞反应。

1. 刚体碰撞

考虑将要发生碰撞的两杆件 AB 和 CD，如图8.2.1所示。根据有限质点法的基本假设，单元没有质量，质量全部集中在两端质点上。由于在刚体碰撞中不会有变形发生，其重点是考查碰撞后的速度反应，因此将碰撞模型简化为“点对点”碰撞。有限质点法中不需要预先设定节点对的数量和位置，也不需要将节点对作为约束条件去修正结构刚度矩阵，因此不会增加计算的自由度。

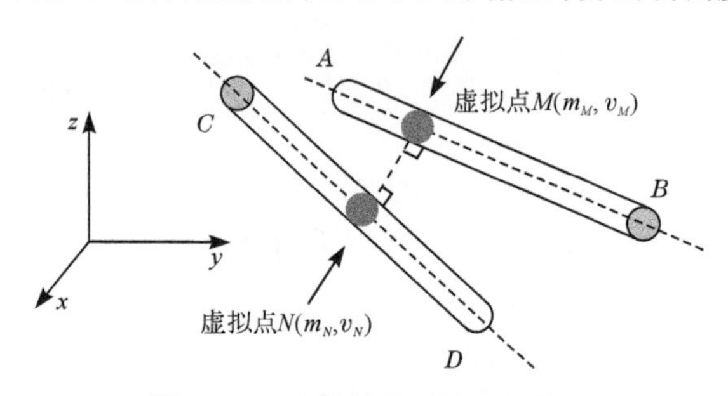

图8.2.1　空间构件刚性碰撞模型

在构件 AB 和 CD 中各设置一个虚拟的碰撞点。两构件碰撞时，仅有虚拟的碰撞点参与碰撞过程，且碰撞假设为虚拟点速度在各域坐标方向分量的对心碰撞。两端节点仅提供给虚拟点初始速度和质量，然后接收虚拟点碰撞后的速度反应。另外，两虚拟点按照动能守恒的等效关系承担各自所在构件两端节点的质量和速度，求得碰撞后虚拟点的速度变化后再按照满足动能守恒的等效关系将碰撞反应分配给构件节点。

具体计算方法如图 8.2.1 所示，杆件 AB 和 CD 两端的节点质量依次分别为 m_A、m_B、m_C 和 m_D，碰撞前节点的运动速度向量分别为 $\boldsymbol{v}_A=[v_{Ax}\quad v_{Ay}\quad v_{Az}]^{\mathrm{T}}$，$\boldsymbol{v}_B=[v_{Bx}\quad v_{By}\quad v_{Bz}]^{\mathrm{T}}$，$\boldsymbol{v}_C=[v_{Cx}\quad v_{Cy}\quad v_{Cz}]^{\mathrm{T}}$，$\boldsymbol{v}_D=[v_{Dx}\quad v_{Dy}\quad v_{Dz}]^{\mathrm{T}}$，构件长度为 l_{AB} 和 l_{CD}。虚设的碰撞点为 M 和 N。碰撞前虚拟点的质量按照位置比例关系确定：

$$m_M=\frac{l_{MB}}{l_{AB}}m_A+\frac{l_{AM}}{l_{AB}}m_B \tag{8.2.1a}$$

$$m_N=\frac{l_{ND}}{l_{CD}}m_C+\frac{l_{CN}}{l_{CD}}m_D \tag{8.2.1b}$$

虚拟点的速度和质量应能等效地代表构件两节点的速度和质量，以 x 方向速度为例，虚拟点的速度根据动能守恒定理确定：

$$v_{Mx}=\pm\sqrt{\frac{m_A v_{Ax}^2+m_B v_{Bx}^2}{m_M}} \tag{8.2.2a}$$

$$v_{Nx}=\pm\sqrt{\frac{m_C v_{Cx}^2+m_D v_{Dx}^2}{m_N}} \tag{8.2.2b}$$

式中，速度的正负号根据碰撞前构件的动量方向确定。

设碰撞后虚拟点的速度为 v'_{Mx} 和 v'_{Nx}，则根据动量守恒定理，碰撞满足：

$$m_M v_{Mx}+m_N v_{Nx}=m_M v'_{Mx}+m_N v'_{Nx} \tag{8.2.3}$$

为反映碰撞过程中能量的耗散情况，物理学中总结了各种碰撞试验的结果，引进恢复系数 e。以 x 方向为例，它定义为

$$e=-\frac{v_{Mx}-v_{Nx}}{v'_{Mx}-v'_{Nx}} \tag{8.2.4}$$

式中，$e=1$ 是完全弹性碰撞，能量完全不耗散；$e=0$ 是完全非弹性碰撞，碰撞后相对动能全部耗散，碰撞后两体不再分离；$0<e<1$ 是非完全弹性碰撞，介于两者中间，能量耗散了一部分。几种常见材料的恢复系数见表 8.2.1。

表 8.2.1　常见材料的恢复系数

材料	玻璃与玻璃	铝与铝	铁与铅	钢材与混凝土	钢材与软木	钢材与钢材
e 值	0.93	0.20	0.12	0.59	0.55	0.89

结合式(8.2.3)和式(8.2.4)可得碰撞后的两虚拟点速度为

$$v'_{Mx}=\frac{(m_M-em_N)v_{Mx}+(1+e)m_N v_{Nx}}{m_M+m_N} \tag{8.2.5a}$$

$$v'_{Nx}=\frac{(1+e)m_M v_{Mx}+(m_N-em_M)v_{Nx}}{m_M+m_N} \tag{8.2.5b}$$

碰撞后虚拟点的动能应和构件两端点的动能相等：

$$\frac{1}{2}\left(\frac{l_{MB}}{l_{AB}}m_A+\frac{l_{AM}}{l_{AB}}m_B\right)v'^2_{Mx}=\frac{1}{2}m_A v'^2_{Ax}+\frac{1}{2}m_B v'^2_{Bx} \tag{8.2.6a}$$

$$\frac{1}{2}\left(\frac{l_{ND}}{l_{CD}}m_C+\frac{l_{CN}}{l_{CD}}m_D\right)v_{Nx}'^2=\frac{1}{2}m_Cv_{Cx}'^2+\frac{1}{2}m_Dv_{Dx}'^2 \tag{8.2.6b}$$

比较式(8.2.6)的两端，可得到以下一组虚拟点速度分配比例：

$$v_{Ax}'=\sqrt{\frac{l_{MB}}{l_{AB}}}v_{Mx}' \tag{8.2.7a}$$

$$v_{Bx}'=\sqrt{\frac{l_{AM}}{l_{AB}}}v_{Mx}' \tag{8.2.7b}$$

$$v_{Cx}'=\sqrt{\frac{l_{ND}}{l_{CD}}}v_{Nx}' \tag{8.2.7c}$$

$$v_{Dx}'=\sqrt{\frac{l_{CN}}{l_{CD}}}v_{Nx}' \tag{8.2.7d}$$

碰撞后 y、z 方向的速度可参照式(8.2.2)～式(8.2.7)求出。

讨论一：以上处理的是构件异面碰撞发生时的碰撞速度，同样包含“节点与节点”碰撞和“节点与构件”碰撞的特殊情况。若是平行碰撞发生时，实际上变为同时发生了两次“节点与构件”的碰撞，此时可将虚拟点位置移至碰撞点中点(图8.2.2)，然后进行碰撞反应计算。

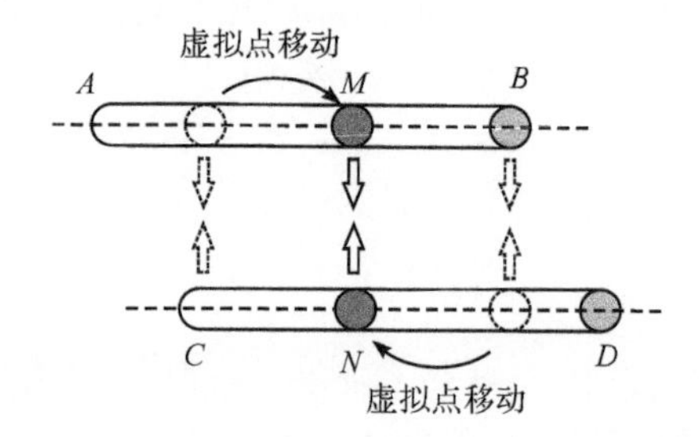

图8.2.2　构件平行刚性碰撞反应计算模型

讨论二：若某碰撞构件一端为固定点，那么虚拟点仅考虑与另一端点有等效关系。若某一碰撞构件两端都是固定点，那么相当于另一碰撞构件与固定边界发生碰撞。

碰撞后节点速度计算完成后，需要对发生碰撞的构件端点的运动公式进行修正，防止“穿透”发生。以构件 AB 节点 A 为例，若没有发生碰撞，t_{n+1}时刻 A 点的位移可由基本运动方程确定：

$$\boldsymbol{d}_{n+1}^{A}=\frac{\Delta t^2}{M_A}(\boldsymbol{F}_A^{\text{ext}}+\boldsymbol{F}_A^{\text{int}})+2\boldsymbol{d}_n-\boldsymbol{d}_{n-1} \tag{8.2.8}$$

式中，$\boldsymbol{F}_A^{\text{ext}}$ 和 $\boldsymbol{F}_A^{\text{int}}$ 为质点 A 的外力和内力；$\boldsymbol{d}_n$ 和 $\boldsymbol{d}_{n-1}$ 为质点第 n 步和第 $n-1$ 步的位移；M_A 为质点的质量；Δt 为时间步长。假设用 t_{n+1} 时刻的构件位置检测出构件 AB 和 CD 发生了碰撞，则碰撞发生后构件端点的速度发生了变化，需要对碰撞节

点 A 在 t_{n+1}时刻的位移进行修正。碰撞分析得到了 A 点的速度，利用中央差分公式还可以表示为

$$\boldsymbol{v}_A' = \frac{\boldsymbol{d}_{n+1}^A - \boldsymbol{d}_{n-1}^A}{2\Delta t} \tag{8.2.9}$$

将式(8.2.9)代入式(8.2.8)消去 $\boldsymbol{d}_{n-1}^A$，得到修正后的节点位移：

$$\boldsymbol{d}_{n+1}^A = \frac{\Delta t^2}{2M_A}(\boldsymbol{F}_A^{\text{ext}} + \boldsymbol{F}_A^{\text{int}}) + \boldsymbol{d}_n^A + \boldsymbol{v}_A'\Delta t \tag{8.2.10}$$

t_{n+1}时刻所有参与碰撞的杆件节点位移都需要修正。在 t_{n+2} 时刻仍按照式(8.2.8)计算节点位移，除非 t_{n+2}时刻 A 点又有碰撞发生，那么要继续对该节点位移进行修正。

在实际计算中，由于有限质点法的时间步长一般较小，结构碰撞分析的对象为低速碰撞，每个时间步的位移较小，每步都进行接触侦测和碰撞反应计算会降低计算效率，建议间隔 100～500 步进行一次接触侦测。在碰撞易发生阶段，则可以加密接触侦测和碰撞反应计算的频率。

2. 柔体碰撞

考虑两柔体构件 AB 和 CD 发生碰撞，如图 8.2.3 所示。在柔体碰撞分析中，关键问题是碰撞力的求解。碰撞力的大小与接触部位的变形和构件的法向刚度系数及切向摩擦系数有关。碰撞部位变形满足接触理论的 Hertz 假设：

(1) 两碰撞体的接触表面几何上光滑连续。

(2) 接触表面可使用连续抛物线模拟。

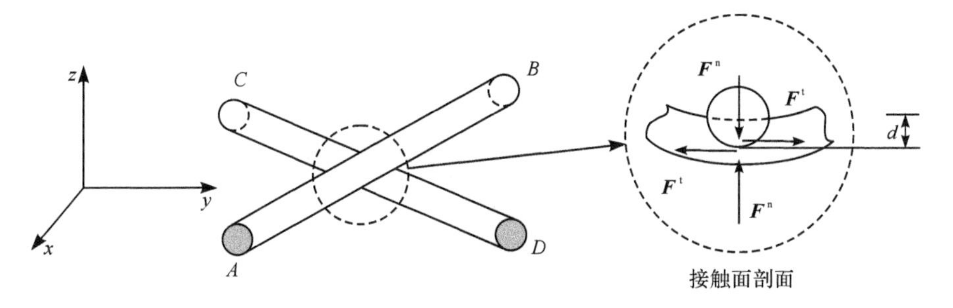

图 8.2.3　空间构件柔性碰撞模型

在有限质点法分析模型中，节点没有体的概念，单元用线表示。因此求碰撞力所需的变形用两根构件之间的穿透量表示，分别在构件中设置法向弹簧和切向弹簧。设构件 AB 和 CD 的相互穿透距离为 d，穿透点分别为 M 和 N(图 8.2.4)。将穿透距离分解成两构件公垂线方向和切线方向，则接触力 $\boldsymbol{F}^{\text{C}}$ 为

$$\boldsymbol{F}^{\text{C}} = \boldsymbol{F}^{\text{t}} + \boldsymbol{F}^{\text{n}} = k_{\text{t}}\boldsymbol{d}^{\text{t}} + k_{\text{n}}\boldsymbol{d}^{\text{n}} \tag{8.2.11}$$

式中，$\boldsymbol{F}^{\mathrm{t}}$ 为法向接触力；$\boldsymbol{F}^{\mathrm{n}}$ 为切向接触力；k_{t} 和 k_{n} 分别为法向和切向弹簧刚度系数，与接触面材料的粗糙度和强度有关，需要通过试验数据确定。

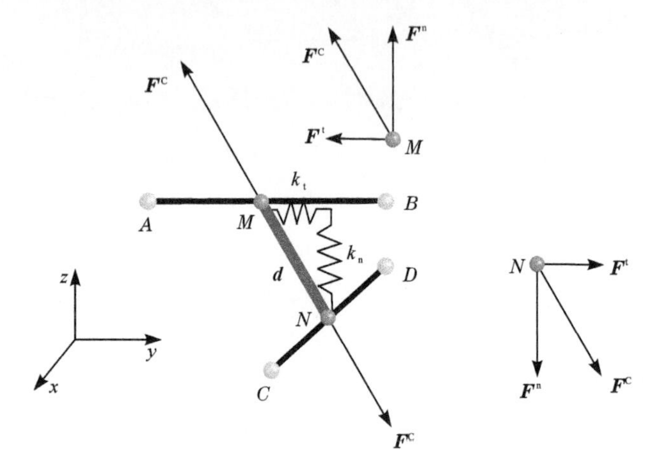

图 8.2.4　接触力求解模型

求得接触力后，应分配到构件两端节点上，两端点接触力的分配比例与两端点至接触点的距离成反比，如图 8.2.5 所示。接触力是在域坐标系计算得到的，因此分配到节点上的接触力可以直接与质点内力 $\boldsymbol{F}_A^{\mathrm{int}}$ 相加。以质点 A 为例，碰撞后质点内力为

$$\boldsymbol{F}_A^{\mathrm{int}'} = \boldsymbol{F}_A^{\mathrm{int}} + \frac{l_{BM}}{l_{AM}+l_{BM}}\begin{bmatrix}\boldsymbol{F}_M^{\mathrm{t}}\\ \boldsymbol{F}_M^{\mathrm{n}}\end{bmatrix} \tag{8.2.12}$$

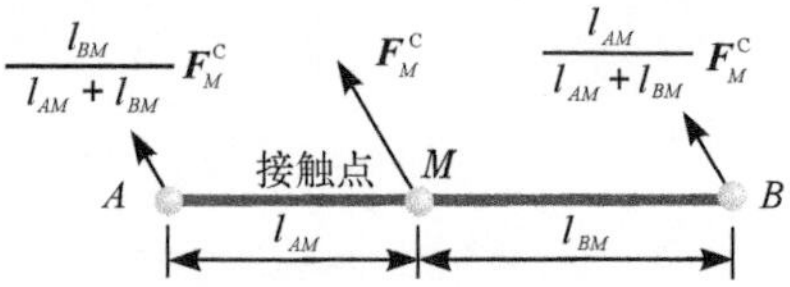

$\frac{l_{BM}}{l_{AM}+l_{BM}}\boldsymbol{F}_M^{\mathrm{C}}$　$\boldsymbol{F}_M^{\mathrm{C}}$　$\frac{l_{AM}}{l_{AM}+l_{BM}}\boldsymbol{F}_M^{\mathrm{C}}$

A　接触点　M　B

l_{AM}　l_{BM}

图 8.2.5　接触力分配

以上处理的是构件异面碰撞发生时的碰撞接触力，同样也包含“节点与节点”碰撞和“节点与构件”碰撞的特殊情况。平行碰撞发生时，可按照图 8.2.2 所示的平行刚性碰撞中移动虚拟碰撞点位置的方法计算碰撞反应。

柔性碰撞接触力计算完成后，需要对发生碰撞的构件端点的运动公式进行修正。假设用 t_{n+1}时刻的构件位置检测出构件 AB 和 CD 发生了碰撞，则碰撞发生后将有接触力反作用在碰撞构件的节点上，因此需要对碰撞节点 A 在 t_{n+1}时刻的位移进行修正，采用更新后的节点内力计算位移：

$$\boldsymbol{d}_{n+1}^{A} = \frac{\Delta t^2}{M_A}(\boldsymbol{F}_A^{\mathrm{ext}} + \boldsymbol{F}_A^{\mathrm{int}'}) + 2\boldsymbol{d}_n^{A} - \boldsymbol{d}_{n-1}^{A} \tag{8.2.13}$$

t_{n+1}时刻所有参与碰撞的构件节点位移都需要修正。在 t_{n+2}时刻的位移仍按照式(8.2.8)计算,除非 t_{n+2}时刻又有碰撞发生,那么仍要对质点位移进行修正。

8.2.2 膜、壳、固体的碰撞响应计算

根据 8.1.2 节的接触侦测方法,可确定点-面接触的嵌入量($g_t>0$)或间隙($g_t<0$),从而计算接触力和摩擦力。目前接触力计算较为常用的有拉格朗日乘子法、罚函数法和防御节点法。其中拉格朗日乘子法通过引入拉格朗日乘子来形成位移约束条件,能够精确地计算接触力,但一般在隐式求解中使用,与有限质点法采用的显式时间积分方案不相容。

罚函数法通过设置罚参数来模拟接触力,对隐式和显式求解均适用,其法向接触力为

$$\boldsymbol{F}_{\mathrm{n}}^{\mathrm{con}} = -kg_{\mathrm{t}}\boldsymbol{n} \tag{8.2.14}$$

式中,k 为罚参数,与单元刚度有关。对于实体单元,罚参数可按式(8.2.15)计算(Benson and Hallquist,1990):

$$k = \alpha\frac{KA^2}{V} \tag{8.2.15}$$

对于壳单元,可按式(8.2.16)计算:

$$k = \frac{KA}{l} \tag{8.2.16}$$

式中,A 为边界面面积;K 为体积模量,$K=E/[3(1-2\nu)]$;α 为缩放系数;l 为壳单元的最大边长;V 为单元体积。

为计算摩擦力,首先计算边界点与单元面在切线方向的相对位移:

$$\Delta\boldsymbol{e} = \boldsymbol{x}^{t+\Delta t}(\boldsymbol{u}^{t+\Delta t},w^{t+\Delta t}) - \boldsymbol{x}^{t+\Delta t}(\boldsymbol{u}^{t},w^{t}) \tag{8.2.17}$$

然后对接触力进行预测:

$$\boldsymbol{f}_{\mathrm{t}}^{\mathrm{trial}} = \boldsymbol{f}_{\mathrm{t}}^{t} - k\Delta\boldsymbol{e} \tag{8.2.18}$$

最大摩擦力由法向接触力 f_n 和摩擦系数 μ_n 算得

$$f_{\mathrm{t}}^{\max} = \mu_{\mathrm{n}}|f_{\mathrm{n}}| \tag{8.2.19}$$

式中,f_{n} 为 $\boldsymbol{f}_{\mathrm{n}}$ 的大小;$f_{\mathrm{t}}^{\mathrm{trial}}$ 为 $\boldsymbol{f}_{\mathrm{t}}^{\mathrm{trial}}$ 的大小。则当$|f_{\mathrm{t}}^{\mathrm{trial}}|\leqslant f_{\mathrm{t}}^{\max}$ 时,摩擦力大小为 $f_{\mathrm{t}}^{\mathrm{trial}}$;当$|f_{\mathrm{t}}^{\mathrm{trial}}|>f_{\mathrm{t}}^{\max}$ 时,摩擦力大小为 $f_{\mathrm{t}}^{\max}$,方向为 $\boldsymbol{f}_{\mathrm{t}}^{\mathrm{trial}}$ 的方向。

从式(8.2.14)~式(8.2.19)可以看出,通过罚函数法计算得到的接触力类似弹簧的作用,与嵌入距离成正比,但由于需要有嵌入量才会有接触力,与真实的接触情况有差异;而且罚参数的选择没有固定的准则,需要相当的经验,选择不当容易导致结果错误,甚至产生虚假的反向运动。

接触力的计算也可采用防御节点法,如图 8.2.6 所示,设边界点 O 沿自身的外法线方向与边界面的交点为 P,在 P 处虚设一个节点,称为防御节点,防御节点

P 代表边界面与边界点 O 发生接触行为。这样就将点-面接触问题转化为点-点接触问题。发生接触的接触对确定后,需要确定接触对间的法向接触力和切向接触力(摩擦力)。这种方法计算接触力可以与拉格朗日乘子法一样使约束条件得到精确满足。本节采用这种方法对接触力进行计算。

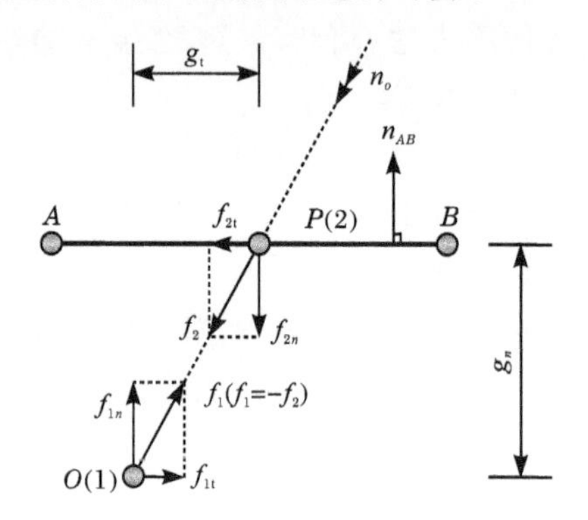

图 8.2.6 边界点与防御节点之间的接触力

1. 法向接触力的计算

防御节点 P 与普通节点一样,具有相同的属性,如质量、速度、加速度等,这些物理参数可借助单元的形函数插值得到,例如,位移可通过式(8.2.20)计算:

$$\boldsymbol{u} = \sum_{k=1}^{n} N_k \boldsymbol{u}_k \tag{8.2.20}$$

式中,$\boldsymbol{u}_k$ 为边界面 S 上第 k 个质点的位移;N_k 为投影点在第 k 个质点的插值函数;n 为边界面 S 上的质点数。各质点的质量在防御点处的贡献为

$$m_k = \frac{M_k N_k}{\sum_{j=1}^{n} N_j^2} \tag{8.2.21}$$

则防御节点 P 的质量为

$$M = \sum_{k=1}^{n} m_k \tag{8.2.22}$$

为计算接触力,在防御节点 P 处建立一个正交的局部坐标系(ξ,η,n),其中 n 取为边界面 S 的法向,ξ 和 η 为边界面上与 n 垂直的任意两个相互正交的方向。假设边界点 i 的质量、法向位移、法向节点力、法向接触力和法向加速度分别为 M_1、u_{1n}、F_{1n}、f_{1n} 和 a_{1n},防御节点上的对应量分别为 M_2、u_{2n}、$\boldsymbol{F}_{2n}$、$\boldsymbol{f}_{2n}$ 和 $\boldsymbol{a}_{2n}$,那么边界点 i 和防御节点的法向运动方程可写为

$$\begin{aligned} M_1 a_{1n} &= F_{1n} + f_{1n} \\ M_2 a_{2n} &= F_{2n} + f_{2n} \end{aligned} \tag{8.2.23}$$

应用中心差分法,式(8.2.23)可写为

$$
\begin{aligned}
M_1 \frac{(u_{1n}^{t+\Delta t} - u_{1n}^t) - (u_{1n}^t - u_{1n}^{t-\Delta t})}{(\Delta t)^2} &= F_{1n} + f_{1n} \\
M_2 \frac{(u_{2n}^{t+\Delta t} - u_{2n}^t) - (u_{2n}^t - u_{2n}^{t-\Delta t})}{(\Delta t)^2} &= F_{2n} + f_{2n}
\end{aligned} \tag{8.2.24}
$$

为保证位移条件的满足,边界点 i 和防御节点在 $t+\Delta t$ 时刻的法向约束条件为

$$g_n^{t+\Delta t} = 0$$

即

$$g_n^t + (u_{2n}^{t+\Delta t} - u_{2n}^t) - (u_{1n}^{t+\Delta t} - u_{1n}^t) = 0 \tag{8.2.25}$$

式中,g_n^t 为 t 时刻边界点 i 相对于边界面 S 的嵌入量。由于 $f_{1n}=-f_{2n}$,可以得出

$$f_{1n} = -f_{2n} = \frac{M_1 M_2}{M_1 + M_2}\left[\frac{F_{2n}}{M_2} - \frac{F_{1n}}{M_1} + \frac{g_n^t - (u_{1n}^t - u_{1n}^{t-\Delta t}) + (u_{2n}^t - u_{2n}^{t-\Delta t})}{(\Delta t)^2}\right] \tag{8.2.26}$$

式中,上标 t、$t-\Delta t$ 分别表示对应时刻的物理量。从式(8.2.26)可知,采用防御节点法后,接触力的计算不仅可以与拉格朗日乘子法一样使约束条件得到精确满足,还可以避免求解联立方程组。

2. 摩擦力的计算

摩擦力的求解思路与法向接触力类似(Zhong and Nilsson,1994)。首先建立边界点 i 和防御节点在 ξ 方向的运动方程:

$$
\begin{aligned}
M_1 a_{1\xi} &= F_{1\xi} + f_{1\xi} \\
M_2 a_{2\xi} &= F_{2\xi} + f_{2\xi}
\end{aligned} \tag{8.2.27}
$$

式中,$F_{1\xi}$、$f_{1\xi}$和 $a_{1\xi}$分别为边界点 i 在 ξ 方向上的切向节点力、切向接触力和切向加速度;$F_{2\xi}$、$f_{2\xi}$和 $a_{2\xi}$分别为防御节点在 ξ 方向上的切向节点力、切向接触力和切向加速度。

应用中心差分法,式(8.2.27)可写为

$$
\begin{aligned}
M_1 \frac{(u_{1\xi}^{t+\Delta t} - u_{1\xi}^t) - (u_{1\xi}^t - u_{1\xi}^{t-\Delta t})}{(\Delta t)^2} &= F_{1\xi} + f_{1\xi} \\
M_2 \frac{(u_{2\xi}^{t+\Delta t} - u_{2\xi}^t) - (u_{2\xi}^t - u_{2\xi}^{t-\Delta t})}{(\Delta t)^2} &= F_{2\xi} + f_{2\xi}
\end{aligned} \tag{8.2.28}
$$

假设边界点 i 和防御节点在 $t+\Delta t$ 时刻沿 ξ 方向无滑动(即切向为静摩擦),则约束条件为

$$g_\xi^{t+\Delta t} = 0$$

即

$$g_\xi^t + (u_{2\xi}^{t+\Delta t} - u_{2\xi}^t) - (u_{1\xi}^{t+\Delta t} - u_{1\xi}^t) = 0 \tag{8.2.29}$$

式中，g_{ξ}^{t} 为 t 时刻防御节点相对于边界点 i 在 ξ 方向的滑移量，可通过式(8.2.30)计算：

$$g_{\xi}^{t}=(u_{2\xi}^{t}-u_{2\xi}^{t-\Delta t})-(u_{1\xi}^{t}-u_{1\xi}^{t-\Delta t}) \tag{8.2.30}$$

由 $f_{1\xi}=-f_{2\xi}$ 可以得出

$$f_{1\xi}=-f_{2\xi}=\frac{M_1M_2}{M_1+M_2}\left[\frac{F_{2\xi}}{M_2}-\frac{F_{1\xi}}{M_1}+\frac{g_{\xi}^{t}-(u_{1\xi}^{t}-u_{1\xi}^{t-\Delta t})+(u_{2\xi}^{t}-u_{2\xi}^{t-\Delta t})}{(\Delta t)^2}\right] \tag{8.2.31}$$

同理可得 η 方向的摩擦力为

$$f_{1\eta}=-f_{2\eta}=\frac{M_1M_2}{M_1+M_2}\left[\frac{F_{2\eta}}{M_2}-\frac{F_{1\eta}}{M_1}+\frac{g_{\eta}^{t}-(u_{1\eta}^{t}-u_{1\eta}^{t-\Delta t})+(u_{2\eta}^{t}-u_{2\eta}^{t-\Delta t})}{(\Delta t)^2}\right] \tag{8.2.32}$$

引入如下定义：

$$C=\sqrt{f_{1\xi}^2+f_{1\eta}^2}-\mu|f_{1n}| \tag{8.2.33}$$

若 $C<0$，则假设的无滑动条件成立，$f_{1\xi}$ 和 $f_{1\eta}$ 即为所要求的静摩擦力；若 $C\geqslant 0$，则防御节点和边界点存在相对滑动，两个方向的动摩擦力为

$$\begin{aligned}f_{1\xi}'^{2}&=\frac{f_{1\xi}}{\sqrt{f_{1\xi}^2+f_{1\eta}^2}}\mu|f_{1n}|\\ f_{1\eta}'^{2}&=\frac{f_{1\eta}}{\sqrt{f_{1\xi}^2+f_{1\eta}^2}}\mu|f_{1n}|\end{aligned} \tag{8.2.34}$$

从而得到边界点总的接触力

$$\boldsymbol{F}_i^{\text{con}}=f_{1n}\boldsymbol{n}+f_{1\xi}\boldsymbol{\xi}+f_{1\eta}\boldsymbol{\eta} \tag{8.2.35}$$

分配到边界面第 k 个质点的力为

$$\boldsymbol{F}_k^{\text{con}}=-m_k\boldsymbol{F}_i^{\text{con}} \tag{8.2.36}$$

将质点的接触力转至全局坐标，即可叠加得到节点的接触力。

至此，便完成了接触搜索、接触状态判断、接触力计算等过程。由于有限质点法的基本元素是质点，接触计算的引入只是在质点合力上增加了一项接触力，并不需要对基本的计算框架做太多更改。

8.3　杆、梁结构的碰撞行为分析

8.3.1　杆的接触碰撞

本节共四个子算例，选取处于特殊位置的两刚性杆件的碰撞情况进行模拟，包括构件平行接触碰撞、点对点接触碰撞、点对构件的多次接触碰撞，以及构件对构件的空间多次接触碰撞，如图 8.3.1 所示。算例中两构件的材料特性相同，长

度 $l=2\text{m}$，截面面积 $A=0.006\text{m}^2$，弹性模量 $E=2.06\times10^5\text{MPa}$，密度 $\rho=7.85\times10^3\text{kg/m}^3$。恢复系数均取 1，单位时间步长设为 $1\times10^{-4}\text{s}$。

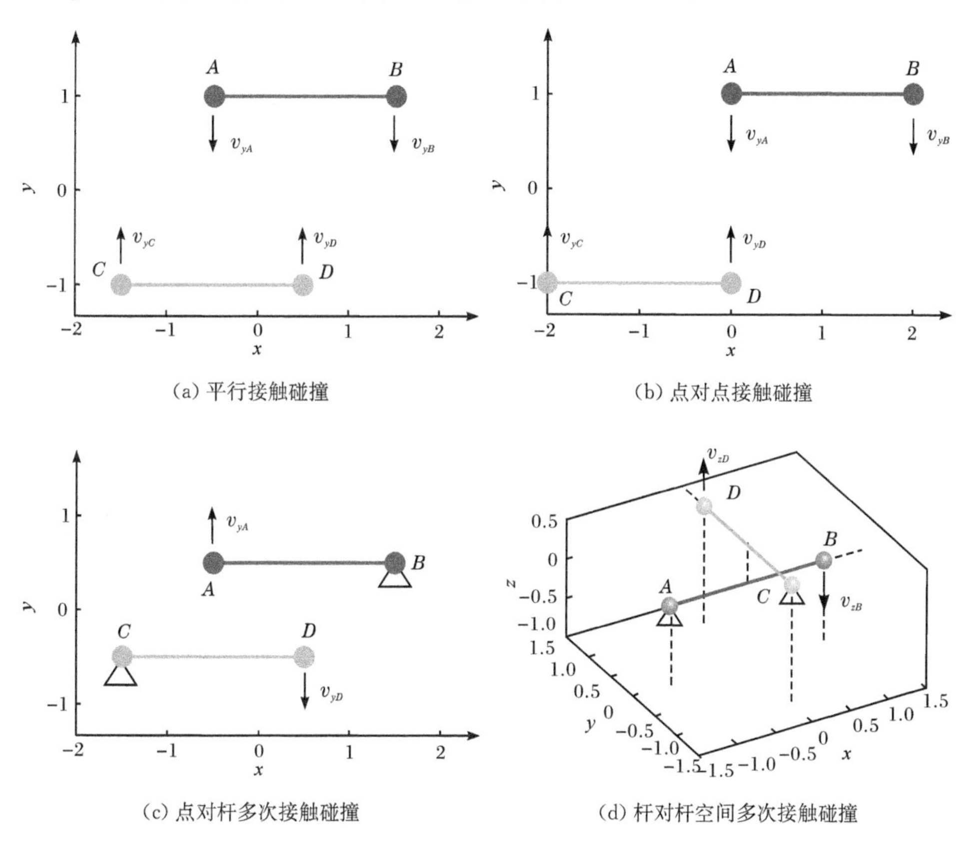

(a) 平行接触碰撞　(b) 点对点接触碰撞

(c) 点对杆多次接触碰撞　(d) 杆对杆空间多次接触碰撞

图 8.3.1　接触侦测模型

1. 平行接触碰撞

构件 AB 和 CD 初始位置平行，如图 8.3.1(a)所示。端点初始速度均为 10m/s，方向如图 8.3.1(a)所示。构件运动轨迹如图 8.3.2 所示，两构件在 0.1s 发生平行碰撞，然后相互反弹，旋转分开，且两构件运动行为具有对称性。

2. 点对点接触碰撞

构件 AB 和 CD 初始位置平行，如图 8.3.1(b)所示。端点初始速度均为 10m/s，方向如图 8.3.1(b)所示。构件运动轨迹如图 8.3.3 所示，两构件在 0.1s 发生点对点碰撞，然后相互反弹，旋转分开，且两构件运动行为具有对称性。与平行相碰的运动轨迹相比，杆件发生碰撞后自身发生旋转，且相互分离。

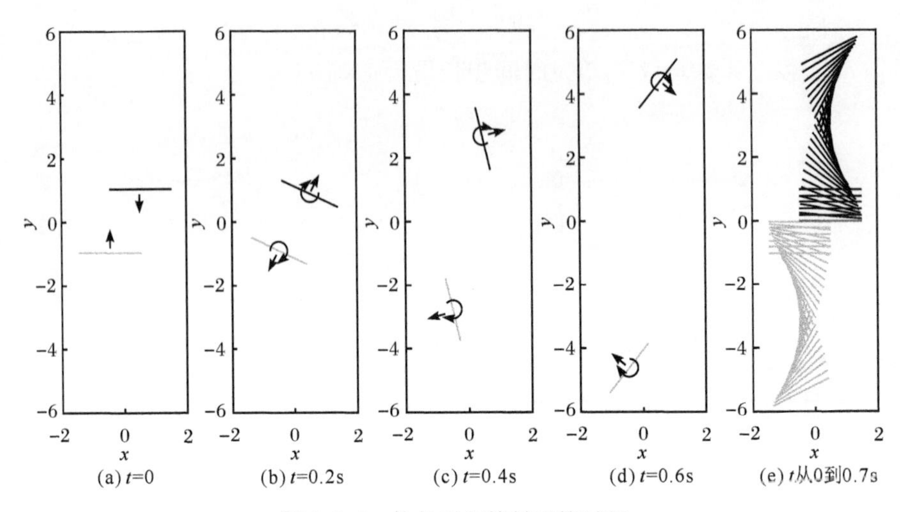

图 8.3.2　构件平行接触碰撞过程

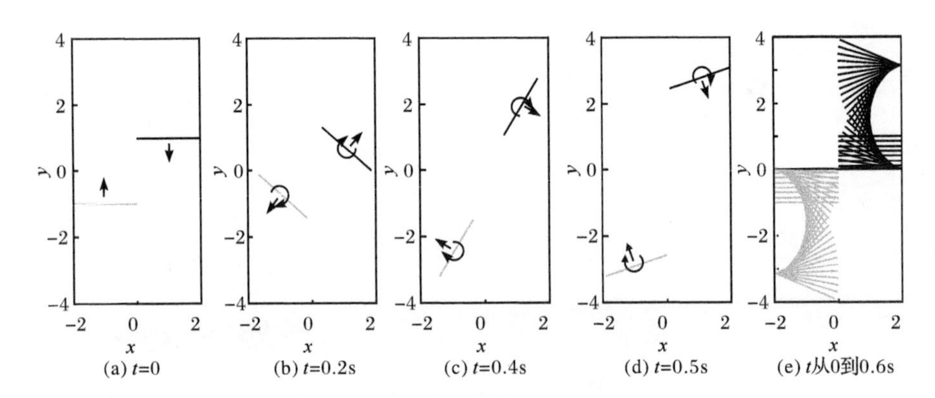

图 8.3.3　构件点对点接触碰撞过程

3. 点对杆多次接触碰撞

构件 AB 和 CD 初始位置平行，如图 8.3.1(c)所示。C 端和 D 端为固定铰支座。端点 A 初始速度为 100m/s，端点 D 的速度为 50m/s，方向如图 8.3.1(c)所示。不考虑阻尼作用。碰撞中 A 点和 D 点的运动轨迹如图 8.3.4 所示。

在 1s 内，两构件间共发生三次弹性碰撞，分别为 $t=0.2420$s、0.4987s 和 0.7745s。图 8.3.5 为两杆碰撞的能量变化，每次碰撞后，两杆的速度大小和方向会发生改变。从杆件应变能的波动情况可以发现，每次碰撞都会加大构件轴向振动的幅度，表明构件的部分动能转化为应变能。碰撞导致两构件总能量的波动，但波动范围并不发散，因此整个碰撞过程的总能量保持守恒。

4. 杆对杆多次接触碰撞

构件 AB 和 CD 初始位置如图 8.3.1(d)所示。A 端和 C 端为固定铰支座。端点 B 初始速度为 z 向 50m/s,端点 D 的速度为 z 向 100m/s,方向如图 8.3.1(d)所示。阻尼系数 $\mu=0.2$。碰撞中 B 点和 D 点的运动轨迹如图 8.3.6 所示。在 1s 内,两构件共发生三次弹性碰撞,分别在 $t=0.2511$s、0.5299s 和 0.8245s。图 8.3.7 为两杆碰撞的能量变化,每次碰撞后,两杆的速度大小和方向发生改变,同时部分能量转化为杆件的应变能。与点对杆接触相比,考虑阻尼耗能作用后,能量波动明显变小,构件的动能也逐渐变小,整个碰撞过程的总能量仍保持守恒。

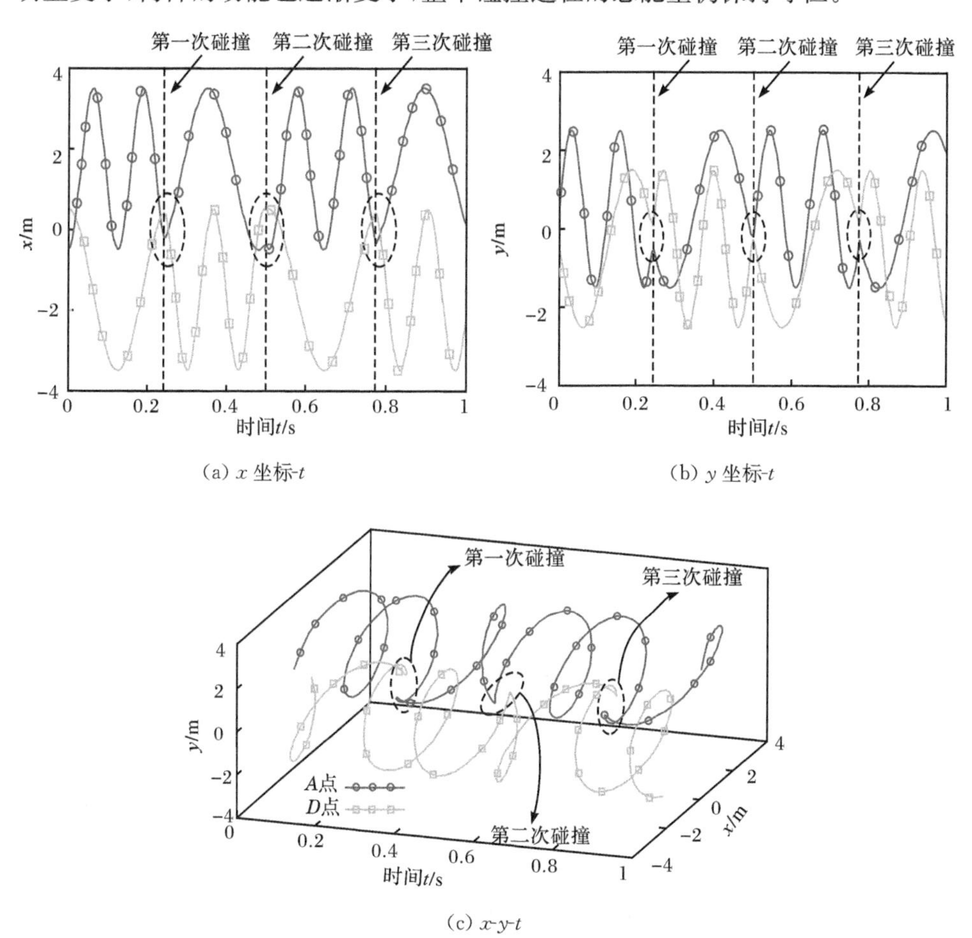

图 8.3.4 点对杆多次接触碰撞中 A 点和 D 点运动轨迹

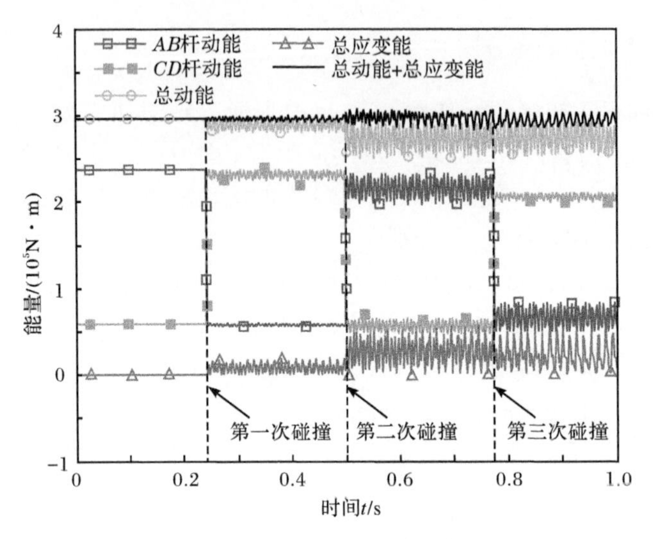

图 8.3.5 点对杆多次碰撞中的能量变化

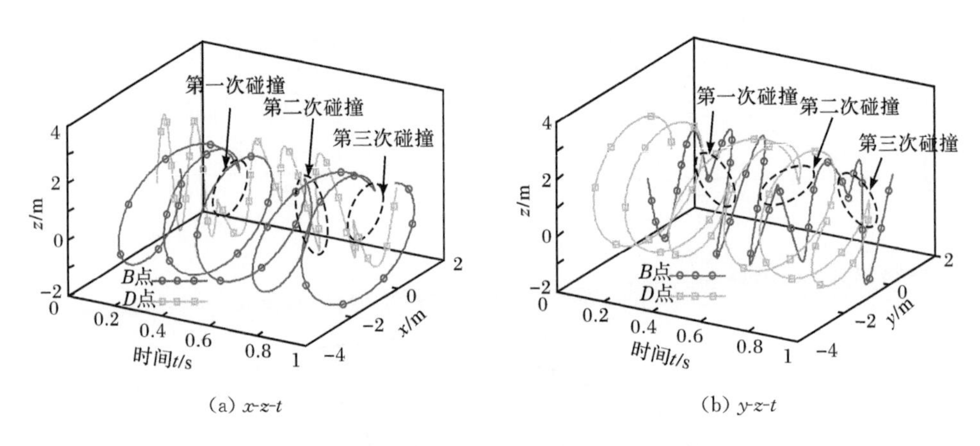

图 8.3.6 两杆多次碰撞中 B 点和 D 点运动轨迹

8.3.2 柔性体与刚性边界接触碰撞

本节计算二维柔性圆环沿 45°冲击刚性边界的接触碰撞反应。模型如图 8.3.8 所示，弹性模量取 100，断面的宽和高均为 1，密度 0.01，圆环半径为 10，均为无量纲单位。当沿 x 轴正向和 y 轴负向施加初始速度时，原本紧贴边界的圆环受一反向接触力，使其运动方向改变。采用有限质点法分析时，刚性边界采用一个单元模拟，圆环采用 24 个梁单元模拟，时间步长取为 1×10^{-4} s。

若不考虑摩擦效应，只计算正向接触力，圆环的运动轨迹如图 8.3.9 所示。同时跟踪圆环表面相邻三点的轨迹，可观察到圆环运动过程中的变形情况。通过

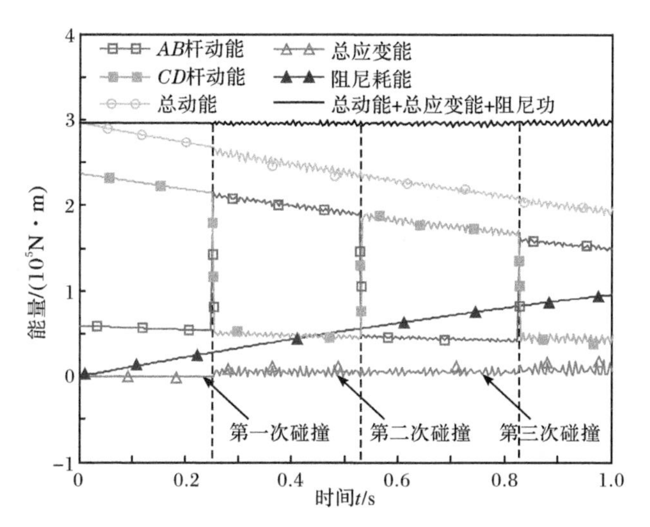

图 8.3.7　杆对杆空间多次碰撞中的能量变化

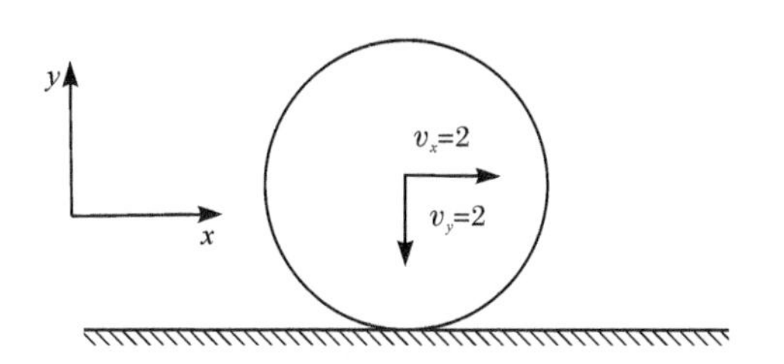

图 8.3.8　二维圆环 45°撞击刚性边界模型

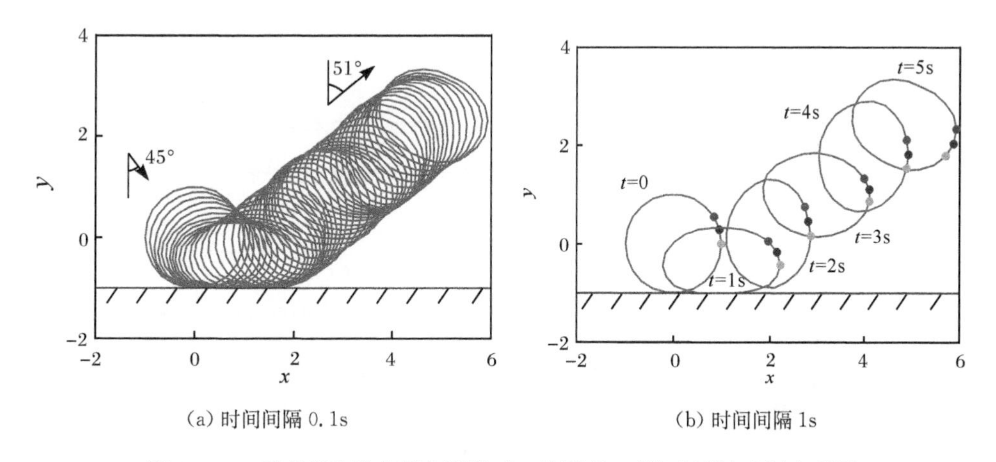

(a) 时间间隔 0.1s　　(b) 时间间隔 1s

图 8.3.9　不考虑边界水平向刚度时二维圆环 45°撞击刚性边界变形图

统计反弹后圆心的坐标位置发现，圆环反弹后的运动方向与 y 轴的夹角约为 51°，与采用有限单元法(Wriggers et al.,1990)计算的50°非常接近。当考虑摩擦效应时,圆环的运动轨迹如图8.3.10和图8.3.11所示,摩擦效应削弱了x方向的速度,反弹后的方向与y轴夹角减小。边界水平向刚度系数越大,反弹后的水平向速度削弱越多。

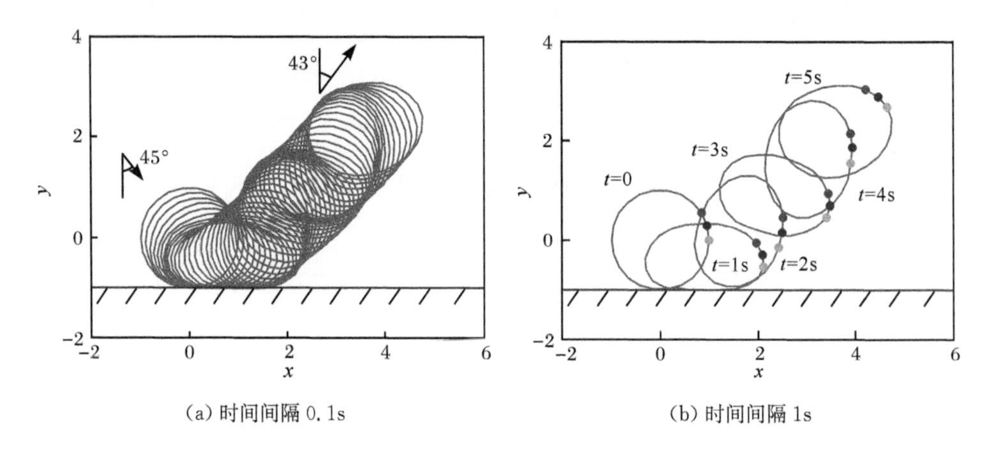

(a) 时间间隔0.1s　　(b) 时间间隔1s

图8.3.10　边界水平向刚度为1×10^5时二维圆环45°撞击刚性边界变形图

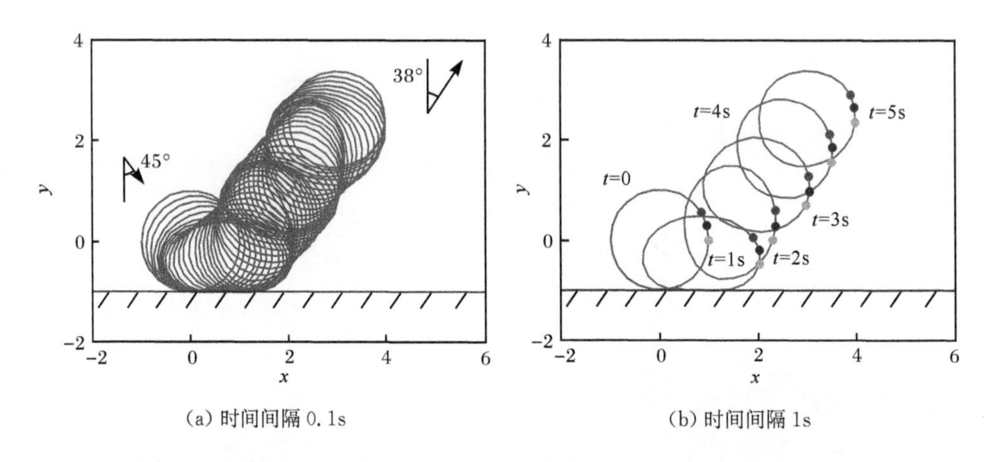

(a) 时间间隔0.1s　　(b) 时间间隔1s

图8.3.11　边界水平向刚度为2×10^5时二维圆环45°撞击刚性边界运动轨迹

8.3.3　梁的接触碰撞

图8.3.12为空间梁AB和CD,四个节点的坐标分别为(−1,0,0)、(1,0,0)、(0,1,1.5)和(0,−1,1.5)。AB两端铰接约束,CD杆为空间自由构件。C端和D端初始速度为500m/s,方向沿z轴负向。两构件的截面均为圆形薄壁管,且材料相

同，截面面积 $A=0.006\text{m}^2$，弹性模量 $E=1000\text{MPa}$，截面惯性矩 $I=2.5\times10^{-4}\text{m}^4$。采用刚性碰撞模型，碰撞恢复系数取 1，每根构件采用 15 个单元模拟，时间步长设为 $1\times10^{-5}\text{s}$，不考虑阻尼和重力作用。

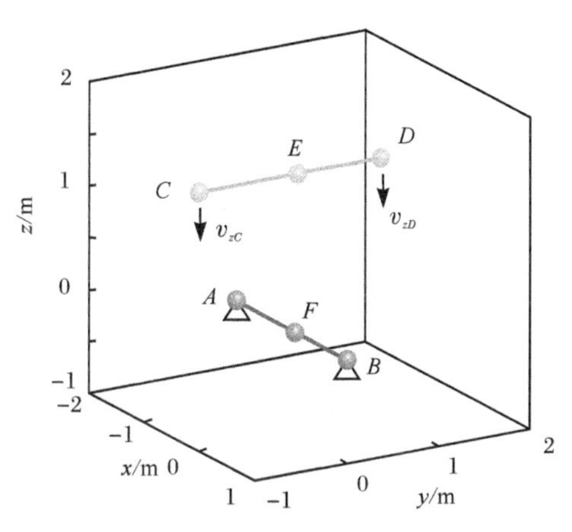

图 8.3.12　空间梁的碰撞模型

AB 和 *CD* 的运动轨迹如图 8.3.13 所示。碰撞发生前，*AB* 静止，*CD* 在两端初速度作用下沿 *z* 轴负向运动。*AB* 在碰撞前有变形产生，且自身也在发生振动。两构件在 0.0496s 时发生碰撞。碰撞后，*AB* 由于受到 *CD* 的冲击由静止开始运动。由于碰撞出现 *CD* 跨中局部弯曲，运动方向发生改变。在反向运动的过程中，跨中出现较大幅度的振动。两构件碰撞过程中的变形如图 8.3.14 所示。

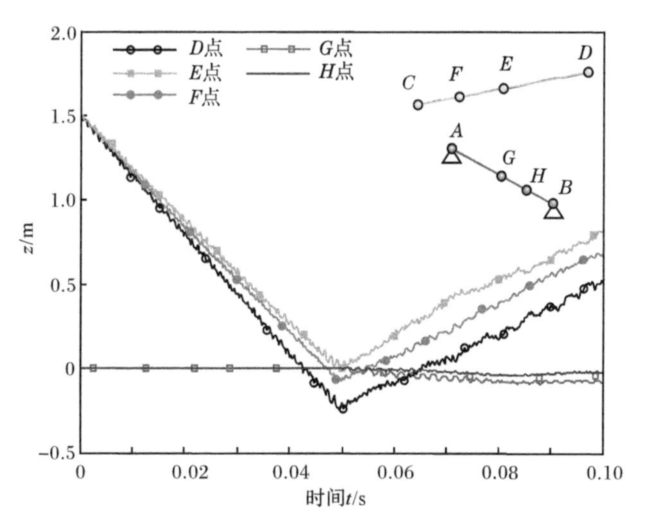

图 8.3.13　空间梁关键点的碰撞轨迹

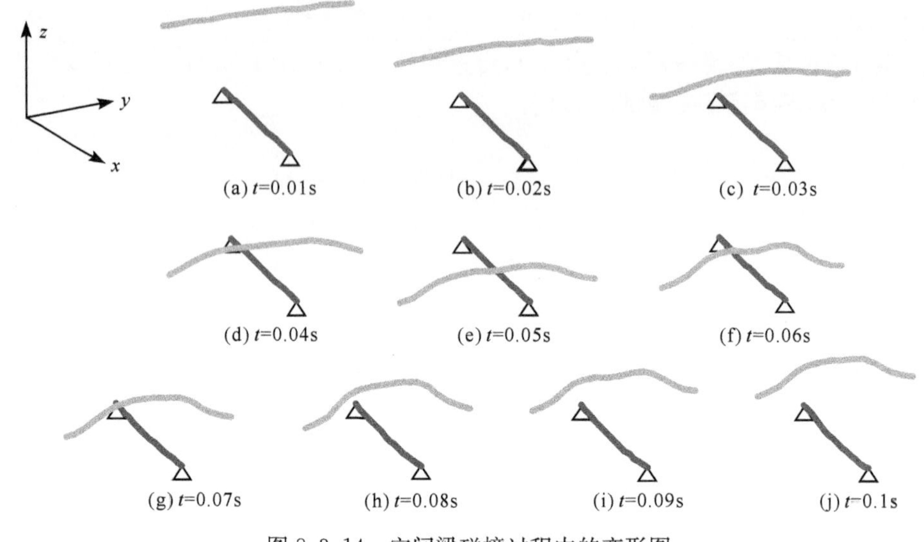

图 8.3.14　空间梁碰撞过程中的变形图

8.4　薄膜的碰撞行为分析

8.4.1　充气球与膜面的接触碰撞

本节分析图 8.4.1 所示方形预应力薄膜受充气小球膜面撞击的问题。方形薄膜初始水平放置且四边简支，边长 $L_0=1.0\text{m}$；充气小球半径 $R_0=0.25\text{m}$，小球中心初始位于方形薄膜斜上方 $H_0=0.4\text{m}$ 高度处，水平间距 $s_0=0.25\text{m}$。两者使用的膜材相同，厚度 $h_0=0.5\text{mm}$，面密度 $\rho=5.25\text{kg/m}^2$，弹性模量 $E=15\text{MPa}$，泊松比 $\nu=0.45$。小球初始内压 $p_0=5\text{kN/m}^2$，同时在 $t=0\sim15\text{ms}$ 时间内沿外表面施加均布冲击荷载 $q(t)$ 来使小球产生一定的初速度，荷载方向与 z 轴夹角 $\theta_0=45°$，因此小球将以入射角 45°撞击下方的预应力薄膜。充气小球膜面用 386 个质点和 384 个四节点薄膜元进行离散，方形预应力膜面用 961 个质点和 900 个四节点薄膜元进行离散。在分析过程中不考虑阻尼和重力作用，时间步长根据稳定条件自动调整，分析总时间为 0.1s，分别按膜材表面光滑与粗糙两种情况来分析小球和预应力膜面发生碰撞接触过程中的运动变形情况。考虑摩擦效应时，静、动摩擦系数 μ_s 和 μ_d 均取 $\mu=0.80$。

考虑和不考虑摩擦效应两种情况下，所得的小球与方形薄膜碰撞过程中及碰撞后，几个典型时刻的位形分别如图 8.4.2 和图 8.4.3 所示。从图中可以看出，两种情况下方形预应力薄膜在碰撞过程中的变形情况基本相同，其横向变形都是在受到小球冲击后的 0.022s 达到最大值(膜面开始时刻 $t=0.023\text{s}$)，之后由于动力

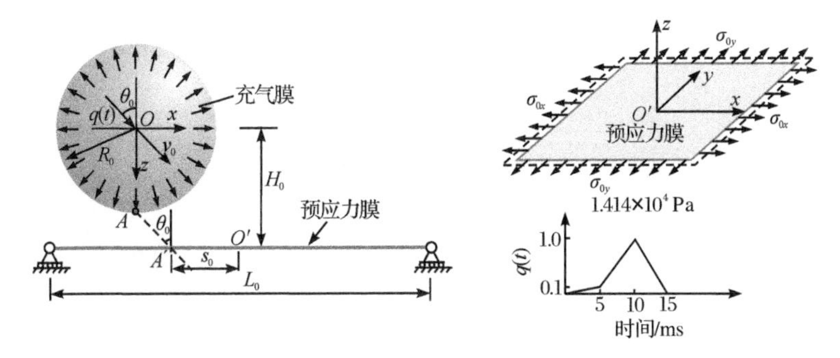

图 8.4.1　充气小球与方形预应力薄膜碰撞分析模型

效应继续围绕其平衡位置发生微小振荡；而小球在两种情况下的碰撞响应则有所不同，膜面光滑的情况下小球只产生平动而没有转动，而在考虑摩擦效应的情况下切向摩擦力还会使小球在碰撞后产生顺时针旋转(见 A 点位置变化)，同时由于 x 方向的速度被削弱，在回弹角、回弹速度以及回弹后的运动轨迹等方面也与前者有所不同。另外，无论是否考虑摩擦力效应，在整个碰撞过程中都没有出现“穿透”现象，碰撞响应符合实际情况，这表明本章的接触侦测方法能够正确及时地搜索到接触区域，对于碰撞响应的处理方法也是有效的，可满足不同膜面之间的非嵌入条件要求。

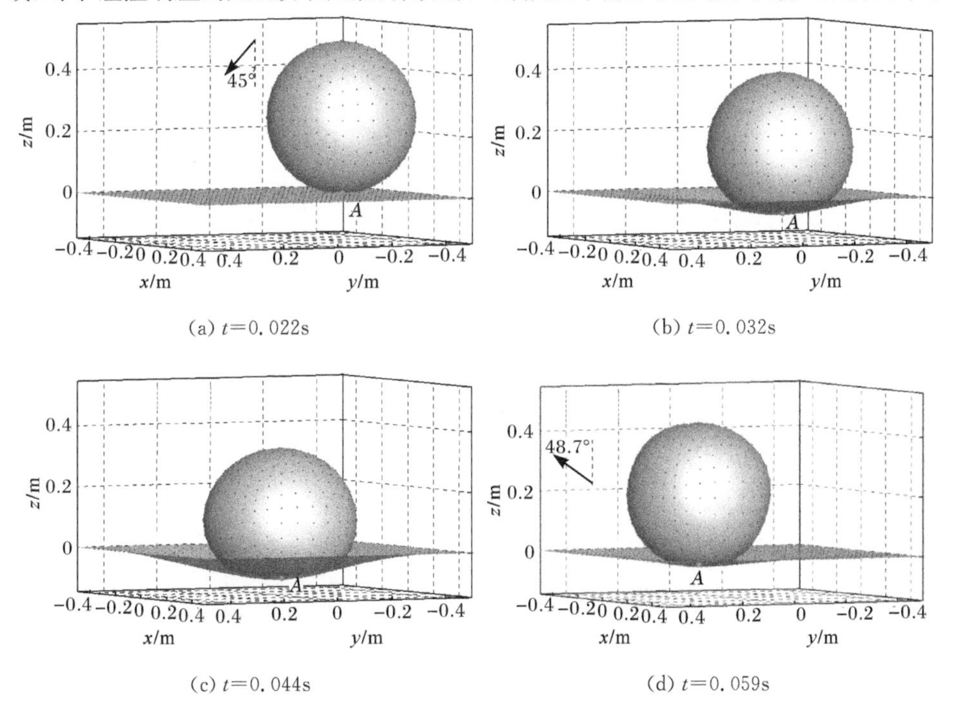

(a) t=0.022s　(b) t=0.032s

(c) t=0.044s　(d) t=0.059s

图 8.4.2　忽略摩擦情况下小球 45°撞击薄膜过程中若干典型时刻的位形

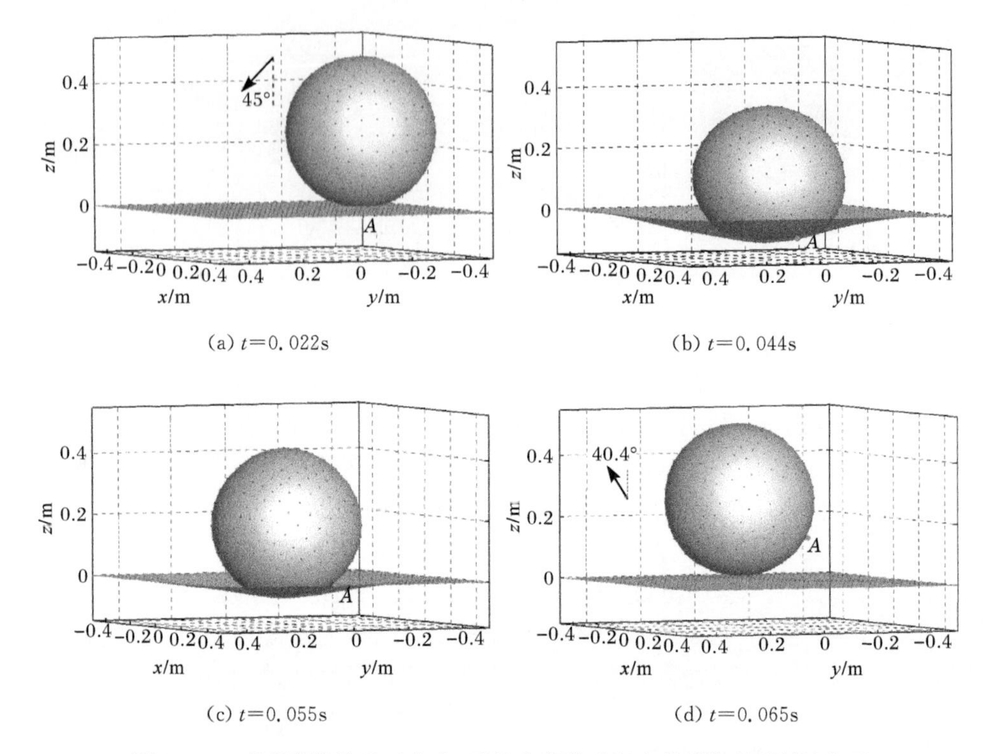

(a) $t=0.022\mathrm{s}$　(b) $t=0.044\mathrm{s}$

(c) $t=0.055\mathrm{s}$　(d) $t=0.065\mathrm{s}$

图 8.4.3　考虑摩擦情况下小球 45°撞击薄膜过程中若干典型时刻的位形

图 8.4.4 为碰撞过程中在几种不同的膜面粗糙度条件下(摩擦系数分别取 0、0.4、0.8、1.2)球心 O 的水平速度以及球面与方形薄膜之间接触力的计算结果随时间变化情况的比较。不难看出,随着摩擦系数增大,接触力也相应增加,小球反弹后的水平方向速度被削弱增多,当摩擦系数达到 1.2 时速度已大约减少至初始

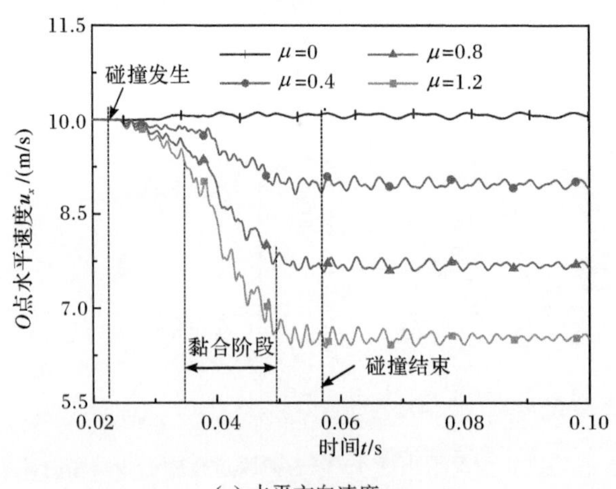

(a) 水平方向速度 u_x

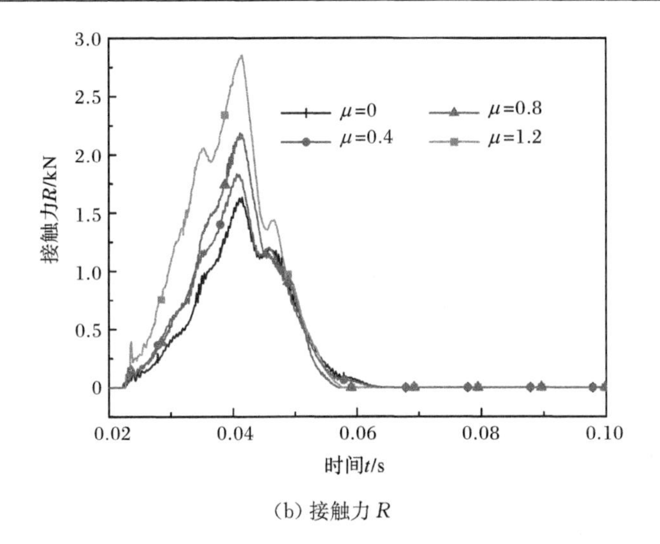

(b) 接触力 R

图 8.4.4　各种摩擦系数下球心速度和球面上接触力的响应时程曲线

值的 2/3，而且在一段时间内球面将与方形膜面处于黏合状态，这种情况符合对实际碰撞过程的预期。图 8.4.5 还给出了计入摩擦效应和不计入摩擦效应两种情况下碰撞运动中的能量变化。当考虑摩擦效应时，碰撞发生后体系动能迅速下降，转化为薄膜的应变能和接触界面能，之后体系动能和应变能又不断相互转化，但整个碰撞过程的总能量保持守恒。

本节的分析结果体现出摩擦力效应在膜面碰撞接触过程中对结构响应有显著影响。由于实际膜材表面并非光滑，接触过程中必定有摩擦力产生，因此在进行薄膜碰撞响应分析时对其予以充分考虑。

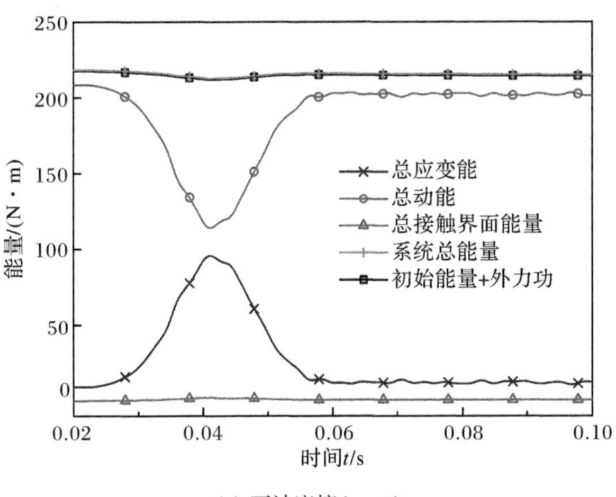

(a) 不计摩擦($\mu=0$)

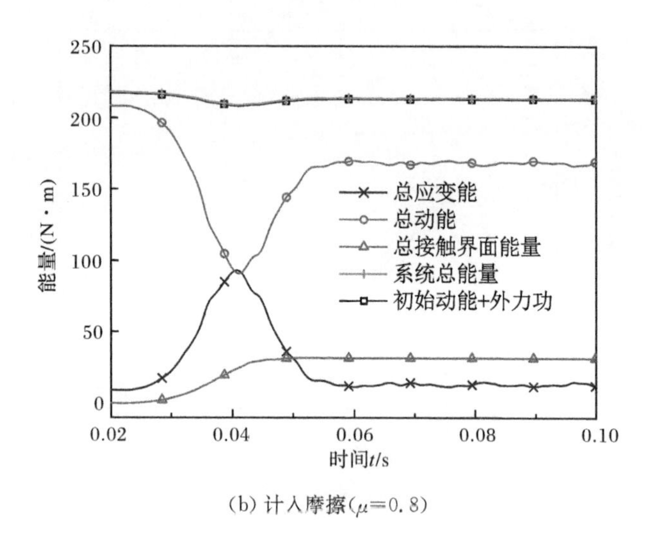

(b) 计入摩擦($\mu=0.8$)

图 8.4.5　小球与方形薄膜碰撞运动中的能量变化

8.4.2　方形膜片与刚性圆柱的接触碰撞

本算例分析电脑动画模拟领域中常见的膜片覆盖刚体的虚拟仿真问题。如图 8.4.6 所示，一边长 $L_0=1.0\text{m}$ 的方形膜片，初始状态水平放置且不受任何约束；刚性圆柱面半径 $R_0=0.12\text{m}$，高度 $H_0=0.35\text{m}$，位于膜片正下方，顶面与膜片间距 $s_0=0.05\text{m}$。膜片厚度 $h_0=1\text{mm}$，面密度 $\rho=270\text{g/m}^2$，弹性模量 $E=7\times10^5\text{Pa}$，泊松比 $\nu=0.3$，与刚性柱面之间的摩擦系数取 $\mu_s=\mu_d=0.15$。膜片在重力作用下自由下落(加速度假定为 $a_z=1\text{m/s}^2$)，与刚性圆柱面发生碰撞接触并将其覆盖，在覆盖过程中膜片自身不同区域之间也将发生接触行为。膜片用 5041 个质点和 9800 个三节点薄膜元进行离散，圆柱表面用 852 个质点和 824 个四边形面片进行离散(仅用于接触侦测过程中的几何向量运算)，时间步长按照数值稳定条件自动调整，阻尼系数 $\mu=5.0$，分析总时长为 4.0s。

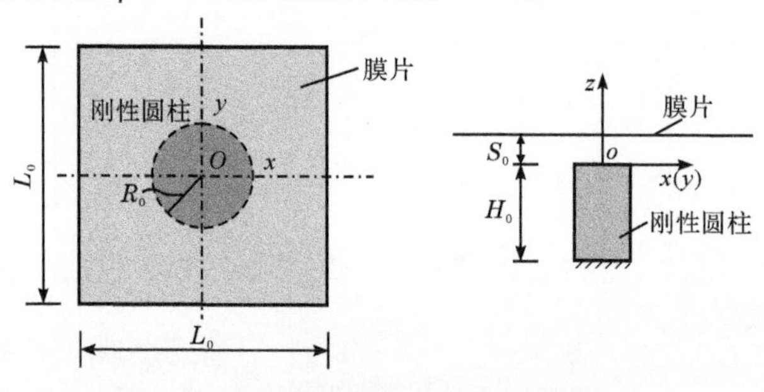

图 8.4.6　膜片覆盖圆柱分析模型

图 8.4.7 为重力作用下的膜片与刚性圆柱面发生碰撞接触及自身悬垂过程中几个典型时刻的变形图。膜片与圆柱顶面发生接触后(接触时刻 $t=0.32\mathrm{s}$),在开始阶段沿各边中点与膜片中心连线方向形成一些细小折痕;在 $t=0.8\mathrm{s}$ 时,伴随着膜片的悬垂运动,膜面上四条折痕已非常明显并继续加深,这些区域附近膜面相互靠近并开始产生接触;在 $t=1.2\mathrm{s}$ 时膜片四个角端在重力作用下已快速下摆至最低点附近并将圆柱体完全包裹,之后在圆柱侧面接触反力作用下膜面出现少量回弹,并受动力效应的影响继续在最低点位置附近轻微摆动,最后在阻尼耗能作用下逐渐趋于静止。膜片最终形态与采用质点-弹簧模型的分析结果(Zhang,2001)较为相似。

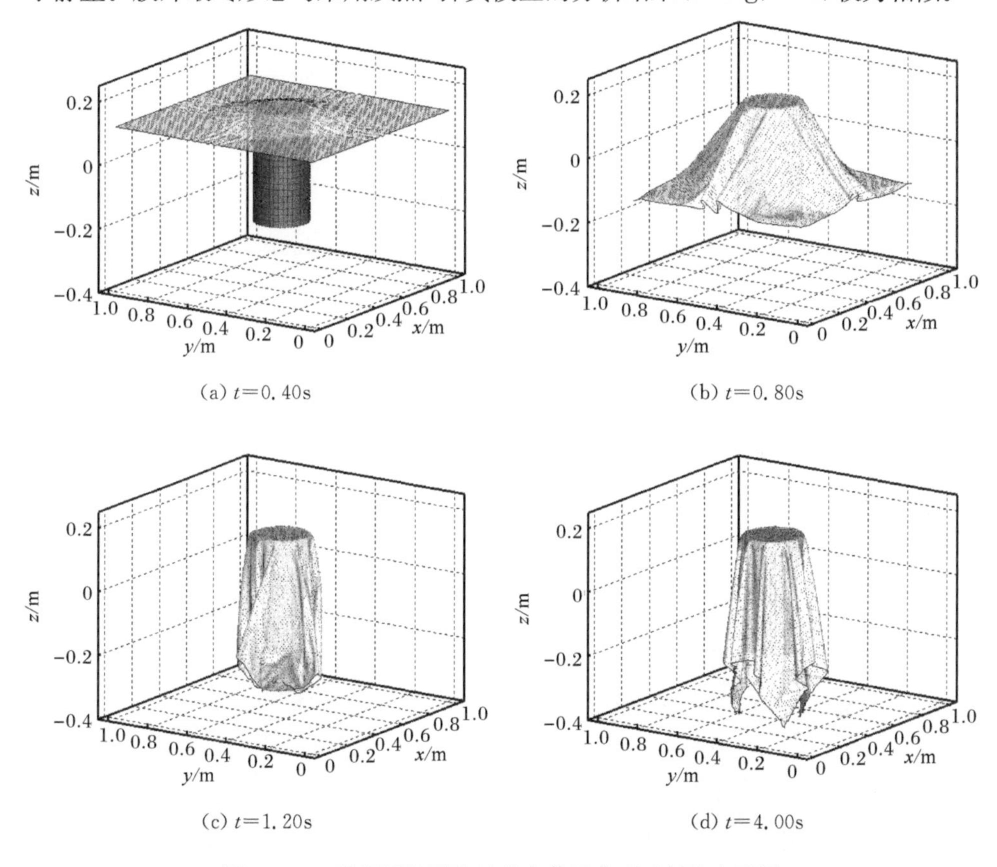

(a) $t=0.40\mathrm{s}$　(b) $t=0.80\mathrm{s}$

(c) $t=1.20\mathrm{s}$　(d) $t=4.00\mathrm{s}$

图 8.4.7　膜片覆盖圆柱过程中若干典型时刻的变形图

本例的模拟效果与膜片自由下落覆盖刚体的实际物理过程是相符的,而且无论是与圆柱面之间的碰撞还是膜面自身的碰撞均没有发生穿透现象,计算过程也没有出现因为接触响应机制的引入而产生任何数值不稳定问题,预先也不需要对可能发生接触的区域进行特殊定义,显示了有限质点法的可靠性及其在薄膜碰撞接触分析中的优势。

8.5　壳的碰撞行为分析

本例分析两圆管的接触问题(Oldenburg and Nilsson,1994),如图 8.5.1 所示。圆管长 0.46m,直径为 0.2m,厚度为 0.005m,两个圆管呈正交对心放置,中心线距离为 0.3m。两圆管分别以 35m/s 的速度相向运动,弹性模量 E=25GPa,泊松比 ν=0.3,材料密度 ρ=7640kg/m^3,采用双线性等向强化模型,初始屈服强度 σ_{y0}=100MPa,切线模量E_t=230MPa。计算总时间为 10ms。圆管碰撞接触过程中典型时刻的变形和位移云图如图 8.5.2 所示。

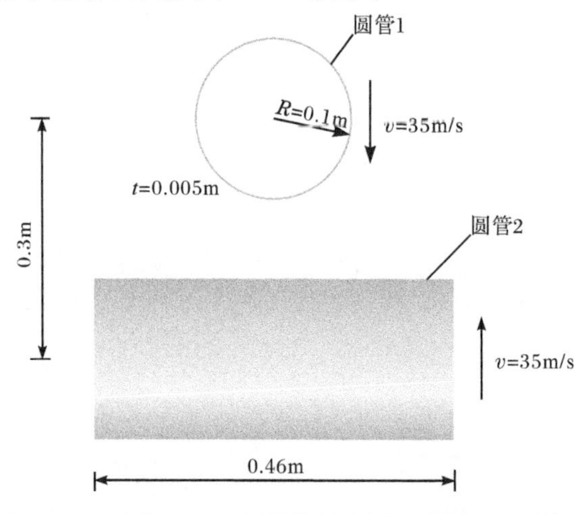

图 8.5.1　圆管接触实例示意图

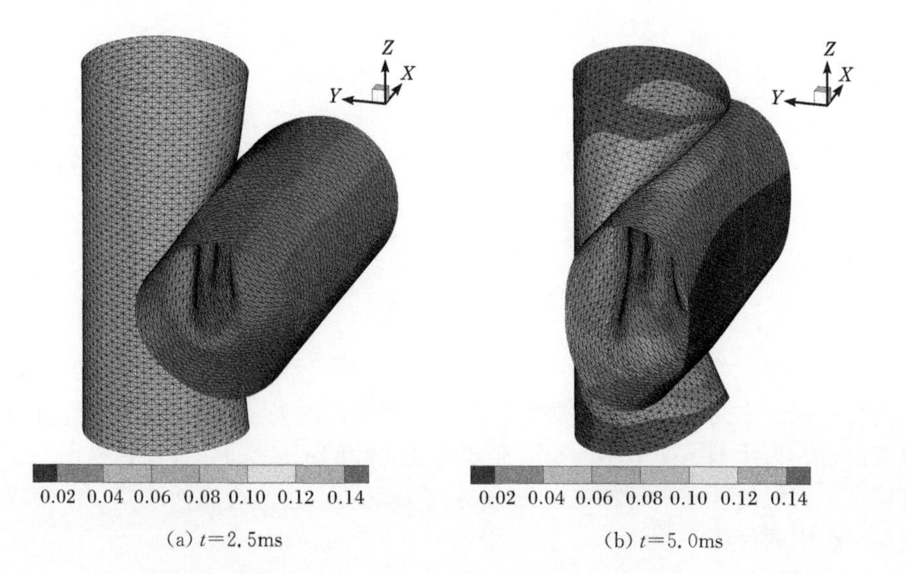

(a) t=2.5ms　　(b) t=5.0ms

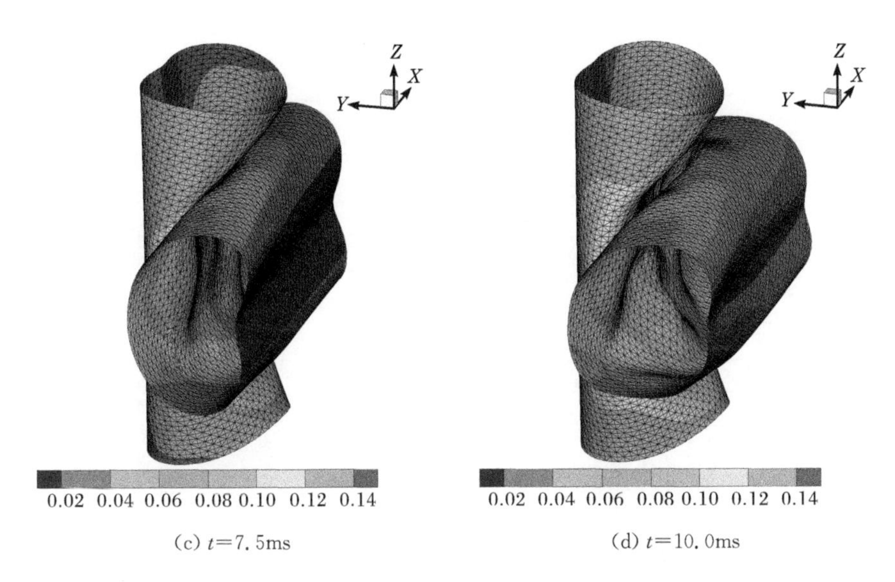

(c) t=7.5ms　　(d) t=10.0ms

图 8.5.2　圆管碰撞接触过程中典型时刻的变形和位移云图(单位:mm)

8.6　固体的碰撞行为分析

8.6.1　Taylor 杆碰撞

Taylor 杆碰撞是指一个柱状金属杆正面高速碰撞刚性墙的试验,于 1948 年由 Taylor 提出,故而得名。该试验能够反映材料在不同应变和应变率下的行为,常用来获得材料本构参数以及材料的塑性流动规律等。该试验比较容易实现并且有很多公开的试验结果,因此它也是检验动力学算法的经典算例。本节中,柱形杆的材料是铜,弹性模量 E=164GPa,泊松比 ν=0.35,密度 ρ=8940kg/m^3,材料应力-应变硬化曲线关系为 $\sigma_y=149.54+\varepsilon_p^{0.096}$(吕剑等,2006)。如图 8.6.1(a)所示,杆长和直径分别为 L_0=70.0mm,D_0=10.0mm,初速度为 V_0=165m/s。用图 8.6.1(b)所示的质点模型进行计算,直到整个杆的动能基本不再变化。撞击平面为非光滑面,动摩擦系数 μ_d=0.047。由于撞击速度在 100~200m/s 范围内,试件除撞击端附近很小的范围外,局部最大升温均在 100℃以下,软化效应不明显,故暂不考虑温度效应,即通常所采用的 Johnson-Cook 材料模型在此进行了简化。

计算结果如图 8.6.2 所示,在 Taylor 杆碰撞结束后,分别给出了有限质点法、非线性有限元法(nonlinear finite element method,NFEM)和试验结果的对比情况。由图可见，三者吻合较好。图 8.6.3(a)～(d)给出了碰撞过程中若干典型时刻 Taylor 杆变形的模拟结果，以便直观地观察其撞击变形过程。

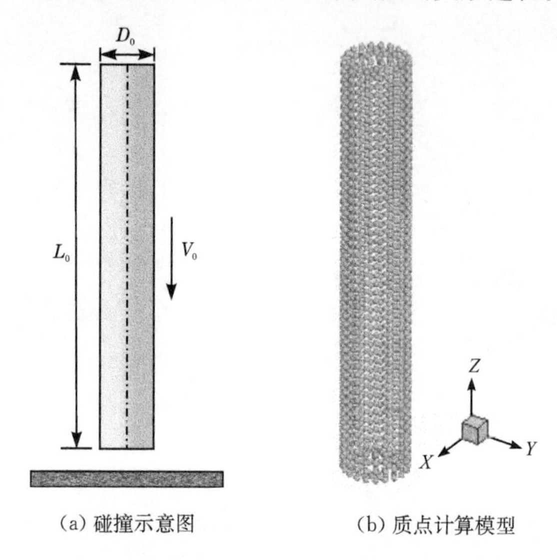

(a) 碰撞示意图　　(b) 质点计算模型

图 8.6.1　Taylor 杆碰撞示意图及 FPM 质点计算模型

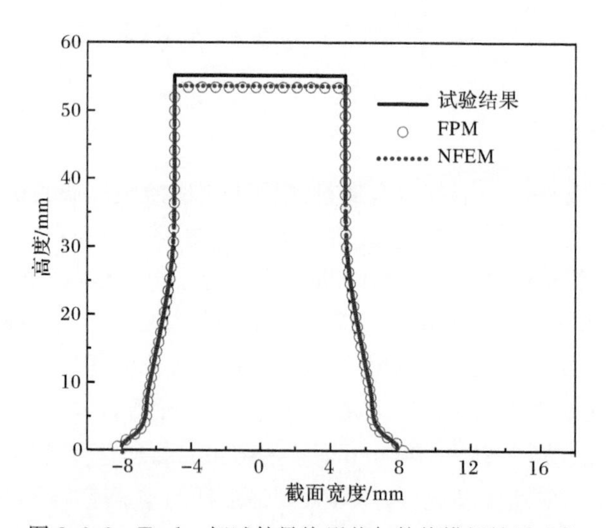

图 8.6.2　Taylor 杆试件最终形状与数值模拟结果比较

8.6.2　固体间的黏滞接触

本节对固体间的黏滞接触进行分析(王福军，2002)。图 8.6.4(a)上部物体尺寸为 0.20m×0.10m×0.10m，下部物体尺寸为 0.48m×0.12m×0.08m。弹性模

量 $E=20\text{GPa}$，泊松比 $\nu=0.3$，材料密度 $\rho=7840\text{kg/m}^3$，采用双线性等向强化模型，初始屈服强度 $\sigma_{y0}=250\text{MPa}$，切线模量 $E_t=650\text{MPa}$。下面物体的下表面完全固定，上面物体以(50,0,－50)m/s 的初速度运动，其上表面分布总质量为 450kg，两物体间静摩擦系数 $\mu_s=10$，以验证黏滞状态的正确性。计算总时间为 2ms。图 8.6.4(b)为计算分析的质点模型。

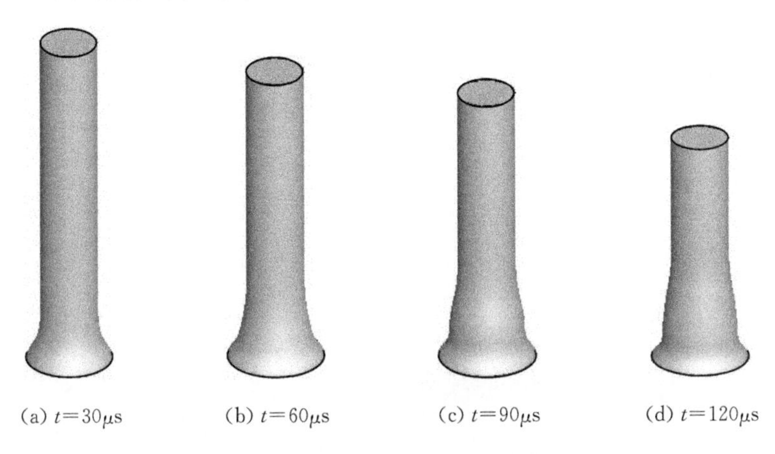

图 8.6.3 Taylor 碰撞变形过程模拟

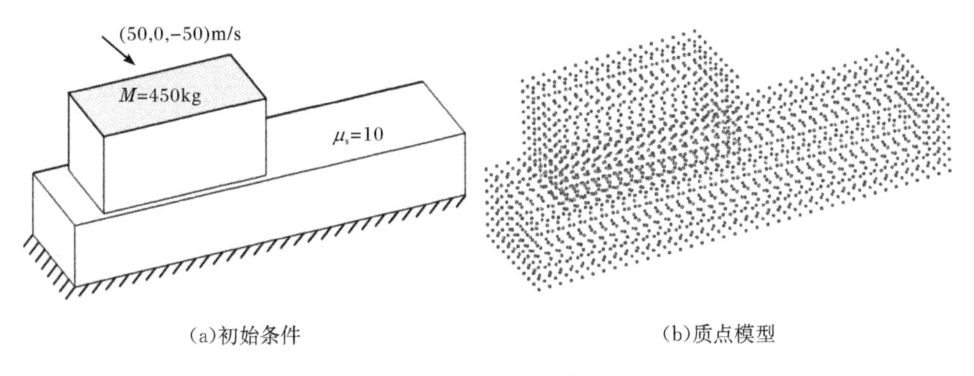

图 8.6.4 物体黏滞接触模型

图 8.6.5 为物体运动过程中几个时间点的变形和应力分布。两物体之间为黏滞摩擦，因此上面物体有在下面物体上滚动的趋势，但因摩擦系数足够大，两长方体块几乎不能发生相对滑动。图 8.6.6 对物体黏滞碰撞过程中的能量进行分析。两物体接触的黏合阶段，系统的动能减小，应变能增加。当碰撞结束，两物体开始分离时，系统的动能开始增加，应变能减小，但在整个碰撞过程中系统的总能量基本守恒。该算例分析验证了有限质点法在结构碰撞行为模拟中的有效性，同时使研究者能够深入了解碰撞反应的机理。

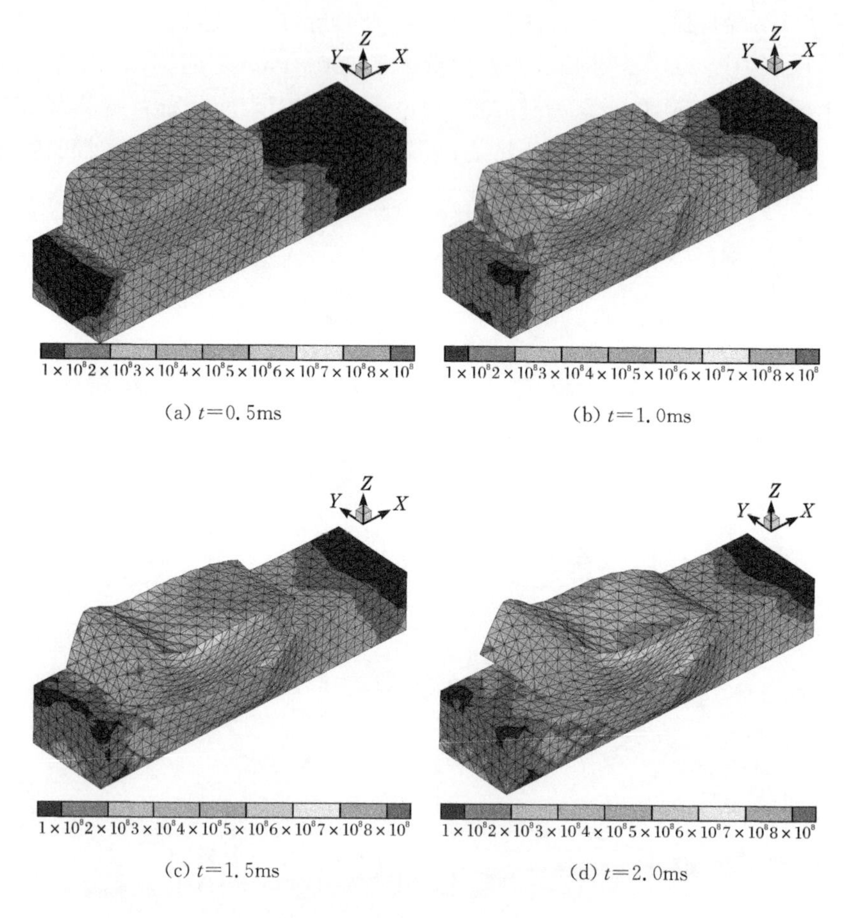

图 8.6.5　物体黏滞接触的变形及应力云图

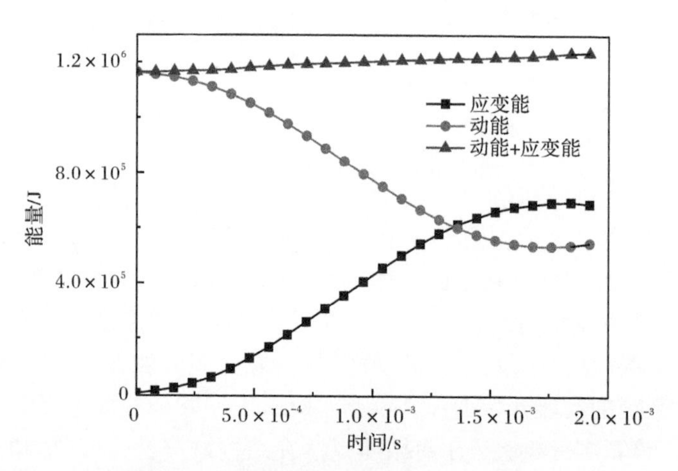

图 8.6.6　物体黏滞碰撞过程中的能量变化

第 9 章　结构断裂行为分析

结构断裂属于强非线性不连续变形问题，采用传统方法进行数值模拟难度较大。有限质点法计算过程中可以维持质点上的能量守恒，结构中开裂现象的出现只改变质点上的作用力和质量，不会给结构分析带来本质上的改变。另外，每个质点沿不同方向的运动参数是分别进行求解的，不需要集成整体刚度矩阵，因此在满足结构体系质量守恒的条件下，计算中允许自由地增减质点，开裂后质点间可以相互分离而无需对原有质点重新编码。因而有限质点法用于处理结构断裂问题有其独特的优势。本章针对不同结构单元建立断裂模型和断裂准则，发展基于有限质点法的结构断裂计算方法，然后对网架、网壳、充气膜、管桁等结构的断裂行为进行模拟和分析。

9.1　基本单元的断裂计算

9.1.1　杆、梁单元的断裂计算

1. 断裂准则

杆单元和梁单元由于本质上无法考虑构件裂缝的开裂和扩展过程，因此研究中一般关注该类单元的宏观断裂模式，忽略单元截面上断裂的发展。本节对此类单元建立基于应变的断裂准则。

杆单元内仅有轴力作用，断裂准则为

$$\varepsilon_{\hat{x}} \geqslant \varepsilon'_{\hat{x}} \tag{9.1.1}$$

式中，$\varepsilon_{\hat{x}}$和$\varepsilon'_{\hat{x}}$分别为单元在局部坐标系下的轴向应变和轴向断裂极限应变。

梁单元内除轴力外，还存在弯矩和扭矩的作用，当单元满足下列任一条件时构件发生断裂：

$$\varepsilon_{\hat{x}} \geqslant \varepsilon'_{\hat{x}} \tag{9.1.2a}$$

$$k_{\hat{x}} \geqslant k'_{\hat{x}} \tag{9.1.2b}$$

$$k_{\hat{y}} \geqslant k'_{\hat{y}} \tag{9.1.2c}$$

$$k_{\hat{z}} \geqslant k'_{\hat{z}} \tag{9.1.2d}$$

式中，$\varepsilon_{\hat{x}}$和$\varepsilon'_{\hat{x}}$分别为构件在局部坐标系下梁单元的轴向应变和轴向断裂极限应变；$k_{\hat{x}}$和$k'_{\hat{x}}$分别为构件局部坐标系下梁单元在$\hat{y}$-$\hat{z}$平面内的轴向转角率和断裂极限

转角率；$k_{\hat{y}}$、$k'_{\hat{y}}$、$k_{\hat{z}}$和$k'_{\hat{z}}$分别为构件局部坐标系下梁单元在$\hat{x}$-$\hat{y}$平面和$\hat{x}$-$\hat{z}$平面内的曲率和断裂极限曲率。

2. 断裂模型

1)杆系结构的断裂模型

以图9.1.1(a)所示的空间网架为例，若构件AB的轴向应变达到断裂准则，则断裂可能在A点、B点，或两点同时发生，或两点均不发生，需要加入进一步的判断。质点的分离原则如下。

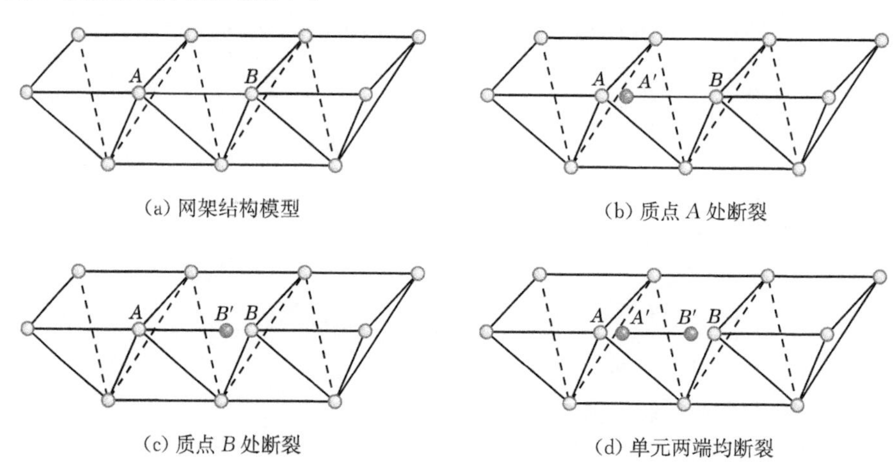

(a) 网架结构模型　(b) 质点A处断裂

(c) 质点B处断裂　(d) 单元两端均断裂

图9.1.1　杆系结构的断裂模型

(1) 若构件AB两端均有其他构件或支座相连，断裂将发生在应力水平较高的节点上。比较两质点上的合力大小：若$|f_A|>|f_B|$，则断裂发生在A点，如图9.1.1(b)所示；若$|f_A|<|f_B|$，断裂发生在B点，如图9.1.1(c)所示；若$|f_A|=|f_B|$，则断裂在两端同时发生，如图9.1.1(d)所示。

(2) 若构件AB中一端为自由端，则断裂发生在非自由端的质点上。

(3) 若构件AB的两端均为自由端，表明构件为结构断裂产生的自由构件，则设定断裂不再发生。

2) 梁系结构的断裂模型

由于梁单元的断裂准则包括轴向应变、曲率和转角率判定，因此比杆系结构复杂。以图9.1.2(a)所示的单层网壳模型为例，若构件AB达到断裂准则，断裂可能在A点、B点或两点同时发生，同样需要加入进一步的判断。质点的分离原则如下。

(1) 若构件AB两端均有其他构件或支座相连，断裂将发生在应力水平较高的节点上。如果单元是中性层曲率超限导致的断裂，曲率计算与单元两端的弯矩

相关，单元可在相应的弯矩超限端发生断裂；如果单元是轴向应变超限导致的断裂，则比较单元两端质点内力的大小，若$|f_A|>|f_B|$，断裂发生在A点，如图9.1.2(b)所示；若$|f_A|<|f_B|$，断裂发生在B点，如图9.1.2(c)所示；若$|f_A|=|f_B|$，则断裂在两端同时发生，如图9.1.2(d)所示。若单元是转角曲率超限导致的断裂，则通过比较单元两端弯矩的大小确定断裂端，不再赘述。

(2) 若杆件AB中一端为自由端，则断裂发生在非自由端的质点上。

(3) 若杆件AB两端均为自由端，表明构件为断裂形成的自由构件，则断裂不再发生。

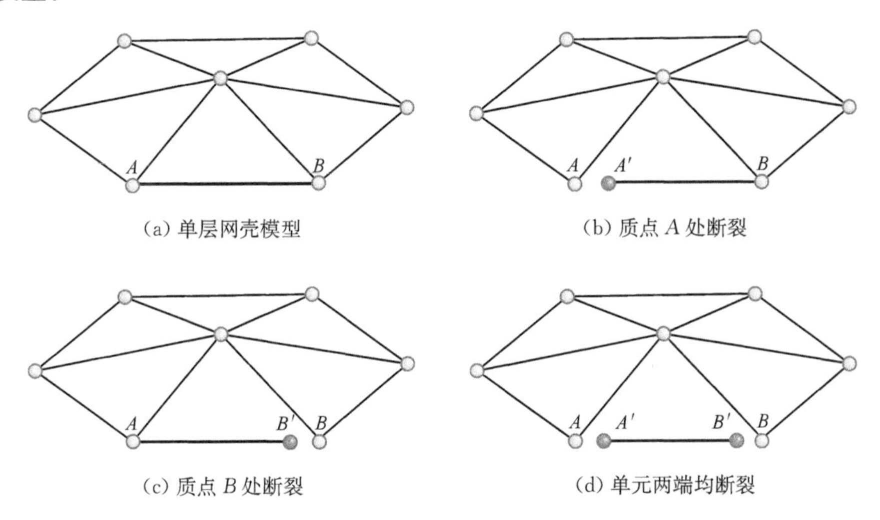

(a) 单层网壳模型　(b) 质点A处断裂

(c) 质点B处断裂　(d) 单元两端均断裂

图9.1.2　梁系结构的断裂模型

3. 断裂后质点属性更新

结构发生断裂后，断裂处的质点属性发生改变，需要进行以下处理。

1) 断裂处质点复制

复制断裂处的质点。新质点与被复制质点的坐标位置相同。先将被复制质点与断裂单元脱离，再将新质点与断裂单元相连。

复制断裂处的质点后，需要相应地修改质点的数量和单元的连接关系。采用有限质点法模拟断裂，断裂发生后不需要改变质点和单元的编排顺序，仅在原有质点数量的基础上增加新质点，并相应地改变断裂单元断裂端的质点编号。

2) 更新断裂点质量和质量惯性矩

在断裂后结构新的拓扑关系下，重新计算质点的质量和质量惯性矩。更新过程中，不能简单地将新质点的质量和惯性矩设为原质点的1/2，应根据结构新的拓扑关系计算。

3）更新断裂点的内力和外力

新质点的内力和外力与所连接的断裂单元的内力和外力相关。新质点将在下一个途径单元的计算中获得内力和外力。被复制质点的内力和外力也需要根据结构新的拓扑关系重新计算。

9.1.2 平面固体单元的断裂计算

1. 内聚力模型

在对具有穿透裂纹的大型薄板进行拉伸试验过程中，裂纹尖端前塑性变形区为一扁平的带状区域，可以认为在裂纹尖端存在微小的内聚力区，如图 9.1.3 所示。由于原子间的吸引力是它们之间被拉开距离的函数，在此区域内裂纹界面上的应力 σ 也应该是张开位移 Δ 的函数，称为开裂界面上的张力-位移关系：

$$\sigma = f(\Delta) \tag{9.1.3}$$

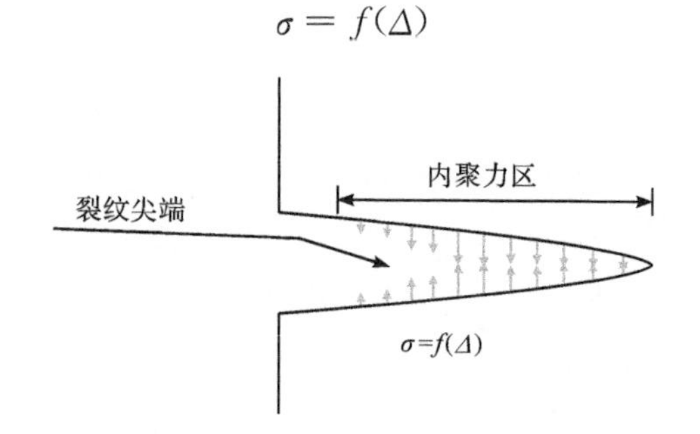

图 9.1.3 裂纹尖端内聚力区

针对不同材料发展出的各种形式内聚力模型，主要差别在于张力-位移关系的不同，其中应用较多的包括双线性、梯形、多项式以及指数张力-位移关系等。此外，将开裂形成新裂纹面过程中释放的能量定义为断裂释放能 G，计算公式为

$$G = \int \sigma \mathrm{d}\Delta = \int f(\Delta)\mathrm{d}\Delta \tag{9.1.4}$$

和其他计算单元类似，内聚力模型常以黏缝单元的形式表现。根据计算模型建立之初是否包含黏缝单元，常用的内聚力模型可分为两种，即内在内聚力模型和外加内聚力模型（Zhang et al.，2007；张军，2011）。

1）内在内聚力模型

以双线性张力-位移关系为例，如图 9.1.4 所示，内在内聚力模型的张力-位移关系一般表现为：在内聚力区开始承载时，应力 σ 随着开裂界面上位移 Δ 的增加达到材料承载的最大值 $\sigma_{\max}$，材料点开始出现初始损伤；随着位移 Δ 的继续增大，应力 σ 在达到最大值后开始下降，此过程为材料点的损伤扩展阶段，直至应力减小为 0，材料点完全破坏失效，内聚力区在该处完全开裂并向前扩展，并且在断裂过程中释放的能量达到最大临界值 G_c，在数值上等于张力-位移关系曲线包围的面积。

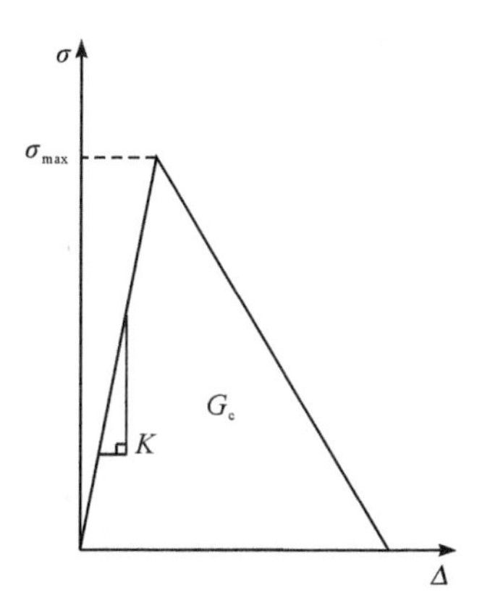

图 9.1.4　内在内聚力模型的张力-位移关系

对于内在内聚力模型，黏缝单元由于自始至终都嵌于结构的分析域内，即在建立计算模型之初就把黏缝单元嵌在单元网格之间。因此，结构自由度会大规模增加。

2) 外加内聚力模型

与内在内聚力模型相比，外加内聚力模型在数值稳定性上具有很强的优势，更符合真实的物理模型。在发生断裂前，计算模型无需做任何改变，当某单元界面满足断裂条件时，黏缝单元将自动插入单元之间以模拟裂纹的扩展过程，因此其张力-位移关系没有初始上升段，如图 9.1.5 所示。

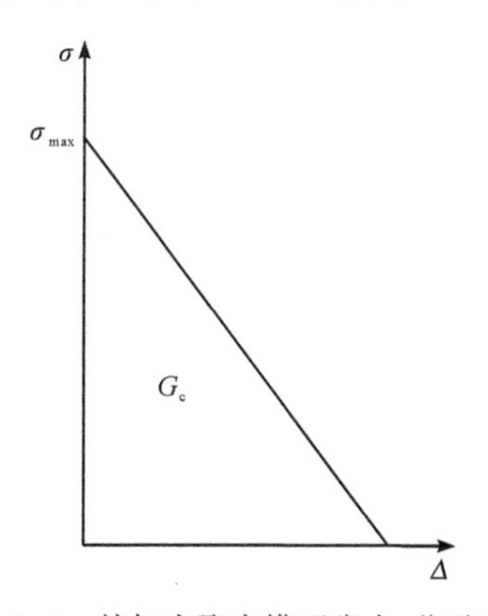

图 9.1.5　外加内聚力模型张力-位移关系

2. 平面固体断裂的模型与准则

采用外加内聚力模型插入黏缝单元时会引起单元连接拓扑关系的改变，本节提出一种新的方法对此进行处理。如图 9.1.6 所示，设单元界面上的正应力和剪应力分别为 σ_n 和 σ_t，根据二次应力判别准则，单元界面等效应力 T_{eff} 可以表示为

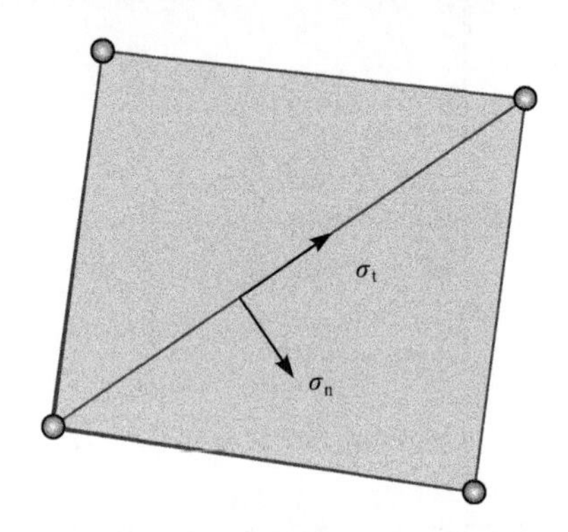

图 9.1.6　平面固体单元界面等效应力

$$T_{eff}=\begin{cases}\sqrt{\sigma_n^2+\dfrac{\sigma_t^2}{\eta^2}}, & \sigma_n\geqslant 0\\ \dfrac{|\sigma_t|}{\eta}, & \sigma_n<0\end{cases} \tag{9.1.5}$$

式中，η 为拉剪应力耦合系数。当单元界面等效应力 T_{eff} 满足式(9.1.6)的断裂条件时，裂纹开始萌生，黏缝单元(节点编号 1-2-3-4)将自动插入单元界面之间以模拟上下两层单元界面的开裂过程，如图 9.1.7 所示。

$$T_{eff}>\sigma_c \tag{9.1.6}$$

式中，σ_c 为材料的破坏应力。

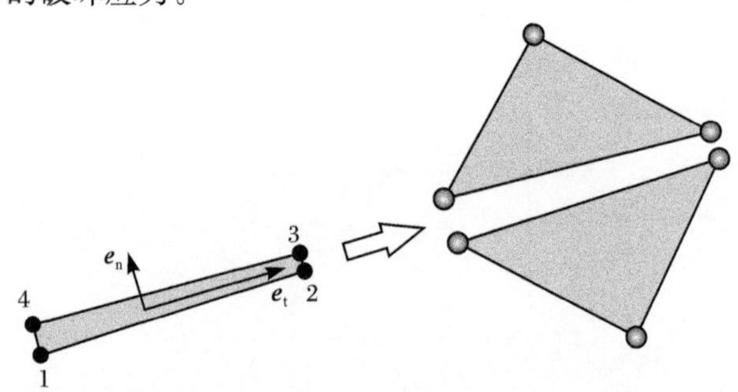

图 9.1.7　黏缝单元嵌入开裂的单元界面之间

在开裂过程中，黏缝单元的应力根据预定义的张力-位移关系发生变化，如

图 9.1.8所示，当应力减小为 0 时，该处黏缝单元完全破坏失效，裂纹在该处完全开裂并向前扩展。为了综合考虑黏缝单元上下界面之间的法向张开量和切向滑移量(Δ_n,Δ_t)，定义等效位移 Δ_{eff}。

$$\Delta_{eff}=\begin{cases}\sqrt{\Delta_n^2+\Delta_t^2\eta^2}, & \sigma_n\geqslant 0\\ |\Delta_t|\eta, & \sigma_n<0\end{cases} \tag{9.1.7}$$

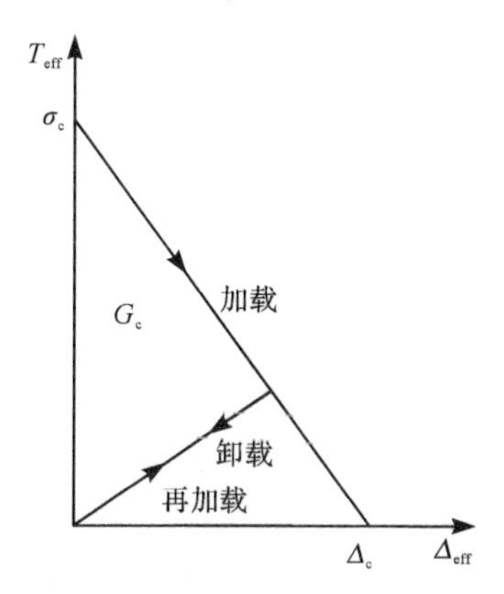

图 9.1.8 外加内聚力模型张力-位移关系

黏缝单元的引入会产生抵抗裂纹法向张开和切线滑移的内聚力。若当前等效位移 Δ_{eff}大于历史最大位移 Δ_{eff}^{max}，即裂纹张开，则为加载情形，内聚力会随着位移的增大而单调递减，如图 9.1.8 所示，直到等效位移 Δ_{eff}达到其极限位移 Δ_c 时，黏缝单元完全失效破坏，裂纹完全开裂并向前扩展。此时，黏缝单元的应力(T_n, T_t)可以表示为

$$\begin{cases}T_n=\sigma_c\left(1-\dfrac{\Delta_{eff}}{\Delta_c}\right)\dfrac{\Delta_n}{\Delta_{eff}}\\ T_t=\eta\sigma_c\left(1-\dfrac{\Delta_{eff}}{\Delta_c}\right)\dfrac{\Delta_t}{\Delta_{eff}}\end{cases},\quad \Delta_{eff}\geqslant\Delta_{eff}^{max} \tag{9.1.8}$$

$$\Delta_c=\frac{2G_c}{\sigma_c} \tag{9.1.9}$$

式中，Δ_c 为等效位移的极限值；G_c 为断裂释放能，G_c 等于图 9.1.8 中三角形围成的面积。

相反，若当前等效位移 Δ_{eff}小于历史最大位移 Δ_{eff}^{max}，即裂缝闭合，则为卸载情形。由于该过程是不可逆的，相应的黏缝单元应力可以表示为

$$\begin{cases}T_n=\sigma_c\left(1-\dfrac{\Delta_{eff}^{max}}{\Delta_c}\right)\dfrac{\Delta_n}{\Delta_{eff}^{max}}\\ T_t=\eta\sigma_c\left(1-\dfrac{\Delta_{eff}^{max}}{\Delta_c}\right)\dfrac{\Delta_t}{\Delta_{eff}^{max}}\end{cases},\quad \Delta_{eff}<\Delta_{eff}^{max} \tag{9.1.10}$$

此外，从式(9.1.5)中可以看出，单元界面受压且剪应力足够大时也会导致断裂，此时黏缝单元的法向张开量应该满足 $\Delta_n=0$。若 $\Delta_n<0$，说明单元之间发生贯穿，显然没有物理意义。

最后通过对黏缝单元的应力(T_n，T_t)进行积分求得各节点在局部坐标系($\boldsymbol{e}_n$，$\boldsymbol{e}_t$)下的内聚力 $\boldsymbol{F}_i^c(i=1,2,3,4)$，并将其转换到全局坐标系下作用到相连接的质点上。

9.1.3 薄膜单元的断裂计算

1. 断裂准则

为模拟膜面开裂的宏观破坏模式，本节采用薄膜计算模型中的瞬时应力状态量来表征膜材料的开裂条件，这是一种简单实用的方式。分析时不考虑纤维基层内每根纱线的断裂过程以及裂缝断口截面上的具体破坏形态。

考虑到膜材料是一种只受拉、不受压的柔性复合材料，不同材料主方向上的强度一般是不相同的，因而采用复合材料中使用较多的 Tsai-Hill 强度准则作为膜面开裂的判断依据。该强度准则考虑了经向和纬向应力的交互作用，能够反映出复杂应力状态对材料强度的影响，其具体表达式如下：

$$\frac{\sigma_w^2}{W_u^2}-\frac{\sigma_w\sigma_f}{W_u^2}+\frac{\sigma_f^2}{F_u^2}+\frac{\tau_{wf}^2}{S_u^2}\geqslant 1 \tag{9.1.11}$$

式中，σ_w、σ_f、τ_{wf}分别为膜面内的经向应力、纬向应力和相应的剪应力；W_u、F_u、S_u分别为经向抗拉强度、纬向抗拉强度与面内剪切强度，可以分别通过经向、纬向和45°偏轴方向的膜材单轴拉伸试验测得。当膜面上任意一点的应力满足该判据式条件时，即认为该点开始出现开裂现象。

对于裂缝扩展情况的判断，为避免由裂尖处应力精度不高导致的计算误差，同时考虑到算法的可操作性，采用非局部应力 $\bar{\boldsymbol{\sigma}}$ 作为确定裂纹扩展方向的依据，即假定裂纹沿垂直于 $\bar{\boldsymbol{\sigma}}$ 的最大主应力方向扩展。其中，$\bar{\boldsymbol{\sigma}}$ 通过对裂尖前方一定影响范围内所有单元高斯积分点处(对三节点薄膜元相当于形心位置)应力进行加权平均后得到

$$\bar{\boldsymbol{\sigma}}=\frac{\sum_{i=1}^{n_{\text{int}}}w_i\boldsymbol{\sigma}_i}{\sum_{i=1}^{n_{\text{int}}}w_i} \tag{9.1.12a}$$

$$w_i=\begin{cases}(2\pi)^{-\frac{3}{2}}l^{-3}\exp(-r_i^2/2l^2)\cos\theta_i, & -\dfrac{\pi}{2}\leqslant\theta_i\leqslant\dfrac{\pi}{2}\\ 0, & \theta_i<-\dfrac{\pi}{2},\quad \theta_i>\dfrac{\pi}{2}\end{cases} \tag{9.1.12b}$$

式中，n_{int} 为影响域内的高斯点个数；$\boldsymbol{\sigma}_i$ 和 w_i 分别为第 i 个高斯点处的应力权重系数，这里将权重系数取为高斯形式；r_i 为高斯点 i 到裂尖的距离；l 是用于衡量 w_i 随距离变化衰减快慢的一个参数，建议取典型单元尺寸的 3 倍（Wells and Sluys，2001）；θ_i 为裂尖与积分点 i 连线矢量与上一裂纹段切向的夹角（图 9.1.9），其中裂纹段的切向可分别通过计算裂纹两侧质点连线向量的平均值来确定。

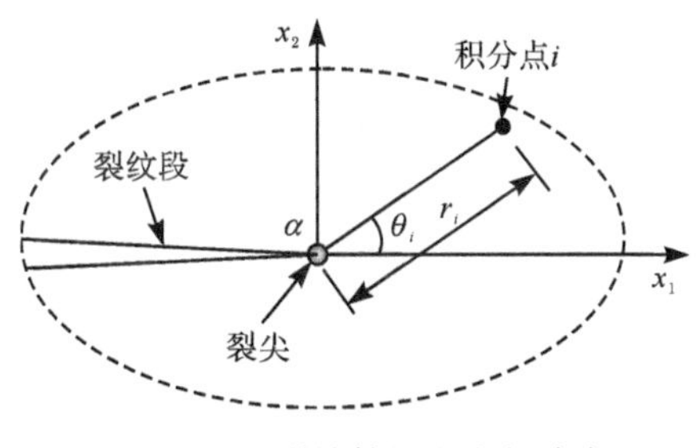

图 9.1.9　裂缝扩展方向的确定

2. 断裂模型

有限质点法通过质点分裂与分离的方式来实现结构从连续状态到不连续状态的模拟，其中涉及结构中质量和内力的重分配以及新旧质点间相互转化关系的建立等问题。根据以下基本假设建立一种简单有效的膜面开裂分析模型：①开裂行为发生于质点或质点连线上；②连接质点的薄膜元内部不继续分裂，开裂过程中薄膜元数量保持不变；③开裂处的质点除几何与运动参数以外，其他物理参数都可能发生改变，需要重新计算。

以膜面上任意一质点 α 为例，如图 9.1.10 所示，若该点应力达到开裂准则，它与周围多个质点和薄膜元相连，因此可能存在多种开裂模式，此时需要根据裂纹扩展方向确定合理的分离界面来获得正确的开裂模式，分析方法如下。

(1) 在质点 α 所在的切平面 $\overline{\Omega}_\alpha$ 内（以点 α 相连薄膜元确定的平均表面来近似表示）以质点 α 为中心、间隔角度为 θ 进行分区[图 9.1.10(a)]，并对分区后的各区块进行编码，然后将所有相邻质点和薄膜元在保持拓扑关系不变的条件下沿法线方向投影至该平面内，建立映射关系，并记录质点 α 与相邻各质点连线所在的区块编码。

(2) 若求出非局部应力 $\bar{\sigma}$ 在切平面 $\overline{\Omega}_\alpha$ 内分量的最大主应力沿直线 l 方向，则裂纹的理论扩展方向应与直线 l 垂直，这里用过点 α 的直线 m 来表示理论分离界面。但有限质点法中没有体的概念，点与点之间以直接相连，受质点分布的影响，裂纹不一定完全沿着理论方向扩展，但可以找出与其最接近的方向。如图 9.1.10(b) 所示，直线 m 分别落在质点连线 $l_{\alpha1}l_{\alpha2}$ 和 $l_{\alpha7}l_{\alpha8}$ 的夹角范围内，再比较直线 m 与 $l_{\alpha1}$、

$l_{\alpha2}$以及$l_{\alpha7}$、$l_{\alpha8}$之间的夹角大小，若夹角$\theta_1 \leqslant \theta_2$，则$l_{\alpha1}$为分离界面，否则$l_{\alpha2}$为分离界面；类似地，再从$l_{\alpha7}$和$l_{\alpha8}$选出一条作为分离界面。对于裂纹扩展至质点$\alpha$的情况，此时只有直线$m$的一侧为新的分离界面，即直线$m$变为一条射线，指向原裂纹段延伸方向一侧，如图 9.1.10(c)所示。

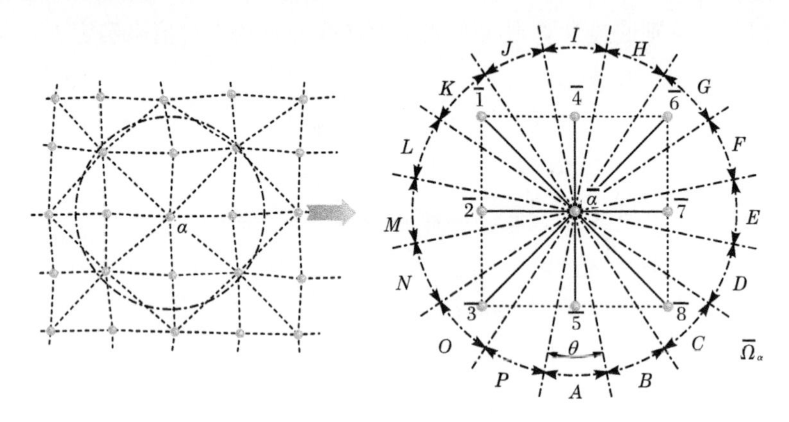

(a) 膜面分区

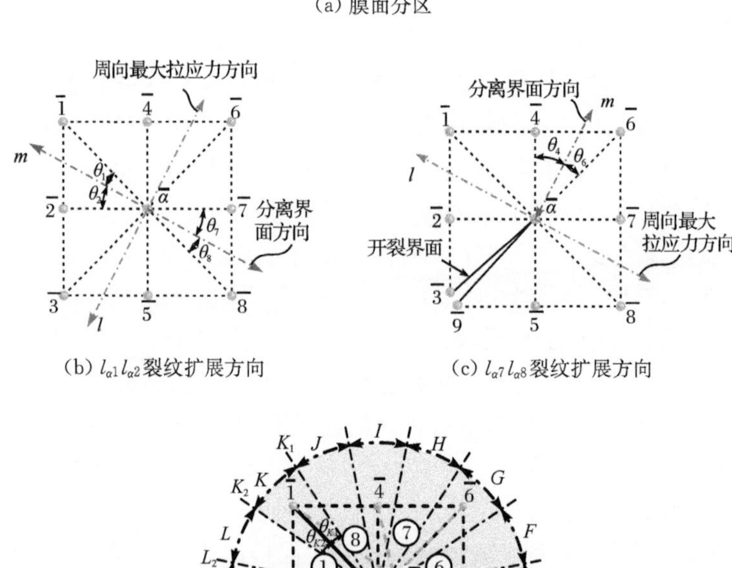

(b) $l_{\alpha1} l_{\alpha2}$裂纹扩展方向　　(c) $l_{\alpha7} l_{\alpha8}$裂纹扩展方向

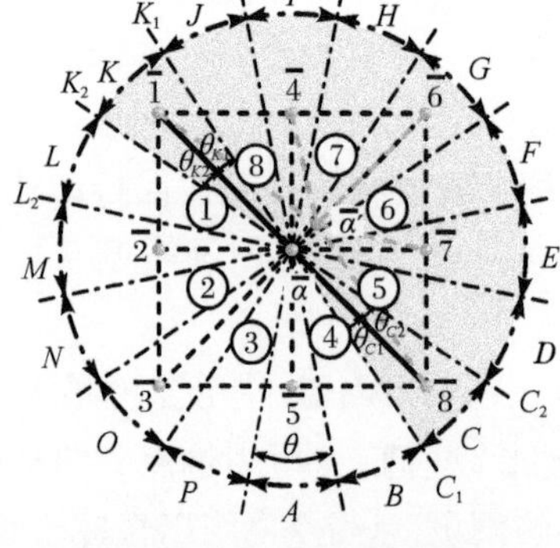

(d) 新产生的分离界面

图 9.1.10　膜面开裂分析模型

(3) 比较新产生的分离界面与所在区块边线的夹角大小，如 9.1.10(d)所示，若 $\theta_{K2}\leqslant\theta_{K1}$ 且 $\theta_{C1}\leqslant\theta_{C2}$，则落在 $C\sim K$ 范围内的所有相邻质点和薄膜元(包括质点 $\bar{1},\bar{4},\bar{6},\bar{7},\bar{8}$ 及薄膜元⑤～⑧)将与从点 α 处分离出的新质点建立新的连接关系。同理，对于另外三种可能的夹角大小比较结果，也可以利用分区图寻找出与新分离质点相连的薄膜元和质点的集合。

采用上述分析模型处理开裂问题，不需要改变原有质点和薄膜元的编码顺序，仅是在原有基础上增加新的质点，并替代同一位置上的原有质点来作为分离界面一侧的薄膜元所连接的新质点，额外产生的计算量对整体影响较小。

3. 开裂后质点属性更新

膜材开裂后质点的部分属性发生了改变，需要对其进行更新，主要涉及以下几个方面。

(1) 质点复制。分离的新质点位置、速度等运动参数的初始值可取为与被复制的原质点在开裂前的数值相同，原质点的运动参数在开裂后保持不变。

(2) 质点质量更新。按照开裂后新的拓扑关系计算分离质点的质量，将其扣除后就是同一位置上的原质点更新之后的质量。

(3) 质点作用力的更新。薄膜元节点上的所有等效作用力都应根据新的拓扑关系传递给所连接的质点。

在质点性质完成更新之后，还需要对质点在当前步内的不连续行为进行修正，此时应以开裂时的速度和质点作用力为初始条件，按照式(2.2.34)～式(2.2.36)重新计算相关质点的位移，以获得它们在开裂发生后下一时刻的真实位置和运动情况。此外，如果按照修正后的结构位形和新的质点间拓扑关系计算后发现又有新的开裂现象发生，则需要在同一时间步内重复进行开裂分析，直到没有新的质点发生分裂时才可进入下一时间步的计算。

9.1.4　薄壳单元的断裂计算

本节采用内聚力模型发展有限质点法的薄壳单元断裂计算方法。根据经典板理论的假设，不计横向剪切变形，因此不考虑Ⅲ型断裂。如图 9.1.11 所示，设单元界面上的正应力和剪应力为(σ_n,σ_t)，由二次应力判别准则，等效应力 T_{eff}可以表示为

$$T_{\text{eff}}=\begin{cases}\sqrt{\sigma_n^2+\eta^{-2}\sigma_t^2}, & \sigma_n\geqslant 0\\ \eta^{-1}|\sigma_t|, & \sigma_n<0\end{cases}\tag{9.1.13}$$

式中，η 为拉剪应力耦合系数。可以看出，单元界面受压且剪应力足够大时也会导致断裂。

对于外加内聚力模型，当单元界面等效应力满足式(9.1.14)的断裂条件时，

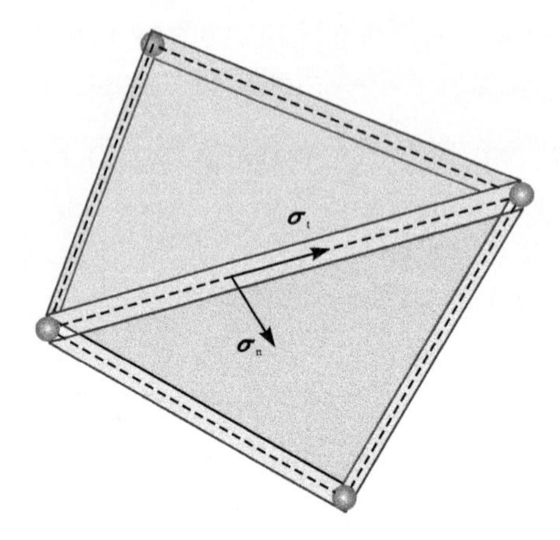

图 9.1.11　单元界面正应力和剪应力

裂纹开始萌生，黏缝单元（节点编号 1-2-3-4）将自动嵌入薄壳单元界面之间以模拟其开裂过程，如图 9.1.12 所示。设黏缝单元的局部坐标系为($\boldsymbol{e}_1$，$\boldsymbol{e}_2$，$\boldsymbol{e}_3$)，$\boldsymbol{e}_1$ 和 $\boldsymbol{e}_2$ 位于它所在的切平面内，且 $\boldsymbol{e}_1$ 为单元切向；$\boldsymbol{e}_2$ 为单元法向，即为裂纹张开方向，可通过 $\boldsymbol{e}_1$ 与切平面法线 $\boldsymbol{e}_3$ 叉乘确定。

$$T_{\text{eff}} > \sigma_c \tag{9.1.14}$$

式中，σ_c 为材料的破坏应力。此处的黏缝单元采用 Newton-Cotes 积分模式，各积分点上的破坏是相互独立的，互不影响(Schellekens and de Borst，1993)。

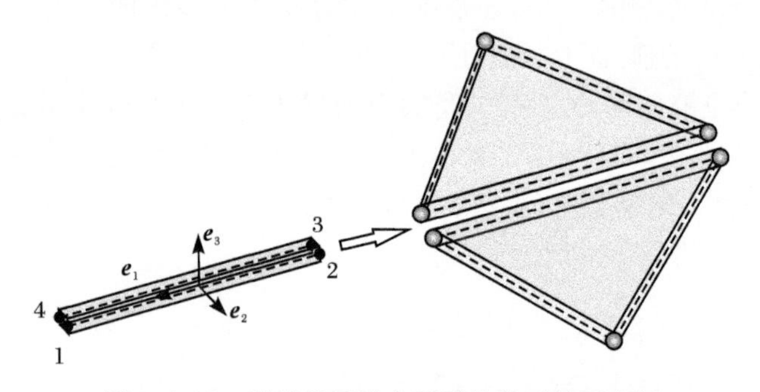

图 9.1.12　黏缝单元嵌入开裂的单元界面之间

在断裂判断时，应综合考虑黏缝单元节点位移和转角的耦合，因此需要建立节点处的等效位移。下面从断裂能释放守恒的角度定义Ⅰ型断裂、Ⅱ型断裂以及两者的组合型断裂的等效位移。

1. Ⅰ型断裂

Ⅰ型断裂为拉伸型断裂。如图 9.1.13 所示，黏缝单元的法向张开位移与绕

$\boldsymbol{e}_1$ 轴的转角发生耦合，设裂纹开始萌生时，黏缝单元单位长度上的膜面力和面外弯矩分别为 N_{I}^0，M_{I}^0。如图 9.1.14 所示，随着等效位移 Δ_{I}^* 的递增，N_{I} 和 M_{I} 单调递减，直至等效位移达到极限值 Δ_c，N_{I} 和 M_{I} 变为 0，黏缝单元完全破坏失效，裂纹在该处完全开裂并向前扩展。

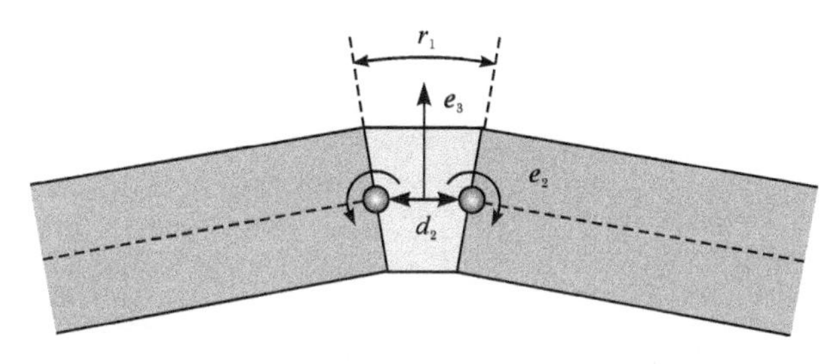

图 9.1.13　Ⅰ型断裂位移与转角的耦合关系

$$\begin{cases} N_{\mathrm{I}} = N_{\mathrm{I}}^0 \left(1 - \dfrac{\Delta_{\mathrm{I}}^*}{\Delta_c}\right) \\ M_{\mathrm{I}} = M_{\mathrm{I}}^0 \left(1 - \dfrac{\Delta_{\mathrm{I}}^*}{\Delta_c}\right) \end{cases} \tag{9.1.15}$$

$$\Delta_c = \frac{2G_c}{\sigma_c}$$

式中，G_c 为断裂释放能。

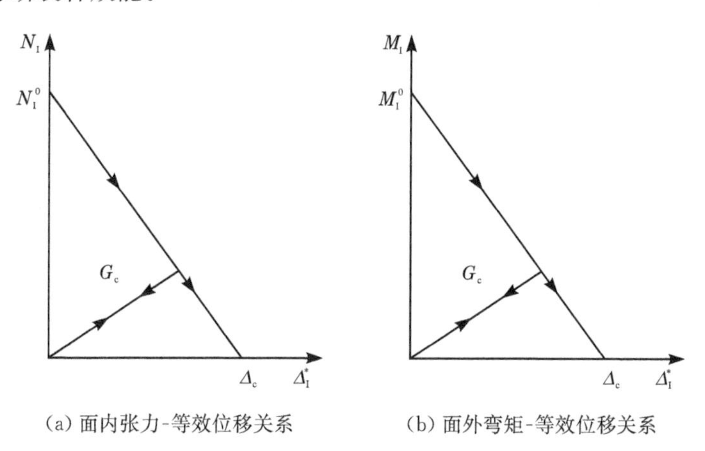

(a) 面内张力-等效位移关系　　(b) 面外弯矩-等效位移关系

图 9.1.14　考虑转角的黏缝单元计算模型

为保证能量释放守恒，在断裂完成时，黏缝单元的膜面力和面外弯矩所做功之和应该与等效位移模式所做的功相等。

$$\frac{1}{2}N_o d_2 + \frac{1}{2}M_o r_1 = \frac{1}{2}\sigma_c h \Delta_{\mathrm{I}}^* \tag{9.1.16}$$

式中，h 为薄壳厚度；d_2 为法向张开位移；r_1 为绕 $\boldsymbol{e}_1$ 轴的转角。

当断裂条件被激活时，应满足薄壳最外层积分点上的应力等于破坏应力 σ_c，即

$$\frac{N_{\mathrm{I}}^0}{h}+\frac{M_{\mathrm{I}}^0/h_{\mathrm{I}}^{\mathrm{eq}}}{h}=\sigma_c \tag{9.1.17}$$

因此，可得到薄壳等效截面抗弯高度 $h_{\mathrm{I}}^{\mathrm{eq}}$ 为

$$h_{\mathrm{I}}^{\mathrm{eq}}=\frac{M_{\mathrm{I}}^0}{\sigma_c h-N_{\mathrm{I}}^0} \tag{9.1.18}$$

由式(9.1.16)和式(9.1.17)可得等效位移 Δ_{I}^* 的计算公式：

$$\Delta_{\mathrm{I}}^*=\left(1-\frac{M_{\mathrm{I}}^0/h_{\mathrm{I}}^{\mathrm{eq}}}{N_{\mathrm{I}}^0+M_{\mathrm{I}}^0/h_{\mathrm{I}}^{\mathrm{eq}}}\right)d_2+\left(\frac{M_{\mathrm{I}}^0/h_{\mathrm{I}}^{\mathrm{eq}}}{N_{\mathrm{I}}^0+M_{\mathrm{I}}^0/h_{\mathrm{I}}^{\mathrm{eq}}}\right)h_{\mathrm{I}}^{\mathrm{eq}}r_1 \tag{9.1.19}$$

令位移转角耦合系数 $\eta_{\mathrm{I}}=\dfrac{M_{\mathrm{I}}^0/h_{\mathrm{I}}^{\mathrm{eq}}}{N_{\mathrm{I}}^0+M_{\mathrm{I}}^0/h_{\mathrm{I}}^{\mathrm{eq}}}$，则

$$\Delta_{\mathrm{I}}^*=(1-\eta_{\mathrm{I}})d_2+\eta_{\mathrm{I}}h_{\mathrm{I}}^{\mathrm{eq}}r_2 \tag{9.1.20}$$

当 $\eta_{\mathrm{I}}=0$ 时，即为经典的纯拉形式，$\Delta_{\mathrm{I}}^*=d_2$。

当 $\eta_{\mathrm{I}}=1$ 时，为纯弯的形式，在线弹性状态下，$\Delta_{\mathrm{I}}^*=h_{\mathrm{I}}^{\mathrm{eq}}r_2=\dfrac{h}{6}r_2$，等效截面抗弯高度 $h_{\mathrm{I}}^{\mathrm{eq}}=\dfrac{h}{6}$。

2. Ⅱ型断裂

Ⅱ型断裂为剪切型破坏。如图 9.1.15 所示，黏缝单元的切向位移与绕 $\boldsymbol{e}_2$ 轴的转角发生耦合，同样可得到相应的等效位移和转角位移耦合系数：

$$\begin{cases}\Delta_{\mathrm{II}}^*=(1-\eta_{\mathrm{II}})d_1+\eta_{\mathrm{II}}h_{\mathrm{II}}^{\mathrm{eq}}r_2\\[2mm]\eta_{\mathrm{II}}=\dfrac{M_{\mathrm{II}}^0/h_{\mathrm{II}}^{\mathrm{eq}}}{N_{\mathrm{II}}^0+M_{\mathrm{II}}^0/h_{\mathrm{II}}^{\mathrm{eq}}}\end{cases} \tag{9.1.21}$$

式中，d_1 为切向位移；r_2 为绕 $\boldsymbol{e}_2$ 轴的转角。

当断裂条件被激活时，薄壳最外层应力等于极限抗剪应力 $\tau_c=\beta\sigma_c$，同理可求得 $h_{\mathrm{II}}^{\mathrm{eq}}$。

$$h_{\mathrm{II}}^{\mathrm{eq}}=\frac{M_{\mathrm{II}}^0}{\beta\sigma_c h-N_{\mathrm{II}}^0} \tag{9.1.22}$$

3. Ⅰ型断裂与Ⅱ型断裂组合

在工程实际中，常出现两种断裂模式的组合情形，等效厚度 $h_{\mathrm{I}}^{\mathrm{eq}}$ 和 $h_{\mathrm{II}}^{\mathrm{eq}}$ 应通过单元界面上的正应力 σ_n 和剪应力 σ_t 进行计算，即

$$h_{\mathrm{I}}^{\mathrm{eq}}=\frac{M_{\mathrm{I}}^0}{\sigma_n h-N_{\mathrm{I}}^0} \tag{9.1.23}$$

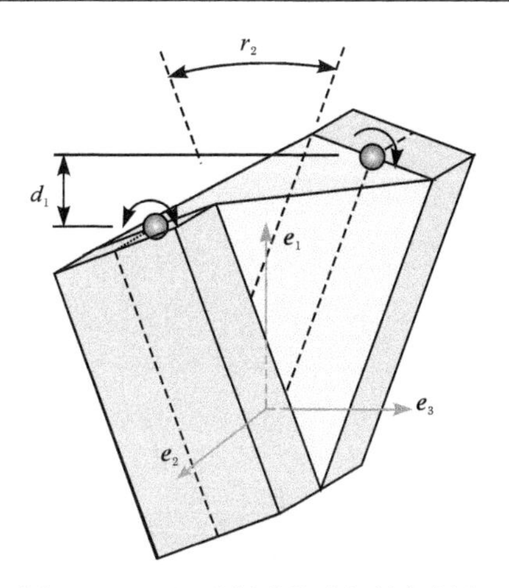

图 9.1.15　Ⅱ型断裂位移与转角耦合

$$h_{\text{II}}^{\text{eq}} = \frac{M_{\text{II}}^0}{\sigma_t h - N_{\text{II}}^0} \tag{9.1.24}$$

此外,两种断裂模式的组合等效位移 Δ^* 可以表示为

$$\Delta^* = \sqrt{\Delta_{\text{I}}^{*2} + \beta^2 \Delta_{\text{II}}^{*2}}, \quad \Delta_{\text{I}}^* \geqslant 0 \tag{9.1.25}$$

当 Δ^* 达到极限位移 Δ_c 时,断裂完成,单元界面的内聚力将消失。黏缝单元在卸载时具有不可逆性,因此在断裂过程中需要记录最大等效位移 $\Delta_{\max}^*$,并定义相应的加卸载计算模型。

若 $\Delta^* \geqslant \Delta_{\max}^*$,裂缝张开。

$$\begin{cases} M_{\text{I}} = M_{\text{I}}^0 \left(1 - \dfrac{\Delta^*}{\Delta_c}\right) \dfrac{\Delta_{\text{I}}^*}{\Delta^*} \\ N_{\text{I}} = N_{\text{I}}^0 \left(1 - \dfrac{\Delta^*}{\Delta_c}\right) \dfrac{\Delta_{\text{I}}^*}{\Delta^*} \end{cases} \tag{9.1.26}$$

$$\begin{cases} M_{\text{II}} = M_{\text{II}}^0 \beta \left(1 - \dfrac{\Delta^*}{\Delta_c}\right) \dfrac{|\Delta_{\text{II}}^*|}{\Delta^*} \\ N_{\text{II}} = N_{\text{II}}^0 \beta \left(1 - \dfrac{\Delta^*}{\Delta_c}\right) \dfrac{|\Delta_{\text{II}}^*|}{\Delta^*} \end{cases} \tag{9.1.27}$$

若 $\Delta^* < \Delta_{\max}^*$,裂缝趋于闭合,张力-位移关系线性递减,并向原点靠拢。

$$\begin{cases} M_{\text{I}} = M_{\text{I}}^0 \left(\dfrac{\Delta^*}{\Delta_{\max}^*} - \dfrac{\Delta^*}{\Delta_c}\right) \dfrac{\Delta_{\text{I}}^*}{\Delta^*} \\ N_{\text{I}} = N_{\text{I}}^0 \left(\dfrac{\Delta^*}{\Delta_{\max}^*} - \dfrac{\Delta^*}{\Delta_c}\right) \dfrac{\Delta_{\text{I}}^*}{\Delta^*} \end{cases} \tag{9.1.28}$$

$$\begin{cases} M_{\text{II}} = M_{\text{II}}^0 \beta \left(\dfrac{\Delta^*}{\Delta_{\max}^*} - \dfrac{\Delta^*}{\Delta_c}\right) \dfrac{|\Delta_{\text{II}}^*|}{\Delta^*} \\ N_{\text{II}} = N_{\text{II}}^0 \beta \left(\dfrac{\Delta^*}{\Delta_{\max}^*} - \dfrac{\Delta^*}{\Delta_c}\right) \dfrac{|\Delta_{\text{II}}^*|}{\Delta^*} \end{cases} \tag{9.1.29}$$

9.1.5　固体单元的断裂计算

与壳单元的断裂计算方法类似，本节采用内聚力模型发展有限质点法的固体单元断裂计算方法(Pandolfi and Ortiz,2002)。如图 9.1.16 所示，设四面体固体单元界面上的正应力和剪应力分别为(σ_n,σ_s,σ_t)(σ_n 为正应力，σ_s 和 σ_t 为切平面上两个正交方向的剪应力)，根据二次应力判别准则，单元界面上的等效应力 T_{eff}可以表示为

$$T_{\text{eff}}=\begin{cases}\sqrt{\sigma_n^2+(\sigma_t^2+\sigma_s^2)/\eta^2}, & \sigma_n\geqslant 0\\ \sqrt{\sigma_t^2+\sigma_s^2}/\eta, & \sigma_n<0\end{cases}\tag{9.1.30}$$

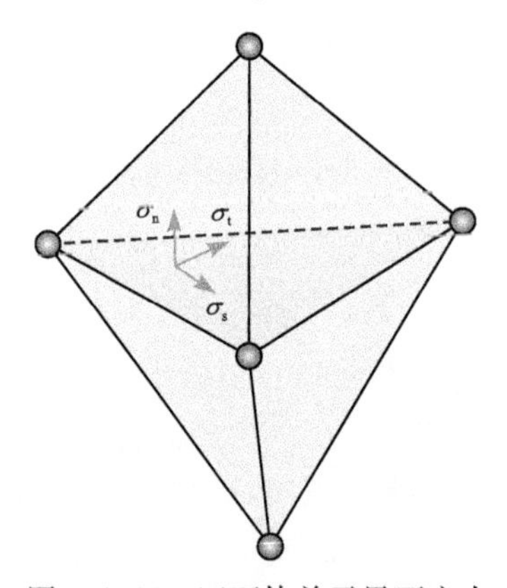

图 9.1.16　四面体单元界面应力

式中，η 为拉剪应力耦合系数。当单元界面等效应力 T_{eff} 满足式(9.1.31)的断裂条件时，则裂纹开始萌生，黏缝单元(节点编号 1-2-3-4-5-6)将自动嵌入单元界面之间以模拟上下两层单元界面的开裂过程，如图 9.1.17 所示。

$$T_{\text{eff}}>\sigma_c\tag{9.1.31}$$

式中，σ_c 为材料的破坏应力。

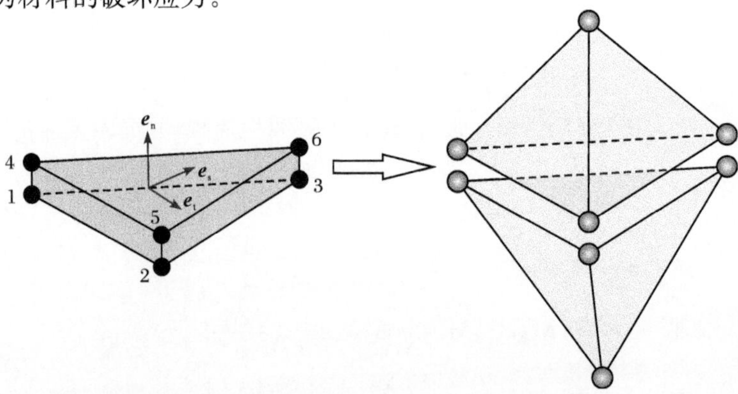

图 9.1.17　黏缝单元嵌入开裂的单元界面之间

在开裂过程中,黏缝单元的应力根据预定义的张力-位移关系发生变化,如图 9.1.18 所示,当应力减小为 0 时,该处黏缝单元完全破坏失效,裂纹在该处完全开裂并向前扩展。为了综合考虑黏缝单元上下两界面之间的法向张开量和切向滑移量(Δ_n,Δ_s,Δ_t)(Δ_n 为张开量,Δ_s 和 Δ_t 为切平面两个正交方向的滑移量),定义等效位移 Δ_{eff} 如下:

$$\Delta_{eff}=\begin{cases}\sqrt{\Delta_n^2+(\Delta_t^2+\Delta_s^2)\eta^2}, & \sigma_n\geqslant 0\\ \sqrt{\Delta_t^2+\Delta_s^2}\eta, & \sigma_n<0\end{cases} \tag{9.1.32}$$

黏缝单元的引入会产生抵抗裂纹法向张开和切线滑移的内聚力。若当前等效位移 Δ_{eff} 大于历史最大位移 Δ_{eff}^{max},即裂纹张开,则为加载情形,内聚力会随着位移的增大而单调递减,与平面单元的外加内聚力模型相同,如图 9.1.8 所示,直到等效位移 Δ_{eff} 达到其极限位移 Δ_c 时,黏缝单元完全失效破坏,裂纹完全开裂并向前扩展。此时,黏缝单元的应力(T_n,T_s,T_t)可以表示为

$$\begin{cases}T_n=\sigma_c\left(1-\dfrac{\Delta_{eff}}{\Delta_c}\right)\dfrac{\Delta_n}{\Delta_{eff}}\\ T_s=\eta\sigma_c\left(1-\dfrac{\Delta_{eff}}{\Delta_c}\right)\dfrac{\Delta_s}{\Delta_{eff}}, \quad \Delta_{eff}\geqslant\Delta_{eff}^{max}\\ T_t=\eta\sigma_c\left(1-\dfrac{\Delta_{eff}}{\Delta_c}\right)\dfrac{\Delta_t}{\Delta_{eff}}\end{cases} \tag{9.1.33}$$

$$\Delta_c=\frac{2G_c}{\sigma_c} \tag{9.1.34}$$

式中,Δ_c 为等效位移的极限值;G_c 为断裂释放能,在数值上等于图 9.1.18 中三角形围成的面积。

相反,若当前等效位移 Δ_{eff} 小于历史最大位移 Δ_{eff}^{max},即裂缝闭合,则为卸载情形。由于该过程是不可逆的,相应的黏缝单元应力可以表示为

$$\begin{cases}T_n=\sigma_c\left(1-\dfrac{\Delta_{eff}^{max}}{\Delta_c}\right)\dfrac{\Delta_n}{\Delta_{eff}^{max}}\\ T_s=\eta\sigma_c\left(1-\dfrac{\Delta_{eff}^{max}}{\Delta_c}\right)\dfrac{\Delta_s}{\Delta_{eff}^{max}}, \quad \Delta_{eff}<\Delta_{eff}^{max}\\ T_t=\eta\sigma_c\left(1-\dfrac{\Delta_{eff}^{max}}{\Delta_c}\right)\dfrac{\Delta_t}{\Delta_{eff}^{max}}\end{cases} \tag{9.1.35}$$

此外,从式(9.1.30)中可以看出,单元界面受压且剪应力足够大时也会导致断裂,此时黏缝单元的法向张开量应该满足 $\Delta_n=0$。若 $\Delta_n<0$,说明单元之间发生贯穿,显然没有物理意义。最后通过对黏缝单元的应力(T_n,T_s,T_t)进行积分求得各节点在局部坐标系($\boldsymbol{e}_n$,$\boldsymbol{e}_s$,$\boldsymbol{e}_t$)下的内聚力 $\boldsymbol{F}_i^c$($i=1,2,3,4,5,6$),并将其转换到全局坐标系下作用到相连接的质点上。

9.2 杆、梁结构断裂行为分析

9.2.1 悬挑网架台风作用下的断裂分析

本节采用 9.1.1 节所述方法对我国东南沿海某中学体育场看台悬挑网架受台风袭击后的破坏情况进行模拟。结构主体采用正放四角锥网架，螺栓球节点，构件采用薄壁圆形钢管。结构由混凝土圆柱支撑，悬挑网架通过上弦层节点和上弦层拉杆分别与混凝土柱相连。网架的构件以 ϕ42mm×3mm 和 ϕ60mm×3.5mm 的圆管为主，柱为 C25 的钢管混凝土柱。该网架由两道伸缩缝分割，分析中取破坏最严重的东侧进行分析，东侧网架长 45m，宽 13m，柱高 14m，如图 9.2.1 所示。

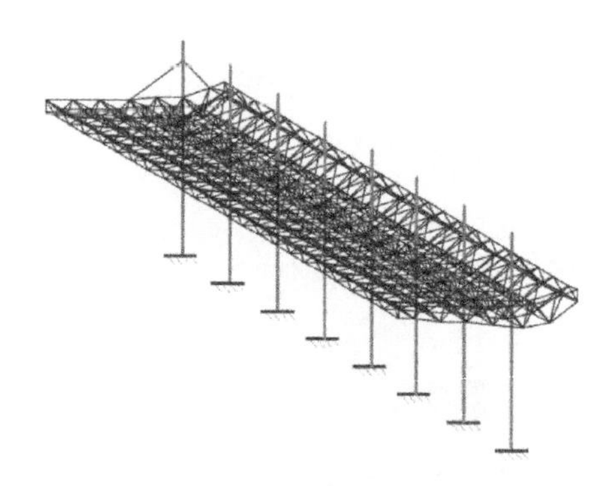

图 9.2.1 悬挑网架示意图

该工程地区为Ⅱ类场地，基本风压为 0.7kPa，台风 50 年重现期的极值风速为 31.45m/s。考虑紊流强度的影响，对该地区的设计风荷载进行修正，修正后该地区的极值风速为 61.013m/s。将台风简化为基本风压为 2.32kPa 的冲击荷载，台风风向为由南向北。看台后部的网架部分几乎没有受到破坏，这是由于悬挑网架后部被网架悬挑部分和看台阻挡而没有受到台风破坏。分析中仅在网架悬挑部分施加垂直于屋面的等效风荷载，如图 9.2.2 所示。

除风荷载和结构自身的重量外，网架屋面上还作用 0.3kPa 的恒荷载和 0.5kPa的活荷载。钢材的弹性模量 E=206GPa，剪切模量 G=79GPa，屈服强度 σ_y=235MPa，密度 ρ=7850kg/m^3。

首先采用杆单元对该网架台风作用下的破坏过程进行模拟。悬挑网架离散为 416 个质点和 1456 个杆单元。单位时间步长 $\Delta t=1\times10^{-4}$s，阻尼系数 μ=0。采用理想弹塑性模型和式(9.1.1)所示的断裂准则，杆件的拉伸应变达到 0.003 时发生断裂。假设杆件压应变达到 0.003 时也会发生断裂。结构的破坏过程如图 9.2.3 所示，该结构受风荷载作用，悬臂部分上弦受压下弦受拉发生断裂，在惯性作用下上

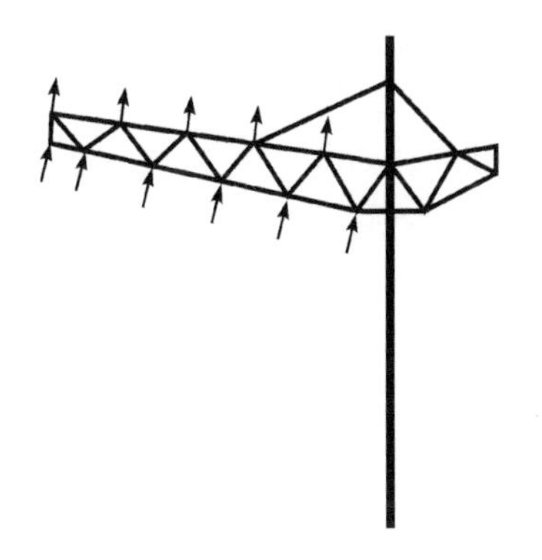

图 9.2.2　简化风荷载示意图

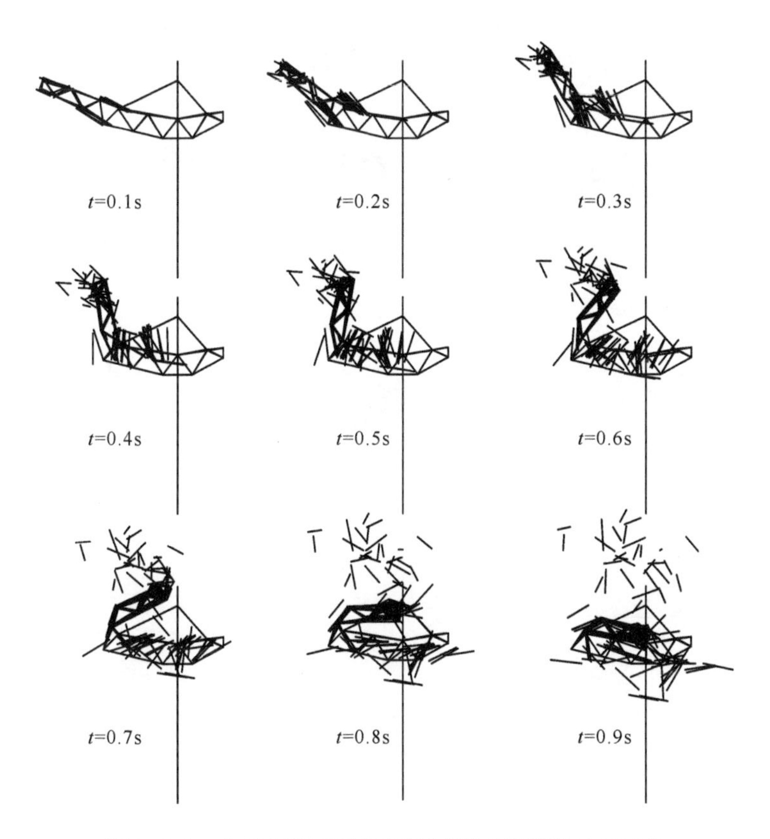

图 9.2.3　台风作用下悬挑网架破坏过程模拟(杆单元)

翻导致结构破坏。通过与现场破坏情形进行对比,数值分析的结果与现场的破坏模式基本相同。但由于受结构模型的限制,该分析无法反映结构破坏过程中构件的弯曲。

采用梁单元模型对该悬挑网架的破坏过程进行模拟，以期获得更为精确的破坏模式。将杆系空间网架的每根杆件离散为 4 个空间梁单元，结构共 4619 个节点，5659 个单元。结构节点处的质点作为铰接点计算，构件内的质点作为刚节点处理。时间步长 $\Delta t=1\times10^{-5}$s，阻尼系数 $\mu=0$，不考虑结构构件间的碰撞。采用理想弹塑性模型和式(9.1.2)所示的断裂准则，梁单元断裂时的轴向应变约为 0.003，中性层弯曲应变约为 0.0004，外层纤维扭转应变为 0.0004。为获得前期破坏的细节，取结构在 0.3s 内的破坏过程，如图 9.2.4 所示。上弦与拉杆连接处的杆件首先发生压弯屈曲，导致结构承载力急剧下降，下弦构件拉力增大。$t=4$ms 时，下弦中部的杆件发生拉伸断裂。$t=4.5$ms 时，上弦与拉杆连接处的杆件发生弯曲断裂。结构开始发生断裂的时间与杆系结构的断裂时间较为接近。当 $t=0.13$s 左右时，结构上弦与柱相连的长拉杆出现明显弯曲，导致结构承载力进一步下降。$t=0.21$s 时，部分拉杆出现断裂。此后，结构悬臂部分形成机构，表现出上翻趋势。

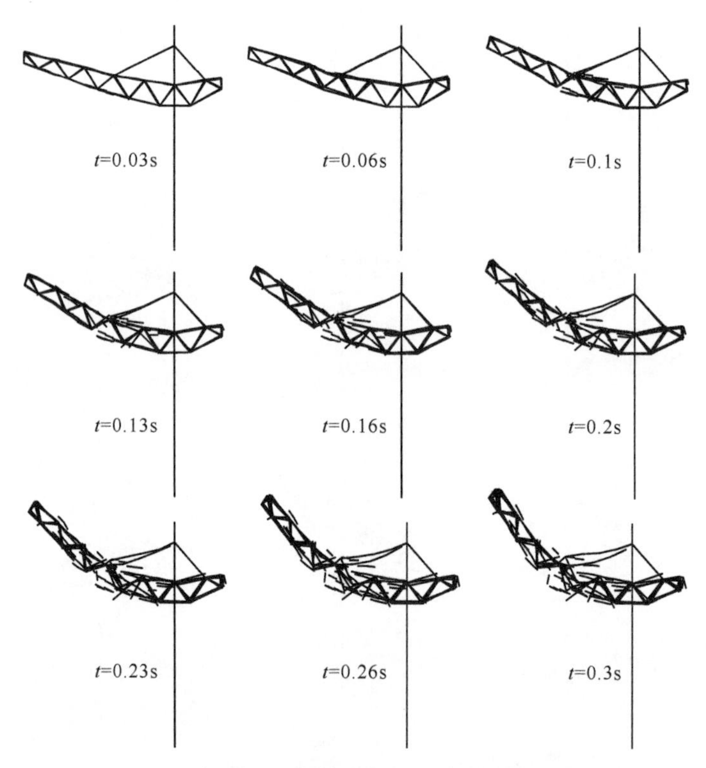

图 9.2.4　台风作用下悬挑网架破坏过程模拟(梁单元)

本例中，梁单元模型的模拟结果比杆系结构更加真实和细致，然而，梁单元模型的计算效率比杆单元低。结合对杆单元模型和梁单元模型破坏过程的分析，该网架的破坏机理为：位于上弦的压杆首先压弯屈曲，杆件丧失承载力，结构上弦承载力急剧下降。荷载转移至下弦承担，导致下弦拉杆出现断裂，上弦压杆也相继发生弯曲断裂。此后结构悬臂部分形成机构，在风荷载作用下上翻导致结构破坏，如图 9.2.5 所示。台风中该网架破坏的模拟结果与破坏现场的对比如图 9.2.6 所示。

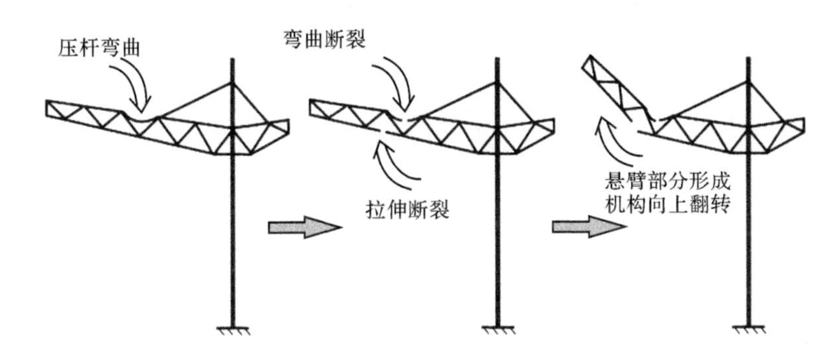

图 9.2.5 悬挑网架破坏机理

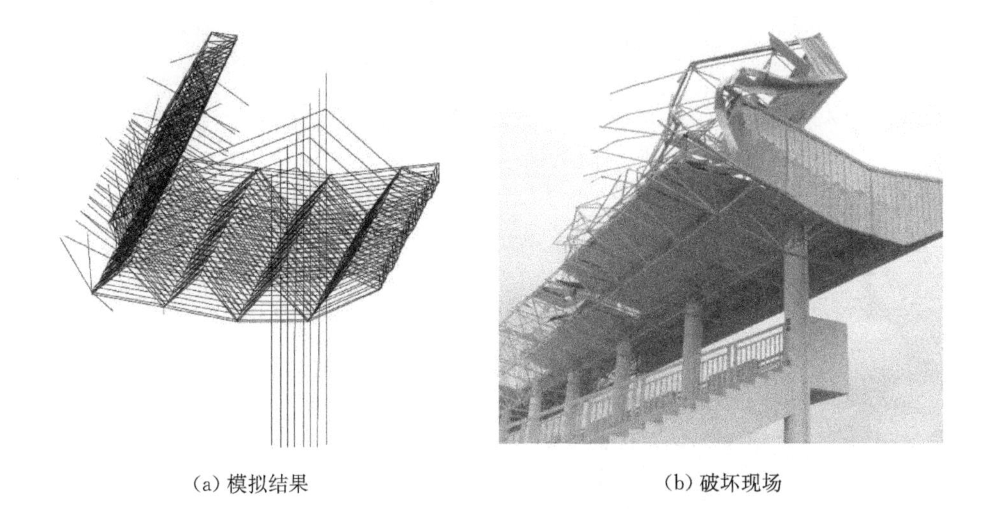

图 9.2.6 台风作用下悬挑网架破坏的模拟结果与破坏现场对比

9.2.2 单层网壳地震作用下的倒塌行为分析

本节采用 9.1.1 节所述方法对空间网壳结构的断裂行为进行模拟。选取凯威特型单层网壳，跨度均为 60m，矢跨比分别为 1/3、1/4、1/5。其中环向网格数为 6，径向网格数为 9，构件选用 ϕ159mm×8mm 的钢管，Q235 钢。屋面均布荷载为 0.5kPa，抗震设防烈度为 8 度，场地类别为二类。采用调幅后的 EI 波，沿着 x、y、z 三个方向多点激励，波速为 500m/s，考虑行波效应。模拟结果如图 9.2.7～图 9.2.9 所示。

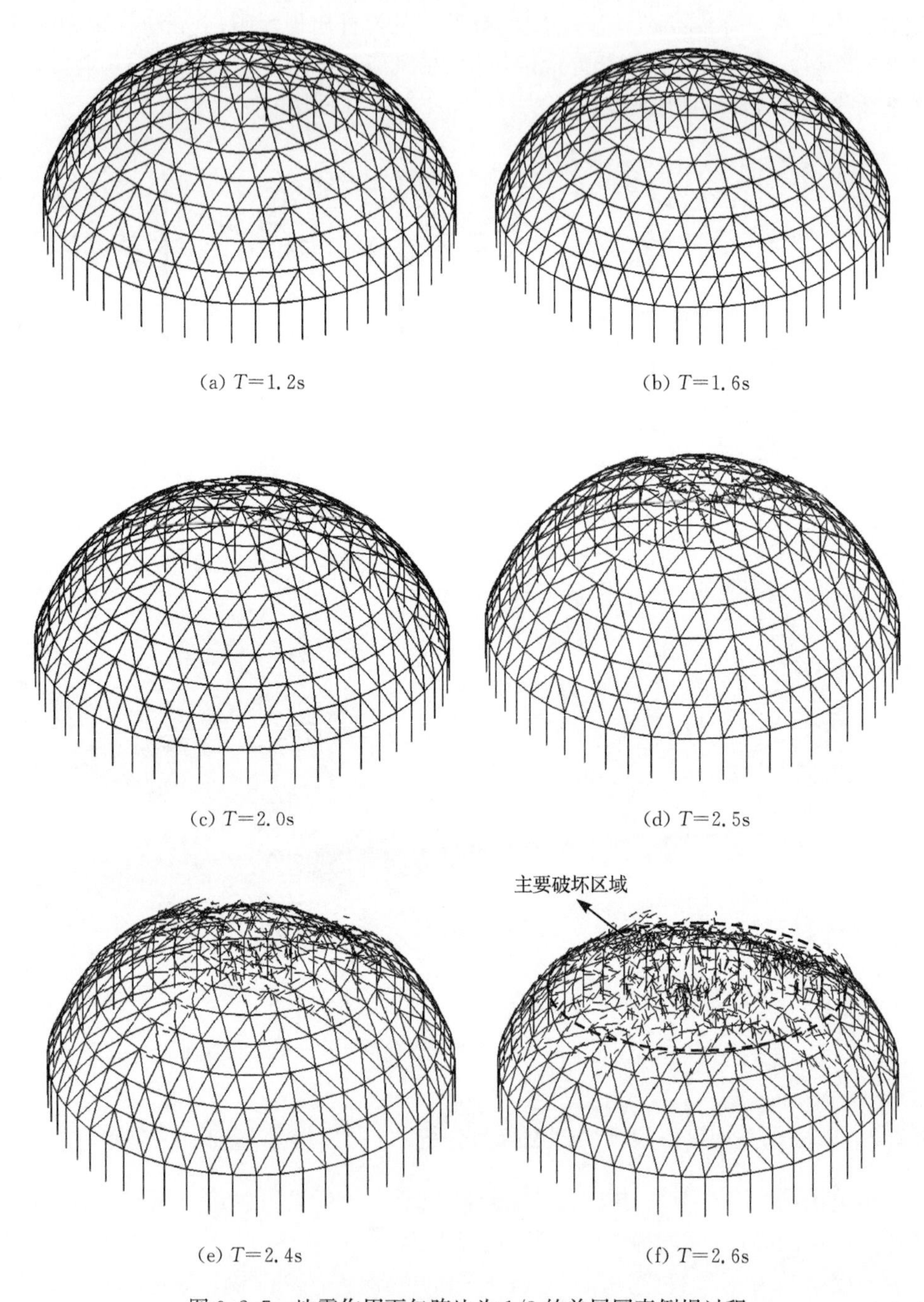

(a) T=1.2s　(b) T=1.6s

(c) T=2.0s　(d) T=2.5s

(e) T=2.4s　(f) T=2.6s

图 9.2.7　地震作用下矢跨比为 1/3 的单层网壳倒塌过程

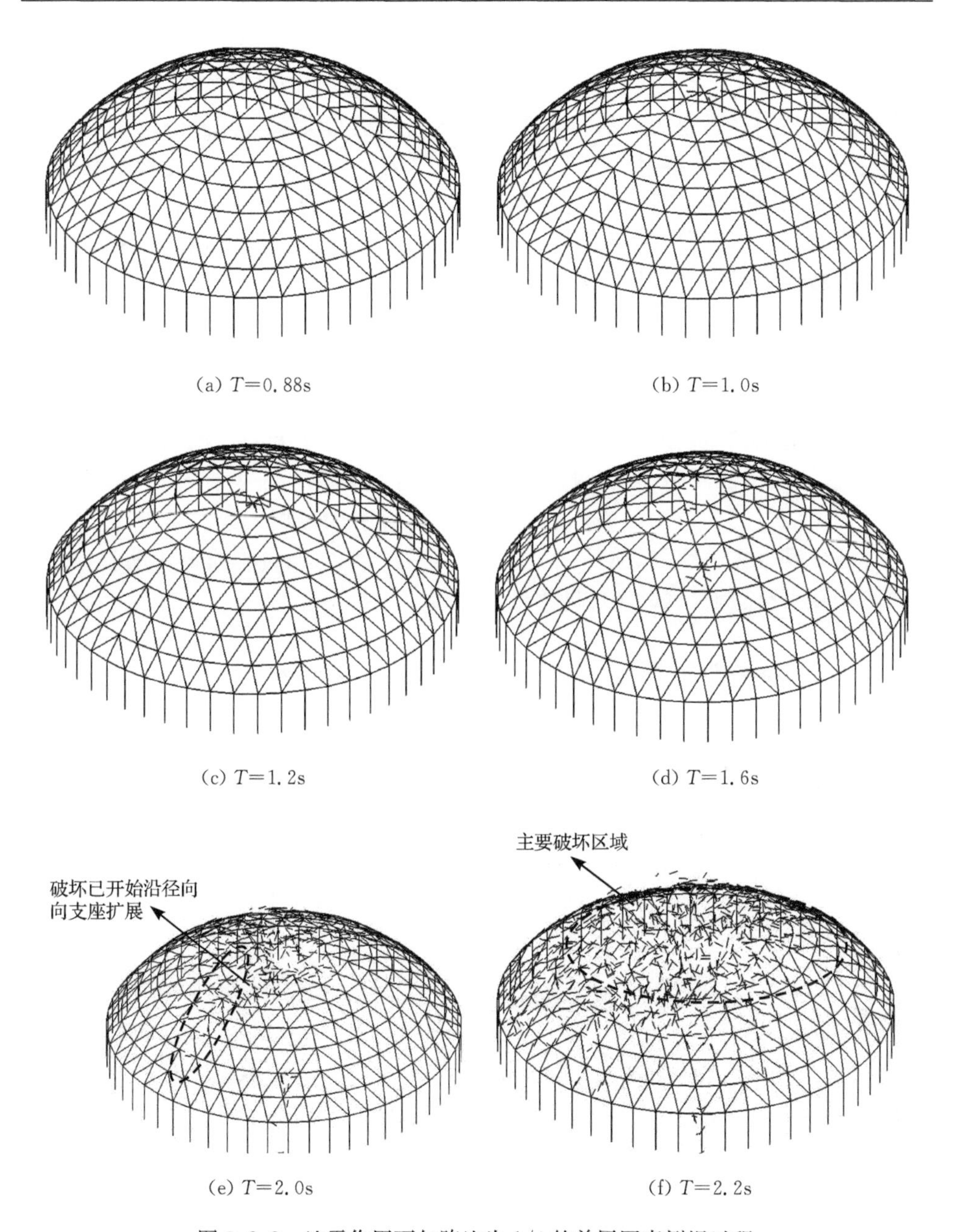

图 9.2.8　地震作用下矢跨比为 1/4 的单层网壳倒塌过程

由于目前还缺乏能够表明结构完全倒塌的量化指标(沈斌,2007;汪毅俊,2010),本节将构件断裂 20%作为衡量倒塌程度的重要数据。矢跨比为 1/3 的结构,结构单元首次发生断裂的时刻为 1.7824s,位于网壳中心。20%构件断裂的时刻为 2.6752s,倒塌时大部分杆件位于结构中心向外五圈的范围,如图 9.2.7 所示。矢跨比为 1/4 的结构,结构单元首次发生断裂的时刻为 0.9008s,位于结构中心附近。20%构件断裂的时刻为 2.2624s,倒塌时虽然大部分杆件仍位于网壳中心,但已有沿径向向支座附近扩展的趋势。矢跨比为 1/5 的结构单元首次发生断裂的时刻为 0.4608s,位于结构支座附近。20%构件断裂的时刻为 1.28s,杆件由底部支座附近开始破坏,然后呈锯齿状向上扩展,如图 9.2.9 所示。三个结构的单元断裂数量随时间的变化关系如图 9.2.10 所示。矢跨比为 1/5 的结构的曲线斜率最大,表明该结构杆件断裂的速度最快,整个倒塌过程用时最少。另外对跨度为 30m 和 45m,矢跨比分别为 1/3、1/4、1/5 的结构进行了倒塌模拟,得到同样的结论。

综合结构的倒塌变形过程和杆件断裂数分析,矢跨比大的结构地震效应集中在顶部,破坏由顶部开始,然后向下扩展。表明结构内部形成了有效的传力路径,空间受力性能较好。结构的破坏形态类似于顶部出现鞭梢效应。矢跨比小的结构破坏首先发生在支座处,然后向上扩展。表明结构空间传力机制不明显,地震力仍集中在支座附近,抗倒塌性能不好。

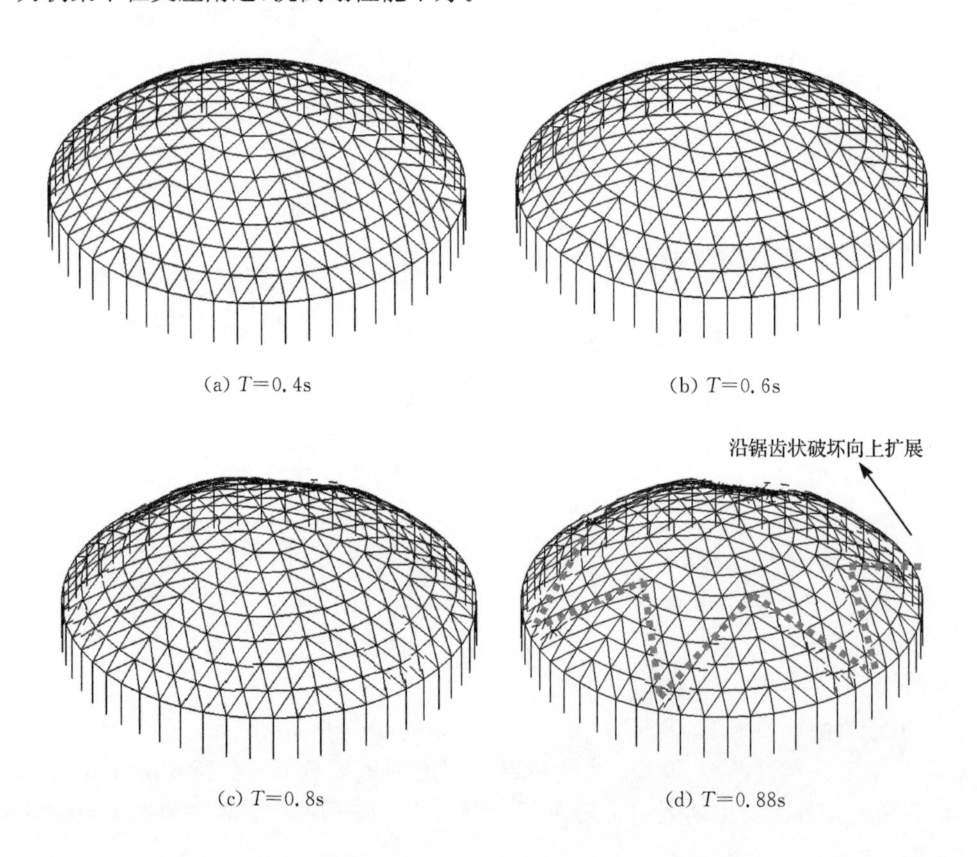

(a) T=0.4s　(b) T=0.6s

(c) T=0.8s　(d) T=0.88s

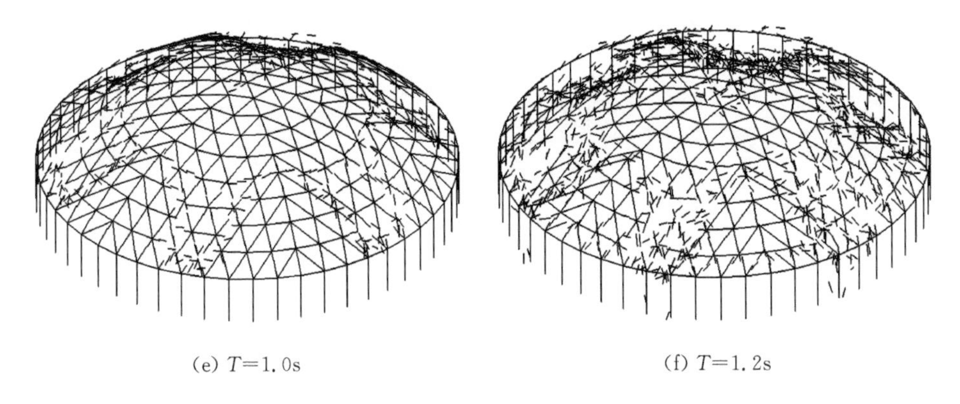

(e) $T=1.0$s　　(f) $T=1.2$s

图 9.2.9　地震作用下矢跨比为 1/5 的单层网壳倒塌过程

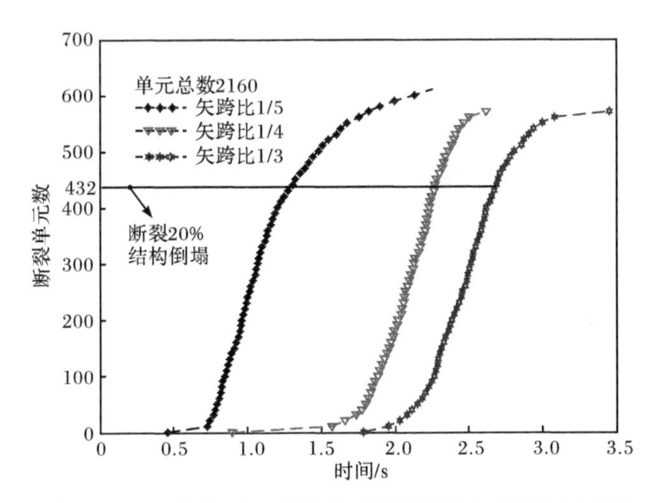

图 9.2.10　不同矢跨比结构单元断裂数量和时间的关系图

9.3　矩形板的断裂行为分析

9.3.1　板片受拉裂纹扩展分析

如图 9.3.1 所示，动力拉伸作用下带缺陷的矩形板片裂纹扩展问题是验证断裂数值方法准确性的经典算例(Song et al.，2006)。板片左侧中部有初始裂缝 $a_0=26$mm，上下端均以 $u=1$m/s 的恒定速度拉伸，由于对称性，裂缝将沿水平方向扩展。板片宽 $w=127$mm，长度 $L=300$mm，厚度 $h=6$mm，弹性模量 $E=200$GPa，泊松比 $\nu=0.3$，密度 $\rho=7850\text{kg/m}^3$，断裂释放能 $G_{\text{Ic}}=G_{\text{IIc}}=12.25\text{kJ/m}^2$，破坏应力 $\sigma_c=700$MPa，拉剪应力耦合系数 $\beta=1.0$。共采用 36255 个质点进行离散模拟，各质点间用三角形平面固体单元进行连接。

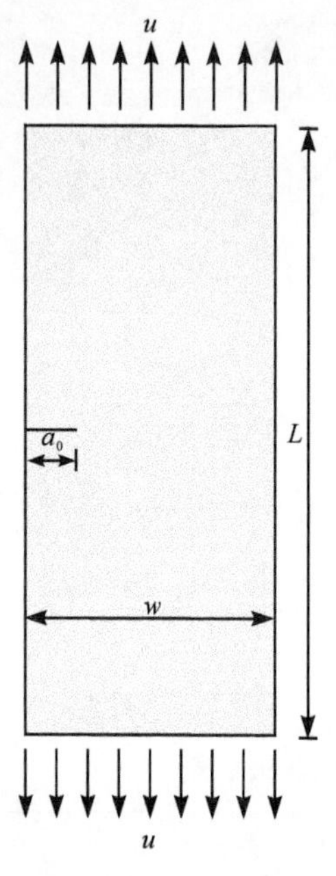

图 9.3.1　带缺口的板片受拉

板片端部荷载-位移曲线如图 9.3.2 所示，并和相关文献(Zavattieri，2006；Becker et al.，2011)及商业软件 ABAQUS 的结果进行了对比，结果吻合较好。图 9.3.3 给出了不同时刻板片 Y 向的应力 σ_{yy} 分布云图，可知，在断裂过程中，裂纹逐渐向右端扩展，裂尖处出现了较明显的应力集中，并向周围逐渐分散。

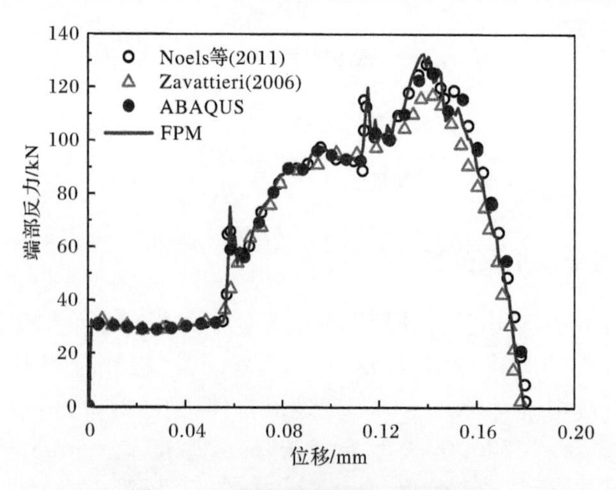

图 9.3.2　板片端部荷载-位移曲线

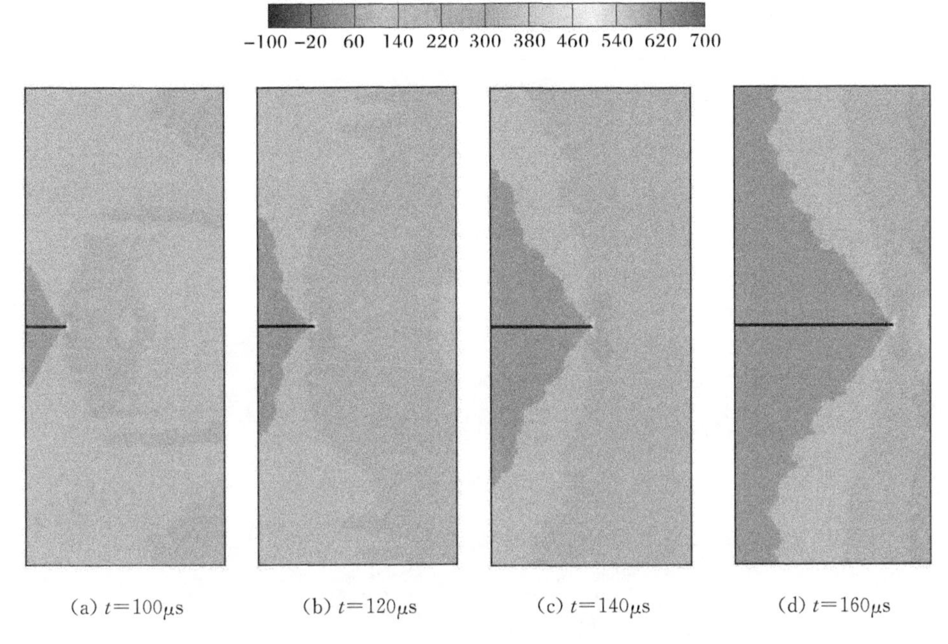

(a) t=100μs　　(b) t=120μs　　(c) t=140μs　　(d) t=160μs

图 9.3.3　不同时刻板片拉应力分布云图(单位:MPa)

9.3.2　预应力板片受拉裂纹扩展分析

如图 9.3.4 所示,某平面板片被施加初应变后上下端被固定,然后在其左端剪开一段长为 a 的初始裂缝,则裂尖处将发生应力集中,裂缝开始向前扩展。板片长 L=16mm,高 H=4mm,厚 h=0.3mm,初应变 ε=0.015,剪开裂缝 a=2mm,材料为有机玻璃(polymethyl methacrylate,PMMA),表 9.3.1 给出了其相关材料属性。在本算例中假设 $G_{\mathrm{IIc}}=G_{\mathrm{Ic}}$。共采用 18673 个质点进行离散模拟,各质点间用三角形平面固体单元进行连接。

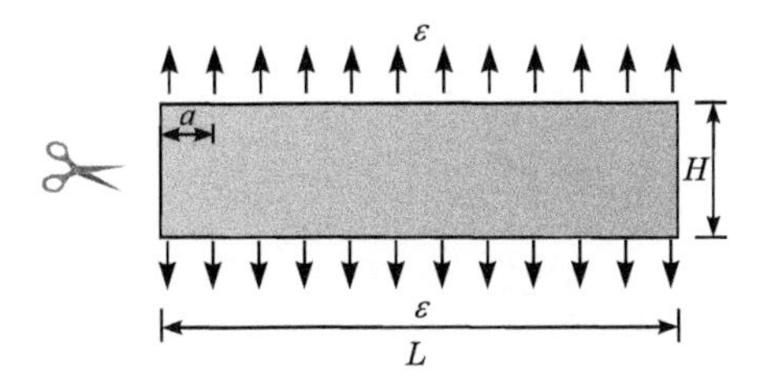

图 9.3.4　预应力板片裂纹扩展

表 9.3.1　PMMA 材料属性

E/GPa	ν	ρ/(kg/m³)	$G_{\mathrm{I}c}$/(N/m)	σ_c/MPa	β
3.24	0.35	1190	352.3	85.0	1.0

当板片被剪开后，由于应力集中，裂尖处的应力大于材料的破坏应力，进而导致裂纹的扩展。图 9.3.5 给出了不同时刻板片从裂纹的萌生，扩展到分叉、破坏的基本过程，与采用有限单元法(Zhang and Paulino，2005)给出的结果一致。

(a) $t=2\mu$s

(b) $t=8\mu$s

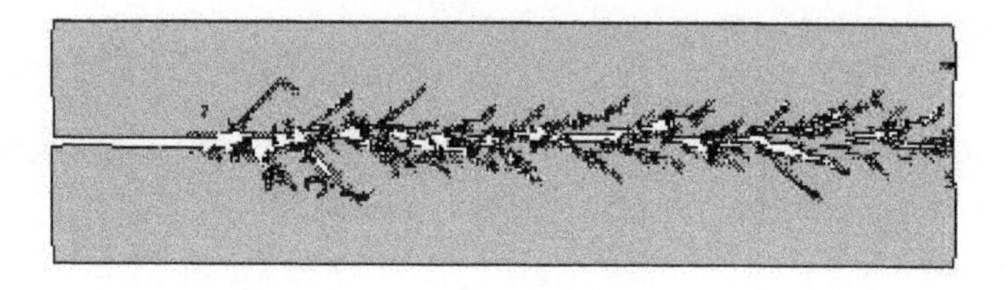

(c) $t=17\mu$s

图 9.3.5　预应力板片受拉裂纹扩展

9.4　充气膜结构的断裂行为分析

本节采用 9.1.3 节所述方法模拟 6.3.3 节所示正六边形气枕受到异物划伤而发生的膜面开裂现象。考虑平面形状为正六变形的气枕式充气膜结构，其边长 $L=4.5$m，周边固定。膜材参数如下：厚度 $h=0.8$mm，弹性模量 $E=670$MPa，泊松比 $\nu=0.42$，面密度 $\rho=840$g/m^2。计算模型初始为平面正六边形，设定充气压

强和体积分别为 $p_0=5\mathrm{kPa}$ 和 $V_0=45\mathrm{m}^3$。取上半个气枕进行分析，将膜面用 7658 个均布质点进行离散，并以 15000 个三节点薄膜元连接，计算模型如图 9.4.1(a) 所示。膜面的材料本构关系按多折线模型定义，材料参数根据双轴拉伸试验数据的线性拟合结果确定，不考虑卸载后残余变形；膜面六个轴对称分区内的经纬向布置方式如图 9.4.1(b) 所示；膜材经向和纬向抗拉强度和剪切强度分别为 $W_u^{dam}=47.1\mathrm{MPa}$、$F_u^{dam}=31.6\mathrm{MPa}$ 及 $S_u^{dam}=6.5\mathrm{MPa}$。现假定气枕顶部一长条形区域内的膜面受到坠落异物的损伤并产生一道长度 $l_0=0.72\mathrm{m}$ 的初始划痕[图 9.4.1(a)]，该区域内的膜材强度降低为 $W_u^{dam}=37.6\mathrm{MPa}$、$F_u^{dam}=15.8\mathrm{MPa}$ 及 $S_u^{dam}=4.2\mathrm{MPa}$。采用 Tsai-Hill 强度准则作为裂纹产生和扩展的条件，同时利用裂纹尖端的非局部应力 $\bar{\sigma}$ 来确定裂纹扩展方向，影响范围参数取为 0.15m。

在分析过程中膜内的充气压力维持恒定，忽略重力作用，时间步长按照数值稳定条件自动更新，阻尼系数 $\alpha=0.5$，分析总时长为 7.5s。为提高计算效率，此算例中每隔 10 步判断并处理一次开裂行为。

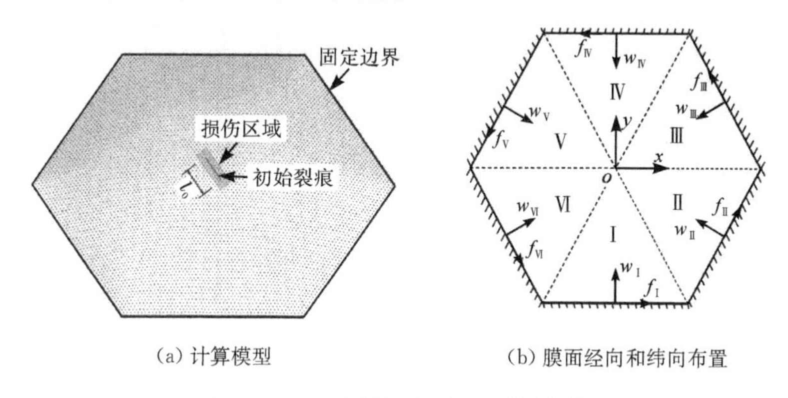

(a) 计算模型　　(b) 膜面经向和纬向布置

图 9.4.1　六边形气枕充气开裂分析模型

图 9.4.2 给出了六边形气枕受到异物划伤后膜面裂纹的形成与发展过程及相应时刻的最大主应力分布情况。由图可以看出，由于气枕顶部受到损伤，在充气压力作用下划痕端部产生较大的应力，同时材料本身强度又有所降低，因此在 $t=0.28\mathrm{s}$ 时该区域内的膜面应力首先达到材料破坏强度而导致裂缝扩展；然后，由于裂尖的应力集中效应，裂缝带继续沿经向对称地向两侧扩张，并在 $t=0.94\mathrm{s}$ 时剪应力和经向拉应力增大并达到破坏强度，使得每侧裂缝一分为三，共形成六条明显的辐射状裂缝，其中沿对角线方向的裂缝因角点附近应力较小而导致其扩展距离较短，另外四条裂缝则一直向着应力较大的底部边线区域快速延伸；之后，原本处于受拉状态的膜面因裂缝产生而出现回弹现象，同时应力得到释放，在局部区域形成褶皱，直到大约 $t=6.0\mathrm{s}$ 时，由于裂缝已扩展至固定边界，膜面整体向外掀起而被完全撕裂。

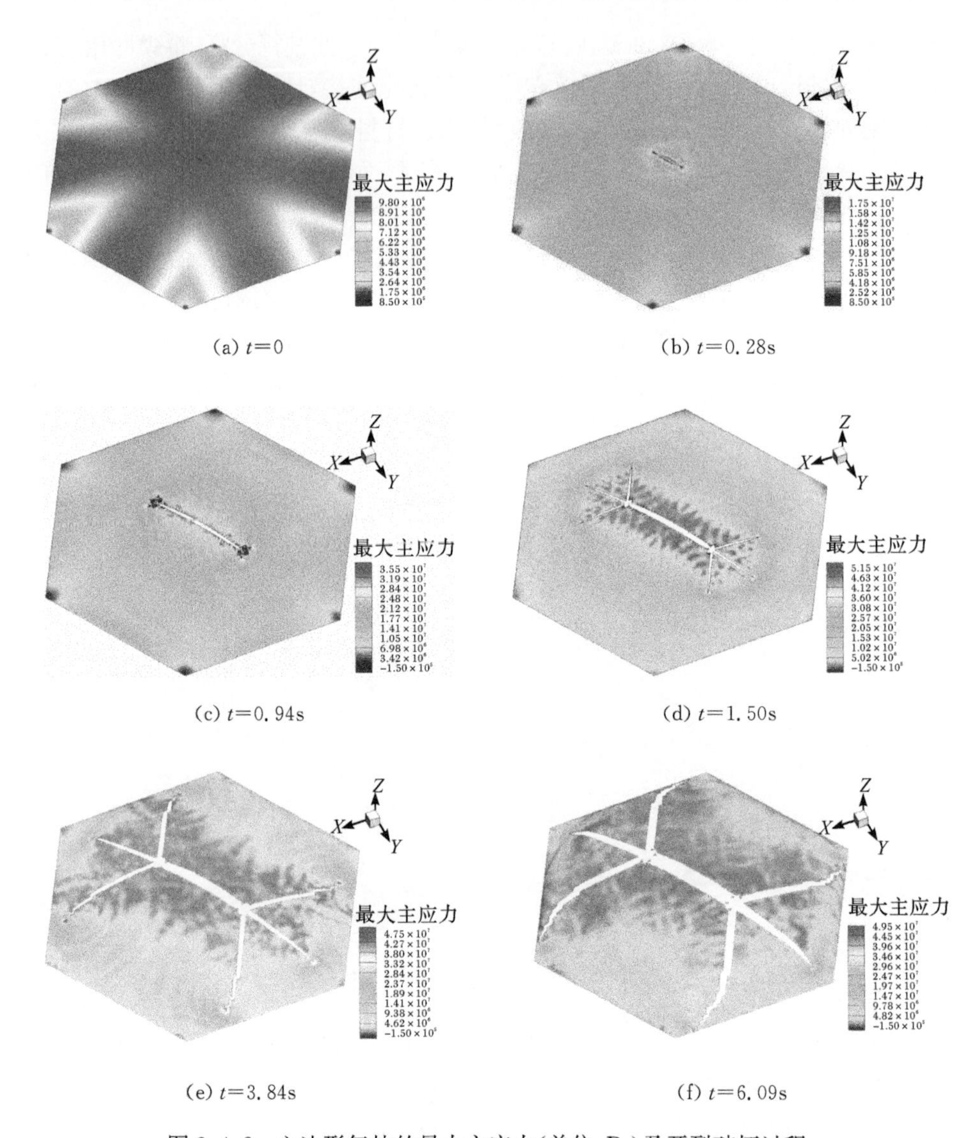

(a) $t=0$　(b) $t=0.28$s

(c) $t=0.94$s　(d) $t=1.50$s

(e) $t=3.84$s　(f) $t=6.09$s

图 9.4.2　六边形气枕的最大主应力(单位:Pa)及开裂破坏过程

9.5　薄壁圆管的断裂行为分析

本节采用 9.1.4 节所述方法对薄壁圆管在爆炸荷载作用下的破坏问题进行模拟。如图 9.5.1 所示,薄壁试件通过法兰与引爆管连接,整个装置中充满了易燃气体,通过激发左端的爆炸源进行引爆。带缺陷圆管试件的详细尺寸如图 9.5.2 所示,材质为 Al606-T6,弹性模量 $E=69$GPa,泊松比 $\nu=0.3$,屈服应力 $\sigma_y=$

275MPa，强化模量 $E_h=640\text{MPa}$，断裂释放能 $G_{\mathrm{Ic}}=G_{\mathrm{IIc}}=19\text{kJ/m}^2$，破坏应力 $\sigma_c=495\text{MPa}$，拉剪应力耦合系数 $\beta=1.0$。爆炸时，圆管会受到强大的内压作用，在缺口处发生应力集中，进而发生断裂且伴随着大变形。管壁不同位置不同时刻所受到的压力可以通过式(9.5.1)计算得到(Shepherd and Inaba，2009)：

$$p(x,t)=\begin{cases}0, & t\leqslant x/u^{\mathrm{cj}}\\ p^{\mathrm{cj}}\mathrm{e}^{\frac{-(t-x/u^{\mathrm{cj}})}{3x/u^{\mathrm{cj}}}}, & t>x/u^{\mathrm{cj}}\end{cases} \tag{9.5.1}$$

式中，x 为管壁到爆炸源的轴向距离；t 为引爆时间。p^{cj} 和 u^{cj} 分别为 Chapman-Jouguet 压力和爆轰波传播速度，其数值分别为 6.2MPa 和 2390m/s。采用有限质点法对其破坏过程进行模拟，共采用 25000 个质点进行离散，并用三角形薄壳单元进行连接，持续时间约为 400μs。此外，不考虑气体与管壁的相互耦合(流固)作用。

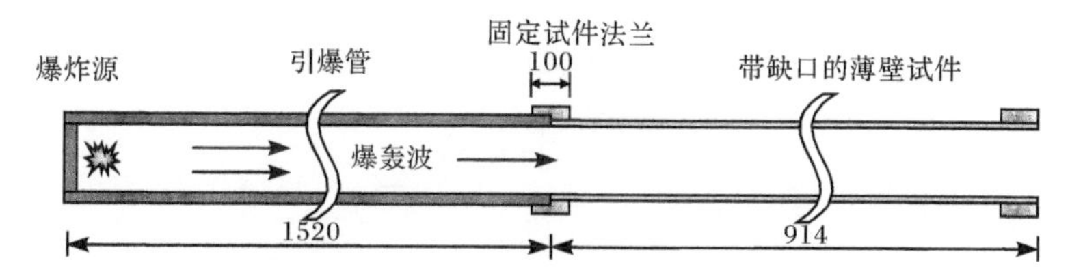

图 9.5.1　爆轰管试验整体装置示意图(单位：mm)

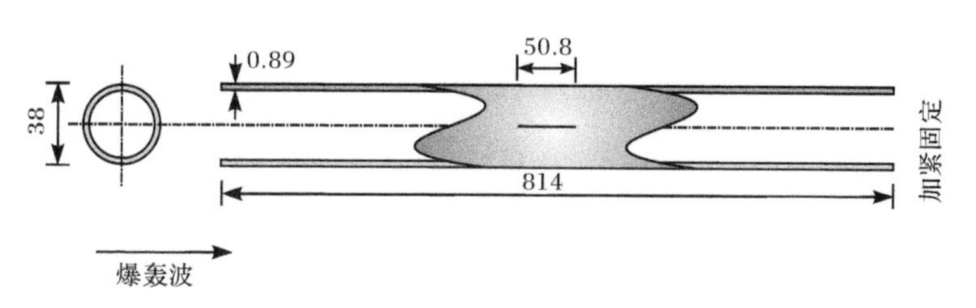

图 9.5.2　带缺口薄壁圆管试件详细尺寸(单位：mm)

引爆后管壁的应力变化云图如图 9.5.3 所示，应力呈波状从管壁的一端向另一端传播。图 9.5.4 给出了若干典型时刻管壁的变形和裂纹扩展、分叉的过程。

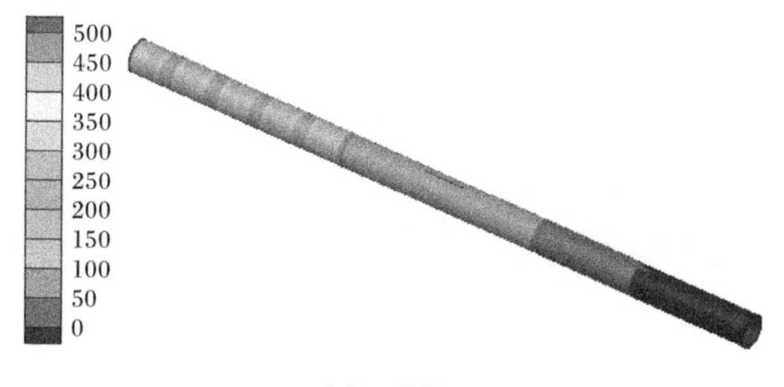

(a) $t=120\mu\text{s}$

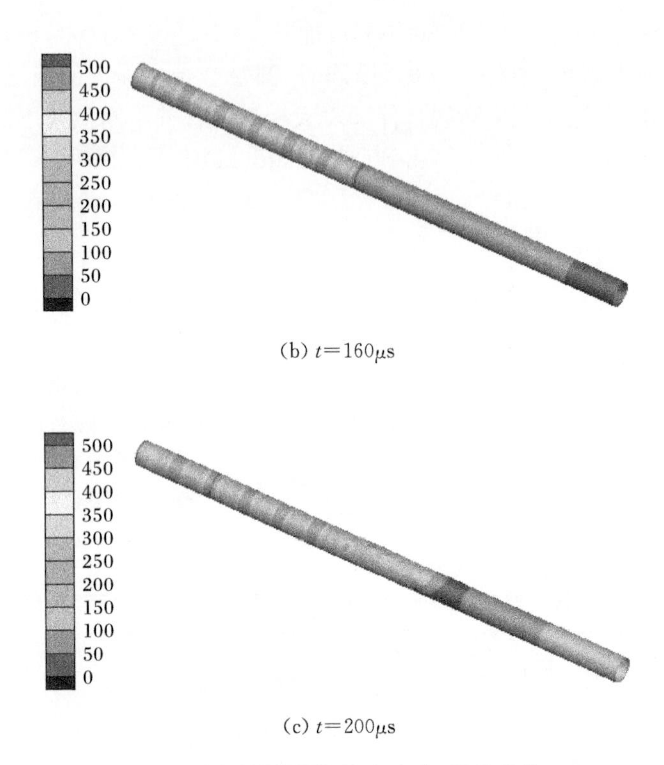

(b) $t=160\mu s$

(c) $t=200\mu s$

图 9.5.3　不同时刻管壁的应力变化云图(单位:MPa)

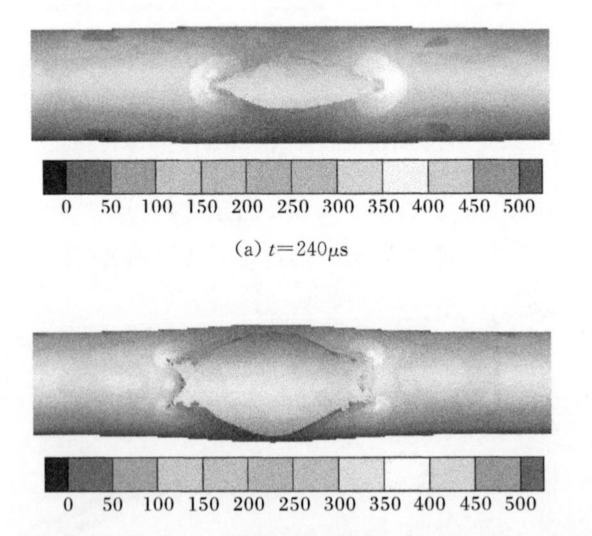

(a) $t=240\mu s$

(b) $t=280\mu s$

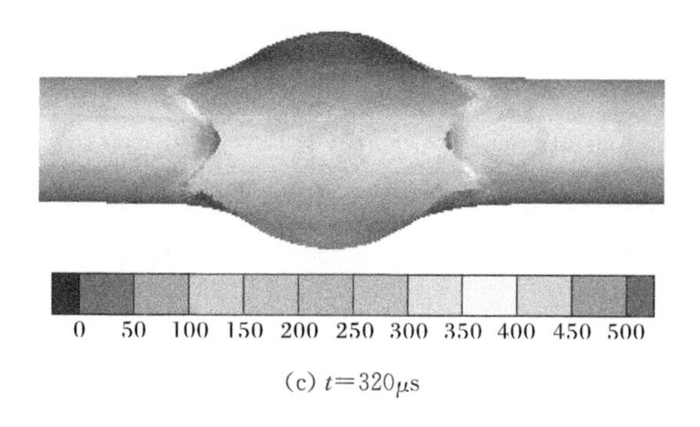

(c) $t=320\mu s$

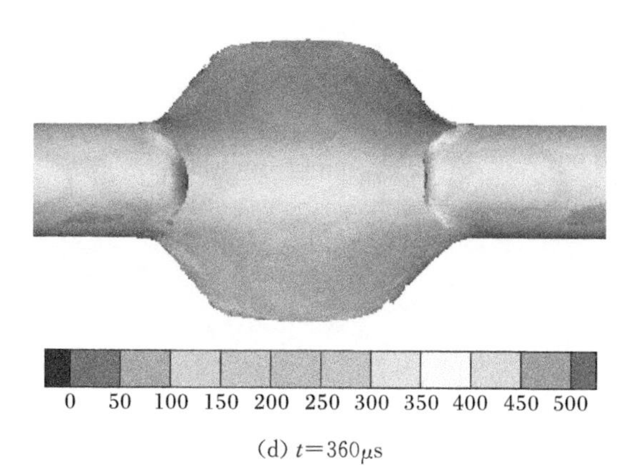

(d) $t=360\mu s$

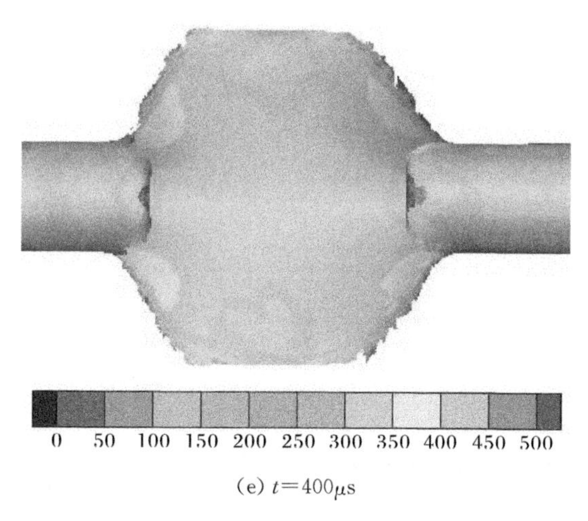

(e) $t=400\mu s$

图 9.5.4　管壁发生破坏后不同时刻的变形及应力分布云图(单位:MPa)

9.6 矩形梁受扭的断裂行为分析

本节采用9.1.5节所述方法对矩形梁受扭断裂行为进行模拟。如图9.6.1所示的矩形截面梁，为模拟其在受拉扭动力荷载作用下的破坏，梁两端分别以轴向 $v=150\text{m/s}$ 的速度和绕轴 $w=25000\text{rad/s}$ 的角速度恒定加载。梁长 $L=1.0\text{m}$，矩形截面边长 $a=0.2\text{m}$，弹性模量 $E=10.0\text{MPa}$，泊松比 $\nu=0.0$，密度 $\rho=10.0\text{kg/m}^3$，断裂释放能 $G_{\text{I}c}=G_{\text{II}c}=G_{\text{III}c}=5000\text{J/m}^2$，破坏应力 $\sigma_c=4.2\text{MPa}$，拉剪应力耦合系数 $\beta=1.0$。共采用10309个质点进行离散模拟，各质点间用四面体固体单元进行连接。

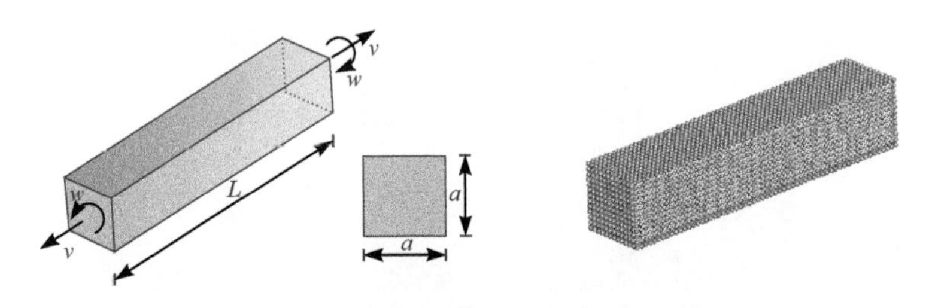

图9.6.1 矩形截面梁尺寸及质点计算模型

在加载过程中梁端的反力时程曲线如图9.6.2所示。通过与纯拉情况下结构的荷载-位移曲线进行对比发现，虽然拉扭是两种不同的荷载形式，但它们变化的趋势是一致的。图9.6.3(a)～(f)给出了若干典型时刻矩形梁的变形及破坏情况，形象地捕捉了裂纹的萌生，扩展、相交、分叉等复杂行为以及从大变形到完全破坏的完整过程。在矩形梁中部，裂缝由最初萌生的四条裂纹逐渐扩展、相交变成一个环形裂尖，最终贯通梁体。

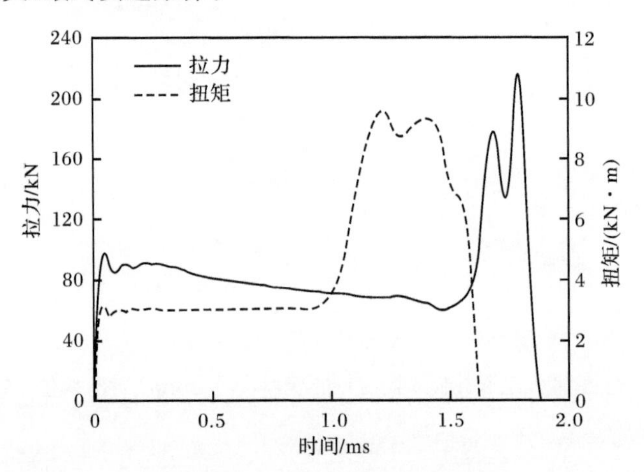

图9.6.2 梁端的反力时程曲线

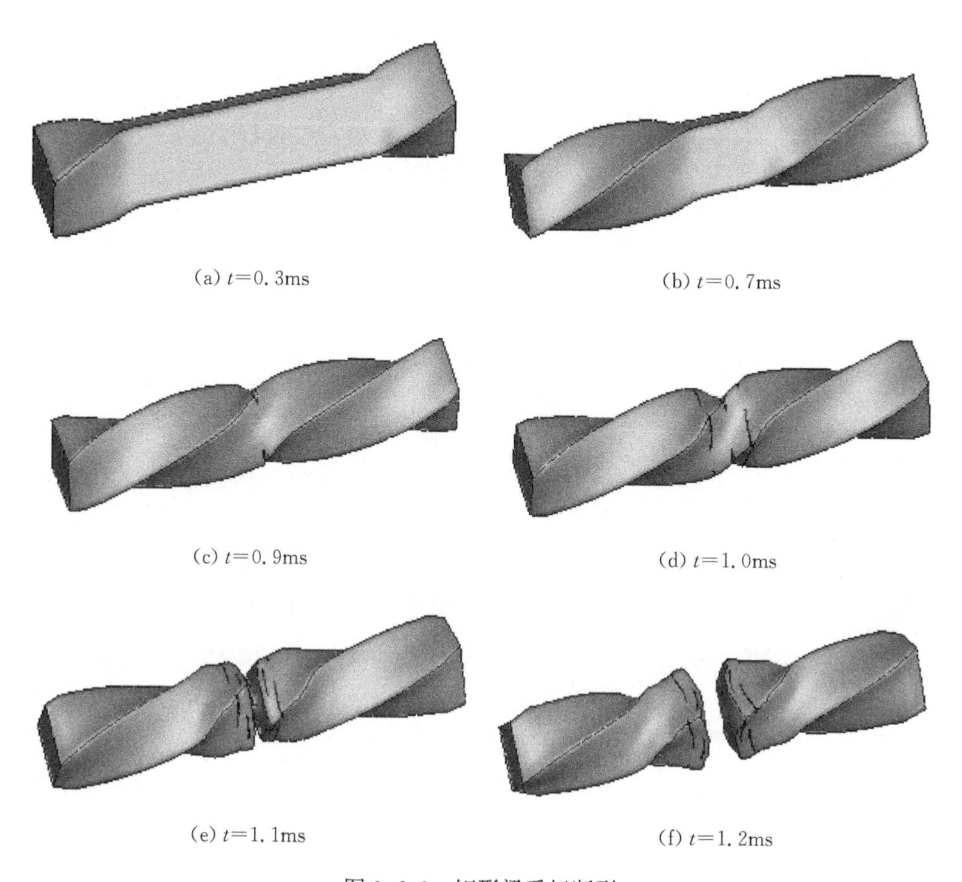

(a) t=0.3ms　(b) t=0.7ms

(c) t=0.9ms　(d) t=1.0ms

(e) t=1.1ms　(f) t=1.2ms

图 9.6.3　矩形梁受扭断裂

9.7　管桁结构断裂行为分析

本节采用 9.1.4 节所述方法对管桁结构的断裂行为进行模拟。

1. 计算模型

如图 9.7.1 所示的管桁架，上弦长度 L_1 =10.4m，下弦长度 L_2 =8.3m，共 4 跨，桁架高 H=1m，上弦节点区域的长度 D_1 =0.2m，下弦节点区域的长度 D_2 =0.4m。上弦杆和下弦杆的截面尺寸均为 ϕ200mm×10mm，腹杆的截面尺寸为 ϕ100mm×5mm，桁架上弦左端为固定约束，右端滑动，上弦节点区域内作用荷载 F，结构材质为 Q235 钢，弹性模量 E=200GPa，泊松比 ν=0.3，密度 ρ=7840kg/m^3，屈服强度为 σ_y=235MPa，采用双线性等向强化模型，切线模量为 E_t=6.10GPa。断裂能 $G_{\mathrm{I}c}=G_{\mathrm{II}c}=G_{\mathrm{III}c}$=250kJ/m^2，破坏应力 σ_c=420MPa，拉剪应力耦合系数 β=1.0。

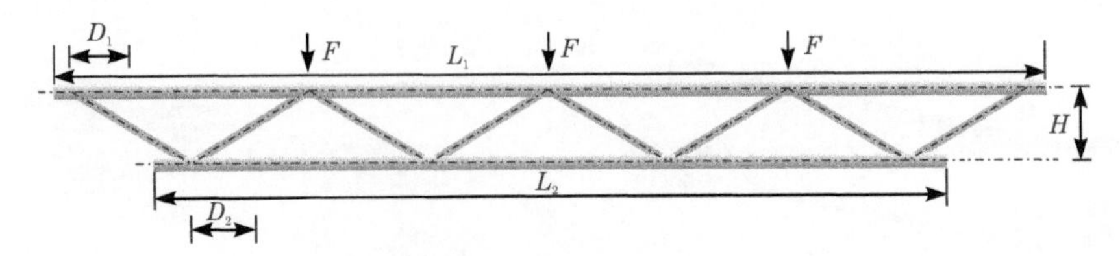

图 9.7.1　管桁架示意图

为和低维梁单元的计算结果进行对比，分别采用薄壳单元和平面梁单元计算该结构，如图 9.7.2 所示。为考虑梁单元的塑性发展过程，在圆管截面方向和轴向分别设置 7 个和 2 个高斯积分点，如图 9.7.3 所示。在加载过程中，桁架达到承载极限后会发生屈曲甚至破坏，承载能力将下降，此时，分级加载策略无法捕捉其完整的屈曲路径，因此需要采用 4.1.3 节所述的显式弧长法加载策略。此外，对于薄壳单元计算模型，为防止加载点应力集中，将外荷载 F 均匀分布在节点区域。由于是拟静力问题且结构计算规模较大(约 40000 个三角形薄壳单元)，采用 2.2.3 节所述的动力阻尼和 10.4.2 节所述的 GPU 并行计算进行加速求解。

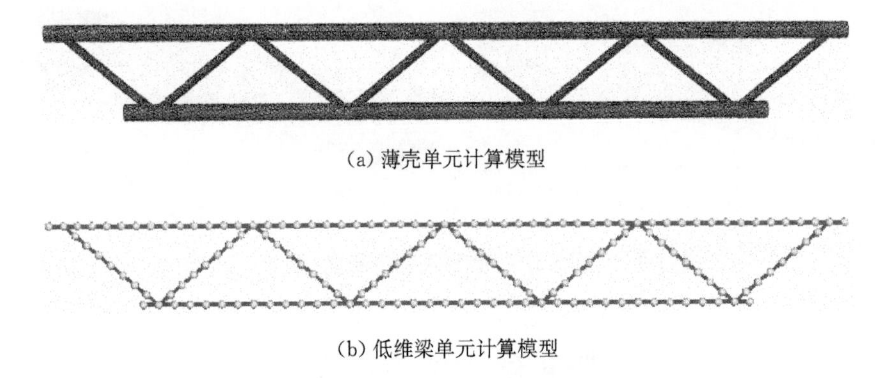

(a) 薄壳单元计算模型

(b) 低维梁单元计算模型

图 9.7.2　管桁架有限质点法计算模型

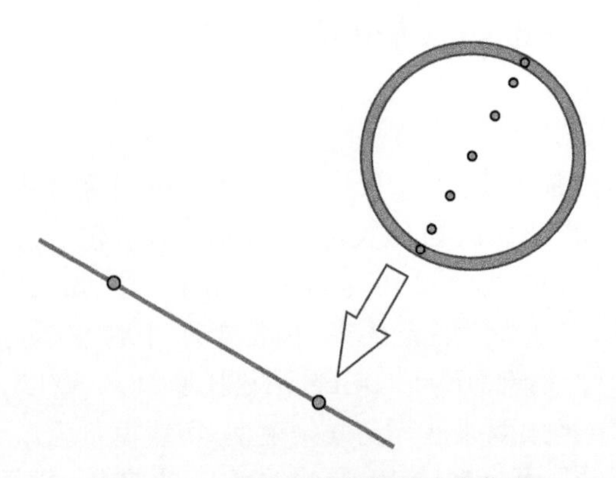

图 9.7.3　梁单元的高斯积分点位置

2. 屈曲过程模拟

图 9.7.4 给出了不同计算模型下桁架跨中的荷载-位移曲线。从图中可以看出，低维梁单元计算模型的初始刚度略大于薄壳单元计算模型，当荷载达到 140kN(2.8F)左右时，结构部分区域开始进入塑性，随着荷载继续增大，塑性区域继续扩大，结构整体刚度开始变小。

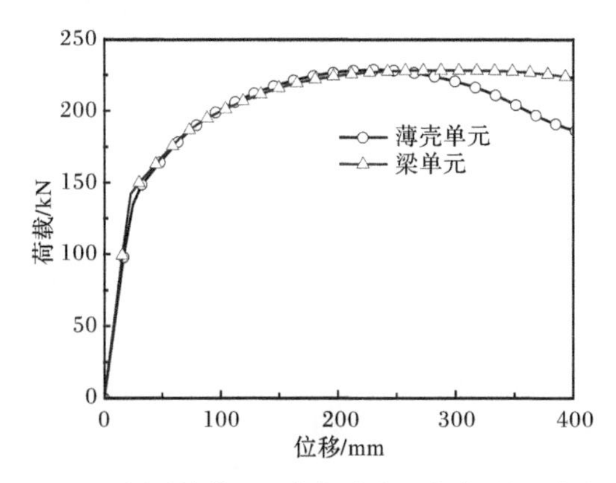

图 9.7.4　不同计算模型下桁架跨中的荷载-位移曲线对比

当荷载值达到 225kN 左右时，桁架达到承载极限，部分受压斜杆开始屈曲，图 9.7.5 和图 9.7.6 分别给出两种计算模型的变形情况。随后薄壳单元计算模型的承载能力迅速下降，但梁单元计算模型的承载能力几乎保持不变。出现这种分歧的原因可以从结构变形图中得到解释，薄壳单元在空间上能够表达构件截面方向上的尺度，当腹杆受压发生屈曲且圆管弯曲时，其抗弯截面高度迅速变小，进而会导致结构整体承载能力下降。相反，对于低维梁单元，它在截面方向的尺度变化无法表达，不能反映屈曲受弯后抗弯截面高度变小的特征，截面高度始终保持恒定值，所以在发生屈曲后结构承载能力几乎保持不变，其荷载-位移曲线略微下降主要是由塑性变形引起的。

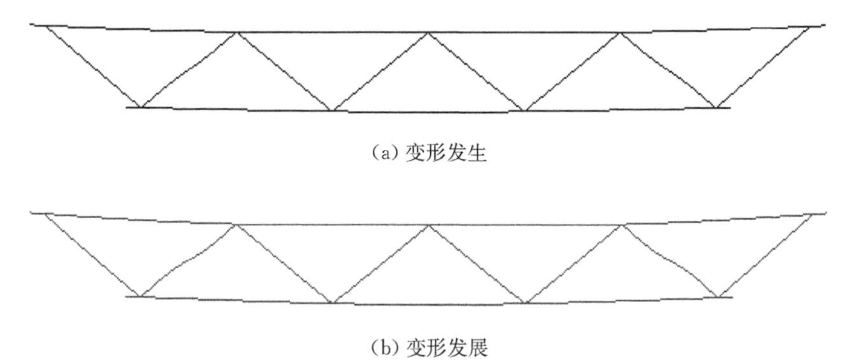

(a) 变形发生

(b) 变形发展

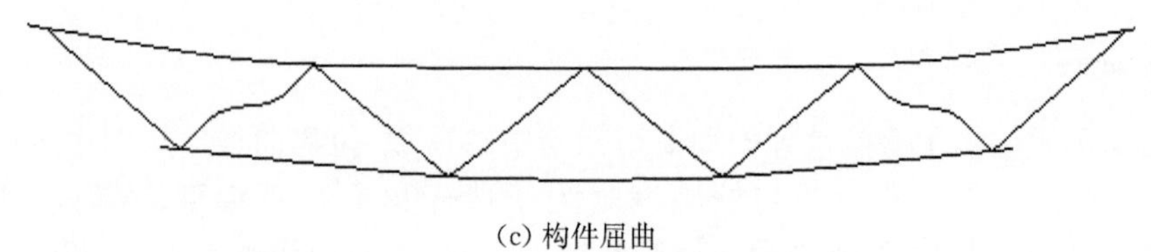

(c) 构件屈曲

图 9.7.5　桁架结构采用低维梁单元计算的变形过程

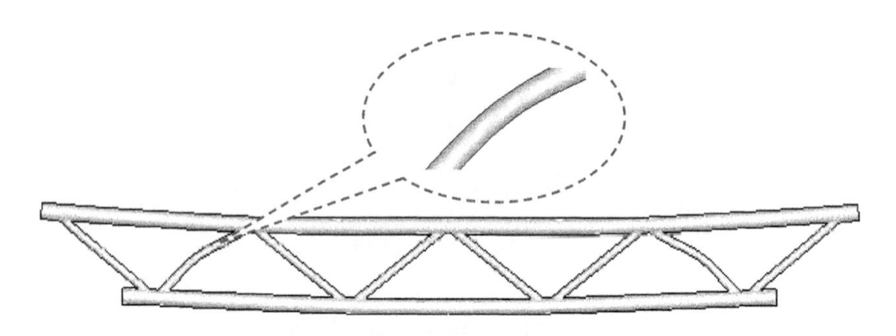

(a) 变形发生

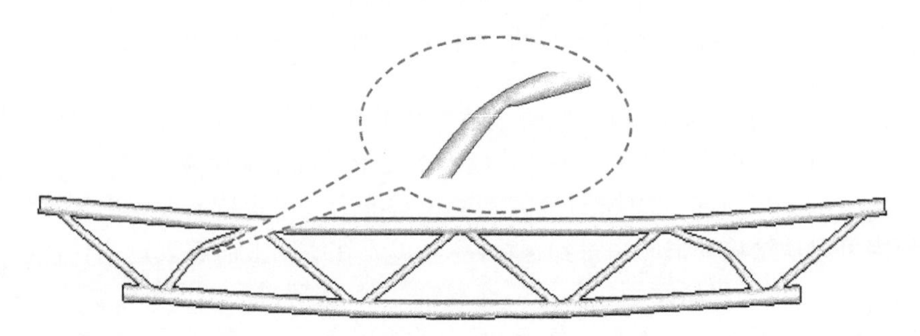

(b) 变形发展

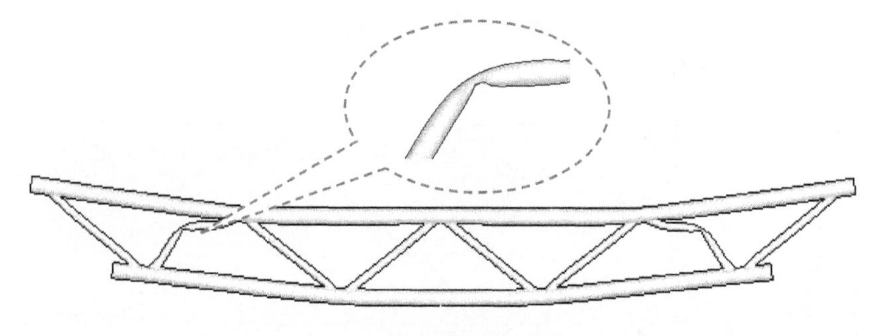

(c) 构形屈曲

图 9.7.6　桁架结构采用薄壳单元计算的变形过程

此外，对比该结构变形图还可以发现，低维梁单元计算模型的节点是完全刚接的，刚度远大于薄壳单元计算模型，进而导致斜杆呈现不同屈曲形态，这也是梁单元计算模型整体刚度较大的另外一个原因。刚接的节点无法体现结构真实的承载能力和变形特征，这个问题也催生了节点半刚性问题的研究，见 3.1.6 节。

3. 腹杆与弦杆理想连接的断裂过程模拟

对于图 9.7.2(a)所示的计算模型，腹杆与弦杆之间是理想的一体化连接模式，这也是目前大多数计算模型采用的主流处理手段。图 9.7.7 给出了桁架局部的断裂破坏过程，由于端部斜杆承受较大的拉力且厚度较薄，在靠近节点的位置发生了断裂。

4. 腹杆与弦杆连接焊缝的断裂过程模拟

在实际工程中，腹杆与弦杆之间一般通过焊缝连接，如图 9.7.8 所示。为模拟实际的破坏过程，对焊缝用四面体固体元进行离散，建立薄壳单元-实体单元的多尺度计算模型，图 9.7.9 给出了焊缝的空间示意图及质点计算模型。关于薄壳单元-实体单元的多尺度计算方法见 10.2 节。

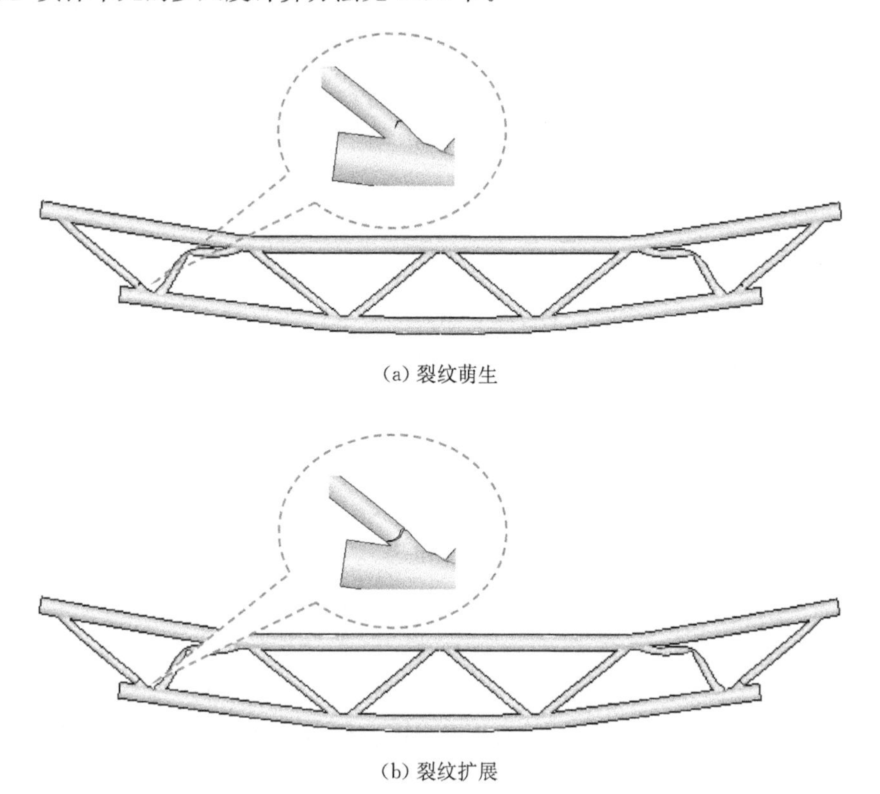

(a) 裂纹萌生

(b) 裂纹扩展

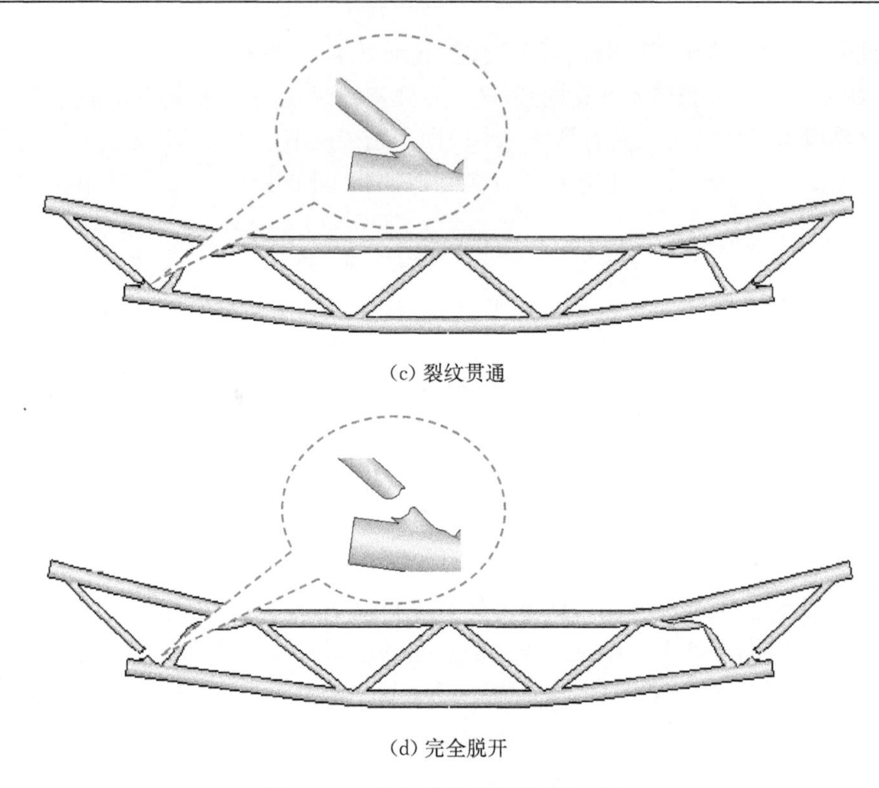

(c) 裂纹贯通

(d) 完全脱开

图 9.7.7 桁架结构的断裂破坏过程

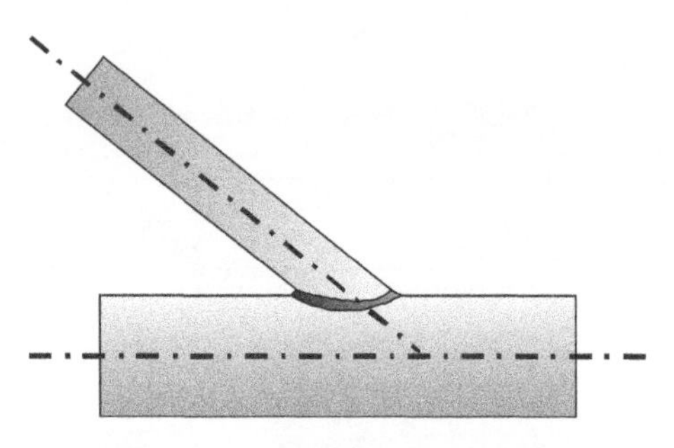

图 9.7.8 焊缝对接腹杆与弦杆

相比薄壳单元,三维固体单元在尺度上更贴近实际,能够显式表达变形体在空间上的尺度变化。焊缝是结构体比较薄弱的位置,当其上下端受拉时,横向抗拉截面将变小,图 9.7.10(a)～(d)给出了焊缝对接的管桁结构破坏过程。从图中可以看出,焊缝位置处发生了断裂,并且裂缝逐渐向外侧扩展,直至腹杆与下弦完全脱落,与工程实际破坏模式相符。本例的模拟再现了该结构破坏的衍生和发展过程,也表明了有限质点法在结构复杂破坏行为中的有效性。

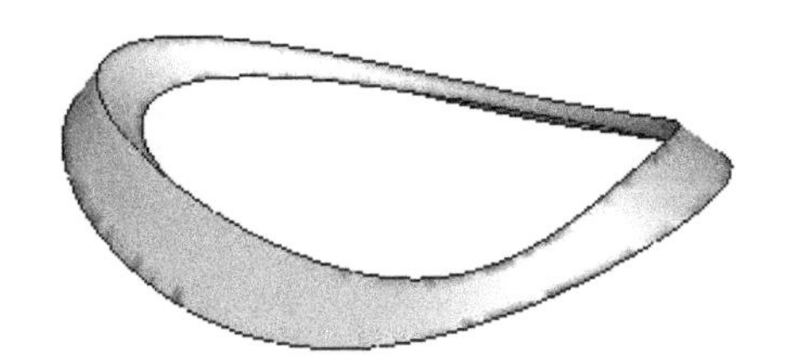

(a) 焊缝示意图

(b) 焊缝质点计算模型

图 9.7.9　焊缝的空间示意图及质点计算模型

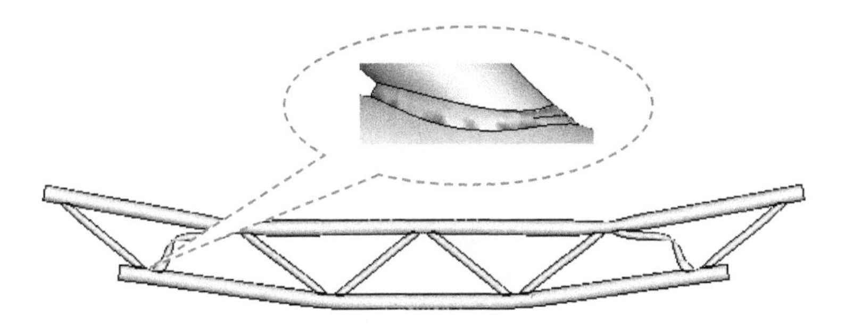

(a) 裂纹萌生

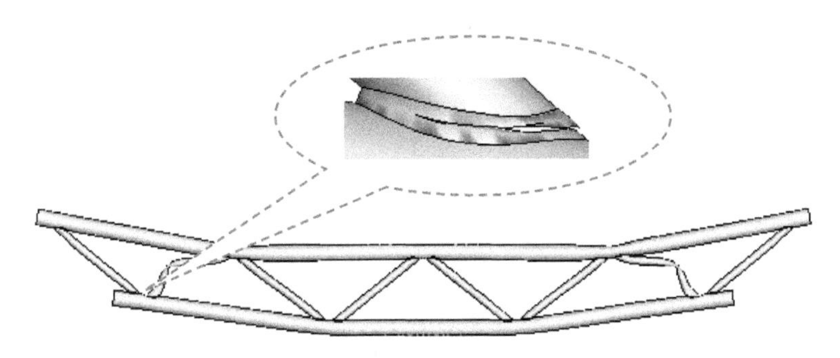

(b) 裂纹扩展

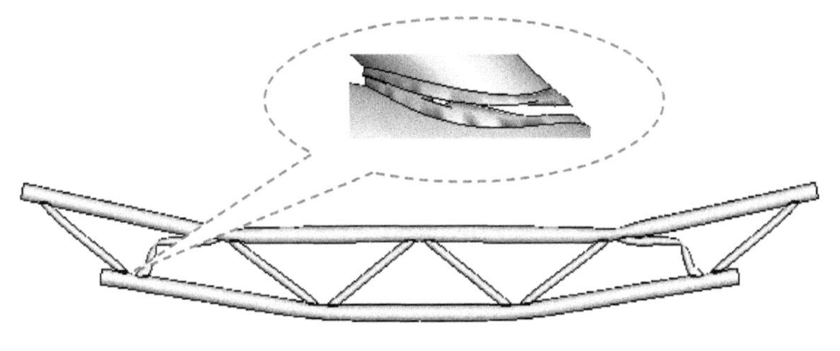

(c) 裂纹贯通

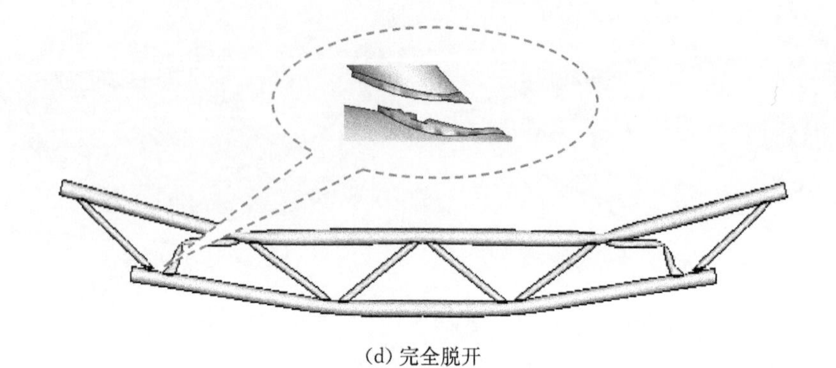

(d) 完全脱开

图 9.7.10　腹杆与弦杆对接焊缝的断裂过程

第 10 章　结构精细化分析

随着数值分析在结构复杂行为模拟中的迅速发展，结构的计算分析逐渐向精细化、多尺度及全过程方向发展。高效率的结构精细化分析成为数值计算的必然趋势和更高要求。本章首先建立基于有限质点法的结构多尺度分析模型，发展结构多尺度精细化分析方法。为了在全精细化分析中平衡计算精度和计算效率，提出基于有限质点法的质点分布智能优化算法，在计算中更新质点分布以适应结构性能的变化。最后结合 GPU 架构的特点及统一计算架构(compute unified device architecture，CUDA)语言，从数据存储、线程映射、质点内力集成方案、多线程数据存储、程序优化等方面发展有限质点法的并行算法，实现结构精细化分析的并行计算。

10.1　概　　述

10.1.1　精细化分析的基本概念

精细化分析在不同领域有不同的含义，在结构分析领域，精细化一般体现在几何维度和时间维度上，即将结构的杆件和连接节点在几何维度上用高维壳体或实体单元精细地模拟，以考查结构局部的反应，同时在时间维度上研究结构不同部位相互作用导致的塑性、屈曲、运动、滑移、碰撞和连续倒塌等行为。

为了获得更精确的结构行为分析结果，长期以来将结构整体采用全壳体或实体模拟的完全精细化分析一直是工程师及科研工作者的奋斗目标。但由于受到计算方法的通用性和稳定性及计算效率等多种因素的制约，这个目标一直未能完全实现。目前工程界广泛采用的方法是对整体结构采用杆、梁等低维单元进行宏观响应分析，而对局部响应较大的节点或构件进行单独的精细化分析，即“整体宏观、局部精细”的分析方法。如图 10.1.1 所示，图 10.1.1(a)为某体育场屋盖钢结构的整体宏观模型，由环形立体桁架和井字形张弦桁架构成主结构；图 10.1.1(b)为张弦桁架下弦受拉节点采用实体单元分析的应力云图。这种将局部结构从整体结构中剥离出来进行精细化分析的方法，一方面在整体模型中无法考虑节点的影响，另一方面不可避免地造成局部结构的受力和边界条件有别于整体结构中的状态，从而带来分析结果的误差。

为了避免“整体宏观、局部精细”的结构分析方法造成的结果失真，近年来，科研工作者尝试了不同的建模思路，这些思路可递进地分为：①在低维单元层面的宏观建模；②连接低维单元和高维单元层面的多尺度建模；③高维单元层面的全精细化建模，如图 10.1.2 所示。目前的精细化分析模型主要为全精细化模型和多尺度模型，其中全精细化模型会受到计算效率的限制。

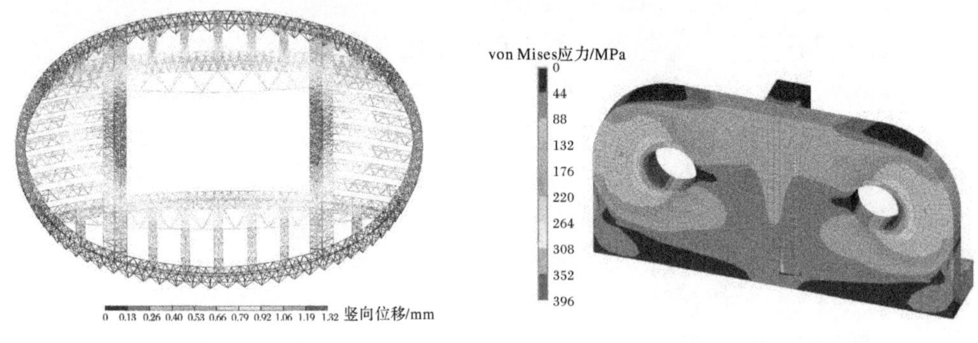

(a) 结构整体宏观模型　　(b) 局部关键节点实体模型

图 10.1.1　结构"整体宏观、局部精细"的计算模型

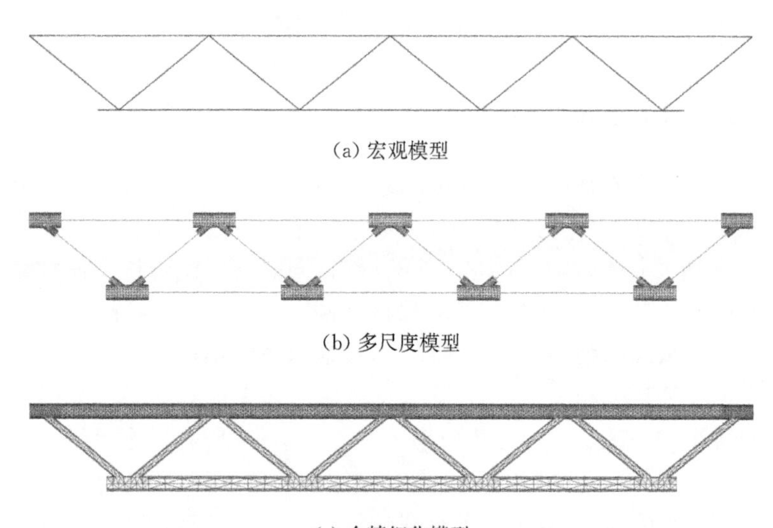

(a) 宏观模型

(b) 多尺度模型

(c) 全精细化模型

图 10.1.2　三种建模方法

10.1.2　精细化分析的基本思路与优点

基于有限质点法的结构精细化分析方法的基本思路如下。

(1) 发展基于有限质点法的多尺度分析。杆、梁、膜、壳等单元模型的特点各不相同，因此在进行多尺度分析时需要在耦合面上将各种单元的质量、内力、位移等进行耦合，建立多尺度分析模型。

(2) 实现质点分布的智能优化。为提高关键部位结构响应的计算精度，同时降低细化结构模型带来的计算量增加，需要对有限质点法计算模型的质点分布进行动态智能优化。

(3) 实现基于 GPU 的并行计算，从硬件上提高有限质点法精细化分析的计算效率。

采用有限质点法进行结构精细化分析，与采用有限单元法相比具有以下优点。

(1) 控制方程为质点的向量式方程，不需要集成整体刚度矩阵，因此有限质点法精细化模型的求解复杂度随单元数量线性增长，而非平方增长。

(2) 各单元的内力计算相互独立，质点控制方程的各项间无耦合关系，具有良好的可并行性。

(3) 在质点分布优化算法中，精细化模型可方便地增减节点和单元，不需要重新集成刚度矩阵。

(4) 在多尺度连接中，不同维度单元之间的耦合只需对耦合面上的质点进行处理。

10.2　多尺度分析

多尺度建模能够同时获得整体结构的受力性能与局部区域的损伤情况，并且能有效反映两者的相互作用关系。这种方法权衡了精度和计算代价，是由宏观建模向全精细化建模发展的过渡。

不同维度单元间的过渡方法很多，如合同变换法、罚函数法、拉格朗日乘子法等。在采用有限质点法进行单元多尺度连接时，在单元的耦合面上只需对质点的物理量传递和运动方程求解过程进行处理，不需要对原有单元做特殊修正。本节基于平截面假定和向量力学的概念，提出适合有限质点法多尺度连接的物理量传递方式和位移约束条件，并给出典型算例进行验证。

10.2.1　基本假定

在有限质点法模型中，质点是结构的基本元素。多尺度连接的关键在于处理不同维度质点的关系。如果将连接处的质点按所在维度进行区分，处于低维单元上的质点定义为主质点(master particle)，处于高维单元上的质点定义为从质点(slave particle)。连接处形成一个平截面，主质点经等效后可代表该连接截面的平动和转动，从质点位于平截面上，传递自身物理量(质量、质量惯性矩阵、力、力矩等)至主质点。在这一过程中，质点运动遵循平截面假定。如图 10.2.1 所示，在梁-壳连接中，梁上的质点为主质点，壳上的质点为从质点，耦合面上的所有节点始终在一个平面上。

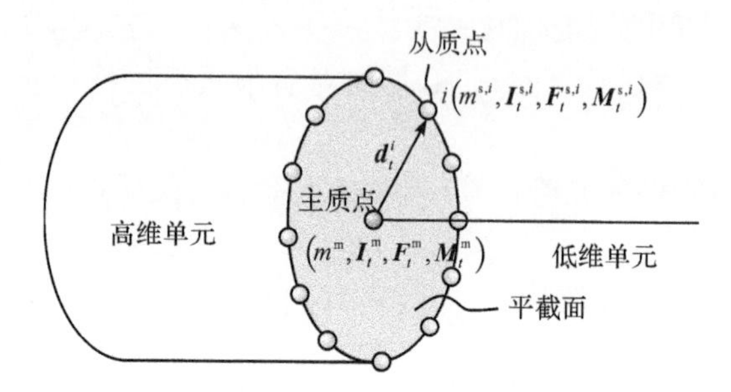

图 10.2.1　多尺度的平截面假定

10.2.2　计算公式

1. 等效质点的物理量集成

连接截面处的主质点和从质点可等效为一个质点,代表该截面的运动。质点的物理量包括质量、质量惯性矩阵、力和力矩等,在结构运动和变形过程中质点的质量一般不发生变化,而质量惯性矩阵、力、力矩随着质点运动而改变,因此质量在求解初始化时计算一次即可,质量惯性矩阵、力、力矩需要每个时间步更新。

截面处等效质点的质量 m^{M} 按式(10.2.1)计算:

$$m^{M} = m^{m} + \sum_{i=1}^{n_s} m^{s,i} \tag{10.2.1}$$

式中,上标 m 代表主质点,s 代表从质点,M 代表等效质点;m^{m} 为主质点质量;$m^{s,i}$ 为从质点 i 的质量;n_s 为截面处隶属于主质点的从质点个数。

t 时刻截面处等效质点的质量惯性矩阵 $\boldsymbol{I}_t^{M}$ 可按式(10.2.2)计算:

$$\boldsymbol{I}_t^{M} = \boldsymbol{I}_t^{m} + \sum_{i=1}^{n_s} \boldsymbol{I}_t'^{s,i} \tag{10.2.2}$$

式中,$\boldsymbol{I}_t^{m}$ 为 t 时刻主质点的质量惯性矩阵;$\boldsymbol{I}_t'^{s,i}$ 为 t 时刻从质点 i 相对于截面中心(主质点处)的质量惯性矩阵,由平行移轴定理可得

$$\boldsymbol{I}_t'^{s,i} = m^{s,i}\begin{bmatrix} (d_t^{iy})^2 + (d_t^{iz})^2 & -d_t^{ix}d_t^{iy} & -d_t^{ix}d_t^{iz} \\ & (d_t^{ix})^2 + (d_t^{iz})^2 & -d_t^{iy}d_t^{iz} \\ \text{对称} & & (d_t^{ix})^2 + (d_t^{iy})^2 \end{bmatrix} + \boldsymbol{I}_t^{s,i} \tag{10.2.3}$$

式中,$\boldsymbol{d}_t^i = [d_t^{ix} \quad d_t^{iy} \quad d_t^{iz}]^{T}$,为 t 时刻从质点 i 相对于截面中心的位置向量;$\boldsymbol{I}_t^{s,i}$ 为从质点 i 相对于自身质心的质量惯性矩阵;对角元素为惯性矩,非对角元素为惯性积。

t 时刻截面处等效质点的节点力 $\boldsymbol{F}_t^{M}$ 可按式(10.2.4)计算:

$$\boldsymbol{F}_t^{\mathrm{M}}=\boldsymbol{F}_t^{\mathrm{m}}+\sum_{i=1}^{n_{\mathrm{s}}}\boldsymbol{F}_t^{\mathrm{s},i} \tag{10.2.4}$$

式中，$\boldsymbol{F}_t^{\mathrm{m}}$ 为 t 时刻主质点的节点力；$\boldsymbol{F}_t^{\mathrm{s},i}$ 为 t 时刻从质点 i 的节点力。

t 时刻截面处等效质点的节点力矩 $\boldsymbol{M}_t^{\mathrm{M}}$ 可按式(10.2.5)计算：

$$\boldsymbol{M}_t^{\mathrm{M}}=\boldsymbol{M}_t^{\mathrm{m}}+\sum_{i=1}^{n_{\mathrm{s}}}\left[(\boldsymbol{d}_t^i\times\boldsymbol{F}_t^{\mathrm{s},i})+\boldsymbol{M}_t^{\mathrm{s},i}\right] \tag{10.2.5}$$

式中，$\boldsymbol{M}_t^{\mathrm{m}}$ 为 t 时刻主质点的节点力矩；$\boldsymbol{M}_t^{\mathrm{s},i}$ 为 t 时刻从质点 i 的节点力矩，$\boldsymbol{d}_t^i\times\boldsymbol{F}_t^{\mathrm{s},i}$ 为节点力 $\boldsymbol{F}_t^{\mathrm{s},i}$ 产生的相对于截面中心的力矩。

2. 等效质点的运动方程求解

在获得了 t 时刻等效质点的物理量 $\boldsymbol{m}^{\mathrm{M}}$、$\boldsymbol{I}_t^{\mathrm{M}}$、$\boldsymbol{F}_t^{\mathrm{M}}$ 和 $\boldsymbol{M}_t^{\mathrm{M}}$ 后，即可求解 $t+1$ 时刻等效质点的线位移 $\boldsymbol{x}_{t+1}^{\mathrm{M}}$ 和转角 $\boldsymbol{\theta}_{t+1}^{\mathrm{M}}$，运动方程可按中心差分法求解，由牛顿第二定律得到

$$\ddot{\boldsymbol{x}}_t^{\mathrm{M}}+\mu\dot{\boldsymbol{x}}_t^{\mathrm{M}}=\frac{1}{\boldsymbol{m}^{\mathrm{M}}}\boldsymbol{F}_t^{\mathrm{M}} \tag{10.2.6}$$

$$\ddot{\boldsymbol{\theta}}_t^{\mathrm{M}}+\mu\dot{\boldsymbol{\theta}}_t^{\mathrm{M}}=(\boldsymbol{I}_t^{\mathrm{M}})^{-1}\boldsymbol{M}_t^{\mathrm{M}} \tag{10.2.7}$$

整理式(10.2.6)和式(10.2.7)可得

$$\boldsymbol{x}_{t+1}^{\mathrm{M}}=c_1\left(\frac{h^2}{m^{\mathrm{M}}}\right)\boldsymbol{F}_t^{\mathrm{M}}+2c_1\boldsymbol{x}_t^{\mathrm{M}}-c_2\boldsymbol{x}_{t-1}^{\mathrm{M}} \tag{10.2.8}$$

$$\boldsymbol{\theta}_{t+1}^{\mathrm{M}}=c_1h^2\ (\boldsymbol{I}_t^{\mathrm{M}})^{-1}\boldsymbol{M}_t^{\mathrm{M}}+2c_1\boldsymbol{\theta}_t^{\mathrm{M}}-c_2\boldsymbol{\theta}_{t-1}^{\mathrm{M}} \tag{10.2.9}$$

式中，h 为时间步长；$c_1=(1+\mu h/2)^{-1}$，$c_2=c_1(1-\mu h/2)$；μ 为质量阻尼系数。

3. 从质点的位移求解

在求出 $t+1$ 时刻等效质点的线位移 $\boldsymbol{x}_{t+1}^{\mathrm{M}}$ 和转角 $\boldsymbol{\theta}_{t+1}^{\mathrm{M}}$ 后，可根据截面约束关系求得从质点 i 的线位移 $\boldsymbol{x}_{t+1}^{\mathrm{s},i}$。根据平截面假定，向量 $\boldsymbol{d}_t^i$ 随截面转动，转动角度与等效质点的转角相同，如图 10.2.2 所示。$t=0$ 时刻的位置向量 $\boldsymbol{d}_0^i$ 可通过从质点 i 相对于主质点的初始位置确定，$t+1$ 时刻向量 $\boldsymbol{d}_{t+1}^i$ 可由 t 时刻向量 $\boldsymbol{d}_t^i$ 转动得到

$$\boldsymbol{d}_{t+1}^i=\boldsymbol{R}(\Delta\theta)\boldsymbol{d}_t^i \tag{10.2.10}$$

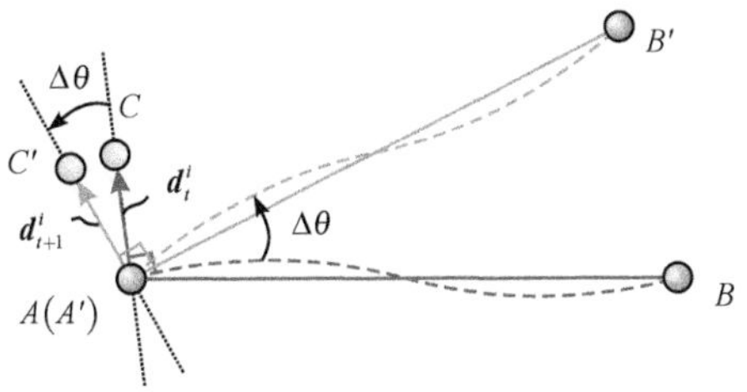

图 10.2.2　从质点位置向量 $\boldsymbol{d}_t^i$ 转动示意图

式中,转动矩阵 $\boldsymbol{R}(\Delta\theta)$ 见式(2.4.14)。

从质点 i 的线位移 $\boldsymbol{x}_{t+1}^{s,i}$ 可由式(10.2.11)求得

$$\boldsymbol{x}_{t+1}^{s,i} = (\boldsymbol{x}_0^{M} + \boldsymbol{x}_{t+1}^{M}) + \boldsymbol{d}_{t+1}^{i} - \boldsymbol{x}_0^{s,i} \tag{10.2.11}$$

式中,$\boldsymbol{x}_0^{M}$ 为等效质点的初始位置向量,与主质点的初始位置向量相同;$\boldsymbol{x}_0^{s,i}$ 为从质点 i 的初始位置向量。从质点 i 绕自身质心的转动属于高维单元的局部运动,可通过求解转角运动方程,由 $\boldsymbol{M}_t^{s,i}$、$\boldsymbol{I}_t^{s,i}$ 求出 $t+1$ 时刻的角位移 $\boldsymbol{\theta}_{t+1}^{s,i}$,此处不再赘述。

10.2.3 计算流程

通过等效质点的物理量集成、等效质点的运动方程求解及从质点的位移求解,即可进入下一时刻,更新单元内力,计算质点合力,从而迭代求解出结构运动过程中各时刻的位移。计算流程如图 10.2.3 所示,其中的灰色背景部分为在原算法基础上增加的多尺度耦合的具体步骤。

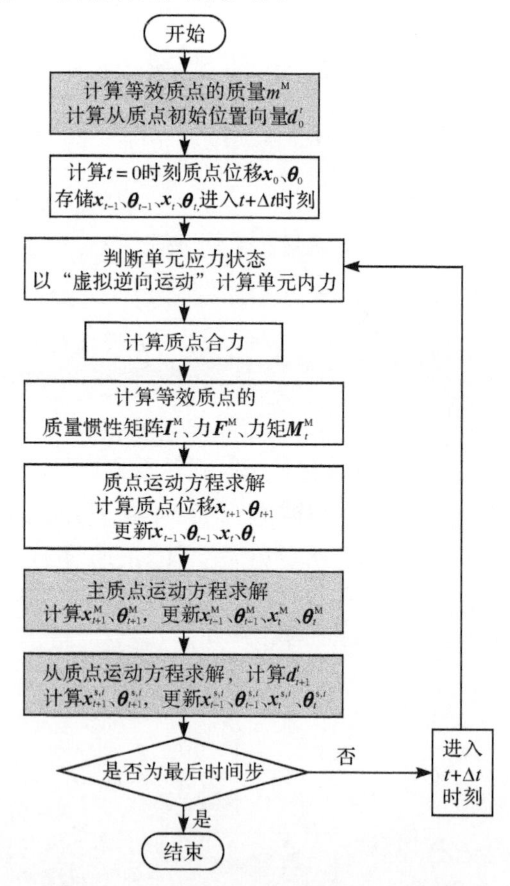

图 10.2.3 有限质点法的多尺度计算流程

10.2.4　分析示例

1. 悬臂梁自由端受集中荷载的几何非线性分析

本算例采用梁-平面固体单元多尺度模型计算。图 10.2.4 所示的悬臂梁，梁长 $L=10\text{m}$，截面高度 $H=1\text{m}$，宽度 $W=0.1\text{m}$，弹性模量 $E=10\text{N/m}^2$，密度 $\rho=1.0\text{kg/m}^3$，泊松比 $\nu=0$，约束悬臂梁的平面外自由度，只考查平面内的变形。自由端受集中荷载 $P=90\text{N}$，以"斜坡—平台"方式缓慢施加。时间步长 $\Delta t=2.5\times10^{-4}\text{s}$，为得到静态解，取质量阻尼系数 $\mu=0.05$。

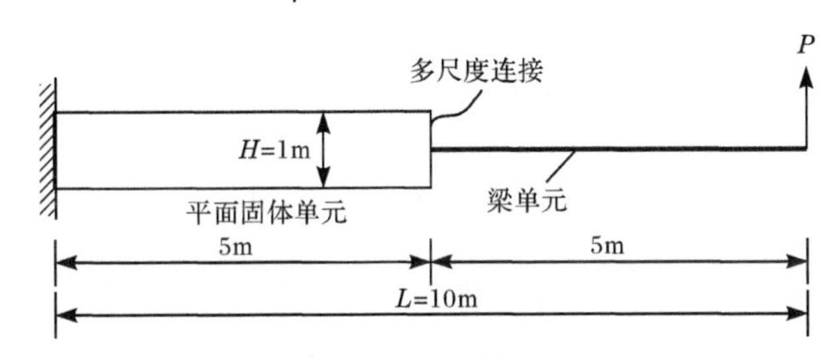

图 10.2.4　悬臂梁几何非线性分析的梁-平面固体单元多尺度模型

建立该悬臂梁的梁单元和平面固体单元耦合的多尺度模型，梁单元尺寸为 0.5m，平面固体单元尺寸为 0.1m。本算例的质点模型如图 10.2.5 所示。

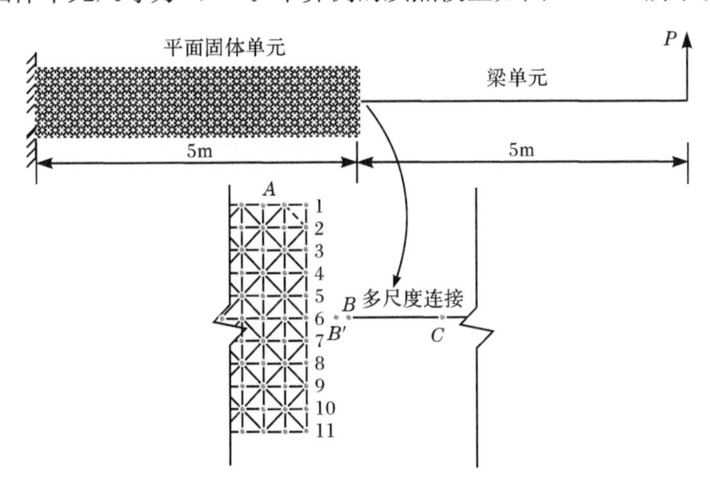

图 10.2.5　悬臂梁梁单元-平面固体单元多尺度质点模型图

分析模型中平面固体质点部分的质点 A 运动方程为

$$\begin{bmatrix} m_A & 0 \\ 0 & m_A \end{bmatrix} \frac{\mathrm{d}^2}{\mathrm{d}t^2} \begin{bmatrix} d_{Ax} \\ d_{Ay} \end{bmatrix} = \begin{bmatrix} F_{Ax}^{\text{ext}} \\ F_{Ay}^{\text{ext}} \end{bmatrix} + \begin{bmatrix} F_{Ax}^{\text{int}} \\ F_{Ay}^{\text{int}} \end{bmatrix} \tag{10.2.12}$$

式中，m_A 为质点 A 的质量；$[d_{Ax}\quad d_{Ay}]^{\mathrm{T}}$ 为质点位移向量，包括两个坐标轴方向的平动位移；$[F_{Ax}^{\mathrm{ext}}\quad F_{Ay}^{\mathrm{ext}}]^{\mathrm{T}}$ 和 $[F_{Ax}^{\mathrm{int}}\quad F_{Ay}^{\mathrm{int}}]^{\mathrm{T}}$ 分别为质点的外力和内力向量。

梁单元质点部分的质点 C 运动方程为

$$\begin{bmatrix} m_C & 0 & 0 \\ 0 & m_C & 0 \\ 0 & 0 & I_C \end{bmatrix} \frac{\mathrm{d}^2}{\mathrm{d}t^2} \begin{bmatrix} d_{Cx} \\ d_{Cy} \\ \theta_C \end{bmatrix} = \begin{bmatrix} F_{Cx}^{\mathrm{ext}} \\ F_{Cx}^{\mathrm{ext}} \\ m_{Cx}^{\mathrm{ext}} \end{bmatrix} + \begin{bmatrix} F_{Cx}^{\mathrm{int}} \\ F_{Cx}^{\mathrm{int}} \\ m_{Cx}^{\mathrm{int}} \end{bmatrix} \tag{10.2.13}$$

式中，m_C 为质点 C 的质量；I_C 为质点 C 的质量惯性矩阵；$[d_{Cx}\quad d_{Cy}\quad \theta_C]^{\mathrm{T}}$ 为质点位移向量，包括两个坐标轴方向的平动位移和一个转动位移；$[F_{Cx}^{\mathrm{ext}}\quad F_{Cy}^{\mathrm{ext}}\quad m_{Cy}^{\mathrm{ext}}]^{\mathrm{T}}$ 和 $[F_{Cx}^{\mathrm{int}}\quad F_{Cy}^{\mathrm{int}}\quad m_{Cy}^{\mathrm{int}}]^{\mathrm{T}}$ 分别为质点的外力和内力向量，包括两个坐标轴方向的力和一个弯矩。

在两种单元的耦合面上，等效质点 B' 与主节点 B 的位移相同。质点 B' 的质点运动方程按梁单元质点公式(10.2.12)计算，等效质点的质点质量 $m_{B'}^{\mathrm{M}}$ 为质点 B 质量 m_B^{m} 与耦合面上所有平面从节点质量之和，由式(10.2.14)得到：

$$m_{B'}^{\mathrm{M}} = m_B^{\mathrm{m}} + \sum_{i=1}^{n_{\mathrm{s}}} m_B^{\mathrm{s},i} \tag{10.2.14}$$

等效节点 B' 的质点力 $\boldsymbol{F}_{B'}^{\mathrm{M}}$ 为主节点 B 质点力 $\boldsymbol{F}_B^{\mathrm{m}}$ 与耦合面上所有平面质点质点力的和。

$$\boldsymbol{F}_{B'}^{\mathrm{M}} = \boldsymbol{F}_B^{\mathrm{m}} + \sum_{i=1}^{11} \boldsymbol{F}_B^{\mathrm{s},i} \tag{10.2.15}$$

式中，$\sum_{i=1}^{11} \boldsymbol{F}_B^{\mathrm{s},i}$ 为平面质点 1 ～ 11 的质点力之和。

耦合面上平面质点1～11 的位移由式(10.2.6)确定。

$$\boldsymbol{x}_i = (\boldsymbol{X}_{B'0} + \boldsymbol{X}_{B(t+1)}) + \boldsymbol{d}_{t+1}^i - \boldsymbol{X}_{i0} \tag{10.2.16}$$

式中，$\boldsymbol{X}_{B'0}$ 为等效质点 B' 的初始位置向量，与主质点 B 的初始位置向量相同；$\boldsymbol{X}_{B(t+1)}$ 为主质点 B 在 $t+1$ 时刻的位置向量；$\boldsymbol{X}_{i0}$ 为耦合面上从质点 i 的初始位置向量。$\boldsymbol{d}_{t+1}^i$ 为从质点 $t+1$ 时刻的位移向量，可根据式(10.2.17)，由 t 时刻向量 $\boldsymbol{d}_t^i$ 转动得到：

$$\boldsymbol{d}_{t+1}^i = \boldsymbol{R}(\Delta\theta_{B'}) \cdot \boldsymbol{d}_t^i \tag{10.2.17}$$

式中，$\boldsymbol{d}_t^i$ 为 t 时刻向量；$\boldsymbol{R}(\Delta\theta_{B'})$ 为转动矩阵，具体形式见更新单元内力时的逆向运动计算式(2.4.14)；$\Delta\theta_{B'}$ 为 t～$t+1$ 时刻等效质点 B' 的转角增量。

图 10.2.6 给出了悬臂梁自由端的荷载-位移曲线，表明多尺度模型所得的梁端位移与梁单元模型、平面固体单元模型均较为接近，且与Euler-Bernoulli 梁理论的解析解吻合。图 10.2.7 给出了不同荷载步下悬臂梁多尺度模型的变形图。

2. 悬臂梁自由端受突加荷载的振动分析

本算例采用壳-三维固体多尺度模型计算。图 10.2.8 所示悬臂梁截面尺寸

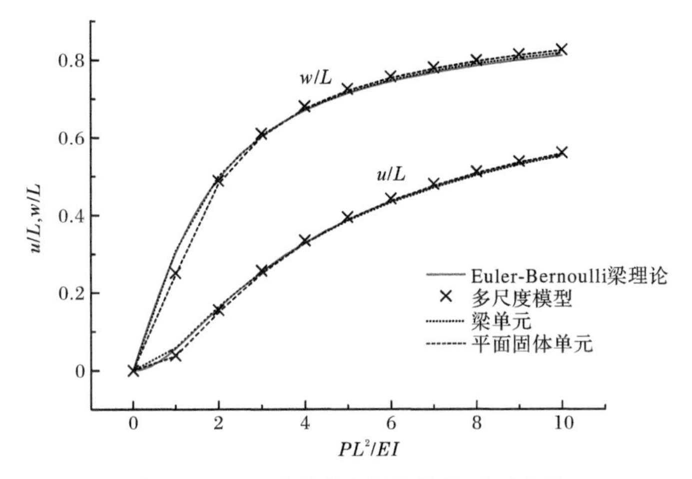

图 10.2.6 悬臂梁自由端的荷载-位移曲线

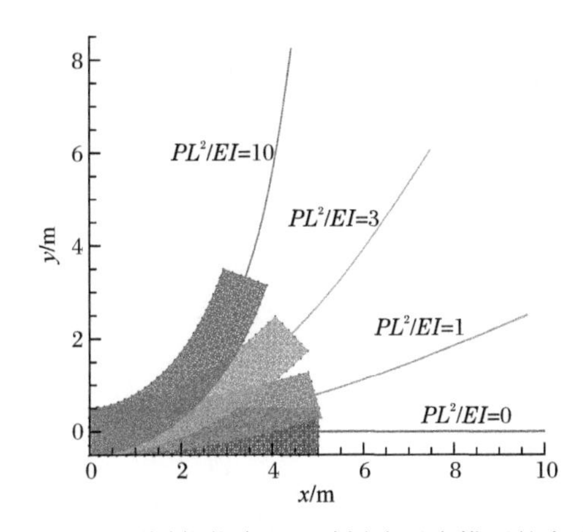

图 10.2.7 不同荷载步下悬臂梁多尺度模型的变形图

宽 $W=1\text{m}$，高 $H=0.4\text{m}$，长 $L=10\text{m}$。模型的弹性模量 $E=1.0\times10^8\text{Pa}$，密度 $\rho=1.0\text{kg/m}^3$，泊松比 $\nu=0$。$t=0$ 时刻在梁末端突加一恒定荷载 $P=90\text{N}$，由 Euler-Bernoulli 梁理论及振动理论可得悬臂端的挠度时程，即

$$\delta(t)=\frac{PL^3}{3EI}[1+\sin(\omega_{\text{n}}t-\pi/2)] \tag{10.2.18}$$

式中，ω_{n} 为梁的基频：

$$\omega_{\text{n}}=1.875^2\sqrt{\frac{EI}{\rho AL^4}} \tag{10.2.19}$$

在多尺度模型中，固定端至梁中点处采用六面体实体单元模拟，剩余部分采用三节点壳单元模拟，单元边长 Δl 分别为 1/10m 和 1/15m，连接截面处实体单元

质点以与距离该质点最近的壳单元质点为主质点。图 10.2.9 给出了多尺度模型自由端的位移时程曲线，周期与振幅均与解析解吻合较好，存在差异的原因在于实体单元的网格划分，当网格尺寸变小时可与理论解一致。

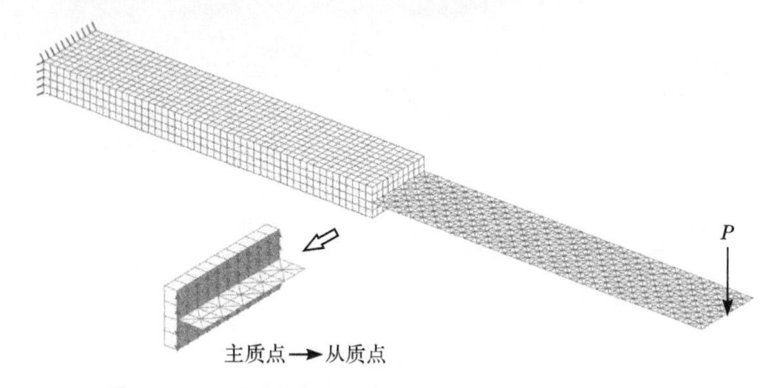

图 10.2.8　悬臂梁振动分析的“壳-三维固体”多尺度模型

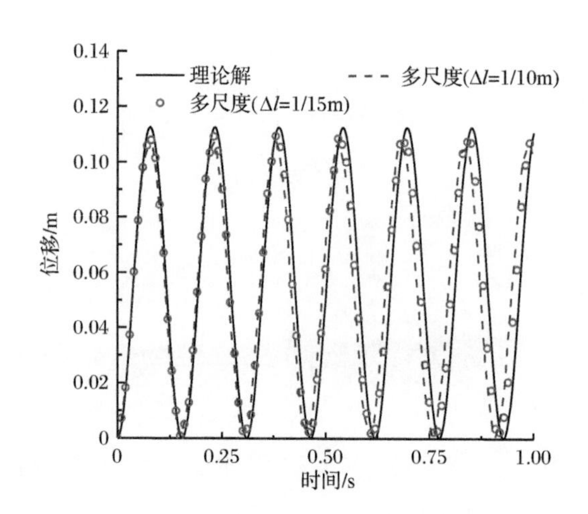

图 10.2.9　悬臂梁自由端的位移时程曲线

3. 圆管的扭转分析

采用梁-壳-三维固体单元三种维度的模型计算。图 10.2.10 所示一端固定的圆管构件，截面尺寸为外径 $D=1\text{m}$，厚度 $t=0.1\text{m}$，梁长 $L=15\text{m}$。模型的弹性模量 $E=5\times10^4\text{Pa}$，密度 $\rho=1.0\text{kg/m}^3$，泊松比 $\nu=0$。在圆管末端缓慢施加一扭矩，$T=30\text{N}\cdot\text{m}$，由等直圆管的扭转理论可得悬臂端的转角，即

$$\varphi=\frac{TL}{GI_{\text{p}}} \tag{10.2.20}$$

在多尺度模型中，圆管等分为三段，分别采用 8 节点实体单元、3 节点壳单元

及梁单元模拟，单元边长为 0.167m，在距离固定端 5m 和 10m 处分别采用“壳-实体”和“梁-壳”多尺度连接。图 10.2.11 给出了多尺度模型自由端扭矩与扭转角的关系曲线，与解析解一致。

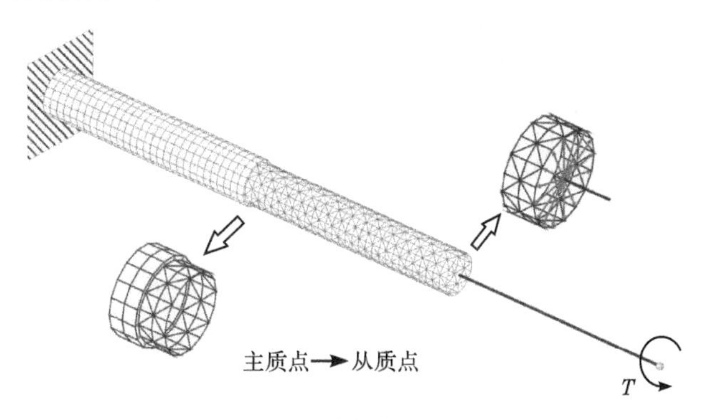

图 10.2.10　圆管扭转的多尺度模型

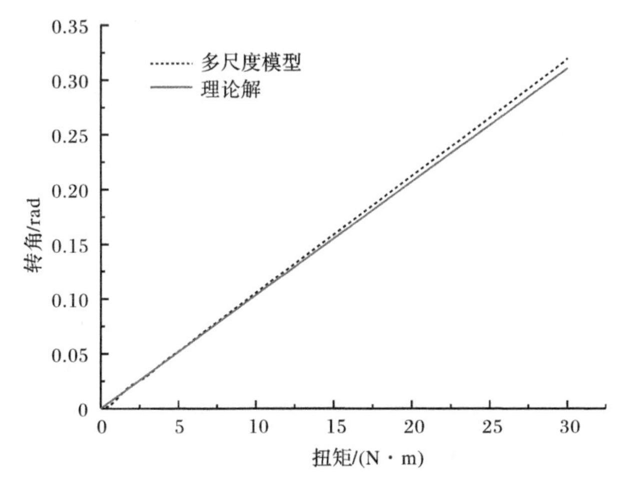

图 10.2.11　圆管扭转的扭矩-扭转角曲线图

4. 平面管桁架的多尺度分析

以平面管桁架为例介绍多尺度模型在结构整体分析中的应用。桁架跨度为 10m，分为 4 跨，高度为 1m，上下弦杆、腹杆的截面尺寸分别为 ϕ200mm×10mm、ϕ100mm×10mm，上弦左端点固定约束，右端点滑动约束。材料为 Q235 钢，采用双线性等向强化模型，切线模量 E_t=6.18GPa。

平面管桁架的多尺度模型以 90 个梁单元与 26404 个壳单元模拟，全精细化模型以 62524 个壳单元模拟。多尺度模型的节点域长度取 0.4m。

将上弦杆在跨中±0.3m范围内的壁厚减小为t=1mm，以考查局部削弱对结构的影响，在上弦1/4及3/4节点处施加终值为100kN的斜坡荷载，施加时间为0.4s。

图10.2.12为各模型的结构位移云图，图10.2.13所示为跨中节点的破坏形态，可以看出多尺度模型与全精细化模型的破坏形态一致。图10.2.14所示为跨中节点左截面的响应，可见两者位移响应非常接近，轴力响应也较为一致。从全过程分析中可以看出，节点在荷载P<50kN时处于弹性状态，荷载P=50～80kN时为塑性发展阶段，荷载增加至P>80kN后节点发生屈曲。

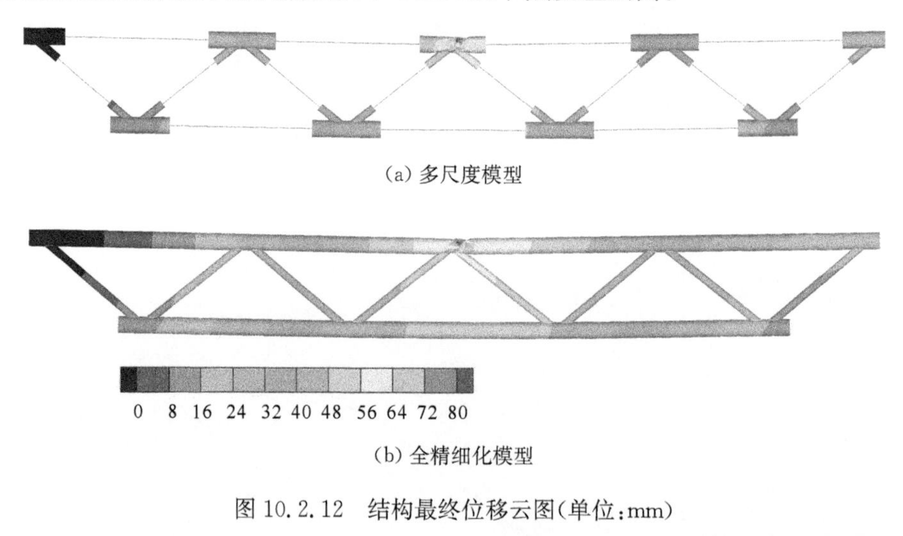

(a) 多尺度模型

(b) 全精细化模型

图10.2.12　结构最终位移云图(单位：mm)

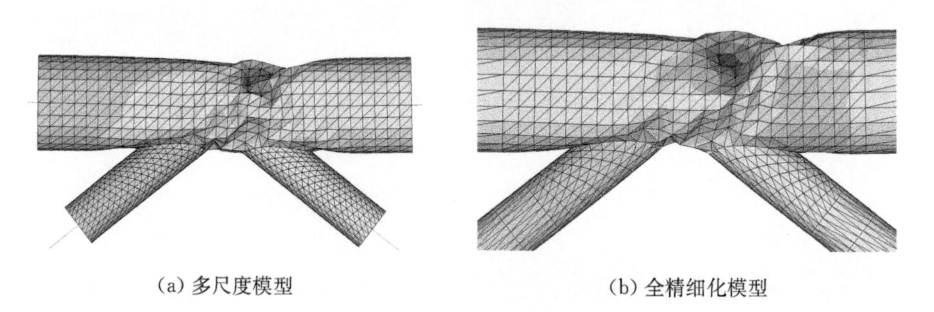

(a) 多尺度模型　　(b) 全精细化模型

图10.2.13　跨中节点的破坏形态

从本算例可以看出，采用较少单元的多尺度模型对结构进行分析可以达到与全精细化模型相当的计算精度。

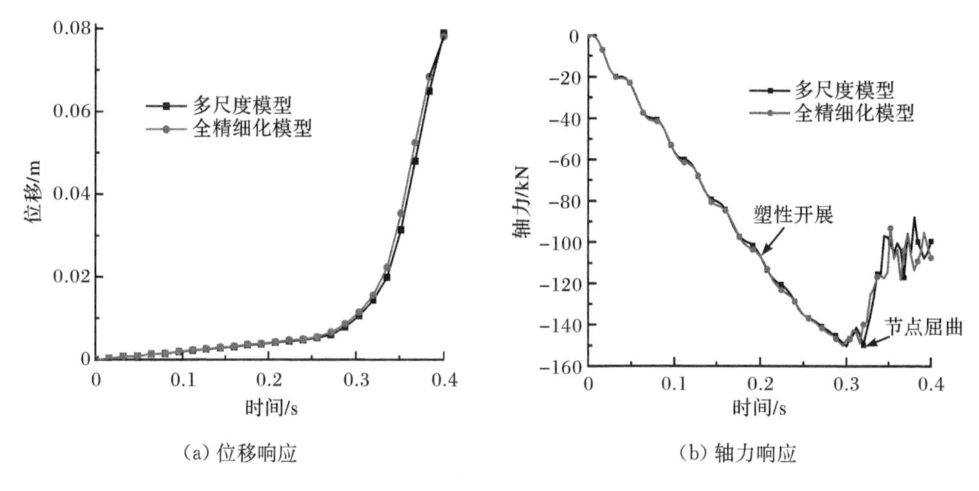

(a) 位移响应　　(b) 轴力响应

图 10.2.14　跨中节点左截面的响应

10.3　质点分布智能优化

在进行结构数值分析时，为了减小结构离散造成的误差，可以采用均匀地加密网格或质点的方法。然而，这种方法使得质点和单元数量迅速增多，显著增大了计算量。另外，结构的复杂行为，如大变形/大位移、接触/摩擦、屈曲/褶皱、断裂等，往往具有局部性，采用均匀细化模型的方法也是不经济的。为了平衡计算精度和效率，智能地进行结构模式细化十分必要。本节将提出一种适用于有限质点法的质点分布智能优化方法。

10.3.1　误差估计指标与加密准则

1. 误差估计指标

决定何处应进行加密是网格加密智能化的关键，对于每一个单元，都可以提出一个评价指标来反映该单元是否应被加密。这种指标可分为两类：一类是基于几何特征的指标；另一类是基于力学特征的指标。

基于几何特征的指标主要是指以曲率来确定网格疏密，曲率大则网格密。这种指标直观易算，但不能反映力学特征，例如，曲率小但应力集中的地方，用该指标不能加密；另外，对于双线性单元可能无法捕捉到正确的曲率。基于力学特征的指标由于能够在应力集中、应力梯度大等误差较大的地方加密，因此可以获得更好的结果。本节采用基于力学特征的后验误差估计指标评价结构网格，首先基于该指标的计算结果评价误差，然后以平滑后的近似应力代替精确解，来进行误差估计。误差估计指标的计算方法如下。

单元应力的误差 $\boldsymbol{e}_\sigma$ 为

$$\boldsymbol{e}_\sigma = \boldsymbol{\sigma} - \boldsymbol{\sigma}_\mathrm{h} \approx \boldsymbol{e}_\sigma^* = \boldsymbol{\sigma}^* - \boldsymbol{\sigma}_\mathrm{h} \tag{10.3.1}$$

式中,$\boldsymbol{\sigma}$ 为精确应力解;$\boldsymbol{\sigma}_\mathrm{h}$ 为有限元应力解;$\boldsymbol{\sigma}^*$ 为平滑后的近似应力解;$\boldsymbol{e}_\sigma$ 为精确误差;$\boldsymbol{e}_\sigma^*$ 为近似误差。

近似误差的能量范数为

$$\| \boldsymbol{e}_\sigma^* \| = \left(\int_\Omega \boldsymbol{e}_\sigma^{*\mathrm{T}} \boldsymbol{D}^{-1} \boldsymbol{e}_\sigma^* \, \mathrm{d}\Omega \right)^{1/2} \tag{10.3.2}$$

若不考虑弹性矩阵 $\boldsymbol{D}$ 的权重,则可采用近似误差的 L_2 范数:

$$\| \boldsymbol{e}_\sigma^* \|_{L_2} = \left(\int_\Omega \boldsymbol{e}_\sigma^{*\mathrm{T}} \boldsymbol{e}_\sigma^* \, \mathrm{d}\Omega \right)^{1/2} \tag{10.3.3}$$

有限元解的能量范数和 L_2 范数为

$$\| \boldsymbol{u}_\sigma \| = \left(\int_\Omega \boldsymbol{\sigma}_\mathrm{h}^\mathrm{T} \boldsymbol{D}^{-1} \boldsymbol{\sigma}_\mathrm{h} \mathrm{d}\Omega \right)^{1/2} \tag{10.3.4}$$

$$\| \boldsymbol{u}_\sigma \|_{L_2} = \left(\int_\Omega \boldsymbol{\sigma}_\mathrm{h}^\mathrm{T} \boldsymbol{\sigma}_\mathrm{h} \mathrm{d}\Omega \right)^{1/2} \tag{10.3.5}$$

2. 加密准则

计算得到每个单元的误差估计指标后,需要评价哪些单元被加密。

对于单元 i,相对误差为(Ziekieaicz and Zhu,1992)

$$\eta_i = \sqrt{\frac{\| \boldsymbol{e}_\sigma^* \|_i^2}{\| \boldsymbol{u}_\sigma \|_i^2 + \| \boldsymbol{e}_\sigma^* \|_i^2}} \times 100\% \tag{10.3.6}$$

式中,$\| \boldsymbol{e}_\sigma^* \|_i$ 为单元误差的能量范数;$\| \boldsymbol{u}_\sigma \|_i$ 为数值求解的能量范数。通过加和可以得到结构求解域内的数值解 $\| \boldsymbol{u} \|^2$ 和误差 $\| \boldsymbol{e} \|^2$。

质点分布优化的目标是在整个求解域内满足 $\eta_i \leqslant \bar{\eta}$,$\bar{\eta}$ 为允许的相对误差,若认为误差在求解域内均匀分布,则要满足

$$\| \boldsymbol{e}_\sigma^* \|_i \leqslant \bar{\eta} \left(\frac{\| \bar{\boldsymbol{u}} \|^2 + \| \boldsymbol{e} \|^2}{m} \right)^{1/2} = \bar{e}_\mathrm{m} \tag{10.3.7}$$

式中,m 为单元数目;$\bar{e}_\mathrm{m}$ 为单元的最大允许误差。

根据式(10.3.6)和式(10.3.7),对单元 $\| \boldsymbol{e}_\sigma^* \|_i$ 大于 $\bar{e}_\mathrm{m}$ 的单元应被加密。

10.3.2　质点分布控制

本节针对三角形壳单元给出质点分布优化策略,主要包括以下几个过程:①应力平滑,根据单元应力值计算得到节点处的平滑应力;②误差估计,计算所有单元的误差值并评价单元是否加密;③质点加密,生成新的质点和单元;④物理量传递,传递新质点和新单元的状态、边界条件、荷载等。

1. 应力平滑

根据 10.3.1 节确定需要加密的单元后，采用质点平均法对加密单元应力进行应力平滑，即通过质点周边单元在该质点的应力计算平均值

$$\bar{\boldsymbol{\sigma}}^* = \frac{\sum_{e=1}^{N_e} \bar{\boldsymbol{\sigma}}_i^e}{N_e} \tag{10.3.8}$$

式中，N_e 为与质点 i 相连的单元个数；$\bar{\boldsymbol{\sigma}}_i^e$ 为第 e 个单元在质点 i 处计算得到的应力。

由于单元协调模型只能保证位移 $\boldsymbol{u}_{\mathrm{h}}$ 的连续，位移的导数应力 $\boldsymbol{\sigma}_{\mathrm{h}}$ 在单元间是跳跃的，因此需要通过插值在单元内构造光滑的应力场 $\boldsymbol{\sigma}^*$。

$$\boldsymbol{\sigma}^* = \boldsymbol{N}\bar{\boldsymbol{\sigma}}^* \tag{10.3.9}$$

式中，$\boldsymbol{N}$ 为形函数；$\bar{\boldsymbol{\sigma}}^*$ 为平滑后的节点应力。

2. 误差估计及加密准则

采用式(10.3.2)～式(10.3.5)计算误差估计指标。计算得到每个单元的误差估计指标后，根据式(10.3.6)～式(10.3.7)进行评价，确定需要加密的单元。

3. 质点加密

在获得了各单元的误差估计指标后，可采用多种方法对模型进行加密。图 10.3.1 以规则三角形网格加密法为例，在单元的三条边上均放置新质点，将旧单元分割成四个新的三角形单元。这种方法会产生非规则质点，但产生的新三角形单元与旧三角形单元相似，因此不会导致角度变化。规则加密法数据结构简单，适合多级加密，且容易逆向粗化，方便易用。此外还有中心加密法、最长边加密法等。

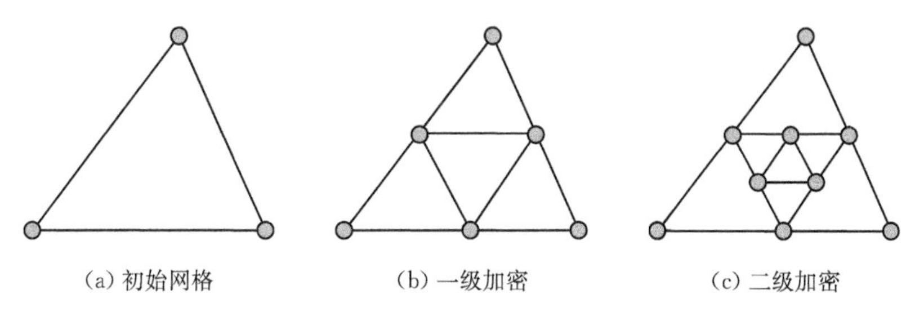

(a) 初始网格　　(b) 一级加密　　(c) 二级加密

图 10.3.1　三角形单元的规则加密法

图 10.3.2 所示为加密前后的单元拓扑关系。N_1、N_2 和 N_3 分别为旧单元的三个质点，以逆时针顺序编号，旧单元的三条边分别为 E_1、E_2 和 E_3。生成新单元时，顺次在旧单元的三条边上增加三个质点 N_4、N_5 和 N_6，然后将旧单元分隔为四

个新单元分别为$\triangle N_1N_4N_6$、$\triangle N_2N_5N_4$、$\triangle N_3N_6N_5$及$\triangle N_6N_4N_5$。

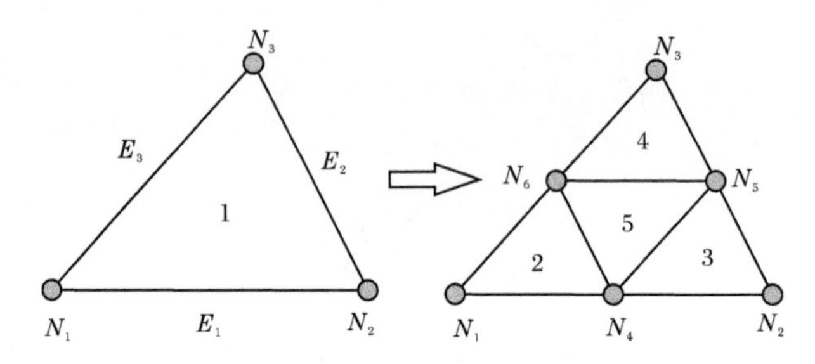

图 10.3.2　三角形单元加密的拓扑关系

为保证能够进行多级单元加密，并为后续粗化的研究做准备，定义的数组见表 10.3.1。为能够顺利使用该数据结构，在加密过程中必须满足“一次非规则”准则，即相邻单元之间最多间隔一级。

表 10.3.1　网格加密中定义的数组

数组名称	说明
pPatCon	三角形单元的相邻关系
pSblng	同一个父单元产生的子单元
pFlag	节点属性，−1 表示从质点，0 表示边界点，+1 表示主质点
pMaster	保存从质点所属的主质点编号
pGenRA	当前单元的级数
pGenRD	后代单元的级数
pParent	父单元编号
pChild	子单元在 pSblng 中的起始位置索引

单元i的加密流程如图 10.3.3 所示。从 pPatCon 中获得单元三条边的邻接关系，对三条边依次循环。如果单元i在某一条边上无相邻单元，说明这条边为壳边界，则新增质点，并在 pFlag 中设置该质点属性为边界点。如果有相邻单元j，则进一步判断单元i与j在 pGenRD 中是否是同一级网格，若是，则新增质点为从质点，并在 pMaster 中设置新增质点的主质点为这条边的起止质点；若不是，则查找单元j在这条边上的从质点，并更改其属性为主质点。对三边循环之后，可获得三边中点处的三个质点编号，可以据此设置新增的四个单元的拓扑关系，并更新表 10.3.1 中数组的数据。

非规则质点是指位于相邻单元边上的质点，非规则质点的位移与相邻单元的位移不协调，需要特殊处理。本节将非规则质点作为从质点，相邻单元边上两质

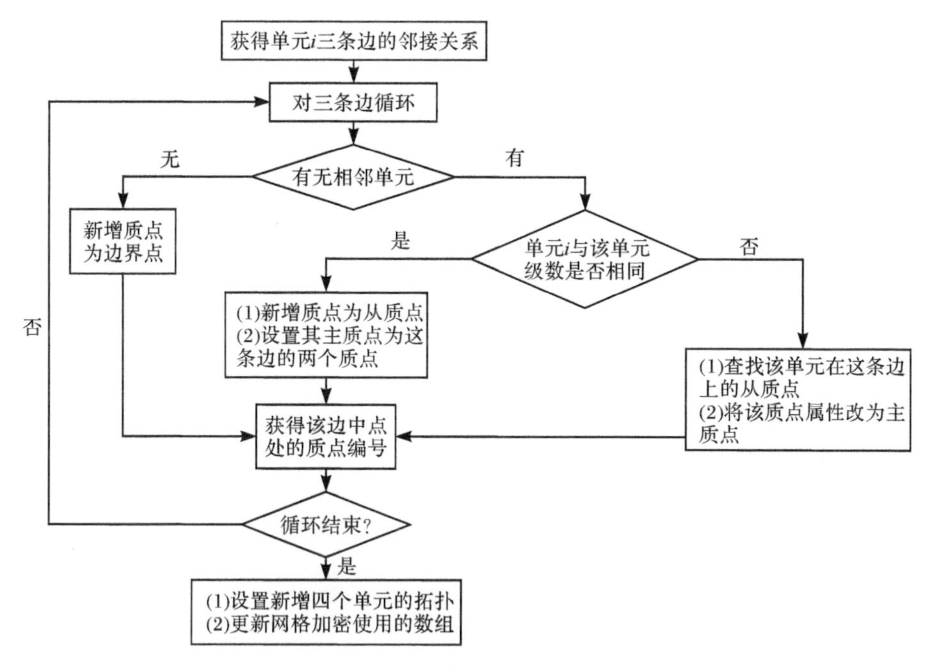

图 10.3.3　单元 i 的加密流程

点作为主质点。从质点 $t-1$ 时刻和 t 时刻的线位移和角位移可通过式(10.3.10)计算得到：

$$
\begin{aligned}
\boldsymbol{x}_{t-1}^{\mathrm{s}} &= \frac{\boldsymbol{x}_{t-1}^{\mathrm{m1}} + \boldsymbol{x}_{t-1}^{\mathrm{m2}}}{2} \\
\boldsymbol{x}_{t}^{\mathrm{s}} &= \frac{\boldsymbol{x}_{t}^{\mathrm{m1}} + \boldsymbol{x}_{t}^{\mathrm{m2}}}{2} \\
\boldsymbol{\theta}_{t-1}^{\mathrm{s}} &= \frac{\boldsymbol{\theta}_{t-1}^{\mathrm{m1}} + \boldsymbol{\theta}_{t-1}^{\mathrm{m2}}}{2} \\
\boldsymbol{\theta}_{t}^{\mathrm{s}} &= \frac{\boldsymbol{\theta}_{t}^{\mathrm{m1}} + \boldsymbol{\theta}_{t}^{\mathrm{m2}}}{2}
\end{aligned}
\tag{10.3.10}
$$

相应地，从质点计算得到的节点内力也应转移至主质点上去。由虚功原理可得

$$
\delta\dot{\boldsymbol{x}}^{\mathrm{s}}\boldsymbol{F}_{\mathrm{int}}^{\mathrm{s}} = \delta\dot{\boldsymbol{x}}^{\mathrm{m1}}\boldsymbol{F}_{\mathrm{int}}^{\mathrm{m1}} + \delta\dot{\boldsymbol{x}}^{\mathrm{m2}}\boldsymbol{F}_{\mathrm{int}}^{\mathrm{m2}} \tag{10.3.11}
$$

然后，由 $\delta\dot{\boldsymbol{x}}^{\mathrm{s}}=(\delta\dot{\boldsymbol{x}}^{\mathrm{m1}}+\delta\dot{\boldsymbol{x}}^{\mathrm{m2}})/2$，得到转移至主质点上的节点力为

$$
\boldsymbol{F}_{\mathrm{int}}^{\mathrm{m1}} = \boldsymbol{F}_{\mathrm{int}}^{\mathrm{m2}} = \frac{1}{2}\boldsymbol{F}_{\mathrm{int}}^{\mathrm{s}} \tag{10.3.12}
$$

4. 物理量传递

在形成新网格之后，需要根据旧网格设置新增单元和质点的物理量。需要设

置的物理量包括新增质点的初始坐标 $\boldsymbol{X}_0$、$t-1$ 时刻线位移 $\boldsymbol{x}_{t-1}$ 及角位移 $\boldsymbol{\theta}_{t-1}$、$t$ 时刻线位移 $\boldsymbol{x}_t$ 及角位移 $\boldsymbol{\theta}_t$，新增单元高斯点处的应力 $\boldsymbol{\sigma}$、屈服应力 $\boldsymbol{\sigma}_{cr}$、应力中心 α，以及重新分布后的质点质量。

对于新增质点的数据，可根据主质点的数据插值得到；对于单元数据，可由母单元数据或平滑后的应力场插值得到；对于质点质量，可在新质点分布形成后重新计算。

单元应力传递是否正确，关系到结构非线性行为能否正确模拟。本节通过平滑后的质点应力插值得到单元应力，如图 10.3.4 所示。单元的其他数据，如屈服应力 σ_y、应力中心 α 等，也可以通过类似方法确定。

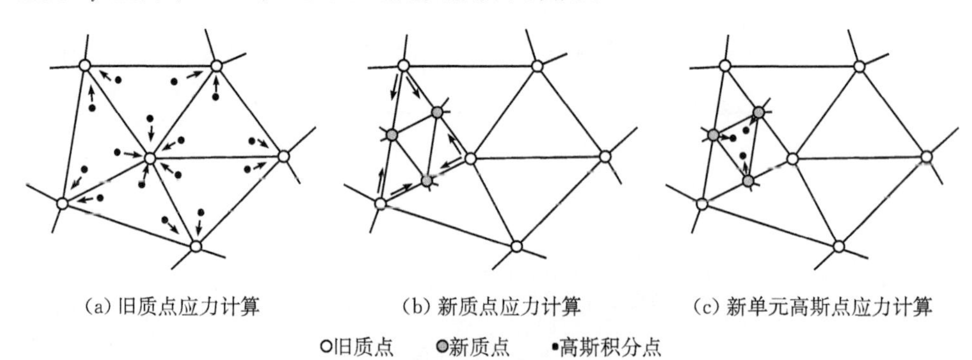

图 10.3.4　新旧质点分布模型的单元应力传递

新单元高斯点处应力计算具体步骤如下。

(1) 由旧单元高斯点处应力计算得到旧质点的光滑应力。首先由高斯点应力求得单元在质点处的应力值，如图 10.3.5 所示，以三积分点为例，由

$$\begin{bmatrix}\boldsymbol{\sigma}_a\\ \boldsymbol{\sigma}_b\\ \boldsymbol{\sigma}_c\end{bmatrix}=\begin{bmatrix}\dfrac{2}{3} & \dfrac{1}{6} & \dfrac{1}{6}\\ \dfrac{1}{6} & \dfrac{2}{3} & \dfrac{1}{6}\\ \dfrac{1}{6} & \dfrac{1}{6} & \dfrac{2}{3}\end{bmatrix}\begin{bmatrix}\boldsymbol{\sigma}_1\\ \boldsymbol{\sigma}_2\\ \boldsymbol{\sigma}_3\end{bmatrix} \tag{10.3.13}$$

反算得到

$$\begin{bmatrix}\boldsymbol{\sigma}_1\\ \boldsymbol{\sigma}_2\\ \boldsymbol{\sigma}_3\end{bmatrix}=\begin{bmatrix}\dfrac{5}{3} & -\dfrac{1}{3} & -\dfrac{1}{3}\\ -\dfrac{1}{3} & \dfrac{5}{3} & -\dfrac{1}{3}\\ -\dfrac{1}{3} & -\dfrac{1}{3} & \dfrac{5}{3}\end{bmatrix}\begin{bmatrix}\boldsymbol{\sigma}_a\\ \boldsymbol{\sigma}_b\\ \boldsymbol{\sigma}_c\end{bmatrix} \tag{10.3.14}$$

从而得到该单元在三个质点处的应力值，然后根据本节前述应力平滑方法求得质点处的平滑应力。

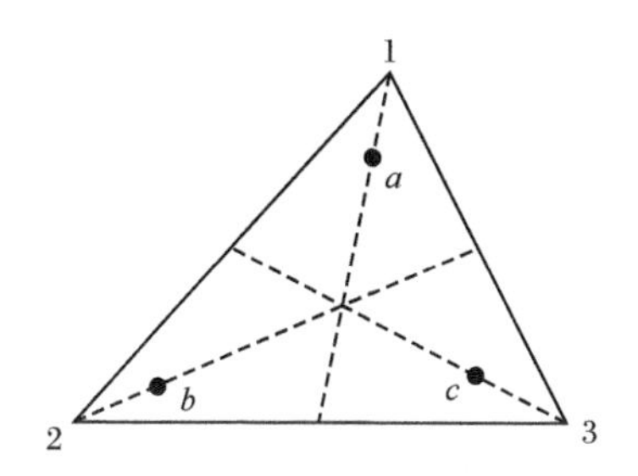

图 10.3.5　三角形壳单元三点积分的积分点位置

(2) 由旧质点应力通过插值求得新质点应力。新质点总是位于单元边上，因此新质点的应力可由边的起止质点求得

$$\boldsymbol{\sigma}^{\mathrm{s}}=\frac{\boldsymbol{\sigma}^{\mathrm{m1}}+\boldsymbol{\sigma}^{\mathrm{m2}}}{2} \tag{10.3.15}$$

(3) 由新质点应力通过插值函数求得新单元高斯点处的应力。此时通过式(10.3.14)计算即可。

10.3.3　计算流程

本节介绍实现质点分布智能优化的步骤，包括应力平滑、误差估计、网格加密、物理量传递，完整的计算流程如图 10.3.6 所示。其中灰色部分为在原算法基础上增加的质点，分布优化的具体步骤。

10.3.4　分析示例

1. 平面悬臂梁的静力分析

图 10.3.7(a)所示右端承受均布剪力的平面悬臂梁是质点分布智能优化的典型算例。悬臂梁长 10m，深 2m，为平面应力状态，弹性模量 E=2GPa，泊松比 ν=0.2，端部的荷载密度为 P=1kPa，以斜坡—平台方式缓慢加载，质量阻尼系数为 0.05，时间步长为 1.0×10^{-6}s，加载总时间为 0.5s。以三角形壳单元对其进行网格划分，初始网格如图 10.3.7(b)所示。取允许相对误差 $\bar{\eta}$=0.2，最大加密层级为 3，优化次数为 5 次，对悬臂梁进行质点分布优化。各时刻结构的网格分布如图 10.3.8 所示，图 10.3.9 为最终时刻结构的应力分布，固定端变形梯度较大，网格分布与采用有限单元法的分析结果(De et al.，1983)一致，可见本节提出的方法能够将质点智能地分布在悬臂端应力梯度大的位置。

2. 圆柱壳受冲击荷载作用的动力分析

图 10.3.10 为一圆柱壳算例模型，圆柱壳半径为 2.93in，长 12.56in，圆心角

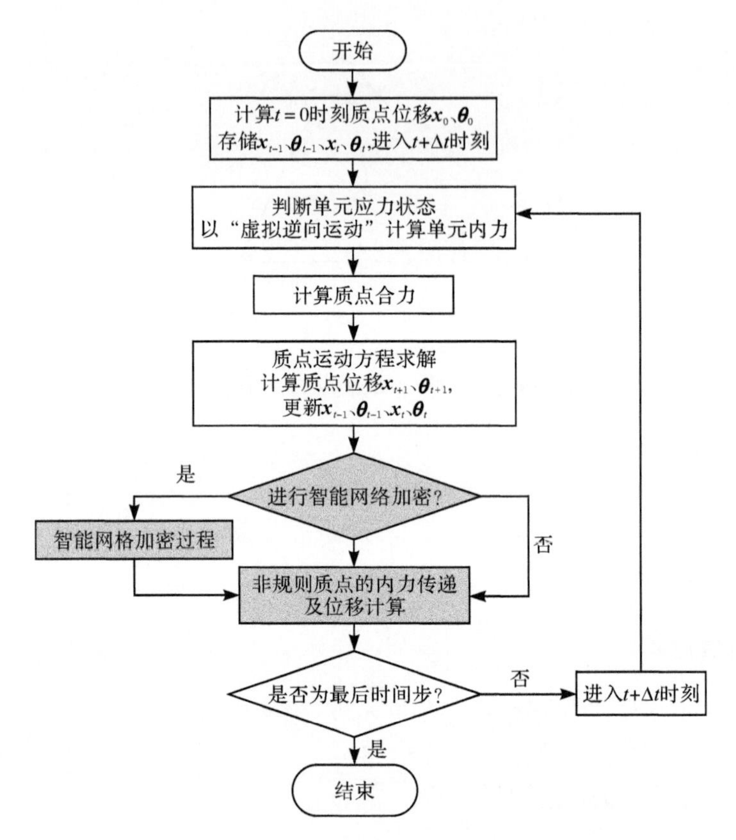

图 10.3.6　有限质点法的质点分布智能优化计算流程

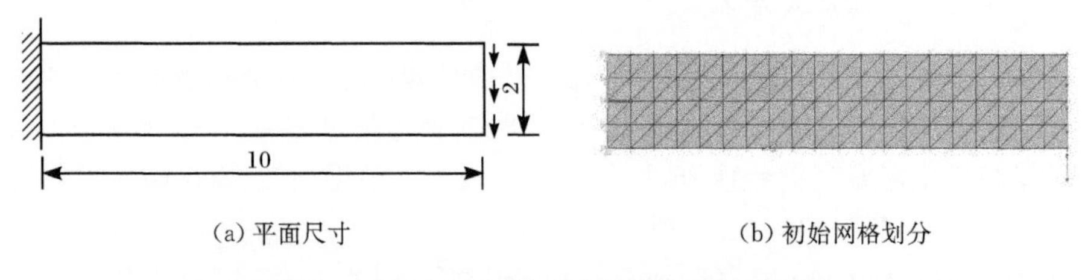

(a) 平面尺寸　　(b) 初始网格划分

图 10.3.7　平面悬臂梁静力分析算例示意图(单位:m)

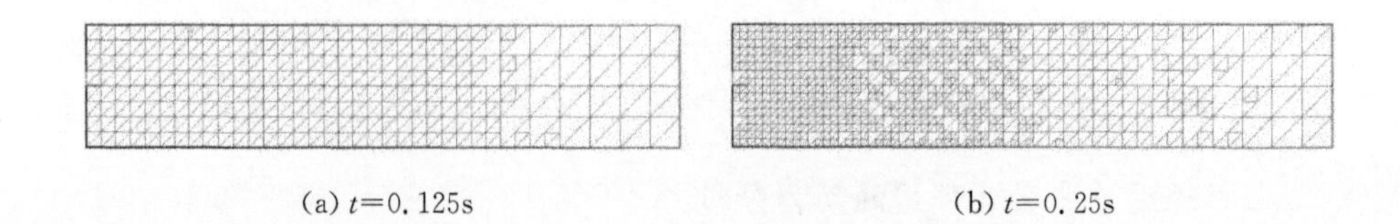

(a) $t=0.125$s　　(b) $t=0.25$s

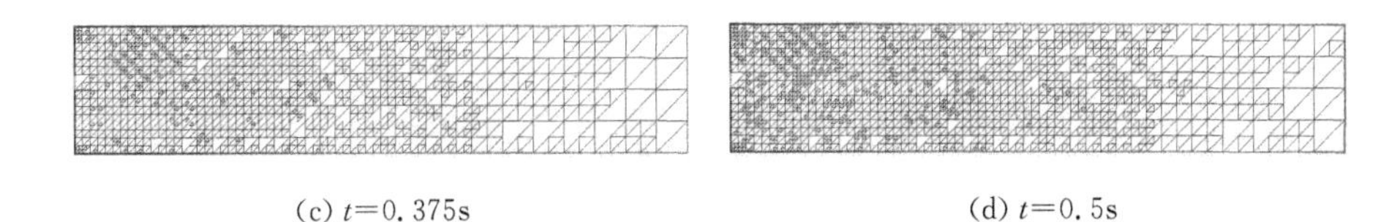

图 10.3.8　平面悬臂梁各时刻的网格分布

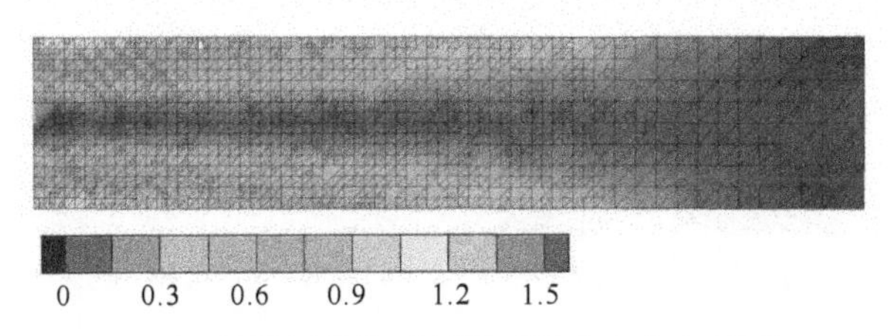

图 10.3.9　平面悬臂梁最终时刻的平滑应力分布(单位:10^{-6}Pa)

为 120°,厚度为 0.125in。弹性模量为 10.5×10^6psi,泊松比为 0.33,屈服强度为 44000psi,密度为 2.5×10^{-4}lb · s²/in⁴。在图示灰色 10.205in×3.08in 大小的区域施加初始径向速度,速度大小为 5650in/s,模拟结构在初始冲击荷载作用下的响应,计算总时长为 1ms。

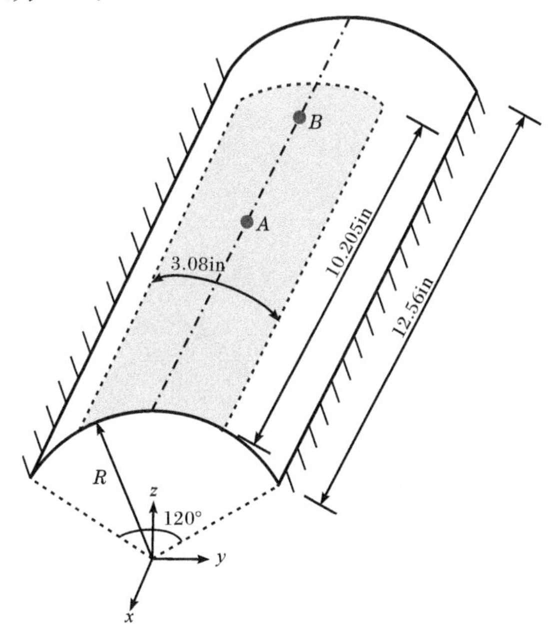

图 10.3.10　圆柱壳算例模型

以三角形壳单元对圆柱壳进行结构离散，初始质点分布如图 10.3.11(a)所示。设允许相对误差 $\bar{\eta}=0.4$，最大加密层级为 3，优化次数为 5 次，对圆柱壳进行质点分布优化。各时刻结构的质点分布如图 10.3.11(b)～(e)所示。由于受到冲击荷载的作用，作用区域与非作用区域交界处应力变化最大，因此质点首先在交界处加密；随着冲击能量被壳体吸收，应力变化逐渐减小，但在垂直于长向的交界区域仍有较大的应力梯度，因此第三级加密的质点在这两个区域分布较多。圆柱壳中心线处质点的位移时程曲线如图 10.3.12 所示，与采用有限单元法的分析结果(Belytschko et al.,1989)一致。

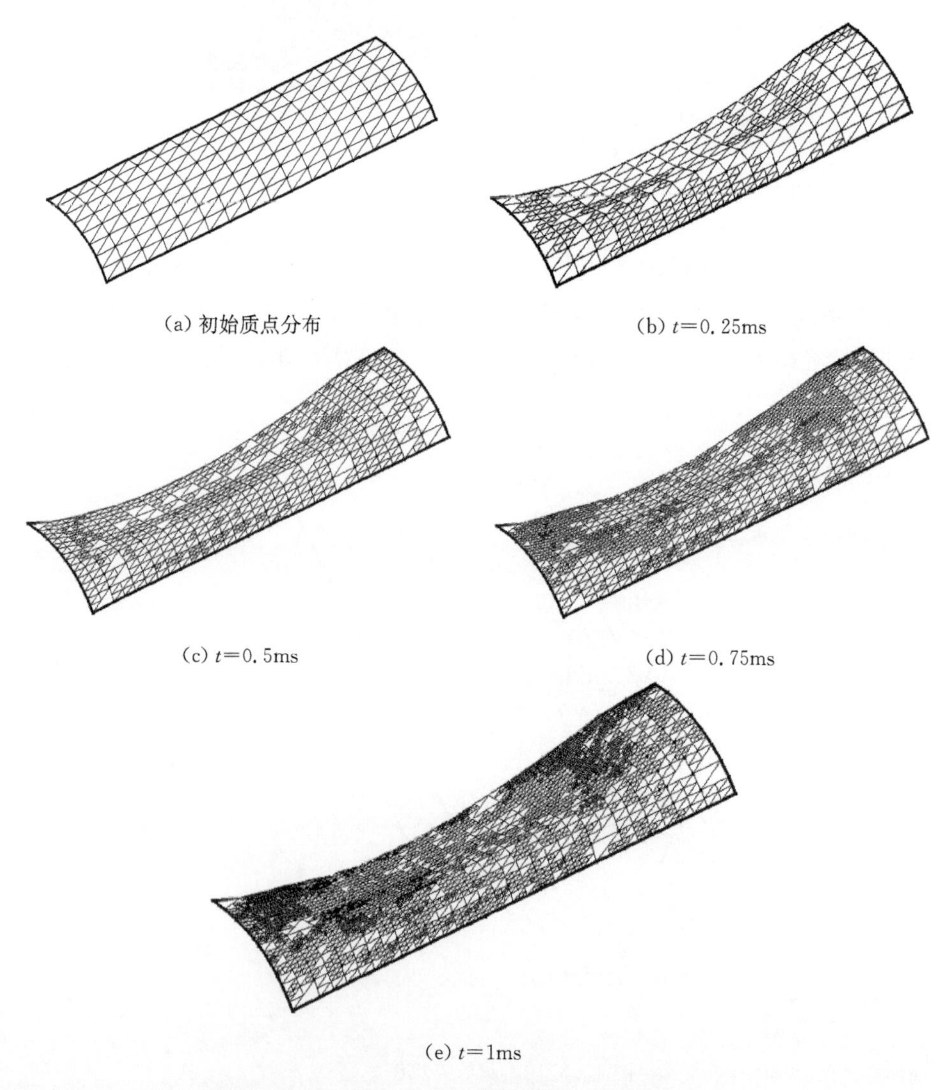

(a) 初始质点分布　(b) $t=0.25$ms

(c) $t=0.5$ms　(d) $t=0.75$ms

(e) $t=1$ms

图 10.3.11　圆柱壳的初始网格及各时刻网格分布

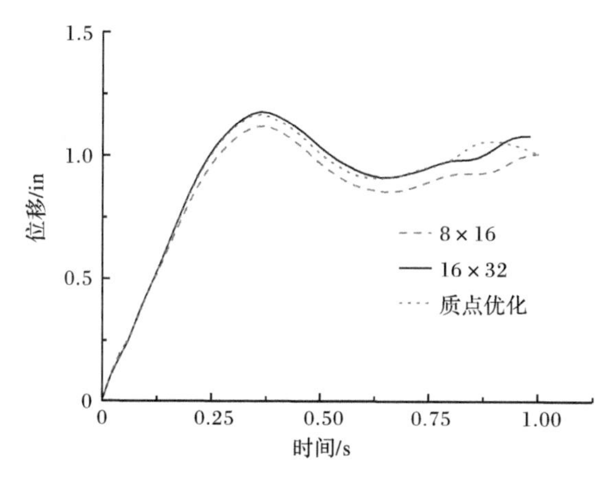

图 10.3.12 圆柱壳中心线处质点的位移时程曲线

10.4 GPU 并行加速

随着计算机技术的发展,并行计算逐渐发展成熟,并形成了多种较为完善的行业标准。GPU 硬件最初应用于图形学、影视领域,随着 GPU 可编程技术的成熟,越来越多的科学计算采用 GPU 并行技术提高效率。相比于中央处理器(central processing unit,CPU),GPU 内部控制器少,但具有大量的算术逻辑单元,从而可将计算任务细粒度地区分,并发地进行更多的任务,从而大幅提高并行度。有限质点法单元内力计算相互独立,质点控制方程求解无耦合,可在 GPU 上进行细粒度的并行。

本节首先介绍 GPU 的架构和相应的并行技术,然后采用较为成熟的 CUDA (compute unified device architecture)语言对有限质点法的算法进行重构,实现并行计算。最后,对有限质点法各精细化单元的计算效率进行对比分析。

10.4.1 GPU 架构及 CUDA

现代计算机中与 CPU 对应的还有另外一种处理器 GPU。随着计算机科学技术的发展,GPU 逐渐成为一个多核的通用处理器。同时,专门用于设计 GPU 通用计算程序的语言——GPGPU(general purpose graphics processing unit)逐渐成熟。

与 CPU 被迫采用并行方式不同,GPU 在设计之初就采用了并行处理的硬件架构。相较于 CPU,GPU 具有以下优势:①一个 CPU 一般只有个位数的核,而一个 GPU 内包含成百上千个核;虽然两者核心频率有一定差距,但核数量的增加大幅增加了并行度,从而在并行计算中能够达到更高的加速比。图 10.4.1 为 GPU

与 CPU 的计算能力对比，由图可以看出，GPU 的浮点运算能力可达到同时期 CPU 的 10 倍以上，而随着技术的发展，GPU 的优势会更加扩大。②CPU 重在逻辑控制，GPU 则强调单指令多线程(single instruction multiple thread，SIMT)的并发，一条指令发出后，被多个线程同时采用，从而减少发送指令带来的费用；③GPU的体积小、功耗低、成本低；④GPU 更新换代的速度比 CPU 快。

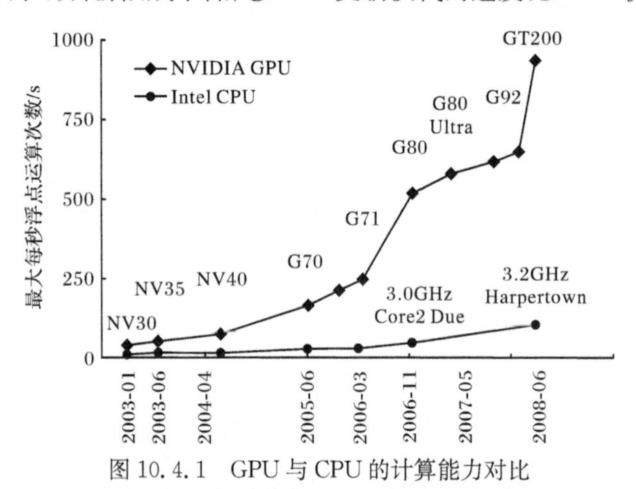

图 10.4.1　GPU 与 CPU 的计算能力对比

GT200 表示 GeForce GTX 280；G71 表示 GeForce 7900 GTX；NV35 表示 GeForce FX 5950 Ultra；G92 表示 GeForce 9800 GTX；G70 表示 GeForce 7800 GTX；NV30 表示 GeForce FX 5800；G80 表示 GeForce 8800 GTX；NV40 表示 GeForce 6800 Ultra

1. GPU 架构

无论 GPU 还是 CPU，其内部一般都含有三个部分：控制单元、逻辑运算单元和存储单元，但两者在这三部分的配比上相差较大(Zheng et al.，2012)。CPU 是串行架构，控制单元和存储单元较多，适合于逻辑判断及复杂的运算环境；GPU 是并行架构，控制单元和存储单元较少，但逻辑运算单元较多，从而具有强大的浮点运算能力，如图 10.4.2 所示。

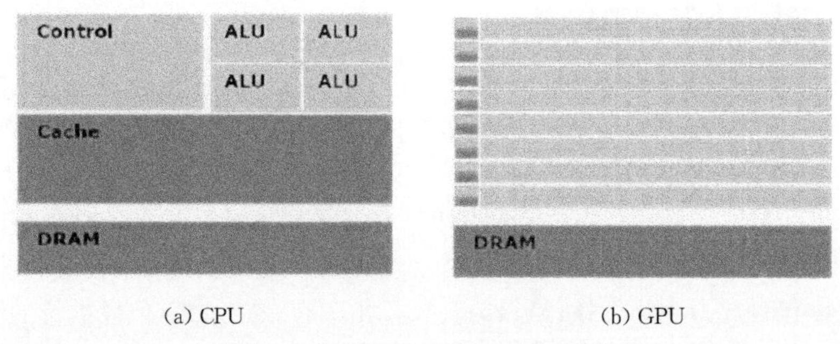

(a) CPU　　(b) GPU

图 10.4.2　GPU 与 CPU 架构对比

GPU 从一开始就是采用多核架构，随着技术的发展，GPU 在存储、缓存、带宽方面也不断地优化。一个典型的 GPU 是由多个流处理器（stream multiprocessors，SM）组成的，SM 的结构如图 10.4.3 所示。每个 SM 包含多个标量流处理器（scalar processor，SP），GPU 核心数量就是指 GPU 中总的 SP 数量；另外可能还有数量较少的特殊处理单元（special processing unit，SPU），用于特殊数学运算，如平方根、对数等的计算。每个 SP 拥有自己独立的寄存器空间（registers），供 SP 的私有计算使用；而在每个 SM 中，都有可供这个 SM 中的 SP 共同使用的共享内存（shared memory），可用于在 SP 中传递数据等。SM 通过一级缓存、纹理缓存及常量缓存来访问二级缓存，从而在全局内存（global memory）中获取数据。可见 GPU 采用了多层存储器空间，不同存储空间之间利用缓存（目前有两级缓存，L1 和 L2）提高访问速度，以减少显存带宽限制带来的数据延迟。

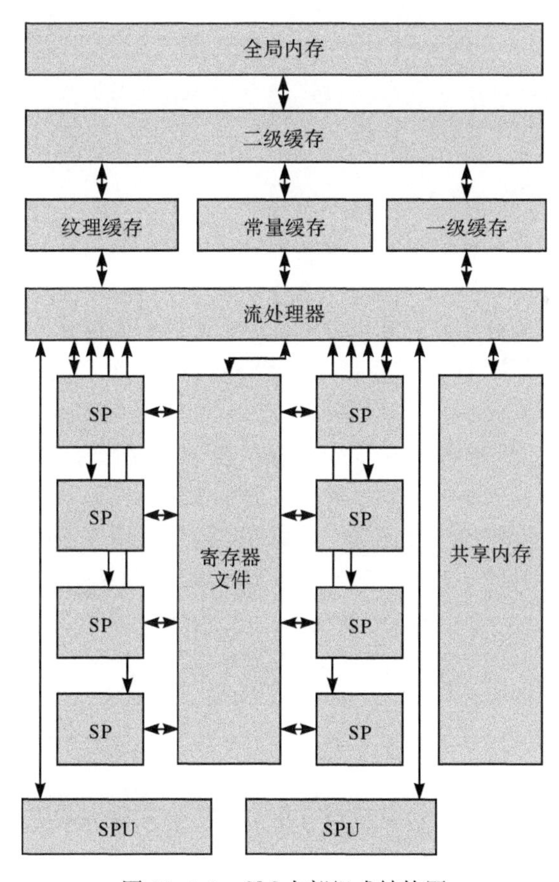

图 10.4.3　SM 内部组成结构图

2. CUDA 简介

目前 GPGPU 技术有多种。NVIDIA 公司推出的 CUDA 能够在各个平台上调用 NVIDIA 生产的 GPU；而微软推出的 C++AMP 则能够在 Windows 系统下调用不同厂商生产的 GPU；由苹果公司开发，之后由 Khronos Group 维护的 OpenCL(Open Computing Language)则旨在提供一个通用的、开放的 API(Application Programming Interface)，能够在各个平台下无缝调用不同厂商生产的 GPU。在这些 GPGPU 技术中，发展最早、最为成熟的是 NVIDIA 公司的 CUDA (Ruetsch and Fatica，2011)，本节的并行加速采用的就是 CUDA 技术，以下对其进行简要介绍。

CUDA 是一种通用的并行计算架构，由 NVIDIA 公司推出，其内部包含了指令集架构(instruction-set architecture，ISA)以及并行计算引擎，旨在利用 GPU 解决复杂的计算问题。CUDA 以 C 语言为基础，并且支持 C++ 和 FORTRAN。CUDA 提供了数据并行化及线程并行化两种模型，简化了源程序的编写，使得程序开发者能够快速地编写程序实现并行加速。

10.4.2　并行加速实现

1. 数据存储

GPU 的存储模型分为片内存储、板载显存及宿主端内存，见表 10.4.1。片内存储包括寄存器和共享内存，寄存器的速度最快，访问延迟极低，但每个线程占有的寄存器数量有限；共享内存与寄存器类似，可实现线程间通信。板载显存包括局部内存、常量内存、纹理内存和全局内存。局部内存可存储寄存器无法存储下的变量，以及大型数组和中间变量；常量内存是只读空间，可通过缓存加速访问，用于存储需要频繁访问的只读参数；纹理内存适合于图像操作及查找表；全局内存容量最大，但访问速度最慢，受到存储带宽的限制，会导致延迟。宿主端内存位于计算机的内存上，由 CPU 使用(Celes et al.，2005)。

表 10.4.1　GPU 存储模型及特点

类别	子类	特点
片内存储	寄存器	速度快，延迟低，数量有限
	共享内存	线程间通信
板载显存	局部内存	存储溢出变量、数组及中间变量
	常量内存	只读，可缓存加速
	纹理内存	图像操作及查找表
	全局内存	容量最大，访问最慢，延迟
宿主端内存	计算机内存	由 CPU 使用

从存储模型可以看出，存储器速度往往是限制 GPU 性能的瓶颈，合理安排数据的存储及访问至关重要。其中，全局内存容量最大，可存储用于迭代的质点及单元物理量；寄存器速度最快，可用于存储线程运算过程中的临时变量；常数内存只读，可保存在计算过程中不变的常量，如质点数、单元数、积分点数等。为保证计算精度，浮点变量均采用双精度存储（杜庆峰和吴瀚，2016）。

1）全局内存

片内存储容量有限，并且生命周期随着内核函数结束而结束，而全局内存可以在程序中保持，并可以直接与宿主端内存交换数据，因此全局内存可存储用于迭代的质点及单元物理量。为保证程序的易读性及方便数据管理，将物理量分为多个一维数组，每个数组包含“行数×分量数”个数据。以采用壳单元的精细化分析为例，数组的含义分别见表 10.4.2 及表 10.4.3。表 10.4.2 中物理量的行数均为质点数 N，表 10.4.3 中物理量的行数均为单元数 E。

表 10.4.2　GPU 全局内存中存储的质点物理量

变量名	分量数	类型	说明	备注
pbRigid	1	int	属性	刚接/铰接
pX0	3	double	初始坐标	—
pV0	3	double	初速度	—
pXn_1	3	double	$t-1$ 时刻线位移	—
pXn	3	double	t 时刻线位移	—
pRn_1	3	double	$t-1$ 时刻角位移	—
pRn	3	double	t 时刻角位移	—
pMass	1	double	质量	—
pF	3	double	力之和	—
pM	3	double	力矩之和	—
pIM	6	double	转动惯量矩阵	对称矩阵存储
pNdNorm	3	double	法向量	—
pRot	1	double	质点面外转动量	用于壳单元计算
pLoadF	3	double	外力	—
pLoadM	3	double	外力矩	—
pNdBC	1	int	约束	—
pNd2NdCount	1	int	与此质点相连的质点个数	—
pNd2Nds	最大相连质点数	int	与此质点相连的质点	—
pNdElemCount	1	int	与此质点相连的单元个数	—
pNdElems	最大相连单元数	int	与此质点相连的单元	—
pNdElemIdx	最大相连单元数	int	质点在该相连单元中的索引	—

表 10.4.3　GPU 全局内存中存储的单元物理量(壳单元)

变量名	分量数	类型	说明	备注
pTypeNo	1	int	类型号	—
pMatNo	1	int	材料号	—
pRealNo	1	int	实常数号	—
pSectNo	1	int	截面号	—
pNds	3	int	节点号	一个单元有三个节点
pMassOfElem	1	double	分配到单元每个质点上的质量	—
pVoluOfElem	1	double	体积	—
pImOfElem	1	double	转动惯量	需要根据局部坐标系计算为转动惯量矩阵 pElemIM
pStress	6×积分点数	double	应力	—
pSigCr	积分点数	double	临界应力	—
pSCenter	6×积分点数	double	应力中心	—
pElemF	3×3	double	单元力	3 个分量×3 个质点
pElemM	3×3	double	单元力矩	—
pElemIM	6	double	分配到每个质点的转动惯量矩阵	对称存储
pElemNdStress	18	double	单元每个质点上的应力	只记录厚度方向指定层的应力

全局内存虽然容量最大,但存储带宽小,延迟最严重。在编程时采用以下两种方法避免延迟:①数据的合并访问。合并访问是指某一时刻所有线程访问连续的对齐内存块,如图 10.4.4 所示。这样每个线程的访问地址能合并起来,只需一次存储事务即可解决问题。但是访问必须连续,并且以 32 字节为基准对齐。②数据获取与计算并行。获取数据是以事务形式进行的,在发出获取数据的指令后,线程可以继续执行计算,当遇到需要用到待获取数据时才停下来等待。一般而言,如果每十次计算只需进行一次访存,那么内存延迟能被有效地隐藏。

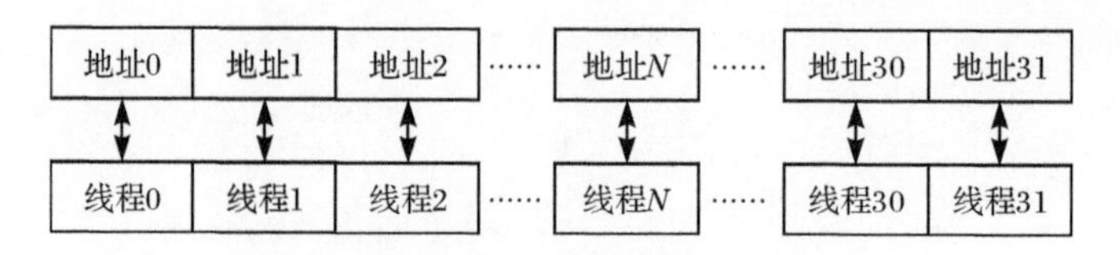

图 10.4.4　线程的合并访问

以一维数组存储多维数据时,为达到数据的合并访问,数组的存储必须是交错的,即先依次存储质点的 x 坐标,然后再存储 y、z 坐标,并在每一个分量后面补齐为 32 字节的倍数(使用 cudaMallocPitch),以质点初始位置数组 pX0 为例,存储如图 10.4.5 所示。为达到数据获取与运算并行,需要尽可能增加线程的计算量,同时提前进行数据的获取。

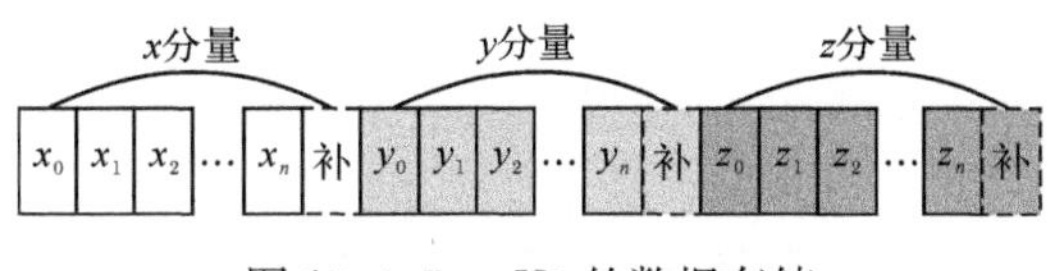

图 10.4.5　pX0 的数据存储

2) 寄存器

寄存器是 GPU 存储结构里面最快的,但数量非常有限。以 NVIDIA 公司生产的 GPU 为例,每个 SM 拥有 32KB 寄存器空间,每个线程最多可使用 64 个寄存器。每个线程使用的寄存器越多,则线程块上的线程数目越少,从而导致并发数越少,速度降低。不仅如此,当每个线程使用的寄存器超过 64 个后,变量将会溢出到局部内存,局部内存位于板载显存上,访问速度比寄存器慢得多,而且不能通过程序控制,将显著降低运算效率。

对于采用双精度浮点运算的内核函数,由于 1 个双精度浮点变量占用 2 个寄存器,使得寄存器数量不能满足计算需求。本节通过以下三个措施来减少寄存器的使用:①拆分长内核函数为短内核函数。例如,以壳单元的内力计算为例,内核函数拆分后见表 10.4.4。这样能有效地减少每个内核函数用到的寄存器数量。②在全局内存中增加数组来存储临时变量。例如,在更新壳单元状态时,若用寄存器存储每个单元的局部坐标系矩阵 $\boldsymbol{\Omega}$、转动矩阵 $\boldsymbol{R}_{\mathrm{t}}$、局部坐标系下的变形 $\hat{\boldsymbol{\eta}}$ 和位移 $\hat{\boldsymbol{x}}$、应变增量 $\Delta\hat{\boldsymbol{\varepsilon}}$ 等变量,则很快将溢出,因此将这些变量放置在全局内存中,通过全局内存的合并访问人为地控制临时变量的存取,从而避免由系统对局部内存的自动访问带来的瓶颈。本节增加的临时变量见表 10.4.5。③优化每个内核的计算程序。尽量采用进行加乘操作的短表达式,减少长表达式以减少过程中临时变量的使用,同时减少寄存器变量的生存周期。

表 10.4.4　拆分后的壳单元内核函数

函数名	作用
CalNormAndVec	更新单元法向向量
CalOutPlaneRotate	计算面外转动
CalInPlaneRotate	计算面内转动
CalTotalRotate	计算总转动量
CalLocalCoorAndVar	计算局部坐标系及局部坐标系下的变量

续表

函数名	作用
CalDStrain	计算应变增量
CalStress	计算应力
CalElemF	计算单元在各节点的内力
CalElemM	计算单元在各节点的内力矩

表 10.4.5　GPU 全局内存中存储的单元临时变量(壳单元)

变量名	分量数	类型	说明
pNormn_1	3	double	$t-1$ 时刻法向量
pNormn	3	double	t 时刻法向量
pOmega	9	double	局部坐标系矩阵
pRt	9	double	转动矩阵
pdStrain	15	double	应变增量
pVecn_1	6	double	$t-1$ 时刻单元矢量
pVecn	6	double	t 时刻单元矢量
pYita	6	double	单元纯变形
pYitaOut	6	double	单元面外变形
pet	5	double	转动向量
pBa	14	double	局部坐标系下变量

3) 常量内存

常量内存可存储运算过程中保持不变的变量,可在程序初始化时通过 cudaMemcpyToSymbol 赋值。以壳单元的计算为例,计算中使用的常量见表 10.4.6,在存储时可以分为 int 和 double 两个数组。

表 10.4.6　GPU 常量内存变量

变量名	类型	说明
h	double	时间步长
zeta	double	阻尼
ndCount	int	节点数
shellCount	int	壳单元数
maxElemOfNode	int	与单元连接的最大质点数
planeIntCount	int	面内积分点数
thickIntCount	int	厚度方向积分点数

2. 线程映射

在 GPU 中，线程以 32 个为一组，称为一个线程束（warp），多个线程束合在一起成为一个线程块（block）。每次并行都是以线程束为单位进行的，当一个线程束进行内存读取时，线程束中的线程将会被挂起，其他线程束载入，进行计算，从而掩盖内存读取的延迟。一个流处理器中可以同时运行多个线程块，一个线程块中的线程执行完毕后，可以载入下一个线程块进行计算。在并行实现过程中，需要确定每个内核函数的线程块大小以及开辟多少个线程块。具体内容包括以下方面。

(1) 线程块大小的确定。线程块中的线程数越多，则并行度越大，目前 GPU 中一个线程块最多有 1024 个线程。然而，每个流处理器中的寄存器数量有限，每个线程块中的线程数越多，一个流处理器中能够同时运行的线程块就越少，从而减少了并行度。因此线程块大小的确定需要平衡线程的并行和线程块的并发。利用 GPU 性能分析工具 NSight 对采用的内核函数进行评估，对大部分内核函数而言，每个线程块采用 128～256 个线程可以达到较好的效果，因此计算中内核函数的每个线程块采用 128 个线程。

(2) 线程块数目的确定。线程块数目 N_b 可通过式(10.4.1)计算得到：

$$N_b = \frac{N_t + N_{tpb} - 1}{N_{tpb}} \tag{10.4.1}$$

式中，N_t 为待计算的数目，如单元数、质点数等；N_{tpb} 为每个线程块中的线程数，总共生成的线程数为 $N_{tpb} \times N_b$ 个。为保证数组访问不越界，需要在内核函数开始时判断线程索引是否超出了 N_t。

有限质点法的线程映射包括质点映射、单元映射以及应力更新映射，具体内容包括以下方面。

(1) 采用质点映射的函数包括质点初始化、质点物理量集成、质点线位移求解、质点角位移求解等函数，此时 $N_t = N_{node}$。

(2) 采用单元映射的函数包括表 10.4.4 列出的单元计算函数，此时 $N_t = N_{elem}$。

(3) 采用应力更新映射的函数包括积分点应力计算函数，此时 $N_t = N_{int}$，N_{int} 为所有单元积分点数目之和。采用应力映射而不是单元映射，一方面可以减少寄存器的使用量，另一方面可以增加线程的并行度。

3. 质点内力集成方案

获得单元在每个质点的节点内力后，需要将节点力集成到每个质点上，得到

$$\boldsymbol{F}_i = \boldsymbol{F}_i^{\text{ext}} + \sum_{j=1}^{N_e} \boldsymbol{F}_j^{\text{int}} \tag{10.4.2}$$

式中，$\boldsymbol{F}_i$ 为质点 i 的节点力向量；$\boldsymbol{F}_i^{\text{ext}}$ 为质点 i 的外力向量；$\boldsymbol{F}_j^{\text{int}}$ 为与质点 i 相连的第 j 个单元在该质点上的内力向量；N_e 为与质点 i 相连的单元数。

质点内力集成可采用两种方式：按单元集成和按质点集成。

(1) 按单元集成。计算得到单元在某质点上的内力后，直接累加到该质点的内力向量上。但由于集成过程是并行的，不同单元可能对同一个质点进行集成，此时不能保证节点上内力的一致性。例如，在全局存储空间中保存有质点 i 的节点力 $\boldsymbol{F}_i$，单元 m、n 在同一时刻访问该质点的节点力 $\boldsymbol{F}_i$ 并保存到寄存器，在寄存器中分别集成节点力为 $\boldsymbol{F}_i+\boldsymbol{F}_m^{\text{int}}$、$\boldsymbol{F}_i+\boldsymbol{F}_n^{\text{int}}$，计算完成时，单元 m 先将节点力存储为 $\boldsymbol{F}_i+\boldsymbol{F}_m^{\text{int}}$，单元 n 再将节点力存储为 $\boldsymbol{F}_i+\boldsymbol{F}_n^{\text{int}}$，最终的节点力为 $\boldsymbol{F}_i+\boldsymbol{F}_n^{\text{int}}$，这与预期的$\boldsymbol{F}_i+\boldsymbol{F}_m^{\text{int}}+\boldsymbol{F}_n^{\text{int}}$ 不同。

为避免这个问题，可采用同步函数(如原子加操作 AtomicAdd)访问全局内存的数据，保证读写数据的一致性。但原子函数会造成数据阻塞，而且目前对于双精度数据还没有通过硬件优化的原子函数，因此需要耗费很多时间。

(2) 按质点集成。在程序开始时生成与质点相连的单元信息(如表 10.4.2 中的 pNdElemCount、pNdElems 和 pNdElemIdx 等数组)，对于每个质点，依次提取与该质点相连单元 j 在该质点处的内力 $\boldsymbol{F}_j^{\text{int}}$，求得质点上的内力总和为 $\sum_{j-1}^{N_e} \boldsymbol{F}_j^{\text{int}}$，然后写入全局内存，从而避免对全局内存同一时刻进行写操作。但由于需要在内核函数中进行循环，且循环次数不固定，将造成内核函数线程束分支，从而降低速度。

通过 GPU 性能分析工具 NSight 对这两种方法的性能进行比较，发现按质点集成的速度比按单元集成的速度稍快，因此采用按质点集成的方式。

4. 多线程数据存储

为了获得计算过程中各个时间点的结构响应，需要在执行数个迭代步后从 GPU 的全局内存中将质点的位移结果或单元的应力结果复制到宿主端内存，并写入文件保存。然而，文件的读写操作相对于 GPU 计算非常慢，在写入文件的过程中，GPU 处于空闲状态，CPU 忙碌；写入完成后，GPU 忙碌，CPU 处于空闲状态。

程序能达到的最大加速比 S 受限于阿姆达尔定律，如式(10.4.3)所示，其中 a 为 GPU 程序所占百分比。受到文件写操作的限制，即使 GPU 程序计算时间迅速减少，程序整体的加速比也无法得到最大幅度的提升。

$$S = \frac{1}{1-a+a/n} \tag{10.4.3}$$

为了在 GPU 工作时充分利用 CPU 的能力，可以将数据存储与 GPU 计算并行。将 GPU 数据复制到宿主端内存后，GPU 立即开始接下来的计算，CPU 则开辟一个新线程将数据存储至文件，如图 10.4.6(b)所示。这样 CPU 与 GPU 都得到了利用。

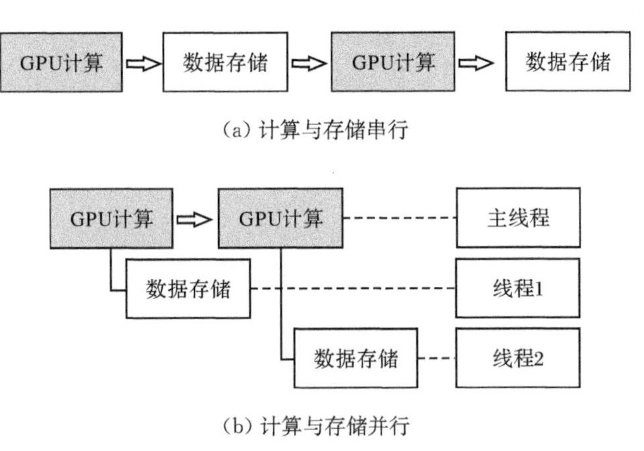

图 10.4.6　计算与存储的排列模式

5. 程序优化

当程序按照以上过程编写后，程序的加速比已得到一定的提升。为了充分利用 GPU，实现加速比的最大化，还可通过以下几点对程序进行优化。

(1) 将不同单元的计算分离。不同单元的计算过程不同，如果在一个线程束中有不同单元的计算线程，将会导致线程束出现分支，这时程序将耗费大量时间：首先计算满足第一个分支条件的线程，满足第二分支条件的线程空转；然后计算满足第二分支条件的线程，满足第一分支条件的线程空转。因此，本节针对不同单元类型开辟相应的变量数组，从而避免单元层面的分支出现。

(2) 不可避免分支时，最小化每个分支的任务。如果分支不可避免，且两个分支中有相同的操作，那么可以将这些操作从分支中抽离出来，以减小分支的影响。

(3) 将除法转为乘法。由于 GPU 中除法比乘法慢得多，如果需要对 a、b、c、d 分别除以 e，那么可以先求 e 的倒数 re，然后将 a、b、c、d 乘以 re，如图 10.4.7 所示。

(4) 给 GPU 尽可能多的任务。GPU 的计算任务越多，就越能掩盖数据存取导致的延迟。数值分析实例表明，几种基本类型单元的最大加速比排序为：壳单元>实体单元>膜单元>梁单元>杆单元，与单元的计算复杂程序正相关。

(5) 程序全 GPU 化。受 PCIe 带宽限制，GPU 与内存之间的数据交换最为耗时。例如，PCIe 带宽一般为 2.4GB/s，GPU 存储带宽可达到 118～169GB/s，如果在计算过程中还需要复制数据到 CPU 进行计算，则会大幅降低 GPU 的利用率。

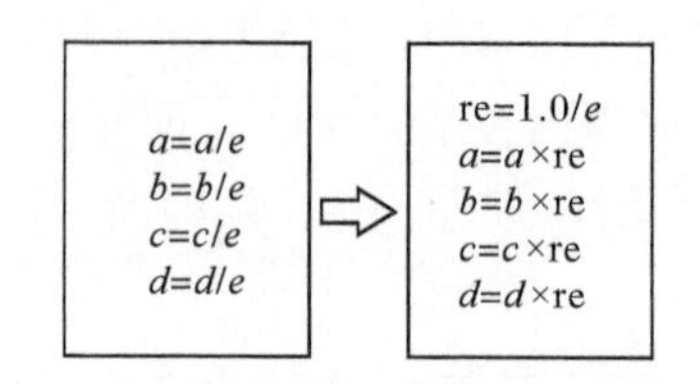

图 10.4.7　将多次除法转为多次乘法

因此将数据全部存储于 GPU 端可以解决 PCIe 带宽限制带来的瓶颈。

(6) 采用 CUDA 自带的快速计算函数。在 CUDA 中,有许多快速计算函数,如开根号函数 sqrt_f(),它的精度虽然比 sqrt()低,但速度要快好几倍。若程序对精度要求不高,则可以采用这些快速计算函数。

(7) 根据计算需求选择计算精度。在 GPU 中,单精度浮点运算能力和双精度不一样。对游戏显卡而言,单精度浮点运算要比双精度快得多。本节出于精度考虑均采用双精度计算,但对精度要求低的程序可以考虑采用单精度。例如,中国科学院的连续-非连续单元法(continuum-discontinuum element method,CDEM),主要考查岩土体或结构的宏观统计规律,采用的就是单精度计算。

此外,还可以通过综合考虑负载均衡、指令流优化等因素,最大化 GPU 的效率。

10.4.3　分析示例

为了研究 GPU 并行化能够达到的计算效率,本节针对精细化分析中的梁单元、壳单元和实体单元的单元内力求解函数及质点运动方程求解函数分别编制了 GPU 并行程序,并采用典型算例评估加速效果。采用的程序开发平台见表 10.4.7,其中并行计算所采用的 NVIDIA GeForce GTX 760 有 1152 个流处理器,2GB 显存。

表 10.4.7　程序开发平台

类别	平台
CPU	Intel(R)Core(TM)i7-2600 3.4GHz
GPU	NVIDIA GeForce GTX 760
操作系统	Windows 7
开发环境	Microsoft Visual C++ 2010,CUDA 5.5

为将加速效果量化,定义加速比 S 为 CPU 计算时间与 GPU 计算时间之比

$$S=\frac{t_{\mathrm{CPU}}}{t_{\mathrm{GPU}}} \tag{10.4.4}$$

1. 梁单元并行计算

为了考查并行计算对梁单元的效率提升，以图 10.4.8 所示的凯威特型单层球面网壳为对象。材料为钢材，弹性模量为 206GPa，密度为 7840kg/m^3，泊松比为 0.3，杆件截面尺寸均为 ϕ75.5mm×3.75mm，竖向节点荷载为 10kN，阻尼系数取 100。分别对构件划分不同数量的单元来增加单元数量，统计 CPU 和 GPU 前 2000 个迭代步的计算时间和加速比，数值和趋势如表 10.4.8 和图 10.4.9 所示。从表中可以看出，开始阶段，CPU 的计算速度比 GPU 快；随着梁单元数的增加，CPU 计算时间基本线性增加，而 GPU 计算时间刚开始增加并不明显，当单元数达到 16536 个以后基本开始随单元数增加而线性增大，说明 GPU 达到最大负载。因此加速比开始时迅速增大，最后稳定在 8～10，说明梁单元的并行加速效果良好。

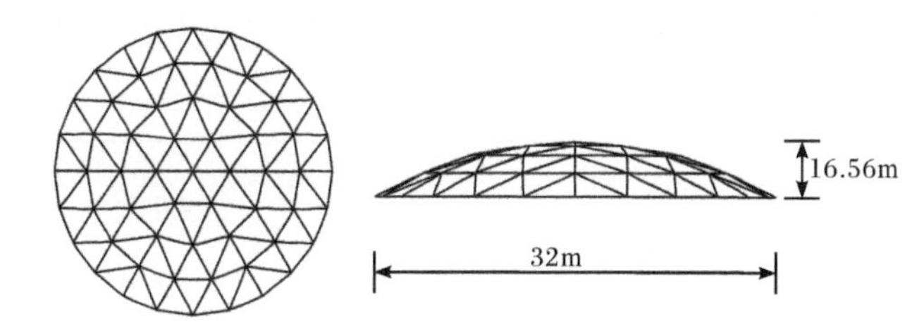

图 10.4.8　梁单元算例示意图(单层球面网壳)

表 10.4.8　梁单元的加速比数值

单元数	CPU 计算时间/s	GPU 计算时间/s	加速比
156	0.16	0.80	0.2
936	0.97	0.97	1.0
4056	3.90	0.98	4.0
16536	18.34	2.74	6.7
66456	89.26	11.16	8.0
166296	186.80	20.99	8.9

2. 壳单元并行计算

对于 10.3.4 节的圆柱壳受冲击荷载作用的动力分析问题，采用不同单元规模进行计算。统计 CPU 和 GPU 前 2000 个迭代步的计算时间和加速比，数值和趋势如表 10.4.9 和图 10.4.10 所示。从表中可以看出，随着单元数的增加，CPU 计算时间基本线性增加；而 GPU 计算时间刚开始增加并不明显，当单元数达到 40000 个以后开始随单元数增加而线性增大，说明 GPU 达到最大负载。因此加速

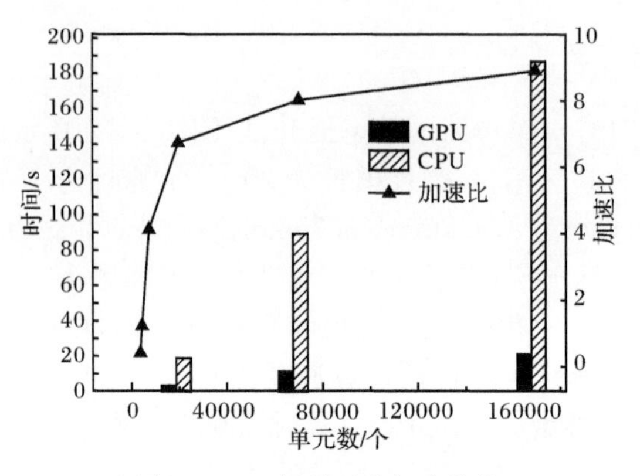

图 10.4.9　梁单元的加速趋势

比开始时迅速增大，最后稳定在 45～50，说明壳单元的并行加速效果良好。

表 10.4.9　壳单元的加速比数值

单元数	CPU 计算时间/s	GPU 计算时间/s	加速比
1024	12.79	0.81	15.79
4096	55.97	1.78	31.44
16384	237.42	5.99	39.64
36864	506.74	11.59	43.72
65536	1093.32	23.38	46.76
82944	1464.83	30.24	48.44
147456	2052.74	43.01	47.73

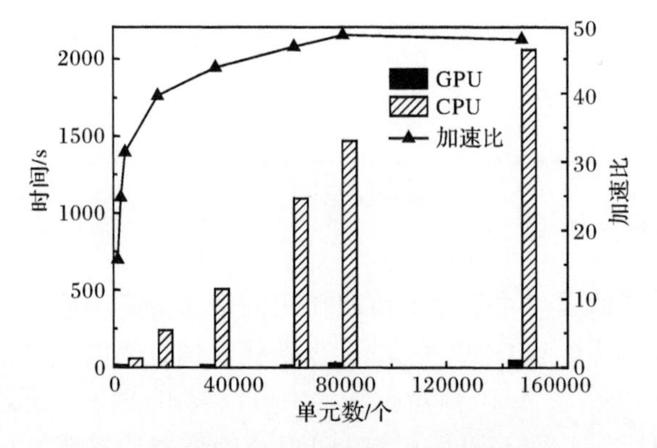

图 10.4.10　壳单元的加速趋势

3. 实体单元并行计算

为考查采用实体单元进行并行计算的效果，对图 10.4.11 所示悬臂梁进行大变形分析。梁长 $L=10\text{m}$，截面尺寸为高度 $H=1\text{m}$，宽度 $W=1\text{m}$，弹性模量 $E=10\text{Pa}$，密度 $\rho=1.0\text{kg/m}^3$，泊松比 $\nu=0$。自由端作用集中荷载，以“斜坡—平台”方式缓慢施加。时间步长 $\Delta t=2.5\times10^{-4}\text{s}$，为得到静态解，取质量阻尼系数 $\mu=0.05$。

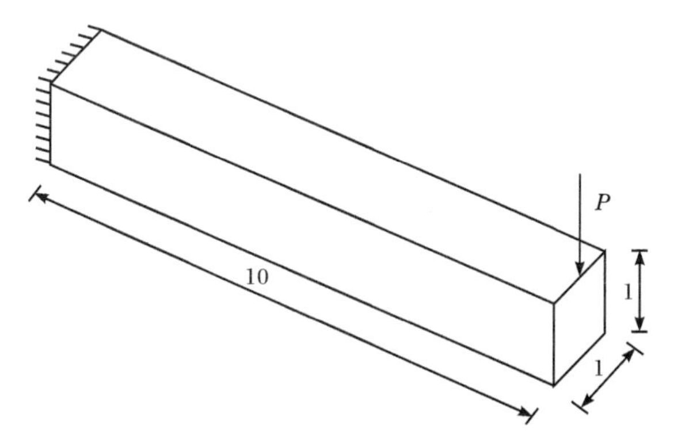

图 10.4.11　实体悬臂梁算例模型(单位：m)

采用不同单元规模进行计算，统计 CPU 和 GPU 前 2000 个迭代步的计算时间和加速比，数值和趋势如表 10.4.10 和图 10.4.12 所示。从表中可以看出，随着单元数的增加，CPU 计算时间基本线性增加；而 GPU 计算时间刚开始增加并不明显，当单元数达到 10000 个以后开始随单元数增加而线性增加，说明 GPU 达到最大负载。加速比开始时迅速增大，在单元数达到 10000 个之后增长放缓，最后稳定范围为 20～27，说明实体单元的并行加速效果良好。

表 10.4.10　实体单元的加速比数值

单元数	CPU 计算时间/s	GPU 计算时间/s	加速比
640	6.77	0.89	7.61
2160	22.70	1.51	15.03
5120	68.55	3.50	19.59
10000	121.34	5.88	20.64
33750	431.83	20.11	21.47
58320	728.76	32.03	22.75
80000	959.05	43.51	22.04
156250	2457.37	93.34	26.33

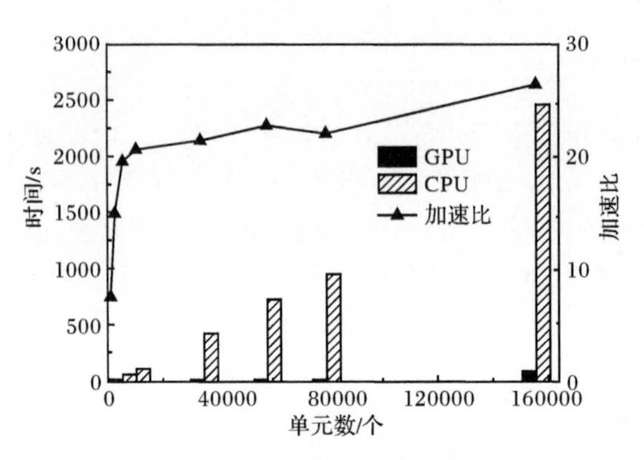

图 10.4.12 实体单元的加速趋势

实体单元加速效果不如壳单元,主要原因是:壳单元采用的高斯积分点有 20 个,实体单元的高斯积分点有 8 个,在积分点应力计算上壳单元计算量大;同时,壳单元的内力计算也较为复杂,因此能够获得更高的加速比。

附　　录

附录 A　四节点薄膜元质点内力计算

四节点薄膜元的内力计算思路与三节点薄膜元大致相同，关键问题是扣除刚体运动后求出薄膜元内的纯变形量。与三节点薄膜元内力求解的主要差别在于：①四节点薄膜元经过运动和变形后可能发生翘曲，各节点不一定都能始终处于同一个平面内；②逆向运动求变形时采用不同的转动估算方式及相应的刚体位移计算方式；③四节点单元独立节点变量增多，利用局部（自然）坐标和拉格朗日内插函数来描述薄膜元内的变形分布。

A.1　位移和变形

以图 A.1.1(a)所示的四节点空间薄膜元（厚度为 h）为例，四个节点（1，2，3，4）都各有三个平动自由度；节点分别与质点（$\alpha,\beta,\gamma,\delta$）刚性连接，在 t_a 和 t 时刻，节点 i 的位置向量与所连接的质点相同。由于空间四边形的四个节点经过运动和变形后可能不在同一个平面上，需要先通过投影方式将其转换为平面四边形，将投影构形中 t_a 时刻和 t 时刻的节点位置向量分别记作 $\bar{\boldsymbol{x}}_i^a$ 和 $\bar{\boldsymbol{x}}_i$（$i=1,2,3,4$）。

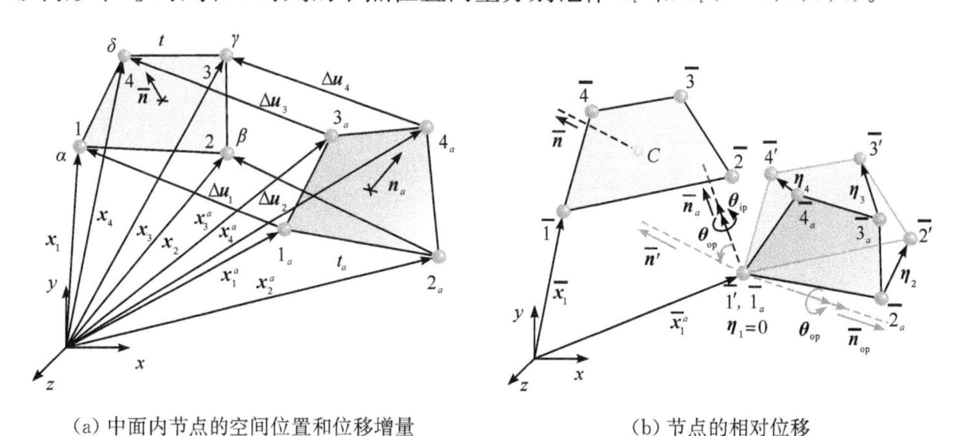

(a) 中面内节点的空间位置和位移增量　　(b) 节点的相对位移

图 A.1.1　空间四节点薄膜元的运动

薄膜元的法线向量按形心与四个节点构成的四个平面的法线向量平均值计

算。其中，形心 C_a 和 C 的位置向量分别为 $\boldsymbol{x}_c^a = \frac{1}{4}\sum_{i=1}^{4}\boldsymbol{x}_i^a$ 和 $\boldsymbol{x}_c = \frac{1}{4}\sum_{i=1}^{4}\boldsymbol{x}_i$；按照1-2-3-4逆时针顺序编号，四个节点在 V_a 和 V 构形中与形心连线的方向向量分别为

$$\boldsymbol{e}_i^a = \frac{\boldsymbol{x}_c^a - \boldsymbol{x}_i^a}{|\boldsymbol{x}_i^a - \boldsymbol{x}_c^a|}, \quad \boldsymbol{e}_i = \frac{\boldsymbol{x}_c - \boldsymbol{x}_i}{|\boldsymbol{x}_i - \boldsymbol{x}_c|}, \quad i = 1,2,3,4 \tag{A.1.1}$$

薄膜元的平均法线向量为

$$\bar{\boldsymbol{n}}_a = \frac{1}{4}\sum_{i=1}^{4}\boldsymbol{n}_i^a, \quad \bar{\boldsymbol{n}} = \frac{1}{4}\sum_{i=1}^{4}\boldsymbol{n}_i \tag{A.1.2}$$

式中，$\boldsymbol{n}_i^a$ 和 $\boldsymbol{n}_i$ 分别为 t_a 和 t 时刻形心与相邻两节点所构成平面的单位法线向量：

$$\boldsymbol{n}_1^a = \boldsymbol{e}_1^a \times \boldsymbol{e}_2^a, \quad \boldsymbol{n}_2^a = \boldsymbol{e}_2^a \times \boldsymbol{e}_3^a, \quad \boldsymbol{n}_3^a = \boldsymbol{e}_3^a \times \boldsymbol{e}_4^a, \quad \boldsymbol{n}_4^a = \boldsymbol{e}_4^a \times \boldsymbol{e}_1^a \tag{A.1.3a}$$

$$\boldsymbol{n}_1 = \boldsymbol{e}_1 \times \boldsymbol{e}_2, \quad \boldsymbol{n}_2 = \boldsymbol{e}_2 \times \boldsymbol{e}_3, \quad \boldsymbol{n}_3 = \boldsymbol{e}_3 \times \boldsymbol{e}_4, \quad \boldsymbol{n}_4 = \boldsymbol{e}_4 \times \boldsymbol{e}_1 \tag{A.1.3b}$$

将节点投影到经过薄膜元形心且垂直于平均法线向量的平面上，得到投影构形 $\overline{\boldsymbol{V}}_a(\bar{1}_a\text{-}\bar{2}_a\text{-}\bar{3}_a\text{-}\bar{4}_a)$和 $\overline{\boldsymbol{V}}(\bar{1}\text{-}\bar{2}\text{-}\bar{3}\text{-}\bar{4})$，其中的节点位置向量分别为(图 A.1.2)

$$\bar{\boldsymbol{x}}_i^a = \boldsymbol{x}_c^a + [\Delta\boldsymbol{x}_{ci}^a - (\Delta\boldsymbol{x}_{ci}^a \cdot \bar{\boldsymbol{n}}_a)\bar{\boldsymbol{n}}_a], \quad i = 1,2,3,4 \tag{A.1.4a}$$

$$\bar{\boldsymbol{x}}_i = \boldsymbol{x}_c + [\Delta\boldsymbol{x}_{ci} - (\Delta\boldsymbol{x}_{ci} \cdot \bar{\boldsymbol{n}})\bar{\boldsymbol{n}}], \quad i = 1,2,3,4 \tag{A.1.4b}$$

式中，$\Delta\boldsymbol{x}_{ci}^a$ 和 $\Delta\boldsymbol{x}_{ci}$ 分别为 t_a 和 t 时刻节点 i 对形心的相对位置向量，$\Delta\boldsymbol{x}_{ci}^a = \boldsymbol{x}_i^a - \boldsymbol{x}_c^a$，$\Delta\boldsymbol{x}_{ci} = \boldsymbol{x}_i - \boldsymbol{x}_c$。

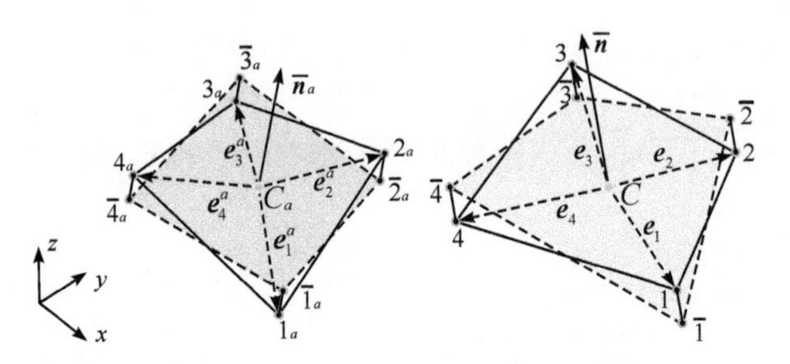

图 A.1.2　四节点薄膜元的投影构形

经过投影处理之后，四节点薄膜元的四个节点在变形前后都处于同一个平面内，接下来就可以根据投影构形 $\overline{\boldsymbol{V}}_a(\bar{1}_a\text{-}\bar{2}_a\text{-}\bar{3}_a\text{-}\bar{4}_a)$和 $\overline{\boldsymbol{V}}(\bar{1}\text{-}\bar{2}\text{-}\bar{3}\text{-}\bar{4})$之间的变化情况来计算节点变形位移和等效节点内力。

选取 t_a 时刻的薄膜元投影构形 $\overline{\boldsymbol{V}}_a$ 为基础构形，则 $t_a \sim t$ 时段内节点的位移增量为

$$\Delta\bar{\boldsymbol{u}}_i = \bar{\boldsymbol{x}}_i - \bar{\boldsymbol{x}}_i^a = \bar{\boldsymbol{u}}_i - \bar{\boldsymbol{u}}_{ia}, \quad i = 1,2,3,4 \tag{A.1.5}$$

$\Delta\bar{\boldsymbol{u}}_i$ 包括变形和刚体位移，扣除其中刚体位移的方式与三节点薄膜元类似，也

是分为两个步骤，即先估算 $t_a \sim t$ 时段内薄膜元的刚体平移和刚体转动，然后通过虚拟逆向运动估算变形位移向量。

对于刚体平移，同样可以在薄膜元上任取一点作为参考点，令该点的位移为薄膜元的整体平移量。为简化计算，可选择节点 1 为参考点，如图 A. 1. 1(b)所示，则经过逆向平移($-\Delta \boldsymbol{u}_1$)后，可获得各节点扣除刚体平移后的相对位移为

$$\boldsymbol{\eta}_1 = 0 \tag{A. 1. 6a}$$

$$\boldsymbol{\eta}_i = \Delta \bar{\boldsymbol{u}}_i - \Delta \bar{\boldsymbol{u}}_1 = (\bar{\boldsymbol{x}}_i - \bar{\boldsymbol{x}}_1) - (\bar{\boldsymbol{x}}_i^a - \bar{\boldsymbol{x}}_1^a), \quad i = 2,3,4 \tag{A. 1. 6b}$$

然后，要估算薄膜元在 $t_a \sim t$ 时段内经历的空间刚体转动。参照三节点薄膜元的转动估算方式，对于四节点薄膜元可以用投影构形的转动近似值来代替原模型刚体转动量。如图 A. 1. 3 所示，假设薄膜元的刚体转动分为两个部分：由平均法线方向改变产生的面外转动向量 $\boldsymbol{\theta}_{\mathrm{op}}$ 和绕着 V_a 平均法线向量 $\bar{\boldsymbol{n}}_a$ 的面内转动向量 $\boldsymbol{\theta}_{\mathrm{ip}}$。

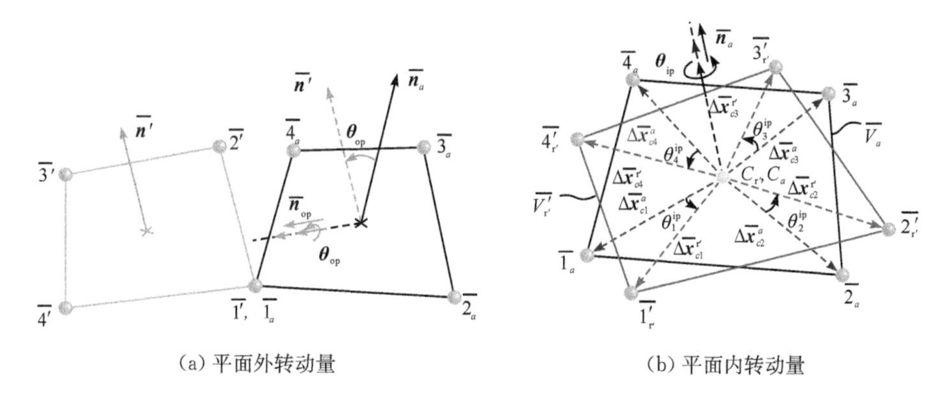

(a) 平面外转动量　　(b) 平面内转动量

图 A. 1. 3　四节点薄膜元的面外转动 $\boldsymbol{\theta}_{\mathrm{op}}$ 和面内转动 $\boldsymbol{\theta}_{\mathrm{ip}}$ 估算

对于面外的转动向量，其转动角度 θ_{op} 为向量 $\bar{\boldsymbol{n}}_a$ 和 $\bar{\boldsymbol{n}}$ 的夹角，即

$$\theta_{\mathrm{op}} = \arcsin | \bar{\boldsymbol{n}}_a \times \bar{\boldsymbol{n}}' | = \arcsin | \bar{\boldsymbol{n}}_a \times \bar{\boldsymbol{n}} | \tag{A. 1. 7}$$

相应的转轴方向单位向量 $\bar{\boldsymbol{n}}_{\mathrm{op}} = \dfrac{\bar{\boldsymbol{n}}_a \times \bar{\boldsymbol{n}}}{|\bar{\boldsymbol{n}}_a \times \bar{\boldsymbol{n}}|} = [l_{\mathrm{op}} \quad m_{\mathrm{op}} \quad n_{\mathrm{op}}]^{\mathrm{T}}$，从而有薄膜元面外转动向量 $\boldsymbol{\theta}_{\mathrm{op}} = \theta_{\mathrm{op}} \bar{\boldsymbol{n}}_{\mathrm{op}}$，则各节点相对于参考点(节点 1)的面外逆向转动位移 $\boldsymbol{\eta}_i^{\mathrm{op\text{-}r}}$ 可按式(A. 1. 8a)和式(A. 1. 8b)计算得到：

$$\boldsymbol{\eta}_1^{\mathrm{op\text{-}r}} = \mathbf{0} \tag{A. 1. 8a}$$

$$\boldsymbol{\eta}_i^{\mathrm{op\text{-}r}} = [\boldsymbol{R}(-\theta_{\mathrm{op}}) - \boldsymbol{I}](\bar{\boldsymbol{x}}_i - \bar{\boldsymbol{x}}_1) = \boldsymbol{R}^*(-\theta_{\mathrm{op}})(\bar{\boldsymbol{x}}_i - \bar{\boldsymbol{x}}_1), \quad i = 2,3,4 \tag{A. 1. 8b}$$

式中，$\boldsymbol{R}(-\theta_{\mathrm{op}})$ 为面外逆向转动矩阵，其形式与式(2. 6. 17)中 $\boldsymbol{R}(-\theta)$ 相同，只需将 θ 和 $\boldsymbol{n}_\theta$ 分别用 θ_{op} 和 $\bar{\boldsymbol{n}}_{\mathrm{op}}$ 代替即可。

在经过面外的逆向刚体转动之后，薄膜元将从投影位置 $\overline{\mathbf{V}}(\bar{1}'\text{-}\bar{2}'\text{-}\bar{3}'\text{-}\bar{4}')$ 转回到以 $\bar{\boldsymbol{n}}_a$ 为法线向量的平面内，其空间构形可以用 $\overline{\mathbf{V}}_{r'}(\bar{1}_{r'}\text{-}\bar{2}_{r'}\text{-}\bar{3}_{r'}\text{-}\bar{4}_{r'})$ 表示，它将与基础构形的投影构形 $\overline{\mathbf{V}}_a(\bar{1}_a\text{-}\bar{2}_a\text{-}\bar{3}_a\text{-}\bar{4}_a)$ 共面。如图 A. 1. 3(b)所示，令形心 C_a 和 $C_{r'}$ 重合，通过比较两构形中节点位置的变化就可以估算出薄膜元的面内转动角。

在 $\overline{\mathbf{V}}_a$ 和 $\overline{\mathbf{V}}_{r'}$ 构形中，各节点与参考点(节点 1)间的相对位置向量分别为

$$\Delta\bar{\boldsymbol{x}}_i^a = \bar{\boldsymbol{x}}_i^a - \bar{\boldsymbol{x}}_1^a, \quad i = 1,2,3,4 \tag{A. 1. 9a}$$

$$\Delta\bar{\boldsymbol{x}}_i^{r'} = (\bar{\boldsymbol{x}}_i - \bar{\boldsymbol{x}}_1) + \boldsymbol{\eta}_i^{\text{op-r}}, \quad i = 1,2,3,4 \tag{A. 1. 9b}$$

薄膜单元的形心 C_a 和 $C_{r'}$ 相对于参考点(节点 1)的位置向量为

$$\Delta\bar{\boldsymbol{x}}_c^a = \frac{1}{4}\sum_{i=1}^{4}\Delta\bar{\boldsymbol{x}}_i^a, \quad \Delta\bar{\boldsymbol{x}}_c^{r'} = \frac{1}{4}\sum_{i=1}^{4}\Delta\bar{\boldsymbol{x}}_i^{r'} \tag{A. 1. 10}$$

四个节点在 $\overline{\mathbf{V}}_a$ 和 $\overline{\mathbf{V}}_{r'}$ 中相对于形心 C_a 和 $C_{r'}$ 的位置向量分别为

$$\Delta\bar{\boldsymbol{x}}_{ci}^a = \Delta\bar{\boldsymbol{x}}_i^a - \Delta\bar{\boldsymbol{x}}_c^a, \quad i = 1,2,3,4 \tag{A. 1. 11a}$$

$$\Delta\bar{\boldsymbol{x}}_{ci}^{r'} = \Delta\bar{\boldsymbol{x}}_i^{r'} - \Delta\bar{\boldsymbol{x}}_c^{r'}, \quad i = 1,2,3,4 \tag{A. 1. 11b}$$

对于每一个节点 i，在 $t_a \sim t$ 时段内其面内方向转角可以由 t_a 和 t 时刻投影构形中节点 i 相对于形心的两个方向向量(即节点与形心连线的方向向量)之间的夹角计算得到：

$$\theta_i^{\text{ip}} = \arcsin\left(\frac{\Delta\bar{\boldsymbol{x}}_{ci}^a \times \Delta\bar{\boldsymbol{x}}_{ci}^{r'}}{|\Delta\bar{\boldsymbol{x}}_{ci}^a \times \Delta\bar{\boldsymbol{x}}_{ci}^{r'}|}\cdot\bar{\boldsymbol{n}}_a\right), \quad i = 1,2,3,4 \tag{A. 1. 12}$$

薄膜元的面内转角则可以近似地取为各个节点方向转角的平均值，即

$$\theta_{\text{ip}} = \frac{1}{4}(\theta_1^{\text{ip}} + \theta_2^{\text{ip}} + \theta_3^{\text{ip}} + \theta_4^{\text{ip}}) \tag{A. 1. 13}$$

相应的转轴方向单位向量为 $\bar{\boldsymbol{n}}_{\text{ip}} = \bar{\boldsymbol{n}}_a$，从而有薄膜元面内转动向量 $\boldsymbol{\theta}_{\text{ip}} = \theta_{\text{ip}}\bar{\boldsymbol{n}}_{\text{ip}}$。

类似于式(A. 1. 8)，可得到各节点相对于参考点(节点 1)的面内逆向转动位移为

$$\boldsymbol{\eta}_1^{\text{ip-r}} = \mathbf{0} \tag{A. 1. 14a}$$

$$\boldsymbol{\eta}_i^{\text{ip-r}} = [\boldsymbol{R}(-\theta_{\text{ip}}) - \boldsymbol{I}](\bar{\boldsymbol{x}}_i - \bar{\boldsymbol{x}}_1) = \boldsymbol{R}^*(-\theta_{\text{ip}})(\bar{\boldsymbol{x}}_i - \bar{\boldsymbol{x}}_1), \quad i = 2,3,4 \tag{A. 1. 14b}$$

式中，$\boldsymbol{R}(-\theta_{\text{ip}})$ 为面外逆向转动矩阵，其形式与式(2. 6. 17)中 $\boldsymbol{R}(-\theta)$ 相同，只需将 θ 和 $\boldsymbol{n}_\theta$ 分别用 θ_{ip} 和 $\bar{\boldsymbol{n}}_{\text{ip}}$ 取代即可。

至此，已估算得到薄膜元在 $t_a \sim t$ 时段内的刚体平移和刚体转动。接下来，取节点 1 为参考点，令薄膜元从经历逆向平移($-\Delta\bar{\boldsymbol{u}}_1$)与面外转动($-\boldsymbol{\theta}_{\text{op}}$)后的位置

$\overline{\boldsymbol{V}}_{r'}(\bar{1}_{r'}\text{-}\bar{2}_{r'}\text{-}\bar{3}_{r'}\text{-}\bar{4}_{r'})$再逆向转动$(-\boldsymbol{\theta}_{ip})$至虚拟位置$\overline{\boldsymbol{V}}_{r}(\bar{1}_{r}\text{-}\bar{2}_{r}\text{-}\bar{3}_{r}\text{-}\bar{4}_{r})$，如图 A. 1. 4(a)所示。此时，虚拟构形$\overline{\boldsymbol{V}}_{r}(\bar{1}_{r}\text{-}\bar{2}_{r}\text{-}\bar{3}_{r}\text{-}\bar{4}_{r})$与基础构形$\overline{V}_{a}(\bar{1}_{a}\text{-}\bar{2}_{a}\text{-}\bar{3}_{a}\text{-}\bar{4}_{a})$之间的差异即代表薄膜元的纯变形。

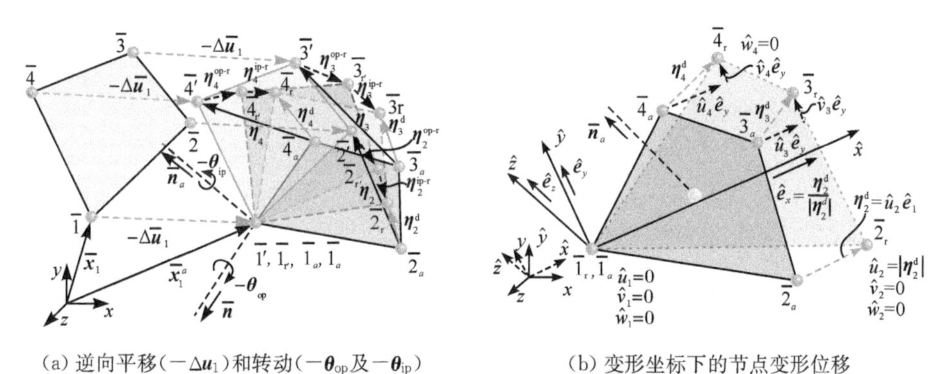

(a) 逆向平移$(-\Delta\boldsymbol{u}_1)$和转动$(-\boldsymbol{\theta}_{op}$及$-\boldsymbol{\theta}_{ip})$
(b) 变形坐标下的节点变形位移

图 A. 1. 4　四节点薄膜元的变形位移计算

综合以上推导，在 $t_a \sim t$ 时段内，以节点 1 为参考点扣除逆向刚体平移及面内、面外刚体转动后得到的薄膜元节点相对变形位移 $\boldsymbol{\eta}_i^{\mathrm{d}}$ 为

$$\boldsymbol{\eta}_1^{\mathrm{d}} = \boldsymbol{0} \tag{A. 1. 15a}$$

$$\boldsymbol{\eta}_i^{\mathrm{d}} = \boldsymbol{\eta}_i + \boldsymbol{\eta}_i^{\mathrm{op\text{-}r}} + \boldsymbol{\eta}_i^{\mathrm{ip\text{-}r}}, \quad i = 2,3,4 \tag{A. 1. 15b}$$

需要注意的是，为了评估四节点薄膜元的畸变程度，在计算内力之前还需要先按照式(A. 1. 16)求出薄膜元的翘曲系数 ϕ：

$$\phi = \frac{D_{\mathrm{n}}}{\sqrt{A}} \tag{A. 1. 16}$$

式中，D_{n} 为节点 1 和节点 4 连线向量在薄膜元名义法线方向上的投影长度，名义法线向量可由两条对角线向量叉乘得到；A 为薄膜元在垂直于名义法线向量平面上的投影面积。

当式(A. 1. 16)计算得到的翘曲系数 $\phi<0.02$ 时，可以不用将薄膜元转换至投影构形进行计算，即上述各式中的点位置$\bar{\boldsymbol{x}}_i$、$\bar{\boldsymbol{x}}_i^a$ 分别用$\boldsymbol{x}_i$、$\boldsymbol{x}_i^a$ 替代；当求得的翘曲系数 $\phi \geqslant 0.2$ 时，则认为投影模式不再适用，应该改用三节点薄膜元进行分析。

A. 2　内力计算

上述经过虚拟逆向运动后所得的节点变形位移中[式(A. 1. 15)]共有八个面内分量。扣除对应于刚体运动模式的三个多余自由度后，四节点薄膜元有五个独立变形参数，即节点位移中有五个是独立的。因此，在利用内插函数表示变形分布时，需要先求出 $\boldsymbol{\eta}_i^{\mathrm{d}}$ 中的独立变形参数。为此，定义一组变形坐标 $\hat{\boldsymbol{x}}=[\hat{x}\quad \hat{y}\quad \hat{z}]^{\mathrm{T}}$[图 A.1.4(b)]，基底向量为($\hat{\boldsymbol{e}}_x,\hat{\boldsymbol{e}}_y,\hat{\boldsymbol{e}}_z$)。该坐标系原点设在基础构形的参考点(节点 1)，$\hat{x}$ 轴平行于节点 2 的变形位移 $\boldsymbol{\eta}_2^{\mathrm{d}}$(也可选择其他节点的位移作为参考，一般以节点的变形量大小作为判断标准)，$\hat{z}$ 轴平行于法线向量 $\bar{\boldsymbol{n}}_a$，即

$$\hat{\boldsymbol{e}}_x=\frac{1}{|\boldsymbol{\eta}_2^{\mathrm{d}}|}\boldsymbol{\eta}_2^{\mathrm{d}},\quad \hat{\boldsymbol{e}}_z=\bar{\boldsymbol{n}}_a,\quad \hat{\boldsymbol{e}}_y=\frac{\hat{\boldsymbol{e}}_z\times\hat{\boldsymbol{e}}_x}{|\hat{\boldsymbol{e}}_z\times\hat{\boldsymbol{e}}_x|} \tag{A.2.1}$$

若变形坐标与全域坐标之间的转换矩阵为 $\hat{\boldsymbol{Q}}$，则有

$$\hat{\boldsymbol{x}}_i=\hat{\boldsymbol{Q}}(\bar{\boldsymbol{x}}_i-\bar{\boldsymbol{x}}_1),\quad i=1,2,3,4 \tag{A.2.2a}$$

$$\hat{\boldsymbol{Q}}=[\hat{\boldsymbol{e}}_x\quad \hat{\boldsymbol{e}}_y\quad \hat{\boldsymbol{e}}_z]^{\mathrm{T}} \tag{A.2.2b}$$

再将四节点薄膜元的节点变形 $\boldsymbol{\eta}_i^{\mathrm{d}}$ 用变形坐标来描述，即

$$\hat{\boldsymbol{u}}_i=\hat{\boldsymbol{Q}}\boldsymbol{\eta}_i^{\mathrm{d}}=[\hat{u}_i\quad \hat{v}_i\quad \hat{w}]^{\mathrm{T}},\quad i=1,2,3,4 \tag{A.2.3}$$

根据变形坐标的定义，可得 $\hat{u}_1=\hat{v}_1=\hat{w}_1=\hat{v}_2=\hat{w}_2=0$，同时薄膜元沿法线方向的位移是刚体运动，故 $\hat{w}_3=\hat{w}_4=0$，剩下的五个非零的节点位移量是独立的。于是，四节点薄膜元的节点位移向量可简写成 $\hat{\boldsymbol{u}}_{\mathrm{d}}^*=[\hat{u}_2\quad \hat{u}_3\quad \hat{v}_3\quad \hat{u}_4\quad \hat{v}_4]^{\mathrm{T}}$。

参照传统有限单元法中构建等参单元的方式，对于四节点薄膜元，在此也引入一组局部(自然)坐标(ξ,η)来表示薄膜元内的变形分布。根据等参变换的含义，薄膜元内任意一点的位置向量 $\hat{\boldsymbol{x}}=[\hat{x}\quad \hat{y}]^{\mathrm{T}}$ 和变形量 $\hat{\boldsymbol{u}}=[\hat{u}\quad \hat{v}]^{\mathrm{T}}$ 都采用相同的内插函数表示。当只考虑独立节点位移变量时，$\hat{\boldsymbol{x}}$ 和 $\hat{\boldsymbol{u}}$ 修正后的表达式如下：

$$\hat{\boldsymbol{x}}=\sum_{i=2}^{4}N_i(\xi,\eta)\hat{\boldsymbol{x}}_i \tag{A.2.4}$$

$$\hat{\boldsymbol{u}}=\sum_{i=2}^{4}N_i(\xi,\eta)\hat{\boldsymbol{u}}_i^*=\hat{\boldsymbol{N}}^*\hat{\boldsymbol{u}}_{\mathrm{d}}^* \tag{A.2.5}$$

式中，$\hat{\boldsymbol{x}}_i=[\hat{u}_i\quad \hat{v}_i]$为节点 i($i=2,3,4$)在变形坐标系下的位置向量；$\hat{\boldsymbol{u}}_i^*=[\hat{\boldsymbol{u}}_i\quad \hat{\boldsymbol{v}}_i]$为节点 i($i=2,3,4$)在 $t_a\sim t$ 时段内以变形坐标分量表示的节点位移向量；$\hat{N}_i$ 和 $\hat{\boldsymbol{N}}^*$ 分别为用局部(自然)坐标(ξ,η)表示的位移形函数和形函数矩阵，即 $N_i(\xi,\eta)=\frac{1}{4}(1+\xi_i\xi)(1+\eta_i\eta)$，其中 ξ_i 和 η_i($i=1,2,3,4$)为局部(自然)坐标系下四个节点的坐标，其值为±1。

根据上述四节点薄膜元内的变形分布函数，并利用雅可比矩阵 $\boldsymbol{J}$ 将形函数对变形坐标的导数转换到局部(自然)坐标系下，可求出薄膜元内任意一点在$t_a\sim t$ 时段内产生的应变增量和应力增量为(以 Voigt 形式表示)

$$\Delta\hat{\boldsymbol{\varepsilon}}_{\mathrm{r}} = \hat{\boldsymbol{B}}^{*}\hat{\boldsymbol{u}}_{\mathrm{d}}^{*} = \begin{bmatrix}\hat{\boldsymbol{B}}_{2}^{*} & \hat{\boldsymbol{B}}_{3}^{*} & \hat{\boldsymbol{B}}_{4}^{*}\end{bmatrix}\hat{\boldsymbol{u}}_{\mathrm{d}}^{*} \tag{A.2.6}$$

$$\Delta\hat{\boldsymbol{\sigma}}_{\mathrm{r}} = \hat{\boldsymbol{D}}_{a}\Delta\hat{\boldsymbol{\varepsilon}}_{\mathrm{r}} = \hat{\boldsymbol{D}}_{a}\hat{\boldsymbol{B}}^{*}\hat{\boldsymbol{u}}_{\mathrm{d}}^{*} \tag{A.2.7}$$

式中，$\Delta\hat{\boldsymbol{\varepsilon}}_{\mathrm{r}}=[\Delta\hat{\varepsilon}_x \quad \Delta\hat{\varepsilon}_y \quad \Delta\hat{\gamma}_{xy}]_{\mathrm{r}}^{\mathrm{T}}$；$\Delta\hat{\boldsymbol{\sigma}}_{\mathrm{r}}=[\Delta\hat{\sigma}_x \quad \Delta\hat{\sigma}_y \quad \Delta\hat{\tau}_{xy}]^{\mathrm{T}}$；$\hat{\boldsymbol{u}}_{\mathrm{d}}^{*}=[\hat{u}_2 \quad \hat{u}_3 \quad \hat{v}_3 \quad \hat{u}_4 \quad \hat{v}_4]^{\mathrm{T}}$；$\hat{\boldsymbol{D}}_a$ 为材料应力等于 $\hat{\sigma}_a$ 时以变形坐标分量表示的二维切线模量矩阵(可以是线弹性或非线弹性)。

$$\hat{\boldsymbol{B}}_{2}^{*} = \begin{bmatrix} N_{2,\hat{x}} \\ 0 \\ N_{2,\hat{y}} \end{bmatrix} = \frac{1}{|\boldsymbol{J}|}\begin{bmatrix} \hat{y}_{,\eta}N_{2,\xi} - \hat{y}_{,\xi}N_{2,\eta} \\ 0 \\ \hat{x}_{,\xi}N_{2,\eta} - \hat{x}_{,\eta}N_{2,\xi} \end{bmatrix} \tag{A.2.8a}$$

$$\hat{\boldsymbol{B}}_{i}^{*} = \begin{bmatrix} N_{i,\hat{x}} & 0 \\ 0 & N_{i,\hat{y}} \\ N_{i,\hat{y}} & N_{i,\hat{x}} \end{bmatrix} = \frac{1}{|\boldsymbol{J}|}\begin{bmatrix} \hat{y}_{,\eta}N_{i,\xi} - \hat{y}_{,\xi}N_{i,\eta} & 0 \\ 0 & \hat{x}_{,\xi}N_{i,\eta} - \hat{x}_{,\eta}N_{i,\xi} \\ \hat{x}_{,\xi}N_{i,\eta} - \hat{x}_{,\eta}N_{i,\xi} & \hat{y}_{,\eta}N_{i,\xi} - \hat{y}_{,\xi}N_{i,\eta} \end{bmatrix}, \quad i = 3,4 \tag{A.2.8b}$$

$\boldsymbol{J}$ 为雅可比矩阵：

$$\boldsymbol{J} = \begin{bmatrix} \hat{x}_{,\xi} & \hat{y}_{,\xi} \\ \hat{x}_{,\eta} & \hat{y}_{,\eta} \end{bmatrix} = \begin{bmatrix} \sum_{i=2}^{4} N_{i,\xi}\,\hat{x}_i & \sum_{i=2}^{4} N_{i,\xi}\,\hat{y}_i \\ \sum_{i=2}^{4} N_{i,\eta}\,\hat{x}_i & \sum_{i=2}^{4} N_{i,\eta}\,\hat{y}_i \end{bmatrix} \tag{A.2.9}$$

变形虚功及等效节点内力的计算公式与三节点薄膜元相似，容易得到

$$\hat{\boldsymbol{f}}_{a}^{*} = [\hat{f}_{2x} \quad \hat{f}_{3x} \quad \hat{f}_{3y} \quad \hat{f}_{4x} \quad \hat{f}_{4y}]_{a}^{\mathrm{T}} = h_a\int_{A_a}(\hat{\boldsymbol{B}}^{*})^{\mathrm{T}}\hat{\boldsymbol{\sigma}}_a\,\mathrm{d}\hat{A} \tag{A.2.10a}$$

$$\begin{aligned}\Delta\hat{\boldsymbol{f}}^{*} &= [\Delta\hat{f}_{2x} \quad \Delta\hat{f}_{3x} \quad \Delta\hat{f}_{3y} \quad \Delta\hat{f}_{4x} \quad \Delta\hat{f}_{4y}]^{\mathrm{T}} \\ &= \left[h_a\int_{A_a}(\hat{\boldsymbol{B}}^{*})^{\mathrm{T}}\hat{\boldsymbol{D}}_a\hat{\boldsymbol{B}}^{*}\,\mathrm{d}\hat{A}\right]\hat{\boldsymbol{u}}_{\mathrm{d}}^{*}\end{aligned} \tag{A.2.10b}$$

$$\hat{\boldsymbol{f}}^{*} = [\hat{f}_{2x} \quad \hat{f}_{3x} \quad \hat{f}_{3y} \quad \hat{f}_{4x} \quad \hat{f}_{4y}]^{\mathrm{T}} = \hat{\boldsymbol{f}}_{a}^{*} + \Delta\hat{\boldsymbol{f}}_{a}^{*} \tag{A.2.10c}$$

式中，h_a 和 A_a 分别为途径单元初始时刻 t_a 时薄膜元的厚度和面积。

由式(A.2.10b)求解四节点薄膜元的节点内力时，应变矩阵 $\hat{\boldsymbol{B}}^{*}$ 包含雅可比行列式的商，直接积分很难得到显式表达式，因此需要借助数值积分法来进行计算。为保证积分精度，对于四节点薄膜元采用 2×2 高斯积分方案。将式(A.2.10)中计算节点内力的被积函数用局部(自然)坐标表示，再利用高斯求积公式可以得到

$$\hat{\boldsymbol{f}}_{a}^{*} = h_a\int_{A_a}[\hat{\boldsymbol{B}}^{*}(\hat{x},\hat{y})]^{\mathrm{T}}\hat{\boldsymbol{\sigma}}_a(\hat{x},\hat{y})\,\mathrm{d}\hat{x}\mathrm{d}\hat{y}$$

$$= h_a \int_{-1}^{1} \int_{-1}^{1} [\hat{\boldsymbol{B}}^*(\xi,\eta)]^{\mathrm{T}} \hat{\boldsymbol{\sigma}}_a(\xi,\eta) |\boldsymbol{J}| \mathrm{d}\xi \mathrm{d}\eta$$

$$= h_a \int_{-1}^{1} \int_{-1}^{1} \boldsymbol{F}(\xi,\eta) \mathrm{d}\xi \mathrm{d}\eta$$

$$= h_a \sum_{i=1}^{2} \sum_{j=1}^{2} W_i W_j \boldsymbol{F}(\xi_i,\eta_j) \tag{A. 2. 11a}$$

$$\Delta\hat{\boldsymbol{f}}^* = \left\{ h_a \int_{A_a} [\hat{\boldsymbol{B}}^*(\hat{x},\hat{y})]^{\mathrm{T}} \hat{\boldsymbol{D}}_a(\hat{x},\hat{y}) \hat{\boldsymbol{B}}^*(\hat{x},\hat{y}) \mathrm{d}\hat{x} \mathrm{d}\hat{y} \right\} \hat{\boldsymbol{u}}_{\mathrm{d}}^*$$

$$= \left[h_a \int_{-1}^{1} \int_{-1}^{1} [\hat{\boldsymbol{B}}^*(\xi,\eta)]^{\mathrm{T}} \hat{\boldsymbol{D}}_a(\xi,\eta) \hat{\boldsymbol{B}}^*(\hat{x},\hat{y}) |\boldsymbol{J}| \mathrm{d}\xi \mathrm{d}\eta \right] \hat{\boldsymbol{u}}_{\mathrm{d}}^*$$

$$= \left[h_a \int_{-1}^{1} \int_{-1}^{1} \boldsymbol{G}(\xi,\eta) \mathrm{d}\xi \mathrm{d}\eta \right] \hat{\boldsymbol{u}}_{\mathrm{d}}^*$$

$$= h_a \sum_{i=1}^{2} \sum_{j=1}^{2} W_i W_j \Delta\boldsymbol{F}(\xi_i,\eta_i) \tag{A. 2. 11b}$$

四节点薄膜元共有八个节点内力分量,式(A. 2. 11)可以计算出其中的五个独立分量,其他三个分量$\hat{f}_{1x}$,$\hat{f}_{1y}$,$\hat{f}_{2y}$则需要通过$\hat{x}$-$\hat{y}$平面内的静平衡条件来确定,即

$$\sum \boldsymbol{M}_{\hat{z}} = 0, \quad \hat{f}_{2y} = (\hat{f}_{2x}\hat{y}_2 + \hat{f}_{3x}\hat{y}_3 + \hat{f}_{4x}\hat{y}_4 - \hat{f}_{3y}\hat{x}_3 - \hat{f}_{4y}\hat{x}_4)/\hat{x}_2 \tag{A. 2. 12a}$$

$$\sum \boldsymbol{F}_{\hat{x}} = 0, \quad \hat{f}_{1x} = -(\hat{f}_{2x} + \hat{f}_{3x} + \hat{f}_{4x}) \tag{A. 2. 12b}$$

$$\sum \boldsymbol{F}_{\hat{y}} = 0, \quad \hat{f}_{1y} = -(\hat{f}_{2y} + \hat{f}_{3y} + \hat{f}_{4y}) \tag{A. 2. 12c}$$

与三节点薄膜元的内力计算过程相似,为了集成与同一质点相连的所有薄膜元的等效节点内力之和,需要将上述求得的以变形坐标分量表示的节点内力做适当转换。首先,将节点内力向量扩展成三维形式,即$\hat{\boldsymbol{f}}_i = [\hat{f}_{ix} \quad \hat{f}_{iy} \quad \hat{f}_{iz}]^{\mathrm{T}}(i=1,2,3,4)$,其中$\hat{f}_{iz}=0$;然后,通过坐标变换矩阵将各个节点力$\hat{f}_i$转换成以全域坐标分量来表示。最后,令薄膜元从虚拟位置的投影构形$\overline{\boldsymbol{V}}_{\mathrm{r}}$做正向运动[包括刚体平移($+\Delta\boldsymbol{u}_1$)及刚体面外转动($+\boldsymbol{\theta}_{\mathrm{op}}$)和面内转动($+\boldsymbol{\theta}_{\mathrm{ip}}$)]返回到当前时刻的位置$\overline{\boldsymbol{V}}(\bar{1}\text{-}\bar{2}\text{-}\bar{3}\text{-}\bar{4})$。经过正向刚体运动后,内力大小不变,仅方向改变。若忽略投影位置与原位置间的差异,则可得到当前构形下的实际节点内力为

$$\boldsymbol{f}_i = \boldsymbol{R}(\theta_{\mathrm{ip}}) \boldsymbol{R}(\theta_{\mathrm{op}}) \hat{\boldsymbol{Q}}^{\mathrm{T}} \hat{\boldsymbol{f}}_i, \quad i = 1,2,3,4 \tag{A. 2. 13}$$

式中,$\boldsymbol{f}_i = [f_{ix} \quad f_{iy} \quad f_{iz}]^{\mathrm{T}}$;$\boldsymbol{R}(\theta_{\mathrm{op}})$和$\boldsymbol{R}(\theta_{\mathrm{ip}})$的形式分别与式(A. 1. 8)及式(A. 1. 14)形式相同,但变量符号相反。

同样,根据薄膜元节点和质点的对应关系,将上述计算得到的节点i上的等效内力$\boldsymbol{f}_i$反作用于相连的质点α,即得到该薄膜元提供给质点的内力$-\boldsymbol{f}_{\alpha i}^{\mathrm{int}}$。

虽然四节点等参薄膜元比三节点薄膜元的精度要高(采用了较高阶次的内插函数),但缺点也十分明显,如伴随着自由度的增加和数值积分运算量的提高,都会大幅增加计算量,在对可能发生的翘曲问题求解中会直接影响计算结果的可靠性。在分析实际问题时,对这两类薄膜元的选用需要综合权衡效率与精度两方面的要求来确定。

附录 B　薄壳单元质点内力计算

B.1　位移和变形计算

以图 B.1.1(a)所示的三节点平面薄壳元(厚度为 h)为例,其空间位置和几何构形由位于中面内的三个节点(1,2,3)唯一确定,每个节点都含有用全局坐标分量表示的三个平动自由度(线位移)和三个转动自由度(角位移),其中面内线位移用于计算薄膜元部分的中面变形,面外线位移和角位移用于计算弯曲元部分的弯扭变形。由于节点(1,2,3)分别与质点(α,β,γ)刚性连接,因此,t_a 和 t 时刻各个节点的位置向量和转动向量都由所连接的质点确定,即

$$\boldsymbol{x}_1^a = \boldsymbol{x}_\alpha^a,\quad \boldsymbol{x}_2^a = \boldsymbol{x}_\beta^a,\quad \boldsymbol{x}_3^a = \boldsymbol{x}_\gamma^a;\quad \boldsymbol{\beta}_1^a = \boldsymbol{\beta}_\alpha^a,\quad \boldsymbol{\beta}_2^a = \boldsymbol{\beta}_\beta^a,\quad \boldsymbol{\beta}_3^a = \boldsymbol{\beta}_\gamma^a \tag{B.1.1a}$$

$$\boldsymbol{x}_1 = \boldsymbol{x}_\alpha,\quad \boldsymbol{x}_2 = \boldsymbol{x}_\beta,\quad \boldsymbol{x}_3 = \boldsymbol{x}_\gamma;\quad \boldsymbol{\beta}_1 = \boldsymbol{\beta}_\alpha,\quad \boldsymbol{\beta}_2 = \boldsymbol{\beta}_\beta,\quad \boldsymbol{\beta}_3 = \boldsymbol{\beta}_\gamma \tag{B.1.1b}$$

如果以 t_a 时刻薄壳元中面的构形 $V_a(1_a\text{-}2_a\text{-}3_a)$ 为基础构形,则 $t_a \sim t$ 时段内节点线位移增量和转角增量分别为(图 B.1.1):

$$\Delta\boldsymbol{u}_i = \boldsymbol{x}_i - \boldsymbol{x}_i^a,\quad i = 1,2,3 \tag{B.1.2a}$$

$$\Delta\boldsymbol{\beta}_i = \boldsymbol{\beta}_i - \boldsymbol{\beta}_i^a,\quad i = 1,2,3 \tag{B.1.2b}$$

有限质点法采用质点的纯变形来计算内力,而 $\Delta\boldsymbol{u}_i$ 和 $\Delta\boldsymbol{\beta}_i$ 中都包括纯变形和刚体位移,因此必须先扣除其中的刚体运动部分。扣除方式与薄膜元中类似,也是分为两个步骤,即先估算 $t_a \sim t$ 时段内薄壳元的刚体平移和转动,然后通过虚拟逆向运动进行扣除,最终得到节点的变形位移和变形转动。

对于刚体平移部分,可以在薄壳元上取任意一点为参考点,令该点的位移为薄壳元的整体平移量。为简化计算,同样可选择节点 1 为参考点,如图 B.1.1(b)所示,也就是以 $\Delta\boldsymbol{u}_1$ 作为 $t_a \sim t$ 时段内薄壳元的刚体平移量。对于刚体转动部分,可完全参照三节点薄膜元的转动估算方式(详见 2.6.3 节),分为面外转动向量 $\boldsymbol{\theta}_{\mathrm{op}}$ 和面内转动向量 $\boldsymbol{\theta}_{\mathrm{ip}}$ 两部分来进行估算,组合后得到总刚体转动向量:$\boldsymbol{\theta}=\boldsymbol{\theta}_{\mathrm{op}}+\boldsymbol{\theta}_{\mathrm{ip}}=\theta_{\mathrm{op}}\bar{\boldsymbol{n}}_{\mathrm{op}}+\theta_{\mathrm{ip}}\bar{\boldsymbol{n}}_{\mathrm{ip}}$。

接下来,根据估算得到的薄壳元在 $t_a \sim t$ 时段内的刚体平移和刚体转动,令薄

壳元以节点 1 为参考点,依次经历逆向刚体平移($-\Delta \boldsymbol{u}_1$)和逆向刚体转动($-\boldsymbol{\theta}$),

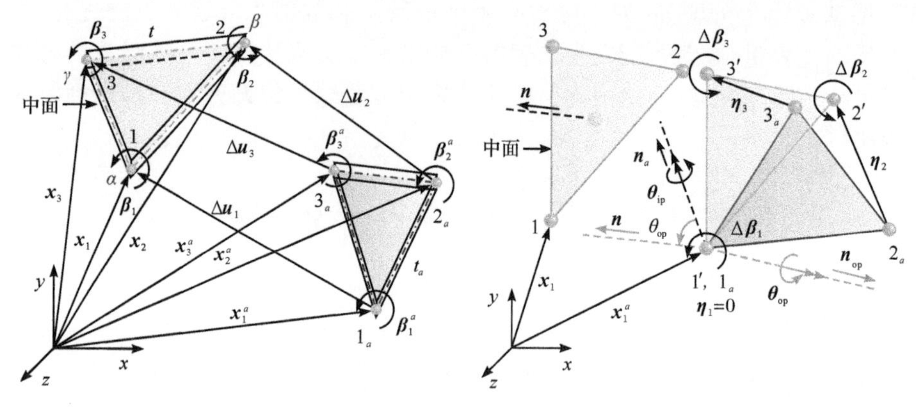

(a) 节点的空间位置和转动向量　　　　(b) 中面内节点的相对线位移和相对转角增量

图 B.1.1　三节点平面薄壳元的运动

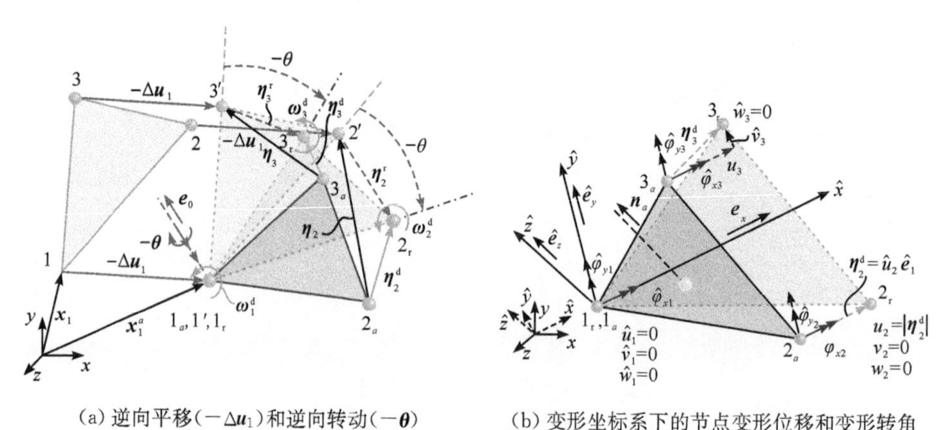

(a) 逆向平移($-\Delta \boldsymbol{u}_1$)和逆向转动($-\boldsymbol{\theta}$)　　　　(b) 变形坐标系下的节点变形位移和变形转角

图 B.1.2　薄壳元的节点变形量计算

从当前位置 V(1-2-3)先平移至 V'(1′-2′-3′)再转动至虚拟位置 $V_{\mathrm{r}}(1_{\mathrm{r}}\text{-}2_{\mathrm{r}}\text{-}3_{\mathrm{r}})$,如图 B.1.2(a)所示。此时,通过比较虚拟构形 $V_{\mathrm{r}}(1_{\mathrm{r}}\text{-}2_{\mathrm{r}}\text{-}3_{\mathrm{r}})$与基础构形$V_a(1_a\text{-}2_a\text{-}3_a)$之间的差异,可以得出各个节点的相对变形位移 $\boldsymbol{\eta}_i^{\mathrm{d}}$ 为

$$\boldsymbol{\eta}_1^{\mathrm{d}} = \mathbf{0} \tag{B.1.3a}$$

$$\boldsymbol{\eta}_i^{\mathrm{d}} = \boldsymbol{\eta}_i + \boldsymbol{\eta}_i^{\mathrm{r}} = (\Delta \boldsymbol{u}_i - \Delta \boldsymbol{u}_1) + [\boldsymbol{R}(-\theta) - \boldsymbol{I}](\boldsymbol{x}_i - \boldsymbol{x}_1), \quad i = 2,3 \tag{B.1.3b}$$

式中,$\boldsymbol{\eta}_i$ 和 $\boldsymbol{\eta}_i^{\mathrm{r}}$ 分别为节点 i 相对于参考点(节点 1)的全位移和逆向刚体转动位移;$\boldsymbol{R}(-\theta)$为逆向转动矩阵[式(2.6.17)];$\boldsymbol{I}$ 为三阶单位矩阵。

另外,基础构形 $V_a(1_a\text{-}2_a\text{-}3_a)$和虚拟构形 $V_{\mathrm{r}}(1_{\mathrm{r}}\text{-}2_{\mathrm{r}}\text{-}3_{\mathrm{r}})$之间的差异还包括节点

的变形转角，而逆向转动的影响也同样体现在节点转角上。由于刚体平移并不会影响节点的变形转角，而逆向转动又是薄壳元整体的一种刚体转动[即各个节点上的逆向转动量相同，均为$(-\boldsymbol{\theta})$]，因此扣除刚体运动后，可得到 $t_a \sim t$ 时段内节点的变形转动为

$$\boldsymbol{\omega}_i^{\mathrm{d}} = \Delta\boldsymbol{\beta}_i + (-\boldsymbol{\theta}), \quad i = 1,2,3 \tag{B.1.4}$$

对于薄膜元部分的变形，为了扣除对应刚体运动模式的三个多余自由度，以使节点独立变量减少到正确的数目，2.6.3 节采用了定义一组变形坐标的方式来描述变形向量。本节也将采用相同的方式来获得薄壳元中的独立节点变量。另外，薄壳元在经过逆向刚体运动后，虚拟位置 V_{r} 上的各个节点与基础构形 V_a 所在位置共面，因此与弯曲元部分相关的三个面外位移分量已经作为刚体位移被完全扣除，剩下的节点变形转角分量均为独立变量。于是，薄壳元中变形坐标的定义方式可参照三节点薄膜元来处理，如图 B.1.2(b)所示，其中坐标原点与坐标轴的设定方法均与薄膜元相同。

令$(\hat{\boldsymbol{e}}_x, \hat{\boldsymbol{e}}_y, \hat{\boldsymbol{e}}_z)$为变形坐标的一组基向量，$\hat{\boldsymbol{Q}} = [\hat{\boldsymbol{e}}_x \quad \hat{\boldsymbol{e}}_y \quad \hat{\boldsymbol{e}}_z]^{\mathrm{T}}$ 为变形坐标与全域坐标之间的转换矩阵，则存在以下坐标变换关系：

$$\hat{\boldsymbol{x}}_i = \hat{\boldsymbol{Q}}(\boldsymbol{x}_i - \boldsymbol{x}_1), \quad i = 1,2,3 \tag{B.1.5}$$

节点变形位移也可按式(B.1.6)转换成以变形坐标分量来表示：

$$\hat{\boldsymbol{u}}_i = [\hat{u}_i \quad \hat{v}_i \quad \hat{w}]^{\mathrm{T}} = \hat{\boldsymbol{Q}}\boldsymbol{\eta}_i^{\mathrm{d}}, \quad i = 1,2,3 \tag{B.1.6}$$

另外，节点的转角位移也要由全域坐标系转换至变形坐标系。为此，需分别将节点的转角位移增量 $\Delta\boldsymbol{\beta}_i$ 和刚体转动向量 $\boldsymbol{\theta}$ 转换成以变形坐标分量来表示。

对于转角位移增量 $\Delta\boldsymbol{\beta}_i$，可按照式(B.1.7)进行转换：

$$\Delta\hat{\boldsymbol{\beta}}_i = \hat{\boldsymbol{Q}}(\Delta\boldsymbol{\beta}_i), \quad i = 1,2,3 \tag{B.1.7}$$

而刚体转动向量 $\boldsymbol{\theta}$ 包括 $\boldsymbol{\theta}_{\mathrm{op}}$ 和 $\boldsymbol{\theta}_{\mathrm{ip}}$ 两部分，$\hat{\boldsymbol{e}}_z = \boldsymbol{n}_a = \bar{\boldsymbol{n}}_{\mathrm{ip}}$ 且 $\boldsymbol{\theta}_{\mathrm{op}} \perp \boldsymbol{n}_a$，因此有

$$\hat{\theta}_z = \boldsymbol{\theta} \cdot \hat{\boldsymbol{e}}_z = \theta_{\mathrm{op}}(\bar{\boldsymbol{n}}_{\mathrm{op}} \cdot \hat{\boldsymbol{e}}_z) + \theta_{\mathrm{ip}} = \theta_{\mathrm{ip}} \tag{B.1.8}$$

式中，$\boldsymbol{\theta}_{\mathrm{op}}$ 垂直于 $\boldsymbol{n}_a$ 和 $\boldsymbol{n}$ 构成的平面，因此该转动向量在 $\hat{\boldsymbol{e}}_z$ 上的投影分量恒为 0。

另外，两个变形坐标轴方向上的转动分量则由 $\boldsymbol{\theta}_{\mathrm{op}}$ 转换而来，即

$$\hat{\theta}_x = \boldsymbol{\theta} \cdot \hat{\boldsymbol{e}}_x = \theta_{\mathrm{op}}(\bar{\boldsymbol{n}}_{\mathrm{op}} \cdot \hat{\boldsymbol{e}}_x) \tag{B.1.9a}$$

$$\hat{\theta}_y = \boldsymbol{\theta} \cdot \hat{\boldsymbol{e}}_y = \theta_{\mathrm{op}}(\bar{\boldsymbol{n}}_{\mathrm{op}} \cdot \hat{\boldsymbol{e}}_y) \tag{B.1.9b}$$

于是，将式(B.1.4)用变形坐标分量表示，再将式(B.1.7)～式(B.1.9)代入后，可得到节点 i 的变形转角在各变形坐标轴上的投影分别为

$$\hat{\boldsymbol{\varphi}}_i = \begin{bmatrix} \hat{\varphi}_{xi} \\ \hat{\varphi}_{yi} \\ \hat{\varphi}_{zi} \end{bmatrix} = \Delta\hat{\boldsymbol{\beta}}_i + (-\hat{\boldsymbol{\theta}}) = \begin{bmatrix} \Delta\hat{\beta}_{xi} + (-\hat{\theta}_x) \\ \Delta\hat{\beta}_{yi} + (-\hat{\theta}_y) \\ \Delta\hat{\beta}_{zi} + (-\hat{\theta}_z) \end{bmatrix}, \quad i = 1,2,3 \tag{B.1.10}$$

需要注意的是,式(B. 1. 10)中的 $\hat{\varphi}_{zi}$ 代表绕薄壳元中面法线的节点扭转角。在经典板壳理论中,不考虑面内扭转刚度,也未定义沿法线方向上的转动分量。此处遵循这一基本假设,认为板壳平面内的扭转变形为 0,即 $\hat{\varphi}_{zi}$ 可忽略不计,直接舍去。

至此,所有节点多余自由度都已扣除($\hat{u}_1,\hat{v}_1,\hat{w}_1,\hat{v}_2,\hat{w}_2,\hat{u}_3,\hat{v}_3,\hat{w}_3$ 均为 0),只剩下九个以变形坐标分量表示的独立节点变量[图 B. 1. 2(b)],再根据薄壳元面内与面外部分的变形特点将这些节点变量相应地分成两部分,分别为$\hat{x}$和$\hat{y}$轴方向上的线位移 $\hat{\boldsymbol{u}}_{\mathrm{m}}^{*}=[\hat{u}_2 \quad \hat{u}_3 \quad \hat{v}_3]^{\mathrm{T}}$ 以及绕$\hat{x}$和$\hat{y}$轴转动的角位移 $\hat{\boldsymbol{u}}_{\mathrm{b}}^{*}=[\hat{\varphi}_{x1} \quad \hat{\varphi}_{y1} \quad \hat{\varphi}_{x2} \quad \hat{\varphi}_{y2} \quad \hat{\varphi}_{x3} \quad \hat{\varphi}_{y3}]^{\mathrm{T}}$。前者用于薄膜内力的计算,后者用于弯扭内力(矩)的计算。

B. 2 内力计算

本节利用 $\hat{\boldsymbol{u}}_{\mathrm{b}}^{*}$ 推导薄壳元弯扭内力(矩)。根据 Kirchhoff-Love 板壳理论的基本假设(忽略横向剪切变形),壳内所有的力学参数都可以用中面的挠度来表示(Sze et al.,2002;Sze and Zheng,2002)。假定 $t_a\sim t$ 时段内薄壳元中面内任意一点的变形挠度为$\hat{w}(\hat{x},\hat{y})$,如果引入 BCIZ 板单元形函数作为插值函数,同时节点位移仅考虑 6 个独立转动变量 $\hat{\boldsymbol{u}}_{\mathrm{b}i}^{*}=[\hat{\varphi}_{xi} \quad \hat{\varphi}_{yi}]^{\mathrm{T}}(i=1,2,3)$,那么在变形坐标系下经过修正后的挠度分布模式可表示为

$$\hat{\boldsymbol{w}}=\sum_{i}^{3}\hat{\boldsymbol{N}}_i^{*}\hat{\boldsymbol{u}}_{\mathrm{b}i}^{*}=\hat{\boldsymbol{N}}^{*}\hat{\boldsymbol{u}}_{\mathrm{b}}^{*} \tag{B. 2. 1a}$$

式中,$\hat{\boldsymbol{N}}^{*}=\begin{bmatrix}\hat{\boldsymbol{N}}_1^{*} & \hat{\boldsymbol{N}}_2^{*} & \hat{\boldsymbol{N}}_3^{*}\end{bmatrix}$是以三角形面积坐标[$\hat{\boldsymbol{L}}_i(\hat{x},\hat{y})(i=1,2,3)$]表示的修正后的形函数矩阵,它是由原形函数矩阵删去对应于法向位移$\hat{\boldsymbol{w}}_i(i=1,2,3)$的元素后得到的,即$\hat{\boldsymbol{N}}_i^{*}=\begin{bmatrix}\hat{\boldsymbol{N}}_{xi} & \hat{\boldsymbol{N}}_{yi}\end{bmatrix}(i=1,2,3)$,具体表达式为

$$\hat{\mathbf{N}}=\begin{bmatrix}\hat{N}_{x1}\\ \hat{N}_{y1}\\ \hat{N}_{x2}\\ \hat{N}_{y2}\\ \hat{N}_{x3}\\ \hat{N}_{y3}\end{bmatrix}=\begin{bmatrix}\hat{y}_3\left(L_1^2L_3+\dfrac{1}{2}L_1L_2L_3\right)+\hat{y}_2\left(L_1^2L_2+\dfrac{1}{2}L_1L_2L_3\right)\\ -\hat{x}_3\left(L_1^2L_3+\dfrac{1}{2}L_1L_2L_3\right)-\hat{x}_2\left(L_1^2L_2+\dfrac{1}{2}L_1L_2L_3\right)\\ -\hat{y}_2(L_2^2L_1+L_2^2L_3+L_1L_2L_3)+\hat{y}_3\left(L_2^2L_3+\dfrac{1}{2}L_1L_2L_3\right)\\ \hat{x}_2(L_2^2L_1+L_2^2L_3+L_1L_2L_3)-\hat{x}_3\left(L_2^2L_3+\dfrac{1}{2}L_1L_2L_3\right)\\ \hat{y}_2\left(L_3^2L_2+\dfrac{1}{2}L_1L_2L_3\right)-\hat{y}_3(L_3^2L_1+L_3^2L_2+L_1L_2L_3)\\ -\hat{x}_2\left(L_3^2L_2+\dfrac{1}{2}L_1L_2L_3\right)+\hat{x}_3(L_3^2L_1+L_3^2L_2+L_1L_2L_3)\end{bmatrix} \tag{B. 2. 1b}$$

式中，面积坐标 L_1、L_2、L_3 可以用变形坐标表示为

$$L_1=1+[(\hat{y}_2-\hat{y}_3)\hat{x}+(\hat{x}_3-\hat{x}_2)\hat{y}]/(\hat{x}_2\hat{y}_3-\hat{x}_3\hat{y}_2) \tag{B.2.1c}$$

$$L_2=(\hat{y}_3\hat{x}-\hat{x}_3\hat{y})/(\hat{x}_2\hat{y}_3-\hat{x}_3\hat{y}_2) \tag{B.2.1d}$$

$$L_3=(-\hat{y}_2\hat{x}+\hat{x}_2\hat{y})/(\hat{x}_2\hat{y}_3-\hat{x}_3\hat{y}_2) \tag{B.2.1e}$$

根据式(B. 2. 1a)所给出的薄壳元内挠度变形分布模式，可进一步求出薄壳元内任意一点在 $t_a\sim t$ 时段内产生的应变增量和应力增量（以 Voigt 形式表示）分别为

$$\Delta\hat{\boldsymbol{\varepsilon}}_{\mathrm{r}}^{\mathrm{b}}=\hat{z}\boldsymbol{\kappa}=\hat{z}\hat{\boldsymbol{B}}_{\mathrm{b}}^{*}\ \hat{\boldsymbol{u}}_{\mathrm{b}}^{*}=\hat{z}\begin{bmatrix}\hat{\boldsymbol{B}}_{\mathrm{b1}}^{*} & \hat{\boldsymbol{B}}_{\mathrm{b2}}^{*} & \hat{\boldsymbol{B}}_{\mathrm{b3}}^{*}\end{bmatrix}\hat{\boldsymbol{u}}_{\mathrm{b}}^{*} \tag{B.2.2}$$

$$\Delta\hat{\boldsymbol{\sigma}}_{\mathrm{r}}^{\mathrm{b}}=\hat{\boldsymbol{D}}_{a}\ \hat{\boldsymbol{\varepsilon}}_{\mathrm{r}}^{\mathrm{b}}=\hat{z}\hat{\boldsymbol{D}}_{a}\hat{\boldsymbol{B}}_{\mathrm{b}}^{*}\ \hat{\boldsymbol{u}}_{\mathrm{b}}^{*} \tag{B.2.3}$$

式中，$\Delta\hat{\boldsymbol{\varepsilon}}_{\mathrm{r}}^{\mathrm{b}}=[\Delta\hat{\varepsilon}_x^{\mathrm{b}}\quad \Delta\hat{\varepsilon}_y^{\mathrm{b}}\quad \Delta\hat{\gamma}_{xy}^{\mathrm{b}}]_{\mathrm{r}}^{\mathrm{T}}$；$\Delta\hat{\boldsymbol{\sigma}}_{\mathrm{r}}^{\mathrm{b}}=[\Delta\hat{\sigma}_x^{\mathrm{b}}\quad \Delta\hat{\sigma}_y^{\mathrm{b}}\quad \Delta\hat{\tau}_{xy}^{\mathrm{b}}]_{\mathrm{r}}^{\mathrm{T}}$；$\hat{\boldsymbol{D}}_a$ 为材料应力等于 $\hat{\boldsymbol{\sigma}}_a$ 时以变形坐标分量表示的平面切线模量矩阵，弹塑性材料的本构模型及应力更新算法见附录 D；$\boldsymbol{\kappa}=-[\hat{w}_{,xx}\quad \hat{w}_{,yy}\quad 2\hat{w}_{,xy}]^{\mathrm{T}}$ 为曲率向量；

$$\hat{\boldsymbol{B}}_{\mathrm{b}i}^{*}=-\begin{bmatrix}\hat{\boldsymbol{N}}_{i,xx}^{*}\\ \hat{\boldsymbol{N}}_{i,yy}^{*}\\ 2\hat{\boldsymbol{N}}_{i,2y}^{*}\end{bmatrix}=-\frac{1}{4A_a{}^2}\hat{\boldsymbol{T}}\begin{bmatrix}\hat{\boldsymbol{N}}_{i,L_1L_1}^{*}\\ \hat{\boldsymbol{N}}_{i,L_2L_2}^{*}\\ \hat{\boldsymbol{N}}_{i,L_1L_2}^{*}\end{bmatrix},\quad i=1,2,3 \tag{B.2.4}$$

式中，$\hat{\boldsymbol{T}}$ 为变形坐标与面积坐标间的转换系数矩阵；A_a 为途径单元初始 t_a 时刻薄壳元的中面面积。

得出应变和应力分布后，再根据虚功原理计算节点等效弯矩。其中，弯曲应力对应的虚变形能可表示为

$$\delta U=(\delta\hat{\boldsymbol{u}}_{\mathrm{b}}^{*})^{\mathrm{T}}\left[\int_{A_a}\int_{-\frac{h_a}{2}}^{\frac{h_a}{2}}(\hat{z}(\hat{\boldsymbol{B}}_{\mathrm{b}}^{*})^{\mathrm{T}}\hat{\boldsymbol{\sigma}}_a+\hat{z}^2(\hat{\boldsymbol{B}}_{\mathrm{b}}^{*})^{\mathrm{T}}\hat{\boldsymbol{D}}_a\hat{\boldsymbol{B}}_{\mathrm{b}}^{*}\ \hat{u}_{\mathrm{b}}^{*})\mathrm{d}\hat{z}\mathrm{d}\hat{A}\right] \tag{B.2.5}$$

另外，节点等效弯矩由变形转动产生的虚功为

$$\delta W=(\delta\hat{\boldsymbol{u}}_{\mathrm{b}}^{*})^{\mathrm{T}}\hat{\boldsymbol{m}}^{*}=(\delta\hat{\boldsymbol{u}}_{\mathrm{b}}^{*})^{\mathrm{T}}(\hat{\boldsymbol{m}}_a^{*}+\Delta\hat{\boldsymbol{m}}^{*}) \tag{B.2.6}$$

比较式(B. 2. 5)和式(B. 2. 6)，由虚功原理($\delta U=\delta W$)不难得出

$$\hat{\boldsymbol{m}}_a^{*}=[\hat{m}_{1x}\quad \hat{m}_{1y}\quad \hat{m}_{2x}\quad \hat{m}_{2y}\quad \hat{m}_{3x}\quad \hat{m}_{3y}]_a^{\mathrm{T}}=\int_{A_a}\int_{-\frac{h_a}{2}}^{\frac{h_a}{2}}\hat{z}(\hat{\boldsymbol{B}}_{\mathrm{b}}^{*})^{\mathrm{T}}\hat{\boldsymbol{\sigma}}_a\mathrm{d}\hat{z}\mathrm{d}\hat{A} \tag{B.2.7a}$$

$$\begin{aligned}\Delta\hat{\boldsymbol{m}}^{*}&=[\Delta\hat{m}_{1x}\quad \Delta\hat{m}_{1y}\quad \Delta\hat{m}_{2x}\quad \Delta\hat{m}_{2y}\quad \Delta\hat{m}_{3x}\quad \Delta\hat{m}_{3y}]^{\mathrm{T}}\\&=\left(\int_{A_a}\int_{-\frac{h_a}{2}}^{\frac{h_a}{2}}\hat{z}^2(\hat{\boldsymbol{B}}_{\mathrm{b}}^{*})^{\mathrm{T}}\hat{\boldsymbol{D}}_a\hat{\boldsymbol{B}}_{\mathrm{b}}^{*}\right)\hat{\boldsymbol{u}}_{\mathrm{b}}^{*}\end{aligned} \tag{B.2.7b}$$

$$\hat{\boldsymbol{m}}^* = \hat{\boldsymbol{m}}_a^* + \Delta\hat{\boldsymbol{m}}^* = [\hat{m}_{1x} \quad \hat{m}_{1y} \quad \hat{m}_{2x} \quad \hat{m}_{2y} \quad \hat{m}_{3x} \quad \hat{m}_{3y}]^{\mathrm{T}} \tag{B.2.7c}$$

该式只能求出 6 个节点弯矩分量($\hat{m}_{1x},\hat{m}_{1y},\hat{m}_{2x},\hat{m}_{2y},\hat{m}_{3x},\hat{m}_{3y}$),还有另外三个垂直于中面的剪力分量$\hat{f}_{iz}$($i=1,2,3$)由于对应于被扣除的$\hat{z}$向刚体平动自由度$\hat{w}_i$($i=1,2,3$),只能通过静力平衡条件来确定(图 B.2.1),即

$$\left.\begin{array}{l}\sum M_{\hat{x}} = 0 \\ \sum M_{\hat{y}} = 0\end{array}\right\} \Rightarrow \begin{cases} \hat{f}_{2z} = \hat{x}_3(\hat{m}_{1x}+\hat{m}_{2x}+\hat{m}_{3x}) \\ \qquad + \hat{y}_3(\hat{m}_{1y}+\hat{m}_{2y}+\hat{m}_{3y}) & \text{(B.2.8a)} \\ \hat{f}_{3z} = \hat{x}_2(\hat{m}_{1x}+\hat{m}_{2x}+\hat{m}_{3x}) \\ \qquad + \hat{y}_2(\hat{m}_{1y}+\hat{m}_{2y}+\hat{m}_{3y}) & \text{(B.2.8b)} \end{cases}$$

$$\sum F_{\hat{z}} = 0, \quad \hat{f}_{1z} = -(\hat{f}_{2z}+\hat{f}_{3z}) \tag{B.2.8c}$$

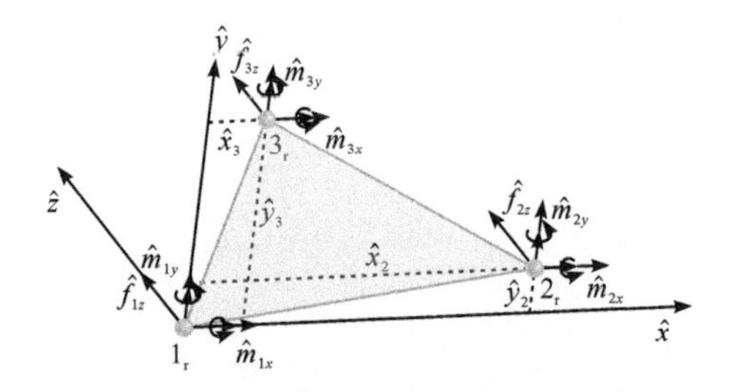

图 B.2.1　三节点薄壳元的节点等效剪力与弯矩

将当前步求得的薄膜内力和弯扭内力相加后就可获得薄壳元的节点内力$\hat{\boldsymbol{f}}_i=[\hat{f}_{ix} \quad \hat{f}_{iy} \quad \hat{f}_{iz}]^{\mathrm{T}}$和弯矩$\hat{\boldsymbol{m}}_i=[\hat{m}_{ix} \quad \hat{m}_{iy} \quad 0]^{\mathrm{T}}$($i=1,2,3$),而为了进一步求出与同一质点相连的所有薄壳元的等效节点内力(矩)之和,还需要将它们转换到整体坐标系下进行集成。为此,首先通过坐标变换矩阵将$\hat{\boldsymbol{f}}_i$和$\hat{\boldsymbol{m}}_i$转换成用全域坐标分量来表示;然后,令薄壳元从虚拟位置V_r做正向运动[包括刚体平移($+\Delta\boldsymbol{u}_1$)及刚体转动($+\boldsymbol{\theta}$)]返回到当前时刻t的位置V(1-2-3)。经过正向刚体运动后,内力大小不变,仅方向发生改变。按照上述步骤,可推出当前构形下的实际节点内力和弯矩分别为

$$\boldsymbol{f}_i = \boldsymbol{R}(\theta)\hat{\boldsymbol{Q}}^{\mathrm{T}}\hat{\boldsymbol{f}}_i, \quad i=1,2,3 \tag{B.2.9a}$$

$$\boldsymbol{m}_i = \boldsymbol{R}(\theta)\hat{\boldsymbol{Q}}^{\mathrm{T}}\hat{\boldsymbol{m}}_i, \quad i=1,2,3 \tag{B.2.9b}$$

式中,$\boldsymbol{f}_i=[f_{ix} \quad f_{iy} \quad f_{iz}]^{\mathrm{T}}$;$\boldsymbol{m}_i=[m_{ix} \quad m_{iy} \quad m_{iz}]^{\mathrm{T}}$;$\boldsymbol{R}(\theta)$的形式与式(2.6.29)相同。

最后,按照薄壳元节点与质点的对应关系,将上述等效内力$\boldsymbol{f}_i$和等效弯矩$\boldsymbol{m}_i$反作用于节点i所连接的质点α,即可得到该薄壳元提供给质点的内力$-\boldsymbol{f}_{\alpha i}^{\mathrm{int}}$和弯矩$-\boldsymbol{m}_{\alpha i}^{\mathrm{int}}$。

上述计算过程中式(B. 2. 5)和式(B. 2. 7a)中的 $\hat{\boldsymbol{\sigma}}_a$ 代表 t_a 时刻薄壳元内任意一点的总应力。下面将根据薄壳面内和面外变形的应力、应变性质对其进行分离，以进一步获得薄壳横截面上薄膜应力与弯曲应力各自的分布情况。将总应力表示为 $\hat{\boldsymbol{\sigma}}_a(\hat{z})=\hat{\boldsymbol{\sigma}}_a^{\mathrm{m}}(\hat{z})+\hat{\boldsymbol{\sigma}}_a^{\mathrm{b}}(\hat{z})$。当薄壳发生非线弹性或弹塑性变形时，虽然总应变沿厚度方向仍为线性变化，但总应力将呈曲线变化。其中，薄膜应变沿厚度方向均匀分布，因而薄膜应力可以通过中面内的应变来计算，即 $\hat{\boldsymbol{\sigma}}_a^{\mathrm{m}}(\hat{z})=\sum_{i=1}^{n}\hat{\boldsymbol{D}}_a^i(\hat{z})\Delta\hat{\boldsymbol{\varepsilon}}_{\mathrm{r}}$，其中，$n$ 为 t_a 时刻之前经历的途径单元总数，$\hat{\boldsymbol{D}}_a^i(\hat{z})$ 为第 i 个途径单元初始时刻横截面上 $\hat{z}$ 高度处的切线模量矩阵，弯曲应力则为 $\hat{\boldsymbol{\sigma}}_a^{\mathrm{b}}(\hat{z})=\boldsymbol{\sigma}_a(\hat{z})-\sum_{i=1}^{n}\hat{\boldsymbol{D}}_a^i(\hat{z})\hat{\boldsymbol{\varepsilon}}_{\mathrm{r}}$。再将上述分离后的薄膜应力 $\hat{\boldsymbol{\sigma}}_a^{\mathrm{m}}$ 和弯曲应力 $\hat{\boldsymbol{\sigma}}_a^{\mathrm{b}}$ 分别与通过线位移 $\hat{\boldsymbol{u}}_{\mathrm{m}}^*$ 和转角 $\hat{\boldsymbol{u}}_{\mathrm{b}}^*$ 计算得到的薄膜应力增量 $\Delta\hat{\boldsymbol{\sigma}}_{\mathrm{r}}^{\mathrm{m}}$ 和弯曲应力增量 $\Delta\hat{\boldsymbol{\sigma}}_{\mathrm{r}}^{\mathrm{b}}$ 相加，就可获得当前时刻薄壳内任意一点的薄膜应力 $[\hat{\boldsymbol{\sigma}}^{\mathrm{m}}(\hat{z})=\hat{\boldsymbol{\sigma}}_a^{\mathrm{m}}(\hat{z})+\hat{\boldsymbol{D}}_a(\hat{z})\hat{\boldsymbol{B}}_{\mathrm{m}}^*\ \hat{\boldsymbol{u}}_{\mathrm{m}}^*]$ 和弯曲应力 $[\hat{\boldsymbol{\sigma}}^{\mathrm{b}}(\hat{z})=\hat{\boldsymbol{\sigma}}_a^{\mathrm{b}}(\hat{z})+\hat{z}\hat{\boldsymbol{D}}_a(\hat{z})\hat{\boldsymbol{B}}_{\mathrm{b}}^*\ \hat{\boldsymbol{u}}_{\mathrm{b}}^*]$。另外，在壳体分析中，通常还需要计算内力矩的分布情况。根据 Kirchhoff-Love 板壳理论，任意指定横截面上的内力矩可表示为

$$
\begin{aligned}
\begin{bmatrix}\hat{M}_x & \hat{M}_y & \hat{M}_{xy}\end{bmatrix}_{(\hat{x}_k,\hat{y}_k)}^{\mathrm{T}} =& \int_{-\frac{h_a}{2}}^{\frac{h_a}{2}} \hat{z}\,\hat{\boldsymbol{\sigma}}_a^{\mathrm{b}}(\hat{x}_k,\hat{y}_k,\hat{z})\,\mathrm{d}\hat{z} \\
&+\int_{-\frac{h_a}{2}}^{\frac{h_a}{2}} \hat{z}\,\hat{\boldsymbol{D}}_a(\hat{x}_k,\hat{y}_k,\hat{z})\hat{\boldsymbol{B}}_{\mathrm{b}}^*(\hat{x}_k,\hat{y}_k)\,\mathrm{d}\hat{z}\,\hat{\boldsymbol{u}}_{\mathrm{b}}^*
\end{aligned}
\tag{B. 2. 10}
$$

式中，$(\hat{x}_k,\hat{y}_k)$ 为指定横截面在中面上的投影坐标。由式(B. 2. 10)得到的不同薄壳元在同一个质点位置上的内力矩通常是不等的，对此，可采用与薄膜中计算质点应力相类似的方式来处理，即通过绕节点平均法对内力矩进行修匀，以改善其精度。

B. 3　数值积分方案

B. 2 节中求解等效节点内力和弯矩时，由于应力、应变均随位置而变化，直接进行函数积分非常困难，通常需要借助于数值积分方法。在显式计算中对计算效率的要求较高，同时薄壳非线性问题分析中又需要布置较多的质点，因此对一般的线弹性问题均采用高斯积分方案进行求解。但是在分析非线弹性或弹塑性问题时，本构矩阵 $\hat{\boldsymbol{D}}_a$ 不再是常数，因此需要适当提高数值积分的阶次。同时考虑到薄壳上下表面处的应力最大，而高斯积分方法并未在边界上布置求积节点，不能及时准确地捕捉到薄壳内应力状态的变化，可能会影响计算的精度。因此，对这类问题应采用包含边界积分点的 Labatto 积分方案。

综上所述，为同时保证积分精度和效率，对于线弹性和非线弹性或弹塑性问题，沿厚度方向分别采用 2 点高斯积分方案（表 A. 2. 1）和 5 点 Labatto 积分方案（表 B. 3. 1）来计算；同时，中面内的积分函数将转换为用三角形面积坐标表示的多项式，并分别采用三角形 3 点和 7 点高斯积分方案进行计算（表 B. 3. 2）。

表 B. 3. 1　Labatto 求积公式的积分点坐标和权重系数

积分点数	精度阶次	积分点坐标 $\xi_i(\eta_i)$	权重系数 W_i
5	五次	±1	0.10000000
		±0.65465367	0.54444444
		0	0.711111111

表 B. 3. 2　三角形高斯积分参数

精度阶次	示意图	误差	积分点	面积坐标	权系数 H_i
二次	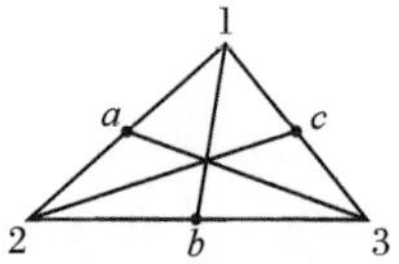	$O(h^3)$	a	1/2,1/2,0	1/6
			b	0,1/2,1/2	1/6
			c	1/2,0,1/2	1/6
三次	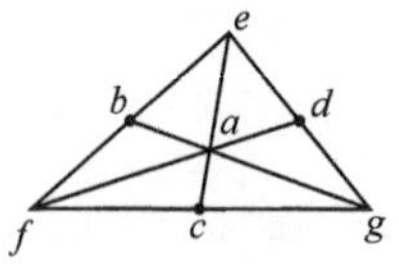	$O(h^4)$	a	1/3,1/3,1/3	9/40
			b	1/2,1/2,0	1/15
			c	0,1/2,1/2	1/15
			d	1/2,0,1/2	1/15
			e	1,0,0	1/40
			f	0,1,0	1/40
			g	0,0,1	1/40

将式（B. 2. 7）中被积函数的变量 $\hat{x}$ 和 $\hat{y}$ 均改用面积坐标 $L_i(i=1,2,3)$ 来表示，再利用高斯求积公式可以得到

$$\begin{aligned}\hat{\boldsymbol{m}}_a^* &= \int_{A_a}\int_{-\frac{h_a}{2}}^{\frac{h_a}{2}} \hat{z}\,[\hat{\boldsymbol{B}}_{\mathrm{b}}^*(\hat{x},\hat{y})]^{\mathrm{T}}\,\hat{\boldsymbol{\sigma}}_a(\hat{x},\hat{y},\hat{z})\,\mathrm{d}\hat{z}\,\mathrm{d}\hat{A} \\ &= 2A_a\int_0^1\int_0^{1-L_1}\left[\int_{-\frac{h_a}{2}}^{\frac{h_a}{2}} \hat{z}\,[\hat{\boldsymbol{B}}_{\mathrm{b}}^*(L_1,L_2,L_3)]^{\mathrm{T}}\,\hat{\boldsymbol{\sigma}}_a(L_1,L_2,L_3)\,\mathrm{d}\hat{z}\right]\mathrm{d}L_2\,\mathrm{d}L_1 \\ &= 2A_a\sum_{i=1}^{n_h}\sum_{j=1}^{n_a} W_i H_j\,\boldsymbol{F}_{\mathrm{b}}(\hat{z}_i,L_{1j},L_{2j},L_{3j})\end{aligned} \tag{B. 3. 1a}$$

$$\begin{aligned}\Delta\hat{\boldsymbol{m}}^* &= \left[\int_{A_a}\int_{-\frac{h_a}{2}}^{\frac{h_a}{2}} \hat{z}^2\,[\hat{\boldsymbol{B}}_{\mathrm{b}}^*(\hat{x},\hat{y})]^{\mathrm{T}}\,\hat{\boldsymbol{D}}_a(\hat{x},\hat{y},\hat{z})\hat{\boldsymbol{B}}_{\mathrm{b}}^*(\hat{x},\hat{y})\,\mathrm{d}\hat{z}\mathrm{d}\hat{A}\right]\hat{\boldsymbol{u}}_{\mathrm{b}}^* \\ &= 2A_a\int_0^1\int_0^{1-L_1}\left[\int_{-\frac{h_a}{2}}^{\frac{h_a}{2}} \hat{z}^2\,[\hat{\boldsymbol{B}}_{\mathrm{b}}^*(L_1,L_2,L_3)]^{\mathrm{T}}\Delta\hat{\boldsymbol{\sigma}}_{\mathrm{r}}(L_1,L_2,L_3)\,\mathrm{d}\hat{z}\right]\mathrm{d}L_2\,\mathrm{d}L_1\end{aligned}$$

$$= 2A_a \sum_{i=1}^{n_h} \sum_{j=1}^{n_a} W_i H_j \Delta \boldsymbol{F}_{\mathrm{b}}(\hat{z}_i, L_{1j}, L_{2j}, L_{3j}) \tag{B.3.1b}$$

式中，n_h为沿厚度方向的积分点数；n_a 为三角形中面内的积分点数；W_i和 H_i分别为与两者对应的权系数。

另外，在非线弹性或弹塑性问题中，横截面上的薄膜应力分量不再为常量，也需要通过沿厚度方向的分层积分来计算其等效节点内力，即式(2.6.26)应改写为

$$\begin{aligned}\hat{\boldsymbol{f}}_a^* &= \int_{A_a} \int_{-\frac{h_a}{2}}^{\frac{h_a}{2}} (\hat{\boldsymbol{B}}_{\mathrm{m}}^*)^{\mathrm{T}} \hat{\boldsymbol{\sigma}}_a(\hat{x}, \hat{y}, \hat{z}) \mathrm{d}\hat{z} \mathrm{d}\hat{A} \\ &= 2A_a \sum_{i=1}^{n_h} \sum_{j=1}^{n_a} W_i H_j \boldsymbol{F}_{\mathrm{m}}(\hat{z}_i, L_{1j}, L_{2j}, L_{3j})\end{aligned} \tag{B.3.2a}$$

$$\Delta \hat{\boldsymbol{f}}^* = \left[\int_{A_a} \int_{-\frac{h_a}{2}}^{\frac{h_a}{2}} (\hat{\boldsymbol{B}}_{\mathrm{m}}^*)^{\mathrm{T}} \hat{\boldsymbol{D}}_a(\hat{z}) \hat{\boldsymbol{B}}_{\mathrm{m}}^* \mathrm{d}\hat{z} \mathrm{d}\hat{A}\right] \hat{\boldsymbol{u}}_{\mathrm{d}}^* = A_a \sum_{i=1}^{n_h} W_i \Delta \boldsymbol{F}_{\mathrm{m}}(\hat{z}_i) \tag{B.3.2b}$$

同理，式(B.2.10)应改写为

$$[\hat{M}_x \quad \hat{M}_y \quad \hat{M}_{xy}]_{(\hat{x}_k, \hat{y}_k)}^{\mathrm{T}} = \sum_{i=1}^{n_h} [W_i S_a(\hat{x}_k, \hat{y}_k, \hat{z}_i) + W_i \Delta S(\hat{x}_k, \hat{y}_k, \hat{z}_i)] \tag{B.3.3}$$

附录C　非线性各向异性模型建立

为研究机织建筑膜材的非线性拉伸行为，可以根据纱线和涂层材料的几何形态特征和变形机制，采用由梁、杆、板等元素构成的膜材内部组织结构作为其力学分析模型，但模拟过程往往过于复杂，结果也很难直接用于膜结构的整体计算。另外，膜材经过大变形后经向和纬向纱线之间的夹角将发生改变，不再符合正交异性材料的基本假设，因此线弹性条件下的正交异性本构模型不再适用。考虑到有限质点法以各个途径单元为界进行内力求解的特点，本节将通过分段线性化拟合函数或应变能密度函数来近似描述膜材经向和纬向纱线的应力-应变曲线；同时，根据膜材以纱线基层受力为主的特点，假设纱线始终处于单轴拉伸状态，其内力也只和同一方向上的应变有关，然后分别按照膜材经向和纬向不同的拉伸性能建立相应的等效单轴受拉模型。模型中的各项参数都可以由材料单轴和双轴试验数据资料确定，并根据计算过程中经向和纬向夹角的变化随时进行调整(Oakley and Knight，1995)。

C.1　等效单轴受拉模型

假设当前时刻 t 薄膜元 i 内的经线和纬线构成一个平面主轴坐标系$\tilde{o}$-$\tilde{\xi}\tilde{\eta}$(图

C. 1. 1)，$\widetilde{\xi}$轴、$\widetilde{\eta}$轴与局部坐标系 x'轴之间的夹角分别为 φ_1 和 φ_2，则利用式(3. 4. 10)可得出$\widetilde{\xi}$轴和$\widetilde{\eta}$轴的方向向量 $\boldsymbol{e}_{\widetilde{\xi}}$ 和 $\boldsymbol{e}_{\widetilde{\eta}}$($\boldsymbol{e}_{\widetilde{\xi}}$ 和 $\boldsymbol{e}_{\widetilde{\eta}}$ 不一定正交)，而由式(3. 4. 3)可知$\widetilde{\xi}$轴和$\widetilde{\eta}$轴与变形坐标系的$\hat{x}$、$\hat{y}$轴之间的方向余弦分别为 $\left[\hat{l}_{\widetilde{\xi}} \quad \hat{m}_{\widetilde{\xi}}\right]^{\mathrm{T}}=\left[\boldsymbol{e}_{\widetilde{\xi}}^{\mathrm{T}}\cdot\boldsymbol{e}_{x'} \quad \boldsymbol{e}_{\widetilde{\xi}}^{\mathrm{T}}\cdot\boldsymbol{e}_{y'}\right]^{\mathrm{T}}$ 和 $\left[\hat{l}_{\widetilde{\eta}} \quad \hat{m}_{\widetilde{\eta}}\right]^{\mathrm{T}}=\left[\boldsymbol{e}_{\widetilde{\eta}}^{\mathrm{T}}\cdot\boldsymbol{e}_{x'} \quad \boldsymbol{e}_{\widetilde{\eta}}^{\mathrm{T}}\cdot\boldsymbol{e}_{y'}\right]^{\mathrm{T}}$。

假设膜面内经向和纬向纱线处于单向受拉状态，应变增量为 $\Delta\widetilde{\boldsymbol{\varepsilon}}=[\Delta\widetilde{\varepsilon}_{\xi} \quad \Delta\widetilde{\varepsilon}_{\eta}]^{\mathrm{T}}$，变形坐标系$\hat{x}\hat{o}\hat{y}$平面内的应变增量 $\Delta\hat{\boldsymbol{\varepsilon}}=\left[\Delta\hat{\varepsilon}_x \quad \Delta\hat{\varepsilon}_y \quad \Delta\hat{\gamma}_{xy}\right]^{\mathrm{T}}$ 与 $\Delta\widetilde{\boldsymbol{\varepsilon}}$ 之间有如下变换关系：

$$\Delta\widetilde{\boldsymbol{\varepsilon}}=\begin{bmatrix}\Delta\widetilde{\varepsilon}_{\xi}\\\Delta\widetilde{\varepsilon}_{\eta}\end{bmatrix}=\begin{bmatrix}\hat{l}_{\widetilde{\xi}}^2 & \hat{m}_{\widetilde{\xi}}^2 & \hat{l}_{\widetilde{\xi}}\hat{m}_{\widetilde{\xi}}\\\hat{l}_{\widetilde{\eta}}^2 & \hat{m}_{\widetilde{\eta}}^2 & \hat{l}_{\widetilde{\eta}}\hat{m}_{\widetilde{\eta}}\end{bmatrix}\begin{bmatrix}\Delta\hat{\varepsilon}_x\\\Delta\hat{\varepsilon}_y\\\Delta\hat{\gamma}_{xy}\end{bmatrix}=\hat{\boldsymbol{T}}_{\varepsilon\_\widetilde{\xi}\widetilde{\eta}}\Delta\hat{\boldsymbol{\varepsilon}} \tag{C. 1. 1}$$

式中，$\hat{\boldsymbol{T}}_{\varepsilon_\widetilde{\xi}\widetilde{\eta}}$为应变转换矩阵，可用于$\widetilde{\xi}$和$\widetilde{\eta}$坐标轴非正交的情况。

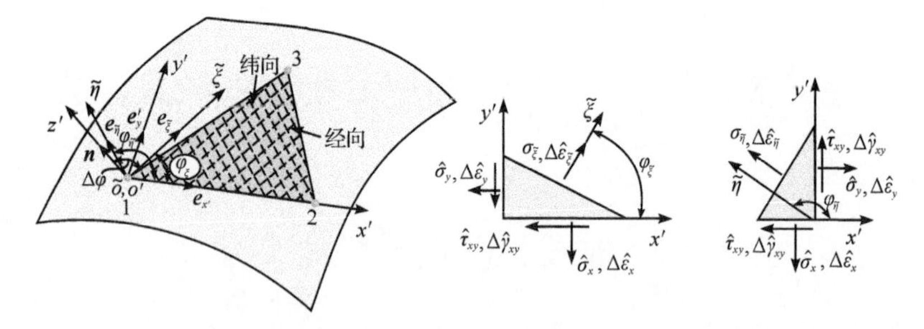

图 C. 1. 1　各向异性条件下薄膜元内的经向和纬向坐标轴与应力、应变分量定义

再由微元体的应力平衡条件可得出变形坐标系$\hat{x}\hat{o}\hat{y}$平面内应力增量 $\Delta\hat{\boldsymbol{\sigma}}$ 与经纬主轴方向上的应力增量 $\Delta\widetilde{\boldsymbol{\sigma}}$ 之间有如下变换关系：

$$\Delta\hat{\boldsymbol{\sigma}}=\begin{bmatrix}\Delta\hat{\sigma}_x\\\Delta\hat{\sigma}_y\\\Delta\hat{\tau}_{xy}\end{bmatrix}=\begin{bmatrix}\hat{l}_{\widetilde{\xi}}^2 & \hat{l}_{\widetilde{\eta}}^2\\\hat{m}_{\widetilde{\xi}}^2 & \hat{m}_{\widetilde{\eta}}^2\\\hat{l}_{\widetilde{\xi}}\hat{m}_{\widetilde{\xi}} & \hat{l}_{\widetilde{\eta}}\hat{m}_{\widetilde{\eta}}\end{bmatrix}\begin{bmatrix}\Delta\widetilde{\sigma}_{\xi}\\\Delta\widetilde{\sigma}_{\eta}\end{bmatrix}=\hat{\boldsymbol{T}}_{\sigma\_\xi\eta}\Delta\widetilde{\boldsymbol{\sigma}} \tag{C. 1. 2}$$

式中，$\hat{\boldsymbol{T}}_{\sigma_\xi\eta}$为应力转换矩阵，且有$\hat{\boldsymbol{T}}_{\sigma_\xi\eta}=\hat{\boldsymbol{T}}_{\varepsilon_\xi\eta}^{\mathrm{T}}$。

假设当前时刻 $t(t_a\leqslant t\leqslant t_b)$膜材主轴方向上的应力-应变关系式为$\widetilde{\boldsymbol{\sigma}}=\widetilde{\boldsymbol{D}}\Delta\widetilde{\boldsymbol{\varepsilon}}+\widetilde{\boldsymbol{\sigma}}_a$，将式(C. 1. 1)和式(C. 1. 2)代入后可得

$$\hat{\boldsymbol{\sigma}}=\widetilde{\boldsymbol{T}}_{\sigma\_\xi\eta}(\widetilde{\boldsymbol{\sigma}}_a+\Delta\widetilde{\boldsymbol{\sigma}})=\hat{\boldsymbol{\sigma}}_a+\underbrace{\widetilde{\boldsymbol{T}}_{\sigma\_\xi\eta}\hat{\boldsymbol{D}}_a\hat{\boldsymbol{T}}_{\varepsilon\_\widetilde{\xi}\widetilde{\eta}}}_{\widetilde{\boldsymbol{D}}_a}\Delta\hat{\boldsymbol{\varepsilon}} \tag{C. 1. 3}$$

式中，$\hat{\boldsymbol{D}}_a^{3\times3}$ 和 $\widetilde{\boldsymbol{D}}_a^{2\times2}$ 分别为 t_a 时刻变形坐标系下和经纬主轴方向上的本构矩阵。

根据基本假设，经向和纬向纱线始终处于单轴拉伸状态，故本构矩阵$\widetilde{\boldsymbol{D}}_a^{2\times 2}$中的弹性系数$\widetilde{D}_{12}=\widetilde{D}_{21}=0$，这样主轴方向上的应力-应变关系式在形式上与单轴应力状态是相同的，因而可以通过定义两个主轴方向上的等效单轴应力-应变关系来建立膜材的非线性本构模型。假设已知膜材在经纬线方向上的拉伸刚度函数分别为$T_\xi(\widetilde{\varepsilon}_\xi)$和$T_\eta(\widetilde{\varepsilon}_\eta)$，则当前时刻$t(t_a\leqslant t\leqslant t_b)$主轴方向上的应力可写成如下矩阵形式：

$$\widetilde{\boldsymbol{\sigma}}=\begin{bmatrix}\widetilde{\sigma}_\xi\\ \widetilde{\sigma}_\eta\end{bmatrix}=\begin{bmatrix}\widetilde{\sigma}_\xi\\ \widetilde{\sigma}_\eta\end{bmatrix}_a+\begin{bmatrix}T_\xi(\widetilde{\varepsilon}_\xi) & 0\\ 0 & T_\eta(\widetilde{\varepsilon}_\eta)\end{bmatrix}_a\begin{bmatrix}\Delta\widetilde{\varepsilon}_\xi\\ \Delta\widetilde{\varepsilon}_\eta\end{bmatrix}=\widetilde{\boldsymbol{\sigma}}_a+\widetilde{\boldsymbol{D}}_a\Delta\widetilde{\boldsymbol{\varepsilon}} \tag{C.1.4}$$

再根据(C.1.3)可以得到变形坐标系下的各向异性本构矩阵$\hat{\boldsymbol{D}}_a$，即

$$\hat{\boldsymbol{D}}_a=\begin{bmatrix}T_\xi(\widetilde{\varepsilon}_\xi)\hat{l}_{\widetilde{\xi}}^4+T_\eta(\widetilde{\varepsilon}_\eta)\hat{l}_{\widetilde{\eta}}^4 & T_\xi(\widetilde{\varepsilon}_\xi)\hat{l}_{\widetilde{\xi}}^2\hat{m}_{\widetilde{\xi}}^2+T_\eta(\widetilde{\varepsilon}_\eta)\hat{l}_{\widetilde{\eta}}^2\hat{m}_{\widetilde{\eta}}^2 & T_\xi(\widetilde{\varepsilon}_\xi)\hat{l}_{\widetilde{\xi}}^3\hat{m}_{\widetilde{\xi}}+T_\eta(\widetilde{\varepsilon}_\eta)\hat{l}_{\widetilde{\eta}}^3\hat{m}_{\widetilde{\eta}}\\ T_\xi(\widetilde{\varepsilon}_\xi)\hat{l}_{\widetilde{\xi}}^2\hat{m}_{\widetilde{\xi}}^2+T_\eta(\widetilde{\varepsilon}_\eta)\hat{l}_{\widetilde{\eta}}^2\hat{m}_{\widetilde{\eta}}^2 & T_\xi(\widetilde{\varepsilon}_\xi)\hat{m}_{\widetilde{\xi}}^4+T_\eta(\widetilde{\varepsilon}_\eta)\hat{m}_{\widetilde{\eta}}^4 & T_\xi(\widetilde{\varepsilon}_\xi)\hat{l}_{\widetilde{\xi}}\hat{m}_{\widetilde{\xi}}^3+T_\eta(\widetilde{\varepsilon}_\eta)\hat{l}_{\widetilde{\eta}}\hat{m}_{\widetilde{\eta}}^3\\ T_\xi(\widetilde{\varepsilon}_\xi)\hat{l}_{\widetilde{\xi}}^3\hat{m}_{\widetilde{\xi}}+T_\eta(\widetilde{\varepsilon}_\eta)\hat{l}_{\widetilde{\eta}}^3\hat{m}_{\widetilde{\eta}} & T_\xi(\widetilde{\varepsilon}_\xi)\hat{l}_{\widetilde{\xi}}\hat{m}_{\widetilde{\xi}}^3+T_\eta(\widetilde{\varepsilon}_\eta)\hat{l}_{\widetilde{\eta}}\hat{m}_{\widetilde{\eta}}^3 & T_\xi(\widetilde{\varepsilon}_\xi)\hat{l}_{\widetilde{\xi}}^2\hat{m}_{\widetilde{\xi}}^2+T_\eta(\widetilde{\varepsilon}_\eta)\hat{l}_{\widetilde{\eta}}^2\hat{m}_{\widetilde{\eta}}^2\end{bmatrix}_a \tag{C.1.5}$$

考虑到织物表面涂层也会对膜材的拉伸力学性能(特别是剪切变形)产生一定影响，因此除$\hat{\boldsymbol{D}}_a$以外还应计入涂层本身的材料刚度。于是，膜材的整体本构矩阵可表示为

$$\hat{\boldsymbol{D}}_a^{\text{total}}=\lambda_{\text{fib}}\hat{\boldsymbol{D}}_a^{\text{fib}}+\lambda_{\text{coat}}\hat{\boldsymbol{D}}_a^{\text{coat}} \tag{C.1.6}$$

式中，$\hat{\boldsymbol{D}}_a^{\text{fib}}$和$\hat{\boldsymbol{D}}_a^{\text{coat}}$分别为纤维布基层和表面涂层在变形坐标系下的本构矩阵，其中$\hat{\boldsymbol{D}}_a^{\text{fib}}$可以按照式(C.1.5)建立，$\hat{\boldsymbol{D}}_a^{\text{coat}}$可以根据涂层的弹性模量按各向同性材料来建立；$\lambda_{\text{fib}}$和$\lambda_{\text{coat}}$分别为基层和涂层厚度占膜材总厚度的比例系数。

在计算本构矩阵$\hat{\boldsymbol{D}}_a$时，其中的拉伸刚度函数$T_\xi(\widetilde{\varepsilon}_\xi)$和$T_\eta(\widetilde{\varepsilon}_\eta)$反映的是当前途径单元初始时刻$(t=t_a)$沿膜材经向和纬向的单轴拉伸力学性质，其大小取决于$t_a$时刻两个材料主轴方向上累积的线应变$\widetilde{\varepsilon}_a^\xi$和$\widetilde{\varepsilon}_a^\eta$。但由于膜材经纬主轴方向及其夹角受剪切变形的影响会发生变化，因此当计算进入下一个途径单元时$(t=t_b)$，应对主轴方向及其应变进行更新。

假设t_b时刻$\widetilde{\xi}$轴和$\widetilde{\eta}$轴与局部坐标系的x'、y'轴之间的方向余弦分别为$[l'_{\widetilde{\xi}}\quad m'_{\widetilde{\xi}}]_b^{\mathrm{T}}=[\cos\varphi_{\widetilde{\xi}}^b\quad \sin\varphi_{\widetilde{\xi}}^b]^{\mathrm{T}}$及$[l'_{\widetilde{\eta}}\quad m'_{\widetilde{\eta}}]_b^{\mathrm{T}}=[\cos\varphi_{\widetilde{\eta}}^b\quad \sin\varphi_{\widetilde{\eta}}^b]^{\mathrm{T}}$，可以得到此时局部坐标系$x'o'y'$平面内的应变增量$\Delta\boldsymbol{\varepsilon}'_b$与经纬主轴$\widetilde{\xi}$和$\widetilde{\eta}$方向上线应变增量$\Delta\widetilde{\boldsymbol{\varepsilon}}_b$之间的变换关系为

$$\Delta\boldsymbol{\varepsilon}'_b=\begin{bmatrix}\Delta\varepsilon'_x\\ \Delta\varepsilon'_y\\ \Delta\gamma'_{xy}\end{bmatrix}_b=\begin{bmatrix}l'^2_{\tilde{\xi}} & l'^2_{\tilde{\eta}}\\ m'^2_{\tilde{\xi}} & m'^2_{\tilde{\eta}}\\ 2l'_{\tilde{\xi}}m'_{\tilde{\xi}} & 2l'_{\tilde{\eta}}m'_{\tilde{\eta}}\end{bmatrix}_b\begin{bmatrix}\Delta\tilde{\varepsilon}_\xi\\ \Delta\tilde{\varepsilon}_\eta\end{bmatrix}_b=\boldsymbol{T}'^b_{\varepsilon\_\xi\eta}\Delta\tilde{\boldsymbol{\varepsilon}}_b \tag{C.1.7}$$

根据式(C.1.7)可求出夹角 $\varphi^b_{\tilde{\xi}}$ 和 $\varphi^b_{\tilde{\eta}}$ 分别为

$$\tan\varphi^b_{\tilde{\xi}}=\left\{\frac{1+\Delta\varepsilon'_y}{1+\Delta\varepsilon'_x}\tan\left[(\pi-\Delta\gamma'_{xy})\frac{\varphi^a_{\tilde{\xi}}}{\pi}+\frac{\Delta\gamma'_{xy}}{2}\right]\right\}_b,\quad 0\leqslant\varphi^b_{\tilde{\xi}}\leqslant\pi \tag{C.1.8a}$$

$$\tan\varphi^b_{\tilde{\eta}}=\left\{\frac{1+\Delta\varepsilon'_y}{1+\Delta\varepsilon'_x}\tan\left[(\pi-\Delta\gamma'_{xy})\frac{\varphi^a_{\tilde{\eta}}}{\pi}+\frac{\Delta\gamma'_{xy}}{2}\right]\right\}_b,\quad 0\leqslant\varphi^b_{\tilde{\eta}}\leqslant\pi \tag{C.1.8b}$$

式中，$\varphi^a_{\tilde{\xi}}$ 和 $\varphi^a_{\tilde{\eta}}$ 分别为当前途径单元初始时刻($t=t_a$)经向和纬向材料主轴与局部坐标系 x' 轴之间的夹角。故 t_b 时刻经纬向纱线之间的夹角为 $\Delta\varphi^b=\varphi^b_{\tilde{\xi}}-\varphi^b_{\tilde{\eta}}$(特别地，大多数膜材的初始夹角 $\Delta\varphi^0=\varphi^0_{\tilde{\xi}}-\varphi^0_{\tilde{\eta}}=\pi/2$)。将 t_b 时刻的局部坐标轴方向向量 $\boldsymbol{e}^b_{x'}$ 和 $\boldsymbol{e}^b_{y'}$ 以及夹角值 $\varphi^b_{\tilde{\xi}}$ 和 $\varphi^b_{\tilde{\eta}}$ 代入式(3.4.10)，可求出 t_b 时刻材料主轴 ξ^b 和 η^b 的方向向量 $\boldsymbol{e}^b_{\tilde{\xi}}$ 和 $\boldsymbol{e}^b_{\tilde{\eta}}$。

ξ 和 η 方向上累积应变 $\tilde{\boldsymbol{\varepsilon}}=[\tilde{\varepsilon}_\xi\quad\tilde{\varepsilon}_\eta]^{\mathrm{T}}$ 的更新过程如下：①根据主轴 ξ^a、η^a 与变形坐标轴 $\hat{x}$、$\hat{y}$ 之间的方向余弦 $[\hat{l}_{\tilde{\xi}}\quad\hat{m}_{\tilde{\xi}}]^{\mathrm{T}}_a=[(\boldsymbol{e}^a_{\tilde{\xi}})^{\mathrm{T}}\cdot\boldsymbol{e}_{x'}\quad(\boldsymbol{e}^a_{\tilde{\xi}})^{\mathrm{T}}\cdot\boldsymbol{e}_{y'}]^{\mathrm{T}}$ 和 $[\hat{l}_{\tilde{\eta}}\quad\hat{m}_{\tilde{\eta}}]^{\mathrm{T}}_a=[(\boldsymbol{e}^a_{\tilde{\eta}})^{\mathrm{T}}\cdot\boldsymbol{e}_{x'}\quad(\boldsymbol{e}^a_{\tilde{\eta}})^{\mathrm{T}}\cdot\boldsymbol{e}_{y'}]^{\mathrm{T}}$ 将 t_a 时刻主轴方向上线应变 $\tilde{\varepsilon}_a$ 转至变形坐标下，加上 $t_a\sim t_b$ 时段内的增量应变 $\Delta\hat{\boldsymbol{\varepsilon}}^b$ 得到 $\hat{\boldsymbol{\varepsilon}}^b_a$；②利用 t_b 时刻的应变转换矩阵 $\hat{\boldsymbol{T}}^b_{\varepsilon\_\tilde{\xi}\tilde{\eta}}$[式(C.1.1)]将 $\hat{\boldsymbol{\varepsilon}}^b_a$ 转换至 t_b 时刻的材料主轴方向，得到更新后的累积线应变 $\tilde{\boldsymbol{\varepsilon}}_b$。于是，$\tilde{\boldsymbol{\varepsilon}}_a$ 到 $\tilde{\boldsymbol{\varepsilon}}_b$ 的转换关系可表示为

$$\tilde{\boldsymbol{\varepsilon}}_b=\hat{\boldsymbol{T}}^b_{\varepsilon\_\tilde{\xi}\tilde{\eta}}(\hat{\boldsymbol{\varepsilon}}_a+\Delta\hat{\boldsymbol{\varepsilon}}^b)=\hat{\boldsymbol{T}}^b_{\varepsilon\_\tilde{\xi}\tilde{\eta}}(\tilde{\boldsymbol{T}}^a_{\varepsilon\_\hat{x}\hat{y}}\,\tilde{\boldsymbol{\varepsilon}}_a+\Delta\hat{\boldsymbol{\varepsilon}}^b) \tag{C.1.9}$$

式中

$$\tilde{\boldsymbol{T}}^a_{\varepsilon\_\hat{x}\hat{y}}=\begin{bmatrix}\hat{l}^2_{\tilde{\xi}} & \hat{m}^2_{\tilde{\xi}} & 2\hat{l}_{\tilde{\xi}}\hat{m}_{\tilde{\xi}}\\ \hat{l}^2_{\tilde{\eta}} & \hat{m}^2_{\tilde{\eta}} & 2\hat{l}_{\tilde{\eta}}\hat{m}_{\tilde{\eta}}\end{bmatrix}^{\mathrm{T}} \tag{C.1.10}$$

C.2　经纬向应力-应变关系函数

要正确描述膜材的非线性力学特性，式(C.1.4)中给出的拉伸刚度函数 $T_\xi(\tilde{\varepsilon}_\xi)$ 和 $T_\eta(\tilde{\varepsilon}_\eta)$ 必须符合膜材经纬向的实际拉伸性能。假设膜材在 $\tilde{\xi}$ 轴和 $\tilde{\eta}$ 轴方向上都处于单向受力状态，则 $T_\xi(\tilde{\varepsilon}_\xi)$ 和 $T_\eta(\tilde{\varepsilon}_\eta)$ 可以分别直接用恰当的各向同性材料的本构关系函数来定义(包括线弹性、非线弹性以及非弹性)，而不必考虑各向异性条件。函数中的各项参数一般由单轴和双轴拉伸试验数据通过拟合分

析后得到。

膜材的经向和纬向两个方向的应力-应变试验曲线都可以按照斜率大小划分为若干个阶段，而同一阶段内曲线各点斜率基本保持在一个较小的范围内变化，因此可采用一种简单的多折线模型来定义 $T_\xi(\tilde{\varepsilon}_\xi)$ 和 $T_\xi(\tilde{\varepsilon}_\xi)$。如图 C. 2. 1 所示，将膜材经纬向应力-应变曲线以各个斜率转折点($1_w/1_f$, $2_w/2_f$, $3_w/3_f$, …, n_w/n_f)为界划分为 n 段(具体分段数需结合曲线斜率变化情况与计算精度要求来确定)，转折点对应的应变值记作 $\varepsilon_w^1/\varepsilon_f^1$, $\varepsilon_w^2/\varepsilon_f^2$, …, $\varepsilon_w^n/\varepsilon_f^n$；在每一曲线段内直接进行线性拟合，并利用最小二乘法求出拟合直线的斜率，记作 k_w^1/k_f^1, k_w^2/k_f^2, …, k_w^n/k_f^n。于是，经纬向分段定义的拉伸刚度函数可表示为

$$T_\xi(\tilde{\varepsilon}_\xi) = k_w^i, \quad \varepsilon_w^{i-1} < \tilde{\varepsilon}_\xi \leqslant \varepsilon_w^i \tag{C. 2. 1a}$$

$$T_\eta(\tilde{\varepsilon}_\eta) = k_f^i, \quad \varepsilon_f^{i-1} < \tilde{\varepsilon}_\eta \leqslant \varepsilon_f^i \tag{C. 2. 1b}$$

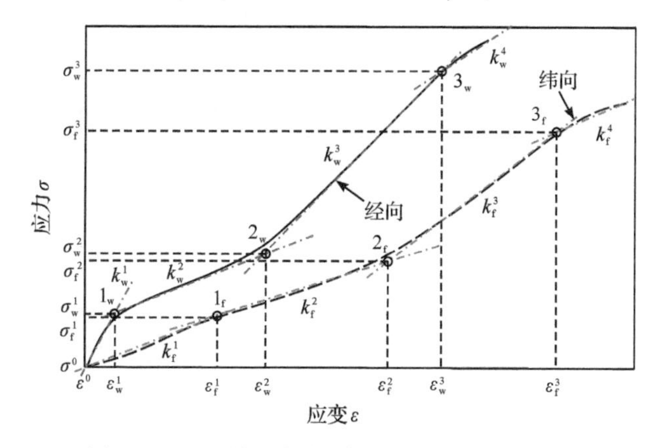

图 C. 2. 1　经纬向应力-应变关系分段线性拟合

另外，在简单单调加载条件下，$T_\xi(\tilde{\varepsilon}_\xi)$ 和 $T_\eta(\tilde{\varepsilon}_\eta)$ 也可借助初始各向同性超弹性材料的本构模型来定义。这类材料的基本特征是本构关系通过应变能密度函数 W 来表示，而 W 一般可表示为应变张量不变量 I_1, I_2, I_3 的函数。以 Murnaghan 材料模型为例，其应变能密度函数形式如下：

$$W(I_1, I_2, I_3) = c_1 I_1^2 + c_2 I_1^3 + c_3 I_2 + c_4 I_1 I_2 + c_5 I_3 \tag{C. 2. 2}$$

式中，$c_1 \sim c_5$ 为材料常数，其中 c_1 和 c_3 可用拉梅常数来表示，即 $c_1 = (\lambda^e + 2\mu^e)/2$，$c_3 = -2\mu^e$；$I_1$、$I_2$、$I_3$ 分别为应变张量 $\boldsymbol{\varepsilon}$ 的第一、第二、第三不变量，用主应变分量可以表示为

$$I_1(\boldsymbol{\varepsilon}) = \mathrm{tr}(\boldsymbol{\varepsilon}) = \varepsilon_1 + \varepsilon_2 + \varepsilon_3 \tag{C. 2. 3a}$$

$$I_2(\boldsymbol{\varepsilon}) = \frac{1}{2}[I_1^2(\boldsymbol{\varepsilon}) - \mathrm{tr}(\boldsymbol{\varepsilon}^2)] = \varepsilon_1\varepsilon_2 + \varepsilon_1\varepsilon_3 + \varepsilon_2\varepsilon_3 \tag{C. 2. 3b}$$

$$I_3(\boldsymbol{\varepsilon}) = \det(\boldsymbol{\varepsilon}) = \varepsilon_1\varepsilon_2\varepsilon_3 \tag{C. 2. 3c}$$

由应变能密度函数 W 相对于应变 $\boldsymbol{\varepsilon}$ 的变化梯度可求出应力 $\boldsymbol{S}$，即

$$\boldsymbol{S}=\frac{\partial W}{\partial \boldsymbol{\varepsilon}}=\left[\frac{2c_1+4c_3}{3}I_1-(c_4+c_5)I_2+(3c_2+c_4)I_1^2\right]\boldsymbol{I}$$
$$-\left[c_3+(c_4+c_5)\right]\boldsymbol{\varepsilon}+c_5\boldsymbol{\varepsilon}^2 \tag{C. 2. 4}$$

将式(C. 2. 3a)和式(C. 2. 3b)表示的 I_1 和 I_2 代入式(C. 2. 4)，则可以得到如下形式的等效单轴应力-应变关系：

$$S_1=2c_1\varepsilon_1+(12c_2+4c_4)\varepsilon_1\varepsilon_2+3c_2\varepsilon_1^2+(4c_1+c_3)\varepsilon_2+(12c_2+5c_4+c_5)\varepsilon_2^2 \tag{C. 2. 5a}$$

$$S_2=(4c_1+2c_3)\varepsilon_1+(24c_2+10c_4+2c_5)\varepsilon_1\varepsilon_2+(8c_1+2c_3)\varepsilon_2+12c_2\varepsilon_2^2 \tag{C. 2. 5b}$$

式(C. 2. 5a)和式(C. 2. 5b)在推导过程中利用了单轴受力状态下的应变关系式 $\varepsilon_2=\varepsilon_3$。考虑到式(C. 2. 5b)中满足 $S_2\equiv 0$，可进一步推出如下形式的单向拉伸刚度函数：

$$T_i(\tilde{\varepsilon}_i)=2c_1+6c_2\tilde{\varepsilon}_i+(12c_2+4c_4)\left[f(\tilde{\varepsilon}_i)+\varepsilon g(\tilde{\varepsilon}_i)\right]+(4c_1+c_3)g(\tilde{\varepsilon}_i)$$
$$+(24c_2+10c_4+2c_5)f(\tilde{\varepsilon}_i)g(\tilde{\varepsilon}_i),\quad i=\tilde{\xi},\tilde{\eta} \tag{C. 2. 6}$$

式中

$$f(\tilde{\varepsilon}_i)=-\frac{(24c_2+10c_4+2c_5)\tilde{\varepsilon}_i+(8c_1+2c_3)}{24c_2}$$
$$-\frac{\{[(24c_2+10c_4+2c_5)\tilde{\varepsilon}_i+(8c_1+2c_3)]^2-96(4c_1+2c_3)c_2\}^{\frac{1}{2}}}{24c_2}$$

$$g(\tilde{\varepsilon}_i)=-\frac{(4c_1+2c_3)+(24c_2+10c_4+2c_5)f(\tilde{\varepsilon}_i)}{(24c_2+10c_4+2c_5)\tilde{\varepsilon}_i+(8c_1+2c_3)+24c_2 f(\tilde{\varepsilon}_i)} \tag{C. 2. 7}$$

其他常见的超弹性材料模型还有 Neo-Hooken 模型、Mooney-Rivlin 模型、Ogden 模型等，均可用来定义膜材的经纬向拉伸刚度函数。

附录 D　弹塑性材料本构关系与积分算法

弹塑性材料可以分为独立于应变率的率无关材料和应力取决于应变率的率相关材料两类。本书中采用的弹塑性模型暂不考虑时间因素的影响。

D. 1　塑性基础

塑性发展规律、应力-应变关系函数、屈服条件、强化法则、加/卸载准则等塑性力学理论是进行固体和结构弹塑性分析的基础。

对于单向应力状态，弹塑性状态的界限就是屈服应力，它可以表示成塑性应变的函数 $\sigma_{\mathrm{y}}(\boldsymbol{\varepsilon}^{\mathrm{p}})$。而在复杂应力情况下，任意一点的屈服条件应通过下列屈服函

数来确定：

$$\varphi(\boldsymbol{\sigma},\boldsymbol{\varepsilon}^{\mathrm{p}},\kappa)=\varphi(\boldsymbol{\sigma},p_1,p_2,\cdots,p_n)=0 \tag{D. 1. 1}$$

式中，$\boldsymbol{\sigma}$ 为六维应力矢量；$\boldsymbol{\varepsilon}^{\mathrm{p}}$ 为塑性应变矢量；κ 为反映塑性变形大小及其历史的参数；$\boldsymbol{\varepsilon}^{\mathrm{p}}$ 和 κ 都是标志材料不可逆变形的量，统称为塑性内变量，也称为硬化参数；$p_i(i=1\sim n)$代表材料参数，是内变量的函数。对于材料从自然状态开始初次进入塑性状态的屈服条件(此时 $\boldsymbol{\varepsilon}^{\mathrm{p}}=\mathbf{0},\kappa=0$)，式(D. 1. 1)可以简化为 $\varphi(\boldsymbol{\sigma},p_i^0)=\varphi^0(\boldsymbol{\sigma})=0$，其中 $p_i^0=p_i(0)$。

材料的后继屈服函数(即加载函数或加载曲面)在应力空间中的变化规律由强化法则规定。常用的强化模型有各向同性强化模型、随动强化模型以及混合强化模型。如果屈服函数中仅含一个参数 p，加载函数可以统一表示为

$$\varphi(\boldsymbol{\sigma},\boldsymbol{\varepsilon}^{\mathrm{p}},\kappa)=\varphi^*(\boldsymbol{\sigma},\boldsymbol{\alpha})-p(\kappa)=0 \tag{D. 1. 2}$$

式中，$\boldsymbol{\alpha}$ 为背应力，代表加载面中心在应力空间内的移动量或当前屈服面的中心。$\boldsymbol{\alpha}$ 与材料硬化特性以及变形历史有关，因而通常可表示为 $\boldsymbol{\varepsilon}^{\mathrm{p}}$ 的函数 $\alpha(\boldsymbol{\varepsilon}^{\mathrm{p}})$。另外，当 p 保持常数并且 $\boldsymbol{\varepsilon}^{\mathrm{p}}$ 不出现时，式(D. 1. 2)将退化为理想弹塑性材料的屈服面函数。

初始和后继屈服面之间的关系通过加卸载准则和塑性流动法则来建立。加卸载准则可用于确定材料的应力-应变关系是继续按弹性规律还是塑性规律发展，具体表述如下：

$$\varphi(\boldsymbol{\sigma},\boldsymbol{\varepsilon}^{\mathrm{p}},\kappa)<0,\quad \text{弹性状态} \tag{D. 1. 3a}$$

$$\varphi(\boldsymbol{\sigma},\boldsymbol{\varepsilon}^{\mathrm{p}},\kappa)=0,\quad \text{且}\left(\frac{\partial\varphi}{\partial\sigma}\right)^{\mathrm{T}}\boldsymbol{D}\mathrm{d}\boldsymbol{\varepsilon}=\left(\frac{\partial\varphi}{\partial\sigma}\right)^{\mathrm{T}}\mathrm{d}\boldsymbol{\sigma}^{\mathrm{e}}\leqslant 0,\quad \text{卸载、中性变载(弹性)} \tag{D. 1. 3b}$$

$$\varphi(\boldsymbol{\sigma},\boldsymbol{\varepsilon}^{\mathrm{p}},\kappa)=0,\quad \text{且}\left(\frac{\partial\varphi}{\partial\sigma}\right)^{\mathrm{T}}\boldsymbol{D}\mathrm{d}\boldsymbol{\varepsilon}=\left(\frac{\partial\varphi}{\partial\sigma}\right)^{\mathrm{T}}\mathrm{d}\boldsymbol{\sigma}^{\mathrm{e}}>0,\quad \text{加载(弹塑性或塑性)} \tag{D. 1. 3c}$$

在塑性加载条件下，流动法则可以给出塑性应变增量 $\mathrm{d}\boldsymbol{\varepsilon}^{\mathrm{p}}$ 沿各个方向分量的相对比例大小。根据 von Mises 提出的塑性位势理论，塑性流动方向($\mathrm{d}\boldsymbol{\varepsilon}^{\mathrm{p}}$ 的方向)与塑性位势函数的梯度方向一致(垂直于塑性势曲面)，即

$$\mathrm{d}\boldsymbol{\varepsilon}^{\mathrm{p}}=\mathrm{d}\lambda\boldsymbol{r}=\mathrm{d}\lambda\frac{\partial Q}{\partial\boldsymbol{\sigma}} \tag{D. 1. 4}$$

式中，$\mathrm{d}\lambda$ 为一个非负的塑性流动因子，其具体数值与当前应力状态和加载历史以及材料强化法则相关；$\boldsymbol{r}$ 为塑性流动方向；Q 为塑性势函数，描述了应力空间中的一族等势面。在 Drucker 公设成立的条件下，可以取 $Q=\varphi$，从而得到与屈服函数关联的流动法则，此时，塑性流动沿着屈服面法线方向发展，即

$$\boldsymbol{r}=\frac{\partial\varphi}{\partial\boldsymbol{\sigma}},\quad \mathrm{d}\boldsymbol{\varepsilon}^{\mathrm{p}}=\mathrm{d}\lambda\frac{\partial\varphi}{\partial\boldsymbol{\sigma}} \tag{D. 1. 5}$$

利用式(D. 1. 5)可将加卸载条件表示为

$$d\lambda \geqslant 0,\quad \varphi \leqslant 0,\quad d\lambda \cdot \varphi = 0 \tag{D. 1. 6}$$

式(D. 1. 6)表明,在塑性加载($d\lambda>0$)时,应力点必须保持在屈服面上($\varphi=0$);在中性变载或弹性加卸载时,没有塑性流动产生($d\lambda=0$),且应力点位于屈服面内($\varphi\leqslant 0$)。

大变形问题中,弹性应变与塑性应变相比较小,可采用次弹塑性模型来建立应力和应变之间的本构关系。根据 Prandtl-Reuss 理论,在应力增量 $d\boldsymbol{\sigma}$ 作用下,任一点产生的应变增量 $d\boldsymbol{\varepsilon}$ 可以分解为弹性部分和塑性部分之和,即

$$d\boldsymbol{\varepsilon} = d\boldsymbol{\varepsilon}^{e} + d\boldsymbol{\varepsilon}^{p} \tag{D. 1. 7}$$

式中,弹性部位为次弹性响应。由于有限质点法中各个途径单元内的运动满足小变形小转动假设,因此可以不需要引用复杂的应力率和应变率公式,而直接以胡克定律来表示弹性应变增量和应力增量间的关系,即

$$d\boldsymbol{\sigma} = \boldsymbol{D}_{e} d\boldsymbol{\varepsilon}^{e} = \boldsymbol{D}_{e}(d\boldsymbol{\varepsilon} - d\boldsymbol{\varepsilon}^{p}) \tag{D. 1. 8}$$

式中,$\boldsymbol{\sigma}=[\sigma_{11}\quad \sigma_{22}\quad \sigma_{33}\quad \tau_{23}\quad \tau_{31}\quad \tau_{12}]^{T}$,$\boldsymbol{\varepsilon}=[\varepsilon_{11}\quad \varepsilon_{22}\quad \varepsilon_{33}\quad \gamma_{23}\quad \gamma_{31}\quad \gamma_{12}]^{T}$;$\boldsymbol{D}_{e}$ 为弹性矩阵,对于各向同性材料,有

$$\boldsymbol{D}_{e} = \begin{bmatrix} \lambda^{e}+2G & \lambda^{e} & \lambda^{e} & 0 & 0 & 0 \\ & \lambda^{e}+2G & \lambda^{e} & 0 & 0 & 0 \\ & & \lambda^{e}+2G & 0 & 0 & 0 \\ & \text{对} & & G & 0 & 0 \\ & & \text{称} & & G & 0 \\ & & & & & G \end{bmatrix}$$

式中,λ^{e} 和 μ^{e} 为拉梅常数,可以用弹性模量 E 和泊松比 ν 表示为 $\mu^{e}=\dfrac{E}{2(1+\nu)}$ 和 $\lambda^{e}=\dfrac{E\nu}{(1+\nu)(1-2\nu)}$。

当中性变载或卸载时,$d\boldsymbol{\varepsilon}^{p}=0$,式(D. 1. 8)回到增量形式的胡克定律;当弹塑性加载时,新的应力点($\boldsymbol{\sigma}+d\boldsymbol{\sigma}$)始终保持在随内变量 $\boldsymbol{\varepsilon}^{p}$ 和 κ 而变化的加载面上,于是有

$$d\varphi = \frac{\partial\varphi}{\partial\boldsymbol{\sigma}}d\boldsymbol{\sigma} + \frac{\partial\varphi}{\partial\boldsymbol{\varepsilon}^{p}}d\boldsymbol{\varepsilon}^{p} + \frac{\partial\varphi}{\partial\kappa}d\kappa = \frac{\partial\varphi}{\partial\boldsymbol{\sigma}}d\boldsymbol{\sigma} + \sum \frac{\partial\varphi}{\partial p_{i}}dp_{i} = 0 \tag{D. 1. 9}$$

式(D. 1. 9)称为一致性条件,利用该式可确定塑性流动因子 $d\lambda$。

令内变量函数满足演化方程 $dp_{i}=d\lambda\cdot h_{i}(\boldsymbol{\sigma},p_{i})$,同时考虑式(D. 1. 4)和式(D. 1. 8),得

$$\mathrm{d}\lambda=\frac{\left(\frac{\partial\varphi}{\partial\boldsymbol{\sigma}}\right)^{\mathrm{T}}\boldsymbol{D}_{\mathrm{e}}\mathrm{d}\boldsymbol{\varepsilon}}{\left(\frac{\partial\varphi}{\partial\boldsymbol{\sigma}}\right)^{\mathrm{T}}\boldsymbol{D}_{\mathrm{e}}\frac{\partial Q}{\partial\boldsymbol{\sigma}}-\left(\frac{\partial\varphi}{\partial\boldsymbol{\varepsilon}^{\mathrm{p}}}\right)^{\mathrm{T}}\frac{\partial Q}{\partial\boldsymbol{\sigma}}-\frac{\partial\varphi}{\partial\kappa}\left(\frac{\partial\kappa}{\partial\boldsymbol{\varepsilon}^{\mathrm{p}}}\right)^{\mathrm{T}}\frac{\partial Q}{\partial\boldsymbol{\sigma}}}=\frac{\left(\frac{\partial\varphi}{\partial\boldsymbol{\sigma}}\right)^{\mathrm{T}}\boldsymbol{D}_{\mathrm{e}}\mathrm{d}\varepsilon}{\left(\frac{\partial\varphi}{\partial\boldsymbol{\sigma}}\right)^{\mathrm{T}}\boldsymbol{D}_{\mathrm{e}}\boldsymbol{r}-\sum\frac{\partial\varphi}{\partial p_i}h_i} \tag{D.1.10}$$

将式(D.1.4)和式(D.1.10)回代至式(D.1.8)，可得到加载时应力-应变的增量本构关系式为

$$\mathrm{d}\boldsymbol{\sigma}=(\boldsymbol{D}_{\mathrm{e}}-\boldsymbol{D}_{\mathrm{p}})\mathrm{d}\boldsymbol{\varepsilon}=\boldsymbol{D}_{\mathrm{ep}}\mathrm{d}\boldsymbol{\varepsilon} \tag{D.1.11}$$

式中，$\boldsymbol{D}_{\mathrm{p}}$ 为塑性矩阵；$\boldsymbol{D}_{\mathrm{ep}}$为弹塑性矩阵，其表达式为

$$\begin{aligned}\boldsymbol{D}_{\mathrm{ep}}&=\boldsymbol{D}_{\mathrm{e}}-\frac{\boldsymbol{D}_{\mathrm{e}}\left(\frac{\partial\varphi}{\partial\boldsymbol{\sigma}}\right)\left(\frac{\partial Q}{\partial\boldsymbol{\sigma}}\right)^{\mathrm{T}}\boldsymbol{D}_{\mathrm{e}}}{\left(\frac{\partial\varphi}{\partial\boldsymbol{\sigma}}\right)^{\mathrm{T}}\boldsymbol{D}_{\mathrm{e}}\frac{\partial Q}{\partial\boldsymbol{\sigma}}-\left(\frac{\partial\varphi}{\partial\boldsymbol{\varepsilon}^{\mathrm{p}}}\right)^{\mathrm{T}}\frac{\partial Q}{\partial\boldsymbol{\sigma}}-\frac{\partial\varphi}{\partial\kappa}\left(\frac{\partial\kappa}{\partial\boldsymbol{\varepsilon}^{\mathrm{p}}}\right)^{\mathrm{T}}\frac{\partial Q}{\partial\boldsymbol{\sigma}}}\\&=\boldsymbol{D}_{\mathrm{e}}-\frac{\boldsymbol{D}_{\mathrm{e}}\left(\frac{\partial\varphi}{\partial\boldsymbol{\sigma}}\right)\left(\frac{\partial Q}{\partial\boldsymbol{\sigma}}\right)^{\mathrm{T}}\boldsymbol{D}_{\mathrm{e}}}{\left(\frac{\partial\varphi}{\partial\boldsymbol{\sigma}}\right)^{\mathrm{T}}\boldsymbol{D}_{\mathrm{e}}\boldsymbol{r}-\sum\frac{\partial\varphi}{\partial p_i}h_i}\end{aligned} \tag{D.1.12}$$

D.2　本构积分算法

在塑性增量理论中总荷载被分成一定数目的荷载增量，然后对每个荷载增量分别逐步求解。由式(D.1.11)和式(D.1.12)可知，弹塑性本构关系是以应力和应变的无限小增量 $\mathrm{d}\boldsymbol{\sigma}$ 和 $\mathrm{d}\boldsymbol{\varepsilon}$ 形式给出的，但在实际数值计算中，每个荷载增量 $\Delta\boldsymbol{F}$ 和应变增量 $\Delta\boldsymbol{\varepsilon}$ 却是以有限值的形式给出的，这就需要利用本构积分算法（也称为应力更新算法），按照塑性增量理论的基本准则，根据已知时刻（有限质点法中为各途径单元的起始时刻 t_a）的应力应变状态量 $\boldsymbol{\varepsilon}_a$、$\boldsymbol{\varepsilon}_a^{\mathrm{p}}$、$\boldsymbol{\kappa}_a$ 和 $t_a\sim t$ 时段内的应变增量 $\Delta\boldsymbol{\varepsilon}$ 求出当前 t 时刻的状态量 $\boldsymbol{\varepsilon}$、$\boldsymbol{\varepsilon}^{\mathrm{p}}$、$\boldsymbol{\kappa}$，以确保更新后的应力状态点落在屈服面内。

映射返回算法是一类较为常用的应力更新算法，它包括一个弹性预测步（用于判定试探应力状态是否偏离屈服面）和一个塑性修正步（使应力投射回更新后的屈服面上）。本节采用基于 $\boldsymbol{J}_2$ 流动理论径向返回算法，应力积分时使用完全隐式的向后欧拉公式。

1）弹性预测

假定材料在当前增量步结束时仍处于弹性状态，即所有的增量应变都是弹性应变，则 t 时刻的球形应力张量和偏应力张量试探值分别为①

$${}^{t}\hat{\boldsymbol{s}}^{*}=\hat{\boldsymbol{s}}_a+2G\Delta\hat{\boldsymbol{e}} \tag{D.2.1a}$$

$${}^{t}\hat{\boldsymbol{\sigma}}_{\mathrm{m}}^{*}=\hat{\boldsymbol{\sigma}}_{\mathrm{m}}^{a}+K\Delta\hat{\boldsymbol{\theta}}\hat{\boldsymbol{I}} \tag{D.2.1b}$$

①仅适用于各向同性材料。

式中，$\hat{\boldsymbol{\sigma}}_{\mathrm{m}}^{a}$ 和$\hat{s}_{a}$ 分别为 t_a 时刻全量应力张量 $\hat{\boldsymbol{\sigma}}_a$ 中的平均应力分量和偏应力分量(除非特别说明，以下所有应力和应变量均为变形坐标系下的变量)；$\Delta\hat{e}$ 为偏应变张量；$\Delta\hat{\boldsymbol{\theta}}$ 为体应变增量；$\hat{\boldsymbol{I}}$ 为二阶单位张量；G 为剪切模量；K 为体积模量。

2) 检查屈服条件

J_2 材料服从 von Mises 屈服准则。不失一般性，这里讨论材料塑性服从混合硬化准则的情况，其加载函数表达式为

$$\varphi(\boldsymbol{\sigma},\boldsymbol{\varepsilon}^{\mathrm{p}},\kappa)=\bar{\sigma}_{\mathrm{e}}-k=0 \tag{D. 2. 2}$$

式中，$\bar{\sigma}_{\mathrm{e}}=\sqrt{3\bar{J}_2}=\sqrt{\frac{3}{2}\bar{s}_{ij}\bar{s}_{ij}}=\sqrt{\frac{3}{2}(s_{ij}-\alpha'_{ij})(s_{ij}-\alpha'_{ij})}$ 为 von Mises 折减等效应力，$\bar{s}_{ij}$ 为折减应力 $\bar{\sigma}_{ij}=\sigma_{ij}-\alpha_{ij}$ 中的偏应力分量(即 $\boldsymbol{s}$ 和 $\boldsymbol{\alpha}'$分别为 $\boldsymbol{\sigma}$ 和 $\boldsymbol{\alpha}$ 的偏量部分)；k 为根据简单应力状态下的材料试验确定的屈服参数，通常为等效塑性应变($\bar{\varepsilon}^{\mathrm{p}}=\int\mathrm{d}\bar{\varepsilon}^{\mathrm{p}}=\int\left(\frac{2}{3}\mathrm{d}\varepsilon_{ij}^{\mathrm{p}}\mathrm{d}\varepsilon_{ij}^{\mathrm{p}}\right)^{1/2}$) 的函数，$k=\sigma_{\mathrm{y}}(\bar{\varepsilon}^{\mathrm{p}})=\sqrt{3}\tau_{\mathrm{y}}(\bar{\varepsilon}^{\mathrm{p}})$，屈服应力 $\sigma_{\mathrm{y}}(\bar{\varepsilon}^{\mathrm{p}})$和 $\tau_{\mathrm{y}}(\bar{\varepsilon}^{\mathrm{p}})$分别可以通过材料剪切试验和单轴拉伸试验得到。混合强化模型中同时考虑了加载过程中的屈服面均匀膨胀(等向强化)和刚体平移(随动强化)，内变量 $k(\bar{\varepsilon}^{\mathrm{p}})$和 α 分别用于描述这两种效应。

在混合强化法则中，塑性应变增量被分为两个共线的分量：

$$\mathrm{d}\boldsymbol{\varepsilon}^{\mathrm{p}}=\mathrm{d}\boldsymbol{\varepsilon}^{\mathrm{p}(i)}+\mathrm{d}\boldsymbol{\varepsilon}^{\mathrm{p}(k)}\equiv\beta\mathrm{d}\boldsymbol{\varepsilon}^{\mathrm{p}}+(1-\beta)\mathrm{d}\boldsymbol{\varepsilon}^{\mathrm{p}} \tag{D. 2. 3}$$

式中，$\mathrm{d}\boldsymbol{\varepsilon}^{\mathrm{p}(i)}$ 与加载面的膨胀相关；$\mathrm{d}\boldsymbol{\varepsilon}^{\mathrm{p}(k)}$ 与加载面的平移相关；β 是为了调节两种强化特性各自所占比例以及模拟 Bauschinger 效应的不同程度而引入的混合强化参数，其取值范围为$-1<\beta\leqslant1$。当 $\beta=1$ 和 $\beta=0$ 时，将分别退化为各向同性强化法则和随动强化法则。

根据式(D. 2. 3)的定义，内变量 $k(\bar{\varepsilon}^{\mathrm{p}})$和 $\boldsymbol{\alpha}$ 可以分别表示成如下形式：

$$k=\sigma_{\mathrm{y}}(\bar{y}^{\mathrm{p}(i)})=\sigma_{\mathrm{y0}}+\int\beta\mathrm{d}\sigma_{\mathrm{y}}(\bar{\varepsilon}^{\mathrm{p}}) \tag{D. 2. 4a}$$

$$\boldsymbol{\alpha}=\int c\mathrm{d}\boldsymbol{\varepsilon}^{\mathrm{p}(k)}=\int c(1-\beta)\mathrm{d}\boldsymbol{\varepsilon}^{\mathrm{p}(k)}\quad 或\quad \boldsymbol{\alpha}=\int_0^t a({}^t\boldsymbol{\sigma}-{}^t\boldsymbol{\alpha})(1-\beta)\mathrm{d}\bar{\varepsilon}^{\mathrm{p}} \tag{D. 2. 4b}$$

式中，σ_{y0}为材料单轴试验的初始屈服应力；a 和 c 均为表征材料性质和状态的参数。对于 J_2 材料有 $c=2H'_{\mathrm{p}}(\bar{\varepsilon}^{\mathrm{p}})/3$，$a=H'_{\mathrm{p}}(\bar{\varepsilon}^{\mathrm{p}})/\sigma_{\mathrm{y}}$，其中 $H'_{\mathrm{p}}=\mathrm{d}\bar{\sigma}/\mathrm{d}\bar{\varepsilon}^{\mathrm{p}}=\mathrm{d}\sigma_{\mathrm{y}}/\mathrm{d}\varepsilon_{\mathrm{ln}}^{\mathrm{p}}$为材料的塑性模量，即单向受力试验得到的真实应力[Cauchy 应力 $\sigma=L\sigma_{\mathrm{E}}/(JL_0)$，$\sigma_{\mathrm{E}}$ 为工程应力]-对数塑性应变[$\varepsilon_{\mathrm{ln}}^{\mathrm{p}}=\ln(1+\varepsilon_{\mathrm{E}}^{\mathrm{p}})$，$\varepsilon_{\mathrm{E}}^{\mathrm{p}}$ 为塑性工程应变]曲线在 $\bar{\sigma}$ 点的斜率，它和弹性模量 E 及切线模量 $E_{\mathrm{t}}(=\mathrm{d}\sigma_{\mathrm{y}}/\mathrm{d}\varepsilon_{\mathrm{ln}})$之间的关系为$1/H'_{\mathrm{p}}=1/E_{\mathrm{t}}-1/E$。

由于在弹性预测阶段，内变量参数保持不变，因此可以将式(D. 2. 1)得到的弹

性试探应力${}^{t}\hat{\boldsymbol{s}}^{*}$和 t_a 时刻的塑性内变量 $\hat{\boldsymbol{\alpha}}_a$、$\bar{\varepsilon}_a^{\mathrm{p}}$ 代入屈服条件式(D. 2. 2)，求出屈服函数的弹性试探值 $\varphi({}^{t}\hat{\boldsymbol{\sigma}}^{*},\hat{\boldsymbol{\alpha}}_a,\bar{\varepsilon}_a^{\mathrm{p}})$。如果 $\varphi({}^{t}\hat{\boldsymbol{\sigma}}^{*},\hat{\boldsymbol{\alpha}}_a,\bar{\varepsilon}_a^{\mathrm{p}})<0$，意味着弹性试探状态为真实状态，应力计算正确；否则意味着应力点超出了屈服面，需要以下方式进行塑性修正，使其满足屈服条件 $\varphi({}^{t}\hat{\boldsymbol{\sigma}},{}^{t}\hat{\boldsymbol{\alpha}},{}^{t}\bar{\varepsilon}^{\mathrm{p}})=0$。

3) 应力修正

利用式(D. 1. 8)和(D. 2. 1)可得 t 时刻的应力为

$${}^{t}\hat{\boldsymbol{s}}=\hat{\boldsymbol{s}}_a+\Delta\hat{\boldsymbol{s}}={}^{t}\hat{\boldsymbol{s}}^{*}-2G\Delta\hat{\boldsymbol{e}}^{\mathrm{p}} \tag{D. 2. 5a}$$

$${}^{t}\hat{\boldsymbol{\sigma}}_{\mathrm{m}}=\hat{\boldsymbol{\sigma}}_{\mathrm{m}}^{a}+\Delta\hat{\boldsymbol{\sigma}}_{\mathrm{m}}={}^{t}\hat{\boldsymbol{\sigma}}_{\mathrm{m}}^{*}-K\Delta\hat{\boldsymbol{\theta}}^{\mathrm{p}}\hat{\boldsymbol{I}} \tag{D. 2. 5b}$$

式中，$\Delta\hat{\boldsymbol{e}}^{\mathrm{p}}$ 为塑性偏应变增量；$\Delta\hat{\boldsymbol{\theta}}^{\mathrm{p}}$ 为塑性体应变增量。$\Delta\hat{\boldsymbol{\sigma}}^{\mathrm{p}}=-2G\Delta\hat{\boldsymbol{e}}^{\mathrm{p}}$ 为塑性修正应力，它将弹性试探应力沿着 t 时刻的塑性流动方向${}^{t}\hat{\boldsymbol{r}}$ 向会投射到更新后的加载面${}^{t}\varphi=0$ 上，而修正后的应力点${}^{t}\hat{\boldsymbol{\sigma}}$ 是加载面${}^{t}\varphi=0$ 上距离弹性试探应力点${}^{t}\hat{\boldsymbol{\sigma}}^{*}$ 最近的点，相当于在一系列离散时间点上强制满足一致性条件。由式(D. 1. 5)和式(D. 2. 1)可知，弹性预测步由总应变增量 $\Delta\hat{\boldsymbol{\varepsilon}}$ 驱动，而应力修正是由塑性流动因子增量 $\Delta\lambda$ 驱动，即应力修正阶段总应变增量保持不变。

J_2 理论(von Mises 流动理论)中的屈服面[式(D. 2. 2)]在主应力空间中是一个圆柱体，其轴线垂直于 π 平面，法向指向径向，并且在整个塑性修正过程中保持不变(图 D. 2. 1)，因此，从几何角度来讲，这种以寻找屈服面上最近投射点为目标的本构积分算法将退化为一种特殊的径向返回算法。

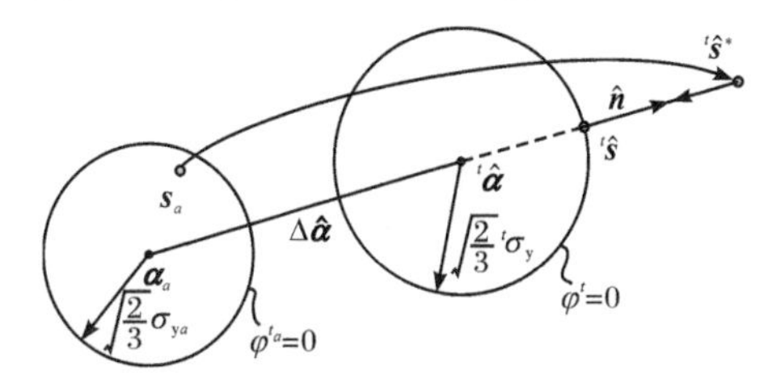

图 D. 2. 1　混合强化模型的径向返回算法示意图(J_2 塑性流动)

由关联流动法则，塑性流动方向和塑性应变增量可由加载函数[式(D. 2. 2)]求得，即

$$\Delta\hat{\boldsymbol{\varepsilon}}^{\mathrm{p}}=\Delta\lambda{}^{t}\hat{\boldsymbol{r}}=\Delta\lambda\frac{\partial\varphi}{\partial\hat{\boldsymbol{\sigma}}}=\Delta\lambda\frac{3{}^{t}\hat{\boldsymbol{\xi}}}{2{}^{t}\bar{\sigma}_{\mathrm{e}}}=\Delta\lambda\sqrt{\frac{3}{2}}\hat{\boldsymbol{n}} \tag{D. 2. 6}$$

式中，${}^{t}\hat{\boldsymbol{\xi}}={}^{t}\hat{\boldsymbol{s}}-{}^{t}\hat{\boldsymbol{\alpha}}$ 为更新后的 t 时刻折减偏应力张量；$\hat{\boldsymbol{n}}={}^{t}\hat{\boldsymbol{r}}/\|{}^{t}\hat{\boldsymbol{r}}\|={}^{t}\hat{\boldsymbol{\xi}}/\|{}^{t}\hat{\boldsymbol{\xi}}\|=\sqrt{\frac{3}{2}}{}^{t}\hat{\boldsymbol{\xi}}/{}^{t}\bar{\sigma}_{\mathrm{e}}$ 为 t 时刻 J_2 流动加载面法向(径向)的单位向量。

将式(D. 2. 6)代入式(D. 2. 5)，得到偏应力的更新公式为

$$ {}^t\hat{\boldsymbol{s}} = {}^t\hat{\boldsymbol{s}}^* - \sqrt{6}G\Delta\lambda\,\hat{\boldsymbol{n}} \tag{D. 2. 7} $$

由式(D. 2. 6)还可以看出，J_2 流动理论中的塑性应变是偏量应变(即 $\Delta\hat{\boldsymbol{\theta}}^{\mathrm{p}} \equiv \boldsymbol{0}$，$\Delta\hat{\boldsymbol{\varepsilon}}^{\mathrm{p}} = \Delta\hat{\boldsymbol{e}}^{\mathrm{p}}$)，因此 t 时刻的等效塑性应变为

$$ {}^t\bar{\varepsilon}^{\mathrm{p}} = \bar{\varepsilon}_a^{\mathrm{p}} + \Delta\bar{\varepsilon}^{\mathrm{p}} = \bar{\varepsilon}_a^{\mathrm{p}} + \left(\frac{2}{3}\Delta\hat{\boldsymbol{e}}^{\mathrm{p}}\Delta\hat{\boldsymbol{e}}^{\mathrm{p}}\right)^{1/2} = \bar{\varepsilon}_a^{\mathrm{p}} + \Delta\lambda \tag{D. 2. 8} $$

再将式(D. 2. 6)代入式(D. 2. 4b)，同时联合式(D. 2. 8)，可得 t 时刻的背应力 ${}^t\boldsymbol{\alpha}$ 中偏量部分的更新公式为

$$ \begin{aligned} {}^t\hat{\boldsymbol{\alpha}}' &= \hat{\boldsymbol{\alpha}}_a' + \Delta\hat{\boldsymbol{\alpha}}' = \hat{\boldsymbol{\alpha}}_a' + \sqrt{\frac{2}{3}}(1-\beta)H_{\mathrm{p}}'({}^{t_a+\Delta t/2}\bar{\varepsilon}^{\mathrm{p}})\Delta\lambda\,\hat{\boldsymbol{n}} \\ &= \hat{\boldsymbol{\alpha}}_a' + \sqrt{\frac{2}{3}}(1-\beta)[H_{\mathrm{p}}'({}^t\bar{\varepsilon}^{\mathrm{p}}) - H_{\mathrm{p}}'(\bar{\varepsilon}_a^{\mathrm{p}})]\hat{\boldsymbol{n}} \end{aligned} \tag{D. 2. 9} $$

记 $\Delta H_{\mathrm{p}} = H_{\mathrm{p}}'({}^t\bar{\varepsilon}^{\mathrm{p}}) - H_{\mathrm{p}}'(\bar{\varepsilon}_a^{\mathrm{p}})$，则由式(D. 2. 7)～式(D. 2. 9)可得

$$ {}^t\hat{\boldsymbol{\xi}} = {}^t\hat{\boldsymbol{s}} - {}^t\hat{\boldsymbol{\alpha}}' = {}^t\hat{\boldsymbol{\xi}}^* - \left(\sqrt{6}G\Delta\lambda + \sqrt{\frac{2}{3}}(1-\beta)\Delta H_{\mathrm{p}}\right)\hat{\boldsymbol{n}} \tag{D. 2. 10} $$

式中，${}^t\hat{\boldsymbol{\xi}}^* = {}^t\hat{\boldsymbol{s}}^* - \hat{\boldsymbol{\alpha}}_a$ 为 t 时刻折减弹性试探应力的偏量张量。由于 ${}^t\hat{\boldsymbol{\xi}}/\hat{\boldsymbol{\xi}} = \|{}^t\hat{\boldsymbol{\xi}}\|$，则由式(D. 2. 10)容易得到应力空间中 ${}^t\hat{\boldsymbol{\xi}}^*$ 也沿着 $\hat{\boldsymbol{n}}$ 方向，即塑性流动方向在整个塑性修正过程中不变化，故 $\hat{\boldsymbol{n}}$ 也可以表示为 $\hat{\boldsymbol{n}} = \sqrt{\frac{3}{2}}\,{}^t\hat{\boldsymbol{\xi}}^*/{}^t\bar{\sigma}_{\mathrm{e}}^*$。根据该表达式，可得到等效应力的更新格式为

$$ {}^t\bar{\sigma}_{\mathrm{e}} = {}^t\bar{\sigma}_{\mathrm{e}}^* - [3G\Delta\lambda + (1-\beta)\Delta H_{\mathrm{p}}] \tag{D. 2. 11} $$

式中，${}^t\bar{\sigma}_{\mathrm{e}}^* = \sqrt{\frac{3}{2}\,{}^t\hat{\boldsymbol{\xi}}^*\,{}^t\hat{\boldsymbol{\xi}}^*}$ 为弹性试探折减等效应力。

为满足 t 时刻的一致性条件，将式(D. 2. 11)代入屈服函数式(D. 2. 2)后可得

$$ {}^t\varphi(\Delta\lambda) = {}^t\bar{\boldsymbol{\sigma}}_{\mathrm{e}}^* - [3G\Delta\lambda + (1-\beta)\Delta H_{\mathrm{p}}] - \sigma_{\mathrm{y}}(\beta\,{}^t\bar{\varepsilon}^{\mathrm{p}}) \equiv 0 \tag{D. 2. 12} $$

由于 ${}^t\bar{\varepsilon}^{\mathrm{p}} = \bar{\varepsilon}_a^{\mathrm{p}} + \Delta\lambda$，因此需要求解的是一个关于 $\Delta\lambda$ 的方程，一般为非线性，需要通过一阶 Taylor 展开，利用 Newton-Raphson 法迭代求解，得

$$ {}^t\varphi^{(i+1)} = {}^t\varphi^{(i)} + \left(\frac{\mathrm{d}^t\varphi}{\mathrm{d}\Delta\lambda}\right)^{(i)}\delta\lambda^{(i)} = 0, \quad \frac{\mathrm{d}^t\varphi}{\mathrm{d}\Delta\lambda} = -(3G + H_{\mathrm{p}}') \tag{D. 2. 13} $$

式中，$\delta\lambda^{(i)}$ 为第 i 次迭代时 $\Delta\lambda$ 的增量，上标(i)表示响应物理量在 $\Delta\lambda^{(i)}$ 处的值。

由式(D. 2. 13)可以得到

$$ \Delta\lambda^{(i+1)} = \Delta\lambda^{(i)} + \delta\lambda^{(i)} = \Delta\lambda^{(i)} + {}^t\varphi^{(i)}/(3G + H_{\mathrm{p}}'^{(i)}) \tag{D. 2. 14} $$

迭代求解式(D. 2. 14)，直至满足收敛条件。特别地，对于线性强化问题，塑性模量 H_{p}' 为常数，则式(D. 2. 12)可简化为

$$ {}^t\varphi(\Delta\lambda) = {}^t\bar{\sigma}_{\mathrm{e}}^* - \sigma_{\mathrm{y}a} - [(3G + \beta H_{\mathrm{p}}')\Delta\lambda + (1-\beta)H_{\mathrm{p}}'\Delta\lambda] \tag{D. 2. 15} $$

式(D. 2. 15)退化为关于 $\Delta\lambda$ 的线性方程,此时不需要进行迭代,可直接求得

$$\Delta\bar{\varepsilon}^{\mathrm{p}} = \Delta\lambda = \frac{{}^{t}\bar{\sigma}_{\mathrm{e}}^{*} - \sigma_{\mathrm{y}a}}{3G + H_{\mathrm{p}}'} = \frac{{}^{t}\varphi^{*}}{3G + {}^{t}\varphi^{*}} \tag{D. 2. 16}$$

将式(D. 2. 14)或式(D. 2. 16)求出的 $\Delta\lambda$ 代入式(D. 2. 6)~式(D. 2. 11)后,就可对各状态量分别进行更新。实际上,将$\hat{\boldsymbol{n}}=\sqrt{\frac{3}{2}}\,{}^{t}\hat{\boldsymbol{\xi}}^{*}/{}^{t}\bar{\sigma}_{\mathrm{e}}^{*}$ 代入式(D. 2. 10)后,利用式(D. 2. 11)和关系式${}^{t}\varphi={}^{t}\bar{\sigma}_{\mathrm{e}}-\sigma_{\mathrm{y}}(\beta\,{}^{t}\bar{\varepsilon}^{\mathrm{p}})=0$ 可得

$${}^{t}\hat{\boldsymbol{\xi}} = \frac{{}^{t}\hat{\boldsymbol{\xi}}^{*}}{{}^{t}\bar{\sigma}_{\mathrm{e}}^{*}}\{{}^{t}\bar{\sigma}_{\mathrm{e}}^{*} - [3G\Delta\lambda + (1-\beta)\Delta H_{\mathrm{p}}]\} = \frac{\sigma_{\mathrm{s}}(\beta\,{}^{t}\bar{\varepsilon}^{\mathrm{p}})}{{}^{t}\bar{\sigma}_{\mathrm{e}}^{*}}\,{}^{t}\hat{\boldsymbol{\xi}}^{*} \tag{D. 2. 17}$$

式(D. 2. 17)表明 J_2 流动理论相当于将折减试探偏应力${}^{t}\hat{\boldsymbol{\xi}}^{*}$沿径向按比例缩小,使其返回到 t 时刻的屈服面$\varphi({}^{t}\hat{\boldsymbol{\sigma}},{}^{t}\hat{\boldsymbol{\alpha}},{}^{t}\bar{\varepsilon}^{\mathrm{p}})=0$ 上。

另外,利用式(D. 2. 5)还可将全应力的更新格式改写为

$${}^{t}\hat{\boldsymbol{\sigma}} = \hat{\boldsymbol{\sigma}}_{a} + \Delta\hat{\boldsymbol{\sigma}} = {}^{t}\hat{\boldsymbol{s}}^{*} + {}^{t}\hat{\boldsymbol{\sigma}}_{\mathrm{m}}^{*} - 2G\Delta\hat{\boldsymbol{e}}^{\mathrm{p}} = {}^{t}\hat{\boldsymbol{s}} + \hat{\boldsymbol{\sigma}}_{\mathrm{m}}^{a} + K\Delta\hat{\boldsymbol{\theta}}\,\hat{\boldsymbol{I}} \tag{D. 2. 18}$$

式中,${}^{t}\hat{\boldsymbol{\sigma}}$ 为单元局部坐标系下的应力,经过正向转动并转到全域坐标系下后,就可以获得当前 t 时刻全域坐标描述的全应力${}^{t}\boldsymbol{\sigma}$。

需要注意的是,薄膜和薄壳中法向应力为 0,为此需要特别构建相应的应力和应变子空间,并引入平面应力约束条件,即$\hat{\sigma}_{33}=\hat{\tau}_{13}=\hat{\tau}_{23}=0$。为了推导方便,下面改用矩阵和向量形式来表示各相关状态量。平面子空间内的应力、应变向量及弹性矩阵可分别表示为

$$\hat{\boldsymbol{\sigma}} = [\hat{\sigma}_{11} \quad \hat{\sigma}_{22} \quad \hat{\tau}_{12}]^{\mathrm{T}}, \quad \hat{\boldsymbol{\alpha}} = [\hat{\alpha}_{11} \quad \hat{\alpha}_{22} \quad \hat{\alpha}_{12}]^{\mathrm{T}}, \quad \hat{\boldsymbol{\varepsilon}} = [\hat{\varepsilon}_{11} \quad \hat{\varepsilon}_{22} \quad \hat{\gamma}_{12}]^{\mathrm{T}} \tag{D. 2. 19}$$

$$\hat{\boldsymbol{D}}_{\mathrm{e}} = \frac{E}{1-\nu^{2}}\begin{bmatrix} 1 & \nu & 0 \\ \nu & 1 & 0 \\ 0 & 0 & \frac{1-\nu}{2} \end{bmatrix} \tag{D. 2. 20}$$

对应的偏应力向量则可以根据子空间的映射关系写出,即

$$\hat{\boldsymbol{s}} = [\hat{s}_{11} \quad \hat{s}_{22} \quad \hat{s}_{12}]^{\mathrm{T}} = \bar{\boldsymbol{P}}\,\hat{\boldsymbol{\sigma}}$$

$$\hat{\boldsymbol{\alpha}}' = [\hat{\alpha}_{11}' \quad \hat{\alpha}_{22}' \quad \hat{\alpha}_{12}']^{\mathrm{T}} = \bar{\boldsymbol{P}}\,\hat{\boldsymbol{\alpha}}$$

$$\bar{\boldsymbol{P}} = \frac{1}{3}\begin{bmatrix} 2 & -1 & 0 \\ -1 & 2 & 0 \\ 0 & 0 & 3 \end{bmatrix} \tag{D. 2. 21}$$

根据塑性流动法则和强化法则,并参照式(D. 2. 6)~式(D. 2. 10),可得到 t 时刻各状态量的积分式如下:

$${}^{t}\hat{\boldsymbol{\varepsilon}}^{\mathrm{p}} = \hat{\boldsymbol{\varepsilon}}_{a}^{\mathrm{p}} + \Delta\lambda\boldsymbol{P}\,{}^{t}\hat{\boldsymbol{\eta}} \tag{D. 2. 22a}$$

$$ {}^{t}\bar{\varepsilon}^{\mathrm{p}} = \bar{\varepsilon}_{a}^{\mathrm{p}} + \frac{2}{3}\Delta\lambda\, {}^{t}\bar{\sigma}_{\mathrm{e}} \tag{D.2.22b} $$

$$ {}^{t}\hat{\boldsymbol{\alpha}} = \hat{\boldsymbol{\alpha}}_{a} + \frac{2}{3}\Delta\lambda(1-\beta)H_{\mathrm{p}}'\, {}^{t}\hat{\boldsymbol{\eta}} \tag{D.2.22c} $$

式中，${}^{t}\hat{\boldsymbol{\eta}}={}^{t}\hat{\boldsymbol{\sigma}}-{}^{t}\hat{\boldsymbol{\alpha}}$，${}^{t}\bar{\sigma}_{\mathrm{e}}=\sqrt{\frac{3}{2}{}^{t}\hat{\boldsymbol{\eta}}^{\mathrm{T}}\boldsymbol{P}\,{}^{t}\hat{\boldsymbol{\eta}}}$，$\boldsymbol{P}=\frac{1}{3}\begin{bmatrix}2 & -1 & 0\\ -1 & 2 & 0\\ 0 & 0 & 6\end{bmatrix}$。

再将式(D. 2. 22)中各状态量代入本构关系式${}^{t}\hat{\boldsymbol{\sigma}}=\hat{\boldsymbol{\sigma}}_{a}+\hat{\boldsymbol{D}}_{\mathrm{e}}(\Delta\hat{\boldsymbol{\varepsilon}}-\Delta\hat{\boldsymbol{\varepsilon}}^{\mathrm{p}})={}^{t}\hat{\boldsymbol{\sigma}}^{*}-\hat{\boldsymbol{D}}_{\mathrm{e}}\Delta\hat{\boldsymbol{\varepsilon}}^{\mathrm{p}}$，即可得到各参量的更新计算公式如下：

$$ {}^{t}\hat{\boldsymbol{\sigma}}^{*} = \hat{\boldsymbol{\sigma}}_{a} + \hat{\boldsymbol{D}}_{\mathrm{e}}\Delta\hat{\boldsymbol{\varepsilon}} \tag{D.2.23a} $$

$$ {}^{t}\hat{\boldsymbol{\eta}}^{*} = {}^{t}\hat{\boldsymbol{\sigma}}^{*} - \hat{\boldsymbol{\alpha}}_{a} \tag{D.2.23b} $$

$$ {}^{t}\hat{\boldsymbol{\eta}} = \frac{1}{1+\frac{2}{3}\Delta\lambda H_{\mathrm{p}}'}\hat{\boldsymbol{\Xi}}(\Delta\lambda)\hat{\boldsymbol{D}}_{\mathrm{e}}^{-1}\,{}^{t}\hat{\boldsymbol{\eta}}^{*} \tag{D.2.23c} $$

$$ {}^{t}\hat{\boldsymbol{\sigma}} = {}^{t}\hat{\boldsymbol{\eta}} + {}^{t}\hat{\boldsymbol{\alpha}} \tag{D.2.23d} $$

式(D. 2. 23c)中的$\hat{\boldsymbol{\Xi}}(\Delta\lambda)$相当于修正弹性刚度矩阵，可写成以下形式：

$$ \hat{\boldsymbol{\Xi}} = \left[\hat{\boldsymbol{D}}_{\mathrm{e}}^{-1} + \frac{\Delta\lambda}{1+\frac{2}{3}H_{\mathrm{p}}'\Delta\lambda}\boldsymbol{P}\right]^{-1} \tag{D.2.24} $$

由式(D. 2. 22)和式(D. 2. 23)可知，各状态量的塑性修正值大小都取决于 $\Delta\lambda$。将${}^{t}\bar{\sigma}_{\mathrm{e}}=\sqrt{\frac{3}{2}{}^{t}\hat{\boldsymbol{\eta}}^{\mathrm{T}}\boldsymbol{P}\,{}^{t}\hat{\boldsymbol{\eta}}}$代入 t 时刻的屈服函数(即一致性条件)，就可以得到关于 $\Delta\lambda$ 的非线性方程，即

$$ {}^{t}\varphi^{2}(\Delta\lambda) = \frac{3}{2}\,{}^{t}\hat{\boldsymbol{\eta}}^{\mathrm{T}}\boldsymbol{P}\,{}^{t}\hat{\boldsymbol{\eta}} - \sigma_{\mathrm{y}}^{2}\left(\bar{\varepsilon}_{a}^{\mathrm{p}} + \Delta\lambda\sqrt{\frac{2}{3}\,{}^{t}\hat{\boldsymbol{\eta}}^{\mathrm{T}}\boldsymbol{P}\,{}^{t}\hat{\boldsymbol{\eta}}}\right) \equiv 0 \tag{D.2.25} $$

对于弹性阶段各向同性的材料模型，通过对弹性矩阵 $\hat{\boldsymbol{D}}_{\mathrm{e}}$ 和映射矩阵 $\boldsymbol{P}$ 进行特征值分解，可以将上述非线性方程简化表示。其中，$\hat{\boldsymbol{D}}_{\mathrm{e}}$ 和 $\boldsymbol{P}$ 分别表示为

$$ \boldsymbol{P} = \boldsymbol{U}\boldsymbol{\Lambda}_{P}\boldsymbol{U}^{\mathrm{T}}, \quad \hat{\boldsymbol{D}}_{\mathrm{e}} = \boldsymbol{U}\boldsymbol{\Lambda}_{D}\boldsymbol{U}^{\mathrm{T}} \tag{D.2.26} $$

式中，$\boldsymbol{U}$ 为正交矩阵；$\boldsymbol{\Lambda}_{P}$ 和 $\boldsymbol{\Lambda}_{D}$ 分别为矩阵 $\boldsymbol{P}$ 和 $\hat{\boldsymbol{D}}_{\mathrm{e}}$ 的对角矩阵。

利用式(D. 2. 26)可将式(D. 2. 23c)改写为

$$ {}^{t}\hat{\boldsymbol{\eta}} = \left[\left(1+\frac{2}{3}\Delta\lambda H_{\mathrm{p}}'\right)\boldsymbol{I} + \Delta\lambda\boldsymbol{\Lambda}_{P}\boldsymbol{\Lambda}_{D}\right]^{-1}\,{}^{t}\hat{\boldsymbol{\eta}}_{\mathrm{u}}^{*} = \boldsymbol{\Gamma}(\Delta\lambda)\,{}^{t}\hat{\boldsymbol{\eta}}_{\mathrm{u}}^{*} \tag{D.2.27} $$

式中，${}^{t}\hat{\boldsymbol{\eta}}_{\mathrm{u}}^{*}=\boldsymbol{U}^{\mathrm{T}}\,{}^{t}\hat{\boldsymbol{\eta}}^{*}$，${}^{t}\hat{\boldsymbol{\eta}}_{\mathrm{u}}=\boldsymbol{U}^{\mathrm{T}}\,{}^{t}\hat{\boldsymbol{\eta}}$；$\boldsymbol{\Gamma}(\Delta\lambda)$为对角矩阵：

$$\boldsymbol{\Gamma}(\Delta\lambda)=\begin{bmatrix}\dfrac{1}{1+\left[\dfrac{E}{3(1-v)}+\dfrac{2}{3}H'_{\mathrm{p}}\right]\Delta\lambda} & & \\ & \dfrac{1}{1+\left(2G+\dfrac{2}{3}H'_{\mathrm{p}}\right)\Delta\lambda} & \\ & & \dfrac{1}{1+\left(2G+\dfrac{2}{3}H'_{\mathrm{p}}\right)\Delta\lambda}\end{bmatrix} \tag{D. 2. 28}$$

再将式(D. 2. 26)～式(D. 2. 28)代入式(D. 2. 25)，可得

$$^{t}\bar{\sigma}_{\mathrm{e}}^{2}(\Delta\lambda)=\frac{\dfrac{1}{2}\left(^{t}\hat{\eta}_{\mathrm{u\_11}}^{*}\right)^{2}}{\left\{1+\left[\dfrac{E}{3(1-v)}+\dfrac{2}{3}H'_{\mathrm{p}}\right]\Delta\lambda\right\}^{2}}+\frac{\dfrac{3}{2}\left(^{t}\hat{\eta}_{\mathrm{u\_22}}^{*}\right)^{2}+3\left(^{t}\hat{\eta}_{\mathrm{u\_12}}^{*}\right)^{2}}{\left[1+\left(2G+\dfrac{2}{3}H'_{\mathrm{p}}\right)\Delta\lambda\right]^{2}} \tag{D. 2. 29a}$$

$$\sigma_{\mathrm{y}}^{2}(\Delta\lambda)=\sigma_{\mathrm{y}}^{2}\left[\bar{\varepsilon}_{a}^{\mathrm{p}}+\Delta\lambda\sqrt{\frac{2}{3}}\,{}^{t}\bar{\sigma}_{\mathrm{e}}(\Delta\lambda)\right] \tag{D. 2. 29b}$$

$$^{t}\varphi^{2}(\Delta\lambda)={}^{t}\bar{\sigma}_{\mathrm{e}}^{2}(\Delta\lambda)-\sigma_{\mathrm{y}}^{2}(\Delta\lambda)\equiv 0 \tag{D. 2. 29c}$$

利用 Newton-Raphson 法迭代求解式(D. 2. 29c)得到 $\Delta\lambda$，再将其代回式(D. 2. 22)和式(D. 2. 23)，就可以得到新的状态量 ${}^{t}\hat{\boldsymbol{\varepsilon}}^{\mathrm{p}}$，${}^{t}\bar{\varepsilon}^{\mathrm{p}}$，${}^{t}\hat{\boldsymbol{\alpha}}$，${}^{t}\hat{\boldsymbol{\sigma}}$ 等。

D. 3　算法流程

综合 D. 1 节和 D. 2 节部分所述，基于 J_2 流动理论的应力更新算法流程可概括如下。

(1) 由几何关系[如式(2. 6. 22)]求出各积分点的应变增量 $\Delta\hat{\boldsymbol{\varepsilon}}$。

(2) 利用式(D. 2. 5)计算弹性试探应力增量 $\Delta\hat{\boldsymbol{\sigma}}^{*}=2G\Delta\hat{e}+K\Delta\hat{\boldsymbol{\theta}}\boldsymbol{I}$ 和应力 ${}^{t}\hat{\boldsymbol{\sigma}}^{*}={}^{t}\hat{s}^{*}+{}^{t}\hat{\boldsymbol{\sigma}}_{\mathrm{m}}^{*}$。

(3) 利用式(D. 2. 2)计算屈服函数的弹性试探值 $\varphi({}^{t}\hat{\boldsymbol{\sigma}}^{*},\hat{\boldsymbol{\alpha}}_{a},\bar{\varepsilon}_{a}^{\mathrm{p}})$，其中，$\bar{\varepsilon}_{a}^{\mathrm{p}}$ 和 $\hat{\boldsymbol{\alpha}}_{a}$ 为途径单元起始时刻的塑性内变量。根据计算结果分下列两种情况讨论：

① 若 $\varphi({}^{t}\hat{\boldsymbol{\sigma}}^{*},\hat{\boldsymbol{\alpha}}_{a},\bar{\varepsilon}_{a}^{\mathrm{p}})\leqslant 0$，说明处于弹性状态，可能是弹性加载或塑性卸载或中性变载，试探应力就是当前时刻的真实应力，这时有 $\Delta\hat{\boldsymbol{\sigma}}=\Delta\hat{\boldsymbol{\sigma}}^{*}$，$\Delta\bar{\varepsilon}^{\mathrm{p}}=0$，$\Delta\hat{\boldsymbol{\varepsilon}}^{\mathrm{p}}=\mathbf{0}$，$\Delta\hat{\boldsymbol{\alpha}}=\mathbf{0}$，省去以下各步，直接转至第(5)步。

② 若 $\varphi({}^{t}\hat{\boldsymbol{\sigma}}^{*},\hat{\boldsymbol{\alpha}}_{a},\bar{\varepsilon}_{a}^{\mathrm{p}})>0$，说明处于塑性加载状态，应进行下面的塑性修正。

(4) 利用径向返回积分算法塑性应力进行修正，计算过程描述如下：

① 设迭代初始值：$i=0$，${}^{t}\bar{\varepsilon}^{\mathrm{p}(0)}=\bar{\varepsilon}_{a}^{\mathrm{p}}$，$\Delta\lambda^{(0)}=0$，${}^{t}\hat{\boldsymbol{\sigma}}^{(0)}=\hat{\boldsymbol{\sigma}}_{a}$，${}^{t}\hat{\boldsymbol{\varepsilon}}^{\mathrm{p}(0)}=\hat{\boldsymbol{\varepsilon}}_{a}^{\mathrm{p}}$，${}^{t}\hat{\boldsymbol{\alpha}}^{(0)}=\hat{\boldsymbol{\alpha}}_{a}$。

② 在第 m 次迭代时利用式(D. 2. 12)检查屈服条件，如果函数值 ${}^{t}\varphi^{(i)}<\mathrm{TOL}$

(其中 TOL 为容差限值),说明迭代已收敛,可停止迭代,并转至第(5)步。

③ 根据式(D. 2. 14)计算塑性流动因子 $\Delta\lambda^{(i)}$,并求出塑性流动方向单位向量 $\hat{\boldsymbol{n}}=\sqrt{\frac{3}{2}}{}^t\hat{\boldsymbol{\xi}}^*/{}^t\bar{\sigma}_e^*$。

④ 更新应力和内变量:

$$\Delta\bar{\varepsilon}^{p(i)}=\Delta\lambda^{(i)},\quad {}^t\bar{\varepsilon}^{p(m+1)}={}^t\bar{\varepsilon}^{p(0)}+\Delta\lambda^{(m)}$$

$$\Delta\hat{\boldsymbol{\varepsilon}}^{p(m)}=\Delta\lambda^{(m)}\sqrt{\frac{3}{2}}\hat{\boldsymbol{n}}$$

$$\Delta\hat{\boldsymbol{\alpha}}'^{(m)}=\sqrt{\frac{2}{3}}(1-\beta)[H_p({}^t\bar{\varepsilon}^{p(m)})-H_p({}^t\bar{\varepsilon}^{p(0)})]\hat{\boldsymbol{n}}$$

$$\Delta\hat{\boldsymbol{s}}^{(m)}=2G\Delta\hat{\boldsymbol{e}}-\sqrt{6}G\Delta\lambda^{(m)}\hat{\boldsymbol{n}},\quad \Delta\hat{\boldsymbol{\sigma}}_m^{(i)}\equiv K\Delta\hat{\boldsymbol{\theta}}\hat{\boldsymbol{I}}$$

同时,令 $i=i+1$,并转至第②步继续迭代,直至收敛。

(5) 计算当前时间步结束时的状态量:

$${}^t\bar{\varepsilon}^p={}^t\bar{\varepsilon}_a^p+\Delta\bar{\varepsilon}^p,\quad {}^t\hat{\boldsymbol{\varepsilon}}^p=\hat{\boldsymbol{\varepsilon}}_a^p+\Delta\hat{\boldsymbol{\varepsilon}}^p$$

$${}^t\hat{\boldsymbol{\alpha}}'=\hat{\boldsymbol{\alpha}}_a'+\Delta\hat{\boldsymbol{\alpha}}',\quad {}^t\hat{\boldsymbol{\sigma}}=\hat{\boldsymbol{\sigma}}_a+\Delta\hat{s}+\Delta\hat{\boldsymbol{\sigma}}_m$$

特别地,对线性强化材料进行应力修正时,不需要做迭代运算,可直接由式(D. 2. 16)~式(D. 2. 17)以及式(D. 2. 9)~式(D. 2. 10)更新应力和应变状态量。

对于平面应力问题,需利用 Newton-Raphson 法求出 $\Delta\lambda$,并按照式(D. 2. 22)和式(D. 2. 23)更新各状态量。

通过选取不同的屈服应力,上述基于 J_2 理论的本构积分算法可作为一种通用算法用于分析其他的弹塑性材料模型,例如:

(1) 如果取 $\sigma_{y0}=\infty$,则材料为线弹性。

(2) 如果切线模量和塑性模量取为 $E_t=H_p'=0$,则材料为理想弹塑性。

(3) 如果将屈服应力表示成 $\sigma_s=f(\boldsymbol{\varepsilon}_p,\dot{\boldsymbol{\varepsilon}},T)$ 的一般形式,则可以同时计入加工硬化、温度软化及应变率的影响,如 Johnson-Cook 塑性模型。

由有限质点法的分析步骤可知,质点运动控制方程中的内力项(${}^t\boldsymbol{F}^{int}$)基于当前时间步结束时各结构单元内的应力状态(${}^t\hat{\boldsymbol{\sigma}}$,${}^t\hat{\boldsymbol{\alpha}}$,${}^t\bar{\varepsilon}^p$),而这些状态量可通过当前步内已知的位移增量求出。考虑到有限质点法按途径单元分段计算的模式恰好与塑性增量理论的要求相一致,而且不需要迭代求解控制方程,因此对方法本身不用做特别修正,只是在进行内力计算时需要根据加载-卸载条件选用相应的本构关系式和积分算法并按照上述步骤求出当前时刻各积分点上的应力状态。

参考文献

陈冲,袁行飞,段元锋,等. 2015. 基于精细梁模型的向量式有限元分析. 土木建筑与环境工程, 37(2):1-7.

陈俊岭,阳荣昌,马人乐. 2016. 基于向量式有限元法的风力发电机组一体化仿真分析. 湖南大学学报(自然科学版),43(11):141-148.

陈务军. 2005. 膜结构工程设计. 北京:中国建筑工业出版社:160-187.

丁承先,王仲宇,吴东岳,等. 2007. 运动解析与向量式有限元. 桃园:台湾大学工学院.

丁承先,段元峰,吴东岳. 2011. 向量式结构力学. 北京:科学出版社.

杜庆峰,吴瀚. 2016. 向量式有限元桁架结构并行程序节点分配技术. 同济大学学报(自然科学版),44(7):1121-1129.

杜庆峰,周晓玮,谢涛,等. 2014. 大规模向量式有限元行为数据压缩模型及算法. 同济大学学报(自然科学版),42(11):1711-1717.

杜庆峰,周雪非,谢涛,等. 2015. 大规模向量式有限元行为数据无损压缩模型. 同济大学学报(自然科学版),43(1):126-132,145.

顾明,陆海峰. 2006. 膜结构风荷载和风致响应研究进展. 振动与冲击,25(3):25-28.

顾强. 2009. 钢结构滞回性能及抗震设计. 北京:中国建筑工业出版社:300-305.

胡狄,何勇,金伟良. 2012. 基于向量式有限元的 Spar 扶正预测及强度分析. 工程力学,29(8):333-339,345.

贾金河,于亚伦. 2001. 应用有限元和 DDA 模拟框架结构建筑物拆除爆破. 爆破,18(1):27-30.

金伟良,方韬. 2005. 钢筋混凝土框架结构破坏性能的离散单元法模拟. 工程力学,22(4):67-73.

蓝天. 2000. 当代膜结构发展概述. 世界建筑,19(9):17-20.

李效民,张林,牛建杰,等. 2016. 基于向量式有限元的深水顶张力立管动力响应分析. 振动与冲击,35(11):218-223.

李云良,田振辉,谭惠丰. 2008. 基于张力场理论的薄膜褶皱研究评述. 力学与实践,30(4):8-14.

凌道盛,徐兴. 2004. 非线性有限元及程序. 杭州:浙江大学出版社:200-235.

刘磊. 2017. 考虑节点协调变形及节点面精细化的有限质点法研究. 杭州:浙江大学硕士学位论文.

刘学林. 2009. 索膜结构有限元线法找形的研究. 北京:清华大学博士学位论文.

刘英贤. 2006. 应用无网格法分析膜结构找形问题的初步研究. 昆明:昆明理工大学博士学位论文.

刘正兴,叶榕. 1990. 薄壳后屈曲分析的载荷-位移交替控制法. 上海交通大学学报,24(3):38-44.

陆金钰. 2008. 动不定结构的平衡矩阵分析方法与理论研究. 杭州:浙江大学博士学位论文.

陆新征,李易,叶列平,等. 2008. 钢筋混凝土框架结构抗连续倒塌设计方法的研究. 工程力学,(25):150-157.

吕剑,何颖波,田常津,等. 2006. 泰勒杆实验对材料动态本构参数的确认和优化确定. 爆炸与冲击，26(4)：339-344.
罗尧治. 2000. 索杆张力结构的数值分析理论研究. 杭州：浙江大学博士学位论文.
罗尧治，杨超. 2013. 求解平面固体几何大变形问题的有限质点法. 工程力学，30(4)：260-268.
罗尧治，张鹏飞，姜涛. 2014a. 基于向量式有限元法的某开合屋盖结构关键拉杆失效分析. 空间结构，20(2)：89-96.
罗尧治，郑延丰，杨超. 2014b. 结构复杂行为分析的有限质点法研究综述. 工程力学，31(8)：1-7.
倪秋斌，段元锋，高博青. 2014. 采用向量式有限元的斜拉索振动控制仿真. 振动工程学报，27(2)：238-245.
沈斌. 2007. 网架结构倒塌破坏机理研究. 天津：天津大学博士学位论文：78-81.
石根华. 1997. 数值流形方法与非连续变形分析. 裴觉民，译. 北京：清华大学出版社：1-12.
苏建华. 2005. 空间索膜结构的力密度法静力分析研究. 广州：华南理工大学博士学位论文.
汪毅俊. 2010. 网架结构失效模式的判别准则及设计改进研究. 杭州：浙江大学博士学位论文：50-52.
王长国. 2007. 空间薄膜结构皱曲行为与特性研究. 哈尔滨：哈尔滨工业大学博士学位论文.
王福军. 2000. 冲击接触问题有限元法并行计算及其工程应用. 北京：清华大学博士学位论文.
王仁佐，王仲宇，林炳昌，等. 2012. 向量式有限元应用于车辆脱轨运动分析. 土木工程学报，45(s1)：312-315.
王勇，魏德敏. 2005. 具有 T 单元张拉膜结构的找形分析. 工程力学，22(4)：215-219.
王震，赵阳. 2013. 膜结构大变形分析的向量式有限元 4 节点膜单元. 土木建筑与环境工程，35(4)：60-67.
王震，赵阳. 2014. 膜材碰撞接触分析的向量式有限元法. 计算力学学报，31(3)：378-383.
王震，胡可，赵阳. 2014a. 考虑 Cowper-Symonds 黏塑性材料本构的向量式有限元三角形薄壳单元研究. 建筑结构学报，35(4)：71-77.
王震，赵阳，胡可. 2014b. 基于向量式有限元的三角形薄板单元. 工程力学，31(1)：37-45.
王震，赵阳，胡可. 2014c. 基于向量式有限元的三角形薄壳单元研究. 建筑结构学报，35(4)：64-70，77.
王震，赵阳，杨学林. 2016. 薄壳结构碰撞、断裂和穿透行为的向量式有限元分析. 建筑结构学报，37(6)：53-59.
武岳，杨庆山，沈世钊. 2014. 膜结构分析理论研究现状与展望. 工程力学，31(2)：1-14.
向新岸. 2010. 张拉索膜结构的理论研究及其在上海世博轴中的应用. 杭州：浙江大学博士学位论文.
向新岸，董石麟，冯远，等. 2015. 基于向量式有限元的 T 单元及其在张拉索膜结构中的应用. 工程力学，32(6)：62-68.
谢中友，李剑荣，虞吉林. 2007. 泡沫铝填充薄壁圆管的三点弯曲实验的数值模拟. 固体力学学报，28(3)：261-265.
徐秉业，刘信声. 1995. 应用弹塑性力学. 北京：清华大学出版社：45-60.
徐彦，关富玲，川口健一. 2011. 充气薄膜结构的悬垂和充气展开过程. 浙江大学学报，45(1)：75-80.

杨超. 2015. 薄膜结构的有限质点法计算理论与应用研究. 杭州:浙江大学博士学位论文.

杨庆山,姜忆南. 2004. 张拉索-膜结构分析与设计. 北京:科学出版社:153-190.

姚旦,沈国辉,潘峰,等. 2015. 基于向量式有限元的输电塔风致动力响应研究. 工程力学,32(11):63-70.

易洪雷,丁辛,陈守辉. 2005. PES/PVC 膜材料拉伸性能的各向异性及破坏准则. 复合材料学报,22(6):98-102.

俞锋. 2015a. 索杆结构中索滑移行为分析的有限质点法. 工程力学,32(6):109-116.

俞锋. 2015b. 索滑移分析的计算理论及其在索杆梁膜结构的应用研究. 杭州:浙江大学博士学位论文.

喻莹. 2010. 基于有限质点法的空间钢结构连续倒塌破坏研究. 杭州:浙江大学博士学位论文.

喻莹,罗尧治. 2009. 基于有限质点法的结构屈曲行为分析. 工程力学,23(10):23-29.

喻莹,罗尧治. 2011a. 基于有限质点法的结构倒塌破坏研究Ⅰ:基本方法. 建筑结构学报,32(11): 17-26.

喻莹,罗尧治. 2011b. 基于有限质点法的结构倒塌破坏研究Ⅱ:关键问题与数值算例. 建筑结构学报,32(11):27-35.

喻莹,罗尧治. 2013. 基于有限质点法的结构碰撞行为分析. 工程力学,30(3):66-72,77.

喻莹,许贤,罗尧治. 2012. 基于有限质点法的结构动力非线性行为分析. 工程力学,29(6):63-69,84.

喻莹,王继中,朱兴一. 2015. 基于有限质点法的双层柱面网壳强风作用下倒塌破坏研究. 东南大学学报,45(4):756-762.

喻莹,谭长波,金林,等. 2016. 基于有限质点法的单层球面网壳强震作用下连续倒塌破坏研究,工程力学,33(5):134-141.

张军. 2011. 界面应力及内聚力模型在界面力学的应用. 郑州:郑州大学出版社:23-48.

张柳,李宗霖. 2014. 向量式有限元复杂结构线性构件断裂过程动态坐标拾取模型研究. 电脑知识与技术,10(32):7632-7636.

张鹏飞. 2016. 结构破坏行为的数值模拟计算方法研究. 杭州:浙江大学博士学位论文.

张鹏飞,罗尧治,杨超. 2017a. 薄壳屈曲问题的有限质点法求解. 工程力学,34(2):12-20.

张鹏飞,罗尧治,杨超. 2017b. 基于有限质点法的三维固体弹塑性问题求解. 工程力学,34(4):5-12.

张湘伟,章争荣,吕文阁,等. 2010. 数值流形方法研究及应用进展. 力学进展,40(1):1-12.

张毅刚. 2013. 从国外近年来的应用与研究看膜结构的发展. 钢结构,28(11):1-9.

赵冉. 2011. 张拉索膜结构的膜褶皱与索系失效研究. 广州:华南理工大学博士学位论文.

赵阳,彭涛,王震. 2013. 基于向量式有限元的索杆张力结构施工成形分析. 土木工程学报,46(5):13-21.

赵阳,王震,彭涛. 2015. 向量式有限元膜单元及其在膜结构褶皱分析中的应用. 建筑结构学报,36(1):127-135.

郑延丰. 2015. 结构精细化分析的有限质点法计算理论研究. 杭州:浙江大学博士学位论文.

郑延丰,罗尧治. 2016. 基于有限质点法的多尺度精细化分析. 工程力学,33(9):21-29.

周少怀,杨家岭. 2000. DDA数值方法及其工程应用. 岩土力学,21(2):123-125.

周树路,叶继红. 2008. 改进力密度法膜结构找形方法. 应用力学学报,25(3):421-425.

朱明亮,董石麟. 2012a. 基于向量式有限元的弦支穹顶失效分析. 浙江大学学报(工学版),46(9):1611-1618.

朱明亮,董石麟. 2012b. 向量式有限元在索穹顶静力分析中的应用. 工程力学,29(8):236-242.

朱明亮,郭正兴. 2016. 基于向量式有限元的大跨度钢结构施工力学分析方法. 湖南大学学报(自然科学版),43(3):48-54.

AASHTO. 1998. AASHTO LRFD Bridge Design Specification[S]. Washington DC:The American Association of State Highway and Transportation Official.

Abbasi N E,Meguid S A. 2000. A new shell element accounting for through-thickness deformation. Computer Methods in Applied Mechanics and Engineering,189(3):841-862.

Ambroziak A,Klosowski P. 2013. Mechanical testing of technical woven fabrics. Journal of Reinforced Plastics and Composites,32(10):726-739.

Argyris J,Papadrakakis M,Mouroutis Z S. 2003. Nonlinear dynamic analysis of shells with the triangular element TRIC. Computer Methods in Applied Mechanics and Engineering, 192(26-27): 3005-3038.

Bathe K,Ramm E,Wilson E L. 1975. Finite element formulations for large deformation dynamic analysis. International Journal for Numerical Methods in Engineering,9(2):353-386.

Battini J M. 2008. Anon-linear corotational 4-node plane element. Mechanics Research Communications,35(6):408-413.

Bazeley G P, Cheung Y K, Irons B M, et al. 1966. Triangular elements in plate bending, conforming and non-conforming solutions//Proceedings of the 1st Conference on Matrix Methods in Structural Mechanics,Fairborn:547-576.

Becker G,Noels L. 2011. A fracture framework for Euler-Bernoulli beams based on a full discontinuous Galerkin formulation/extrinsic cohesive law combination. International Journal for Numerical Methods in Engineering,85(10):1227-1251.

Becker G,Geuzaine C,Noels L. 2011. A one field full discontinuous Galerkin method for Kirchhoff-Love shells applied to fracture mechanics. Computer Methods in Applied Mechanics and Engineering,200(45):3223-3241.

Belytschko T,Gracie R. 2009. A review of extended/generalized finite element methods for material modeling. Modelling and Simulation in Materials Science and Engineering,17(4):430-448.

Belytschko T,Hsieh B J. 1973. Nonlinear transient finite element analysis with converted coordinates. International Journal for Numerical Methods in Engineering,7(3):255-271.

Belytschko T,Wong B L,Plaskacz E J. 1989. Fission-fusion adaptivity in finite-elements for nonlinear dynamics of shells. Computers & Structures,33(5):1307-1323.

Belytschko T,Krongauz Y,Organ D. 1996. Meshless methods:An overview and recent developments. Computer Methods in Applied Mechanics and Engineering,139(1):3-47.

Belytschko T,Liu W K,Moran B. 2000. Nonlinear Finite Elements for Continua and Structures.

Chichester:John Wiley & Sons:278-290.

Bennett G T. 1914. The skew isogram mechanism. Proceeding of London Mathematics Society, 2nd series,13(1):151-173.

Benson D J,Hallquist J O. 1990. A single surface-contact algorithm for the post-buckling analysis of shell structures. Computer Methods in Applied Mechanics and Engineering,78(2):141-163.

Bonet J,Wood R D,Mahaney J. 2000. Finite element analysis of air supported membrane structures. Computer Methods in Applied Mechanics and Engineering,190(10):579-595.

Calladine C R. 1978. Buckminster Fuller's "Tensegrity" structures and Clerk Maxwell's rules for the construction of stiff frames. International Journal of Solids and Structures,14(2):161-172.

Celes W,Paulino G H,Espinha R. 2005. A compact adjacent-based topological data structure for finite element mesh representation. International Journal for Numerical Methods in Engineering,64(11):1529-1556.

Chan S L. 1996. Large deflection dynamics analysis of space frame. Computer and Structures, 58(2):381-387.

Clough R W. 1960. The finite element method in plane stress analysis//Proceedings of 2nd ASCE Conference on Electronic Computation,Pittsburgh.

Contri P,Schrefler B. 1988. A geometrically nonlinear finite element analysis of wrinkled membrane surfaces by a no-compression model. Communications in Applied Numerical Methods, 4(1):5-15.

Crisfield M A, Shi J. 1994. A co-rotational element/time-integration strategy for non-linear dynamics. International Journal for Numerical Methods in Engineering,37(11):1897-1913.

Cundall P A, Strack O D L. 1979. A discrete element model for granular assemblies. Geotechnique,29(1):47-65.

De J P,Gago S R,Kelly D W,et al. 1983. A posteriori error analysis and adaptive processes in the finite element method:Part Ⅱ—adaptive mesh refinement. International Journal for Numerical Methods in Engineering,19(11):1621-1656.

Dhatt G S. 2012. An efficient triangular shell element. American Institute of Aeronautics and Astronautics,8(11):2100-2102.

Doyle J F. 2001. Nonlinear Analysis Thin-Walled Structure Statics,Dynamics and Stability. New York:Springer:79-92.

Driemeier L,Proenc S P B,Alves M. 2005. A contribution to the numerical nonlinear analysis of three-dimensional truss systems considering large strains,damage and plasticity. Communications in Nonlinear Science and Numerical Simulation,10(5):515-535.

Epstein M. 2003. Differential equation for the amplitude of wrinkles. AIAA Journal, 41(2): 327-329.

Fang H,Lou M,Hah J. 2006. Deployment study of a self-rigidizable inflatable boom. Journal of Spacecraft and Rockets,43(1):25-30.

Felippa C. 1990. Conjugate dynamic relaxation. Report No. CU-CSSC-90-25, Department of

Aerospace Engineering Sciences and Center for Space Structures and Controls. Boulder: University of Colorado.

Flanagan D P, Belytschko T. 1981. Simultaneous relaxation in structural dynamics. Journal of the Engineering Mechanics Division, 107(6): 1039-1055.

Goldstein H, Poole C, Safko J. 2002. Classical Mechanics. Boston: Addision-Wesley Publishing Gosling: 320-341.

Gosling P D, Lewis W J. 1996. Optimal structural membranes—I. Formulation of a curved quadrilateral element for surface definition/II. Form-finding of prestressed membranes using a curved quadrilateral finite element for surface definition[J]. Computers & structures, 61(5): 871-883, 885-895.

Hallquist J O. 2006. LS-DYNA Theoretical Manual. Livermore: Livermore Software Technology Corporation: 340-356.

Han S E, Lee K S. 2003. A study of the stabilizing process of unstable structures by dynamic relaxation method. Computers and Structures, 81(17): 1677-1688.

Herold O K, Matthies H G. 2005. Least squares finite element methods for fluid-structure interaction problems. Computer and Structures, 83(2): 191-207.

Hill C D, Blandford G E. 1989. Post-buckling analysis of steel space trusses. Journal of Structure Engineering ASCE, 115(4): 900-919.

Horrigmoe G, Bergan P G. 1978. Nonlinear analysis of free-form shells by flat finite elements. Computer Methods in Applied Mechanics and Engineering, 16(1): 11-35.

Iwasa T, Natori M C, Higuchi K. 2004. Evaluation of tension field theory for wrinkling analysis with respect to the post-buckling study. Journal of Applied Mechanics, 71(4): 532-540.

Jenkins C H, Haugen F, Spicher W H. 1998. Experimental measurement of wrinkling in membranes undergoing planar deformation. Experimental Mechanics, 38(2): 147-152.

Jensen F V. 2005. Concepts for Retractable Roof Structures. Cambridge: University of Cambridge.

Kaneko I, Lawo M, Thierauf G. 1982. On computational procedures for force method. International Journal for Numerical Methods in Engineering, 18(10): 1469-1495.

Kang S, Im S. 1999. Finite element analysis of dynamic response of wrinkling membranes. Computer Methods in Applied Mechanics and Engineering, 173(1-2): 227-240.

Kassimali A, Bidhendi E. 1988. Stability of trusses under dynamic loads. Computer and Structures, 29(3): 381-392.

Katsikadelis J T, Nerantzaki M S, Tsiatas G C. 2001. The analog equation method for large deflection analysis of membranes. A boundary-only solution. Computational Mechanics, 27(6): 513-523.

Kawai T, Toi Y. 1978. New element models in discrete structural analysis. Journal of the Society of Naval Architects of Japan, 16: 97-110.

Kim S E, Park M H, Choi S H. 2001. Practical advanced analysis and design of three-dimensional truss bridge. Journal of Constructional Steel Research, 57(8): 907-923.

Kuhl E, Hulshoff S, Borst R D. 2003. An arbitrary Lagrangian Eulerian finite-element approach for fluid-structure interaction phenomena. International Journal for Numerical Methods in Engineering, 57(1): 117-142.

Kutt L M, Pifko A B, Nardiello J A, et al. 1998. Slow-dynamic finite element simulation of manufacturing processes. Computers & Structures, 66(1): 1-17.

Laet L D, Luchsinger R, Crettol R, et al. 2008. Deployable tensairity structures. Journal of the International Association for Shell and Spatial Structures, 50(2): 121-128.

Leicester R H. 1968. Finite deformations of shallow shells. Journal of the Engineering Mechanics Division, 94(6): 1409-1414.

Levy R, Spillers W R. 1985. Analysis of Geometrically Nonlinear Structures. London: Champaign & Hall.

Li S, Liu W K. 2002. Meshfree and partial methods and their applications. Applied Mechanics Review, 55(1): 1-34.

Liu J. 2011. Meshless study of dynamic failure in shells. Journal of Engineering Mathematics, 71: 205-222.

Lohner R. 2001. Applied CFD Techniques: An Introduction Based on Finite Element Methods. New York: Wiley: 66-83.

Lu J Y, Luo Y Z. 2007. Pre-and post-buckling analysis of structures by geometrically nonlinear force method//The 3rd International Conference on Steel and Composite. Structures, Manchester.

Lu K, Accorsi M, Leonard J W. 2001. Finite element analysis of membrane wrinkling. International Journal for Numerical Methods in Engineering, 50(5): 1017-1038.

Lu X Z, Lin X C, Ye L P. 2009. Simulation of structural collapse with coupled finite element-discret element method//Proceedings of the Computational Structural Engineering. New York: Springer, 127-135.

Luo Y Z, Lu J Y. 2006. Geometrically nonlinear force method for assemblies with infinitesimal mechanisms. Computer & Structures, 84(31): 2194-2199.

Luo Y Z, Yang C. 2014. A vector-form hybrid particle-element method for modeling and nonlinear shell analysis of thin membranes exhibiting wrinkling. Journal of Zhejiang University—SCIENCE A, 15(5): 331-350.

Luo Y Z, Shen Y B, Xu X. 2007. Construction method for cylindrical latticed shells based on expandable mechanisms. Journal of Construction Engineering and Management, (133): 912-915.

Luo Y Z, Zhang P F, Jiang T. 2014. Analysis of a retractable roof subjected to critical member failure using VFIFE method. Spatial Structures, 20(2): 89-96

Lynn K M, Isobe D. 2007a. Finite element code for impact collapse problems. International Journal for Numerical Methods in Engineering, 69(12): 2538-2563.

Lynn K M, Isobe D. 2007b. Structural collapse analysis of framed structures under impact loads using ASI-Gauss finite element method. International Journal of Impact Engineering, 34(9): 1500-1516.

Ma M Y, Barbeau P, Penumadu D. 1995. Evaluation of active thrust on retaining walls using DDA. Journal of Computing in Civil Engineering, 1: 820-827.

McNay G H. 1988. Numerical modelling of tube crush with experimental comparison// Proceedings of the 7th International Conference on Vehicle Structural Mechanics. American Society of Automotive Engineers, Minneapolis: 123-134.

Mansfield E H. 1969. Tension field theory// The 12th International Congress of Applied Mechanics. Berlin: Springer-Verlag: 305-320.

Mata P, Oller S, Barbat A H. 2007. Static analysis of beam structures under nonlinear geometric and constitutive behavior. Computer Methods in Applied Mechanics and Engineering, 196(45-48): 4458-4478.

Mattiasson K. 1981. Numerical results from large deflection beam and frame problems analyzed by means of elliptic integrals. International Journal for Numerical Methods in Engineering, 17(1): 145-153

Mikulas M M. 1964. Behavior of a flat stretched membrane wrinkled by the rotation of an attached hub. Washington DC: NASA.

Minami H, Toyoda H. 1986. Some reviews on the methods for evaluation of membrane materials being used for membrane structures // Proceedings of the IASS Symposium on Shells, Membrane Structures and Space Frames, Osaka: 201-208.

Miyamura T. 2000. Wrinkling on stretched circular membrane under in-plane torsion: Birfurcation analyses and experiments. Engineering Structures, 23(11): 1407-1425.

Nguyen P C, Kim S E. 2013. Nonlinear elastic dynamic analysis of space steel frames with semi-rigid connections. Journal of Constructional Steel Research, 84(3): 72-81.

Oakley D R, Knight N F J. 1995. Adaptive dynamic relaxation algorithm for non-linear hyperelastic structures Part I. Formulation. Computer Methods in Applied Mechanics and Engineering, 126(1-2): 67-89.

Oldenburg M, Nilsson L. 1994. The position code algorithm for contact searching. International Journal for Numerical Methods in Engineering, 37(3): 359-386.

Oñate E, Flores F G. 2005. Advances in the formulation of the rotation-free basic shell triangle. Computer Methods in Applied Mechanics and Engineering, 194(21-24): 2406-2443.

Oñate E, Idelsohn S R, Pin F D, et al. 2004. The particle finite element method: An overview. International Journal for Computer Methods, 1(2): 267-307.

Pai P F. 1996. Large-deformation analysis of flexible beams. International Journal of Solids and Structures, 33(9): 1335-1353.

Pandolfi A, Ortiz M. 2002. An efficient adaptive procedure for three-dimensional fragmentation simulations. Engineering with Computers, 18(2): 148-159.

Park K C, Underwood P G. 1980. A variable-step central difference method for structural dynamics analysis—Part 1. Theoretical aspects. Computer Methods in Applied Mechanics and Engineering,22(2):241-258.

Park M S,Lee B C. 1996. Geometrically non-linear and elsdtoplastic three-dimensional shear flexible beam element of von-Mises-type hardening material[J]. International Journal for Numerical Methods in Engineering,39:383-408.

Pellegrino S. 1990. Analysis of prestressed mechanisms. International Journal of Solids and Structures,26(12):1329-1350.

Pellegrino S,Calladine C R. 1986. Matrix analysis of statically and kinematically indeterminate frameworks. International Journal of Solids and Structures,22(4):409-428.

Ramesh G, Krishnamoorthy C S. 1994. Inelastic post-buckling analysis of truss structures by dynamic relaxation method. International Journal for Numerical Methods in Engineering, 37(21):3633-3657.

Rezaiee-Pajand M,Kadkhodayan M,Alamatian J,et al. 2011. A new method of fictitious viscous damping determination for the dynamic relaxation method. Computers & Structures, 89(9-10):783-794.

Richard R M, Abbott B J. 1975. Versatile elastic-plastic stress-strain formula. Journal of Engineering Mechanics—American Society of Civil Engineers,101:511-515.

Rio G,Soive A,Grolleau V. 2005. Comparative study of numerical explicit time integration algorithms. Advances in Engineering Software,36(4):252-265.

Roddeman D G, Drukker J, Oomens C W J, et al. 1987. The wrinkling of thin membranes: Part Ⅰ—theory;Part Ⅱ—numerical analysis. Journal of Applied Mechanics,54(4):884-892.

Rodriguez J. 2011. Numerical study of dynamic relaxation methods and contribution to the modeling of inflatable lifejackets. Brittany:University of Bretagne Sud.

Ruetsch G,Fatica M. 2011. CUDA Fortran for Scientists and Engineers. Santa Clara:NVIDIA Corporation:334-350.

Salama M,Fang H,Lou M. 2002. Resistive deployment of inflatable structures. Journal of Spacecraft and Rockets,39(5):711-716.

Schellekens J C,de Borst R. 1993. On the numerical integration of interface elements. International Journal for Numerical Methods in Engineering,36(1):43-66.

Shabana A A. 1997. Flexible multibody dynamics: Review of past and recent developments. Multibody System Dynamics,1(2):189-222.

Shepherd J E,Inaba K. 2009. Shock loading and failure of fluid-filled tubular structures. Dynamic Failure of Materials and Structures,6:153-190.

Shi G H. 1988. Discontinuous deformation analysis:A new method for computing stress,strain and sliding of block systems. Berkeley:University of California.

Shi G H,Goodman R E. 1985. Two-dimensional discontinuous deformation analysis. International Journal for Numerical and Methods in Geomechanics ,9(6):541-556.

Shi G H,Alturi S N. 1988. Elasto-plastic large deformation analysis of space frames:A plastichinge and stress-based explicit derivation of tangent stiffness. International Journal for Numerical Methods in Engineering, 26(3): 589-615.

Slaats P M A, Jongh J D, Sauren A A H J. 1995. Model reduction tools for nonlinear structural dynamics. Computers and Structures, 54(6): 1155-1171.

Song J H, Areias P, Belytschko T. 2006. A method for dynamic crack and shear band propagation with phantom nodes. International Journal for Numerical Methods in Engineering, 67(6): 868-893.

Strong W J, Yu T X. 1993. Dynamic Models for Structural Plasticity. London: Springer-Verlag.

Sze K Y, Zheng S J. 2002. A stabilized hybrid-stress solid element for geometrically nonlinear homogeneous and laminated shell analyses. Computer Methods in Applied Mechanics and Engineering, 191(17-18): 1945-1966.

Sze K Y, Chan W K, Pian T H. 2002. An eight-node hybrid-stress solid-shell element for geometric nonlinear analysis of elastic shells. International Journal for Numerical Methods in Engineering, 55(7): 853-878.

Tang S C, Yeung K S, Chon C T. 1980. On the tangent stiffness matrix in convected coordinate system[J]. Computers and Structures, 12: 849-856.

Tavarez F A. 2005. Discrete element method for modelling solid and particulate materials. Madison: University of Wisconsin-Madison.

Tessler A, Sleight D W, Wang J T. 2005. Effective modeling and nonlinear shell analysis of thin membranes exhibiting structural wrinkling. Journal of Spacecraft and Rockets, 42(2): 287-298.

Thai H T, Kim S E. 2009. Large deflection inelastic analysis of space trusses using generalized displacement control method. Journal of Constructional steel Research, 65(10-11): 1987-1994.

Ting E C, Shih C, Wang Y K. 2004a. Fundamentals of a vector form intrinsic finite element: Part Ⅰ. Basic procedure and a plane frame element. Journal of Mechanics, 20(2): 113-122.

Ting E C, Shih C, Wang Y K. 2004b. Fundamentals of a vector form intrinsic finite element: Part Ⅱ. Plane solid element. Journal of Mechanics, 20(2): 123-132.

Tsiatas G, Katsikadelis J. 2006. Large deflection analysis of elastic space membranes. International Journal for Numerical Methods in Engineering, 65(2): 264-294.

Turkalj G, Brnic J, Prpic-Orsic J. 2004. ESA formulation for large displacement analysis of framed structures with elastic-plasticity. Computer and Structures, 82(23): 2001-2013.

Wagner H. 1929. Flat sheet metal girders with very thin metal webs: Part Ⅰ Ⅱ Ⅲ. NACA Technical Memorandums, 20: 200-314.

Wang C Y, Wang R Z, Tsai K. C. 2006. Numerical simulation of the progressive failure and collapse of structure under seismic and impact loading // The 4th International Conference on Earthquake Engineering, Taibei.

Wang J H, Li G Y, Li S, et al. 2011. Rapid simulation of elastic problems based on GPU. China

Mechanical Engineering, 22(2-Y8): 932-937.

Wang J T, Johnson A R. 2003. Deployment simulation methods for ultra-lightweight inflatable structures. Hampton: NASA Largley Research Center.

Wang R Z, Wu C L, Tsai K C, et al. 2008. Structural collapse analysis of framed structures under seismic excitation// The 14th World Conference on Earthquake Engineering, Beijing.

Wells G N, Sluys L J. 2001. A new method for modelling cohesive cracks using finite elements. International Journal for Numerical Methods in Engineering, 50(12): 2667-2682.

Wempner G. 1969. Finite elements, finite rotations and small strains of flexible shells. International Journal of Solids and Structures, 5(2): 117-153.

Witmer E A, Clark E N, Balmer H A. 1967. Experimental and theoretical studies of explosive-induced large dynamic and permanent deformations of simple structures. Experimental Mechanics, 7(2): 56-66.

Wong Y W, Pellegrino S. 2006. Wrinkled membranes. Part Ⅰ: Experiments; Part Ⅱ: Analytical models; Part Ⅲ: Numerical simulations. Journal of Mechanics of Materials and Structures, 1(1): 3-95.

Wriggers P, van Tac V, Stein E. 1990. Finite element formulation of large deformation impact-contact problems with friction. Computers and Structures, 37(3): 319-331.

Wu T Y, Ting E C. 2008. Large deflection analysis of 3D membrane structures by a 4-node quadrilateral intrinsic element. Thin-Walled Structures, 46(3): 261-275.

Wu T Y, Lee J J, Ting E C. 2008. Motion analysis of structures (MAS) for flexible multibody systems: planar motion of solids. Multibody System Dynamics, 20(3): 197-221.

Wu X Q, Liu C, Yu T X. 1987. A bifurcation phenomenon in an elastic-plastic symmetrical shallow truss subjected to a symmetrical load. International Journal of Solids and Structures, 23(9): 1225-1233.

Xie Z Y, Yu J L, Li J R. 2007. An experimental study on three-point bending of aluminum alloy foam-filled cylindrical aluminum alloy pipe. Experimental Mechanics, 22(2): 104-110.

Xiong S, Liu W K, Cao J, et al. 2005. Simulation of bulk metal forming processes using the reproducing kernel particle method. Computers and Structures, 83(8-9): 547-587.

Yang C, ShenY B, LuoY Z. 2014. An efficient numerical shape analysis for lightweight membrane structures. Journal of Zhejiang University—SCIENCE A, 15(4): 255-271.

Yang T Y, Saigal S. 1984. A simple element for static and dynamic response of beams with material and geometric nonlinearities. International Journal for Numerical Methods in Engineering, 20(5): 851-867.

Yang T Y, Saigal S, Masud A, et al. 2000. A survey of recent shell finite elements. International Journal for Numerical Methods in Engineering, 47(1-3): 101-127.

Yu Y, Luo Y Z. 2009a. Finite particle method for kinematically indeterminate bar assemblies. Journal of Zhejiang University—SCIENCE A, 10(5): 669-676.

Yu Y, Luo Y Z. 2009b. Motion analysis of deployable structures based on the rod hinge element by the finite particle method. the Institution of Mechanical Engineers, Part G: Journal of Aerospace Engineering, 223(7): 955-964.

Yu Y, Zhu X Y. 2016. Nonlinear dynamic collapse analysis of semi-rigid steel frames based on the finite particle method. Engineering Structures, 38(118): 383-393.

Yu Y, Luo Y Z, Li L. 2007. Deployable membrane structure based on the Bennett linkage. Proceedings of the Institution of Mechanical Engineers, Part G: Journal of Aerospace Engineering, 221(5): 775-783.

Yu Y, Paulino G H, Luo Y Z. 2011. Finite particle method for progressive failure simulation of truss structures, Journal of Structural Engineering ASCE, 137(10): 1168-1181.

Yu Y, Zhao X H, Luo Y Z. 2013. Multi-snap-through and dynamic fracture based on finite particle method. Journal of Constructional Steel Research 82(3): 142-152.

Zavattieri P D. 2006. Modeling of crack propagation in thin-walled structures using a cohesive model for shell elements. Journal of Applied Mechanics, 73(6): 948-958.

Zhang D. 2001. Cloth simulation using multilevel meshes. Computers and Graphics, 25(3): 383-389.

Zhang Z Y, Paulino G H. 2005. Cohesive zone modeling of dynamic failure in homogeneous and functionally graded material. International Journal of Plasticity, 21(6): 1195-1254.

Zhang Z Y, Paulino G. H, Celes W. 2007. Extrinsic cohesive modelling of dynamic fracture and microbranching instability in brittle materials. International Journal for Numerical Methods in Engineering, 72(8): 893-923.

Zheng J, Huang M, An X. 2012. GPU-based parallel algorithm for particle contact detection and its application in self-compacting concrete flow simulations. Computers and Structures, 112-113(12): 193-204.

Zhong Z H, Nilsson L. 1994. Lagrange multiplier approach for evaluation of friction in explicit finite-element analysis. Communications in Numerical Methods in Engineering, 10(3): 249-255.

Ziegler R, Wagner W, Bletzinger K. 2003. A finite element model for the analysis of wrinkled membrane structures. International Journal of Space Structures, 18(1): 1-14.

Zienkiewicz O C, Taylor R L. 2000. Finite Element Method. Oxford: Butterworth-Heinemann: 220-259.

Zienkiewicz O C, Zhu J Z. 1992. The superconvergent patch recovery and aposteriori error-estimates. Part 1: The recovery technique. International Journal for Numerical Methods in Engineering, 33(7): 1331-1364.